ZOOLOGIE

CLASSIQUE,

ou

HISTOIRE NATURELLE

DU RÈGNE ANIMAL.

I.

BELLE ÉDITION, FORMAT IN-OCTAVO.

SUITES A BUFFON

FORMANT, AVEC LES OEUVRES DE CET AUTEUR,

UN COURS COMPLET D'HISTOIRE NATURELLE

EMBRASSANT LES TROIS RÈGNES DE LA NATURE.

Les possesseurs des OEuvres de BUFFON pourront, avec ces Suites, compléter toutes les parties qui leur manquent, chaque ouvrage se vendant séparément, et formant, tous réunis, avec les travaux de cet homme illustre, un ouvrage général sur l'Histoire Naturelle.

Cette publication scientifique, du plus haut intérêt, préparée en silence depuis plusieurs années, et confiée à ce que l'Institut et le haut enseignement possèdent de plus célèbres naturalistes et de plus habiles écrivains, est appelée à faire époque dans les annales du monde savant.

Les noms des auteurs indiqués ci-après sont, pour le public, une garantie certaine de la conscience et du talent apportés à la rédaction des différents traités.

ZOOLOGIE GÉNÉRALE (supplément à Buffon) *ou* Mémoires et Notices sur la Zoologie, l'Anthropologie et l'histoire de la science, par M. Isidore Geoffroy Saint-Hilaire, 1 vol. avec atlas. Prix : fig. noires, 8 fr. 50 c. ; fig. col., 12 fr.

CÉTACÉS (Baleines. Dauphins, etc.), *ou* Recueil et examen des faits dont se compose l'histoire de ces animaux, par M. F. Cuvier, membre de l'Institut, professeur au Muséum d'Histoire naturelle, etc. ; 1 v. in-8 avec deux livraisons de planches (*Ouvrage terminé*). Prix : figures noires, 12 fr. 50 c. ; fig. coloriées, 18 fr. 50 c.

REPTILES (Serpents, Lézards, Grenouilles, Tortues, etc.), par M. Duméril, membre de l'Inst., prof. à la Faculté de Médecine et au Muséum d'Histoire naturelle ; et M. Bibron, aide-naturaliste ; 9 vol. et 9 livraisons de planches. Prix, fig. noires : 57 fr. ; fig. coloriées : 75 fr. *Les tomes 1 à 5 et 8 sont en vente. les tomes 6 et 7 paraîtront incessamment.*

POISSONS, par M.

ENTOMOLOGIE (Introduction à l'), comprenant les principes généraux de l'Anatomie et de la Physiologie des Insectes, des détails sur leurs mœurs, et un résumé des principaux systèmes de classification, etc., par M. Lacordaire, profes. d'hist. naturelle à Liége (*Ouvrage terminé, adopté et recommandé par l'Université pour être placé dans les bibliothèques des Facul-*tés et des Colléges, et donné en prix aux élèves) ; 2 vol. in-8. Fig. noires, 19 fr. ; fig. color. 22 fr.

INSECTES COLÉOPTÈRES (Cantharides, Charançons, Hannetons, Scarabées, etc.), par M.

—ORTHOPTÈRES (Grillons, Criquets, Sauterelles), par M. Serville, ex-président de la Société entomologique de France ; 1 vol. avec planches. Prix : fig. noires, 9 fr. 50 c., et fig. coloriées, 12 fr. 50 c. (*Ouvrage terminé.*)

—HÉMIPTÈRES (Cigales. Punaises, Cochenilles, etc.), par M. Serville.

— LÉPIDOPTÈRES (Papillons), par M. le docteur Boisduval ; tome 1 avec 2 livraisons de planches. Prix : fig. noires, 12 f. 50 c. fig. coloriées, 18 fr. 50 c.

— NÉVROPTÈRES (Demoiselles, Éphémères, etc.), par M. le doct. Rambur.

—HYMÉNOPTÈRES (Abeilles, Guêpes, Fourmis, etc.), par M. le comte Lepelletier de Saint-Fargeau ; tomes 1 et 2 avec 2 livraisons de planches. Prix : figures noires, 19 fr. ; fig. coloriées, 25 fr.

—DIPTÈRES (Mouches, Cousins, etc.), par M. Macquart, directeur du Muséum d'Histoire naturelle de Lille ; 2 vol. in-8 et 2 cahiers de planches (*Ouvrage terminé*). Prix : figures noires, 19 fr. ; figures coloriées, 25 fr.

— APTÈRES (Araignées, Scorpions, etc.), par M. le baron Walckenaer, membre de l'Institut ; tome 1 avec 3 cahiers de planches. Prix : fig. noires, 15 fr. 50 c. ; fig. coloriées, 24 fr. 50 c. *Le tome 2 et dernier paraîtra en 1841.*

CRUSTACÉS (Écrevisses, Homards, Crabes, etc.), comprenant l'Anatomie, la Physiologie et la Classification de ces Animaux, par M. Milne-Edwards, membre de l'Institut, professeur d'histoire naturelle, etc. ; 3 volumes et 4 livraisons de planches. Prix : fig. noires, 31 fr. 50 c. ; figures coloriées, 43 fr. 50 c.

MOLLUSQUES (Moules, Huîtres, Escargots, Limaces, Coquilles, etc.), par M. de Blainville, membre de l'Institut, professeur au Muséum d'Histoire naturelle, etc.

ANNÉLIDES (Sangsues, etc.), par M.

VERS INTESTINAUX (Ver Solitaire, etc.), par M.

ZOOPHYTES ACALÈPHES (Physale, Béroé, Angèle, etc.), par M. Lesson, correspondant de l'Institut, pharmacien en chef de la Marine, à Rochefort.

— ÉCHINODERMES (Oursins, Palmettes, etc.), par M. Lacordaire, professeur d'histoire naturelle à Liége.

—POLYPIERS (Coraux, Gorgones, Éponges, etc.), par M. Milne-Edwards, membre de l'Institut, professeur d'hist. naturelle, etc.

—INFUSOIRES (Animalcules microscopiques), par M. Dujardin, professeur d'histoire naturelle à Toulouse.

BOTANIQUE (Introduction à l'Étude de la), *ou* Traité élémentaire de cette science, contenant l'Organographie, la Physiologie, etc., etc., par M. Alph. de Candolle, professeur d'histoire naturelle à Genève (*Ouvrage terminé et autorisé par l'Université pour les Colléges royaux et communaux*) ; 2 v. et un cahier de planches. Prix : 16 fr.

VÉGÉTAUX PHANÉROGAMES (à Organes sexuels apparents, Arbres, Arbrisseaux, Plantes d'agrément, etc.), par M. Spach, aide-naturaliste au Muséum d'Hist. naturelle ; tomes 1 à 10, et 14 livraisons de planches. Prix : figures noires, 107 fr. ; fig. coloriées. 149 fr.

—CRYPTOGAMES (à Organes sexuels peu apparents ou cachés, Mousses, Fougères, Lichens, Champignons, Truffes, etc.), par M. de Brébisson de Falaise.

GÉOLOGIE (Histoire, Formation et Disposition des matériaux qui composent l'écorce du Globe terrestre), par M. Huot, membre de plusieurs Sociétés savantes ; 2 vol. ensemble de plus de 1,500 pages (*Ouvrage terminé*). Prix, avec un Atlas de 24 planches, 19 fr.

MINÉRALOGIE (Pierres, Sels, Métaux, etc.), par M. Alex. Brongniart, membre de l'Institut, professeur au Muséum d'Hist. naturelle, etc., etc. ; et M. Delafosse, maître de conférences à l'École Normale, aide-naturaliste, etc., au Muséum d'Histoire naturelle.

CONDITIONS DE LA SOUSCRIPTION :

LES SUITES A BUFFON formeront 55 vol. in-8 environ, imprimés avec le plus grand soin et sur beau papier ; ce nombre paraît suffisant pour donner à cet ensemble toute l'étendue convenable. Ainsi qu'il a été dit précédemment, chaque auteur s'occupant depuis longtemps de la partie qui lui est confiée, l'éditeur sera à même de publier en peu de temps la totalité des traités dont se composera cette utile collection.

En mars 1841, 34 volumes sont en vente, avec 40 livraisons de planches.

Les personnes qui voudront souscrire pour toute la Collection auront la liberté de prendre par portion jusqu'à ce qu'elles soient au courant de tout ce qui est paru.

POUR LES SOUSCRIPTEURS A TOUTE LA COLLECTION :

Prix du texte, chaque vol. (1) d'environ 500 à 700 pag., 5 fr. 50 c. — Prix de chaque livraison d'environ 10 pl. noires, 3 fr. ; coloriées, 6 fr.

NOTA. —Les Personnes qui souscriront pour des parties séparées, payeront chaque volume 6 fr. 50 c. Le prix des volumes papier vélin sera double du papier ordinaire.

(1) L'Éditeur ayant à payer pour cette collection des honoraires aux auteurs, le prix des volumes ne peut être comparé à celui des réimpressions d'ouvrages appartenant au domaine public et exempts de droits d'auteurs, tels que Buffon, Voltaire, etc., etc.

ON SOUSCRIT, SANS RIEN PAYER D'AVANCE, A LA LIBRAIRIE ENCYCLOPÉDIQUE DE RORET, ÉDITEUR DE LA COLLECTION DE MANUELS, DU COURS D'AGRICULTURE AU XIXᵉ SIÈCLE, ETC.,
RUE HAUTEFEUILLE, 10 *bis*.

ZOOLOGIE

CLASSIQUE,

OU

HISTOIRE NATURELLE

DU RÈGNE ANIMAL,

PAR

F.-A. POUCHET,

DOCTEUR EN MÉDECINE,

PROFESSEUR DE ZOOLOGIE AU MUSÉUM D'HISTOIRE NATURELLE DE ROUEN,
MEMBRE DE L'ACADÉMIE ROYALE DES SCIENCES, LETTRES ET ARTS DE CETTE VILLE
ET DE PLUSIEURS ACADÉMIES FRANÇAISES ET ÉTRANGÈRES, ETC.

SECONDE ÉDITION,

CONSIDÉRABLEMENT AUGMENTÉE.

TOME PREMIER,

CONTENANT LES ANIMAUX VERTÉBRÉS.

Ouvrage
accompagné d'un Atlas, de **44** planches et de **5** grands tableaux,
le tout gravé sur acier.

PARIS.

LIBRAIRIE ENCYCLOPÉDIQUE DE RORET,
RUE HAUTEFEUILLE, Nº 10 BIS.

ROUEN.

FRANÇOIS, Libraire. ‖ FRÈRE, Libraire.

1841.

PARIS. — IMPRIMERIE DE FAIN ET THUNOT,
IMPRIMEURS DE L'UNIVERSITÉ ROYALE DE FRANCE,
Rue Racine, n° 28, près de l'Odéon.

MONSIEUR,

Je me glorifie qu'il me soit permis de placer votre nom à la tête de cet ouvrage, car en acceptant sa dédicace, vous me donnez un précieux témoignage de bienveillance.

Je devais naturellement vous faire cet hommage, car c'est à votre école que j'ai étudié la zoologie et que j'ai puisé les principes que je professe dans ce traité; et en outre, je vous dois beaucoup pour l'obligeance avec laquelle vous m'avez communiqué, malgré la distance qui nous sépare, ceux de vos manuscrits qui pouvaient m'être utiles pour sa rédaction.

Veuillez donc, monsieur, agréer l'expression publique de toute ma gratitude, et me croire

Votre très-humble et obéissant serviteur,

F.-A. POUCHET.

PRÉFACE.

Le bienveillant accueil que le public a fait à la première
édition de ce traité, ne m'a point aveuglé sur les imperfections
qu'il offrait, aussi j'ai mis tout le zèle possible à les rectifier et
à lui donner les divers développements que sa forme élémentaire semblait comporter. Je l'ai considérablement augmenté
et totalement refondu, mais sans m'éloigner de son plan primitif, qui, à ce que je crois, présentait la science sous un
jour utile à ceux qui commencent son étude.

C'est en rendant les sciences élémentaires qu'on en propage
le goût, car il est telle personne qui se distingue dans une des
branches des connaissances humaines, et qui l'eût dédaignée
si ses premiers pas y eussent d'abord trouvé des obstacles.

Persuadé de cette vérité, j'ai entrepris cette *Zoologie classique*, dans laquelle je me suis efforcé de rendre la science
facile en la présentant simple dans sa partie technique, et en
réunissant dans cet ouvrage le plus de faits qu'il m'était possible, sous le rapport historique.

Dans ces éléments de Zoologie, j'ai décrit toutes les familles
du règne animal, et, parmi elles, j'ai fait l'histoire de chacun
des genres dans lesquels il existe quelque être intéressant à
connaître, soit par sa structure anatomique, sa physiologie ou

ses mœurs, soit enfin par les rapports qu'il peut offrir avec l'Homme ; de manière que presque tous les genres de Linnée se trouvent décrits dans cet ouvrage, ainsi qu'un grand nombre d'autres qui ont été créés depuis ce naturaliste. Dans chaque groupe générique, j'ai eu soin de citer les espèces les plus intéressantes ou celles qui sont les plus communes dans notre pays ou dans les collections des amateurs ; afin que, soit au milieu de nos campagnes, soit dans les collections des curieux, on puisse appliquer ces principes de Zoologie à la nature, et apprendre à connaître les animaux que l'on est le plus à même d'observer, et à trouver leur nom et leur famille ; ainsi, ce traité sera toujours un guide pour le naturaliste qui franchit le seuil de la science, et pourra, en quelque sorte, lui servir de Faune pour les espèces les plus répandues.

J'ai adopté, dans cet ouvrage, la méthode de mon savant maître M. de Blainville, parce qu'elle me semble la plus facile à appliquer, et qu'elle offre l'avantage de ne réunir dans chacune de ses classes que des êtres dont les analogies sont incontestables, et que, par cela même, les grandes divisions de cette méthode peuvent être caractérisées plus rigoureusement et plus succinctement. Un autre avantage que présente encore la classification de ce professeur, c'est qu'avec elle le naturaliste peut en rester aux travaux de Linnée et à ceux de Blumembach, ou bien avancer avec ceux de Lamarck et de Cuvier, ou enfin suivre les zoologistes modernes, qui ont tant abusé des méthodes en créant des divisions et des subdivisions à l'infini.

Autant que je l'ai pu, je n'ai fait usage que des caractères différentiels ; les autres m'ont paru inutiles à y joindre dans un traité élémentaire, car on ne peut jamais, sans de longs et minutieux détails, donner une idée exacte d'un animal que l'on ne voit pas; et si l'on entremêle ses attributs spécialement caractéristiques avec quelques autres, ces derniers ont l'inconvénient d'embrouiller et de perdre, en quelque sorte, les caractères fondamentaux au milieu de ceux qui ne sont qu'accessoires, et de les environner de telle manière que l'on ne sait plus sur lesquels s'arrêter. Mais comme nulle part la nature ne passe d'un ordre de choses à un autre d'une manière brusque, cela fait qu'il est quelquefois embarrassant de trouver des caractères différentiels tranchés et rigoureux; c'est dans ces circonstances seulement que nous avons été forcé d'alonger les descriptions génériques.

Les auteurs ont quelquefois donné aux animaux des caractères physiologiques; nous avons pris le soin de les écarter, car le sujet que l'on étudie peut être trouvé mort, et alors de semblables différences génériques n'étant plus perceptibles, il n'est pas possible de le classer.

La lecture de cet ouvrage indiquera assez les sources auxquelles j'ai puisé ses différents matériaux; mais je dois surtout mentionner, comme m'ayant servi spécialement pour plusieurs des classes du règne animal, les ouvrages érudits de M. de Blainville, si remarquables par la fidélité des descriptions. J'ai surtout profité de ses travaux sur les Mollusques, les Zoophytes et les Reptiles; et ses manuscrits sur les Mammifères, les Poissons et les Insectes, m'ont guidé dans la rédaction de ce qui concerne ces animaux.

Je ne dois pas terminer cet avertissement sans exprimer toute ma reconnaissance à M. Laurent, pour la bienveillance avec laquelle il a contribué à augmenter l'intérêt que peut inspirer cet ouvrage, en consentant à ce que son tableau sur le règne animal en enrichisse l'atlas. Je dois aussi des remercîments à M. Roret, soit pour les agréables relations que ce traité m'a fait contracter avec lui, soit pour les soins qu'il a mis à sa publication.

Au Muséum d'histoire naturelle de Rouen,
le 1er février 1841.

INTRODUCTION.

CLASSIFICATION DU RÈGNE ANIMAL.

La Zoologie est la science qui a pour objet la connaissance des animaux; envisagée dans un sens général, cette science s'occupe de tout ce qui concerne ces êtres, et embrasse l'étude de leur classification, de leur anatomie, de leur physiologie, de leurs mœurs et de leur histoire. D'après cet exposé, on voit que cette vaste branche des connaissances humaines peut être subdivisée en diverses sections ayant une direction spéciale.

La *Classification*, appelée aussi *Zooclassie*, s'occupe de la distribution des animaux en groupes divers, au moyen de caractères ordinairement empruntés à leur surface. Cette partie de la Zoologie a pour objet de classer ces êtres de manière à permettre d'arriver le plus facilement possible à leur connaissance, et en même temps de les distribuer sérialement, en suivant leurs rapports organiques.

L'*Anatomie*, aussi nommée *Zootomie*, étudie la forme, les rapports et la texture des divers organes des animaux.

La *Physiologie*, à laquelle il convient mieux de donner le nom de *Zoobiologie*, s'occupe de faire connaître les divers actes ou fonctions intérieures que les organes accomplissent et dont résulte la vie.

L'étude des mœurs, que l'on comprend sous la dénomination de *Zooéthique*, s'occupe des actes extérieurs et des habitudes des animaux, et forme ce que l'on appelle l'histoire naturelle proprement dite.

Enfin, dans la *Partie historique* de la Zoologie, on s'occupe de la manière dont les animaux ont figuré parmi les nations : soit de leur rôle durant certains événements historiques, soit du culte dont ils ont été l'objet dans quelques contrées, soit enfin des divers monuments antiques et modernes sur lesquels des raisons ont porté les peuples à les représenter. Cette dernière branche, qui n'est pas une des moins intéressantes de la science, complète le vaste cadre que celle-ci doit embrasser quand on l'envisage philosophiquement.

On a d'autant mieux senti les avantages d'une bonne méthode pour classer les animaux, que le catalogue de ceux-ci est devenu plus riche et plus nombreux. Buffon, il est vrai, aveuglé par ses préventions contre Linnée, avait soutenu que les classifications étaient inutiles ; mais, contrairement à lui, les savants de notre époque en ont tous apprécié l'importance. Jusqu'à nos jours, les naturalistes qui ont classé systématiquement le règne animal ont généralement été dominés par une seule idée, celle de permettre aux adeptes de la science de reconnaître les divers êtres qu'ils étudiaient, au milieu de la variété prodigieuse qu'offre la création ; pour eux, une classification ne représentait qu'une sorte de catalogue dans lequel les objets étaient disposés sous des titres généraux qui en facilitaient la recherche. Il appartient, nous pensons, à de Blainville d'avoir suivi le premier une route plus philosophique, et d'avoir démontré que le règne animal forme une série continue dans laquelle les êtres se trouvent distribués successivement selon leur dégradation organique, en allant de l'Homme aux Zoophytes.

Dans les méthodes, pour diviser le règne animal et parvenir systématiquement à la connaissance de l'espèce, on forme dans celui-ci des groupes d'une importance plus ou moins considérable, et que l'on nomme Sous-Règnes, Types, Classes, Ordres, Familles et Genres.

On appelle RÈGNE ANIMAL l'ensemble des animaux qui constituent la création. Le nom de SOUS-RÈGNES est donné aux grandes subdivisions de celui-ci, qui sont caractérisées par des différences organiques fondamentales. Dans sa classification, de Blainville en admet trois : les ZYGOZOAIRES, ou les animaux pairs, qui offrent deux côtés semblables, et que l'on nomme ainsi à cause de cette disposition ; les ACTINOZOAIRES, ou les Animaux rayonnés, qui doivent cette dénomination à ce que leurs organes semblent partir d'un centre commun, comme autant de rayons divergents ; enfin, les HÉTÉROZOAIRES, qui sont ainsi appelés à cause de leurs formes, qui sont tout à fait irrégulières.

Les TYPES sont de grandes divisions que l'on admet dans certains sous-règnes, et qui réunissent des animaux construits sur un plan spécial commun, relativement à leurs organes les plus importants. Dans la méthode de de Blainville, les Zygozoaires sont divisés en trois types, ce sont : les OSTÉOZOAIRES, qui renferment des animaux dont la charpente solide est enveloppée par les chairs et offre des vertèbres, et des articulations internes affectées au mouvements ; les ENTOMOZOAIRES, qui n'ont point de vertèbres et possèdent un système solide extérieur, formant des articulations ; enfin, les MALACOZOAIRES, qui se font remarquer parce que leur corps est mou et tout à fait dépouvu d'articulations extérieures ou intérieures.

Les CLASSES sont des subdivisions des groupes qui précèdent, et chacune offre des animaux dont les rapports sont encore bien plus nombreux et plus évidents ; souvent elles se trouvent fondées sur les plus importantes modifications des téguments et des appareils locomoteurs et génitaux. Dans la méthode de de Blainville, il existe vingt-cinq classes ; on peut voir leur arrangement dans le tableau qui est à la fin de cette introduction, et leurs noms sont les suivants : Mammifères, Oiseaux, Ptérodactyles, Reptiles, Ichthyosaures, Amphibiens, Poissons, Hexapodes, Octopodes, Décapodes, Hétéropodes, Tétradécapodes, Myriapodes, Malacopodes, Chétopodes, Apodes, Céphaliens, Céphalidiens, Acéphaliens, Cirrhodermaires, Arachnodermaires, Zoanthaires, Polypiaires, Zoophytaires et Amorphozoaires.

Les ORDRES partagent les classes en groupes divers, fondés sur des particularités organiques encore plus intimes.

Les FAMILLES sont des divisions faites dans les classes ou les ordres, pour réunir les animaux qui ont une organisation et des mœurs ordinairement si analogues, qu'ils semblent en quelque sorte liés par une espèce de parenté.

Les GENRES représentent encore de plus petits groupes que les familles, et qui sont presque toujours formés dans le sein de celles-ci et composés d'espèces très-voisines, se ressemblant par un caractère organique, ayant déterminé une modification sensible dans les habitudes.

Les ESPÈCES sont des êtres distincts se continuant par la voie de la génération; elles se trouvent représentées tantôt par un seul individu, tantôt par deux et tantôt par trois, selon que les deux sexes se rencontrent sur le même, ou qu'ils sont séparés, ou encore qu'outre les sexes il existe des individus neutres.

De grands abus se sont souvent introduits dans les œuvres des zoologistes lorsqu'ils ont distribué le règne animal. Quelques-uns, en traduisant les caractères des familles et des genres, ont été dominés par l'ascendant d'un genre ou d'une espèce qui se présentait à leur esprit, et ils ont négligé l'organisation des autres; aussi il en est résulté qu'ils ont parfois imposé à des groupes des caractères qui ne conviennent nullement à tous les animaux que l'on comprend dans ceux-ci. Nous pourrions citer de nombreux exemples à l'appui de cette assertion, et l'on verrait que les naturalistes les plus savants n'ont pas été à l'abri de ces erreurs.

Un autre désordre introduit dans les classifications, c'est la multiplicité des coupes proposées par quelques modernes qui, en méconnaissant la subordination des caractères, ont formé des groupes sur les plus minimes différences organiques. C'est ainsi que l'on a abusé de la forme des dents pour subdiviser les Mammifères, et que parmi eux on a même fait des genres d'après la saillie de la ligne crânienne. Chez les Insectes on a encore poussé plus loin l'oubli des principes en créant des genres pour des espèces dont un seul des sexes offrait des différences. Ce sont là des abus qu'il est temps d'arrêter, car bientôt ils apporteraient une grande confusion dans la science.

Considérant la zoologie comme devant embrasser la connaissance des animaux envisagés sous tous leurs rapports, voici la marche que nous avons suivie dans ce traité pour arriver à ce but.

Comme, avant tout, il est essentiel de découvrir les espèces pour pouvoir les étudier, nous avons été logiquement conduit à nous occuper d'abord de la distribution de celles-ci à la surface du globe. Puis, suivant même l'ordre chronologique dans lequel les animaux sont apparus, nous nous appuyons sur les notions que nous fournit la géologie pour faire l'histoire des espèces fossiles, et ensuite nous passons à la distribution géographique de celles qui sont contemporaines.

L'anatomie et la physiologie nous occupent ensuite simultanément, parce que l'une et l'autre s'enchaînent et s'éclairent d'une manière évidente; et tour à tour nous en étudions les points les plus intéressants et les plus curieux en passant successivement en revue les appareils de la vie de relation, ceux de la nutrition et ceux de la génération.

Les appareils de la vie de relation se composent des organes locomoteurs et de ceux des sensations.

Les appareils de la nutrition sont les organes digestifs, respiratoires, circulatoires, et ceux qui sont destinés aux absorptions et aux sécrétions.

Les appareils de la génération ne se composent simplement que des organes reproducteurs.

Après avoir énoncé tout ce que les animaux présentent de remarquable dans leur structure ou à l'égard du jeu vital de leurs appareils organiques, nous nous occupons de l'histoire naturelle proprement dite, en exposant les mœurs des êtres qui sont l'objet de ce traité et en étudiant tour à tour leurs habitudes, leur instinct, leur intelligence.

Enfin, pour compléter le tableau que nous présentons sur chaque animal, et embrasser tout ce qui le concerne, nous nous étendons sur les rapports qu'il a eus avec l'Homme aux diverses phases de l'histoire de celui-ci, et quand il y a lieu nous étudions quelle a été l'importance de certains animaux parmi les nations antiques et celles du moyen âge, ainsi que chez les modernes. Puis, comme les événements arrivés parmi les peuples ont souvent été traduits sur les monuments des arts par des figures allégoriques entremêlées d'animaux, ou que ceux-ci sont parfois devenus les symboles de certains cultes, nous complétons leur histoire en scrutant les monuments et les médailles sur lesquels on les a représentés, et ainsi nous exposons successivement tous les documents intéressants ou curieux que l'on possède sur les êtres du règne à la connaissance duquel ce livre est consacré.

ZOOLOGIE
ÉLÉMENTAIRE.

TYPE I.

VERTÉBRÉS ou OSTÉOZOAIRES.

I. CLASSE DES MAMMIFÈRES.

Animaux vertébrés à sang chaud, vivipares, pourvus de mamelles et couverts de poils.

Géologie. — Dès les temps anciens, on avait trouvé, dans diverses couches de la terre, des débris de mammifères fossilisés, et dans l'impossibilité où l'on était de les assimiler à ceux des espèces contemporaines, les fragments de grande dimension furent souvent signalés à la multitude comme des ossements de géants [1]. Pendant le siècle qui vient de s'écouler, la véritable nature de ceux-ci fut reconnue, mais on oscilla en cherchant à apprécier leur origine. Sloane, Daubenton et Pallas pensèrent d'abord que les ossements appartenant à de grands mammifères qui vivent actuellement dans les contrées intertropicales, et dont on trouve de si abondants débris vers les régions polaires, y avaient été transportés par les anciennes inondations du globe. Les travaux des géologues modernes, en jetant les plus vives lumières sur la science, ont renversé cette hypothèse et prouvé que ces animaux des temps antédiluviens avaient vécu dans les régions mêmes qui ne nous offrent plus aujourd'hui que leurs ossements fossilisés.

L'époque de l'apparition des mammifères à la surface du globe a été diversement déterminée par les naturalistes. Cuvier professait que les premiers se sont montrés pendant la période des terrains tertiaires et après la formation de l'argile plastique. C'est en effet dans le calcaire grossier qui se trouve au-dessus de celle-ci que l'on commence à découvrir des vestiges d'espèces marines [2], et ce n'est même que dans les

---

[1] Mastodonte, éléphant.　　　[2] Dauphins, morses.

couches qui succèdent à ce terrain que les débris de mammifères terrestres deviennent abondants. Cependant quoique ceux-ci ne se montrent généralement que dans les premiers étages des terrains tertiaires, quelques observateurs prétendent qu'il en existe aussi dans les dernières roches secondaires, et que l'on y a trouvé des ossements de Didelphes. Depuis ces époques jusque dans les couches de la période actuelle, on rencontre des mammifères fossiles ; et tous leurs débris appartiennent à des genres inconnus et totalement éteints aujourd'hui [1], ou à des espèces particulières de groupes génériques dont nous avons encore actuellement des représentants [2], ou enfin ce sont des espèces encore existantes de nos jours [3]. On a trouvé des mammifères fossiles de tous les ordres connus, excepté de celui de l'homme et de celui des Ornithodelphes.

Dans la période tertiaire, la seule grande formation des terrains d'eau douce a présenté à Cuvier près de cinquante mammifères, dont le plus grand nombre appartient à l'ordre des Ongulogrades et à des genres éteints. Les carrières à plâtre des environs de Paris ont surtout fourni de nombreux débris à ce savant observateur, et il dit qu'un nombre si immense d'animaux repose dans leur sein, que presque chaque bloc qui en est extrait renferme quelque fragment d'un squelette fossile, et que cependant des millions de ces ossements ont été détruits avant que l'attention se soit portée sur cet objet. La population antédiluvienne de ces carrières se composait des genres paleothère, anoplothère, chœropotame et adapis, qui sont actuellement éteints, et de diverses espèces inconnues aujourd'hui, mais appartenant à des genres dont nous possédons des types et dont les noms suivent : chauve-souris, chien, coati, raton, genette, sarigue, marmotte et écureuil. Dans les roches plus récentes, les premiers genres que nous venons de mentionner ne se retrouvent plus, mais on voit apparaître diverses espèces qui appartiennent à des groupes encore vivants, tels que ceux des éléphants, des rhinocéros, des hippopotames, des chevaux ou au genre perdu des mastodontes ; c'est aussi à cette époque que l'on commence à rencontrer d'abondantes traces de ruminants, tels que des cerfs, des bœufs, et que l'on voit s'accroître le nombre des rongeurs ; dans ces terrains, on rencontre aussi des débris de cétacés, de phoques et de lamantins. Un certain nombre de ces animaux se trouve même dans le détritus ou *diluvium*, résultat de la grande inondation qui paraît avoir eu lieu sur la majeure partie de l'hémisphère septentrional, et qui a été l'un des derniers grands événements physiques qui ont dévasté le globe.

On trouve parfois dans les roches calcaires des cavernes tapissées de stalactites, et jonchées d'une quantité considérable d'ossements de mammifères ; dans presque toutes, ceux-ci sont épars, brisés, jamais roulés, offrant à peu près les mêmes bases chimiques que dans l'état

---

[1] Paléothère, Mégathère, Dinothère.   [3] Rongeurs.
[2] Eléphant, rhinocéros.

normal, et encore beaucoup de gélatine ; ils sont recouverts par une terre contenant des principes animaux ou par des stalactites de bel albâtre. Les ossements de carnassiers qui sont si rares dans les grandes couches meubles, sont extrêmement nombreux dans ces carrières. Depuis longtemps ces débris étaient célèbres, et on les débitait pour l'usage médical dans les anciennes pharmacies [1], mais ce ne fut que dans ces dernières années que les naturalistes cherchèrent à expliquer leur présence. Les uns pensèrent que ces animaux avaient été entraînés dans ces anfractuosités par les inondations, et d'autres qu'ils se trouvaient dans les terrains où elles sont pratiquées, et que l'eau en dissolvant ceux-ci pour former ces cavités, les avait laissés intacts. Mais comme ces ossements fossiles ont toutes leurs saillies et que rien n'indique qu'ils aient été roulés par l'eau, la première hypothèse n'est pas admissible ; la seconde ne le paraît pas davantage, puisque les parois des cavernes que l'on a explorées ne contenaient point d'ossements, malgré l'abondance de ceux qui jonchent leur sol ; il faut donc admettre, avec les géologues modernes, que les animaux dont nous y retrouvons les débris sont paisiblement morts dans ces gîtes souterrains.

Constant Prevost, il y a peu de temps, a résumé de la manière suivante le nombre des mammifères fossiles trouvés jusqu'à présent :

MAMMIFÈRES FOSSILES CONNUS.

	Espèces.		Espèces.		Espèces.
Adapis.	1	Cochon.	1	Marte.	2
Anoplothère.	2	Dauphin.	4	Mastodonte.	6
Anthracothère.	2	Dichobune.	3	Mégalonix.	1
Baleine.	3	Elasmothère.	1	Mégathère.	1
Bœuf.	4	Eléphant.	2	Ours.	4
Campagnol.	2	Hippopotame.	4	Paléothère.	8
Castor.	1	Hyène.	1	Phoque.	2
Cerf.	5	Lagomys.	2	Rat.	1
Chat.	2	Lièvre.	2	Rhinocéros.	4
Cheval.	1	Lamantin.	1	Sarigue.	2
Chien.	4	Loir.	2	Tapir.	1
Cheropotame.	1	Lophiodon.	5	Xiphodon.	1

Géographie. — On trouve des mammifères dans toutes les parties du globe ; mais chaque région en présente qui lui sont propres, et, par une harmonie fort remarquable, on observe que la taille qu'ils y offrent est en rapport avec son étendue, et les ressources de nourriture qu'elle possède ; de petites îles n'ont que des espèces inférieures en proportion à celles que l'on rencontre dans de plus vastes ; les continents donnent lieu à de semblables remarques ; c'est ainsi que les mammifères de Madagascar n'atteignent pas les dimensions de ceux de l'Australie, et que les plus volumineux de l'Amérique sont au-dessous de ceux de l'ancien continent, beaucoup plus vaste qu'elle.

[1] Ours.

Dans les diverses parties du globe, chaque région a ses espèces, et elles s'y trouvent circonscrites par les influences du climat ou les accidents géographiques de la contrée. Buffon, qui créa les bases de la géographie des mammifères, avait remarqué que les espèces qui habitent la zone torride ne se trouvent jamais que sur un seul des continents, et que la plupart de celles des climats tempérés de l'Europe manquent à l'Amérique ; et, au contraire, il avait posé pour principe que les mammifères qui vivent dans les régions les plus boréales des deux continents se trouvent répandus dans l'un et dans l'autre ; mais cette dernière loi n'est pas aussi exclusive que l'avait cru l'immortel naturaliste, car des études attentives ont appris que le nombre des espèces qui leur sont communes est assez restreint.

Relativement aux groupes génériques, quelques-uns sont tout à fait cosmopolites, tels que les chiens, les chats, les ours, les écureuils, les cerfs ; mais d'autres vivent dans des régions assez circonscrites ou sont bornés a un seul continent, ainsi que cela a lieu pour les tatous, les fourmiliers et les kanguroos.

Buffon avait aussi établi que les mammifères du Nouveau - Monde étaient inférieurs en taille à leurs congénères de l'ancien continent, et que leur différence était même dans le rapport de un à quatre, six, huit et dix. Mais cette loi, qu'il croyait sans exception, et qui est vraie pour la généralité de ces animaux, est inexacte, parce que certains carnassiers, quelques rongeurs et des espèces appartenant à d'autres groupes de l'Amérique, l'emportent réellement en développement sur ceux de l'ancien monde.

Le nombre des mammifères change dans les contrées à mesure que la civilisation s'y étend, et l'homme, pour sa sécurité, ses besoins et ses plaisirs, en diminue l'abondance ou les fait refluer vers d'autres régions ; c'est ainsi que les lions ont disparu de la Grèce et les aurocs des forêts de la France. Aujourd'hui on compte dans celle-ci environ 83 mammifères, en y comprenant ceux qui fréquentent ses rivages. Les espèces en sont ainsi distribuées : 44 appartiennent à l'ordre des carnassiers, 11 aux cétacés, 20 aux rongeurs et 8 aux ongulogrades.

Anatomie et physiologie. — Locomotion. Les formes de ces animaux sont extrêmement variées, et se trouvent en rapport avec leurs mœurs ; les espèces aquatiques, comme le remarque de Blainville, sont généralement plus allongées que les autres, et finissent même par devenir tout à fait ichtyoïdes quand elles vivent constamment plongées dans l'eau, ce qui les avait fait regarder anciennement comme de véritables poissons [1].

L'observation nous apprend que l'influence des temps ne réagit point sur les formes des espèces sauvages, et ce n'est qu'à l'aide de beaucoup d'artifices que nous parvenons nous-mêmes à croiser les races utiles à nos besoins. En considérant les obélisques qui se trouvent à

[1] Dauphins.

Rome et d'autres monuments égyptiens, on y reconnaît plusieurs de nos mammifères contemporains, et l'on peut apprécier qu'ils avaient, à l'époque où ces monuments furent élevés, la même physionomie qu'aujourd'hui; Geoffroy Saint-Hilaire ayant rapporté des momies de différents animaux de l'Egypte, on a pu s'assurer que, depuis les siècles des Pharaons, les plus éloignés qu'il nous soit permis de scruter, deux à trois mille ans n'ont pas plus altéré leurs formes que celles de l'homme.

Le système osseux des mammifères est composé principalement d'une réunion de pièces nommées vertèbres, occupant la partie supérieure du canal digestif et formant là une colonne ou axe solide, d'où s'échappent les côtes qui, en se réunissant en avant au sternum, constituent une cage protectrice pour les organes pulmonaires et abdominaux.

La colonne vertébrale commence en avant par la tête; celle-ci est composée des os suivants : l'occipital, le sphénoïde postérieur, le sphénoïde antérieur, le frontal et l'ethmoïde que l'on trouve sur la ligne médiane; puis les temporaux et les pariétaux, situés sur les côtés, et qui, avec les précédents, forment entièrement la boîte cérébrale ou le crâne. Ils contribuent en outre plus ou moins à former la région de la tête que l'on nomme la face, et dont la charpente est constituée par les maxillaires supérieurs, les inter-maxillaires, les jugaux, les naseaux, les lacrymaux, les palatins et les cornets, qui sont doubles, puis par le vomer et la mâchoire inférieure, qui sont uniques.

Quand on observe la tête avec attention, bientôt se révèlent ses analogies avec le système vertébral du tronc dont elle n'est qu'une continuation amplifiée; cela est aujourd'hui incontesté, mais les naturalistes sont dissidents, soit sur le nombre de vertèbres qui la forment, soit sur la composition de ces os. Cette vérité fut d'abord entrevue par Gœthe en 1791, à l'aspect des débris d'une tête de mouton gisant dans le cimetière du Lido, mais elle ne fut admise dans la science que beaucoup plus tard. Duméril, qui s'occupa de ce sujet un des premiers, pensait que la boîte cérébrale n'était constituée que par une seule vertèbre. Ensuite Oken la considéra comme composée de trois de ces os, et guidé par des analogies organiques qu'il entrevoyait entre le torse et la tête, il envisagea le crâne comme représentant la tête de la tête, tandis que pour lui le nez était une sorte de thorax céphalique, et que les mâchoires offraient les analogues des bras et des jambes du tronc; Spix adopta à peu près ces vues, et de Blainville, qui, l'un des premiers, éclaira cette importante question, en analysant les masses cérébrales et les cordons nerveux qui en émanent, fut conduit par des données plus philosophiques à reconnaître quatre vertèbres dans le crâne ; la nasale, la frontale, la pariétale et l'occipitale.

Dans presque tous ces animaux le cou offre sept vertèbres ; Daubenton avait même cru que ce nombre était constant, mais la loi qu'il avait posée est démentie par quelques exceptions ; il y en a neuf dans le paresseux ; selon Mekel le lamantin n'en possède que six, et je n'en ai trouvé que ce nombre chez les marsouins. Ces os donnent à cette région du corps une configuration et des mouvements qui varient selon leur développement ; ainsi, tandis qu'ils sont longs et supportent la tête, dans quelques mammifères, à une élévation considérable, dans d'autres, au contraire, ils sont excessivement minces et soudés. Généralement la longueur du cou est en raison inverse du poids de la tête, et pour faciliter la préhension de l'aliment sur le sol, son étendue ajoutée à celle de cet organe égalent la hauteur du train de devant ; mais les mains des quadrumanes et la trompe de l'éléphant suppléent chez eux à la brièveté du cou.

Chez le plus grand nombre des mammifères on rencontre douze à quatorze vertèbres à la région du dos et portant les côtes ; plusieurs en ont moins, d'autres en possèdent plus, et l'on en trouve même jusqu'à vingt-trois dans une espèce [1]. Le nombre des vertèbres qui forment la région des lombes est ordinairement de six ou sept : quelques-uns de ces animaux n'en offrent que deux [2], tandis qu'il en est qui en possèdent neuf [3]. La région sacrée est généralement constituée par trois vertèbres soudées et formant un tout solide appelé sacrum ; mais aussi quelquefois on n'y en trouve qu'une [4], tandis que dans d'autres on en compte jusqu'à sept [5].

La région caudale est celle du squelette qui offre de plus nombreuses variétés ; on peut dire qu'elle manque chez quelques mammifères puisqu'il n'y a même aucune vertèbre pour la représenter [6]. Chez d'autres elle n'est formée que d'un fort petit nombre de ces os, aussi il n'y a point de queue saillante à l'extérieur [7] ; mais au contraire certains animaux de cette classe ont cet organe extrêmement long, et l'on y compte jusqu'à quarante-cinq vertèbres [8] ; et même dans les espèces où cet appendice a besoin de beaucoup de force, celles-ci portent à leur région inférieure de petits os en V destinés à augmenter la puissance des leviers musculaires [9], et que Carus considère comme des côtes rudimentaires et soudées entre elles. La queue a une grande utilité pour beaucoup de mammifères, et elle remplit des usages fort variés, aussi est-elle chez la plupart animée par huit muscles qui lui impriment des mouvements d'élévation, d'abaissement et latéraux. Dans les cétacés, c'est le principal organe de locomotion ; les kanguroos s'en servent comme d'un membre pour s'appuyer et quelquefois comme d'une arme défensive ; chez certains singes d'Amérique qui jouissent de la faculté d'enrouler leur queue, celle-ci devient un véritable organe de préhension ou de tact terminé à cet effet par une surface nue congéniale, et on lui donne le nom de Queue prenante. Enfin les ruminants, chez lesquels elle est terminée par une houppe de poils, s'en servent comme

---

[1] Unau.
[2] Fourmilier, unau.
[3] Lori grêle.
[4] Lori, roussette, sarigue.
[5] Taupe, ours blanc.
[6] Roussettes.
[7] Homme, orangs.
[8] Pangolin à longue queue.
[9] Cétacés, castor.

d'un véritable balai pour chasser les insectes qui les incommodent.

La classe des mammifères est celle où les membres se présentent dans leur plus ample développement, et où ils offrent des différences plus remarquables, mais toujours en rapport avec les habitudes. Il y en a ordinairement quatre qui sont composés en avant comme en arrière par une espèce de ceinture osseuse nommée épaule ou bassin qui en forme la base; puis par un pédoncule, le bras ou la cuisse, qui supporte le manche appelé bras antérieurement et jambe en arrière, et enfin par une extrémité ou instrument qui est la main ou le pied.

Le membre antérieur se compose de l'épaule, du bras, de l'avant-bras et de la main. L'épaule est formée ordinairement par deux os, l'omoplate, puis la clavicule qui s'articule avec le tronc dans les animaux qui ont l'habitude de diriger fréquemment leurs membres antérieurs au-devant d'eux, soit pour exécuter le vol, soit pour prendre leurs aliments [1], mais qui n'existe que rudimentairement et sans articulation sternale chez ceux dont les membres sont uniquement ambulatoires. Le bras n'a qu'un seul os, l'humérus; l'avant-bras en présente deux, le cubitus et le radius, très-distincts et mobiles l'un sur l'autre dans les mammifères qui saisissent leurs aliments avec les mains [2] : ils se soudent intimement dans ceux où leur fonction se réduit à la progression [3]. La main, suspendue à l'extrémité du bras, se compose de trois parties qui peuvent se présenter sous une foule d'aspects différents. On trouve d'abord le carpe, qui est formé par de petits os dont le nombre varie, mais qui est de huit chez l'homme, où ils portent des noms tirés de leur forme : ce sont le scaphoïde, le semi-lunaire, le pyramidal, le pisiforme, le trapèze, le trapézoïde, le grand os et l'unciforme. La seconde partie de la main est nommée métacarpe; elle se trouve constituée par plusieurs os allongés et distincts, mais dont parfois deux sont soudés en un seul corps appelé *canon*. Les doigts, ou parties terminales des membres, sont au nombre d'un à cinq, et ordinairement formés par trois os isolés, nommés phalanges, dont le dernier supporte une partie cornée, ou ongle, diversement configurée, selon ses usages, et qui manque rarement [4].

Le membre postérieur est composé de pièces analogues à celles de l'appendice antérieur : on y trouve la ceinture osseuse appelée Bassin, formée par deux os nommés iliaques, qui s'arc-boutent ordinairement l'un sur l'autre en avant, et en arrière sur le sacrum. C'est cette ceinture solide que doit traverser le fœtus des mammifères pour être expulsé, et c'est l'obstacle qu'elle offre à son passage qui rend le part souvent si douloureux; aussi, chez quelques-uns de ces animaux où elle n'est pas complète, celui-ci se fait sans doute avec plus de facilité et moins de douleur [5]. Au-dessus des os iliaques on découvre parfois, dans la classe que nous décrivons, deux os remarquables appelés mar-

---

[1] Hommes, singes, chauves souris.   [3] Chameaux, chevaux.   [5] Dauphins.
[2] Singes, écureuils.   [4] Cétacés.

supiaux [1] ; un seul os, le fémur, soutient les parties charnues de la cuisse ; le tibia et le péroné réunis constituent le système solide de la jambe. Le tarse, formé de l'astragale, du calcanéum, du scaphoïde, du cuboïde et des trois cunéiformes, puis le métatarse et les phalanges représentent les autres régions de l'extrémité antérieure et leur sont analogues.

Les extrémités des mammifères varient comme les fonctions qui leur sont confiées, mais sans que l'anatomie cesse d'y dévoiler les caractères du type auquel appartient l'animal. Les uns, relégués au fond des eaux, ont des membres antérieurs rapetissés et transformés en véritables nageoires ; d'autres, dont l'existence est moins aquatique, n'offrent plus que des doigts réunis par des membranes pour faciliter leur translation momentanée au milieu du liquide [2]. Au contraire, dans les espèces volatiles [3], les membres antérieurs se développent considérablement, et leurs longues et grêles phalanges sont tapissées de minces pellicules qui doivent soutenir leur vol pénible et chancelant.

Les divers os du squelette sont unis entre eux par des ligaments composés d'un tissu fibreux d'une teinte nacrée. Tantôt ceux-ci sont uniquement destinés à réunir les pièces qui forment les articulations, tantôt par leur élasticité, ils semblent devenir les antagonistes ou les auxiliaires de l'action musculaire ; le ligament cervical, qui est un des plus remarquables, est dans ce dernier cas ; il se rend du crâne et des éminences épineuses des vertèbres du cou à celles des vertèbres dorsales ; cet organe paraît avoir la fonction de soutenir la tête, et il est d'autant plus développé que celle-ci doit peser davantage à l'extrémité du levier qui la supporte, soit à cause de son volume ou de sa position, soit à cause de la longueur du cou ; en effet, chez l'homme, dont la station est verticale et où la masse céphalique s'équilibre parfaitement sur l'axe vertébral, ce ligament est presque inapparent, mais il devient très-fort chez les chevaux et les ruminants à long cou.

La locomotion est cette fonction particulière au règne animal, à l'aide de laquelle les individus se transportent vers les lieux où ils espèrent satisfaire leurs plaisirs ou leurs besoins. Elle s'opère à l'aide d'organes charnus, rouges, énergiquement contractiles et nommés muscles, qui forment des faisceaux ou des masses dont les fibres s'insèrent sur des tendons nacrés et resplendissants qui les fixent aux os ; ceux-ci sont les organes passifs des mouvements, et forment des leviers heureusement calculés pour réunir la rapidité à la force. Chaque muscle est constitué par des fibres unies à l'aide de tissu cellulaire et entrelacées de vaisseaux et de nerfs ; elles sont blanches et ne doivent leur coloration qu'au sang qui les imbibe ; examinées au microscope on voit que ces fibres se composent de filaments d'une extrême ténuité, disposés parallèlement les uns à côté des autres, et qui paraissent formés par une série de petits globules d'environ $\frac{1}{100}$ de millimètre de dia-

[1] Didelphes.   [2] Loutre, castor.   [3] Chauve-souris.

mètre ; l'analyse chimique démontre qu'elles sont principalement constituées par de la fibrine. Les muscles sont les agents actifs des contractions qui opèrent les mouvements, mais c'est le cerveau qui commande ceux-ci, et c'est à l'influence nerveuse que ces organes doivent le développement de leur puissance, car quand elle cesse tout mouvement s'anéantit. Mais s'il est hors de doute que les nerfs sont les organes qui déterminent la contraction musculaire, on ne connaît pas encore bien leur mode d'action, mode que certains auteurs, d'après les travaux de Volta, de Galvani et d'Aldini, ont considéré comme devant être assimilé à l'électricité. Quand avec un microscope on regarde les muscles, on s'aperçoit que leurs fibres, qui dans l'état de relâchement sont droites, forment au contraire des ondulations ou de très-petits zigzags quand elles se contractent, et si l'on observe plusieurs contractions successives, on voit que les flexions de chaque fibre ont toujours lieu dans un même endroit où se trouve un filet nerveux transversalement disposé, de manière que, s'il est vrai que la masse d'un muscle éprouve par la contraction un raccourcissement si considérable que Bernouilli et quelques autres ont pensé que celui-ci était de $\frac{1}{7}$ de sa longueur, les fibres dont il se compose n'éprouvent cependant point de diminution dans leur étendue, mais seulement elles s'ondulent dans toute leur longueur.

Dans cette classe, les quatre membres sont ordinairement employés pour la station et la progression ; l'homme seul se tient et marche constamment sur deux ; car, au rapport des voyageurs, il est tels animaux [1] que l'on croyait ne faire usage que des pieds de derrière, qui se servent aussi des membres antérieurs lorsqu'ils sont pressés et qu'ils cherchent à fuir vivement.

Les extrémités opèrent aussi parfois la préhension ; les quadrumanes peuvent saisir les corps avec tous leurs appendices, à cause du pouce qui chez eux est opposable ; les carnassiers l'exécutent simplement à l'aide des doigts ; il est des rongeurs [2] qui peuvent même porter l'aliment à leur bouche comme les singes. Enfin, la queue en s'enroulant autour des objets, et la trompe de l'éléphant, qui n'est qu'un prolongement du nez, deviennent encore des organes préhenseurs.

C'est du jeu des différents muscles sur la portion solide du corps que résultent les attitudes et les mouvements, dont les principaux sont : la Station, la Marche, le Saut, la Natation et le Vol.

La station est cette attitude dans laquelle un animal se tient sur ses jambes dressées et fermes ; elle résulte de l'action soutenue des muscles extenseurs de toutes les articulations des membres qui appuient sur le sol. Pour qu'elle s'effectue, il faut que le centre de gravité de l'individu tombe dans la ligne qui circonscrit l'espace embrassé par les pieds. L'homme est le seul parmi les mammifères qui soit essentiellement destiné à se soutenir sur deux membres, et l'examen de ses organes le

---

[1] Orangs-outangs. [2] Ecureuils.

révèle avec évidence. Cette station, en effet, est favorisée chez lui par le grand espace qu'embrassent ses pieds qu'il appuie en entier sur le sol, tandis que tous les autres animaux ont le calcanéum relevé ; par la force de ses muscles des mollets et de la région fessière, et par la direction de ses cuisses qui sont parallèles à la ligne de gravité ; puis par la longueur du col du fémur, la largeur du bassin, la situation du trou occipital qui se trouve en dessous et permet au crâne de s'équilibrer sur son axe, et enfin par l'absence du ligament cervical qui, chez les autres animaux, sert à soutenir la tête.

La station quadrupède trouve sa solidité, chez les mammifères, dans la vaste base de sustentation que circonscrivent les quatre pieds ; et elle est en outre favorisée par le développement des puissances musculaires des membres de devant qui, à cause de la plus grande pesanteur de la région antérieure du corps, ont plus à supporter que les autres ; cette attitude trouve encore un perfectionnement dans l'existence du ligament et des forts muscles cervicaux qui soutiennent la tête, et dont le développement est en raison directe de la pesanteur de celle-ci ou des fardeaux qu'elle est appelée à supporter. Enfin les muscles de l'abdomen, à l'aide de leurs contractions, contre-balancent le poids du corps, qui tend à courber la colonne vertébrale en bas, et dans certains mammifères qui se roulent en boule pour se soustraire à leurs ennemis, ces muscles sont même plus développés pour contribuer à cette action [1].

La marche est un mouvement dans lequel un animal, placé sur un sol résistant, transporte son centre de gravité d'un point sur un autre par le jeu alternatif et partiel des membres, sans jamais abandonner ce même sol. Dans la marche, les muscles fléchisseurs et extenseurs sont successivement mis en action, tandis que dans la station, ce sont les extenseurs seuls qui subissent une contraction continue ; c'est pourquoi la station lasse beaucoup plus vite que l'action de marcher, parce que dans cette dernière il y a dans les muscles des alternatives de contraction et de relâchement, tandis que dans l'autre ces organes, sans cesse en action, n'éprouvent aucun repos.

La marche sur deux pieds a lieu à l'aide du mécanisme suivant : si l'on suppose qu'elle commence chez un homme placé dans la station, on voit qu'il incline le tronc sur l'un de ses membres, qui reste fixé un moment ; par ce mouvement, il opère une légère élévation dans l'autre, qui se détache du sol, se porte en avant, et immédiatement retombe sur celui-ci en étendant ses articulations ; ensuite, le membre jusqu'alors fixé au sol s'en détache par l'extension du pied, et transporte le centre de gravité sur le premier, pendant que le bassin mis en mouvement subit une rotation sur la cuisse, à l'aide de laquelle ce second membre se place en avant, en étendant ses articulations ; puis l'autre

---

[1] Hérissons, pangolins.

membre donne une impulsion semblable , et ainsi s'opère l'action de la marche.

Dans la marche quadrupède ce sont les membres de derrière qui sont spécialement destinés à donner l'impulsion , tandis que ceux de devant ne servent presque qu'à soutenir le tronc dans les positions qui se succèdent.

Les animaux opèrent le saut en fléchissant toutes les articulations , et ensuite en les étendant soudainement , de manière qu'on peut comparer cette action , ainsi que l'a fait Borelli, à la détente d'un ressort. Pendant sa durée on doit considérer l'individu comme un projectile lancé qui s'élève jusqu'à ce que la pesanteur et la résistance du milieu l'emportent sur la force d'impulsion. On conçoit d'après cela que les mammifères qui sautent le mieux sont ceux qui ont les jambes de derrière plus longues et plus charnues [1].

La course est une progression accélérée qui tient à la fois de la marche et du saut, et qui résulte d'une succession de sauts opérés alternativement sur une seule jambe , de manière que le pied resté en arrière projette le centre de gravité sur celui qui est en avant , qui ne repose pas sur le sol , et de telle sorte que le corps est un moment suspendu dans l'air.

On doit considérer la natation et le vol comme des espèces de sauts exécutés dans des milieux fluides qui, par leur résistance, impriment un mouvement à l'animal dont les membres les frappent. Les mammifères qui possèdent quatre membres se servent de tous pour nager : ceux de derrière donnent l'impulsion qui chasse le corps en avant, tandis que les antérieurs, par leur action , empêchent la tête d'enfoncer, et plus celle-ci est lourde , plus leurs mouvements sont utiles ; aussi l'homme est-il de tous , celui qui en fait un plus grand usage à cause de la pesanteur de cet organe. Ceux de ces animaux qui nagent le mieux, ont les espaces qui se trouvent entre les doigts , garnis de membranes qui agrandissent la surface de l'espèce de rame dont ils frappent l'eau [2]. Tandis que les mammifères qui se rapprochent de la forme des poissons , tels que les cétacés et les phoques, nagent d'une manière analogue à ceux-ci [3], et principalement par l'impulsion de la région postérieure du corps.

Un des phénomènes les plus étonnants que présentent certains animaux de cette classe est une espèce de léthargie hibernale pendant laquelle toutes les fonctions semblent plus ou moins anéanties , et durant laquelle, comme l'ont observé plusieurs savants, la respiration est tour à tour suspendue et renouvelée à des intervalles réguliers , et la température soumise à un si grand abaissement, que quelques mammifères qui avaient, en été, trente-six degrés, n'en présentent plus que vingt-un en hiver.

Système nerveux. — Il se compose du cerveau , de la moelle et des

---

[1] Kanguroo.   [2] Loutre, castor.   [3] *Voyez* Poissons.

nerfs. Le cerveau est cette substance molle qui se trouve dans la boîte osseuse que forme le crâne ; il est remarquable dans les mammifères par son volume, par la réunion des deux hémisphères dont il est composé, et aussi par la présence d'une masse plus petite que l'on nomme cervelet. Selon ceux chez lesquels on la considère, la masse du cerveau offre de nombreuses différences relativement au poids total du corps ; dans l'homme elle est à celui-ci, comme 1 : 20 à 30 ; dans le sajou capucin : : 1 : 25 ; dans le gibbon : : 1 : 48 ; dans le rat : : 1 : 82 ; dans la brebis : : 1 : 151 et dans l'éléphant : : 1 : 500.

La moelle est la continuation de l'organe précédent, qui se prolonge dans le canal osseux formé par les vertèbres ; c'est d'elle qu'émanent les nerfs qui vont se distribuer dans le tronc et les membres, pour y répandre la sensibilité et le mouvement, et d'autres sont produits par le cerveau.

Les branches nerveuses qui naissent dans le crâne sont ordinairement en même nombre dans ces animaux : la première paire, ou les nerfs *olfactifs*, va s'épanouir dans la membrane des cellules nasales. La deuxième, ou nerfs *optiques*, sort du crâne pour aller s'étaler dans l'œil et présider à la vision ; elle s'atrophie chez les mammifères qui vivent constamment dans des lieux souterrains, obscurs, où le sens de la vue devient inutile. Les troisième, quatrième et sixième paires vont se répandre dans les muscles des yeux qu'elles animent de mouvements variés. La cinquième, ou nerf *trijumeau*, qui contribue puissamment à l'exercice de différents sens, va se distribuer aux mâchoires et à l'appareil oculaire. Les nerfs *facial* et *auditif* constituent la septième et la huitième paire : le premier porte l'expression et la sensibilité aux diverses régions de la face ; l'autre se termine dans les canaux osseux de l'oreille où il perçoit les sons. La neuvième, ou *pneumo-gastrique*, fournit une foule de divisions qui vont se rendre dans les organes les plus essentiels à l'existence, tels que les poumons, le cœur et le tube intestinal. La dixième paire, ou nerf *lingual*, vient animer l'organe du goût et en transmet les impressions. La onzième s'y rend également, tandis que la dernière, ou douzième, va se ramifier dans les muscles du cou.

Les nerfs rachidiens naissent de la moelle par des racines supérieures et inférieures, qui se réunissent pour former les cordons nerveux ; et, d'après Bell et Magendie, les racines supérieures président à la sensibilité, et les inférieures aux mouvements. On trouve en outre sur les côtés de la colonne vertébrale un système nerveux particulier, nommé grand sympathique, qui présente une série de ganglions d'où naissent des nerfs nombreux allant spécialement se distribuer dans les organes de la nutrition.

L'importance du système nerveux a de tout temps fixé l'attention des physiologistes ; c'est en lui que réside la sensibilité, fonction qui résulte de l'impression qui est opérée sur nos organes par les corps extérieurs, de la transmission de celle-ci à la partie qui est chargée de la percevoir, et enfin de la perception de la sensation. Ce sont les nerfs qui reçoivent l'impression et la transmettent au cerveau qui, dans les mammifères, est essentiellement chargé de percevoir et d'analyser toutes les sensations, et est en même temps le point de départ de tous les mouvements volontaires.

Bichat avait professé que le cerveau était le siége de l'intelligence, et que le système nerveux du grand sympathique était celui des facultés affectives ou des passions ; mais on doit admettre que c'est dans l'encéphale, et l'encéphale seul, que résident les facultés intellectuelles et morales, et que le degré de composition de cet organe dans les mammifères ainsi que dans le reste de la série animale, est ce qui règle la sphère morale de chacun.

Gall, Vicq-d'Azir et Tiedemann avaient cru que la différence que l'on observe dans l'étendue des facultés dépendait du volume relatif du cerveau au reste du corps ; mais comme l'observation a démontré que certains animaux [1] ont cet organe proportionnellement plus développé que l'homme, Desmoulins a pensé que l'intelligence était en raison de la surface qu'offre le cerveau, et il a émis que dans les mammifères il y a un rapport constant entre la diminution de la superficie cérébrale et la dégradation intellectuelle.

Déjà d'anciens auteurs avaient considéré les diverses régions du cerveau comme correspondant à des facultés particulières ; Gall et Spurzheim, dans les temps modernes, ont considérablement étendu leurs vues et regardé celui-ci comme un groupe d'organes dont chacun est affecté à la production d'un acte intellectuel ou moral spécial.

Vimont, qui s'est occupé d'appliquer le système de Gall aux animaux, dit avoir reconnu, par de nombreuses observations, que l'on doit admettre, que plus la partie antérieure et inférieure du frontal des mammifères est développée, plus ils sont susceptibles de perfectibilité ; et que, chez eux, l'extension de la région postérieure] du crâne indique l'attachement pour les petits, tandis que le renflement des parties latérales, dans la région occupée par le temporal, est l'indice du penchant à la destruction. Mais s'il est vrai que la boîte crânienne se moule par sa face interne sur le cerveau et le cervelet chez les animaux vertébrés dans lesquels elle est mince, et qu'elle peut, jusqu'à un certain point, traduire les dimensions et les formes de ces organes, il faut reconnaître que, dans beaucoup de mammifères, l'épaisseur des os du crâne, la distension de leurs lames par les cavités nasales qui s'y prolongent [2], et les diverses crêtes qui les hérissent [3], sont des causes d'erreurs qui empêcheront toujours l'investigation phrénologique.

Le cerveau étant évidemment le centre des perceptions et de la pensée, et les appareils des sens extérieurs qui occupent la face se trouvant d'autant plus perfectionnés que l'animalité se prononce da-

---

[1] Sapajous.   [2] Eléphants.   [3] Carnassiers.

vantage, on a conçu l'idée d'obtenir des notions sur l'intelligence des animaux en mesurant les rapports proportionnels des cavités osseuses qui recèlent ces organes. Camper a indiqué le moyen le plus employé qui consiste dans la mesure d'un angle nommé *facial*, résultant d'une ligne tirée vers la base du crâne, et passant au niveau du trou de l'oreille et de la région inférieure de l'ouverture des narines, puis d'une autre ligne tombant sur celle-ci de la saillie du front et venant la croiser à l'orifice du nez. Il est évident que plus le crâne offrira de volume, plus l'angle sera ouvert, aussi trouve-t-on généralement un angle facial plus considérable chez les animaux qui ont un encéphale plus développé : l'homme est celui de tous qui l'a le plus ouvert, tandis que les animaux les moins intelligents sont ceux qui en offrent un plus aigu [1]. Le vulgaire s'accorde même à attribuer à ceux-ci une stupidité proverbiale sur ce seul indice [2], tandis qu'il décerne spontanément une grande capacité à ceux qui l'ont relevé [3]. Les anciens avaient déjà senti ces rapports, car dans la représentation de leurs divinités ou des héros qu'ils voulaient rapprocher de leur essence, ils ont ouvert l'angle facial au delà du degré que présente le type humain.

Quand on étudie les mœurs des mammifères, on voit qu'elles sont guidées par une puissance instinctive que la domesticité ne parvient à vaincre que momentanément; car aussitôt que l'un d'eux repasse à l'état sauvage, après des siècles d'asservissement, ses facultés se réveillent vierges de toute altération. Ces animaux ne sont point en général aussi cruels qu'on le rapporte, et les déprédations des carnassiers ne paraissent pas déterminées par un penchant irrésistible au meurtre; c'est la faim seule qui dicte cette soif de sang, que l'on observe dans beaucoup d'espèces chez lesquelles des armes puissantes et des forces supérieures permettent si facilement le carnage. Mais les soins, la satisfaction de leur appétit, parviennent à changer promptement leur naturel, et à vaincre le penchant sanguinaire de ceux qui passent pour avoir le plus de férocité. L'antiquité était parvenue à dompter beaucoup d'espèces que nous regardons comme redoutables ; dans les spectacles que les empereurs offraient au peuple romain, on voyait des chars traînés par des lions, des tigres, des loups, des bisons et des ours. Martial dit que ces animaux, harnachés avec luxe et retenus par des mors d'or fin, se laissaient conduire sous le joug et souffraient patiemment les coups de fouet des esclaves qui les commandaient ; et il ajoute qu'en voyant ces bêtes obéir à la parole ou exécuter des danses analogues à celles des acteurs efféminés qui composaient les chœurs, on aurait pu se croire dans un spectacle enchanté. Notre époque voit de temps à autre se reproduire de semblables choses.

SENS. *Odorat.* — Cette fonction a pour siége les fosses nasales qui sont comprises dans l'épaisseur des os de la face; un nerf spécial y

---

[1] Tamanoir.   [2] Grue.   [3] Éléphant, chouette.

préside : c'est l'olfactif, qui sort du crâne par le crible de l'ethmoïde.
Les organes olfactifs des mammifères se font généralement remarquer
par les sinuosités multipliées de cet os, ainsi que par l'ampleur des
sinus creusés dans les frontaux, les maxillaires et le sphénoïde, qui
étendent la surface des cavités nasales. Le nez ou appareil extérieur
acquiert, chez plusieurs de ces animaux, une grande mobilité, qui
non-seulement étend la finesse du sens, mais encore lui permet de
devenir un excellent organe du toucher et même de préhension [1], et il
en est même dont la trompe est environnée de lamelles charnues très-
mobiles, qui semblent être des appendices tactiles [2] ; au contraire, ce
sens est fort obtus chez certains mammifères aquatiques, où ses cavités
sont continuellement traversées par des flots d'eau, et présentent
une membrane qui paraît peu sensible au contact des odeurs.

Selon Jacobson et de Blainville, les particules odorantes agissent
chimiquement sur la membrane olfactive, pour opérer la sensation, et
de là on conçoit que celle-ci sera d'autant plus parfaite que la surface
sentante sera plus développée, et que les cornets qu'elle tapisse offriront plus d'anfractuosités et de circonvolutions.

Vision. C'est à l'aide des yeux que les animaux reçoivent les notions
sur la forme et la coloration des corps. Dans les mammifères ils sont
en général proportionnellement moins volumineux que chez les autres
vertébrés, et situés sur les côtés de la tête, excepté chez l'homme et les
quadrumanes, où ils occupent sa région antérieure. Ces organes sont
protégés par les bords des cavités osseuses dans lesquelles ils sont
enfoncés et en outre par les paupières, espèces de voiles membraneux
qui en balayent la surface en y étendant les larmes ; celles-ci sont ordinairement sécrétées par une glande nommée lacrymale ; et à l'angle
nasal de l'œil on rencontre deux pores qui les absorbent et les portent
dans le nez à l'aide d'un canal particulier. L'œil est mu au moins par
six muscles, quatre droits, puis deux obliques, dont un réfléchit ordinairement son tendon dans une sorte de poulie, et par les grands mouvements que cette disposition lui permet d'imprimer à l'organe, lui
donne une mobilité particulière aux mammifères et qui ajoute à son
expression. On trouve aussi dans beaucoup de ces animaux un muscle
en entonnoir qui embrasse la partie postérieure du globe oculaire en
dedans des précédents [3].

Les yeux, ainsi que l'a démontré de Blainville, doivent être considérés comme des phanères ou des bulbes de poils ayant acquis leur
summum de développement. Chacun d'eux est formé à l'extérieur par
une enveloppe fibreuse, blanche, opaque, nommée sclérotique, qui ne
présente jamais d'ossifications, et offre en avant un trou que remplit
la cornée transparente. A l'intérieur on découvre une membrane vasculaire portant un enduit foncé ; c'est la choroïde qui, en se réfléchissant
en avant, forme l'iris ou la membrane colorée et percée d'un trou que

[1] Tapir, éléphant.   [2] Condylures.   [3] Carnassiers, ruminants.

l'on voit derrière la cornée ; ce trou nommé pupille est rond dans beaucoup de mammifères [1], il représente une fente verticale chez d'autres [2], ou enfin il s'offre sous l'apparence d'un ovale dont le grand diamètre est horizontal [3]. C'est en dedans de la choroïde que se trouve la toile nerveuse, blanche, appelée rétine, qui forme une surface sur laquelle viennent se peindre, comme dans une chambre noire, les images en miniature du monde extérieur, ainsi que le prouve une expérience de Descartes ; de là celles-ci sont transmises à l'âme par l'intermédiaire des nerfs optiques. Cet appareil de la vision représente un véritable instrument de dioptrique, dans lequel les rayons lumineux éprouvent des réfractions en passant successivement à travers la cornée ; puis dans l'humeur aqueuse, qui baigne le derrière de celle-ci ; enfin, en traversant le cristallin, corps transparent, solide, et l'humeur vitrée qui remplit la majeure partie de l'arrière-région de l'œil.

Le développement des yeux est en rapport avec les mœurs. Chez les mammifères qui, tels que les carnassiers, ont une existence basée sur la perfection des sens, ces organes sont ordinairement fort développés pour leur donner la facilité d'apercevoir et de poursuivre leur proie, et, par une finalité tout à fait opposée, certains rongeurs faibles et timides ont également de gros yeux, qui, en leur signalant de loin leurs ennemis, leur permettent de s'y dérober. En général aussi les espèces nocturnes ont ces organes plus volumineux, l'iris plus mobile et la rétine plus sensible [4] ; mais cependant, quand celles-ci sont destinées à vivre dans des galeries souterraines tout à fait obscures, le bulbe oculaire devient de plus en plus rudimentaire [5] et se cache complétement sous la peau, de manière que l'animal est totalement aveugle [6].

Les yeux subissent quelques modifications qui sont en rapport avec le milieu, dans lequel les mammifères séjournent ; chez ceux qui par leurs habitudes se rapprochent des oiseaux, tels que les écureuils, les makis, qui vivent dans les arbres, ils offrent par leur volume une coïncidence avec ceux de ces animaux. Chez les cétacés et les phoques, dont la vie est aquatique, ils sont analogues à ceux des poissons par l'absence d'organes lacrymaux, par l'aplatissement et l'amincissement de la cornée, ainsi que par la tendance du cristallin à se rapprocher de la forme sphérique : les premiers ont même les paupières presque immobiles.

Parmi les particularités remarquables qu'offrent les parties qui constituent l'œil des animaux dont nous traçons l'histoire, il faut encore signaler la modification de la choroïde, à laquelle on a donné le nom de *tapis*, qui est si remarquable par les reflets chatoyants, nacrés, verts ou bleus, que présente cette membrane dans beaucoup de carnassiers et de ruminants, vers l'endroit où le nerf optique la traverse.

Goût. — Le siége de ce sens est la langue, masse charnue considé-

[1] Quadrumanes.
[2] Chats.
[3] Ruminants.
[4] Cheval, chats.
[5] Taupe.
[6] Zemni.

rable, mobile, aplatie ou vermiforme [1], qui est ordinairement pointue à son extrémité antérieure, et en arrière s'attache sur un os nommé hyoïde. C'est à la membrane qui recouvre cet organe que paraît confiée la fonction gustative ; on y trouve ordinairement, à cet effet, des saillies ou des enfoncements, auxquels on a donné indistinctement le nom de *papilles*, et dont l'usage est fort différent. Les unes sont pointues, molles, situées à l'extrémité de la langue et sur ses bords ; elles paraissent vasculaires et nerveuses, et sont destinées à la sensation : on les nomme Papilles coniques, à cause de leur forme. Parmi elles on en trouve parfois qui sont revêtues d'une espèce d'étui corné, analogue à un petit ongle, dont le développement est d'autant plus considérable que le mammifère est plus carnassier, et qui semblent destinées à déchirer sa proie et à en faire suinter le sang en la léchant. D'autres saillies papillaires ont reçu le nom de Fongiformes, à cause de leur figure analogue à celle des champignons ; enfin l'on découvre les papilles Caliciformes, qui sont situées ordinairement à la base de la langue, et composées par des anfractuosités destinées à une sécrétion qui favorise sans doute l'action chimique des saveurs.

Trois nerfs se rendent à la langue des mammifères pour perfectionner la sensation, le Lingual, l'Hypoglosse et le Glossopharyngien, tandis que dans les classes qui suivent on n'y trouve plus que ces deux derniers. C'est le lingual, dont les dernières ramifications arrivent jusqu'aux papilles, qui chez ces animaux produit la sensation du goût, car celle-ci s'anéantit quand on en fait la section ; les autres paraissent destinés seulement aux mouvements ; aussi, lorsqu'on les coupe, l'organe perd la faculté de les exécuter, mais il reste sensible à l'impression des saveurs. Outre la gustation qui lui est essentiellement confiée, cet organe sert aussi dans quelques mammifères à saisir les aliments : c'est ce qui a lieu chez certains ruminants pour ceux qui sont solides, et dans les carnassiers pour les boissons.

Ouïe. — L'oreille se compose ordinairement d'un organe extérieur appelé Conque, placé sur les côtés de la tête, disposé de manière à recueillir les ondes sonores des corps en vibration, et composé de replis cartilagineux revêtus par la peau ; plusieurs muscles lui sont annexés pour le diriger et faciliter sa fonction ; ceux-ci sont principalement nombreux chez les solipèdes et quelques ruminants, où, en outre, cet organe de recueillement se fait remarquer par sa configuration qui, étant analogue à un cornet, le rend très-propre à répercuter les sons. Cette conque est presque exclusivement propre aux mammifères ; elle manque cependant chez quelques-uns [2]. La partie interne de l'appareil de l'audition est formée par un bulbe phanérique enveloppé d'une masse osseuse que sa densité et sa superficie inégale ont fait désigner sous le nom de rocher ; cette partie est composée de la caisse du tambour, qui n'est qu'un organe d'unisson et de renforcement borné au

[1] Fourmilier.   [2] Phoques.

dehors par la membrane du tympan, et contenant dans sa cavité une chaîne solide composée par quatre osselets appelés marteau, enclume, os lenticulaire et étrier, à cause de la ressemblance que les anatomistes leur ont trouvée avec ces instruments; cette chaîne forme presque un angle droit dont l'ouverture est modifiée par plusieurs petits muscles, et elle est destinée à changer diversement la tension de la membrane du tympan, sur laquelle le manche du marteau s'attache, ou celle de la membrane de la fenêtre ovale, qui reçoit la base de l'étrier. Après ces organes on découvre les parties de perfectionnement acousti- que : ce sont les canaux semi-circulaires, puis le limaçon, espèce de canal contourné en spirale comme la coquille d'une hélice, et qui ne mérite cette dénomination que chez les mammifères, car, dans les autres classes, il n'est que rudimentaire et non enroulé. Enfin, on trouve la partie essentielle de l'audition, ou le vestibule, cavité remplie d'une matière subgélatineuse dans laquelle viennent se résoudre des filets du système nerveux. La physiologie démontre que l'oreille et ses annexes constituent un organe acoustique où les parties de perfectionnement sont disposées d'une manière favorable pour l'impression des ramilles du nerf auditif, qui sont destinées à percevoir les ondes sonores qui frappent nos sens.

L'appareil de l'ouïe présente des différences qui sont liées aux mœurs des animaux. Les espèces qui cherchent leur nourriture pendant la nuit sont, en général, mieux partagées sous le rapport des organes au- ditifs : on remarque que chez elles l'oreille externe est plus vaste, la caisse du tambour beaucoup plus ample, et que le canal extérieur est moins profond et plus ouvert : cela peut s'apprécier dans les makis, parmi les quadrumanes, ou en comparant l'oreille des chats, des renards ou des chauves-souris à celle des carnassiers diurnes.

Le séjour des mammifères influe aussi sur la disposition de ces or- ganes, et l'on observe que ceux que la nature a dépourvus d'armes, ou qui habitent les plaines découvertes, ont en général le sens de l'ouïe plus actif et la conque plus grande, tandis que cet appendice de per- fectionnement extérieur disparaît graduellement à mesure que les espèces deviennent plus aquatiques ou plus souterraines; c'est ce dont on s'aperçoit en comparant les martes qui sont terrestres, aux loutres qui leur ressemblent sous tant de rapports, mais qui fréquentent l'eau : les premières ont une conque évasée, les autres n'en ont qu'une fort petite. Chez certains pinnigrades qui ont encore des mœurs plus aqua- tiques, elle est tout à fait rudimentaire [1], et les cétacés, qui sont sans cesse plongés dans l'eau, n'en ont jamais. Dans les animaux de cette classe qui ont une existence entièrement souterraine on voit aussi dispa- raître la conque auditive, comme cela a lieu pour l'oryctère et la taupe. Et, chez beaucoup de mammifères où cet organe manque, on observe que l'entrée du conduit auditif est protégée par des poils, ou que par

[1] Otaries.

l'action des muscles elle peut se boucher, afin d'empêcher les parcelles de terre ou l'eau de se précipiter dans l'organe.

Toucher. — La peau est l'organe du toucher ; c'est elle qui circonscrit l'animal dans l'espace, et qui, en s'enfonçant dans son intérieur, concourt à former les appareils digestif, respiratoire et génito-urinaire. Elle est composée par six parties principales qui sont, en allant du dehors au dedans : l'Épiderme, membrane mince et cornée, qui semble résulter d'une exsudation ; le Corps papillaire, que constitue le lacis de l'extrémité du système nerveux ; la Couche colorante, de laquelle la peau tient ses diverses teintes ; le Réseau vasculaire, formé d'artères, de veines et de vaisseaux lymphatiques ; le Derme, qui est épais et composé de tissu cellulaire condensé ; et enfin la Couche musculaire ou contractile, que l'on connaît sous le nom de Peaussier. En outre, cet organe présente encore deux parties de perfectionnement qui sont les cryptes et les phanères, qui jouent un rôle important dans diverses régions.

Les Cryptes sont de petites excavations de la peau, simples ou multiples ; on leur découvre une enveloppe fibreuse qui est percée par un bout pour recevoir les vaisseaux qui s'y rendent, et à l'autre pour émettre les fluides de nature variée que sécrète leur surface vasculaire, et qui sont versés à la superficie de l'animal. Ce sont des cryptes qui produisent le liquide qui rend constamment humide la région de la face que l'on nomme le *mufle* chez le bœuf et le cerf ; ce sont aussi des amas de ces petits organes qui composent les glandes que l'on trouve vers l'anus [1], à la face [2] ou sous les flancs [3] de certains mammifères, où elles sécrètent une matière odorante dont le parfum acquiert de l'intensité à l'époque des amours, et semble destinée à favoriser les recherches des sexes différents et leur rencontre.

Les Phanères sont formés de deux modifications organiques : d'un bulbe qui en est la partie intérieure et vivante, et d'un poil qui est extérieur, et ne représente qu'un corps mort. Le bulbe offre une enveloppe fibreuse ayant deux ouvertures, dont une reçoit les vaisseaux et les nerfs, et l'autre émet la partie produite ; le dedans est rempli d'une matière pulpeuse formée par des ramifications vasculaires dont la superficie sécrète le poil qui se trouve constamment poussé au dehors par l'accumulation de nouvelles couches à sa base.

La peau des mammifères offre constamment des poils à sa surface, ce qui a fait proposer par de Blainville de nommer ces animaux *pilifères* ou *porte-poils*. Quelques-uns, comme les pangolins, paraissent au premier abord avoir une peau uniquement protégée par des écailles ; d'autres, tels que les cétacés, semblent présenter une surface cutanée totalement nue : mais ce ne sont que de fausses exceptions, car l'attention fait découvrir que l'enveloppe squammeuse solide des premiers est formée par des poils agglutinés, et que la peau des autres est revêtue d'un

---

[1] Putois. [2] Éléphant. [3] Musaraigne.

système pileux protecteur ayant l'aspect d'une croûte épidermique.

Sous le rapport de la conformation générale, on peut distinguer deux sortes de poils : ceux qui sont droits, lisses et soyeux, et ceux qui sont frisés et laineux ; les premiers sont généralement propres aux mammifères des pays chauds, tandis que les derniers se voient plus particulièrement chez ceux qui habitent les contrées froides. Relativement à leur consistance, ces organes présentent de grandes variétés, quoique offrant ordinairement beaucoup de finesse et une flexibilité remarquable ; chez quelques mammifères ils sont cependant très-cassants [1], et dans d'autres, ils forment des tiges roides et dures analogues à la partie centrale des plumes des oiseaux, mais qui, plus consistantes encore, ont reçu le nom de piquants [2]. Ceux-ci ne sont cependant que des poils arrivés à leur summum de développement, et on peut s'en convaincre en étudiant les échymis, les tenrecs et les hérissons, car on voit ces appendices augmenter de force en passant successivement des uns aux autres de ces animaux. Quand on examine les poils dans toute cette classe, on voit que leur forme et leur coloration offrent un assez grand nombre de variétés. Le plus ordinairement ils sont cylindriques et flexibles, et quand on les observe au microscope ils ont l'apparence d'un tube corné, dont l'intérieur est rempli d'une substance qui leur imprime la coloration particulière qu'ils présentent ; il en est aussi qui sont aplatis et ressemblent assez à des feuilles de graminées [3] ; d'autres paraissent formés d'une suite de cônes emboîtés dont les bases auraient été irrégulièrement découpées [4], et il en est même qui sont creux à l'intérieur [5], et d'autres chez lesquels cette partie semble divisée par une innombrable quantité de cloisons [6].

La coloration du pelage des mammifères montre peu de diversité ; les poils sont ordinairement noirs, bruns, fauves, gris ou blancs, et l'on remarque dans presque tous que ceux qui sont sur le dos, ou les parties exposées à la lumière, offrent une teinte plus foncée que les autres ; le blaireau, le ratel et peu d'autres font seuls exception à cette loi. On ne trouve jamais dans cette classe la richesse et la variété de teintes que nous offrent si profusément les oiseaux ; la chrysochlore, presque seule, y présente un pelage chatoyant qui possède quelques reflets irisés et métalliques. Le coloris du système pileux peut subir des modifications par l'influence de l'âge et du climat, ainsi que par celle des saisons et la domesticité. Cette dernière, qui agit d'une manière fort énergique, produit même une foule de variétés qui rendent souvent les espèces primitives méconnaissables ; mais, passagère comme l'asservissement, la livrée s'efface bientôt si l'animal est rendu à la liberté. Deux modifications principales se présentent dans toutes les espèces, c'est l'albinisme et le mélanisme : la première consiste en une teinte blanche qui envahit la surface cutanée et ses productions ; la

[1] Echymis.   [3] Echymis.   [5] Pécari.
[2] Porc-épic.   [4] Mouton.   [6] Taupe.

seconde en une transformation en noir. L'une et l'autre paraissent dues à des influences extérieures. La mutation *albine* est plus fréquente dans les pays froids. Le *mélanisme*, au contraire, s'observe plus communément dans les régions équatoriales.

Dans les premiers temps de l'existence il arrive que certains mammifères ont une coloration toute différente de celle qu'ils présentent dans l'âge adulte, tels sont quelques cerfs qui offrent d'abord une peau tachetée de blanc : c'est cet état que l'on nomme la *livrée*.

On remarque aussi que l'épaisseur du pelage dans les êtres que nous étudions subit généralement l'influence du climat, et que ceux qui habitent les régions froides ont une fourrure plus garnie que les espèces des pays équatoriaux, qui en général n'ont guère que des poils courts peu serrés ou en sont même parfois presque tout à fait privés [1]. Les animaux de cette classe changent généralement de poil à des époques déterminées, et le plus ordinairement au printemps et à l'automne : c'est ce que l'on nomme la *mue;* chez la plupart la couleur ne subit pas alors de grandes modifications, mais il en est qui par cette mutation deviennent méconnaissables : c'est ainsi que l'hermine, qui est fauve dans l'été, se revêt chaque hiver d'un pelage d'un beau blanc; pendant cette dernière saison aussi la fourrure des mammifères devient souvent beaucoup plus épaisse.

Les ongles et les cornes des mammifères doivent être considérés comme des productions cutanées : ce sont des poils agglutinés ensemble et produits par des amas de phanères extrêmement tassés. Leur structure se révèle distinctement dans la corne des rhinocéros, où il est facile d'isoler ces poils sans la moindre préparation, et pour les ongles la macération la démontre après un certain temps. On a nommé Ongulés les animaux de cette classe qui, comme les chevaux et les bœufs, ont des sabots ou ongles qui environnent toute l'extrémité du doigt, et le nom d'Onguiculés a été imposé à ceux qui, comme les quadrumanes, n'ont que la région supérieure de la dernière phalange recouverte par la substance cornée. On doit aussi considérer comme des ongles les écailles qui se trouvent à la superficie des pangolins, et qui, comme eux, sont formées de poils agglutinés.

L'épaisseur du derme des mammifères offre quelques modifications qui sont en rapport avec leur habitation ou leurs mœurs. On remarque ordinairement qu'il est plus épais sur les régions les plus exposées à l'action des corps et par conséquent à la partie externe des membres et sur le dos ; cependant quelques espèces qui ont l'habitude de se renverser sur cette dernière région quand elles sont attaquées, et de se contenter dans cette position d'opposer leurs pattes à leur ennemi, ont la peau du ventre d'une épaisseur considérable [2]. Le séjour a aussi une influence remarquable ; car on observe en général que le derme est beaucoup plus épais chez les mammifères qui vivent sans se pratiquer

---

[1] Eléphant, rhinocéros. [2] Blaireau, paresseux.

d'abri, tels que les pachydermes, tandis qu'il s'amincit d'une manière sensible chez ceux qui se creusent des terriers comme certains rongeurs.

Quelques mammifères ont un système cutané qui s'éloigne du type normal, soit dans toute son étendue, soit seulement dans quelques régions, tel est le tatou, dont le derme est incrusté de plaques calcaires qui servent à le protéger ; tels sont les singes par les épaisseurs ou callosités que l'on rencontre à la peau de leurs fesses à l'endroit qui se trouve en contact avec le sol quand ils sont assis.

C'est dans cette classe que le toucher acquiert la plus grande perfection, et c'est surtout chez l'homme qu'il trouve dans la main l'appareil le plus sagement organisé pour palper les corps et obtenir de justes notions sur leur configuration. Chez les singes cette fonction possède encore une grande finesse et s'opère aussi à l'aide des mains, qui, comme celles du premier, offrent une peau fine et très-nerveuse. Dans la plupart des autres mammifères les membres sont affectés d'une manière plus spéciale à la progression, et la sensibilité y est émoussée par les callosités ou les sabots qui les terminent ; aussi le toucher vient-il se cantonner dans la région des lèvres, où le développement de soies roides, telles que nous en voyons chez les chats, ajoute un perfectionnement à la sensation ; par une anomalie remarquable, les taupes, les cochons, les desmans, les musaraignes, et surtout les tapirs et les éléphants offrent les deux sens du toucher et de l'odorat concentrés dans un même organe, le nez ou la trompe. Dans les sarigues et beaucoup de singes d'Amérique, la queue, qui est prenante, devient aussi un véritable organe tactile.

Voix. — La voix des mammifères est produite par l'action de l'air sur un conduit appelé larynx qui se trouve à l'orifice de l'appareil de la respiration et est composé par plusieurs cartilages. Cet organe est comme suspendu à l'os hyoïde, et le canal qu'il forme est tapissé par une membrane muqueuse qui offre ordinairement des replis que l'on nomme Cordes vocales, parce que c'est en passant entre eux que l'air, en vibrant, produit la voix. On voit en effet que le timbre de celle des mammifères paraît tenir de la disposition physique de ces cordes, car ceux qui en possèdent jouissent d'une voix plus ou moins étendue, tandis que les espèces chez lesquelles on n'en rencontre pas sont muettes[1].

Digestion. — L'appareil digestif des mammifères est formé par un tube qui naît à la bouche et se termine à l'anus, ainsi que par diverses glandes qui l'avoisinent et viennent verser leurs sécrétions dans son intérieur. Ce tube n'est qu'un prolongement de la peau au dedans de l'animal où elle a été modifiée pour opérer sur l'aliment et en produire l'absorption ; là, elle est d'une texture beaucoup plus délicate ; son réseau vasculaire s'est considérablement développé, et l'on

---

[1] Quelques rongeurs.

ne rencontre point d'épiderme à sa surface dans la plus grande partie de son étendue , qui est garnie d'une multitude de petites saillies appelées *villosités*, formées de tissu cellulaire et de vaisseaux ; celles-ci , qui ne sont souvent appréciables qu'à l'aide d'instruments d'optique , mais qui ont aussi parfois plusieurs lignes de longueur , fonctionnent comme de petites éponges en s'imbibant de la partie nutritive de l'aliment qui doit être absorbée. Ces villosités sont principalement apparentes dans les herbivores : les carnassiers en offrent un moindre nombre , et chez eux , elles sont plus petites.

A l'entrée des cavités digestives se trouve le système dentaire, qui varie comme l'aliment , car la nature offre une série de transitions depuis le mammifère à bouche à peine sensible et privée de dents , qui ne vit que d'insectes , jusqu'au carnassier chez lequel l'appareil de trituration réunit tant de force et de solidité , ou à l'herbivore , dont les énormes molaires pèsent quelquefois dix ou douze livres [1]. Les dents doivent plutôt être considérées sous le rapport de la forme que sous celui de leur nombre , car celle-ci donne , au premier aspect , les plus intéressantes notions physiologiques. Il y en a de trois espèces chez ces animaux , ce sont les incisives, en avant, dont la couronne mince est disposée pour couper l'aliment ; les canines , qui viennent après , et dont la fonction est de le déchirer , et enfin les molaires, qui sont les plus grosses et se trouvent situées vers le fond de la bouche. Ces dernières ou présentent une couronne plate qui indique des habitudes herbivores et dont la destination paraît être uniquement de broyer la nourriture , ou comme chez les mangeurs d'insectes , elles sont hérissées de pointes propres à briser l'enveloppe cornée de ceux-ci ; d'autres fois ces dents sont tranchantes et anguleuses, se croisent comme des ciseaux , et semblent destinées à déchirer la proie ainsi que cela était utile et qu'on le voit chez les carnivores. Enfin les molaires peuvent être tout simplement coniques sans se correspondre , et alors, ne pouvant plus servir à déchirer , elles ne paraissent avoir pour fonction que de retenir l'aliment ; c'est ce que l'on observe dans quelques cétacés [2]. Beaucoup de mammifères ne réunissent point les trois espèces de dents ; ce sont les incisives qui manquent le plus souvent , et quelques-uns sont même complétement édentés [3].

La considération du nombre et de la forme des dents pouvant servir utilement à caractériser les mammifères, et de Blainville, dans ses travaux sur la signification de ces organes, étant parvenu par des formules simples à pouvoir en donner une idée, nous imiterons l'emploi que nous lui en avons vu faire dans ses leçons, en faisant observer que ces formules se rapporteront toujours à un seul côté du système dentaire qui , pour l'homme, serait exprimé ainsi :

$$\text{Incisives } \tfrac{2}{2}, \text{ canines } \tfrac{1}{1}, \text{ molaires } \tfrac{5}{5}.$$

---

[1] Mastodontes.

[2] Dauphins.

[3] Baleines , fourmiliers.

Ce zoologiste considère en outre ces dernières comme partagées en Avant-molaires, en Molaire principale et en Arrière-molaires, n'importe qu'elles soient, simples ou complexes, tranchantes ou tuberculeuses. La principale se reconnaît presque toujours facilement à la mâchoire supérieure, parce qu'elle se trouve implantée vers la racine de l'apophyse zygomatique du maxillaire, et celle d'en bas lui correspond de manière que dans l'homme on a la formule suivante : avant-molaires $\frac{2}{2}$, principale $\frac{1}{1}$, arrière-molaires $\frac{2}{2}$.

Les dents ne sont point de véritables os; elles sont produites par des phanères analogues à ceux dont surgissent les poils, mais qui, au lieu de donner naissance à une partie cornée, sécrètent une substance osseuse [1]; cette analogie est si exactement déduite que certains mammifères offrent des dents sub-cornées [2], et d'autres les ont formées d'une réunion de petits tubes agglomérés ensemble [3]. Lorsqu'on examine le tissu de ces organes, on voit que la plupart ont une structure simple et sont revêtus à l'extérieur d'une couche d'émail ou matière vitreuse, fort dure et renfermant une substance osseuse [4]; mais d'autres sont composés, et paraissent formés de plusieurs dents accolées et réunies par une matière particulière que l'on nomme cément [5].

Les mammifères offrent ordinairement des glandes destinées à la sécrétion de la salive; mais les cétacés, qui avalent rapidement leur proie, qui est tout humectée, n'en possèdent point. Les espèces herbivores en ont généralement de plus volumineuses que celles qui vivent de chairs, et chez les insectivores qui jettent leur langue sur les insectes pour les accaparer, les salivaires sécrètent un fluide visqueux propre à cet effet [6].

Un tube, nommé œsophage, conduit le bol alimentaire dans l'estomac, qui est d'autant plus compliqué et plus vaste, que le mammifère est plus herbivore : n'offrant qu'un renflement unique et peu considérable dans les carnassiers, il présente plusieurs cavités et des dimensions énormes chez les ruminants. La dernière portion du tube digestif est formée par les intestins, qui tantôt offrent partout le même calibre, tantôt présentent des renflements nommés *cœcum* et *colon*. Les intestins suivent la même loi que l'organe précédent; courts et grêles chez les carnivores, ils sont amples et longs dans ceux qui vivent d'herbes; ainsi chez les carnassiers, ils n'ont ordinairement que trois à cinq fois la longueur du corps, tandis que chez certains ruminants on les voit acquérir jusqu'à vingt-huit fois l'étendue de celui-ci [7]. Cependant cette règle souffre des exceptions, car il est des mammifères herbivores, dont le canal digestif est extrêmement court [8], tandis que certains carnassiers en ont un qui n'est pas moins long que celui des ruminants [9]; cependant on conçoit que les animaux qui

---

[1] Phanéros de Blainv.   [4] Homme.   [7] Bélier.
[2] Ornithorhinque.   [5] Eléphant   [8] Aï.
[3] Oryctérope.   [6] Fourmilier.   [9] Phoque, dauphin.

se nourrissent de chairs, trouvant dans cet aliment des principes presque immédiatement assimilables, n'avaient nullement besoin d'offrir une large surface absorbante, tandis que ceux dont le régime est végétal et ne renferme que peu d'éléments réparateurs, devaient présenter de vastes cavités digestives pour élaborer des substances alimentaires si différentes de leur nature et souvent si pauvres en particules nutritives.

Pour compléter l'énumération des pièces de l'appareil digestif, il faut encore citer le foie, organe glanduleux qui sécrète la bile et souvent la dépose dans une vésicule spéciale avant qu'elle soit versée dans l'intestin. Il est surtout volumineux chez les mammifères qui vivent dans l'eau, ou sous la terre, et, par exemple, son poids d'après Tiedemann est à celui du corps : : 1 : 37 dans le chien, et : : 1 : 10 dans la marmotte et la loutre. On trouve en outre une glande nommée pancréas qui produit un fluide analogue à la salive, et le verse aussi dans le tube digestif.

Le premier acte de la digestion est la mastication qui s'opère à l'aide des dents et des mâchoires ; chez tous les mammifères le principal mouvement de celles-ci s'exécute de haut en bas, et c'est même le seul que les carnassiers puissent opérer, tandis que la mâchoire inférieure des rongeurs jouit en outre de la faculté de se mouvoir d'avant en arrière pour limer en quelque sorte les aliments durs dont ils se nourrissent ; les ruminants, qui font usage d'herbes ou de substances très-cohérentes, la meuvent latéralement, ce qui leur permet de les écraser comme sous des meules ; enfin les singes, qui vivent d'aliments variés, peuvent faire mouvoir leur mâchoire inférieure, et dans le sens vertical et dans le sens horizontal.

C'est dans la cavité stomacale que se passe l'acte fondamental de la digestion, ou la transformation des aliments en une pâte grisâtre acidule que l'on nomme *chyme*. Cette fonction fixa de tous temps les regards des physiologistes, et les uns, avec Hippocrate et Galien, la considérèrent comme une simple coction ; la secte des chimistes n'y vit qu'une fermentation ou une dissolution, pour laquelle même Van Helmont admettait la présence d'une *eau forte animale* dans l'estomac ; d'autres, à cause de la fétidité des excrétions, prétendaient qu'elle était le résultat d'une véritable putréfaction ; envisageant seulement la force compressive du ventricule digestif, qui est si puissante dans certains animaux qu'elle peut broyer les corps les plus durs, la secte des mécaniciens pensa au contraire que cet acte n'était qu'une trituration, tandis que Haller, d'un autre côté, le rapportait à une cause bien moins active, à une simple macération.

Toutes ces théories furent épurées par les modernes, et, devenant moins exclusifs, ils pensèrent que plusieurs de ces actions se réunissaient pour concourir à la digestion, que les lois de la vie, qui dominent dans l'organisme, n'ont point abandonnée aux causes purement physiques. C'est ce qui fit envisager cette fonction, par Chaussier, comme une *dissolution vitale* que venaient seconder la température et les oscillations de l'estomac , ainsi que les fluides dont il est abreuvé.

Du premier acte de la digestion résulte l'espèce de pâte nommée chyme que l'estomac , par ses mouvements ondulatoires, fait passer dans le tube intestinal ; là, elle se mélange avec la bile élaborée par le foie , et, par une nouvelle opération, la substance nutritive se partage en *chyle* ou partie animalisée que des vaisseaux absorbent à la surface intestinale, et en matières fécales qui se trouvent enfin expulsées par le rectum , dernière portion du conduit digestif.

Respiration. L'appareil respiratoire se compose de deux poumons volumineux situés dans la poitrine , qu'un muscle particulier aux mammifères , nommé diaphragme , isole du ventre. L'air est apporté dans ces organes par un gros canal appelé Trachée , dont les parois sont soutenues à l'aide d'arceaux cartilagineux , et qui se termine en se ramifiant à l'infini dans les poumons par des tubes que l'on nomme Bronches. Selon Willis, Bazin et de Blainville, le tissu des poumons est même produit par les dernières ramifications de ces bronches dans lesquelles on ne trouve plus de cartilages , et qui forment de petites anfractuosités sub-cylindriques , obtuses , ou vésiculaires.

Ce sont ces parties qui accomplissent la respiration, fonction par laquelle se régénère la masse du sang. L'air se précipite dans les poumons pendant les mouvements d'inspiration , et il en reflue durant ceux d'expiration. Là, le fluide sanguin, qui était noir, devient rouge, et pendant cette action, que les chimistes, depuis Lavoisier, ont assimilée à une combustion, le gaz atmosphérique perd une portion de son oxygène , qui est absorbée par le sang , et il se produit de l'acide carbonique et de la vapeur d'eau.

Circulation. — Dans cette classe , la circulation est constamment double, et elle s'opère principalement à l'aide d'un cœur musculaire énergiquement contractile , divisé en quatre cavités dont deux sont nommées Ventricules , et les deux autres Oreillettes. En considérant cet organe dans la série des mammifères , on s'aperçoit que son volume est d'autant plus considérable proportionnellement à celui du corps que les espèces sont plus carnassières ou plus courageuses, et qu'il l'est d'autant moins qu'elles sont plus herbivores ou plus timides. C'est du cœur que naissent les artères , vaisseaux qui transportent le liquide circulatoire du centre vers les extrémités , et c'est à cet organe que vient aboutir un autre ordre de tubes vasculaires, les veines, qui ramènent le sang de la périphérie vers le moteur central. C'est du ventricule gauche que s'échappe la principale artère du corps, ou l'aorte, qui envoie de grosses branches à la tête et aux bras, puis descend le long des vertèbres , se divise pour les jambes , et dont les ramifications multipliées vont inonder toute l'économie animale en s'y perdant en capillaires déliés. Le sang est rapporté ensuite vers le poumon pour y subir la respiration.

Le corps des mammifères est tellement imbibé par les liquides qui s'y trouvent en circulation, que ceux-ci forment environ les neuf dixièmes de son poids; au moins c'est ce qui a été prouvé à l'égard de l'homme, en pesant des momies ou des cadavres humains desséchés artificiellement. Ces liquides sont principalement le sang, la lymphe et une certaine quantité d'eau tenant en dissolution divers corps.

Le sang, qui est le plus abondant, est contenu dans les vaisseaux, et se trouve, chez les mammifères, en quantité d'autant plus considérable que leur vie est plus aquatique[1]. Il est composé de deux parties fort distinctes : d'un liquide jaunâtre nommé *sérum*, puis d'une quantité considérable de petits corps qui roulent les uns sur les autres dans les vaisseaux, et qui sont appelés *globules du sang*. Quand on examine ce fluide au microscope, on reconnaît que ces globules ont toujours une forme circulaire chez les animaux que nous décrivons; mais le diamètre de ces corpuscules offre des différences dans les diverses espèces chez lesquelles on les observe, et qui ne paraissent pas être en raison de leur volume, puisque, dans des mammifères qui ont une taille disproportionnée, il est cependant identique : tels sont l'homme, le chien et le muscardin, dont les globules du sang ont $\frac{1}{170}$ de millimètre de diamètre; tels sont aussi le bœuf, le cheval et l'oreillard, où ils offrent $\frac{1}{200}$ de cette mesure. Chaque globule est formé par une enveloppe membraneuse, et contient dans son intérieur une petite masse colorée en rouge.

Le cœur fut considéré par quelques physiologistes comme le seul organe de l'impulsion circulatoire, et Borelli, par un calcul chimérique, lui accordait à cet effet une force de 180,000 livres; d'autres, voulant au contraire anéantir son action, l'évaluèrent seulement à 5 ou 6 onces. On est aujourd'hui trop éclairé pour avoir besoin de réfuter les théories mécaniques des fonctions vitales, et l'on s'accorde à penser que c'est le cœur, aidé des contractions du système artériel, qui pousse le sang vers les extrémités, où il va nourrir les organes. Le système veineux, secondé de l'action du tissu capillaire, le ramène vers le centre. Dans son cours, la circulation est encore favorisée par des valvules remarquables formées par des replis membraneux situés dans le cœur, à l'origine des artères, ou disséminés dans l'intérieur des veines; ces valvules, en s'abaissant par l'effort du liquide en mouvement, empêchent celui-ci de suivre une direction rétrograde, et le forcent à céder entièrement à l'impulsion qui lui est communiquée.

Absorptions. — Les corps liquides ou gazeux qui se trouvent en contact avec les surfaces des mammifères sont absorbés en plus ou moins grande partie par elles ; et, soit à l'extérieur, soit au dedans, ils imprègnent les tissus en agissant sur les organes. Quand, par une simple imbibition, les fluides ont pénétré à leur superficie, ils sont ensuite pris par les veines et les vaisseaux lymphatiques, et se trouvent répandus par eux dans toute l'économie. Ces derniers, nommés aussi vaisseaux

---

[1] Cétacés.

absorbants, ont pour fonction spéciale de charrier la lymphe, liquide qui offre quelque analogie avec le sang, ainsi que le chyle, qu'ils recueillent à la surface du tube digestif. Ces vaisseaux, dont l'existence a été reconnue dans les quatre classes de vertébrés, traversent des ganglions particuliers, et ils s'ouvrent dans les grosses veines, soit par un tronc qui est formé par leur réunion, soit par des petites branches.

Sécrétions et exhalations. — C'est à des glandes simples ou composées que l'on observe dans diverses régions des mammifères, que se trouve départie la fonction d'extraire ou de sécréter du sang divers fluides qui servent au mécanisme de la vie. Ces organes paraissent essentiellement formés de cryptes qui tantôt sont isolés et répandus à la surface des membranes extérieures ou intérieures, et tantôt sont réunis en masses plus ou moins considérables, pour former des appareils de sécrétion qui versent leur produit par un ou plusieurs canaux particuliers. Parmi les premiers, les follicules sébacés, qui sont disséminés à la superficie de la peau, ou rassemblés en amas glanduleux dans quelques points de sa surface, méritent d'être notés. Parmi les glandes intérieures, on doit principalement citer les salivaires, le foie et le pancréas, qui sont essentiellement liés au système digestif. L'urine est sécrétée par des glandes appelées reins, que l'on retrouve dans tous les vertébrés, et qui sont situées dans la cavité abdominale. De ces organes, ce fluide est dirigé vers l'extérieur par des tubes nommés *uretères*, qui, selon de Blainville, se dilatent pour former la vessie, dépôt où il séjourne, et d'où il est émis au dehors par le canal de l'urètre.

Les exhalations s'opèrent à la surface des membranes, et elles ont leur siége sur celles qui forment des cavités intérieures comme sur celles qui bornent l'individu au dehors; les fluides qui imbibent les appareils de l'économie animale et sont destinés à en diminuer les frottements, et la transpiration cutanée, sont les principaux produits de l'exhalation, qui est une espèce de perspiration en partie soustraite à l'influence vitale.

Reproduction. — Les organes qui concourent à cette fonction offrent quelques différences dans la série des mammifères; mais ils se composent principalement des parties suivantes : chez le mâle, de deux glandes sécrétoires, des canaux déférents, des vésicules séminales et de la verge ; chez la femelle, des ovaires, des trompes de Fallope et de l'utérus.

Les savants de toutes les époques ont fait d'infructueuses tentatives pour pénétrer le mystère profond dont la sagesse providentielle s'est plu à environner la fonction des organes qui viennent d'être cités, et, malgré tous les efforts du savoir et de la persévérance, celle-ci a conservé son voile; ce que l'on en sait se résume aux faits suivants. Le concours des deux sexes est indispensable, dans les mammifères, pour son accomplissement; et, ainsi que tous les autres animaux, ceux-ci se reproduisent à l'aide de véritables œufs fort petits, et émis par la femelle. Prevost et Dumas, en 1825, aperçurent ces œufs dans les vesicules des ovaires, mais sans préciser leur nature ; ce fut plus tard que Baer les reconnut, et les assimila au produit de la génération des oiseaux, et après, Coste, qui admit ses vues, y reconnut la vésicule que Purkinge avait observée dans ceux-ci. L'œuf, une fois émis par l'ovaire, est pris par la trompe de Fallope qui, pour le saisir, a son extrémité libre évasée en entonnoir, et qui même, dans certaines espèces, pour mieux remplir cette fonction, forme une sorte de capsule enveloppant presque totalement l'organe producteur des germes [1]. Transporté dans l'utérus par cette trompe, l'œuf, en se développant, devient un fœtus qui, à une époque déterminée, est émis au dehors, soit pour être soumis immédiatement aux influences extérieures, soit parfois pour subir encore avant un plus ample accroissement dans une poche secondaire particulière, située dans l'épaisseur de la peau du ventre [2].

Le nombre de petits que chaque femelle produit est souvent en raison inverse de son volume, et il varie de un à quinze, comme on peut le voir dans le tableau suivant, extrait de Burdach.

FÉCONDITÉ DES MAMMIFÈRES.

Animal	Petits.	Animal	Petits.	Animal	Petits.
Chameau.		Loutre.		Loup.	
Biche.		Glouton.		Renard.	
Chèvre.		Blaireau.		Chat domestique.	
Eléphant.		Taupe.		Marte.	
Rhinocéros.		Lièvre	3 à 4	Belette.	5 à 6
Baleine.	1	Castor.		Ecureuil.	
Phoque.		Cochon - d'Inde.		Sarigue.	
Zèbre		Muscardin.		Hermine.	
Anesse				Furet.	
Grands Singes.		Lion.		Lapin.	6 à 8
		Léopard.		Mulot.	
Chauves-Souris.		Tigre.		Rat-d'eau.	
Petits Singes.		Chacal.	4 à 5	Souris.	10
Elan		Putois		Hamster.	
Chevreuil.	2	Tatou.		Surmulot.	15
Ours.		Lérot.		Musaraigne.	
Raton.		Chien.	5 à 6	Cochon.	

Les mamelles ayant été démontrées chez quelques mammifères où leur existence semblait douteuse [3], on doit admettre actuellement qu'elles se trouvent, chez tous ces animaux, où elles constituent un des meilleurs caractères différentiels de cette classe. Ces glandes sont formées par des amas de cryptes, et elles sécrètent le lait nécessaire à la nourriture des petits. C'est généralement sous le ventre et sur la poitrine qu'elles sont situées, cependant il est des espèces chez lesquelles elles siégent uniquement sur cette dernière région [4], et d'autres les portent sur les flancs [5] ; enfin, il en est qui en ont jusque sur le devant du

---

[1] Louves.
[2] Didelphes.
[3] Ornithorhinque.
[4] Singes.
[5] Ornithorhinque.

cou [1], et même quelques mammifères, par une singulière exception, en offrent sur leur dos [2]. Dans presque toute une section de cette classe, ces organes aboutissent dans une espèce de poche située dans l'épaisseur de la paroi abdominale [3]. Leur nombre varie entre deux et quatorze, et c'est parmi les rongeurs qu'il s'élève davantage.

Classification. — Pour partager méthodiquement les mammifères, de Blainville s'est servi d'abord de considérations tirées d'un des appareils les plus fondamentaux de l'organisme, du système génital, et ensuite, pour fixer leur succession dans la série, il a envisagé les variations du système nerveux et les diverses particularités des appareils du mouvement et de la digestion. C'est en se basant sur ces principes qu'il a admis trois grandes sous-classes parmi les mammifères : les Monodelphes, dans laquelle il range tous ceux dont les femelles ont un seul utérus ; les Didelphes, où elles en ont deux, et les Ornithodelphes, chez lesquels le système génital se rapproche de celui des oiseaux. Et c'est en reconnaissant qu'il existe dans ces groupes divers degrés d'organisation ou modifications plus ou moins profondes, destinées à mettre ces animaux en rapport avec les divers milieux, que ce savant zoologiste est parvenu à suivre la série animale avec une plus grande supériorité que ses devanciers, et, par de plus profondes considérations tirés de l'organisation, à mieux sentir les analogies.

MAMMIFÈRES MONODELPHES.

Cette sous-classe comprend tous les mammifères à un seul utérus.

ORDRE DES BIMANES.

Extrémités antérieures se terminant seules par un pouce libre, opposable aux autres doigts ; corps vertical.

L'homme, qui remplit cet ordre à lui seul, devait naturellement, par son organisation comme par sa suprématie intellectuelle, trouver son rang à la tête de la série zoologique et la dominer, comme, par son intelligence et la noblesse de ses formes et de son attitude, il domine et règne sur la création. Sa station est évidemment verticale, et ne peut avoir lieu que sur deux pieds. C'est en vain que, pour ravaler notre espèce, quelques philosophes ont prétendu qu'à l'état sauvage elle avait été quadrupède ; la connaissance de l'anatomie réfute d'une manière péremptoire leurs arguments, et prouve même que la disposition de ses organes interdit à l'homme de marcher à l'aide de quatre membres ; en effet, les articulations de ses pieds ont trop de rigidité pour

[1] Castors.   [2] Myopotame.   [3] Didelphes.

cette progression, et ses cuisses, étant trop longues, feraient heurter son genou contre terre pendant qu'elle s'opérerait; en outre, ses épaules, qui sont très-écartées de l'axe du corps, et la faiblesse de ses muscles grand-dentelés, qui chez les quadrupèdes forment une espèce de sangle destinée à suspendre le tronc, sont encore autant d'obstacles qui attestent que notre espèce est essentiellement formée pour ne s'appuyer que sur les membres inférieurs; la pesanteur de la tête, qui tomberait vers le sol si le corps restait dans la situation horizontale, parce qu'elle n'a point, comme celle des autres mammifères, de ligament cervical pour la soutenir; la direction des yeux, qui se trouveraient alors tournés vers la terre et seraient inutiles, sont encore autant d'arguments en faveur de l'opinion que nous émettons.

A toutes ces preuves négatives on peut encore ajouter que, chez l'homme, la largeur du bassin, le grand développement des muscles qui en naissent pour fixer les cuisses, ainsi que l'accroissement considérable des muscles du mollet, sont autant de preuves positives de la destination bipède primitive de son organisme.

La structure des mains donne à l'homme un de ses attributs les plus caractéristiques et les plus précieux : c'est à elle qu'il doit une grande partie de sa supériorité intellectuelle sur les autres animaux. Le pouce en est libre et plus long que dans les singes, de manière qu'il peut aller se poser à l'extrémité des autres doigts, et permettre de saisir et de retourner les corps les plus délicats; tous les doigts jouissent de mouvements séparés, ce qui donne au toucher une perfection qui n'existe dans aucun animal, et leur extrémité est terminée par un ongle qui n'en occupe qu'un côté, et au-dessous duquel siége une pelote de tissu élastique qui favorise l'impression du tact.

La dignité de l'homme se révèle encore d'une manière remarquable par la possibilité qu'il a seul, parmi les mammifères, de pouvoir articuler les sons et de produire la parole pour transmettre ses idées.

Les mâchoires portent trente-deux dents; la forme cubique de la couronne des molaires et les tubercules qu'elles présentent indiquent que l'homme était particulièrement organisé pour se nourrir de fruits et de racines; il n'est devenu omnivore que par le bienfait de la civilisation, car l'exiguïté de ses canines, la conformation des autres dents et la structure du reste de l'appareil digestif décèlent évidemment que son régime n'a pu primitivement se composer de chair.

Aucun animal ne peut être comparé à l'homme pour le nombre des circonvolutions que l'on remarque à la surface de son cerveau; cette structure semble devoir influer sur son intelligence, car évidemment ses connaissances et sa perfectibilité sont le résultat de son organisation ainsi que de la finesse de ses sensations, qui lui paraissent inhérentes, et qu'il a le pouvoir d'analyser avec une profonde sagacité; puis ses facultés s'accroissent encore de ses propres observations et de la possibilité de profiter de celles que les autres lui transmettent par le bienfait de la parole ou par les écrits, et qu'il féconde ensuite à l'aide de ses méditations.

L'intelligence a presque seule fourni à l'homme la puissance de se conserver à la superficie du globe, où tant de causes de destruction auraient pu l'anéantir avant qu'il trouvât dans les premières sociétés une protection utile à sa faiblesse. Moins rapide que les animaux, dépourvu d'armes pour les combattre, exposé, par la nudité de son corps, à l'intempérie des saisons, le sentiment de l'infériorité de ses forces développa une salutaire activité dans son esprit, et y fit naître l'instinct d'une sociabilité d'autant plus facile pour lui, que sa nourriture se composant principalement de végétaux, la nature en fournissait toujours une ample moisson pour ses besoins.

Lors des premiers âges de l'humanité, réduits à vivre des fruits des forêts, auxquels ils joignaient les produits de la chasse et de la pêche, les hommes, sans cesse occupés à pourvoir à leur subsistance, durent naturellement faire peu de progrès dans les arts; aussi tout leur savoir se bornait à la construction de barques et de chétives cabanes, ou à la confection de vêtements grossiers, et d'ustensiles pour se procurer du gibier. Un progrès sensible naquit dans la civilisation, du moment où les hommes commencèrent à dompter les animaux herbivores et à se créer des troupeaux dont les produits furent la première source de leur bien-être et de leur richesse; l'agriculture vint encore y ajouter, et fut l'aurore des premiers arts, qui se perfectionnèrent d'abord pour les besoins de leurs possesseurs, et ensuite à l'effet d'être utiles à leurs jouissances simples.

Le bien-être que procurèrent aux hommes les soins qu'ils donnaient aux animaux domestiques ou à la terre devinrent la source de l'inégalité parmi eux, et ceux qui alors conçurent les premiers l'idée de la propriété furent les vrais fondateurs de la société civile. Bientôt après s'établirent les relations commerciales entre les sociétés à leur berceau, et la découverte des métaux et l'invention du numéraire imprimèrent une nouvelle activité à la civilisation. Mais en même temps que la fortune s'accroissait parmi certains peuples, d'autres, moins favorisés, étendaient leur convoitise sur leurs travaux, et s'efforçaient d'en accaparer les produits par la violence : de là l'origine des guerres et la nécessité des gouvernants pour régler les contestations intestines, et opposer des forces d'ensemble aux invasions des peuples voisins. Mais là l'histoire de l'homme se dérobe au naturaliste, et c'est au philosophe et à l'historien à la tracer.

Si, pour nous reporter à la description physique de l'espèce humaine, nous considérons sa taille, nous reconnaissons qu'elle offre de grandes variétés selon les pays où on l'observe. Sa moyenne paraît être d'environ cinq pieds; celle des habitants de la Patagonie, que les récits des premiers voyageurs avaient beaucoup exagérée, s'élève seulement à six, tandis que les Esquimaux et quelques peuplades hyperboréennes n'ont guère plus de quatre pieds. Cependant dans les ouvrages des savants on cite des exemples dans lesquels les proportions de l'homme ont dépassé de beaucoup les extrêmes que nous venons d'opposer ; Haller, dans son Traité des géants, mentionne plusieurs personnes de huit pieds et demi, de neuf pieds, et même, dans la *Gazette de France*, on lit qu'en 1719 on découvrit, près de Salisbury, un squelette humain de neuf pieds quatre pouces. Parmi les individus qui se sont fait, au contraire, remarquer par leur petitesse anomale, plusieurs, quoique dans un âge avancé, et bien proportionnés, n'avaient qu'environ trente-trois pouces : tel était le cas de Bébé, nain de Stanislas, roi de Pologne, et de Thérèse Souvray, qui fut fiancée avec lui. On en cite même un, dont le squelette se trouve dans une collection, qui n'offrait que seize pouces.

La femme ne produit ordinairement qu'un seul enfant à la fois, et il paraît qu'il n'en naît deux que sur quatre-vingts à cent accouchements, et que le cas d'une couche triple n'a pas lieu plus d'une fois sur trente mille naissances. Les enfants mâles et femelles ne sont pas produits en même nombre : on pense qu'il naît généralement vingt-et-un des premiers sur vingt des derniers.

L'âge de la puberté ne se trouve pas être le même pour les deux sexes : ses premiers signes se manifestent, chez les garçons, de douze à seize ans, tandis que les filles sont plus précoces, et les offrent de dix à douze ans. En général, cette époque de la vie se déclare d'autant plus tôt que l'espèce humaine habite des contrées plus chaudes, et l'on sait que, dans l'Arabie, à neuf ou dix ans les filles sont nubiles.

La vieillesse se caractérise par un affaiblissement des fonctions organiques qui décèle les profonds changements que l'âge a fait subir aux instruments de la vie : la sensibilité diminue d'une manière manifeste, et souvent on la voit totalement s'éteindre dans quelques-uns des sens. Dans un âge avancé, certains organes, tels que les vaisseaux et les cartilages, tendent à s'incruster de particules calcaires, et même s'ossifient parfois tout à fait ; puis la nutrition s'altère peu à peu, et la vie s'anéantit enfin complétement. La durée totale de celle-ci offre d'assez grandes différences selon les climats où on observe l'homme. Chez nous elle est communément de quatre-vingts ans ; cependant on la voit parfois se prolonger beaucoup au delà ; sans s'occuper de la longévité que l'Ecriture accorde à plusieurs hommes, parce qu'il est hors de doute qu'alors on comptait le temps autrement que nous, et que les récits qui s'y trouvent seraient une source d'erreurs, on sait qu'assez souvent la vie se prolonge au delà de cent ans ; mais l'exemple le plus remarquable de longévité que l'on connaisse est celui d'un pêcheur anglais nommé Jenkins, qui mourut en 1670, âgé de cent cinquante ans.

C'est en général dans les premiers âges de la vie que la mortalité se manifeste sur l'espèce humaine dans une plus grande proportion : en France, près du quart des enfants qui naissent meurt avant d'avoir atteint la première année ; la moitié seulement arrive à l'âge de vingt-et-un ans ; les trois quarts sont morts avant d'être parvenus à cinquante-six années; et, sur cinq mille personnes, on n'en compte, terme moyen, qu'une seule qui atteint cent ans.

L'humanité entière ne forme qu'une espèce; mais quand on considère les différents peuples qui la composent, on reconnaît en eux des variétés assez notables pour constituer plusieurs *races*. Trois d'entre elles sont éminemment distinctes : ce sont la race Caucasique, ou blanche; la race Mongolique, ou jaune; et la race Éthiopique, ou noire.

La *race caucasique* a reçu ce nom parce que les traditions en ont placé le berceau dans les montagnes du Caucase, d'où, par les migrations, elle s'est répandue en rayonnant à la surface du globe. C'est d'un de ses rameaux, qui s'est arrêté sur nos contrées, que descendent probablement tous les Européens; les autres, s'étant dirigés dans divers sens, s'étendirent sur toute la région occidentale de l'Asie, et dans la partie septentrionale de l'Afrique, où ils donnèrent principalement naissance aux Chaldéens, aux Hébreux, aux Phéniciens, aux Arabes, aux Persans, aux Scythes, aux Indiens, et probablement aux Égyptiens. La race caucasique se distingue par la beauté de l'ovale que forme sa tête, par la saillie de son front et l'ouverture de son angle facial, qui est d'environ 80°, ainsi que par la teinte blanche ou fort peu colorée de sa peau. Les peuples qui en sont issus sont ceux dont les facultés intellectuelles s'élèvent à la plus grande hauteur, et qui ont porté le plus loin la philosophie, les sciences et les arts.

La *race mongolique* paraît avoir pris naissance dans les monts Altaïs, d'où elle s'est répandue dans l'Asie centrale et orientale, et dans les îles qui l'avoisinent. Les Tartares mantchoux, les Chinois, les Japonais, en sont les principales irradiations; peut-être aussi les Lapons, les Groenlandais, les Esquimaux et presque toutes les peuplades hyperboréennes en sont-ils des produits abâtardis par la rigueur du climat qu'ils habitent. Cette race se reconnaît à la forte saillie que font les pommettes des joues, à l'obliquité de ses yeux peu ouverts, à son angle facial d'environ 75°, à la couleur jaune ou olivâtre de son teint, ainsi qu'à ses cheveux qui sont noirs et droits (Pl. 1re, fig. 3). Son intelligence est moins développée que celle de la race précédente, aussi sa civilisation est restée stationnaire malgré les importantes conquêtes qu'elle a opérées.

La *race éthiopique* habite l'Afrique, au midi de l'Atlas; elle se distingue des autres à la couleur noire ou très-foncée de sa peau, au peu d'ouverture de son angle facial, qui n'offre que 70°, puis à ses lèvres grosses et saillantes, ainsi qu'à l'aplatissement de son nez et aux cheveux crépus qui couvrent sa tête. Moins favorisées que les autres, les peuplades qui appartiennent à cette section se font remarquer par leur incapacité et leur abrutissement; aussi elles sont toujours restées dans un état de barbarie, et ce n'est en quelque sorte qu'exceptionnellement que l'on voit de temps à autre apparaître au milieu d'elles

des hommes qui se font remarquer par leurs vertus et par leurs talents,
et viennent y révéler la suprématie de l'espèce humaine.

Les peuples de l'Amérique et de l'Australie offrent quelques particularités d'organisation qui font que l'on est encore indécis sur leur classification. Blumenbach faisait une race particulière des premiers, mais
certains savants les rapprochent de la race caucasique, et les habitants
de la Nouvelle-Hollande sont regardés par quelques naturalistes comme
descendant de la race éthiopique.

ORDRE DES QUADRUMANES.

**Trois espèces de dents; quatre membres à pouces ordi-
nairement opposables. Mamelles pectorales.**

Ce groupe reçoit sa dénomination de la faculté qu'ont la plupart des
mammifères qui le composent de pouvoir se servir de leurs quatre
membres pour saisir les corps à l'aide des pouces, qui peuvent s'opposer aux autres doigts. Cependant on ne doit pas attacher à ce nom
un sens trop rigoureux, car quelques quadrumanes n'ont pas tous les
pouces opposables [1], et il en est qui sont privés de ces doigts [2], quoique
cependant ils ne doivent point être éloignés de cet ordre, où toutes
les parties de leur organisme leur assignent une place. Ces animaux, par
la composition de leur cerveau et par leurs formes corporelles, sont
ceux qui, se rapprochant le plus de l'espèce humaine, doivent être
placés immédiatement après elle, car, ainsi que l'a dit Buffon, les quadrumanes remplissent le grand intervalle qui se trouve entre l'homme
et les quadrupèdes. Chez les genres les plus élevés de la section, l'ho-
rizontaléité de la station finit même par se perdre à cause du grand développement des bras, qui, en élevant la région antérieure du corps,
donne à la colonne vertébrale une direction oblique, tenant le milieu
entre celle de l'homme et celle des quadrupèdes (Pl. 1, fig. 1), et dans
ceux qui se rapprochent le plus des bimanes, la queue disparaît même
totalement [3].

Les quadrumanes habitent les continents ou les îles des régions les
plus chaudes du globe; presque tous vivent dans les arbres. C'est là
qu'est leur vrai sol, car, à terre, leur allure semble embarrassée, et le
grand développement des membres postérieurs de la plupart leur permet d'exécuter d'énormes sauts de branche en branche.

Le cerveau des quadrumanes est ordinairement plus volumineux proportionnellement que celui des autres mammifères, et généralement
analogue à celui de l'homme; chez les espèces les plus élevées, il a
même, suivant Tiedemann, une désespérante ressemblance avec lui;
une semblable organisation décèle des animaux dont l'intelligence doit
être très-développée : c'est ce qui a lieu, en effet, surtout dans ceux

[1] Ouistiti.   [2] Atèles.   [3] Orangs, gibbons.

où, comme chez les singes, la structure s'éloigne le plus de l'animalité pour se rapprocher des formes humaines; mais à mesure que l'on s'avance dans la série des quadrumanes, l'organisation matérielle prédomine de plus en plus, et les facultés s'abrutissent, de manière qu'à l'extrémité de l'ordre nous trouvons des espèces extrêmement stupides.

Les quadrumanes présentent des narines médiocrement développées; leurs yeux sont dirigés en avant, et situés dans des orbites complets, séparés de la fosse temporale par une cloison. Ils ont un système dentaire composé de molaires surmontées de tubercules mousses favorables à leur régime, qui est ordinairement frugivore. Leur langue est analogue à la nôtre, aussi ces animaux paraissent-ils avoir le sens du goût perfectionné; chez quelques-uns même, ainsi que l'a découvert Otto, on observe, outre l'organe fondamental, une ou plusieurs langues accessoires qui semblent destinées à développer la sensation [1]. A peu d'exceptions près, leurs organes digestifs, ainsi que ceux qui servent à la respiration, à la circulation et à la génération ont les plus grands rapports avec ceux de l'homme.

La portée des quadrumanes est ordinairement d'un seul petit, et ce sont les femelles qui paraissent en prendre soin, et le portent constamment dans leurs bras ou attaché à leurs flancs.

FAMILLE DES SINGES DE L'ANCIEN CONTINENT.

Narines très-rapprochées; système molaire $\frac{5}{3}$; ordinairement des callosités aux fesses et des abajoues; queue non prenante ou nulle.

On vient de découvrir, dans les terrains paléothériens du département du Gers, des os fossiles qui ont indubitablement appartenu à des singes voisins des gibbons; on a également trouvé des mâchoires de ces animaux dans les roches de l'Inde : aussi n'est-il plus possible d'admettre que ces quadrumanes ont été le produit d'une création toute récente. De nos jours, tous habitent l'Asie et l'Afrique ou les grandes îles qui les avoisinent, à l'exception d'une espèce, qui vit en Europe. On ne les trouve presque jamais que dans les zones inter-tropicales, et aucun de ces animaux ne se rencontre en Amérique mêlé aux autres singes qui l'habitent, malgré les analogies de leur nature, ce qui semble révéler d'une manière manifeste que l'isolement des deux continents a précédé la création de ces groupes. Les singes vivent ordinairement dans les arbres des forêts, où souvent ils sont réunis en troupes nombreuses.

Leur tête est généralement arrondie, et le crâne a acquis un tel développement dans la jeunesse de certaines espèces, qu'il offre un angle facial plus ouvert que celui de quelques races humaines, mais, en

[1] Lori grêle

vieillissant, la face devient prédominante, et l'angle qu'elle forme plus aigu. Chez les adultes, on s'aperçoit que cet angle diminue d'ouverture à mesure qu'on observe des espèces moins intelligentes, et que l'on s'avance dans la série. Chez les orangs il se rapproche de celui des nègres : il est de 65° ; il n'en a que 60° dans les guenons ; 45° dans les magots, enfin 30° chez les babouins dont l'intelligence est si inférieure à celle des premiers.

On découvre sur les fesses de tous les singes de cette famille, à très-peu d'exceptions près, des espaces dénudés de poils et où la peau est épaisse, dure et calleuse ; ces callosités sont natives et non formées seulement par l'usage ; mais elles augmentent avec l'âge ; lorsque ces animaux sont assis, ce sont elles qui supportent tout le poids du corps sans qu'il en résulte de fatigue pour eux ; aussi se tiennent-ils presque continuellement dans cette position. La queue n'existe nullement dans les singes qui se rapprochent le plus de l'homme, mais on la voit successivement s'allonger à mesure qu'on s'en éloigne. Cependant, malgré ses dimensions, elle n'est jamais susceptible de s'enrouler autour des objets et de les saisir comme cela s'observe dans beaucoup de singes de l'Amérique.

La station et la marche quadrupèdes sont les plus familières à tous ces animaux. Cependant plusieurs se tiennent avec facilité sur les membres de derrière seulement, et marchent parfois dans la position verticale surtout lorsqu'ils peuvent s'aider d'un bâton ; mais ils sont toujours gênés dans cette sorte de progression, parce que leurs pieds ne portent sur le sol que par le bord externe. Leur bassin qui est étroit, les articulations des genoux et celles des pieds qui sont lâches, et le peu de saillie des talons nuisent encore chez eux à l'attitude verticale et à la progression bipède ; mais la longueur de leurs doigts, la direction en dedans de la plante des pieds, leurs quatre membres à pouce opposable qui leur forment un double appareil de préhension et la puissance de leur système musculaire rendent généralement ces quadrumanes fort agiles, et leur permettent de grimper aux arbres avec la plus grande facilité.

Dans tous les temps on a accordé aux singes une intelligence qui approchait de celle de l'homme. Quelques peuples de l'Inde regardent encore certaines espèces, comme douées d'une haute capacité ; c'est ce qui a lieu à l'égard du singe Nasique, si remarquable par la forme et la dimension de son singulier nez, qu'ils assimilent à l'espèce humaine, et qu'ils disent ne s'être retiré dans les forêts que par sagesse, afin de se dérober aux charges sociales. Divers actes de ces animaux prouvent qu'ils jouissent d'un certain degré de discernement et de raisonnement ; on en cite qui, après avoir été malades et s'être trouvés guéris par l'emploi de la saignée, éprouvant de nouvelles maladies, présentaient leurs bras pour qu'on leur pratiquât la même opération.

Les singes se font remarquer par leur aptitude à imiter les actions de l'homme. Déjà Strabon signale cette particularité de leurs mœurs, et raconte que les grandes espèces qui habitaient la forêt de Nicée dans l'Inde, se mirent en bataille à l'instar des armées d'Alexandre qui la traversaient, et que pendant un instant, dans le lointain, on les prit pour l'ennemi ; on sait plus positivement que les singes que possédait La Condamine quand il était en Amérique, imitaient ses opérations astronomiques en se servant de ses lunettes ou de ses pendules, et quelquefois même saisissaient ses plumes et simulaient l'action d'écrire.

Beaucoup de singes vivent en troupes nombreuses dans les forêts ; quelques-uns, et tels sont les Guenons et les Cynocéphales, abandonnent même celles-ci pour s'abattre sur les cultures, où ils produisent des dégâts considérables. On les voit par bandes envahir les jardins et les vergers avec un ordre et une prudence qui étonnent ; on dit que ces animaux posent des sentinelles qui avertissent leur troupe des dangers qui peuvent la menacer, et que ceux, qui la composent, se distribuent symétriquement pour marauder, de manière à former une chaîne dont les individus se passent le butin de main en main jusqu'à ce que le lieu qui subit leurs déprédations soit épuisé, et même qu'alors, ils forment de nouvelles chaînes pour transporter leurs rapines jusque dans l'endroit retiré qu'ils habitent.

La grande analogie de l'organisation de certains singes avec la nôtre, avait fait supposer aux anciens qu'ils avaient la faculté de parler, croyance principalement répandue parmi la nation égyptienne ; mais quoique le larynx des singes soit généralement semblable à celui de l'homme, la nature s'oppose chez eux à l'articulation des sons, par plusieurs particularités et entre autres par l'imperfection des lèvres et par l'existence de sacs divers qui communiquent avec l'organe vocal et assourdissent la voix.

Le système dentaire des singes est semblable à celui de l'homme pour le nombre et la forme, à l'exception des canines, qui se prolongent davantage. Beaucoup ont des abajoues d'une grande capacité, dans lesquelles ils entassent provisoirement les fruits ou les racines qu'ils pillent sans avoir le temps de les manger ; et quand ils sont en sécurité, ils font passer ce qui y est contenu dans la bouche à l'aide des contractions des muscles buccaux ou à coups de poing quand l'encombrement empêche ces muscles de suffire. Dernièrement Duvernoy a découvert un muscle particulier qui contourne la région inférieure de l'œsophage de plusieurs de ces animaux, et qui probablement existe dans tous. Il paraît destiné à exercer une forte constriction sur ce tube, afin d'empêcher que pendant les efforts que les singes font pour grimper ou quand ils sont renversés, les contractions des muscles abdominaux, en comprimant l'estomac, ne produisent l'expulsion des aliments qu'il contient.

La structure des organes sexuels des singes est tout à fait analogue à celle de l'espèce humaine ; Geoffroy Saint-Hilaire dit que les femelles sont extrêmement attachées à leurs petits et qu'elles les portent constamment dans leurs bras et les défendent avec persévérance ; il ajoute que ces animaux ont les lobes postérieurs du cerveau très-développés, ce qui correspond aux idées de Gall, qui place dans ceux-ci le siége des affections de famille.

L'histoire nous apprend que certains singes furent adorés par les peuples anciens ; de nos jours encore, quelques nations ont une sorte de vénération pour plusieurs ; à Calicut, la superstition défend d'en tuer aucun, parce qu'on les considère comme des espèces d'hommes sauvages. Dans plusieurs régions de l'Inde où florissent les doctrines des brames sur la transmigration des âmes, ils se multiplient d'une manière extraordinaire, entrent dans les villes et les pillent sans être inquiétés ; là, leur présence est regardée comme un bienfait de la Providence, et dans quelques-unes, on trouve même des hospices destinés à donner des soins aux singes malades.

ANTHROPOPITHÈQUES. De Blainv. Bras ne descendant qu'aux genoux ; queue et abajoues nulles. — La seule espèce contenue dans ce genre est le *Chimpansé*, dont le nom provient du pays où il se trouve, et qu'on désigne parfois sous celui *d'homme des bois* ; il habite la côte occidentale de l'Afrique équatoriale, et principalement la Guinée et le Congo, où on le découvre dans les forêts et souvent au milieu des branches des immenses baobabs, arbres qu'il semble affectionner particulièrement et dans lesquels il vit en petites troupes.

Ce singe atteint la taille de l'homme, et même la surpasse, selon certains voyageurs ; ses formes se rapprochent aussi des siennes plus que celles d'aucun autre animal de cette famille ; son corps est couvert de poils noirs plus touffus sur le dos que sur la région antérieure, et plus épais aussi à l'extérieur des membres. La région fessière de ce quadrumane est charnue ; ses mollets sont plus saillants que ceux de quelques races humaines, et son ventre est aplati. Les chimpansés peuvent appuyer toute la plante du pied à terre, et sont réellement plus bipèdes que les orangs, mais leur marche se fait communément à l'aide des quatre membres ; ils grimpent aux arbres, sautent de branche en branche avec une merveilleuse facilité, et sont doués d'une force prodigieuse, qui égale celle d'une dixaine d'hommes. Ils ont des organes des sens et des viscères qui ont la plus grande ressemblance avec les nôtres.

Ceux de ces animaux que l'on a observés jeunes étaient doux et affectueux, et se faisaient remarquer par une intelligence précoce ; ils se façonnèrent bientôt à nos habitudes sociales ; mangèrent à table à l'aide d'un couvert, et se servirent d'un verre pour boire. Quelques-uns purent se rendre utiles à nos besoins en remplissant quelques offices que l'on confie aux domestiques. En devenant adultes, sans doute que les chimpansés ne perdent point leurs facultés, puisqu'ils sont assez ingénieux pour se construire des cabanes en feuillages dans lesquelles Audebert dit que se retirent seulement les femelles et leurs petits, tandis que les mâles couchent au dehors. Certains voyageurs rapportent même qu'ils ont assez de discernement pour attiser, afin de s'y chauffer, les brasiers que les nègres abandonnent sur le lieu de leurs bivouacs ;

mais on croit qu'avec l'âge ces singes deviennent farouches et intraitables. Il paraît certain qu'ils se défendent courageusement contre les agressions de leurs ennemis, et que les hommes et les éléphants qui pénètrent dans leurs forêts en sont repoussés par leurs troupes à coups de pierres ou de bâton; mais doit-on prendre cet instinct de la liberté et la légitime défense de ces animaux pour de la férocité? On est tenté de ne pas le faire, surtout en apprenant qu'il ne manque pas d'exemples d'enfants ou de négresses qu'ils ont enlevés dans leurs retraites, et qu'ils y ont gardés et nourris plus ou moins longtemps sans jamais leur faire subir aucun mauvais traitement. Quelques écrivains attribuent même un sentiment de pudeur aux femelles de ces singes; celles-ci ne portent qu'un petit.

Les chimpansés se nourrissent principalement de fruits, auxquels ils joignent les limaçons, les grenouilles et les œufs qu'ils peuvent trouver dans leurs forêts. Établis dans nos demeures, ils deviennent omnivores comme nous, mangent de la viande cuite et prennent le thé, du lait ou des sucreries avec plaisir.

L'antiquité put avoir quelques notions sur ces singes; car on pense que ce furent peut-être des peaux de chimpansés que le célèbre navigateur Hannon rapporta rembourrées à Carthage, environ mille ans avant Jésus-Christ, et qui y furent consacrées dans un temple de Junon jusqu'à la destruction de cette ville. Les voyageurs de l'époque moderne ont souvent parlé de ces animaux, cependant leur histoire est encore fort imparfaite, car nous n'avons de bonnes notions que sur les jeunes.

BRACHIOPITHÈQUES. *Brachiopithecus* de Blainv. Bras excessivement longs, dont les mains arrivent près du sol; queue et abajoues nulles. — Ces singes habitent l'Asie méridionale et les îles qui l'avoisinent; ils peuvent se diviser en deux groupes secondaires : les Orangs et les Gibbons.

Les ORANGS se distinguent des gibbons par leur taille, qui devient plus considérable, et par leurs fesses qui sont garnies de poils. Il paraît certain que plusieurs espèces appartiennent à ce sous-genre, mais on n'en a bien observé qu'une, qui est connue sous le nom d'*Orang roux*, ou sous celui d'*Orang-outang*, qui signifie, en langue malaise, être raisonnable. Elle habite principalement les forêts de Sumatra et de Bornéo; sa taille s'élève presque à la même hauteur que celle de l'homme, et son corps est recouvert d'un poil roux. On a exagéré la ressemblance que ce singe offre avec notre espèce; il faut cependant reconnaître que, dans sa jeunesse, il a une physionomie d'un aspect assez agréable, analogue à celle d'un enfant, et dont l'angle facial est fort ouvert; mais, par l'effet de l'âge, celui-ci éprouve une diminution considérable, parce que la face se projette en avant; puis des crêtes saillantes, en s'élevant sur divers os du crâne, contribuent à changer la figure, et la rendent horrible en même temps qu'elle se rapproche de celle des carnassiers; la laideur est encore augmentée, dans les mâles adultes, par des lobes charnus, épais et bleuâtres qui se développent sur les côtés des joues. Les membres postérieurs des orangs roux sont très-courts et grêles. Ces animaux marchent à quatre pieds quand ils sont sur le sol, et quelquefois on les voit se servir seulement des deux de devant en opérant dessus un mouvement de bascule analogue à celui que font les culs-de-jatte dans leur progression ; mais en général, sur la terre, leur démarche est embarrassée, tandis qu'ils grimpent dans les arbres avec une extrême agilité, et franchissent des distances considérables en s'élançant de branche en branche et s'accrochant par les pieds et les mains sans jamais tomber. Ces singes sont extrêmement forts, ce qui a empêché jusqu'à ce moment d'en capturer d'adultes : un seul, par son agilité unie à sa vigueur, pouvant lutter contre plusieurs hommes.

Ils sont sociables, et vivent en troupes dans les hauts arbres des forêts, dont ils ne descendent que pour chercher des œufs dans les broussailles ; on assure même qu'ils s'y bâtissent des espèces de hamacs pour reposer la nuit. On a eu plusieurs fois l'occasion d'observer en France de ces singes en bas âge : alors ils sont doux, affectueux, et recherchent la société ; on a aussi remarqué qu'ils sont doués d'une grande intelligence, et susceptibles de recevoir une certaine éducation. On ne peut leur refuser la faculté de raisonner ; divers actes prouvent qu'ils la possèdent, entre autres le fait d'un jeune orang offert à Joséphine, qui, ayant été égratigné par un chat avec lequel il jouait, saisit sa patte, en fit l'inspection, et s'efforça d'en arracher les ongles ; et qui, une autre fois, apporta une chaise près d'une porte pour monter dessus, en atteindre la clanche, et l'ouvrir afin de se rendre dans un appartement voisin. Se conformant promptement à nos habitudes, on en a vu qui s'essuyaient les lèvres avec une serviette, prenaient le thé, du vin, et mangeaient avec plaisir de la viande rôtie et du poisson. On cite un jeune orang roux qui, étant sur un bâtiment, servait le café aux officiers, brossait leurs habits comme un domestique, et aidait les matelots quand ils nettoyaient le pont.

Il paraît qu'en avançant en âge le naturel de ces singes change, et que lorsqu'ils sont adultes, ils deviennent très-farouches, ce qui, à cause de la grande force dont ils sont doués, les rend alors fort redoutables. Les orangs portent au-devant du cou un sac assez ample dont le fond est parfois bilobé ; il communique avec les ventricules du larynx ; cet organe, qui a été décrit avec soin par Camper, paraît devoir assourdir la voix, et a été considéré par quelques savants comme le principal obstacle qui, chez eux, s'opposait à la parole. Les produits végétaux forment la base de la nourriture de ces singes, mais ils y joignent des limaçons, des grenouilles et d'autres petits animaux.

Les **GIBBONS** sont caractérisés par leurs fesses, qui sont nues et calleuses ; ils habitent les parties les plus reculées de l'Inde ainsi que son archipel, et vivent par couples ou en troupes nombreuses. Leur station est vacillante à cause de l'étroitesse de leur bassin, et ils l'assurent souvent en touchant le sol avec leurs longs bras ; ils se livrent au repos en s'entourant tout le corps de ceux-ci, après s'être accroupis et avoir placé leur tête entre leurs jambes. Ce sont des animaux défiants et timides, que l'excessive longueur de leurs bras, terminés par des mains en forme de crochets, rend maladroits, et dont l'intelligence est de beaucoup inférieure à celle des Chimpansés et des Orangs ; leur nourriture se compose de produits végétaux auxquels ils joignent aussi des œufs d'oiseaux, dont ils paraissent friands ; ils boivent en trempant leurs doigts dans l'eau et en les suçant. Parmi les espèces de ce groupe le Gibbon siamang et le Gibbon cendré méritent d'être cités.

Le *Siamang* se trouve dans les bois de Sumatra ; il vit par troupes nombreuses sous la conduite d'un chef plus fort que les autres, et que les Malais superstitieux croient invulnérable. Durant le jour, les individus qui les composent restent cachés silencieusement dans le feuillage, mais au lever et au coucher du soleil ils jettent des cris épouvantables qui cessent bientôt après. Les Siamangs ont un pelage noir, et se font remarquer par la soudure de deux des doigts de leurs pieds ; ils sont peu agiles et ne marchent qu'avec difficulté, aussi quand on aperçoit leurs bandes, il serait assez facile de les atteindre, si par une extrême vigilance elles ne veillaient à leur sécurité en plaçant des sentinelles, qui, au plus petit bruit inconnu qu'elles entendent à un mille de distance, donnent un signal d'alarme qui leur fait prendre la fuite. Duvaucel, auquel on doit de bonnes notions sur les mœurs de ces animaux, dit que les petits sont portés par l'individu du même sexe qu'eux, et que ces singes ont un grand attachement pour leur progéniture ; quand ils sont poursuivis, ils abandonnent leurs blessés, mais les mères se précipitent sur les chasseurs pour défendre leurs petits ; on dit même que celles-ci en prennent un soin extrême, qu'elles les portent chaque jour à la rivière, les lavent malgré leurs plaintes, les essuient et les sèchent avec beaucoup d'attention. Il est curieux, après cela, de faire observer que les gibbons ont surtout la partie postérieure du crâne très-développée dans la région où Gall place en effet les facultés affectives.

Le *Gibbon cendré* habite aussi Sumatra, mais il vit par couples et se plaît dans les roseaux et les bambous ; cette espèce se fait, au contraire, remarquer par son agilité, et souvent elle se suspend par les bras aux tiges flexibles de ces derniers végétaux, ou grimpe souplement à leur sommet, et, après s'y être balancée pour prendre son élan, franchit d'un saut des espaces de trente à quarante pieds. On pense que par cet exercice où leurs longs bras font l'office d'une sorte de balancier, ces singes ont peut-être donné l'idée de la danse de corde aux Indiens, chez lesquels cet art a pris naissance.

GUENONS. *Cercopithecus.* Dernières molaires quadrituberculées ; abajoues ; callosités. — L'organisation de ces quadrumanes et leur circonscription géographique doivent les isoler des Semnopithèques. Ils sont presque tous indigènes de l'Afrique, et se font remarquer par leurs bras, qui sont plus courts que les jambes, et rendent leur démarche saccadée quand ils sont sur le sol. Ces singes ont un naturel turbulent, mobile, et sont extravagants et grimaciers; ils aiment l'indépendance et ne tolèrent dans les localités qu'ils habitent que les animaux qu'ils n'en peuvent chasser; on dit qu'il en est qui attaquent ceux-ci et même l'homme quand ils y pénètrent, et qu'après s'être réunis aux cris d'alarme de leurs sentinelles, ils leur lancent des branches et des fruits, du haut des arbres, en quantités innombrables. On dit aussi qu'ils font des dégâts considérables dans les cultures en les pillant, pendant que des sentinelles veillent à la sécurité de leur troupe, qui se passe les fruits de main en main, et commence et se termine par les plus courageux et les plus âgés, tandis que les plus faibles sont relégués au poste le moins dangereux, le milieu.

Le *Guenon callitriche*, qui habite le Sénégal, vit ordinairement en troupes fort nombreuses dans les arbres où elles se dérobent à l'attention par leur profond silence et la coloration verte de leur pelage. Ces singes ne manifestent aucune frayeur quand on les attaque avec des armes à feu, et ne fuient qu'après qu'un grand nombre des leurs a succombé; ils sont si abondants dans certaines localités, qu'Adanson rapporte que, dans l'espace de 20 toises, il en tua vingt-trois en moins d'une heure, et que ce ne fut qu'après ce carnage qu'ils se cachèrent et disparurent, puis que ceux qui tombaient ne proféraient même aucun cri. C'est aussi à ce groupe qu'appartient la *Mone*, remarquable parmi les singes à cause de son extrême douceur et de sa pudicité.

SEMNOPITHÈQUES. *Semnopithecus.* Dernière molaire d'en bas quinquétuberculée; queue extrêmement longue; membres longs; museau peu saillant; fesses calleuses; abajoues nulles. — Presque tous habitent l'Asie méridionale ainsi que les îles qui l'avoisinent, et vivent en grandes troupes; ils portent ordinairement leur longue queue relevée, et elle leur sert à équilibrer leurs mouvements comme une sorte de balancier; ce sont des singes agiles, adroits et d'un caractère grave et réfléchi.

L'*Entelle*, qui est extrêmement commun au Bengale, et dont le pelage est blanchâtre, est révéré encore actuellement par les brames et les Indiens, qui regardent comme un présage heureux l'apparition de ses bandes dans leurs demeures, et laissent piller avec plaisir leurs jardins et même leur table par ces hôtes sacrés. Ceux-ci, comme s'ils étaient sûrs de l'impunité, pénètrent même parfois jusque dans le sein des villes en franchissant les murs et les haies qui les environnent. C'est aussi à ce groupe qu'appartient le *Douc*, qui habite la Cochinchine, et qui est si remarquable par la coloration vive de son pelage varié de noir, de blanc et de roux brillant; ainsi que le *Nasique*, dont le nez est extraordinairement long et pointu, et qui est révéré par les bramines.

MACAQUES. *Macacus.* Narines non terminales; dernière molaire quinquétuberculée; abajoues et callosités; queue variable, ordinairement courte. — Ces singes habitent presque tous l'Asie méridionale; on les reconnaît au seul examen de leurs formes, qui sont intermédiaires entre celles des guenons et des cynocéphales; leur angle facial est plus aigu que celui des premiers, et se rapproche, chez quelques espèces, de l'ouverture qu'il offre chez les autres. Leurs mœurs leur assignent le même rang que leur structure : ordinairement moins dociles et plus lascifs que les guenons, on reconnaît qu'ils sont plus doux et moins lubriques que les singes à museau de chien. En général, ils sont adroits, intelligents, susceptibles d'une certaine éducation, et les habitants de Sumatra enseignent même à l'un d'eux à faire la récolte des fruits des arbres élevés; mais l'âge change souvent leur naturel d'une manière fâcheuse.

On peut ranger dans cette coupe le *Magot,* qui se fait remarquer par l'extrême exiguïté de sa queue, qui est simplement formée par un tubercule allongé, et a été regardé par quelques naturalistes comme devant former un sous-genre. Il vit en troupes dans l'Afrique septentrionale et sur les rochers qui avoisinent Gibraltar. Ce singe offre un pelage touffu qui lui permet plus qu'à tout autre d'habiter des climats septentrionaux. Il est intelligent et facile à dresser dans son jeune âge, aussi les saltimbanques en ont-ils souvent auxquels ils font exécuter des tours; mais en vieillissant, il devient extraordinairement grimacier, insupportable, et quelquefois méchant. Galien, privé par les superstitions religieuses de se livrer à l'étude de l'anatomie humaine, se contenta, pour éclairer la médecine, de disséquer des singes. On n'était pas d'accord sur ceux qu'il avait employés; ce fut de Blainville qui prouva que c'étaient des magots dont se servit le savant médecin de l'antiquité. On dit que l'on a trouvé des ossements fossiles de cette espèce dans les brèches osseuses des environs de Gibraltar.

CYNOCÉPHALES. *Cynocephalus.* Museau très-allongé, tronqué; rines terminales; dernière molaire d'en bas quinquétuberculée. — Ces singes ont leurs fesses nues et des abajoues; c'est à l'aspect de leur tête, qui ressemble à celle des chiens, qu'ils doivent leur nom, qui est probablement celui qu'ils portaient chez les anciens. Ils habitent presque tous l'Afrique, où on les trouve particulièrement dans les montagnes hérissées de roches et couvertes de peu de bois, car quoiqu'ils grimpent fort bien aux arbres, ils paraissent peu affectionner les vastes forêts. Ces singes acquièrent une haute taille, et ce sont les plus grands que l'on connaisse après les orangs; il sont bizarres, capricieux, et semblent doués de l'instinct du mal. On remarque que les mâles deviennent surtout brutaux, et même féroces, à l'époque du rut. Ils vivent ordinairement par troupes nombreuses, et quand quelque animal étranger s'approche de leurs cantonnements, leurs cris se font entendre, ils se réunissent, et si par ceux-ci ils ne parviennent pas à le faire fuir, bientôt ils l'assaillent à coups de pierres et en lui lançant des branches d'arbres ; l'homme lui-même éprouve de semblables traitements, à ce que dit F. Cuvier, quand il trouble leur séjour par sa présence.

Les cynocéphales se nourrissent de fruits, de légumes et d'insectes ; quand la faim les presse, pour se procurer des aliments, ils envahissent parfois les cultures, que leurs bandes pillent avec audace et en se passant de main en main les produits qui s'y trouvent pour les enlever plus facilement. Tous ces singes à museau de chien sont d'une extrême lubricité ; des voyageurs dignes de foi assurent que, pour assouvir leurs passions brutales, il leur arrive d'enlever des négresses qu'ils retiennent violemment dans des cavernes où ils les nourrissent ; on les voit souvent aussi manifester leurs désirs par les gestes les plus obscènes, surtout à la vue des femmes, qu'ils semblent même distinguer de loin par l'odorat. Dans l'état d'esclavage, on parvient assez bien à dresser les jeunes cynocéphales ou les femelles ; mais à mesure que les mâles grandissent, ils perdent leur docilité ; il arrive même un moment où leur brutalité devient telle qu'ils se jettent sur leurs maîtres et les blessent.

Les cynocéphales étaient anciennement l'objet d'une grande vénération chez les Égyptiens ; aussi l'on en découvre fréquemment des représentations parmi les figures hyérogliphiques qui ornent leurs extraordinaires monuments ; ils jouaient un rôle important dans leurs théogonies où ils représentaient le dieu *Tot*, qui était l'analogue du Mercure des Grecs, et avait la fonction de conduire les âmes dans les régions éternelles. Ces singes étaient particulièrement adorés à Hermopolis, où ils avaient même un temple célèbre, et les Égyptiens les révéraient à un tel point, qu'ils leur élevaient des statues avec les métaux les plus précieux : Juvénal en vit une d'or dans un de leurs temples, et Lucain dit que celui d'Anubis était orné de plusieurs cynocéphales d'argent. Dans les hypogées des bords du Nil, on trouve même encore une prodigieuse quantité d'amulettes ou de figurines en émail, en terre ou en bronze, représentant ces animaux, et les musées d'antiquités en sont actuellement remplis.

Le *Cynocéphale mandrill*, qui habite l'occident de l'Afrique, et qui se fait remarquer par les plis rouges et bleus qui se trouvent sur sa face, ainsi que par la coloration vive de la peau nue de ses fesses, est fréquemment apporté en Europe, et y fait partie des ménageries ambulantes.

Le *Cynocéphale hamadrias*, qui vit en Arabie et en Éthiopie, était particulièrement celui que les anciens Égyptiens adoraient, et qu'ils ont figuré si fréquemment sur leurs monuments. Leur vénération s'appliquait même à conserver la dépouille de ce singe sacré, car on en découvre des momies dans les grottes sépulcrales des bords du Nil (Pl. 2, fig. 2).

FAMILLE DES SINGES DU NOUVEAU CONTINENT.

Narines distantes ; système molaire $\frac{6}{6}$; abajoues et callosités nulles ; queue ordinairement prenante.

Ce groupe , que l'on désigne aussi sous le nom de famille des Sapajous , renferme tous les singes qui habitent l'Amérique , et offrent des caractères et des mœurs distincts de ceux de la section précédente. Ils se rencontrent dans les régions inter-tropicales de ce continent et sont particulièrement abondants à la Guyane et au Brésil, où ils vivent ordinairement par troupes disséminées dans les forêts. Chez eux, l'absence de callosités sous les fesses modifie l'attitude du repos et les empêche de se tenir presque continuellement assis , comme ceux de l'ancien continent; mais, par compensation, quelques-uns peuvent s'accroupir en plaçant leur queue au - dessous d'eux. Beaucoup de ces singes ont celle-ci très-longue, et sa structure lui permet de s'enrouler sur les corps et de les saisir en soutenant entièrement l'animal comme un cinquième membre [1]. Chez eux, cette queue sert même d'organe du toucher, et porte à son extrémité un petit espace nu situé à sa région inférieure, et qui sert à perfectionner la sensation. Cet espace n'est point l'effet du frottement , mais est destiné originairement à cette fonction par la nature; car il existe, ainsi qu'on l'a reconnu, dans le fœtus. Mais il est d'autres sapajous où cet organe ne semble plus qu'un appendice d'ornement garni de poils touffus dans toute son étendue [2].

En général, les singes de l'Amérique sont moins vagabonds, moins lubriques et plus facilement apprivoisables que ceux de l'ancien monde ; ils sont tout aussi intelligents qu'eux ; cependant quelques graves écrivains ont peut-être exagéré leur capacité : tel est Audebert, qui rapporte que certains savent panser leurs blessures avec des végétaux qu'ils choisissent dans les bois [3] , car cet acte nous paraît le résultat de raisonnements trop profonds pour que nous le citions autrement que pour compléter l'histoire de ces animaux et sans en garantir l'authenticité, quoique Œxmelin rapporte l'avoir vu plusieurs fois. On a dit aussi que plusieurs de ces singes [4] portaient les aliments à leur bouche à l'aide de leur queue, mais on n'a jamais eu l'occasion de vérifier ce fait ; et les premiers écrivains qui ont visité l'Amérique assurent qu'il en est qui ramassent des coquillages et les cassent entre deux pierres. Ces animaux se nourrissent spécialement de fruits, régime auquel certains d'entre eux joignent des insectes et quelques coquillages.

ALOUATTES. *Stentor*. Mains pentadactyles ; queue prenante, nue et calleuse à l'extrémité. — Ces animaux, aussi nommés *Singes*

---

[1] Atèle , alouatte.
[2] Sakis.
[3] Alouattes
[4] Atèles.

hurleurs à cause de l'intensité de leurs cris, ont le crâne pyramidal, un angle facial de 30° environ, et le trou occipital situé en arrière ; leur mâchoire inférieure frappe l'observateur par sa grande élévation. Ils habitent les forêts humides de l'Amérique méridionale, et sont fort communs à la Guyane et au Brésil ; c'est ordinairement vers la cime des plus hauts arbres qu'on les découvre, et ils y vivent par troupes si nombreuses qu'un seul en recèle jusqu'à une quarantaine, et que Humboldt a calculé approximativement qu'il existait parfois plus de deux mille de ces singes dans une lieue carrée. Les hurleurs sautent avec agilité du haut d'un arbre jusque sur ses branches inférieures sans craindre de tomber, et en se fiant sur leurs membres qui en accrochent infailliblement quelques-unes ; dans leur démarche, ils s'aident souvent de leur queue qui peut saisir les branches avec beaucoup de force ; Audebert dit que cet organe leur sert aussi pour cueillir des fruits et les porter à la bouche ; mais cela n'est pas probable ; ce qui est plus certain c'est que quand on ne les tue pas subitement lorsqu'on les chasse, ils s'accrochent aux rameaux des arbres en y enroulant leur queue, et qu'ils y restent suspendus après leur mort, ce qui fait que l'on a assez de difficulté à se les procurer. Ces singes sont farouches, paresseux, et leur vie est assez triste.

Vers le lever et le coucher du soleil, ainsi qu'à l'approche des ouragans, ces singes jettent dans les forêts des cris épouvantables dont la singularité effraie tous les voyageurs qui n'y sont point accoutumés : il leur semble que leur demeure soit assaillie par un troupeau de bêtes féroces, et cependant il n'y a souvent qu'un de ces animaux dans le voisinage ; les uns les ont comparés aux hurlements d'un troupeau de sangliers, d'autres aux roulements du tambour, et d'Azzara au craquement d'une grande quantité de charrettes non graissées ; quand plusieurs Stentors crient en même temps, le fracas de leur voix est si retentissant que divers explorateurs des contrées qu'ils habitent disent qu'il semblerait que les montagnes en sont ébranlées et qu'elles vont s'écrouler.

C'est évidemment à la structure de l'hyoïde de ces animaux qu'est dû l'extraordinaire volume de leur voix ; cet os est excessivement dilaté, et son corps forme une énorme poche osseuse, qui ressemble à une cucurbite, dont les parois sont minces et élastiques ; l'air en vibrant dans celle-ci, qui communique avec le larynx, augmente l'intensité du son par des procédés dont Camper, Vicq-d'Azir et Cuvier ont donné diverses explications (Pl. 2, fig. 4). Selon Margraff, qui a étudié les singes hurleurs dans leur pays, quand ils sont réunis, le tumulte qu'ils produisent se fait avec une régularité à laquelle semble présider quelque intelligence ; il assure que ces animaux se placent en cercle autour de l'un d'eux, qui, par ses cris assourdissants, semble captiver leur attention ; mais qu'après que cette espèce d'orateur a cessé, à un signal de sa main, tous rompent le silence et poussent d'unanimes hurlements jusqu'à ce que le chef, par un nouveau signal, les fasse taire, et recommence sa narration retentissante, qui est toujours écoutée avec un profond recueillement jusqu'à la dissémination du rassemblement.

Les Singes hurleurs ne paraissent pas avoir pour leurs petits cet attachement extraordinaire que nous avons signalé dans d'autres espèces de cette grande famille ; et lorsqu'elles sont poursuivies, les femelles abandonnent bientôt celui qu'elles portent ; aussi remarque-t-on que ces singes, contrairement à ce que nous avons vu exister dans les gibbons, ont le derrière du crâne peu développé dans cette région où Gall place les affections de famille. Cependant cette assertion, qui est fondée sur les observations d'un savant aussi distingué que d'Azzara, pourrait subir quelques exceptions, puisque Spix dit avoir observé des femelles qui, blessées mortellement, fuyaient en emportant constamment leur petit, et qu'au moment d'expirer, pour le ravir au chasseur par un dernier effort, elles rassemblaient toutes leurs forces afin de le lancer dans les branches.

Les sauvages chassent ces animaux avec des flèches, et les colons à l'aide du fusil ; mais ils sont difficiles à tuer à cause de leur séjour dans les arbres élevés ; leurs peaux servent, au Brésil, pour couvrir les chevaux et les mulets, et à la Guyane, au rapport de Watterton, on mange ces singes après les avoir fait cuire à la broche ; mais leur aspect, analogue à celui d'un enfant qui serait écorché, fait que beaucoup de voyageurs répugnent à partager une semblable nourriture.

ATÈLES. *Ateles.* Pouce nul ou très-rudimentaire aux mains ; queue prenante, nue et calleuse à l'extrémité. — Geoffroy Saint-Hilaire leur a donné ce nom pour rappeler l'imperfection de leurs mains ; on les appelle aussi *Singes araignées*, à cause de la longueur excessive et de la maigreur de leurs pattes. Les atèles sont répandus dans une grande partie de l'Amérique méridionale. Quand ces animaux marchent à terre, pour plus de facilité, à cause de l'excessive longueur de leurs bras, ils ferment les mains, et s'appuient sur le dos des doigts, et même, quand ils vont doucement, ils imitent parfois les orangs-outangs, et s'avancent comme des culs-de-jatte, en se servant seulement des extrémités antérieures. En général leurs mouvements sont lents ; ils ne les exécutent qu'avec une extrême prudence, et ne s'avancent qu'après en avoir assuré la sécurité à l'aide de leur queue, qui saisit les corps environnants, et les préserve de toute chute ; cependant, lorsque leur salut l'exige ou que leur caprice le leur dicte, ils exécutent des mouvements fort agiles et d'énormes sauts.

Aucun singe n'offre une queue aussi longue et proportionnellement aussi considérable relativement au corps, et, en examinant un de leurs squelettes, on est frappé du volume de son système osseux, en le comparant aux os grêles et effilés des autres régions ; elle en devient même embarrassante dans le repos ; mais cet organe rend de grands services à ces animaux pour saisir les objets quand ils grimpent, ou pour se suspendre aux branches des arbres. C'est réellement pour eux une cinquième main , un organe de tact avec lequel ils explorent les objets que ne peuvent atteindre leurs bras. Quand ils ont froid, ils s'en servent aussi comme de fourrure, et dans les ménageries où il se trouve plusieurs atèles, il arrive parfois qu'ils se groupent deux ensemble ventre à ventre, entrelacent leurs longs bras, et en outre s'enroulent leur queue autour du corps à l'effet de se réchauffer mutuellement. Dans la marche, au lieu de laisser traîner en arrière cet organe comme la plupart des quadrupèdes, au contraire, ils le relèvent et le contournent en spirale pour en garantir l'extrémité des atteintes du sol.

Les Atèles sont doux, caressants, craintifs et indolents; on leur prête quelques traits d'intelligence qui, comme les suivants, méritent encore confirmation. Les premiers explorateurs de l'Amérique, tels que d'Acosta et Dampier, affirment que quand leurs troupes veulent changer de cantonnement et qu'une rivière peu large s'oppose à leur voyage, les individus qui les composent montent dans quelque arbre penché sur la rive; que l'un d'eux s'attache à une branche par sa queue; saisit celle d'un autre avec ses mains, et qu'en se disposant successivement ainsi, ils forment une chaîne qui pend vers le sol et bientôt s'agite de balancements à l'aide desquels le singe qui la termine s'accroche à quelque objet de la rive opposée où après s'être bien fixé, il attire toute la bande à sa suite.

Les voyageurs ont aussi avancé que les Atèles attrapent des crabes ou des mollusques en laissant pendre leur queue dans l'eau et en la retirant quand un de ceux-ci l'a saisie. Ce que l'on sait plus positivement, c'est qu'ils vivent principalement de fruits, auxquels il paraît qu'ils joignent quelques insectes. L'Atèle Belzébut, dont les formes sont extrêmement effilées, est un des mammifères les plus communs de la Guyane (Pl. 2, fig. 5).

SAPAJOUS. *Cebus.* Queue prenante, entièrement velue. — On les nomme vulgairement *Singes musqués*, à cause de l'odeur de musc qu'ils répandent à l'époque du rut, et aussi *Singes pleureurs*, parce que quand on les tourmente le moindrement, ils jettent aussitôt des cris plaintifs. Ces animaux sont originaires des grandes forêts de l'Amérique méridionale et particulièrement du Brésil et de la Guyane; ils y vivent en troupes disséminées dans les arbres. Leurs membres sont forts et vigoureux, aussi jouissent-ils de mouvements vifs, et peuvent-ils exécuter de grands sauts.

Les Sapajous sont adroits et intelligents ; quelques actions décèlent même chez eux un discernement fort élevé, ainsi que l'atteste l'observation d'un savant digne de foi, qui vit un de ces singes qui, ne pouvant casser une noix avec ses dents et ayant vainement essayé de le faire en la frappant sur du bois, descendit du lieu où il se trouvait pour la briser sur un morceau de fer. Ils peuvent facilement recevoir quelque éducation, ce qui, joint à leur docilité, les fait généralement préférer aux singes de l'ancien continent pour les admettre dans les habitations. Chez quelques-uns de ces quadrumanes, on est frappé par le son doux et flûté de la voix; la disposition anatomique de l'organe qui la produit peut, jusqu'à un certain point, l'expliquer, car, selon Cuvier, l'air parcourt dans celui-ci une route recourbée, rétrécie par deux coussinets de graisse et qui rappelle la construction de la flûte.

Ces singes se nourrissent de fruits, de vers, d'insectes et de mollusques; ils n'ont ordinairement qu'un petit; on en connaît un grand nombre d'espèces. C'est le *Sapajou brun*, originaire de la Guyane, que de petits Savoyards exercent souvent dans nos villes à grimper aux façades des maisons, pour demander l'aumône aux étages élevés.

SAÏMIRIS. Queue déprimée et non prenante, à poils courts.—On a constitué ce genre pour une seule espèce, qui se trouve principalement près des rives de l'Orénoque et surtout vers ses cataractes, où elle est fort abondante, et où elle se cantonne par petites troupes de six à douze individus dans les rochers recouverts de broussailles.

Les Saïmiris ont les formes légères des sapajous et des mouvements pleins de grâce; leur taille dépasse peu celle de l'écureuil; leur tête est aplatie et offre un angle facial de 60°; leurs traits et leur sourire ressemblent à ceux d'un enfant. Leur cerveau est tellement développé, suivant Geoffroy Saint-Hilaire, qu'il surpasse proportionnellement non-seulement celui de tous les autres singes, mais même celui de l'homme. Le volume de cet organe décèle la rare intelligence que l'on trouve chez ces animaux, où celle-ci est évidemment appelée à suppléer leur débile organisation. Humboldt, qui nous a donné d'intéressants détails sur ces jolis singes, dit que lorsqu'ils ont quelque sujet de tristesse leurs yeux se mouillent de larmes, et que quand on leur fait un discours ils écoutent avec une religieuse attention celui qui parle, et de temps à autre avancent leur petite main vers ses lèvres, comme s'ils essayaient d'y surprendre les paroles qui s'en échappent. Ce célèbre observateur a aussi reconnu qu'ils savent apprécier les gravures lors même qu'elles ne sont point coloriées, et que quand on leur offrait sur celles-ci les insectes dont ils faisaient leur nourriture favorite, ils les discernaient fort bien et se jetaient immédiatement dessus, en essayant de les détacher du papier avec leurs mains pour s'en saisir. Leurs affections n'offrent pas moins d'intérêt que leur intelligence; jamais les petits Saïmiris n'abandonnent le corps de leur mère lorsque les chasseurs la tuent; et c'est sur la connaissance de cette particularité de leurs mœurs que ceux-ci comptent pour se procurer les jeunes individus qu'ils vendent aux navigateurs qui fréquentent la côte. Geoffroy Saint-Hilaire a fait remarquer que cette propension à l'attachement coïncidait avec le développement de la partie postérieure du cerveau, lieu où les crâniologistes ont placé le siége des affections de famille.

Ces singes préfèrent les insectes à toute autre nourriture, surtout les araignées, et ils les attrapent avec une extrême agilité, soit avec leur bouche, soit avec leurs mains. Ils boivent en humant. Ce sont des singes recherchés à cause de leur extrême douceur, de leur grâce et de leur beauté; on en amène rarement en Europe parce qu'ils y vivent peu, la température trop basse qui y règne leur étant contraire.

SAKIS. Queue non prenante, à poils touffus, longs. — C'est à la particularité d'organisation qui les caractérise que ces quadrumanes doivent le nom de *Singes à queue de renard* qu'on leur donne quelquefois. Ils vivent en petites bandes dans les forêts de l'Amérique; se cachent et dorment de jour, et cherchent particulièrement leur nourriture la nuit : celle-ci se compose de fruits, d'insectes, et souvent de ruches de mouches à miel. Ce sont de faibles quadrumanes que les Sapajous tourmentent pour s'emparer des aliments qu'ils trouvent, et qui sont battus par eux lorsqu'ils ne les cèdent pas à l'instant, aussi les voit-on se réfugier dans les broussailles pour les éviter quand ils sont surpris par ces fâcheux voisins. Cependant leurs rencontres sont peu fréquentes, car la nature semble avoir assuré la tranquillité des Sakis, en les douant d'une existence nocturne, de manière qu'ils cherchent leur nourriture pendant que leurs agresseurs sont endormis.

FAMILLE DES OUISTITIS.

Narines latérales; queue touffue, non prenante; pouces des mains à peine opposables; ongles en griffes, à l'exception des pouces postérieurs où ils sont plats. Système molaire $\frac{5}{3}$.

Cette famille n'est formée que par un seul genre qui renferme un assez grand nombre d'espèces auxquelles leurs ongles crochus et acérés, qui ont été comparés à ceux de l'ours, ont fait donner le nom d'*Arctopithèques* [1]; toutes habitent les forêts de l'Amérique méridionale, et y vivent à la cime des arbres, dans les branches les plus déliées, sur lesquelles elles grimpent, en se servant de leurs ongles acérés, pour se soustraire aux Sapajous, qui les tourmentent continuellement et ne peuvent les suivre dansces régions.

Le *Ouistiti commun*, qui est fréquemment amené en Europe, offre un angle facial ouvert de 60°, et possède une allure analogue à celle de l'écureuil. F. Cuvier le considère comme peu intelligent, et dit qu'il est colérique et ingrat envers ceux qui le soignent, tandis qu'au contraire les observations faites sur lui par Audouin sembleraient dénoter des facultés assez élevées. Ce naturaliste a soumis ce petit quadrumane aux mêmes épreuves que Humboldt avait suscitées au saïmiri : il a vu que, comme celui-ci, il connaissait les gravures, se jetait sur celles qui représentaient des insectes inoffensifs, tels que des mouches, des hannetons ou des sauterelles, dont il se nourrissait volontiers; mais que quand le dessin offrait un chat ou un insecte venimeux, il reculait épouvanté. Cet animal donna aussi plusieurs fois des preuves de pré-

[1] *Singes-ours.*

voyance : ayant un jour été douloureusement affecté par le jus acide d'un grain de raisin qui sauta dans ses yeux pendant qu'il mangeait, par la suite, lorsqu'on lui donna de ce fruit, il eut constamment la précaution de fermer ceux-ci pour éviter de nouveau cet accident. On reconnut aussi que cet animal, qui se jetait avidement sur les mouches lorsqu'elles pénétraient dans sa cage, se cacha effrayé dans un de ses coins un jour qu'une guêpe y entra pour s'arrêter sur un morceau de sucre qui s'y trouvait, et cependant jamais il n'avait vu cet insecte. L'observateur ayant ensuite saisi celui-ci, et l'ayant approché de deux Ouistitis, il les vit se cacher la tête dans leurs mains, et fermer leurs yeux en donnant manifestement des signes de crainte.

L'on a peu observé ces animaux à l'état sauvage ; en domesticité, ils se nourrissent de fruits, d'insectes et d'œufs ; ils mangent ces derniers avec dextérité ; ils tuent aussi des oiseaux et se contentent de leur dévorer le cerveau et de lécher leur sang, mais ils ne mangent point leur chair.

Les Ouistitis se reproduisent en Europe ; la femelle n'a qu'un petit, que le mâle soigne de concert avec elle, et qu'il porte très-souvent pour la soulager, quelquefois même après le lui avoir arraché de vive force.

Par un singulier anachronisme, Le Guide a représenté un de ces animaux dans son tableau de l'embarquement d'Hélène.

FAMILLE DES LÉMURIENS.

Museau saillant. Pouces opposables ; ongles plats, excepté à un ou deux des doigts du pied où ils sont pointus.

Ces mammifères vivent dans les forêts et portent un pelage laineux. Ils sont quadrumanes et peuvent saisir les objets avec leurs quatre extrémités, dont les pouces sont opposables ; mais par leur forme générale, ils se rapprochent beaucoup des carnassiers, et forment le passage de ceux-ci aux singes. Leurs membres de derrière sont plus longs que ceux de devant, aussi plusieurs d'entre eux se font remarquer par la facilité avec laquelle ils sautent. Leurs narines sont sinueuses et terminent le museau, et ils portent une langue couverte de papilles rudes. La nourriture des Lémuriens se compose particulièrement de fruits ; mais ils chassent aussi les petits animaux de leur classe ainsi que les oiseaux ; leur système dentaire présente une organisation qui décèle leur appétit omnivore par les tubercules pointus qui surmontent les molaires et sont analogues à ceux des mammifères insectivores.

INDRIS. *Lichanotus*. Incisives $\frac{2}{2}$; jambes excessivement longues, queue courte. — Ces animaux, qui sont originaires de Madagascar, où le nom d'*Indris* qu'ils y portent signifie Homme des bois, peuvent exécuter d'énormes sauts à l'aide de leurs membres de derrière qui sont si développés. Sonnerat dit qu'ils sont doux, intelligents et susceptibles de recevoir quelque éducation, et il ajoute que les Madécasses les dressent pour la chasse, en guise de chiens.

MAKIS *Lemur*. Six incisives horizontales en bas, quatre en haut; tarses proportionnés; ongle de l'index postérieur pointu; queue longue et touffue. — Ces animaux ont été nommés *Singes-renards*, à cause de la saillie aiguë que forme leur museau; ils vivent en troupes dans les forêts de Madagascar. Leur organisation semble fort bien appropriée à leur genre de vie; aussi ils se meuvent avec la plus grande facilité dans les branches serrées, et souvent même avec une telle rapidité que Sonnerat rapporte que l'œil les suit avec peine; ils sautent aussi avec une souplesse extraordinaire, et F. Cuvier en a vu s'élancer sans difficulté de la terre jusque sur des rameaux d'arbres qui étaient à dix pieds d'élévation. Les Makis ont peu d'intelligence, mais ils sont doux, timides et facilement apprivoisables; ils sont nocturnes, et dorment en s'entourant le corps de leur queue; ennemis du froid, quand ils se trouvent plusieurs ensemble, ils se réunissent deux à deux pour dormir et enlacent quelquefois leurs bras en se posant ventre à ventre. Ces quadrumanes prennent leur nourriture avec leur gueule ou à l'aide de leurs mains, et boivent en lappant; des fruits et des insectes composent ordinairement leur régime; ils ont deux mamelles pectorales, et leur petit se cramponne sous le ventre de sa mère, où il se perd dans les poils touffus.

Le *Makis rouge* est un des plus remarquables par la beauté de son pelage roux-marron très-vif et ses mains et ses pieds d'un noir foncé.

LORIS. *Stenops*. Museau court; oreilles petites; queue nulle; incisives $\frac{4}{6}$. — Ce sont des animaux de petite taille, apathiques, excessivement lents dans leurs mouvements, et qu'à cause de cela et de leur analogie avec les premières familles des quadrumanes, on trouve souvent désignés sous le nom de *Singes paresseux*. Ils habitent les Indes-Orientales et les îles voisines. Leurs yeux sont généralement gros et saillants, et séparés par une simple cloison osseuse. Ces mammifères sont en outre remarquables par la disposition des principales artères de leurs membres, qui se subdivisent à leur origine en une infinité de ramuscules, et se réunissent ensuite en un tronc d'où partent des branches normales; structure par laquelle on a essayé d'expliquer la lenteur de leurs mouvements en supposant qu'elle diminuait l'énergie de la circulation dans leurs instruments. Ils vivent d'insectes et de petits oiseaux.

Parmi eux on cite souvent le *Lori grêle*, nommé ainsi à cause de l'excessive ténuité de son corps et de ses membres.

GALAGOS. *Otolicnus*. Incisives $\frac{2}{1}$. Oreilles grandes; tarses longs; queue longue; un seul ongle aigu sur le second doigt des pieds. — Ces animaux habitent principalement l'Afrique; leurs yeux sont gros, et ils possèdent des oreilles dont la vaste conque, selon Geoffroy Saint-Hilaire, peut s'étendre et augmenter par là la finesse de l'ouïe, ou bien se plisser vers sa base et boucher le conduit auditif de manière à dimi-

nuer l'intensité du bruit à la volonté de l'animal, et le rendre presque
sourd pendant ses heures de sommeil. Ces particularités d'organisation
décèlent des habitudes nocturnes, et doivent faciliter la chasse active
que les Galagos font aux insectes, dont ils se nourrissent principalement. Pour les saisir, ils se tiennent perchés sur deux pieds comme des
oiseaux, et, quand il en passe, ils s'élèvent subitement sur leurs
longs membres et les atteignent; et s'ils sont trop loin, ils se lancent
dessus. Il paraît que ces petits quadrumanes se nourrissent également
de la gomme qui découle des arbres; aussi, au Sénégal, c'est particulièrement sous le nom d'*animaux à la gomme* qu'on les connaît.

TARSIERS. *Tarsius.* Incisives mitoyennes crochues; museau
court; yeux et oreilles très-grands; tarses très-allongés; deux ongles
acérés recourbés à chaque pied. — Ces quadrumanes ont reçu un nom
générique qui rappelle leur tarse démesurément long; le bizarre aspect
que son organisation leur donne détermina Pallas à appeler *Tarsier-
spectre* une des espèces qu'il observa, qui est originaire des Moluques,
et qui a des mœurs analogues à celles des galagos.

FAMILLE DES MYSPITHÈQUES.

Incisives $\frac{4}{4}$; canines nulles; mains à doigts très-longs, le
médius fort grêle; mamelles inguinales.

Ces animaux ont des dents incisives semblables à celles des rongeurs
pour le nombre et la disposition, tandis que les pouces de leurs pieds,
qui sont opposables et portent des ongles plats, ainsi que l'ostéologie
de leur orbite fixent leur place parmi les quadrumanes : c'est cette double analogie que l'on a voulu signaler par la dénomination de cette famille, qui signifie *Singes-rats*.

La seule espèce que celle-ci renferme vit à Madagascar, et est appelée
Aye-aye, nom par lequel on a traduit les cris d'étonnement que poussèrent les habitants de cette île lorsqu'on la leur présenta. On dit que
cet animal vit dans un terrier, et qu'il est nocturne et indolent. L'usage
de sa singulière main n'est pas encore bien connu; Sonnerat pense que
le doigt grêle est employé pour pénétrer dans les trous de l'écorce des
arbres et y chercher des larves d'insectes; dans l'état de domesticité,
on a observé qu'il s'en servait pour manger, à l'instar des Chinois avec
leur baguette.

FAMILLE DES GALÉOPITHÈQUES.

Incisives pectinées; doigts courts, égaux; ongles tranchants;
membrane parachutale velue, couvrant les membres.

Ces animaux lient les quadrumanes aux chéiroptères; ils appartiennent aux premiers par leur structure générale, et doivent être éloignés
des autres à cause de la disposition de leurs mains, qui ne sont point

transformées en ailes, et servent seulement à grimper. Leur port est analogue à celui des singes, et on les a parfois nommés Singes volants, parce qu'ils ont la faculté de se suspendre en l'air à l'aide des grands replis de la peau qui recouvrent leurs membres comme un manteau et leur servent de parachute pour se lancer d'un arbre dans un autre, quand ils vont à la recherche de leur nourriture. C'est à cela que se réduit leur prétendu vol, que Séba disait à tort être analogue à celui des chauves-souris.

Le *Galéopithèque roux*, qui est de la grosseur d'un chat, et vit dans l'archipel Indien, est la seule espèce bien connue que renferme cette famille. Il est nocturne ; reste accroché aux branches pendant le jour à l'aide de ses ongles, et commence la recherche de ses aliments vers le crépuscule ; ceux-ci se composent d'insectes et peut-être d'oiseaux ; l'usure de ses dents fait penser qu'il se nourrit aussi de fruits. Le capitaine Wilson dit que les habitants de l'île Pelew recherchent cet animal pour le manger.

ORDRE DES CARNASSIERS.

Mammifères organisés pour une nourriture plus ou moins exclusivement animale, et offrant ordinairement les caractères suivants : articulation maxillaire serrée, transversale ; trois sortes de dents, dont les molaires ont rarement une couronne triturante ; pouces non opposables ; ongles incurvés ; intestin court.

De grandes modifications se présentent dans les organes des mammifères de cet ordre, et particulièrement dans les appareils destinés à leur procurer leur nourriture, ainsi que dans ceux qui sont en rapport avec la nature de celle-ci. De là les formes si différentes des chéiroptères, qui volent comme des oiseaux, comparées à celles de la masse des carnassiers quadrupèdes ; de là aussi les différences que l'on rencontre dans les organes masticateurs des chats, qui sont munis d'un vigoureux appareil dentaire destiné à déchirer leur proie, et ceux des insectivores qui se trouvent appropriés à une autre nourriture. Les organes des sens éprouvent des modifications tout aussi profondes ; aussi est-il impossible de donner sur eux des généralités qui ne subissent de grandes exceptions, et faut-il se reporter à la description des sous-ordres pour les étudier.

Ce sont ces différences fondamentales dans les organes locomoteurs et de la mastication qui nous engagent à faire trois sous-ordres dans la grande tribu des carnassiers, qui sont cependant unis par un caractère général, celui d'offrir une organisation propre à se nourrir d'animaux.

SOUS-ORDRE DES CHÉIROPTÈRES.

Ailes formées par les doigts et une membrane interdigitale ; trois sortes de dents ; deux mamelles pectorales ; verge pendante.

Géologie et géographie. — Les animaux de cet ordre existaient avant la formation des terrains tertiaires moyens, puisqu'on en a trouvé des ossements dans le gypse des environs de Paris. Ils paraissent avoir été contemporains de anoplothères et des paléothères, car ils se rencontrent dans les mêmes conditions qu'eux. Et, depuis cette époque jusqu'à la nôtre, il est probable qu'ils se sont succédé sans interruption à la surface de l'Europe, puisqu'on en retrouve des vestiges dans les cavernes et les brèches osseuses. Les terrains de l'Allemagne, de la France et de l'Angleterre renferment des ossements de chéiroptères qui ne diffèrent que fort peu, si même ils diffèrent, de ceux des espèces qui vivent actuellement.

On rencontre de ces animaux à l'état vivant dans presque tous les climats. Leur existence est nocturne ou crépusculaire ; ils se tiennent, durant le jour, dans les cavernes, dans les vieux édifices ou sur les arbres, et ils s'en échappent parfois le soir en si grande quantité, qu'ils forment un nuage épais. Leur abondance est souvent extraordinaire dans certains souterrains ; l'antiquaire Spon rapporte qu'elle rend même dangereuse la visite de ceux du temple d'Éphèse, et qu'il n'y pénétra qu'avec crainte, parce que les chauves-souris menaçaient de lui crever les yeux. Jomard en dit autant relativement aux hypogées de Thèbes, et il ajoute qu'elles se cramponnent autour des voyageurs ou se jettent sur leurs torches. Nous en avons vu parfois une telle quantité à la voûte de certaines cavernes, que celle-ci en était totalement noircie.

Dans les contrées froides, ces mammifères passent l'hiver en léthargie, et, le jour, ils dorment suspendus, la tête en bas, à la voûte des cavernes et des lieux obscurs ; leurs pattes postérieures favorisent cette position d'une manière fort remarquable par les ongles très-arqués et pointus qui les terminent, et il leur suffit de la plus petite irrégularité pour s'accrocher sans effort musculaire.

Locomotion. — Les chéiroptères ont beaucoup de difficulté à marcher à cause du grand développement qu'ont pris leurs membres antérieurs, et aussi par l'effet de la position de ceux de derrière, qui, dans leur articulation avec la cuisse, ont subi une demi-révolution, de manière que le talon se trouve en avant, et que, dans la flexion, la plante du pied se dirige vers le ventre. Du reste, pour effectuer la progression, ces animaux cramponnent un de leurs pouces antérieurs, puis, après avoir passé leurs jambes sous leur ventre, ils se tirent avec le premier, et se poussent à l'aide de celles-ci, de manière que le corps trébuche en avant et de côté, en décrivant une diagonale ; l'autre pouce se fixe ensuite, et il en résulte un mouvement oblique en sens opposé : c'est de cette manière incertaine que le corps avance. Cependant il paraîtrait que tous les chéiroptères n'ont pas la même difficulté à marcher que ceux qui vivent dans nos climats, car d'Azzara dit que les vampires courent aussi vite que des rats. Le vol de ces animaux est rendu facile par leurs fortes clavicules, par la fixité des os de l'avant-bras, qui empêche la main de dévier pendant ses efforts, ainsi que par des muscles pectoraux vigoureux qui s'attachent sur une quille saillante du sternum, et meuvent leurs rames aériennes. Cette action est encore favorisée, dans certaines espèces, par l'énorme développement des conques auditives en devant, et par celui de la membrane inter-fémorale en arrière, qui forment une sorte de parachute.

Sens. — Une perfection remarquable des sens du toucher, de l'ouïe et de l'olfaction, distingue les chéiroptères. Le nez est simple dans toute une section de cet ordre, tandis que dans l'autre il est parfois environné de singulières expansions membraneuses destinées probablement à perfectionner le sens dont il est l'orifice, et qui peuvent parfois clore celui-ci à la volonté de l'animal, et retenir l'air dans la poitrine pour favoriser le vol.

Malgré la vie nocturne de ces animaux, leurs yeux sont extrêmement petits ; ils ne paraissent presque point s'en servir, et semblent y suppléer par la finesse du tact, ainsi que l'indiquent les expériences de Spallanzani, dans lesquelles il les vit se guider avec précision dans une obscurité profonde au milieu d'obstacles divers, et s'insinuer dans les plus étroits passages sans se heurter, quoiqu'il eût détruit chez eux, par des mutilations, tous les appareils des sens. Ce naturaliste inféra de ses observations que les chéiroptères possédaient un sixième sens, qui était exclusivement destiné à les guider dans l'obscurité ; mais on n'admet nullement ses idées, et généralement on pense que la vue est suppléée chez eux par la peau des ailes qui, en s'étendant en membrane mince et nerveuse destinée à la locomotion, devient aussi un organe du tact parfait avec lequel ils palpent en quelque sorte l'air, en apprécient les plus légères vibrations, et qui, par la résistance qu'il éprouve en frappant ce fluide, leur donne l'idée de l'éloignement des corps ; cependant, d'après Tréviranus, la membrane alaire ne serait pas le seul organe tactile de ces mammifères, et dans les espèces munies d'expansions membraneuses aux environs du nez, celles-ci seraient aussi le siége de la sensation ; à ces vues, j'ajouterai que les conques des oreilles me paraissent également y participer.

L'oreille externe des espèces carnivores offre à son intérieur un petit oreillon, qui forme comme une seconde conque auditive, et a la propriété de pouvoir s'appliquer sur l'orifice du conduit et de le boucher ; des muscles nombreux dirigent la conque de divers côtés, et l'ouïe paraît avoir une grande finesse. De Blainville avait déjà dit que ce sens servait à la chasse, et Sowerby a constaté la justesse de cette assertion dans de récentes observations, où il a reconnu que c'était lui qui guidait principalement les chauves-souris vers leur proie ; il vit qu'en mettant des insectes dans leur cage, elles ne se transportaient vers eux que lorsqu'ils faisaient quelque bruit, et que dans un appartement où on lâchait parfois de ces animaux, ceux-ci dirigeaient leurs oreilles de tous les côtés pour mieux percevoir les sons, et volaient immédiatement vers l'endroit où quelque mouche bourdonnait. Bien mieux, quand avec les lèvres on imitait le bruit de cet insecte, immédiatement les chauves-souris venaient se reposer sur le visage de la personne, entouraient sa bouche avec leurs ailes, et s'y arrêtaient dans l'espoir d'en voir la mouche en sortir.

Ce qui captive encore l'attention dans les chéiroptères, regardés parfois comme des êtres disgrâciés, parce qu'on avait méconnu leur structure, c'est que, par une heureuse faculté, ils peuvent soustraire leurs sens aux impressions extérieures, et se délivrer passagèrement d'une perfection sensitive dont ils eussent été accablés pendant les instants où ils se livrent au repos ; dans certaines espèces, le feuillet interne de la conque vient boucher à volonté l'orifice auditif, et en ferme l'entrée en s'appliquant dessus comme une soupape mobile ; quelques groupes de cette famille, qui sont pourvus de feuilles nasales, présentent pour l'appareil olfactif la même particularité ; celles-ci pouvant en obstruer l'orifice, cela forme à ces deux organes des espèces de portes analogues aux paupières ; mais ces perfectionnements, moins utiles aux individus frugivores, ne se retrouvent plus chez eux.

Nutrition et reproduction. — Le régime des chéiroptères varie : les uns sont carnivores, les autres sont frugivores ; d'un naturel vorace, on les voit parfois entrer dans les maisons pour se jeter sur la viande crue ou les autres provisions ; les plus gros animaux et l'homme lui-même, ainsi que nous le dirons plus loin, ne sont pas à l'abri de leurs attaques. Quelques-uns jouissent de la faculté d'allonger leur langue commes les pics, et chez eux elle offre d'étonnantes dimensions, car dans une espèce (*Pteropus minima*) dont parle Leschenault, et qui n'a que trois pouces et demi de longueur, cet organe en acquiert parfois deux. Celui-ci est quelquefois renflé en arrière et forme une sorte de tampon, dont la fonction est peut-être de boucher l'orifice postérieur des fosses nasales, pour retenir l'air, pendant le vol, dans les cavités intérieures. La forme du canal digestif varie selon la nourriture : les espèces tout à fait carnivores l'ont court, et l'estomac simple et petit ; celles qui mangent des fruits offrent une double cavité stomacale et un tube intestinal six fois plus long que le tronc. Il n'y a pas jusqu'à la défécation qui ne présente quelque intérêt par la précaution avec laquelle les chéiroptères garantissent leur robe de toute souillure ; pour l'opérer, on les voit abandonner par une patte la voûte où ils adhèrent, et se communiquer un mouvement d'oscillation qui leur permet de s'accrocher avec leur aile soit à un individu voisin, soit à une inégalité de l'endroit où ils sont fixés, de manière à pouvoir prendre une situation horizontale, dans laquelle leurs excréments peuvent tomber sans couler sur eux. Sous la peau qui environne l'orbite des chéiroptères et près du nez, on trouve de chaque côté un sac glandulaire jaunâtre, partagé en plusieurs cellules par des cloisons membraneuses; il sécrète un fluide gras, répandant une forte odeur de musc qui se communique à tout l'animal, et qui est émis au dehors par une ouverture obronde.

Ces mammifères vivent par couples durant la saison des amours; leurs femelles ont un ou deux petits, et l'on dit que pendant le repos, ceux-ci sont placés dans un repli de l'aile de la mère, qui forme une espèce de sac, et que le mâle se rapproche d'elle pour contribuer à les protéger et à les réchauffer; pendant le vol, les femelles les emportent avec elles, et, si on les poursuit activement, ils leur échappent, et souvent elles les laissent tomber, ainsi que j'ai eu l'occasion de l'observer dans une caverne remplie de Rhinolophes, et où le sol en fut bientôt jonché.

Historique. — Les premières traditions nous révèlent que les chéiroptères ont été l'objet de l'attention des hommes dès les temps les plus anciens; déjà on en parle dans plusieurs livres de l'Écriture, et Moïse, dans ses lois, les met au nombre des animaux impurs. Il est évident que les anciens Égyptiens les connaissaient aussi, et souvent ils en ont représenté dans leurs écritures hiéroglyphiques, où l'on sait que la chauve-souris était le symbole d'une femme allaitant et nourrissant son enfant. Les mythologistes et les historiens grecs ont laissé dans leurs écrits des traces qui attestent que les animaux dont nous faisons l'histoire leur étaient connus; mais ils ne nous ont laissé aucun monument qui les représente matériellement, à moins de supposer qu'ils aient voulu en exprimer les formes singulières dans celles qu'ils ont données à leurs harpies. Parmi les auteurs anciens, nous trouvons des notions sur eux dans Hérodote, qui rapporte que de grandes chauves-souris incommodaient beaucoup les hommes qui cueillaient de la manne dans les marais de l'Asie, et que, pour se garantir de leur importunité, ils étaient obligés de se couvrir le visage avec du cuir; Strabon, en parlant de Borsippa, ville de la Babylonie, consacrée à Diane et à Apollon, dit qu'il s'y trouve une grande quantité de ces animaux, et que les habitants s'en nourrissent après les avoir fait cuire.

De tous temps les savants, frappés par l'ambiguïté des formes des chéiroptères, ont oscillé sur leur classification. Aristote lui-même hésita en les plaçant entre les mammifères et les oiseaux, et Pline les rangea parmi ces derniers. A la renaissance, Scaliger en parla comme d'êtres merveilleux, et en fit une description toute fantastique; puis, Aldrovande les plaça près de l'Autruche. Ce ne fut qu'au 18ᵉ siècle que l'on osa les soustraire aux oiseaux, parmi lesquels depuis Pline on les avait mis, pour les intercaller dans les animaux à mamelles. Linnée, entrevoyant leurs rapports d'organisation, les confondit dans ceux-ci parmi l'ordre de l'homme, avec les singes[1]; et Geoffroy Saint-Hilaire,

[1] Primatès.

dans ces dernières années, décrivit ces animaux avec sagacité, et les partagea en une vingtaine de groupes parmi lesquels on peut en reconnaître deux fondamentaux, les Roussettes et les Chauves-souris, qui se distinguent par d'assez grandes différences organiques ou de mœurs.

ROUSSETTES. *Pteropus.* Molaires planes ; index onguiculé, à trois phalanges. — Par le nom de ces chéiroptères, on a voulu rappeler leur couleur, qui est généralement rousse. Ils se trouvent dans l'Asie méridionale et les îles qui l'avoisinent, ainsi que dansl'Afrique. Pendant le jour, ces animaux restent suspendus aux arbres ; dans l'île Tonga, à ce que dit Durville, on en voit parfois des centaines sur un seul casuarina, et de loin on les prendrait pour des fruits ; quand on en approche, on s'aperçoit qu'ils se sont enveloppés le corps et la tête de leurs ailes pour s'endormir, et ils n'ont plus que l'aspect d'un chiffon de taffetas noir. Ce sont les plus grands chéiroptères que l'on connaisse, et il en est qui offrent jusqu'à cinq pieds d'envergure. Leurs organes des sens ne sont pas aussi développés que dans les espèces du genre qui suit ; les Roussettes étant principalement frugivores, leur luxe d'appareils sensoriels leur était inutile, aussi, chez elles, les narines sont privées d'appendices membraneux à l'extérieur, et la conque n'offre point d'oreillon ; leur queue est nulle ou rudimentaire, et la membrane inter-fémorale échancrée.

Les Roussettes, que l'on a eu l'occasion d'observer en domesticité, étaient caressantes et familières comme des chiens ; ainsi qu'eux, elles léchaient les mains de ceux qui les soignaient. Mais l'odeur désagréable qu'elles exhalent empêchera toujours de les admettre dans les habitations. Ces animaux ont une langue hérissée de papilles aiguës dirigées en arrière, qui leur servent probablement à dépecer les fruits ; ceux-ci et principalement ceux qui, comme les bananes et les dattes, sont pulpeux, forment la base de leur régime, et ils en détruisent beaucoup dans les plantations ; cependant ils chassent aussi aux oiseaux et aux petits mammifères. On leur fait une guerre active à l'Ile-de-France et au Malabar où il y en a beaucoup, non-seulement pour éviter leurs dégâts, mais pour les manger ; leur chair a une saveur musquée qui la fait regarder par les Timoriens comme un mets exquis. Ceux-ci chassent ordinairement l'espèce nommée Roussette édule, à cause de sa délicatesse ; elle est très-commune dans leur pays (Pl. 5).

CHAUVES-SOURIS. *Vespertilio.* Molaires hérissées de pointes ; index inonguiculé, à une ou deux phalanges. — La membrane alaire de ces animaux naît sur les côtés du corps, et elle s'étend presque toujours entre les jambes ; ils présentent une grande gueule pour saisir les insectes en volant, d'une manière analogue aux Engoulevents, et chez presque tous on rencontre des abajoues, dans lesquelles ils entassent leur butin jusqu'au moment où il leur est possible de le déguster en repos ; leur nez est souvent environné d'appendices cutanés diversiformes. Ce groupe a été partagé en un assez grand nombre de coupes sub-génériques parmi lesquelles nous citerons les Nyctères, les Phyllostomes, les Rhinolophes, les Vespertilions et les Oreillards.

Les **NYCTÈRES** sont dépourvus de feuilles nasales, et offrent un sillon sur le chanfrein. Ils méritent d'être cités à cause de la disposition de leurs abajoues, qui, au lieu de représenter de simples sacs situés dans l'épaisseur des joues, sont ouvertes à leur fond et communiquent, par des conduits, avec le tissu cellulaire du cou, du dos et de l'abdomen ; de manière que quand ces animaux le veulent, en fermant leurs narines pendant les mouvements d'expiration, l'air qui est expulsé de la poitrine passe naturellement dans les abajoues, s'injecte dans ce tissu, et le gonfle d'une manière extraordinaire. Ce gaz, une fois introduit, se trouve retenu par des espèces de valvules, et distendu par la chaleur, il donne aux nyctères la forme d'une vessie sphéroïdale, et facilite singulièrement leur vol en diminuant leur pesanteur.

Les **PHYLLOSTOMES** se reconnaissent à l'espèce de feuille ovale ou lancéolée qui surmonte leur nez, ainsi que par les tubercules disposés symétriquement qui se trouvent sur leurs lèvres. Ce sont de grandes espèces qui habitent l'Amérique, où on les rencontre fort abondamment dans quelques contrées. Ces chéiroptères ont une langue longue qui porte à son extrémité huit tubercules aigus rangés en cercle, et au centre desquels on en voit un autre qui est plus saillant ; c'est cet organe qui, selon Geoffroy Saint-Hilaire, fonctionne comme une espèce de ventouse scarifiante pour sucer le sang des animaux dont ils se nourrissent parfois à défaut d'insectes. Cependant certaines espèces sont frugivores, et opèrent de grands dégâts dans les propriétés en dévorant en une seule nuit tous les fruits mûrs des arbres qu'elles affectionnent, ce que put observer Palissot de Beauvois sur le sapotillier, dont il vit un pied totalement dévasté par elles dans cet espace de temps. Watterton les voyait parfois se jeter avec la même voracité sur les fruits des bananiers.

Le *Phyllostome vampire*, qui est de la grosseur d'une pie, a surtout une grande célébrité, parce qu'il attaque l'homme et les animaux pour leur sucer le sang, et qu'on l'accuse de les faire périr ; le gros bétail lui-même n'est pas hors de ses atteintes ; car il paraît certain, d'après les assertions de Lacondamine, que ce furent des Vampires qui épuisèrent et détruisirent les premiers troupeaux de bœufs et de moutons qu'on amena dans quelques régions de l'Amérique ; c'est surtout au cou, aux épaules et aux fesses qu'ils produisent leurs blessures, parce que là ils ont plus de facilité à s'accrocher ; et c'est moins la quantité de sang qu'ils boivent qui rend celles-ci dangereuses, que celle qui s'écoule après leur départ et occasionne un grand affaiblissement. Les volailles en sont souvent victimes, et, comme l'ont remarqué des voyageurs, il est même impossible d'en élever dans quelques contrées ; ce sont leurs crêtes que ces chéiroptères attaquent, et elles meurent ensuite de la gangrène de ces parties (Pl. 3).

Les Vampires attaquent souvent aussi l'homme ; mais on a exagéré le danger de leur morsure ; c'est ordinairement au gros orteil qu'ils font celle-ci. D'Azzara, pendant qu'il sommeillait en pleine campagne, en fut mordu quatre fois dans cette région durant ses voyages ; ils entrent aussi parfois dans les habitations. La blessure qu'ils font est analogue à celle des sangsues, et l'on dit qu'il y a une petite portion de la peau d'emportée ; jamais on ne se réveille pendant qu'ils opèrent leur succion, ce qui fait supposer que la plaie est pratiquée avec beaucoup de précaution et de lenteur. Watterton, qui a plusieurs fois observé des personnes qui venaient d'être mordues par ces animaux, évalue le sang versé par leur plaie à dix ou douze onces, et dit qu'après l'une d'elles, un jeune Indien se réveilla dans un fâcheux état d'affaiblissement.

Les **RHINOLOPHES** sont caractérisés par les crêtes qui environnent leur nez, et représentent grossièrement un fer à cheval ; leur conque est dépourvue d'oreillon, aussi ils ne peuvent en obstruer le conduit auditif et se rendre sourd à leur gré, ce qui produit chez eux, selon Geoffroy Saint-Hilaire, une particularité de mœurs, en les engageant à rechercher des excavations plus profondes que les autres chauves-souris pour y éviter le bruit. Le *Grand Fer-à-cheval*, qui doit ce nom à la structure de son nez, se rencontre fréquemment en France, dans les cavernes et les souterrains, à la voûte desquels il s'enveloppe de ses ailes pour sommeiller.

Les **VESPERTILIONS** offrent un nez simple et des oreilles qui sont séparées. C'est ce sous-genre qui renferme le plus d'espèces ; nous en possédons plusieurs en France : la Chauve-souris commune en fait partie.

Les **OREILLARDS** se distinguent immédiatement par leurs énormes oreilles, qui sont soudées ensemble sur la tête, et par leur oreillon, qui forme un opercule sur le trou auditif. L'Oreillard commun, dont les conques auditives offrent une surface presque égale à celle du tronc, habite nos demeures et s'observe souvent en France.

SOUS-ORDRE DES INSECTIVORES.

Mammifères plantigrades et claviculés, ayant trois sortes de dents ; molaires hérissées de pointes coniques ; cinq doigts à tous les membres.

Ce groupe se compose de petits carnassiers qui se nourrissent principalement d'insectes, et dont les dents hérissées de pointes semblent destinées à favoriser ce régime, et être très-propices pour dilacérer l'enveloppe coriace de ces animaux. Par leurs formes, la brièveté de leurs membres et leur locomotion, beaucoup d'insectivores se rapprochent des Édentés, tandis que par leur système dentaire et leur nourriture, ils sont analogues à la plupart des Chéiroptères.

TAUPES. *Talpa.* Mains extraordinairement larges, à ongles subdroits, plats, très-développés. — Ces animaux habitent les deux continents, et se forment des galeries souterraines dont ils sortent rarement.

Leur structure excite le plus vif intérêt, et, quand on l'étudie avec discernement, on reconnaît que les anomalies organiques qu'ils offrent en apparence s'accommodent admirablement à leurs mœurs. L'appareil locomoteur a surtout subi de grandes modifications pour l'espèce de vol que les taupes exécutent dans le sol pour parcourir leurs demeures ou les construire; leur museau, qui est disposé en boutoir tronqué, sert comme de tarière quand elles creusent leurs galeries; alors elles le roidissent considérablement pour le faire entrer dans la terre avec plus de force, et la tête est environnée d'une masse considérable de muscles qui sont destinés à la mouvoir à cet effet. Le sternum de ces animaux offre une carène saillante, analogue à celle des oiseaux et des chéiroptères, et chez eux on trouve des clavicules excessivement courtes et très-grosses pour résister aux efforts des bras, qui sont extrêmement puissants chez ces fouisseurs. L'humérus est excessivement court et large, de manière qu'il offre une grande étendue pour l'insertion des organes musculaires; l'action des membres antérieurs est encore favorisée par la manière serrée dont les deux os de l'avant-bras sont unis, et qui ne leur permet aucune vacillation quand ils exécutent leurs mouvements; enfin la main est terminée par des ongles taillés en biseau, qui, quand les taupes travaillent, font l'office d'espèces de petites pioches. Les bras sont mus par un grand nombre de muscles, mais principalement par les pectoraux, qui, comme chez les oiseaux, sont fort développés, et à eux seuls équivalent presque en poids et en volume à tous ceux du reste de l'animal. Les membres de derrière ont une structure normale. Les auteurs disent généralement qu'à la surface du sol la démarche de la taupe est pénible et embarrassée. J'ai eu occasion, au contraire, d'observer que c'est un animal dont les mouvements sont extrêmement vifs, et qui court avec une si grande rapidité, que l'œil ne peut suivre ceux de ses membres; mais cependant sa vitesse paraît encore être plus considérable quand il est dans ses boyaux souterrains; c'est un fait qui résulte des expériences de Geoffroy Saint-Hilaire et Lecourt. Ayant jalonné la galerie d'un de ces mammifères avec de frêles morceaux de bois portant à leur sommet de petits étendards, ensuite ils l'effrayèrent subitement en faisant un grand bruit, et celui-ci, en s'enfuyant, mit en mouvement tous les jalons presque simultanément, de manière que l'on jugea par là que la vitesse de la course de la taupe pouvait égaler le trot le plus rapide d'un cheval

Les fosses nasales des taupes sont très-vastes, et le système nerveux qui préside à l'olfaction est fort développé, aussi ce sens a-t-il une remarquable finesse; mais les autres organes sensoriels sont loin d'acquérir une aussi grande perfection, et il semble que la nature se soit contentée de les ébaucher. Parmi eux, c'est l'œil qui est le moins développé, et il est même tellement petit chez ces animaux, qu'Aristote et les philosophes anciens, à l'exception de Galien, croyaient qu'ils n'y voyaient pas; c'est même encore aujourd'hui un préjugé répandu dans la plupart de nos campagnes. Mais on a reconnu dans ces derniers temps que le globe oculaire des taupes était conforme à celui des autres mammifères, ainsi que l'a vu Geoffroy Saint-Hilaire à l'aide de dissections opérées avec le microscope; et Lecourt a confirmé l'existence de la vision, en rapportant avoir vu de ces animaux effrayés se diriger par le seul effet de la vue, à travers des rivières, pour échapper à l'ennemi qui les poursuivait. L'oreille est privée de conque auditive; ses pavillons interrogateurs eussent été fréquemment compromis pendant les fouilles souterraines; cependant cet animal entend très-bien.

Les taupes, comparativement aux autres mammifères, et au volume peu considérable de leur corps, ont une bouche que l'on peut dire énorme : elle est armée d'un système dentaire composé de quarante-quatre dents, parmi lesquelles les molaires sont hérissées d'aspérités qui indiquent un animal essentiellement insectivore, et non pas herbivore, comme on le pense vulgairement. L'observation de la dentition aurait même *à priori* dévoilé depuis longtemps leur nourriture aux naturalistes, s'ils n'avaient pas été subjugués par l'ascendant de l'opinion générale.

Le régime de ces fouisseurs se compose de mans, de courtilières et d'insectes de toute espèce; mais l'animal qu'ils recherchent avec le plus de délices, est le ver de terre. Dans un nombre considérable de taupes que j'ai eu l'occasion d'ouvrir, j'ai toujours reconnu que l'aliment se composait de ces animaux, et essentiellement du dernier; ce n'est que très-rarement qu'avec des lombrics, j'ai trouvé quelques radicelles de plantes. Les taupes sont douées d'une grande voracité : quand elles déchirent quelque animal, on les voit y plonger toute leur tête, si celle-ci peut y entrer; il faut qu'elles mangent toutes les six heures, et si, après ce court espace de temps, elles ne rencontrent pas de proie pour assouvir leur faim, on les voit expirer. Cette faim, c'est de la chair qu'il lui faut pour l'assouvir; car, malgré le besoin qui les domine en ce moment, si l'on place près de ces animaux quelques plantes, des carottes, des navets, des pommes de terre, ils n'y touchent jamais. Ces mammifères ne dédaignent pas ainsi les courtilières, quoiqu'on le pensât anciennement; on en a vu qui en mangeaient jusqu'à douze pour un seul repas. Il en est de même pour le mans, ou larve du hanneton : Savi et Flourens ont eu occasion d'observer qu'ils s'en nourrissaient. Geoffroy Saint-Hilaire dit que, quand la faim les presse, les taupes attaquent même quelquefois par ruse les oiseaux pour les dévorer; c'est à l'aide du groin qui termine leur tête qu'elles se livrent à cette chasse : elles le sortent de leur taupinière et le remuent doucement; l'oiseau qui l'aperçoit, le prenant pour un vermisseau, vient le béqueter; mais alors elles s'élancent avec impétuosité sur lui, le saisissent et l'engloutissent en un instant. L'appétit de ces mammifères est tel, qu'on en a souvent vu s'entre-dévorer quand ils étaient privés de nourriture pendant un voyage de quelques lieues seulement, et que ceux qui se trouvaient isolés périssaient d'inanition.

Les organes reproducteurs des Taupes sont surtout empreints d'anomalies singulières. Le fœtus ne traverse point la ceinture osseuse du bassin; celui-ci est extrêmement petit, et l'intestin, ainsi que ces organes, se trouvent au-dessous, de manière que ces animaux doivent avoir un part fort peu douloureux. Leur portée est de quatre à cinq petits, et elle se répète deux fois par an. Buffon, qui a décrit avec soin le nid de la Taupe, dit que c'est la femelle qui le construit; il est situé sous le sol, et la voûte qui le forme en haut est dure et pétrie avec de la terre et des herbes, de manière que l'eau ne peut la traverser; en outre, elle est soutenue de distance en distance par des espèces de colonnes ou de cloisons destinées à augmenter sa solidité. On reconnaît le lieu qu'occupe ce nid en ce qu'il est environné de quatre ou cinq taupinières volumineuses; au fond, on trouve un matelas composé d'herbes. Celui-ci est formé aux dépens du règne végétal. Selon Geoffroy Saint-Hilaire, ces mammifères, sans sortir de leur demeure, saisissent avec leur boutoir les tiges des plantes herbacées, et principalement des céréales, et les attirent dans leur gîte, où l'on a parfois compté jusqu'à 402 tiges de blé pour la confection du matelas destiné à leur progéniture.

Nous possédons en Europe deux espèces de ce genre : la *Taupe ordinaire*, qui habite la France, est d'un gris noirâtre, et dont on trouve une variété albine; puis la *Taupe aveugle*, qui vit dans les Apennins, est à peu près de la même couleur, et dont les yeux sont plus petits encore et presque totalement atrophiés.

Agriculture. — L'histoire de la Taupe a singulièrement été altérée par des agriculteurs qui manquaient des connaissances nécessaires pour apprécier ses mœurs, ainsi que par des personnes qui, étant préposées pour anéantir cet animal, s'efforcèrent, par spéculation, d'en grossir les dégâts. Les élucubrations de M. Cadet de Vaux répandirent même de telles craintes à l'égard de ce fouisseur, que certains départements proposèrent de s'imposer extraordinairement pour en extirper la race. Il y a peu d'années, un ministre français approuva même la création de plusieurs écoles de taupiers, et des leçons y furent professées publiquement !.... L'étude attentive de cet animal, qui permettait seule l'investigation positive des faits, et qui aurait dû avoir lieu avant tout, ne fut cependant entreprise que dans ces derniers temps. Comme, ainsi que nous l'avons vu, elle est venue révéler que les Taupes n'attaquent aucunement les racines des plantes, et qu'au contraire elles détruisent une foule d'insectes nuisibles à l'agriculture et auxquels on croyait qu'elles ne touchaient pas, il en résulte qu'il faut rabattre la majorité des dégâts que l'ignorance prête à cet animal, et même, dans certains cas, le considérer comme utile aux campagnes. En effet, s'il est vrai qu'il nuit à l'harmonie des jardins, ou qu'il entrave l'action de la faux dans les prairies par les buttes de terre qu'il y

élève, il leur rend de grands services en dévorant les mans, les courtilières et les autres insectes qui rongent réellement les racines et font
périr les végétaux ; sa présence indique même leur existence, car
si cet aliment manquait, la Taupe, dont l'appétit est si vif, s'éloigne-
rait ou périrait en peu de temps. Ces faits sont si positifs, qu'ils ont
frappé les agriculteurs de quelques pays, qui souvent achètent des Taupes pour les mettre dans leurs vignobles quand les racines des vignes
sont attaquées par les insectes, et ils le font toujours avec succès.

La Taupe, comme tout le monde le sait, n'offre rien aux arts dont
ils puissent tirer quelque parti. On essaya cependant autrefois de l'utiliser. Le duvet fin qui la recouvre avait fait naître l'idée de l'employer
comme fourrure, et l'on en fit même des couvertures de lit ; mais la
grande quantité de Taupes qu'il fallait pour obtenir une peausserie de
quelque étendue y fit bientôt renoncer. Sous Louis XV, quelques
femmes de la cour s'imaginèrent de faire servir cet animal à leur toilette, et alliant sa peau aux mouches et au fard dont elles se couvraient
le visage, elles s'en firent des sourcils ; mais cette mode absurde fut de
courte durée.

Les **CONDYLURES**, qui ont le museau entouré de lanières charnues
disposées en étoile, et que l'on rencontre dans l'Amérique septentrionale, où ils habitent des souterrains et vivent comme les Taupes,
ainsi que les **SCALOPES**, qui offrent un museau pointu, et ont la même
patrie et les mêmes mœurs, doivent être considérés comme des subdivisions du genre précédent.

CHRYSOCHLORES. *Chrysochloris.* Main à trois ongles comprimés
et arqués, dont les externes sont plus grands.—Ces insectivores nous semblent devoir être isolés des précédents, dont ils ont les mêmes mœurs,
à cause des différences qu'offrent leurs extrémités et leur squelette.

C'est sur la Chrysochlore, appelée *Taupe dorée*, qui vit au Cap, que
l'on découvre seulement parmi les mammifères ces brillants reflets
métalliques qui décorent si souvent les oiseaux ou les insectes ; son
pelage reflète des teintes cuivrées qui imitent celles de la gorge de certains colibris.

MUSARAIGNES. *Sorex.* Corps couvert de poils ; digitation normale. — Ce grand genre, qui pourrait être considéré comme une petite famille, est formé des coupes secondaires suivantes : les Desmans,
les Musaraignes proprement dites, les Cladobates et les Macrocélides.

Les **DESMANS** sont des Musaraignes profondément modifiées pour la
vie aquatique, et caractérisées par leur nez, qui est très-long, déprimé, et forme une sorte de petite trompe, puis par leur queue aplatie, ainsi que par leurs pieds palmés ; ils habitent près des ruisseaux
et des lacs, et l'on en connaît deux espèces, l'une qui vit en Russie et
l'autre dans les Pyrénées.

Le *Desman de Russie* se creuse des terriers de six à sept mètres de longueur, qui sont situés sur le bord des eaux et dont l'entrée est toujours au-dessous de celles-ci, tandis que leur région supérieure se trouve au-dessus du plus haut niveau qu'elles peuvent atteindre ; il vit dans leur intérieur soit solitaire, soit par couple, et on le rencontre dans les environs de sa demeure, fouillant la vase avec sa trompe pour y chercher sa nourriture. Cet animal émet une odeur de musc fort agréable, qui a tant de ténacité que Pallas dit qu'elle imprègne fortement les brochets qui s'en nourrissent, et qu'un thermomètre qui avait été en contact avec un Desman l'a conservée pendant quatorze ans ; ce naturaliste a reconnu que la substance odorante de ce mammifère consistait en un fluide graisseux qui est sécrété par deux rangées de quatorze à seize follicules, qui se trouvent entre les écailles de l'origine de la queue.

Les MUSARAIGNES sont caractérisées par leur museau conique, effilé, et surtout par leurs incisives intermédiaires supérieures, qui portent en arrière une petite pointe remarquable. Leur nom est une corruption de *mus araneus*, que Pline leur donnait parce qu'on les avait comparées à des araignées à cause de leur petitesse ; ce sont en effet les nains de la classe des mammifères, car quelques-unes ont une taille que dépassent même certains insectes. On a découvert des fragments fossiles de Musaraignes dans les brèches osseuses ; elles sont répandues actuellement dans toutes les parties du monde et dans tous les climats ; leurs mœurs sont assez variées. Il en est beaucoup qui habitent des terriers secs, d'autres vivent sur les bords des fossés, enfin il en est aussi qui fréquentent les habitations ; en général, ce n'est que la nuit qu'elles sortent. Certaines espèces aquatiques ont les pieds bordés de poils roides, qui, en élargissant leur surface, leur servent pour la natation.

L'appareil auditif externe de ces animaux est analogue à celui des chéiroptères ; comme ceux-ci, ils ont la faculté de fermer à volonté l'ouverture de l'oreille, et d'empêcher les corps de pénétrer dans son intérieur ; faculté précieuse pour les Musaraignes, qui plongent sous l'eau, et peuvent par là s'y garantir de son action. Ces petits mammifères se font encore remarquer par des espèces de glandes, signalées d'abord par Pallas et étudiées par Geoffroy Saint-Hilaire, qui sont situées sur leurs flancs, environnées de poils roides, et d'où s'exhale un principe d'une odeur musquée pendant la saison des amours ; c'est cette sécrétion odorante qui décèle la présence de ces animaux dans nos demeures, et ses émanations sont parfois si actives qu'on se plaint que certaines espèces empestent les caves du Cap de Bonne-Espérance ; c'est aussi probablement elle qui empêche les chats de les manger. La nourriture de tout ce groupe se compose principalement d'insectes et de vers.

La *Musaraigne commune* se rencontre souvent dans nos campagnes, dont elle habite particulièrement les pâturages pendant l'été, et où elle se creuse de petits terriers ; mais l'hiver elle se rapproche des maisons. Cet animal était fort redouté anciennement, parce que l'on supposait que sa morsure produisait une assez grave maladie qui affecte les pieds des chevaux ; cette croyance erronée subsiste encore dans les campagnes, quoique des vétérinaires l'aient combattue avec discernement.

La *Musaraigne géante*, qui habite l'Inde, y est commune dans les maisons ; son tronc offre six pouces de longueur, et elle exhale une odeur si pénétrante que l'on dit que les serpents la fuient.

Les anciens écrivains nous avaient appris que les Égyptiens adoraient les Musaraignes, et Strabon dit qu'elles étaient particulièrement révérées à Anthribis ; les figures en bronze de ces petits animaux, que l'on conserve dans quelques collections, semblaient confirmer ces assertions, et elles ont été mises hors de doute par les découvertes d'Olivier et de l'antiquaire Passalacqua, qui ont trouvé des momies de plusieurs espèces de ce genre dans les hypogées de Thèbes et de Memphis. Le squelette de l'une d'elles se rapproche de la Musaraigne géante, et celui d'une autre, dont on ne connaît pas de type analogue vivant, a reçu le nom de Musaraigne sacrée.

Les CLADOBATES se distinguent des autres espèces de ce groupe par leurs yeux saillants, leurs ongles arqués, et par leur queue longue et garnie de longs poils. Ils habitent l'archipel de l'Inde, et vivent dans les arbres, comme les écureuils.

Les MACROCÉLIDES se font remarquer par leur nez terminé en trompe, et surtout par l'extrême longueur de leurs jambes, auxquelles ils ont dû la dénomination de Musaraignes gerboises. Ces mammifères, d'une forme bizarre, habitent la régence d'Alger. Duvernoy a fait connaître leur anatomie, et Wagner, qui a eu l'occasion d'en observer de vivants, a donné quelques notions sur leurs mœurs. Ils se plaisent dans les broussailles de palmier nain, se retirent dans les crevasses des rochers, et ne creusent point de trous profonds. Leur nourriture se compose d'insectes et de petits mollusques terrestres.

HÉRISSONS. *Erinaceus.* Corps couvert de piquants ; digitation normale ; ongles fouisseurs. — Ce groupe peut se diviser en deux sous-genres : les Hérissons et les Tenrecs.

Les HÉRISSONS portent une queue rudimentaire, et ils ont six incisives à chaque mâchoire, dont les deux mitoyennes dépassent les autres. Ils habitent l'ancien monde, et jouissent de la faculté de se rouler en boule à l'aide de leur muscle cutané, qui est très-fort, et forme le long du corps une ceinture horizontale qui, en se contractant, descend comme les bords d'un bonnet sur la tête et les membres, et les renferme dans une sorte de bourse ; c'est en prenant cette position qu'ils défient leurs ennemis en leur offrant de toutes parts une peau hérissée de piquants ; cependant, malgré leur armure, il paraît que souvent ils deviennent la proie des renards et des aigles. Ces animaux passent l'hiver en léthargie dans les terriers qu'ils se creusent, et c'est la nuit qu'on les voit chercher leur nourriture ; nos devanciers croyaient que celle-ci se compose de pommes et d'autres fruits sur lesquels ils se roulaient afin de les faire adhérer à leurs piquants pour les enlever et aller les déposer dans leur retraite ; il faut rectifier cette erreur. Les Hérissons ne mangent pas de fruits, à moins qu'une faim excessive ne les y oblige ; ils sont très-carnassiers, et se nourrissent spécialement d'insectes et d'autres petits animaux, tels que des rats, des limaçons et des reptiles. Magendie en a vu dévorer des lapins dans son amphithéâtre, et un de ces mammifères me tua et me mangea un jour un cobaye. Loin donc de détruire ces animaux comme on le fait, on peut juger, par la nature de leur régime, qu'ils peuvent être utiles dans nos jardins, et cela est d'une telle évidence, qu'à Astracan on s'en sert comme de chats.

Par une remarquable anomalie, Pallas a reconnu que les cantharides, qui agissent comme un violent poison sur les animaux, sont sans action sur les Hérissons, et il en vit qui en mangèrent des centaines sans en éprouver aucun accident. Buckland a aussi observé que le venin de la vipère était sans action sur eux ; et d'autres savants ont reconnu que de fortes doses d'opium et d'arsenic ne pouvaient les empoisonner.

Le *Hérisson d'Europe* se rencontre communément dans nos haies et nos bois. On dit que quand les procédés des arts étaient dans leur enfance on se servait de ses piquants pour carder le chanvre.

Les TENRECS se distinguent des précédents en ce qu'ils n'offrent point de queue, et que leurs incisives sont égales. Ils habitent Madagascar, ne peuvent se rouler en boule, sont nocturnes, et l'on dit qu'ils dorment pendant la saison chaude.

SOUS-ORDRE DES CARNIVORES.

Mammifères dépourvus de clavicules ou n'en ayant que de rudimentaires. Constamment trois sortes de dents, dont les molaires sont ordinairement presque toutes aiguës et tranchantes.

Ces animaux ont une grande influence sur l'économie de la nature, et l'examen de leurs organes démontre évidemment les rapports qui existent entre le physique et les mœurs. Destinés à combattre pour obtenir leur nourriture, on découvre chez eux un système musculaire très-énergique, et ils unissent la force à l'agilité. Leurs sens, et surtout l'odorat, ont souvent un grand développement. La bouche des carnivores offre des dents qui se croisent comme des lames de ciseaux, et sont très-propres à déchirer la chair des animaux dont ils se repaissent ; chez eux, les mâchoires, qui sont extrêmement serrées, n'exécutent que des mouvements d'élévation et d'abaissement. Les extrémités de ces animaux sont terminées fort souvent par une griffe puissante, armée d'ongles aigus ; leur tube intestinal est ordinairement court et étroit, et n'offre que peu de surface aux aliments qui sont facilement assimilables à leur nature.

Cependant des modifications peuvent se présenter chez quelques carnassiers qui sont omnivores, et vivent indifféremment d'un régime animal ou végétal, comme l'ours, les blaireaux : alors certaines molaires ont une surface tuberculeuse, et l'on peut, par l'inspection de celle-ci ou de leur nombre, juger de la propension de ces animaux à se nourrir plus ou moins de substances végétales.

FAMILLE DES PLANTIGRADES.

Extrémités à cinq doigts, posant la plante entière des pieds sur le sol.

OURS. *Ursus.* Canines arrondies ; douze molaires tuberculeuses, mousses ; queue courte. — On découvre une prodigieuse quantité d'ossements d'Ours fossiles dans les cavernes de la Hongrie et de la Franconie ; anciennement on en extrayait des dents par milliers, et, comme l'ignorance leur prêtait de grandes vertus médicales, elles étaient devenues célèbres dans les pharmacies, où on les vendait sous le nom de Licorne fossile. La première notion un peu scientifique que l'on rencontre sur ces os se trouve dans les *Éphémérides des curieux de la nature ;* mais son auteur, qui donne une assez bonne figure de la tête d'un de ces animaux, s'évertue à prouver que ce sont des débris de dragons ailés dont il a la crédulité d'affirmer qu'il existe encore des individus vivants dans la Transylvanie. Leibnitz, un siècle après, jeta de vives lumières sur ce sujet, dont s'occupèrent ensuite plusieurs naturalistes, tels qu'Esper, qui décrivit les cavernes de la Franconie ; Blumenbach, qui signala deux espèces d'Ours fossiles dans celles-ci ; et Cuvier, qui en reconnut trois.

On rencontre actuellement des Ours en Amérique, en Asie et en Europe ; F. Cuvier dit aussi qu'il s'en trouve en Afrique ; mais cette assertion paraît douteuse à quelques naturalistes. On dit, il est vrai, que sous le consulat de Pison et de Messala, soixante ans avant Jésus-Christ, un édile montra au peuple romain cent Ours de Numidie dans un amphithéâtre, où ils étaient conduits par autant d'esclaves noirs ; Strabon rapporte qu'il en existe dans la Barbarie, et quelques poëtes latins en mentionnent aussi dans cette région. Shaw, dans ces temps modernes, a écrit que l'on trouvait de ces animaux dans l'Arabie. Mais comme les voyageurs qui ont exploré l'Afrique avec le plus de soin, tels que Bruce et Delalande, disent n'en avoir pas rencontré, et que les naturalistes de l'expédition d'Égypte n'en mentionnent point, on peut douter qu'aujourd'hui il y en ait dans cette partie du monde.

Les Ours sont de gros mammifères à corps trapu, à queue rudimentaire, et dont les ongles sont très-forts et fouisseurs. Leur museau offre un cartilage mobile dans son intérieur, et, à l'habitude qu'ils ont de

flairer tout ce qu'ils approchent, on reconnaît que chez eux l'odorat
doit être fort développé. Le système dentaire de ces animaux se compose principalement de molaires dont la couronne est aplatie, et qui
semblent plus appropriées à un régime végétal qu'à l'usage de la chair;
aussi les Ours sont-ils omnivores et les moins carnassiers de l'ordre
auquel ils appartiennent; on voit même les espèces qui, par la nature du climat qu'elles habitent, sont obligées de vivre uniquement
de chasse, se conformer avec plaisir à la nourriture végétale dans nos
ménageries, et s'y repaître presque exclusivement de pain.

Les Ours aiment la solitude; aussi la plupart des espèces vivent isolées dans les forêts les plus sauvages; ils ont une extrême circonspe:-
tion, et ne s'approchent de tout ce qu'ils n'ont pas l'habitude de voir
qu'avec prudence; cependant ce sont des animaux courageux, et lorsqu'un danger menace leur vie ou que la nécessité les force à défendre
leurs petits, ils deviennent terribles. Pendant l'hiver, ces mammifères
s'engourdissent plus ou moins profondément, et leur léthargie est d'autant plus intense que le froid est plus rigoureux. Quand ils commencent
ce sommeil hivernal, leur embonpoint est considérable; mais lorsqu'ils
se réveillent leur graisse est tout à fait disparue, et ils sortent de leur
retraite poussés par une faim excessive. Par une inattention inexplicable Aristote n'avait fixé qu'à trente jours la durée de la gestation des
Ours, et Buffon n'osa point le dédire faute d'observations positives. On
a eu l'occasion de reconnaître qu'elle est d'environ sept mois, et que
la portée est d'un à trois petits chez l'espèce la plus commune; c'est
dans la retraite d'hiver que la femelle met bas.

Chasses. — L'ample fourrure et l'abondance de graisse dont ces
animaux sont pourvus leur font faire des chasses actives dans les contrées où ils sont communs; c'est ordinairement l'hiver qu'on les exécute, parce qu'alors leur pelage offre un poil plus fourni et plus lisse.
Les procédés à l'aide desquels on capture les Ours varient extrêmement
selon les pays, mais il est fort rare de pouvoir les saisir vivants; cependant on dit qu'on les enivre quelquefois en arrosant du miel, aliment qu'ils
aiment beaucoup, avec de l'eau-de-vie, et qu'il est facile de les prendre,
puis de les enchaîner, quand ils s'en sont gorgés. Quelques peuplades
ne craignent pas de les attaquer avec un simple épieu, que les chasseurs leur enfoncent dans le ventre au moment où ces mammifères se
redressent pour les saisir et les étouffer dans leurs bras. Les Lapons les
atteignent à la course sur les neiges et les assomment à coups de massue. Dans certaines régions de la Sibérie, les chasseurs construisent
des échafaudages en boiseries qui tombent sur ces animaux lorsqu'ils
marchent sur une trappe placée au-dessous, et dans celles qui sont hérissées de montagnes, on use parfois d'un moyen singulier pour les
tuer: les habitants attachent à un bloc de bois ou de rocher une corde
munie de nœuds coulants et placée sur le passage fréquenté par les Ours;
lorsqu'un de ceux-ci s'y est pris et se sent attaché à ce bloc, il fait tous
ses efforts pour le traîner vers le plus prochain précipice et l'y jeter,

espérant probablement s'en débarrasser, mais il y est entraîné lui-même par le poids de ce corps et il se brise dans sa chute. Enfin Pallas dit que, dans certains pays où il se trouve beaucoup de ruches, on attache des faux aux arbres qui en possèdent, en ayant soin d'en tourner la pointe en haut; les Ours y montent malgré cet obstacle, qu'ils évitent, mais en descendant ils s'y enferrent immanquablement. Cependant, de toutes ces chasses, celle que l'on fait avec les armes à feu est la plus sûre et la plus expéditive.

Usages. — Peu d'animaux sont plus utiles aux hommes que les Ours, à cause des nombreux usages de leurs diverses parties. Leur peau sert aux Kamtschadales à faire des couvertures, des gants, des bonnets, des harnais pour les traîneaux et des sandales pour la glace qui ont l'avantage de ne pas glisser; en France, nous nous en servons pour la coiffure des militaires, ainsi que pour la confection des manchons des dames, et chaque année notre pays importe pour ces usages trois à quatre mille peaux que l'on tire principalement de la Russie et de l'Amérique. Quelques peuplades de l'Asie septentrionale et de l'Amérique emploient la graisse de ces mammifères dans la cuisine pour apprêter les aliments, et les dernières, pendant leurs excursions, sucent avec délices la moelle de leurs os. La chair des Ours passait pour un mets délicat à Rome, où Pétrone nous apprend qu'on la servait dans les plus somptueux festins; elle est encore estimée par beaucoup de peuples qui s'en nourrissent. Les Kamtschadales s'éclairent avec l'huile que l'on extrait de ces animaux, et leurs intestins sont employés par les femmes à la confection de masques qu'elles portent pour se garantir les yeux des rayons du soleil refléchis par la neige; on se sert aussi de ces organes en guise de vitres pour garnir les fenêtres, et il n'y a pas jusqu'aux os des Ours dont on ne tire parti : on transforme en faucilles leurs omoplates pour moissonner les herbes.

L'*Ours brun* d'Europe, qui habite les hautes montagnes de cette partie du monde, et spécialement les Alpes et les Pyrénées, porte un pelage d'un brun-marron, et offre une tête large en arrière; on en a signalé quelques variétés dont les poils étaient jaunâtres ou blancs, et que l'on a nommées improprement Ours dorés ou argentés. Ce mammifère vit solitairement dans les forêts, et ne fréquente même sa femelle qu'à l'époque des amours. Recherchant les ruches avec persévérance, on le voit souvent monter dans les arbres pour en découvrir, et braver la piqûre des abeilles afin de satisfaire son avidité pour leur miel; il paraît aussi se plaire à manger des fourmis. On le voit dévorer de puantes charognes quand il ne trouve nul autre aliment pour se rassasier, et ce n'est qu'à cette extrémité qu'il se précipite sur les animaux, et les attaque avec violence en leur sautant sur le dos : sa voracité ne s'effraye même pas, à ce qu'il paraît, des plus vigoureux mammifères, des bœufs ou des chevaux. Pour se livrer au sommeil hivernal, les Ours bruns choisissent un tronc d'arbre ou une fente de rocher, et quand ils ne peuvent en trouver, ils se creusent une excavation dans le sol avec leurs ongles, ou bien ils construisent une petite hutte avec du feuillage pour s'abriter, et en garnissent soigneusement l'intérieur avec de la mousse.

Cette espèce est intelligente, et on la dresse à divers exercices. Elle n'attaque l'homme que quand on la provoque, et son agression a principalement lieu à l'aide de ses pattes, qui lui servent à écraser et à déchirer son ennemi, sa gueule n'étant employée qu'accessoirement.

L'*Ours polaire*, nommé aussi par quelques naturalistes, à cause de sa couleur ou de ses habitudes, Ours blanc ou maritime, se reconnaît à la teinte de son poil, à sa tête aplatie et effilée, ainsi qu'à l'élongation de son corps, qui décèle ses mœurs aquatiques, et à la grande étendue de ses pieds, qui forment le sixième de la longueur du tronc, suivant Cuvier, et sont velus en dessous. Cet animal avait été connu des anciens, et Albert le Grand l'avait déjà considéré comme une espèce particulière, tandis que Linnée le confondit longtemps avec l'Ours brun, et que Buffon s'efforça de prouver qu'il n'en était qu'une variété : ce fut Pallas qui le premier le caractérisa. Ce mammifère réside sur les rivages de la mer Glaciale, et surtout en Sibérie ; on le voit quelquefois échouer affamé sur les grèves de la Norvége, où il est transporté par des masses flottantes de glace. L'Ours blanc nage et plonge bien. Il passe aussi l'hiver assoupi léthargiquement, mais sans se préparer une litière comme le précédent, et si la crevasse propice d'un rocher ne s'est point offerte à lui, il s'accroupit simplement dans quelque excavation d'un glacier, et s'endort bientôt enseveli sous les avalanches de neige qui le préservent de l'intensité du froid. C'est dans sa retraite que la femelle met bas deux petits qu'elle allaite jusqu'à l'hiver, et que l'on dit qu'elle porte parfois sur son dos. Cet animal est très-carnassier, et on le voit former vers les pôles de nombreuses troupes qui poursuivent ou combattent les cétacés et les phoques vivants, ou s'attachent à leurs charognes, qui composent toute leur nourriture. La témérité de cet Ours le porte même à attaquer l'homme ; aussi sa présence glace d'effroi les habitants du Nord, qui en ont souvent été victimes.

L'*Ours noir*, qui habite l'Amérique septentrionale, offre un poil luisant et noir ; il est éminemment frugivore, et des voyageurs rapportent qu'il descend parfois en troupes dans les villages des Natchez pendant la nuit, entre dans leurs cabanes et y pille les fruits sans attaquer les viandes et faire aucun mal aux hommes ; il. paraît cependant qu'il aime aussi le poisson et qu'il en pêche dans les fleuves avec beaucoup d'adresse.

L'*Ours aux grandes lèvres*, qui est remarquable par l'allongement de sa lèvre inférieure, qui dépasse l'autre, et par la mobilité de son museau, avait été pris pour un Paresseux ; ce fut de Blainville qui fixa exactement ses analogies naturelles ; il vit dans l'Inde, et est d'un caractère doux et intelligent, ce qui fait que les habitants de ce pays le dressent à une foule d'exercices auxquels il doit probablement la dénomination d'Ours jongleur, sous laquelle on le connaît aussi.

RATONS. *Phocyon.* Nez normal; trois arrière-molaires tuber·culeuses; doigts libres; queue longue. — Ils habitent l'Amérique, et ont à peu près les même mœurs que les ours, mais ils sont plus agiles et plus craintifs. Le *Raton laveur*, qui vit principalement de fruits, a la singulière coutume de tremper tous ses aliments dans l'eau avant de les manger, et c'est de cette particularité que vient sa dénomination.

COATIS. *Nasua.* Nez extrêmement long et mobile; trois arrière-molaires tuberculeuses; doigts semi-palmés à ongles longs. — On les trouve par petites troupes dans l'Amérique méridionale, et ils se font remarquer par la grande mobilité de leur nez, qui est mu à l'aide de muscles proportionnellement plus forts que ceux qui existent chez le cochon; cet organe est fréquemment employé pour flairer tous les corps qu'ils approchent. Les Coatis sont très-agiles et montent aux arbres avec la plus grande facilité, et, par une particularité fort notable, ils n'en descendent point à reculons, comme les autres mammifères, mais en projetant la tête en bas et en se retenant avec les griffes des pieds de derrière. D'Azzara dit que lorsqu'on surprend une troupe de ces animaux dans les branches d'un arbre et que l'on simule de vouloir l'abattre, ils se laissent tous choir aussitôt. Les Coatis vivent d'oiseaux, d'œufs et d'insectes.

BLAIREAUX. *Meles.* Molaire principale en partie mousse; arrière-molaires $\frac{1}{4}$; une poche sécrétoire sous la queue. — Ils habitent principalement les régions tempérées de l'Asie et de l'Europe, et se creusent avec leurs ongles fouisseurs des terriers tortueux dont ils ne sortent que la nuit, et qu'ils garnissent d'herbes sèches. Ces mammifères sont nocturnes, et s'éloignent peu de leur demeure à cause de la brièveté de leurs pattes; ils sont tristes et timides; cependant lorsque les chiens les surprennent, ils se placent sur le dos et se défendent courageusement avec leurs griffes. On les apprivoise facilement. Leur régime est extrêmement varié, et l'on sait qu'ils mangent des lapins, des reptiles, des œufs, des nids de bourdons, et qu'ils se contentent de fruits et de racines quand les aliments précédents leur manquent; j'en ai ouvert un qui avait l'estomac énormément distendu uniquement par des larves de hanneton.

Le *Blaireau ordinaire*, qui vit dans nos forêts, y devient chaque jour de plus en plus rare, à cause des chasses actives dont il est l'objet; cependant il se rencontre encore fréquemment en Normandie. On s'en empare à l'aide de piéges, ou bien en lâchant dans ses terriers des chiens bassets qui l'arrêtent tandis que les chasseurs défoncent sa retraite. Sa fourrure est assez estimée, on l'emploie pour faire des manchons, et ses poils servent à fabriquer des brosses à barbe ou des pinceaux fort chers. Les Kalmoucks mangent sa chair.

FAMILLE DES DIGITIGRADES.

Mammifères marchant sur le bout des doigts.

GLOUTONS. *Gulo*. Arrière-molaires tuberculeuses $\frac{1}{1}$; marche sub-plantigrade. — Ces animaux établissent en quelque sorte le passage des Blaireaux aux Martes, et ressemblent aux premiers par leur port et leurs ongles fouisseurs, ainsi que par l'existence de deux plis situés au-dessous de la queue, qui rappellent leur poche sécrétoire ; mais ils sont analogues aux Martes par leur système dentaire et leur régime entière-ment carnivore.

C'est à l'extrême voracité attribuée au *Glouton du Nord* qu'est due la dénomination de ce petit groupe ; car on dit que ce mammifère, qui n'est pas plus gros qu'un blaireau, ne craint point cependant d'attaquer les plus forts animaux. Du haut des arbres il guette les Élans, se précipite sur leur cou, s'y cramponne, et c'est en vain que ceux-ci se heurtent contre les rochers : l'assaillant, garanti par l'écartement de leurs cornes, épuise ses victimes, qui succombent par la perte de leur sang et de leurs forces.

Cette espèce, qui habite le nord des deux continents, ne s'avançant probablement jamais près des régions méridionales, fut inconnue à l'antiquité, et l'on en dut la première description à Olaüs Magnus, qui environna son histoire de fables singulières que ses successeurs ré-pétèrent. C'est ainsi qu'il suppose que cet animal, qui a été nommé *vautour des quadrupèdes* quand on exagérait sa voracité, se presse le ventre entre deux arbres après son repas, pour expulser ses excré-ments et pouvoir s'abandonner plus rapidement à la satisfaction de son appétit. Gesner illustra même cette absurdité en la figurant dans ses ouvrages. Ce Glouton chasse de nuit, et se retire dans des terriers pendant le jour ; son pelage, qui est d'un marron foncé, forme une fourrure fort estimée.

MOUFFETTES. *Mephytis*. Système molaire $\frac{4}{4}$; extrémités semi-plantigrades, à ongles fouisseurs très-longs et non rétractiles. — Elles sont pour la plupart originaires de l'Amérique, et offrent un pelage rayé de blanc sur un fond noir ; leur queue, qui est ornée de poils fort longs, est ordinairement renversée sur le dos comme une espèce de panache. Elles se cachent dans des terriers, et se nourrissent de petits quadrupèdes et d'œufs.

Les glandes anales de ces carnivores sont extrêmement développées, et elles sécrètent un fluide jaunâtre analogue à du pus, et d'une telle fétidité que l'on dit que le Jaguar leur abandonne sa proie pour s'y soustraire ; ce liquide est principalement émis quand les Mouffettes sont excitées, et son odeur est si forte et si détestable, que Kalm dit qu'étant en voyage il vint, durant la nuit, un de ces animaux près de la ferme qu'il habitait, et que les chiens l'ayant poursuivi, il exhala une telle puanteur, qu'il manqua d'en être suffoqué dans son lit, et que tous les bestiaux en furent réveillés; il dit aussi qu'un de ces mammifères s'étant introduit dans une cave, et y ayant été tué par une femme, il infecta tellement cet endroit que l'on fut obligé de jeter les provisions que l'on y conservait, et que cette femme en fut malade plusieurs jours. Ces récits, tout extraordinaires qu'ils paraissent, ont été confirmés par les naturalistes modernes. Les mouffettes empaillées infectent les armoires des collections, et Cuvier rapporte que les glandes d'un de ces animaux, qui lui étaient parvenues dans de l'esprit de vin et se trouvaient dans un bocal bien luté, répandirent une odeur désagréable pendant plus d'un an dans le cabinet d'anatomie comparée; des voyageurs dignes de foi assurent que l'on sent parfois une mouffette, en mer, à deux lieues de distance.

MARTES. *Mustela*. Corps vermiforme; système molaire $\frac{4}{6}$ ou $\frac{4}{5}$. Digitation 5-5. — Ces mammifères portent une arrière-molaire tuberculeuse à chaque mâchoire, et ils constituent un grand genre dont on ne connaît qu'un petit nombre de représentants à l'état fossile, mais qui est aujourd'hui extrémement répandu à la surface du globe, et se trouve dans tous les continents, excepté à la Nouvelle-Hollande. Ce sont principalement les régions froides ou tempérées qu'ils habitent, et ils doivent à leur forme longue et effilée l'épithète de *vermiformes*, sous laquelle on les désigne fréquemment; ce sont généralement des animaux nocturnes, qui s'avancent silencieusement par petits sauts, et qui, après les chats, passent pour les plus carnassiers que l'on connaisse. Les digitigrades de ce groupe sont couverts de belles fourrures, et font la base du commerce des pelleteries. Comme ils sont fort nombreux et qu'ils offrent quelques différences dans leur système dentaire, ainsi que dans la structure de leurs pattes, on y a admis les coupes subgénériques suivantes : les Putois, les Martes proprement dites et les Loutres.

Les **PUTOIS** n'ont que deux avant-molaires en haut et trois en bas, et leur langue est hérissée de papilles cornées; aussi sont-ils plus carnassiers que les Martes. Le *Putois commun* doit son nom, qui est dérivé de *putor*, puanteur, à l'odeur infecte qu'il exhale, qui le fait appeler *punaisot* dans quelques campagnes. Il habite l'Europe, et en hiver se réfugie dans les greniers et les granges, tandis que l'été on le trouve dans les creux d'arbres et les terriers de lapins; c'est le fléau des volailles ainsi que des garennes, et quand il entre dans une basse-cour il met tout à mort et enlève les restes de ses repas. Cet animal s'élance comme un trait sur les lièvres en s'attachant à leur cou malgré leur fuite, et ne les abandonne que morts ou épuisés; on dit qu'il détruit aussi les ruches. Sa peau est à vil prix, à cause de l'odeur qu'elle conserve; mais cependant il s'en fait un grand commerce, et les Pyrénées, les Vosges et l'Auvergne en fournissent un grand nombre; on en exporte même en Angleterre et en Allemagne.

Le *Furet*, qui est jaune et qui a les yeux roses, n'est, selon les zoologistes, qu'une variété de l'espèce précédente modifiée par la domesticité. Strabon dit qu'il fut apporté en Espagne des provinces septentrionales de l'Afrique, où il paraît avoir été anciennement dressé à la chasse ; aujourd'hui il se rencontre dans ces deux pays, et on le fait venir surtout du premier. Cet animal dort presque continuellement, et ne s'éveille que pour manger ; la femelle dévore souvent ses petits. C'est le plus terrible ennemi des lapins, aussi on l'emploie pour les chasser ; il pénètre dans leurs terriers et les force à sortir ; mais pour s'en servir il faut le museler, car sans cela il les égorgerait, leur sucerait le sang et après s'endormirait au fond de leur gîte.

La *Belette*, qui appartient au sous-genre putois, est commune en France, où elle se réfugie l'hiver dans les habitations rurales, tandis que l'été elle vit dans les bois et y chasse des oiseaux sur les buissons. Dans les basses-cours cet animal attaque les poussins durant ses excursions nocturnes, et s'en nourrit ; mais les coqs et les poules s'en font respecter en l'éloignant à coups de bec ; il détruit également les rats et les souris, et comme sa petitesse lui permet de se glisser facilement dans leurs niches, on le regarde comme plus utile que le chat ; aussi, dans quelques pays, il est protégé dans les granges. Ce frêle mammifère est très-vorace, et il prend à la fois une si grande quantité d'aliments, que l'on dit qu'après le repas il offre un cinquième de plus de pesanteur. Son nid est ordinairement situé dans des arbres creux, et la femelle produit au printemps de trois à cinq petits. Anciennement les Belettes étaient célèbres dans la matière médicale, et on les administrait dans une foule d'affections.

L'*Hermine*, qui ressemble beaucoup, dans son pelage d'été, à l'espèce précédente, appartient aussi à ce sous-genre. Comme elle, alors, elle est fauve et n'en est différenciée que par l'extrémité de sa queue, qui est noire ; mais dans l'hiver son poil devient d'un blanc d'autant plus pur qu'elle habite des contrées plus polaires. On la rencontre dans le nord des deux continents : chez nous, elle est plus rare que la Belette, et son pelage conserve en hiver une teinte jaunâtre ; mais dans les régions boréales de l'Europe, elle est beaucoup plus commune que cette dernière. Ses mœurs sont à peu près les mêmes, cependant elle vit plus loin des habitations ; sa nourriture a pour base plusieurs rongeurs qui dévastent les récoltes, tels que les écureuils, les rats, et les lemmings ; aussi les paysans de quelques contrées se gardent bien de la détruire. Les Sibériens font d'actives chasses aux hermines, mais seulement en hiver, car en été, saison pendant laquelle on les nomme *Roselets*, leurs peaux sont de peu de valeur. Le commerce de ces pelleteries, qui sont fort recherchées, se fait spécialement par la Russie ; Pallas dit qu'autrefois les Chinois en achetaient dans ce pays un grand nombre au poids ; puis qu'ayant reconnu qu'on les trompait en introduisant des morceaux de plomb dans les pattes, ils ont pris l'habitude de baser leur trafic sur le nombre.

C'est aussi dans ce sous-genre que l'on range le *Vison*, qui vit sur les bords des rivières de l'Amérique, et qui offre une fourrure recherchée pour la parure des dames ; puis les *Zorilles*, qui se font remarquer par leurs ongles fouisseurs, ainsi que par leur pelage à grandes raies noires et blanches, et qui habitent le midi de l'Afrique.

Les MARTES proprement dites ont trois avant-molaires en haut et quatre en bas ; leurs pieds sont semi-palmés et leurs ongles sont rétractiles ; elles offrent une langue douce ; c'est à cette division qu'appartiennent la Marte vulgaire, la Fouine et la Zibeline.

La *Marte vulgaire*, qui habite le nord des deux continents, est brune, et a la gorge tachée de jaune en dessous ; elle fuit les habitations, ainsi que les lieux découverts, et vit, dans les bois, de petits quadrupèdes ou d'oiseaux ; elle déniche aussi des œufs, et monte aux arbres facilement à l'aide de ses ongles acérés. C'est au printemps que la femelle fait sa portée, qu'elle a soin de déposer dans le tronc creux des vieux arbres ou dans le nid de quelque écureuil après l'en avoir chassé, ou en le dévorant dans son habitation.

La *Fouine* fréquente nos demeures, et y cause de grands dégâts en tuant d'énormes quantités de poules, et en emportant dans sa retraite les restes de ses sanglants repas. Elle est confondue par quelques auteurs avec l'espèce précédente, à cause de la même couleur de son pelage ; mais elle en est différenciée par sa tache cervicale, qui est blanche, et par ses habitudes citadines.

La *Marte zibeline*, dont les pieds sont velus en dessous, est célèbre à cause de la précieuse fourrure qu'elle fournit et dont les poils, d'un brun marron, sont si fins qu'on peut les coucher dans tous les sens sans effort ; elle est répandue dans le nord des deux continents, et se trouve principalement en Sibérie et au Kamtschatka ; on la rencontre communément dans les solitudes inhabitables des monts Altaïs, sur les bords des branches de l'Obi, qui y prennent naissance ; et au Kamtschatka elle était si abondante à l'époque de la conquête de ce pays, qu'un chasseur en tuait parfois alors quatre-vingts en une saison.

Ce mammifère est très-carnassier, et dévore quelques espèces du même genre que lui, ainsi que des lapins et même du poisson ; c'est vers le mois de janvier qu'ont lieu ses amours, et à cette époque il exhale une odeur fort pénétrante ; la femelle produit trois à cinq petits.

Plusieurs naturalistes avaient parlé de la Zibeline sans la connaître ; mais ce fut Gmelin qui le premier la décrivit sur le vivant, après l'avoir vue chez un gouverneur de Tobolsk. Cet animal est l'objet de chasses importantes et périlleuses de la part des Sibériens ; car souvent quelques-uns de ceux-ci succombent en s'y livrant, tantôt engloutis par les neiges, tantôt accablés par le froid et la faim. Elles durent tout l'hiver, et un grand nombre d'hommes se réunissent pour les exécuter. Les chasseurs partent à la fin d'août, montés sur des canots et emportant pour trois mois de vivres ; arrivés aux lieux fréquentés par les Zibelines, ils y bâtissent des cabanes, nomment un chef, et s'occupent activement de leur capture. Les moyens qu'ils emploient sont extrêmement nombreux ; les uns creusent des trous qu'ils recouvrent de branches, pour empêcher la neige de les remplir, et ils y placent de la viande : quand ces animaux y sont descendus, attirés par celle-ci, ils n'en peuvent plus sortir ; d'autres forment des piéges avec des troncs d'arbres qui assomment les Zibelines quand elles touchent à l'appât qui s'y trouve suspendu. Il en est aussi qui suivent leurs traces sur la neige jusqu'à leurs terriers, et, à ce que dit Pallas, les y attendent quelquefois trois jours pour les voir sortir et les prendre dans des filets ; quelques-uns les tuent avec des flèches émoussées et d'autres au fusil. Ces grandes chasses des Sibériens ne se terminent qu'au moment où les rivières redeviennent navigables, et ceux-ci, de retour dans leurs villages, consacraient autrefois en actions de grâce dans les églises un certain nombre de leurs peaux, que l'on nommait *zibelines de Dieu ;* d'autres étaient employées pour payer le tribut, et le reste formait le profit des chasseurs. Le père Avril dit que les criminels qui sont confinés en Sibérie s'occupent de cette chasse, et même qu'on y envoyait autrefois des soldats de la Russie qui avaient la même mission, et qu'on les obligeait de fournir une certaine quantité de peaux de Zibelines tuées avec des balles. Du reste, comme on ne leur en demandait qu'un nombre peu considérable, ce voyageur ajoute qu'après un séjour de sept ans dans ce pays, chaque soldat en revenait avec un profit de six à sept cents écus.

Les peausseries de Zibelines sont depuis longtemps considérées comme précieuses par leur beauté ; on les recherchait beaucoup en Chine, et à Constantinople une pelisse de cette fourrure était une marque de distinction. Le principal commerce s'en faisait dans la capitale de la Sibérie, d'où les bonnes peaux étaient envoyées à Moscou, où les achetaient les Arméniens, tandis qu'on expédiait les inférieures en Chine, quelquefois même en lustrant les peaux d'été pour leur donner l'apparence de celles d'hiver. Pallas dit que le prix de chaque peau varie, à Kiachta, de 10 à 100 francs.

Les **LOUTRES** ne sont que des Martes modifiées par un régime piscivore, et elles ont un système dentaire analogue au leur ; mais elles offrent des pieds largement palmés, puis leur corps est plus allongé, et elles ont la tête et la queue déprimées. Ce sous-genre est répandu dans les deux continents, et se trouve sous toutes les latitudes ; les animaux qui le forment vivent sur les bords de la mer ou des rivières ; ils ont beaucoup de peine à marcher à cause de leur extrême longueur et de la brièveté de leurs pattes ; mais cette structure est avantageuse pour la vie aquatique : aussi ils nagent avec facilité en poursuivant le poisson, qui fait leur principale nourriture, et souvent on les voit cheminer entre deux eaux. Cependant les Loutres sont obligées de venir très-fréquemment respirer à la surface de l'eau, car celles qui se prennent parfois dans les nasses y expirent avant d'avoir eu le temps de les crever pour en sortir. Les naturalistes de la Renaissance, tels que Gesner, Aldrovande et Scaliger, ont considéré les Loutres comme des mammifères fort intelligents ; ils disent qu'elles sont assez prévoyantes pour remonter les rivières quand elles se livrent à leurs pêches, afin que, lorsqu'elles reviennent vers leur gîte épuisées de fatigue ou chargées de butin, elles n'aient plus qu'à s'abandonner au courant de l'eau, et ils rapportent qu'on peut les dresser à la pêche. Quoique ces assertions aient été niées par Buffon, il faut cependant admettre la dernière, car on sait positivement que dans l'Inde on emploie de ces animaux qui ont été dressés à cet effet pour aller au fond des rivières capturer les poissons, ou pour les faire refluer dans les filets. Berzélius a constaté des faits analogues en Suède.

Les Loutres dorment, le jour, dans les fentes des rochers ou à l'abri des retraites qu'elles trouvent sous les racines des arbres voisins de l'eau, et c'est la nuit qu'elles s'occupent de la recherche de leur nourriture. Elles ont d'un à quatre petits.

Dans plusieurs passages de ses écrits, Hérodote parle de ces animaux, et dit qu'ils sont regardés comme sacrés par les Égyptiens. On avait supposé que c'étaient eux que les Grecs nommaient *Enydris*, et cette hypothèse a été confirmée par l'inspection de la fameuse mosaïque de Palestrine, sur laquelle on voit deux Loutres à moitié plongées dans l'eau, tenant un poisson à leur gueule, et portant cette dénomination inscrite au-dessous d'elles. Aujourd'hui la fourrure de ces mammifères forme un important objet de commerce.

La *Loutre de mer*, qui habite les rivages de l'Amérique septentrionale et du Kamtschatka, et dont le pelage est noir ou très-foncé, offre une fourrure bien plus précieuse que les autres espèces ; dans l'hiver, elle se tient sur les glaces qui encombrent la mer ; mais dans l'été elle remonte les rivières, se cantonne plus spécialement sur les bords des lacs, et s'en éloigne peu, de manière à se plonger dans l'eau au moindre danger. C'est un animal peu farouche, vivant par couples, qui restent probablement longtemps ensemble, car on les voit suivis de petits de différents âges.

Steller dit que les Loutres marines arrivent en grande quantité au Kamtschatka sur les glaçons qui y sont poussés de l'Amérique par les vents qui règnent pendant certaines saisons, et que les habitants de ce premier pays, à l'aide de patins d'environ six pieds de longueur, les poursuivent sur ces glaces, et leur font une chasse qui n'est pas sans danger : elles sont si abondantes dans quelques localités, qu'à la seule île de Béring les Russes en ont parfois tué jusqu'à huit cents en une saison. La fourrure de ces loutres est très-recherchée par les Chinois, qui les payent, à ce que l'on dit, jusqu'à trois à quatre cents francs ; et les Américains, les Russes et les Anglais en font avec eux l'objet d'un commerce lucratif.

La *Loutre d'Europe*, qui vit solitairement dans nos cours d'eau ou nos lacs, était servie autrefois sur les tables des monastères, où sa chair était considérée comme maigre ; aujourd'hui sa fourrure forme un assez important objet de commerce , et elle est employée pour la confection des casquettes ; il en est de même de celle de quelques espèces améri-caines , qui vivent en troupes extrêmement nombreuses , et qui forment souvent la pâture des Jaguars.

CIVETTES. *Viverra.* Système molaire $\frac{6}{6}$, digitation 5.5 ; poche sé-crétoire vers l'anus. — Ces animaux ont de chaque côté , en haut , deux arrière-molaires tuberculeuses , et une en bas ; leur langue est couverte de papilles aiguës et cornées , et leurs ongles sont plus ou moins rétractiles. On les divise en plusieurs sous-genres , qui sont les Civettes , les Genettes et les Mangoustes.

Les **CIVETTES** ont les extrémités subpalmées , les ongles obtus, semi-rétractiles , et elles se distinguent principalement des autres subdivi-sions par leur poche sécrétoire qui est profonde et partagée en deux sacs ; ces cavités peuvent chacune contenir une amande , et leur paroi est percée de trous conduisant dans des follicules qui sécrètent une sub-stance odorante ; cette poche sécrétoire est entourée d'un muscle qui vient du pubis , et dont les contractions la compriment et en expulsent le superflu du parfum , par son ouverture extérieure qui se trouve entre l'anus et les organes génitaux. Ces animaux vivent dans les cli-mats chauds de l'ancien continent, et particulièrement dans l'Inde et en Afrique.

La *Civette commune* habite les régions les plus brûlantes de l'Afri-que ; elle a un pelage cendré , barré ou tacheté de noir , et son dos est surmonté d'une crinière susceptible de se hérisser. Sa nourriture se compose de gibier ; mais quand elle en manque , on dit qu'elle fait usage de substances végétales (Pl. 5).

Dans les auteurs anciens que j'ai pu explorer, je n'ai rien vu qui ait rapport à ce mammifère. Aujourd'hui, en Orient, on l'élève en domes-ticité pour recueillir son parfum , et dans certaines villes de l'Éthiopie, qui sont célèbres par le commerce que l'on y fait de cette substance , il y a des marchands qui, à ce que rapporte le voyageur Poncet, en pos-sèdent jusqu'à trois cents ; cette coutume a également lieu en Abyssinie et en Guinée ; Buffon dit que , pour satisfaire aux besoins du com-merce , pendant un temps on nourrissait des Civettes à Amsterdam , et que le parfum que l'on en tirait avait une qualité supérieure à celui qui provenait de quelques autres localités , parce qu'il n'était point falsifié. Pour l'obtenir, on place ces animaux dans des cages étroites, où deux ou trois fois par semaine, en les saisissant par la queue et appliquant l'ouverture de la poche sécrétoire contre leurs barreaux , on en extrait la substance odorante à l'aide d'une petite cuillère ; et comme on a re-marqué qu'ils exhalent plus d'odeur quand ils sont irrités , dans quelques pays, pour en augmenter le produit, on les excite continuel-lement.

Le parfum de la Civette est blanc ou jaunâtre au moment de l'extraction, mais il devient brun en vieillissant, et il a la consistance d'une pommade. Boutron Charlard, qui l'a analysé, a reconnu qu'il est composé d'ammoniaque libre, d'une substance grasse, de mucus, de résine, d'huile volatile, d'une matière colorante jaune, et de quelques sels. Ce parfum, que le commerce de la France tirait de la Hollande et de l'Angleterre, était autrefois fort employé dans la médecine et la parfumerie, mais il y est presque totalement inusité aujourd'hui ; en Perse, à l'époque du voyage de Chardin, les femmes s'en oignaient la chevelure, et chez nous quelques personnes s'en servent encore pour aromatiser leur tabac.

Les GENETTES se distinguent des précédentes par leurs ongles, qui sont aussi rétractiles que ceux des chats, et par l'exiguïté de leur poche sécrétoire qui se réduit à un léger enfoncement. On en trouve dans les trois parties de l'ancien continent, et la *Genette commune*, qui vit dans le midi de la France et dans toute l'Afrique, fournit au commerce des pelleteries estimées.

Les MANGOUSTES offrent une poche sécrétoire volumineuse, qui a l'anus percé dans sa profondeur, et elles se font en outre remarquer par leur queue conique et leurs poils annelés de teintes claires et obscures.

La *Mangouste d'Égypte*, qui a été désignée par Hérodote sous le nom d'*Ichneumon*, et que l'on appelle aussi *Rat de Pharaon*, fut extrêmement célèbre autrefois par les singulières fables auxquelles elle a donné lieu, et qui ont été répétées par les plus graves auteurs. Cet animal vit sur les bords du Nil et en général dans toute l'Afrique septentrionale. Il se nourrit d'oiseaux, de rats, de souris, de petits reptiles, et détruit beaucoup d'œufs de crocodiles ; d'un naturel très-persévérant, on le voit parfois guetter sa proie des heures entières ; et, comme on l'apprivoise facilement, on l'élève en domesticité en Égypte, où il remplace les chats dans les habitations.

Dans les anciennes théogonies égyptiennes, où les êtres recevaient un culte en raison de l'influence qu'ils exercent sur la nature, l'Ichneumon ne fut point oublié, parce qu'il passait pour détruire les crocodiles et les aspics ; il était placé dans la classe des animaux sacrés, et Strabon dit qu'on l'adorait à Héracléopolis. Plusieurs représentations de ce mammifère, trouvées parmi les hypogées des bords du Nil et déjà reproduites par Montfaucon, ainsi que les figurines en bronze qui ornent les cabinets des antiquaires, viennent confirmer ces assertions.

Nous ne citons que pour compléter l'historique de cet animal célèbre, les trop fabuleux combats qu'Aristote, puis Strabon, Pline et Élien disent qu'il livre à l'aspic après s'être roulé dans la vase et fait sécher pour se former une sorte de cuirasse ; ou la manière dont les derniers rapportent qu'il détruit les crocodiles en se précipitant dans leur gueule pendant leur sommeil et en dévorant leurs entrailles ; bien loin de là, cet animal, qui est timide, n'attaque jamais les gros rep-

tiles , et s'il rend quelques services c'est seulement en mangeant leurs
œufs.

La *Mangouste de l'Inde* combat courageusement les serpents les
plus venimeux , et en anéantit un grand nombre. On raconte que c'est
elle qui a fait découvrir à l'homme une plante qui est regardée comme
très-efficace contre leur morsure [1].

CHATS. *Felis*. Système molaire $\frac{4}{3}$; digitalon 5. 4. Ongles rétractiles.
— Ces animaux offrent une seule arrière-molaire tuberculeuse en haut,
de chaque côté et ils n'en ont point en bas.

On rencontre dans les cavernes de l'Allemagne et de l'Angleterre ,
des ossements fossiles de plusieurs espèces de ce genre , dont la taille
était plus considérable que celle des individus qui vivent actuellement ;
on en a aussi découvert dans les couches meubles de la France, ainsi que
dans les brèches osseuses des environs de Nice ; cependant ils y sont rares.
Les Chats sont répartis aujourd'hui sur presque toute la surface du globe ;
mais aucune des espèces ne se trouve en même temps dans les deux
continents , et les plus grandes habitent les contrées les plus méridionales , tandis que les moins volumineuses s'avancent vers le Nord.

Tout l'organisme des Chats est en harmonie avec leurs mœurs carnassières. Ce sont, de tous les mammifères , les plus vigoureusement
armés pour le combat ; ils ont d'énormes canines qui , semblables à
des crochets , s'engrènent et fixent leur proie , tandis que les molaires
tranchantes de leurs mâchoires se croisent comme des ciseaux pour la
déchirer. La région cervicale de la colonne vertébrale est courte , pour
favoriser l'action énergique de la tête qui est mue par des muscles extrêmement volumineux , et dont les mâchoires en offrent de plus considérables qu'aucun autre animal. L'appareil musculaire , qui fléchit le
carpe et les doigts , a surtout un grand développement pour ajouter de
la puissance à la griffe , qui est en outre étendue d'une manière remarquable par des inter-osseux très-forts.

Les phalanges unguéales de ces animaux sont surtout caractéristiques ; leurs ongles étant destinés à retenir la proie en guise de crochets, tout a été disposé pour qu'ils ne puissent s'user ; à cet effet,
outre les ligaments ordinaires , il y a à l'articulation de ces phalanges
trois ligaments jaunes élastiques , qui servent à les relever et qui empêchent l'ongle qui les termine de porter sur le sol ; de plus ces
organe est encore protégé par une sorte d'étui formé d'un repli
cutané (Pl. 4, fig. 4). Les pieds sont matelassés d'espèces de pelottes
de tissu cellulo-fibreux , de manière que ces carnassiers marchent
dans les ténèbres sans faire aucun bruit quand ils approchent de leur
proie.

Le cerveau des Chats est petit , et l'on n'y trouve que deux sillons
latéralement ; cet organe est proportionnellement plus développé dans

[1] *Ophioriza mongos.*

son diamètre transversal, de manière que le crâne présente une saillie
assez apparente à l'endroit où Gall place la protubérance du meurtre.
L'odorat de ces animaux est moins actif que celui des Chiens, et ils ont
des yeux qui se font remarquer par leur volume, puis par la sensibilité
de l'iris, ainsi que par le développement du système nerveux qui s'y
rend ; leur pupille est linéaire ou arrondie, et certaines espèces voient
aussi bien la nuit que le jour. Le goût paraît devoir être assez obtus,
car la langue, qui en est le siége principal, est garnie de papilles cornées qui la transforment en une sorte de râpe peu propre à transmettre
la sensation ; mais en compensation, dans les Chats, le sens de l'ouïe a
une excessive finesse, et il peut les guider facilement dans les ténèbres
sur les pas des animaux qu'ils poursuivent ; l'on est même frappé en
examinant leur squelette de l'ampleur extraordinaire de la caisse du
tympan. Le toucher a son siége dans la moustache qui environne la
bouche, et dont les poils forts et longs reçoivent de très-gros nerfs.

Les Chats ont l'intelligence obtuse, et le soin de leur conservation
repose uniquement sur leur force. Ils sont peu courageux et attaquent
ordinairement leur proie par la ruse et la surprise, et souvent se mettent en embuscade pour la guetter. Les voyageurs véridiques ont constaté, dans les deux continents, que les plus vigoureux ne se précipitent
ordinairement sur l'homme que pour se défendre, ou quand ils sont
provoqués par la faim. Heureusement ces mammifères ne peuvent courir
rapidement, la disposition curviligne de leur axe osseux se prêtant mal
à cette action, et n'offrant pas d'assez solides points d'appui ; mais en
revanche ils se tournent, sautent, et se cramponnent avec la plus grande
facilité ; on conçoit que si la faculté de courir leur avait été accordée, la
dévastation des continents en fût bientôt devenue la conséquence, eux
dont la force n'a point d'égale, et qui terrassent le Buffle et l'Éléphant.
Leurs habitudes carnivores leur font une loi de vivre isolés ; c'est à
peine si les plaisirs de l'amour rapprochent un instant les sexes différents. En général, cependant, la femelle offre de l'affection pour ses
petits ; mais il arrive parfois au mâle de les dévorer.

Chez ces mammifères, suivant les lois que nous avons posées, le
canal intestinal est court et l'estomac peu ample, c'est ce qui fait que
leur ventre semble aplati. Ils offrent de chaque côté de l'anus une
glande formée de cryptes sécrétant une matière sébacée fort odorante
qui donne à leurs excréments une excessive puanteur ; et c'est même
pour cacher leur présence aux animaux dont ils se nourrissent, que
les Chats enfouissent constamment leurs déjections immédiatement
après les avoir déposées. Parmi ce grand genre, qui est extrêmement
naturel, nous citerons les espèces qui offrent le plus d'intérêt.

Les *Lions* se distinguent des autres Chats par la couleur fauve uniforme de leur pelage, par le flocon de poils qui termine leur queue,
et par la crinière que portent les mâles.

Autrefois ces animaux résidaient sur une vaste étendue de l'ancien
continent ; il y en avait jusqu'en Europe, car Hérodote raconte que les

Chameaux qui portaient les bagages de l'armée de Xercès furent attaqués par eux pendant qu'ils traversaient la Macédoine. Aristote, qui rapporte aussi cet accident, dit qu'il avait encore lieu de son temps, et Pausanias ajoute que des Lions descendaient souvent dans les plaines du pied de l'Olympe. En Asie, ils sont aujourd'hui assez rares, excepté sur les confins de la Perse et dans quelques régions de l'Arabie; mais dans les temps anciens, ils y étaient fort communs, et il en est déjà souvent parlé dans l'Histoire Sainte : c'est en Afrique qu'on en trouve maintenant en plus grande quantité, surtout vers l'Atlas et le Sénégal.

Les Lions devaient être considérablement plus communs anciennement qu'ils ne le sont aujourd'hui, si l'on en juge par la grande quantité que l'on faisait venir à Rome pour les offrir à la curiosité du peuple. Antonin en montra cent en une seule fois, et Marc-Aurèle en offrit en spectacle le même nombre percés de traits; Sylla, pendant sa préture, fit combattre cent mâles dans le cirque; César en fit voir quatre cents, Pompée six cents, et Adrien en fit tuer souvent cent dans les amphithéâtres. Ainsi, comme le dit Shaw, les Romains tiraient de la Libye pour leurs spectacles cinquante fois plus de Lions que l'on ne pourrait en extraire aujourd'hui, et alors on en massacrait tant que, de peur d'en voir manquer les cirques, on en défendit la chasse aux particuliers.

Le Lion est le plus fort et le plus courageux des animaux, et il se distingue parmi ceux de sa tribu par la majesté de son port et par l'attitude élevée de sa tête. Cependant il ne mérite pas la réputation de générosité qu'on lui a faite, et ses mœurs sont essentiellement les mêmes que celles des autres Chats. Il n'attaque presque jamais sa proie à force ouverte, excepté quand la faim le pousse excessivement, mais il l'attend caché dans le feuillage, et se jette dessus inopinément; souvent on le trouve en embuscade près des lieux que fréquentent les Antilopes, dont il se nourrit, et quand elles viennent à passer, en plusieurs bonds, il fond dessus; mais lorsque, après un petit nombre de ces énormes sauts, dans lesquels on dit qu'il franchit jusqu'à trente pieds, ce carnassier n'a pas atteint sa victime, il cesse de la poursuivre. Sa force est considérable, et l'on rapporte qu'il traîne sans peine un Bœuf à sa gueule, et le transporte à de grandes distances tout en fuyant avec rapidité.

Cet animal n'est cruel que dans les pays où l'espèce humaine s'est déclarée son ennemie, car au sein des déserts il ne songe à faire aucun mal quand ses besoins sont satisfaits. A l'aide de soins et de bons traitements on parvient à l'apprivoiser, et les exemples de Lions vivant familièrement avec les hommes ne sont pas rares dans les chroniques anciennes et modernes. Le navigateur Hannon paraît être le premier qui se soit appliqué à les rendre dociles; Elien dit que dans l'Inde on les dressait à la chasse, et l'histoire rapporte que Marc-Antoine traversait les cités romaines sur un char traîné par ces animaux; aux jeux séculaires de Philippe, sous Gordien III, on en vit soixante-dix, qui étaient apprivoisés, apparaître dans les cirques de Rome. Jonston rapporte que

Bérénice avait un Lion familier qui lui léchait le visage, et qu'Onomarchus, tyran de Catane, en possédait qui mangeaient à sa table; il ajoute même que Jean II, roi de Portugal, avait des Lions qui le suivaient à l'église et se laissaient caresser par les assistants; enfin, parmi tant d'autres exemples que l'on pourrait encore citer, de Choiseul rapporte que Hassan-Pacha, grand-amiral d'un des derniers sultans, affectionnait un Lion domestique qui le suivait partout et reposait près de son sopha.

La Lionne a quatre mamelles; elle porte cent jours environ, **et allaite** pendant six mois. C'est à trois ans que la crinière pousse sur les jeunes mâles, et ils deviennent adultes à cinq ou six, âge où seulement leur livrée s'efface. Leur vie est à peu près de quarante ans.

Le Lion était révéré dans quelques endroits de l'Égypte, à ce que dit Eusèbe, et principalement à Léontopolis. Il était l'emblème de diverses villes antiques, aussi le trouve-t-on figuré sur un assez grand nombre de monnaies, telles que celles de Milet, de Samos, de Lysimachia et de Smyrne. On en voit aussi un sur la fameuse mosaïque de Palestrine, et un médaillon de l'arc de Constantin, qui représente une chasse au Lion par Trajan, rappelle le plaisir que les Romains prenaient à cet exercice dangereux.

Le *Couguar* est un grand Chat fauve, qui ressemble au précédent, mais n'a point de crinière, ni de flocon au bout de la queue; quelques auteurs l'ont désigné sous le nom de Lion d'Amérique, pays où il vit. Desmarest dit qu'il est timide, ne tue jamais de bœufs ni de chevaux, mais souvent des moutons, qu'il extermine même par cinquantaine, seulement pour leur lécher le sang.

Le *Tigre royal*, dont le pelage est fauve, avec des barres noires transversales, atteint les dimensions du Lion (Pl. 4). Il vit sur les rivages des fleuves qui arrosent l'Inde; c'est un des plus redoutables fléaux de ce pays; quand la faim le presse, il s'élance comme un trait sur sa proie; d'un coup de sa griffe il éventre un bœuf, puis l'emporte en fuyant; son agilité et son audace sont telles, qu'il lui est quelquefois arrivé d'enlever un cavalier de dessus son cheval, au milieu d'un bataillon, et d'entraîner sa victime dans les bois, sans pouvoir être atteint. Néanmoins, il n'est pas courageux, et n'attaque ordinairement sa proie que par surprise et en se tenant caché dans les taillis qui bordent les rivières pour se jeter sur les animaux qui y viennent boire; aussi est-il facile de l'effrayer : un Tigre qui s'était blotti dans les bambous du Gange allait s'élancer sur une barque qui contenait plusieurs dames; lorsque l'une d'elles ouvrit son parasol, à l'aspect de celui-ci, il se sauva épouvanté.

Les naturalistes se sont plu à exagérer la férocité du Tigre; mais, quoique Buffon proclame que le temps et les soins ne changent nullement son naturel terrible, F. Cuvier qui a eu occasion d'étudier ce mammifère, dit qu'il n'est pas plus cruel que les autres Chats, et qu'il s'apprivoise comme eux quand il tombe jeune en esclavage. L'antiquité vit plusieurs Tigres apprivoisés, et Marc-Paul rapporte que les empereurs tartares en possédaient de dressés qui leur servaient à la chasse. La ménagerie du roi a même possédé plusieurs Tigres dociles, qui avaient beaucoup d'affection pour leurs gardiens, auxquels ils obéissaient, et qui, parfois, jouaient avec eux. La réputation qu'ils ont d'être beaucoup plus sanguinaires que le Lion, vient peut-être de ce qu'ils habitent des contrées populeuses, où les hommes deviennent souvent leurs victimes, tandis que ce dernier reste cantonné dans les déserts, où les animaux forment toute sa nourriture. Dans plusieurs localités de Sumatra, à ce que dit Rienzi, les Tigres sont sacrés, et quand il s'en présente dans les villages, pour les apitoyer, les habitants mettent devant leur demeure des fruits et du riz. Aussi, en sont-ils souvent victimes. Là, ils dépeuplent parfois des bourgades entières : on en cite qui ont perdu plus de quatre-vingts personnes dans les visites de ces hôtes sanguinaires.

Les Grecs ont peu connu le Tigre. Aristote et Théophraste ne font que le nommer; Pline et Oppien en parlent; mais il n'en vint que rarement à Rome, où abondaient cependant tant d'animaux divers. Comme les anciens ne s'en procuraient qu'avec bien moins de facilité que des Lions, ils ne les faisaient figurer dans les amphithéâtres qu'en bien moindre nombre. Ce fut Auguste qui, le premier, montra un Tigre au peuple romain, à la dédicace du théâtre de Marcellus, et Pline dit qu'il était apprivoisé; Héliogabale en fit venir deux dociles de l'Inde, et il les attela à son char pour représenter le triomphe de Bacchus; Claude en offrit quatre à la curiosité publique, et Gordien III en posséda jusqu'à dix.

Le *Jaguar*, que les fourreurs appellent Grande Panthère, vit dans l'Amérique méridionale; c'est un beau Chat fauve, presque aussi grand que le Tigre, et qui porte quatre rangées de taches œillées de chaque côté (Pl. 4). Buffon méconnut son origine, et ce fut Geoffroy Saint-Hilaire qui le premier posa les caractères différentiels de cet animal et de la Panthère, avec laquelle on le confondait. Il habite les forêts et fréquente les rives des fleuves qui les traversent; son existence est nocturne; sa force est considérable; on le voit parfois enlever facilement un cheval ou un taureau morts, et même traverser des rivières larges et profondes avec cette lourde proie. Il n'attaque ordinairement l'homme que pour se défendre, à moins qu'il ne soit très-affamé; alors les feux de bivouac ne suffisent pas pour l'éloigner. Sonnini rapporte que, nonobstant cette précaution, un de ces carnassiers l'inquiéta deux nuits dans les forêts de la Guyane, et d'Azzara dit que de six hommes qui furent dévorés par eux à sa connaissance, quatre étaient près d'un grand brasier. Quand un Jaguar chasse la nuit, les bois retentissent de ses aboiements et des cris des animaux effrayés qu'il poursuit jusque dans les arbres; quelquefois il pêche durant le jour ou au clair de la lune, en attirant le poisson à la surface de l'eau avec sa bave qu'il y laisse tomber et en le jetant en dehors d'un coup rapide de sa griffe.

On le chasse au lacet, à la lance ou au fusil. Ce mammifère était si nombreux au Paraguay anciennement, qu'on en tuait deux mille par an à l'époque de l'expulsion des jésuites; mais le nombre en a beaucoup diminué.

On apprivoise parfois des Jaguars, mais quelques-uns ont eu de funestes retours à leurs appétits sanguinaires. On cite qu'une mulâtresse de Corrientes, sur les bords de la Parana, en nourrissait un depuis deux ans; il vivait libre près d'elle, la suivait partout, et était très-soumis; mais un jour, pendant qu'elle lavait du linge, il sauta sur sa maîtresse et la tua; après il revint tranquillement à l'habitation.

La *Panthère* est commune en Afrique, et principalement en Barbarie d'où les Romains tiraient celles qu'ils détruisaient dans leurs cirques; on la trouve aussi en Asie. Elle offre six ou sept rangées de taches en rosace sur chaque côté; cet animal attaque les gazelles, les petits quadrupèdes et les oiseaux, qu'il poursuit même dans les arbres.

Le *Léopard*, qui vit aussi en Afrique, est semblable à l'espèce précédente, si ce n'est qu'il présente neuf ou dix rangées de taches sur les flancs. Temmink prétend même que l'on ne peut l'en distinguer, et il leur donne à tous les deux le nom de *Léopard*.

Il n'est pas facile de décider à laquelle de ces deux espèces les anciens donnaient le nom de Panthère ou de *Pardalis*, mais ce que l'on sait, c'est que ces animaux ont fréquemment été apportés à Rome, puisque Scaurus en montra cent cinquante au peuple, Pompée quatre cent dix et Auguste quatre cent vingt.

On a nommé *Lynx* des Chats plus petits que les précédents, qui offrent des pinceaux de poils à l'extrémité de leurs oreilles. Le *Lynx ordinaire* est appelé *Loup-Cervier* par les fourreurs, quoiqu'il n'ait rien du Loup que son hurlement, qui trompe parfois les chasseurs; l'épithète de *cervier* provient de ce qu'il attaque les Cerfs, ou de ce que sa peau est tachetée comme celle de ces animaux quand ils sont jeunes. Ce mammifère était assez commun dans l'ancienne Gaule; mais aujourd'hui il est rare en France; cependant on en a tué dans les Vosges et les Pyrénées; Schintz dit qu'il n'est pas rare en Suisse, mais c'est surtout dans le nord de l'Europe et de l'Asie qu'il est abondant. C'est un animal destructeur, qui attaque de forts mammifères et poursuit sa proie jusque dans les arbres, où il monte avec assez d'agilité.

Le *Lynx caracal*, qui se trouve dans la Barbarie et le Levant, et dont la dénomination vient du turc *kara*, noir, et de *kulach*, oreille, paraît être l'animal auquel les anciens ont le plus souvent donné le nom de Lynx, et qui avait la fabuleuse réputation d'avoir la vue si perçante, qu'elle pénétrait les corps opaques, puis dont on disait que l'urine merveilleuse se solidifiait en une pierre précieuse longtemps appelée *lapis lyncurius*. Ce mammifère suit le Lion, profite des débris de sa table, et il le brave en montant aux arbres quand il en est poursuivi.

Le *Chat domestique* se trouve encore communément à l'état sauvage ans nos forêts européennes, dont il est originaire, et où il présente une couleur grise avec des ondes roussâtres, longitudinales sur le dos, transversales sur les flancs. Les variétés de coloration que nous lui découvrons dans nos habitations sont les signes de sa domesticité.

La gestation de la Chatte est d'à peu près cinquante jours, et sa portée de cinq à six petits ; ceux-ci naissent les yeux fermés et ne les ouvrent que le neuvième jour. Ces animaux sont dix-huit mois à acquérir leur entier développement, et la durée de leur vie est d'environ dix ans.

Les Grecs semblent n'avoir connu le Chat qu'imparfaitement, car c'est à peine si le père de la zoologie en dit quelques mots ; mais dans l'Égypte, dès la plus haute antiquité, il en est fait mention, et il était dans ce pays l'objet de la vénération publique, parce que la tradition rapportait que la déesse Isis, pour éviter la fureur de Typhon et des géants, s'était cachée sous la figure de cet animal. A l'époque du voyage d'Hérodote, quand il en mourait un dans une maison, tous les habitants se rasaient les sourcils en signe de deuil, et on l'embaumait. Cette vénération que les Égyptiens avaient pour le Chat les rendait d'une extrême sévérité envers ceux qui avaient le malheur d'en tuer un accidentellement : le peuple se jetait sur eux et les faisait expirer dans les plus cruels tourments.

A l'état domestique, ce mammifère conserve en partie ses habitudes sauvages ; mais cependant, quoique Buffon ait dit qu'il était inéducable, il paraît que des moines grecs de l'île de Chypre avaient dressé des Chats pour prendre des Serpents ; et Spalanzani rapporte que les habitants des îles de Lipari leur enseignent à chasser des Lapins et les emploient en guise de Furet. Outre les services que ces animaux rendent dans nos habitations, leur fourrure est fort recherchée ; la Russie en vend un grand nombre en Europe, et en exporte même en Chine. Le poil du Chat et du Lapin d'Angora se file et l'on en fait des gants, des bas et des schals.

On connaît, sous les noms de *Guépard* ou de *Tigre chasseur*, une espèce de Chat originaire de l'Inde et de l'Afrique, qui s'éloigne un peu des précédents par ses ongles, qui sont à peine rétractiles et s'usent sur le sol comme ceux des Chiens, ainsi que par ses pupilles rondes. Cet animal acquiert la taille du Léopard, mais il est plus élancé ; son pelage est d'un beau fauve clair semé de taches noires ; et sur son cou, on observe une petite crinière (Pl. 4). Le Guépard est un mammifère diurne, extrêmement doux, facile à apprivoiser, et ayant toutes les habitudes du Chat domestique, moins sa défiance ; bienveillant envers tout le monde, il aime surtout à jouer avec les enfants, et on le dresse pour la chasse dans les pays qu'il habite.

Dans ses œuvres, Gesner dit que François Ier avait un tigre dont il se servait pour chasser, et qu'un domestique portait sur la croupe de son cheval jusqu'au lieu du rendez-vous. Plus tard, Bernier, Chardin et Tavernier rapportèrent que dans plusieurs parties de l'Asie on employait aussi dans les chasses un grand Chat tacheté, et que celui-ci était nommé *youze* en Perse. Cependant, quoique le naturaliste que nous venons de citer fût contemporain de François Ier, et que les voyageurs dont il est question accompagnassent leurs récits de faits circonstanciés, on avait regardé toutes ces assertions comme fabuleuses. Mais dans ces dernières années, à la chute de Tippo-Saïb, deux Guépards, qui avaient appartenu à ce prince et avec lesquels il chassait, furent amenés à Londres, et confirmèrent les faits précédents.

Plusieurs tableaux de l'époque de la renaissance que j'ai vus dans les collections de Venise, et sur lesquels se trouvent de ces animaux parfaitement représentés, viennent aussi attester qu'ils avaient été apportés en Europe, où alors on les considérait comme familiers. Tel est, en particulier, celui de Lazaro Sebastiani, contemporain de François Ier, et sur lequel on voit un Guépard tenu par un simple ruban au milieu d'une réunion de bourgeois. On connaît aussi un bas-relief égyptien, sur lequel se trouve un de ces mammifères conduit en laisse de la même manière.

CHIENS. *Canis.* Système molaire $\frac{6}{7}$; digitation **5, 4** ; langue douce. — Dans ce groupe on trouve deux arrière-molaires tuberculeuses à chaque mâchoire et de chaque côté; les pouces des pieds sont rudimentaires, et les ongles ne sont pas rétractiles.

Les cavernes de Gailenreuth et de Kirkdale contiennent des ossements de grandes espèces de Chiens; et l'on a découvert près de Beaugency plusieurs dents fossiles d'individus de ce genre mêlées à des os de Mastodontes; l'une d'elles est une avant-molaire qui fait supposer un animal du double plus grand que le Loup; et selon Cuvier, cette espèce de Chien antédiluvien, qu'il a admise sur ce seul indice, aurait eu une taille gigantesque, qui n'était pas moins de huit pieds de longueur du museau à la racine de la queue, sur cinq de hauteur.

Ces mammifères sont actuellement répandus sur tous les points du globe, depuis les latitudes les plus froides jusqu'aux régions les plus équatoriales. Leur nombre a engagé les zoologistes à les subdiviser en deux groupes, les Chiens proprement dits et les Renards.

Les **CHIEN** se reconnaissent à leurs incisives supérieures qui sont trilobées, à leurs pupilles rondes et à leur queue non touffue. Ils sont aussi remarquables par le grand développement de leur appareil olfactif. En général, leurs mœurs offrent assez de conformité. Ordinairement ils vivent en troupes plus ou moins nombreuses, et ils sont peu courageux proportionnellement à leur force; leur nourriture se compose souvent de charognes.

Le *Loup*, qui est une espèce de cette section, habite les différentes latitudes qui se trouvent entre la Laponie et l'Égypte, et il paraît avoir passé du Kamtchatka, à l'aide des glaces, jusque dans l'Amérique boréale où on le trouve aussi. C'est le plus grand et le plus nuisible des carnassiers de notre pays, dans lequel il séjourne durant l'été parmi les blés, et se cache l'hiver dans les forêts. C'est ordinairement vers le crépuscule que les Loups cherchent leur nourriture; mais dans l'été ils s'occupent de ce soin pendant la nuit. F. Cuvier dit qu'ils chassent quelquefois de concert à trois : l'un est au milieu , tandis que les deux autres sont sur les côtés et s'abattent sur le gibier quand il opère une courbe, espérant se dérober à la poursuite de ses agresseurs. Le courage de ces carnassiers est au-dessous de leur force, qui est si considérable qu'on les voit parfois emporter, en fuyant , un mouton à leur gueule.

C'est au mois de janvier que les femelles recherchent l'accouplement ; alors les mâles les suivent et se disputent leur possession : le plus fort écarte les autres , s'attache à une Louve, et ne la quitte plus jusqu'à ce que les petits soient élevés. Ceux-ci sont au nombre de trois à neuf ; leur mère leur fait un nid avec de la mousse, et y joint des poils qu'elle s'arrache sans efforts , parce qu'elle met bas à l'époque où commence la mue d'été ; c'est le Loup qui la nourrit dans les premiers temps qui suivent la naissance des Louveteaux, car elle ne les laisse jamais seuls : à un mois, ceux-ci commencent à manger la viande à demi-digérée que leur donnent leurs parents , et bientôt après ils se repaissent des animaux vivants, fruit de leur chasse , et qu'ils leur apportent.

Buffon a beaucoup exagéré la férocité du Loup; si cet animal se montre parfois cruel, c'est moins une suite de son caractère que des mauvais traitements que l'homme lui fait subir, et de l'état désespéré dans lequel il l'a placé ; son séjour parmi nous change bien vite son naturel, et il paraît même qu'anciennement les Indiens l'avaient asservi à la domesticité. F. Cuvier a rectifié l'erreur dans laquelle était tombé le célèbre naturaliste, et il a fait connaître des cas dans lesquels des Loups ont donné des exemples d'un attachement aussi grand , aussi réfléchi , et aussi persévérant que celui que nous offrent les Chiens. Il y a eu , à la ménagerie du Jardin du Roi, de ces animaux si privés et si dociles, qu'on les eût volontiers laissés libres dans les cours, si on n'avait pas craint d'effrayer le public.

Cependant il faut ajouter qu'il paraît que dans quelques pays les Loups font de grands ravages. A Agra, à ce que rapportait dernièrement l'*Asiatic journal* , ils ont détruit mille enfants dans l'espace de quatre années. Mais ces malheurs sont dus à la superstition des habitants des campagnes qui les empêche d'exterminer ces animaux , parce qu'ils s'imaginent que les mânes des individus dévorés par eux poursuivraient ceux qui les auraient tués ; aussi, quand ils saisissent des Loups vivants, ils se contentent de leur attacher des sonnettes par mesure de précaution.

Selon Montfaucon, ce mammifère recevait les honneurs d'un culte chez les Lycopolitains. Il a souvent été figuré par les anciens : sa tête était devenue le symbole des Argiens, et on la trouve sur leurs médailles ; celles de Phocée représentent une Louve dévorant un dauphin; celle-ci était l'emblème de Rome , et l'on rencontre une foule de bronzes , de marbres ou de médailles antiques représentant une Louve allaitant Rémus et Romulus.

Le *Chien domestique*, dont on connaît un nombre considérable de variétés, se distingue en général des autres espèces par sa queue qu'il porte relevée. C'est une des plus utiles conquêtes que l'homme ait faites sur la nature : associé à sa destinée, il en partage avec constance les plaisirs et les travaux ; cependant quoique uni à notre espèce depuis l'enfance des sociétés, la source de laquelle cet animal descend, et l'époque à laquelle il a subi la domesticité, n'en sont pas moins deux problèmes dont la solution a embarrassé bien des naturalistes ; quelques-uns l'ont fait exclusivement descendre du Loup, d'autres du Chacal ; et il en est qui ont supposé qu'il provenait d'une espèce particulière qui aurait disparu totalement de la surface de la terre, ou que l'on n'aurait pas encore trouvée à l'état sauvage. Cette dernière opinion est inadmissible, et peut-être ne doit-on pas adopter exclusivement l'une des deux autres, mais croire que le Chien est issu des deux animaux que nous venons de citer, et que les Loups ont, par leur domestication, produit les plus grosses espèces de Chiens, tandis que c'est à l'abâtardissement des Chacals que nous devons les plus petites. Il y a même une telle ressemblance entre le squelette du Loup et celui des fortes races de Chiens, qu'il est très-difficile de les distinguer, et c'était ce qui avait fait professer à Daubanton que celles-ci descendent du premier de ces animaux.

Desmoulins, considérant que lors de la découverte de l'Amérique et de l'Australie, on y rencontra des Chiens sauvages et des Chiens domestiques, en infère que ces derniers ne doivent pas provenir d'un seul et même type, et que dans chaque contrée, les variétés domestiques sont issues des espèces qui y vivaient à l'état sauvage.

Il paraît que l'homme s'est depuis longtemps associé ces animaux ; mais il ne se sont pas toujours montrés avec les bonnes qualités que nous leur connaissons, et celles-ci se sont perfectionnées en même temps que celles de l'être dont ils s'étaient faits les compagnons. Cela se révèle manifestement, quand on observe les Chiens presque sauvages des misérables habitants de l'Australie, et qu'on les compare à ceux qui vivent chez les peuples civilisés, où ils sont si remarquables par leur douceur et leur docilité.

Quelquefois, par un instinct de liberté, ces animaux fuient nos habitations et redeviennent sauvages ; alors ils sont désignés sous le nom de Chiens-marrons, et ainsi que cela a lieu en Amérique, on les rencontre par grandes troupes, dont on dit que les individus se réfugient dans des terriers. Ces animaux vivent environ douze à quinze ans ; leur femelle porte neuf semaines, et les petits naissent les yeux fermés.

L'intelligence, la fidélité et la force du Chien l'ont rendu de tout temps l'ami et le compagnon de l'homme, et il en est question dans les plus anciennes traditions. Montfaucon dit que les Cynopolitains l'adoraient, et selon Diodore de Sicile cette espèce de garde d'Isis et d'Osiris que l'on nomme *Anubis*, est représentée avec une tête de Chien. Les bonnes qualités de cet animal lui avaient tellement mérité l'attention des peuples, que l'on voit, par l'inspection des écrits, que les Grecs conviaient parfois à leurs fêtes celui de leurs amis ; et il avait un tel prix parmi eux que Plutarque rapporte que celui d'Alcibiade lui avait coûté 6,500 fr. De tout temps il semble qu'on ait confié au Chien la garde des habitations. Suétone nous parle de cette coutume chez les Romains : ceux-ci en représentaient même souvent un sur le seuil de leur demeure et inscrivaient les mots *Cave canem* au dessous de son image.

Le discernement du Chien et la facilité avec laquelle on peut le diriger, l'ont parfois fait employer à la guerre. Strabon dit que, lors de leurs excursions dans les Gaules, les Romains s'en servirent. Dans leurs premiers combats en Amérique, les Espagnols, sous les ordres de Colomb, se firent de terribles auxiliaires de dogues affamés qui se ruaient sur les sauvages et les dévoraient. Il y a peu d'années, on s'en servait encore aux Antilles pour traquer les malfaiteurs dans les bois, ou pour y découvrir les Nègres qui s'étaient dérobés à l'esclavage.

Aujourd'hui, en Sibérie et au Groenland, on attèle les Chiens à des traîneaux, et c'est avec eux que l'on accomplit les plus longs et les plus rapides voyages sur les immenses déserts de neige qui couvrent ces pays pendant l'hiver. Pallas dit que pour cet usage, les Samoïedes en ont parfois un nombre considérable dans leurs villages, et que ce sont eux qui leur servent à voiturer leur bois. On en met souvent de onze à treize à un traîneau ; et quand ils sont bien nourris, ils font jusqu'à cinquante lieues par jour. On voit souvent de leurs attelages parcourir seize cents lieues en un mois sur les bords de la mer Glaciale; mais il paraît que pour les guider, dans une course aussi rapide, il faut beaucoup d'expérience, parce que souvent quand les Chiens trouvent la trace d'un Isatis ou de quelqu'autre animal, ils emportent le voyageur parmi les précipices, si celui-ci n'a pas assez d'habitude pour les remettre brusquement sur la voie. En Hollande, et quelquefois aussi chez nous, on se sert des dogues comme de bêtes de trait.

Dans l'ancienne Grèce, les médecins conseillaient la chair du Chien dans la convalescence de quelques maladies, et dans beaucoup de pays elle est aujourd'hui regardée comme un mets délicat. Dampier rapporte qu'à l'époque de son voyage au Tonquin, on la vendait à la boucherie et qu'elle était fort estimée par les gens de qualité. Buffon dit qu'en Nigritie elle est plus chère que le mouton, et Mme Lée raconte qu'à Fantie, en Afrique, elle est tellement recherchée pour la table des souverains, qu'à chaque splendide festin on fait de brillantes offres d'or aux officiers anglais pour obtenir les Chiens qu'ils possèdent, et que lorsqu'ils refusent de s'en dessaisir, il arrive parfois qu'on les leur vole afin de les y faire figurer.

La distinction des différentes races de Chiens est plutôt un sujet d'économie domestique que de zoologie. Aussi, nous ne nous y arrêterons pas, et nous nous bornerons à dire, que chez ces animaux on trouve les plus grandes dissemblances pour la force et la beauté, depuis le robuste Dogue, garde fidèle des habitations, jusqu'au Bichon dégénéré, dont la race criarde est reléguée dans nos salons; depuis le Chien courant voué à la chasse, ou la Levrette au corsage élancé, aux pattes musculeuses, jusqu'au difforme Basset et au modeste Chien de berger; et depuis le Chien turc, dont la peau est nue et huileuse, jusqu'à l'Épagneul, qui traîne ses poils soyeux à terre.

Le *Chacal*, qui était appelé anciennement Loup doré, à cause de la teinte jaunâtre de son pelage, est moins grand que les espèces précédentes. Il est extrêmement répandu dans les régions chaudes de l'Asie, et en Afrique; on le rencontre ordinairement par troupes nombreuses qui sont cantonnées dans les environs des villes, ou qui suivent les caravanes et les armées pour se repaître des cadavres d'hommes ou d'animaux qui se trouvent abandonnés sur le sol durant leurs marches. On dit même que les Chacals, qui ont avec les Vautours une influence si salutaire sur l'économie de la nature en faisant disparaître les corps en putréfaction, fouillent par fois les cimetières et ravissent les morts à leur tombe. Mais cette assertion nous paraît dépourvue de fondement; dans les environs d'Alger, où les Arabes sont enterrés presque à fleur de terre, et où il se trouve beaucoup de ces animaux, nous n'avons point entendu dire que les sépultures aient jamais été ouvertes par eux. Cependant ils dévorent rapidement les cadavres humains qui sont laissés sur le sol, et dans l'Inde, c'est en partie aux Chacals que l'on confie le soin de faire disparaître ceux d'une multitude d'hommes pieux qui viennent expirer, par dévotion, sur la terre sacrée qui environne le temple de Jagrenat. Ces mammifères, à défaut de chair, se nourrissent aussi de fruits, et j'en ai possédé un qui mangeait souvent du raisin et des baies de cactus.

Les Chacals sont excessivement timides, aussi les Orientaux les considèrent comme le symbole de la lâcheté; celui qui m'appartenait et restait libre dans ma chambre tremblait aussitôt qu'on le regardait, et au moindre geste il était effrayé au point de perdre son urine, et s'allait réfugier dans le coin le plus retiré. D'après cela, il m'est bien difficile de croire que ces animaux attaquent jamais l'homme.

L'abondance de ces mammifères dans les pays où les traditions placent le berceau de notre espèce, et la familiarité que contractent rapidement leurs bandes que l'on voit s'approcher sans crainte de nos habitations, ont fait naître l'idée que les Chacals étaient la souche sauvage de nos diverses races de Chiens domestiques; puis que la servitude avait produit la foule immense de variétés que l'on rencontre aujourd'hui parmi ceux-ci, dont on ne peut admettre que le type primitif ait été exterminé par l'homme ou anéanti spontanément. Ce rapprochement se trouve aussi fondé sur l'organisation de ces animaux, qui, selon F. Cuvier, est identique, ainsi que sur quelques analogies dans leurs mœurs.

Homère, en peignant le vaillant Ajax se précipitant sur une foule de Troyens au milieu desquels se trouve Ulysse blessé, le compare à un

Lion fondant sur une troupe de *Thos* acharnés autour d'un cerf aux abois ; selon Buffon ce *Thos* n'est autre chose que le Chacal. Ce mammifère, quoique mentionné depuis Aristote, a longtemps été peu connu ; il est figuré dans les peintures funéraires des Égyptiens où souvent les prêtres, les juges ou les embaumeurs sont symbolisés par une tête de Chacal ordinairement noire placée sur un corps humain. On en trouve aussi des momies dans les monuments de cette nation, et l'on y a même découvert des ossements de cet animal, qui étaient dorés.

Le groupe des RENARDS se distingue du précédent, parce que les espèces qui le forment n'ont pas leurs incisives supérieures trilobées mais rectilignes, et que leur museau est pointu, leur pupille linéaire et leur queue touffue ; mais tous ces caractères sont douteux, même ceux du système dentaire. En général, les mammifères de cette section sont poltrons, et n'attaquent leur proie que quand elle est beaucoup plus faible qu'eux ; ils vivent dans des terriers qu'ils se creusent.

Le *Renard commun* est répandu dans les régions septentrionales des deux continents ; il s'y cantonne souvent à la lisière des bois, et si près des fermes et des hameaux, que, comme le dit Buffon, de sa retraite il peut savourer le chant des coqs et les cris des volailles. C'est un animal lâche et soupçonneux à l'excès ; il n'établit sa retraite que quand il a exploré tous les environs du lieu où il veut se fixer ; sa finesse et sa circonspection sont extrêmement remarquables ; comme l'a dit le naturaliste que nous venons de citer : il emploie dans ses actions plus d'esprit que de mouvements, et la prudence qu'il déploye est telle, qu'on a vu des Renards rester quinze jours dans leur terrier pour éviter les embûches dans lesquelles ils devaient tomber à leur sortie.

Les Renards vivent d'animaux plus faibles qu'eux, de petits mammifères, d'oiseaux, de reptiles ou d'œufs, qu'ils rencontrent dans les bois ou qu'ils enlèvent dans nos basses-cours. Quand ils pénètrent dans celles-ci, on les voit parfois y soustraire un assez grand nombre de volailles qu'ils emportent après les avoir égorgées, et serrent sous la mousse de leurs terriers. En l'absence de cette variété de nourriture, ils mangent des fruits, du fromage, du lait, et déterrent des nids de guêpes.

Ces animaux, selon Tiedemann, ont près de la base de la queue des follicules qui sécrètent un fluide qui a l'odeur de la violette. C'est en hiver qu'a lieu leur accouplement, et la femelle produit vers le mois d'avril ; pendant sa gestation elle vit sédentaire, et reste dans son terrier ; elle nourrit ses petits avec soin, et si on les visite pendant son absence, on la voit les transporter dans un autre endroit.

Aristote, parmi les Grecs, a peint le Renard sous des couleurs vraies ; et en commentant quelques auteurs anciens, on reconnaît qu'il est probable que cet animal vivait en domesticité chez les Lacédémoniens.

Le *Renard bleu* ou *Isatis* est répandu dans tout le nord des deux continents, et surtout en Sibérie et en Norvége; Parry et Franklin disent qu'il pullule sur les bords de la mer Polaire et dans les îles qui s'y trouvent; cette espèce aime principalement les lieux découverts et ne se rencontre point dans les bois, mais elle se pratique des terriers à plusieurs issues dans lesquels on découvre un lit de mousse.

Dans les contrées où l'on fait une chasse active à cet animal, dont la fourrure est précieuse et recherchée, il ne sort que la nuit de sa retraite et se montre timide, soupçonneux et habile à se soustraire aux ruses des chasseurs; mais dans les lieux déserts où il peut vivre en sécurité, il ne possède aucune défiance et se fait remarquer par son imprudence. Dans l'île de Béring où il s'en trouve en quantité considérable, Steller dit que les Renards bleus étaient tellement confiants qu'ils se laissaient assommer à coups de bâton. Leur voracité y était telle qu'ils enlevaient les chaussures et les vêtements des marins endormis, et qu'ils dévoraient les cadavres ou attaquaient les malades. Steller ajoute que pendant qu'on écorchait des animaux, les Isatis venaient même en arracher des lambeaux, et que quand les matelots enterraient de la viande et la recouvraient de plusieurs grosses pierres, ils enlevaient celles-ci ou se glissaient dessous avec une grande intelligence. Parfois aussi quand l'on avait recours à un poteau pour suspendre la nourriture, ils creusaient la terre à sa base jusqu'à ce qu'il tombât, ou montaient au haut avec une incroyable agilité.

Le *Renard argenté*, dont les poils sont noirs avec l'extrémité blanche, et que l'on nomme aussi *Renard noir*, habite le nord de l'Amérique et la Sibérie. Sa fourrure est une des plus belles et des plus précieuses que l'on connaisse : sa valeur varie depuis cent jusqu'à mille roubles; aussi il n'en faut souvent qu'une seule pour payer les impôts de tout un village. Le grand prix de celle-ci fait rechercher cet animal avec un soin tout particulier; les voyageurs disent que quand les Ostiaks en prennent de très-jeunes, leurs femmes les nourrissent au sein, pour assurer leur existence jusqu'à ce qu'ils puissent manger seuls, et que lorsqu'ils sont adultes, avant de les tuer, ces peuples leur cassent une jambe pour qu'ils maigrissent, parce que les peaux des individus qui sont moins gras paraissent plus belles. Dans la Tartarie russe on n'abandonne pas les fourrures de ces Renards sans que les acheteurs ne les remplissent d'autant d'écus qu'elles en peuvent contenir. Elles sont surtout recherchées à Constantinople, où anciennement le grand-seigneur et les pachas en ornaient leurs vêtements dans les cérémonies publiques. Parmi les présents que Catherine de Russie fit remettre au chef de la Sublime-Porte, en 1776, on trouvait une pelisse de peau de Renard argenté qui avait été évaluée à Tobolsk à 500.000 fr.

Le *Fennec* est un Renard qui vit dans l'intérieur de l'Afrique, et a eu une grande célébrité à cause des incertitudes des naturalistes relativement à son existence et à ses mœurs. Il est remarquable par la grande taille de ses oreilles, dont le conduit auditif est bouché par de longs poils qui empêchent le sable d'y pénétrer quand il creuse ses terriers. Cet animal a souvent été figuré sur les monuments égyptiens.

HYÈNES. *Hyæna*. Système molaire $\frac{5}{4}$; digitation **4-4**. — Les espèces de ce groupe ont une seule arrière-molaire tuberculeuse à la mâchoire supérieure, et l'inférieure en est privée ; elles offrent des ongles mousses, non rétractiles, et possèdent une poche sécrétoire, située près de l'anus ; chez elles l'on ne trouve point d'os pénial.

Géologie. — Pour suivre l'ordre chronologique, il faut citer d'abord l'Hyène fossile, dont la taille était plus considérable que celle des espèces vivantes ; elle était certainement fort abondante dans l'ancien monde, et disséminée sur une étendue assez vaste, car on rencontre ses ossements dans les cavernes ou les terrains d'alluvion de la France, de l'Allemagne et de l'Angleterre, où ils sont ordinairement mêlés à des débris d'Ours, de Rhinocéros et d'Eléphants. Le dépôt le plus considérable que l'on en connaisse se trouve dans une caverne du comté d'York, et le nombre de fragments qui peuplent cet ossuaire va jusqu'au merveilleux.

Buckland a observé que les os des Hyènes fossiles ne sont pas moins fracturés que ceux des mammifères herbivores qui se trouvent mêlés avec eux dans les cavernes, d'où il conclut que les Hyènes antédiluviennes dévoraient les cadavres de leur propre espèce, comme le font celles qui vivent actuellement. Sœmmering a fait connaître une tête d'un de ces animaux trouvée dans une caverne d'Allemagne, et qui présentait une large blessure au crâne, dont la guérison avait eu lieu pendant la vie ; cette pièce vient révéler les combats que, dans les anciens temps, les Hyènes se livraient entre elles ou avec les lions et les tigres leurs contemporains, dont les ossements gisent dans les mêmes localités. Les Hyènes habitent aujourd'hui les climats chauds de l'ancien continent.

Organisation et mœurs. — Ces mammifères tenant leurs jambes de derrière dans la flexion, pendant le repos, il en résulte qu'elles paraissent beaucoup plus courtes que celles de devant, et que l'animal, dont le corps présente, à cause de cela, une grande obliquité avec le sol, semble boiter quand il commence à marcher et offre alors une allure tout à fait bizarre. Les Hyènes ont une grande force dans le cou et d'énormes muscles pour fermer leurs mâchoires, ce qui fait qu'elles peuvent emporter avec leur gueule et sans la traîner, une proie d'une pesanteur considérable, et que quand elles tiennent un corps entre leurs dents, il est impossible de le leur arracher, comme l'avaient observé les Arabes, qui, à cause de cette résistance, regardent encore ces animaux comme le symbole de l'opiniâtreté. Chaque pied de ces carnassiers est armé d'ongles très-forts qui leur permettent de fouir la terre avec facilité.

Les Hyènes sont des animaux nocturnes, qui se nourrissent presque constamment de chairs en putréfaction ; quand cette pâture leur manque dans les solitudes qu'elles habitent, elles se cantonnent dans les environs des grandes cités, et là, pendant la nuit, elles fouillent les cime-

tières et rongent les cadavres qui, dans beaucoup de contrées orientales, y sont placés à peu de profondeur; elles entrent même dans certaines villes dont les habitants , utilisant leur voracité, se reposent entièrement sur elles pour enlever les animaux morts que l'on dépose le soir dans les rues. J. Bruce rapporte que, depuis la chute du jour jusqu'au matin, les places de Gondar sont remplies de Hyènes qui viennent se repaître des suppliciés que les Abyssiniens laissent au milieu d'elles sans sépulture, et il ajoute que pendant la nuit il ne marchait qu'avec la crainte d'avoir à chaque instant les jambes dévorées.

L'aspect de ces mammifères, leurs goûts immondes, et l'existence d'une poche glanduleuse qu'ils portent au-dessous de l'anus ont donné lieu aux fables que les anciens ont débitées sur leur compte et qui, tant de fois, ont été répétées sans discernement dans des écrits modernes ou amplifiées par l'exagération des Arabes. Quoique Aristote eût réfuté les erreurs populaires qui, de son temps, environnaient l'histoire des Hyènes, et très-bien décrit la poche qui avait fait croire qu'elles étaient hermaphrodites, cela n'empêcha pas Pline et Elien , amis du merveilleux, de prétendre que ces animaux changeaient entre eux leur sexe chaque année, puis ils ajoutaient qu'ils imitaient la voix humaine pour attirer les voyageurs dans la profondeur des bois et que leur aspect effrayant immobilisait les chiens.

L'autorité des savants du siècle précédent, tout en réfutant ces erreurs, contribua cependant à obscurcir l'histoire de ces mammifères en les peignant sous de fausses couleurs, et avec les anciens, en continuant à les présenter comme doués d'une redoutable férocité. Telle a été l'influence de l'immortel Buffon , qui, d'après une simple compilation de l'histoire de l'Abyssinie par Ludolf , dit que l'Hyène est d'un naturel féroce et indomptable , et que, plus hardie qu'un loup, elle attaque quelquefois les hommes, suit de près les troupeaux, et souvent ronge dans la nuit les portes des étables et des bergeries pour dévorer le bétail. J. Bruce rapporte même qu'il arrive souvent que quand les Arabes combattent entre eux, la tribu vaincue, affaiblie par les privations , est dévorée par les Hyènes.

Les habitudes de ces animaux rendent peu probables, ou même tout à fait invraisemblables, ces dernières assertions, et il faut entièrement rectifier la première. En effet, il est prouvé aujourd'hui que l'on apprivoise facilement les Hyènes; dans plusieurs pays on les préfère même aux Chiens pour la chasse , et on les regarde, dit F. Cuvier, comme réunissant leur fidélité et leur intelligence ; cela a principalement lieu aux environs du cap de Bonne-Espérance, ainsi que Barrow le mentionne dans son premier voyage, et il n'est pas rare de rencontrer dans les rues de cette ville des personnes accompagnées d'Hyènes apprivoisées. Un de mes aides naturalistes, qui a séjourné au cap, a plusieurs fois chassé avec un de ces animaux qui se trouvait parmi la meute d'un colon, et qui vivait paisiblement au milieu d'elle malgré sa supériorité de force : mais un jour que , pendant une excursion dans les bois, le chien d'un étranger voulut se mêler aux compagnons de cette Hyène et vint l'attaquer elle-même, en un clin d'œil elle le terrassa et lui brisa le cou avec ses pattes de devant.

Une foule de faits vient encore attester la docilité des Hyènes. Une de celles qui ont vécu au Jardin du Roi dans ces derniers temps, en débarquant en France à Lorient, s'échappa des mains des marins; on crut qu'elle allait causer de grands dégâts; il n'en fut point ainsi; après quelques recherches on la trouva timidement blottie dans la demeure d'un paysan, d'où elle se laissa extraire avec la plus grande docilité. Une Hyène rayée, qui existait dernièrement dans cet établissement, était si docile et si douce, que, sans la crainte d'effrayer le public, on l'eût laissée errer librement comme un Chien. Un autre individu de la même espèce, qui avait été élevé familièrement par un colonel anglais, et ensuite déposé au jardin zoologique de Londres, offrait la même douceur, et accablait de caresses son ancien maître à chacune de ses rares visites.

Historique.— Si les anciens n'apprécièrent pas aussi bien les mœurs des Hyènes que celles de beaucoup d'autres animaux plus rares, c'est que, moins recherchées qu'eux pour leurs spectacles et leurs fêtes, on ne les y vit jamais apparaître en aussi grand nombre que les lions, les léopards, les autruches et tant d'autres animaux qui faisaient les délices du peuple. L'empereur Gordien III fut le premier qui en montra aux Romains dans les cirques. Plus tard Philippe, vers l'an 247 de notre ère, en fit voir dix à la fois. D'un autre côté, les naturalistes de la renaissance connurent mal ces animaux et les confondirent avec d'autres mammifères; cela jeta encore quelque obscurité sur leurs mœurs; mais aujourd'hui il est évident, d'après les récits des voyageurs et les observations les plus authentiques, qu'il faut considérer les Hyènes, non comme des animaux féroces et indomptables, mais comme des carnassiers intelligents et dociles, et si facilement apprivoisables qu'ils peuvent remplacer le chien.

On n'a observé qu'un fort petit nombre d'espèces dans ce genre; les mieux connues sont l'*Hyène rayée*, qui a é é décrite par les anciens, et dont le pelage est gris avec des raies noires transversales; elle habite la Perse, l'Égypte et la Barbarie. Puis l'*Hyène tachetée*, qui porte des taches brunes sur un pelage gris jaunâtre, et dont la patrie est l'Afrique méridionale.

FAMILLE DES PINNIGRADES.

Corps pisciforme; quatre membres extrêmement courts disposés en nageoires; doigts palmés.

Ces carnassiers, que les navigateurs désignent sous les noms de Lions, Veaux, Vaches ou Éléphants marins, ont été considérablement modifiés afin de pourvoir à leur nourriture sous l'eau, et leurs formes, qui traduisent leurs mœurs presque entièrement aquatiques, se rapprochent de celles des Cétacés. Ils ont ordinairement le poil très-court et serré contre la peau.

C'est à peine si les nageoires des Pinnigrades peuvent leur servir à ramper sur les rivages où ils viennent seulement pour se délasser au soleil et allaiter leurs petits ; ayant la faculté de plonger très-long-temps, ils ferment leurs narines par des muscles constricteurs, afin de poursuivre leur proie ou de la dévorer sous l'eau sans que celle-ci entre dans les fosses nasales ; les membres sont extrêmement courts et contenus dans les chairs, à l'exception de leurs extrémités, qui sont saillantes et développées, et servent, à l'instar de nageoires, pour la locomotion aquatique.

Dans les animaux de cette famille, selon Hollard, l'estomac se rapproche aussi beaucoup de la forme qu'il offre chez les poissons ; c'est une simple dilatation fort peu considérable du canal digestif, sans cul-de-sac gauche, et dont les ouvertures occupent les extrémités.

PHOQUES. *Phoca.* Système dentaire normal, variable ; molaires tranchantes ou coniques ; point de conque auditive. — Lorsque les connaissances géologiques étaient moins avancées et que l'on attribuait à la mer la formation de tous les terrains, on considérait comme des ossements de Phoques ceux que l'on découvrait parmi ceux-ci : Esper crut en reconnaître dans la caverne de Gailenreuth, et Targioni Tozzetti dans les brèches de Pise. Cependant Cuvier a eu l'occasion d'en constater authentiquement des fragments dans le département des Landes et aux environs d'Angers ; mais en général ils sont excessivement rares et ne se trouvent que dans les couches tertiaires dues à la mer, et ils y sont mêlés à des os de Cétacés.

On rencontre actuellement des Phoques dans presque toutes les mers de l'hémisphère boréal, et principalement dans l'océan Glacial, où ils vivent en troupes nombreuses sur les rivages et les glaces, tandis que dans les latitudes qui se rapprochent des tropiques, ils mènent une existence solitaire et on n'en trouve qu'en bien moindre abondance.

Organisation et mœurs. — Tout l'organisme de ces animaux a subi de profondes modifications pour s'approprier à la statique aquatique. Le corps est déprimé à cet effet ; les vertèbres sont excessivement mobiles et séparées par des fibro-cartilages beaucoup plus mous que dans les mammifères terrestres ; puis les apophyses transverses de celles des lombes étant fort longues, elles ajoutent à la puissance des muscles qui meuvent la région postérieure des Phoques, région qui joue un grand rôle dans la natation, et donne l'impulsion au corps à l'aide de ses membres, dont les pieds s'appliquent l'un contre l'autre et forment une sorte de nageoire verticale agissant d'une manière analogue à celle des poissons. La brièveté et la torsion de l'humérus forcent l'avant-bras et la main à se diriger constamment en dedans, de manière que, quand les Phoques lèvent leur membre antérieur et étendent l'avant-bras, la nageoire acquiert son maximum de largeur pour frapper l'eau, amplia-

tion qu'accroissent encore les muscles qui écartent les doigts; la force
du mouvement est augmentée par la brièveté de l'humérus. Au contraire, pendant la flexion, qui dépend particulièrement du grand pectoral, c'est le bord du membre le plus étroit qui s'offre à l'eau. Cette
double disposition semble indiquer, suivant Rosenthal, que ces membres jouent un bien plus grand rôle dans la natation que les nageoires
des poissons.

Quand ces Pinnigrades sont sur le sol, leurs membres, essentiellement
natatoires, leur servent peu pour s'y traîner; ils les emploient bien pour
grimper sur les rochers, mais, lorsqu'ils veulent aller rapidement, ils
n'en font pas usage et exécutent une espèce de reptation analogue à la
démarche des chenilles arpenteuses; alors la course de quelques-uns
est si rapide que, malgré l'apparence défectueuse de leur organisme,
ils échappent à la poursuite d'un homme courant de toute sa vitesse.
Quelques espèces ont des ongles très-développés et peuvent creuser des
trous dans le sable.

Les sens des Phoques sont infiniment moins obtus que l'ont cru quelques savants; l'odorat acquiert même un grand perfectionnement chez
eux, aussi la surface sentante s'étend d'une manière telle que Harwood
a calculé, qu'en raison de l'extraordinaire division des cornets, la membrane muqueuse de chacune des fosses nasales d'un Phoque, doit avoir
l'énorme étendue de 120 pouces carrés. F. Cuvier dit qu'ils ne voient
qu'à une très-faible distance; c'est possible dans l'air, parce que leur
œil, qui se rapproche, par son aplatissement ainsi que par son volume
et la sphéricité de son cristallin, de celui des poissons, est approprié
pour la vision sous l'eau, mais là, la fonction doit s'exercer avec perfection; cet organe n'a point de canal lacrymal.

Les Phoques ont un encéphale fort développé, et, selon F. Cuvier,
quelques espèces ont même le cerveau proportionnellement plus volumineux que l'homme; aussi ces animaux jouissent-ils d'une intelligence fort élevée et qui ne le cède pas à celle des Chiens; ils aiment la
société de ceux-ci, et, malgré la différence de leur organisation, jouent
avec eux et se retirent dans leur loge pour dormir en leur compagnie;
les Phoques sont doux et peuvent facilement s'apprivoiser puis être
dressés à différents exercices.

Leur système dentaire est fort variable, et leur langue est échancrée;
ils se nourrissent de poissons et de mollusques qu'ils avalent par une
espèce de succion qui ne permet pas à l'eau de la mer de s'introduire
dans leur bouche. Souvent obligés de plonger pour aller à la poursuite
de leur nourriture, ces mammifères peuvent rester assez longtemps
sous l'eau; mais ils sont contraints de venir respirer à sa surface, et
c'est à tort que Duhamel a voulu expliquer la facilité avec laquelle ils
plongent en supposant, avec certains anatomistes, que chez eux le
trou de Botal subsistait et permettait au sang de circuler sans subir l'influence de la respiration ni passer dans le poumon; Buffon le procla-
mait également et les croyait de véritables amphibies. Il n'en est rien,

et la faculté qu'ils ont de plonger longtemps est due à l'abondance du sang que l'on remarque dans ces animaux, et à un grand sinus veineux situé dans le foie, où ce fluide peut s'accumuler en certaine quantité.

Dans quelques espèces, les femelles sont beaucoup plus nombreuses que les mâles; chacun de ceux-ci en possède un certain nombre qu'il conserve comme une sorte de harem, et il livre des combats, déjà décrits par Albert le Grand, aux autres mâles qui veulent s'en emparer. La portée est de deux ou trois petits, qui sont déposés à terre sur un lit de sable, et qui, en naissant, sont parfois revêtus d'un poil blanc laineux et long. Leur mère les mène bientôt à l'eau, et, quand ils sont fatigués, on dit qu'elle les prend sur son dos.

Historique. — Dans tous les temps, l'aspect singulier et les mœurs de ces animaux ont frappé l'homme, aussi les voit-on mentionnés parmi les plus anciens écrits. Homère, en parle dans plusieurs de ses chants et y décrit avec exactitude quelques particularités de leur nature. Ce sont eux que la fiction poétique considérait comme les troupeaux de Neptune, confiés à la garde du vieux Protée, et l'on doit admettre que l'imagination des mythologues grecs s'est inspirée sur ces mammifères aquatiques en créant les tritons et les syrènes, qui forment le cortége des divinités marines.

Les Phoques furent connus par les premiers naturalistes, et déjà Aristote et Théophraste les signalent comme constituant, par leurs formes ambiguës, le passage des quadrupèdes aux poissons. Pline n'ajouta presque rien à leurs observations; cependant, ainsi que le firent Élien et Diodore de Sicile, il apprécia fort bien leur haute intelligence. Oppien nous apprend que ces mammifères étaient si communs, de son temps, dans la Méditerranée, que les pêcheurs en prenaient avec leurs filets, et qu'alors ils étaient obligés de les retirer promptement, parce que sans cela ces Pinnigrades les déchiraient; cependant, quoique ces animaux aient été signalés par l'antiquité, ses artistes les ont à peine reproduits, car on ne connaît guère qu'une médaille de la période ancienne sur laquelle se trouve un phoque : elle est au cabinet de Munich.

Les écrivains du Bas-Empire gardèrent le silence sur ces animaux, comme s'ils étaient disparus de la surface du globe; tandis que les Norwégiens, dont la civilisation et l'industrie étaient portées plus loin qu'on ne le suppose généralement, distinguaient déjà plusieurs espèces de Phoques, d'après la variété de leur taille, de leur couleur et de leurs habitudes. Dans ces temps récents, ils ont été le sujet de travaux importants dans lesquels on a éclairé leur anatomie et leur classification, et qui sont principalement dus à Fabricius, de Blainville, G. et F. Cuvier et Nilson.

Chasses. — Dans les sagas des Scandinaves, on retrouve les traditions des anciennes chasses que ces peuples faisaient aux phoques. Le périple d'Other les mentionne déjà d'une manière manifeste; on sait aussi que la quantité de ces animaux que l'on tuait était si considérable vers le xiv⁰ siècle, et le commerce de l'huile que l'on en extrayait si lucratif, que dans plusieurs chartes et statuts de cette époque, on prescrit la valeur de la dîme qu'ils doivent payer aux églises de la Suède ou de la Finlande, et différents priviléges sur le trafic de leurs produits.

Divers modes ont été employés pour capturer les Phoques. Duhamel dit qu'ils étaient si abondants parmi les criques du nord de l'Amérique, que les Canadiens les y prenaient avec des filets. Les Esquimaux leur font une guerre active à l'aide de leurs singulières embarcations. Mais aujourd'hui c'est souvent avec le fusil qu'on les attaque, car les petites espèces, à cause de leur vélocité, ne peuvent se harponner avec succès. Les Américains et les Anglais expédient chaque année un grand nombre de bâtiments dans le nord du nouveau continent pour y chasser ces animaux; à l'issue de l'hiver, on n'en trouve pas moins de trois à quatre cents, montés chacun d'une vingtaine d'hommes, qui s'en occupent dans les glaces qui environnent le Labrador; là, on les capture à l'aide d'un grand filet ou de piéges que les marins tendent sur le rivage, et dans lesquels ils font refluer leurs troupeaux.

Commerce et usages. — Ces Pinnigrades fournissent à l'homme divers produits qui ont été employés anciennement. Le peuple romain croyait que leur dépouille n'était jamais frappée de la foudre, et l'empereur Auguste, qui était imbu de cette superstitieuse idée, portait constamment sur lui une peau de Phoque pour s'en préserver; pour la même raison, Septime Sévère en faisait couvrir ses tentes, et cette coutume, qui s'introduisit parmi les armées romaines, dénote que, dans les anciens temps, les Phoques devaient être plus abondants qu'aujourd'hui dans la Méditerranée, ou que pour les besoins des légions, on en tirait du nord par la voie des échanges. Cette supposition est d'autant plus probable, qu'à l'époque de la conquête de la Germanie, à ce que Tacite rapporte, les guerriers de ce pays s'en couvraient le corps.

Le cuir fourni par ces animaux servait à de nombreux usages chez les peuples du nord. On assure que plusieurs sagas sont écrits en caractères scandinaves sur des peaux de Phoques préparées à l'instar de parchemin; mais c'était surtout pour la confection des câbles qu'on les employait, et anciennement les Feunes ou Lapons acquittaient leurs tributs avec ceux-ci. Ces cordages étaient alors fort estimés, et leur servaient à attacher ensemble les bâtiments de guerre pendant qu'ils livraient des combats, ou pour les mettre à l'ancre; aujourd'hui même les Groenlandais en fabriquent des lignes pour la pêche, ou fixent avec des lanières de peaux de Phoques les harpons qu'ils lancent aux cétacés. C'est encore avec le derme de ces animaux qu'ils garnissent la carcasse de leurs singulières pirogues, et il est recherché aussi dans divers pays pour confectionner des souliers et des bottines.

Autrefois on portait des manchons de peau de Phoques; mais actuellement, on ne se sert guère de celle-ci chez nous que pour couvrir les malles. Il n'est pas jusqu'aux intestins de ces pinnigrades qui ne soient employés : les Esquimaux s'en font des vêtements. Les fourrures et les huiles qui proviennent des grandes chasses des Anglais et des Américains se vendent principalement aux États-Unis et en Europe ; les premières s'exportent même jusqu'en Chine, où on les échange contre du thé. La seule île de Terre-Neuve envoie annuellement en Angleterre cent vingt mille peaux de Phoques et treize à quatorze cents tonneaux d'huile. Celle-ci est employée en Russie principalement pour la préparation des cuirs, et pour confectionner des savons de qualité inférieure.

Du temps de Galien, à Rome, le peuple mangeait de la chair de Phoque. Cette coutume existait aussi en Scandinavie et en Angleterre vers le moyen-âge, et l'on en servait même pendant les repas somptueux dans ce dernier pays.

Le *Phoque commun*, qui vit dans le Nord où on le rencontre par grandes troupes, vient assez fréquemment sur nos côtes océaniques. Il n'a que trois à cinq pieds de longueur, et son pelage est d'un gris jaunâtre nuancé ou tacheté de brun. C'est principalement lui que l'on chasse.

L'un des plus grands Phoques que l'on connaisse est celui qui fut observé par l'amiral Anson à l'île de Juan Fernandez ; cette espèce, qui fut ensuite décrite avec soin par Perron sous la dénomination de *Phoque à trompe* ou d'*Éléphant marin*, est abondante dans les îles des mers australes, où elle vit par troupes de cent cinquante à deux cents individus, parmi lesquels il se trouve beaucoup plus de femelles que de mâles ; sa taille acquiert jusqu'à vingt-cinq à trente pieds de longueur ; le poids de ces mammifères est considérable, et celui de l'un d'eux que Quoy et Gaimar prirent après leur naufrage, et dont se nourrirent plusieurs jours les cent vingt personnes qui formaient l'équipage de leur navire, fut estimé par ces naturalistes à plus de deux mille livres.

Le mâle est remarquable par son museau, qui, lorsqu'il est en colère, se renfle et forme une trompe d'environ un pied de longueur, analogue à celle du tapir, mais qui a été mal rendue par beaucoup de dessinateurs qui l'ont copiée d'après la figure du marin que nous venons de citer, sur laquelle on l'a représentée comme une espèce de crête. Chaque mâle a toujours en sa possession plusieurs femelles, conquises sur ses rivaux par des combats réitérés ; mais, bientôt épuisé par les plaisirs, et perdant son ardeur et ses forces, il abandonne avec indifférence aux vaincus un avantage dont il ne peut plus jouir. Les Phoques à trompe se réunissent en société ; ils sont doux et se laissent facilement approcher par l'homme. On leur fait la chasse à cause de l'abondance d'huile qu'ils fournissent, et l'on emploie souvent la lance pour les détruire.

OTARIES. *Otaria.* Des conques aux oreilles ; mains inonguiculées ; ongles des pieds dépassés par une membrane lobée. — Les Otaries ressemblent beaucoup aux Phoques ; cependant comme les particularités organiques qu'ils présentent doivent se lier à quelques différences dans leurs mœurs, nous admettons ce genre dont la patrie est aussi différente de celle des précédents animaux, car c'est principalement dans les mers de l'hémisphère austral qu'on les rencontre ; ils sont communs sur la côte occidentale de la Nouvelle-Hollande. Les Otaries ont des membres plus natateurs que les pinnigrades du groupe que nous venons de décrire, et cependant ils se précipitent dans la mer avec une grande vitesse quand on les poursuit; ils fournissent une fourrure qui est estimée dans le nord de l'Europe ; elle est presque toujours noire chez les jeunes, et devient grise ou blanche par l'effet de l'âge.

C'est à ce genre qu'appartient l'*Otarie* ou *Phoque à crinière* appelé aussi Lion Marin à cause des poils touffus qui recouvrent le cou des mâles.

MORSES. *Trichechus.* Canines supérieures formant d'énormes défenses; incisives et canines inférieures nulles. — Leibnitz attribuait à des Morses les défenses d'Éléphants fossiles que l'on rencontre en Sibérie, et Gmelin et Linnée l'imitèrent, en s'évitant ainsi la peine de former aucune conjecture sur la présence de ces extraordinaires débris ; mais il n'est pas certain, dit Cuvier, que l'on ait encore trouvé d'ossements de Morses fossiles, quoiqu'on l'ait plusieurs fois annoncé.

Cette coupe n'est formée que pour une seule espèce qui se rencontre par troupeaux énormes sur les rivages du pôle septentrional ou les amas de glaces qui encombrent la mer. Le *Morse*, connu aussi sous les dénominations de *Cheval marin*, de *Vache marine*, ou d'*animal à la grande dent*, acquiert un développement considérable : on en a pris qui pesaient jusqu'à deux mille livres ; ses mœurs sont à peu près les mêmes que celles des Phoques, et il se sert de ses longues canines pour grimper sur les glaces ou sur les rochers. Il vit d'algues, de matières animales, et surtout de coquillages et de crustacés que son système dentaire, qui semble plutôt fait pour briser des corps durs que pour agir sur des végétaux ou couper des chairs, le met à portée de pouvoir réduire facilement en bouillie, à l'aide des enfoncements et des saillies des molaires, qui donnent à ces dents la disposition d'un mortier ; les deux canines servent peut-être comme une espèce de râteau pour détacher les mollusques des roches.

Les naturalistes de l'antiquité n'ont point connu le Morse, quoique sa pêche ne soit pas moins ancienne dans le Nord que celle du Phoque ; on la pratiquait pour son cuir, sa graisse et ses défenses. Autrefois cet animal était si commun dans certains parages, et si facile à approcher, qu'on en tua jusqu'à 800 en un jour ; aujourd'hui on le chasse principalement dans les îles nombreuses qui environnent le Spitzberg, où ses bandes arrivent vers la fin de l'été ; les habitants du Finmarck et de la Russie y envoient exprès, chaque saison, des bateaux qui y hivernent pour éviter les glaces qu'ils trouveraient à leur retour ; mais souvent, sous ce climat rigoureux, les hommes sont tués par le froid excessif, et les exemples d'équipages qui y ont péri entièrement ne sont pas rares. C'est au harpon et sur le rivage ou les glaces que l'on attaque ordinairement les Morses, et là ils sont d'une capture assez facile. En mer, la rapidité avec laquelle ces animaux nagent, et leur grande force, rendent difficile de s'en emparer ; la chasse en devient même dangereuse, parce qu'ils se réunissent en grand nombre aux environs des chaloupes et essayent de les renverser en les perçant ou en grimpant sur leurs bords à l'aide de leurs grandes dents.

Anciennement les cordages ou câbles faits en peau de Morses étaient aussi estimés que ceux que l'on fabriquait avec les Phoques; les peuples du Nord en faisaient un commerce considérable, et Albert le Grand dit qu'ils en importaient jusque dans les marchés de Cologne. Ces câbles étaient si forts que soixante hommes ne pouvaient les rompre, et ils avaient une telle célébrité qu'il en est souvent parlé dans les sagas du temps, et que l'on en faisait même des présents aux rois.

Aujourd'hui c'est principalement pour en extraire de l'huile que l'on chasse ces Pinnigrades, et un seul en fournit jusqu'à une demi-tonne. Les peaux de ces animaux, avec lesquelles on fait de bonnes soupentes de voitures, surtout en Russie, ainsi que leurs défenses, doivent être aussi considérées parmi les principaux produits qu'ils fournissent. Ces défenses, qui sont faciles à distinguer de l'ivoire en ce que leur tissu est formé de grains ronds, tandis que celui de ce dernier en a qui ont la figure de losanges, valent 1 fr. 50 c. la livre en Laponie, et se vendent 3 à 4 fr. à Dieppe.

ORDRE DES RONGEURS.

Mâchoires à deux incisives et rarement quatre, distantes des molaires; canines nulles.

Géologie et géographie. —Ces animaux, selon Cuvier, n'ont point été dans l'ancien monde en moindre proportion que dans le monde actuel; mais leurs espèces étant généralement petites, leurs ossements ont pu s'altérer pendant la formation des roches, aussi ils ont été moins recueillis. On en a trouvé de mêlés aux poissons dans les carrières d'Œningen; il s'en rencontre aussi dans quelques terrains schisteux de la Bohême. Les cavernes et les brèches osseuses en fournissent également; Buckland a fait connaître des os de Lapins, de Campagnols et de Souris, extraits de l'anfractuosité de Kirkdale; et nous avons vu des blocs contenant une quantité prodigieuse de débris de Rongeurs qui provenaient des brèches de la Sardaigne.

La distribution géographique actuelle de ces mammifères est extrèmement étendue; on peut dire qu'il en existe dans presque toutes les latitudes, depuis l'équateur jusqu'aux glaces des pôles, et qu'ils habitent depuis le niveau de l'eau jusqu'à la limite des neiges perpétuelles des plus hautes montagnes.

Organisation et mœurs. — La plupart des Rongeurs sont de petite taille; les plus grands, qui sont les Castors, les Porcs-Épics et les Cabiais ne dépassent pas la dimension des Blaireaux.

Les mâchoires de ces animaux sont faibles et disposées pour un mode particulier de mastication; elles s'articulent de manière à ce que, outre

les mouvements d'abaissement et d'élévation qui ouvrent et ferment la
bouche, il puisse encore se produire un mouvement d'arrière en avant,
et un autre en sens contraire, de la mâchoire inférieure sur la supérieure,
qui fassent glisser les dents les unes contre les autres. L'articulation
maxillaire est disposée à cet effet : elle offre une cavité profonde, dirigée selon le diamètre longitudinal de la tête, et qui reçoit un condyle
de la mâchoire inférieure, ayant la même direction ; il résulte de là
que les mouvements que nous venons d'énumérer, et qui sont essentiels
pour l'action de ronger, sont les seuls possibles, et que les latéraux
sont presque nuls.

Les organes masticateurs n'ayant point à subir les violents efforts
auxquels ils sont soumis dans les carnassiers, leur structure, chez les
Rongeurs, offre une disposition opposée ; les arcades zygomatiques
sont faibles et peu écartées du crâne, et elles sont convexes en bas,
et concaves en dessus. Enfin les muscles élévateurs des mâchoires sont
peu développés.

On trouve chez ces animaux de grandes dents situées à la partie antérieure de la bouche, et presque toujours au nombre de deux à chaque
mâchoire. Les auteurs les regardent tous comme des incisives ; mais
quelques considérations d'anatomie philosophique font penser à Geoffroy Saint-Hilaire que ce sont des canines devenues antérieures par
l'absence des dents incisives qui auraient disparu, ce dont on voit des
tendances parmi le groupe des insectivores. Il s'appuie aussi, pour soutenir son assertion, du siége extrêmement reculé du bulbe producteur
de ces organes, qui se trouve situé près des molaires. Quoi qu'il en soit,
ces dents, que nous appellerons incisives, sont séparées des molaires
par un grand espace vide, où chez la plupart des autres mammifères
siégent les canines. Ces incisives sont remarquables par leur développement, leur forme arquée, la profondeur à laquelle se trouve leur
extrémité interne, ainsi que par la disposition en biseau tranchant
qu'elles offrent à l'extérieur, et par leur accroissement, qui se continue
durant toute la vie de ces animaux. Ces dents n'ont d'émail qu'en avant,
en sorte que leur surface postérieure, qui est moins dure, s'usant beaucoup plus vite que l'autre, il en résulte qu'elles sont, par le fait même
de l'usage, continuellement aiguisées et taillées en biseau. Comme leur
accroissement incessant peut fournir à l'usure journalière de la mastication, il arrive parfois que lorsqu'une incisive de Rongeur tombe, sa
correspondante n'étant plus usée en proportion de son accroissement,
elle fait une saillie considérable hors la bouche de l'animal, et devient
monstrueuse. C'est le jeu de ces incisives qui permet à ces mammifères
d'entamer les corps durs, et même de ronger le bois, ce qui leur a fait
donner le nom de Rongeurs.

Les molaires de ces animaux sont en nombre peu variable, on en
trouve trois au moins, et six au plus de chaque côté des mâchoires. Il
y en a de plusieurs sortes : les unes ont des racines, et leur couronne est
tuberculeuse, on les rencontre chez les espèces omnivores ; les autres

sont privées de racines, et formées de lames diversement configurées, qui sont un caractère de dégradation ; ce sont celles qui s'observent chez les espèces purement phytophages. Ces dernières dents ont un bulbe persistant à leur base, qui s'accroît continuellement, tandis que leur couronne s'use par son contact avec les autres molaires, et ce bulbe fournit ainsi une nouvelle substance pour remplacer celle qui est dépensée incessamment pendant la détrition. Les lames de ces dents sont ordinairement disposées transversalement, ce qui est contraire à ce qui existe chez les Ruminants ; et, par l'action de la mastication, comme la substance émailleuse qui les forme s'use moins que la partie osseuse, il en résulte parfois des petites collines transversales qui, en transformant la surface dentaire en une espèce de meule, sont très-favorables pour broyer les substances dures, le bois, les écorces, ou les semences cornées dont les Rongeurs font leur nourriture. Quelques-uns de ces animaux ont même des dents composées, analogues à celles des Éléphants, et formées de lames d'émail ou d'os qui sont réunies par une troisième substance le cément.

Les Rongeurs ont le corps terminé par une queue qui présente de nombreuses différences. Quelquefois elle est écailleuse, et sa forme est alors soit cylindrique, soit aplatie verticalement ou horizontalement ; certains l'ont garnie de poils distiques. Ceux de ces animaux, dont l'organisation est la plus élevée, possèdent des clavicules, qui permettent aux bras des mouvements plus variés, et qui leur servent, soit comme aux Écureuils pour saisir les objets avec les mains et les porter à leur bouche, soit pour grimper aux arbres, ainsi que le font les Loirs, ou pour se construire d'ingénieuses habitations, comme on l'observe chez les Castors et les Ondatras. D'autres animaux de cet ordre n'ont que des clavicules rudimentaires ; enfin, il en est qui n'en offrent plus de vestiges ; aussi chez eux les extrémités antérieures deviennent simplement ambulatoires.

Les membres marquent aussi l'infériorité des Rongeurs : jamais ils n'ont un pouce complet, même dans les Écureuils, qui saisissent leur nourriture avec leurs mains ; bien mieux, les derniers animaux de cet ordre n'offrent plus que trois doigts, et même, à mesure que les clavicules disparaissent, ceux-ci décèlent encore la dégradation sérique par la transformation de leurs ongles qui deviennent des espèces de sabots.

Les Rongeurs se font remarquer, en général, par l'inégale longueur de leurs membres : ce sont les antérieurs qui sont les plus courts ; dans un certain nombre d'entr'eux, les postérieurs sont extrêmement disproportionnés ; et même, comme chez les Gerboises, ils ont huit à dix fois plus de longueur que les autres, qui semblent atrophiés et ne servent presque plus à l'animal, dont la pérégrination s'opère à l'aide d'une suite de sauts. Le radius et le cubitus sont le plus souvent soudés ensemble, aussi la rotation des avant-bras est presque nulle, et ajoute encore à l'infériorité qui se prononce sous tant d'aspects dans cette légion du règne animal.

Les yeux des animaux de cet ordre sont latéraux et généralement gros et saillants, surtout dans les espèces nocturnes ; cependant, chez celles qui vivent constamment plongées dans un milieu souterrain, tels que les Oryctères ou les Rats-Taupes, ils s'atrophient considérablement, ou devenant tout à fait inutiles, ils disparaissent totalement. Leur langue est douce, excepté dans le Porc-Épic, où elle est couverte de papilles cornées.

Le cerveau est extrêmement petit, et il ne présente que fort peu de circonvolutions ; il en a même moins que celui des Ruminants ; aussi le volume et la structure de cet organe devraient faire placer les Rongeurs à la suite de ceux-ci, si l'on n'était arrêté par la disposition de leurs extrémités, qui leur est supérieure. Chez eux l'aire de la face l'emporte énormément sur celle du crâne. L'intelligence de ces animaux est fort obtuse, et rappelle l'infériorité de l'organisation de leur encéphale ; cependant, il en est qui compensent leur peu de capacité par un instinct admirable, et qui, tels sont le Castor, l'Ondatra, le Hamster, se bâtissent des huttes, ou se creusent des magasins avec beaucoup d'art.

Les Rongeurs sont, en général, des animaux nocturnes et timides, et, à l'exception des Écureuils, presque tous passent la majeure partie de leur vie sous la terre, et n'en sortent que pour vaquer à la recherche de leurs aliments. Il en est même qui y restent continuellement. Beaucoup sont prévoyants et se font d'amples magasins de nourriture pour l'hiver, consistant en des amas de grains divers ou de racines, qu'ils cachent dans les creux des arbres ou dans des trous qu'ils creusent à cet effet sous le sol.

Les Rongeurs ont la lèvre supérieure fendue verticalement, et l'ouverture de la bouche petite : quelques-uns offrent des abajoues. Leur tube intestinal qui est très-long, coïncide avec la nature des aliments dont ils se repaissent principalement ; l'estomac de ces animaux est ordinairement simple ou seulement divisé par quelques brides, et presque toujours ils sont munis d'un cœcum volumineux, mais qui manque cependant parmi les espèces omnivores. Quelques-uns, à ce que dit Tiedemann, offrent au pourtour de l'extrémité de l'intestin des glandes analogues à celles des carnassiers, et Perrault en a compté jusqu'à douze dans le Porc-Épic. La plupart des rongeurs vivent de substances végétales, comme de fruits, de racines, de fécules et même d'écorce et de bois. Quelques-uns, tels que les Rats, sont omnivores et mangent indifféremment des végétaux ou des substances animales, même quand elles sont en putréfaction.

Les organes génitaux de quelques Rongeurs se font remarquer par leur structure, tels sont ceux du Castor et de l'Agouti dont le gland est recouvert d'écailles ; celui du Cochon d'Inde est armé de deux cornes qui deviennent saillantes au moment de l'accouplement, et chez l'Agouti on trouve en outre des écailles, deux lames cartilagineuses placées sur ses côtés, et dont le bord libre est dentelé comme une scie.

Le nombre des mamelles varie de deux à huit, et celui des petits n'est pas toujours en proportion avec lui, car les Cobayes qui n'en ont que deux, ont souvent huit ou dix petits.

Classification. Cet ordre est extrêmement naturel, et les organes qui peuvent fournir les meilleures considérations pour ses subdivisions sont les clavicules et le cœcum, ainsi que les rapports du cubitus et du radius. On en a formé trois groupes selon que les premières sont complètes, rudimentaires ou nulles. Les Rongeurs claviculés comprennent les familles des Grimpeurs, des Fouisseurs et des Sauteurs. Les subclaviculés ou à clavicules rudimentaires, celle des Coureurs; enfin les non claviculés, celle des Marcheurs.

Parmi les familles qui composent cet ordre on trouve des genres qui sont modifiés, tantôt pour la vie aquatique [1], tantôt pour la vie souterraine [2]; mais leur structure n'a point éprouvé d'assez profondes anomalies en s'accommodant aux divers milieux où ces animaux vivent, pour que l'on soit obligé d'en constituer des groupes spéciaux.

FAMILLE DES GRIMPEURS.

Rongeurs claviculés. Incisives inférieures très-comprimées; molaires ¼ ou ½ tuberculeuses. Doigts 4-5 ou 5.5 à ongles crochus, acérés. Queue longue, velue.

Cette famille est la plus naturelle de cet ordre; elle se compose de Rongeurs, que l'on trouve dans toutes les parties du globe, excepté en Australie, et qui se font remarquer par leur penchant irrésistible à grimper aux arbres, dans lesquels presque tous vivent continuellement; cette tendance est favorisée chez eux par la disposition des membres, qui sont plus longs en arrière qu'en devant, ainsi que par leurs ongles recourbés et aigus, qui conservent leurs pointes sans être rétractiles, comme ceux des Chats, mais par une simple disposition physique consistant en une forte pelote située au-dessous d'eux, qui les empêche de toucher le sol, excepté dans les occasions essentielles où sa pente force l'animal à s'y cramponner.

ÉCUREUILS. *Sciurus.* Molaires ⁴⁄₄; digitation 4, 5; queue touffue et ordinairement distique. — Ils habitent les forêts des deux mondes et vivent en société ou solitairement par couples; ce sont des animaux extrêmement gracieux, souvent occupés à se lisser le poil, et qui construisent d'ingénieux nids sur les branches des arbres qu'ils fréquentent, ou des espèces de terriers à leurs pieds. On doit les considérer comme les rongeurs les plus intelligents que l'on connaisse, et l'on remarque

[1] Castor, Ondatra.   [2] Oryctère.

ordinairement que , quand ils sont poursuivis par un ennemi, ils ont soin de se cacher derrière les branches, et de là d'observer ses mouvements. Leurs clavicules donnent à ces animaux la faculté de porter à leur bouche les aliments dont ils se nourrissent ; ceux-ci se composent principalement de fruits ; quelques espèces attaquent aussi les tiges sucrées de certaines graminées, et Kalm rapporte qu'elles se multiplient même considérablement en Pensylvanie et dans la Virginie, depuis qu'on y cultive le maïs, et qu'elles y font de grands dégâts. On remarque aussi que, quand les Ecureuils sont pressés par la faim, ils ne dédaignent pas une nourriture animale. Souvent ils amassent des magasins de noisettes, de glands et d'amandes qu'ils cachent dans des trous d'arbres , et dont ils s'alimentent lorsque la terre est dépouillée de ses productions.

Les Ecureuils ont été connus dans tous les temps, les auteurs grecs et romains en font mention ; ils sont aujourd'hui l'objet d'un grand commerce, leur fourrure étant devenue à la mode ; dans quelques pays on les mange.

On a subdivisé ce grand genre en plusieurs coupes secondaires, parmi lesquelles nous mentionnerons les principales, qui sont les Ecureuils proprement dits, les Guerlinguets et les Tamias.

Les ÉCUREUILS se reconnaissent à leur queue, qui est très-touffue et dont les poils sont distiques, c'est-à-dire dirigés en deux sens opposés comme les barbes d'une plume.

L'*Ecureuil commun*, qui habite toutes les zones tempérées et froides de l'ancien continent, appartient à ce groupe et s'y fait remarquer par les pinceaux de poils qui s'élèvent au-dessus de ses oreilles ; dans la première de ces régions, son pelage est constamment d'un roux vif sur le dos , et son ventre est blanc. Cette espèce bâtit sur les bifurcations des arbres d'ingénieux nids, assez grands pour contenir toute une famille ; ces demeures sont sphériques et construites avec de la mousse et de petites bûchettes ; elles présentent une ouverture en haut, et sont protégées par une espèce de toit conique destiné à empêcher la pluie d'y pénétrer.

Selon quelques naturalistes, les Ecureuils entreprendraient parfois des migrations , et l'on dit que quand un fleuve s'oppose à leur course, on voit leurs troupes s'embarquer sur des morceaux de bois ou d'écorce, s'en servir comme de radeaux, et, en étendant leur queue aux vents , naviguer vers la rive qu'elles veulent atteindre. Ce fait, rapporté dans Linnée, fut observé par le célèbre poëte Regnard, pendant son séjour en Laponie. Mais nous n'avons point connaissance qu'il ait été confirmé par de plus récents témoignages.

Selon la plupart des zoologistes, l'Écureuil commun change de couleur l'hiver dans les climats froids ; il devient d'un beau gris bleuâtre sur le dos , et constitue alors la fourrure connue sous le nom de *Petit-gris*, quand on ne prend que cette région, et de *Vair* lorsque le ventre, qui est blanc, s'y trouve réuni. Regnard fut le premier qui mentionna cette transformation de pelage dans cet animal , et Linnée, par son auto-

rité l'a confirmée. C'est surtout de la Sibérie et de la Laponie que le
commerce extrait les Petit-gris, dont la fourrure est la plus estimée,
et l'on évalue à plus de deux millions de peaux de ces animaux l'exportation annuelle qui s'en fait en Russie.

Les GUERLINGUETS diffèrent des précédents, en ce que leur queue
est longue, peu poilue et non distique ; ils habitent les deux continents.

Les TAMIAS se distinguent des autres Écureuils, en ce qu'ils ont de
vastes abajoues, qui leur servent à transporter leurs provisions; ces
Rongeurs ont aussi les membres postérieurs moins longs, ce qui est en
rapport avec leurs mœurs, car ils se creusent des terriers où ils vivent
une partie de l'année, et dans lesquels ils font des magasins de nourriture, consistant en semences diverses. Ces petits mammifères, dont
le pelage offre des bandes longitudinales de diverses couleurs, habitent
l'Amérique et l'Asie septentrionales.

POLATOUCHES. *Pteromys.* Peau des flancs formant des expansions qui s'étendent sur les membres. — Ces Rongeurs sont répandus
sur les deux continents, et l'on en trouve aussi dans l'Archipel indien.
On en rencontre sur les arbres des forêts, et ils sautent avec la plus
grande facilité de l'un dans l'autre, en étendant leurs membres, et se
servant comme d'un parachute, des vastes replis de la peau dont ils
sont enveloppés.

Le *Polatouche taguan*, qui a la grosseur d'un Chat, et est d'un
beau roux, vit dans les iles Philippines.

L'espèce sur laquelle on a eu de plus amples notions, est connue sous
le nom d'*Écureuil volant*, et habite la Sibérie, la Russie et la Pologne;
elle est de la grosseur d'un Rat, et son pelage est gris en desssus et
blanc sur le ventre. Cet animal réside particulièrement dans les forêts
de bouleaux et de pins, et se nourrit des chatons de ces végétaux.
Souvent il fait des sauts d'une vingtaine de brasses dans une direction
oblique, en partant de la cime d'un arbre et en atteignant le milieu
d'un arbre voisin. Pallas, qui a eu l'occasion d'observer ce Polatouche,
dit que la portée de la femelle est de deux à quatre petits, qui naissent
nuds et aveugles, et qu'elle tient tout le jour enveloppés dans ses expansions membraneuses; mais que le soir cet animal les couvre de
mousse pour aller à la recherche de sa nourriture.

LOIRS. *Myoxus.* Incisives inférieures très-pointues ; molaires $\frac{4}{4}$;
queue non distique; cœcum nul. — Ce sont de jolis petits Rongeurs
semblables aux Écureuils, mais d'une allure plus lourde, ordinairement nocturnes, et grimpant sur les arbres très-facilement. Les Loirs
vivent de fruits, mangent les œufs des oiseaux et dévorent quelquefois leurs petits dans le nid. Quand ils sentent les frimas approcher,
par prévoyance, ils amassent des provisions de graines dans une retraite où ils s'engourdissent lorsque la température devient trop froide,
et ne se réveillent que par intervalle pour manger.

Le *Loir* a un tronc d'environ six pouces. Il est gris-cendré sur le dos, et vit dans les forêts de l'Europe méridionale, où il se réfugie dans les creux des arbres, qu'il tapisse de mousse.

C'est cette espèce que l'on pense avoir été très-estimée des Romains, qui l'engraissaient avec un grand soin dans des parcs ou dans des tonneaux, pour la servir sur leurs tables.

Pline attribua l'art d'élever les Loirs à Fulvius Lupinus ; et Varron donna la manière de faire des espèces de garennes, *gliraria*, pour les multiplier ; d'un autre côté, Apicius nous apprend qu'on les apprêtait avec de la graine de pavot et du miel, et qu'ils se vendaient au poids. Les Italiens ont conservé la coutume de manger ces animaux, qu'ils tâchent de prendre à l'automne pour leur consommation, parce qu'alors ils sont meilleurs.

Le *Lérot* est une espèce de ce genre un peu plus petite que la précédente ; il habite l'Europe tempérée, et est commun dans nos campagnes, où souvent il dévaste les espaliers des jardins.

Le *Muscardin*, qui ne dépasse pas la grosseur d'une Souris, et porte un pelage de couleur cannelle, vit dans les mêmes lieux que le Lérot, et souvent à la lisière des bois. Son nid, à ce que disent les auteurs, se trouve sur les basses branches des arbres ; mais nous en avons rencontré un qui était déposé sur le sol même, dans une pièce d'avoine ; il avait environ deux pouces et demi de diamètre, et était absolument configuré comme celui d'une Alouette. Il n'entrait dans sa composition que des feuilles de graminées extrêmement fines ; l'intérieur contenait quatre petits.

FAMILLE DES FOUISSEURS.

Incisives ordinairement pointues ; molaires variables pour le nombre et la forme ; membres proportionnés, pentadactyles, à ongles plus ou moins forts.

Ces Rongeurs, dont la dénomination provient de l'habitude qu'ils ont presque tous de se creuser des terriers, composent une famille nombreuse, mais assez artificielle, dont les divers genres sont claviculés, à l'exception d'un seul.

MARMOTTES. *Arctomys*. Molaires hérissées de pointes $\frac{5}{4}$; membres courts, à ongles très-forts ; queue rudimentaire, velue.

La structure des dents des Marmottes leur permet de faire usage de chair ; aussi les voit-on manger des insectes aussi bien que de l'herbe et des fruits ; mais c'est une nourriture végétale qu'elles semblent préférer. Leur démarche est plantigrade, lourde et embarrassée ; elles se creusent avec facilité des demeures souterraines, consistant en deux galeries terminées par un cul-de-sac, et ressemblant à un Y ; c'est dans leur profondeur qu'elles viennent s'endormir léthargiquement, quand la saison froide commence, et que la température n'est plus qu'à huit ou neuf degrés.

Parmi les espèces nombreuses que présente ce genre, nous devons surtout distinguer la *Marmotte des Alpes*, qui porte un pelage gris, et habite les montagnes élevées de l'Europe, vers la limite des neiges éternelles. C'est à tort que l'on a dit que ce mammifère grimpait sur les arbres; cependant il peut monter, selon F. Cuvier, avec la plus grande facilité, entre les fissures des roches quand leurs parois sont assez peu éloignées pour qu'il lui soit possible de s'appuyer sur l'une d'elles par son dos comme le font les ramoneurs dans les cheminées; et c'est, à ce qu'on dit, cet animal qui aurait donné aux Savoyards l'idée du métier qu'ils pratiquent chez nous. C'est même à cette habitude de grimper en s'appuyant, et aux frottements qu'éprouve la région dorsale des Marmottes, qu'on doit attribuer le raccourcissement de leurs poils sur cette partie; il ne faut pas croire au conte ridicule que l'on a débité pour l'expliquer, et dans lequel on prétend que ces Rongeurs se traînent tour à tour sur le dos et se tirent par la queue après avoir mis du foin entre leurs membres, afin de le transporter à leur demeure.

Une apparence stupide cache chez ces mammifères une intelligence qui se montre déjà dans leurs mœurs, et que l'éducation peut développer d'une manière fort remarquable. Ils se rassemblent en société pour construire des terriers, et former dans leur intérieur des lits de foin sur lesquels leurs timides troupes s'endorment pendant l'hiver. Pour ce dernier effet, ils se réunissent et vont glaner ensemble dans les champs, et pendant la durée de leurs travaux ou de leurs jeux au milieu du gazon, ils placent une sentinelle sur un rocher voisin, pour les avertir des dangers qui pourraient troubler leur sécurité, et celle-ci donne l'éveil à toute la bande par une espèce de sifflement que nous avons entendu plusieurs fois en gravissant les pics élevés des Alpes.

Il est certain, en outre, que quand ces ingénieux rongeurs entrent dans leurs terriers pour hiverner, ils marchent à reculons en portant à leur bouche un gros paquet de plantes qu'ils laissent à l'entrée du trou pour l'obstruer et se garantir du froid.

Tiedemann a reconnu que cette espèce possédait deux glandes anales analogues à celles des carnassiers, et il a remarqué plusieurs fois que, lorsqu'on la tourmentait, elle répandait une odeur désagréable en retournant son anus en dehors, de manière à rendre ces glandes visibles.

La Marmotte a été fort anciennement connue, et on la désignait sous le nom de *Mus alpinus*. Mathiole en fait mention; mais ce fut Gesner, qui habitait près des montagnes où elle est commune, qui le premier en donna une bonne histoire, à même laquelle Buffon puisa beaucoup; De Saussure, qui avait fréquemment parcouru les Alpes, fit connaître quelques particularités de la vie de cet animal, et, tout récemment, Mouton Fontenille l'étudia en détail.

Les montagnards de la Savoie et de la Suisse se livrent souvent à la chasse des Marmottes. Ils observent les lieux qu'elles habitent, et, à l'entrée de l'hiver, avant qu'il y ait trop de neige et quand ils supposent qu'elles sont rentrées dans leurs terriers pour hiverner, ils défoncent ceux-ci pour s'emparer d'elles pendant leur sommeil. De Saussure prétend qu'ils en trouvent parfois jusqu'à une douzaine dans une seule bauge, et que ces Rongeurs y sont si profondément endormis qu'ils ne se réveillent pas pendant le long trajet qu'ils font dans les sacs où les paysans les empilent pour les transporter à leur demeure.

Les habitants des Alpes s'emparent des Marmottes pour leur chair et leur fourrure ; la première leur semble d'un goût agréable, et l'autre est employée par les chasseurs de chamois pour se faire des bonnets. Leurs peaux se vendent à vil prix, cinq ou six sous la pièce ; mais bientôt elles deviendront rares, car ces animaux s'épuisent dans ces montagnes, où, il y a peu d'années, ils étaient fort communs ; et De Saussure suppose que, dans une centaine d'années, leur race aura peut-être disparu de leur surface.

Les **SPERMOPHILES**, dont quelques auteurs ont fait un genre, ne sont que des Marmottes dont les formes sont moins lourdes que celles des précédentes, et qui ont des abajoues ; leur aspect, joint à leurs habitudes, les a fait appeler *Écureuils de terre*.

RATS. *Mus.* Incisives inférieures pointues ; molaires $\frac{1}{3}$, tuberculeuses, pourvues de racines ; queue longue, ronde, écailleuse. — Ces rongeurs n'ont en avant que quatre doigts et un rudiment de pouce, tandis qu'ils en possèdent cinq en arrière.

Buckland a rencontré des vestiges de Rats fossiles dans la caverne de Kirkdale, et Cuvier dit qu'il en existe parmi les brèches osseuses des rivages de la Méditerranée. Aujourd'hui ces animaux sont fort répandus à la surface du globe, et quelques espèces ont été transportées par nos vaisseaux sur presque tous ses points.

Leur instinct est peu remarquable ; souvent ils ne se font aucun abri pour se loger, et se cantonnent simplement dans les excavations que présente la charpente de nos habitations, ou, quand ils creusent des terriers, ceux-ci sont moins habilement construits que ceux de beaucoup d'autres Rongeurs. Ils vivent principalement de racines et de graines ; mais ils paraissent presque tous être omnivores. Quand la nourriture leur manque, ces animaux s'attaquent entr'eux avec violence, et les plus forts dévorent les autres. C'est à leurs combats dans cette circonstance que l'on attribue même leur anéantissement dans certaines contrées, qu'ils infectaient naguère par leur abondance.

Les Rats sont lascifs et reproduisent de bonne heure ; les nombreux dégâts qu'ils commettent s'expliquent par leur prodigieuse fécondité : un de ces mammifères, selon Burdach, procrée cinq à six fois par an douze à dix-huit petits, ce qui fait en tout de soixante à cent huit.

Le *Rat domestique*, dont le pelage est d'un noir cendré, n'est point originaire de l'Europe, où il paraît n'avoir pénétré que vers le moyen âge. Linnée et Pallas pensaient qu'il nous avait été apporté d'Amérique, dont ils le croyaient indigène ; d'autres naturalistes ont émis l'opinion qu'il nous est provenu de l'Orient ; mais il n'y a rien de positif à cet égard. Les anciens n'ont point mentionné cet animal, et Gesner est peut-être le premier qui l'ait décrit parmi les modernes.

Il était autrefois commun dans nos villes, mais aujourd'hui il y est bien plus rare que l'espèce suivante, à laquelle le vulgaire donne ordinairement son nom.

Le *Surmulot* est plus gros que le Rat, et son pelage est d'un brun roussâtre. Par ce nom, on a voulu indiquer que sa taille est plus considérable que celle du Mulot. Il est originaire de la Perse et de l'Inde, d'où il fut transporté en Angleterre, en 1750, par les bâtiments du commerce ; et ce ne fut qu'en 1750 qu'il fut signalé en France pour la première fois. Les Surmulots n'envahirent la Russie que vers la première de ces époques, et Pallas raconte qu'il en arriva de si prodigieuses légions à Astracan en 1727, qu'on ne put rien soustraire à leur voracité ; elles provenaient des déserts de l'Ouest, et, dans leur pérégrination, elles avaient traversé le Volga, qui dut en engloutir beaucoup d'individus. C'est le Surmulot qui actuellement est commun dans nos habitations, d'où il a chassé le véritable Rat, qui s'y trouvait établi à l'époque de son invasion, et auquel il fait une guerre acharnée.

Cet animal se multiplie prodigieusement dans tous les endroits, tels que les abattoirs, les amphithéâtres, et les boyauderies, où se trouvent des animaux morts, car il se nourrit de leur chair avec avidité.

A la voirie de Montfaucon, près de Paris, il existe une quantité prodigieuse de Surmulots. Quelques personnes ont pensé que le nombre pouvait en être porté à cent mille, ce qui ne paraît guère exagéré, quand on songe qu'il est positif qu'en leur faisant la chasse pendant un mois on en a tué seize mille cinquante.

Parent-Duchâtelet dit que là ils se creusent des terriers dans le sol, et que ceux-ci sont si multipliés, qu'ils ont fait crouler les constructions que l'on a élevées dans les environs de cette voirie. Toutes les éminences voisines ont tellement été minées par ces animaux, que ce savant assure que leur terrain tremble sous les pieds de ceux qui le foulent. Il rapporte aussi qu'un des exploiteurs de cet établissement n'a préservé de l'atteinte de ces Rongeurs les fondements de sa maison, qu'en les entourant complétement avec une couche épaisse de fragments de bouteilles cassées.

Le savant que nous venons de citer ajoute que, lorsqu'on abandonne pendant une nuit dans les cours les chevaux qui ont été équarris, le lendemain les Surmulots en ont totalement dévoré les chairs. Il dit même que dans les fortes gelées, quand on est forcé de laisser ces animaux morts sans les travailler, ces prétendus Rats entrent dans leur corps par la blessure lorsqu'ils ont été saignés, ou par le fondement si la peau est intacte. Ils s'y établissent, en rongent tous les organes mous ; et quand au dégel les ouvriers viennent à enlever la peau de ces chevaux, ils ne trouvent au-dessous qu'un squelette parfaitement préparé.

La voracité de ces Surmulots dépasse tout ce qu'il est possible d'imaginer. Parent-Duchâtelet dit que Magendie lui a assuré qu'ayant été chercher lui-même douze de ces animaux dont il avait besoin pour ses expériences, et les ayant renfermés dans une boîte, quand il arriva à son domicile il n'en trouva plus que trois. Ces Rongeurs avaient dévoré les autres, dont on ne retrouva plus que les queues et quelques débris épars.

La *Souris*, au contraire, est originaire d'Europe, et paraît avoir été portée par les habitants de cette partie du monde dans tous les pays où ils ont étendu leurs relations commerciales. Elle est omnivore, fait de grands dégâts parmi toutes les provisions de bouche qui se trouvent dans nos demeures, et attaque même les livres et le linge. La gestation de cette espèce est de vingt-cinq jours, et sa portée qui se répète plusieurs fois par an, produit quatre à six petits.

La Souris est le seul animal de ce genre qu'aient connu les anciens. Déjà Aristote en parle, et c'est peut-être à elle qu'il faut appliquer ce que Strabon dit des Rats qu'il rapporte avoir été si communs chez les Ibériens, et avoir incommodé tant les Romains en Biscaye qu'il fallut assigner des récompenses à ceux qui en prenaient un certain nombre.

Le *Mulot* est plus petit que le Rat et plus gros que la Souris; ses membres diffèrent aussi des leurs; il ne se rencontre que dans les champs et les bois, et se retire dans les trous qu'il trouve tout faits, ou qu'il se pratique sous les racines des arbres et dans lesquels il amasse des glands, des noisettes et des faînes. Buffon dit que ces trous ont souvent un pied de profondeur, et sont ordinairement partagés en deux loges, l'une que l'animal habite avec ses petits, et l'autre dont il fait ses magasins.

Ce Rongeur fait de grands ravages dans les campagnes en détruisant les glands que l'on confie à la terre quand on pratique des semis, et surtout en coupant les tiges de blé pour en dévorer les grains; lorsque les végétaux lui manquent, il attaque les petits animaux, et même sa propre espèce.

Le *Rat - Géant* acquiert un pied de longueur, il fait d'immenses dégâts de grains et de volaille dans l'Inde, qui est sa patrie; mais son espèce a un peu diminué par la chasse que les malheureux lui font pour la manger.

RATS - TAUPES. *Spalax*. Nulles traces extérieures d'yeux ni d'oreilles; incisives saillantes; molaires $\frac{4}{4}$; ongles plats; queue nulle. — Leur nom vient de leurs habitudes souterraines, qui ont beaucoup d'analogie avec celles de la Taupe; mais ils vivent seulement de racines, et peuvent marcher presque aussi facilement en arrière qu'en avant dans les boyaux qu'ils se creusent sous le sol, à l'aide de leurs ongles fouisseurs.

Le Rat-Taupe, ordinairement nommé *Zemni*, est de couleur cendrée ; il a des incisives d'un jaune-orangé ; son corps cylindriforme
présente la meilleure disposition pour son genre de vie. Plongé constamment dans les ténèbres, ses yeux devenaient inutiles, aussi sont-
ils atrophiés, et est-il aveugle. Cet animal vit dans l'Asie-Mineure et
vers les rivages du Volga.

ORYCTÈRES. *Bathiergus*. Molaires ⁴⁄₄ ; yeux petits ; incisives saillantes ; queue très-courte et plate.—Ces Rongeurs sont analogues à ceux
du groupe précédent et comme eux vivent dans des boyaux qu'ils se
creusent sous le sol. L'*Oryctère des Dunes*, qui est de la grosseur d'un
Lapin, et est appelé par Buffon, *Grande Taupe du Cap*, provient des
environs de cette ville, où il se rencontre dans les terrains sablonneux.

CAMPAGNOLS. *Arvicola*. Molaires ³⁄₃, sans racines, comme composées de prismes triangulaires. — Ces Rongeurs ont des dents qui indiquent que leur régime doit être végétal ; ils ont le pouce de devant
rudimentaire et offrent une queue dont la forme varie.

Dans la caverne de Kirkdale, on rencontre une espèce de Campagnol
à peu près de la taille du Rat d'eau, et qui s'y trouve en quantité si
innombrable, que c'est à peine si l'on découvre un bloc qui n'en soit pas
lardé ; les ossements de Rongeurs de ce genre sont aussi extrêmement
abondants dans les brèches de la Sardaigne et de la Corse. Ces mammifères, qui sont disséminés aujourd'hui sur un grand espace du globe,
vivent dans les champs ou sur les bords des eaux, et leurs mœurs offrent
beaucoup d'intérêt. On peut les partager en trois groupes subgénériques : les Campagnols proprement dits, les Lemmings et les Ondatras.

Les **CAMPAGNOLS** offrent une queue velue, aussi longue que le corps,
et les doigts de leurs pieds sont libres et armés d'ongles propres à
fouir. Le plus commun est le *Campagnol ordinaire*, appelé aussi petit Rat des champs, que l'on rencontre dans toute l'Europe et le nord
de l'Asie. Il se tient constamment dans les champs et les jardins pendant l'été, et en hiver il se réfugie dans les bois, car jamais on ne le
voit fréquenter les habitations ni entrer dans les greniers et les granges. Sa taille est celle d'une souris, et son pelage est d'un jaune-brun
en dessus, et d'un blanc sale sur le ventre. Il se creuse des terriers en
zigzag, qui aboutissent à une anfractuosité d'environ quatre pouces
en tous sens ; c'est là qu'il habite et que la femelle met bas.

Le Campagnol se nourrit de fruits et de racines, mais il préfère surtout le blé, et tantôt ravit à la terre celui dont on l'a ensemencée,
tantôt coupe les tiges des céréales en maturité, en mange une partie
du grain et emporte l'autre dans sa retraite. Cette espèce se multiplie
parfois à un tel point dans les campagnes, qu'elle devient un de leurs
plus redoutables fléaux, et que tout est dévasté par elle ; cet accident

se répète assez fréquemment en France, et la Vendée, il y a une trentaine d'années, se trouva dans ce cas; ce Rongeur, en moins de
deux ans, y occasionna, d'après des rapports précis, pour plus de
2,700,000 fr. de dégâts.

Dans les climats tempérés, la femelle des Campagnols a annuellement
deux portées d'environ dix petits. Ce nombre explique la rapide multiplication de ces Rongeurs dans les localités où ils se sont fixés quand
aucune cause ne l'arrête; leurs ennemis sont les mammifères et les
oiseaux carnassiers; l'homme lui-même, pour borner leurs dégâts,
s'applique à les détruire. Souvent, à cet effet, un enfant marche derrière la charrue du laboureur et les assomme quand ils sortent du sol
que le soc a renversé; et d'autres fois on empoisonne les céréales que l'on
ensemence, en les trempant dans une solution d'arsenic ou de noix
vomique.

Le *Rat d'eau*, qui vit sur les bords des fossés, où il se creuse des
trous à issues multiples, se nourrit de racines de plantes aquatiques;
cependant, selon quelques auteurs, ce Rongeur mange des grenouilles
et nuit à l'aménagement des étangs en détruisant le poisson, ce qui indiquerait qu'il n'est pas exclusivement herbivore. Sa femelle, au temps
du rut, exhale une forte odeur de musc qui pourrait bien être due au
fluide que sécrètent des glandes qui se trouvent sur ses flancs.Quelques
peuples de la Sibérie se livrent à la chasse de cette espèce, qui, dans
ce pays, acquiert de plus grandes dimensions que chez nous, mangent
sa chair, qu'ils trouvent excellente, et font entrer sa fourrure dans la
confection de leurs vêtements.

Le *Campagnol économe*, qui a dû ce nom à la prévoyance avec laquelle il amasse l'été d'abondantes provisions pour la saison rigoureuse,
est à peu près de la grosseur d'une souris, et d'une coloration qui se
rapproche aussi de la sienne. Il habite la Sibérie, le Kamtschatka et le
nord de l'Europe.

L'Économe se creuse de vastes terriers, dans lesquels il réside par
couples; et selon Pallas, auquel nous devons les premières notions que
l'on ait eues sur cet animal, chacune de ses demeures est composée
d'une chambre de trois à quatre pouces de hauteur, dont les parois
sont tapissées de mousse, et qui est le lieu d'habitation de la petite
famille; cette pièce communique par des galeries avec plusieurs excavations voisines, dont le nombre s'élève jusqu'à cinq. Ces dernières
servent de magasins pour les provisions, qui consistent principalement
en racines de pimprenelle, de polygonum et de cerfeuil sauvage, que
ce Rongeur y entasse après les avoir dépouillées de la terre qui y adhère
et de leurs radicelles. Chaque magasin, d'après le naturaliste exact que
nous venons de citer, en contient environ une dizaine de livres; aussi n'est-
on pas étonné d'apprendre que dans les pays où les Économes sont abondants, il y a des gens dont la profession consiste à chercher leurs terriers
pour en accaparer l'approvisionnement. Les Tungouses se nourrissent
quelquefois tout l'hiver, dit Pallas, à l'aide des racines qu'ils y trouvent.

Les Sangliers fouillent aussi le sol pour découvrir ces magasins, et ils en dévorent le contenu, ainsi que ceux qui l'ont amassé.

Ces Campagnols opèrent parfois d'étonnantes migrations ; ils se rassemblent en troupes immenses qui demandent jusqu'à deux heures pour défiler, suivent une direction fixe que les lacs ni les montagnes ne changent pas, et traversent jusqu'à des bras de mer. Beaucoup succombent en voyage, se noient, ou deviennent la pâture des animaux carnassiers. Ceux qui habitent le Kamtschatka émigrent au printemps par immenses légions, qui se dirigent vers le couchant. Et c'est à l'automne, après un long voyage, qu'ils y reviennent décimés par toutes les causes de destruction qu'ils ont rencontrées sur leur route. Les Kamtschadales se réjouissent de leur retour, et il est parmi eux un sujet de fêtes, car ils ont la certitude qu'il leur présage des chasses abondantes de divers mammifères à fourrure qui escortent ordinairement les bandes d'Économes.

Les LEMMINGS comprennent tous les Campagnols qui ont la queue très-courte, et dont les mains sont munies d'ongles propres à fouir. Ils vivent en société, et creusent des terriers.

Parmi eux, le *Lemming de Norvége* est célèbre par les migrations qu'il opère à des époques irrégulières, lorsque l'hiver se déclare prématurément dans le pays qu'il habite, ou que la nourriture vient à lui manquer.

On le rencontre spécialement dans les montagnes du pays dont il porte le nom, ainsi que parmi celles de la Laponie. A certaines époques, il en descend par troupes immenses qui couvrent toute la terre dans une vaste étendue ; ces troupes s'avancent constamment en ligne droite et par rangs serrés ; elles contournent les rochers qu'elles ne peuvent gravir, puis reprennent ensuite leur direction en traversant même les rivières à la nage. Ces colonies de Lemmings sont un véritable fléau pour les pays qu'elles visitent ; car, dans ceux-ci, les champs et les jardins se trouvent complétement dévastés ; leur apparition subite a souvent fait croire aux paysans grossiers que ces animaux tombaient du ciel. Pendant leurs migrations, la plupart de ceux-ci périssent soit par la dent des Renards et des Isatis, soit par les oiseaux de proie qui suivent leurs bandes, soit enfin par les intempéries atmosphériques ou la disette qui les moissonnent en si grand nombre que l'air en est infecté.

Ces Rongeurs, malgré leur petitesse, n'en sont pas moins très-courageux ; Scheffer dit qu'ils s'avancent sur les passants, et que quand on les excite avec un bâton, ils se jettent sur celui-ci et le mordent. Leur nourriture consiste en lichen des Rennes, ou en racines bulbeuses qu'ils découvrent en fouillant le sol comme les Taupes.

Au milieu de tant de causes qui tendent à les anéantir, les Lemmings n'en sont pas moins toujours fort abondants ; leur fécondité répare les désastres de leur espèce. La femelle produit, plusieurs fois par an, cinq ou six petits ; et quand la naissance de ceux-ci coïncide avec le départ d'une colonie, on dit que cela n'empêche pas la mère d'entreprendre le voyage, et que l'on en a rencontré qui suivaient la troupe émigrante en emportant un petit à leur gueule et un autre sur leur dos.

Les premières notions que nous eûmes sur ces animaux furent dues à Olaus Magnus, que tous les naturalistes de la renaissance copièrent. Puis Wormius et Scheffer y ajoutèrent des documents plus positifs.

Les ONDATRAS se distinguent des autres Campagnols par leurs pieds demi-palmés, et leur queue longue, comprimée et écailleuse. On n'en connaît bien qu'une espèce qui est de la grosseur d'un Lapin, et que l'on nomme *Rat musqué*, à cause de l'odeur qu'elle exhale. On la trouve dans tout le Canada, où les sauvages, auxquels son parfum est désagréable, l'appellent *Animal puant*.

Cet animal a des mœurs analogues à celles du Castor, et, comme lui, il se bâtit des cabanes pour s'abriter pendant l'hiver ; ses pieds ont à l'extérieur une rangée de poils roides et tassés qui en augmentent la surface, et sont destinés à perfectionner la natation ; cependant celle-ci s'exécute avec moins de facilité que chez le Rongeur que nous venons de citer, parce que les pieds de l'Ondatra ne sont que fort peu palmés.

C'est aux approches de l'hiver que les Ondatras se réunissent pour bâtir leurs cabanes. Selon Sarrazin, qui a beaucoup contribué à faire connaître ces animaux, ils les placent constamment sur les bords des rivières, et elles ont la forme d'un dôme, dont le diamètre intérieur est d'environ deux pieds ; ces habitations sont construites en joncs et en terre glaise, et leurs parois, qui ont à peu près un pied d'épaisseur, sont formées à l'intérieur d'une couche solide d'environ quatre pouces, composée avec ces deux choses, tandis qu'à l'extérieur on rencontre une autre couche de huit pouces, uniquement formée de joncs. Le savant que nous venons de citer, dit qu'à l'intérieur de ces cabanes, on rencontre des étages qui permettent à leurs habitants de braver la crue des eaux, ainsi qu'un puits pour qu'ils puissent boire ou se baigner, puis enfin un trou qui sert à déposer les excréments ; il ajoute même, mais nous craignons que ces détails soient exagérés, que ces cabanes sont le point de départ d'une foule de galeries souterraines qui conduisent vers les lieux où il se trouve d'abondantes racines.

Pendant les froids rigoureux, les Rats musqués s'enferment à plusieurs dans leurs constructions, et si la gelée vient à les y retenir, ils s'entre-dévorent. Les demeures élevées par ces animaux les ont fait comparer naturellement aux Castors par les sauvages ; mais voyant moins de perfection dans les cabanes des premiers, tout en leur reconnaissant un pareil génie, ils disent qu'ils sont nés d'un même sang, mais que le Castor est l'aîné et possède plus d'intelligence. Ainsi que lui aussi, les animaux que nous décrivons ne se bâtissent plus de cabanes, mais seulement des terriers quand ils habitent des climats tempérés.

Les Ondatras se nourrissent d'herbe pendant l'été, et durant l'hiver ils font usage des racines charnues de plusieurs plantes aquatiques ; selon les observateurs, leurs glandes salivaires se trouvent en harmonie avec la nature de ces aliments, et sont loin d'être aussi développées que celles des Castors, qui avaient besoin d'une salive abondante pour humecter le bois qu'ils rongent. Ces animaux ont près des organes génitaux des poches sécrétoires analogues à celles que l'on rencontre chez ces derniers, et dans lesquelles il se produit un parfum si actif, qu'en les disséquant, deux fois Sarrazin en devint dangereusement malade. Toute l'économie des Ondatras en contracte l'odeur, et celle - ci se répand même dans les lieux qu'ils fréquentent; aussi les Indiens désignent quelquefois par le nom de *rivières puantes*, celles dont les bords recèlent beaucoup de ces Rongeurs.

On chasse ces animaux en découvrant leurs huttes pendant l'hiver, lorsque le froid les a engourdis; leurs peaux ont été employées comme fourrure ou pour la fabrication des chapeaux, mais pour le premier usage, l'odeur de musc qu'elles conservent les a fait abandonner.

HAMSTERS. *Cricetus.* Molaires $\frac{3}{3}$; des abajoues; queue courte et velue; extrémités pentadactyles. — Ces mammifères habitent presque tous le nord de l'ancien continent.

Le *Hamster commun* est à peu près de la grosseur du Rat; gris-roussâtre en dessus, ses flancs sont noirs avec des taches blanchâtres. Il préfère l'Allemagne et se rencontre en Alsace : dans certaines contrées, ce petit Rongeur se multiplie d'une manière si prodigieuse qu'il devient un fléau pour l'agriculture, aussi sa tête y est mise à prix; aux environs de Gotha, on en tua jusqu'à 24,000 en une année.

A l'aide de ses ongles fouisseurs, le Hamster se construit d'amples terriers dans lesquels il se trouve des magasins de provisions qu'il consomme l'hiver. Ces refuges ont au moins deux issues; leur boyau principal conduit à des excavations circulaires qui, d'après F. Cuvier, ont d'un à cinq pieds de diamètre, selon l'âge de ceux qui les habitent, et qui communiquent entr'elles. C'est dans l'une d'elles, sur un bon lit d'herbes sèches, que la femelle met bas ses petits; les autres servent de greniers. Ces terriers s'enfoncent quelquefois dans le sol jusqu'à quatre ou cinq pieds, et c'est dans leur profondeur que les Hamsters passent l'hiver après en avoir bouché les orifices; mais on ne sait pas s'ils s'y engourdissent.

Les Hamsters se nourrissent de racines ainsi que de grains farineux, et surtout de blé; cependant ils font aussi usage de chair à l'occasion, et quand ils sont pressés par la faim, on les voit même s'attaquer à leur propre espèce. Ces animaux possèdent des abajoues beaucoup plus vastes que celles des singes, puisqu'elles s'étendent sur les côtés du cou, et jusqu'au-devant des épaules; on dit qu'elles peuvent contenir une once et demie de blé. C'est à l'aide de ces cavités qu'ils transportent dans leurs terriers les amas qu'ils y font de cette céréale, et ces derniers sont si considérables que ces excavations en renferment environ deux boisseaux, et que M. Hollard dit même que l'on en a vu qui en contenaient jusqu'à six ou sept. Cette abondance de grains explique la profession de

certaines gens, qui, dans les pays où se trouvent les Hamsters, consiste
à chercher leurs refuges , et à déterrer leurs magasins.

CHINCHILLAS. *Callomys*. Molaires $\frac{4}{4}$, collinaires , sans racines ;
digitation **5**, **4**; queue en balai. — Le *Chinchilla ordinaire*, qui habite le Chili et le Pérou , vit par familles , et se creuse , dans les montagnes , des terriers qui , par leur étendue et leur profondeur, rendent,
au dire des auteurs modernes , les sentiers parfois impraticables. Ce
joli petit animal , qui atteint à peu près la grosseur du Lapin, est remarquable par la finesse excessive de sa fourrure dont les poils soyeux se
nuancent du gris-ardoise foncé au gris-clair ; ses oreilles sont grandes.

Ce ne fut qu'en 1830 que les naturalistes purent vérifier sur quelques individus qui vécurent au Jardin du Roi , et qui étaient les premiers introduits vivants en Europe , la description qu'en avait donnée
Molina , et en rectifier quelques erreurs ; il fut facile d'apprécier alors
que cet historien n'avait nullement exagéré l'intelligence et la docilité
de ces petits mammifères que l'on peut apprivoiser avec la plus grande
facilité. Ils se nourrissent de racines bulbeuses , et portent le plus souvent leurs aliments à leur bouche avec les pattes antérieures , comme
le font les Écureuils. La femelle , qui a deux portées par an , met bas
chaque fois de quatre à six petits , qui peu de jours après leur naissance se revêtent de poils à peu près semblables à ceux des adultes.

La beauté de la fourrure des Chinchillas l'a fait ranger parmi nos
belles peausseries , et depuis longtemps les dames européennes l'ont
associée avec bonheur à leurs plus élégants vêtements d'hiver. Les chasses
actives qu'on livrait à ces Rongeurs, dont on s'emparait à l'aide de
chiens dressés à les saisir sans endommager leur robe , ne parurent pas
d'abord en faire souffrir l'espèce, qui continuait à peupler abondamment
les environs de Coquimbo et de Copiapo ; cependant, dans ces derniers
temps , l'on s'est aperçu qu'elle devenait de jour en jour plus rare , et
afin de ne pas la voir s'anéantir tout à fait, les autorités locales ont cru
devoir publier la défense expresse de tuer les Chinchillas. La chair de
ces animaux est regardée par quelques peuplades comme un excellent
aliment, et les anciens Péruviens tissaient avec leurs poils des étoffes
qu'ils regardaient comme extrêmement précieuses.

CASTORS. *Castor*. Molaires $\frac{4}{4}$ rubanées ; pieds très-palmés, ayant
un doigt à ongle double ; queue très-large, plate, écailleuse (Pl. **5**).
Géologie. — De tous les Rongeurs, ce sont ceux que l'on rencontre
le plus souvent à l'état fossile. La plupart de nos rivières d'Europe ayant
autrefois nourri de ces animaux , il en est résulté qu'à leur mort quelques-uns se sont trouvés enfouis dans les tourbières , où leurs ossements ont été préservés d'altération ; aussi on en exhume communément
aujourd'hui de celles-ci. Il en a été découvert dans celles de la vallée de la
Somme ; on en a également rencontré parmi les lignites de la Suisse ,
et une tête a été trouvée dans les terrains des bords de la mer d'Azof ;
cette dernière étant d'un cinquième plus grande que celle de l'espèce

connue, Fischer s'est cru autorisé à ériger pour elle un genre qu'il a nommé *Trogontherium*.

Géographie. — Les Castors ont dû être fort abondants autrefois en Europe, puisqu'ils fixèrent déjà l'attention de Strabon, qui rapporte qu'il en existait en Ibérie. Mais la civilisation, en s'étendant sur cette partie du monde, en a décimé le nombre; cependant Mathiole dit que de son temps il s'en trouvait encore beaucoup sur les bords du Rhin.

Aujourd'hui leur patrie est principalement l'Amérique septentrionale, dans laquelle ils résident entre les 50 et 60° de latitude. Il y en a aussi en Sibérie, et l'on en découvre encore, mais rarement, dans le Danube, le Rhône et le Gardon, ainsi que près de quelques petites rivières de la Westphalie.

Organisation et fonctions. — Pour le naturaliste qui envisage avec discernement l'organisation des animaux, chaque pièce de la mécanique des Castors lui révèle leur physiologie spéciale. Pour leur tête, la saillie des crêtes sagittales et la force des arcades zygomatiques, plus considérables que celles de presque tous les autres Rongeurs, indiquent qu'ils ont là un système musculaire plus développé qu'eux, parce qu'ils ont besoin de plus de force pour agir sur leur aliment. L'ampleur du bassin, la largeur du fémur, la soudure et l'incurvation des os de la jambe, ainsi que l'énorme dimension des pieds, qui sont deux fois et demi plus grands que les mains, révèlent que toute la région postérieure de ces animaux possède aussi des muscles fort développés, et donnent un indice de son importance pour la natation et divers autres actes de leur vie.

La queue des Castors est remarquable par le grand développement des apophyses transverses de ses vertèbres, et par l'existence d'os en V, qui dépassent en dimension les apophyses épineuses, disposition organique qui, selon Cuvier, donne à ces animaux la force avec laquelle il abaissent leur queue pour gâcher la terre. Le système musculaire de ceux-ci est aussi, proportionnellement à leur volume, extrêmement développé, et semble au premier aspect indiquer qu'il doit être soumis à de rudes travaux.

Les Castors nagent très-bien, et souvent plongent sous l'eau pour y exécuter leurs travaux; ce sont principalement, chez eux, les pieds de derrière, qui sont excessivement larges et bien palmés, qui leur donnent l'impulsion pendant ces exercices. Desmoulins dit aussi qu'ils se servent de leur queue pour nager, ainsi que le font les Cétacés; mais, sans nier la participation de cet organe, d'après mes observations, ce sont surtout les membres qui impriment le mouvement.

Ces animaux ont des narines très-mobiles qui peuvent se fermer quand ils plongent, afin d'empêcher l'eau de pénétrer dans les fosses nasales; leurs yeux sont petits, et protégés par une troisième paupière transparente qui permet à ces mammifères d'exécuter leurs travaux sans que ces organes soient en contact avec le fluide qui les environne. Ils ont des oreilles courtes et disposées de façon à pouvoir s'appliquer contre la tête et à fermer l'ouverture du conduit auditif lorsqu'ils nagent sous les fleuves ; leur museau est orné de poils longs et roides qui paraissent servir pour le toucher, comme cela a lieu chez divers carnassiers, tels que les Phoques et les Chats.

Intelligence et mœurs. — Les Castors sont devenus célèbres par leurs mœurs et la manière ingénieuse dont ils se construisent des cabanes ou des digues. On les a presque toujours considérés comme des animaux doués d'une haute capacité ; mais, observés avec discernement, on s'aperçoit qu'ils sont loin de posséder les facultés dont on les a ornés, et que, chez eux, l'instinct seul s'est développé en quelque sorte aux dépens de l'intelligence.

Beaucoup d'auteurs anciens leur prêtaient des idées d'ordre et de gouvernement qu'ils sont loin d'avoir, et prétendaient qu'ils soumettaient à l'esclavage ceux qui sont étrangers à leurs colonies, et les employaient aux divers travaux qui se font parmi elles ; quelques-uns ont même ajouté que leur discernement les portait à se mutiler quand ils etaient poursuivis, afin de fléchir les chasseurs. Mais, bien loin d'avoir toute cette fabuleuse intelligence, ces animaux, nous sommes forcés de le dire, sont extrêmement bornés, et l'on n'obtient d'eux que de rares marques d'affection et de discernement ; cependant Klein en avait nourri un qui le suivait comme un chien, et au Jardin des Plantes de Paris on en a eu un autre qui venait quand on l'appelait.

Du reste, cet état obtus de l'intelligence coïncide avec l'organisation de leur encéphale ; car, selon Perrault, Daubenton et Tiedemann, leur cerveau n'offre point de circonvolutions ; et, d'après Gall, celui-ci traduit le penchant de ces animaux pour l'architecture par le développement qu'il présente à l'endroit où siége la faculté de la constructivité, vers l'angle antérieur et inférieur du pariétal qui, par cette raison, fait chez eux une assez grande saillie.

Les Castors vivent ordinairement en sociétés de cent à cent cinquante individus, qui se réunissent ensemble, en été, pour construire des digues destinées à maintenir l'eau à un niveau toujours constant, et qui ensuite s'isolent par petits groupes pour confectionner des villages ordinairement composés de vingt à vingt-cinq cabanes isolées, dans chacune desquelles on trouve ordinairement deux familles formant dix à douze individus. Ce n'est que la nuit qu'ils travaillent ; souvent ils se tiennent près de leur demeure, le corps à moitié plongé dans l'eau, et, quand quelque danger les menace, on dit que celui qui en a le premier connaissance frappe le liquide avec sa queue pour avertir les autres.

Ils ne bâtissent généralement que quand on ne les inquiète point et qu'ils habitent des contrées septentrionales. A mesure qu'ils se rapprochent des régions tempérées, ils semblent perdre leur faculté instinctive, et se bornent à construire des terriers. Sans qu'on sache pourquoi, ceux qui résident sur les rivages de la Léna, au rapport de Pallas, se contentent même de ces sortes d'abris ; mais on a parfois trouvé des villages de Castors en Norvége, tandis qu'on n'en a jamais observé ni en France ni en Allemagne. Cependant Bechstein assure, dans son histoire naturelle de ce dernier pays, que, sur quelques bras de l'Elbe, ces animaux se construisent encore des digues.

A l'issue de l'hiver, les Castors abandonnent leurs cabanes et se répandent dans les environs; ces migrations paraissent déterminées par plusieurs causes, telles que l'épuisement des provisions, l'étroitesse des habitations, qui ne se trouvent plus en rapport avec l'accroissement de la famille, enfin les inquiétudes que cause aux colonies l'apparition des chasseurs.

Les Castors que l'on a observés en captivité, influencés par celle-ci, y acquièrent un naturel absolument différent de celui qui leur est connu : malgré toutes les facilités qu'on leur offrit, jamais on ne put les voir construire de cabanes, et, au lieu de vivre pacifiquement en société, quand on les réunissait plusieurs ensemble, ils se battaient; bien mieux, un de ceux qu'on posséda au Jardin du Roi ne se plongea jamais dans l'eau d'un bassin que, par attention pour les habitudes de son espèce, on avait eu soin de mettre à sa portée.

Les Castors préludent à leurs travaux en coupant des arbres et en les transportant, par différents procédés, jusqu'au lieu de la résidence de la colonie. Il ne leur faut que peu de temps pour abattre un tronc d'un diamètre assez considérable à l'aide de leurs larges incisives, car pour eux l'ouvrage a de l'attrait puisqu'ils mangent en même temps qu'ils travaillent; à cet effet, ils choisissent les arbres qui sont situés sur le bord du fleuve et au-dessus du lieu où ils veulent construire, et ils ont même souvent l'attention d'attaquer ceux qui sont penchés sur la rive, et qui, en tombant, s'abattront infailliblement dans l'eau, de manière qu'en suivant le courant de celle-ci, ils les amènent facilement à leur habitation. Ils travaillent assis; aussi c'est toujours à un pied environ du sol qu'ils coupent les troncs des végétaux; ce sont souvent des saules, des peupliers et autres bois légers dont ils font choix pour les découper, soit parce qu'ils les préfèrent pour leur nourriture, soit parce qu'ils sont plus faciles à entamer et plus légers à transporter.

Quand l'arbre est fort, ils le découpent à plusieurs et le traînent par parties, soit dans l'eau, soit à terre. Pour les branches légères, un Castor que j'ai observé au Jardin du Roi les transportait en les tenant avec sa gueule et ses pattes de devant et en marchant seulement sur celles de derrière.

Pour l'espèce de ciment que ces animaux emploient dans leurs constructions, la plupart des auteurs s'accordent à dire qu'ils le gâchent avec leur queue et leurs pattes et qu'ils le transportent dans leur gueule.

Digues. — Les digues que ces mammifères élèvent quoique moins remarquables que leurs cabanes par le fini du travail, sont beaucoup plus extraordinaires par les vastes dimensions qu'ils leur donnent et par l'idée-mère qui préside à leur construction. Ils ne les bâtissent que pour retenir l'eau constamment à un même niveau au pied de leurs demeures; aussi ils n'en font que quand leurs colonies résident sur

quelque rivière dont le niveau varie par la crue des eaux, et jamais lorsqu'elles habitent les bords immobiles d'un étang. Ces digues ont parfois quatre-vingts à cent pieds de longueur, et leur base, qui est élargie,
en a dix à douze d'épaisseur ; elles sont formées de fortes branches
d'arbres que les Castors enfoncent dans des trous qu'ils creusent sous
l'eau, et celles-ci sont réunies par de faibles rameaux enlacés dont les
vides se trouvent remplis de terre glaise. Selon Buffon, ces pilotis sont
formés de plusieurs rangs de pieux verticaux du côté de la chute, mais
dont la direction est oblique de l'autre, de sorte que la partie supérieure
des digues n'a guère que deux à trois pieds de large. Quelques auteurs ont
ajouté que selon la crue des fleuves qu'ils habitent, les Castors pratiquent
des ouvertures plus ou moins grandes à leur travail, ou les bouchent
pour entretenir toujours l'eau au même niveau près de leurs cabanes ;
et Godman assure en outre que ces animaux, agissant avec le discernement d'habiles hydrauliciens, construisent leurs digues rectilignes si
les rivières sont peu considérables et coulent paisiblement, mais qu'ils
les font en arc, en opposant leur convexité au courant, si celui-ci est
rapide et d'une grande largeur.

Cabanes. — Les extraordinaires cabanes élevées par ces animaux
sont toujours en partie submergées par l'eau dans leur région inférieure.
Sarrazin, qui en a donné une longue description, dit qu'elles n'ont pas
moins de huit à dix pieds de diamètre, sur dix à douze d'élévation, et
que leur muraille a environ deux pieds d'épaisseur. Ce médecin ajoute
qu'elles sont rondes ou ovales, et reposent sur le fond de l'eau ou sur
une espèce de pilotis. On y trouve une porte qui, selon Godman, est toujours opposée à la rive du fleuve sur les bords duquel sont situées ces
constructions, et qui se prolonge jusqu'au sol, de manière qu'elle est
en partie baignée par l'eau. D'après lui, les cabanes sont formées de
branches d'arbres dont les intervalles sont remplis d'herbes et de
mousses gâchées avec de la terre du fond ou des bords des eaux où se
trouvent les colonies ; quelques pierres entrent aussi dans cette maçonnerie, qui prend beaucoup de solidité avec le temps. Ce professeur
ajoute que c'est avec la queue que ces animaux battent ou appliquent
le mortier entre les branches ; mais que cet organe ne fonctionne point,
comme on l'a dit, en guise de truelle pour polir l'ouvrage, les cabanes
n'étant point d'ailleurs polies à l'extérieur. Au dedans de celles-ci, selon
Buffon, on rencontre jusqu'à deux ou trois étages.

Approvisionnements. —Vers le mois de septembre, aussitôt que leurs
cabanes sont terminées, ces animaux font de grands approvisionnements pour l'hiver. Ceux-ci se composent de branches d'arbres qu'ils
coupent de la longueur de deux à huit pieds, et qu'ils traînent seuls ou
à plusieurs ensemble, selon leur volume. Ils placent leurs magasins dans
l'eau, et y amassent une suffisante quantité de bois pour en nourrir
toute la famille jusqu'au retour du printemps. Leurs laborieux efforts
sont tels, d'après Sarrazin, que la provision amassée n'a pas moins
de vingt-cinq à trente pieds carrés de base, sur huit ou dix de hauteur,

de manière que si les documents de ce savant sont précis, une famille de ces Rongeurs, pour se nourrir pendant l'hiver, ne consommerait pas moins de six à neuf mille pieds carrés de bois.

Nourriture et organes digestifs.— L'immortel Buffon, qui a quelquefois eu la faiblesse de s'attacher trop au style, en négligeant l'autorité des faits, a émis plusieurs contradictions sur ces animaux ; entr'autres, après avoir dit qu'ils sont *exclusivement* herbivores, quelques pages plus loin il ajoute qu'ils mangent aussi du poisson et des écrevisses. C'est une erreur ; ces Rongeurs ne font jamais usage de substances animales, et ils se nourrissent principalement d'écorces de saule, de peuplier et d'aune, ainsi que de racines de nymphéa et d'autres plantes aquatiques ; d'énormes glandes salivaires qui, à ce que dit Sarrazin, s'étendent sur le cou et sont pressées par un fort muscle, en abreuvant ces aliments d'une abondance de fluide, en rendent la mastication plus facile.

Le tube digestif des Castors offre quelques anomalies, dont l'examen contribue à éclairer sa physiologie. Leur estomac est si mince qu'il se déchire pour peu qu'on le distende, et dans sa région droite, la membrane muqueuse est écartée de la musculaire par une centaine de vésicules creuses, à parois glandulaires, qui forment une couche de sept à huit lignes d'épaisseur, et dont les canaux excréteurs s'ouvrent, suivant Daubenton, dans la cavité gastrique, par quinze trous disposés sur trois lignes. Au premier abord, il semblerait que la ténuité de la membrane stomacale soit une anomalie, puisqu'elle est appelée à digérer un aliment aussi dur que le bois et les écorces, et qui paraîtrait exiger des organes épais et énergiques. Mais, ainsi que l'a dit Cuvier, si des divers facteurs d'une fonction un seul acquiert un développement considérable, il supplée aux autres, et chez ces animaux c'est l'action des fluides salivaires et gastriques qui devient le principal agent de l'acte digestif.

Sécrétions. — Le *castoréum*, substance particulière que fournissent ces mammifères, est sécrété par deux grandes poches piriformes, qui ont environ trois pouces de profondeur sur un de largeur, et qui sont accolées aux environs de la verge, et s'ouvrent par un large orifice dans le cloaque près du prépuce. Anciennement on avait pris ces organes pour les testicules. Ce fut Rondelet qui le premier, à l'époque de la renaissance, contribua à réfuter cette erreur, et Mathiole, qui eut occasion de disséquer plusieurs Castors, reconnut aussi que c'était dans des poches particulières que se produisait cette substance. Outre ces organes, on trouve six petites glandes qui sécrètent un fluide huileux, qu'elles versent dans le cloaque (*fig.* 2) près de l'orifice anal, qu'il paraît destiné à lubrifier. Ces divers appareils se rencontrent dans les deux sexes.

Reproduction. — Les femelles portent quatre mois et produisent quatre petits, qu'elles mettent ordinairement bas après les inondations, époque à laquelle elles retournent à la cabane, tandis que les mâles, qui s'en sont éloignés, continuent à tenir la campagne jusqu'au moment où ils se réunissent vers les bords de l'eau pour construire. On trouve chez ces animaux quatre mamelles, dont deux sont situées sur la poitrine, et deux siégent au bas du cou.

Espèces. — On ne connaît réellement qu'une seule espèce de Castor, qui présente quelques variétés de coloration, et qui a le pelage brun tirant sur le noir ou se rapprochant du jaune paille.

Les Castors qui se trouvent en Europe, et dont on tue quelques individus de temps à autre en France, surtout dans le Rhône, ne diffèrent que fort peu de ceux de l'Amérique ; seulement ils sont un peu plus grands. Ils ne se bâtissent que des boyaux souterrains au fond desquels gît une litière d'herbe ou de copeaux de bois. On dit que ces terriers, qu'ils ont la précaution de commencer sous l'eau, ont jusqu'à mille pieds de profondeur, et qu'à environ une toise de leur embouchure ces animaux pratiquent un vide dans lequel afflue l'eau, et qui leur forme une sorte de lac pour s'y baigner tranquillement. C'est probablement à cette variété de Castors qu'il faut rapporter les ossements qui ont été trouvés dans les tourbières.

Les Castors doivent être rangés parmi les animaux sur lesquels nous avons eu le plus anciennement des notions ; Buffon dit que dans la religion des mages, il était défendu de les tuer ; les savants des époques grecque et romaine en font mention, mais ils ne parlent nullement de leurs cabanes, et ce fut au XIIe siècle que pour la première fois elles furent décrites par Albert le Grand.

Chasses. — C'est pendant l'hiver que l'on chasse ces animaux, parce que alors leur peau est plus belle. Comme il est fort ennuyeux de les attendre à l'affût, souvent on dresse des piéges près de leurs cabanes, et qui consistent en des espèces de quatre-de-chiffre. Quelquefois aussi on les détruit à la *tranche,* en faisant un trou à la glace près de leur habitation et en recouvrant l'eau avec de la laine de Typha : quand ils viennent respirer à ce trou, et que cette laine qui remue en même temps qu'elle les empêche de voir le chasseur, indique leur présence, celui-ci les tue à coups de hache. Godman dit que, près de la baie d'Hudson, les sauvages les chassent de vive force, et que pendant l'hiver toutes les peuplades se livrent à leur poursuite ; les femmes les font fuir des cabanes vers les lieux où les hommes les attendent, et ceux-ci les tuent. Ils en détruisent tant par ce moyen, qu'en 1820 la seule compagnie de la baie d'Hudson en vendit 60,000 peaux ; aussi ces animaux deviennent-ils rares aujourd'hui dans ces parages.

Commerce et usages. — Les produits fournis par les Castors font l'objet de transactions importantes ; leurs peaux qui servent comme fourrures et qui étaient fort employées pour confectionner les chapeaux, étaient exportées en Europe avec tant d'abondance que pendant certaines années il y en est entré jusqu'à cent cinquante mille.

L'Angleterre en fit pendant longtemps un commerce important avec la Russie, et vers la fin du siècle précédent, à ce que dit Pallas, elle y transportait annuellement de 30 à 40,000 peaux de ces animaux, que les Russes échangeaient à Kiakhta, avec les Chinois. Le duvet que l'on retire actuellement de celles-ci se vend environ 200 francs la livre en France.

La chair de cet animal a la consistance du Bœuf ; mais elle est grasse, d'une odeur forte, et, selon Nysten, elle est difficile à digérer ; J. Frank cite même un cas dans lequel son usage provoqua une diarrhée funeste. Malgré cela, dans le midi de la France, vers le milieu du dernier siècle, avant la disparition des Castors, elle fut un instant à la mode. La queue de ceux-ci, dont on disait que la saveur se rapprochait de celle du poisson, et surtout de la Lamproie, était même, à cause de cette particularité, placée au rang des aliments maigres, et on la permettait dans les couvents les jours de jeûne. Au Canada, on extrait de cet organe de l'huile, dont les femmes se servent pour oindre leur chevelure.

Médecine. — Le Castor fut autrefois considéré comme un animal essentiellement médical, et presque toutes ses parties eurent une réputation curative dans quelques maladies spéciales. Pline regardait sa peau comme excellente pour envelopper les articulations affectées de la goutte, à cause de la chaleur qu'elle conserve, et ses poils étaient considérés comme efficaces pour arrêter les hémorragies. Ferrein dit que, de son temps, la graisse de ce Rongeur passait pour émolliente, et s'employait contre les douleurs. Rondelet pensait que la bile de cet animal guérissait la cataracte, et Frank et d'autres médecins ont soutenu que son sang était fort utile dans l'épilepsie et les affections de poitrine ; il n'y a pas jusqu'aux dents qui n'aient été employées, car anciennement on en portait en amulettes contre les accidents de la dentition, et on les administrait à l'intérieur pour combattre les maux de gorge. La médecine rationnelle de notre époque a fait justice de toutes les vertus médicales de ces divers organes.

Cependant le castoréum, qui est produit par ce Rongeur, est resté dans le domaine de l'art médical, et il y est encore fort souvent employé. Il est depuis longtemps l'objet d'un commerce important ; ce dernier avait déjà assez d'étendue à l'époque où Strabon écrivait, pour que ce géographe notât que le castoréum, que l'on achetait en Ibérie, n'avait pas l'énergie de celui qui provenait du Pont. Aujourd'hui on dit qu'il entre environ douze cents kilogrammes de ce médicament dans notre royaume.

Celui que l'on rencontre dans le négoce, provient de la Sibérie et du Canada ; mais ce dernier est le moins estimé actuellement. On le falsifie avec la gomme ammoniaque, la cire ou d'autres substances, et, en Angleterre, on en fait même de toutes pièces.

Ce médicament est jaune, sirupeux et fétide dans l'état frais. On le trouve dans le commerce encore contenu dans les poches qui le sécrètent ; et celles-ci, que l'on vend ordinairement accolées ensemble, sont piriformes et d'un brun rougeâtre à l'extérieur ; à l'intérieur, quand elles sont fracturées, les fragments présentent une teinte fauve qui est traversée par des espèces de cloisons blanchâtres. Brandes et Bizio, qui l'ont analysé séparément, en ont retiré une substance particulière, à laquelle ils ont donné le nom de *Castorine*.

L'emploi médical du castoréum est fort ancien; on s'en servait déjà du temps d'Hippocrate; et Archigène, médecin grec, écrivit un traité sur ses propriétés. Parmi les Romains, Galien, Celse, Arétée, Ætius et d'autres médecins en font mention; Pline et Dioscoride en parlent aussi; et depuis l'époque de tous ces hommes célèbres jusqu'à la nôtre, cette substance a passé pour un bon médicament contre les affections nerveuses des femmes liées surtout à l'hystérie. Thouvenel, qui l'a récemment étudiée avec soin, la considère aussi comme un agent énergique; Cloquet prétend qu'elle est efficace contre les fièvres adynamiques. J.-D. Gohl accorde même une telle confiance au castoréum dans les maladies du sexe, qu'il pense qu'on devrait en faire usage dans toutes. Cependant quelques praticiens se sont élevés contre ce médicament, et ont été jusqu'à nier son action, et réclamer sa radiation de la matière médicale.

PORCS-ÉPICS. *Hystrix*. Corps armé de piquants; molaires $\frac{4}{4}$, composées.—C'est aux épines qui les recouvrent, ainsi qu'à leur museau tronqué, que l'on a comparé à celui du Cochon, et à leur grognement que ces animaux doivent le nom qu'ils portent; ce sont les seuls Rongeurs de cette famille qui possèdent seulement des clavicules rudimentaires; leur langue est couverte d'épines. Les Porcs-Épics, quoique peu nombreux en espèces, sont cependant fort disséminés à la surface du globe, car on en trouve dans l'Europe méridionale et dans les trois autres parties du monde. Ces animaux se creusent des terriers, et quelques-uns, favorisés par la disposition de leur queue, grimpent dans les arbres. On les a subdivisés en plusieurs groupes, parmi lesquels nous citerons les Porcs-Épics proprement dits, les Athérures, les Ursons et les Coendous.

Les **PORCS-ÉPICS** ont la tête bombée, la queue rudimentaire, et tout leur corps est couvert de piquants qu'ils ont la faculté de redresser par l'action de leur muscle peaussier. Le *Porc-Épic d'Europe* est répandu actuellement en Afrique, ainsi qu'en Espagne et en Italie; mais il n'est pas originaire de ces derniers pays, où Agricola dit qu'il fut importé de son temps et où il s'est ensuite naturalisé.

Ce mammifère est timide et craintif, et cependant il n'a que l'homme à redouter, car son armure le défend avec avantage contre tous les autres animaux. On avait supposé que lorsque la colère l'animait ou que sa défense l'exigeait, il lançait ses dards à ses ennemis; mais c'est une absurde croyance, qui, sans doute, aura dû son origine à ce que quand le Porc-Épic redresse ses piquants, il y en a parfois quelques-uns qui se détachent et tombent. Ce Rongeur est nocturne, et dort le jour ou hiverne dans des terriers qu'il place surtout parmi les endroits rocailleux;

il vit de fruits et d'herbes ; et son accouplement, que par théorie on avait cru se faire d'une manière particulière , a lieu comme dans la plupart des autres mammifères.Ce Rongeur offre une viande agréable, et on lui fait la chasse en Afrique et en Italie pour le manger.

Les COENDOUS ont le corps couvert de piquants et une queue longue, nue au bout et prenante comme celle des Sapajous; leurs pieds n'ont que quatre doigts. Nous pensons qu'on pourrait élever ce groupe au rang de genre, puisqu'à des différences organiques considérables il unit aussi des mœurs différentes. Ces Rongeurs habitent l'Amérique et vivent dans les arbres.

Les URSONS ont la queue médiocre et les piquants courts et à demi cachés dans les poils; ils habitent le nord de l'Amérique septentrionale.

Les ATHÉRURES offrent une queue longue et non prenante.

FAMILLE DES SAUTEURS.

Membres antérieurs claviculés, fort courts ; les postérieurs excessivement allongés , portant trois à cinq doigts; queue très-longue.

La longueur démesurée des pieds de derrière de ces animaux rapproche leur aspect de celui des Kanguroos , et rend chez eux la marche ordinaire difficile ; aussi leur locomotion, vraiment bipède , se compose communément d'une suite de sauts successifs , opérés seulement par les jambes; leur queue offre pour la station un puissant auxiliaire , et fonctionne comme un troisième membre, car, si on la coupe, l'équilibre est détruit, et ils tombent en arrière. La course de quelques espèces est si rapide , que Pallas dit qu'elles semblent plutôt voler que sauter , et il assure que les chevaux des Cosaques qui l'accompagnaient ne purent les atteindre.

Les Sauteurs sont craintifs et timides ; ils se servent souvent de leurs mains pour porter les aliments à la bouche , et se creusent des terriers où ils passent l'hiver dans un anéantissement léthargique ; pendant l'été ils ne sortent de ces demeures obscures que durant la nuit , pour aller à la recherche de leur nourriture , la lumière vive paraissant les affecter désagréablement. Leur régime se compose uniquement de végétaux.

HÉLAMYS. *Helamys.* Incisives inférieures tronquées ; molaires $\frac{4}{4}$; digitation 5. 4. — La seule espèce que l'on connaisse n'est grande que comme un lapin ; elle habite les environs du cap de Bonne-Espérance. Le nom de *Lièvre sauteur* , qu'on lui a imposé , vient de ses longues oreilles analogues à celles de cet animal , et de son mode de translation. Ses ongles antérieurs sont crochus et minces , tandis que ceux des pieds sont épais et droits.

GERBOISES. *Dipus*. Incisives effilées et pointues; molaires ⁴⁄₃; pieds ayant trois à cinq doigts.—Ces animaux peuvent encore fournir dans leur squelette d'excellents caractères différentiels; c'est ainsi que chez eux les os du métatarse sont soudés en un seul corps qui rappelle par sa structure ce qui s'observe dans les oiseaux, tandis que dans les Hélamys ces os sont libres.

L'aspect singulier des mammifères de ce genre avait frappé les anciens qui leur donnaient le nom de *Rats à deux pieds*, et en représentèrent même une espèce sur les médailles de Cyrène. Ils vivent tous dans l'ancien continent, et préfèrent les lieux solitaires; là ils se creusent des terriers à plusieurs issues, qu'ils bouchent soigneusement pendant l'hiver.

La *Gerboise tridactyle*, qui habite les sables de l'Afrique, a le dos fauve et le ventre blanc; elle s'élance avec la légèreté d'une sauterelle et fait des sauts de sept à huit pieds; celle que nous avons observée courait aussi sur ses deux jambes, d'une manière analogue aux oiseaux, et, pendant cette action. ses pattes antérieures étaient si rapprochées du corps qu'on ne les voyait point. Cet animal vit en petites troupes et se nourrit principalement de racines de plantes bulbeuses.

La *Gerboise naine* n'est pas plus grosse qu'un Mulot.

FAMILLE DES COUREURS.

Clavicules rudimentaires; membres postérieurs longs; deux petites incisives derrière les supérieures; vingt à vingt-quatre molaires lamelleuses; cœcum énorme; queue courte ou nulle.

LIÈVRES. *Lepus*. Molaires ⁶⁄₅; oreilles fort grandes; queue courte; doigts velus en dessous. — Ces animaux ont les membres postérieurs beaucoup plus longs que les autres, mais cette différence n'est pas portée au même degré que dans la famille précédente; aussi ils sont réellement quadrupèdes.

On trouve des Lièvres fossiles parmi les brèches des environs de la Méditerranée, ainsi que dans différentes cavernes; à l'état vivant, il existe des représentants de ce genre dans les deux continents.

Le *Lièvre commun*, qui est connu de tout le monde, se trouve sur toute la superficie de l'Europe, et, selon Geoffroy Saint-Hilaire et F. Cuvier, son pelage blanchit pendant l'hiver, dans les régions septentrionales de cette partie du monde. Il vit solitairement dans nos bois, et c'est peut-être à son naturel sauvage qu'il doit de n'avoir pas subi la domesticité. Le Lièvre ne se creuse pas de terrier, mais il se réfugie dans un gîte dont il s'éloigne peu et qu'il change à certaines époques de l'année; il a une forte antipathie pour le Lapin et malgré leur ressemblance, ces deux animaux ne peuvent s'accorder ensemble : si on les réunit, ils se livrent de perpétuels combats. Le Lièvre est très-ardent, et, selon Burdach, il tue parfois ses petits pour posséder plus rapidement sa femelle.

Quoique ce mammifère soit d'une timidité qui était devenue proverbiale dans le langage de différents peuples, plusieurs villes ne le choisirent pas moins pour leur emblème telles : furent Messine et Agrigente ; cette dernière, pour perpétuer le fait de deux armées carthaginoises dont elle devint la conquête, fit même frapper une médaille représentant un Lièvre entre les serres de deux Aigles.

La chair de cet animal est foncée en couleur, et fort recherchée parmi nous ; mais, au contraire, les Orientaux en font peu de cas, et elle était même défendue chez les Hébreux par les lois de Moïse.

Le *Lapin*, qui appartient aussi à ce genre, est originaire de l'Espagne, selon la plupart des auteurs, et c'est de là qu'il s'est répandu dans toute l'Europe. Il vit en troupes dans des terriers profonds. La gestation de la femelle est de trente jours, et elle produit six à huit petits, et quelquefois plus, qu'elle allaite dans un vaste compartiment de son terrier, où se trouve, pour les recevoir, un matelas fait avec des poils qu'elle s'est arrachés sous le ventre. La vie de cet animal est d'à peu près huit ans.

Les Lapins pullulent d'une manière extraordinaire quand rien ne s'oppose à leur multiplication, et, en un temps fort court, le moindre nombre parvient à couvrir le sol d'un vaste pays. Un citoyen des îles Baléares ayant introduit dans celles-ci un couple de ces animaux, ils y surgirent bientôt en si grand nombre que les maisons s'écroulaient parce qu'ils en minaient les fondements en pratiquant leurs terriers ; et Strabon dit que leurs désastres furent portés à un tel point que les habitants de ces îles recoururent aux Romains pour leur demander un asile. On accuse même ces Rongeurs d'avoir renversé de fond en comble la ville de Tarragona. La fécondité des Lapins est telle, que Burdach rapporte qu'un couple de ces animaux déposé dans une île avait produit six mille descendants au bout de deux années. La femelle pouvant donner de quatre à huit portées par an, continue ce physiologiste, et chaque portée produisant de quatre à huit petits, comme ceux-ci sont aptes à se reproduire à six mois, un seul couple pourrait fournir, en quatre années, 1,274,840 individus.

Ces animaux causent parfois actuellement dans les cultures d'assez grands dégâts pour que certains auteurs les considèrent comme un de leurs fléaux, et, ainsi que l'a fait Rozier, en demandent l'extermination. Mais il faut aussi reconnaître qu'ils présentent à l'homme un excellent aliment, et qu'en outre leur poil et leur peau fournissent une branche importante de commerce. Leur duvet est principalement employé dans la chapellerie, et l'on a calculé que celle-ci, pour un objet en apparence si minime, met en mouvement plus de vingt millions de capitaux, sans y comprendre la main-d'œuvre ; il faut cent peaux de Lapins de France pour obtenir huit livres de duvet, et le même nombre

de Lapins de Russie en donne quatorze ; celui-ci vaut environ 34 fr.
la livre. Les peaux s'emploient pour faire de la colle.

LAGOMYS. *Lagomys.* Oreilles courtes ; queue nulle. — Ces Rongeurs, dont on a découvert quelques ossements fossiles dans les brèches
de la Corse, ne se rencontrent aujourd'hui que dans le nord de l'Asie.
Ils ont les membres de derrière moins disproportionnés que les Lièvres.

Le *Lagomys alpin*, qui habite au pied des Alpes sibériennes, vit
dans des terriers, tantôt solitairement, et tantôt en petites sociétés. Il
est célèbre à cause des provisions qu'il accumule à l'entrée de sa demeure, et qui consistent en herbes sèches qu'il a coupées et transportées, et qui sont destinées à le nourrir pendant toute la durée des neiges.
On a vu de ces monceaux de foin qui avaient cinq pieds de haut sur
huit de diamètre ; aussi les habitants des contrées où se trouvent les
Lagomys vont-ils à la recherche de ces amas de fourrages pour s'en emparer, et ceux-ci sont parfois fort utiles aux chasseurs de Zibelines, qui
en nourrissent leurs chevaux.

FAMILLE DES MARCHEURS.

Clavicules nulles ; membres ordinairement proportionnés ;
mains souvent tétradactyles et pieds tridactyles ; queue rudimentaire.

Les Marcheurs se cachent habituellement dans les lieux retirés, et
souvent parmi les rochers ; ils ne se creusent point de terriers, et vivent uniquement d'herbes ou de fruits.

PACAS. *Cœlogenys.* Molaires $\frac{4}{4}$; une cavité dans l'intérieur de la
joue. Digitation 5. 5. — Ces animaux habitent l'Amérique méridionale.
Ils se font remarquer par les taches blanches qu'offre leur pelage, ainsi
que par les cavités creusées dans leurs joues, et qui s'enfoncent sous
l'arcade zygomatique, dont la surface est extrêmement large et sillonnée
d'une façon extraordinaire (planche 5). On les mange, et leur chair
passe pour être très-bonne.

AGOUTIS. *Chloromys.* Molaires $\frac{4}{4}$, irrégulièrement sillonnées ; doigts
4, 5 ; ongles en demi-sabots. — Ces animaux, qui se font en outre remarquer par le développement de leur train de derrière, ainsi que par
leur museau tronqué, remplacent nos Lièvres et nos Lapins dans les
régions chaudes de l'Amérique et aux Antilles où ils sont, comme eux,
servis sur les tables.

L'Agouti commun, dont la queue est réduite à un simple tubercule,
et dont le poil est d'un fauve jaunâtre, possède des glandes anales qui
sécrètent un fluide d'un vert jaunâtre et d'une odeur alliacée ; un de
ces animaux, que possédait Tiedemann, lançait celui-ci par jets aussitôt
qu'on l'effrayait.

CABIAIS. *Hydrochœrus.* Molaires $\frac{1}{4}$, composées de lames parallèles; doigts 4, 3, palmés; ongles très-larges. — Ces Rongeurs portent douze mamelles; la structure de leurs pieds palmés annonce des animaux nageurs; en effet, la seule espèce connue, qui est la plus grande des Rongeurs, vit en troupes sur les bords des fleuves de l'Amérique méridionale, et on la voit se plonger sous leurs eaux au moindre danger. Le Cabiais passe pour un excellent gibier dans quelques provinces.

COBAYES. *Cavia.* Molaires $\frac{1}{4}$, composées d'une lame en Y et d'une rectiligne; doigts 4, 3, libres. — Les dents de ce groupe sont formées de lamelles, et, par leurs analogies avec celles des Éléphants, lient les Rongeurs à ces animaux.

Les Cobayes sont de petits mammifères timides et craintifs, qui vivent sur les terrains secs, où ils passent le jour à l'abri des pierres et des broussailles; ils cherchent leur nourriture pendant la nuit. Sans énergie et sans intelligence pour se préserver des races carnivores, les Cobayes se conservent plutôt par leur extrême fécondité que par leur force ou leurs ruses.

L'espèce que l'on élève en Europe, et qui est connue sous le nom de *Cochon d'Inde*, se trouve dans les forêts du Brésil; c'est à son odeur, que l'on dit chasser les rats, et aux couleurs variées que lui a imposée la domesticité, qu'elle doit la faveur d'être élevée dans nos habitations, où elle pullule d'une manière extraordinaire. Legallois a même observé que, dans la femelle de ce petit mammifère, la parturition est favorisée d'une façon toute spéciale par un agrandissement considérable du bassin, dû à l'écartement qu'éprouvent les os pubis aux approches de ce travail, mais qui disparaît bientôt après.

ORDRE DES GRAVIGRADES.

Mammifères lourds, ayant ordinairement deux incisives en haut et n'en possédant presque jamais en bas ; canines nulles; deux mamelles pectorales.

Dans certains animaux de cet ordre, auxquels on a donné le nom de *Bidentés*, les incisives forment une saillie considérable à l'extérieur, et constituent des défenses redoutables; dans d'autres elles sont rudimentaires. On peut subdiviser cette coupe en Gravigrades terrestres, qui ont la structure normale et présentent quatre membres pour parcourir l'espace, et en Gravigrades aquatiques, qui n'ont que deux nageoires.

FAMILLE DES PROBOSCIDIENS.

Quatre membres pentadactyles ; incisives saillantes formant des défenses; quatre à huit molaires ; trompe très-longue.

ÉLÉPHANTS. *Elephas.* Molaires composées, à couronne plate ; peau presque nue ordinairement. — Ces mammifères habitent aujourd'hui l'ancien continent ; l'on en rencontre plusieurs espèces perdues, dont une est particulièrement connue sous le nom d'*Éléphant fossile* ou de *Mammouth.*

Géologie.—L'Éléphant fossile (*E. primigenius*) a la tête remarquable par l'extrême allongement de ses alvéoles, et, par son squelette, il se rapproche de l'espèce indienne. Cet animal était constitué pour supporter le froid, ainsi que le prouve l'épaisse fourrure dont son corps se trouvait recouvert, et qui se composait au moins de deux espèces de poils. Ses débris se rencontrent ordinairement dans les couches meubles et superficielles du sol.

Il semble que la race de l'Éléphant fossile se soit étendue sur toutes les parties du globe, pendant l'époque de son existence ; car l'Amérique, l'Asie, l'Afrique et l'Europe en offrent des débris. Dans les temps où la géologie n'avait point encore éclairé les sciences, ceux-ci furent regardés comme des jeux de la nature, ou comme les restes de cette ancienne race de géants que différentes théogonies rapportent avoir précédé la nôtre, et la similitude de certains os des Éléphants avec ceux de l'homme se prêtait à cette fiction. Quand l'anatomie fut plus avancée, et qu'il fallut abandonner la dernière hypothèse, on vit des savants déployer une vaste érudition pour prouver que ces ossements n'étaient que les restes de ceux de ces animaux qui se trouvaient parmi les armées sorties de l'Asie ou dans celles de Rome et d'Afrique, qui passèrent sur différentes régions de l'Europe ou des autres parties du globe.

Quoique l'Amérique ne nourrisse point aujourd'hui d'Éléphants, on y trouve cependant des ossements fossiles de ces animaux, et le nord et le midi en offrent également. L'hypothèse de Buffon serait donc inadmissible maintenant, lui qui prétendait que c'était le refroidissement du globe qui avait anéanti leur race dans la partie septentrionale de cet hémisphère, parce qu'elle n'avait pu franchir l'isthme pour se rapprocher des contrées équinoxiales ; d'ailleurs, les suppositions du Pline français ne roulaient que sur des fragments de Mastodontes, car de son époque on n'avait point encore apporté d'os d'Éléphants de cette partie du monde.

En Afrique, en Grèce et en Sicile, la découverte de prétendus ossements de géants vient révéler la présence de l'Éléphant fossile dans ces régions. C'est à cet animal qu'appartenait probablement la dent colossale que saint Augustin dit que l'on trouva près d'Utique, ainsi que l'ossature d'Antée que l'on découvrit dans la Mauritanie, et aux mânes duquel, dans cette circonstance, on offrit un sacrifice. Les souvenirs des temps héroïques ayant laissé des impressions profondes sur les habitants de la Grèce, ceux-ci se figurant que les hommes qui illustrèrent leur patrie appartenaient à une race plus majestueuse, s'imaginèrent parfois avoir affaire à leur dépouille en découvrant dans le sein de la terre des ossements gigantesques ; c'est ainsi que les Spartiates crurent reconnaître le corps d'Oreste dans les os d'un Éléphant de douze pieds de longueur. Près de Salamine, on découvrit une rotule aussi vaste qu'un disque du cirque, et l'on pensa, dit Pausanias, qu'elle provenait d'Ajax. En Sicile, des fragments osseux du mammifère qui nous occupe ayant été extraits de la terre, Bocace et le père Kirker nous apprennent qu'ils furent pris pour des débris de géants, quelques-uns même comme les restes de Polyphème.

En Suisse on vit longtemps, dans la bibliothèque de Bâle, des molaires d'Éléphants fossiles qui y étaient montrées comme des dents de géants. En 1577, un arbre des environs de Lucerne ayant été déraciné, on découvrit près de sa souche un certain nombre d'ossements d'un de ces animaux; l'anatomiste F. Plater, qui ignorait leurs rapports avec ceux de l'homme, les prit pour les restes d'un géant, et pour apprécier la hauteur de l'individu auquel ils avaient appartenu, sur les proportions des os qui furent mis à sa disposition, il fit dessiner un squelette humain, et cette figure apprit que le prétendu géant, qui depuis orne les armes lucernoises, devait avoir eu dix-neuf pieds de hauteur.

On trouve fréquemment, dans les terrains superficiels de l'Angleterre, des os d'Éléphants, principalement dans les comtés de Kent, d'York et de Middlesex ; leur abondance empêche de pouvoir penser, comme on le fit lors des premières découvertes, que ce sont les vestiges de celui que César possédait dans son armée lorsqu'il subjugua la Grande-Bretagne.

En France, ils sont aussi fort communs ; on en a découvert beaucoup sur les rives du Rhône. On les a parfois rapportés aux débris de ceux qui se trouvaient dans les armées romaines et carthaginoises qui parcoururent la Gaule, et d'autres fois l'on a voulu voir dans ces ossements des squelettes d'hommes de stature colossale. Des méprises semblables eurent parfois lieu aussi à l'égard des défenses de cet animal ; l'une d'elles, depuis longtemps suspendue dans la cathédrale de Strasbourg, fut regardée par Buffon comme une corne gigantesque. Hermann, le premier, indiqua sa véritable essence.

L'Italie posséda également ses Éléphants antédiluviens ; le val d'Arno est la région de ce pays où ils paraissent avoir été plus nombreux, si l'on en juge par l'abondance de leurs dépouilles que l'on trouve dans le sol. Comme l'histoire mentionne qu'Annibal passa dans les marais de ce val quand il eut traversé l'Apennin, plusieurs savants, entr'autres Sténon, déployèrent toute leur logique pour prouver que les ossements que l'on y découvre proviennent des Éléphants de l'armée carthaginoise. Cuvier nous a éclairés sur la marche de celle-ci, et a combattu victorieusement cette opinion. Selon lui, il est bien vrai qu'Annibal, après avoir passé l'Apennin, en Ligurie, comme le dit Cornélius Népos, traversa les marais de l'Arno pour aller attirer Flaminius vers le lac Trasimène ; mais alors le général africain ne possédait plus qu'un Éléphant, celui sur lequel il franchit les monts ; car s'il y a de la dissidence entre l'opinion de Polybe, qui dit qu'après la bataille de Trebbia tous les Éléphants de l'armée carthaginoise périrent, à l'exception d'un seul ; et celle de Tite-Live, qui assure qu'il lui en resta huit, tous deux s'accordent pour affirmer que, quand Annibal eut traversé l'Apennin, il n'avait plus qu'un seul de ces animaux avec lui ; ce qui rend impossible que l'on puisse regarder les nombreux débris d'Éléphants rencontrés dans le val d'Arno comme des vestiges de ceux d'Annibal ; d'ailleurs, comme on les trouve confondus avec des ossements d'Hippopotames et de Rhinocéros, et que l'on sait qu'aucun de ces animaux n'a jamais servi dans les armées, on est bien forcé de convenir que ces Éléphants ont fait partie d'une génération particulière à la localité où on les découvre. Cortesi a trouvé un de ces mammifères à Trebbia, sur le lieu même où l'histoire rapporte qu'Annibal perdit les siens ; on pourrait supposer que son squelette avait appartenu à l'un des individus amenés par ce général ; mais malheureusement il se trouvait aussi environné d'os de Rhinocéros.

Aucune terre n'est aussi féconde en Éléphants fossiles que le nord de l'Asie ; il y en a même une telle profusion dans certaines îles de la mer Glaciale, que les voyageurs rapportent que le sol ne paraît formé que de leurs ossements, de sable et de glace ; et à chaque saison les dégradations produites sur les rivages des fleuves par le contact des glaces en mettent à découvert. On trouve tant de défenses de ces animaux dans la Sibérie, que, pendant un temps, Sloane rapporte que les czars voulurent s'en réserver le monopole, car, malgré leur long séjour dans la terre, leur ivoire n'en est pas moins employé.

Lorsque l'attention se fut portée sur ces nombreux fossiles que recèle l'Asie septentrionale, Pierre le Grand ordonna que l'on fît des recherches dans toute cette région pour s'en procurer, et il défraya les Cosaques qui voulurent s'enrôler à cet effet. Les Sibériens et les habitants de la Mantchourie, frappés depuis des siècles de l'existence de ces abondants ossuaires, les rapportaient aux débris d'un immense animal souterrain qui abhorrait la lumière. Il est curieux de savoir que cette fable est même inscrite parmi les ouvrages chinois ; dans un traité du cérémonial, intitulé *Ly-Ki*, publié cinq cents ans avant Jésus-Christ, et dans la grande histoire naturelle écrite au seizième siècle, on trouve qu'il y a un animal appelé *Tin-schu*, nom qui veut dire Souris qui se cache, qui est de la grandeur d'un Buffle, et se tient dans les cavernes obscures ; puis on y ajoute qu'il meurt aussitôt qu'il est frappé par les rayons du soleil ou de la lune, et qu'il se nourrit des racines de *fu-kia*. Klaproth, qui a compulsé des manuscrits mantchous, y a trouvé des idées à peu près semblables sur cet animal, que l'on y compare aussi à une Souris colossale, et même que l'on dit être de la taille d'un Éléphant.

On a rencontré, parmi les glaces du Nord, plusieurs Éléphants dont la charpente osseuse était encore revêtue de parties molles ; l'un d'eux fut découvert, en 1799, par un pêcheur tungouse, à l'embouchure de la Léna ; mais sa masse étant environnée de glace, il ne put reconnaître ce que c'était. En 1804 , le dégel ayant été plus considérable , et la masse ayant échoué à la côte , il put en extraire les défenses. En 1806 , le professeur Adams , de Moscou , s'étant rendu sur les lieux , trouva l'animal mutilé ; les Jakoutes en avaient enlevé les chairs pour leurs chiens , et les animaux carnassiers avaient trouvé leurs repas sur son cadavre ; mais une partie de la peau et une oreille restaient encore intactes ; on distinguait même la prunelle de l'œil , et le cerveau se reconnaissait également. Ce naturaliste remarqua que le cou était couvert d'une épaisse crinière , et que la peau était revêtue de crins noirâtres et d'une espèce de laine d'un rouge brun. Plus de trente livres de cette fourrure avaient été déposées dans le sol par les ours , qui avaient trouvé leur nourriture sur cet animal , dont la tête , dépourvue de ses défenses , pesait quatre cents livres. Adams fit faire un squelette de cet Éléphant , et aujourd'hui on le voit au muséum de l'académie de Saint-Pétersbourg.

Pour expliquer la présence des Éléphants dans l'Asie boréale , Buffon suppose que ceux-ci s'étaient acheminés vers le Nord afin d'éviter les perturbations que leur patrie éprouvait. Mais cette migration , à laquelle auraient dû s'opposer la chaîne Altaïque et celle du Thibet , n'est plus admissible depuis qu'on a reconnu que l'espèce fossile de la Sibérie diffère des Éléphants vivants sous plusieurs rapports. On ne peut pas non plus admettre que les eaux ont charié , de l'équateur au septentrion , les ossements de ces animaux , car on en retrouverait dans les montagnes qui séparent les deux extrémités de l'Asie , et ceux-ci auraient leurs surfaces altérées par les frottements , ce qui n'existe point. On ne peut pas admettre non plus que ces Éléphants ont été jetés accidentellement sous les climats rigoureux du Nord , car leur épaisse toison semble indiquer qu'ils étaient destinés à vivre dans les régions froides , où tout semble attester la domination de leur race colossale. Il en est de même pour les Éléphants dont on retrouve les fragments épars à la surface de l'Europe ; eux aussi vivaient sur le sol où maintenant nous ne trouvons plus que leurs ossements.

Géographie et espèces. — Linnée et Buffon n'avaient mentionné qu'une seule espèce d'Éléphant vivant, mais on doit en reconnaître deux, l'Éléphant de l'Inde et l'Éléphant d'Afrique.

L'Éléphant de l'Inde a le front concave ; ses dents offrent des lames serrées , dont le nombre s'élève jusqu'à vingt-six , et dont la ceinture d'émail est à bords parallèles et ondulés ; les défenses et les oreilles de cette espèce sont petites ; les pieds ont cinq ongles en avant et quatre en arrière. Cet animal habite l'Inde , la Cochinchine , et les grandes îles qui en sont voisines ; il a ordinairement huit à neuf pieds de hauteur. On en cite un , donné à Pierre le Grand par un souverain persan, qui en avait seize. C'est cette espèce qui est la plus courageuse ; on dit que la suivante la redoute. Les anciens avaient déjà reconnu cette particularité, car dans les batailles où ils n'avaient que des Éléphants d'Afrique à opposer à des Éléphants de l'Inde , ils les plaçaient derrière les soldats. C'est ce que Tite-Live dit que firent les Romains à la bataille de Magnésie.

L'Éléphant d'Afrique a le front convexe ; ses lames dentaires sont moins nombreuses : on ne lui en compte que dix ; puis la ceinture d'émail de chacune d'elles figure un losange ; ses défenses sont grandes, et ses oreilles si vastes, qu'elles recouvrent une partie de l'épaule. Les pieds de devant ont quatre ongles, et ceux de derrière trois. Cette espèce était la plus commune dans les armées et les cirques des Romains, comme on doit le penser par les rapports de ceux-ci avec l'Afrique, et si l'on en juge par les médailles de leur nation, sur lesquelles c'est elle qui se trouve presque toujours représentée, et où elle se décèle par ses vastes oreilles. Cet Éléphant n'habite actuellement que le midi de l'Afrique. On commence à le découvrir sur les rives du Sénégal où Adanson rapporte qu'il en rencontrait souvent des troupes ; il se montre jusqu'au Cap. Pline assure qu'anciennement il s'en trouvait dans la Libye et en Mauritanie, et Élien dans les forêts des pentes de l'Atlas ; mais les chasses opérées dans ces régions, et le progrès de la civilisation, ont fait refluer cette espèce au delà de la chaîne atlantique.

De nos jours, l'Éléphant d'Afrique est indompté, ce qui a fait soutenir à quelques savants qu'il n'avait point servi dans les guerres des anciens ; mais certainement ce fut lui qui figura plusieurs fois dans leurs armées. Les Ptolémée faisaient même faire des chasses régulières de cette espèce en Éthiopie, où ils avaient fondé des colonies à cet effet, et c'était de ces Éléphants que les Carthaginois se servirent dans la seconde guerre Punique, si l'on en juge par le peu de temps qu'Asdrubal mit à leur en procurer ; et d'ailleurs Cuvier a prouvé, par l'interprétation de l'inscription de Ptolémée-Evergètes, à Adulis, que les Éléphants employés par les rois égyptiens étaient originaires d'Afrique.

Organisation et physiologie. — Longtemps on ignora l'anatomie de l'Éléphant ; celui de Louis XIV fut le premier que l'on étudia avec attention. Aussitôt que cet animal fut mort, le monarque dépêcha un courrier à l'Académie pour inviter ses membres à en faire la dissection. Celle-ci fut exécutée avec un grand luxe, et Louis XIV vint lui-même visiter Perrault, Duverney et Delahire, qui avaient été délégués par leurs collègues pour procéder à cette œuvre importante.

Le système osseux de ce mammifère offre un assez grand nombre de pièces qui ont une certaine ressemblance avec celles qui leur correspondent chez l'homme ; cette similitude a été évoquée dans les traités de gigantologie, et l'on y découvre que ce sont souvent des ossements d'Éléphant que l'on a cités pour prouver l'existence des races de géants ; les os du bassin, celui de la cuisse, une partie de ceux du pied, surtout l'astragale et le calcanéum, plusieurs des os de la colonne vertébrale, tels que l'atlas, l'axis et les vertèbres dorsales, sont principalement dans ce cas.

Un assez grand nombre d'auteurs, dont Bochart a cité le texte, avaient admis que l'Éléphant ne possédait point d'articulations à ses membres, qui étaient inflexibles ; Aristote renversa cette fable anciennement établie. C'étaient la puissance de ces supports et leur rigidité dans la station qui leur en avaient imposé, et qui, sans doute, avaient aussi enfanté l'idée qu'un Éléphant soutient le globe, théorie que l'on trouve dans diverses cosmogonies des anciens peuples. C'est sur l'extrémité des pieds que sa masse est appuyée, et l'on découvre sous ceux-ci des pelotes de tissu cellulaire graisseux, qui empêchent que les vaisseaux soient comprimés par le poids du corps.

En général, la marche des Éléphants est beaucoup plus rapide qu'on ne le croirait à la lourdeur de leur allure. Ces animaux font vingt-cinq lieues en un jour, et, quand on les presse, on peut leur en faire franchir quarante. On leur fait porter environ deux à trois mille. Dans quelques régions de l'Inde, ce sont eux seuls qui font le roulage. On en voit qui se chargent et se déchargent eux-mêmes à l'aide de leur trompe, s'assurent si leurs fardeaux sont solidement établis sur leur dos, et les déposent avec précaution. Buffon dit même que, quand ils placent sur le sol un tonneau sujet à rouler, ils ont la précaution de mettre dessous une pierre pour le fixer. On en voit aussi qui traînent ou qui lancent des galères. Dans les chantiers de Goa, il y en a qui transportent des poutres avec la plus grande rapidité ; il suffit de leur jeter le lien qui les attache ; ils l'entortillent à leur trompe, et se mettent en action.

Les Éléphants nagent très-bien ; M. de Bussy affirme qu'au passage de certaines rivières, on a pu en charger de deux pièces de canon du calibre de trois ou de quatre, avec des bagages, indépendamment d'une quantité de personnes qui s'attachaient à leurs oreilles et à leur queue ; ce monsieur dit qu'alors ils nageaient entre deux eaux, et que la trompe seule s'élevait à la surface. Mais cette assertion nous semble infirmer son récit, car alors les personnes qu'ils soutenaient devaient infailliblement périr sous l'eau.

La trompe de l'Éléphant avait fixé l'attention d'Aristote ; cependant il omit de mentionner l'appendice tactile, ou l'espèce de doigt qui la termine et qui lui donne tant de perfection pour l'accomplissement de différents actes. Après le naturaliste grec, les académiciens de Paris donnèrent une description détaillée de cet organe, qui, par la disposition remarquable de ses fibres musculaires, peut s'allonger sans diminuer la capacité de ses canaux, et se contracter partiellement. Les Éléphants se servent de leur trompe pour porter leurs aliments à leurs lèvres ; et quand ils veulent boire, ils la remplissent d'eau et injectent celle-ci dans la bouche en y faisant entrer l'extrémité de cet organe. Avec le doigt qui la termine, ils palpent les corps les plus petits, ramassent sur le sol des pièces de monnaie, et cueillent des fleurs ; aussi, frappés des services que la trompe rend à cet animal, quelques peuples donnent le nom de main à cet appendice. Buffon lui-même, exagérant ces services, dit que l'on ne peut disconvenir que cette *main* n'ait plusieurs avantages sur la nôtre, et il en conclut, mais sans bonheur, que ce mammifère a le *nez dans la main*.

Intelligence.—La tête volumineuse de l'Éléphant étant terminée par une robuste trompe, et les défenses qui l'ornent, en donnant un caractère de noblesse à cette partie de l'animal, ont fait croire que celui-ci était possesseur d'une intelligence fort élevée. Aussi l'antiquité débita les plus absurdes fables sur les capacités intellectuelles ou les sentiments moraux de ce mammifère, et l'on est étonné que Pline, Élien, Oppien et Plutarque aient eu assez de crédulité pour les rapporter : on prêtait alors des idées et un culte religieux aux Éléphants ; on ajoutait qu'ils se tenaient en ordre de bataille pour livrer leurs combats. Élien et Pline ne craignent pas même de dire qu'il s'en trouva auxquels on put enseigner à écrire le grec avec régularité, et que, se rapprochant des affections humaines, on en vit qui devinrent amoureux de quelques femmes égyptiennes. Les siècles repoussèrent ces contes ridicules ; mais ceux-ci firent penser au vulgaire que les Éléphants étaient doués d'une grande intelligence ; cependant Cuvier, qui les a étudiés avec soin, n'a point trouvé que leur capacité surpassât celle du Chien. On adopte immédiatement cette idée, quand on observe le crâne de ces animaux, car on voit que son épaisseur considérable fait que, malgré la grosseur de la tête, le cerveau est réellement petit ; c'est donc fort à tort que le père Vincent dit *qu'ils ont beaucoup du jugement et du raisonnement de l'homme*, et que Buffon les proclame hyperboliquement des *miracles d'intelligence et des monstres de matière*.

Cependant il faut reconnaître que ces mammifères ne manquent point de discernement, et que chez eux on trouve d'une manière fort prononcée les sentiments de la vindication et de la reconnaissance. Tout le monde connaît l'histoire de cet Éléphant qu'un peintre dessinait : impatienté par le domestique de celui-ci, qui trompait son attente en lui montrant des friandises pour lui faire prendre une attitude favorable, il inonda d'eau le travail du maître. Il y a peu d'années, au *Royal Exchange* de Londres, on voyait un de ces animaux qui allait acheter des pâtisseries avec l'argent que le public lui donnait et lorsque le marchand le trompait, il se faisait violemment justice. Buffon a raconté l'histoire de cet autre Éléphant qui, ayant tué par ressentiment son cornac, ne voulut accepter que son fils pour lui succéder, et celle d'un militaire habitué à porter quelques friandises à l'un de ces mammifères, et qui un jour, étant ivre, trouva en lui un défenseur contre les soldats qui le poursuivaient, et un asile entre ses jambes.

Les Éléphants sont des animaux doux et sociables ; ils vivent en petites troupes conduites par l'un des plus âgés. Buffon dit que les mères restent au milieu, ainsi que leurs petits, et qu'elles les portent avec leur trompe quand elles voyagent.

Organes digestifs et nourriture.— Les dents des Éléphants sont formées de rubans d'émail entourant des lames d'os réunies ensemble par une matière dure que l'on nomme *cément*. Tenon, Hunter et Cuvier ont étudié successivement la production de ces diverses substances. Les lames dentaires affectent des formes particulières selon l'espèce que l'on observe, et elles sont d'autant plus nombreuses que l'animal est plus âgé. M. Corse dit que les dents des jeunes Éléphants indiens n'en ont que quatre, mais que l'on en trouve jusqu'à vingt-trois chez les vieux; nous avons eu l'occasion de voir des dents sur lesquelles on en comptait vingt-six. Dans ces mammifères, la succession des dents se dérobe à la loi générale; au lieu que les jeunes naissent au-dessous de celles qui les ont précédées et les chassent au dehors par leur développement, elles viennent en arrière, et ces nouvelles dents s'avancent en poussant devant elles les vieilles dents qui s'usent à mesure pour faire place à celles qui doivent les remplacer; ce singulier mode de dentition fut pressenti par Daubenton et démontré par Pallas. Les mâchoires ne possèdent de chaque côté qu'une ou deux dents. Cuvier en a vu jusqu'à trois à la fois; les restes de celle que l'usure allait faire tomber, celle qui était dans tout son développement, et le germe d'une dent nouvelle. M. Corse a observé que, pendant la durée de la vie, chaque molaire se renouvelait huit fois, de manière que l'animal, quoiqu'il n'en produisît qu'une à la fois de chaque côté des mâchoires, n'en usait pas moins trente-deux pendant la période de son existence.

Les défenses des Éléphants, par leurs énormes dimensions, offrent de grands rapports avec les incisives des Rongeurs; seulement, chez elles, l'émail est extrêmement mince et situé tout autour.

Aristote, Pline et Philostrate, en leur donnant le nom de dents, avaient parfaitement entrevu leur nature. Juba et Pausanias les considéraient comme des cornes, et Perrault tomba dans cette grossière erreur. Les défenses étant contenues dans l'os inter-maxillaire, elles doivent être considérées comme des incisives; c'était par inattention que Linnée les assimilait aux dents saillantes des sangliers, et les regardait comme des canines. Ce sont les mâles qui en portent de plus fortes, surtout ceux de l'espèce africaine; certains mâles, à Ceylan, en sont cependant dépourvus. M. Desmarest a trouvé un de ces appendices de dix pieds de longueur, Adams en a vu de quinze; souvent le poids de chaque défense est de cent cinquante livres. Camper en a observé qui pesaient deux cent huit livres, et Hartenfels trois cent vingt-cinq.

Les Éléphants sont herbivores; leur estomac est simple et très-vaste, leurs intestins ont aussi beaucoup d'ampleur.

Pour nourrir l'énorme masse qu'ils offrent, ces animaux ont besoin d'engloutir une grande quantité d'aliments. Dans l'Inde, on leur donne ordinairement cent livres de riz par jour, et, pour entretenir leur santé, on y joint une certaine quantité d'herbes fraîches. C'est aussi pour cet effet qu'on les mène souvent baigner.

L'Éléphant qui, sous Louis XIV, était à Versailles, mangeait quatre-vingts livres de pain chaque journée, et deux seaux de potage; il buvait douze pintes de vin, et, en outre, il lui revenait une foule de pâtisseries que lui apportaient les visiteurs.

Reproduction. — Buffon commet une erreur en disant que les Éléphants ne multiplient point en domesticité. Élien et Columelle avaient déjà rapporté que ceux qui se trouvaient aux jeux de Germanicus étaient nés à Rome, et M. Corse, dont le témoignage est d'une si grande auto rité, dit que, dans l'Inde, ils se reproduisent parfois dans cet état; mais il est vrai qu'ils n'y multiplient que fort rarement.

Aristote avait dit manifestement que les petits Éléphants tétaient avec leur bouche et non avec la trompe; les académiciens et Buffon ont combattu vigoureusement cette opinion, en soutenant que c'était avec la trompe que l'allaitement s'opérait. Houel, pour concilier les diverses assertions, figura ces deux modes dans ses planches, quoiqu'il sût que Delalande avait eu l'occasion d'observer que la bouche seule servait pour cette fonction; observation qui a contribué, avec d'autres faits, à prouver la justesse de ce qu'avait avancé le prince des naturalistes.

Comme les Éléphants ne multiplient presque jamais en domesticité, et que d'ailleurs les observations faites dans cet état seraient peu concluantes, on ne peut guère savoir la durée de leur vie. Strabon croit qu'elle est d'environ deux cents ans; Onésicrite la porte à cinq cents. L'opinion du premier est la plus généralement adoptée, et c'est celle que professe Buffon; mais quelques traits de l'histoire semblent établir que l'existence de ces animaux peut avoir une plus longue durée : Philostrate assure qu'un Éléphant qui avait combattu dans l'armée de Porus vivait encore quatre cents ans après, et Juba rapporte que l'on reprit de ces animaux dans l'Atlas, que l'on reconnut pour s'être trouvés à une bataille qui avait eu lieu quatre cents ans auparavant.

Historique. — Les Éléphants ont figuré dans les premiers événements historiques; les Indiens s'en servirent contre Sémiramis dans les combats où ils terrassèrent son armée, quoique cette reine, comme Desmoulins le mentionne, eût fait exécuter des simulacres d'Éléphants portés sur des chameaux, afin de familiariser ses soldats avec l'aspect de ces animaux qu'ils redoutaient. Les Égyptiens en faisaient également usage dans les temps les plus anciens. Les monuments du Sennaar et de l'Éthiopie, que tout indique être antérieurs aux Ladiges, ont révélé à Caillaud que, dès cette époque, ces mammifères étaient dressés pour les combats, puisqu'on en voit, parmi leurs sculptures, qui sont chargés de soldats. Les Ptolémée s'en servirent dans leurs guerres; saint Jérôme dit que le troisième de ces rois en possédait quatre cents dans ses armées.

Les Romains pendant leurs campagnes contre les nations asiatiques, avaient aussi apprécié les services que pouvaient rendre ces animaux. Au temps de Sévère, les armées impériales en possédaient trois cents. Il paraît que ce fut vers le troisième siècle que l'on cessa de s'en servir en Occident; mais il y a encore peu d'années que, dans plusieurs régions de l'Inde, ils remplaçaient la cavalerie à la guerre; et tantôt chargés de l'attirail des camps, tantôt armés de faux attachées sur leurs défenses ou leur trompe, ou portant sur leur dos des tours pesantes remplies de guerriers, ils servaient à la fois d'animaux de somme ou de combat. Ce fut dans les guerres récentes des Anglais contre le sultan Tippo-Saëb que l'on employa les Éléphants pour la dernière fois.

Dans l'antiquité, on vit souvent les Éléphants figurer dans les cérémonies. Athénée rapporte qu'à la pompe de Ptolémée-Philadelphe il se trouvait un certain nombre de ces animaux ; il dit que près de l'antre de Bacchus, d'où coulaient des fontaines de lait et de vin, on voyait un Éléphant portant une couronne et un harnais d'or ; cinq cents jeunes filles, ornées de ceintures du même métal, le suivaient en précédant vingt-quatre chars traînés par des Éléphants, et le dernier de ceux-là supportait la statue d'or d'Alexandre. A la pompe d'Antiochus-Épiphane on admirait trente-huit Éléphants.

Homère ne parle pas de ces animaux. Il est probable que les Grecs eurent quelques notions sur eux lors de l'invasion de Xercès ; mais ce ne fut qu'à l'époque d'Alexandre qu'ils les connurent bien, ce monarque en ayant envoyé à Aristote plusieurs qu'il avait conquis sur Porus.

L'Italie vit pour la première fois des Éléphants en 472, lorsque Pyrrhus y vint porter la guerre ; Curius-Dentatus lui en ayant enlevé quatre, ils furent amenés à Rome. Peu d'années après, Métellus ayant vaincu les Carthaginois en Sicile et pris leurs Éléphants, Sénèque dit qu'il en envoya cent vingt à Rome, sur des radeaux, et Varron rapporte qu'ils furent tous massacrés dans les amphithéâtres. Après cela, chaque époque amena pour ainsi dire de ces animaux sur le territoire romain. Annibal en possédait trente-sept dans son armée lorsqu'elle parcourait la Ligurie. Scipion-Nasica, en 584, en fit voir à Rome ; L. et M. Lucullus, pendant leur édilité, offraient au peuple des combats de Taureaux et d'Éléphants. Plus tard, Pompée se montrait sur un char attelé de ces derniers, et César en faisait voir quarante dans les cirques.

Bientôt après, Germanicus, dans les fêtes, au grand étonnement du peuple, montra des Éléphants qui dansaient grossièrement. Les Romains ne s'en tinrent pas là ; leur passion pour les funambules leur fit essayer de faire partager ces jeux à ces pesants mammifères, et un sentiment d'admiration général eut lieu quand, aux jeux que Néron institua en l'honneur d'Agrippine, on vit des Éléphants danser sur la corde roide et faire une foule de tours d'adresse surprenants. Ce fait est attesté par Dion Cassius, Pline, Suétone et Marc-Aurèle, et il n'étonne plus quand on s'identifie avec tous les prodiges accomplis par le peuple-roi.

Il est probable que les anciens ont plusieurs fois employé ces mammifères aux courses du Cirque ; Héliogabale, dit Lampridius, courut au Vatican avec quatre biges d'Éléphants. Cela paraît encore attesté par l'existence de plusieurs médailles sur lesquelles se voient des temples surmontés de quadriges de ces animaux ; et sur une médaille de Faustine mère et de Lucius Verus, on trouve même représenté un bige d'Éléphants.

Ces animaux ont souvent servi de signe monétaire chez les anciens ; parfois leur présence indiquait l'époque de Pyrrhus, ainsi que le remarque Noël pour celles d'Ocilis en Espagne ; d'autres fois elle symbolisait l'Afrique. On nommait vulgairement *Caput Africæ* une tête de jeune femme, surmontée d'une trompe d'Éléphant, que l'on découvre sur beaucoup de médailles. Ce signe de l'Afrique était souvent uni à la figure de quelques autres productions de cette partie du monde, pour caractériser celle-ci encore davantage : c'est ainsi que sur des médailles de Scipion, pour marquer la fécondité de son sol, on le trouve allié à des épis et à des charrues ; sur quelques-unes de l'époque d'Adrien, une jeune femme, dont la tête est couronnée d'une trompe, place des scorpions dans une corbeille d'où s'élèvent des céréales. Une médaille de l'empereur Philippe représente un Éléphant vêtu des pieds à la tête avec une étoffe à grands carreaux ; elle est curieuse en ce qu'elle nous dévoile l'espèce d'accoutrement dont on recouvrait alors cet animal : tout en est enveloppé, jusqu'à la queue, et l'on découvre, par les plis que forme la draperie aux articulations, que ce n'est point une peinture qui revêt celui-ci. Sur une de ces espèces d'amulettes nommées *abraxas*, que portaient les gnostiques, ces sectateurs de l'alliance du paganisme du culte de Mythras et du christianisme, on trouve un Éléphant et différents signes mystiques : il est probable, dit Montfaucon, que ce talisman était destiné à guérir l'éléphantiasis. Enfin, il résulte aussi de l'inspection des monuments des anciens, que la longévité de l'Éléphant l'avait fait choisir comme un symbole de l'éternité.

Les Gaulois ne virent d'Éléphants que lorsqu'Annibal traversa leur pays, et, un laps de temps après, Œnobarbus vint les effrayer avec ceux qui se trouvaient dans son armée, quand il allait châtier les Auvergnats. Ce ne fut que beaucoup plus tard qu'un de ces animaux aborda en France, envoyé à Charlemagne par le calife al Raschild. L'Angleterre en vit encore beaucoup moins ; il paraît cependant, d'après Polyænus, que César en conduisit un dans ce pays.

Aujourd'hui, dans les royaumes de l'Asie où l'on dresse les Éléphants, les souverains et les grands dignitaires en font leur monture habituelle, et les premiers poussent le luxe jusqu'à en avoir quelques centaines pour leur usage. Le père Vincent, de Sainte-Catherine, assure même que le Grand-Mogol en possède plusieurs milliers. Ces animaux font l'ornement le plus majestueux des cérémonies : les jours de fête on leur enlumine la face et les oreilles, puis on pare leurs défenses avec des anneaux ou des plaques d'or et d'argent ; quelquefois même on les enrichit de diamants ; on passe de précieux bracelets à leurs jambes ; leur tête est surmontée d'une couronne, et leur tronc est couvert d'étoffes enrichies de broderies d'or et de perles. Ces mammifères semblent se complaire sous ces ornements, et ils deviennent d'autant plus joyeux et serviables, qu'ils en sont plus surchargés.

A Siam et à Pégu on révère les Éléphants frappés d'albinisme ; les souverains les considèrent comme les mânes de leurs prédécesseurs, et on leur fait habiter de riches palais, où ils sont servis avec de la vaisselle d'or et d'argent, et entourés d'un grand nombre de personnes.

Chasses. — Les mammifères dont nous traçons l'histoire ne se re produisant que fort rarement en domesticité, les peuples qui s'en servent sont obligés de leur faire la chasse pour les capturer. Pour les prendre, les Éthiopiens se contentent de creuser de grandes fosses dans les endroits qu'ils fréquentent, et ceux qui s'y précipitent sont ensuite domptés. Dans l'Inde, souvent on attire les Éléphants sauvages dans des parcs fermés, en leur faisant suivre des individus privés qui les appellent, et les font passer par une porte ouverte que l'on ferme aussitôt qu'ils sont entrés; le cornac qui monte l'individu privé ayant eu soin de se cacher sous un épais amas de branches et de feuilles. A Siam, les chasses se font avec un luxe extraordinaire; le souverain y emploie plusieurs milliers de cavaliers, et quelquefois jusqu'à quarante mille; selon certains voyageurs, on y joint même du canon et on maîtrise leurs troupes par la violence.

Ivoire. Usages et commerce. — L'ivoire nous est fourni par les défenses de l'Éléphant. L'emploi de cette substance précieuse date des premières époques de la civilisation. Déjà on en faisait usage du temps de Salomon; ce monarque en fit lui-même un trône qu'il recouvrit d'or, et le prophète Amos rapporte que l'on en ornait fastueusement l'extérieur des maisons de Jérusalem. Homère parle de l'ivoire, mais sans mentionner l'animal qui le produit; ce fut Hérodote qui le premier nous l'enseigna. Les Grecs employèrent fréquemment cette matière dans leurs sculptures; Pausanias rapporte que la statue du Jupiter Olympien, de Phidias, était formée d'ivoire et d'or, et que le trône sur lequel était assis le dieu avait été incrusté de pierres précieuses, d'ébène, d'or et d'ivoire. On doit croire que cette dernière substance fut toujours d'un prix fort élevé dans l'antiquité, puique l'on faisait figurer les défenses de l'Éléphant dans les cérémonies où les nations étalaient avec faste leurs richesses. Athénée dit qu'à la pompe de Ptolémée, les Éthiopiens portaient six cents de ces dents. A celle d'Antiochus-Epiphane, roi de Syrie, on en montrait huit cents; et, dans la première, on admirait plusieurs trônes composés d'or et d'ivoire. Chez les Romains, le luxe employait aussi ce dernier; et dans la maison d'or de Néron, se trouvaient des tables versatiles, dans la composition desquelles on avait allié l'ivoire aux métaux les plus précieux.

C'est principalement de l'Afrique que l'on retire l'ivoire qui est employé aujourd'hui dans nos arts, parce que les Éléphants de ce pays ont de plus fortes défenses que ceux de l'Inde, et il en entre annuellement en France de 50 à 60,000 kilogrammes.

MASTODONTES. *Mastodon.* Molaires couronnées de mamelons coniques; formes analogues aux Éléphants. — La race de ces énormes animaux s'est éteinte pendant les dernières révolutions du globe, et leurs ossements, disséminés à la surface de celui-ci, sont aujourd'hui les seuls vestiges qui nous restent de leur antique existence; on les rencontre dans les terrains d'alluvion de l'Amérique et de l'Europe, ainsi que sur quelques points de l'Asie. Souvent leurs débris, qui con-

sistent principalement en dents, ont été pris, dans des siècles d'ignorance, pour des restes de géants dont les races avaient anciennement
couvert le sol.

Cuvier a mentionné six espèces dans ce genre, et parmi elles nous
citerons seulement le Grand Mastodonte et le Mastodonte à dents
étroites.

Les débris du *Grand Mastodonte* se trouvent disséminés dans toute
l'Amérique septentrionale tempérée, et surtout parmi les lieux marécageux où il existe des sources d'eau salée. Le plus célèbre dépôt est
situé à quatre milles de l'Ohio, au milieu d'une vase noire et puante
qui, d'après l'analyse de Chevreul, contient des principes animaux. Là
les ossements de cette espèce se trouvent à environ quatre pieds de
profondeur, et ils sont parfaitement conservés et non roulés, ce qui
semble indiquer que les individus auxquels ils ont appartenu ont expiré à cette place. On en rencontre même sur les bords de la rivière
des grands Osages, dont les pièces du squelette se trouvent encore
verticalement situées, comme si les êtres dont elles proviennent avaient
succombé en s'enfonçant dans la vase.

On attribue le bon état des fossiles de cette espèce que l'on exhume
de certaines localités, aux terrains salés dans lesquels ils se trouvent
enfouis ; et c'est aussi à la nature de ceux-ci qu'a peut-être tenu la conservation de quelques parties molles de Grands Mastodontes que l'on
rapporte avoir rencontrées, et dont la présence semble indiquer que la
destruction de ces animaux a été assez récente. Barton dit que des sauvages découvrirent la tête d'un de ces mammifères qui possédait encore une partie de sa trompe; et Kalm raconte que sur un squelette qui
fut déterré dans le pays des Illinois, les parties charnues de la bouche
étaient assez bien conservées.

Lorsque l'on commença à s'occuper du Grand Mastodonte, on exa-
géra beaucoup sa taille ; celle-ci cependant ne surpassait point celle des
Éléphants, animaux avec lesquels il avait la plus grande analogie, soit
par ses énormes défenses, soit par l'existence d'une grande trompe
dont l'ostéologie de sa face décèle qu'il a été porteur; mais il en différait d'une manière sensible par la structure de ses molaires (Pl. VII).

Ce mammifère, le plus gigantesque qui soit connu à l'état fossile,
n'était point aquatique, car ses pieds sont trop courts pour s'adapter à
cette vie et servir à nager. On supposa d'abord qu'il se nourrissait de
chair, et W. Hunter tomba dans cette erreur, qui fit que l'on imposa
primitivement à ce Mastodonte le nom d'*Éléphant carnivore*. Ce fut
Camper qui le premier réfuta cette erreur ; et maintenant on s'accorde
à penser, d'après la structure de ses dents qui sont usées par la trituration, qu'il se nourrissait de substances végétales, ce qui semble confirmé par la découverte que l'on dit avoir été faite en Virginie du squelette d'un individu admirablement conservé, qui offrait encore une cavité analogue à l'estomac, et dans laquelle on distingua une masse de
graminées, de feuilles et de branches à moitié broyées.

La présence des ossements de grands Mastodontes dans le sol a donné lieu parmi les sauvages américains à quelques singulières traditions ; certaines tribus croient encore à l'existence de ces êtres, et les appellent les *Pères des Bœufs;* Barton dit que les Shavanois supposent qu'à l'époque où ils animaient le sol, on y trouvait également des hommes aussi gigantesques qu'eux ; enfin Jefferson raconte que les sauvages virginiens expliquent ainsi la disparition de ces extraordinaires mammifères. Ils supposent que ces animaux détruisaient les Buffles et les Daims faits pour l'usage de l'homme, et que le grand esprit les a foudroyés tous, à l'exception du plus vigoureux mâle, qui présentait sa tête à la foudre, et qui la secouait à mesure qu'elle le frappait ; puis que celui-ci, ayant enfin été blessé, il s'est réfugié vers les grands lacs, où il reste encore caché.

Il y a plus de cent ans que l'on s'occupe du grand Mastodonte. Dans une lettre écrite à Woodward, en 1712, il en est question ; et l'on présente la découverte de ses ossements, qui fut faite près la rivière d'Hudson, comme propre à confirmer ce que les écrits disent à l'égard d'anciennes races d'hommes gigantesques. Plus tard un officier français, à la suite d'une navigation dans l'Ohio, rapporta au cabinet du roi un fémur ainsi que des dents et des défenses de cet animal. Alors Daubenton, par erreur, pensa que l'os et les défenses appartenaient à un Éléphant ; et, avec Buffon, il émit l'opinion que les dents provenaient d'un Hippopotame. Ce proboscidien fossile fut aussi confondu avec l'Éléphant de Sibérie ; et dans la suite, pour éviter de nouvelles erreurs, Cuvier lui imposa un nom spécial. Ce fut Peale qui prouva le premier que cet animal avait des défenses, après avoir découvert un crâne sur lequel se trouvaient des alvéoles. C'est aux laborieuses recherches de ce savant que l'on doit les premiers squelettes que l'on en ait possédés. Après une exploration de trois mois, il en découvrit deux presque entiers, dont un est actuellement dans le muséum de Philadelphie.

Le *Mastodonte à dents étroites* se rencontre sur une plus vaste étendue du globe que l'espèce précédente ; l'on en trouve des débris en Amérique, en Asie et en Europe ; dans cette dernière, le val d'Arno, les Alpes et la France en fournissent ; en Amérique, ils sont abondants sur le revers des Cordillières, et il en a été découvert jusqu'à 1,500 toises au-dessus du niveau de l'Océan : c'est à la présence des os de cette espèce perdue qu'est probablement dû le nom de Camp des Géants qui a été donné à un site des environs de Santa-Fé de Bogota, où Humboldt en a rencontré encore des fragments pendant ses voyages ; et c'est probablement aussi à l'abondance de ces ossements sur le revers des Cordillières que l'on doit toutes les traditions espagnoles sur les anciennes races d'hommes d'une taille extraordinaire qui habitaient autrefois le Pérou. Ces erreurs ont même pénétré dans l'Europe civilisée ; car Sœmmering raconte que dans la collection de l'université d'Erlang on voit une dent de ce Mastodonte, au-dessous de laquelle se trouve écrit : Géant de seize coudées.

Sous Louis XIII, on trouva près des bords du Rhône plusieurs pièces d'un squelette de l'un de ces animaux que l'on prétendit être les restes du corps de Teutobocchus, roi des Cimbres, rival de Marius et défait par lui cent cinquante ans avant J.-C. Des personnes intéressées à tromper la crédulité, assuraient même les avoir découverts dans un cercueil portant cette inscription : *Teutobocchus rex*, et où il se trouvait des médailles d'argent au même titre. Ces ossements donnèrent lieu à d'acerbes disputes entre plusieurs anatomistes de l'époque, et dans la suite on les considéra généralement comme ayant appartenu à l'Eléphant fossile. Mais ces restes ayant été retrouvés à Bordeaux, tout récemment, de Blainville, qui a eu l'occasion de les étudier, a reconnu qu'ils appartenaient évidemment au Mastodonte à dents étroites.

Les dents de cette espèce avaient été prises par Camper, Daubenton et Faujas pour celles d'un Hippopotame. Ce sont elles, ainsi que l'a reconnu Réaumur, qui, se trouvant parfois teintes en vert bleuâtre par des métaux, forment les turquoises occidentales que l'on extrait du département du Gers.

FAMILLE DES LAMANTINS.

Corps ichtyoïde ; membres antérieurs en nageoires, les postérieurs nuls.

Le nom de *Vache marine*, sous lequel on désigne ces animaux chez certains peuples, leur vient, sans doute, de l'espèce de nourriture dont ils font usage et peut-être aussi de l'aspect de leur estomac; les mamelles des femelles, se rapprochant, pour la situation, de celles de la femme, et la lèvre ombragée de longs poils, que l'on observe chez les Lamantins, sont probablement ce qui a trompé des voyageurs, amis du merveilleux, qui ont vu dans leurs traits des apparences humaines ; et en considérant ces animaux, qui se plaisent à élever le devant de leur corps au-dessus de l'eau et tiennent parfois leurs petits fort adroitement sous leurs bras, ils ont cru découvrir des syrènes ou des tritons, et prouver l'origine aquatique de notre espèce. En effet, quand on lit les descriptions d'hommes marins, faites par les auteurs, on voit qu'elles se rapprochent plus ou moins de celles des mammifères de cette famille, auxquels, par rapport à la similitude éloignée de leurs mamelles, on donne même, dans quelques pays, le nom de *Poisson-femme*.

Les prétendus restes de syrènes représentés dans certains auteurs ont constaté la justesse de ces assertions. Le bras, l'avant-bras et la main figurés par Bartholin, comme ayant appartenu à un de ces êtres extraordinaires, sont évidemment les os d'un jeune Lamantin.

Il n'y a dans ces animaux que des incisives et des molaires, et ces dernières ont toujours une couronne large qui est l'indice d'un régime végétal ; leur estomac offre plusieurs cavités qui lui donnent de l'analogie avec celui des ruminants, et il est, par cette disposition, appre-

prié à leur nourriture qui se compose de fucus et d'autres plantes croissant dans la mer ou à l'embouchure des grands fleuves.

Les animaux de cette famille ont été diversement classés suivant les
époques. On les a d'abord rapprochés des Phoques et des Morses ;
Linnée les rangea successivement parmi les Cétacés, puis dans les Brutes, et il finit par les mettre près des Morses. Lacépède, le premier,
les érigea en genres distincts, et de Blainville les considéra comme des
Gravigrades modifiés pour une vie tout à fait aquatique.

DINOTHÈRES. *Dinotherium.* Deux incisives inférieures formant
des défenses dirigées en bas.—Ces mammifères, dont le nom signifie
Bête terrible, semblent avoir été contemporains des Mastodontes et
avoir succombé durant la catastrophe qui les a frappés, puisque l'on
rencontre assez souvent leurs ossements mêlés ensemble parmi les mêmes terrains. Ils habitaient anciennement nos contrées, et leur existence
ne fut d'abord révélée que par quelques dents que l'on exhuma vers
la fin du siècle dernier sur différents points de la France et de l'Allemagne. Tout récemment on vient d'en trouver une tête entière, mais
cependant on n'a point encore rassemblé assez de débris de ces animaux pour pouvoir restituer leur squelette.

Nos premières connaissances à l'égard des Dinothères furent dues à
Réaumur et à Rosier, qui en figurèrent des molaires, l'un dans son
mémoire sur les dents dont on retire les turquoises, et l'autre dans un
journal d'agriculture. Cuvier, d'après la seule inspection des dents de
ces animaux, les considéra comme des Tapirs gigantesques, auxquels,
ainsi que Kaup, il accordait dix-huit pieds de longueur. Mais la découverte d'une mâchoire inférieure de l'un d'eux fit voir à ce dernier
savant que, par la direction et la forme de leurs incisives inférieures,
ils s'éloignaient beaucoup des mammifères de ce groupe, ce qui l'engagea à créer pour eux le genre *Dinotherium*, qu'il rapprocha des
Édentés. Puis ce professeur, dans une figure restaurée qu'il en publia,
leur attribua une physionomie qui tient de celle des Tapirs et des Eléphants et leur accorda une trompe (Plan. VI). Buckland embrassa une
opinion semblable, et il émit que les défenses de ces mammifères,
qu'il considéra comme aquatiques, pouvaient servir à fixer leur tête
au rivage, de manière à laisser leurs narines hors de l'eau pour qu'ils
pussent respirer librement pendant leur sommeil, en même temps que
le corps flottait avec aisance à la surface du liquide.

De Blainville, d'après l'examen attentif de la tête d'un Dinothère qui
fut apportée à Paris dernièrement, pense que ce genre appartient à
l'ordre des Gravigrades et qu'il doit faire le passage des Éléphants aux
Lamantins. Ses dents à deux collines crénelées et son crâne, qui ressemblent à ceux de ces derniers animaux, sont une forte présomption en
faveur de cette opinion que nous avons adoptée.

Ce zoologiste pense que les Dinothères, dont on ne peut encore connaître la structure des membres, se servaient de leurs défenses infé-

rieures comme d'une espèce de râteau pour arracher les plantes plus ou moins consistantes dont ils s'alimentaient et qu'il leur était facile de broyer à l'aide de leurs molaires, dont l'action devait être analogue à celle des instruments dont on se sert pour briser les tiges du chanvre. Peut-être aussi employaient-ils ces défenses pour se traîner hors de l'eau comme le Morse a l'habitude de le faire.

LAMANTINS. *Manatus.* Incisives disparaissant avec l'âge; molaires $\frac{5}{5}$; nageoire caudale ovale; des ongles. — La plupart des auteurs prétendent que ce nom a été imaginé par les Espagnols pour indiquer que les pieds de devant de ces animaux ressemblent à des mains, attendu que le mot *manato*, en espagnol, a cette signification.

Ce genre, qui est actuellement propre à la zône torride, habitait l'ancienne mer qui a couvert l'Europe de ses coquillages à une époque postérieure à la formation de la craie, mais qui précéda l'apparition du gypse dont les masses renferment les Paléothères et les Anoplothères; aussi on rencontre des ossements fossiles de Lamantins sur divers points de la France. Dans le département de Maine-et-Loire, il s'en trouve dans le calcaire coquillier.

Aujourd'hui ces animaux résident à l'embouchure des fleuves de l'océan Atlantique et remontent parfois leur cours une cinquantaine de lieues; jamais on ne les rencontre en haute mer. Ils vivent par petites troupes, composées d'un couple et de sa progéniture; on les voit quelquefois monter sur le rivage et s'y avancer pour paître l'herbe à une certaine distance, en rampant et en se traînant à l'aide de leurs mains ongulées.

Autrefois les habitants de Dieppe et ceux de Dunkerque équipaient des bâtiments pour aller à la pêche des Lamantins, et celle-ci se faisait surtout dans la rivière des Amazones où les sauvages, à ce que dit Duhamel, vendaient aux matelots ceux qu'ils capturaient. C'était pour leur huile que cette pêche s'effectuait, et anciennement on accordait de grandes vertus médicales à l'os de l'oreille de ces animaux.

DUGONGS. *Halicore.* Incisives moyennes supérieures formant de petites défenses cachées par la lèvre; nageoire caudale en croissant; ongles nuls. — Le nom de ces mammifères est celui que leur donnent les Malais; ils sont communs dans l'archipel Indien, et se trouvent constamment le long des côtes, mais jamais, à ce que dit Cuvier, ils ne s'avancent sur le rivage. Leur tête ressemble à celle d'un Éléphant dont on aurait tronqué la trompe, et ils ont le mufle hérissé d'épines cornées d'environ un pouce de longueur. Leur nourriture se compose d'algues qu'ils arrachent avec leur lèvre supérieure et la région calleuse de la gencive qui tapisse le devant de la bouche.

Malgré le peu d'étendue de leur cerveau, ils ne manquent point d'intelligence, à ce que dit F. Cuvier, et ils paraissent susceptibles de beaucoup d'affection. Buffon rapporte qu'un mâle, dont la femelle avait été prise, se laissa tuer plutôt que de l'abandonner. Les Malais assurent que, lorsqu'on vient à saisir le petit, on est toujours certain de faire la capture de la mère.

Longtemps on n'a eu que des indications fautives sur les Dugongs, et ils ne furent connus que par leurs têtes décharnées qui se trouvaient dans les collections, ainsi que par une figure de Renard, mêlée à ses Poissons des Indes. On en doit la première bonne description à Diard et Duvaucel, qui purent s'en procurer pendant leurs voyages. Dans l'Inde on mange ces mammifères, et leur chair, qui a le goût de celle du bœuf, passe pour délicieuse parmi les Malais, qui la réservent même pour leurs princes.

ORDRE DES PACHYDERMES.

Peau dure et épaisse. Ordinairement trois sortes de dents. Clavicules nulles; ongles en forme de sabots. Estomac impropre à la rumination; mamelles abdominales.

Les Pachydermes sont des mammifères qui, pour la plupart, sont lourds; leur peau est couverte de peu de poils, et ils recherchent généralement les endroits marécageux ou les forêts sombres. Leur cerveau est peu développé et leur intelligence fort obtuse. Ils ne portent point de mufle, et beaucoup d'entr'eux sont omnivores. Ces animaux n'ont jamais plus de quatre doigts aux membres et jamais moins de trois, mais seulement, comme cela a lieu chez le Cheval, il peut arriver qu'il n'y en ait qu'un de saillant, et que les deux autres restent cachés sous la peau.

Cet ordre admet une division bien simple, celle des Ongulimpares qui renferme les familles, où les ongles sont impairs aux pieds postérieurs comme dans les familles des Brutes et des Solipèdes, et celle des Ongulipares, où leur nombre est pair comme dans celle des Pachydermiens.

FAMILLE DES BRUTES.

Mains à trois ou quatre doigts; pieds tridactyles.

TAPIRS. *Tapirus.* Une petite trompe; système dentaire $\frac{4}{3} \frac{1}{1} \frac{7}{6}$; digitation 4. 5. — Ces animaux vivent ordinairement dans les forêts marécageuses de l'Amérique méridionale et de quelques régions de l'Asie; leurs formes les rapprochent beaucoup des Sangliers, mais ils en diffèrent par leur système digital, et, au lieu d'un boutoir, ils sont munis d'une petite trompe qui peut acquérir de six à huit pouces de longueur; cet organe n'est pas terminé par un doigt mobile comme celui de l'Éléphant, et les Tapirs ne peuvent saisir les objets par son intermédiaire qu'en le recourbant. Ces mammifères fréquentent souvent l'eau, et nagent très-bien; ils sont doux et timides, et vivent solitairement. On les apprivoise avec facilité, et Sonnini rapporte qu'à Cayenne on en voit souvent parcourir les rues, sortir de la ville pour aller chercher leur nourriture dans les bois voisins, et revenir le soir à l'habitation de leurs maîtres.

Les molaires de ces Pachydermes offrent deux collines transverses, et leur nourriture se compose de fruits sauvages et de jeunes pousses; d'Azzara dit que ceux qui vivent au Paraguay mangent souvent aussi une terre qui contient du nitre; en domesticité, ils deviennent omnivores, et on peut leur donner de la viande. Les mâles se battent pour la possession des femelles, qu'ils abandonnent après la satisfaction de leurs désirs. Celles-ci n'ont qu'un petit qu'elles élèvent avec soin.

Le *Tapir d'Amérique,* qui est assez commun dans quelques régions de cette partie du monde, fut longtemps la seule espèce que l'on connût. Il est noir partout et couvert d'un duvet très-court et peu abondant; on le rencontre spécialement dans les bois qui bordent les fleuves. Il paraît qu'on le chasse à la Guyane, à ce qu'assure Sonnini, en se servant d'un instrument qui imite son cri et l'engage à s'approcher; mais cet animal est difficile à tuer avec des balles, à cause de l'épaisseur de son cuir qui lui forme une sorte d'armure. Son naturel doux et timide uni à sa force ont porté quelques personnes à conseiller de l'employer en guise de bête de somme. La chair des jeunes Tapirs ressemble à celle du Veau, mais celle des adultes est peu agréable au goût, et l'on dit qu'on l'abandonne aux nègres; leur cuir est plus épais que celui du Bœuf.

Une autre espèce de Tapir a été découverte par Roulin dans les hautes régions des Cordillières qu'elle habite toujours. Son corps est couvert partout d'un poil très-épais et long, et sa trompe ne présente point de rides. Il est diurne, tandis que l'espèce précédente n'abandonne sa retraite que la nuit.

Le *Tapir de l'Inde,* qui est confiné dans la presqu'île de Malacca et l'île de Sumatra, est noir dans sa région antérieure et blanc sur toute la postérieure à l'exception des jambes; il ressemble à celui d'Amérique, par le port, mais il en diffère par sa coloration, ainsi que par quelques particularités de son ostéologie. Ce mammifère était connu depuis longtemps chez les Chinois et les Japonais, quoiqu'il fût ignoré par les Européens. Abel de Rémusat a communiqué à Cuvier des gravures d'une espèce d'encyclopédie japonaise et quelques peintures chinoises sur lesquelles il se trouve évidemment représenté; seulement sa trompe est un peu exagérée, et il porte des maculatures qui paraissent être une livrée du jeune âge. Les premières notions que l'on eut sur cet animal dans le monde savant provinrent de Diard et Duvaucel, qui le découvrirent dans son pays natal, et en envoyèrent une peau au Jardin-du-Roi; ensuite Cuvier en fit la description.

PALÉOTHÈRES. *Palæotherium.* Trompe courte ; système dentaire $\frac{1}{1}$, $\frac{1}{1}$, $\frac{7}{7}$; digitation 3. 3. — Ces animaux ne se retrouvent plus à l'état vivant, et les couches dans lesquelles on découvre leurs ossements fossiles indiquent qu'on doit les ranger parmi les plus anciens mammifères qui aient existé à la surface du globe. On les rencontre presque toujours dans les terrains d'eau douce où ils sont accompagnés de restes de Crocodiles, de Tortues ou d'animaux fluviatiles et lacustres. Ils abondent parmi les gypses du bassin de Paris.

Les Paléothères étaient analogues aux Tapirs par leur forme générale et celle de leur tête, et surtout par l'exiguïté de leurs os du nez. La disposition ostéologique de la face de ces mammifères indique qu'ils portaient une trompe, et que, comme celle qui s'observe chez les Pachydermes que nous venons de citer, elle était courte, ainsi que le révèlent le peu d'espace qui se trouvait consacré à son insertion, et la petitesse du trou sous-orbitaire qui lui envoyait ses nerfs. Les canines des Paléothères étaient probablement un peu saillantes, et par leurs pieds, ces animaux se rapprochaient des Rhinocéros ; ils vivaient, selon Cuvier, sur les rivages des fleuves et des lacs de l'ancienne terre qu'ils habitaient, comme le font présumer les coquilles ou les animaux lacustres ou fluviatiles que l'on rencontre dans les roches qui les enveloppent.

Lamanon s'était déjà occupé de ces animaux dont il avait décrit quelques débris ; mais c'est à Cuvier que l'on doit tous les importants travaux qui les signalèrent au monde savant. Le premier squelette à peu près entier offert à l'observation des savants, et que l'on déposa au cabinet du Roi, fut découvert à Pantin, et considéré dans les papiers publics comme celui d'un Bélier. Aujourd'hui on a exhumé une douzaine d'espèces de Paléothères du seul bassin de Paris ; parmi elles, il en est qui égalent la taille du Cheval : tel est le *grand Paléothère* que l'on a découvert dans les carrières à plâtre, tandis que d'autres n'ont que les dimensions du Lièvre, ainsi que cela a lieu pour le *Paléothère très-petit.*

RHINOCÉROS. *Rhinoceros.* Une ou deux cornes sur le chanfrein. Incisives variables ; canines $\frac{0}{0}$, molaires $\frac{7}{7}$. Digitation 3, 3. — Ces mammifères se rencontrent fréquemment à l'état fossile, quoiqu'un peu moins souvent cependant que les Éléphants avec lesquels leurs ossements sont ordinairement confondus. Ils abondent en Sibérie et en Europe, et, dans cette dernière, on en découvre surtout en Allemagne et dans le val d'Arno en Italie ; l'Angleterre et la France en possèdent également. Par un heureux concours de circonstances, les parties charnues de quelques-uns de ces animaux antédiluviens se sont même parfois conservées, et ont été découvertes de nos jours. Tel est le Rhinocéros dont parle Pallas, que l'on déterra en 1771 sur les bords d'une rivière qui se jette dans la Léna. Son corps était partout revêtu de la peau, mais celle-ci se trouvait si corrompue qu'on ne put la conserver qu'aux pieds et à la tête. Cet individu dut sa conservation à la rigueur du climat où il fut découvert, et sous lequel le sol qui l'environnait reste constamment congelé ; car c'est à peine si le soleil en été dégèle la terre à quelques pieds de profondeur.

On connaît quatre ou cinq espèces de Rhinocéros fossiles, dont une ne paraît pas avoir dépassé la taille du cochon. Ces animaux ont certainement vécu dans les anciens temps à la surface des contrées où aujourd'hui on retrouve leurs ossements, et quelques-uns, ainsi que l'Éléphant antédiluvien, semblent avoir disparu de la superficie du globe par une révolution subite, comme le démontre l'individu découvert parmi les glaces de la Sibérie et dont les chairs n'auraient pu se conserver si elles n'avaient été congelées immédiatement. Sans doute que les Rhinocéros qu'on trouve aujourd'hui dans les régions polaires étaient organisés pour résister au froid, puisque Pallas dit que le pied de celui dont nous venons de parler était couvert de poils abondants.

Les mammifères de ce genre qui vivent de nos jours habitent exclusivement les contrées les plus chaudes de l'Afrique et de l'Asie, ainsi que plusieurs îles qui avoisinent cette dernière. Ils se plaisent surtout dans les lieux humides, marécageux, et sur les bords des rivières.

Ces animaux se font remarquer par la disposition de leur peau qui offre tant de force et d'épaisseur que Buffon dit qu'elle résiste aux balles, et qu'elle est inattaquable par la griffe des carnassiers ; sur certaines espèces elle forme des plis fort gros vers les épaules et les cuisses, et qui passent en travers sur le corps. Les Rhinocéros se distinguent surtout par une ou deux cornes qu'ils portent sur la région nasale ; celles-ci sont formées de poils agglutinés que l'on sépare avec facilité, et elles reposent sur les os du nez qui paraissent disposés en voûte et être très-épais pour leur fournir un appui solide. Les yeux de ces mammifères sont petits, et leur lèvre supérieure, qui peut s'allonger en pointe, sert chez quelques espèces à saisir leurs aliments.

L'intelligence des animaux de ce groupe est assez obtuse. Leur force est énorme, et ils livrent avec avantage des combats aux plus redoutables carnassiers tels que les Lions et les Tigres, qu'ils cherchent à éventrer avec leurs cornes. Quoique d'un naturel farouche, il paraît que les Abyssiniens les élèvent en domesticité, et les font travailler comme des Éléphants.

Aristote ne paraît pas avoir connu les Rhinocéros. Le premier que l'on trouve mentionné dans les écrits fut celui qui se vit dans la pompe de Ptolémée Philadelphe, et que l'on fit marcher le dernier de tous les animaux qui l'ornaient, apparemment parce qu'il était le plus rare et le plus curieux. Strabon est le plus ancien auteur qui parle des mammifères que nous décrivons ; il en avait vu un à Alexandrie ; et ce savant, qui l'a dépeint avec exactitude, mentionne même les plis remarquables que formait sa peau.

Le premier Rhinocéros qui arriva en Europe figura aux jeux de Pompée ; bientôt après, Auguste, à la suite de son triomphe sur Cléopâtre, en montra un autre au peuple romain étonné et il le fit tuer dans un combat avec un Hippopotame. Dans la suite, sous Domitien, deux Rhinocéros bicornes parurent à Rome, et ils furent gravés sur quelques médailles de cet empereur. Puis Antonin, Héliogabale et Gordien III en livrèrent d'autres à la curiosité du peuple.

Après l'époque romaine un laps de temps s'écoula sans qu'il parvînt de ces animaux en Europe ; aussi on n'eut à leur égard que de fausses notions. Le premier que les modernes observèrent, avait été envoyé des Indes au roi Emmanuel, en 1513 ; ce fut d'après lui qu'Albert Durer exécuta une gravure que copièrent beaucoup de naturalistes, et sur laquelle cet artiste le représenta fantastiquement avec un corps couvert d'espèces de coquillages ; cet animal, qui dans la suite se trouva offert au pape par le prince que nous venons de nommer, ayant été saisi d'un accès de fureur pendant la traversée, fit périr le bâtiment qui le transportait. Après cela, de temps en temps, il est arrivé en Europe quelques mammifères de ce genre, mais rarement ; le nombre de ceux qui y parvinrent ne s'élève pas au-dessus de douze ; aussi on ignora jusqu'à notre époque leur structure anatomique, et ce fut à Cuvier que l'on dut la première figure de leur ostéologie.

La chasse de ces animaux est difficile et dangereuse ; cependant on s'efforce de les abattre, à cause des produits qu'ils offrent. On tire parti de leur peau, qui fournit un cuir que l'on dit tellement dur que les meilleurs instruments d'acier s'émoussent en le coupant, et l'on en fait des boucliers. Leurs cornes sont aussi recherchées par quelques Indiens superstitieux qui leur attribuent de merveilleuses vertus ; ils en façonnent des vases dans lesquels ils pensent que les poissons anéantissent leurs funestes propriétés. Buffon dit même qu'on les vend jusqu'à cent écus aux Siamois, et ceux-ci les regardent comme si précieuses que, parmi les présents que leur roi envoya à Louis XIV, il se trouvait six de ces cornes. La chair du Rhinocéros est excellente, selon Kolbe, et elle est fort recherchée par les nègres.

Le nombre des espèces de ce genre n'est pas encore bien fixé ; on en connaît quatre ou cinq, parmi lesquelles on doit citer principalement les deux suivantes :

Le *Rhinocéros des Indes*, qui ne porte qu'une corne, et dont la peau offre de gros plis ; réduit en domesticité dès sa jeunesse, il est doux et traitable, mais, quand il est âgé, son naturel sauvage est impossible à vaincre. C'est dans l'Inde, au delà du Gange, qu'il se trouve.

Puis le *Rhinocéros d'Afrique*, qui a deux cornes nasales, manque d'incisives et n'offre pas de replis cutanés.

DAMANS. *Hyrax*. Système dentaire $\frac{1}{4}$, $\frac{0}{0}\frac{7}{7}$; digitation 4-3. — On n'en connaît qu'une seule espèce, le *Daman du Cap*, dont la grosseur approche de celle du Lièvre, et qui habite l'Afrique et l'Arabie. Shaw a prouvé que c'est le *Saphan* de la Bible, que l'on avait cru à tort être le

Lapin ; car l'Écriture mentionne que le Saphan réside parmi les rochers ; ce qui est vrai du Daman et nom de l'autre animal. Ce savant dit que le nom de ce petit mammifère est le même que celui que lui donnent les Arabes , Daman-Israël ou Agneau d'Israël.

Les premiers naturalistes qui parlèrent du Daman , le placèrent parmi les Rongeurs ; tels furent Kolbe qui le fit connaître , et le nomma *Marmotte* ; puis Pallas et Blumenbach. Mais cet animal s'éloigne considérablement de cet ordre ; malgré sa petitesse , c'est un vrai Pachyderme : il est même , de tous les mammifères , celui qui , par sa structure , se rapproche le plus du Rhinocéros. Le Daman du Cap est d'un naturel inoffensif et très-timide : il devient souvent victime des carnassiers et des oiseaux de proie ; sa chair , qui a le goût de celle du Lapin , est fort recherchée en Afrique.

FAMILLE DES SOLIPÈDES.

Un seul doigt apparent et un seul sabot à chaque pied.

CHEVAUX. *Equus.* Six incisives et douze molaires à chaque mâchoire. — Ces animaux forment l'unique genre contenu dans cette famille , si facile à isoler de toutes celles qui appartiennent au même ordre par la seule inspection du sabot.

Géologie. — Une espèce de ce genre était contemporaine des Éléphants dont les débris remplissent les grandes couches-meubles de notre sol ; sans qu'on puisse affirmer qu'elle soit absolument une de celles qui existent aujourd'hui , on doit avouer qu'elle s'en approchait du moins beaucoup. C'est dans les alluvions récentes que l'on rencontre le plus de restes de Chevaux fossiles , et presque partout on les trouve associés aux animaux que nous venons de mentionner. Il y en a aussi dans les cavernes et les brèches , et Cuvier dit que , dans quelques contrées de l'Allemagne , on déterre une si prodigieuse quantité de dents de chevaux fossiles , qu'on les ramasse par charretées. Il n'est presque pas de vallées où l'on puisse creuser des excavations de quelque étendue , sans découvrir des vestiges de ces animaux ; celles de la Somme et de la Seine en fourmillent , et l'on en a rencontré de confondus avec des os d'Éléphants tandis que l'on travaillait au canal de l'Ourcq.

Malgré cette abondance d'ossements de chevaux fossiles , on a généralement fait peu d'attention à eux , soit parce que l'on considérait leur présence comme facile à expliquer , soit parce qu'on les méconnaissait. Aldrovande , dans son traité des monstres , en figure plusieurs dents comme ayant appartenu à des géants ; d'autres ont cru voir , dans celles qu'on leur présentait , des dents d'Hippopotame.

Géographie et mœurs.—Les Chevaux sont tous originaires des régions chaudes ou tempérées de l'ancien continent. Ce sont des animaux dont les sens sont généralement très-délicats ; ils voient bien la nuit ;

leur odorat est un excellent indicateur de l'eau ; aussi les Arabes , en traversant les sables , s'en servent-ils utilement pour trouver des sources ; en Amérique , les Chevaux creusent même le sol pour les découvrir , et les écrits rapportent que les Hébreux, pendant leur long exil au milieu du désert , les employaient heureusement au même service.

Ces mammifères sont essentiellement herbivores , cependant ils ont un estomac assez petit et simple, mais leur cœcum, par compensation , est très-développé.

Le *Cheval ordinaire*, qui est l'une des plus précieuses conquêtes de l'homme sur la nature , se reconnaît à sa couleur uniforme et à sa queue qui est garnie de poils dès sa naissance. Il paraît originaire des immenses plaines de l'Asie centrale , mais l'homme, par ses conquêtes ou ses relations commerciales, l'a transporté de là sur presque tous les points du globe. Il n'en existait pas en Amérique lors de sa découverte ; mais quelques-uns de ceux qui y furent introduits s'étant trouvés libres, ils s'y multiplièrent d'une manière extraordinaire ; aujourd'hui, dans certaines contrées de cette partie du monde , on en rencontre des troupes qui se composent quelquefois de plus de dix mille de ces animaux commandés par les plus courageux mâles, précédés d'éclaireurs, et manœuvrant en colonnes que la puissance humaine ne peut rompre, et qui tournent autour des caravanes pour embaucher les montures qui s'y trouvent. A la vue de celles-ci, ils poussent de longs hennissements par lesquels ils semblent inviter les chevaux domestiques à les suivre , et souvent il arrive qu'ils parviennent à les y décider en réveillant en eux l'instinct de la liberté.

En Asie , ainsi que dans les endroits du Nouveau-Monde où les Chevaux sauvages habitent des lieux fréquentés par l'homme , leurs troupes sont bien moins nombreuses ; là elles ne se composent ordinairement que d'un étalon , de juments et de poulains formant en tout une vingtaine d'individus.

A l'état sauvage les Chevaux sont moins beaux que ceux qui vivent sous l'influence de la domesticité , leur tête est plus grosse et leurs éminences osseuses plus saillantes. Ils forment des troupes conduites par un mâle qui , en chef courageux , s'offre le premier à tous les dangers ; celui-ci , comme une espèce de sultan des cavales , éloigne ou terrasse tous les jeunes Chevaux qui essaient de s'en approcher. Leurs troupes n'ont point de refuge fixe pour s'y livrer au repos ; elles craignent beaucoup les orages et lorsque le tonnerre gronde on les voit fuir épouvantées jusqu'à ce qu'elles aient trouvé quelque abri ou que ses roulements cessent.

On dompte très-facilement les Chevaux libres que l'on rencontre en différentes régions du globe ; dans plusieurs provinces de l'Amérique, on n'en emploie pas d'autres, et quand les habitants en ont besoin, ils vont en saisir quelques-uns à l'aide du *lacet*, dans les vastes pampas où ils résident , et en fort peu de temps ces animaux sauvages s'accoutument aux exigences de la domesticité. On suit la même coutume dans quelques districts de la Tartarie.

Les Chevaux sont courageux, et ils se défendent si bien des carnassiers que rarement on les voit périr par leur dent ; si ceux qui les attaquent sont redoutables, leur troupe se concentre sur un même point et les individus qui la composent dirigent tous leur tête vers le centre du groupe, tandis qu'ils ruent d'une manière terrible du côté de l'ennemi qui les menace ; si, au contraire, ces agresseurs sont faibles, tous les chevaux de la bande se dispersent et forment un grand cercle qui se rétrécit de plus en plus, et dans lequel ils se trouvent enfin cernés de toutes parts et bientôt tués par eux.

La noblesse du Cheval ainsi que les services qu'il rend à l'homme ont fait que celui-ci lui a, dans tous les temps, accordé des facultés élevées, et les écrits fourmillent de traits qui semblent autoriser à y croire. Comme témoignage de l'attachement et du zèle de cet animal, on a souvent cité l'ardeur que déployait le fameux Bucéphale, cheval d'Alexandre, pendant les occasions périlleuses ; ainsi que l'action de celui d'un prince Scythe, qui se jeta sur le meurtrier de son maître et le fo la aux pieds. Enfin tout le monde connaît la douleur que l'on attribue au cheval de Nicomède, qui, dit-on, se laissa périr de faim après la mort de ce personnage.

Les différents exercices auxquels on dresse les Chevaux dans les cirques peuvent nous donner une idée de leur éducabilité.

Si l'on en doit croire Elien, les Sybarites auraient appris à leurs Chevaux à danser au son de la flûte, et cela fut même cause de la défaite de ce peuple. Les Crotoniates, qui connaissaient cette particularité, pendant une bataille, au lieu de faire sonner leurs trompettes, firent exécuter des airs de flûte ; aussi les Chevaux des Sybarites se mirent à danser et passèrent parmi leurs ennemis. Un des professeurs de l'école d'Alfort, Huzard, cite un fait qui vient à l'appui du précédent ; il dit que, dans l'insurrection des Tyroliens, en 1809, ceux-ci s'étant emparés de quinze Chevaux sur les troupes de la Bavière, ils les montèrent aussitôt ; mais que plus tard ces nouveaux cavaliers s'étant trouvés en présence d'un escadron bavarois, quand ces animaux entendirent ses trompettes, et en virent l'uniforme, ils entraînèrent malgré eux les Tyroliens, et au grand galop arrivèrent au milieu de leurs premiers maîtres en livrant ainsi leurs ravisseurs prisonniers.

La durée de la gestation du Cheval est d'environ onze mois ; le poulain naît les yeux ouverts, et presque immédiatement après sa naissance il peut suivre sa mère ; celle-ci l'allaite pendant à peu près six mois ; l'époque de la puberté arrive chez cet animal de deux ans et demi à trois ans.

Historique. Dans les écrits de toutes les époques il est question des Chevaux ; il en est même fait mention dans la Genèse, dont quelques chapitres semblent indiquer qu'ils étaient employés, en Égypte, du temps de Joseph, il y a environ trois mille six cents ans. Les monuments des premiers âges de la civilisation nous retracent leur image; on en a trouvé de sculptés dans les ruines de Persépolis, et sur les bas-reliefs des édifices de l'antique Égypte l'on en voit qui portent des guerriers ou qui traînent des chars. L'art grec a souvent excellé à les reproduire, et sur une foule de médailles de cette époque ainsi que de la période romaine on retrouve la figure de ces animaux. Le Cheval était devenu le symbole de Carthage, et Winkelman cite des médailles de cette ville sur lesquelles il est représenté près d'un palmier; Choiseul en mentionne d'autres et particulièrement celles de Tessalonique, de Maronée et de Cyme, qui offrent le même attribut.

Parmi les nations anciennes et modernes, les Chevaux, ces dignes compagnons de l'homme, se sont souvent attiré des honneurs, et quelquefois même on les a vus devenir l'objet d'un culte particulier. Les Hébreux consacraient ces animaux à l'Éternel; les Persans avaient la même coutume, et Hérodote raconte qu'un cheval sacré s'étant noyé dans le Gindes, Cyrus menaça ce fleuve de sa colère. Les Scythes, à ce que rapporte le même auteur, possédaient aussi des Chevaux sacrés, et ils en immolaient parfois une cinquantaine sur le tombeau de leurs rois avec autant de cavaliers; enfin, les Germains en nourrissaient pour en tirer des présages.

Aujourd'hui encore, au rapport de Pallas, dans plusieurs contrées de la Tartarie on consacre parfois ces mammifères aux divinités. Dans la Sibérie cela a lieu sur l'ordonnance du kan, et dans le but de faire prospérer les troupeaux. Le magicien choisit le Cheval qui doit être préféré, et, quand il est devenu sacré, tous les printemps on le lave avec du lait et de l'absinthe, on le parfume, et il est embelli de rubans de diverses couleurs que l'on passe dans sa crinière et dans sa queue; puis il est mis en liberté.

Le Cheval peut être considéré comme une des principales ressources alimentaires que la nature offre à l'homme; sa chair, contre laquelle nous avons tant de préventions, est cependant bonne, et quelques nations anciennes et modernes en ont fait ou en font encore un grand usage; elle formait la nourriture principale des premiers peuples du Nord, et ce fut leur conversion au christianisme qui les fit renoncer à l'usage de cette viande.

Les Celtes, à ce que dit l'antiquaire Keysler, sacrifiaient des Chevaux à leurs dieux, et la chair de ces victimes se mangeait avec honneur dans les festins solennels qui suivaient les sacrifices. Ce fut probablement à cause de cela que le clergé catholique mit tant de zèle à proscrire ce mets et à le faire considérer comme immonde. Le pape Grégoire III, en écrivant à saint Boniface, évêque de Germanie, lui disait d'abolir cette coutume par tous les moyens possibles, et d'imposer de sévères pénitences à ceux qui mangeaient du Cheval, parce que leur action est exécrable.

Il y a peu d'années, on mangeait encore beaucoup de viande de

Cheval dans le Danemark, et sa vente était autorisée dans les boucheries; on la débitait par quartiers, et pour garantir au public qu'elle provenait d'un animal sain, chacun de ceux-ci adhérait encore à son sabot, sur lequel la police avait fait une marque avec un fer rouge pendant la vie de la bête. Cet aliment est aujourd'hui moins employé dans ce pays, non pas parce qu'on lui a reconnu quelques inconvénients, mais seulement parce que le prix des Chevaux s'est tellement accru qu'il n'y a plus d'avantage à les employer; cependant il paraît que l'on en nourrit encore les prisonniers. A Tarente on vend publiquement la viande de Cheval, et le peuple en fait usage avec plaisir; il ne dédaigne même pas celle des individus morts de maladies, à ce que rapporte M. Berthollet, médecin qui a habité cette ville. On sait aussi que les nations de la Tartarie regardent encore aujourd'hui la chair de cet animal comme un des mets les plus exquis.

Malgré la répugnance que l'on éprouve dans notre pays pour la chair du Cheval, M. Larrey dit que son usage est très-convenable pour la nourriture de l'homme, et que son goût est agréable. Ce célèbre chirurgien d'armées a souvent vu, pendant nos désastres, les soldats ainsi que les blessés en faire usage avec plaisir. Plus d'une fois, dit-il, cet aliment leur a sauvé la vie, et il s'étonne que l'on ne tire pas parti, pour la classe indigente et les prisonniers, de tant de Chevaux que l'on extermine chaque jour.

Parent-Duchatelet, à l'ouvrage auquel nous empruntons ces détails, et qui est lui-même partisan de cette nourriture, ajoute qu'à l'époque de la révolution, Paris ne fut nourri en grande partie, pendant l'espace de trois mois, qu'avec de la viande de Cheval, sans que personne s'en soit aperçu et sans qu'il en soit résulté le moindre inconvénient; Huzard, assure-t-il, en a les preuves, et personne n'était plus à même que ce professeur de l'école vétérinaire d'Alfort de savoir ce qui se passait sous ce rapport.

Économie rurale. L'homme, sous l'empire de soins ou de croisements bien dirigés, modifie à son gré, dans des limites qui ne laissent pas que d'être étendues, les formes des Chevaux, et il en crée de nouvelles variétés. Il résulte de cette puissance que les races que l'on connaît parmi ces animaux sont aussi nombreuses que variées, et que quelques-uns ont même des caractères si ambigus qu'il est difficile de les classer. Yvart, qui nous semble avoir vu ce sujet avec plus de philosophie, les distribue en quatre grands types, dont deux, le Cheval anglais et le Cheval andaloux, comprennent tous les Chevaux fins; et deux autres, le Cheval percheron et le Cheval boulonnais, réunissent toutes les variétés de Chevaux communs.

Le *type anglais* se fait remarquer par l'extrême longueur de son corps et la roideur de ses formes. Les Chevaux de ce groupe sont particulièrement conformés pour la course en ligne droite et possèdent peu de souplesse et de grâce dans leurs mouvements; aussi sont-ils rebelles à l'exercice du manége, et se prêtent-ils mal aux manœuvres de la cavalerie. Mais, en compensation, leur vitesse tient presque du prodige ; on voit dans les annales des courses de New-Market, que souvent ils franchissent plus de 54 pieds par seconde ; et que, parmi les plus célèbres, le Childers et le Germain ont fait jusqu'à un mille par minute ou 82 pieds 1/2 par seconde.

Les Chevaux du *type andaloux* ont le corps moins effilé que ceux du groupe précédent ; les jarrets sont plus coudés et leur poitrail plus large ; ils portent une encolure plus forte, plus relevée. Ces animaux sont courageux, et ils ont une souplesse et une grâce qu'on ne trouve pas dans le type anglais. Dès l'époque romaine on en faisait beaucoup de cas, et longtemps ils ont été regardés comme les premiers de l'Europe ; ce sont eux que les peintres représentent le plus souvent dans leurs tableaux. Aujourd'hui encore on paye 25,000 francs un bel étalon de cette race pure.

Parmi les Chevaux communs, le *type percheron* unit la force à l'agilité ; aussi c'est lui qui fournit nos meilleurs Chevaux de poste et de diligence.

Le *type boulonnais* se distingue du précédent, parce que les Chevaux qu'il renferme ont l'encolure moins longue et le ventre plus développé. On les emploie principalement aux travaux lents de l'agriculture, qui demandent beaucoup de force.

Par les croisements multipliés que l'on fait subir aux Chevaux, leurs variétés changent incessamment à la surface du globe ; cependant quelques-unes, et entre autres l'arabe, se conservent dans toute leur pureté, à l'aide de grandes précautions. Ceux que les Orientaux appellent de race noble, c'est-à-dire de pur sang, ont souvent une généalogie fort longue établie par des actes authentiques. La jument est couverte en présence de témoins, qui donnent une attestation passée par-devant le secrétaire d'un émir, et scellée de son sceau ; dans cet acte le nom du Cheval et de la jument, ainsi que le tableau de leurs ancêtres, se trouvent cités. Certains Chevaux nobles que l'on prétend, dans l'Orient, être issus directement des haras de Salomon, ont une généalogie qui ne remonte pas à moins de deux mille ans ; les titres de ces animaux se remettent à l'acheteur.

On donne le nom de haras aux lieux où l'on s'occupe de multiplier et de nourrir les Chevaux ; et, selon les conditions dans lesquelles on y tient ces animaux, on les distingue en haras sauvages, en haras parqués et en haras domestiques.

Dans les *haras sauvages*, les Chevaux sont totalement libres et abandonnés à eux-mêmes parmi de fort grands espaces, où ils sont surveillés par des hommes montés sur des Chevaux dressés, et qui ont pour mission de les ramener sur les terres des propriétaires lorsqu'ils s'en écartent. Quand on veut saisir quelques-uns des individus qui les composent, on accule le haras dans un lieu cerné, puis on jette des lacets sur les individus dont on souhaite s'emparer ; et, lorsqu'à force de serrer ces liens, ils tombent asphyxiés, on les garrotte et on leur passe un licol pour commencer leur éducation.

On ne peut avoir de ces sortes de haras que dans les lieux où il y a d'immenses terres incultes ; aussi, à l'exception de la Russie, n'en voit-on presque pas en Europe. Les Chevaux qu'on en extrait sont sobres et durs à la fatigue, mais ils sont toujours rétifs et sauvages.

Dans les *haras parqués*, qui sont les plus avantageux, les Chevaux sont distribués parmi de vastes enclos où ils jouissent à la fois du bienfait que procure l'exercice sur le développement des forces, et d'une nourriture sagement distribuée. Huzard dit que ceux qui se trouvent placés dans une localité montueuse donnent à ces animaux plus de souplesse, et qu'ils sont surtout essentiels pour ajouter ce perfectionnement aux chevaux destinés à la selle.

Le cultivateur doit préférer, pour placer ces haras, une localité où il se trouve de l'eau et des arbres ; le choix de celle-ci est important, car elle influe beaucoup sur la nature des animaux qu'on y nourrit. Les haras secs produisent des chevaux sobres, vigoureux, et dont la corne est dure ; ceux qui sont humides, au contraire, offrent des élèves dont la tête est grosse, le corps épais, la corne mauvaise et les pieds plats.

Les haras parqués sont les plus avantageux, parce que les Chevaux s'y développent dans toute leur force, et que l'on peut mieux les surveiller. Dans les grandes exploitations rurales, une partie de ceux-ci est en prairies assez vastes pour suffire aux besoins de la belle saison, et l'autre est en culture à l'effet de fournir des grains et des racines pour l'hiver. Les prairies sont divisées en grands compartiments dans lesquels on fait successivement passer les élèves afin d'éviter la perte de nourriture. Les Chevaux, les cavales et les poulains y sont séparés et ne peuvent se blesser ; là, tous ces animaux, habitués à recevoir les soins de l'homme et accoutumés à son aspect, se dressent bien plus facilement que ceux des haras sauvages.

Les *haras domestiques* sont ceux dans lesquels les Chevaux sont presque constamment renfermés dans les habitations, et n'en sortent que pour les travaux. Cependant il y faut toujours une cour pour élever les jeunes Chevaux. Ces haras sont beaucoup moins avantageux que les haras parqués, et Huzard dit qu'ils donnent des Chevaux plus exposés aux maladies.

Durant les âges les plus reculés, l'art d'élever les mammifères qui nous occupent était en honneur, et il y avait même des pays où il avait acquis beaucoup plus d'extension qu'il n'en a de notre époque. Dans l'antiquité, c'était la Médie qui passait principalement pour être féconde en Chevaux ; et, à ce que dit Strabon, on y trouvait des haras royaux dans lesquels il y avait jusqu'à 50,000 de ces animaux. L'Arménie n'en était pas moins riche, et elle envoyait annuellement aux rois de Perse vingt mille poulains qui figuraient dans les fêtes mithriaques.

Statistique. — On a évalué, il y a peu d'années, qu'il se trouvait en France environ un million six cent mille Chevaux, et des statisticiens ont émis que ceux-ci étaient aux habitants dans le rapport de 1 à 19. Mais ces animaux ne proviennent pas tous de nos haras, loin s'en faut ; ces exploitations, qui avaient acquis tant de splendeur sous la féodalité, et que des hommes tels que Sully et d'autres grands seigneurs ne dédaignaient pas de faire valoir, diminuèrent successivement depuis Louis XIII. Pour l'emploi de la guerre, son successeur en fit acheter à l'étranger 150,000, et aujourd'hui on a calculé que l'importation des Chevaux enlevait annuellement à la France environ 8,000,000 de francs. Ce son surtout des races nobles que nos voisins approvisionnent nos marches, parce qu'elles sont moins avantageuses à élever pour les fermiers. Nous tirons principalement aujourd'hui des Chevaux de l'Allemagne, de la Belgique, de l'Angleterre et de la Suisse.

Le Cheval, qui rend de si importants services à l'économie agricole et aux diverses industries, fournit, après sa mort, d'assez nombreux produits ; son cuir est employé pour faire des chaussures ; ses os à la fabrication du noir animal ; ses crins pour rembourrer les meubles ou faire des cordes et des tamis. On peut aussi utiliser ses chairs pour la fabrication du bleu de Prusse, ou pour nourrir les volailles des basses-cours. Malheureusement, par défaut de lumières, les cultivateurs abandonnent leurs chevaux morts pour un vil prix, tandis que chacun d'eux, bien exploité, pourrait alors leur produire une somme qui varie de 63 à 114 fr., selon le chimiste Payen.

L'*Hémione* vit par troupe dans les déserts de l'Asie centrale ; il tient de l'Ane et du Cheval ; son poil est d'un jaune rembruni, et il porte une crinière et une rainure dorsale d'une couleur noire ; sa queue est analogue à celle de la vache, et son sabot est semblable à celui de l'âne. Les Tartares le chassent pour sa chair et son cuir, en tâchant d'envelopper ses bandes errantes par des manœuvres de cavalerie ; mais ils échouent le plus souvent contre leur vitesse incroyable. Celle-ci est même consacrée dans quelques mythologies tartares, où l'on explique la rapidité de la foudre en disant que le dieu du feu franchit les espaces sur un Hémione.

Pallas rapporte que les bandes de cette espèce de Cheval se composent de vingt-cinq à trente femelles, sous la conduite d'un étalon, et qu'on ne peut les surprendre qu'en embuscade. Puis il ajoute que si l'on tue ce dernier, qui se laisse plus approcher des chasseurs, la troupe se disperse. Ces animaux se sont montrés jusqu'à présent indomptables.

L'*Ane* paraît avoir la même patrie que le Cheval, et on le trouve encore aujourd'hui à l'état sauvage dans les déserts de l'Asie centrale où il vit en immenses troupes qui changent de climat selon les saisons, descendent jusque vers l'Inde pendant l'hiver, tandis qu'en été elles s'avancent jusqu'au pied des monts Oural pour y trouver des pâturages frais. Dans cet état, où il était nommé *onagre* par les anciens, il est courageux et se défend vaillamment lorsqu'on l'attaque.

L'Ane domestique, ainsi que le Cheval, offre de nombreuses variétés ;

il se reconnaît à la longueur de ses oreilles et à son pelage gris marqué d'une croix noire sur les épaules. Ce que dit Élien à l'égard d'Anes à tête rouge vient de l'ancienne habitude qu'avaient les Égyptiens et les Persans de teindre le devant de ces animaux en rouge, coutume que Tavernier trouva encore existante à Ispahan lors de son voyage.

Ces mammifères sont entêtés et capricieux ; ce naturel tient peut-être chez eux à l'excessive sensibilité de l'ouïe qui leur était utile dans les solitudes qu'ils habitent, mais qui leur donne, en domesticité, des impressions trop vives ou trompeuses ; les Anglais les rendent plus dociles en coupant les conques de leurs oreilles et en diminuant ainsi la faculté auditive. Construits pour habiter les montagnes, la compression verticale du corps des Anes et l'étroitesse de leurs pieds favorisent leur passage dans les sentiers les plus rétrécis : c'est un reste d'instinct de localité qui les leur fait encore si souvent choisir.

L'assujettissement de ces mammifères remonte aux premiers siècles. Moïse et les prophètes en parlent, et ils figurent dans différents événements de l'histoire sacrée. Les anciens employaient souvent les Anes pour leurs travaux de jardinage, et à cause de cela on les avait consacrés à Priape, et on les immolait parfois en son honneur. Ils ne furent connus en Angleterre que sous le règne d'Élisabeth, et dans les premiers temps de leur introduction ils y excitèrent la curiosité et furent regardés comme des espèces de monstres.

Les Tartares qui habitent des régions fréquentées par les Anes sauvages leur font la chasse ; ils passent parmi eux pour un gibier estimé ; leur peau qui est très-forte sert à beaucoup d'usages, et c'est avec elle que l'on fait les tablettes des portefeuilles, et que les Orientaux confectionnent le *sagri* que nous nommons *chagrin*.

Le *Zèbre* est une espèce qui possède des formes analogues à celles e l'Ane, mais dont le pelage est rayé, portant fort symétriquement des bandes noires sur un fond d'un blanc jaunâtre. Les Romains, qui le comparaient au Cheval pour l'aspect et les mœurs, et au Tigre pour sa coloration, l'appelaient *Hippo-Tigris*, c'est-à-dire Cheval-Tigre. Il habite toute la région qui s'étend de l'Afrique centrale jusqu'au Cap de Bonne-Espérance, et se plaît principalement dans les contrées montagneuses.

Les Zèbres sont courageux et forts, et se défendent vigoureusement à l'aide de ruades quand ils se trouvent attaqués par les plus grands carnassiers. D'un naturel défiant et farouche, le temps ne parvient jamais à les dompter, et les essais que certains habitants du Cap ont fait de ces animaux en les attelant à des équipages ont été funestes à ceux qui les conduisaient.

Plusieurs documents historiques attestent que l'on connaissait ces animaux chez les anciens. Les souverains de la Perse les faisaient immoler au Soleil pendant les fêtes mithriaques, et il paraît qu'à cet effet ils en possédaient plusieurs dépôts dans les îles de la mer Rouge. Dans la vie de Septime-Sévère on lit même que l'infâme Plautius envoya des

centurions dans les îles de la mer Érythrée pour y enlever les chevaux du
Soleil, semblables à des Tigres : il est probable que ce passage n'indique
rien autre chose que des Zèbres dont le pelage a quelques rapports
avec celui de ces carnassiers. Il paraît qu'à Rome, Caracalla en tua
dans les amphithéâtres.

Le *Couagga* se rapproche assez du Cheval pour la forme ; mais il
porte sur toute la partie supérieure du corps des raies qui lui donnent
l'apparence d'un Zèbre, aussi on le confond parfois avec celui-ci.
Comme lui, il vit par troupes nombreuses dans l'Afrique méridionale.
Son nom vient de son cri qui ressemble assez à l'aboiement d'un
Chien. On dit que, dans les environs du Cap, quelques fermiers l'ont
réduit en domesticité, et le placent parmi leurs troupeaux parce qu'il
les défend avec courage contre les carnassiers.

FAMILLE DES PACHYDERMIENS.

Peau épaisse et ordinairement presque nue. Trois sortes de
dents ; canines le plus souvent très-développées. Membres terminés par des sabots ; pieds offrant deux à quatre doigts.

Cette famille contient des animaux plus ou moins omnivores, aimant
pour la plupart à se plonger dans l'eau. Leur chair est généralement
recherchée comme aliment.

PÉCARIS. *Dicotyles.* Museau en boutoir ; canines supérieures
dirigées en bas et incluses. Une cavité glanduleuse dorsale. Digitation
4. 3. — Ces pachydermes sont dépourvus de queue, et la cavité glanduleuse qu'ils portent sur le dos, dans la région lombaire, laisse
suinter un fluide qui exhale une odeur fétide, ammoniacale. Ils vivent
en troupes dans les forêts de l'Amérique méridionale, et on les recherche beaucoup au Brésil à cause de l'excellence de leur chair.
Il est certain qu'ils s'apprivoisent avec facilité.

SANGLIERS. *Sus.* Museau en boutoir ; canines saillantes, recourbées en haut. Pieds tétradactyles, à doigts latéraux rudimentaires, n'appuyant point sur le sol. — Sous cette dénomination on comprend deux
groupes : les Sangliers proprement dits et les Phacochœres.

Les **SANGLIERS** offrent des canines triangulaires, saillantes au dehors de la bouche. Ces animaux se rencontrent à l'état fossile dans les
terrains récents, et principalement parmi les tourbières ; c'est même de
celles-ci qu'ont été extraits la plupart de ceux qui ornent les cabinets
des curieux. Les espèces actuelles sont dispersées dans toutes les contrées chaudes ou tempérées de l'ancien continent et dans les îles qui
l'avoisinent.

Le *Sanglier commun* présente des canines qui ne font qu'une saillie
médiocre à l'extérieur de la bouche ; il est répandu par toute l'Europe

et l'Asie tempérée , ainsi que dans l'Afrique septentrionale. On le trouve dans les forêts ainsi que parmi les marécages, dans lesquels la disposition de ses petits doigts l'empêche d'enfoncer. Il vit communément en petites troupes composées d'une femelle suivie de plusieurs de ses portées, mais les vieux mâles mènent une existence solitaire. Quand ces bandes sont attaquées par les chasseurs ou les carnassiers, elles se défendent courageusement en formant un cercle au centre duquel se placent les individus les plus jeunes et les plus faibles, tandis que les autres présentent de toutes parts leurs défenses à leurs agresseurs. Ces animaux nagent très-bien, et l'on voit les Cochons sauvages de l'archipel des Papous traverser la mer pour se rendre d'une île à l'autre ; il s'en trouve même qui plongent avec facilité.

Les Sangliers sont d'un naturel sauvage et féroce ; ils passent tout le jour dans leur bauge, et n'en sortent que la nuit pour aller à la recherche des fruits et des racines qui forment la base de leur nourriture, ou de quelques matières animales dont la forme comprimée et tranchante de leurs molaires antérieures leur permet l'usage, en même temps qu'elle indique qu'ils sont moins exclusivement herbivores que les autres Pachydermes. C'est avec le boutoir qui termine leur museau qu'ils déterrent les racines, et cet organe est renforcé à cet effet par un os particulier appuyant sur les inter-maxillaires, et pouvant se mouvoir à l'aide de deux gros muscles situés de chaque côté ; le bord supérieur du boutoir est formé par un bourlet épais et calleux qui sert à fendre le sol.

Ces mammifères émettent six à dix marcassins par portée ; aussitôt le part, la femelle fuit le mâle, parce qu'il lui arrive parfois de dévorer sa progéniture. Les petits sont nourris trois ou quatre mois par leur mère, qui est ordinairement escortée de ses portées de deux ou trois ans.

Ces animaux ont été connus dans tous les temps, et on les trouve figurés sur les plus anciens monuments ; leur chasse se pratiquait dans la plus haute antiquité, et déjà Homère en parle dans l'Odyssée ; elle est dangereuse, parce que le Sanglier revient avec fureur sur le chasseur quand il se sent blessé.

Économie rurale. Le Sanglier est la souche sauvage du Cochon domestique, et malgré la grande différence physique qui sépare beaucoup des variétés qu'offre ce dernier, quand il est rendu à la liberté, bientôt il retrouve les formes et le pelage de son type primitif.

Les Cochons forment une des principales sources de richesses pour nos exploitations rurales : cependant parmi celles-ci on est fort injuste à leur égard, et souvent on y méconnaît leurs bonnes qualités. F. Cuvier dit qu'ils sont doués d'une intelligence supérieure à celle dont nous les croyons capables, et qu'ils se placent sous ce rapport bien au-dessus des Rongeurs et des Ruminants, ainsi que d'un grand nombre de carnassiers ; ils lui paraissent, relativement à l'intellect, égaler les Éléphants.

Il est certain que les Porcs sont faciles à apprivoiser. Dampier mentionne que ceux qui furent introduits dans certaines localités de l'Amérique, par les Espagnols, allaient paître le jour dans les bois voisins des habitations, et revenaient chaque soir au son d'une cloche. Bosc a souvent fait une observation qui démontre aussi que les Cochons ont un instinct beaucoup plus développé que celui qu'on leur prête vulgairement. Il dit que dans la Caroline du Sud, où on les élève dans la plus grande liberté, on les laisse errer constamment parmi les bois, et s'y défendre contre les attaques des carnassiers; mais que chaque semaine, à heure fixe, le samedi, ces animaux arrivent de toutes parts à la ferme pour y recevoir quelques poignées de maïs, s'y faire compter, ou fournir aux besoins de leurs maîtres; ils sont aussi beaucoup plus propres que les habitants de nos campagnes ne se le figurent.

Ils sont d'une fécondité extraordinaire; on peut obtenir des femelles deux portées par an, et chacune d'elles produit douze à quinze petits. On trouve, dans les recueils d'agriculture, qu'une seule truie du comté de Leicester eut 355 petits en 20 portées, qui produisirent 3,700 francs à son possesseur. Vauban, en s'occupant de l'approvisionnement des villes, avait conseillé ces animaux comme offrant les plus grands avantages, et il avait calculé qu'en dix générations une seule truie pouvait fournir 6,434,838 individus; et que, si l'on retranchait 434,838 qui pouvaient périr par les Loups et les maladies, il restait encore l'énorme chiffre de 6,000,000.

Parmentier, qui s'est occupé de la distinction des différentes races de Cochons qui se trouvent en France, pense que l'on doit les rapporter aux trois suivantes. La *race de la vallée d'Auge*, dont le poil est blanc, la tête petite et les oreilles étroites; la *race du Poitou*, qui a aussi le poil blanc, mais dont la tête est grosse et les oreilles larges et pendantes; enfin la *race du Périgord*, dont le pelage est noir.

Les soies du Porc sont employées dans les arts pour faire des pince et des brosses, et sa chair forme un aliment recherché par les nations e vilisées depuis les siècles les plus reculés. Les Gaulois en nourrissaient de nombreux troupeaux, et c'étaient eux qui approvisionnaient toute l'Italie de Porc salé. A Rome, dit Plutarque, on servait même parfois sur les tables des truies entières qui étaient pleines, et dont on avait foulé l'abdomen aux pieds pour en pétrir ensemble les petits et les intestins; et d'autres fois on emplissait le ventre d'un Cochon de divers animaux, et on les faisait cuire ainsi : c'était ce que l'on nommait *porcus trojanus*, par allusion au cheval de Troie rempli de guerriers.

Aujourd'hui, en France, la consommation des Porcs est telle que notre pays n'y peut suffire, et qu'annuellement nous en tirons environ 150,000 de l'étranger. Paris seul en absorbe chaque année de 85 à 90,000; et en 1826 il y en eut 91,926 de mangés dans cette ville.

Pour compléter sommairement l'histoire de cet animal, nous ajouterons, sous le rapport archéologique, que les Égyptiens représentaient leurs figures *typhoniennes*, ou allusions au génie du mal, sous l'apparence d'un corps de pourceau portant des mamelles allongées, des bras d'homme et une tête ambiguë, se rapprochant plus ou moins du type humain. Dans les monuments romains, le Porc fut parfois employé comme le symbole de la Judée, depuis que Vespasien et Adrien, après avoir dompté les Juifs, les contraignirent à souffrir sur la porte de Jérusalem la figure de cet animal qu'ils avaient en horreur.

Les *Babiroussas*, appelés aussi *Cochons-cerfs*, sont des Sangliers auxquels l'immense développement de leurs canines donne le plus extraordinaire aspect : ces dents, à la mâchoire supérieure, se dirigent en haut, percent la peau de la face, et en se recourbant en arrière en demi-cercle, elles vont parfois dilacérer celle du front, et entrer même jusque dans le tissu osseux de cette région. Ces animaux, qui habitent quelques îles de l'archipel Indien, sont omnivores comme nos Sangliers, et s'apprivoisent très-bien.

Les PHACOCHŒRES sont des Sangliers remarquables par leurs dents molaires, qui sont composées d'éléments cylindriques, et qui, pour se succéder, se poussent d'arrière en avant, comme cela a lieu chez les Éléphants. Leurs défenses sont extrêmement grandes et dirigées en dehors et en haut ; en outre ces animaux ont aussi pour caractère d'offrir de chaque côté des joues une sorte de loupe charnue. Les Phacochœres habitent l'Afrique et sont d'un naturel féroce.

HIPPOPOTAMES. *Hippopotamus.* Système dentaire $\frac{2}{2}$, $\frac{1}{1}$, $\frac{6}{6}$; incisives inférieures cylindriques, proclives ; canines inférieures très-longues, recourbées, cannelées. Digitation 4. 4. — Les terrains fossilifères de l'Europe qui contiennent des débris de Mastodontes, d'Éléphants et de Rhinocéros, offrent aussi des ossements d'Hippopotames ; mais ceux-ci s'y rencontrent en moindre quantité, excepté dans le val d'Arno, où ils sont en même nombre que ceux de ces animaux qui ont été leurs contemporains. Deux espèces appartenant à ce genre sont particulièrement constatées, et peut-être s'en trouve-t-il plusieurs autres ; l'une offrait une taille qui égalait celle de l'Hippopotame vivant actuellement, mais l'autre ne s'élevait pas au-dessus des dimensions d'un Cochon.

On ne connaît qu'une seule espèce vivante bien constatée de ces mammifères lourds et disgracieux ; elle se trouve dans l'Afrique, principalement en Abyssinie, au Sénégal et vers le Cap de Bonne-Espérance. On la rencontre assez communément au-dessus des cataractes du Nil, mais il est probable qu'elle ne fut jamais bien nombreuse dans le cours inférieur de ce fleuve ; car les hiéroglyphes, peintures vivantes de tout ce qui frappait la vue des Égyptiens, n'en représentent presque point de figures : une seule y est reconnaissable ; et la rareté de ces animaux dans les fêtes des Romains vient encore ajouter quelque probabilité à cette opinion.

Dans une lettre écrite à Aristote sur les merveilles de l'Inde, Alexandre rapporte qu'il y a des Hippopotames dans les fleuves de ce pays ; mais Strabon, en se fondant sur le témoignage de Néarque, a nié qu'il en existât dans l'Indus. Cependant quelques voyageurs modernes ayant prétendu en avoir observé en Chine et à Sumatra, Linnée, sur leurs témoignages, décrit ces mammifères comme étant aussi originaires de l'Asie. Malgré l'autorité de ce savant, il ne paraît cependant point en exister dans cette partie du monde.

Ce Pachyderme, qui est stupide et farouche, vit ordinairement sur les bords des fleuves, se vautre dans leur limon, ou plonge au fond quand cela lui plaît ou que le danger le menace; il marche sous l'eau avec plus de vélocité que sur la terre, ou nage à sa surface en laissant seulement ses naseaux en dépasser le niveau pour respirer. Quoiqu'on ait dit que cet animal poursuivait les barques, les attaquait et les faisait chavirer pour dévorer ceux qui les montaient, il paraît qu'il n'en est rien; car Dampier rapporte qu'une chaloupe fut renversée, sur la côte de Loango, par le dos d'un Hippopotame, et que celui-ci ne fit aucun mal aux hommes qui tombèrent dans la mer. Cependant quand on l'attaque et qu'il est blessé, il s'élance, il est vrai, sur les canots, mord les bordages, et met en danger ceux qui s'y trouvent. Ruppell rapporte que dans un cas semblable un de ces mammifères enleva sous le Nil une petite embarcation, l'y brisa complétement, et que les marins qui la montaient coururent le plus grand danger en se sauvant à la nage.

L'Hippopotame fait peut-être usage de poisson; mais c'est spécialement de cannes à sucre et de joncs qu'il se nourrit, et il les déracine en fouillant le sol avec ses longues incisives inférieures. Ruppell dit qu'il ravage souvent aussi les champs de blé des riverains du Nil.

L'histoire de cet animal a longtemps reposé sur les plus vagues notions; et son nom, qui signifie *Cheval fluviatile*, a peut-être contribué à les accréditer. Hérodote, qui avait visité l'Égypte, ne le décrivit qu'avec inexactitude, et dit qu'il porte une queue munie de crins analogue à celle des chevaux. Aristote, qui le copia en grande partie, le peint comme ayant une crinière et des pieds fourchus. Dans la suite, Diodore de Sicile décrivit un peu mieux cet animal que ses prédécesseurs; cependant Pline copia de préférence les deux premiers.

Les artistes de l'antiquité, plus fidèles que ses historiens et ses naturalistes, nous ont au contraire laissé de bonnes figures d'Hippopotames. Nous en avons observé d'assez exactes sur le bas-relief qui forme la plinthe de la statue colossale du Nil qui se voit au Vatican. En visitant Pompéï, nous avons aussi découvert des Hippopotames sur une magnifique mosaïque qui orne la maison du consul exhumée nouvellement. Ils y sont représentés avec une parfaite exactitude au milieu d'un site aquatique, et environnés de lotus, de Crocodiles, d'Ibis, et d'autres productions de l'Égypte. On voit aussi plusieurs de ces mammifères sur la fameuse mosaïque de Palestrine; il en existe également sur les médailles d'Adrien qui représentent si fréquemment des productions des rivages du Nil; et parmi les anciens, cet animal, ainsi que le Crocodile, était même en quelque sorte devenu le symbole de ce fleuve.

La difficulté de se procurer des Hippopotames fit que l'on n'en vit que rarement à Rome, où abondaient cependant tant d'animaux rares; aussi leur apparition était-elle un sujet d'étonnement pour le peuple. Scaurus en livra un à sa curiosité pendant son édilité; Auguste en montra un autre lors des fêtes instituées en l'honneur de son triomphe sur Cléopâtre; et Commode, Héliogabale et Gordien III en firent également voir, mais en petit nombre.

Il n'en apparut point dans l'Europe chrétienne, et Belon fut un des premiers voyageurs modernes qui eurent l'occasion de voir cet animal vivant; et ce n'est même que depuis fort peu d'années que le Muséum de Paris a pu s'en procurer des squelettes.

L'aspect disgracieux de l'Hippopotame, uni peut-être aux dégâts que ses bandes produisent dans les lieux où elles sont cantonnées, ont probablement donné lieu au culte dont il a été l'objet dans quelques contrées de l'Afrique et à la terreur qu'il y inspirait. Montfaucon dit que les anciens Égyptiens le prenaient pour Typhon, ou le génie du mal, et qu'ils l'adoraient dans quelques cités. Actuellement il est encore des nations sauvages qui le révèrent.

Les grands ravages que les Hippopotames font parmi les plantations et les divers produits qu'ils donnent engagent les habitants des pays où il en existe à leur faire la chasse. Ruppell dit que dans quelques régions du Nil supérieur on les attaque avec une sorte de harpon qui tient à une corde munie d'un bloc de bois destiné à flotter, afin de montrer constamment le lieu qu'ils occupent lorsqu'ils fuient, et de permettre de les suivre. A l'aide du fusil on ne peut les blesser qu'avec la plus grande difficulté, et le voyageur que nous venons de citer rapporte qu'à quelques pas de distance une vingtaine de balles n'entrèrent nullement dans la peau d'un de ces animaux que ses gens poursuivaient.

Pendant la période de l'antiquité, le cuir épais du dos de ces mammifères était employé pour faire des boucliers et des cuirasses impénétrables. Alors on se servait aussi de leurs dents pour la statuaire, et les sculpteurs les employèrent même parfois pour la représentation des dieux; Pausanias rapporte que la figure d'une statue d'or de Cybèle, qui existait à Proconnèse, était ciselée sur des dents d'Hippopotame, et c'était sans doute à cause de cet emploi de sa substance dentaire que celui-ci était quelquefois nommé *Éléphant de rivière*. Aujourd'hui ces dents servent encore en guise d'ivoire pour confectionner différents ornements, et nous avons vu, dans la chartreuse de Pavie, un immense bas-relief qui a été totalement sculpté en cette matière.

ANOPLOTHÈRES. *Anoplotherium.* Dents égales, contiguës. Métacarpiens et métatarsiens séparés; digitation 2, 2. — Ils constituent un genre inconnu à l'état vivant, et dont on rencontre spécialement les ossements fossiles dans les gypses et les calcaires de formation d'eau douce. Les carrières à plâtre des environs de Paris en sont extrêmement riches, et l'on en a parfois extrait des squelettes presque entiers de ces animaux qui paraissent avoir été fort abondants sur notre sol durant l'ancien ordre de choses. On a même été assez heureux pour trouver, parmi les roches qui les enveloppent, certains fragments susceptibles d'éclairer l'anatomie relativement à leurs parties molles ; tel est un cerveau d'Anoplothère assez bien représenté par la masse solide qui a pris sa forme, et qui démontre que l'espèce à laquelle il a appartenu ne possédait point de circonvolutions à la surface de cet organe. Toutes les lois de l'analogie permettent donc au physiologiste de conclure que cet animal antédiluvien était fort peu intelligent.

Ces mammifères, parmi lesquels on a établi plusieurs sous-genres sous les noms de *Dichobunes* et de *Xiphodons*, avaient une taille qui tantôt ne dépassait pas celle du Lièvre, et tantôt s'élevait à celle d'un petit Ane. Les uns possédaient des formes aquatiques, et habitaient les rivages des lacs ou des fleuves, et les autres, au contraire, offraient la structure la plus favorable à une course rapide.

Dans la première catégorie se rangeait l'*Anoplothère commun*, qui est le plus abondant des carrières des environs de Paris. Selon Cuvier, il avait quelque chose de la stature de la Loutre avec une taille bien plus considérable, puisque sa hauteur s'élevait à plus de trois pieds ; il fréquentait l'eau, comme les Pachydermes aquatiques, et nageait et plongeait probablement avec facilité pour aller à la recherche des racines ou des tiges succulentes dont il se nourrissait. Cet animal portait une énorme queue ; et le savant que nous venons de citer, déduisant des habitudes supposées à cette espèce la disposition que devaient avoir les parties superficielles de son organisme, pensa que ses oreilles étaient courtes, comme celles des mammifères aquatiques, et que, comme eux, elle avait une peau presque nue ou un poil lisse analogue à celui des Loutres.

Dans la seconde catégorie doit être cité l'*Anoplothère léger*, dont les formes gracieuses se rapprochaient de celles des Gazelles, et qui devait courir avec la plus grande vélocité. Selon Cuvier, autant que le savoir, guidé par les lois de l'analogie, peut porter son regard scrutateur sur cette espèce antédiluvienne, elle devait se nourrir de plantes aromatiques, et, comme les autres herbivores agiles, sans doute qu'elle était craintive et possédait de grandes oreilles très-mobiles pour l'avertir des dangers. Nul doute aussi, dit l'illustre naturaliste, que son corps ne fût couvert d'un poil ras ; et par conséquent il ne nous manque que sa couleur pour la peindre telle qu'elle animait jadis nos contrées, où l'on a pu seulement, après tant de siècles écoulés, en déterrer de si faibles vestiges.

ORDRE DES RUMINANTS.

Incisives ordinairement nulles à la mâchoire supérieure ; rarement des canines. Quatre estomacs.

Cet ordre est très-naturel. Les mammifères qui le composent sont presque tous de forte taille ou de moyenne grandeur, et presque tous ont des formes sveltes et gracieuses ; les chameaux et les bœufs font seuls exception.

On trouve beaucoup de ruminants à l'état fossile. Il ne paraît pas qu'il y en ait dans les plâtrières, mais on commence à en rencontrer parmi les bancs de calcaire d'eau douce qui renferment aussi des Paléothères. C'est surtout dans les couches meubles fécondes en ossements d'Éléphants et de Rhinocéros qu'il en existe davantage, et l'on en découvre quelquefois parmi les cavernes remplies d'ossements de carnassiers. Cependant, sans qu'on puisse s'expliquer cette absence, quelques genres de cet ordre n'ont point encore été trouvés à l'état fossile, tels que les Girafes, les Antilopes, les Lamas, les Chevrotains et les Moutons.

Quand on étudie la distribution géographique des ruminants, on s'aperçoit que ces animaux habitent toutes les latitudes ainsi que toutes les élévations du globe. Les uns sont relégués dans les régions polaires, tandis que d'autres vivent parmi les espaces intertropicaux ; il en est qui résident au sein des déserts, et d'autres qui ne fréquentent que les sommets glacés des montagnes. On en trouve dans le nouveau et l'ancien continent.

Le pelage des ruminants est formé de poils généralement roides et courts dans les espèces qui, comme la plupart des Cerfs et des Antilopes, habitent des régions chaudes ou tempérées ; mais la toison devient longue chez plusieurs ruminants qui résident dans le Nord ou qui vivent parmi les montagnes élevées, tels que les Bœufs musqués, les Chèvres et les Bouquetins.

La tête de ces animaux est ordinairement surmontée de Cornes ou de Bois, qui se trouvent simultanément sur la tête des deux sexes ou seulement chez les mâles. Ces armes offrent d'assez grandes différences dans leur développement, leur structure et leur composition. Les Cornes sont formées par une cheville osseuse permanente, qui jaillit de l'os frontal ; leur accroissement se fait par des vaisseaux intérieurs, et au dehors elles sont recouvertes par une substance cornée, véritable amas de poils produits par une couronne de phanères extrêmement serrés et situés à leur base. Les Bois sont aussi en quelque sorte une végétation des frontaux, mais chez eux l'accroissement se fait par des vaisseaux qui sont situés à l'extérieur, et ces prolongements qui sont ordinairement caduques sont revêtus au dehors par une peau qui se forme en même temps qu'eux. Les Bois diffèrent cependant des autres os en ce qu'ils offrent de la matière cornée mêlée à leur tissu.

On a quelquefois répété que l'existence des Bois excluait celle des dents canines. Mais cette assertion ne doit généralement s'entendre que des incisives supérieures, car il y a presque autant de Cerfs pourvus de canines qu'il y en a qui en manquent.

Les extrémités des mammifères de l'ordre que nous décrivons offrent une très-grande similitude. Les métacarpiens et les métatarsiens qui, au nombre de deux, supportent les doigts de chaque extrémité, sont réunis en un seul os qui a été nommé *canon*. On ne compte jamais que deux doigts dans ces animaux, et, à l'exception des Chameaux, leur extrémité est enveloppée totalement par une lame cornée ou Sabot. Celui-ci est aplati à chaque doigt du côté qui regarde le doigt opposé, de manière que l'ensemble du pied a l'air de former un sabot unique dont le milieu présente une fente ; c'est de cette structure que provient le nom d'*animaux à pieds fourchus* que l'on donne quelquefois aux ruminants. En outre, on rencontre chez beaucoup de ces mammifères deux petits doigts rudimentaires situés à la partie postérieure du pied, et qui sont terminés par des vestiges d'ongles que l'on a nommés *onglons*.

Beaucoup de ruminants ont leurs narines environnées d'un large espace de peau dénudée de poils, et c'est cet espace que l'on appelle *mufle*; celui-ci présente de petits mammelons à sa surface, et il est formé de cryptes qui y versent sans cesse une abondance de mucosités qui le rendent constamment humide. Cet organe se lie plus ou moins à l'habitat des espèces ; aussi remarque-t-on que dans les groupes où celles-ci en sont généralement pourvues, son absence, chez quelques-unes, est un indice qu'elles résident parmi les régions froides.

A la région antérieure et interne de l'œil, dans un enfoncement du maxillaire supérieur, on rencontre, chez un grand nombre de ces animaux, des cavités appelées *larmiers*, que l'on trouve particulièrement dans les Cerfs et dans les Antilopes, et qui s'ouvrent seulement à l'extérieur par une fente ; leur fond présente des follicules qui sécrètent une matière grasse et odorante. Ces larmiers rappellent les fausses narines de certains serpents d'après Home, et elles peuvent êtres comparées, selon Carus, aux fosses nasales des Poissons.

Les yeux des Ruminants sont généralement grands et la pupille a la forme d'un carré long, dirigé transversalement ou obliquement. Ils semblent conformés pour voir pendant la nuit. Les oreilles sont longues et leur conque est très-mobile. Ces animaux ont une langue plate et volumineuse, dont la base est couverte de papilles molles ou cornées.

Le cerveau des ruminants est peu développé, aussi ils n'ont qu'une intelligence assez obtuse ; quelques-uns même sont extrêmement stupides. En général, ce sont des animaux timides et craintifs, et il n'y a que les grandes espèces qui, animées du sentiment de leur force, se défendent courageusement contre leurs ennemis. Ils vivent souvent par troupes nombreuses, mais quelques-uns cependant ont une existence solitaire.

Ces mammifères, à l'exception des Chameaux, n'offrent point d'incisives supérieures; et encore chez ces derniers n'en observe-t-on qu'un fort petit nombre. A la mâchoire inférieure il y en a six ou huit. Les dents molaires ont ordinairement leur couronne marquée de deux doubles croissants, et leur nombre est généralement de douze à chaque mâchoire.

Chez ces animaux, aux mouvements verticaux de la mâchoire inférieure, il se joint des mouvements latéraux, qui, en faisant frotter les surfaces des molaires les unes sur les autres, à l'instar des meules d'un moulin, favorisent le broiement de la nourriture. Pour aider ce mécanisme, on découvre que les condyles de la mâchoire inférieure sont plus étendus dans le sens transversal que d'avant en arrière, puis qu'ils offrent une surface plane se trouvant en contact avec une autre surface articulaire de la même forme, appartenant aux os du crâne; disposition qui, jointe à l'ampleur de la capsule ligamentaire de l'articulation, favorise l'action des muscles dont la fonction est de faire mouvoir la mâchoire inférieure latéralement.

L'œsophage de ces animaux, qui joue un si grand rôle dans le mécanisme compliqué de leur digestion, est composé de fibres musculaires très-fortes et dont l'action est encore rendue plus énergique par la disposition qu'elles affectent en se croisant autour du canal, sous la forme de deux faisceaux en spirale. Il est revêtu d'un épiderme épais, et se termine en bas par deux grosses lèvres ou colonnes charnues qui constituent un demi-canal en rapport avec les trois premières poches gastriques.

La cavité digestive des Ruminants représente une grande masse diversement lobée, dont l'ensemble est formé par quatre poches digestives ou estomacs, accolés ensemble, et qui sont de gauche à droite : la Panse, le Bonnet, le Feuillet et la Caillette.

Le premier, ou la *panse*, appelé aussi *herbier*, est d'un volume bien plus considérable que les autres, et occupe même parfois une grande partie de l'abdomen. Son intérieur est revêtu d'épiderme et offre des papilles aplaties; toujours il est rempli d'herbe, et c'est dans sa cavité que l'on trouve les concrétions pierreuses que l'on nomme *bézoards*, ou les *égagropiles*, qui sont des boules formées par une abondance de poils enchevêtrés ensemble d'une manière fort compacte.

Le second estomac, ou *bonnet*, est beaucoup plus petit et situé immédiatement au-dessous de l'œsophage; il présente une muqueuse d'un aspect tout particulier et qui forme des replis saillants assez symétriquement disposés et représentant des cellules polygonales semblables à celles des rayons des abeilles.

La troisième cavité stomacale, ou le *feuillet*, doit son nom aux plis longitudinaux, larges et minces, qu'il présente à l'intérieur et que l'on a comparés aux feuillets d'un livre.

Enfin vient le quatrième estomac, qui a une forme allongée et qui se rapproche de celle des intestins ; son intérieur est revêtu d'une membrane muqueuse, molle, sécrétant un suc gastrique qui, ayant la propriété de faire cailler le lait, a fait appeler cette cavité du nom de *caillette*.

Tous les Ruminants sont exclusivement herbivores. Chez eux, l'aliment, après avoir été grossièrement divisé par les dents, est introduit en masse dans le premier estomac où il s'accumule ; de là, celui-ci passe par portions dans le second qui en forme de petites masses, que, par un acte particulier, il introduit dans l'extrémité inférieure de l'œsophage, et ce tube les fait ensuite remonter dans la bouche par un mouvement d'antidéglutition. Arrivé là, l'aliment subit une seconde et plus parfaite trituration, après laquelle il est de nouveau avalé ; mais cette fois il ne tombe plus dans la panse, et il va immédiatement dans le troisième estomac et entre ensuite dans la caillette. C'est cette action multiple que l'on a nommée *rumination*.

La contemplation attentive de la structure anatomique des organes que nous venons de mentionner révèle le mécanisme du phénomène de la rumination. On avait généralement considéré le bonnet comme formant des boules alimentaires qu'il plaçait dans l'œsophage, par ses contractions, pour être reportées dans la bouche ; mais M. Flourens, d'après ses expériences, croit que l'aliment qui remonte est saisi, en quelque sorte par bouchées, à l'aide des deux lèvres de la gouttière qui termine le tube œsophagien, et pendant que les contractions des deux premiers estomacs le poussent contre elles. Suivant lui aussi, c'est par une action toute mécanique que la nourriture tombe dans le premier estomac lorsqu'elle est d'abord introduite, tandis qu'elle va immédiatement dans le troisième après qu'elle a subi la rumination. Selon ce savant, cela serait dû à ce que, quand l'animal avale l'herbe dont il se nourrit, celle-ci compose des bouchées qui, par leur simple volume, en arrivant dans les cavités gastriques, écartent les parois de la gouttière que forment les deux lèvres de l'œsophage, et que ces bouchées tombent par conséquent dans l'herbier, qui se trouve sous ce conduit ; mais au contraire, lorsque l'aliment a été ruminé et réduit par la mastication en une pâte semi-fluide, comme sa consistance ne peut plus écarter ces lèvres, il coule jusque dans le troisième estomac, à l'aide de l'espèce de canal qu'elles forment par leur rapprochement : c'est aussi cette dernière route que suivent les boissons.

Il paraît même que, par une particularité physiologique intéressante à signaler, chez les Ruminants à la mamelle le lait arrive presque immédiatement à la caillette, les feuillets du troisième estomac étant encore fortement accolés les uns aux autres ; chez eux aussi, par une confirmation des lois anatomiques, la caillette, qui a des fonctions si actives, est plus volumineuse que la panse, qui ne reçoit pas alors d'aliments, mais qui dans la suite devra cependant acquérir tant de prédominance sur elle par son ampleur, à l'époque où l'animal se nourrira d'herbe.

Quelques-uns de ces mammifères ont au voisinage de la région inguinale de grands follicules ou poches qui sécrètent une matière sébacée odorante, très-abondante chez quelques mâles, et qui, dans chaque espèce, possède un parfum particulier. Les pieds de plusieurs Ruminants offrent aussi des cavités remarquables, dont la face interne est couverte de poils très-fins, et dont les parois présentent un grand nombre de petites glandes sécrétoires formant un fluide gras et visqueux, qui sort entre les doigts par un orifice aussi environné de poils. Ce fluide, qui est probablement émis avec plus d'abondance pendant la course, paraît destiné à conserver les sabots et à rendre les mouvements plus faciles, en même temps qu'il communique aux traces de ces mammifères une odeur particulière qui permet à leurs espèces de se reconnaître ou de se suivre à la piste. Daubanton découvrit le premier ces organes sécrétoires sur une Gazelle; Camper les observa chez le Renne; Mekel et d'autres dans les Brebis, et Smith remarqua même que chez l'Élan le liquide sécrété était très-fétide, et qu'il était plus abondant à l'époque du rut. Les Ruminants sont ordinairement polygames et multiplient beaucoup, quoique chaque portée n'amène ordinairement qu'un ou deux petits.

Cet ordre offre un grand nombre d'animaux utiles à nos besoins sociaux; beaucoup de ceux qu'il contient sont même devenus domestiques parmi nous. Plusieurs servent de bêtes de somme ou de trait, ou nous fournissent nos viandes les plus employées; la laine, la peau, la graisse et les cornes des Ruminants sont encore l'objet d'un grand commerce.

Pour caractériser les genres du groupe des Ruminants, on ne peut se servir des dents, qui sont employées heureusement à l'égard de beaucoup d'autres mammifères, parce qu'elles varient extrèmement peu dans cet ordre; il faut donc, comme l'ont senti les zoologistes modernes, recourir à d'autres parties. Les considérations tirées des cornes, la forme de la lèvre supérieure, et l'existence de sinus lacrymaux et de pores interdigitaux fournissent de bons caractères, parce que, comme le dit M. Ogilby, ces organes influent sur les mœurs et l'économie des Ruminants. Ainsi qu'il le fait observer, la présence ou l'absence de cornes dans les femelles règle la plupart du temps les rapports de sociabilité des sexes; la forme de la lèvre et du mufle, seuls organes du toucher, détermine la nature de ces animaux et leurs habitudes, et si les Ruminants paissent ou broutent; et l'existence ou l'absence des glandes interdigitales, dont l'usage est de lubrifier les sabots, a une très-grande influence sur la distribution des espèces, et les confine dans les riches savanes ou dans les forêts humides, ou les met en état de s'élever sur les montagnes arides ou de vivre dans les déserts brûlants.

Pour faciliter l'étude de cet ordre, de Blainville l'a divisé en trois coupes, l'une sous le nom collectif de Caméliens, réunit les Ruminants privés de cornes; la seconde, nommée Élaphiens, renferme la légion des Ruminants à cornes pleines, et la troisième, sous le nom de Cérophores, comprend tous les Ruminants à cornes creuses.

* RUMINANTS CAMÉLIENS.

CHAMEAUX. *Camelus.* Lèvre supérieure fendue. Système dentaire $\frac{0}{6} - \frac{6}{6}$. Sabots très-petits, symétriques. — Quoique Camper eût annoncé qu'il avait observé et dessiné une mâchoire fossile d'un animal de ce genre, on admettait généralement qu'il ne se trouvait point d'ossements de Chameaux sous cet état; mais on vient de trouver dans l'Inde, sur le versant méridional du Sous-Hymalaya, la tête d'un Dromadaire située au milieu d'une roche de grès. On a aussi, il paraît, rencontré dans les brèches de Nice des os d'un mammifère de ce groupe, qui se rapprocherait des Lamas.

Les espèces de ce genre, quoique fort peu nombreuses, sont disséminées actuellement dans les deux continents, dont elles habitent seulement les latitudes méridionales. On peut les diviser en deux groupes secondaires : les Chameaux proprement dits et les Lamas.

Les **CHAMEAUX PROPREMENT DITS** sont reconnaissables au premier coup-d'œil, parce qu'ils ont sur le dos une ou deux bosses considérables formées par un amas de graisse; en outre leurs doigts sont réunis à l'aide d'une lame de peau dure et cornée, qui augmente la largeur de la surface appuyant sur le sol, et favorise leur progression dans les sables; enfin ils offrent quatre mamelles.

Ces mammifères sont les plus intelligents des ruminants; d'un naturel doux et paisible, et se prêtant avec zèle aux services que l'homme réclame d'eux, on les voit parfois cependant devenir furieux quand on leur fait subir de mauvais traitements, et s'appliquer alors à en tirer vengeance. La faim et la soif, que les Chameaux peuvent supporter pendant un long espace de temps, les ont rendus extrêmement utiles aux peuples asiatiques, qui les employèrent de toute antiquité dans leurs armées et leurs voyages. Cette faculté d'endurer fort longtemps la privation de l'eau, est due à la grande étendue de l'appareil salivaire de ces ruminants. Tous les auteurs la rapportent constamment à une espèce de cinquième poche stomacale particulière à ces animaux, annexée à la panse, et formée de grandes cellules. Ce sont celles-ci qui, d'après eux, conservent le liquide introduit dans l'organe, et qui, peut-être, peuvent même en sécréter. Daubanton dit qu'il en trouva trois pintes dans un de ces *réservoirs;* et l'on explique par l'existence de ceux-ci cette coutume barbare des tribus arabes qui, à ce que l'on assure, égorgent quelquefois un Chameau dans le désert, pour satisfaire la soif ardente qui les dévore.

Mais si les Chameaux supportent longtemps l'abstinence de l'eau, ils en boivent une énorme quantité quand quelques sources s'offrent à eux; il est certain que dans les déserts ces animaux sentent celles-ci à de grandes distances; et qu'alors, malgré leur épuisement, ils redoublent de vitesse à mesure qu'ils en approchent. La satisfaction de la soif produit sur eux, ainsi que l'a remarqué mon ami Botta, un changement extraordinaire. Étant arrivé un jour à l'un des puits si espacés dans le désert, avec des Chameaux épuisés par une longue course et devenus d'une sécheresse et d'une maigreur extrêmes; après avoir bu et s'être un peu reposés, ceux-ci acquirent immédiatement un tel embonpoint que ce voyageur ne les reconnaissait plus. Ce changement presque instantané ne pouvait être attribué qu'au transport du liquide dans le tissu cellulaire par le fait de l'absorption et de la circulation.

C'est sans doute à la graisse qui forme leurs éminences dorsales que ces Ruminants doivent de supporter facilement une longue abstinence d'aliments solides. Cette graisse est absorbée comme celle des animaux hibernants, et elle les nourrit. Aussi, après une course longue et pénible, accompagnée de privations, leurs bosses disparaissent, et la peau qui les recouvrait devient flasque et pendante.

Le *Chameau* offre deux bosses sur le dos, et son poil est d'un brun marron. On ne le connaît pas à l'état sauvage, quoique Pallas dise qu'il vive ainsi vers les confins de la Chine. Il est extrêmement sobre et en outre très-docile, excepté au temps du rut, où il manifeste de violents accès de colère. Alors il éprouve encore d'autres perturbations, et devient hideux à cause de l'état de maigreur dans lequel il tombe, ainsi que par la chute de ses poils, qui laisse la peau à nu. F. Cuvier dit qu'à cette époque, cet animal est encore rendu plus disgracieux par l'écoulement d'un fluide noirâtre et fétide que produisent les glandes occipitales, ainsi que par l'habitude qu'il prend de s'asperger le dos avec son urine à l'aide de sa queue, sur laquelle il la verse à cet effet.

Le Chameau se reproduit très-bien en France, et l'on pourrait facilement l'acclimater dans nos départements méridionaux. Déjà il l'a été en Toscane. Il réussirait mieux que le Dromadaire, parce qu'il habite des régions un peu plus élevées vers le Nord. Mais pour en tirer quelques services, il faudrait surtout en faire l'essai dans les contrées sèches; car, disent F. Cuvier et Geoffroy Saint-Hilaire, les routes humides les fatiguent, parce que leurs pieds glissent dessus, leur surface étant mal appropriée à un semblable sol. Cette espèce est particulièrement employée comme bête de somme dans l'Asie centrale.

Le *Dromadaire* se distingue du précédent, en ce qu'il n'a qu'une seule bosse, et que la couleur de son pelage est blanche ou brune. Ainsi qu'il en est de la plupart de nos animaux domestiques, on ne le rencontre plus à l'état sauvage; l'Arabie et les déserts de la Perse sont, suivant Desmoulins, qui a fait de grandes recherches sur ce sujet, la patrie primitive de ce mammifère; et c'est à tort que, jusqu'à ce moment, on l'a considéré comme également originaire de l'Afrique boréale; selon lui, il n'aurait même été introduit dans cette dernière que vers le troisième ou quatrième siècle de notre ère, pendant les invasions des Sarrasins, et il s'y serait depuis considérablement multiplié.

Ce naturaliste fonde son opinion sur ce que tous les écrivains, soit les historiens, soit les naturalistes ou les géographes, qui se sont occupés de l'Afrique et de ses productions, tels qu'Hérodote, Strabon, Pline, Athénée, Polybe, Tite-Live et d'autres, n'ont jamais fait mention du Dromadaire en parlant de cette partie du monde. On ne le trouve même pas figuré sur les monuments de l'antique Égypte, qui nous offrent la peinture vivante de tout ce qui frappait les peuples de ce pays; et il n'y est représenté que sur le seul Memnonium. Ce qui vient encore confirmer que les Dromadaires étaient considérés comme des raretés en Afrique, c'est qu'à la pompe de Ptolémée Philadelphe, on n'en voyait qu'un petit nombre parmi les animaux étrangers et rares qui y figuraient.

Les Dromadaires sont encore plus sobres que les Chameaux, ce qui est pour leur emploi habituel une qualité fort importante. Ils peuvent marcher huit à dix jours en se nourrissant seulement avec quelques herbes sèches ou épineuses, qui croissent dans les déserts, et ils supportent la soif un même laps de temps. A l'époque du rut ces mammifères se font remarquer par des replis de la muqueuse de la bouche, qui viennent faire saillie au dehors et ressemblent à des vessies. Leur gestation dure un an; ils allaitent le même espace de temps leur petit, et ils vivent quarante ans environ.

On connaît deux variétés de ces animaux qui sont employées à des usages différents : l'une est le Dromadaire de charge, dont on se sert pour transporter des fardeaux; l'autre, qui a des formes plus frêles et offre plus d'agilité, est le Dromadaire de course, qui est trop peu robuste pour servir au transport des marchandises, mais qui est fort rapide, et peut franchir une trentaine de lieues par jour.

Ces deux variétés ont été employées dès la plus haute antiquité soit pour la guerre, soit pour le commerce et les voyages, et de temps immémorial elles constituèrent la principale richesse des Arabes. Hérodote dit que dans les batailles qu'Antiochus livra aux armées romaines, il se trouvait des lanciers montés sur des Dromadaires; Diodore de Sicile rapporte que ces animaux étaient également employés dans les combats par les Arabes, et qu'ils leur faisaient porter deux archers assis dos à dos. On vit pour la première fois de ces mammifères à Rome, après les triomphes de Lucullus sur Mithridate.

Aujourd'hui les Dromadaires, que l'on confond souvent avec les Chameaux, et qui ont été ingénieusement nommés les *navires du désert*, sont presque seuls employés par les Arabes pour traverser les immenses plaines de sable des pays qu'ils habitent; ils portent mille à douze cents livres, et avec cette charge, ces Ruminants peuvent faire environ dix lieues par jour. La musique leur plaît et en même temps qu'elle accélère leur course, elle les garantit en partie des insectes qui les attaquent; aussi, quelquefois on accompagne leur marche au son des instruments parmi les caravanes. Quand ils arrivent à une station, ils s'agenouillent pour qu'on les délivre de leur fardeau, et quelques-uns, en se passant sous leur bât, savent même se charger seuls. Lorsque les Arabes viennent dans les villes vendre leurs provisions, ainsi que nous l'avons souvent vu, ils déchargent leurs Dromadaires aux portes de celles-ci, les font s'agenouiller, puis lient, avec un faible lien, la région du canon avec la jambe, de manière que ces animaux ne peuvent se relever. Ceux-ci restent ainsi paisiblement couchés et sans nourriture en attendant le retour de leur maître.

Ces mammifères fournissent à presque tous les besoins de leurs possesseurs. Ils leur donnent du lait; leur chair les nourrit; et avec le poil qui les recouvre, les Arabes confectionnent des vêtements. La fiente des Dromadaires n'est pas même sans utilité; F. Cuvier et Geoffroy Saint-Hilaire disent que dans les pays arides elle sert de combustible, et que de sa suie on extrait du sel ammoniac.

Les **LAMAS** n'offrent point de bosses sur le dos; leurs doigts sont totalement libres; et ils n'ont que deux mamelles. Ces mammifères représentent, dans l'Amérique, qu'ils habitent, les Chameaux de l'ancien continent. On les trouve parmi les montagnes élevées, où leurs ongles, plus recourbés que ceux du sous-genre précédent, leur permettent de gravir facilement les rochers; ils ont aussi une physionomie moins disgracieuse que la leur.

Parmi les *Lamas*, on doit surtout distinguer l'espèce qui retient ce nom, dont la grandeur égale celle du cerf, et qui était nourrie en domesticité au Pérou, lorsque l'on découvrit ce pays; elle vit dans les Cordillières. Aujourd'hui le Mulet lui a succédé; mais on l'élève encore pour s'en nourrir. Cette bête, qui paraît naturelle à ces montagnes, était tellement employée anciennement, que l'on rapporte qu'il y en avait trois cent mille d'utilisées dans le service des mines de Potosi.

L'*Alpaca*, dont la toison ne le cède guère à la laine des Chèvres du Tibet, est une variété de cet animal, dont les poils sont longs et laineux.

La *Vigogne* est une espèce timide que l'on chasse pour sa laine, et dont on fait d'inutiles destructions dans les Andes, vers la limite des neiges, lieu qu'elle habite. On remarque le lieu que ses troupes fréquentent; un simple chiffon suspendu à un cordeau suffit pour en arrêter une bande immobile, et donner au chasseur la facilité de les tuer.

GIRAFES. *Camelopardalis.* Huit incisives; point de canines; cornes persistantes, recouvertes par la peau; point de larmiers ni de mufle. — Le nom latin que l'on a imposé à ce genre indique en même temps la taille élevée des animaux qu'il renferme, qui égale celle du Chameau, et les maculatures qui décorent leur robe.

Les Girafes habitent les parties centrales et méridionales de l'Afrique, et vivent par petites troupes de cinq ou six individus. Elles se

font remarquer par l'extrême longueur de leur cou ; et souvent acquièrent une hauteur de quinze à dix-huit pieds. Leur allure la plus ordinaire est l'amble ; leur course est excessivement rapide , et elles sautent
les ravins avec une facilité incroyable. Quoique d'un naturel doux et
timide , ces mammifères ne s'en défendent pas moins fort courageusement contre les Lions qui les attaquent. Ils s'attachent promptement
aux personnes qui les soignent, et M. Thibaut, qui avait été envoyé
en Afrique par la société zoologique de Londres , afin d'en ramener
quelques-uns, dit qu'il a vu un de ceux qu'il possédait montrer une
vive inquiétude chaque fois que le domestique qui le servait était forcé
de s'éloigner. Les Girafes aiment les contrées boisées ; la nourriture
dont elles font usage se compose principalement de feuilles , et surtout
de mimosas, que leur haute taille leur permet facilement d'atteindre, et
qu'elles saisissent délicatement avec la langue ; elles recherchent aussi
l'herbe , dont elles sont friandes , mais à laquelle elles ne parviennent
qu'en écartant énormément les jambes de devant et en courbant leur
cou en arc de cercle.

On n'admet généralement qu'une seule espèce de Girafe ; cependant
M. Ogilby en compte deux : la *Girafe d'Éthiopie* et la *Girafe du Cap*.

Quoique une figure de l'un de ces Ruminants se trouvât parmi les
monuments de Thèbes sur un fragment qui représente les tributs offerts
à Tholomès III , que l'on suppose être le Pharaon sous le règne duquel
les Israélites abandonnèrent l'Égypte , et que par conséquent cela constate que les peuples de ce pays avaient anciennement observé les Girafes , il paraît certain qu'Aristote n'a pas connu ces animaux. Selon
Pline , ce fut sous Jules-César que l'on en vit pour la première fois en
Europe , et plus tard Gordien III en rassembla dix qui furent tuées aux
jeux séculaires de Philippe. Après l'époque à laquelle le siége de l'empire fut transféré à Constantinople , elles semblent avoir été tout à fait
oubliées , car les auteurs n'en font aucune mention , et Cuvier nous
apprend que les modernes n'en virent en Europe qu'au XV° siècle , durant lequel le soudan d'Égypte envoya à Laurent de Médicis un de
ces animaux qui est peint dans les fresques de Poggio Cajano.

De nos jours, la ménagerie de Paris possède une Girafe qui y vit depuis plusieurs années, et la société zoologique de Londres, plus riche
encore, en offre trois ou quatre à la curiosité publique. Owen a appris
au monde savant qu'une de ces dernières mit bas , en 1839 , un petit
qui mourut peu de jours après sa naissance. C'est la première fois que
l'Europe voit l'exemple d'un cas semblable.

Les Hottentots et les Abyssiniens chassent les Girafes pour leur chair
qu'ils recherchent , et que M. Thibaut lui-même trouva excellente ,
et aussi pour leur cuir, avec lequel ils se confectionnent des sandales.

**** RUMINANTS ÉLAPHIENS.**

CERFS. *Cervus.* Tête des mâles armée de bois ou prolongements

osseux, compactes et caduques, non recouverts de cornes. Quelques espèces, dans le sexe mâle principalement, ont deux canines à la mâchoire supérieure ; il y a six molaires partout.

Géologie. Les naturalistes connaissent plusieurs espèces de Cerfs
fossiles. Leurs ossements, comme ceux des genres représentés actuellement à la surface du globe, se rencontrent dans des couches assez
superficielles. Plusieurs de ces espèces ont été contemporaines des
Éléphants et des Rhinocéros qui pullulaient autrefois à la surface du
sol que nous habitons ; cela est démontré par la présence de leurs os,
que l'on découvre mêlés dans beaucoup de lieux avec ceux de ces derniers animaux.

Toutes les contrées de l'Europe en ont offert. On a rencontré sur les
bords de la Somme et en Allemagne des débris de bois de ce genre, qui
semblent appartenir à deux espèces de Daims. Et l'on a découvert, dans
une caverne près d'Étampes, une abondance d'ossements fossiles d'un
Cerf qui se rapproche du Renne. Ces ossements, qui étaient confondus
là, avec des débris de Rhinocéros et de Chevaux, furent d'abord considérés par les savants de l'académie des sciences comme étant identiques avec ceux du Renne que nous connaissons ; mais on ne peut guère
admettre que ce mammifère, qui est aujourd'hui confiné vers les climats
les plus glacés du Nord, ait vécu sur une terre habitée par des Rhinocéros.

On exhume fréquemment des ossements fossiles qui paraissent appartenir au Cerf commun. L'on est frappé de ce que les plus grands
dépôts que l'on en connaisse aient été découverts en Angleterre, pays
dont cette espèce n'est plus indigène depuis l'état actuel du globe. On en
extrait de la caverne de Kirkdale où ils se trouvent mêlés avec des ossements d'Éléphants, de Rhinocéros et de Hyènes, dont ce Cerf a été le
contemporain. Il y en a également dans les cavernes de l'Allemagne
de confondus avec les immenses débris d'Ours que l'on y trouve ; les
tourbières de la France en offrent aussi un grand nombre, et dans celles
de la Somme on extrait par centaines des bois de cet animal.

Le *Cerf à bois gigantesque* est le plus célèbre de tous les Ruminants
fossiles ; il a été unanimement considéré par les naturalistes comme une
espèce perdue. On a découvert de ses ossements en Irlande, en Angleterre, en Allemagne, en Italie et en France ; dans quelques endroits ils
se trouvaient près de débris d'Éléphants ou d'autres animaux ; et en
général on les a rencontrés dans les mêmes couches où gisent ceux-ci.
Cependant, par une particularité qui sera peut-être encore longtemps
un problème pour les géologues et les zoologistes, à mesure que l'on
s'avance vers le Nord et l'Orient, les ossements du Cerf gigantesque deviennent moins communs, tandis qu'au contraire ceux d'Éléphants et
de Rhinocéros se trouvent plus abondamment. Pourquoi, ainsi que le
dit Cuvier, ce Cerf, comme les anciens Celtes, était-il relégué vers les
extrémités occidentales de l'Europe, et n'a-t-il pas encore été découvert en Sibérie ?

Le Cerf à bois gigantesque se rencontre plus communément en Irlande que dans aucune autre région. D ns ce pays, à ce que dit Pennant, les nobles ornent souvent leurs habitations avec ses prodigieux bois, et Parkinson rapporte qu'un archevêque de Dublin avait décoré avec eux la grande salle de son palais. Il paraît que l'on présenta même à Charles II, comme une curiosité, une armure de ce mammifère fossile, qui fut longtemps conservée dans une galerie. Les plus grands bois de ce Cerf que l'on connaisse ont été décrits par Thomas Wright ; on assure que chacun d'eux avait huit pieds de longueur, et que leur envergure était de quatorze ; comme Cuvier n'a point appris que l'on ait trouvé de tête de cet animal qui soit dépourvue de bois, il en conclut qu'il est à croire que dans cette espèce, comme chez le Renne, les deux sexes en possédaient.

La taille du Cerf à bois gigantesque devait avoir des rapports avec celle de l'Élan. La forme de ses bois se rapproche même un peu de la disposition qu'offre les siens ; mais la tête du fossile n'est pas en proportion avec le monstrueux développement de ces organes, car la plus grande que l'on ait rencontrée, était même moins longue que celle du mammifère avec lequel nous venons de le comparer.

Dans les premiers temps de la découverte de ce Cerf fossile, on prétendit que l'analogue vivant de cet animal existait dans l'Amérique septentrionale, mais l'examen attentif de son ostéologie démontre que c'est réellement une espèce perdue. Aujourd'hui l'université d'Édimbourg en possède un squelette entier qui a été trouvé dans l'île de Man, dans une marnière remplie de coquilles d'eau douce, et à dix-huit pieds de profondeur. Son ostéologie a fait voir que cet animal avait plutôt les proportions du Cerf que de l'Élan, et que ses os sont moins allongés que ceux de ce dernier.

Enfin on a rencontré aussi des ossements de Cerfs dans les brèches des bords de la Méditerranée ; et ce qu'ils offrent de remarquable, c'est que plusieurs des espèces qu'on en a exhumées ne sont comparables qu'aux Cerfs qui habitent actuellement l'Inde.

Géographie. Les nombreuses espèces de ce genre sont disséminées sur les deux continents, et quelques-unes se rencontrent à la fois sur l'un et sur l'autre. On les trouve rarement dans les lieux élevés, à l'exception du Renne, et d'une espèce dont parle Humboldt, qui réside sur les Andes et s'y découvre jusqu'à deux mille toises de hauteur. Pour la plupart, ces animaux habitent les bois de haute futaie, mais quelques-uns se plaisent dans les marécages.

Organisation. Après les Antilopes, les Cerfs sont les plus élégants et les plus agiles des Ruminants. Leurs jambes se font remarquer ordinairement par leurs belles proportions ; elles sont élevées et gracieuses sans être grêles ; leur corps est svelte sans être mince. Enfin les bois qui surmontent leur tête ajoutent de la majesté à l'aspect de ces animaux.

Dans les Cerfs, à l'exception du Renne, les poils offrent tous le même aspect. Ils sont roides et courts, et présentent une sorte d'étranglement ou de gorge à leur insertion, qui est la cause de la facilité avec laquelle se produit leur chute. L'espèce que nous venons de citer possède seule une sorte de bourre qui garnit la base des poils soyeux, et rend son pelage plus protecteur contre le froid rigoureux des climats qu'elle habite.

Les *bois* qui ornent la tête de ces animaux, et qui font le principal caractère de ce genre, n'existent que chez les mâles ; il n'y a parmi eux que le Renne qui en offre dans les deux sexes. Les bois des Cerfs tombent chaque année ou persistent davantage ; ils sont remplacés par d'autres qui sont ordinairement plus forts, et présentent plus de ramifications que ceux qui les précédaient.

Buffon avait émis à tort que la production de ces organes et leur chute avaient une corrélation avec les diverses phases de la végétation ; ces phénomènes sont en rapport avec la fonction génératrice, et le premier indique que, chez ces animaux, la substance plastique semble disposée à s'épancher à cause de son abondance dans l'organisme. En effet, si l'on coupe un Cerf pendant que ses bois sont tombés, ils ne se reproduisent plus ; et si au contraire on pratique cette opération, tandis que ces organes sont dans leur plein développement jamais ils ne tombent de sa tête. Chez les femelles le sang se portant naturellement vers les organes génitaux qui se trouvent successivement en turgescence pendant les époques du rut, de la gestation et de l'allaitement, il en résulte qu'il y a un obstacle vital qui empêche que les fluides nourriciers surabondants se portent vers la tête pour y déterminer la formation des bois. Cette hypothèse est corroborée par ce que l'on observe chez les femelles infécondes, qui parfois présentent des bois. L'existence normale de ces organes chez la femelle du Renne n'infirme pas cette opinion, puisqu'ils sont d'une moindre dimension sur celle-ci que sur les mâles, et que quand les femelles sont stériles, leurs bois égalent ceux de l'autre sexe en force et en développement.

Les diverses phases de l'existence des bois des Cerfs se produisent de la manière suivante. C'est au mois de mars ou d'avril que ces organes commencent ordinairement à pousser. Sur le lieu qui était occupé par les anciens, on voit d'abord une saillie de peu de consistance recevant beaucoup de vaisseaux sanguins ; bientôt après la peau se prolonge, et sous le sommet de la protubérance qu'elle forme, se dépose successivement une substance d'abord molle, puis cartilagineuse et qui en peu de temps s'ossifie : c'est ce dépôt qui, incessamment ajouté à son extrémité, compose le bois, que l'on voit se ramifier plus ou moins selon l'âge et l'espèce. Un mois environ suffit pour que ce bois acquière tout son développement ; la peau qui sécrète celui-ci, offre à cet effet des vaisseaux nombreux et d'un calibre énorme, qui expliquent par leur abondance et leur dimension, la rapidité avec laquelle cette espèce de végétation osseuse se produit, et le peu de temps qu'il lui faut pour donner naissance à des tiges solides d'une pesanteur considérable. Blumenbach dit que des bois pesant vingt-huit livres ont pu se former en six semaines.

C'est vers l'automne que tombe la peau velue qui recouvre les bois. Ce résultat est produit par le développement de nombreux tubercules osseux formant une couronne à la base de ceux-ci, et qui, en comprimant les vaisseaux destinés à alimenter cette peau, empêchent le sang d'y arriver, et en déterminent la gangrène. Alors le derme se dessèche, et l'animal contribue à faire choir ses lambeaux en frottant ses bois contre les arbres pour se soulager des démangeaisons que lui occasionne probablement cette chute. C'est alors que l'os se montre à nu, et que l'on voit à sa surface les profonds sillons dans lesquels se trouvaient les vaisseaux cutanés qui l'ont sécrété.

Enfin la tige osseuse des bois tombe elle-même chez beaucoup de Cerfs, après l'époque du rut, et quand l'épuisement occasionné par celui-ci se manifeste. Alors il se produit une sorte de nécrose à la base des bois, et le moindre effort suffit ensuite pour les enlever de la tête de l'animal.

Les chasseurs appellent *merrain* la tige principale des bois; la saillie osseuse de leur base est la *meule*, et l'on donne le nom d'*andouillers* aux diverses ramifications que présente la tige. Dans presque toutes les espèces de ce groupe ceux-ci croissent d'après certaines règles, et augmentent en nombre jusqu'à un certain âge, ce qui peut donner des inductions positives sur la durée de la vie des Cerfs; mais quand ils ont acquis leur entier développement, on ne peut plus apprécier les années que par le volume du merrain et de la meule.

C'est le sixième bois que les Cerfs communs jettent à sept ans qui offre les dix ramifications qui font nommer alors ces animaux *Dix-cors*. Ordinairement on n'en découvre pas plus de ce nombre ou de douze, quel que soit leur âge. Cependant on a vu des Cerfs qui avaient trente-trois andouillers à chaque bois où étaient soixante-six cors. Tel était un de ces Ruminants, qui fut tué par un roi de Prusse en 1696 et offert à un souverain de Pologne.

Classification. On avait senti la nécessité d'établir des divisions dans ce genre pour grouper les nombreuses espèces qu'il contient. Plusieurs auteurs les rangèrent en trois sections, d'après leur distribution géographique; mais cette distinction n'est pas satisfaisante, puisqu'elle ne permet pas de grouper les individus dont la patrie est inconnue. De Blainville a eu l'heureuse idée d'en former des sections, au nombre de huit, qui sont basées sur un caractère positif, la configuration des bois; ces groupes sont : les Cervules, les Daguets, les Chevreuils, les Axis, les Cerfs, les Rennes, les Daims, les Élans. La forme des bois offre aussi d'excellents caractères pour arriver à la distinction des espèces.

Les CERVULES ont des bois petits et longuement pédiculés. C'est à ce groupe qu'appartient le *Cerf monjak* qui vit dans l'Inde et est plus petit que notre Chevreuil.

Les DAGUETS portent des bois simples. Le *Cerf roux*, dont le pelage a déterminé la dénomination, et qui vit en Amérique, est de cette division.

Les **CHEVREUILS** offrent des bois courts avec un andouiller médian, sans andouiller à la base.

Le *Chevreuil commun* est le type de cette section. Il est répandu dans les forêts de toute l'Europe tempérée ; il y en a aussi en Asie. Ce Ruminant fixe principalement sa résidence parmi les bois environnés de terres en labour et situés sur les montagnes peu élevées. On en a trouvé plusieurs têtes dans les tourbières.

Les Chevreuils sont les plus petits des Cerfs qui habitent l'Europe ; leur pelage est ordinairement d'un gris fauve, et leurs fesses sont blanches ; ils ne possèdent point de larmiers. Ces Ruminants vivent par petites familles fort unies, composées du père, de la mère et de leur progéniture. Ce couple, qui reste constant, éloigne ses petits à l'époque où le rut se manifeste ; mais cette crise n'a nullement le caractère grave qu'elle offre chez beaucoup d'autres Cerfs ; aussitôt qu'elle est passée, leurs petits se rapprochent d'eux, et l'on dit même que ces derniers s'unissent toujours ensemble. La Chevrette porte cinq mois et demi, et met bas en avril deux faons. Ces animaux croissent pendant trois ans, mais ils peuvent engendrer dès l'âge d'un an.

On chasse les Chevreuils de diverses manières ; chez nous c'est à l'aide du fusil. Sur les bords de la Soka, où ils sont très-communs, Pallas rapporte que les Cosaques tuent chaque année un grand nombre de ces animaux. La chasse s'en fait au mois de mars lorsque le soleil commence à fondre la neige et que les gelées de la nuit changent ce dégel en une espèce de croûte assez ferme pour que l'on puisse courir dessus avec des patins. Les Chevreuils brisent cette croûte avec leurs pieds, ce qui entrave leur course ; et ils se les écorchent tellement en courant, qu'ils sont bientôt hors d'état de prendre la fuite. On les suit à la piste avec des Chiens qui marchent très-bien sur cette neige et les arrêtent assez de temps pour que l'on puisse les tuer à la lance. La chair de ces animaux est très-estimée, et on la sert fréquemment sur nos tables.

Les **AXIS** possèdent des bois ramifiés avec un seul andouiller basilaire, sans médian.

L'*Axis*, qui est le type de cette section, est originaire de l'Inde. Sa taille et sa coloration sont les mêmes que chez le Daim, mais ses bois n'offrent constamment que deux andouillers. On connaît peu ses mœurs ; il se multiplie dans les ménageries, et l'on remarque que ceux que l'on y rassemble vivent en très-bonne intelligence. Seulement au temps du rut les mâles maltraitent leurs femelles, et quelquefois les tuent. Les petits de ces Cerfs ne portent point de livrée ; ils naissent avec un pelage qui est coloré d'une manière semblable à celui des adultes.

L'Axis a été mentionné par Pline, qui a indiqué sa patrie. Cet animal fut introduit en Angleterre avant le Cerf et au commencement du dix-huitième siècle.

Les **CERFS** sont caractérisés par des bois longs et portant des andouillers basilaires et médians.

Le *Cerf commun* habite toutes les contrées boréales et tempérées de l'ancien monde. Il fut connu des anciens. Aristote le considérait avec raison comme un animal timide et paisible ; en outre , il lui accordait une certaine prudence. Cette faculté, selon ce naturaliste et d'après Élien , qui l'a copié, était attestée par la coutume qu'ont les Biches de mettre bas près des chemins , parce que les bêtes féroces ne les fréquentent point ; mais cette assertion n'est guère prouvée. Cependant cet animal est rusé, et quand on le poursuit il emploie , à ce que rapportent les chasseurs , une foule de moyens pour se soustraire à ses ennemis ; parfois il passe et repasse continuellement sur la voie, afin que les Chiens qui le poursuivent perdent la piste ; ou bien il exécute de grands sauts sur le côté dans le même but. Comme il nage bien , sa dernière ressource est de se plonger dans l'eau. Mis aux abois par les Chiens qui le chassent , il se défend vigoureusement avec les cornes.

Cette espèce , à l'aide de soins , peut s'apprivoiser et devenir familière. Plutarque rapporte que Sertorius avait une Biche qui le suivait partout , et que dans les combats, à côté de ce grand capitaine romain , elle n'était effrayée ni du bruit des armes, ni des cris des soldats.

Le rut se déclare chez ces animaux pendant les mois de septembre et d'octobre. Ce sont les vieux qui l'éprouvent d'abord ; sa durée est d'un mois environ. Cette époque est pour eux un temps de crise pendant lequel ils entrent souvent en fureur. Quand deux mâles se rencontrent près d'une femelle , ils se battent à outrance à coups de tête ou d'andouillers, et avec un tel acharnement qu'ils se tuent quelquefois. Celui qui reste victorieux devient le possesseur de la Biche, qui elle-même n'est pas exempte de ses attaques, et qu'il blesse parfois mortellement. Malgré la vivacité de leurs passions, aussitôt que leurs désirs sont satisfaits , les Cerfs quittent avec indifférence celle dont la possession a été si péniblement acquise et vont en chercher d'autres. « Pendant cette fureur amoureuse , dit Buffon , ils ne mangent que très-peu, ne dorment ni ne reposent ; nuit et jour ils sont sur pied, et ne font que marcher et courir , combattre et jouir ; aussi sortent-ils de là si défaits ,. si fatigués , si maigres , qu'il leur faut du temps pour se remettre et prendre des forces. Ils se retirent alors sur le bord des forêts où ils peuvent trouver une nourriture abondante, et ils y restent jusqu'à ce qu'ils soient rétablis. »

La portée de la Biche est de huit mois. Elle met bas, en mai ou juin, un petit qui porte un pelage fauve avec des taches blanches, et est alors appelé *Faon*. Celui-ci reste près d'elle tout l'été ; à six mois on voit apparaître sur son front deux petites bosses , qui sont les premiers indices des bois qui doivent se développer, mais qui n'apparaissent que dans la seconde année. La longévité de cette espèce est une fiction des anciens ; sa vie ne se prolonge guère au delà de vingt ans.

Archéologie. Dans la plus haute antiquité le Cerf servit d'emblème à différents états. La célèbre cité d'Éphèse l'avait pris pour symbole ; aussi se trouve-t-il représenté sur une foule de monuments qui rappellent sa splendeur et son culte. Beaucoup de médailles de cette ville portent une Diane éphésine, près de laquelle on voit des Cerfs, soit pour indiquer les attributions de la déesse, soit parce que le territoire possédait alors beaucoup de ces animaux. Ces représentations se sont d'autant plus multipliées parmi les anciens que toutes les villes de l'Asie mineure avaient également pris cette Diane emmaillottée pour symbole, et de là provient l'origine de diverses médailles qui rappellent leurs alliances avec d'autres états, et offrent des figures de Cerfs, soit sur le singulier corps de la Divinité dont le culte était si répandu, soit à ses pieds.

Sur des médailles de Milet on voit un Apollon portant un Cerf dans ses bras; celles de la ville d'Elyros, en Crète, représentent un de ces animaux qui broute un arbre. Quelques médailles de Théodose offrent des quadriges de Cerfs. Enfin, pour ne citer que les faits les plus notables, les antiquaires connaissent une médaille représentant Faustine, femme de Marc-Aurèle, avec les attributs de Diane, et montée sur un Cerf. Les anciens sacrifiaient cet animal à Diane; et sur beaucoup de pierres gravées on voit des allusions à ce culte, et souvent des prêtres qui conduisent des Cerfs par les cornes. Le sacrifice d'une Biche que l'on fit en l'honneur de cette Divinité avant le siége de Troie prouve combien ce culte était ancien, et Ovide dit que de son temps il durait encore.

La chasse aux Cerfs a été dans tous les temps un des plaisirs favoris des grands. La chair de ces animaux est recherchée sur nos tables; mais en certains pays où ils sont fort communs on en fait peu de cas; tel est le Wurtemberg: dans les marchés de ses villes on ne la vend guère que trois sous la livre, et les particuliers s'engagent envers leurs domestiques à ne leur faire manger de cet animal qu'un certain nombre de fois par semaine.

Les **RENNES** ont des bois à andouillers basilaires et médians, et dont toutes les empaumures sont aplaties.

Le *Renne*, dont la taille égale à peu près celle de notre Cerf commun, est dépourvu de mufle, et chez lui le mâle et la femelle offrent des cornes. Ces organes qui ont une configuration identique dans les autres espèces de ce genre offrent chez celle-ci d'assez grandes variétés de formes. Son pelage, qui, comme nous l'avons dit, est composé de soies et d'une sorte de laine, offre une couleur brune en été, et devient presque blanc en hiver.

Géographie. Cet animal n'habite que les contrées les plus boréales des deux continents, et principalement, selon Buffon, au delà du cercle arctique; on le trouve aussi parmi les grandes îles qui les avoisinent. Une température glaciale semble lui être indispensable, car on dit que le climat de Saint-Pétersbourg, malgré sa rigueur, est cependant d'une chaleur insupportable pour les Rennes, et que dans l'été, en Laponie même, on est obligé de les conduire sur les montagnes pour les préserver de l'élévation de la température.

D'après ce qui précède, on s'étonnera que les naturalistes aient presque généralement adopté l'opinion qu'il existait des Rennes en France ou dans les Pyrénées au quatorzième siècle. Buffon fut le premier qui professa ce fait d'après une fausse interprétation des écrits e Gaston Phœbus; il émit, ce qui semble contraire à son système sur le refroidissement graduel du globe, que par le défrichement des bois et la disparition des marécages, la température de la France était devenue plus chaude, et qu'alors ces animaux s'étaient transportés vers le nord. Entraînés par l'ascendant de cet homme célèbre, divers savants adoptèrent ses vues.

Buffon avait simplement établi son opinion sur ce que Gaston Phœbus, comte de Foix, était seigneur de Béarn, et comme celui-ci dit dans son livre des Déduits de chasse avoir vu des Rennes, ce naturaliste pensa que ce prince, qui avait des terres dans les Pyrénées, les avait rencontrés dans ces montagnes.

Cuvier ayant eu l'occasion de trouver un manuscrit de l'ouvrage de Gaston à la Bibliothèque Royale, et ayant étudié la vie de ce prince, a rectifié cette erreur. Ce grand et noble chasseur dit positivement, dans son œuvre, que c'est en Norwége et pays d'outre-mer qu'il a vu des Rennes. En effet, quand on suit la vie du comte de Foix, on apprend qu'il fut en Prusse se croiser avec les chevaliers teutons, pour combattre les infidèles de Lithuanie. C'est probablement lorsqu'il était dans ce pays que ce passionné chasseur, qui nourrissait seize cents chiens, et qui, comme il le dit lui-même, trouvait dans la chasse un moyen de salut pour son âme, aura passé en Norwége. Ainsi, tout se trouve donc expliqué.

D'après cela, on ne peut plus admettre que ces animaux aient vécu en France; le plus près qu'ils se soient approchés de nous, dans les temps historiques, est la forêt Hercynienne, qui s'étendait tellement vers le nord de l'Europe, que les Germains, à ce que dit César, n'en connaissaient point la limite.

Les Rennes sauvages changent de site selon les saisons; dans l'hiver ils descendent dans les vallées, mais l'été ils gravissent les montagnes soit pour y chercher une température plus froide, qui semble leur être plus salutaire, soit pour garantir leur peau de l'invasion des Œstres, qui y produisent de grands ravages par les ulcères que déterminent leurs larves. Ils ont même une telle aversion pour ces insectes, que l'on dit que l'apparition d'un seul de ceux-ci dans l'air suffit pour débander un troupeau de mille Rennes, et en mettre tous les individus en fureur.

Organisation et mœurs. La sagesse providentielle semble se révéler d'une manière bien manifeste dans la structure des pieds des Rennes. Leurs sabots sont larges, et leurs ongles postérieurs offrent une surface beaucoup plus étendue que dans les autres Cerfs, de manière que les mammifères que nous décrivons, qui sont relégués dans des contrées recouvertes par la neige pendant la majeure partie de l'année, peuvent cheminer à la surface de celle-ci sans y enfoncer.

Pendant l'été, les Rennes se nourrissent de boutures et de feuilles d'arbres ; mais en hiver c'est le *lichen rangiferinus*, qui forme presque seul leur aliment, et ces animaux savent découvrir cette plante sous l'épaisse couche de neige qui revêt le sol, et qu'ils fouillent avec leurs cornes ou leurs pieds.

Historique. Les Grecs et les Romains connurent cet animal, mais seulement par les narrations extraordinaires que l'on débitait sur son compte. Le Renne est, il est probable, ce fameux *Tarandus* de Scythie, qui est mentionné dans le livre des Récits merveilleux que l'on a attribué à Aristote, et où il est dit que ce mammifère possède une tête de Cerf et la taille d'un Bœuf, et qu'il change de couleur selon les choses dont il approche. Ce Ruminant, dont la couleur est si diverse, et qui souvent devient blanc en hiver, aura été décrit à Hérodote par les marchands grecs qui trafiquaient avec les Scythes ; ils lui auront probablement dit que cet animal fabuleux devenait en hiver de la teinte de la neige, et l'imagination du célèbre historien aura formé le reste du conte que Théophraste, Élien, Pline et une foule d'auteurs ont copié dans ses œuvres. Le Bœuf de la forêt Hercynienne, dont parle César, qui portait sur le front une seule corne à rameaux écartés en palme, n'était autre chose, selon Cuvier, qu'un Renne mal décrit.

Chasses. L'importance des Rennes pour nos besoins domestiques engagea à leur faire des chasses assidues dans les pays où ils sont communs. Pallas dit que, dans certaines régions du pays des Samoïèdes, ceux-ci se contentent de placer des armes qui partent d'elles-mêmes, ou des lacets dans les endroits que ces mammifères fréquentent. Dans d'autres contrées de ce pays, le naturaliste que nous venons de citer rapporte que l'on tue ces animaux par des procédés différents. Si les Rennes paissent sur une colline, on cerne celle-ci avec des pieux où sont attachés des habits, des chiffons et des ailes d'Oie ; bientôt ces Ruminants courent tout autour de cette enceinte, sans oser la franchir, et les chasseurs embusqués n'en laissent pas échapper un seul.

D'autres fois les Samoïèdes dressent quatre ou cinq Rennes qu'ils habituent à marcher près du chasseur ; un devant et un derrière sont tenus en laisse par lui, et les autres se trouvent sur ses côtés attachés à sa ceinture. Caché par ces animaux, le chasseur, revêtu d'une de leurs peaux, marche courbé, et parvient par ce moyen à s'approcher assez près du troupeau de Rennes sauvages pour en choisir le plus beau et le tuer. Parfois aussi, à l'époque du rut, les Samoïèdes lient avec de l'écorce de bouleau les bois du plus vigoureux mâle de leur troupeau domestique, de manière à les rapprocher du haut. Puis quand ils aperçoivent une bande sauvage, ils lâchent leur mâle qui court sur les femelles. De son côté, le mâle de la troupe sauvage, le voyant venir, va à lui pour livrer le combat ; mais il ne tarde pas à entortiller ses bois dans les liens qui unissent ceux du Renne privé, ce qui donne aux Samoïèdes le temps d'approcher et de le saisir.

Usages. Les Rennes sont les seuls animaux du genre Cerf que l'on ait réduits en domesticité. Ils offrent un naturel doux et pacifique. Les habitants du Nord en ont souvent des troupeaux nombreux, et ils forment leur principale fortune. Les riches Lapons en possèdent quelquefois quatre à cinq cents; les plus pauvres n'en ont pas moins de dix à douze. On les mène au pâturage pendant les jours d'été, et durant les nuits souvent ils sont ramenés à l'étable ou renfermés dans des parcs pour les garantir des attaques des loups. Les troupeaux de Rennes sont assez difficiles à garder, parce que l'instinct naturel engage souvent ces animaux à reprendre la vie sauvage. Pour prévenir leur fuite on ne les mène paître que dans les lieux découverts, et l'on emploie un personnel nombreux pour les surveiller. Enfin, par précaution, les propriétaires les font marquer, afin de pouvoir les reconnaître quand ils se mêlent avec des troupeaux voisins ou qu'ils se sont égarés dans les bois.

« En comparant les avantages que les Lapons tirent du Renne apprivoisé avec ceux que nous retirons de nos animaux domestiques, on verra, dit Buffon, que cet animal en vaut seul deux ou trois ; on s'en sert comme du Cheval pour des traîneaux, des voitures ; il marche avec bien plus de diligence et de légèreté, fait aisément trente lieues par jour, et court avec autant d'assurance sur la neige gelée que sur une pelouse. La femelle donne du lait plus substantiel et plus nourrissant que celui de la Vache ; la chair de cet animal est très-bonne à manger ; son poil fait une excellente fourrure, et la peau passée devient un cuir très-souple et très-durable ; ainsi le Renne donne seul tout ce que nous tirons du Cheval, du Bœuf et de la Brebis. »

Les Lapons préfèrent les Rennes sauvages aux Rennes domestiques pour les atteler aux traîneaux, parce qu'ils sont plus forts et plus vigoureux. Mais ils sont aussi beaucoup moins traitables ; parfois même ils se révoltent contre celui qui les guide, et il n'a d'autre ressource, pour se garantir de leur colère, que de se couvrir de son traîneau jusqu'à ce qu'ils soient apaisés.

Les Samoïèdes font un grand usage de chair de Renne, et, à ce que rapporte Pallas, quand ils tuent à la chasse un de ces mammifères, ils désossent ses jambes et en fendent les os pour en manger la moelle toute crue ; mais ce qu'ils aiment surtout, c'est le cerveau, dont ils s'emparent immédiatement, et qu'ils dévorent encore saignant et sans aucune préparation. Lorsque le Renne vient de changer de bois et que ceux-ci sont encore jeunes et tendres, les Samoïèdes les coupent et les mangent crus.

La chair du Renne possède un parfum fort agréable, et elle est d'autant plus exquise et plus grasse qu'elle appartient à des individus qui habitent plus vers le Nord. Celle des Rennes du Spitzberg est couverte d'un lard épais ; aussi les riches Lapons du Finmarck en font-ils venir de cette île, parce qu'elle y est bien préférable à celle des individus de leur pays qui sont ordinairement maigres et décharnés.

Quand, dans les contrées hyperboréennes où ils se trouvent relégués, l'hiver couvre la terre d'une immense quantité de neige, les Rennes deviennent encore une ressource pour la nourriture des Esquimaux en leur offrant des végétaux qu'ils ne pourraient nullement trouver ailleurs sans eux. Si Ross ne le rapportait dans son ouvrage sur les découvertes dans le Nord, on aurait peine à croire que, quand ces peuplades tuent un Renne pendant l'hiver, elles prennent les herbes à peine digérées qui remplissent son premier estomac, et mangent avec délices cet aliment dégoûtant.

Les **DAIMS** offrent des bois longs, munis d'andouillers basilaires et médians, et dont les empaumures supérieures sont seules aplaties.

Le *Daim* est d'une taille intermédiaire entre celle du Cerf et du Chevreuil; son pelage est fauve et tacheté de blanc en été; pendant l'hiver sa robe devient d'un brun sale, uniforme. Dans cette espèce il n'y a de canines chez aucun sexe.

Géographie. Strabon dit que l'Ibérie produit beaucoup de Daims sauvages. Cependant on n'est pas certain de quel pays ces animaux sont originaires, et s'ils sont réellement indigènes de celui indiqué par ce géographe, ainsi que de la France. Pour quelques parties de l'Allemagne, on y connaît l'époque de leur introduction. Bock, dans son Histoire naturelle de la Prusse, prétend que ce sont les forêts de la Lithuanie qui en fournissent à la Pologne; et quelques auteurs disent qu'il y en a énormément en Sardaigne.

Selon le comte Mellin, auquel on doit la meilleure histoire du Daim, en Angleterre cet animal ne vit guère que dans les parcs, et quelques auteurs pensent que la race tachetée y a été apportée des Indes. Aujourd'hui on trouve des Daims dans presque toute l'Europe.

Historique. Les auteurs anciens ne contiennent que fort peu de détails sur le Daim, et ceux-ci sont même encore assez obscurs; quelques naturalistes croient que c'est lui que Pline a désigné,sous le nom de *Platyceros*, et auquel il prête des cornes en forme de mains d'où sortent des espèces de doigts. On pense aussi que les deux cents *Cervi palmati* que Gordien I montra dans le Cirque, pendant son édilité, n'étaient peut-être que des Daims.

Souvent cet animal est nourri dans les grands parcs, soit pour le simple ornement, soit pour les plaisirs de la chasse. Sa chair est recherchée.

Les **ÉLANS**, qui forment la dernière section du genre Cerf, offrent des bois sans andouillers basilaires et terminés par une empaumure palmée et digitée.

L'*Élan* a pour résidence le nord de l'Amérique, de l'Asie et de l'Europe; on le trouve principalement au-dessous du cercle polaire, contrairement au Renne qui habite de préférence les régions situées au delà de cette limite. César, dans ses Commentaires, dit qu'il en existait dans la forêt Hercynienne.

Organisation et mœurs. Ce Ruminant semble s'éloigner des autres espéces de ce genre par ses formes insolites et bizarres. C'est le plus volumineux des Cerfs; il offre un museau renflé et son cou est fort court ; au-dessous de celui-ci pend une sorte de fanon garni de longs poils, et son garot est orné d'une crinière hérissée. La tête de cet animal est couverte de bois de forme palmée et d'une pesanteur considérable ; l'un d'eux, qui offrait vingt-huit andouillers, pesait 38 livres. Pennant a décrit les bois d'un Élan qu'il vit à Londres, et qui pesaient 56 livres anglaises.

Les formes lourdes de ce mammifère et la brièveté de son cou, comme il est facile de l'apercevoir, sont corrélatives au grand développement de ces bois, qui n'auraient pu être portés à l'extrémité d'un cou allongé, et celui-ci, pour subvenir à la fonction qui lui est confiée, est volumineux et présente une masse musculaire deux fois plus considérable que celle qui se trouve dans la même région chez le Cheval.

L'Élan n'offre point de mufle et il est privé de canines. Ce Ruminant ne galope pas ; quand il fuit, il opère une sorte de trot extrêmement rapide, et l'on dit que lorsqu'il marche ses articulations font entendre un craquement extraordinaire que certains auteurs ont attribué au peu de synovie qui les abreuve.

Ce mammifère, malgré la longueur de son museau, a beaucoup de peine à paître les herbes courtes, et pour cela il est obligé de ployer les jambes de devant ; aussi c'est dans les arbres qu'il trouve une nourriture plus facile à saisir. Quelquefois, en été, il se plonge entièrement dans les marécages pour se préserver de la piqûre des Taons ; il y reste nuit et jour, et se contente de laisser ses naseaux au-dessus de l'eau pour respirer. Dans cette situation il se nourrit des herbes qui croissent au fond des marais, et tandis qu'il y plonge sa tête pour les brouter il expulse l'air très-bruyamment par les narines. L'Élan a acquis tout son développement à six ans, et il n'en vit pas plus de dix-huit.

Historique. Ce Ruminant a donné lieu à un grand nombre de fables. Parmi les anciens, Pline, qui le mentionne sous le nom de *Machlis*, dit qu'il ressemble au Cheval, sauf la longueur des oreilles et du cou. Dans un autre paragraphe il parle d'un animal qui doit être aussi l'Élan, et il prétend que ses membres manquent de jointures et qu'il ne peut paître qu'en rétrogradant, tant sa lèvre supérieure est grosse et saillante. Cette idée que cet animal est privé d'articulations est encore répandue chez les peuples grossiers du Nord, et tient peut-être à la roideur de ses membres.

Usages. L'Élan est un animal paisible, hors les moments du rut, et qui paraît s'apprivoiser facilement, puisque les sauvages du nord de l'Amérique l'attèlent à leurs traîneaux, et que les Lapons en faisaient autant anciennement. Sa peau sert aux habitants des premières régions pour se confectionner des vêtements, et elle est précieuse quand elle est tannée à cause de sa force. Dans quelques contrées de la Sibérie elle sert à couvrir les patins à neige. Pallas dit que dans ce pays il est des contrées où la chair de cet animal et les fruits du cèdre composent toute la nourriture des habitants.

CHEVROTAINS. *Moschus*. Tête dépourvue de cornes. Canines très-longues, arquées et saillantes $\frac{1}{6}$; larmiers nuls. — Ces Ruminants se font remarquer par l'élégance de leur port, qui ressemble à celui des Antilopes, et aussi par leur légèreté; ils portent des poils courts, durs et cassants; leurs mamelles sont inguinales et au nombre de deux; enfin on doit encore noter qu'ils ont un péroné grêle, tandis que chez les autres mammifères de cet ordre cet os manque ou est extrêmement rudimentaire. Les Chevrotains habitent l'Asie et les grandes îles qui l'avoisinent.

Le *Chevrotain musc*, qui est célèbre par la substance odorante qu'il produit, et qui est connue sous le même nom que lui, réside principalement dans les régions rocailleuses qui s'étendent entre la Sibérie, la Chine et le Thibet. Il se plaît dans les montagnes boisées et ne s'aventure jamais dans celles qui sont nues, et encore moins dans les plaines. Les voyageurs en rencontrent peu, même dans les contrées où il existe en quantité innombrable, parce qu'il est nocturne.

Ce mammifère est d'une taille un peu inférieure au Chevreuil; son pelage, qui varie selon l'âge, présente communément une coloration d'un brun foncé; sa queue est tuberculiforme. Le train postérieur du Musc est plus haut et plus développé que celui de devant; cette structure est parfaitement en harmonie avec la nature de son habitat et de ses besoins. Vivant parmi les précipices et se trouvant souvent forcé de les franchir, cette disposition organique lui permet d'exécuter de grands sauts et le rend léger à la course. Les ongles postérieurs de cet animal sont plus longs que dans aucun autre Ruminant; et ils peuvent s'écarter des autres de manière à assurer son pas quand il gravit les rochers. Sonnini et Desmoulins disent qu'il passe des fleuves à la nage.

Malgré l'audace qu'il montre en gravissant les rochers ou en franchissant les précipices, le Musc n'en est pas moins excessivement timide. Il se nourrit pendant la belle saison du feuillage des rhododendrons qui croissent dans les montagnes où il réside, et l'hiver il se contente des lichens qui végètent sur le sol. C'est au commencement de cette dernière saison qu'arrive l'époque de ses amours; alors les Ruminants de cette espèce, qui sont très-gras, se rassemblent en troupes pour choisir des femelles; pendant que durent ces réunions, les mâles se livrent des combats dans lesquels beaucoup se trouvent blessés ou perdent leurs dents canines.

Ce Chevrotain est remarquable par l'existence d'un organe particulier qui sécrète la substance appelée *musc;* cependant, quoiqu'on ait souvent répété dans les auteurs qu'il était le seul de son genre qui le possédât, il a été reconnu dernièrement que plusieurs autres espèces, et entre autres le *Moschus altaicus,* fournissaient également cette substance. Cet appareil, qui ne se rencontre que chez les mâles, a été étudié par Pallas ; ce naturaliste a reconnu qu'il est formé par un sac ovalaire situé sous la peau du ventre, derrière l'ombilic, et dont la face inférieure présente une dépression dans laquelle se trouve l'extrémité antérieure de la verge. Il dit en outre que ses parois sont formées de trois membranes, l'une externe, cellulaire, dans laquelle se répandent quelques fibres musculaires ; une moyenne, qui offre beaucoup de vaisseaux sanguins ; et enfin une interne molle, qui forme un grand nombre de plis et de rides. L'ouverture de ce sac, qui est petite, arrondie et entourée de poils roides, se trouve immédiatement au-devant de l'orifice du prépuce : autour d'elle sont situés quelques follicules sébacés.

Brandt et Ratzeburg, qui ont fait dernièrement des observations sur cet organe producteur du musc, ont confirmé celles du naturaliste que nous venons de citer, et disent que sa poche présente environ deux pouces de longueur sur à peu près vingt lignes de largeur.

Sur l'animal vivant le musc est demi-fluide, et sa quantité varie selon les diverses époques de la vie ; cette substance n'existe pas encore dans les jeunes individus, et il ne s'en produit que fort peu chez ceux qui sont vieux. C'est surtout dans l'âge adulte et à l'époque du rut qu'elle abonde, et que son odeur est plus intense. Il est évident que la production du musc est liée à l'acte de la génération ; Pallas pensait que la bourse qui le sécrète était comprimée pendant le rapprochement des sexes et que son contenu se répandait sur les organes de la femelle et servait à l'exciter. Mais, avec plus de raison, selon nous, Oken le considère simplement comme analogue à la matière sébacée qui enduit le prépuce d'autres mammifères.

Chasses. Ce Ruminant possède une chair dont la saveur rappelle le parfum qu'il fournit ; on la mange dans plusieurs pays, mais c'est moins pour elle que pour le musc qu'on le recherche et qu'on le chasse. Tavernier rapporte que dans les pays couverts de montagnes c'est particulièrement durant les mois de février et de mars que l'on prend des Muscs. A cette époque souvent ils sont affamés par l'abondance des neiges qui couvrent le sol, et ils descendent dans les vallées pour se nourrir à même les champs de riz ou de blé qui s'y trouvent. C'est pendant ces incursions sur leurs cultures que les Tartares s'en emparent à l'aide de piéges, tels que des lacets ou des assommoirs, qu'ils tendent dans les endroits qui sont fréquentés par ces animaux ; ou bien ils tuent simplement ceux-ci à coups de flèches ou de bâton, car on rapporte qu'au moment où ils se répandent dans les plaines ils sont si maigres et si languissants qu'il est facile de les approcher.

Musc. Longtemps on n'a eu que de fausses notions à l'égard de l'organe qui produit le musc, ainsi que sur la nature de celui-ci. Les Orientaux pensaient que cette substance n'était que la matière purulente d'un abcès qui se développait sous le ventre des Chevrotains, et on croyait que celle qui possédait la meilleure qualité était même recueillie sur les arbres et les rochers, auxquels on prétendait que ces animaux

se frottaient pour s'en débarrasser quand ils étaient tourmentés par la
douleur : l'illustre Buffon partagea cette singulière erreur.

Dans le commerce cette substance odorante se vend encore renfermée dans la poche où elle est sécrétée ; mais les chasseurs et les marchands, tentés par le haut prix du musc, se sont de tout temps exercés
à le falsifier. Déjà Chardin rapporte que les premiers vendent souvent
des poches qui ne sont remplies que de sang desséché, avec lequel ils
ont remplacé la sécrétion parfumée, et il ajoute que les marchands,
pour augmenter la pesanteur de celles-ci, y introduisent parfois du
plomb. Le roi de Boutan, à ce que dit Tavernier, craignant même que
la fraude de ces derniers ne fît cesser le négoce du musc dans ses états,
ordonna que toutes les poches seraient apportées ouvertes à la capitale,
pour y être visitées et scellées de son sceau ; et toutes celles que ce
voyageur acheta, et dont le nombre se montait à plus de 7,600, avaient
subi cette formalité ; mais il ajoute que cela n'empêchait pas les sujets
de ce prince d'y introduire du métal. Aujourd'hui le musc se falsifie
encore avec plus d'adresse que jamais, et il s'en fabrique même de
toutes pièces dans quelques pays où l'on imite, avec la peau de l'animal, les sacs qui le renferment.

Les poches de musc nous sont expédiées dans des boîtes en plomb
ou simplement en bois, mais doublées de ce métal. A l'état sec la
forme et le poids de ces poches présentent d'assez nombreuses variétés ;
cependant elles sont ordinairement obrondes, déprimées, ont environ
2 pouces de longueur, et pèsent de 5 à 8 gros : à l'intérieur on rencontre 4 à 6 gros de substance odorante.

On connaît dans le commerce trois sortes de musc : celui du Tonquin, celui de Sibérie et celui du Bengale.

Les Poches de *musc du Tonquin* proviennent du royaume de ce nom ;
elles sont achetées à la Chine par les commerçants de la Compagnie des
Indes, et ensuite exportées en Angleterre. Ce sont elles qui fournissent
la substance odorante la plus estimée et que l'on doit rechercher dans
les pharmacies. La peau qui les recouvre offre des poils roux, et jamais
elle n'est piquée des vers.

Les Poches de *musc de Sibérie* ou *Kabardin*, que nous expédie le
négoce d'Allemagne, sont inférieures en qualité aux précédentes, et
souvent piquées des vers.

Enfin les Poches de *musc du Bengale*, que l'on retire de ce pays,
n'ont que peu d'odeur.

Actuellement la consommation du musc en France ne va pas au delà
de quelques centaines d'onces ; celui qui est de première qualité, ou le
musc du Tonquin, vaut aujourd'hui environ 100 francs l'once, et les
autres à peu près 50 fr.

Le Musc du commerce se présente sous l'apparence de grains d'un
brun rougeâtre, doux et onctueux au toucher, et mêlés de grumeaux
noirs assez semblables à du sang desséché, qui paraissent en être la
partie la plus pure. John, dans ses Tableaux chimiques du règne ani-

mal, a donné l'analyse de celui qui provient du Tonquin, il l'a trouvé formé des principes suivants : carbonate d'ammoniaque 8,33 ; cire pure 7,50 ; résine 0,83 ; gélatine 50,0 ; albumine 25,80 ; sel marin 2,50 ; potasse 0,83 ; carbonate de chaux 5,33 ; perte 1,68.

Usages. Le musc est employé dans la médecine et par les parfumeurs, les liquoristes et les confiseurs.

Les médecins grecs et romains ne l'ont point utilisé dans leur art ; Aétius, qui vivait au quatrième siècle, est le premier qui en parle. Actuellement cette substance est du domaine de la matière médicale dans des pays fort divers ; au Tonquin et à la Chine on en fait usage contre l'épilepsie ; dans l'Inde, Ainslie dit qu'on la prescrit comme stimulant et antispasmodique. En France, le musc passe pour être essentiellement doué de ces deux qualités, et quelques médecins pensent en outre qu'il produit le narcotisme. Cabanis, qui avait une grande confiance en cet agent, l'employa à haute dose dans un cas fort célèbre, la maladie de Mirabeau.

Le *Chevrotain Kranchil*, qui n'a qu'environ dix pouces de hauteur, offre un pelage d'un roux brun sur le dos et blanc en dessous ; il est de Sumatra où il vit dans la profondeur des forêts.

Cette petite espèce est extrêmement vive et légère ; elle est d'un naturel si rusé que les Malais en ont fait le symbole de l'astuce, et qu'ils ont l'habitude de dire d'un fripon adroit ou d'un voleur habile : il est rusé comme un *Kranchil*. La grande agilité de cet animal lui permet d'habiter en sécurité les forêts remplies de carnassiers. Quand quelques-uns de ceux-ci le poursuivent, et qu'ils l'approchent de trop près, ce Chevrotain se lance avec légèreté jusque dans les branches des arbres, et s'y accroche immanquablement par ses longues canines qui se trouvent arrêtées au hasard par quelques branches ; puis il reste suspendu là, jusqu'à ce que ses ennemis aient fui. C'est par la même ruse qu'il échappe aux Chiens des chasseurs qui le poursuivent.

Le *Chevrotain pygmée* est le plus petit des Ruminants ; sa taille est moindre que celle d'un Lapin et ses formes sont encore plus légères et plus gracieuses que celles des Gazelles ; il offre un pelage roux. On dit que ce beau petit animal se rencontre dans l'Inde ; ses mœurs sont peu connues ; il paraît qu'il est doux et familier ; les os de ses jambes sont si frêles que l'on rapporte que dans quelques pays, après les avoir enrichis d'ornements d'or et d'argent, on en fait des cure-dents. Desmarest dit que dans l'Inde on mange sa chair.

*** RUMINANTS CÉROPHORES.

ANTILOCAPRES. *Antilocapra.* Cornes bifurquées, à sommet recourbé en arrière. — Ces mammifères, dont on ne connaît que deux espèces, habitent l'Amérique septentrionale. L'un d'eux, nommé *Antilope furcifère*, est de la grandeur d'un Chevreuil et porte un pelage épais ondulé de traits roussâtres.

ANTILOPES. *Antilope*. Cornes creuses, supportées sur des chevilles osseuses compactes ? ordinairement des larmiers ; deux ou quatre mamelles. — Les cornes de ces animaux sont le plus souvent rondes ; dans presque toutes les espèces on trouve à leur base des anneaux plus ou moins saillants dont le nombre, suivant Buffon, pourrait indiquer l'âge de ces ruminants ; mais, quoique ces anneaux augmentent en effet avec les années, une observation de Pallas semble cependant démontrer qu'ils ne sont pas exactement en rapport numérique avec celles-ci. Les Antilopes ont ordinairement des brosses ou touffes de poils roides et saillants à l'articulation du poignet.

On découvre des Antilopes dans tout l'ancien monde, mais c'est en Afrique que l'on en rencontre le plus d'espèces ; l'Europe n'en possède que deux. En général, ces mammifères affectionnent certaines localités dont ils ne s'écartent pas, ainsi que l'a constaté le voyageur Delalande. Ceux qui se trouvent dans les plaines découvertes n'entrent point dans les forêts, et les espèces qui sont spécialement répandues dans celles-ci, ne se dispersent jamais parmi les plaines ni dans les marais. Il arrive même que, quand les chasseurs forcent quelques-unes des espèces qui habitent les lieux découverts à se réfugier dans les bois, le peu d'habitude qu'elles ont de se guider parmi ceux-ci les fait se heurter à chaque instant contre les arbres.

Les Antilopes ont un muscle peaussier très-puissant, qui secoue avec force toute la superficie de leur corps ; cependant, malgré cette organisation, la peau de certaines espèces n'en est pas moins attaquée par les insectes. Ces mammifères ont plusieurs de leurs sens fort développés ; l'odorat paraît surtout très-fin chez quelques-uns ; Pallas dit même qu'il en est qui sentent l'homme à une lieue de distance. Ils sont presque tous d'un caractère doux et sociable, et vivent ordinairement réunis ; on en rencontre parfois des troupes de dix mille en Afrique, et dans quelques espèces, lorsque la masse se livre au repos, il y a des sentinelles qui restent éveillées. Malgré l'apparente timidité des Antilopes, quand leur vie est menacée par les plus redoutables carnassiers, on les voit se réunir en cercle, se serrer, et combattre courageusement avec leurs cornes.

Ces Ruminants contribuent à combler quelques-uns de nos besoins sociaux. La peau de plusieurs d'entre eux est recherchée pour divers usages ; en outre certaines espèces servent à la nourriture de l'homme ; les Hottentots et les habitants du Cap possèdent l'art de faire sécher leurs cuisses et les mangent coupées en tranches minces avec du pain beurré.

Classification. Le caractère le plus fondamental de ce genre est d'offrir des cornes dont le noyau osseux est solide ; mais ce caractère, posé par Geoffroy St-Hilaire, n'est pas propre à toutes les espèces, car quelques-unes ont des cornes dont les chevilles sont autant celluleuses que celles des Chèvres, des Brebis ou des Bœufs ; et, d'un autre côté, certaines Chèvres m'ont présenté des noyaux osseux aussi compactes que plusieurs Antilopes. La disposition annelée des cornes n'est pas non plus fondamentale, puisque plusieurs des mammifères du groupe qui nous occupe les ont lisses comme les Bœufs, qui terminent l'ordre des Ruminants.

Les proportions ou les formes ne suffisent pas non plus pour isoler les Antilopes des autres Ruminants à cornes creuses, car quelques Bœufs sont même inférieurs en taille à beaucoup de celles-ci. Les larmiers et le nombre des mamelles ne donnent pas non plus des caractères différentiels suffisants ; aussi est-ce avec beaucoup de raison que de Blainville a placé dans le grand genre *Bœuf*, et considéré simplement comme des sous-genres, les Antilopes, les Chèvres, les Brebis, les Ovibos et les Bœufs proprement dits. Quoique nous admettions cette distribution, parce qu'elle est basée sur une connaissance profonde de l'ensemble de l'organisme, cependant, pour ne pas nous éloigner par trop des vues généralement reçues, dans ce traité élémentaire, nous considérerons encore ces différents groupes comme des genres, dont il sera facile de suivre la filiation d'après ce que nous venons de dire, et à l'aide des subdivisions principales que nous noterons dans ceux-ci.

Parmi les nombreuses coupes établies dans ce genre, nous citerons les suivantes comme étant les plus importantes : les Antilopes proprement dites, les Gazelles, les Tétracères, les Bubales, les Bosélaphes, les Oryx et les Chamois.

Les **ANTILOPES PROPREMENT DITES** portent des cornes rondes, annelées, spirales et dépourvues d'arêtes. C'est à cette section qu'appartiennent l'Antilope des Indes et le Saïga.

Le *Saïga* parvient à la taille de nos Daims ; il est fauve sur le dos et les flancs, et son ventre est blanc. Cette espèce est aussi remarquable par une particularité anatomique, celle de n'avoir que cinq vertèbres lombaires au lieu de six que l'on rencontre dans ses congénères.

Les Saïgas forment d'immenses troupes voyageuses composées parfois de plus de dix mille individus ; celles-ci se répandent dans tout le vaste espace qui s'étend des rivages du lac Baïkal et de la mer Caspienne jusqu'aux bords du Danube. Ces mammifères ont la pupille transversale et rétrécie par quatre languettes, dont trois sont supérieures, et une est inférieure et vient presque rencontrer les autres. Cette particularité est considérée, par quelques physiologistes, comme propre à modérer la réverbération de la lumière occasionnée par le sol blanchâtre des lieux que fréquentent ces animaux, mais cette disposition protectrice peut leur devenir funeste, car on dit qu'ils voient peu, et qu'ils risqueraient de se jeter dans les mains des chasseurs si chez eux l'odorat ne compensait la faiblesse de la vue. Desmoulins assure qu'ils éventent ceux-ci à plus d'une lieue, et qu'en outre, par prudence, quand ils sont à paître, ils posent des sentinelles, et qu'ils ont la même précaution lorsque leurs troupes s'arrêtent dans quelque solitude pour se livrer au repos.

Ces Antilopes vivent particulièrement des armoises, des arroches et de quelques végétaux âcres ou salins qui se rencontrent dans les régions qu'ils parcourent et qui semblent avoir formé anciennement le fond d'une vaste mer ; ils aiment aussi beaucoup l'eau des sources salées. C'est leur régime qui donne à leur chair le goût répugnant qu'elle possède, et qui est tel qu'on ne peut la manger sans ressentir les plus désagréables nausées. Le nez des Saïgas est tellement bombé que l'on prétend que pour paître ils sont obligés de marcher à reculons ou de prendre les herbes de côté. Ils boivent en plongeant leur museau dans l'eau, et, à ce qu'on assure, en aspirant la plus grande partie de celle-ci par les narines. Strabon pensait même qu'ils gardaient une certaine quantité de ce liquide dans les cavités nasales, ce qui n'est nullement exact. A l'époque du rut, les mâles exhalent une forte odeur de musc ; alors ils se livrent entre eux des combats pour la possession des femelles.

En été, à ce que dit Pallas, les Cosaques se forment par petites troupes pour chasser les Saïgas dans les steppes. Malgré le désagréable goût de leur viande, ils la mangent, mais ne pouvant pas consommer toute celle des animaux qu'ils tuent, ils n'emportent que leurs plus belles peaux et leurs cornes ; ces Cosaques ramassent quelquefois aussi une certaine quantité de ces dernières dans les landes, parce qu'ils les vendent à des marchands qui fréquentent leur pays, et qui vont ensuite les porter jusqu'en Chine où l'on en fait grand cas. Près de l'Iaïk, dit encore le célèbre voyageur, une paire de ces cornes vaut dix à quinze sous, et dans les marchés chinois on la vend jusqu'à trois francs dix sous.

Les GAZELLES ont leurs cornes disposées en lyre, annelées, sans arête, et il en existe chez elles dans les deux sexes.

L'*Antilope Gazelle* se rencontre sur une grande étendue de l'Afrique et en Arabie ; elle a la taille d'une chèvre ; son poil est fauve sur le dos et blanc sous le ventre, avec une raie brune tracée sur les flancs ; ses cornes sont noires. La grâce et la légèreté de cet animal sont devenues emblématiques dans toutes les poésies orientales, et les yeux et le corsage élégant d'une beauté idéale sont souvent comparés à ceux de la Gazelle.

Les Gazelles vivent en troupes immenses, quelquefois composées de plus de dix mille individus, qui forment la plupart du temps la pâture des Lions et des Panthères qui résident dans les mêmes régions qu'elles. Ce sont des Ruminants extrêmement timides et dont la course légère est le seul moyen de salut quand quelque danger les menace. Cependant, lorsque la fuite leur est impossible, on dit qu'ils font face aux attaques des carnassiers en se groupant en cercle et en leur présentant leurs cornes de toutes parts.

La chasse de ces Antilopes est un des plus grands plaisirs des Arabes; ils dressent pour elle des faucons, qui vont avec leurs ongles attaquer les vaisseaux du cou de ces mammifères, et parviennent à les vaincre de cette manière. On les poursuit aussi à l'aide de chiens, et on les prend vivantes dans certains pays en lâchant, parmi leurs troupes sauvages, une Gazelle apprivoisée qui porte des cordes attachées à ses cornes et se terminant par des nœuds coulants. Quand celle-ci se trouve au milieu des individus libres, ces derniers s'embarrassent les jambes ou les cornes dans les cordes qui l'environnent, se prennent dans leurs nœuds coulants et tombent en la possession des chasseurs.

Le *Kevel* et la *Corinne* ne sont probablement que des variétés de la Gazelle ; Cuvier ne leur a pas trouvé de caractères suffisants pour autoriser à en faire des espèces distinctes.

Les **TÉTRACÈRES** se reconnaissent immédiatement aux quatre cornes qui surmontent leur tête. Élien avait déjà mentionné sous le nom d'Oryx à quatre cornes l'Antilope originaire de l'Inde pour laquelle on a formé cette section, et que l'on n'a cependant retrouvée en ce pays que dans ces derniers temps. De Blainville, en visitant une collection de Londres, a découvert un crâne qui appartient à une autre espèce de ce sous-genre.

Les **BUBALES** ont des cornes rondes, annelées et à double courbure. A cette division appartient le *Bubale des anciens*, appelé vulgairement *Vache de Barbarie*, à cause de ses formes qui ressemblent à celles de notre animal domestique, ainsi que du pays qu'il habite, qui est l'Afrique septentrionale ; son pelage est fauve. Ce mammifère est d'un naturel farouche, comme le sont beaucoup de Ruminants bien armés ; malgré cela, Shaw dit qu'il s'apprivoise facilement et qu'il s'accoutume à vivre avec les Bœufs des habitations rurales ; il est même probable qu'il a été réduit en servitude par les Égyptiens, car, sur les bas-reliefs de cette nation, on remarque des Bubales bien représentés qui sont attelés à des charrues.

Les **BOSÉLAPHES** ont des cornes rondes, épaisses, lisses et courtes. Parmi eux on doit citer le *Gnou*, à cause de son aspect singulier. Cette Antilope paraît comme un assemblage hétéroclite de plusieurs animaux de sa classe ; son corps rappelle celui du Cheval, et il porte une queue et une crinière qui sont aussi analogues aux siennes, tandis que ses cornes, rapprochées et élargies à leur base, ressemblent à celles du Buffle du Cap. Le Gnou offre un fanon, et ses membres sont sveltes ; il vit dans les montagnes qui se trouvent à l'extrémité méridionale de l'Afrique.

Les **ORYX** ont les cornes droites, longues et annelées. Ce sont en général de grandes Antilopes que l'on dit être courageuses et qui se défendent avec adresse à l'aide des éminences qui ornent leur tête ; aussi vit-on ces animaux figurer dans les amphithéâtres des Romains. La direction presque rectiligne de leurs cornes a fait autrefois employer celles-ci à divers usages ; on en confectionnait des armes, et entre autres des arcs.

L'*Oryx*, qui est une des espèces les plus remarquables de ce sous-genre, vit dans les régions centrales de l'Afrique et est rare aux environs du Cap. Cette Antilope, dont la taille égale celle du Cerf, porte un pelage cendré bleuâtre, à l'exception de sa tête qui est en partie blanche ; chez elle, tous les poils situés sur la ligne médiane supérieure, depuis la croupe jusqu'à la tête, sont dirigés en avant ; les cornes des mâles ont jusqu'à trois pieds de longueur, et elles sont noires, droites, lisses, et présentent des anneaux à leur région inférieure ; celles des femelles offrent de moindres proportions. Ce mammifère porte des sabots longs qui assurent sa progression sur les rochers et lui donnent beaucoup de facilité pour les gravir ; de là vient probablement sa prédilection pour les contrées montagneuses, qui sont celles où il réside de préférence.

L'Oryx ne se rencontre point en grandes troupes comme beaucoup de ses congénères, mais seulement par couples isolés. Il est figuré avec beaucoup d'exactitude sur les monuments égyptiens. C'est probablement cette Antilope qui a donné naissance à la fable de la Licorne.

Les CHAMOIS offrent des cornes lisses, recourbées en hameçon. Par ces organes sur lesquels reposent les caractères fondamentaux du genre Antilope, ces animaux font le passage aux Ruminants qui suivent ; en effet, les chevilles osseuses de leurs cornes ne sont pas plus compactes que celles des Chèvres, et leurs cornes sont dépourvues d'anneaux.

Le *Chamois* est une espèce de ce genre, qui réside dans les régions élevées des montagnes de l'Europe ; on le rencontre principalement parmi les lieux les plus inaccessibles et les plus sauvages des Alpes. Là il erre par petites troupes formées de quinze à vingt individus ou d'un plus grand nombre. Ce mammifère est de la taille d'une grande chèvre, et porte un pelage à poils d'un brun foncé et assez longs pendant l'hiver, mais qui sont plus courts et d'une couleur fauve durant l'été ; il n'a point de larmiers, et ses cornes se font remarquer par la manière singulière dont elles se terminent à leur pointe en se recourbant en bas et représentant une espèce d'hameçon. Vers la base de chacune de celles-ci on distingue, dans l'épaisseur de la peau, un creux ou sillon de quelques lignes de profondeur et qui est contourné en spirale ; c'est probablement cette espèce de petite poche rudimentaire qui a fait croire aux anciens que les Chèvres respiraient par les oreilles, et qui a fait admettre, à ce que l'on dit, à l'anatomiste Hardérus, que les Chamois opéraient cet acte par les cavités qui avoisinent la base de leurs cornes. Pallas considérait celles-ci comme ayant de l'analogie avec les larmiers des autres ruminants. Le professeur Géné, qui a étudié avec attention cet appareil, attribue à la matière qu'il sécrète l'odeur forte que répandent les Chamois à l'époque du rut. Il se pourrait que ces organes eussent des rapports directs avec la reproduction, puisqu'ils se développent en même temps que cette faculté et diminuent avec elle.

Tous les sens de ces animaux jouissent d'une grande délicatesse ; favorisés par le vent, ils découvrent à l'aide de l'odorat un homme ou un carnassier à une demi-lieue de distance ; aussi sont-ils fort difficiles à approcher. Étant d'un naturel timide et craintif, quand ils sont plusieurs, à ce que rapporte de Saussure, l'un d'eux se tient en vedette sur un rocher élevé, tandis que les autres paissent tranquillement ; mais aussitôt que cette sentinelle aperçoit quelque objet qui lui inspire des craintes, elle pousse une sorte de sifflement qui attire près d'elle tous ses compagnons. Ceux-ci, après avoir reconnu le danger et discerné si c'est un chasseur, ou un animal carnassier qui les menace, s'enfuient aussitôt vers les solitudes les plus inaccessibles des montagnes en formant une file à la tête de laquelle se trouve l'individu le plus expérimenté et le plus vigoureux. Dans ces circonstances, rien n'égale la rapidité de la course des Chamois, ni la vivacité et la hardiesse de leurs sauts ; aux bords des précipices, leurs membres semblent se distendre comme de puissants ressorts pour les lancer à de prodigieuses hauteurs ; quelquefois, avec une assurance qui étonne, ces mammifères franchissent des espaces de dix à douze toises et viennent tomber sur la pointe aiguë d'un rocher où ils n'ont que la place nécessaire pour rassembler leurs jambes.

Le Chamois broute ordinairement les plantes les plus aromatiques des solitudes qu'il fréquente ; de là naquit peut-être l'idée que son sang était un spécifique salutaire dans quelques maladies.

Les Latins seuls parmi les anciens ont parlé de cet animal, et c'est lui que, selon F. Cuvier, ils ont désigné sous le nom de *Rupicapra*, qui signifie Chèvre des rochers. On est d'autant plus porté à admettre cette opinion que Pline, en parlant de celle-ci, dit que ses cornes sont crochues du côté du dos, ce qui indique une particularité du Chamois. A la renaissance, Gesner, qui vivait près des montagnes où réside ce mammifère, donna sur lui les meilleures notions.

La chasse des Chamois est difficile et périlleuse ; c'est seulement le matin et le soir qu'on les découvre au moment où ils viennent brouter l'herbe des pâturages élevés. Le chasseur part ordinairement la nuit pour se trouver à la pointe du jour dans les endroits qu'ils fréquentent ; quand il en aperçoit, il les tire à d'énormes distances en appuyant son fusil sur un rocher, et rarement il les manque. Il arrive parfois que, lorsque ces animaux se voient traqués dans un étroit espace, ils reviennent avec violence sur ceux qui les poursuivent et les renversent dans les précipices sur les bords desquels ils se trouvent. Dans les Alpes, il n'est pas rare que la passion du chasseur l'engage à passer la nuit sur un roc, sans abri, où il casse son pain noir avec la hache qu'il porte pour pratiquer des marches dans les glaciers qu'il est obligé de franchir, et qui trop souvent lui servent de tombeau. Mais, malgré ces périls, rien ne diminue la passion des Suisses pour cet exercice. Elle est telle qu'un jeune homme de Sixt, nouvellement marié, disait à de Saussure : « Mon grand-père est mort à la chasse du Chamois, mon père y a succombé aussi ; je suis si persuadé que j'y mourrai moi-même, que ce sac que je porte je le nomme mon Drap mortuaire, et pourtant je n'y renoncerais pas pour une fortune. » Deux ans après le savant explorateur des Alpes apprit qu'il s'était trouvé englouti dans un précipice.

Malgré ces difficultés, les chasseurs n'en fournissent pas moins les magnifiques hôtels de la Suisse d'une abondance de viande de Chamois, et même celle-ci n'est pas d'un prix beaucoup plus élevé que le Mouton. Elle est d'un goût fort agréable, qui se rapproche absolument de celui du Chevreuil, et on la recherche avec raison, quoique, par une singulière erreur, le plus célèbre de tous les chasseurs, le duc Gaston de Foix , ait assuré , dans son traité, qu'elle était malsaine. La peau de cet animal est ferme et souple ; on l'employait autrefois pour diverses parties de nos vêtements ; avec les cornes de ce ruminant les sculpteurs des vallées des Alpes font une foule d'ustensiles , des poignées de cannes, des tire-bottes, des manches de couteaux ; ils en font aussi de petites figures d'hommes ou d'animaux qu'ils montent sur de l'or et dont on forme des épingles ou des boutons pour les chemises.

La médecine empirique a parfois fait usage de diverses parties du Chamois ; on a recommandé contre la phthisie sa graisse fondue dans du lait ; son fiel a passé pour efficace dans quelques maladies des yeux ; l'on s'est servi jadis des cornes de la femelle comme de phlébotome, dans l'art vétérinaire , et l'on prétend que dans le Nord elles remplacent encore cet instrument.

APPENDIX. *Licorne.* Les naturalistes rationnels n'hésitent pas à placer la Licorne au rang des animaux fabuleux , créés par l'imagination des poëtes. Cependant un grand nombre d'écrits ainsi que de témoignages émanés de toutes les époques, et provenant parfois des hommes les plus graves , affirmant l'existence de cette créature extraordinaire , il est utile de rechercher quelle a pu en être la source , et d'établir ce que l'on doit croire à ce sujet. Cette digression devait trouver sa place dans le genre Antilope, parce que ce sont des mammifères de ce groupe qui paraissent principalement avoir donné lieu aux récits sur la Licorne, ou avoir servi de modèles aux figures qui la représentent.

Aristote , Élien et Pline parlent de cet animal ; ce dernier le décrit comme si son existence était un fait positif, et, sans commentaires, il lui prête une tête de Cerf et un corps de Cheval ; puis il ajoute qu'il s'élève du milieu de son front une corne noire de deux coudées de longueur.

Quelques figures de mammifères unicornes découvertes dans différents lieux de l'Afrique, où l'on avait supposé que se trouvait l'animal fabuleux , sont aussi venues étayer l'opinion de ceux qui croient encore à son existence. Un voyageur instruit et digne de foi a raconté à Sparmann que , dans le pays des Hottentots-Chinois , on voit sur un rocher un dessin imparfait , il est vrai, comme tous ceux qui peuvent sortir de la main des nations sauvages, mais sur lequel on reconnaît évidemment une Licorne. Ce récit, qui serait sans importance s'il était seul, acquiert quelque crédit par les attestations de divers autres voyageurs bien connus, tels que Barrow et Delalande, qui rapportent avoir vu de semblables dessins en Afrique, mêlés à d'autres qui représentaient d'une manière reconnaissable plusieurs animaux de la région centrale de cette partie du monde. Quelques Hottentots leur ont même assuré avoir observé de ces mammifères unicornes.

Dans le Bulletin des sciences naturelles, Ferrussac a recueilli divers documents qui sembleraient venir à l'appui de ces assertions. Il y est fait mention d'un esclave qui décrivit avec fidélité au voyageur Ruppell un animal ayant les formes d'une Gazelle et muni sur le front d'une corne longue et droite. D'un autre côté, on rapporte que le major Lattar, qui commandait dans une région des montagnes du Népaul, a fait constater qu'un animal semblable à la Licorne existait dans les montagnes du Thibet; et il en a donné une description minutieuse.

Enfin, certains Indiens, que leur négoce ou que des pratiques de dévotion ont fait voyager dans le Népaul attestent unanimement qu'il existe dans ce pays une espèce de Licorne; dans ces derniers temps, on a même envoyé à la Société de Calcutta un dessin de cet animal et des observations sur ses mœurs : cet envoi était accompagné d'une des cornes de ce mammifère que les savants de cette société ont constaté n'appartenir à aucune espèce d'Antilope connue.

L'ascendant de l'opinion d'hommes tels qu'Aristote, Élien, Pline, qui admettent la Licorne, l'autorité des attestations de tant de voyageurs, enfin ces traditions répandues parmi un si grand nombre de nations, ont bien forcé les naturalistes modernes à réunir leurs efforts pour expliquer une croyance si anciennement et si généralement établie. Et s'ils ne peuvent admettre l'existence du fabuleux animal de l'antiquité, ils conçoivent que quelques faits positifs, quelques anomalies organiques, qui se seront présentés d'époque en époque, ont dû contribuer à vulgariser une opinion si accréditée parmi les masses.

Les monuments égyptiens ont peut-être contribué beaucoup aussi à répandre la croyance qu'il existe des Licornes. En effet, sur un grand nombre d'entre eux on voit des espèces d'Antilopes représentées avec une seule corne; mais ces animaux qui sont ordinairement des Oryx, assez fidèlement reproduits, se trouvent figurés de profil, et, dans leur style roide et de convention, les artistes des bords du Nil n'ont pas entendu certainement dessiner un mammifère à une seule corne, mais ils ont pensé que, dans la perspective, la seconde de ces armes se trouvait entièrement dérobée par celle qu'aperçoit le spectateur. L'on a été d'autant plus porté à considérer ces figures comme représentant l'animal fabuleux, que les formes qu'on lui attribue et la direction rectiligne de sa corne sont à peu près semblables à celles des Oryx.

L'illustre Pallas disait qu'il était persuadé que les récits des anciens concernant la Licorne n'étaient pas dénués de tout fondement; Ferrussac semble avoir adopté la même opinion. Le premier de ces naturalistes a fait remarquer que le nombre de cornes est loin d'être constant dans les Antilopes, et que quelques-unes, tels que l'Oryx et l'Algazel, deviennent même assez souvent unicornes; il a aussi observé que dans ce cas, le seul de ces appendices que présentent ces Ruminants s'accroît d'une manière anomale et s'allonge extrêmement. Ce fait l'a conduit à penser que la Licorne pourrait bien n'être qu'une de ces variétés unicornes de quelque espèce de ce genre, et probablement de l'Oryx, qui habite les lieux où on a surtout placé la résidence de l'animal extraordinaire. En effet, comme le dit Marcel de Serres, dans la Bibliothèque universelle, il se pourrait que l'Afrique recélât quelques-uns de ces

Ruminants dont une des cornes avortât, comme on voit presque constamment une des défenses avorter dans le Narval.

C'est de cette manière qu'il faut entendre la Licorne si célèbre, et dont tant de récits attestent l'existence; car, ainsi que Camper et Cuvier l'ont annoncé, on ne peut admettre l'existence d'un Ruminant possédant une corne unique, allongée et rectiligne, placée sur le milieu du front et posée sur la suture des os qui s'y trouvent.

CHÈVRES. *Capra.* Chanfrein droit ou concave. Cornes comprimées, à cheville celluleuse, dirigées en arrière, simplement arquées; menton barbu. Deux mamelles. — Elles vivent par petites familles sur les sommets des montagnes, entre les forêts et la limite des glaciers et des neiges perpétuelles. Là, ces animaux broutent les rhododendrons et les sommités des saules ou des bouleaux rabougris.

Quand les Chèvres sauvages sont poursuivies, elles s'élancent sur les pics et les rochers avec une agilité qui n'a de comparable que la rapidité du vol, et en faisant parfois des sauts de vingt à trente mètres; puis, mettant leurs cornes en avant pour atténuer la secousse, elles s'engloutissent quelquefois dans les précipices plutôt que de se rendre au chasseur; ou bien, revenant contre celui-ci avec une force terrible, il devient souvent victime de leur choc, et se trouve précipité dans quelque glacier ou quelque abîme.

L'*Ægagre* ou *Chèvre sauvage*, qui est colorée en fauve cendré, et marquée d'une bande dorsale noire, habite les chaînes de montagnes de l'Asie. C'est dans la panse de cette espèce que l'on trouve une substance qui a joui pendant longtemps d'une haute réputation médicale, mais dont les illusoires vertus sont aujourd'hui totalement oubliées; c'est le *Bézoard oriental.* Tavernier nous apprend qu'en Perse les paysans savent, en tâtant ces Chèvres, combien leur corps renferme de bézoards, et qu'ils les vendent en proportion de leur nombre. Le prix de ceux-ci augmente en raison de leur grosseur, et le voyageur que nous venons de citer ajoute que, quoique l'once valût de son temps de quinze à dix-huit francs, il en vendit un, qui pesait quatre onces et demie, deux mille francs. Les bézoards que le schah de Perse envoya en présent à Napoléon en 1808 furent analysés par Berthollet, qui les trouva composés de ligneux et de plusieurs sels; malgré tout le prix qu'y attachait sans doute le grand Persan, ils furent, dit-on, dédaigneusement jetés au feu par l'empereur français.

La conformité de l'ostéologie de l'Ægagre avec celle de notre Chèvre domestique rend probable que cet animal est la souche d'où sont provenues les *Chèvres communes,* qui offrent de si grandes variétés, et sur les habitudes desquelles la domesticité a peu influé. Toujours amies des lieux escarpés et bien exposés, elles sont précieuses dans les pays montagneux; là, elles se plaisent même sur les pics les plus élevés, inaccessibles aux autres bestiaux, et sur lesquels, quoique difficiles sur le choix de leurs aliments, ces animaux trouvent presque toujours une nourriture suffisante. Leur vie est d'environ douze ou quinze ans, et leur gestation dure cinq mois.

. Cette espèce, ainsi que tant d'autres animaux utiles, fixa l'attention de l'antiquité. En Égypte, on honorait le Bouc sous le nom de Mendès. Les Mendésiens, qui habitaient un petit pays du Delta qui devait son nom à la divinité que l'on y révérait, comptaient cet animal parmi les huit dieux principaux. Il était consacré au dieu Pan, ou plutôt c'était le Pan des Égyptiens, que ceux-ci, selon Lucain, adoraient sous toute sa forme, tandis qu'en Grèce et à Rome on le représentait modifié par des contours humains. Le dieu Mendès avait plusieurs temples en Égypte, et les Chèvres et les Boucs étaient en telle vénération dans ce pays que jamais, au rapport d'Hérodote, on ne les immolait, et que les Chevriers mêmes y jouissaient de la plus grande considération.

La Chèvre était l'emblème de l'île de Syros, sur les médailles de laquelle figurait souvent son effigie, qui se voyait aussi sur celles de l'île de Paros. Représentée sur le revers d'une médaille, elle indique un Jupiter conservateur, car cet animal ayant nourri ce dieu, il lui fut consacré.

Réunies en troupeaux nombreux, les Chèvres forment aujourd'hui une des principales richesses des habitants des parties montagneuses de la France. Le lait, qu'elles donnent abondamment, ne fournit que peu de beurre, mais par compensation on l'emploie avec avantage à la confection des fromages. L'on mange la chair des jeunes Chevreaux. La peau de ces animaux se transforme par les apprêts en parchemin et en maroquin, et l'on fabrique avec leurs poils plusieurs étoffes.

Nous n'omettrons pas de mentionner quelques espèces exotiques remarquables par leur précieuse toison ; telles sont les Chèvres du Thibet ou de Cachemire, avec les poils desquelles l'on confectionne ces riches châles d'Orient que l'on n'obtient chez nous qu'à un prix fort élevé ; telles sont aussi les Chèvres d'Angora, qui habitent l'Asie Mineure, et celles du plateau de Kirguis, dont la finesse de la laine égale presque celle du Thibet. Quelques industriels, dans ces derniers temps, ont tenté d'introduire en France ces espèces estimées, mais jusqu'à présent leurs essais n'ont pas été couronnés de résultats satisfaisants.

Le *Bouquetin* est remarquable par ses cornes noueuses, tellement énormes pour sa petite taille que le naturaliste Belon dit en avoir vu de quatre coudées. Il est d'un gris noirâtre ; ses cornes offrent des nœuds saillants, et sa barbe est noire et longue. Il habite les pics les plus élevés de toutes les montagnes de l'ancien continent.

MOUTONS. *Ovis*. Cornes en spirale, anguleuses, ridées transversalement ; chanfrein convexe ; mufle nul ; barbe nulle. — On connaît à l'état sauvage plusieurs espèces de ce genre qui sont disséminées dans les deux mondes ; elles habitent les montagnes et vivent absolument comme les Chèvres, dont leur organisation est tellement rapprochée qu'il est même parfois assez difficile de les en distinguer, et que, pour cela , on n'a souvent que des caractères de peu de valeur; parmi elles , nous n'en citerons que deux , le Mouflon et l'Argali, que l'on a considérés comme la souche de nos Moutons domestiques.

Le *Mouflon*, que l'on nomme aussi *Mouflon de Corse*, parce qu'il se trouve particulièrement dans cette île , habite aussi la Sardaigne , la Crète et quelques parties de l'Espagne. Ce mammifère se plaît dans les lieux les plus élevés et les plus sauvages des montagnes ; et comme tous ceux qui résident parmi des localités où la température peut devenir très-basse, il offre deux sortes de poils : les uns qui sont soyeux et auxquels il doit la coloration fauve de son pelage , les autres qui sont laineux , cachés sous eux , et qui paraissent destinés à le garantir du froid.

Les Mouflons vivent en troupes composées d'une centaine d'individus qui semblent conduits par un seul chef. Au temps du rut ces grandes réunions se divisent, et elles forment, en se séparant, de petites bandes où il ne se trouve qu'un mâle suivi de plusieurs femelles. Quand, après leur dispersion , ces petites troupes se rencontrent, les mâles se livrent fréquemment entre eux des combats , dont les femelles restent paisibles spectatrices. Dans ceux-ci c'est toujours la tête de l'animal qui porte les coups , et elle sert de massue pour les frapper et de bouclier pour les recevoir. Il arrive souvent, dit F. Cuvier, que le moins fort est tué par l'autre ; ensuite les femelles se réunissent au vainqueur et le suivent partout. Ces mammifères ont l'intelligence extrêmement bornée.

On pense que ces animaux ont été connus par les Grecs ; mais ce qu'il y a de certain, c'est que Strabon en parle sous le nom de *Musmones*, et dit qu'ils habitent la Sardaigne , et portent, au lieu de laine, un poil semblable à celui des Chèvres ; puis il ajoute que leurs peaux servent aux insulaires pour confectionner des cuirasses. Pline en fait aussi mention , et leur attribue la Corse et l'Espagne pour patrie. Cependant on avait contesté qu'il en existât dans cette dernière localité; mais Bory de Saint-Vincent est venu démontrer la fidélité de l'assertion du naturaliste romain, en assurant avoir tué des Mouflons dans la partie méridionale de la Péninsule.

Buffon , dans ces temps modernes, a contribué le premier a éclairer l'histoire de ces mammifères , et, selon lui, ils sont la souche primitive de toutes nos races de Moutons domestiques : son opinion, qui a été adoptée par la majorité des savants, semble être étayée par la similitude de la taille de ces animaux; car il est évident que celle du Mouflon ne dépasse pas beaucoup les dimensions de notre espèce domestique. Le poil laineux du mammifère que nous décrivons , qui est déjà un peu frisé , décèle sa tendance à représenter celui du Mouton, et plusieurs races de ce dernier conservent même encore le poil court, sec et soyeux du Mouflon ; d'autres n'offrent plus ce poil caractéristique que sur la tête et les membres, tandis que leur tronc est revêtu d'une laine plus ou moins abondante. Enfin on retrouve dans nos races ovines un chanfrein busqué, analogue à celui des Mouflons. En outre, ceux-ci, qui par leur intelligence tiennent une des dernières places parmi leur classe, ont encore ce caractère de commun avec nos variétés domestiques. Enfin cette généalogie du Mouton semble être confirmée par des expériences faites en 1838 par M. Marcel de Serres, et dans lesquelles il a fécondé une femelle de Mouflon en l'accouplant avec un Mouton mérinos.

L'*Argali*, autre espèce de ce genre qui avait été confondue avec le Mouflon par Linnée, s'en distingue par l'énorme développement de ses cornes, qui pèsent jusqu'à trente à quarante livres, et que Gmelin dit avoir de telles dimensions que l'on en trouve fréquemment sur les steppes dont l'ouverture près de la tête est si vaste, que les petits Renards viennent souvent se nicher dans leur intérieur. Selon Pallas, son pelage est composé en hiver de poils frisés et mêlés de beaucoup de laine, mais en été il est d'un gris cendré et formé de poils très-courts. Ce mammifère habite les montagnes arides et déboisées des régions froides ou tempérées de l'Asie.

Les Argalis sont plus vigoureux que les Mouflons et ils paraissent être aussi stupides qu'eux. Ils sont doués d'une extrême agilité, courent fort vite et sautent facilement de rochers en rochers. Les mâles se disputent par des combats la possession des femelles, et quelquefois, dans ceux-ci, ils brisent leurs cornes, malgré la force qu'elles présentent.

C'est à Gmelin et à Pallas que nous devons toutes nos connaissances sur ces animaux, que certains savants ont aussi considérés comme la souche de nos Moutons domestiques, en se fondant sur ce que leurs troupes fécondes vivent sur les pentes des montagnes où toutes les théogonies occidentales placent le berceau de l'espèce humaine.

De là, d'après les érudits, ces Ruminants auraient suivi la dissémination des sociétés naissantes et se seraient dans la suite modifiés selon les climats ou les circonstances, et ils auraient fini par constituer cette foule de variétés qui font aujourd'hui une des sources principales de notre richesse agricole.

Mais, suivant les naturalistes que nous venons de citer, les Argalis se rapprochent des Daims et des Cerfs bien plus que des Moutons par leur aspect, leur force et leur naturel. Gmelin dit même, dans son voyage au Kamtschatka, qu'ils sont encore plus sauvages que ces derniers, auxquels ils ressemblent par leur tête, leur cou, leurs pattes et leur queue courte, et que celui qu'il vit était si farouche, que dix hommes n'osèrent l'attaquer pour le dompter.

Économie rurale. Ainsi que nous venons de le dire, le *Mouton domestique* est généralement considéré comme issu du Mouflon. Mais les formes sveltes de celui-ci, ainsi que son courage et sa force, ont disparu sous l'empire de la domesticité, et c'est à peine si à quelques époques bien passagères de leur vie, au temps du rut, les béliers, excités par des sentiments jaloux, se livrent des combats qui rappellent les luttes animées et sanglantes de l'espèce sauvage. Les Moutons sont faibles, timides, indifférents à tout, et d'une si extrême stupidité qu'ils ne savent éviter aucun danger, et qu'ils sont même incapables de chercher un abri contre les intempéries atmosphériques; c'est à peine s'ils peuvent trouver leur nourriture dans les terrains où elle ne se présente pas à eux avec abondance. L'anéantissement de leurs facultés est si complet, la domesticité les a tellement dégénérés, qu'ils ne paraissent plus susceptibles de repasser à l'état sauvage, et que si l'on supposait qu'ils fussent abandonnés par nous, ils périraient infailliblement.

Races et variétés des Moutons domestiques. L'influence des climats et la puissance de l'homme ont énormément modifié ces animaux. Il n'en est aucun, parmi tous ceux qui ont subi la domesticité, qui soit autant éloigné qu'eux de son état naturel et qui offre un nombre aussi extraordinaire de races ou de variétés; aussi, parmi celles-ci, nous ne nous attacherons qu'à mentionner les plus essentielles, telles que le Mouton à grosse queue, le Mouton commun, le Mouton mérinos et le Mouton anglais.

Le *Mouton à grosse queue* se rencontre dans beaucoup de régions de l'Afrique, particulièrement en Barbarie et au Cap, et il est également répandu en Asie; sa taille est la même que celle de notre race commune, et il est caractérisé par sa queue, qui est énormément grosse et renflée sur les côtés par un amas de graisse épanchée dans le tissu cellulaire. Cette espèce de loupe ou d'excroissance devient si volumineuse chez certaines variétés, et finit même par leur occasionner tant de gène, que des voyageurs dignes de foi assurent qu'il n'est pas rare en Afrique de rencontrer de ces moutons qui sont attelés à une espèce de petite brouette située derrière eux, et qui n'a d'autre usage que de supporter cet organe embarrassant. Chardin confirme également ce fait à l'égard de la Perse, et il rapporte que dans ce pays on voit souvent de ces Moutons traînant leur brouette à deux roues à laquelle ils sont fixés par un harnais. Pallas, qui a également observé cette race, dit que sa queue pèse jusqu'à trente-quatre livres, et qu'on en extrait souvent plus de trente livres de suif.

Selon Desmarets, le *Mouton d'Astracan* n'est qu'une variété du Mouton à grosse queue, chez laquelle cet organe est plus ou moins volumineux. Il offre une laine longue et grossière, et ses petits naissent avec des poils blancs et noirs, extrêmement frisés. C'est, nous pensons, cette variété qui fournit les peaux d'Agneaux frisées que les habitants des environs de Kiakta vendent à un prix fort élevé aux Chinois. Pour les obtenir d'une plus belle qualité, Pallas dit qu'ils cousent dans de la toile les Agneaux nouvellement nés, les mouillent tous les deux jours avec de l'eau chaude, en agissant ainsi pendant trois ou quatre semaines, jusqu'à ce qu'ils croient que leur laine est assez frisée. Ils y regardent de temps à autre, et, à mesure qu'il grossit, lâchent la ficelle qui lace le petit animal. Enfin, quand ils jugent que la peau de l'Agneau a acquis toute sa beauté, ils le tuent.

Le *Mouton anglais* se distingue par sa laine fine et très-longue. Desmarets le considère comme provenant d'individus originaires des îles Britanniques, qui ont été croisés avec des Moutons d'Espagne et de Barbarie dès l'époque de Henri VIII et d'Élisabeth.

La race de Dislhey est aujourd'hui la plus précieuse de toutes celles qui se trouvent en Angleterre. Elle se reconnaît, au premier aspect, par l'extrême longueur de sa laine et la petitesse de sa tête, ainsi que par sa disposition à prendre fort jeune un embonpoint excessif. Dans la formation de cette race, le célèbre engraisseur Backwell, aux soins habiles duquel on la doit, s'est appliqué à donner aux animaux qui la composent le plus d'aptitude possible à prendre de la graisse : la laine n'a été pour lui qu'un produit secondaire.

Cette race, qu'on avait autrefois tenté infructueusement d'introduire sur notre sol, y prospère seulement depuis quelques années. M. Yvart, sur les ordres des ministres, en 1833, en acheta un troupeau dans le comté de Leicester et l'amena en France à l'école vétérinaire d'Alfort; là, par des soins habilement dirigés, ces moutons à longue laine ont multiplié.

Le *Mouton mérinos* constitue la race la plus estimée que l'on connaisse, à cause de l'abondance et de la finesse de la laine qui forme sa toison. Ce Mouton, généralement répandu en Espagne, paraît pourtant, d'après quelques documents historiques, tirer son origine de troupeaux qui provenaient de la Barbarie.

Ce fut Daubenton qui conçut le premier l'idée d'améliorer les laines françaises en croisant nos Brebis avec des Béliers espagnols; ce naturaliste entretenait même à Montbar un troupeau de cette dernière race sur lequel il se livrait à des expériences depuis 1766. Dans la suite, Louis XVI ayant goûté le projet de faire venir à Rambouillet des Moutons mérinos, il en fit demander en son nom au roi d'Espagne; celui-ci accueillit favorablement cette demande, et un troupeau de bêtes de cette race, composé de 383 individus, partit de Ségovie pour la France au mois de juin de l'année 1786, sous la conduite de plusieurs bergers espagnols, et il n'arriva à sa destination qu'après des pertes occasionnées par le voyage et les maladies. Ce troupeau y prospéra, et, dans ses efforts pour propager les choses utiles, le gouvernement envoya quelques Béliers de cette race dans les fermes; mais tel était l'empire des préjugés : ou on les refusait, ou on les laissait périr de faim ou de maladie. Aujourd'hui les agronomes plus éclairés apprécient tout l'avantage que peuvent produire ces animaux et leur importance pour notre agriculture et notre commerce.

Le *Mouton commun* est celui de race française qui n'a point encore subi le métissage, et c'est lui qui est le plus répandu dans nos campagnes.

Dans notre pays, les Brebis ne font le plus ordinairement qu'un petit par portée, et ne produisent qu'une seule fois par an. Mais dans quelques contrées plus méridionales, ces animaux ont deux portées par an, et quelques races donnent deux petits à chacune d'elles. La durée de la gestation est de cinq mois.

Dans son magnifique ouvrage d'histoire naturelle, Buffon, pénétré de l'importance du Mouton pour l'économie rurale, est entré dans de minutieux détails sur l'art d'élever cet animal, et ses belles pages nous offrent encore les plus sages préceptes à suivre. Daubenton s'occupa aussi beaucoup du même sujet, et perfectionna la structure des bergeries en démontrant qu'un des principaux vices des éleveurs était de ne pas aérer assez celles-ci ; et un modèle qu'il en donna porte encore le nom de ce célèbre naturaliste.

Laine. On tond ordinairement ces animaux vers le mois de juin ou de juillet. Le poids de la laine produite par ceux-ci varie selon la race sur laquelle on opère, et il en est de même de sa qualité. La pesanteur de la toison de nos Moutons communs est de deux à cinq livres, tandis que celle des races améliorées par des croisements avec les Mérinos s'élève de six à huit livres ; enfin la toison des Mérinos purs, dont le poids est fréquemment de huit à dix livres, en acquiert parfois un qui est double.

Ces animaux, sous le rapport de la qualité de la laine qu'ils produisent, offrent plusieurs catégories ; chez les uns, elle est longue et droite, et chez d'autres au contraire elle est courte et frisée. Andrew Ure, dans sa Philosophie des manufactures, dit que le diamètre des brins de laine, selon leur degré de finesse, varie de $\frac{1}{1,000}$ à $\frac{1}{1,400}$ de pouce anglais. Quand on examine celle-ci au microscope, on s'aperçoit qu'elle est formée d'une suite de petits cônes emboîtés, dont les bases présentent autant de lignes ondulées à la surface de chaque poil, et font paraître ses contours comme dentés en scie. C'est à cette structure et à l'imbrication de ces fines dentelures que la laine doit la propriété de se *feutrer.*

On estime que la France produit annuellement environ 20,000,000 de kilogrammes de laine, dont la valeur s'élève à 114,000,000 de francs. Cependant cette quantité est loin de suffire à nos manufactures, et nous en achetons encore à l'étranger de 7 à 8,000,000 de kilogrammes que nous fournit principalement l'Allemagne, dont les campagnes sont peuplées d'innombrables troupeaux.

Statistique. D'après des calculs faits récemment par l'un de nos plus recommandables industriels, M. Ternaux, il paraît qu'il existe actuellement en France environ 30,000,000 de bêtes à laine. Parmi celles-ci plus de 24,000,000 appartiennent à nos races indigènes ; 164,000 sont des Mérinos de race pure, et le reste se compose de Métis de Mérinos à des degrés divers de croisement. On compte que plus de 10,000,000 des Moutons que possède notre royaume, c'est-à-dire plus du tiers, ne sont que des animaux inférieurs dont la toison peu fournie ou de mauvaise nature ne s'élève, terme moyen, qu'à 2 fr. 50 cent., tandis que celle des Mérinos ou des Métis avantageusement croisés vaut de 7 à 11 fr. et plus.

Les Moutons sont un des plus importants produits de notre agriculture, après les céréales et les vignes ; ils nous fournissent une viande extrêmement estimée ; puis du suif, de la laine et des peaux qui font l'objet de transactions commerciales considérables. Leur peau, diversement préparée et teinte, sert à confectionner les gants, à doubler les chaussures, et à une foule d'autres usages ; c'est avec elle que l'on fait le parchemin.

Historique et archéologie. L'importance de ces mammifères pour l'économie domestique, et les usages divers auxquels on a employé leurs peaux, ont fait qu'il en a été question dans les plus anciens écrits, et qu'on les retrouve parmi les plus antiques productions de l'art. Le Bélier a servi de tout temps de symbole dans les monuments astronomiques : on le reconnaît sur le zodiaque du temple de Dendérah, et dans la fameuse allée des Sphinx, à Thèbes, on trouve cinquante-deux monolithes représentant de singuliers animaux qui possèdent un corps de Lion surmonté d'une tête de Bélier. En Égypte, peut-être même que ce mammifère était l'objet de quelque attention spéciale, puisqu'on en a découvert plusieurs momies.

Diverses médailles antiques offrent la figure de cet animal. Pline dit que le type des anciennes monnaies de Rome était un Mouton, *pecus*, et que c'est cela qui a fait donner le nom de *pecunia* aux valeurs monnayées. Varron et Plutarque rapportent aussi que certaines monnaies représentaient ce Ruminant.

Il est certain que l'art de transformer les peaux de Mouton en parchemin est fort ancien, mais on n'est pas d'accord sur l'époque de son origine. Selon Hérodote, ce sont les Ioniens qui, manquant de feuilles à écrire, se servirent les premiers de peaux de Chèvres et de Moutons, après leur avoir donné un apprêt. D'autres racontent que Pergame et Alexandrie se disputant la gloire de faire fleurir les arts, le roi de cette dernière cité, Ptolémée Philadelphe, animé par la jalousie, défendit l'exportation du papyrus, et qu'il excita ainsi l'industrie des Pergamiens, qui trouvèrent par la suite le moyen de préparer les téguments des Moutons et s'en servirent pour fonder leurs bibliothèques.

Les peuples primitifs de la Gaule employaient la laine des Moutons pour confectionner quelques étoffes. Elle avait la réputation d'être rude, à ce que rapporte Strabon, et l'on en fabriquait des saies, que les Romains nommaient *lænæ* ; c'étaient les Gaulois qui fournissaient ceux-ci de ce vêtement, et il s'en confectionnait même une telle quantité dans leur pays qu'ils en approvisionnaient en outre toute l'Italie.

OVIBOS. *Ovibos.* Point de mufle ; cornes à base très-élargie et se touchant. Deux mamelles seulement. — La lèvre supérieure de ces animaux étant couverte de poils et les environs du nez n'offrant point de mufle, ils ne pouvaient entrer dans le genre Bœuf, dont ils manquent d'un des principaux caractères, en même temps qu'ils n'offrent point le même nombre de mamelles que présentent les mammifères qui constituent cette division ; c'est ce qui a conduit de Blainville à former le genre Ovibos que nous nous empressons d'adopter en suivant les vues du célèbre zoologiste.

Le *Bœuf musqué*, qui avait été placé précédemment parmi le groupe qui suit, est la seule espèce que l'on connaisse. Son nom provient de l'odeur qu'exhale sa chair, et qui est si forte qu'elle se communique même aux couteaux dont on se sert pour la découper. Ce mammifère est plus petit que nos Bœufs domestiques, mais il possède des cornes énormes que l'on dit peser parfois soixante livres ; en hiver, ses longs poils traînent jusqu'à terre, et ils sont garnis d'une laine abondante vers leur racine. Il réside dans les régions les plus glacées de l'Amérique septentrionale, et surtout, d'après Hearne, au delà du cercle polaire. Pallas a découvert en Sibérie deux têtes fossiles qui ont de l'analogie avec celle de cet animal, qui ne se trouve pas dans cette région, où elles ont pu cependant être transportées par les glaces.

On dut la première description du Bœuf musqué à un officier français nommé Jérémie, en service au Canada ; Buffon le confondit dans la suite avec le Bison. Parry, dans un voyage entrepris il y a peu d'années pour chercher un passage dans l'Amérique du Nord, en tua plusieurs à l'île Melville, et en donna une bonne figure ; le capitaine Ross en fit ensuite mention dans son voyage dans les mêmes régions.

Cet animal, sur lequel on a encore peu de notions, devient redoutable quand il est blessé par les chasseurs ; celui qui fut tué par Ross, après avoir reçu trois coups de fusil, se précipita sur lui, et ce marin ne dut son salut qu'à un fragment de roche qui lui servit d'abri, et sur lequel le Bœuf musqué vint se frapper la tête avec une force prodigieuse. Les Esquimaux, qui, à ce qu'il paraît, aiment la chair de cet animal avec passion, mangèrent, sans même la faire cuire, celle que l'équipage de ce navigateur leur offrit ; et plusieurs en firent usage avec tant de gloutonnerie qu'ils tombèrent bientôt sur le sol, mais sans cesser de tenir dans leurs mains des morceaux de viande qu'ils avalaient aussitôt que l'œsophage le leur permettait.

BŒUFS. *Bos.* Mufle large ; cornes lisses à cheville celluleuse, existant chez les deux sexes ; peau du cou formant un fanon ; quatre mamelles. — Dans les temps qui ont précédé notre époque, un grand nombre de ces animaux se trouvaient répandus à la surface de notre sol, ainsi que sur celle de beaucoup d'autres régions du globe ; alors ils y étaient les contemporains des races d'Éléphants, de Rhinocéros et de Mastodontes, parmi les ossements fossiles desquels on retrouve aujourd'hui leurs débris dans les couches superficielles de la terre ; ou bien ils habitaient les mêmes lieux que les grands carnassiers dont les vestiges peuplent les cavernes, puisque dans celles-ci on découvre aussi des parties de leurs squelettes.

Le peu de différence qui existe entre les fragments des squelettes des

Bœufs fossiles que l'on a découverts, et les os de ces animaux que nous possédons à l'état vivant, rend fort difficile la détermination du nombre d'espéces que l'on doit admettre parmi les premiers , et encore n'y a-t-il que leurs crânes qui diffèrent essentiellement dans quelques régions, car la structure du système osseux est presque la même dans les anciens animaux et ceux qui sont nos contemporains. Cependant Cuvier a pensé que l'on pouvait reconnaître deux espèces fossiles : l'une qui est voisine du Bœuf commun , mais dont le crâne est beaucoup plus développé que le sien, et dont on trouve de nombreux vestiges dans les tourbières de l'Italie, de l'Allemagne, de l'Angleterre et de la France ; et l'autre, qui se rapproche beaucoup de l'Aurochs par ses membres grêles, et qui a été rencontrée en Allemagne et ailleurs.

Le savant naturaliste pense même qu'il ne serait pas impossible que la première des espèces, qui jusqu'alors n'a été découverte que dans les terrains très-superficiels , fût d'une origine plus moderne que les Éléphants et les Mastodontes , et qu'elle fût la souche sauvage de notre Bœuf domestique.

Les animaux de ce groupe sont peu nombreux; cependant ils se trouvent actuellement disséminés dans l'Amérique septentrionale, l'Asie , l'Afrique et l'Europe. Partout ils habitent les forêts et les plaines , de préférence aux montagnes , et il en est même qui mènent une vie semi-aquatique et se cantonnent particulièrement dans les lieux marécageux.

Les Bœufs sont généralement d'une taille élevée et d'une force considérable ; celle-ci , en leur inspirant du courage , leur permet de lutter avec avantage contre les attaques des carnassiers les plus redoutables; aussi ils ne les fuient pas, comme le font les Antilopes et beaucoup d'autres Ruminants qui deviennent ordinairement leur pâture , mais ils les attendent avec calme et souvent même les éventrent à l'aide de leurs cornes. On remarque , en observant les espèces de ce genre , que ces organes ne sont pas en rapport avec leur taille ; plusieurs variétés du Bœuf domestique, qui sont élevées dans l'Italie méridionale, en ont d'une dimension extraordinaire : aussi on s'en sert fréquemment, dans les environs de Naples , pour l'ornement des appartements ; mais au nombre des plus grandes cornes que l'on connaisse, on doit citer la paire qui décorait le cabinet de Camper et que l'on voit aujourd'hui à l'université de Groningue : elle a dix pieds de longueur en suivant sa courbure, et sept d'une pointe à l'autre.

Parmi les particularités organiques qu'offrent ces animaux il faut encore noter le fanon dont leur cou est orné, et que forme un grand repli de la peau pendant à sa région inférieure. On peut subdiviser ce groupe en deux sections : les Bœufs proprement dits et les Buffles.

Les BŒUFS portent des cornes lisses, arrondies à leur base et sans aucun aplatissement ; leur langue est couverte de papilles aiguës et cornées. Les espèces de cette section habitent de préférence les prairies et les forêts.

Le *Bison d'Amérique* réside principalement dans les contrées arrosées par le Mississipi et le Missouri, et se trouve sur le vaste espace de l'Amérique septentrionale qui s'étend de la Louisiane jusqu'au cercle polaire. On le rencontre par troupes immenses qui se composent parfois de plus de dix mille individus. Ce mammifère fut considéré par Buffon comme une variété de l'Aurochs, mais c'est à tort ; il est plus petit que cet animal, et il en diffère anatomiquement. Toute la région antérieure de son corps est recouverte par une laine très-longue et crépue qui est d'une couleur noire. Il paraît avoir une allure lourde et pesante, et il est d'un naturel farouche et sauvage ; cependant il court avec rapidité, et quand on a pu se le procurer jeune, il est certain qu'on est parvenu à l'apprivoiser ; dans quelques provinces des États-Unis, on l'élève même en domesticité dans les exploitations rurales. Un de ces Ruminants, qui vécut à la ménagerie de Paris, était habitué à être peigné, lavé et bouchonné par son gardien ; mais il est vrai qu'il ne souffrait cette opération d'aucune autre personne.

L'*Aurochs*, qui est un des mammifères les plus importants de ce genre, était appelé *Bison* par les anciens ; par ce nom d'origine teutonique qui provient de *bisam* (musc), ceux-ci avaient voulu indiquer la forte odeur musquée qui émane des vieux mâles de cette espèce. Cet animal, dont les jambes sont longues, et qui a toute la région antérieure du corps revêtue d'un poil touffu, a l'air d'avoir les épaules recouvertes d'une bosse ; mais Pallas assure que cette apparence est simplement due au développement des apophyses épineuses des vertèbres dorsales, qui, avec l'âge, deviennent proéminentes.

Plusieurs auteurs ont considéré l'Aurochs comme la souche de nos Bœufs domestiques ; Cuvier a prouvé que c'était une erreur, et que ce mammifère en différait en ce que son front était bombé et son occiput circulaire, tandis que chez les autres la première région est plate et l'autre est quadrangulaire. Puis il a démontré que l'Aurochs possède quatorze paires de côtes, tandis que les bœufs n'en ont que treize ; enfin on peut ajouter que le premier a les jambes plus longues.

On sait que durant les plus anciennes époques historiques ce mammifère, qui ne le cède en taille et en force qu'à l'Éléphant et au Rhinocéros, était répandu dans les immenses forêts qui couvraient toute l'Europe tempérée. Du temps de César, il se trouvait encore dans celles de la Germanie ; mais aujourd'hui il est relégué parmi les forêts de la Lithuanie qui se continuaient autrefois avec la vaste forêt Hercynienne. On n'en trouve plus qu'en petit nombre, et insensiblement cette espèce s'anéantit ; encore quelques générations, elle aura, comme tant d'autres, mais par des causes différentes, disparu de la surface de l'Europe. On dit qu'il en existe aussi dans le Caucase et les monts Krapacks.

Les Aurochs sont d'un naturel sauvage et féroce, mais, pris jeunes, on peut adoucir leur caractère. Martial dit que l'on en voyait parfois d'attelés à des chars dans les cirques romains, et qu'ils les traînaient avec docilité. On les chasse pour leur chair, qui présente un bon aliment, ainsi que dans l'intention de se procurer leur toison et leur cuir ; mais on court quelque danger en les attaquant, parce que, quand ils sont blessés, ils s'élancent violemment contre les chasseurs.

Le *Bœuf domestique* offre des dimensions fort variables, même dans des pays limitrophes. Parmi les gras pâturages du Bocage, ces Ruminants sont quatre fois plus gros que ceux des landes de la Bretagne ; dans l'Inde quelques-uns se font remarquer par leur stature colossale ; tandis que d'autres, réduits à des proportions qui ne sont guère plus riches que celles des moutons, se trouvent relégués dans les parcs pour en faire l'ornement.

Certains naturalistes, à la tête desquels on doit placer Buffon, avaient pensé que cet animal descendait de l'Aurochs, qui se trouve encore à l'état sauvage dans quelques contrées de l'Europe ; mais les différences anatomiques qu'offrent ces deux espèces ne permettent point d'adopter cette opinion. Comme nous l'avons dit, Cuvier n'est point éloigné d'admettre que le Bœuf domestique descend de ceux dont on retrouve les vastes crânes fossiles dans les tourbières de l'Allemagne, de l'Angleterre et de la France. La race primordiale de ce précieux animal, d'après de grandes probabilités, ne se serait même éteinte chez nous qu'à une époque assez récente, car il paraîtrait qu'au XVI⁰ siècle, d'après divers auteurs, il en existait encore parmi les forêts de la Pologne et de l'Angleterre, et à cette époque, dans ce dernier pays, on en conservait encore, comme de précieux trophées, plusieurs têtes au château de Warwick, où l'on racontait que ces animaux avaient été tués par les derniers seigneurs de ce domaine. Quoi qu'il en soit, depuis la plus haute antiquité cette espèce a été réduite en domesticité ; et actuellement elle semble être totalement anéantie à l'état sauvage, et avoir passé en entier sous la domination de l'homme. Celui-ci l'a propagée abondamment dans les quatre parties du monde où les divers climats l'ont singulièrement modifiée. Dans quelques régions, ces Bœufs ont même tellement pullulé, ainsi que cela se voit en Amérique pour ceux qu'y avaient introduits les Espagnols, qu'ils sont retournés à la vie libre et sauvage, et qu'ils forment actuellement d'immenses troupes dans les Pampas.

Les allures des Bœufs sont généralement lentes et lourdes ; cependant, lorsqu'on les excite, on les voit parfois bondir avec violence et exécuter une course rapide. Ceux qui vivent abandonnés dans les prairies ou qui ont repris la vie sauvage paraissent être surtout farouches et dangereux. Leurs cornes sont les armes qu'ils emploient plus particulièrement pour terrasser leurs ennemis, et souvent, quand ceux-ci n'ont qu'une dimension peu considérable, ils les lancent en l'air avec elles à une grande élévation, après les en avoir percés. Dans toutes les campagnes on sait que, lorsque les plus vigoureux de nos carnassiers, les Loups, attaquent les Bœufs dans nos pâturages, ces animaux se groupent et forment une masse au centre de laquelle se rangent les individus les moins forts et les Veaux, et qui, de toute part, présente un rempart de cornes à l'ennemi qui rôde autour. Souvent aussi il arrive que lorsque l'animal carnassier ne s'éloigne pas, après quelque temps d'attaque, un des plus vigoureux Taureaux s'élance hors des rangs et lui donne la chasse.

Les agronomes attentifs ont remarqué que le Bœuf était susceptible d'attachement non-seulement pour celui qui le soigne, mais encore pour les individus de son espèce qu'on lui associe. Depuis longtemps on a observé que les couples de ces animaux qui sont habitués à être attelés ensemble à la charrue, ne travaillent pas avec autant d'ardeur quand on les dissocie. Mais parmi cette espèce, c'est surtout la Vache chez laquelle cette faculté est plus prononcée : son naturel est plus doux et plus affectueux que celui du Taureau, qui conserve toujours quelque chose d'âpre et de sauvage, et est constamment enclin à l'irascibilité. Cependant il faut dire que les agriculteurs, par la mauvaise direction de leurs moyens coercitifs et par la brutalité de leurs agents, rendent souvent furieux ces animaux, dont, avec des traitements doux, on eût obtenu les plus grands services.

Historique et archéologie. Les nations antiques, qui avaient par reconnaissance une si grande tendance à vénérer tout ce qui était pour l'homme de quelque utilité, environnèrent souvent le Bœuf d'un respect religieux, et il obtint d'elles les honneurs d'un culte. On sait que le Bœuf Apis était une des principales divinités de l'Égypte, et qu'à Memphis il avait de splendides temples ornés de statues colossales ; celui-ci figurait aussi dans les plus pompeuses cérémonies, et des femmes, dans d'élégantes barques, le promenaient sur le Nil au son des instruments. Le culte de cet animal était même si essentiel pour cette nation, qu'il y eut à Alexandrie une révolte sous le règne d'Adrien, parce que l'on ne pouvait trouver de Bœufs réunissant les qualités requises pour représenter le dieu Apis.

Dans toutes les contrées du monde où l'agriculture était autrefois en honneur, le Bœuf fut considéré comme le serviteur le plus utile à l'homme, et les lois civiles ou religieuses l'ont souvent pris sous leur sauvegarde. Pline raconte qu'un citoyen qui fut accusé d'avoir tué un Bœuf par frivolité pour en donner les entrailles à manger à un jeune débauché, fut banni comme s'il eût assassiné son métayer, Columelle, le père des agronomes, dit que faire périr un de ces animaux est un crime capital. En Égypte, les Bœufs étaient sacrés, on n'en immolait que pour les sacrifices, et encore était-il défendu d'égorger ceux qui avaient porté le joug, et auxquels on faisait des funérailles. Dans la presqu'île de l'Inde, ces animaux étaient également honorés autrefois, et aujourd'hui encore les habitants de cette contrée portent une espèce de vénération à certains d'entre eux, et s'empressent de leur offrir des aliments et un abri. Actuellement encore, dans l'île de Chypre, les Grecs refusent de se nourrir de leur chair, et regardent comme un anthropophage le laboureur qui mange les Taureaux qu ont été les compagnons de ses travaux.

L'art antique a souvent reproduit sur les monuments ou les médailles de diverses époques l'animal qui fait l'objet de ce paragraphe. Parmi les figures qui en ont été faites, on doit noter la célèbre Génisse sortie du ciseau de Myron, l'un des plus extraordinaires statuaires de la Grèce, et le sujet des louanges, tant de fois répétées, de cette nation. Un fort grand nombre de sculptures représentent un Taureau dans les flancs duquel un jeune homme, qui le tient par les naseaux ou les cornes, enfonce un poignard. On a pensé que cette allégorie, qui appartient au culte persan de Mithras, symbolisait le Soleil vainqueur de sa sœur ou de la Lune. C'était sur un Taureau d'airain que les Cimbres prononçaient leurs serments, et Plutarque dit que Marius rapporta à Rome celui qui leur servait à cet effet.

Les anciens peuples, qui se plaisaient à se servir de signes allégoriques pour rendre leurs idées, ont souvent employé la figure du Bœuf sur leurs médailles pour indiquer les villes ou les îles qui possédaient de gras pâturages où s'élevaient de nombreux troupeaux ; d'autres fois, ainsi que le dit Winkelmann, c'était comme emblème de l'agriculture qu'on représentait cet animal sur celles-ci. Il servait de type aux monnaies primitives d'Athènes, à ce que dit Aristophane, et à celles de Rome, d'après ce que rapporte Plutarque. Le Bœuf est aussi figuré sur celles de Paros, de Samos, de Sybaris, de Naples, de l'Eubée et d'un grand nombre d'îles ou de cités autrefois célèbres.

Économie rurale. On peut reprocher à notre agriculture de ne pas tirer des Bœufs autant de parti qu'il est possible de le faire ; ils sont cependant pour elle les plus utiles des animaux, et il est facile de leur faire totalement remplacer le Cheval, ainsi que cela a lieu dans une grande partie de l'Europe. Pour labourer la terre ils sont même préférables à cet animal, parce que leurs mouvements moins saccadés permettent de tracer des sillons plus réguliers ; il est vrai qu'ils vont plus doucement, mais aussi ils dépensent considérablement moins de nourriture, et après leurs services on peut encore les vendre avec avantage pour la boucherie, lorsqu'on les a engraissés. Dans quelques contrées, le roulage est même opéré par les Bœufs, et les Vaches elles-mêmes sont employées au transport des produits des fermes ou à divers autres travaux. Des agronomes ont calculé que ceux-ci diminuaient fort peu la quantité du lait que donnent ces dernières, et que le maximum de la diminution de celui-ci ne se montait pas au quart de la somme que rapporte leur travail, en l'évaluant à un taux extrêmement bas, à dix centimes par heure.

On a divers procédés pour atteler les Bœufs et les Vaches que l'on fait travailler ; le *joug*, qui est posé à la base de leurs cornes, est certainement celui qui les contient dans une plus grande docilité ; mais le collier, comme je l'ai observé en divers pays, leur donne beaucoup plus de force et une allure plus leste et plus rapide. Il est bien préférable et malheureusement moins employé.

C'est à trois ans que l'on commence à faire travailler ces animaux, et on les emploie ordinairement pendant quatre années dans les pays où l'engrais des bestiaux est avantageux, tandis que les laboureurs ne s'en défont qu'après six ou sept ans quand ils habitent des contrées où leur placement est plus difficile.

Les bestiaux que nous décrivons se contentent d'une herbe plus grossière que celle qui convient aux Chevaux et aux Moutons ; mais, pour eux, il est essentiel qu'elle soit toujours plus longue que celle qu'exigent ces derniers, parce que la grosseur des lèvres et l'absence d'incisives à la mâchoire supérieure empêchent les Bœufs et les Vaches de pouvoir couper les plantes qui sont trop courtes : aussi, pour exploiter avec avantage des prairies, faut-il d'abord y faire paître ces Ruminants, puis ensuite y mettre des Chevaux, qui trouvent leur nourriture après eux, et terminer en y plaçant des Moutons, qui savent encore tondre les pâturages plus courtement que ces derniers et trouver des aliments où ils ne peuvent plus en obtenir. Pour détacher l'herbe du sol, les Bœufs la placent avec leur langue rude entre les callosités de la mâchoire supérieure et leurs incisives, puis, par un mouvement de torsion, ils en brisent les brins.

Parmi nos campagnes, le lait est le principal produit des Vaches. La quantité qu'elles en donnent varie considérablement, soit selon les variétés que l'on élève, soit selon le pays que ces animaux habitent ou le régime qu'on leur fait suivre. On dit qu'à Surinam les meilleures Vaches laitières ne fournissent par jour qu'un demi-litre ou un litre de lait ; dans l'Afrique septentrionale, elles en produisent au plus trois à quatre litres, tandis qu'en France, communément, nos Vaches en donnent douze à quinze litres, et quelquefois plus ; en Suisse, les belles races en sécrètent encore davantage. Mais les races laitières par excellence sont celles de la Hollande et de l'Ukraine ; car on lit dans les ouvrages d'agriculture que la première fournit journellement jusqu'à dix-huit litres de lait, et que la seconde en donne la prodigieuse quantité de trente à quarante litres.

La durée de la vie de ces animaux est d'à peu près vingt ans. Leur âge peut s'apprécier par la structure des dents et le nombre des anneaux qui se trouvent à la base de leurs cornes. A compter de trois ans il se forme annuellement un de ces anneaux, et en ajoutant cet âge au nombre des cercles cornés qu'offre cette base, on peut évaluer combien d'années les Bœufs ont acquis.

C'est vers sept ans, d'après l'agronome Tessier, que les Bœufs sont dans les circonstances les plus favorables pour l'engraissement ; cependant ce n'est souvent que plus tard qu'on les y soumet. On a remarqué que ceux de ces animaux qui offraient certaines conditions organiques se prêtaient mieux que les autres à prendre de l'embonpoint.

Le fameux engraisseur anglais Backwell a posé à ce sujet des principes utiles à suivre ; selon lui, ce sont les individus dont l'ossature est la plus frêle qui s'engraissent le mieux : aussi, en même temps que l'on doit choisir ceux qui ont un corps bien développé, indice qu'ils possèdent des viscères qui fonctionnent bien, il faut particulièrement s'attacher à ceux qui ont la tête fine et légère et des extrémités aussi courtes et aussi menues que possible. En outre, il est essentiel que la peau soit fine et couverte de poils doux et brillants. C'est en fixant ces caractères par la voie de la génération que les Anglais sont parvenus à créer des races excellentes spécialement destinées à la boucherie.

Il y a trois modes pour engraisser ces bestiaux, savoir : l'engrais à l'étable, l'engrais au pâturage et l'engrais mixte. Quelque procédé que l'on suive, c'est l'abondance de nourriture, le repos et la tranquillité qui sont les éléments d'une prompte réussite.

L'*engrais au pâturage* se pratique particulièrement en Normandie, dans la vallée d'Auge. Il s'exécute simplement en mettant les Bœufs dans de vastes prairies, soit en hiver, soit au printemps. Ceux que l'on y place dans cette dernière saison ne sont que quatre mois à s'engraisser. On a soin d'isoler ces animaux des Chevaux, parce que ceux-ci les tourmentent ; et la tranquillité est une condition si essentielle de réussite pour l'engrais des bestiaux qu'on rapporte qu'une année l'opération manqua dans la vallée d'Auge parce que des ouvriers, employés par le gouvernement, passaient continuellement à travers ses pâturages.

L'*engrais à l'étable* se fait sur des Bœufs séquestrés dans des étables où ils restent constamment dans un repos absolu. Là, on les nourrit avec des fourrages verts, comme nous l'avons vu pratiquer en Suisse, et alors ils peuvent être engraissés en quatre mois ; ou bien on leur donne des racines, des résidus de sucreries de betteraves, de brasseries ou de distilleries ; mais alors l'état d'embonpoint nécessaire pour la boucherie est plus de temps à arriver. Les engraisseurs progressifs entretiennent les bestiaux à l'étable dans un état de propreté extrême et leur distribuent leur nourriture à des heures fixes. Quelques-uns poussent même le scrupule jusqu'à n'entrer dans la grange à nourriture qu'avec une chaussure dont ils ne se servent point au dehors.

L'*engrais mixte* tient des deux procédés précédents et se fait en partie au pâturage et en partie à l'étable.

Le poids des Bœufs engraissés varie considérablement. En France, il n'est fréquemment que de cinq cents livres ; mais souvent ceux-ci pèsent bien davantage, et durant quelques années on a vu des Bœufs gras promenés dans Paris dont le poids s'élevait à 3,000 livres. On dit même qu'en Angleterre, où l'on possède les races les plus colossales, il s'en trouve qui sont évalués à un poids encore plus énorme.

D'après un des derniers relevés statistiques, l'on a évalué le total de l'espèce bovine en France à 9,150,653 individus qui se trouvent ainsi partagés : Taureaux, 391,151 ; Bœufs d'agriculture, 1,720,143 ; Bœufs à l'engrais, 312,848 ; Vaches d'agriculture, 3,671,347 ; Vaches à l'engrais, 156,970 ; Veaux, 2,078,174. La capitale seule en consomme chaque année 193,000, dont 20,000 Vaches et 100,000 Veaux.

Quoique d'une bien moindre étendue, l'Angleterre possède cependant un plus grand nombre de têtes bovines, puisqu'elle en compte 10,500,000 ; mais ce chiffre, qui est proportionnellement plus élevé que le nôtre, est en raison de la consommation, que l'on évalue dans les Iles-Britanniques à 220 livres de viande, terme moyen, que mange chaque individu, tandis qu'en France on n'en compte que 60 livres pour les habitants des villes, et 20 pour ceux des campagnes.

Les Bœufs, en subissant la domesticité, ont éprouvé de grandes modifications organiques, tantôt par la puissance de l'influence de l'homme, qui les a variés en les croisant, tantôt par la seule influence du climat ou du sol. Il résulte de là que ces animaux présentent une foule de races qui ont des caractères très-tranchés et qui nous offrent des produits fort différents. Les principales sont les suivantes : la *race écossaise*, qui ne porte pas de cornes, est extrêmement douce, et passe pour une bonne laitière ; la *race de Durham*, que l'on considère comme la plus estimée de l'Angleterre, et qui réunit l'avantage d'acquérir une stature colossale et de produire une abondance de lait : c'est elle qui fournit ces énormes Bœufs pesant plus de 3,000 livres ; la *race hollandaise*, qui est une des meilleures pour la production du lait ; la *race suisse*, dont les variétés de diverses grandeurs sont aussi toutes remarquables par l'abondance du lait qu'elles sécrètent. La *race auvergnate de Salers*, qui, au contraire, est seulement bonne pour le travail et donne très-peu de lait, et une viande de mauvaise qualité. Enfin la *race normande*, dont une variété est spécialement bonne pour la boucherie et une autre donne du lait assez copieusement.

Usages. Personne n'ignore les services que les Bœufs rendent à l'agriculture depuis l'origine des sociétés ; ce sont eux qui semblent avoir été les premiers auxiliaires de l'homme pour labourer la terre, et on les employa aussi fort anciennement à d'autres travaux de l'économie agricole ; si l'on n'avait d'autres preuves, cela serait constaté par un bas-relief trouvé sur une hypogée ou tombeau creusé dans la chaîne arabique, et sur lequel on voit des Bœufs occupés à fouler ou battre des gerbes de blé ; au-dessous d'eux se trouve une chanson en hiéroglyphes, qui a été traduite par Champollion, et qui indique la nature de leur travail.

Après leur mort on utilise toutes les parties de ces animaux ; leur chair, qui forme aujourd'hui un de nos principaux aliments, était déjà employée par les premiers Grecs, ainsi qu'on le voit dans les poésies homériques, et elle devint ensuite le mets favori des athlètes. Les peaux des Bœufs ont servi à l'homme, à toutes les époques, pour des usages fort variés. Les écrits de Strabon nous révèlent que les Vénètes en faisaient des voiles pour leurs embarcations ; les Romains employaient ces peaux entières pour confectionner d'immenses outres dans lesquelles ils charriaient leur vin. Une peinture de Pompéï nous retrace cet usage ; elle représente une de ces outres sur un chariot près duquel deux hommes munis d'amphores sont occupés à la vider. Aujourd'hui celles-ci sont l'objet d'un commerce considérable et servent à fabriquer nos chaussures et à une foule d'usages. Notre royaume est loin d'en fournir assez pour sa consommation , et nous en tirons une quantité considérable du Brésil et de la Russie. On a calculé que les tanneurs de la France employaient annuellement pour 56,000,000 de francs de peaux , et que leur préparation en doublait le prix. Les poils qui sont extraits de celles-ci pendant cette opération, sont filés et servent à faire des tissus grossiers dont les rouliers se font des manteaux.

Les cornes de ces animaux servaient chez les Romains , ainsi qu'elles servent encore aujourd'hui chez nous, pour confectionner des peignes , car on en a trouvé d'absolument semblables aux nôtres, et faits en cette substance , dans les ruines de Pompéi. On en fabrique en outre une foule d'ouvrages de tabletterie. Les Bœufs fournissent une grande quantité de sang qui est mis en usage comme engrais, et sa partie séreuse sert à clarifier les vins et les sirops ; enfin leurs os sont employés pour l'extraction de la gélatine et à fabriquer de la colle; après cette extraction on les transforme en noir animal dont on fait une grande consommation dans les raffineries de sucre.

Les *Zébus* sont des Bœufs qui se font remarquer parce qu'ils portent sur le dos une bosse fort saillante , qui pèse parfois jusqu'à 50 livres , et à Surate il en existe même qui ont deux de ces protubérances ; malgré cette anomalie, ces animaux ne doivent pas être considérés comme une espèce particulière , mais simplement comme des variétés de la précédente , et Cuvier a reconnu que leurs squelettes étaient identiques. Beaucoup d'entre eux acquièrent une taille aussi considérable que celle des plus gros Bœufs européens, mais pour la plupart ils sont plus petits que nos Vaches , et il en est même dont la stature n'est pas plus élevée que celle d'un Bélier. Leurs cornes sont parfois très-longues, tandis que d'autres fois elles n'offrent que de fort petites dimensions, et même il en est chez lesquels ces organes sont dépourvus de chevilles osseuses, et, n'étant adhérents qu'à la peau, ils restent vacillants sur la tête.

Le Zébu est presque la seule race bovine de l'Inde et de l'Afrique. Il offre les mêmes mœurs que notre espèce domestique, mais avec plus d'intelligence et de docilité , ce qui fait qu'on peut en tirer un plus grand nombre de services ; aussi dans plusieurs pays remplit-il à lui seul toutes les fonctions que nous confions au Cheval, au Mulet et au Bœuf.

Les Zébus traînent d'aussi lourds fardeaux que nos Chevaux de trait, et ils sont aussi légers à la course que ces animaux, ce qui permet de les atteler aux cabriolets; ils peuvent faire quinze à vingt lieues par jour. Dans l'Inde on les emploie dans les montagnes à transporter sur leur dos des balles de coton de 800 livres pesant, ce que ne peuvent exécuter des Mulets. En divers endroits de ce pays on selle et on monte aussi ces Bœufs en guise de Chevaux. Ils trottent constamment et on les habitue facilement à l'allure de l'amble ; ce sont eux aussi que l'on emploie dans les armées chez quelques peuples de l'Afrique et que l'on désigne sous le nom de *Bœufs de guerre*.

Dans l'Inde, en récompense de leurs services, les Zébus sont nourris et pansés avec le plus grand soin ; les moindres particuliers se plaisent à les orner de colliers d'acier et à abriter leurs cornes sous des étuis en cuivre ; ceux qui appartiennent aux princes sont décorés de harnais d'or et de soie.

Ces mammifères paraissent avoir accompagné les Indiens dans leurs migrations ; on en voit un de figuré, avec une remarquable fidélité, sur les bas-reliefs latéraux d'un monument de Persépolis, qui représentent les provinces venant déposer leurs tributs. A Babylone on a découvert plusieurs Zébus en bronze. On doit croire que ce sont les Persans qui ont introduit cette espèce dans la Sogdiane quand ils y portèrent la religion de Zoroaste, et elle s'y trouvait probablement encore dans le Xe siècle, car on la voit représentée sur des monnaies mongoles d'un prince de cette époque ; elle avait même pénétré dans l'antique Égypte, ainsi que le prouve une momie d'un prêtre au pied de laquelle on trouva, en l'examinant à Londres, pendant ces dernières années, une image peinte du bœuf Apis, qui n'était autre chose qu'un Zébu. Malgré cela, il ne paraît pas que cet animal ait jamais été bien connu dans ce dernier pays, à en juger par le silence des historiens qui en ont décrit les productions.

Le *Yack*, appelé aussi *Vache grognante* à cause de sa voix qui ressemble aux grognements d'un cochon, se distingue des autres Bœufs par son aspect qui se rapproche un peu de celui du Buffle, et surtout par sa queue garnie de tous côtés de longs poils comme celle du Cheval, double caractère qui lui a fait aussi donner le nom de *Buffle à queue de cheval*. Ce mammifère habite principalement les montagnes du Thibet et se plaît dans les marécages ; il nage très-bien. Quoique d'un naturel farouche et irascible, les Tartares et les Chinois l'ont cependant réduit en domesticité, et ils en élèvent un grand nombre pour les bénéfices que leur procurent leur chair, leur pelage et leur queue, car il n'est pas possible de les employer aux travaux de l'agriculture ; seulement dans quelques pays on s'en sert comme de bêtes de somme. On fait des tissus et des tentes avec les poils des Yacks, et c'est avec ceux-ci que l'on confectionne les houppes qui terminent les bonnets des Chinois. Les crins de leur queue ont principalement un grand prix ; c'est avec eux que les Thibétains font des chasse-mouches ; et ce sont ces queues, que l'on a prises souvent pour celles de chevaux, qui forment les marques distinctives des pachas turcs ou des dignitaires persans.

Les **BUFFLES** composent une coupe subgénérique qui se distingue de la précédente en ce que les mammifères qui s'y trouvent compris ont des cornes dont la base est élargie et recouvre une partie du front ; puis le côté interne de celles-ci est aplati, tandis que l'autre est seul arrondi ;

en outre ils ont la langue douce. Les Buffles sont en quelque sorte semi-aquatiques, et stagnent dans les marais ou près des rivières, et s'y plongent une partie du temps.

Le *Buffle* porte une peau noire presque nue, et offre un front bombé. Il est évidemment originaire de l'Inde ainsi que des vastes îles qui l'avoisinent, et il vit encore à l'état sauvage dans le sein des forêts marécageuses qui les couvrent. Les anciens ne le connurent point, et c'est à peine si l'on trouve dans leurs écrits quelques vagues indications qui lui soient applicables ; Aristote le mentionne seulement sous le nom de *Bœuf sauvage d'Arachosie*, et Élien sous celui de *Bœuf de l'Inde*. Ce fut vers le moyen âge qu'on l'introduisit en Europe ; il semble avoir été amené en Italie vers le VIIe siècle, pendant le règne d'Agilulfe, roi des Lombards. Plus tard, à l'époque des croisades, il y en avait un grand nombre en Syrie, et les historiens racontent qu'il s'en trouvait autant que de Bœufs parmi les armées mahométanes. Aujourd'hui on le rencontre dans beaucoup de régions de l'Asie, dans l'Égypte, la Grèce et l'Italie, où on l'a fait passer pour les besoins de l'homme ; Napoléon l'a introduit dans les landes du midi de la France où il s'est multiplié.

Buffon a peint le Buffle sous des couleurs désavantageuses, en disant qu'après le Cochon c'est le plus sale des animaux domestiques, à cause de la difficulté qu'il met à se laisser nettoyer ; et d'autres écrivains, uniquement d'après son aspect, lui ont prêté un naturel farouche et presque indomptable. Mieux étudié, on reconnaît que ces allégations sont fausses, et qu'au contraire c'est un de nos animaux domestiques des plus pacifiques et des plus faciles à soigner. Cela est si vrai que dans l'Italie, où il se trouve beaucoup de Buffles, on en donne la garde à des enfants, et ceux-ci s'en font obéir à la parole, et même souvent ils se placent sur leur dos pour traverser les rivières ou les marécages qui s'offrent sur la route du troupeau qui leur est confié. Loin d'être rebelles aux soins de propreté, aucun animal ne se prête au pansement avec autant de plaisir qu'eux ; dès qu'on le commence, ils cessent de manger ou de ruminer, et ils finissent même par se coucher et étendre leurs membres pour favoriser les mouvements de celui qui les soigne.

Dans les prairies, leur force considérable n'est jamais employée pour lutter avec les autres bestiaux ; quand un Taureau furieux vient les attaquer, ils reçoivent le choc de celui-ci et restent impassibles. Puis le combat cesse aussitôt après, parce que l'agresseur, rebuté par la violence du coup, recule honteux, tandis que le Buffle, sans s'en soucier, continue à paître paisiblement.

L'extrême sobriété des Buffles les rend précieux pour l'agriculture ; ils se contentent des fourrages que les divers bestiaux refusent ; en outre, ils pénètrent dans les marécages inaccessibles aux autres bêtes bovines, s'y enfoncent et y disparaissent même parfois en entier, mais sans que jamais il leur arrive d'accident, tant ils sont adroits nageurs ;

c'est ainsi qu'ils vont paître des herbes qui , sans eux , resteraient inutiles pour le cultivateur.

Leur force considérable ajoute encore aux avantages que présentent
ces animaux; deux d'entre eux suffisent pour opérer le travail de quatre
Chevaux. A Sumatra et à Java l'on n'emploie pas d'autres bêtes pour
les travaux de l'agriculture ; pour celle-ci au Tonquin et à la Cochinchine on les préfère aux Bœufs. Ils servent aussi au même usage en
Grèce et en Italie ; nous nous souvenons d'avoir rencontré sur les
routes de ce dernier pays des attelages de Buffles qui transportaient
des marchandises, et loin de considérer ces animaux comme ayant un
aspect désagréable , ils nous paraissaient bien imposants et bien majestueux en traînant leurs pesants fardeaux parmi la campagne de Rome.

Le lait des Bufflesses est gras et possède un goût un peu musqué.
On en fait de bon beurre, et tandis qu'on les trait, dans quelques régions
de l'Italie , les pâtres ont l'habitude de chanter pour captiver l'attention
de ces animaux et les rendre immobiles. La viande qui provient du
Buffle est un peu dure. On en fait une grande consommation à Sumatra , où elle remplit seule les boucheries. Dans les pays de l'Europe
les pauvres l'achètent de préférence à celle du Bœuf , parce qu'on la
donne à meilleur compte.

Le *Bœuf arni*, qui se fait remarquer par l'extraordinaire dimension
de ses cornes, qui ont chacune quatre à cinq pieds de long et sont ridées sur leur concavité, n'est, selon beaucoup de naturalistes, qu'une
simple variété du Buffle. Il paraît résider spécialement dans les hautes
montagnes de l'Indostan.

Le *Buffle du Cap* se distingue des autres par ses cornes dont la base
est considérablement renflée et couvre tout le sommet de la tête comme
un casque. Il vit en grandes troupes dans toute l'Afrique méridionale ,
et celles-ci se pratiquent parmi les forêts les plus sombres des sentiers
étroits dont elles ne s'écartent jamais. Sparmann, qui en a parlé le premier, dit que ce mammifère est terrible par sa férocité. Il s'attaque
avec fureur à tous les animaux qu'il trouve sur son passage , et se plaît
à lécher les cadavres de ceux qu'il a tués. Ses mugissements sont af-
freux et sa course est rapide. On le chasse principalement pour son
cuir qui est excellent , mais on mange aussi sa chair, quoiqu'elle soit
peu agréable.

ORDRE DES TARDIGRADES.

Membres impropres à la marche et disposés pour grimper ; surfaces plantaires tournées en dedans ; ongles
énormes , arqués ; incisives nulles ; molaires cylindriques ;
estomac à quatre poches.

Les Paresseux ou Bradypes, qui habitent tout l'espace compris entre
l'Amazone et la Plata , forment à eux seuls cet ordre ambigu, dont la

p'ace est difficile à assigner. Ces animaux ressemblent à des Singes qui seraient modifiés pour vivre continuellement accrochés aux branches des arbres, où ils trouvent leur nourriture. Considérés sur le sol, ils ont un aspect singulier, difforme, qui les fait regarder comme des êtres disgraciés par la nature, mais une observation attentive démontre que leur structure anomale offre une harmonie parfaite avec leur destination.

Le *Paresseux tridactyle* ou *Aï* paraît être celui qui a fixé particulièrement l'attention ; le nom d'Aï qu'il porte provient de son cri, et il est appelé dérisoirement Pierrot-Coureur dans plusieurs contrées ; sa toison est grise et se confond avec la couleur des lichens des vieux arbres, au-dessous des branches desquels il vit constamment accroché ou endormi.

Buffon, si souvent heureux quand il se laisse aller à ses belles inspirations, n'eut point le même bonheur en traitant l'histoire des Paresseux ; et ce fut à tort qu'il les appela des monstres par défaut, car presque partout chez eux la nature s'est montrée prodigue d'organes. Le cou, qui dans les mammifères n'offre que sept vertèbres, en présente neuf chez l'Aï, ainsi que cela a été découvert par M. Rousseau ; et aucun autre animal de cette classe ne réunit un aussi grand nombre de côtes : il en porte quarante-six.

Les bras des Paresseux sont deux fois plus longs que les jambes, et cette disparité remarquable les oblige à se traîner sur les coudes quand ils marchent à terre, afin de rétablir les proportions entre les extrémités ; les doigts qui les terminent sont réunis ensemble par la peau jusqu'à l'origine des ongles, et, par une disposition mécanique, ces derniers tendent constamment à se fléchir sans que ces animaux déploient pour cela aucun effort musculaire, de manière qu'ils peuvent rester continuellement accrochés au-dessous des branches, ou s'y endormir sans craindre d'en choir en les laissant échapper. Cette structure consiste en ligaments élastiques, insérés au dernier os des doigts et à l'avant-dernier, et qui tirent constamment la phalange onguéale vers la paume de la main, de manière que, pour ces animaux, c'est l'extension qui est principalement active. La plante des pieds est dirigée en dedans ; aussi, sur la terre, ceux-ci semblent défectueux, parce qu'ils n'appuient que par leur bord externe, mais leur direction est fort bien appropriée à la progression naturelle des Aïs qui, se faisant sur les arbres, permet à la surface plantaire de toucher leur surface cylindrique dans toute son étendue. La suspension continuelle dans laquelle se passe la vie des Paresseux est en outre favorisée par l'existence d'un plus grand développement des muscles fléchisseurs des membres que dans les autres animaux.

On s'est plu à exagérer la lenteur de la démarche des Paresseux. Dampier rapporte qu'ils sont cinq à six jours pour descendre d'un arbre et monter dans celui qui lui est voisin, et que quand ils y arrivent le jeûne les a épuisés ; ce navigateur ajoute qu'on les bat inutilement et que rien ne peut activer leur marche ; d'autres disent qu'ils ne franchissent qu'une cinquantaine de pas en un jour, et qu'ils mettraient environ trois mois à faire une lieue. Appelés à une toute autre existence, ces animaux déposés sur le sol, il est vrai, n'y marchent qu'avec lenteur et une extrême difficulté : pour s'avancer, ils sont obligés de s'accrocher avec leurs bras et de tirer leur tronc ; mais il n'en est plus ainsi aussitôt qu'ils se trouvent dans les arbres, et là ils se meuvent assez rapidement, au rapport de Watterton, qui paraît les avoir observés avec discernement, et qui dit que quand on les voit courir sous les branches, on n'est plus tenté de les nommer Paresseux.

On a souvent répété que quand ces mammifères avaient brouté toutes les feuilles d'un arbre, ils avaient l'habitude de s'en laisser simplement choir, pour n'avoir pas la peine d'en descendre, afin de se diriger vers un autre. Mais il n'en est rien ; ces détails ne se sont point confirmés dans des observations récentes, où on les vit monter et descendre à plusieurs reprises aux mâts d'un vaisseau. Et le voyageur que nous venons de citer, les a souvent vus changer d'arbres à leur guise, et sans même en descendre ; ils attendent pour cela l'heure de la journée où les vents agitent les cimes de ceux-ci, et, au moment où elles se touchent, ils saisissent celle de l'arbre où ils désirent se rendre, abandonnent l'autre et passent ainsi assez rapidement d'un végétal sur celui qui lui est voisin.

Le régime de ces mammifères se compose de feuilles ; leur bouche, qui se trouve dans l'axe de la colonne vertébrale, est favorablement disposée pour les saisir sur les arbres. Ils ne ruminent point, quoique leur estomac soit formé de quatre poches, que l'on a comparées à celles des ruminants.

Les femelles ont deux mamelles pectorales, et elles ont un petit qu'elles portent accroché à leur toison. A la Guyane, on chasse ces animaux pour les manger ; leur chair est recherchée ; quand on peut, on coupe la branche qui les supporte pour les emporter, cela est plus facile que de les en détacher, tant est grande la force de leur contraction musculaire.

Les Paresseux possèdent une résistance vitale fort extraordinaire ; on ne les décroche des arbres qu'après les avoir percés de plusieurs coups de fusil ; Delalande essaya vainement, pendant une demi-heure, aidé de son domestique, d'en étrangler un qui, ensuite plongé au fond d'un baril d'esprit-de-vin, s'y agita encore pendant plusieurs heures ; et les poisons, d'après les assertions de plusieurs voyageurs, paraissent même agir sur eux avec moins d'intensité que sur les autres animaux.

Le *Paresseux didactyle*, appelé aussi Unau, n'offre que sept vertèbres au cou, et se fait remarquer par sa main seulement composée de deux doigts, et ses bras moins disproportionnés que dans l'espèce précédente.

ORDRE DES ÉDENTÉS.

Mammifères à formes normales, dépourvus d'incisives (à une seule exception près), ou totalement édentés.

On ne peut prendre littéralement la dénomination imposée à ce groupe, car plusieurs des animaux qu'il renferme ont un nombre considérable de dents molaires, et le nom d'Édentés ne doit s'entendre, à la rigueur, que pour l'absence d'incisives.

Les mammifères de cette section sont tous étrangers à l'Europe et habitent les contrées les plus chaudes de l'Asie, de l'Afrique et de l'Amérique.

Les Édentés sont de tous les mammifères ceux dont les téguments s'offrent sous des formes plus variées : tantôt recouverts de poils, tantôt ils sont revêtus d'une armure d'écailles ou encroûtés de plaques calcaires. Ces animaux offrent ordinairement des ongles extrêmement robustes, pour leur taille, et qui, épais ou tranchants, sont plus ou moins fouisseurs et bien adaptés pour piocher la terre ou la couper en la remuant. Les mouvements de ces mammifères sont généralement lents, et leur régime, presque toujours insectivore, est en rapport avec l'extrême petitesse de leur ouverture buccale et l'imperfection ou l'absence totale de leur système dentaire.

TATOUS. *Dasypus*. Derme encroûté de pièces calcaires polygonales; mâchoires garnies de molaires. — Dans ces animaux, le système molaire varie beaucoup, puisque chez certaines espèces il est de $\frac{8}{8}$, tandis que dans d'autres il s'élève jusqu'à $\frac{24}{24}$. Aussi la considération de ce système et celle du nombre des doigts, qui présente quelques différences, ont fait partager ce groupe en plusieurs sous-genres.

Les Tatous habitent les contrées chaudes de l'Amérique, telles que le Chili, le Brésil et la Guyane, et y vivent en troupes dans les forêts et les plaines ; ils se font remarquer par les plaques osseuses qui encroûtent leur derme et forment à sa surface, par leur réunion, plusieurs boucliers dont un occupe la tête ; un autre se trouve sur les épaules et est suivi de plusieurs bandes solides, parallèles et mobiles, qui l'unissent à un dernier grand bouclier protégeant la croupe ; enfin la queue est tantôt garnie d'anneaux calcaires, et tantôt seulement de tubercules, ainsi que les jambes. Entre les diverses plaques osseuses qui tapissent la superficie de ces Édentés ou sur les endroits de la peau qui en sont dépourvus, on trouve quelques poils épars.

Ces animaux sont nocturnes; ils creusent, à l'aide de leurs ongles fouisseurs, des terriers tortueux dans la profondeur desquels ils se réfugient quand leurs ennemis les poursuivent; s'ils ne peuvent atteindre leur souterrain, ils se contentent de se rouler en boule, ce qui leur est rendu plus ou moins possible par les anneaux solides qui fracturent leur

enveloppe osseuse. Ils jouissent aussi, malgré la solidité de cette dernière, de la faculté de s'aplatir le corps à un degré extraordinaire, de
manière à pouvoir passer dans les endroits les plus rétrécis ; il en est
qui le dépriment tellement, dans certaines circonstances, qu'il en devient trois fois plus large que haut.

Le sens de l'odorat est probablement fort développé chez les Tatous,
car de Blainville dit que leurs masses ethmoïdales sont proportionnellement plus considérables que dans aucun autre mammifère, et qu'elles
forment une quantité immense de lames qui renflent le frontal à l'extérieur. Leur intelligence est très-bornée, et certaines espèces l'ont même
si obtuse que F. Cuvier prétend qu'elles ne distinguent pas une personne d'une pierre.

Ces animaux se nourrissent de limaçons, d'insectes et surtout de
chairs corrompues. D'Azzara dit que, lorsqu'il se trouve des Bœufs ou
des Chevaux morts à leur portée, ils y entrent en perçant la peau dans
l'endroit où elle est en contact avec le sol, de manière qu'on est fort
étonné de rencontrer plusieurs Tatous dans leurs cadavres au moment
où on les ouvre, quoiqu'au premier abord on n'ait pas aperçu de lé-
sion à l'extérieur. Au Paraguay, on mange ces mammifères, et quelquefois des bâtiments en ont embarqué comme approvisionnement.

Les Tatous peuvent être subdivisés en trois groupes subgénériques,
que F. Cuvier a considérés comme des genres, savoir : les Tatous proprement dits, les Tatusies et les Priodontes.

Les **TATOUS** proprement dits sont munis d'incisives et ont un système
dentaire ainsi disposé $\frac{1}{1} \frac{0}{0} \frac{8}{9}$.

Tel est le *Tatou Encoubert*, qui est le seul parmi les Édentés qui
fasse exception aux caractères de son ordre, depuis que F. Cuvier a
reconnu l'existence d'incisives dans les os inter-maxillaires de cette
espèce ; mais comme l'ensemble de l'organisation ne permet pas d'é-
loigner ce mammifère de ses congénères, et que d'ailleurs cette particularité ne se lie à aucune modification physiologique, l'Encoubert n'en
doit pas moins rester dans le groupe où il est placé. Cet animal est probablement un des plus actifs de son genre, car d'Azzara dit qu'il court
avec tant de rapidité qu'un homme ne peut l'atteindre, et il terrasse
avec une telle prestesse, à l'aide de son museau et de ses quatre pattes,
qu'en une minute il se dérobe sous le sol. (Planc. VI.)

Les **TATUSIES** sont privés d'incisives et ont à peu près le même
nombre de dents-molaires que les Tatous. Tel est le *Tatou à trois
bandes*, qui se roule facilement en boule, comme certaines Cloportes,
et qui habite le Brésil et le Paraguay.

Les **PRIODONTES** offrent un système dentaire ainsi composé : $\frac{0}{0} \frac{0}{0} \frac{24}{22}$,
et, outre leurs nombreuses molaires, ils présentent encore pour carac-
tère des ongles inégaux, énormes et tranchants.

Le *Tatou* ou *Priodonte géant*, qui se rencontre dans l'Amérique
méridionale, appartient à cette section. Il fouit avec beaucoup de facilité et creuse même les tombes pour en dévorer les cadavres ; aussi

au Paraguay, pour soustraire ceux-ci à sa voracité, on entoure les sépultures d'un rempart de planches et d'épines. Les grands ongles de cet animal le cramponnent si fortement au sol que G. Cuvier dit qu'il faut plusieurs chevaux pour l'en arracher.

CHLAMYPHORES. *Chlamyphorus.* Corps comme tronqué en arrière; dos simplement couvert par des plaques étroites, transversales. Système dentaire ⁰⁄₀ ⁰⁄₀ ⁸⁄₈. — Ces mammifères, dont Cuvier n'a fait qu'un sous-genre, me semblent, ainsi que le propose Ch. Bonaparte, devoir constituer un groupe spécial à cause de la configuration particulière de leur corps, et par la disposition de leurs plaques calcaires, qui forment une sorte de cuirasse n'étant attachée au tronc que le long de l'épine.

On ne connaît qu'un seul Chlamyphore qui vit au Chili et se réfugie la plupart du temps sous le sol.

MÉGATHÈRES. *Megatherium.* Corps recouvert d'une cuirasse osseuse ? Système dentaire ⁰⁄₀ ⁰⁄₀ ⁴⁄₄. Doigts 5, 5, très-inégaux. — Ce sont les plus grands édentés que l'on connaisse, et leur taille égalait celle des Éléphants; il n'en existe plus à la surface du globe, mais aux époques antédiluviennes leurs races paraissent avoir occupé toute l'Amérique méridionale et s'être même avancées jusqu'aux États-Unis, car on rencontre de leurs ossements fossiles dans les terrains d'alluvion de toute cette vaste étendue de pays et surtout au Paraguay.

Les premières notions que l'on eut sur le Mégathère antédiluvien datent seulement de 1789, époque à laquelle on en découvrit un squelette presque entier près de Buenos-Ayres, sur le rivage d'un affluent de la Plata; cet animal fut bientôt envoyé à Madrid par le marquis de Loretto, vice-roi du pays où on l'avait exhumé, et en 1796 deux savants espagnols en publièrent une description.

Après eux Cuvier s'occupa de ce mammifère et lui imposa le nom de *Megatherium;* puis il essaya de le classer et, le rapprochant des Bradypes, il le considéra comme un Paresseux géant. En 1821, Pander et Dalton, après un voyage en Espagne, publièrent une nouvelle notice sur ce squelette fossile, et, ainsi que beaucoup de naturalistes, ils adoptèrent la manière de voir de Cuvier, et appelèrent cet animal *Bradypus giganteus.*

Mais de Blainville pensa, avec beaucoup plus de fondement, que le Mégathère se rapproche des Tatous, de l'Oryctérope et des Fourmiliers, et son opinion est entièrement adoptée par nous, car s'il est vrai que la tête du célèbre fossile offre quelque ressemblance avec celle des Bradypes, les os des membres et surtout la structure des extrémités, n'ont nul rapport avec l'ossature de ces animaux, et se rapprochent évidemment de celle des Fourmiliers ou des Tatous; cette opinion semble encore acquérir plus de valeur depuis qu'un savant brésilien, don Damario, curé de Montevideo, a trouvé des fragments de carapace dans des endroits où l'on rencontre des ossements de Mégathère, ce qui lui a fait considérer celui-ci comme un Tatou gigantesque. Buckland, qui professe une semblable opinion, pense même que la surface rugueuse et aplatie que l'on trouve à la partie supérieure de quelques-unes des côtes du squelette antédiluvien indique les endroits où le poids de sa cuirasse osseuse portait, et il rapporte aussi à l'action de celle-ci la crête comprimée qui borde les os des iles. (Planc. VI.)

Le système dentaire du Mégathère indique qu'il était herbivore, et l'ampleur que parait avoir eue son ventre, à en juger d'après l'étendue considérable des os des iles, vient encore réconforter cette opinion. La grande étendue de l'extrémité inférieure des humérus, qui indique que des muscles volumineux s'y attachaient, et l'énorme dimension que les ongles de la main devaient avoir, d'après la structure des phalanges, s'unissent pour attester que les extrémités antérieures possédaient une force prodigieuse, que ces animaux employaient sans doute à fouir le sol pour y déterrer des racines et s'en nourrir.

ORYCTÉROPES. *Orycteropus.* Corps couvert de poils ; système dentaire $\frac{0}{0}\,\frac{0}{0}\,\frac{7}{6}$. Digitation 4, 5 ; ongles plats et fouisseurs. — Les dents de ces animaux présentent une particularité qu'on ne rencontre dans aucun mammifère, c'est d'être formées par une quantité considérable de petits tubes capillaires qui leur donnent absolument l'aspect de la section d'un jonc à canne.

L'*Oryctérope du Cap*, qui est la seule espèce connue, se trouve dans toute l'Afrique méridionale. Son aspect, en lui donnant quelque ressemblance avec le Porc, et l'habitude qu'il a de vivre dans des terriers dont il ne sort que la nuit, l'ont fait appeler vulgairement *Cochon de terre.*

Cet animal se nourrit de Fourmis et de Termites qu'il attrape avec sa langue extensible, d'une manière analogue à celle qu'emploient les Fourmiliers. On le chasse fort souvent, mais il est assez difficile de s'en emparer à cause de la rapidité avec laquelle il creuse un trou dans la terre et se soustrait à la poursuite; Kolbe dit même que, quand il commence à s'y enfoncer, il se cramponne si bien que l'homme le plus robuste ne pourrait l'en arracher; cette assertion n'est nullement exagérée, car un voyageur nous a rapporté qu'un colon ayant attaché un lien sur la queue d'un de ces animaux qui allait se dérober sous le sol, et y ayant attelé deux chevaux, ce robuste organe se rompit, et l'Oryctérope disparut totalement après. La chair de ce mammifère passe au Cap pour excellente, mais Levaillant dit qu'elle possède un goût de Fourmi très-prononcé.

FOURMILIERS. *Myrmecophaga.* Corps couvert de poils touffus ; maxillaires complétement édentés. — La patrie de tous ces animaux est l'Amérique méridionale ; leurs doigts sont en nombre variable, suivant les espèces, et ils se terminent par des ongles aigus et très-forts que la disposition de la phalange onguéale empêche de se relever, et qui sont ordinairement fléchis contre une callosité, de manière que, quand les Fourmiliers marchent, ils n'appuient leurs pieds que sur le côté, ce qui rend leur progression lente et difficile. Ces mammifères sont indolents; ils vivent solitairement et n'ont qu'une intelligence très-bornée.

Le régime de ces Édentés se compose uniquement d'insectes, aussi on ne trouve plus chez eux les dispositions organiques qui révèlent la puissance de la mastication; leur tête est ordinairement très-effilée et elle n'a pas d'arcades zygomatiques; puis il n'existe point de dents, et l'ouverture de la bouche est excessivement petite; cependant l'absence de toute trituration est compensée chez ces mammifères par la structure de l'estomac qui n'offre qu'une simple cavité, mais qui, à ce que dit Carus, est très-musculeux comme celui des oiseaux, auquel il ressemble aussi par les petits cailloux qu'il contient. La langue des Fourmiliers est vermiforme et excessivement longue; dans les grandes espèces elle acquiert jusqu'à deux pieds d'étendue, et dans le Fourmilier didactyle, dont la taille est d'environ six pouces, Blumenbach reconnut qu'elle avait deux pouces et demi de longueur. C'est à l'aide de cet organe, qui se meut avec une extrême rapidité et qui est toujours enduit d'une salive gluante, que ces mammifères saisissent leur nourriture; celle-ci ne se compose que de Fourmis et de Termites, et, lorsqu'ils veulent s'emparer de ces insectes, ils en mettent les nids en désordre avec leurs ongles puissants, puis, quand ces animaux s'en échappent de toutes parts, les Fourmiliers lancent leur langue parmi eux, et, par son mouvement de rétraction, ceux qui y adhèrent sont portés dans leur bouche. Ces Édentés n'ont qu'un petit à la fois, qu'ils ont l'habitude de porter sur leur dos, où il se cramponne à leurs poils avec ses pattes et embrasse leur queue à l'aide de la sienne. (Planc. V.)

Le *Fourmilier tamanoir* qui habite le Pérou, le Brésil et la Guyane, présente un tronc de quatre pieds de longueur, dont sa tête cylindrique forme environ le tiers. On s'étonne d'abord qu'un aussi fort animal puisse subsister en mangeant seulement des insectes, mais la surprise cesse quand on se représente les énormes fourmilières des pays où il existe, et la rapidité avec laquelle sa langue agglutinante, qui, selon d'Azzara, se contracte et s'allonge deux fois en une seconde, peut aller puiser sa nourriture au milieu des Termites s'échappant en désordre de leurs travaux renversés.

Cet animal vit constamment sur le sol, et il ne grimpe point aux arbres, quoiqu'on l'ait plusieurs fois écrit. Il est courageux, et, lorsqu'on l'attaque, il trouve en ses ongles des armes redoutables; les Chiens n'osent le chasser, et l'on assure que le Jaguar lui-même ne peut le vaincre.

Au contraire, le *Fourmilier tamandua* et le *Fourmilier didactyle*, qui habitent les forêts de la Guyane, vivent dans les arbres, et ils s'accrochent facilement à leurs branches à l'aide de leurs griffes et de leur queue prenante, pendant qu'ils cherchent les insectes dont ils se nourrissent ou lorsqu'ils dorment.

PANGOLINS. *Manis.* Maxillaires complétement édentés ; peau recouverte d'écailles triangulaires, tranchantes, imbriquées. — Le nom de *Fourmiliers écailleux* fut donné aux animaux de ce petit groupe, à cause de l'analogie qu'ils ont avec ceux du genre précédent par leur manière de se nourrir ; mais leur aspect les différencie suffisamment pour empêcher de les confondre. Les Pangolins sont des mammifères dont la longueur ne dépasse pas trois à quatre pieds, cependant des débris osseux trouvés dans le Palatinat semblent attester la présence d'individus fossiles de ce genre, d'un développement gigantesque ; car ils indiquent une espèce de plus de vingt pieds d'étendue, dimension prodigieuse ! quand on songe à la faiblesse des moyens d'alimentation de ces édentés. Ceux que l'on connaît aujourd'hui vivent dans les régions chaudes de l'ancien continent, et surtout en Asie et en Afrique.

Les écailles qui couvrent le corps des Pangolins sont composées par des poils agglutinés. Quand ces animaux sont poursuivis par quelque ennemi ils se roulent en boule, et alors ces écailles se relèvent et leur forment une armure protectrice contre les carnassiers qui les attaquent, et qui, à ce que l'on dit, s'y blessent profondément en s'abattant sur eux pour les écraser. Ces édentés sont d'un naturel lent ; leurs membres sont terminés par cinq doigts dont les dernières phalanges se font remarquer par les bifurcations qu'elles présentent à leur extrémité, et qui supportent des ongles fouisseurs à l'aide desquels ces animaux se creusent des terriers. Ce sont les Termites et les Fourmis qu'ils saisissent avec leur langue visqueuse, après en avoir éparpillé les demeures, qui composent leur nourriture.

Le *Pangolin de l'Inde*, que sa forme et l'aspect de son armure ont quelquefois fait nommer *Lézard écailleux*, fut connu dans l'antiquité par le naturaliste Élien.

ORDRE DES CÉTACÉS.

Corps pisciforme ; membres antérieurs et queue disposés en nageoires ; membres postérieurs nuls.

Géologie et géographie. On a rencontré des ossements fossiles de Cétacés dans beaucoup de contrées de l'Europe ; c'est dans le calcaire grossier, qui repose sur l'argile, que l'on en découvre d'abord des vestiges ; aussi doit-on les considérer comme les premiers mammifères qui ont apparu à la surface du globe durant la succession des créations.

Toutes les espèces de ce groupe qui vivent actuellement, à l'exception d'une seule, habitent la mer. On avait cru jusqu'alors que celle-ci était leur unique séjour, car, quoiqu'on rencontrât parfois dans les grands fleuves des Dauphins qui les avaient remontés l'espace de deux à trois cents lieues, on ne pouvait regarder ceux-ci comme y séjournant naturellement ; mais M. d'Orbigny ayant découvert une espèce particulière dans une des branches de l'Amazone, à plus de sept cents lieues de l'embouchure de ce fleuve, on est forcé aujourd'hui d'admettre qu'il se trouve aussi des Cétacés fluviatiles.

On rencontre de ces mammifères dans toutes les mers, et leurs plus grosses espèces y sont parfois même fort communes dans certains parages, car on s'accorde à considérer comme des Baleines ou des Cachalots ces animaux marins dont parle Strabon, et qu'il dit avoir troublé la navigation de la flotte d'Alexandre dans le golfe Persique. Ils s'y voyaient en si grand nombre que l'eau qui jaillissait de leurs évents obscurcissait l'air en formant une sorte de brouillard qui empêchait de distinguer les objets qui les environnaient et effrayait les soldats.

Organisation et mœurs. Locomotion. C'est parmi cette famille que se trouvent les plus grands animaux connus ; l'accroissement de ces géants de la création est favorisé par la densité du milieu où ils résident et qui leur permet d'y mouvoir avec facilité leurs masses extraordinaires, qui, sur un sol solide, eussent été si embarrassantes.

Les Cétacés, par leur forme générale, ressemblent aux poissons ; mais ils en diffèrent au premier coup d'œil par leur queue en nageoire qui, au lieu d'être verticale, comme chez eux, s'étale au contraire horizontalement. Leur tête est parfois extrêmement volumineuse et forme le quart et même le tiers de leur longueur, mais son accroissement est dû principalement à l'ampleur qu'acquièrent les os de la face. Les vertèbres de leur cou sont extrêmement aplaties ; aussi celui-ci est très-court, de manière que la tête, qui semble faire immédiatement suite au tronc, ne peut presque pas se mouvoir isolément. Ces mammifères n'ont que des vestiges d'os du bassin, et chez eux les vertèbres de la région du sacrum n'étant point soudées, pour que leur mobilité tourne à l'avantage des mouvements, on peut considérer cet os comme étant nul. Les membres antérieurs sont composés de leurs éléments ordinaires, mais les os du bras et de l'avant-bras sont très-courts, et ceux de la main se trouvent seuls bien développés ; il y a toujours plus de trois phalanges aux doigts, et ces os sont totalement recouverts par la peau qui les réunit et en forme une nageoire aplatie.

La mécanique de ces animaux se rapproche tout à fait de celle des poissons ; la natation est puissamment favorisée chez eux par l'air que renferme leurs poumons, ainsi que par la graisse abondante disséminée parmi leurs organes et dont la pesanteur spécifique est moins considérable que celle de l'eau. C'est la queue qui, comme dans les poissons, est le principal moteur, les membres pectoraux ne servant qu'à équilibrer les mouvements ; aussi, pour augmenter sa force impulsive, la queue offre des apophyses fort saillantes sur ses vertèbres, ainsi que des os en V, qui agissent comme des leviers, et sont mus par un système musculaire très-considérable qui les enveloppe.

Sens. Dans tous les Cétacés les sens paraissent généralement obtus. Les narines sont souvent percées près du front et se dirigent verticalement dans l'arrière-bouche. L'appareil olfactif, qui, par la nature du milieu qu'habitent ces animaux, leur était à peu près inutile pour l'appréciation des odeurs, offre des nerfs dont l'état rudimentaire indique l'affaiblissement de la sensation ; ils ont été découverts par de Blainville et Jacobson. Mais les cavités nasales servent à un autre usage ; c'est par elles que sortent ces jets d'eau que les Cétacés élèvent parfois à une grande hauteur au-dessus de la surface de la mer, et ces animaux doivent à cette coutume le nom de *Souffleurs*, et la dénomination d'*évents* que l'on donne à leurs narines. Ce liquide est projeté par celles-ci pendant la déglutition ; et dans le Marsouin, où j'ai particulièrement étudié cette fonction, quand l'animal a introduit une certaine quantité d'eau dans sa bouche et qu'il diminue la capacité de celle-ci, le liquide est forcé de sortir par les narines et de se répandre parmi les vastes poches plissées qui s'ouvrent dans leur intérieur ; celles-ci étant distendues par l'eau réagissent sur elle et l'expulsent en jet continu, tandis que les valvules disposées sur son trajet empêchent qu'elle ne retourne dans la cavité buccale. Les narines doivent être aussi considérées comme faisant essentiellement partie des voies respiratoires, et par leur situation plus superficielle que la bouche elles permettent à ces animaux d'aspirer l'air sans sortir autant de l'eau qu'il leur eût fallu le faire pour se servir de l'orifice digestif. La disposition horizontale de la queue semble aussi appropriée à aider l'élévation de la partie antérieure du corps au dehors de l'eau, afin de faciliter l'exercice de la fonction.

Les Cétacés ont des yeux qui se rapprochent de ceux des poissons par l'absence des glandes et des voies lacrymales devenues inutiles à cause de la nature du milieu qu'ils habitent, ainsi que par l'aplatissement de la cornée et la sphéricité du cristallin. Le goût est imparfait, et la langue se trouve en partie fixée au plancher de la bouche.

L'appareil de l'ouïe de ces mammifères n'offre point de conque externe, et la trompe d'Eustache est remarquable par l'ampleur de son ouverture, qui semble la transformer en un organe de recueillement des sons, et en outre par une valvule qui, selon Carus, empêche l'eau d'y pénétrer pendant son passage dans l'arrière-bouche.

Leur peau, dont la couleur est ordinairement noire ou d'un blanc-jaunâtre, est formée par des poils perpendiculaires et courts, qui sont agglutinés ensemble et recouverts d'une sorte d'épiderme ; l'inspection microscopique de cet organe chez plusieurs Cétacés nous fait évidemment reconnaître cette structure.

Digestion. Les dents de ces animaux sont toutes uniformes et ne servent qu'à saisir la proie et non à la mâcher ; leur forme conique indique formellement ce que nous avançons, et en ouvrant des Cétacés il est facile de se convaincre qu'ils ne triturent pas leurs aliments : on trouve les poissons dont ils se nourrissent encore entiers dans leur estomac. Quelques-uns des mammifères de cet ordre n'offrent point de dents, et chez eux elles sont remplacées par des lames cornées appelées fanons ; il en est même aussi qui sont totalement édentés et ne présentent point de ces lames.

L'estomac des Cétacés est multiple et se trouve formé de cinq à sept cavités distinctes. Dans les Marsouins que nous avons disséqués, nous avons reconnu que l'intestin grêle était extrêmement long et étroit. Il n'y a point de gros intestin.

Respiration. Le larynx des Cétacés ne présente point de cordes vocales, ce qui fait que ces animaux, sans être absolument muets, ne peuvent cependant faire entendre qu'une espèce de mugissement sans modulations. Cet organe, dans ceux que nous avons observés, était saillant, conique, et se prolongeait fort haut dans les évents. Puis la glotte était strictement fermée, pour s'opposer à l'accès de l'eau dans les voies respiratoires. Les poumons sont amples et reçoivent beaucoup de sang.

La vie des Cétacés étant totalement aquatique, et ces animaux restant souvent fort longtemps sous l'eau, il était curieux d'expliquer par quels moyens la nature les avait modifiés pour une existence de poissons coïncidant avec des poumons et une respiration aérienne. On pensa d'abord, mais à tort, que chez eux le trou de botal restait permanent, et que celui-ci, qui permet au sang du fœtus de passer d'une oreillette du cœur dans l'autre sans traverser le poumon, offrait un passage au sang des Cétacés pendant qu'ils plongeaient; mais cette organisation n'existe nullement.

Hunter avait décrit depuis longtemps un amas de vaisseaux artériels qui existe dans le Cachalot, près la colonne vertébrale, et semble destiné à servir de réservoir au sang; et M. Breschet, il y a peu d'années, a montré que sur le Marsouin on rencontrait une pareille disposition, et que l'on y trouvait des plexus artériels formés d'un grand nombre de vaisseaux entremêlés et naissant des artères intercostales; ces plexus, qui pénètrent dans le canal de la moelle, ainsi que dans le crâne, ont été considérés aussi comme servant de réservoirs à une grande quantité de sang oxygéné qui, pendant la submersion, pouvait être versé dans le fluide en circulation et le revivifier. En outre, quelques observateurs ont découvert que le sang des Cétacés contenait un grand nombre de globules d'air microscopiques, et ils en ont inféré que ce gaz perdait son oxygène au profit de ce fluide, et que sa présence expliquait le long séjour que les Cétacés peuvent faire sous l'eau dans certains cas.

Enfin, de Blainville ayant remarqué que dans ces animaux les sinus cérébraux qui reçoivent le sang sont énormes, a pensé que ceux-ci pouvaient servir à recéler ce fluide pendant qu'ils plongent, et permettre à la respiration de se suspendre. En disséquant les Cétacés, on est aussi frappé de l'abondance du sang contenu dans leur système vasculaire, et celle-ci doit évidemment avoir une influence sur les intervalles des mouvements respiratoires et pouvoir les rendre plus lents. Quoique reconnaissant parfaitement l'importance que doivent avoir sur la circulation et la respiration les plexus signalés par Hunter et M. Breschet, ainsi que les sinus cérébraux dont de Blainville a tracé la fonction, nous pensons que chez les Cétacés il doit encore exister d'autres ressources pour permettre à ces animaux de suspendre leurs mouvements respiratoires quand ils ne viennent à la surface de l'eau qu'à de longs intervalles.

Ayant eu l'occasion de disséquer attentivement plusieurs Marsouins, nous avons été frappés de la grande étendue qu'offre l'ensemble des diverses poches qui, au nombre de huit, communiquent avec les cavités nasales et qui reçoivent l'eau de la mer chaque fois que celle-ci traverse ces cavités. Parmi ces poches, quatre surtout présentent une vaste capacité, et deux d'entre elles sont plissées à leur intérieur. Le système musculaire qui environne ces organes et est destiné à les comprimer, attire aussi l'attention de ceux qui l'observent par son grand développement, qui doit manifestement être en rapport avec une fonction importante.

L'intérieur des poches examiné avec attention nous a offert presque partout une membrane muqueuse qui, observée au microscope, présente un lacis de vaisseaux capillaires infiniment tassés, qui marchent parallèlement et s'anastomosent très-fréquemment. Plusieurs de ces poches ont une partie de leur intérieur coloré en noir par de petits grains distribués comme des îlots, autour desquels se ramifie le système vasculaire, et qui sont analogues aux grains noirs que l'on trouve dans les organes pulmonaires, que certains auteurs ont regardés comme des globules sanguins carbonisés.

En observant attentivement, sous le rapport de sa structure, cet appareil si important chez les Marsouins, et en cherchant à pénétrer sa fonction physiologique relativement à ces animaux, nous avons été conduits à considérer les poches nasales comme des sacs servant à la respiration, et sans rien préjuger relativement aux autres Cétacés, où la structure de l'évent n'est plus la même, nous pensons que, pour le Marsouin, ces grandes cavités sont des espèces de sacs respiratoires, qui agissent comme des branchies à l'égard de l'eau qui laboure incessamment la surface de leur muqueuse extrêmement vasculaire, et qui contribuent sans nul doute à la respiration en oxygénant le sang. D'après nous, l'action de ces sacs, qui n'est, il est vrai, qu'accessoire dans la fonction, viendrait s'unir aux dispositions que les auteurs ont signalées pour expliquer la longue submersion des Cétacés.

L'appareil que nous venons de citer est trop important pour n'avoir pas d'autre fonction que celle de rejeter l'eau ; d'ailleurs, par la disposition de ses valvules, il entrave cette action au lieu de la favoriser, parce que celle-ci est forcée d'abreuver toutes ses poches, et qu'elle n'en est expulsée qu'à l'aide des muscles qui les environnent. Cet appareil étant du reste fort considérable, il est rationnel de supposer que l'importance de sa fonction est en raison directe de son développement ; et comme les voies nasales ont les plus grands rapports avec les organes respiratoires, dont elles sont les premiers conduits, et que dans beaucoup d'animaux la peau fonctionne en agissant sur l'eau pour contribuer à l'oxygénation du sang, on peut admettre que dans les Cétacés que nous avons cités, les poches nasales contribuent aussi un peu à cette fonction. Du reste ce sujet sera développé dans un mémoire spécial accompagné de figures et que nous publierons incessamment.

Circulation. Le système vasculaire des Cétacés offre un grand développement, et dans ceux d'un volume considérable l'impulsion du sang a lieu avec beaucoup de force ; en cherchant à évaluer celle-ci dans des calculs sans doute bien approximatifs, Lacépède dit que le Cachalot, qui a une aorte d'un tiers de mètre de diamètre, offre un cœur qui, à chaque contraction, expulse cinquante litres de sang.

Reproduction. La gestation des Cétacés est beaucoup plus longue que celle des mammifères terrestres, ainsi que le prouve le développement énorme du fœtus au moment de sa naissance, puisque, dans une Baleine de soixante pieds, celui-ci en a parfois vingt. Malgré la grande taille du petit, il n'en est pas moins nourri par le lait de sa mère immédiatement après sa naissance. Les mamelles de celle-ci, qui sont situées près de l'ouverture anale, se trouvent même gonflées à cette époque par une telle abondance de ce fluide qu'un de mes aides naturalistes m'a dit l'avoir vu couler spontanément des mamelons d'une femelle de *Delphinus globiceps*, et s'épancher en abondance sur le tillac d'un navire où on l'avait capturée ; ce qui vient confirmer l'assertion de Pline, qui affirme que les Cétacés tettent leur mère, opinion qui n'avait éprouvé nulle contradiction jusque dans ces derniers temps.

DAUPHINS. *Delphinus.* Ordinairement des dents aux deux mâchoires ; évent unique. — On a découvert des ossements fossiles de ces animaux dans le calcaire grossier de quelques régions de la France, et Cortési en a rencontré des squelettes presque entiers, de douze pieds de longueur, sur les pentes de l'Apennin ; actuellement ils vivent dans toutes les mers du globe, et parfois remontent les fleuves jusqu'à une distance de plusieurs centaines de lieues de leur embouchure. On peut admettre dans ce groupe plusieurs coupes subgénériques : les Dauphins proprement dits, les Marsouins, les Hyperoodons, les Delphinorhynques, les Inias et les Delphinaptères, que nous disposons à peu près en suivant la dégradation des organes locomoteurs.

Les **DAUPHINS PROPREMENT DITS** sont ceux dont le front est bombé et le museau mince et aplati.

C'est à cette subdivision qu'appartient le *Dauphin-vulgaire*, qui a environ dix pieds de longueur, et dont le dos est noir et le ventre blanc ; les marins l'ont appelé *Oie de mer*, à cause de l'aplatissement de son espèce de bec ; il est très-commun près de nos rivages, surtout dans la Méditerranée.

Organisation et mœurs. Les Dauphins vulgaires nagent avec une rapidité prodigieuse ; leur vélocité avait déjà frappé les anciens, car Pline l'exprime en disant qu'ils vont plus vite que les oiseaux, et on l'a peint par le nom de Flèche de mer, que leur a donné le vulgaire. Ces animaux aimant à se jouer près des vaisseaux qui sillonnent la mer, on en voit parfois qui plongent pendant toute une journée au-devant d'eux, en traversant continuellement leur direction, quoiqu'ils fassent quatre à cinq lieues à l'heure. Cette habitude d'escorter les navires vient de ce que les petits poissons les suivent ordinairement en troupe pour se nourrir des débris que l'on jette sans cesse à l'eau, et que les Dauphins font leur proie de ces bandes voyageuses. L'homme a pris cette conduite, dictée par l'instinct conservateur, pour des marques d'affection que lui témoignaient ces Cétacés, et comme ils ne peuvent lui nuire à cause de la disposition de leur bouche, en les considérant comme des êtres amis, il leur a fait une vertu d'une nécessité imposée par les lois de l'organisme.

Le cerveau du Dauphin, selon F. Cuvier, dépasse proportionnellement en volume celui de tous les autres mammifères, et ses circonvolutions sont très-profondes; aussi cet auteur ne balance pas à accorder une grande intelligence à ce Cétacé; mais il est difficile d'apprécier celle-ci, car le milieu dans lequel il vit nous empêchera sans doute longtemps de nous initier à ses mœurs. On dit qu'il vogue par troupes disposées en ordre et conduites par le mâle le plus rapide et le plus fort.

Historique. Les naturalistes pensent que c'est le Dauphin vulgaire qui a été si célèbre dans l'antiquité, et que l'on doit rapporter à cet animal toutes les notions fabuleuses que l'on rencontre sur le Dauphin dans les écrivains de presque tous les âges.

L'imagination poétique des Grecs lui avait attribué un grand attachement pour l'homme et une intelligence extraordinaire. Une ancienne tradition, répandue dans toutes les îles de l'Archipel, supposant qu'Arion avait été sauvé de la mer par un Dauphin, devint l'origine des idées qui se répandirent relativement à l'affection que cet animal accorde à notre espèce. Quelques histoires citées sans critique par Pline accrurent encore ces croyances avec les siècles; telle fut celle d'un de ces Cétacés qui fréquentait un rivage de la Barbarie, se jouait avec les baigneurs, les portait sur son dos, et en recevait familièrement des aliments; telle fut encore celle d'un Dauphin qui, à ce que rapporte le compilateur romain, pénétra dans le lac Lucrin, et se prit d'une si vive affection pour un enfant, dont il recevait sa nourriture, qu'il le promenait sur son dos au milieu des flots, et qu'il expira de douleur après sa mort prématurée. Une médaille d'Iasus rappelle même une tradition semblable, selon de Choiseul : on y voit l'image d'un Dauphin, afin de perpétuer la tendresse de l'un de ces animaux qui promenait un enfant dans le golfe de cette ville, et qui vint un jour mourir de douleur sur le rivage, après l'avoir laissé périr par accident. Mais, comme nous l'avons dit, c'est à ses seuls besoins qu'il faut attribuer le prétendu attachement de cet animal pour l'homme.

L'imagination des Grecs avait entouré les Dauphins d'un tel prestige

que dans quelques pays on les honorait, et l'on regardait comme un
crime de s'en nourrir ; Appien s'éleva même énergiquement contre les
pêcheurs de Byzance qui avaient cette coutume. Le Dauphin était particulièrement révéré comme cher à Apollon, à Vénus et à Bacchus. Neptune, qu'il passait pour avoir aidé pendant qu'il était à la recherche
d'Amphitrite, l'affectionnait aussi, selon les mythologues anciens, et
ce dieu était même adoré à Sunium sous la forme de cet animal.

Archéologie. Le Dauphin a été reproduit très-fréquemment par la
statuaire antique ; mais par une singularité qu'il serait curieux d'expliquer, sur les anciennes productions des arts il se trouve presque
constamment figuré sous une forme typique et fantastique qui s'éloigne considérablement de son aspect naturel, et les peintres et les
sculpteurs modernes ont imité ces productions dans tous leurs ouvrages.
On peut penser que peut-être, comme cela s'est vu pour les monuments égyptiens, la religion consacra d'abord ces formes, et que les
premiers artistes superstitieux craignirent de les altérer. On sait qu'à
Delphes, Apollon était adoré sous le nom de *Delphinien*, parce que les
traditions racontaient que ce dieu était apparu aux Crétois sous la
forme d'un Dauphin pendant leur navigation, et qu'il les avait guidés
vers la ville où le temple fameux fut construit. On peut supposer que,
dans celui-ci, l'art dans son enfance représenta le Dauphin sous l'aspect
imparfait qu'on lui donne, et que les artistes qui ont suivi cette époque
n'ont point osé changer la forme particulière sous laquelle l'animal
avait d'abord été consacré dans le lieu saint. Dans les sculptures et les
fresques antiques échappées à la destruction des siècles, on retrouve
souvent de ces représentations symboliques du Dauphin, et l'on est
surtout frappé, en visitant les peintures de Pompéi, de l'y voir seul
ainsi défiguré, tandis qu'il est environné de Poissons ou d'autres animaux représentés avec une perfection qui approche de celle qu'atteignent nos artistes contemporains.

Chez les anciens peuples, le Dauphin était le symbole de la gloire et
du triomphe. On le voit souvent figuré dans les mains de Neptune, sur
des médailles, pour faire allusion à d'heureux voyages maritimes ou à
des expéditions victorieuses. Dans les monuments antiques, les pierres
gravées ou les médailles, cet animal représentait aussi l'emblème de
la mer ; entortillé à une ancre, il indiquait la liberté du commerce ; un
combat naval couronné de succès s'exprimait par une Victoire traînée
par un Dauphin, et l'on rencontre un grand nombre de médailles où se
trouve cette allégorie ; on en voit aussi beaucoup, dans les cabinets des
curieux, qui représentent un Aigle déchirant un Dauphin, qu'il tient
dans ses serres, et par lesquelles on a voulu probablement symboliser
des combats où des armées de terre ont vaincu des flottes. Les monnaies des villes maritimes offrent très-souvent un Dauphin environné
de têtes de Taureaux ou d'épis, qui indiquent la fertilité de leurs pâturages ou l'abondance de leurs moissons, et le commerce lucratif que
la mer leur permettait de faire de ces richesses. Il faudrait nommer

toutes celles de la Grèce, de l'Italie et de l'Espagne, si l'on voulait énumérer les cités qui ont admis cet animal sur leurs valeurs numériques. Parmi elles, on peut mentionner l'île de Tenos, Lampsacus, Tarente, Corinthe ; on le trouve aussi figuré sur les monnaies romaines appelées tiers d'as et demi-as.

Divers peuples considérèrent les Dauphins comme l'emblème de l'espérance qui soutient l'homme dans l'adversité, parce que ce sont les seuls êtres qui se montrent aux navigateurs pendant les tempêtes. Aussi, après Constantin, ces Cétacés devinrent pour le christianisme naissant le symbole mystique de l'espérance présente et future. La source de cette adoption se trouvait peut-être dans des récits où l'on racontait que ces animaux avaient rapporté sur le rivage les corps des martyrs jetés à la mer pendant les persécutions de Dioclétien. Comme les premiers chrétiens étaient obligés de recourir à l'allégorie, pour eux des Dauphins se jouant sur les vagues soulevées par la violence des vents étaient aussi devenus les emblèmes des martyrs qui, par leur fermeté, triomphaient des orages des persécutions ; aussi figurèrent-ils ces Cétacés avec profusion sur leurs tombeaux dans les catacombes de Rome, ainsi que sur leurs baptistères et leurs lampes sépulcrales.

Pêches. Les idées religieuses des peuples de l'antiquité qui s'étaient opposées à la pêche du Dauphin dans la Méditerranée disparurent au moyen âge, et alors elle y fut pratiquée avec ardeur.

Aujourd'hui il s'en échoue assez fréquemment sur les côtes de la France. Des rapports exacts, émanés du ministère de la marine, ont établi que, dans ces derniers temps, sur le seul littoral du département des Côtes-du-Nord pendant l'espace de vingt-deux années, il y en avait eu 280 de capturés, et que leur vente avait produit 17,120 fr. On les achète pour en extraire l'huile abondante qui se trouve dans leur lard.

Les **MARSOUINS** se distinguent des autres Dauphins en ce qu'ils ont un museau court et convexe.

Le *Marsouin commun* est le plus petit des Cétacés ; sa longueur est d'environ quatre pieds et ses dents sont aplaties ; il abonde dans nos mers et souvent on le voit remonter les fleuves ; nous en avons vu quelquefois à Rouen, et l'on dit même qu'il en est qui sont parvenus jusqu'à Paris en suivant la Seine.

Quoique bien moins célèbre que le Dauphin, on le retrouve cependant sur les médailles ou les monnaies de la ville de Phocée, dont il était le symbole, ce que les zoologistes modernes ont eu l'intention de rappeler par le nom de *Phocœna* qu'ils lui ont imposé ; il y est représenté sous une louve, et sur l'une d'elles on voit même un Marsouin dont les entrailles sont déchirées par cet animal, action par laquelle on a voulu exprimer le pillage de cette ville par les Romains.

Dans le moyen âge, la pêche de cet animal fut d'une assez grande importance pour les peuples de l'Europe ; les Anglo-Saxons, et les Normands fixés en France, s'y livraient avec ardeur, et elle était pour ces derniers l'objet d'assez grandes spéculations ; sa chair était alors recherchée par toutes les classes de la société, et l'on extrayait de l'huile de son lard, soit par la pression, soit par le feu. A cette époque, tout seigneur de fief jouissait du droit de faire faire la pêche du Marsouin avec des barques montées par ses vassaux, et beaucoup de monastères éloignés de la mer entretenaient même sur ses rivages des bateaux destinés à la pêche de ce Cétacé. Sa chair était alors si estimée que les pêcheurs l'offraient souvent en don aux monastères et aux églises, et sa langue figurait ordinairement au nombre des donations pieuses qu'on leur faisait en guise de dîme.

Après l'établissement des communes en France, les seigneurs de quelques provinces se désistèrent volontairement d'une partie de leurs droits sur la pêche du Marsouin, quoique la coutume subsistât encore; les uns n'exigeaient que la tête ou les nageoires de ceux que prenaient leurs vassaux, d'autres se bornaient à un simple hommage qui consistait à présenter à la porte du château l'animal qui avait été pêché, puis à soulever trois fois le marteau avec sa queue; après les trois coups frappés le Marsouin était *affranchi*.

Durant les quatorzième et quinzième siècles, la pêche du Marsouin avait lieu dans l'Océan et la mer du Nord avec une ardeur générale, et alors il se faisait sur les marchés un commerce considérable de la chair de cet animal qui s'y vendait fraîche, sèche, fumée ou salée, et que l'on servait sur la table du riche ainsi que sur celle du pauvre. On la considérait comme un mets substantiel qui n'était même pas dédaigné dans les plus somptueux repas, car les chroniques du temps nous rapportent qu'à cette époque, dans un festin donné pour l'installation d'un archevêque d'York, il se trouvait sur la table douze Marsouins et Phoques. Durant cette époque aussi et pendant les temps qui précédèrent, l'huile que l'on extrayait des Marsouins fut l'objet d'un important commerce; elle était employée à l'éclairage des monastères et des églises ou pour la préparation des étoffes et des cuirs.

On chasse encore ce Cétacé dans le Nord, soit pour manger sa chair comme le font les Lapons et les Groënlandais, soit pour apporter sa graisse en Europe.

Le *Dauphin gladiateur*, qui appartient au groupe des Marsouins et vit spécialement dans le Nord, acquiert vingt à vingt-cinq pieds de longueur; il est extrêmement célèbre par ses combats contre les Baleines; les Gladiateurs, réunis en troupes, les harcèlent avec persévérance, jusqu'à ce qu'épuisées elles ouvrent la gueule, et alors ils leur dévorent la langue.

Le *Dauphin à tête ronde*, qui doit être rangé dans le même groupe subgénérique que le précédent, a reçu ce nom à cause de la configuration de son front qui est renflé, globuleux et représente une espèce de casque antique. Il est fort commun dans les mers du Nord et atteint plus de vingt pieds de longueur. Ce Cétacé vit en grandes troupes de cent à deux cents individus, et quelquefois même de mille, qui paraissent conduites par un des plus vigoureux d'entre eux; Scoresby cite plusieurs de ces bandes qui ont été observées dans les parages de l'Angleterre et des Orcades, et que l'on a quelquefois vues échouer sur les rivages de ces dernières îles ou sur ceux de la France au nombre de soixante à quatre-vingt-dix individus. M. Chevreul a découvert dans la graisse de cette espèce un nouvel acide qu'il nomme *Delphinique*, et qui probablement se trouve aussi dans les autres.

Les HYPEROODONS forment une section bien distincte se composant de Cétacés qui sont complétement édentés. Ce groupe, que certains auteurs ont rangé dans les Baleines, doit être classé parmi les Dauphins à cause de l'absence de fanons ; et d'ailleurs dans ceux-ci le système dentaire disparaît graduellement, et l'on trouve des espèces chez lesquelles le nombre des dents, fort peu considérable, forme le passage aux Hyperoodons.

Les DELPHINORHYNQUES, qui ont été érigés en un groupe particulier par de Blainville, sont caractérisés par leur museau qui est très-long et très-grêle. Tel est le cas du *Dauphin du Gange*.

Les INIAS n'ont qu'une nageoire dorsale rudimentaire ; ils offrent quelques poils roides sur leur museau et leurs dents sont mamelliformes. Ces Dauphins, que vient de faire connaître M. d'Orbigny, habitent seulement les fleuves ; on les rencontre à plus de sept cents lieues de la mer dans les branches qui vont former l'Amazone, et remontent jusqu'au pied de la Cordillière. Ils vivent en petites troupes. On n'en connaît qu'une espèce, l'*Inia de Bolivie*.

Les DELPHINAPTÈRES se distinguent des autres Dauphins en ce qu'ils manquent de nageoire dorsale.

Le *Beluga* ou *Épaulard blanc*, qui vit dans toute la mer Glaciale, et remonte assez avant dans les fleuves qui s'y versent, appartient à cette section.

CACHALOTS. *Physeter*. Tête énorme ; mâchoire inférieure dentée ; mâchoire supérieure édentée ou à très-petites dents cachées dans la gencive. — Ces animaux se trouvent dans toutes les mers, et on les découvre dans celles qui baignent le Spitzberg comme dans celles des zones tropicales ; mais ils aiment de préférence les plages équatoriales, et, suivant Humboldt et M. Quoy, c'est là que se trouvent leurs rendez-vous d'amour, ceux du Nord étant dépaysés. Ils y vivent par bandes assez nombreuses composées en grande partie par des femelles, et conduites par deux ou trois mâles plus grands et plus forts.

On pense que leur nourriture se compose principalement de mollusques, mais on dit aussi qu'ils poursuivent les plus gros poissons et les Phoques, dont ils sont l'effroi, et Anderson rapporte que l'on a trouvé dans leur estomac des carcasses de ces animaux ayant dix pieds de longueur. Ces Cétacés, selon Lacépède, affectionnent beaucoup leur petit.

Le *Cachalot macrocéphale*, qui est la seule espèce bien connue, acquiert la taille des Baleines, et offre parfois soixante-dix pieds de longueur ; il se fait remarquer par l'énorme volume de sa tête, qui forme presque la moitié de l'étendue de son corps, ainsi que par son museau qui est comme tronqué et supporte l'évent à sa région antérieure. Selon Lacépède et Cuvier, on doit rapporter à ce mammifère l'animal marin que Pline vit à Ostie, et qui, ayant été attaqué par l'ordre de l'empereur Claude, fit sombrer une embarcation en la remplissant avec les flots d'eau qui jaillissaient de ses évents.

Les Européens équipent des bâtiments pour exécuter la pêche du Cachalot, mais celui-ci ne se laisse pas attaquer sans résistance, ainsi que le font les Baleines ; au contraire, il se défend, et certains auteurs semblent ne pas douter qu'il puisse briser une barque avec sa gueule. Aussi les Islandais le craignent-ils beaucoup, et, quand ils en aperçoivent en mer, on les voit parfois s'adonner aux pratiques les plus superstitieuses.

On capture principalement cet animal pour en extraire de l'*adipocire* et de l'*ambre gris*, et il fournit aussi de l'huile, mais moins abondamment que les Baleines. Aucun des écrivains de l'antiquité ne parle de ces deux dernières substances ; mais on trouve quelques notions sur elles dans les auteurs du moyen âge. Albert le Grand a sans doute indiqué l'adipocire dans cette huile abondante qu'il dit qu'on vit sortir de la tête de deux de ces animaux qui échouèrent de son temps ; et, ainsi que Vincent de Beauvais, il mentionne l'ambre comme étant leur fluide séminal concrété.

Adipocire. L'adipocire, qui est une espèce d'huile qui par le refroidissement se fige et devient blanche et solide, est connue dans le commerce sous les noms impropres de *sperma ceti* et de *blanc de Baleine.* Dans l'animal, elle se trouve contenue dans une sorte de vaste bassin allongé que forment les os du crâne et de la face, et qui, en arrière, n'a pas moins de six pieds de profondeur ; les bords solides de cette cavité servent d'insertion à une sorte de tente fibro-cartilagineuse qui lui donne l'apparence d'un cylindre, et l'intérieur de cette anfractuosité est partagé en deux étages par une cloison membraneuse qui s'étend entre les bords des deux maxillaires ; ces deux étages communiquent avec des canaux qui se distribuent dans différentes parties du corps et s'entrelacent dans le tissu graisseux sous-cutané. C'est cette dernière disposition qui fait que l'on extrait beaucoup plus d'adipocire de ces animaux que n'en peuvent contenir les grandes cavités où ce fluide est amassé ; la quantité en est telle que M. Quoy dit qu'on en retira vingt-quatre barils, de 124 pintes chacun, de la tête d'un individu de 64 pieds de longueur.

Ambre gris. L'ambre gris, qui est si recherché comme parfum, est aussi fourni par cet animal ; sa production a été longtemps un mystère. Lémery croyait que c'était un mélange de cire et de miel altérés par l'eau de la mer et le soleil ; et quoique les Japonais semblent avoir eu fort anciennement des notions sur l'origine de cette substance, puisqu'ils la nommaient *excrément de Baleine*, c'est à Swédiaur qu'il appartient de l'avoir fait connaître et d'avoir indiqué que ce n'est autre chose que des excréments de Cachalot endurcis dans le cœcum et formés durant une affection maladive.

On recueille souvent l'ambre sur les côtes où le jette la mer, ou lorsqu'il flotte à la surface de celle-ci ; on en trouve sur les rivages de l'Inde, de l'Afrique et de l'Amérique, et parfois même sur ceux de la France ; on dit que les marins exercés, d'après la maigreur du Cachalot, jugent assez bien si on peut espérer en rencontrer dans ses intestins, et qu'ils en sondent la dernière portion avec des perches pour l'y découvrir. Cette substance se présente sous l'apparence de masses parfois assez grosses, formées de couches concentriques et renfermant des débris d'aliments, et principalement des mâchoires de Sèches. On en rencontre parfois des morceaux du poids de 1 à 15 kilogrammes flottant sur la mer. Lacépède dit que la compagnie des Indes en a exposé un bloc de 62 kilogrammes, et qu'un pêcheur américain trouva même dans l'un de ces Cétacés un morceau de cette substance qui en pesait 65.

C'est surtout dans la parfumerie et la médecine que l'on emploie chez nous l'ambre gris ; mais Swédiaur rapporte que dans certaines régions de l'Afrique on s'en sert pour apprêter les aliments, et l'on dit que les Mahométans qui entreprennent le pélerinage de la Mecque y offrent cette substance en guise d'encens.

NARVALS. *Monodon.* Mâchoires édentées ; la supérieure portant seulement une longue défense ou deux. — Ces Cétacés ont parfois deux longues défenses, ainsi qu'on le voit sur un de leurs crânes que Bonnaterre a fait représenter dans l'Encyclopédie ; c'est même ce qui a lieu constamment pour les femelles, mais chez elles ces armes prennent fort peu d'extension ; dans les mâles on ne trouve ordinairement qu'une défense qui est énorme, tandis que l'autre est rudimentaire et reste cachée à l'intérieur des os de la face. Cette espèce d'arme offensive, légèrement tordue, acquiert une longueur de 10 et même 15 pieds ; c'est elle, dont on ignorait l'origine, qui a contribué aux récits inventés sur la fabuleuse Licorne de l'antiquité, et qui a valu au Narval le nom de *Licorne marine*.

Ces Cétacés se trouvent vers l'Islande et dans les mers qui baignent les rivages du Groënland ; là, ils se rassemblent, dans les anses des îles de glace, en troupes si grandes et si serrées, qu'ils sont obligés de mettre leurs défenses sur le dos des individus qui les précèdent, et c'est alors que les harponneurs courageux les attaquent. Ils ont une vingtaine de pieds de longueur, et l'on n'en connaît qu'une espèce dont la peau est marbrée de brun et de blanc. Ces animaux nagent rapidement, et quelques savants prétendent qu'à l'aide de leurs défenses ils livrent des combats aux Baleines, afin d'en dévorer la langue, dont ils sont très-avides ; on dit aussi qu'ils mangent des cadavres, et, selon quelques érudits, le nom de Narval serait même dérivé de deux mots des langues du Nord, de *nard*, cadavre, et de *wall*, baleine, qui rappellent cette particularité. Mais Scoresby assure que ces Cétacés vivent uniquement de Mollusques, et, dans ceux qu'il a ouverts, l'estomac était rempli d'animaux de cette classe et surtout de Sèches. L'organisation de la bouche semble devoir confirmer cette assertion.

Les dents de ces Cétacés sont plus compactes que l'ivoire, et elles servent comme lui à exécuter différents objets de luxe. On voit au cabinet du roi une très-belle canne formée avec l'une d'elles ; et l'on sait qu'un des rois de Danemarck a fait élever un somptueux trône avec ces défenses, qui s'y trouvent enrichies d'améthystes et d'ornements de vermeil. Aujourd'hui les Groënlandais en font des flèches ou s'en servent en guise de pieux pour construire leurs chétives cabanes.

BALEINES. *Balœna.* Maxillaires complétement édentés. Des fanons ou lames de corne au palais ; évent double. — Ces Cétacés, selon Geoffroy Saint-Hilaire, offriraient cependant, quand ils sont jeunes, des germes de dents, mais seulement dans la mâchoire inférieure.

Géologie. On a trouvé des ossements fossiles de Baleine dans divers endroits, mais ils ont souvent été incomplétement décrits, et peut-être aussi appartenaient-ils à d'autres Cétacés. Cependant Cortési a réellement découvert les débris de plusieurs individus de ce genre en Lombardie, dans un terrain argileux ; les os de l'un d'eux étaient encore presque tous dans leurs rapports naturels, et de petites huîtres, qui y adhéraient, témoignaient qu'avant d'être environnés par le sol qui les contenait, ils s'étaient trouvés libres dans la mer pendant un certain temps.

C'était probablement à une Baleine qu'appartenaient ces ossements gigantesques que Pline dit que l'on apporta de Joppé à Rome pendant l'édilité de Scaurus, et que l'on prétendait être ceux de l'animal auquel Andromède avait été exposée ; il dit que ses côtes, et c'est probablement des mâchoires dont il est question, surpassaient la hauteur des Éléphants de l'Inde. Dans ces temps récents on a parfois offert à la curiosité des ossements d'animaux de ce groupe, que l'on présentait comme des restes de géants ; Sloane dit que cela eut encore lieu il y a peu d'années, à l'égard d'une nageoire de Baleine que l'on montrait comme étant la main d'un colosse.

Géographie. Anciennement on trouvait beaucoup de Baleines dans le golfe Arabique ; aussi on pense que ce furent des Cétacés de ce genre, réunis en grand nombre, qui, en obscurcissant l'air par l'eau qui s'élevait de leurs évents, entravèrent la navigation de la flotte d'Alexandre, commandée par Néarque, et effrayèrent les matelots et les soldats. Les habitants des rivages de ce golfe détruisaient autrefois beaucoup de ces animaux, et du temps de Strabon, ils y étaient déjà moins nombreux. Lacépède dit qu'actuellement encore, les Baleines sont cantonnées en quantité si considérable dans quelques parages, que de loin l'eau lancée par leurs évents, et retombant en pluie, ressemble à la fumée qui s'élève des habitations d'une immense ville.

On rencontrait aussi assez communément des Baleines dans la Méditerranée pendant les premiers temps historiques ; mais elles devinrent bien moins abondantes dans ses eaux sous le règne des Antonins. La Manche en nourrissait aussi beaucoup autrefois, et on y en voyait encore un grand nombre lors de l'invasion des Normands ; plus tard, dans le quinzième siècle, elles fréquentèrent les côtes de la Flandre, et à cette époque il s'en échoua même huit près d'Ostende, qui tombèrent au pouvoir des habitants de ce port. Mais elles se sont depuis ce temps réfugiées vers le Nord.

Organisation et mœurs. En cherchant à apprécier les dimensions des Baleines, Lacépède dit que l'on ne peut douter qu'il en existe de 100 mètres de longueur, et que si on posait un de ces colosses près des tours de Notre-Dame de Paris, il les dépasserait d'un tiers en hauteur. Cette approximation est exagérée, car Scoresby, qui a contribué à la pêche de plus de trois cents Baleines franches, dit ne pas en avoir trouvé de plus de 67 pieds ; cependant la Baleine rorqual dépasse cette dimension, et l'on sait que son corps parvient à une longueur de 80 pieds et plus. Le poids de ces monstrueux animaux est bien plus difficile à fixer ; Lacépède assure qu'il s'élève parfois à 150 milliers de kilogrammes, et qu'il n'est pas moindre que celui de cent Éléphants ; puis, que si on voulait le comparer à la pesanteur des plus frêles mammifères, tels que certains Rongeurs, il en faudrait 115,000,000 pour le contre-balancer.

La rapidité et la force des Baleines sont prodigieuses ; Lacépède dit que leur vélocité dépasse la vitesse des vents alisés, et qu'elles franchissent 11 mètres par seconde ; selon lui, elles pourraient faire le tour du globe en quarante-sept jours, en supposant qu'elles se reposassent douze heures. Leur puissance est telle que d'un coup de queue, elles lancent en l'air une chaloupe chargée d'hommes, et ce naturaliste, dont nous ne mentionnons les calculs que pour compléter l'historique de la science, mais sans nullement en garantir la précision, prétend que leur choc a une si grande force qu'il équivaut à celui de soixante boulets de pièces de canon du calibre de 48.

Le cerveau des Baleines est peu considérable, et dans quelques-unes il ne forme que les $\frac{25}{1000}$ du poids total du corps ; aussi ces Cétacés doivent-ils avoir une intelligence extrêmement obtuse. On ne connaît presque rien à l'égard de leurs mœurs ; on sait seulement qu'ils mènent une vie solitaire, quoiqu'on les trouve réunis en grand nombre dans certains parages.

Les Baleines ont une langue dont le volume est proportionné à l'énorme dimension de la cavité de leur bouche. Cet organe, dans quelques espèces, acquiert jusqu'à 8 et 9 mètres de longueur et contient plusieurs barils d'huile.

Le palais de ces Cétacés est tapissé par des lames minces de substance cornée, que l'on nomme Fanons, et qui sont rapprochées les unes des autres comme les dents d'un peigne. Quand les Baleines mangent, elles introduisent dans leur bouche une grande quantité d'eau, dans laquelle se trouvent des légions innombrables de petits animaux dont elles se nourrissent; lorsqu'elles referment cet organe, ce fluide étant pressé, il cherche à sortir et se tamise en passant entre les fanons et en laissant dans la bouche l'aliment qui est ensuite avalé. Plus celui-ci se compose d'espèces menues, plus les lames cornées sont effilées et présentent un tamis à mailles fines. C'est l'eau expulsée de la bouche par cette action qui vient sortir par les évents et donne lieu à des jets d'eau de trente à quarante pieds de haut, que l'on avait, à tort, dit s'exécuter dans l'expiration : ils ne correspondent qu'à la déglutition, et le flot en est si considérable, qu'il peut remplir promptement un canot; on voit ces émissions se répéter d'autant plus fréquemment que la mer est plus orageuse. En général, la Baleine franche se nourrit de Clios, d'Actinies et de fort petits Crustacés de quelques lignes de longueur, et elle maigrit dans les mers qui n'en contiennent point; mais d'autres espèces poursuivent les bancs de Harengs et de Maquereaux, et font une grande consommation de ces poissons.

La respiration des Baleines se fait à des intervalles assez rapprochés; cependant elles peuvent rester vingt minutes sous l'eau. Ces Cétacés, durant l'expiration, ne chassent qu'un nuage de vapeurs et de mucosités par les évents. Leur sang a une température considérable, et il semble que sa chaleur naturelle s'efforce de lutter contre le froid du milieu qu'ils habitent, et plus d'une heure après leur mort, ce liquide marque encore trente-huit à trente-neuf degrés : c'est sans doute à cette particularité que leurs tissus doivent la funeste rapidité avec laquelle l'inflammation les envahit, et tue ces puissants animaux après la plus légère blessure.

On n'a que des notions vagues sur l'accouplement des Baleines; Duhamel prétend que pour l'effectuer le mâle et la femelle se mettent sur le côté; Lacépède croit qu'ils se posent verticalement l'un et l'autre en sortant la tête de l'eau, et Bernardin de Saint-Pierre affirme en avoir vu dans cette situation. Les femelles n'ont ordinairement qu'un Baleineau, qui en naissant offre environ 14 pieds de longueur chez certaines espèces; elles lui accordent beaucoup d'affection, le soulèvent souvent sur leurs nageoires, et le défendent courageusement quand il est attaqué. On ne peut guère avoir de notions sur la durée de la vie des Baleines; Buffon dit qu'elles peuvent subsister mille ans, et Lacépède pense que dans cette assertion il n'y a rien d'exagéré.

Pêche des Baleines. Historique. Malgré l'obscurité qui vient parfois embrouiller l'histoire des Baleines, tout fait croire qu'elles doivent avoir été observées dès l'enfance de la civilisation : les Hébreux en parlent dans leurs livres sacrés, mais il est difficile de savoir ce qu'ils désignaient sous leur nom. Quoi qu'il en soit, il est probable que la crainte empêcha longtemps d'attaquer ces monstrueux animaux; l'érudit Bochard croit cependant que les Tyriens en faisaient déjà la pêche, ce que, selon lui, rendent probable la hardiesse maritime de ce peuple et l'abondance de ces Cétacés dans les mers de la Phénicie.

On sait que les Grecs s'occupèrent de cette pêche, et Oppien a décrit la manière dont ils la faisaient de son temps. Il dit que c'était à l'aide d'un appât fixé à des cordes, à l'extrémité desquelles il se trouvait des outres remplies d'air, et que, quand le Cétacé était las de traîner celles-ci, on l'attaquait à l'aide de lances; mais cependant il n'est pas certain que dans le récit d'Oppien il soit question des animaux que nous décrivons, qui certainement ne mordraient pas à un appât.

Les Romains ne connurent d'abord les Baleines que par celles que le hasard jetait sur les rivages de leur empire. Lorsqu'ils eurent porté leurs armes en Afrique et en Asie, ils apprirent des peuples qu'ils subjuguèrent l'art de pêcher ces animaux, si déjà ils ne l'avaient tenu des Grecs; et cet art se perfectionna chez eux après la soumission des Gaules et de la Germanie.

Ce furent les Normands qui, dans l'Europe boréale, se livrèrent les premiers à la pêche de la Baleine, et les Basques l'enseignèrent aux peuples qui habitaient l'ouest de cette partie du monde. Plusieurs sagas norvégiens prouvent que dans le Nord la pêche de ce Cétacé a été connue fort anciennement, et que les Islandais se nourrissaient de sa chair. Other dit, dans son Périple, qu'ayant voulu connaître jusqu'où la terre était habitée au septentrion, en dirigeant sa navigation vers celui-ci il rencontra bientôt le lieu où les pêcheurs de Baleines avaient coutume de se rendre. Les écrits du douzième siècle nous apprennent qu'alors les Norvégiens avaient même distingué un certain nombre d'espèces de ces Cétacés, parmi lesquelles on reconnaît encore en partie celles que l'on pêche actuellement.

Dans l'ouest de l'Europe, les Basques en commencèrent la pêche de temps immémorial dans le golfe de Gascogne; mais celle-ci fut d'abord une pêche côtière, les Baleines s'y montrant temporairement, comme le constatent les écrits, depuis l'équinoxe du printemps jusqu'à celui d'automne. Ce ne fut que quand ces Cétacés commencèrent à s'éloigner, que ces peuples les poursuivirent en pleine mer, en dirigeant leurs expéditions vers le Nord, guidés par la boussole nouvellement découverte. On dit que, dans leurs excursions, ils découvrirent le banc de Terre-Neuve en 1372, et qu'ils côtoyèrent le continent de l'Amérique septentrionale. Peu de temps après, des navires baleiniers sortis de Bordeaux furent pour la première fois pratiquer la pêche dans les mers du Nord jusque dans les parages du Groënland et du Spitzberg. Les Basques se livrèrent à la pêche de la Baleine avec avantage jusqu'à la fin du seizième siècle; mais la guerre interrompit la prospérité qu'elle leur procurait, et ils furent alors obligés de s'enrôler sur les bâtiments des autres nations pour y exercer une industrie qu'ils avaient créée.

Les Hollandais s'emparèrent de cette branche de commerce au commencement du dix-septième siècle, et elle prit bientôt chez eux une si grande extension que Duhamel dit qu'ils y employaient, pendant certaines années, 3 à 400 navires et jusqu'à 20,000 hommes. Ce furent les Basques qui leur enseignèrent à harponner cet animal, et leurs pêches se firent d'abord dans les environs du Spitzberg où il s'était réfugié; on en trouvait alors des troupes si considérables dans les parages de cette île, que les bâtiments ne pouvaient pas rapporter toute l'huile qu'ils extrayaient de leurs captures. Les Hollandais, pour favoriser leurs pêches, fondèrent même au Spitzberg des établissements composés de cabanes faites en pierres et en os de Baleines, et y placèrent des fourneaux dans lesquels ils fondaient la graisse de ces animaux. Mais dans la suite, les Cétacés ayant abandonné ces parages et s'étant cantonnés dans les environs du Groënland, ces constructions furent délaissées et d'autres furent élevées sur cette dernière côte.

Les Anglais apprirent aussi des Basques l'art de pêcher la Baleine, et sous le règne d'Élisabeth on vit de ces derniers s'engager sur les vaisseaux de cette nation qui s'y livrait déjà; mais ce ne fut que longtemps après les Hollandais, au dix-huitième siècle, que les armateurs de la Grande-Bretagne exploitèrent avec avantage cette branche de commerce maritime. Ils pratiquèrent cette pêche dans le détroit de Davis; mais ses eaux s'étant successivement dépeuplées de Cétacés, depuis plusieurs années ils explorent les plages glacées des baies de Baffin et de Melville.

Les Américains, qui, avec la nation précédente, possédaient naguère le monopole de cette pêche, commencèrent à pratiquer celle-ci dans le sud au dix-huitième siècle, en explorant les côtes de l'Afrique et celles de l'Amérique méridionale. Aujourd'hui une partie des navires baleiniers anglais et français les imitent, et dans leurs courses ils visitent, en outre, les eaux de la Californie, de la Nouvelle-Zélande et du Japon.

Pêche de la Baleine. Description. Quelques peuples sauvages attaquent les Baleines avec un courage étonnant. Dans son Traité des pêches, Duhamel rapporte sérieusement, d'après, dit-il, des témoignages dignes de foi, que les sauvages de la Floride se précipitent en nageant sur la tête de ces énormes animaux, et enfoncent, avec un maillet, des cônes de bois dans leurs évents; puis que ces Floridiens se cramponnent intrépidement à ces cônes pendant que les Cétacés fuient, jusqu'à ce qu'ils s'échouent sur le rivage pour y respirer. Les Groënlandais vont les attaquer avec de simples barques construites en peaux de Phoques, et à l'aide de harpons qui portent des outres gonflées d'air également fabriquées avec celles-ci.

Chez les peuples civilisés, cette pêche se fait avec beaucoup moins de simplicité. On y emploie souvent des bâtiments de 400 tonneaux; on les munit de quatre pirogues, qui peuvent être montées chacune par quatre canotiers, un harponneur et un chef. Lorsque le navire doit explorer les mers du Nord, on a soin d'en border la carcasse avec des

planches en chêne, afin de la garantir du choc des glaces flottantes.
Quand on est arrivé dans les parages où l'on espère trouver des Baleines, un marin est placé en vigie sur les mâts, et, lorsqu'il aperçoit
au loin le souffle de quelque Cétacé, il en prévient les officiers, afin
qu'ils en discernent la nature ; si c'est une bonne Baleine, ce qu'ils
reconnaissent à la manière dont elle nage, on gouverne dessus, et
toutes les embarcations sont mises à la mer.

A l'avant de chaque pirogue se trouve le harponneur ; le chef gouverne et ordonne l'attaque. Aussitôt que l'on se trouve assez près du
Cétacé, le premier lui lance un harpon qu'il dirige, autant que possible, vers la région de la poitrine ; et immédiatement après, au
commandement du chef, l'embarcation s'éloigne pour éviter les brusques
coups de queue que donne l'animal, lorsqu'il se sent blessé. Le harpon
tient à une corde d'une longueur d'environ 1200 pieds, et celle-ci est
entraînée, pendant les premiers moments, avec une telle rapidité qu'on
est obligé de l'arroser pour éviter qu'elle n'enflamme le bord de la
chaloupe, et tous les marins en surveillent le développement ; car si
cette corde se trouvait accrochée, elle ferait immanquablement chavirer l'embarcation. Le procédé de harponner à la main les Baleines,
est le plus ancien et encore le plus suivi ; Albert le Grand, en faisant
l'histoire de cette pêche, dit que c'était ainsi qu'on les atteignait de son
temps, mais qu'on se servait aussi de balistes pour lancer les armes
destinées à les blesser. Les Hollandais, pour atteindre de plus loin ces
Cétacés et enfoncer plus avant le harpon, imaginèrent d'employer
un mousquet pour le lancer, et il paraît que les Anglais, à cet effet,
ont parfois fait usage de petites pièces de canon, et que même aujour-
d'hui ils se servent de fusées à la Congrève pour attaquer les Baleines.

Quelque procédé qu'on ait suivi, immédiatement après que la Baleine est blessée, elle plonge rapidement sous l'eau ; son premier mouvement est si violent et si rapide que Scoresby en a vu une qui, étant
harponnée, enleva en quelques minutes une ligne de 800 brasses, et,
arrivée à cette profondeur, se brisa le crâne sur les rochers. Souvent
la Baleine est assez longtemps à reparaître ; alors les pirogues se disposent pour tâcher de se trouver près d'elle quand elle reviendra à la
surface de la mer ; et lorsque son mouvement est moins rapide, celle
dont le harpon a été lancé, tire sa ligne, et se rapproche ainsi du
Cétacé. Quand les barques se retrouvent de nouveau à sa portée, on
l'attaque avec des lances ou des louchets bien tranchants et emmanchés à des perches d'environ 18 pieds de longueur ; avec ces armes,
les marins tâchent de lui faire de profondes plaies, et surtout à l'aide
des dernières, de couper les muscles de la queue et les gros vaisseaux
qui s'y trouvent, pour ralentir la fuite de leur capture et tâcher de
l'épuiser par la perte de son sang. La Baleine, ainsi attaquée de toutes
parts, perd ses forces avec les flots de sang qui s'écoulent de ses blessures ; puis, après avoir plongé plusieurs fois, elle revient à la surface

de la mer, de plus en plus affaiblie, et enfin elle expire en se couchant sur le flanc.

Aussitôt que ce Cétacé est mort, les marins s'en approchent et lui passent une corde dans la bouche ou dans la queue, et ensuite toutes les pirogues le remorquent vers le bâtiment, aux flancs duquel on l'attache pour le dépecer.

Autrefois, quand la Baleine était suffisamment fixée, un certain nombre de marins descendaient sur son corps pour la dépecer; à cet effet, souvent ils étaient vêtus de cuir pour garantir leurs habits de l'huile qui suinte de toutes les plaies, et les semelles de leurs bottes portaient des crampons pour les empêcher de glisser sur l'animal et prévenir leur chute dans la mer; le dépècement s'opérait avec des couteaux énormes, dont la lame avait environ deux pieds de longueur, et le manche cinq; et à mesure que les pièces de lard étaient coupées, les matelots restés sur le pont les enlevaient à l'aide de cordes et de poulies. Pendant ces opérations, un certain nombre de marins étaient placés à l'avant et à l'arrière dans des embarcations, et avaient pour unique fonction d'empêcher les oiseaux aquatiques de fondre sur le cadavre que l'on travaillait; à cause de leur mission leurs compagnons les nommaient *Cormorans.*

Mais plus généralement aujourd'hui on emploie un procédé plus rapide et par lequel, en quatre heures, une Baleine est totalement dépecée. Lorsque celle-ci est arrivée au bâtiment, on l'y attache par la queue à l'aide d'un câble. Des hommes expérimentés se placent sur un établi situé le long du bord du navire, et à l'aide de louchets tranchants emmanchés à de très-longues perches, ils incisent en croissant le contour d'une des nageoires, et après qu'on a attaché sur ce morceau un câble qui le tire en haut, les travailleurs continuent à détacher cette pièce de lard dont la direction est transversale à l'animal et un peu oblique. Celui-ci, pendant cette manœuvre, est forcé de tourner sur son axe, et quand l'ouverture des évents se présente, alors un marin descend sur le cadavre, puis avec une hache coupe les os et sépare du tronc la partie supérieure de la tête où se trouvent les fanons. Cette opération est une des plus dangereuses du dépècement, parce que, lorsque la mer est agitée, cet homme, enfoncé dans les chairs, peut se trouver blessé, et l'on en a vu être écrasés pendant ce travail entre la Baleine et le navire.

La tête, une fois séparée, est hissée à bord du bâtiment, et on continue ensuite à couper la grande tranche de lard, de manière à lui faire décrire une spirale tout autour de la Baleine qui, à mesure qu'elle se détache, tourne continuellement sur elle-même. Lorsqu'on en est à son extrémité, on coupe la queue; celle-ci tombe au fond et le cadavre s'en va à la dérive. Alors le bâtiment, qui était en panne pendant cette opération, remet à la voile pour aller découvrir d'autres captures. Immédiatement après on extrait l'huile de la graisse par la cuisson, ou, ce qui est plus rare, on apporte le lard à terre pour en faire l'extraction.

Produits et commerce. C'est principalement pour en extraire de l'huile et des fanons que l'on se livre à la pêche de la Baleine ; cependant la chair de cet animal et quelques autres parties peuvent aussi être utilisées. Un de ces Cétacés, selon F. Cuvier, peut fournir jusqu'à deux cents barils d'huile, mais il en est beaucoup qui n'en produisent pas autant ; la langue seule en donne parfois deux.

Dans les temps anciens, où il se faisait de plus abondantes pêches de Baleines, on vendait fréquemment leur chair dans les marchés, et elle était considérée comme un aliment fort sain. On l'employait même aux approvisionnements de bouche des armées de terre et de mer ; A. Paré la cite au nombre des salaisons envoyées au siége de Metz. Les Basques la mangeaient après l'avoir salée, et la langue de cet animal, qui passait pour en être la partie la plus délicate, était pieusement offerte par eux aux représentants de l'église. Aujourd'hui les Japonais et les Groënlandais font encore usage de la chair de ces Cétacés ; celle de la queue est même préférée aux autres viandes par le premier peuple, et le second se régale aussi avec son huile.

Il paraît même qu'à l'époque des conquêtes d'Alexandre, des nations ichthyophages faisaient une sorte de pain avec les os de ces Cétacés ; aujourd'hui on les emploie parfois à fabriquer du noir animal, et des bâtiments ont été frétés exprès pour aller sur les rivages du Spitzberg recueillir les anciens débris des pêches des Hollandais et les rapporter en France à cet effet ; dans cette île une si grande quantité d'ossements de ces animaux jonche le rivage, qu'en peu de jours on peut en remplir des navires. Quelquefois aussi les principales pièces du squelette des Baleines servent aux peuples du Nord pour confectionner la charpente de leurs habitations.

Pendant longtemps on ne s'occupa à capturer ces animaux que pour en extraire l'huile ou la chair, et ce ne fut que longtemps après qu'on eut commencé les pêches, que l'on apprit à utiliser leurs fanons. L'usage de ceux-ci est cependant encore assez ancien, et il paraît qu'au treizième siècle il s'était déjà répandu en France, et que les hommes de guerre ornaient alors leurs casques avec des fanons de Baleine effilés ; les ventes qui s'en faisaient étaient même assez importantes au quatorzième siècle, sous Louis le Hutin, pour donner lieu à des ordonnances royales. Aujourd'hui il s'en fait un commerce considérable, et la quantité que la France en achète à l'étranger s'est élevée annuellement, dans ces dernières années, à plus de 430,000 kilogrammes.

Les nerfs et les intestins de ces Cétacés ne sont pas même sans quelque utilité ; les Grecs, à ce que dit Élien, se servaient déjà des premiers pour confectionner des instruments de musique et des machines de guerre. Dans plusieurs sagas on lit que les bâtiments de guerre des peuples du Nord s'attachaient les uns aux autres avec des cordages pour que les hommes pussent combattre de pied ferme, et que les câbles qui servaient à cet effet étaient fabriqués avec des nerfs de Baleine ; aujourd'hui les Groënlandais en font encore de semblables, et ils emploient les intestins de cet animal en guise de vitres pour leurs cabanes.

Ce genre peut être divisé en deux sections, qui n'embrassent que peu d'espèces ; ce sont les Baleines proprement dites, et les Baleinoptères.

Les **BALEINES PROPREMENT DITES** n'offrent point de nageoire dorsale. La *Baleine franche*, qui est celle dont la pêche est plus avantageuse, et que l'on recherche spécialement, appartient à cette section ; elle n'excède pas 70 pieds de longueur. C'est ordinairement dans l'eau remplie d'immenses bancs de petits crustacés et de Clios qu'elle paraît se plaire davantage, car ce sont ces fragiles êtres marins qui constituent sa nourriture ; et ils semblent si bien liés à son existence, que, dans les latitudes où ils manquent, elle paraît dépérir et cesse de se montrer.

La Baleine franche offre un lard plus épais que ses congénères, et dont la couche n'a parfois pas moins de deux pieds de profondeur. Ses fanons sont longs de huit à dix pieds, et l'on en trouve huit à neuf cents de chaque côté de son palais. Cette espèce nage moins rapidement que les autres ; on l'approche surtout facilement, ainsi que l'a remarqué Scoresby, dans l'eau qui est d'une couleur verte paraissant dépendre de l'agglomération de petites Méduses submicroscopiques, dont semblent s'alimenter les petits Crustacés et les Clios , qui forment la base de sa nourriture.

Les **BALEINOPTÈRES** offrent une nageoire dorsale. Parmi cette section, on doit citer le *Rorqual*, qui s'avance jusque dans la Méditerranée , et est sans doute le *Musculus* de Pline et le *Mysticetus* d'Aristote. Cette espèce a le ventre plissé et est très-véloce ; elle se nourrit de Harengs et suit les bancs composés par ce poisson.

MAMMIFÈRES DIDELPHES.

Mammifères ayant un utérus plus ou moins partagé, et munis d'os marsupiaux; ordinairement une poche incubatoire abdominale où se développent les embryons.

Dans les mammifères qui composent cette sous-classe, les petits sont expulsés prématurément de l'utérus de la femelle, et encore incomplétement formés; puis ils viennent à l'état d'embryons se fixer aux tétines qui se trouvent ordinairement enveloppées par un repli de la peau disposé en forme de bourse. C'est de cette disposition que provient le nom de Marsupiaux (de *Marsupium,* bourse), que l'on donne à ces animaux, ainsi que celui de Didelphes, qui veut dire *deux matrices,* parce que l'on a comparé la poche incubatoire à un second utérus.

Os marsupiaux. On a donné le nom d'os marsupiaux à des pièces solides placées au-dessus de la région antérieure du bassin, et contenues dans les parois abdominales de tous les mammifères didelphes. Cependant cette dénomination est très-impropre, puisque ces os ne font point partie de la bourse marsupiale, et que d'ailleurs on les rencontre également chez les Didelphes qui n'offrent point cette bourse.

M. Serres considéra d'abord comme l'analogue de l'os marsupial un petit os qui se trouve à certain âge dans la cavité cotyloïde des mammifères monodelphes. Plus tard, dans ses Recherches d'anatomie transcendante, ce savant émit que c'était une portion épiphysaire des pubis, qu'il appela *os inter-pubéal,* qui était l'analogue des os marsupiaux. Mais, comme le dit fort bien M. Laurent, dans son travail sur ce sujet, tout analogue de ces os doit occuper la même position qu'eux à l'égard du pubis, et avoir les mêmes connexions avec les muscles, les vaisseaux et les nerfs. Carus regarde les os marsupiaux comme les rudiments des portions sternales des côtes ventrales, et Meckel les considère comme un indice du sternum ventral que l'on rencontre chez quelques reptiles. M. Laurent, en se basant sur le principe culminant de la finalité physiologique, s'est plus approché de la vérité, et a traité ce sujet avec plus de philosophie que ceux qui l'ont précédé. En effet, comme il le dit lui-même : « aux yeux de tout esprit sévère, le but ou la fin sagement interprété doit avoir une valeur toujours supérieure à celle des moyens, dont le choix et la combinaison ne sont jamais la pensée première. Le but évident aux yeux de tout naturaliste philosophe, ayant toujours été et devant toujours être l'harmonisation générale des êtres animés au sein des circonstances dans lesquelles ils sont appelés à vivre, doit être nécessairement la pensée première et toujours dominante; ce but, dans un fait général, constant, implique la variété, la diversité des moyens disposés suivant un ordre qui nécessite également les transitions ou les analogies, et les oppositions ou les contrastes. »

Pour dévoiler rationnellement la signification des os qui nous occupent, il faut se rappeler, ainsi que l'a démontré M. Laurent, qu'une partie solide de l'appareil locomoteur peut s'offrir sous trois degrés de densité : le Fibreux, le Cartilagineux et l'Osseux, sans perdre son caractère anatomique. Cela est bien prouvé par les os de certains vertébrés inférieurs qui persistent à l'état cartilagineux, et il est positif que les os qui tendent à disparaître dans quelques mammifères, tels que les clavicules, s'y montrent à l'état fibreux ; puis, d'un autre côté, les organes fibreux de ces animaux présentent souvent des points d'ossification.

Ce principe étant posé, on adopte facilement les vues de M. Laurent, qui considère l'os marsupial comme un os *tendinien pair et prépubial*, tenant lieu d'une portion du tendon du muscle grand oblique de l'abdomen. En effet, on arrive par voie d'exclusion à démontrer que cet os n'appartient ni au squelette, ni à la peau, ni aux sens, ni aux viscères.

L'os marsupial remplit un rôle physiologique assez important. C'est un puissant auxiliaire des muscles de l'abdomen ; et, ainsi que le professe de Blainville, en leur fournissant un point d'appui solide, il rend plus énergique la constriction de la cavité abdominale pendant les efforts qu'exige la parturition précoce des Didelphes. Ce rétrécissement considérable est nécessaire pour porter à l'extérieur le pénis et les orifices des organes génitaux, en retournant, comme un doigt de gant, le canal urétro-sexuel ou le vestibule qui leur est commun. D'un autre côté, l'os marsupial donnant insertion au muscle droit interne de la cuisse, quand ce muscle prend son point d'appui sur le membre, il a pour action d'abaisser l'os, et alors celui-ci opère la dilatation de l'abdomen et il se produit un effet opposé au précédent. Enfin on peut considérer l'os marsupial comme offrant une poulie de renvoi aux fibres des muscles crémasters qui vont se rendre à la bourse chez les femelles des Didelphes.

Bourse. L'ouverture de la bourse est toujours dirigée en avant et en haut, et semble s'approprier aux mœurs des Marsupiaux, qui tantôt grimpent dans les arbres et tantôt marchent debout. Cependant M. Laurent dit que, par exception, dans un jeune Péramèle, il a observé une direction inverse. Cette disposition lui semble être en rapport avec la hauteur considérable du train de derrière de cet animal, qui, lorsqu'il s'appuie sur le sol par ses quatre membres, doit avoir la tête beaucoup plus basse que le bassin ; et comme ce Didelphe marche en sautillant, si cette disposition existe encore chez l'adulte, il faut conjecturer qu'elle est aussi en harmonie avec la locomotion.

Quelques zoologistes considèrent la bourse des Marsupiaux comme représentant le scrotum du mâle ; le muscle rétroacteur de cette poche mammaire a une certaine analogie avec celui qui, dans ce sexe, se porte à la poche scrotale ; et , comme l'a fait remarquer Vicq-d'Azyr , cette poche est partagée en deux par une sorte de cloison qui s'avance dans sa cavité et indique un rapprochement de plus. Mais M. Laurent n'admet pas ces vues. Les mamelles des Didelphes sont toujours situées sur l'abdomen , et abritées par la bourse quand elle existe.

Vaisseaux. Les grandes modifications organiques que présentent les organes sexuels des Marsupiaux, ainsi que leurs membres postérieurs, ont déterminé chez ces animaux des anomalies notables dans le système vasculaire , et dont la finalité s'explique par le mécanisme des appareils. C'est ainsi , par exemple , que l'on a remarqué que dans les Didelphes il n'y avait qu'une seule artère mésentérique, et que l'aorte, à sa terminaison , se divisait beaucoup plus haut que chez les autres mammifères ; puis les deux divisions de ce vaisseau ou les artères iliaques primitives ne produisent dans ces animaux que de très-petites artères hypogastriques.

Cette disposition est une conséquence de l'organisation et du rôle physiologique des divers appareils ; en effet les membres postérieurs des Didelphes étant souvent très-développés ou servant à la préhension , devaient recevoir des artères iliaques volumineuses qui leur distribuassent une quantité de sang en rapport avec leur activité vitale. Au contraire , les organes génitaux internes n'ayant que peu de besoin de ce fluide, puisqu'ils ne servent qu'à ébaucher les fœtus, il en résulte que l'artère hypogastrique , qui leur fournit de grosses ramifications chez les autres animaux, pouvait être d'un calibre fort petit dans les Marsupiaux. L'artère sacrée moyenne est aussi ordinairement fort développée chez eux, et en proportion de la queue, qui est souvent d'un volume considérable ou qui sert à saisir les corps.

Organes reproducteurs. L'appareil génital des Marsupiaux mâles se fait remarquer en ce que les testicules sont situés au-devant du pénis, qui est dirigé en arrière , et chez beaucoup de ces animaux l'extrémité de celui-ci est bifurquée pour s'accommoder à la duplicité du vagin.

La détermination des organes qui entrent dans l'appareil reproducteur des femelles a longtemps embarrassé les anatomistes. C'est à Geoffroy Saint-Hilaire que l'on doit de l'avoir fixée. Le canal urétrosexuel, qui est si peu considérable parmi les mammifères des autres sections, est au contraire fort développé dans les Didelphes ; son fond présente l'orifice de l'urètre , et les deux ouvertures du vagin , organe qui est double chez ces animaux , et dans beaucoup d'entre eux se trouve même composé par deux tubes intestiniformes, disposés comme les anses d'un panier , ainsi que cela a lieu chez les Kanguroos.

Génération. Les femelles des Marsupiaux éprouvent en quelque sorte un avortement naturel et normal , à la suite duquel l'incubation est continuée à l'extérieur sous un autre mode physiologique. Alors les fœtus , au lieu de recevoir du sang de l'utérus pour fournir à leur accroissement, ne reçoivent plus que du lait. De là la prédominance que ces animaux offrent dans leur organisation mammaire, qui, par sa finalité, devait être plus riche pour suppléer à l'imperfection relative des organes générateurs.

Les Didelphes sont embryopares, car ils ne mettent au jour que des embryons à peine ébauchés, ainsi que l'a vu Barton ; comme l'utérus est dépourvu de col, ceux-ci n'y sont point retenus. La parturition est favorisée par les contractions des muscles du ventre, qui, en diminuant l'étendue de cette cavité, sollicitent les organes génitaux qu'elle contient à se porter en dehors. Ces organes, ainsi que l'a dit le médecin que nous venons de nommer, se retournent comme un doigt de gant, et, en se projetant à l'extérieur, font une telle saillie que, par leur extrémité, ils peuvent toucher toute la surface de la bourse et y déposer le produit de la génération. Au même moment les muscles crémasters, tirent la bourse chacun vers l'anneau inguinal de son côté, et ils l'entraînent dans la diagonale de leurs efforts ; c'est - à - dire qu'ils la portent en arrière et vers le vagin, qui vient à sa rencontre.

Le produit de la génération qui, en arrivant là, n'est qu'un simple ovule encore baigné de fluides albumineux, se trouve posé sur les tétines. Les embryons saisissent celles-ci, qui se développent en même temps qu'eux et se prolongent fort avant dans leur bouche. Ces germes ainsi suspendus aux mamelles, restent attachés comme des grains de raisin à leur pédoncule et subissent toutes les phases de leur développement. Ils ne prennent alors de nourriture que par la bouche sans jamais, ainsi que l'a émis de Blainville, être en rapport avec la mère au moyen d'un ombilic (Pl. 8).

Owen a désigné sous le nom de *fœtus mammaires*, et de Blainville sous celui de *puérules*, les jeunes Marsupiaux pendant tout le temps où ils restent suspendus aux tétines de leur mère. A cette époque de leur vie, la bouche de ces petits êtres offre des caractères particuliers qui lui permettent de saisir facilement les mamelons de leur mère ; aussi est-elle développée proportionnellement d'une manière fort remarquable, comparativement à l'imperfection des autres parties de l'individu.

Quelque temps après avoir été saisi, le mamelon des Didelphes se renfle tellement et remplit avec tant d'exactitude la cavité buccale des fœtus mammaires que, lorsqu'on veut les séparer de leur mère, ou il faut tirer dessus avec force ou inciser la bouche. L'examen de cette disposition prouve aussitôt qu'il n'est pas possible au fœtus d'admettre l'air, à l'aide de cette voie, dans les organes respiratoires, et que c'est par les narines seules que ce fluide peut être introduit. Geoffroy Saint-Hilaire a reconnu qu'il existait un arrangement particulier à ces animaux qui permettait aux deux fonctions de la respiration et de la lactation de s'opérer simultanément. Ce naturaliste dit que le larynx présente un col dont le pourtour se termine en un bourrelet, et que cet organe est introduit dans les arrière-narines de façon que le larynx est placé sur le voile du palais. « De cette manière, ajoute-t-il,

la respiration du jeune Didelphe se fait par les narines et le larynx,
lorsque la succion de la tétine remplit de lait la bouche et le pharynx.
Ce liquide glisse le long du larynx, dont le collet forme un ressaut qui
ménage de chaque côté une très-petite issue pour le passage de la substance alimentaire. La lactation achevée, le larynx descend sous le
voile du palais, les narines deviennent libres; la respiration et la man-
ducation sont, comme partout ailleurs, des actes nécessairement successifs. »

Une fois expulsé des organes génitaux internes, l'embryon des Didelphes ne reçoit plus que du fluide lacté, et pour lui ce fluide est l'é-
quivalent de la nourriture que le sang de la mère fournit aux autres
mammifères, et il le remplace totalement.

Historique. Le singulier mode de génération qu'offrent ces animaux a frappé les hommes de tous les siècles; mais ce ne fut que
dans ces dernières années qu'on parvint à éclairer cette fonction chez
eux d'une manière satisfaisante.

Plutarque connut certainement des mammifères marsupiaux, puisqu'il dit dans son Traité de l'amour maternel : « Fixez votre attention
sur ces Chats de l'Inde, qui, après avoir produit leurs petits vivants,
les cachent de nouveau dans leur ventre, d'où ils les laissent sortir
pour aller chercher leur nourriture, et les y reçoivent ensuite pour
qu'ils dorment en repos. » Ces Chats de l'Inde, dont parle l'illustre
écrivain, ne sont probablement que des Phalangers.

Clusius, qui vivait au seizième siècle, parle d'un Phalanger d'Amboine,
sous le nom de *Cusa*; il dit qu'à son troisième voyage à cette île, l'a-
miral Vanderkagen y vit un animal un peu plus grand que notre Chat,
portant sous le ventre un sac velu dans lequel pendent ses mamelles;
il ajoute que les petits s'y forment et restent adhérents aux tétines,
dont ils ne se séparent pas avant d'avoir atteint une taille suffisante;
et même qu'après leur naissance, ils y rentrent encore pour téter.

Dans la suite, les voyageurs attestèrent de toutes parts qu'on découvrait dans les deux Indes des mammifères qui se reproduisaient d'une
façon tout à fait spéciale, et que chez eux il y avait au ventre une poche
dans laquelle se développaient les petits, et qui remplissait exactement
l'office de la matrice; d'après cela, la génération marsupiale étant devenue un fait positif, on chercha dès lors à expliquer le rôle physiologique des organes qui y concouraient. Dès l'origine, et d'après d'imparfaites observations, on se figura que les Didelphes n'avaient point de
cavité utérine, et que toutes les phases de la génération s'accomplis-
saient dans la bourse abdominale. Il y a environ deux siècles qu'en
parlant de l'Opossum, Margraff écrivait : « La bourse est proprement la matrice; je n'en ai point trouvé d'autre, et je m'en suis
assuré par la dissection. La semence y est élaborée, et les petits y
sont formés. » Pison professa aussi la même opinion, et prétendit la
fonder sur ses dissections. Valentyn, qui ignorait les faits observés en
Amérique, émit les mêmes idées à l'égard des Phalangers; et dans

son Histoire des Moluques, il dit textuellement : « La poche des Fi-
landres est une matrice dans laquelle sont conçus les petits. »

En scrutant des écrits plus modernes émanés de l'Amérique septentrionale, on reconnaît que ces idées y étaient totalement adoptées
même parmi les médecins. Beverley, dans son Histoire de la Virginie,
dit manifestement « que les jeunes Opossums existent dans le faux
ventre de la mère sans jamais entrer dans le véritable. »

De si nombreux témoignages en imposaient au vulgaire ; mais ces
idées s'éloignant de toutes les analogies, elles étaient repoussées presque unanimement par les savants, tels que Pallas, Daubenton et Vicq-
d'Azyr, malgré les attestations des voyageurs ; et l'on se bornait à
considérer la poche des Didelphes comme servant à incuber des embryons qui étaient expulsés prématurément.

Les premières observations qui éclairèrent positivement la question
furent celles que le sénateur Daboville eut l'occasion de faire aux
États-Unis en 1786. Un certain nombre d'années après, en 1806,
dans plusieurs lettres qu'il adressa en Europe, Barton jeta encore de
bien plus vives lumières sur l'intéressante génération de ces animaux;
et ce médecin reconnut que les Didelphes mettent bas, dans leur poche, non des fœtus où se distinguent déjà les rudiments des organes,
mais des corps gélatineux, ou embryons imparfaitement ébauchés,
sans yeux ni oreilles, ne pesant qu'un grain environ chez des animaux du volume du Chat, et qui, après quinze jours, arrivent à la
grosseur d'une souris, et ne cessent d'adhérer aux tétines de leur
mère que lorsqu'ils ont atteint la taille d'un rat. Barton conclut de
ces faits, qu'on peut distinguer deux sortes de gestations : l'une *utérine*, l'autre qu'il appelle *marsupiale ;* l'une où s'ébauche le produit animal, l'autre où il se perfectionne et se termine.

Ce fut ce savant qui reconnut aussi le procédé par lequel l'Opossum
déposait ses embryons dans sa poche incubatoire, et qui constata que
quand la femelle est couchée sur le dos, ainsi que nous l'avons dit,
elle touche, lorsqu'il lui plaît, tous les points de l'intérieur de cette
bourse avec l'extrémité de son vagin, et qu'elle peut ainsi, au moment
de la mise bas, y placer ses petits, sans recourir à ses ongles ou à ses
doigts. Barton a même dit à M. Turpin, que depuis la publication de
ses lettres, il a vu le vagin déposer, dans la poche des Opossums, les
embryons gélatineux et pisiformes qui s'attachent aux mamelles.

Geoffroy Saint-Hilaire, en s'aidant des deux savants que nous venons de citer, et en suivant les investigations anatomiques, contribua,
dans la suite, à jeter quelque jour sur la génération marsupiale. De
Blainville en éclaira aussi quelques points, et il reconnut par ses dissections que dans les fœtus de Didelphes il n'existait ni veines, ni
artères ombilicales, et qu'en thèse générale, on ne rencontre chez
ceux-ci aucune des dispositions du fœtus des autres mammifères, d'où
doivent dépendre la circulation et la respiration. Enfin, M. Laurent,
dans un fort beau travail sur cette question, et auquel nous avons

emprunté beaucoup, a lui-même, par des déductions pleines de sagacité, avancé la connaissance de l'organisation et de la physiologie de
ces animaux.

Classification. Quelques zoologistes ont réparti les Didelphes parmi
les mammifères monodelphes, ou bien ils n'ont vu en eux qu'un
groupe qui devait marcher parallèlement avec ceux que présentent
ces animaux ; tel a été Cuvier, qui, en parlant de ces mammifères,
s'exprime ainsi : « On dirait, en un mot, que les Marsupiaux forment
une classe distincte, parallèle à celle des quadrupèdes ordinaires, et
divisible en ordres semblables ; en sorte que, si l'on plaçait ces deux
classes sur deux colonnes, les Sarigues, les Dasyures, les Péramèles
seraient vis-à-vis des Carnassiers insectivores à longues canines, tels
que les Tenrecs et les Taupes ; les Phalangers et les Potoroos vis-à-
vis des Hérissons et des Musaraignes ; les Kanguroos proprement dits
ne se laisseraient guère comparer à rien ; mais les Phascolomes devraient aller vis-à-vis des Rongeurs. »

L'étude approfondie de l'organisme des Didelphes démontre que
l'on doit les considérer comme une grande sous-classe, et la disposition de leur système nerveux cérébral, qui est d'une organisation inférieure à celui des mammifères monodelphes, les place
après ceux-ci. Nous suivrons, pour la distribution de ces animaux, les
vues de de Blainville, en adoptant les légères modifications qu'y a introduites l'un de ses élèves, M. Gervais, et nous diviserons ce groupe
en deux grandes sections, l'une qui contient les Didelphes qui ont
les doigts libres ou simplement palmés, l'autre qui renferme ceux qui
ont les doigts indicateur et médian soudés. La première section est
composée par les familles des Pédimanes et des Dasyures ; la seconde,
par celles des Phalangers, des Sauteurs et des Fouisseurs.

FAMILLE DES PÉDIMANES.

Membres antérieurs normaux ; membres postérieurs à pouce
opposable aux autres doigts. Système digital 5. 5. Queue
longue, subcylindrique, écailleuse et prenante.

SARIGUES. *Didelphis.* Ce groupe forme seul cette famille ; mais,
comme nous le dirons, on peut y admettre quelques divisions subgénériques.

Les Sarigues sont exclusivement répandus sur toute la partie moyenne
du continent américain et sur l'espace qui se trouve compris depuis
la Virginie jusqu'à la rivière de la Plata. La connaissance de cette
distribution géographique fait qu'il est curieux d'apprendre que l'on
a découvert en France des ossements fossiles d'animaux de ce genre,
uniquement relégué aujourd'hui dans le Nouveau-Monde. Cuvier dit
qu'ils sont si abondants parmi les carrières de Montmartre, que dans
certaines couches il n'est presque pas un bloc de gypse qui n'en recèle

quelque fragment ; la découverte des os marsupiaux de cet animal anté-diluvien est venue établir la démonstration de ce fait ; et le nom de *Sarigue de Paris*, qu'on lui a donné, rappelle la capitale aux environs de laquelle on l'a rencontré.

L'aspect de ces animaux et leur gestation remarquable les ont rendus célèbres et ont été la source d'une foule de contes. Leur gueule, armée d'une grande quantité de dents et fendue jusqu'au delà des yeux, a été comparée à la bouche du Brochet ; leurs oreilles minces, nues et transparentes, ressemblant à celles des Chauves-Souris ; leur queue revêtue d'écailles diversement nuancées, qui lui donnent l'apparence d'un Serpent ; enfin leurs pieds analogues à ceux des Singes, forment un assemblage incohérent qui frappe tous ceux qui observent les Sarigues et leur fait voir en eux des êtres extraordinaires.

Les Sarigues ont des doigts armés d'ongles crochus qui leur servent à fouir et à grimper aux arbres ; il n'y a que le pouce opposable des pieds qui en soit dépourvu. Ces pieds, qui sont conformés comme une main de Singe, ont valu à ces animaux le nom de *Pédimanes*, sous lequel on les désigne collectivement. La marche de ces mammifères est lente, mais ils grimpent aux arbres avec facilité à l'aide de leurs membres postérieurs, qui sont construits favorablement pour saisir et embrasser les branches, tandis qu'avec les ongles de ceux de devant ils s'y cramponnent solidement. Ces Didelphes sont nocturnes, comme l'indique leur pupille verticale ; le jour ils se retirent dans des trous où ils dorment roulés sur eux-mêmes comme les Chiens.

L'organisation cérébrale de ces mammifères est en rapport avec leur extrême stupidité. Leur cerveau, dont Tiedemann a représenté un spécimen, n'offre aucune circonvolution et est lisse comme celui des Rongeurs. Ils ont si peu de discernement que lorsqu'on les frappe avec un bâton, ils se jettent sur celui-ci et le mordent avec colère, au lieu d'attaquer celui qui le dirige.

Les Sarigues ont un système dentaire qui peut s'exprimer par cette formule : $\frac{5}{4} \frac{1}{1} \frac{7}{7}$; leurs molaires sont hérissées. Ces animaux sont omnivores ; ils mangent indifféremment des oiseaux, des œufs, des insectes et des fruits ; c'est sur les arbres qu'ils chassent les premiers, et quelques espèces s'introduisent même pendant les ténèbres dans les habitations, dont elles franchissent facilement les murailles à l'aide de leurs ongles acérés ; là les volailles deviennent leurs victimes, et souvent elles se contentent d'en sucer le sang, qu'elles préfèrent à leur chair.

Il n'y a chez ces Didelphes qu'un seul orifice pour les organes digestifs et ceux de la génération. La verge des mâles est divisée en deux à son extrémité, pour s'accommoder à la disposition de l'utérus. L'appareil mammaire des Sarigues femelles est toujours situé sur le ventre ; il offre une quantité variable de tétines, et parfois celles-ci sont en nombre impair, disposées circulairement, et non pas sur deux lignes comme cela a lieu dans les mammifères monodelphes. Elles sont fort rapprochées les unes des autres, l'une d'elles est centrale, et il semble qu'une seule glande mammaire soit commune à toutes.

Dans un certain nombre de Sarigues, l'appareil mammaire est protégé par un repli de la peau qui forme une sorte de poche dans laquelle il est situé, et qui sert d'abri à la progéniture qui s'y développe. Dans d'autres, ce sac incubatoire n'existe plus, et les tétines sont placées dans une sorte d'enfoncement longitudinal, qu'environnent deux plis latéraux de la peau du ventre, qui représentent les rudiments de la poche des premiers. Celle-ci, quand elle existe, offre une ouverture transversale que l'animal ferme à l'aide de muscles spéciaux, et son intérieur est garni de poils fins et doux.

Peu de temps après l'accouplement, les Sarigues produisent des embryons qui, chez les espèces de la taille des Chats, ne sont pas plus gros que des pois. Ils sont dépourvus de poils, et ne possèdent ni yeux ni oreilles; la seule ouverture qui se distingue chez eux est la bouche, et les membres ne sont représentés que par quatre petits tubercules. Chacun de ces embryons est transporté sur le lieu de l'abdomen où la tétine se forme; puis il s'y greffe et y reste suspendu jusqu'à son entier développement; et si on le détache après un certain temps qu'il y adhère, on s'aperçoit qu'il tient au mamelon comme à une sorte de pédoncule, et que celui-ci s'est tellement allongé qu'il remplit son œsophage.

Dans les Sarigues qui ont leurs mamelles nues, le développement des petits se fait plus rapidement que chez les précédents. Les fœtus restent d'abord sous le ventre de leur mère, suspendus à ses tétines comme le sont des grains de raisin à leur pédicelle; puis, quand ils sont assez forts pour se détacher des mamelons, ils se répandent sur le dos de leur nourrice, s'y cramponnent à l'aide de leurs pattes en même temps qu'ils lient leur queue à la sienne, et c'est chargée de ce fardeau que la femelle se transporte de lieu en lieu, ou fuit lorsque quelque danger la menace.

On trouve dans les environs de l'anus un appareil glanduleux qui sécrète un fluide puant, qui communique à ces animaux une fétidité qui les fait repousser. Leur odeur désagréable est encore renforcée par la coutume qu'ils ont de s'asperger le corps avec leur urine, qu'ils lâchent aussitôt qu'on les effraye ou seulement quand on les tourmente. Cette puanteur, dont ils s'entourent à volonté, et qui est telle que d'Azzara dit qu'il faut un grand effort pour la supporter, est pour les Sarigues un des principaux moyens de défense que leur ait donné la nature, car ils marchent avec tant de lenteur qu'ils ne peuvent guère compter sur la fuite. Ce genre peut se diviser en deux groupes : les Sarigues proprement dits et les Chironectes.

Les SARIGUES ont les doigts libres, et on peut encore former parmi eux deux subdivisions, en comprenant dans l'une ceux qui ont une poche abdominale, et dans l'autre ceux qui n'en ont point.

Dans la première catégorie se trouve le *Sarigue de Virginie* ou *à oreilles bicolores*, qui est grand comme un Chat; son pelage est varié de noir et de blanc; ses oreilles offrent aussi ces deux couleurs. C'est une des espèces qui viennent la nuit dans les basses-cours pour y dévorer les volailles. Cet animal a une poche abdominale fort ample, dans laquelle il recèle ses petits, dont le nombre s'élève parfois de douze à quinze. Ainsi que nous l'avons dit, ceux-ci, à l'époque où ils sont expulsés de l'utérus et déposés sur les mamelles, ne pèsent guère plus d'un grain; ils adhèrent à celles-ci cinquante jours et y acquièrent le volume d'une Souris, ensuite ils deviennent libres, mais ils n'en continuent pas moins à résider dans la poche jusqu'à ce qu'ils aient acquis la taille d'un Rat. Alors ces petits vont se jouer ou s'exercent à trouver leur nourriture près de leur mère, et sortent et rentrent dans sa bourse selon leurs besoins ou le danger, et quand quelque alerte survient la mère s'enfuit avec sa poche remplie par sa nombreuse progéniture. Sa queue prenante est très-forte; on a vu des femelles emporter leurs petits entortillés autour d'elle ou cramponnés à différentes parties du corps; les doigts servent au toucher, ou bien à creuser des terriers.

Le *Sarigue crabier*, qui réside dans les palétuviers qui bordent la Guyane et le Brésil, est remarquable par sa manière de se nourrir. Il vit spécialement de Crabes, et, suivant Laborde, plonge sa queue dans les anfractuosités des roches où ils se sont cachés, et la retire subitement quand quelqu'un de ces Crustacés l'a saisie, afin de s'en emparer et de le dévorer.

Le *Sarigue dorsigère*, nommé ainsi parce que la femelle porte ses petits sur son dos, habite la Guyane; son pelage est d'un gris-fauve et sa taille n'excède pas celle d'un Surmulot; cette espèce, ainsi que le *Sarigue marmose*, dont il est assez difficile de la distinguer, est dépourvue de bourse abdominale.

Les **CHIRONECTES** ne sont différenciés des Sarigues que par leurs pieds, qui offrent des doigts palmés. On n'en connaît qu'une espèce qui réside dans la Guyane, et que Buffon avait prise pour une Loutre.

FAMILLE DES DASYURES.

Doigts libres; membres postérieurs à pouce nul ou rudimentaire, jamais opposable. Poche abdominale nulle.

DASYURES. *Dasyurus.* Incisives égales; molaires $\frac{6}{6}$, dont les postérieures sont insectivores. — Ils habitent la Nouvelle-Hollande et la terre de Van Diémen. Ce sont des mammifères fouisseurs et nocturnes; pendant le jour ils restent cachés dans des terriers, et la nuit ils chassent pour se procurer leur nourriture. Celle-ci se compose d'animaux vivants, et quand ils ne peuvent en découvrir, ils se rabattent sur les charognes qui se trouvent près des rivages, lieux que ces Di-

delphes fréquentent particulièrement. On les voit parfois aussi s'introduire dans les basses-cours, où ils se comportent comme nos Fouines et
nos Renards ; mais les Dasyures ne grimpent point aux arbres comme le
font les Sarigues : l'absence de pouce opposable et de queue prenante
opère cette différence dans leurs mœurs.

Le *Dasyure ursin* est un des plus nuisibles ; il habite la terre de
Diémen et est vulgairement appelé *diable du pays*. Cet animal, qui
est de la grosseur d'un Basset, est extrêmement farouche ; les voyageurs
disent qu'il possède la faculté de jeûner un temps considérable, et
même plusieurs semaines, quand la nourriture lui manque.

THYLACINES. *Thylacinus.* Incisives égales ; molaires $\frac{7}{7}$, toutes
carnassières. — Ce groupe ne contient qu'une seule espèce, la *Thy-
lacine cynocéphale*, qui est de la taille d'un Loup et vit dans l'Australie. Elle fréquente les bords de la mer et fait son habitation dans les
fentes des rochers. Cet animal attaque les troupeaux, mais il fuit
l'homme.

FAMILLE DES PHALANGERS.

**Membres subégaux. Système digital plus ou moins anormal ;
doigts indicateur et médian soudés jusqu'à l'ongle.**

Le système dentaire varie beaucoup dans cette famille, ainsi que la
disposition organique de la queue ; aussi on peut tirer de bons caractères de cette dernière, pour établir les groupes génériques ou leurs
subdivisions. Dans tous les Phalangers on trouve une poche incubatoire
abdominale.

PHALANGERS. *Phalangista.* Membres libres ; queue longue et
prenante ; pouce postérieur inonguiculé, opposable. — Ces animaux
vivent principalement dans l'Australie et les Moluques ; on les trouve
sur les arbres, où ils sont occupés à chercher des insectes et des fruits,
qui forment leur nourriture habituelle.

Certains Phalangers, par leur aspect, ressemblent aux Écureuils ;
il en est que la présence de l'homme trouble d'une manière fort remarquable, et Cuvier dit que lorsqu'ils en aperçoivent un, ces animaux se
suspendent par la queue aux branches des végétaux sur lesquels ils se
trouvent, et qu'en les fixant on parvient à les faire tomber de lassitude.
Ces mammifères exhalent une odeur repoussante que l'on attribue à un
fluide sécrété par un appareil glanduleux situé au pourtour de l'anus ;
elle est si pénétrante que M. Lesson dit que, dans les immenses forêts
des Moluques, souvent les exhalaisons des Phalangers lui décelaient ces
animaux, quoiqu'ils fussent entièrement dérobés à sa vue par le feuillage touffu des arbres. Cependant, malgré leur odeur infecte, ils n'en
forment pas moins un mets recherché par les sauvages des contrées où

ils se trouvent. Ces Didelphes ont tous une poche abdominale incubatoire fort ample pour leur taille.

Nous n'avons pas suivi la plupart des auteurs qui admettent dans ce genre les Phalangers volants ; nous croyons que ceux-ci ont un caractère trop fondamental dans les expansions cutanées qui enveloppent leurs membres ; et comme en outre leur queue n'est pas prenante, ces différences organiques doivent trop influer sur les mœurs pour que ces deux groupes soient confondus. Dans les Phalangers, comme nous les concevons, on doit admettre deux coupes subgénériques : les Couscous et les Phalangers proprement dits.

Les COUSCOUS ont leur queue en partie écailleuse et dénudée, et sont relégués principalement dans les Moluques. Le *Couscou blanc*, qui est à peu près de la taille d'un Lapin, se trouve très-communément à la Nouvelle-Irlande, et sa chair y est fort estimée des naturels.

Les PHALANGERS PROPREMENT DITS se distinguent en ce qu'ils ont une queue couverte de poils dans toute son étendue. Ils habitent la Nouvelle-Hollande. Le *Phalanger Renard*, qui est de la grosseur d'un Chat, appartient à cette section.

PHALANGERS VOLANTS. *Petaurus.* Queue non prenante, velue. Membres réunis par une membrane ; pouce postérieur inonguiculé, opposable. — Ces animaux ressemblent aux Polatouches et ils ont, comme eux, un grand repli de la peau qui s'étend des flancs jusque sur les membres, de manière qu'ils peuvent, ainsi que le font ces Rongeurs, s'élancer d'un arbre dans un autre et se soutenir longtemps en l'air en étendant leurs replis cutanés, qui leur servent alors comme une sorte de parachute. C'est cette disposition qui favorise le saut d'une manière si remarquable, qui a fait donner le nom de Phalangers volants ou d'Acrobates aux Didelphes de ce groupe.

Les Phalangers volants sont originaires de l'Australie et de la Tasmanie. On connaît peu leurs mœurs. Les voyageurs disent qu'ils sont nocturnes ; probablement ils vivent d'insectes. Les habitants de la Nouvelle-Hollande en tuent considérablement, soit pour les manger, soit pour faire de petits manteaux, dont leurs femmes se couvrent les épaules ou avec lesquels elles cachent leurs parties sexuelles. Plusieurs de ces Didelphes ont une belle fourrure formée de poils soyeux et fins ; il est étonnant que l'on n'ait pas encore cherché à l'utiliser pour nos vêtements.

Quelques naturalistes, emportés par le désir de fractionner les groupes, ont divisé celui que nous décrivons en deux genres ; mais nous nous bornons à les considérer comme de simples sections : ce sont les Pétauristes et les Acrobates.

Les PÉTAURISTES ont pour caractère d'offrir une queue dont les poils sont touffus. C'est à cette division qu'appartient le *Phalanger taguanoïde*, qui est originaire de l'Australie et s'élève à la taille du Taguan ; c'est la plus grande des espèces de ce genre.

Les **ACROBATES** offrent une queue distique. Parmi eux on remarque le *Phalanger pygmée*, qui est originaire de la Nouvelle-Hollande. C'est un joli petit mammifère qui n'est pas plus gros qu'une souris.

PÉRAMÈLES, *Perameles*. Membres postérieurs un peu plus longs. Queue médiocre. Digitation 5, 4, anormale ; pieds à pouces nuls. — Ces animaux, dont le nom signifie *Blaireau à poche*, semblent, par leur port, former le passage des Phalangers aux Kanguroos ; ils habitent les dunes sablonneuses de la Nouvelle-Hollande, et l'on pense qu'ils s'y creusent des terriers. Le développement de leurs jambes doit leur donner de la facilité pour sauter ; et M. Lesson croit que leur museau, qui est extrêmement long et effilé, indique chez eux une grande finesse de l'odorat. On ne connaît pas encore leurs mœurs.

Le *Péramèle nez pointu*, qui est de la taille d'un Lapin, a le pelage d'un fauve brun, et se fait surtout remarquer par l'allongement de sa face.

FAMILLE DES SAUTEURS.

Membres postérieurs extraordinairement longs et forts. Digitation anormale 5. 4. Queue énorme.

KANGUROOS. *Kangurus*. Ces animaux, qui se trouvent seuls dans cette famille, ont tous six incisives à la mâchoire supérieure, et deux seulement, qui sont proclives, à l'inférieure ; mais le nombre des canines varie : les uns en offrent seulement en haut, et les autres n'en ont point ; il en est de même des molaires, qui sont au nombre de quatre ou de cinq partout.

C'est la Nouvelle-Hollande qui est la principale patrie de ces animaux ; on en trouve aussi sur les vastes îles qui l'avoisinent ; l'une d'elles a même été appelée île des Kanguroos, à cause du grand nombre des mammifères de ce genre qui la peuplaient. Quand Flinders la découvrit en 1802, son équipage en tua trente et un en une seule soirée ; ils y paissaient par bandes sur une pelouse à la lisière d'un bois, et se laissaient approcher sans défiance. Mais aujourd'hui les visites des navigateurs ayant troublé leur sécurité sur cette terre, ils y sont devenus craintifs et soupçonneux. Ces mammifères sont ordinairement cantonnés dans les forêts bordées de grandes prairies, parce que dans ces lieux ils trouvent les fruits et les herbes qui sont les aliments dont ils se nourrissent exclusivement à l'état sauvage.

Le tronc des Kanguroos a une configuration qui se rapproche d'un cône, à cause du grand développement qu'ont pris tous ses appendices postérieurs. La queue, si rudimentaire et si mutilée chez tant de mammifères, est dans ceux-ci d'une force et d'une grosseur énormes ; et quand on observe leur squelette, les dimensions des vertèbres qui la forment, et les grosses apophyses dont elles sont hérissées, démon-

trent immédiatement combien doit être énergique le système musculaire qui la meut. Les membres postérieurs sont aussi environnés de
muscles puissants, et ils ont des os longs et gros disposés pour résister aux efforts qu'ils éprouvent dans les sauts prodigieux que ces animaux accomplissent et pendant lesquels ils auraient pu se fracturer.
Des quatre doigts qui les terminent, l'externe est assez gros; mais celui
qui lui est voisin est considérablement plus développé, et son ongle,
qui forme la principale arme de ces mammifères, est conformé comme
une espèce de sabot. Les deux doigts internes sont confondus ensemble
de manière qu'ils ont l'air d'un seul doigt terminé par deux ongles.

Les Kanguroos affectent un mode particulier de station. Souvent ils
se tiennent comme assis sur leurs pattes de derrière, et leur queue
fonctionne alors comme un troisième membre qui complète l'espèce de
trépied sur lequel appuie le corps. La progression se fait chez eux par
des moyens assez multiples. Quand ils paissent, et lorsqu'ils ne veulent franchir que fort peu d'espace, ils s'appuient seulement sur les
membres antérieurs et sur l'arrière-moitié de la queue, puis ils passent les pattes postérieures en avant des autres. D'autres fois les Kanguroos parcourent le sol en faisant de grands sauts dans lesquels leurs
robustes membres de derrière leur communiquent une impulsion
énergique. Celle-ci est telle que l'on dit que les grandes espèces franchissent souvent une quinzaine de pieds à chaque bond, et que sur
une pente douce on en a vu franchir quarante-deux pieds de terrain.
Pendant cette sorte de progression, leur queue leur sert tour à tour de
ressort et de balancier. Mais lorsque les Kanguroos sont poursuivis avec
activité par l'homme, ils abandonnent ce système et se servent des
quatre pieds pour fuir avec vitesse, ainsi que l'ont observé MM. Quoy
et Gaimard, qui ont plusieurs fois chassé ces animaux. Alors ce n'est
que lorsqu'ils rencontrent quelque obstacle qu'on les voit exécuter de
grands sauts.

Ces mammifères sont d'un naturel doux et timide; ils vivent souvent
en petites troupes conduites par les plus vieux mâles; et l'on dit que
celles-ci ont la précaution de placer aux environs de l'endroit où elles
paissent, des sentinelles qui sont chargées de les avertir des dangers
dont elles peuvent être menacées. Cette tranquillité de mœurs qui
s'observe dans les Kanguroos les fait rechercher pour l'ornement des
parcs dans les pays où ils sont communs. A Sydney, plusieurs Anglais
en ont d'apprivoisés dans leurs domaines; ils s'approchent des étrangers qui s'y promènent pour en obtenir des friandises; on en voit
parfois qui entrent dans les appartements pendant les repas, se
mettent auprès de leur maître, et le frappent doucement avec leurs
pattes pour l'engager à leur abandonner quelques fragments du mets
qui couvre son assiette.

Cependant, malgré leur timidité naturelle, les Kanguroos résistent
fort bien aux animaux qui les attaquent, et ils se défendent courageusement à l'aide de leurs pattes et de leur queue. A l'époque du

rut, les mâles se livrent entre eux des combats fréquemment répétés, et qui se font d'une façon toute particulière ; c'est avec l'ongle solide et pointu qui termine leurs pieds qu'ils cherchent mutuellement à s'éventrer ; mais comme ils meuvent toujours à la fois les deux jambes, on voit les combattants poser réciproquement leurs membres antérieurs sur leur antagoniste, et principalement sur ses épaules, afin d'y trouver un point d'appui et de pouvoir se lancer de plus vigoureuses ruades, durant lesquelles c'est uniquement leur forte queue qui les soutient et supporte tout le poids de leur corps.

Les Kanguroos mâles offrent une verge simple ; les femelles portent rarement plus d'un petit et jamais plus de deux ; ceux-ci se développent dans une poche abdominale assez ample, et ils l'habitent encore, quoiqu'ils soient d'âge à se nourrir seuls ; quand la mère mange on les voit même parfois en sortir leur petite tête et s'exercer aussi à paître quelques herbes.

Ces animaux offrent de grandes ressources aux sauvages des pays où ils se trouvent, aussi ceux-ci déploient-ils une foule de ruses pour s'en emparer. A la Nouvelle-Hollande, on chasse les grands Kanguroos par un procédé curieux : les sauvages les approchent en se traînant sur les pieds et les mains, et en se cachant dans les herbes ; ils s'avancent seulement pendant les instants où le vent souffle, et ils s'arrêtent lorsqu'il cesse, sans doute parce que le bruit que feraient les herbes dérangées dans ce moment de calme épouvanterait ces animaux ; parvenus à quelques pas de celui qui est le plus près d'eux, ils lui lancent tous leurs sagaies, et s'il est blessé ils se précipitent sur lui et l'achèvent à coups de marteau sur la tête. Aussitôt après que le Kanguroo est vaincu, les Australiens arrachent sa mâchoire, parce que ses incisives inférieures leur servent pour faire des pointes de lances ; puis ils coupent sa queue avec leurs dents, et après en avoir retranché le bout, ils en retirent les fibres nerveuses qu'ils roulent sur un bâton pour les faire sécher, et elles sont employées par eux en guise de fil pour coudre les petits manteaux qu'ils se font avec la peau de ce mammifère, ou ils s'en servent pour attacher les pointes de leurs lances.

Quand les naturels sont en grand nombre, ils entourent simplement le lieu où les Kanguroos se trouvent, et rétrécissent de plus en plus le cercle jusqu'au point où ces animaux sont réunis, et quand ils s'en sont approchés, alors ils les attaquent ; quelquefois aussi ils les prennent à l'aide de piéges.

Ce genre peut se subdiviser en trois coupes subgénériques : les Potoroos, les Kanguroos proprement dits et les Halmatures.

Les POTOROOS sont de petites espèces qui ont deux canines à la mâchoire supérieure seulement ; c'est dans cette section que Desmarest a érigée en genre, que se trouve le *Kanguroo Rat* de la Nouvelle-Hollande.

Les KANGUROOS PROPREMENT DITS n'ont point de canines ; ils ont quatre molaires partout, et leur queue est entièrement velue.

Le *Kanguroo géant*, qui est le mammifère le plus considérable de la Nouvelle-Hollande, appartient à cette coupe subgénérique. Il est de la taille d'un Mouton et porte un pelage brun roux. Sa connaissance est due au capitaine Cook, qui le découvrit pendant un de ses voyages. On le chasse avec des Chiens, mais cet animal vigoureux les terrasse parfois d'un coup de sa queue ou les éventre à l'aide de ses pattes. Sa fourrure est d'un usage fort répandu, et sa chair, qui est très-bonne à manger, offre un goût analogue à celle du Cerf, aussi est-elle recherchée par les Australiens ainsi que celle des autres espèces de ce genre, et regardent-ils comme une bonne fortune la capture de quelques-uns de ces Didelphes.

Le *Kanguroo laineux*, si remarquable par son pelage, qui rappelle celui de la Vigogne, mérite encore d'être cité. On en doit la découverte à MM. Quoy et Gaimard.

Les **HALMATURES** sont, comme les précédents, dépourvus de canines, mais ils offrent cinq molaires de chaque côté et à chaque mâchoire, et ils ont la queue presque nue. C'est dans cette coupe que doit être rangé le *Kanguroo élégant*.

FAMILLE DES FOUISSEURS.

Membres proportionnés ; les postérieurs à doigts indicateur et médian réunis jusqu'à l'extrémité ; ongles longs, fouisseurs. Queue courte ou nulle.

PHASCOLARCTOS. *Phascolarctos.* Queue nulle. Digitation 5,5 ; mains à doigts divisés en deux paquets opposables ; pouces postérieurs opposables. — Ce genre, formé par de Blainville, porte un nom qui veut dire *Ours à poche*, et par lequel on a voulu indiquer les formes lourdes et comparables à celles de l'Ours que possède la seule espèce que l'on connaisse.

Le *Phascolarctos* habite la Nouvelle-Hollande ; il est de la grosseur d'un Chien médiocre. Son pelage touffu est coloré en brun chocolat. On dit qu'il vit tantôt dans les arbres, dont ses mains saisissent facilement les branches par l'écartement de leurs doigts opposables, et tantôt dans des terriers qu'il se creuse à leur pied.

PHASCOLOMES. *Phascolomys.* Système dentaire $\frac{1}{2} \frac{0}{0} \frac{1}{1}$. Digitation 5.4. Point de pouces aux pieds. — Ces animaux, dont le nom signifie *Rat à bourse*, ont un système dentaire analogue à celui des Rongeurs, mais la disposition de leurs organes génitaux les range naturellement parmi les Didelphes.

Le *Wombat*, qui est la seule espèce connue, a l'aspect d'un petit Ours ; c'est un animal paresseux et lourd qui se nourrit d'herbes et se creuse des souterrains. Son pelage est brun ; sa chair est recherchée. La destruction que l'on en fait menace de l'effacer des parages de la Nouvelle-Hollande qu'il habite.

MAMMIFÈRES ORNITHODELPHES.

Appareils génitaux et urinaires aboutissant à un cloaque. Organes sexuels se rapprochant de la structure de ceux des oiseaux. Génération subovipare.

Cette sous-classe ne contient que deux genres, et les mammifères qui les forment présentant diverses anomalies remarquables dans leur organisation, Geoffroy Saint-Hilaire conçut l'heureuse idée d'en faire un ordre particulier, qu'il désigna sous le nom de *Monotrèmes*. Par cette dénomination, dérivée du grec, et qui signifie *un seul orifice*, ce naturaliste voulait exprimer que les organes digestifs et génitaux de ces animaux n'ont qu'une seule ouverture extérieure commune. Mais ce caractère n'étant point particulier à ceux-ci et se trouvant aussi dans les Didelphes, ainsi que chez quelques Rongeurs et d'autres mammifères, de Blainville a substitué avec raison le nom d'*Ornithodelphes* à celui de Monotrèmes. Par cette nouvelle dénomination, il indique heureusement les rapports qui existent entre l'appareil génital de ces animaux et celui des oiseaux.

Les mammifères qui composent cet ordre sont devenus célèbres, à cause des dissidences qu'ils ont fait naître parmi les naturalistes, depuis leur découverte jusqu'à ce jour. Les caractères ambigus que présentent plusieurs de leurs organes, ont hérissé de difficultés leur classification; et depuis 1792, époque à laquelle les premiers furent envoyés de la Nouvelle-Hollande à J. Banks, ils ont éprouvé toutes les vicissitudes, et l'on a continuellement oscillé relativement à la place qu'ils doivent occuper dans le règne animal.

Le célèbre Lamarck s'est efforcé de prouver que les Ornithodelphes méritaient de constituer une cinquième classe d'animaux vertébrés intermédiaire aux mammifères et aux oiseaux; et il croyait qu'elle était suffisamment caractérisée par l'absence de mamelles, car, sur eux, on ne connaissait point alors ces organes; puis par l'absence de lèvres, et par un corps couvert de poils et de piquants, et dont le tube digestif et les organes génitaux se terminent dans un cloaque. Les principaux arguments pour éloigner les Ornithodelphes des autres vertébrés étaient qu'ils ne peuvent être des mammifères, puisqu'ils sont sans mamelles, et probablement ovipares; qu'on ne peut les considérer comme des oiseaux, parce que l'on ne trouve point d'ailes chez eux et que leurs poumons ne sont point percés; enfin, dit le savant professeur, ce ne sont point non plus des reptiles, car ils ont un cœur à deux ventricules.

Quelques naturalistes trop timorés pour créer une classe pour ces animaux les placèrent dans celles qui étaient connues; les uns en firent des reptiles, et M. Lesson, dans une des éditions de son Manuel d'Ornithologie, proposa de les introduire dans la classe des oiseaux, et de créer un ordre spécial, sous le nom de *Paradoxaux*, pour les Ornithorhinques.

Il est évident que les animaux de cette sous-classe ont quelques rapports avec certains reptiles Sauriens, par la forme de leur épaule qui, comme chez eux, présente une espèce de double clavicule ; mais l'extrême dissemblance existant entre la peau de ces squammifères et la leur ne permet pas de grouper les Ornithodelphes parmi les reptiles que nous venons de citer ; et tous les organes intérieurs, quand on les compare attentivement, viennent aussi s'opposer à ce rapprochement forcé.

Il n'est pas plus rationnel non plus de placer les Ornithodelphes parmi les oiseaux, quoiqu'ils aient encore de plus grands rapports avec ceux-ci qu'ils n'en ont avec les reptiles ; en effet, si par leurs organes génitaux ils sont analogues aux oiseaux, ainsi que par la forme de leur bec, et parfois celle de leurs pattes, ils en diffèrent essentiellement par l'absence d'ailes, par la disposition de leurs poumons ainsi que par l'existence d'un muscle particulier, le diaphragme, qui isole ces derniers organes de la cavité abdominale.

Ainsi donc, malgré l'état anomal de quelques organes qui semblent rapprocher les Ornithodelphes des reptiles et des oiseaux, c'est évidemment dans la classe des mammifères que l'on doit les placer. C'est en effet aux mammifères qu'ils ressemblent par le plus grand nombre de leurs organes ; ils ont le même système tégumentaire, le même appareil respiratoire, et une circulation semblable à eux. Leurs analogies organiques sont telles avec ces animaux, qu'à l'époque où de Blainville publia sa thèse, quoiqu'on n'eût pas encore découvert les mamelles des Ornithodelphes, ce naturaliste n'en proclama pas moins que c'étaient de vrais mammifères.

Relativement à la place que les Ornithodelphes doivent occuper dans la classe des mammifères, il est évident qu'ils ne peuvent que la terminer et faire suite aux Didelphes. En effet, quoiqu'ils aient quelques rapports éloignés avec les Édentés, c'est avec les Marsupiaux qu'ils offrent les plus grandes analogies ; et comme d'un autre côté la structure de leurs organes génitaux, et la manière dont ces organes fonctionnent, établissent des rapports entre les Oiseaux et les Ornithodelphes, cela engagea à mettre ceux-ci à l'extrémité des mammifères, où ils forment un lien harmonieux entre les deux premières classes des vertébrés, tandis que dans tout autre endroit ils n'eussent figuré que comme une anomalie choquante.

Le crâne des Ornithodelphes, soit par le peu d'épaisseur de ses os, soit par le petit nombre de sutures qu'il présente, se rapproche, selon Cuvier, de celui des oiseaux. Ces mammifères ont à l'épaule un os disposé en Y, qui est tout à fait l'analogue de la fourchette ou clavicule de ces animaux, et la disposition de leur omoplate se rapproche aussi entièrement de celle qui s'observe chez les oiseaux. Leur bassin est surmonté de deux os marsupiaux très-développés, et semblables à ceux des Didelphes, quoiqu'on ne rencontre pas chez eux de poche abdominale.

Dans les deux genres qui forment cette sous-classe, les membres postérieurs des mâles portent chacun un ergot qui est canaliculé, et termine le canal excréteur d'une glande qui, de chaque côté, existe à la partie externe de la cuisse. On a supposé que le fluide sécrété par cet appareil était venimeux, et qu'il agissait à la manière de celui des Vipères, mais avec moins d'intensité. Quelques observations semblent étayer cette opinion ; cependant ces animaux craintifs et timides paraissent bien rarement faire usage de cette arme.

Le mode de génération des Ornithodelphes a donné lieu à de vives discussions. Quelques savants ont pensé qu'ils étaient ovipares : tels furent Lamarck, Latreille et E. Geoffroy. Cette opinion avait trouvé sa source dans un article de l'Anthologie de Florence, publié en 1826, où il est dit que l'Ornithorhinque pond dans son nid deux œufs blancs plus petits que ceux d'une poule, et qu'il couve et fait éclore comme les oiseaux.

Quelques personnes avaient aussi rapporté avoir rencontré des œufs cassés dans les nids de ces animaux ; enfin les partisans de l'oviparité de ceux-ci se sont aussi appuyés sur la figure d'un de ces œufs problématiques, donnée par Grant, et reproduite par E. Geoffroy, dans les Annales des sciences naturelles ; mais il est probable que ces œufs n'ont jamais existé, et que l'on a pris pour eux des œufs de reptiles. Bennet, qui a eu l'occasion de visiter souvent des terriers d'Ornithorhinques, dans lesquels il y avait de très-jeunes petits, dit positivement n'y avoir jamais trouvé de ces prétendus débris d'œufs.

Ev. Home, qui s'occupa du mode de génération des Ornithodelphes, pensa que ces animaux étaient vivipares. Enfin, de Blainville, Spix, Oken, Knox, Meckel, Owen, et d'autres, émirent également l'opinion qu'ils donnaient naissance à des petits vivants. La manière de voir de ces savants est fondée sur la structure des organes fondamentaux de la génération, qui chez ces animaux sont plus semblables à ceux des mammifères qu'à ceux de tous les autres vertébrés, et principalement aussi sur l'existence des mamelles.

Mais cependant les anatomistes qui ont étudié le plus attentivement l'organisme des Ornithodelphes, avouent qu'ils sont moins strictement vivipares que les autres mammifères, et qu'ils sont même, sous ce rapport, inférieurs aux Didelphes, puisque le produit de la génération n'offre point de placenta, et qu'il paraît ne séjourner dans l'utérus qu'à l'état d'ovule, sans y adhérer, comme le fait le fœtus des autres mammifères ; de manière que les Ornithodelphes sont en quelque sorte Ovovivipares, à peu près comme quelques reptiles, seulement chez eux la vie fœtale se termine aux mamelles. En effet, de Blainville a démontré que ces animaux sont des mammifères chez lesquels la *nutrition mammaire* succède immédiatement à la *nutrition vitelline* qui se prolonge assez pour rendre inutile la *nutrition placentaire.*

Dans ces derniers temps , Geoffroy Saint-Hilaire a émis l'opinion que l'œuf des Ornithodelphes se développe dans les organes génitaux, et que c'est quand il arrive à la ceinture osseuse du bassin qu'il est arrêté par elle , et que le petit en opère la fracture, puisque celui-ci passe par ce rétrécissement, et qu'après lui arrivent, comme un placenta , les débris de son enveloppe.

La découverte des mamelles des Ornithodelphes fut faite par Meckel sur l'Ornithorhinque ; puis après par d'autres naturalistes sur l'Échidné ; elle vient confirmer les vues de de Blainville qui , en se fondant sur les lois de l'organisme, avait assigné la place de ces animaux; et elle confirma également celles de Blumenbach et de Shaw qui , *à priori,* les avaient aussi placés dans cette section du règne animal.

Les mamelles des Ornithodelphes ne sont pas formées de grains glanduleux comme celles des autres animaux de leur classe , mais d'une multitude de petits tubes intestiniformes ou cœcums, fermés dans leur fond et venant aboutir à l'extérieur dans une petite fossette, soit isolément, soit après s'être réunis deux ou trois ensemble. Cette disposition a fait penser à M. I. Geoffroy Saint-Hilaire que dans les Monotrèmes le lait pourrait bien être expulsé au dehors par la seule contraction des organes qui le sécrètent sans que le petit fût obligé d'opérer une succion. L'évidence de la fonction de ces mamelles a d'ailleurs été prouvée par les récits des voyageurs qui , ayant découvert des femelles à l'époque où elles allaitaient leurs petits, ont pu faire jaillir du lait de ces organes chez les Ornithorhinques.

Des observations les plus positives que l'on ait pu faire , il résulte que , comme nous l'avons dit , les Ornithorhinques n'ont pas un mode de génération franchement analogue à ceux qui sont connus. En effet, chez eux après une reproduction ovovivipare , on observe une phase consacrée à la lactation des petits ; pour isoler ce mode de génération , de Blainville lui donne le nom de *subovipare.* On voit encore par là que ces animaux forment un échelon de transition entre les vertébrés qui sont vivipares et ceux qui sont ovipares. Cette place entre deux des grandes sections établies dans les vertébrés leur est assignée , nonseulement par leurs organes génitaux et leurs fonctions, mais aussi, comme nous l'avons dit , par quelques particularités de leur forme extérieure et de leur squelette , qui rappellent d'un côté les mammifères, et de l'autre les ovipares.

ÉCHIDNÉS. *Echidna.* Corps épineux ; mâchoires édentées ; museau extrêmement étroit ; extrémités non palmées. — Ces animaux habitent exclusivement la Nouvelle - Hollande et les îles voisines ; leur corps ramassé, trapu et de la grosseur de celui des Hérissons , est couvert de poils entremêlés de piquants nombreux et robustes. Ils ont un museau très-effilé, mousse à son extrémité, et qui présente une fort petite bouche. La queue ainsi que les membres sont très-courts. Ces Ornithodelphes ont la faculté de se rouler un peu en boule comme les Hérissons, en protégeant leur tête à l'aide de leur armure de piquants.

La finalité des membres antérieurs de ces animaux se révèle par leur simple inspection. Tout y semble organisé pour fouir avec force, aussi toute l'ostéologie de ces membres rappelle-t-elle ce qui s'observe chez les Taupes. Les ongles, qui sont extrêmement longs, perfectionnent encore cette action, en agissant comme de petites pioches.

Les Échidnés ne paraissent pas faire usage de leur ergot pour se défendre. MM. Quoy et Gaimard disent que dans leurs divers voyages en Australie, jamais ils n'ont entendu parler qu'ils aient fait mal à personne, et que quand ils en ont irrité, ces animaux n'ont nullement essayé de les blesser avec cette arme.

L'ethmoïde des Échidnés est fort développé; selon Cuvier, cela doit faire croire que le sens de l'olfaction jouit chez eux d'une grande perfection ; et un naturaliste voyageur rapporte que l'un de ces animaux, qu'il possédait, se servait souvent de ce sens pour flairer tout ce qui l'environnait.

Les mâchoires sont privées de dents, mais le palais est hérissé de lames cornées plus denses que celles qui s'observent dans les oiseaux ; la langue est fort extensible, comme celle des Fourmiliers ; la nourriture se compose d'insectes et surtout de Fourmis : du moins c'est ce que peuvent faire supposer l'inspection de l'ouverture buccale, qui est fort petite, ainsi que l'absence des dents et la forme de l'organe du goût.

On n'a pas eu l'occasion d'étudier les mœurs des Échidnés : on sait seulement qu'ils vivent dans des terriers. MM. Quoy et Gaimard, qui en possédèrent de vivants sur leur vaisseau, disent que ces animaux sont stupides et fuient la lumière. Ils fouissent avec une extrême vélocité, et ces naturalistes rapportent que lorsqu'ils en mettaient un sur une vaste caisse remplie de terre, en moins de deux minutes il en atteignait le fond. Dans ce travail, son museau, quoique doué d'une assez grande sensibilité, aidait cependant aux pattes d'une manière fort active.

Ce fut vers 1792 que, pour la première fois, un Échidné fut signalé au monde savant. On en dut la connaissance à Shaw, qui l'avait reçu de la Nouvelle-Hollande ; mais ce naturaliste, méconnaissant les analogies organiques de cet animal, le confondit avec les Fourmiliers. Sir Ev. Home eut ensuite l'occasion d'en décrire une autre espèce, et en reconnut mieux la nature en la rangeant dans le même genre que l'Ornithorhinque. Ce fut Cuvier, qui ensuite, tout en admettant les rapports que ces animaux ont entre eux, isola les Échidnés et en fit un genre spécial auquel il imposa ce nom.

Aujourd'hui on connaît seulement deux espèces dans ce genre : l'*Échidné soyeux*, dont le corps est couvert de poils longs et soyeux, enveloppant les épines presque totalement, et qui se trouve sur la terre de Van Diémen ; et l'*Échidné épineux*, dont le corps est armé d'épines plus fortes, entourées seulement de poils courts à leur base, et qui habite les environs de Port-Jackson.

ORNITHORHINQUES. *Ornithorhincus.* Corps velu, inerme ; bec corné, aplati, large ; système dentaire $\frac{0}{0}\frac{0}{0}\frac{2}{2}$. Extrémités palmées. — Ces animaux ne se sont, jusqu'à présent, rencontrés qu'à la Nouvelle-Hollande : ils s'y trouvent constamment sur les bords des rivières et des marais, et jamais ils ne s'éloignent de l'eau. C'est sur leurs rives que l'on découvre leurs terriers, dans lesquels ils passent une partie de leur existence.

Le corps des Ornithorhinques est déprimé, leur poil est brun. Ils ont des mâchoires revêtues d'un bec corné analogue à celui des Canards ; leurs pattes de devant ont leurs doigts dépassés par une membrane large, et ceux-ci, par cette disposition, rappellent la structure des extrémités des oiseaux palmipèdes.

Les mammifères du groupe que nous décrivons nagent bien, et chez eux la vie aquatique est favorisée par leurs pattes palmées ; on dit aussi qu'ils fouissent avec facilité pour confectionner leurs demeures souterraines. Leurs humérus, qui offrent quelque analogie avec ceux des taupes, paraissent disposés pour seconder les efforts des bras dans cette action, mais il nous semble que les ongles, que l'on dit y jouer un grand rôle, n'y doivent réellement point participer, au moins ceux des membres antérieurs, car les lobes de la peau les dépassent, et si ces animaux les appuyaient fortement sur le sol pour le remuer, leur première action serait de percer cette membrane.

Dans ces animaux, les mâles portent à chacun des tarses un éperon corné, canaliculé, destiné à l'écoulement d'un liquide sécrété par une glande située sur la cuisse correspondante. Selon Ev. Home et Meckel, l'espèce d'ergot que forme à l'extérieur cet appendice corné, sert à retenir les femelles pendant l'accouplement. Mais Knox combat cette opinion, et pense que c'est simplement une arme offensive que possède ce sexe.

D'après une relation lue à la Société linnéenne de Londres, en 1817, cet organe pourrait, par la blessure qu'il produit, déterminer des accidents analogues à ceux qu'occasionne la morsure des serpents venimeux. On dit qu'un homme qui fut piqué à la main par cet appendice éprouva un gonflement grave du bras, accompagné de douleurs très-aiguës, et qu'il ne put se servir de celui-ci qu'un mois après ce malheur. Mais beaucoup de voyageurs s'accordent, au contraire, à considérer l'éperon de ces animaux comme une arme inoffensive, et dont ils ne font jamais usage pour leur défense.

Les renseignements que MM. Quoy et Gaimard prirent en passant à la Nouvelle-Hollande confirment cette opinion. Le venin de ces animaux, dit le premier de ces naturalistes, n'a pas une bien grande action sur l'homme, car depuis qu'on prend des Ornithorhinques, nous croyons qu'il ne s'est présenté qu'un accident peu grave de blessure, et même à Port-Jackson il n'est point encore populaire que leurs ergots soient venimeux. Nous avons, disent-ils, eu trois Ornithorhinques de militaires qui les avaient eux-mêmes pris dans les montagnes Bleues, et ils ne nous ont point appris qu'ils fussent susceptibles de blesser grièvement. MM. Garnot et Lesson rapportent aussi dans leurs ouvrages que, suivant le docteur Palmeter, on ne connaît dans la Nouvelle-Galle aucun exemple de blessures suivies d'accidents produites par ces animaux.

Les mœurs de ces Ornithodelphes sont encore fort peu connues. On sait seulement que les femelles élèvent leur progéniture dans une sorte de nid qui est situé au fond de leur terrier. M. Bennet prit dans l'un d'eux trois petits qui avaient un pouce $\frac{7}{8}$ de longueur, et étaient revêtus d'un poil rare. Ce voyageur eut encore l'occasion d'observer en captivité une femelle avec deux de ses petits, qui avaient été capturés dans un terrier de trente-cinq pieds de profondeur. Ces derniers, qui avaient dix pouces de longueur, ne devaient plus ou presque plus faire usage de lait, car on n'en trouva dans les mamelles de la mère qu'une trop faible quantité pour qu'elle pût leur suffire. Cette famille passait une grande partie du jour à dormir, et ses heures de repos étaient irrégulièrement distribuées ; cependant, en somme, il paraît que ses mœurs étaient plus nocturnes que diurnes. Pendant le jour, la mère restait tranquille ou jouait paisiblement avec ses petits, mais durant la nuit tout changeait ; elle devenait turbulente, cherchait constamment à s'échapper, et elle endommageait tellement les parois de l'appartement dans lequel on l'avait renfermée, qu'on fut obligé de l'en extraire pour la placer dans une boîte. Ses petits se jouaient avec autant d'abandon et de légèreté que de jeunes Chats ; ils se plaisaient à se rendre dans un plat d'eau garni d'herbes, qu'on leur avait donné, mais chaque fois ils n'y séjournaient pas plus de dix minutes, et semblaient préférer y barboter que de se rendre dans l'eau profonde.

Dans ces mammifères, on trouve quatre dents à chaque mâchoire ; mais ces organes s'éloignent tellement des dents des autres animaux de leur classe, que c'est à peine si on peut leur donner ce nom ; elles sont formées, en grande partie, de substance cornée, d'après l'analyse de Chevreul.

Les Ornithorhinques se nourrissent de vers, d'insectes et de petits animaux aquatiques, qu'ils prennent dans la vase en la tamisant avec leur singulier bec, ou qu'ils saisissent dans l'eau comme le font les canards.

La structure des ovaires des Ornithorhinques est tout à fait celle des mammifères. Owen a trouvé dans l'utérus des œufs qui n'y étaient nullement adhérents ; cependant, comme nous l'avons dit, il considère ces animaux comme vivipares ; la disposition du bassin ne permettrait pas l'émission d'œufs assez volumineux pour produire des petits d'un pouce et demi de longueur, tels qu'en trouva Bennet dans le nid d'un

Ornithorhinque, et qu'il considéra comme venant d'être produits immédiatement par la mère, parce qu'ils étaient encore nus. Cependant à la Nouvelle-Hollande, le peuple croit généralement que les Ornithorhinques sont ovipares, mais l'examen de l'opinion vulgaire vient dénoncer qu'elle est sans fondement, car on y donne à ces œufs un diamètre si considérable, qu'ils ne pourraient traverser le bassin osseux de ces animaux.

Les mamelles de ces Ornithodelphes sont situées sur le flanc et n'ont point de mamelon. Elles furent découvertes par Meckel, et se composent de cryptes ou espèces de cœcums intestiniformes, qui, au nombre d'environ cent cinquante, se terminent dans une petite fossette. Maule a constaté que ces organes produisaient un véritable lait, et l'on a même retrouvé de ce fluide dans l'estomac de jeunes Ornithorhinques que l'on a eu occasion d'ouvrir. Le lait de ces animaux a même été soumis à l'inspection microscopique, et Owen y a reconnu l'existence des globules qui caractérisent ce fluide.

Geoffroy Saint-Hilaire et Owen ont découvert que dans les très-jeunes Ornithorhinques, la mandibule supérieure était terminée par une proéminence dure, analogue à celle qui se produit sur le bec des oiseaux à l'époque où ils vont sortir de l'œuf, et qui est destinée à briser la coquille. Mais si d'un côté l'existence de cet organe a pu fournir un argument aux naturalistes qui pensent que les Ornithorhinques sont ovipares, d'un autre, Owen a fait observer que la bouche de ces animaux présente des modifications qui semblent indiquer qu'elle est destinée à opérer la succion du lait ; telle est l'ampleur de la langue, organe qui, au lieu d'être restreint au fond de la bouche, peut chez eux embrasser tout l'espace sur lequel aboutissent les conduits lactifères. Cette modification organique coïncide en outre avec la structure des mâchoires, qui, dans le jeune âge, sont molles et flexibles, et justement aussi de l'étendue de l'espace vers lequel convergent tous ces conduits lactifères.

Historique. Ce ne fut que vers 1800 que l'Ornithorhinque fut signalé au monde savant pour la première fois. Sir J. Banks, ayant reçu de l'Australie un de ces animaux empaillé, l'offrit à Blumenbach, qui, bientôt après le décrivit, et le fit figurer dans son Manuel d'histoire naturelle. Ce respectable savant le plaça dans cet ouvrage parmi les mammifères, à la suite des Loutres ; il lui imposa le nom d'*Ornithorhinque paradoxal*, afin de rappeler par sa dénomination générique la configuration de son bec, qui tient de la nature de celui des oiseaux, et surtout des canards ; l'épithète spécifique qu'il reçut de lui n'est pas moins heureuse, puisqu'elle marque la structure ambiguë de cet animal, et qu'elle a, en quelque sorte, été donnée en prévision de toutes les discussions animées qu'il devait faire naître.

Peu de temps après, Shaw, ignorant le travail de Blumenbach, décrivit l'Ornithorhinque, et dans la vue d'indiquer l'aplatissement de son bec et son analogie avec celui du Canard, il appela cet animal *Platypus anatinus;* mais ce naturaliste, peu après avoir émis son opinion sur cet être bizarre, fut tourmenté par des incertitudes ; il craignit de n'avoir eu à faire qu'à un produit de l'art, et il indiqua lui-même que son Platypus ne pourrait bien être qu'un Desman altéré, ou quelqu'autre mammifère voisin.

Les zoologistes ayant ensuite émis les opinions les plus diverses sur la classification de ces animaux ; et, comme nous l'avons dit, s'étant trouvés entraînés à les placer successivement parmi les reptiles et même les oiseaux, et quelques-uns les ayant considérés comme ovipares, de Blainville, en 1812, combattit ces opinions, et démontra, par l'étude des organes, que les Ornithorhinques appartenaient aux mammifères et il pensa dès lors que si leurs mamelles n'avaient pas été vues, cela tenait aux circonstances défavorables dans lesquelles se trouvaient les sujets que l'on avait étudiés.

En 1824, les prévisions de de Blainville se réalisèrent, et Meckel découvrit les mamelles des Ornithorhinques, et les figura ensuite dans la monographie qu'il publia de ces animaux. Cependant Geoffroy Saint-Hilaire refusa de croire à la découverte de l'anatomiste allemand ; et selon lui, les organes qu'il nomme des mamelles ne sont que des amas de cryptes analogues à ceux qui se trouvent sur les flancs dés Musaraignes. Il persista à professer que les Ornithorinques sont Ovipares, et ce savant appuya son opinion sur les communications du professeur Grant de Londres, qui, comme cela a été énoncé précédemment, lui envoya des dessins d'œufs que l'on croyait provenir de ces animaux, et qui furent ensuite reproduits dans les Annales des sciences naturelles.

Toutefois l'opinion contraire n'en fit pas moins des progrès. De Blainville, Meckel, R. Owen, considérèrent ces Ornithodelphes comme émettant des petits vivants, et Bennet, ainsi que nous l'avons dit, qui a eu l'occasion de voir beaucoup de terriers de ces animaux, rapporte n'y avoir jamais rencontré d'œufs ou de débris de ceux-ci. Ainsi, comme cela a été énoncé dans les généralités sur les Ornithodelphes, il faut considérer les Ornithorhinques comme des mammifères *sub-ovipares*.

II. CLASSE DES OISEAUX.

Animaux vertébrés, recouverts de plumes, ovipares, à circulation double et à sang chaud.

De Blainville, considérant la présence des plumes comme spéciale à cette classe, imposa aux êtres qu'elle contient le nom caractéristique de *Pennifères*.

Ces animaux étant spécialement destinés à se mouvoir à l'aide du vol, leurs organes sont profondément modifiés pour l'exercice de cette fonction; quelques-uns, cependant, vivent constamment attachés au sol qu'ils ne peuvent abandonner en s'élevant, et d'autres jouissent de la faculté de plonger sous les eaux.

Géologie.—Nos devanciers ont souvent signalé l'existence d'oiseaux fossiles; mais ceux-ci sont assez rares, et souvent on a pris pour des ornitholithes des débris d'animaux étrangers à cette classe, ou des incrustations calcaires produites par l'art.

Cependant on ne peut récuser l'autorité du respectable Blumenbach, qui rapporte que l'on a trouvé à Œningen des os d'oiseaux de rivage. Lamanon et Camper ont signalé des débris d'oiseaux qui furent découverts aux environs de Paris, à Montmartre. Plus tard, Cuvier en décrivit quelques-uns dans le Journal de Physique. On a même retrouvé des empreintes de plumes qui avaient appartenu à ces animaux, et Faujas en fit figurer dans les Annales du Muséum. Enfin, l'abbé Croizet a recueilli dernièrement, dans le calcaire de la montagne de Gergovie, les ossements d'une espèce de Canard. M. Lartet a trouvé aussi des oiseaux fossiles dans le département du Gers, et cet investigateur zélé y a même découvert des œufs de ces animaux.

Quand on suit attentivement les phases géologiques qui ont préludé à l'état actuel du globe, on est porté à adopter l'idée de M. Lesson, qui pense que la création des groupes d'oiseaux a été successive et non pas simultanée : ce qui s'est passé à l'égard des mammifères et des reptiles vient corroborer cette opinion. « La création des espèces, dit-il, n'a pu être que successive et non simultanée ; car, si l'on admet que la surface de la terre ait été couverte d'eau, il faut admettre aussi que les oiseaux Palmipèdes ont été créés pour vivre dans ce fluide, qui seul renfermait alors leur pâture ; que par suite les Rapaces, fixés sur les sommets sourcilleux des montagnes, vivant de proie ou de charognes rejetées par les flots, apparurent lorsque les terres se dégagèrent du sein des mers ; qu'enfin les Échassiers se disséminèrent sur les grèves au niveau de la ligne des eaux, et que c'est ainsi qu'on peut se rendre compte de l'identité de quelques espèces sur presque tous les rivages du globe. Enfin, les Granivores ne purent naître que lorsque les plan-

tes herbacées qui donnent les graines dont ils s'alimentent, ou les végétaux qui portent des fruits se furent développés. »

Les oiseaux semblent être apparus pour la première fois à la surface
du globe pendant la formation des roches secondaires, puisque M. Mantell a annoncé avoir trouvé dans celles-ci les ossements d'une es pèce
d'Échassier plus grande que le Héron commun. Un savant amé ricain
pense que des empreintes qu'il a observées sur le grès rouge de la
vallée de Connecticut ont été formées par les pieds d'oiseaux qu'il regarde comme appartenant à sept espèces faisant partie de l'ordre des
Échassiers, et dont la taille variait des proportions de la Bécasse jusqu'au double de celles de l'Autruche.

On a trouvé dans le terrain tertiaire formant les carrières de Gy pse
des environs de Paris, neuf ou dix espèces d'oiseaux fossiles que l'on
peut rapporter aux genres Buzard, Hibou, Caille, Bécasse, Alouette
de mer, Courlis, Pélican.

Géographie.— L'étude de la distribution géographique des oiseaux
présentera toujours de grandes difficultés à cause de la facilité avec
laquelle ils se transportent d'un lieu dans un autre, et de leurs extraordinaires migrations. La dispersion de quelques espèces est encore favorisée par la possibilité qu'elles ont de se procurer partout une nourriture facile, et par leur organisation, qui leur permet de supporter
les températures les plus opposées : aussi, certains groupes de cette
classe se rencontrent-ils dans presque toutes les régions du globe[1];
mais cependant il faut ajouter que quelques genres sont restreints dans
des espaces assez limités[2].

Anatomie et physiologie. Locomotion.— Le corps des oiseaux offre
la configuration la plus favorable pour fendre l'air et se soutenir dans
ce fluide avec le moins d'efforts possibles. Sa forme est analogue à deux
cônes qui seraient unis base à base, et à la jonction desquels se trouvent les ailes, ou rames aériennes, destinées à communiquer le mouvement à ces animaux quand ils s'élèvent dans l'atmosphère. En outre,
leur équilibre dans ce fluide est assuré par la disposition de leurs organes, dont les plus pesants, tels que les muscles pectoraux, le
foie, etc., se trouvent vers la région inférieure du corps, et lui forment une espèce de lest; tandis que les poumons, ou les plus légers,
qui sont imprégnés d'air, se rencontrent à sa partie supérieure.

Dans les oiseaux destinés à fréquenter l'eau, des dispositions non
moins heureuses existent à cet effet. Les pattes sont transformées en
rames, et les ailes elles-mêmes, si les espèces sont destinées à une vie
tout aquatique, deviennent inutiles au vol et fonctionnent comme des
nageoires[3].

Ostéologie. — Le système osseux des oiseaux offre une particularité
remarquable : les os qui le composent, au lieu d'être remplis de
moelle comme ceux des mammifères, sont creux et perméables à l'air

---

[1] Faucons.   [2] Colibris, Manchots.   [3] Manchots.

extérieur. Dans quelques-uns de ces animaux [1] ce fluide possède même des cavités jusque dans les os des doigts qui supportent les ongles, de sorte que l'on reconnaît avec Nitzsch que presque tous les os, même ceux du crâne et de la face, peuvent en être immergés, et l'on sait que par l'insufflation d'une pièce du squelette on peut pousser des gaz dans toute l'économie. M. Jacquemin pense même que tous les os des bons voiliers avancés en âge et qui ont vécu en liberté, sont privés de moelle et remplis d'air, et qu'aucun os dans la série ornithologique n'est exclu de la pneumaticité, mais aussi qu'aucun n'est constamment pénétré d'air; l'osselet de l'ouïe lui-même, d'après cet observateur, offre une cavité aérienne.

Cependant la perméabilité du squelette des oiseaux par l'air atmosphérique varie selon les genres et même l'âge. Les oiseaux de proie étant fort bons voiliers, la perméabilité du système osseux par l'air acquiert chez eux le plus grand développement. Les Gallinacés, qui, au contraire, restent sur le sol ou volent très-mal, n'ont qu'une pneumaticité peu étendue. La perméabilité des os est même encore moins considérable chez les Palmipèdes, et surtout chez ceux qui plongent, et dont elle eût gêné les habitudes en leur donnant trop de légèreté; M. Jacquemin assure même que dans quelques Manchots elle est tout à fait nulle [2].

La tête présente deux mandibules cornées, d'un aspect extrêmement variable, auxquelles on a donné le nom de Bec, et que l'on doit considérer comme analogues aux dents des autres vertébrés, puisque, comme elles, ces organes sont produits par les Phanères du tégument. En étudiant le développement du bec chez les oiseaux encore contenus dans l'œuf, Geoffroy Saint-Hilaire a même reconnu qu'il présentait de place en place de petits noyaux cornés, et il a considéré ceux-ci comme des ébauches de dents, de manière que, d'après sa façon de penser, ces animaux posséderaient ces organes transitoirement. Ce professeur a cru reconnaître que ces dents embryonnaires étaient, comme celles des mammifères, enveloppées d'une sorte de capsule. Cependant quelques autres observateurs pensent que ces noyaux cornés, qu'ils ont aussi aperçus, pourraient bien n'être que les rudiments de la substance du bec qui se soudent ensuite par leur extension.

Des deux mandibules qui composent le bec, l'une est supérieure et l'autre inférieure; la première repose sur les os maxillaires et inter-maxillaires, dont la configuration détermine la sienne; la seconde est appliquée sur la mâchoire inférieure, os qui s'unit à la supérieure par l'intermédiaire d'une pièce solide particulière, nommée *os carré*.

Le bec fournit de bons caractères, parce qu'il offre des formes qui sont ordinairement en rapport avec les mœurs et la nourriture; c'est ainsi qu'il est crochu, tranchant, dur et assez court chez les carnassiers qui attaquent les animaux vivants et doivent souvent les combattre pour

---

[1] Calaos.   [2] Sphénisque plongeur.

s'en emparer; et qu'au contraire il est fort long, aigu et droit chez ceux qui cherchent dans les marais des reptiles, des poissons ou des mollusques qui ne peuvent se défendre. Enfin cet organe est extrêmement court et gros chez les oiseaux qui vivent de graines ou de fruits durs qui nécessitent une grande force pour être broyés. Dans quelques oiseaux, tels sont les Harles, les mandibules présentent de nombreuses dentelures sur leur bord, et celles-ci semblent simplement destinées à retenir les animaux vivants dont ils se nourrissent, et qui, étant ordinairement des poissons, eussent fréquemment glissé de leur bec sans cette disposition organique qui rappelle les nombreuses dents de certains Cétacés[1], ayant exactement la même destination.

Le bec des oiseaux varie aussi relativement à la consistance de la substance cornée qui le forme. Chez ceux qui sont destinés à s'alimenter de semences dures, elle est fort résistante; mais dans les espèces qui vivent parmi les marécages et trouvent leur nourriture en barbotant dans leur vase[2], ou qui la sondent pour en extraire les vers[3], la partie cornée du bec est molle.

La tête des oiseaux est supportée sur un cou plus ou moins allongé composé de neuf[4] à vingt-trois vertèbres[5]. Les articulations de ces os sont tellement disposées que ceux qui sont à la partie inférieure ne peuvent opérer que la flexion en arrière, tandis que les vertèbres de la région cervicale supérieure, au contraire, ne peuvent se mouvoir qu'en avant, ce qui fait que le cou de ces animaux offre toujours dans son ensemble une double courbure en S.

On a souvent posé comme principe général que la longueur du cou des animaux est en raison directe de celle des pattes. C'est, il est vrai, un fait assez général dans cette classe[6], mais on rencontre quelques exceptions dont l'étude des mœurs révèle la finalité. C'est ainsi que les Cygnes, qui ont des pattes fort courtes, ont un cou très-allongé à l'aide duquel ils vont souvent dans le fond des marais saisir leur nourriture, tandis qu'ils nagent à leur surface. L'Échasse présente une organisation absolument inverse; avec des pattes démesurément longues, elle n'offre qu'un cou médiocre; mais cet oiseau trouve ses aliments à la surface de l'eau, et ses membres grêles lui permettent de s'avancer assez loin dans celle-ci pour y faire de meilleurs repas. C'est surtout chez les oiseaux destinés à vivre dans les marais[7], et à chercher leur nourriture sous la bourbe, que l'élongation du cou est remarquable; car, dans la tribu des carnassiers, soit aériens[8], soit aquatiques[9], qui se jettent avec violence sur leur proie, cet organe n'a point ordinairement cette grande dimension qui eût diminué sa force.

Si le cou demandait à être mobile pour diriger la tête vers un aliment que les pattes ne sont presque jamais destinées à porter au bec, au

---

[1] Dauphins.
[2] Canards.
[3] Bécasses.
[4] Moineaux.
[5] Cygnes.
[6] Autruche, Cigogne.
[7] Grues, Canards.
[8] Aigles.
[9] Mouettes.

contraire, la région de la colonne vertébrale qui se trouve au niveau du tronc, partie qui supporte les violents efforts du vol, exigeait une structure serrée, presque immobile pour ne pas diminuer l'énergie de ceux-ci par une défavorable élasticité; aussi c'est seulement dans les oiseaux qui ne volent pas, comme le fait remarquer Carus, que les vertèbres dorsales sont mobiles; tels sont les Autruches et les Casoars.

Le nombre des vertèbres dorsales des oiseaux varie de six[1] à onze[2], et celui des vertèbres sacrées de sept[3] à vingt[4]. Enfin on trouve chez ces animaux de six[5] à neuf[6] vertèbres caudales, qui étant assignées au mouvement des plumes situées à l'extrémité du corps et fonctionnant comme une espèce de gouvernail, sont à cet effet assez mobiles.

Le sternum est un des os les plus essentiels à considérer dans cette classe d'animaux; les modifications qu'il présente sont tellement en rapport avec les fonctions, et si constantes dans différents ordres, que de Blainville a basé sur sa structure et sa configuration les principales divisions de son système d'ornithologie. Cet organe solide est ordinairement composé de cinq pièces primitives qui se réunissent diversement; quatre d'entre elles, dont deux sont antérieures et deux postérieures, forment une surface bombée sur laquelle s'élève, comme une carène plus ou moins saillante selon l'énergie du vol, une cinquième pièce que l'on nomme *bréchet* (Plan. 9).

Cet os est d'autant plus étendu et son bréchet plus élevé, qu'on le considère chez des oiseaux qui volent davantage, et qui, par conséquent, ont des muscles pectoraux plus amples. Dans les Oiseaux marcheurs les dimensions du sternum diminuent beaucoup, et dans les Coureurs qui, tels que les Autruches et les Casoars, ne volent jamais, il n'y a même plus de bréchet à sa surface. Par une anomalie qu'expliquent leurs mœurs, les Manchots, qui restent continuellement fixés au sol, ont cependant un sternum aussi développé que les meilleurs voiliers; mais chez eux les bras servant comme des nageoires pour leur vie aquatique, ces organes sont mus par un système musculaire très-considérable.

Les côtes sont brisées par le milieu, de manière que chacune d'elles forme deux pièces; et l'on trouve sur la région postérieure de la plupart une saillie dirigée en arrière et en haut, qui appuie sur la côte suivante et augmente la solidité du thorax. C'est sous la protection de ces différents os que se trouvent les viscères les plus essentiels à la vie.

Les épaules des oiseaux offrent aux bras des points d'appui dont la solidité est en rapport avec les efforts que nécessite le vol. Chacune d'elles s'articule avec le sternum par un fort appendice que Cuvier regarde comme l'apophyse coracoïde, et que de Blainville, en établissant les rapports de l'épaule et du bassin, a considéré comme représentant l'ischion de ce dernier. Cet appendice de l'omoplate est articulé

---

[1] Bouvreuils.   [3] Foulques.   [5] Bouvreuils.
[2] Cygnes.   [4] Autruches.   [6] Hirondelles.

d'une manière très-serrée avec le sternum, et représente physiologi-
quement la clavicule.

Les véritables clavicules ont été nommées vulgairement *fourchette;*
ce sont elles qui forment, par la soudure de l'une de leurs extrémités,
cette espèce de V osseux que l'on trouve au-dessus du sternum; leur
fonction est de protéger le vol en écartant les extrémités des omoplates,
os s'articulant fortement avec le sternum dans les oiseaux, et contribuant à former un appui solide et puissant aux muscles moteurs des
ailes.

Le bassin, jusqu'à un certain point, peut traduire les mœurs des oiseaux, et dévoiler au physiologiste, d'après la disposition et l'étendue
des insertions musculaires qui s'y trouvent, si leur vie est plus aérienne,
plus terrestre ou plus aquatique. C'est ce qu'a démontré M. Bourgeot,
qui a fait une étude spéciale de ce point de la science.

Le développement des organes étant en raison de l'importance des
fonctions qui leur sont confiées, il en résulte que chez les oiseaux
souvent les proportions des membres antérieurs et postérieurs sont fort
différentes. C'est ainsi, par exemple, que tout le système osseux et le
système musculaire des membres antérieurs ont pris un grand développement chez beaucoup de carnassiers qui volent avec perfection,
tandis que leurs extrémités postérieures n'ont que de petites dimensions. Le contraire se remarque chez les oiseaux coureurs [1]. Ceux-ci
ne se servant point de leurs ailes pour voler, le sternum, les clavicules,
les omoplates et les os des bras sont comme atrophiés, tandis que les
membres postérieurs, qui se trouvent sans cesse en action, ont au
contraire des os et des muscles extrêmement développés. Ces derniers
présentent même aux jambes des lames osseuses qui, en fournissant des
attaches solides à leurs fibres, en augmentent l'action [2]. Chez quelques
oiseaux où un vol puissant s'allie à une course rapide, tous les membres offrent une égale prépondérance : tel est ce qui a lieu chez le Secrétaire.

Les doigts de ces animaux sont armés d'ongles qui, comme ceux des
mammifères, ne sont que des poils agglutinés. Ces ongles varient selon
leur finalité, aussi leur examen suffit pour traduire les mœurs de beaucoup d'espèces. Aigus et robustes pour déchirer la proie, chez les
carnassiers, ils sont mousses et courts dans les granivores marcheurs.
O. linairement c'est celui du doigt du milieu qui est le plus long.

Myologie.—Le système musculaire des oiseaux est remarquable sous
divers rapports. On est frappé d'abord par le grand nombre de petits
muscles, qui donnent à leur cou sa force ou ses mouvements variés.
Les muscles du dos sont presque nuls, à cause de l'immobilité des os
de cette région, tandis que ceux de la poitrine, qui sont destinés aux
mouvements du vol, ont acquis beaucoup de développement. Le grand
pectoral, qui joue un rôle si important dans cette action en abaissant

[1] Autruches, Casoars.   [2] Dindons.

l'aile, offre surtout un volume extraordinaire, et il a pour auxiliaire le petit pectoral, qui est moins gros. Le pectoral moyen, qui passe sur une poulie pour aller gagner l'os du bras, est leur antagoniste et sert à élever le membre. On rencontre aussi dans la même région un petit muscle s'insérant à la fourchette, et allant se terminer par un tendon grêle à l'articulation du carpe; il sert à ployer rapidement l'aile et à distendre sa membrane alaire quand le membre se déploie, en même temps qu'il empêche l'extension complète de celui-ci. Tous ces muscles, et surtout ceux de l'avant-bras, s'affaissent considérablement chez les oiseaux à mesure que le vol devient moins puissant; et même, chez ceux qui restent attachés au sol, on ne trouve plus que de simples tendons à la place des derniers [1].

La queue, dont les mouvements sont si utiles au vol, possède un appareil musculaire assez compliqué; ses vertèbres se meuvent à l'aide d'un élévateur, d'un abaisseur et de quatre muscles latéraux de chaque côté.

Dans les oiseaux on ne rencontre plus, il est vrai, que des vestiges du muscle peaussier à la tête ou sur diverses régions du corps et ayant la fonction de hérisser ou de rabattre les plumes; mais dans plusieurs de ces animaux, et en particulier chez les Palmipèdes, d'après les découvertes de Nitzch, il existe pour chaque plume quatre à cinq petits muscles destinés à la mouvoir, de manière que ces oiseaux offrent plus de douze mille de ces muscles pour la perfection des mouvements de ces appendices.

Station.—Le mécanisme des attitudes et de la locomotion des oiseaux a été éclairé par les ingénieuses recherches de Borelli.

La station, chez ces animaux, offre de grandes difficultés à cause du poids du corps, qui est plus considérable dans la partie antérieure par la présence, dans cette région, des principaux viscères, tels que le foie, le cœur et l'estomac, ainsi que par celle des volumineux muscles servant au vol, ce qui tend à porter considérablement en avant le centre de gravité; mais ces inconvénients se trouvent contre-balancés par la facilité qu'a l'oiseau de renverser son cou en arrière, ou de placer sa tête sous ses ailes, et surtout par la longueur du métatarse et des doigts, qui, en s'allongeant jusqu'au niveau de la poitrine, permettent au centre de gravité de tomber dans l'espace qu'ils circonscrivent et à l'équilibre de s'établir. Il n'y a que dans les cas où les membres postérieurs sont courts et situés fort en arrière, comme chez les Pingouins, que l'animal est obligé de redresser fortement son tronc et de le rendre presque perpendiculaire pour que la station ait lieu sans effort; et quelques oiseaux, tels que les Manchots, se tiennent debout en formant, ainsi que les Kanguroos, une sorte de trépied avec leurs pattes et en appuyant leur queue sur le sol.

Pendant le sommeil, la faculté qu'ont les oiseaux de pouvoir saisir les branches est due à une disposition organique particulière. On

---

[1] Pingouins.

trouve à la cuisse un muscle mince, dont le trajet est fort remarquable; il s'insère au pubis, et son tendon passe sur le genou et s'unit au muscle perforé des orteils; comme dans son trajet celui-ci se trouve sur l'angle du talon, il en résulte que quand l'oiseau fléchit ses membres postérieurs, ces muscles éprouvent une élongation qui, nécessairement, contracte les phalanges des doigts; et c'est à l'aide de ce mécanisme, décrit d'abord par Borelli, que l'oiseau saisit en dormant et sans effort la branche sur laquelle il repose. Ce muscle manque seulement chez quelques palmipèdes. Certains oiseaux assurent encore leur situation sur les branches avec la crête saillante du sternum sur laquelle ils s'appuient.

Dans ceux dont les pattes sont fort longues, tels que plusieurs échassiers, la station pendant le sommeil s'opère par un singulier mécanisme, qui a été dévoilé par M. Duméril. Le tibia présente une tubérosité saillante qui en sortant d'une fossette où elle est reçue dans le fémur, roidit avec force les ligaments du genou, et favorise singulièrement l'extension nécessaire à la station. On voit même souvent ces oiseaux ne se reposer que sur une seule patte, afin de soulager l'autre et de pouvoir successivement soumettre les deux membres à la fatigue que doit leur faire éprouver cette position.

Progression. — La progression des oiseaux tient ordinairement plus du saut que de la marche, et alors elle consiste en une suite de mouvements dans lesquels les pattes s'arc-boutent sur le sol et sont brusquement distendues, de manière que l'animal est porté vivement en avant; c'est ce que l'on voit surtout chez les espèces à ongles aigus, qui, en sautillant ainsi, relèvent ces appendices afin de les garantir de toute altération.

Vol. — Lorsqu'un oiseau est en repos et qu'il veut voler, il se lance en l'air soit en exécutant un saut, s'il se trouve à terre, soit en se laissant tomber s'il repose sur un lieu élevé; par ce moyen, il trouve un plus libre espace pour le déploiement de ses ailes, qu'il exécute immédiatement en étendant toutes leurs articulations; cela est si positif que certaines espèces, qui ont les jambes courtes et les ailes fort longues [1], ne s'envolent qu'avec une extrême difficulté quand elles sont sur la terre, parce qu'elles ne peuvent sauter assez haut pour déployer complétement ces dernières. Après ce premier mouvement, l'oiseau abaisse subitement ses ailes et en frappe l'air qui, en résistant en partie, leur fournit un point d'appui qui répercute sur le corps de l'animal une partie de l'effort produit et le met en mouvement; alors l'oiseau rapproche chaque aile du tronc pour offrir le moins de surface possible, et il s'élève.

Tant que la force de projection l'emporte sur la gravitation, l'oiseau opère son mouvement d'ascension, mais il arrive un moment où la puissance d'impulsion est épuisée et où il reste suspendu dans l'air, prêt à descendre à cause de sa pesanteur. C'est alors que par le même

[1] Martinets, Fous.

mécanisme que nous venons de décrire, il étend de nouveau les ailes et communique à son corps une impulsion pour franchir un nouvel espace : c'est ainsi que s'opère le vol dont la vitesse est uniforme.

Mais si l'animal donne successivement des coups d'aile avant que le mouvement communiqué soit épuisé, il en résulte une nouvelle vitesse qui s'ajoute à celle qui est déjà acquise, et le vol s'accélère de plus en plus.

Le mécanisme du vol est modifié par le jeu inégal des ailes ou les diverses situations que peut prendre la queue. Quand l'oiseau veut se diriger d'un côté quelconque, il meut plus vite ou avec plus de force l'aile du côté opposé. La queue en s'étalant fonctionne comme une sorte de parachute, sur le derrière de l'animal ; quelquefois celui-ci l'emploie comme un gouvernail qui, en heurtant la colonne d'air, dirige ses mouvements ; c'est ainsi qu'elle tend à le faire élever plus verticalement lorsqu'il la porte en haut, parce que l'air en frappant alors dessus par son action fait baisser la région qu'elle occupe et communique par conséquent un mouvement inverse à la partie antérieure du corps. Par des raisons opposées, l'oiseau l'abaisse pour se diriger vers la terre.

Quand l'oiseau veut descendre, il se contente d'entraver sa chute par quelques impulsions des ailes, ou bien il ploie entièrement celles-ci et se laisse entraîner comme un corps grave dans sa chute accélérée : c'est ce qu'en termes de chasse on appelle *fondre*. On dit que l'oiseau plane quand il se soutient seulement dans l'air en étalant largement ses ailes et sa queue, en même temps qu'il diminue encore son poids par la réplétion des cellules aériennes ; tandis que lorsqu'il fond, il évacue ce fluide en comprimant ses cellules et en repliant ses ailes.

La sagesse providentielle se décèle dans la mécanique des oiseaux, où il semble que tout ait été organisé pour favoriser l'importante fonction du vol. Telles sont la forme ovale de leur corps, l'inflexibilité presque absolue de la région dorsale de la colonne vertébrale, leur tête ordinairement petite et terminée par un bec aigu bien disposé pour fendre l'air ; telle est aussi la disposition de la masse des muscles abaisseurs des ailes qui placent le centre de gravité en dessous de l'animal, en avant, et parmi lesquels on trouve même les élévateurs des bras, qui chez les animaux précédents sont sur le dos ; et telle est enfin l'énorme quantité d'air chaud qui est répandu dans toutes les cavités du corps, même dans les os, et qui favorise extraordinairement le vol, parce que ce fluide, en se dilatant par la chaleur de l'animal, le rend spécifiquement plus léger ; cet accessoire est si important que quand on ouvre la cavité aérienne d'un oiseau le vol devient impossible ; la force et la légèreté des plumes qui donnent une si large surface aux organes d'impulsion sans presque ajouter de pesanteur, et même les replis de la peau qui sont étendus entre le bras et l'avant-bras, tout vient converger vers un même but et permettre à l'oiseau d'exécuter avec facilité et pendant un temps considérable des mouvements qui semblent demander l'action d'une puissance extraordinaire.

Le développement des ailes est en raison de l'énergie du vol ; déjà moins étendues chez les oiseaux marcheurs, on les voit encore s'amoindrir dans les Coureurs qui ne s'en servent aucunement pour s'élever ; et chez les Manchots, dont la vie est absolument aquatique, on n'en retrouve plus que des rudiments.

La force musculaire des oiseaux et leurs vastes ailes font qu'on leur attribue au premier coup d'œil une grande puissance locomotrice, et les faits sont en rapport avec le raisonnement. Suivant Spallanzani, la Corneille dans son vol peut franchir 92 milles par heure, et Carus pense que certains oiseaux de proie jouissent de la faculté de parcourir 200 lieues en dix heures. Cependant, selon Daubuisson, il résulterait de comparaisons positives faites dernièrement, que la plus grande vitesse avérée des oiseaux serait inférieure à la plus rapide célérité que l'on a pu obtenir sur certains chemins de fer.

Il est avéré qu'un Faucon peut faire vingt-deux lieues et demie par heure, mais on n'a pas d'exemples d'une plus grande célérité parmi les oiseaux. D'après cela on peut supposer qu'il ne faut qu'un temps très-court aux animaux de cette classe qui émigrent pour se rendre des pôles vers la ligne. Parmi les faits que les auteurs citent pour constater la rapidité avec laquelle les oiseaux peuvent se transporter d'un lieu dans un autre, on ne peut oublier l'histoire d'un Faucon de Henri II, qui s'échappa un jour de Fontainebleau et le lendemain arriva à Malte où il fut reconnu à l'anneau qu'il portait. On mentionne aussi qu'un Faucon qui avait été envoyé des Canaries à un seigneur qui habitait l'Espagne, revint de ce pays au pic de Ténériffe en seize heures. Enfin Hans Sloane assure qu'à la Barbade les troupes de Mouettes vont chaque jour à plus de cent trente lieues de distance se promener en cherchant leur nourriture.

Natation. — Quelques oiseaux nagent avec une grande facilité, et il en est même chez lesquels la vie aquatique a tout à fait remplacé le vol devenu impossible [1]. Leur pesanteur spécifique étant moindre que celle de l'eau à cause de l'air interposé dans l'intérieur de leur corps ou qui forme à sa surface une couche protégée par des plumes grasses et imperméables à l'humidité, il en résulte qu'ils flottent spontanément à la superficie du liquide, comme une nacelle dont leur poitrine présente la coupe et qu'ils n'ont besoin des mouvements de leurs membres que lorsqu'ils veulent avancer. Toute leur mécanique semble appropriée à la natation ; les membres postérieurs sont situés très en arrière pour donner une impulsion plus directe, et ils sont fort courts afin d'offrir moins de résistance à l'eau ; en même temps on observe qu'ils sont extrêmement comprimés pour la même finalité, de manière que quand les pattes se portent en avant elles fendent facilement le liquide.

[1] Manchots.

Les doigts des oiseaux d'eau sont ou très-dilatés ou réunis par des membranes; ils sont disposés de telle manière que par le mouvement en avant ils se rapprochent et offrent peu de surface; mais quand la rame de l'animal frappe l'eau, les doigts s'écartent et la membrane inter-digitale se déploie dans toute son étendue. Lorsqu'ils veulent plonger, ils commencent par chasser une partie de l'air contenu dans leur poitrine. Les oiseaux dont la vie est tout à fait aquatique et qui se nourrissent de poissons qu'ils prennent en plongeant, ont parfois des ailes qui fonctionnent en guise de rames [1].

Système nerveux et mœurs. — La moelle et le cerveau offrent une grande uniformité dans les différents genres d'oiseaux, et sont beaucoup plus développés que dans les classes qui suivent. D'après Carus, le poids du cerveau est à celui du corps chez le Pinçon comme 1 : 19; chez le Pigeon : : 1 : 91; chez l'Aigle : : 1 : 160; et chez le Serin : : 1 : 231; cet organe présente deux lobes et il est accompagné d'un cervelet.

La plupart des oiseaux carnassiers vivent isolés; ce besoin de la solitude est presque une conséquence de leurs mœurs. Mais chez beaucoup d'animaux de cette classe, l'instinct social est extrêmement développé, ainsi que nous le verrons en faisant leur histoire spéciale.

Quelques-unes des espèces qui vivent en société ont assez d'intelligence et de prévoyance pour s'environner de sentinelles chargées de les avertir des dangers qui les menacent [2]; d'autres sont assez rusées pour s'épargner les fatigues de la chasse en capturant de vive force les rapines dont les individus plus faibles qu'elles se sont emparés [3]; enfin les plus petites espèces se réunissent même parfois pour combattre en commun leurs ennemis.

Migrations. — Parmi les faits les plus remarquables de la vie de ces animaux, se trouvent ces étonnantes migrations qui, chaque année, leur font abandonner les sites où ils vivent, pour se transporter en d'autres contrées. La route qu'ils parcourent en voyageant, la patrie qu'ils visitent chaque année, sont presque constamment les mêmes. Dans certains pays les oiseleurs spéculent sur le passage de quelques espèces; à jour et heure fixes, ils se rendent dans les gorges des montagnes, où leurs légions, dont souvent le nombre obscurcit la lumière, doivent passer, et rarement ils se trompent.

Chez beaucoup d'oiseaux, la cause de ces voyages périodiques est facile à pénétrer : tantôt ce sont les gelées qui, en solidifiant la surface des étangs, empêchent certaines familles [4] d'y trouver leur nourriture et les obligent à se rapprocher du Midi; d'autres fois c'est l'automne, qui, en détruisant les insectes, force des légions entières [5] à chercher des climats où cette pâture ne chôme point; enfin il en est qui émigrent pour chercher des contrées moins brûlantes que celles qu'ils habitent. Mais dans quelques circonstances, il ne nous est pas possible d'expli-

---

[1] Manchots, Sphénisques.   [3] Frégates.   [5] Hirondelles.
[2] Flamants.   [4] Échassiers.

quer la cause des voyages des êtres de la classe qui nous occupe.

Les oiseaux qui émigrent sans que nous puissions déterminer la cause de leurs voyages sont guidés par un instinct aveugle, qui se manifeste à des époques fixes, et qui paraît étranger à tout ce qui peut influer sur leur bien-être. On a eu l'occasion d'observer que, quoiqu'on eût placé certains oiseaux dans des conditions telles qu'ils ne pouvaient éprouver nulle variation dans la température qui les environnait, et qu'ils trouvassent près d'eux une nourriture abondante, ils n'en témoignaient pas moins, à certaines saisons, le désir d'émigrer. Quelques savants ont même pensé que c'était à l'empêchement que l'esclavage apportait à la satisfaction de cet impérieux besoin qu'était due l'impossibilité d'élever certains oiseaux en domesticité.

Les époques des migrations varient suivant les pays et les espèces. Beaucoup d'oiseaux voyageurs qui habitent les contrées septentrionales de l'Europe viennent parmi nous passer l'hiver, et nous arrivent au commencement de cette saison; au retour du printemps ils nous quittent pour éviter une élévation de température à laquelle ils sont inhabitués. D'autres animaux de cette classe, nés dans notre pays, et que l'on doit considérer comme en étant indigènes, nous abandonnent l'hiver, pour aller le passer dans des contrées plus méridionales, et ils reviennent dans nos campagnes au retour du printemps. Enfin il en est d'autres qui, habitants naturels des régions équatoriales, quittent celles-ci pendant l'été pour éviter les chaleurs excessives, et viennent passer cette saison sous nos latitudes tempérées.

Pour entreprendre leurs longues courses, les espèces voyageuses se réunissent ordinairement en troupes ou en familles, et, suivant l'ornithologiste Temminck, dans le plus grand nombre de cas, les vieux et les jeunes forment des bandes séparées. Les plus âgés partent les premiers; cela paraît dû à ce que leur mue a lieu un peu plus tôt que chez ceux qui sont jeunes, et à ce que ces derniers ne sont pas encore rétablis de cette crise à l'époque à laquelle les autres se mettent en route, et qu'ils ne pourraient supporter les fatigues du voyage.

Pendant ces migrations, les oiseaux paraissent parfois être guidés par des chefs qui, plus forts que les autres, se trouvent à la tête de la troupe, et s'y succèdent tour à tour à mesure qu'ils se fatiguent. On remarque souvent aussi que ces animaux s'arrangent dans un ordre qui atteste leur intelligence, et l'on voit même que certaines espèces forment des bandes qui offrent une disposition géométrique calculée ingénieusement pour fendre l'air avec plus d'avantage.

Certains observateurs, en voyant quelques petites espèces [1] disparaître subitement des endroits qu'elles habitaient, sans qu'on sût où elles se réfugiaient, pensèrent qu'au lieu d'émigrer elles s'engourdissaient d'une manière analogue aux animaux hivernants, tantôt en se plongeant sous la vase des marais, au milieu de laquelle des personnes

---

[1] Hirondelles.

assuraient en avoir découvert, tantôt en s'endormant dans les trous de la terre, comme Barrington le prétendait. De Montbeillard a exposé les raisons qui doivent faire croire que ces oiseaux se retirent alors vers les pays chauds, et cette opinion a prévalu.

Outre les migrations régulières qui s'observent chez ces animaux, il est des espèces qui en opèrent parfois à des époques qui ne sont point fixées, et après s'être réunies en grandes troupes dans certaines contrées ; les Becs-croisés, les Jaseurs, présentent parfois ces anomalies à des intervalles de dix à vingt ans.

Parmi les plus curieuses migrations doivent être rangées celles des Manchots, qui, à ce que rapportent MM. Quoy et Gaimard, abandonnent en troupe et à heure fixe les plages où ils résident, et se dirigent vers la haute mer. On ne sait ni où ils vont, ni ce qu'ils deviennent ; seulement quelques marins qui fréquentent les rivages qu'ils habitent, pensent que ces oiseaux passent l'hiver à la mer.

SENS. *Odorat.* — Les cavités nasales des oiseaux sont considérables proportionnellement au volume de la tête, et selon Scarpa, à cet égard, elles surpassent ce que l'on observe chez les autres animaux ; elles s'étendent seulement en arrière du bec, et ne communiquent point avec les cellules que l'on rencontre dans les mandibules, ce qui explique pourquoi l'olfaction n'acquiert aucun perfectionnement dans les Toucans, dont le bec est si développé. On compte ordinairement trois cornets dans ces cavités, qui sont séparées par une simple cloison quelquefois percée de part en part [1]. Les narines ne consistent qu'en des fentes ou des trous dépourvus de mobilité ; en arrière, les fosses nasales se confondent en une seule fente longitudinale, ordinairement garnie de papilles pointues.

Scarpa a observé que le volume des nerfs olfactifs varie beaucoup, qu'ils sont assez forts dans les Carnassiers et très-grêles dans les Gallinacés et les Passereaux ; aussi la finesse de l'olfaction est remarquable chez les premiers, et, suivant cet anatomiste, elle est obtuse chez les autres.

On trouve dans les écrits anciens, qu'après la bataille de Pharsale, des Vautours d'Afrique et d'Asie passèrent en Europe pour y dévorer les cadavres gisants sur le sol ; et quelques commentateurs ont ajouté que ces oiseaux avaient été attirés par les émanations qui s'élevaient du lieu du combat. Ce qu'il y a de certain, au rapport de Humboldt, c'est qu'au Pérou, quand on jette un cheval mort ou une vache, l'odeur de leur cadavre attire les Vautours de fort loin, et l'on en voit alors apparaître subitement dans les gorges des Cordillères, où l'on n'en supposait pas l'existence auparavant.

Cependant quelques auteurs doutent de cette grande finesse de l'odorat que l'on attribue à ces oiseaux, et pensent que la vue les dirige principalement dans la recherche de leur nourriture. Des expé-

[1] Échassiers.

riences faites par l'ornithologiste Audubon, en Amérique, et celles que MM. Isid. Geoffroy et Bourgeot ont entreprises récemment au Jardin du Roi, semblent même démontrer, contradictoirement aux faits que nous venons de citer, que l'odorat est fort peu développé chez les Vautours. Ces derniers naturalistes ayant fait placer à diverses reprises de la viande corrompue ou de la chair fraîche dans la cage de ces oiseaux, en ayant soin de la dérober à leur vue, jamais ceux-ci ne parurent en soupçonner l'existence, et ne firent aucun mouvement pour la chercher. Les mêmes expériences furent faites et eurent un semblable résultat sur d'autres espèces.

Vision. — L'œil des oiseaux est toujours protégé par trois paupières, deux horizontales et une verticale. Cette dernière, nommée aussi membrane *clignotante*, représente un repli triangulaire et transparent de la conjonctive, placé en dedans de l'organe de la vision, et qui, par un mécanisme remarquable, peut le couvrir en s'étendant à sa surface, à l'instar d'un voile. L'angle supérieur de cette troisième paupière est immobile et fixé à l'anneau osseux de la sclérotique; mais sa partie inférieur se meut à l'aide d'un muscle pyramidal, qui adhère à la partie interne et postérieure du globe oculaire, et se termine en un tendon fort grêle qui s'insère à la troisième paupière, après s'être réfléchi, comme sur une poulie, dans un petit muscle carré fixé à la sclérotique, près du nerf optique.

Les larmes sont sécrétées par deux glandes, dont l'interne est la plus volumineuse, et elles sont absorbées à l'aide de deux grands pores qui se trouvent à l'angle interne de l'œil; on rencontre en outre sur les os frontaux ou dans l'orbite de quelques Palmipèdes une grosse glande qui produit un fluide analogue aux larmes, et dont le canal excréteur, qui a été découvert par Jacobson, va s'ouvrir dans les cavités nasales.

Destinés à planer dans les régions aériennes, mais ne devant pas perdre de vue la terre, source féconde de toute nourriture, les oiseaux avaient besoin d'organes visuels parfaits, soit pour apercevoir leur proie qui fuit dans les nuages, soit, pendant leur vol élevé, pour découvrir les reptiles ou les insectes qui s'agitent sur le sol et fondre sur eux; aussi leur œil est-il proportionnellement beaucoup plus volumineux que celui des mammifères, et ses dimensions sont telles que, dans des aigles de deux pieds de hauteur, on rencontre des yeux qui ont un pouce et demi de diamètre.

L'œil est hémisphérique en arrière, mais en avant il présente souvent un rétrécissement ou espèce de cylindre court qui supporte la cornée; la sclérotique est toujours pourvue dans cette région d'un anneau solide formé d'environ seize petites plaques quadrilatères, osseuses ou cartilagineuses. L'iris est large, très-rétractile et percé d'une pupille ronde. L'œil des oiseaux est surtout remarquable par un organe de couleur noire, que l'on nomme *peigne* ou *bourse*, qui, des bords de la fente du nerf optique, où il semble naître de la choroïde, se porte vers la partie interne du cristallin. Cet organe, qui parfois se présente sous la forme d'une lame portant sur ses deux faces des plis dont le nombre varie de sept [1] à seize [2], et qui d'autres fois ressemble à un petit sac [3], doit sa double dénomination à ces deux aspects. Le peigne paraît n'être qu'un appendice de la choroïde, et M. Giraldès, dans son Mémoire sur l'organisation de l'œil, le considère comme un grand procès ciliaire. Le nerf optique, comme le dit Carus, est d'un volume extraordinaire, et la rétine est épaisse et pulpeuse.

La vision acquiert dans cette classe un degré de perfection que nous ne rencontrons nulle part dans les autres vertébrés, et qui est en rapport avec la vie aérienne des animaux qui la composent; parmi ceux-ci on ne rencontre même jamais d'espèces aveugles, tandis qu'il s'en trouve dans les mammifères, les amphibiens et les poissons. Chez les oiseaux cette fonction trouve sa perfection dans le volume de l'organe, ainsi que dans l'existence de la troisième paupière qui le nettoie et lui forme un voile translucide qui peut le garantir de l'intensité de la lumière, et permet à certains oiseaux de proie de fixer le soleil; enfin dans la présence du peigne, véritable organe de perfectionnement, qui paraît pouvoir imprimer des mouvements au cristallin et dans le développement du système nerveux qui anime l'appareil.

Selon les différents ordres où l'on étudie la vision, on s'aperçoit que cette fonction présente des modifications qui sont en rapport avec le genre de vie. En général ce sont les Carnassiers qui poursuivent une proie vivante, chez lesquels l'œil est le plus développé. Ceux qui restent sur le sol, et les Granivores, l'ont communément plus petit. Parmi les Ravisseurs, ceux dont la vie est nocturne présentent même une toile nerveuse plus vaste et plus sensible pour recevoir la peinture des objets qui se dérobent dans l'ombre. Chez les espèces aquatiques qui attaquent leur proie sous l'eau, l'appareil oculaire est analogue à celui des poissons.

Dans les oiseaux nocturnes et crépusculaires, l'organe visuel est proportionnellement plus grand; la rétine offre une sensibilité exquise, et elle est plus ample et plus pulpeuse que dans les autres espèces; en même temps chez eux l'iris présente une mobilité plus grande, de manière que, par une admirable harmonie, ces animaux, à l'aide de la perfection de leurs yeux, obvient aux ténèbres des nuits pendant lesquelles leur vie est seulement active.

Goût. — La langue offre des formes extrêmement variées; souvent cylindriforme, conique ou aplatie, elle se termine ordinairement en pointe et parfois par une extrémité frangée [4], ou disposée en pinceau [5]. Cet appendice est peu favorablement organisé pour opérer la gustation, aussi la plupart des oiseaux ne mâchent pas réellement leur nourriture et l'avalent sans discernement; cependant si l'on en juge par la prédilection impérieuse de quelques-uns de ces animaux pour

---

[1] Strix bubo.
[2] Cigognes.
[3] Autruches, Casoars.
[4] Étourneaux.
[5] Philédons.

certains aliments, le sens du goût doit être très-développé chez eux, puisque quelques espèces se laissent mourir près d'une nourriture que d'autres mangent avec délices.

La langue charnue, molle et papilleuse des Perroquets ainsi que celle des Chouettes, paraît bien disposée pour recevoir les impressions sapides des corps ; mais dans la majorité des oiseaux, cet organe n'offre plus ces conditions favorables, et il est corné et parfois garni sur ses côtés de dentelures dures et même osseuses [1], aussi il ne joue chez eux que le rôle d'organe d'ingestion.

Ouïe. — Les oiseaux n'ont point d'oreille externe pour recueillir les sons, à l'exception de plusieurs Chouettes qui offrent aux environs du tympan un grand repli membraneux paraissant avoir cette fonction. La caisse du tympan est remarquable en ce qu'elle communique avec les cavités cellulaires et remplies d'air de tous les os du crâne, de manière que, par l'intermédiaire de ceux-ci, le fluide peut passer d'une caisse dans l'autre. On rencontre chez les oiseaux trois osselets de l'ouïe. Le labyrinthe est enveloppé par une lame osseuse très-dense, et il ne contient point de noyau crétacé dans son intérieur ; les canaux demi-circulaires sont ossifiés ; et chez ces animaux, on découvre seulement un limaçon rudimentaire analogue à une espèce de corne par la configuration.

Dans cette classe, l'audition s'exerce d'une manière très-parfaite. Les oiseaux s'entendent aux plus grandes distances, mais c'est surtout dans les espèces nocturnes que le sens de l'ouïe devait se trouver plus perfectionné pour être en rapport avec les besoins, aussi c'est ce qu'on observe, puisque chez elles, ainsi que nous venons de le dire, on découvre même une conque externe, tandis que cet appareil de recueillement manque dans toutes les autres. On remarque également que les oiseaux de proie qui s'élèvent dans l'air, pour une semblable finalité, ont aussi les organes de l'ouïe plus développés que les espèces terrestres et surtout que celles qui sont aquatiques.

Toucher. — La peau des oiseaux se fait remarquer par la grande finesse de son derme et par le développement des parties qui sont produites par les phanères ou les plumes, qui deviennent non-seulement des corps protecteurs destinés à maintenir la chaleur, mais aussi des organes du mouvement.

Cependant le derme des oiseaux est épais dans les endroits où les plumes manquent, et l'épiderme y offre un grand développement ; souvent même celui-ci s'y présente sous la forme d'écailles qui ressemblent à des écussons, ou sont réticulées comme les mailles d'un filet, ainsi qu'on l'observe particulièrement sur les tarses.

Le sens du toucher a une bien faible extension dans cette classe où l'enveloppe est garnie extérieurement de plumes qui empêchent l'action immédiate des corps. Quelques espèces portent bien l'aliment au bec

[1] Palmipèdes.

avec leurs pattes [1], mais rien n'annonce que cet acte soit opéré pour avoir une induction sur les substances qui vont servir de nourriture. Cependant on conçoit que moins les pieds servent à la marche, plus ils sont aptes à donner la sensation du toucher; qu'ainsi ils doivent être assez sensibles chez les carnassiers qui marchent peu [2], et au contraire qu'ils sont peu impressionnables chez les marcheurs [3]. Selon certains naturalistes, le bec mou [4] ou garni de lamelles spongieuses [5] qu'offrent certains oiseaux, qui cherchent leur nourriture dans les marécages, peut encore servir un peu au tact; et l'on observe que chez eux il reçoit plus de nerfs que dans les espèces dont les mandibules sont dures et chez lesquelles leur fonction se réduit à agir mécaniquement sur l'aliment.

On trouve, vers la base du bec d'un certain nombre d'oiseaux, une membrane plus ou moins épaisse et colorée, que l'on nomme *Cire*, et dans laquelle sont parfois percées les narines; il faut aussi considérer, comme des analogues de cette partie, les appendices charnus qu'offrent quelques espèces dans le même lieu [6]. Carus, par un rapprochement forcé, compare ces divers organes aux tentacules que l'on observe chez les animaux invertébrés. Il n'en doit pas être ainsi, car la présence de ces tentacules est un fait général dans certaines légions des animaux inférieurs, tandis que pour les appendices du bec des oiseaux, souvent leur existence se borne à quelques espèces dans une section, et même parfois à un seul sexe.

Quelques observations démontrent que les oiseaux perçoivent à l'avance les changements qui se produisent dans l'atmosphère. Cela pourrait tenir, selon Carus, à ce que l'état électrique de l'air modifie leur plumage, et Tiedemann semble partager cette opinion, puisqu'il dit que les plumes de ces animaux sont enclines à admettre la tension électrique.

Plumes.—Le caractère fondamental de la peau des oiseaux se trouve dans la modification des *Phanères* à laquelle on donne le nom de *plumes*, modification qui, comme le dit de Blainville, ne se rencontre que dans cette classe et sur tous les êtres qu'elle renferme.

Il est cependant quelques oiseaux qui, en outre, portent de véritables poils analogues à ceux des mammifères, sur certaines régions de leur corps. Quelques espèces en ont une touffe au bas du cou [7]; et chez un grand nombre on en voit surgir à la base des mandibules [8]. Enfin, on doit ajouter que le duvet des jeunes oiseaux n'est parfois formé que par des poils très-fins.

Les plumes sont des organes cornés, composés d'une tige des parties latérales de laquelle sortent des appendices nommés *barbes*, dont les bords sont souvent divisés en dentelures, qui sont appelées *barbules*. Celles-ci, quand elles existent, s'engrènent ordinairement

---

[1] Perroquets. [4] Bécasses. [7] Dindes mâles.
[2] Aigles. [5] Canards. [8] Barbus, Engoulevents.
[3] Poules. [6] Coqs, Dindes.

les unes avec les autres, de manière à réunir les barbes, et à faire que la plume présente à l'air qu'elle est destinée à frapper, une surface résistante, et que ce gaz ne divise point.

Envisagées sous le rapport de leur terminologie, nous voyons que les plumes ont reçu différents noms, suivant le lieu qu'elles occupent. On appelle *rémiges*, les grandes plumes des ailes. Les pennes implantées sur le croupion se nomment *rectrices*; enfin le nom de *tectrices* a été donné aux plumes caudales ou alaires qui, dans ces régions, se recouvrent comme les tuiles d'un toit.

Les plumes, par une finalité remarquable, sont dirigées constamment en arrière; de manière que l'air glisse dessus lorsque l'oiseau vole. Ces organes présentent aux ailes une disposition favorable pour fendre l'atmosphère et maîtriser la gravitation; ils portent au côté extérieur des barbes courtes et roides destinées à couper l'air, tandis que le côté opposé est revêtu de barbes plus longues dont l'enchevêtrement forme une surface concave qui frappe avec force le fluide dans lequel ces animaux vivent.

Les plumes sont parfois mises en mouvement par des muscles particuliers qui se rendent à leur extrémité. Ceux-ci sont souvent difficiles à apercevoir; mais cependant on reconnaît facilement ceux qui meuvent les plumes de la queue ou des ailes, et ceux de la huppe de quelques espèces.

Selon les climats que les oiseaux habitent, leurs plumes varient relativement à leur abondance et à leur coloration; elles sont d'autant plus nombreuses que ces animaux vivent vers des zones plus polaires, ou, ce qui revient au même, qu'ils fréquentent des régions plus élevées de l'air atmosphérique. Ces derniers étant exposés à passer brusquement d'une région glacée dans un milieu chaud, en s'abaissant instantanément des hauteurs prodigieuses où ils se trouvent, vers la terre, ils avaient besoin d'être spécialement protégés; aussi on observe que les espèces de haut vol ont un duvet épais sur le corps, disposition propre à les abriter contre les variations subites de la température, auxquelles leur genre de vie les condamne. Les plumes sont aussi plus abondantes chez les oiseaux qui plongent habituellement sous l'eau.

On est frappé, en étudiant les plumes, de la variété de couleurs qu'elles présentent; elles étalent souvent à nos yeux les plus brillantes teintes, et la richesse de leurs reflets rivalise parfois avec l'éclat des métaux et des pierres précieuses. Les couleurs changeantes, irisées ou métalliques, dit de Blainville, rentrent toutes dans la même catégorie, et paraissent dépendre de la disposition des parties constituantes, et avoir dans leur production la plus grande analogie avec la formation des anneaux colorés. Ce qu'il y a de certain, c'est que les plumes qui sont ornées de ces couleurs ont toujours leurs tiges et leurs barbes extrêmement fines; tandis que les barbules sont larges, nombreuses et serrées, de manière à former en apparence une surface polie et convexe.

Audebert, qui, dans son Histoire naturelle des oiseaux dorés, s'est occupé du même sujet, pense que les plumes métalliques doivent leur brillant à leur densité, au poli de leur surface, et au grand nombre de petits miroirs que forment leurs barbules. On dit, en effet, qu'une plume du cou d'un Oiseau-mouche rubis-topaze, pèse autant que trois autres plumes privées de reflets métalliques et du même volume ; et Audebert rapporte que les plumes brillantes des Colibris diffèrent des plumes simplement dorées, en ce que leurs barbes sont creusées lon-gitudinalement en gouttière, et produisent un effet semblable à celui d'un miroir. Cet auteur a même donné dans son ouvrage quelques fi-gures pour appuyer ses idées théoriques.

Relativement à la coloration des oiseaux, on remarque que ceux qui résident dans des climats froids ont des couleurs plus ternes que ceux qui habitent des zones tropicales. Ce sont ces dernières qui même presque seules fournissent les espèces dont le plumage reflète de bril-lantes couleurs métalliques. Et, dans les mêmes genres, l'observation constate que ce sont les espèces qui affectionnent des zones plus chaudes qui sont plus vivement colorées que les autres.

Selon l'âge, le plumage des oiseaux offre souvent d'importantes modifications, et c'est parce qu'on n'a pas assez étudié celles-ci, que souvent les ornithologistes se sont égarés dans la détermination des espèces. Les sexes ont fréquemment une coloration différente : le mâle, chez beaucoup de ces animaux, est décoré d'un plumage bien plus brillant que la femelle ; et par une anomalie fort remarquable, on observe parfois que des femelles qui ont cessé de pondre prennent une livrée semblable à celle du mâle. M. I. Geoffroy l'a observé sur plusieurs Faisans, et M. F. Prevost sur des Pinçons. Ces animaux sont sujets à des mues pendant lesquelles, au milieu d'une espèce de crise, ils se dépouillent de leur ancien vêtement pour se revêtir d'un plumage nouveau. C'est au printemps et à l'automne que se produit la double mue que subissent un grand nombre d'espèces, et c'est celle qu'elles éprouvent dans cette dernière saison qui les revêt de leur *robe de noce*, ainsi que la nomment les ornithologistes.

Voix.—Les oiseaux ont presque tous deux larynx : l'un qui est situé à l'orifice de la trachée ; l'autre, que l'on nomme larynx inférieur, qui se trouve à la bifurcation de ce canal, et dans lequel se forme la voix ; cet organe est composé à cet effet de parties solides et de muscles qui, par leur jeu, modifient l'air que les poumons chassent, et produi-sent cette étendue de chant que l'on observe dans ces animaux, selon qu'ils veulent exprimer le plaisir ou la détresse ; chant qui exécute des concerts harmonieux admirés de tout le monde, et qui d'autres fois ressemble à des cris déchirants.

Il est à remarquer que plus la voix offre de modulations, plus aussi les organes qui meuvent les parties du larynx inférieur sont multi-pliés ; c'est ainsi que l'on découvre trois à cinq paires de muscles chez les oiseaux qui ont un chant varié et imitent même la voix humaine [1], tandis qu'il n'y en a qu'une paire dans ceux qui ne chantent pas [2] ou que parfois l'on n'y en rencontre pas du tout [3].

Digestion. — L'œsophage de ces animaux offre assez d'ampleur et d'extensibilité. Chez les Passereaux et les Grimpeurs, qui sont d'abord nourris par leurs parents, il est extrêmement vaste dans le premier âge de la vie et conformé comme une sorte de sac infundibuliforme disposé pour engouffrer la nourriture que ceux-ci leur apportent. Dans les Ravisseurs, les Échassiers et les Palmipèdes, il présente même constamment une ampleur fort remarquable qui permet à beaucoup d'entre eux d'avaler des animaux d'une dimension considérable relativement à la leur et en particulier aux Ravisseurs de vomir les os, les poils ou les plumes de leur proie, qu'ils ne peuvent digérer.

Le canal alimentaire dans cette classe est ordinairement composé de trois poches préliminaires, ou estomacs dans lesquels séjourne la substance nutritive. Le premier est le *jabot* qui fait saillie à la partie inférieure du cou après le repas, et est formé par une dilatation de l'œsophage; il existe principalement chez les oiseaux granivores et on le retrouve aussi chez des carnassiers; au contraire cette poche manque selon Carus dans les Grimpeurs, les Échassiers et les Palmipèdes. Le second est placé dans la cavité viscérale et est nommé *ventricule succenturié* ou estomac glanduleux. C'est une cavité remarquable par le grand nombre de cryptes qui font saillie dans son intérieur et s'y ouvrent par de petits orifices; la nourriture subit dans celle-ci une espèce de macération et se ramollit en se mélant aux fluides qui y abondent. Le troisième estomac est le *gésier*, organe formé de deux muscles extrêmement épais et vigoureux qui s'insèrent sur des fibres nacrées aponévrotiques; son intérieur est tapissé par un épiderme qui est subcorné chez les oiseaux qui se nourrissent de substances végétales dures telles que des graines.

Cette dernière poche, par l'énergie de ses contractions, broie l'aliment; sa force est si considérable qu'elle déforme et brise jusqu'à des métaux; aussi c'était avec une sorte de raison, dit Carus, que l'on en avait comparé l'action physiologique à celle des dents molaires des mammifères, tandis que l'on assimilait la fonction du bec à celle des incisives; c'était cette puissance du gésier qui avait fourni le principal argument aux physiologistes mécaniciens qui voulaient que l'acte digestif ne fût généralement qu'une espèce de trituration. C'est surtout dans les oiseaux granivores que cet organe est épais et musculeux, ce qui leur était utile pour désorganiser les semences coriaces; dans les espèces carnassières, au contraire, il est mince et membraneux; la pression produite par le gésier est encore favorisée par des corps durs, de petites pierres, que les oiseaux ont soin d'introduire avec leurs

---

[1] Passereaux, Perroquets.   [2] Aigles, Chouettes.   [3] Poules.

aliments, et que la mère, au rapport de Spallanzani, mêle déjà aux premières becquées qu'elle donne à sa progéniture.

C'est aussi dans cette cavité que s'ouvre un organe particulier auquel on donne le nom de *bourse de Fabricius*, et dont les fonctions ne sont pas encore bien connues. Tiedemann dit que chez plusieurs oiseaux cette poche sécrète un fluide onctueux qui répand une odeur très-forte, aussi l'a-t-on parfois comparée aux glandes anuales des mammifères.

Respiration. — La trachée de quelques oiseaux est extrêmement remarquable par sa longueur qui surpasse l'étendue comprise entre son origine et le poumon, de manière qu'elle accomplit diverses inflexions avant de se diviser pour pénétrer dans cet organe. Chez certaines espèces elle forme des anses qui s'enfoncent profondément dans la substance osseuse du sternum [1]; dans d'autres ses replis se placent au-devant de la poitrine entre les muscles et la peau [2].

Les poumons des oiseaux sont aplatis, situés au haut de la cavité viscérale et appliqués sur les côtes auxquelles ils adhèrent. Ces organes ne résident point dans une cavité particulière, comme cela a lieu chez les mammifères; parce que dans les oiseaux il n'existe pas de diaphragme; ils se font remarquer en ce que, au lieu de former des sacs aériens clos, comme cela a lieu dans les autres vertébrés où l'on rencontre de semblables appareils respiratoires, ils sont au contraire percés par les canaux d'un grand nombre de bronches qui les traversent de part en part et transmettent l'air dans la cavité viscérale qui est divisée par des cloisons membraneuses en un certain nombre de cellules qui reçoivent et contiennent ce fluide, et à l'aide desquelles il est transmis dans les autres régions de l'animal. La respiration est encore favorisée par des cavités pratiquées dans le système osseux, et dans lesquelles des lobes pulmonaires se prolongent, ou bien par de simples cellules contenant de l'air; double disposition destinée non seulement à aider le vol, comme nous l'avons dit, mais encore à revivifier le sang, et à rendre plus énergique la circulation si nécessaire chez ces êtres pour stimuler des organes musculaires qui doivent déployer une force incessante et immense pour les soutenir au milieu de l'air.

Il résulte même des expériences de Vrolik et d'Albers, que la respiration peut être entretenue par une voie artificielle; et la circulation de l'air dans les cellules est tellement libre, que si on lèse seulement une de celles-ci, comme l'air chaud et dilaté qui facilite si amplement le vol ne peut plus être retenu à l'intérieur, cette action devient immédiatement impossible.

D'après cette exposition, on voit que dans les oiseaux, si d'un côté le sang se rend dans un organe destiné à sa régénération, ainsi que cela a lieu dans les mammifères et les autres vertébrés, de l'autre l'air se

---

[1] Cygnes.　　　　[2] Phonigames.

porte vers le sang dans toutes les régions du corps, ainsi que cela se voit chez les insectes. Or, il en résulte que la respiration des oiseaux est, jusqu'à un certain point, analogue à celle de ces derniers animaux. Plusieurs savants, tels que Carus et Ampère, ont fait observer que c'était seulement dans les êtres organisés pour le vol qu'on voyait ainsi l'air immerger tous les organes et se porter vers le sang.

D'après cet examen des organes respiratoires, qui démontre combien ils sont étendus, on reconnaît sans hésitation que les oiseaux sont de tous les animaux ceux dont la respiration possède le plus d'activité, et qui consomment le plus de gaz respirable ou d'oxygène. Par la même raison, ce sont eux aussi qui produisent le plus de chaleur et dont la température offre une élévation qu'elle n'atteint dans aucun autre animal; des expériences ont démontré que celle-ci s'élève chez eux de 41° à 43° centigrades, et même à 44°.

Circulation.—Le cœur est semblable à celui des mammifères, mais il acquiert dans cette classe un développement qui surpasse celui qu'il offre dans les autres, et qui est tel, selon Tiedemann, que son poids forme depuis 1/122 jusqu'à 1/49 du poids total du corps. L'aorte, à peu de distance du cœur, se divise en trois grosses branches dont deux distribuent le sang à la tête et aux membres antérieurs, après s'être subdivisées, tandis que la troisième, en se recourbant en arrière, va se répandre aux autres régions du corps. Le sang de ces animaux contient une plus grande abondance de globules que celui des mammifères, et, au lieu d'être circulaires comme chez eux, ils sont elliptiques.

Le système artériel des oiseaux présente quelques particularités dont la finalité physiologique se dévoile facilement. On est frappé tout d'abord, en l'étudiant, du faible calibre de l'aorte descendante; mais il s'explique immédiatement, en réfléchissant au peu de volume qu'offre la région postérieure des oiseaux.

Le système veineux présente aussi quelque intérêt lorsqu'on le considère. Meckel et Cuvier ont constaté que chez les oiseaux plongeurs la veine cave est beaucoup plus volumineuse que dans les espèces terrestres; cette disposition permet au sang de s'accumuler dans les ramifications de ce vaisseau pendant que ces animaux sont sous l'eau, et par cela même leur donne la facilité d'être plus longtemps sans respirer. Une semblable organisation se retrouve chez certains mammifères aquatiques [1]. Enfin Jacobson a découvert dans les oiseaux un système veineux rénal qui se distribue d'une manière analogue à la veine porte.

La circulation s'opère rapidement dans les animaux qui font le sujet de nos études; MM. Prévost et Dumas ont compté 110 pulsations chez le Corbeau et le Canard pendant l'espace d'une minute, 136 sur le Pigeon, 140 chez une Poule, et à peu près 200 sur un Héron dans le même laps de temps.

Sécrétions.—L'odeur particulière qu'exhalent les oiseaux est princi-

[1] Phoques, Loutres.

palement due à une glande qui se rencontre chez eux sur le coccyx, et dont les conduits excréteurs s'ouvrent par une fente au sommet de deux petits tubercules ; le liquide qu'elle sécrète est huileux et sert à entretenir la souplesse des plumes, et à les garantir de l'humidité ; cet organe est à cet effet plus volumineux chez les oiseaux aquatiques, tels que les Plongeons, les Poules d'eau, les Pingouins, les Guillemots, qui ont même en outre un grand nombre de petits follicules analogues disséminés à la surface cutanée. Nitzsch assure que ces glandes manquent chez les Perroquets et quelques autres individus de cette classe.

On a remarqué qu'en général les oiseaux phytophages ont des glandes salivaires plus développées que les carnassiers. Le foie et les reins de ces animaux sont volumineux ; les recherches de Tiedemann nous apprennent que ces derniers acquièrent, surtout dans les Palmipèdes et les Échassiers, un développement considérable, et que chez eux leur poids est parfois à celui du corps : : 1 : 62 [1], et même : : 1 : 38 [2].

Les reins des oiseaux sont formés d'un tissu homogène. Ils sont au nombre de deux, et les uretères qui en partent s'ouvrent dans le cloaque et y mêlent l'urine avec les excréments ; cependant chez l'Autruche et le Casoar le cloaque, qui reçoit l'urine, est séparé du rectum par une valvule qui a été signalée par MM. Perrault et Geoffroy Saint-Hilaire. L'urine des oiseaux contient une si grande quantité d'acide urique, de carbonate et de phosphate calcaire, qu'on la voit se concréter rapidement après son expulsion, et former un enduit blanc et friable autour des excréments.

Reproduction. — Les organes génitaux des oiseaux mâles se composent de deux testicules situés au-dessus des reins ; suivant Tiedemann, le gauche est toujours plus gros que celui de l'autre côté. Il naît de ces glandes des canaux déférents flexueux qui se terminent dans le cloaque à côté des tubes qui y versent l'urine.

Dans presque tous ces animaux il n'existe point d'organe excitateur, et l'on ne rencontre qu'une papille vasculaire, située à la partie inférieure du cloaque, et à peine sensible hors le moment de l'érection. Quelques oiseaux font cependant exception, et l'on trouve chez eux une espèce de petit pénis, qui est analogue à celui des mammifères ; cet organe sert, à l'aide d'une gouttière dont il est creusé, pour projeter le fluide fécondateur dans l'intérieur des parties de la femelle [3] ; dans d'autres, tels que les Canards et certains Échassiers, la verge offre même une longueur assez considérable, et elle est enroulée en tire-bourre.

Dans les femelles, on rencontre primitivement deux ovaires et deux oviductes, mais un de chacun de ces organes avorte normalement pendant que le développement s'opère, de manière que l'oiseau adulte n'offre ordinairement qu'un seul ovaire ayant la forme d'une grappe de raisin, et qui est situé sur la colonne vertébrale. Les procédés suc-

---

cessifs que suit la nature se dévoilent même lorsqu'on étudie les premières classes, car on rencontre encore parmi elles deux ovaires [1].

L'oviducte est extrêmement vaste et intestiniforme ; il se trouve par ses dimensions en rapport avec le volume de l'œuf qu'il a mission de transporter au dehors. Cet organe s'ouvre dans le cloaque à gauche du rectum, et son orifice est muni d'un muscle constricteur. Geoffroy Saint-Hilaire a signalé dans l'oviducte des régions qu'il considère comme les analogues des trompes de Fallope, de l'utérus et du vagin. La membrane muqueuse de ce canal est, vers son origine, semblable à celle de l'intestin ; mais elle devient très-villeuse à l'endroit où l'œuf s'arrête davantage et où la coquille se sécrète.

Il est remarquable que dans ces animaux ce soit, chez les deux sexes, les organes génitaux du côté gauche qui prédominent ou qui existent seuls ; c'est une coïncidence qui semble venir à l'appui de l'opinion de beaucoup d'anatomistes qui professent que les organes sexuels du mâle et de la femelle ne sont que des modifications d'un même type.

Durant l'époque des amours, les organes génitaux des oiseaux s'accroissent d'une manière notable. L'âge leur fait subir aussi d'importantes modifications, et chez les vieilles femelles, qui ne pondent plus, les ovaires et leurs conduits s'atrophient extraordinairement.

A l'époque de la pariade, les œufs situés à l'ovaire, et qui ne se composent encore que du jaune, s'accroissent successivement ; ils y sont fixés par une membrane vasculaire mince qui les enveloppe et leur constitue une sorte de petit pédicule ; au moment où ils vont s'en détacher, on voit se former autour de ces œufs une petite ligne blanche qui indique l'endroit où la membrane vasculaire se rompt pour les laisser s'échapper. Aussitôt qu'ils sont libres, les œufs sont saisis par l'orifice de l'oviducte, puis ils cheminent ensuite dans ce conduit, où ils se trouvent d'abord enveloppés par une couche d'albumine et ensuite par une coquille. C'est alors qu'ils passent dans le cloaque pour être expulsés.

A l'époque de la pariade, tout l'organisme éprouve en quelque sorte une exubérance vitale. Les caroncules qui ornent les environs du bec de quelques Gallinacés, et en général les parties dénudées de plumes, se colorent plus vivement et se développent d'une manière quelquefois très-apparente. Pendant cette période, les mâles d'un grand nombre d'espèces, principalement parmi les Gros-becs et les Palmipèdes, abandonnent leur sombre plumage d'hiver pour se revêtir d'une parure plus brillamment colorée ; c'est celle-ci que les ornithologistes nomment les *pavillons d'amour* ou la *robe de noce*. Beaucoup d'oiseaux éprouvent ainsi deux mutations de plumes et deux mues chaque année ; c'est au printemps et à l'automne qu'elles ont lieu ; mais d'autres n'en subissent qu'une seule [2].

Parmi les changements qui se manifestent à l'époque de la pariade,

[1] Aigles, Chouettes.　　　[2] Faucons.

le développement des plumes semble avoir pour effet, selon Burdach, de rendre les mouvements plus rapides; aussi les oiseaux de passage qui reviennent nous visiter au printemps volent-ils plus vite que lorsqu'ils s'expatrient de nos contrées, parce qu'ils sont pourvus du plumage qui caractérise le rut et poussés par le désir de la génération. Beaucoup d'oiseaux n'ont de voix que pendant la saison des amours.

On trouve sous la peau du ventre des oiseaux une modification organique remarquable, appropriée à l'importante fonction de l'incubation, et qui consiste en une multitude d'artères et de veines fréquemment anastomosées, et dans lesquelles le jeu de la circulation, par sa plus grande activité, doit entretenir plus de chaleur et de vitalité. A cet organe incubateur correspond une peau privée de plumes et qui transmet immédiatement la chaleur aux œufs.

Nids.—Immédiatement après la fécondation, la plupart des oiseaux construisent des nids, édifiés d'une manière fort ingénieuse, pour y déposer leurs œufs; d'autres n'en font que de très-imparfaits et qui méritent à peine ce nom; il en est même qui, plus paresseux encore, se contentent d'abandonner leur progéniture dans les gîtes élevés par les autres espèces [1].

Parmi les oiseaux qui ne font, pour ainsi dire, pas de nids, il en est beaucoup qui se bornent à déposer leurs œufs dans une excavation qu'ils pratiquent sur la terre ou dans le sable [2], et l'on remarque que ce sont presque toujours des espèces dont les petits marchent en naissant qui en agissent ainsi. Un grand nombre d'oiseaux de proie nocturnes placent simplement leurs œufs dans les anfractuosités des rochers; parmi eux cependant il en est qui se creusent des terriers pour y cacher leur progéniture [3], et l'on observe les mêmes habitudes chez divers oiseaux nageurs [4].

Le lieu où les nids sont déposés et la substance qui entre dans leur construction varient selon les espèces, et selon leurs habitudes et leurs besoins. C'est ainsi que les unes choisissent les bords des eaux, parce que c'est dans celles-ci que se trouve leur nourriture [5], et que d'autres, par la même raison, les placent parmi les forêts [6]; les oiseaux dont le vol est élevé, et qui ont l'habitude de percher, construisent généralement leurs nids sur les sommités des arbres; au contraire, ceux qui ne perchent pas les édifient à leur pied ou les déposent simplement sur le sol; et c'est parmi les végétaux des marais que l'on rencontre ordinairement ceux des oiseaux aquatiques.

Les matériaux qui sont employés dans la construction des nids et la forme que les oiseaux donnent à ceux-ci ne varient pas moins que le lieu où ils les élèvent. Quelques-uns n'y emploient que des branches fines diversement fracturées [7], mais beaucoup les font avec des brins

---

1 Coucous.
2 Autruches.
3 Chouettes mineurs.

4 Pingouins, Manchots.
5 Martins-pêcheurs.
6 Pigeons.

7 Pics.

d'herbe ou de la mousse [1]; quelques-uns y emploient une sorte de ciment [2] ou simplement de la terre [3]; il en est qui se font même un nid en cousant plusieurs feuilles ensemble [4].

La forme des nids est souvent celle d'une simple coupe : quelques oiseaux leur donnent la configuration d'un sac long et étroit qui serait suspendu aux branches des arbres [5], d'autres en font qui ressemblent à des cucurbites [6].

C'est principalement avec le bec que les oiseaux tissent ou enlacent les matériaux qui entrent dans la confection de leur nid. Dans beaucoup d'espèces, le mâle aide la femelle pour l'édifier, ou celui-ci devient simplement son manœuvre et ne l'abandonne plus. Mais chez un certain nombre d'oiseaux il ne fait que présider au travail, et c'est la femelle seule qui amasse les matériaux et les ouvre; lui, il ne s'occupe que de l'accompagner et souvent de la distraire par des chants pendant ses travaux.

Beaucoup d'oiseaux ne déposent leurs œufs que sur un matelas mollet qu'ils amassent au fond de leur nid, et qui est parfois formé de duvet ou de plumes qu'ils s'arrachent.

Fécondité. — Dans la classe que nous décrivons, on peut établir, comme parmi les mammifères, que les petites espèces sont généralement plus fécondes. D'un autre côté, la nature, par une sage harmonie, a rendu les oiseaux de proie moins féconds que les autres pour maintenir les générations dans un équilibre qu'eût détruit leur trop grande multiplicité. Nous extrayons de Burdach le tableau qui suit sur la progéniture des oiseaux. On n'en connaît point qui ne ponde qu'un œuf, mais les femelles en produisent depuis deux jusqu'à seize par ponte.

FÉCONDITÉ DES OISEAUX.

	Œufs.		Œufs.		Œufs.
Vautour cendré.		Corbeau.		Étourneau vulgaire.	
Vautour fauve.		Corneille.		Pie vulgaire.	6 à 8
Tourterelle.	2	Loriot.	4 à 5	Faisan.	
Grue.		Grive.			
Outarde.		Merle noir.		Coq de bruyère.	10
Grand-duc.					
		Épervier commun.		Plongeon à crête.	12
Gypaëte barbu.		Aigle pygargue.			
Aigle impérial.	3 à 4	Geai.	5 à 6	Perdrix rouge.	16
Butor.		Pie-grièche.		Caille.	

OEufs. — Les œufs sont le plus ordinairement ovoïdes et quelquefois subconiques. Leur volume varie selon les proportions de l'oiseau qui les produit. La coloration de leur enveloppe calcaire est aussi très-di-

[1] Troglodytes.
[2] Hirondelles.
[3] Fourniers.
[4] Orthothomes.
[5] Troupiales.
[6] Cassiques, Yapous.

verse. Celle-ci est souvent blanche, mais elle offre parfois les plus belles teintes vertes ou bleues ; certains œufs ont leur surface sablée de petites taches ou îles, ou offrent des marbrures extrêmement variées. Carus croit que ces maculatures diversicolores sont dues à la décomposition chimique du sang qui, pendant que l'œuf traverse l'oviducte, se trouve perspiré par cet organe et déposé sur les sels calcaires de la coquille. Flourens, dans son cours sur la génération, émet l'opinion que ces taches des œufs sont dues ou à du sang qui s'échappe des vaisseaux, ou à une sécrétion particulière de l'oviducte, ou enfin à la combinaison de certains sels métalliques.

Il était important de connaître si l'on ne pourrait pas, à l'aide de leurs caractères extérieurs, déterminer quels sont les œufs qui doivent produire des individus mâles, ou ceux dont on doit attendre des individus femelles. Geoffroy Saint-Hilaire s'est livré en Égypte à quelques expériences sur ce sujet, et M. Florent-Prévost a fait de semblables observations en France. Il résulte de leurs travaux que dans les Poules et les Pigeons, les œufs dont les bouts sont plus mousses, ou qui se rapprochent par conséquent le plus de la forme globuleuse, sont ceux qui donnent naissance à des femelles, et que les plus pointus produisent des mâles.

L'enveloppe solide des œufs est formée d'une croûte de carbonate calcaire extrêmement poreuse, et qui doit laisser passer dans ses interstices l'air nécessaire à la respiration de l'embryon, pendant qu'il se développe. A l'intérieur, on rencontre un corps jaune sphérique appelé *vitellus*, et une substance albumineuse qui l'entoure.

Le vitellus avait été considéré jusqu'à ce moment comme un fluide contenu dans une membrane ; mais nos expériences et nos observations, consignées dans plusieurs mémoires présentés à l'Institut en 1838 et 1839, ont démontré que dans cette classe comme dans plusieurs autres le vitellus est uniquement composé par de petites vésicules contenant un fluide rempli de granules.

Les vésicules vitellines sont globuleuses ou subglobuleuses, et leur diamètre varie en général de $\frac{10}{100}$ à $\frac{20}{100}$ de millimètre ; leurs formes se manifestent dans toute leur simplicité quand on les observe isolées dans un liquide, parce que là leurs parois éprouvent de tous côtés des pressions ; mais, dans le vitellus intact, ces vésicules, pressées de tous côtés par celles qui les avoisinent, se présentent presque toutes sous la forme de petits corps subsphéroïdaux, polyèdres, et offrant généralement de dix à vingt facettes planes ou subplanes, souvent séparées par des arêtes vives.

Dans l'intervalle des parois des vésicules, on trouve des globules extrêmement petits, puis des gouttelettes d'une huile particulière reconnaissables à leur forme et à leur couleur.

Les vésicules du vitellus sont très-translucides, et quand on les éclaire trop on ne les aperçoit pas ; c'est probablement à cette particularité qu'elles doivent d'avoir été méconnues par les observateurs ;

on ne les distingue pas non plus dans la substance du jaune soumis à
l'examen sans précaution, parce qu'elles ont été alors dilacérées et
anéanties.

Chaque vésicule vitelline est formée par une membrane enveloppante,
à l'intérieur de laquelle on aperçoit un fluide contenant des granules.
Cette membrane est unique, transparente, très-fine et élastique;
observée au microscope à l'aide de la lumière réfléchie, on voit qu'elle
est colorée en jaune pâle et que sa superficie présente de fines granu-
lations. L'élasticité de cette membrane se révèle par la facilité avec laquelle les vésicules, polyèdres dans le vitellus intact, deviennent globuleuses quand elles sont isolées, ou encore par les déformations qu'elles
subissent pendant les plus faibles tiraillements; malgré cette élasticité,
cette membrane est si mince qu'elle se rompt avec la plus grande
facilité et laisse son contenu s'épancher (Pl. 9, fig. 2. a).

Le fluide renfermé dans les vésicules vitellines contient un nombre
prodigieux de granules ovoïdes (Pl. 9, fig. 3) excessivement petits
et qui, quoique fort rapprochés dans leur intérieur, y jouissent cependant de mouvements extrêmement remarquables et que l'on aperçoit
facilement à travers la membrane qui circonscrit la vésicule; la mobilité
de ces granules consiste en de véritables déplacements bien différents
des oscillations observées par M. R. Brown dans les corps inorganisés,
et pendant lesquels on voit souvent des granules arriver à la superficie
de la vésicule, s'y agiter plus ou moins vivement, puis ensuite s'enfoncer en se dérobant parmi ceux qui l'environnent.

Ces granules offrent encore des mouvements bien plus marqués
quand ils sont hors de leur vésicule, et que, moins tassés, ils peuvent
se répandre dans le liquide vitellin provenant de sa rupture.

Incubation.—Immédiatement après la ponte commence l'incubation,
soin pénible qui est la manifestation de l'attachement de la mère pour
sa progéniture. Parfois la femelle reste accroupie constamment sur ses
œufs, et c'est alors le mâle qui lui apporte de la nourriture; mais dans
quelques espèces monogames le couple se partage le soin de l'incubation, et à des heures fixes le mâle se met à couver les œufs, tandis que
la femelle s'occupe de la recherche de ses aliments. Parmi les oiseaux
qui vivent en polygamie, il est des femelles qui doivent seules couver
leurs œufs; aussi elles ont la précaution, chaque fois qu'elles s'éloignent
de leur nid, de recouvrir ceux-ci de mousse, ou de plumes qu'elles se sont
arrachées au ventre, afin de les préserver du froid[1]. Cependant toutes
les femelles polygames ne sont pas aussi prévoyantes, et il en est qui
abandonnent leurs œufs sans cette précaution; mais souvent, il est
vrai, elles ont choisi des lieux exposés au midi pour édifier leur nid,
et la chaleur solaire supplée instantanément à leur absence.

Vers l'époque où l'éclosion doit s'opérer, il se produit à l'extrémité
du bec un petit tubercule calcaire ou cartilagineux qui sert au jeune

---

[1] Eider.

oiseau pour couper d'abord les membranes de l'œuf, et ensuite pour faire une brèche à la coquille afin de la fracturer et de pouvoir s'en échapper. C'est à Geoffroy Saint-Hilaire que l'on doit la découverte de cette particularité.

Aussitôt après l'éclosion des petits, leurs parents déploient une grande activité pour les nourrir. Les uns leur dégorgent des graines à demi digérées, d'autres leur donnent des insectes ou de la chair. Immédiatement aussi le père et la mère, ou quelquefois l'un d'eux seulement, s'occupent de leur éducation; ils leur apprennent à voler; les Carnassiers exercent leur progéniture à la chasse, tandis que les Palmipèdes conduisent la leur à l'eau. Mais dans tous les cas l'éducation est rapide, car le Créateur a merveilleusement disposé les organes pour les fins auxquelles il les adaptait. Dès l'œuf, le petit révèle même déjà ses aptitudes innées; cela est prouvé par des expériences curieuses : On dit qu'en retirant de l'œuf de petits plongeons arrivés au moment où ils vont éclore, et en les plaçant dans l'eau, ces oiseaux nagent et plongent immédiatement avec facilité.

Depuis que Hunter a observé que chez les Pigeons la nourriture qu'ils dégorgent pour alimenter leurs petits après l'incubation était mêlée à un fluide lactiforme fourni par les parois du jabot, qui alors acquièrent même plus d'épaisseur, quelques naturalistes assimilent le rôle de cet organe à celui des mamelles pendant cette période de temps.

Classification. — Quelques zoologistes, en ayant égard au régime des oiseaux ou à certaines particularités de leur structure ou de leurs fonctions, ont établi un parallèle entre ces animaux et divers ordres de la classe des mammifères. M. Isidore Geoffroy, dans un de ses cours d'ornithologie, a émis que les divers groupes de ces deux classes d'animaux se correspondaient à peu près de la manière suivante :

MAMMIFÈRES.	OISEAUX.
Quadrumanes.	Préhenseurs.
Carnassiers.	Oiseaux de proie.
Insectivores.	Insectivores.
Rongeurs.	Conirostres.
Ruminants.	Gallinacés.
Pachydermes.	Autruches.

Cette distribution parallèle est ingénieuse; et, en effet, les Préhenseurs ou Perroquets, par leur intelligence, par la manière dont ils portent leurs aliments à leur bouche avec les pattes, correspondent assez bien aux Singes ou aux autres Quadrumanes. Les Oiseaux de proie, par leurs armes, leurs combats et leur régime, rappellent aussi les mammifères carnassiers. Les Insectivores, par la nature de leurs aliments, les Conirostres, qui, à l'aide de leur bec, triturent les grains solides dont ils se nourrissent, comme le font les Rongeurs, ont aussi des rapports éloignés avec les ordres auxquels on les a comparés. Un parallélisme semblable n'ayant pas de portée zoologique , et ne reposant que sur des déductions tirées presque toutes de l'observation des habitudes , on aurait peut-être encore pu l'étendre en comparant les Pics aux Fourmiliers , les Manchots aux Phoques , etc. , etc.

Les oiseaux , selon de Blainville , doivent se répartir en neuf ordres qui diffèrent plus ou moins entre eux par leurs organes fondamentaux, tels que le bec , les ailes , les pattes et le sternum. Le tableau suivant caractérise ces groupes sur la seule considération des membres abdominaux et des ailes qui sont les plus apparentes au premier abord.

OISEAUX.

				Ordres.
Membres abdominaux	ordinairement médiocres. Doigts. . .	préhenseurs; deux en avant soudés , deux en arrière. .		PRÉHENSEURS.
		très-forts, sublibres, à ongles très-crochus , ordinairement acérés.		RAVISSEURS.
		deux ou trois en avant, sou-dés ; l'externe dirigé en ar-rière.		GRIMPEURS.
		libres ou presque libres.		PASSEREAUX.
		réunis à la base par une membrane. Ailes.	longues. .	COLOMBINS.
			courtes. .	MARCHEURS.
	ordinairement fort longs. Ailes. . . .	rudimentaires.		COUREURS.
		normales.		ÉCHASSIERS.
	courts. Doigts réunis par des membranes ou lobés.			NAGEURS.

ORDRE DES PRÉHENSEURS.

Quatre doigts opposables aux pieds; deux en avant , réunis, deux en arrière , libres. Sternum sans échancrures.

Les Préhenseurs représentent , parmi les oiseaux , l'ordre des Quadrumanes des mammifères , par la faculté qu'ils ont de saisir leurs aliments avec leurs pattes, dont les doigts sont opposables , et de les porter à la bouche. On les avait précédemment réunis aux Grimpeurs à cause de la disposition de leurs pieds, qui ressemblent à ceux de ces oiseaux ; mais par leur sternum qui manque d'échancrure , par le développement de leurs facultés instinctives , qui s'élèvent au-dessus de celles des autres oiseaux, ainsi que par la manière adroite dont ils se servent de leurs pieds pour saisir les corps, ils méritent de constituer un ordre à part, et même de se trouver à la tête de leur classe. Ce fut de Blainville qui le premier les érigea en groupe spécial et leur assigna leur véritable place, qui doit se trouver près des Carnassiers, auxquels leur sternum ressemble, et comme celui de quelques-uns de ces oiseaux, offre seulement deux trous en arrière qui sont comblés par une membrane.

PERROQUETS. *Psittacus.* Bec court, gros, bombé; narines percées dans la cire; langue épaisse, charnue. — Ces oiseaux, qui sont les seuls que contient l'ordre des Préhenseurs, habitent l'Amérique, l'Afrique, l'Asie, la Nouvelle-Hollande, et on les rencontre aussi parmi beaucoup d'îles; on ne les trouve guère que dans les contrées intertropicales, et l'on y en observe même un nombre d'autant plus grand que l'on se rapproche davantage de l'équateur. Cependant, par exception, quelques-uns vivent dans des pays froids, et il en existe jusque sur les terres magellaniques, vers le 52° de latitude sud. Mais les espèces qui résident sur un hémisphère ne sont pas les mêmes que celles que produit l'autre; chaque terre ou chaque grande île en possède de particulières.

C'est sans doute à la brillante lumière répandue sur les pays qu'ils habitent, que les Perroquets doivent les belles couleurs dont ils sont presque tous ornés; celles-ci, sans avoir l'éclat métallique que l'on admire chez les Colibris, ont souvent une grande vivacité. Les couleurs qui dominent dans leur plumage sont principalement le vert et le rouge, puis ensuite le bleu et le jaune.

Les Perroquets se cantonnent ordinairement dans les forêts touffues, et quelquefois à leur limite et près des lieux qui sont en culture; aussi, souvent ces oiseaux font des dégâts immenses par l'habitude qu'ils ont de gaspiller beaucoup plus d'aliments qu'ils n'en mangent, et malheur si leurs bandes criardes se dirigent vers les plantations que le cultivateur vient d'ensemencer, car pendant leur funeste passage tout est détruit.

On voit rarement ces oiseaux s'étendre sur de grands espaces; pour eux, la nature bienveillante a placé près du berceau les fruits dont ils se nourrissent; aussi ils n'ont point besoin d'ailes rapides, ni d'efforts audacieux pour triompher d'une proie qui s'échappe et fuit. Ce n'est que quand ils sont poursuivis que les Perroquets opèrent un long vol; il paraît que, d'après ce que rapportent les voyageurs, pendant cette action, leurs battements d'ailes sont fréquents et alternatifs, car d'Azzara dit qu'ils n'agitent point ces organes simultanément, mais l'un après l'autre, comme par un mouvement tremblotant. Cependant les petites espèces de ce groupe ont un vol assez parfait. On doit aussi ajouter que certains Perroquets ne passent pas leur vie sédentairement comme la généralité de leurs congénères; ils émigrent régulièrement chaque année, et font plusieurs centaines de lieues pendant leurs voyages.

Les Perroquets sont très-inhabiles à marcher ; aussi il est probable qu'ils ne descendent à terre que fort rarement la brièveté de leurs tarses entravant cette action ; par exception, la Perruche ingambe, qui a ces organes plus allongés et dont les doigts sont plus exigus et munis d'ongles moins crochus, court sur le sol avec assez de vitesse, et ne perche même jamais. Mais, par compensation, ces oiseaux grimpent fort bien sur les arbres, en se servant de leurs pattes prenantes et en s'aidant de leur bec robuste. Ils aiment beaucoup à se baigner et souvent se plongent dans l'eau. On les voit même conserver cette habitude en domesticité, et quoiqu'ils se trouvent dans les climats du Nord et sous l'influence de l'hiver.

Ces oiseaux vivent en troupes plus ou moins nombreuses, qui font entendre un caquetage continuel soit pendant leur repos, soit pendant leur vol, excepté, comme l'ont reconnu quelques voyageurs, lorsqu'elles se dirigent vers les plantations et qu'elles les pillent ; alors les Perroquets sont silencieux et semblent reconnaître que leurs cris, en décelant leur présence, pourraient leur être funestes.

L'instinct social est si prononcé chez ces oiseaux qu'il est fort rare d'en rencontrer d'isolés ; ils se séparent seulement à l'époque des pontes : alors ces animaux, qui sont monogames, restent unis par couples ; au moins c'est ce qu'on observe dans la majorité des espèces.

Tout le monde connaît la facilité avec laquelle certains Perroquets articulent les sons et prononcent quelques paroles. Ils doivent cette faculté à la structure charnue de leur langue et à leur larynx inférieur, qui est très-compliqué et possède trois muscles propres. Cuvier dit aussi que leurs mâchoires, qui sont mues par un plus grand nombre de muscles que celles des autres oiseaux, doivent aussi contribuer à moduler la voix.

La nourriture de ces animaux consiste en fruits et en semences ; ils aiment particulièrement ceux des palmiers, des caféiers et des bananiers ; ce sont leurs amandes qu'ils préfèrent à tout le reste, et pour les obtenir ils rongent ou cassent leur noyau, quand la partie charnue est renfermée dans une enveloppe solide ; pour cela ils se servent fort adroitement de leur bec, et, lorsque les semences ou les fruits qu'ils attaquent sont gros, ils les tournent dans celui-ci, à l'aide de l'une de leurs pattes, tandis qu'ils emploient l'autre pour se tenir perchés. En captivité ces oiseaux deviennent omnivores. Ils boivent peu à la fois, mais souvent ; et pour exécuter cet acte, ils élèvent la tête à chaque gorgée d'eau qu'ils avalent.

La plupart des Perroquets font leur nid dans les cavités des arbres vermoulus, et y déposent leurs œufs soit sur la poussière qui s'y trouve, soit sur des brins d'herbe ou des feuilles sèches qu'ils y amassent ; quelquefois aussi ils le construisent dans les arbres avec de petites bûchettes et des branches entrelacées à l'aide d'herbes et de racines. La femelle pond ordinairement deux à quatre œufs blancs ; le mâle la nourrit pendant qu'elle couve, et se tient assidument près d'elle pour subvenir à tous ses besoins. Lorsque les petits naissent, ils sont complétement nus, et leur tête est d'une grosseur si prodigieuse qu'elle forme la plus grande masse du corps, et que ceux-ci sont longtemps sans pouvoir la remuer. Les jeunes Perroquets se couvrent peu à peu de duvet, mais ce n'est souvent qu'après trois mois qu'ils sont revêtus de véritables plumes.

On a admis que les Perroquets vivent environ quarante ans, et les Perruches à peu près vingt ; mais on ne peut généraliser ce précepte : quelques-uns de ces oiseaux n'atteignent pas ce terme et d'autres prolongent leur existence beaucoup au delà. On lit dans les Mémoires de l'Académie royale des sciences qu'il existait dans la famille du grand-duc, à Florence, un Perroquet qui vécut plus de cent dix ans, et Viellot dit en avoir vu un près de Bordeaux qui en avait près de quatre-vingts.

On chasse les Perroquets par différents procédés, et dans les pays où il s'en trouve on met du prix à leur possession à cause de la valeur qu'ils ont en Europe. Au Paraguay, à ce que dit d'Azzara, on s'en empare d'une façon fort singulière. Les sauvages remarquent les arbres qu'ils fréquentent le plus, et ils bâtissent sous l'un d'eux une sorte de cabane avec des feuilles de palmier. Ensuite un chasseur, qui est muni de longues baguettes a l'extrémité de chacune desquelles se trouve un nœud coulant, s'enferme dans cette cabane en y introduisant avec lui un Perroquet privé. Les cris de cet oiseau, en se faisant entendre, attirent bientôt sur cet arbre les Perroquets répandus dans le voisinage, et ils viennent se percher sur les branches qui environnent la hutte du chasseur. Alors celui-ci prend une de ses baguettes, en passe le nœud coulant au cou d'un de ces animaux, et l'attire ensuite vers lui. Il en prend de cette manière autant qu'il a de baguettes, parce que ces oiseaux ne cherchent pas à se soustraire à cette singulière attaque, dont leur imprévoyance ne leur permet pas de pénétrer l'issue. Les sauvages du Paraguay chassent aussi les Perroquets avec des flèches émoussées, pour les faire tomber et les étourdir sans les tuer. On dit encore qu'on peut les saisir vivants en les enivrant avec des graines du cotonnier arborescent.

Le nombre considérable d'espèces que contient ce genre a fait que beaucoup de zoologistes ont tenté de le diviser. Kuhl, dans sa belle monographie de ces animaux, les a partagés heureusement en six groupes, en considérant principalement la structure de leur queue, l'état des joues et la disposition des plumes de la nuque ; ce sont les suivants : les Aras, les Perruches, les Psittacules, les Perroquets, les Kakatoès, et les Microglosses ou Proboscigères.

Les ARAS offrent une queue longue et étagée, puis leurs joues sont nues. Ce sont les Perroquets dont la taille acquiert le plus de développement et qui présentent un plumage orné des couleurs les plus vives. Leur patrie est l'Amérique méridionale et les Antilles.

Les **PERRUCHES** portent aussi, comme les espèces du groupe précédent, une queue longue et étagée, mais leurs joues sont garnies de plumes. Cependant cette coupe subgénérique possède quelques espèces qui font le passage à la précédente par leurs yeux, dont le tour est dénué de plumes, et qu'à cause de cette particularité on nomme *Perruches aras*.

La *Perruche d'Alexandre*, qui vit dans l'Inde, et à laquelle on a donné le nom de ce conquérant parce que ce fut lui qui, dit-on, l'apporta en Grèce, est la plus anciennement connue. C'est évidemment elle dont parlent Pline et Apulée. Son plumage est d'un beau vert, avec une tache noire sous la gorge et une marque rouge sur la nuque.

Les **PSITTACULES** ont une queue très-courte, arrondie ou aiguë, et leurs joues sont emplumées. Ce sont des espèces peu volumineuses, qui sont à la fois répandues dans l'Asie, l'Afrique, l'Amérique, l'Australie et un grand nombre d'îles.

Les **PERROQUETS** portent une queue égale ou carrée ; ils sont dépourvus de huppe, et leur face est emplumée. Les espèces de cette coupe sont répandues dans toutes les parties du globe situées entre les tropiques.

Le *Perroquet cendré*, qui est appelé vulgairement *Jako*, est originaire de la côte occidentale de l'Afrique. C'est celui que l'on préfère, à cause de sa docilité et de la facilité avec laquelle on lui apprend à parler.

Le *Perroquet amazone* est l'espèce à plumage vert qui nous est le plus fréquemment apportée ; on lui enseigne aussi facilement à parler qu'au précédent. Il habite l'Amérique méridionale.

Les **KAKATOÈS** portent sur la tête une huppe qui se hérisse à leur volonté, et leurs joues sont emplumées. Les espèces qui appartiennent à ce groupe sont principalement originaires de la Nouvelle-Hollande, ainsi que des îles de l'Océanie, et elles paraissent se complaire dans les endroits marécageux.

Les **MICROGLOSSES**, appelés *Perroquets à trompe*, se font remarquer par la forme de leur langue, qui est étroite et se termine par une sorte de petit gland corné, creusé en cupule et supporté sur un pédicule cylindrique, allongé. En outre, leurs joues sont nues, et ils ont une petite huppe sur la tête. Ces Perroquets habitent l'Inde.

ORDRE DES RAVISSEURS.

Sternum sans échancrures ; bec robuste , crochu ; pieds très-forts , à trois doigts devant et un derrière , armés d'ongles ordinairement acérés.

Ces oiseaux, nommés par Linnée Accipitres, représentent, dans leur classe , ce qu'est l'ordre des Carnassiers dans la précédente. Les Ravisseurs se nourrissent ordinairement de chairs palpitantes ; ils déchirent les autres espèces, et ne craignent même pas d'attaquer les mammifères et les reptiles , qu'ils combattent avec avantage à l'aide de leur bec redoutable et de leurs vigoureuses pattes , et qu'ils enlèvent parfois en fuyant dans leur vol rapide. Ce sont des animaux sauvages et farouches , qui placent leurs habitations sur la cime inaccessible des montagnes , ou dans les monuments que leur vétusté a fait abandonner par l'homme.

FAMILLE DES DIURNES.

Tête comprimée latéralement ; bec muni d'une cire ; yeux dirigés de côté ; doigts externe et médian un peu réunis.

Toutes les espèces de ce groupe ont le plumage serré et les ailes puissantes ; aimant l'aspect de la lumière, on les voit souvent s'élever à d'immenses hauteurs , se perdre dans les nuages et traverser rapidement l'atmosphère en poursuivant tous les oiseaux qui s'offrent sur leur passage.

SECRÉTAIRES. *Serpentarius.* Jambes très-longues , totalement emplumées ; tarses extrêmement longs ; ongles émoussés. — Quelques ornithologistes , entraînés par la seule considération de l'extrême longueur des jambes des Secrétaires , et négligeant tous les autres rapports organiques de ces animaux, les avaient placés dans l'ordre des Échassiers. C'était à tort, car le caractère fondamental de ces derniers oiseaux réside moins dans la longueur des membres postérieurs que dans la dénudation d'une grande partie de la jambe, qui , chez eux , est privée de plumes dans toute sa région inférieure. Au contraire , les Secrétaires ont cette partie du membre totalement emplumée comme les autres oiseaux de proie , et ils offrent en outre des caractères qui leur sont communs avec eux ; tels sont leurs doigts, qui présentent à peu près la même disposition que les leurs, mais dont les ongles se trouvent émoussés par la marche ; telles sont encore la forme de leurs ailes , et surtout la structure de leur bec, qui est crochu et tranchant comme celui des Ravisseurs, parmi lesquels ce serait méconnaître toutes les analogies que de ne pas placer ces animaux.

La structure ambiguë de l'espèce unique qui forme ce genre ayant
excité la curiosité, on lui a imposé divers noms indiquant quelques particularités de son organisation ou de ses mœurs. Le plus répandu est
celui de *Secrétaire*, par lequel on a voulu rappeler que les plumes
raides qui se trouvent derrière sa tête lui donnent l'apparence éloignée de quelques écrivains qui ont l'habitude de placer leur plume
derrière leurs oreilles. La dénomination de *Messager,* sous laquelle on
désigne aussi cet oiseau, lui a été donnée en raison de la longueur de
ses jambes, et surtout de la rapidité de sa course ; celle de *Mangeur
de Serpents*, que lui imposa Levaillant, ainsi que celle de *Serpentaire*,
indiquent la guerre acharnée qu'il livre aux Ophidiens, et sa nourriture de prédilection dans les contrées qu'il habite ; enfin on a ajouté
à la nomenclature de cet animal le nom de *Gypogéranus*, qui signifie
Grue-Vautour, et rappelle les rapports de ce singulier animal avec les
Échassiers et les oiseaux de proie.

Le *Secrétaire* se trouve dans une grande partie de l'Afrique méridionale, et surtout aux environs du cap de Bonne-Espérance. Il abonde
principalement dans les lieux arides et découverts très-peuplés de
reptiles, parce que ce sont ceux-ci qui forment sa principale nourriture.
Il en engloutit une quantité considérable pour satisfaire son appétit ;
aussi, comme il s'attaque même aux Serpents les plus venimeux, sa
présence dans quelques contrées, qu'il purge de ces hôtes dangereux,
semble un bienfait de la sagesse providentielle. Son avidité est telle,
que Levaillant trouva, dans l'estomac d'un de ces oiseaux qu'il tua,
vingt et une petites Tortues entières d'environ deux pouces de long,
onze Lézards, trois Serpents de la longueur du bras, puis une multitude de Sauterelles et d'autres insectes.

La finalité organique de cet oiseau est en rapport avec ses mœurs.
Destiné à se nourrir de reptiles qui vivent à la surface de la terre, le
vol lui était moins utile qu'une course rapide ; aussi, chez lui, si le
squelette ressemble, au fond, à celui des Aigles, on voit qu'il en diffère
par des ailes moins développées, et que conséquemment le Secrétaire
a un vol moins parfait qu'eux. Au contraire, le système osseux des
membres postérieurs est très-ample, et l'on trouve en même temps
un bassin dont les os sont vastes et décèlent l'insertion des muscles
vigoureux qui servent pour la course. Ces Ravisseurs ont des ailes
armées d'éperons obtus qui ajoutent à leur puissance ; et les rendent
plus redoutables pendant leurs combats.

Le Secrétaire ne s'élève jamais à de grandes hauteurs, mais la longueur extraordinaire de ses pattes lui permet de courir fort vite ; aussi
quand on le poursuit, même à cheval, il se borne souvent à fuir en
courant sans s'aider de ses ailes.

Quoique se trouvant parmi les oiseaux carnassiers, le Secrétaire est
cependant remarquable par sa douceur et en ce qu'il s'apprivoise avec
facilité ; aussi il nous semble qu'à cause de cette aménité de mœurs, et
de l'état mousse de ses ongles, il représente exactement dans son

groupe ce qu'est le Guépard au milieu des mammifères du genre Chat. Cet oiseau peut être placé dans les basses-cours, car on dit qu'il n'attaque même pas les Poussins. Bien mieux, il fait en quelque sorte la police parmi les volailles : ennemi du tumulte, aussitôt qu'elles se battent il les sépare et éloigne les agresseurs.

On doit à Levaillant une histoire des mœurs des Secrétaires, dans laquelle les zoologistes ont puisé beaucoup de détails, comme nous allons le faire nous-mêmes. Les procédés par lesquels cet oiseau détruit les Serpents sont assez curieux pour ne pas être passés sous silence. Lorsqu'il en surprend d'engourdis, il se contente de les saisir vers la tête, puis de les enlever à une grande hauteur et de les laisser lourdement tomber sur la terre ; après il lui est facile de les dévorer sans danger. Mais lorsqu'un Secrétaire rencontre un Serpent qui est sur ses gardes et s'apprête à résister, il l'attaque avec précaution : cet oiseau, à l'aide de l'une de ses ailes qu'il place au-devant de lui, s'abrite le corps comme le fait un soldat avec son bouclier ; le reptile, en le voyant s'approcher, se redresse et s'apprête à s'élancer sur lui, mais à ce moment le Secrétaire le frappe violemment avec son autre aile, dont les proéminences osseuses et les fortes plumes lui portent des coups qui l'étourdissent ou le tuent ; puis il se recule immédiatement pour observer le résultat de son agression, et si le Serpent n'est que faiblement atteint, l'oiseau immédiatement renouvelle son attaque. Lorsque le reptile fuit, le Messager ne cesse pas de le poursuivre, en lui assénant une suite de coups ; puis il le lance en l'air, et quand l'animal retombe il l'achève à coups de bec sur la tête.

C'est vers le milieu de l'été que les Secrétaires entrent en amour. A cette époque les mâles se livrent entre eux de rudes combats pour la possession des femelles : celles-ci suivent ceux qui sont vainqueurs, s'y attachent pour ne plus les abandonner, et construisent leur nid de concert avec eux. Celui-ci, qu'ils placent au haut des arbres ou des buissons touffus, ressemble à une aire et offre environ trois pieds de diamètre. La ponte se compose de deux ou trois œufs de la grosseur de ceux des Oies ; ils sont blancs avec des points roux.

L'antiquité a connu l'oiseau dont nous venons de tracer la description. Il ne peut y avoir aucun doute à cet égard, et les monuments de cette époque attestent même que l'on avait déjà alors des notions sur ses mœurs. En effet, dans la salle des animaux, au Vatican, j'ai rencontré plusieurs sculptures en marbre qui représentent des Secrétaires, et parmi ces oiseaux l'un d'eux dévore même des Serpents qui assaillent une Chèvre. Un autre, je ne sais dans quel but, est sculpté sur un tombeau. Montfaucon a reproduit dans ses planches des Secrétaires qui se trouvent sur des monuments anciens ; mais, par défaut de connaissances zoologiques, il leur donne le nom d'Ibis. Les cabinets des curieux possèdent aussi des pierres gravées antiques, sur lesquelles on voit des Secrétaires assez exactement reproduits et tenant des Serpents entre leurs pattes.

Cet oiseau pouvant rendre de grands services à l'homme en détruisant une abondance de Serpents venimeux, on a essayé de le naturaliser dans quelques pays infestés par ces reptiles dangereux ; c'est à cet effet qu'on l'a importé dans quelques-unes des Antilles et aux îles Philippines. Sonnerat l'a observé en domesticité dans ces dernières, et l'on sait que les habitants du Cap l'élèvent dans leurs basses-cours, pour faire la police parmi leurs volailles et détruire les reptiles et les Rats qui fréquentent leurs habitations.

FAUCONS. *Falco.* Tête et cou emplumés ; bec fort, ordinairement courbé à partir de sa base, qui est recouverte d'une cire. Ongles très-forts, crochus, aigus, rétractiles. — Ces animaux, que l'on désigne fort souvent sous les noms d'*oiseaux de proie diurnes* ou d'*accipitres*, se font généralement remarquer par la beauté de leurs formes et leur attitude noble et audacieuse. On ne peut leur assigner de limites géographiques, car ils sont répandus sur toutes les parties du globe. Les lieux qu'ils affectionnent sont particulièrement les gorges des montagnes élevées, les endroits solitaires, ou les monuments en ruine.

Les oiseaux de ce genre possèdent un vol puissant et rapide, qui est une conséquence de leurs besoins ; chez eux aussi, pour les mêmes fins, la vue est perçante et s'exerce avec une égale perfection aux plus extrêmes distances, de manière que lorsqu'ils planent dans les nues ils n'en aperçoivent pas moins les plus faibles animaux qui s'agitent à la surface du sol, et sur lesquels ils fondent immédiatement.

En général les Faucons sont d'un naturel solitaire et sauvage ; ce n'est qu'avec peine qu'on les apprivoise, et ils perdent rarement l'occasion de recouvrer la liberté, pour laquelle ils semblent avoir un penchant irrésistible. Ces oiseaux sont courageux et cruels, et leur vie est un perpétuel combat, car ils ne satisfont leurs besoins que par la violence ; en effet, ils ne se repaissent que de chairs palpitantes et dédaignent les viandes corrompues, excepté lorsque la faim les tourmente à l'excès. Les grandes espèces de Faucons attaquent les mammifères vigoureux ; les autres se contentent de faibles oiseaux et d'insectes. Au lieu de se repaître sur place des animaux qu'ils ont vaincus, souvent ces Ravisseurs saisissent leur proie avec leurs serres et l'emportent dans leur aire.

Tantôt ces oiseaux placent leur nid parmi les rochers élevés et inaccessibles, tantôt ils le construisent dans les habitations désertes ou les sommets des arbres. La ponte des grosses espèces est communément de deux à trois œufs, mais les petites en produisent jusqu'à six ou sept. Les Faucons ne paraissent pas avoir tous pour leur couvée cette grande sollicitude que l'on rencontre généralement parmi les êtres de leur classe ; et comme si l'habitude du carnage étouffait chez eux l'affection que les animaux doivent à leur progéniture, on les voit parfois dévorer leurs petits, scandale dont les familles granivores n'offrent jamais d'exemples.

La mue de ces oiseaux n'a lieu qu'une fois chaque année, et leur plumage offre de grandes différences selon l'âge : celles-ci sont telles qu'une espèce n'est nullement reconnaissable quand on la considère à diverses périodes de sa vie ; aussi les ornithologistes ont souvent donné plusieurs noms à un même Faucon. Quelques-uns des animaux de ce genre ne se parent même de leur plumage parfait que vers la quatrième ou la sixième année.

Le nombre considérable d'espèces que contient ce grand genre linnéen a engagé les zoologistes à y admettre plusieurs divisions. On l'a partagé en deux sections principales : les Oiseaux de proie nobles et les Oiseaux de proie ignobles.

Les *Oiseaux de proie nobles* sont ceux qui, comme les Faucons proprement dits, ont des ailes dont la première penne est presque aussi longue que la seconde, qui est la plus étendue. Cette disposition donnant à leurs ailes une forme aiguë, il en résulte, comme le dit Cuvier, des habitudes particulières à ces Ravisseurs : la longueur des pennes de leurs ailes en affaiblit l'effort vertical et rend leur vol, dans un air tranquille, très-oblique en avant ; ce qui les contraint, quand ils veulent s'élever perpendiculairement, de voler contre le vent. Ces oiseaux ont en outre le bec armé de fortes dents. Ce sont les plus dociles du genre et ceux dont on tire le plus de parti dans la fauconnerie.

Les *Oiseaux de proie ignobles*, que l'on a injustement flétris par ce nom, sont ceux que l'on ne peut facilement dresser à la fauconnerie, soit à cause de l'imperfection de leurs ailes, soit à cause de leur indocilité. Dans cette tribu, bien plus nombreuse que la précédente, et qui comprend les Aigles et tous les autres Faucons, la plus longue penne des ailes est presque toujours la quatrième, et la première est extrêmement courte, de manière que lorsque l'on considère la figure de l'aile, il semble que celle-ci ait été tronquée par le bout. Cette conformation rend le vol de ces oiseaux moins puissant qu'il n'est dans ceux de l'autre groupe, et leur bec est moins bien armé, parce qu'il n'a point de dents à son extrémité, mais seulement une légère ondulation qui les remplace.

Temminck, qui a étudié spécialement ce genre, l'a divisé en huit sections, qui sont : les Faucons proprement dits, les Aigles, les Autours, les Busards, les Buses, les Caracaras, les Cymindis et les Milans. Nous suivrons la distribution de ce savant ornithologiste.

Les **FAUCONS PROPREMENT DITS** ont leur mandibule supérieure armée d'une forte dent de chaque côté qui s'engage dans une échancrure de l'inférieure. La structure du bec et des ailes de ces oiseaux influe sur leurs habitudes ; étant mieux armés que leurs congénères, ils sont, proportionnellement à leur taille, plus courageux qu'eux.

Le *Faucon commun* se rencontre particulièrement dans tout le nord du globe, mais son vol est si rapide et si puissant qu'il n'est presque aucun lieu de la terre où il ne parvienne; ce sont principalement les montagnes qu'il fréquente, et il ne descend parmi les plaines que pour y chasser, quand le gibier lui manque dans les régions plus élevées. Cet oiseau est de la taille d'une poule et se reconnaît toujours, malgré les variations de son plumage, à une moustache triangulaire, noire, qu'il a sur la joue, et qui est plus large que dans aucune autre espèce.

Cet animal est extrêmement carnassier, et pour se nourrir il attaque souvent de gros oiseaux, tels que des Oies, des Canards et des Pigeons; il se rue aussi sur le Milan, soit pour le harceler, soit dans l'intention de lui ravir sa proie. En général, le Faucon, pour attaquer ses victimes, s'élève d'abord assez haut, puis fond sur elles verticalement, comme s'il tombait des nues; ce qui fait, dit Cuvier, qu'il ne peut prendre les oiseaux qu'au vol, autrement il se briserait dans sa chute.

La femelle niche ordinairement dans les fentes des rochers; sa ponte est de trois ou quatre œufs, qui sont d'un jaune rougeâtre avec des taches brunes. Cette espèce paraît pouvoir parvenir à un âge avancé. On dit qu'un habitant du cap de Bonne-Espérance en captura un individu en 1793, qui était armé d'un collier d'or, sur lequel une inscription gravée apprenait qu'en 1610 cet oiseau appartenait à Jacques I, roi d'Angleterre. Cet animal, quoiqu'il fût encore vigoureux, devait donc avoir plus de cent quatre-vingts ans.

Le courage, l'intrépidité et l'intelligence du Faucon donnèrent à l'homme l'idée de l'employer à la chasse; on le fit fort anciennement, et cette coutume ne tomba en désuétude qu'à l'époque de l'invention des armes à feu. Cependant les nations primitives ne paraissent pas avoir connu cet usage : Aristote est le premier qui en parle; puis Pline, et surtout Élien, en firent ensuite mention. Mais ce fut principalement durant les temps de la féodalité que les grands seigneurs s'éprirent en Europe de la passion de la chasse au Faucon; alors l'art de dresser cet oiseau fut érigé en véritable science, et une foule de graves auteurs s'en occupèrent à l'époque du moyen âge et à celle de la renaissance des lettres, tels furent, parmi les plus célèbres, Aldrovande et Albert le Grand.

Le Faucon commun n'était pas le seul des oiseaux nobles qu'on dressât à la chasse; on y employait aussi quelques autres espèces de ce genre, que nous allons citer, et selon leur force et leur instinct on leur apprenait à attaquer des animaux différents; l'on en dressait pour sept sortes de chasses : pour le Milan, le Héron, la Corneille, la Pie, le Lièvre, pour les oiseaux des champs et pour ceux qui fréquentent les rivières. Quelquefois on dressait même des Faucons pour attaquer les Cerfs et surtout les Chevreuils. Les voyageurs rapportent qu'actuellement encore, en Orient, on les emploie pour chasser les Gazelles.

Il paraît que c'était en les tenant dans des lieux obscurs et en les épuisant par le jeûne et la fatigue qu'on parvenait à dompter les Faucons, puis en les accoutumant, peu à peu, à poursuivre tel ou tel gibier.

Un mois suffisait souvent pour leur éducation , et lorsque les chasseurs sortaient avec eux ils leur mettaient sur la tête un *chaperon* , qu'on ne leur retirait qu'au moment où on allait les lancer sur quelque animal.

Le *Hobereau* , qui vit en France et se trouve aussi en Sibérie , est moitié moins fort que le Faucon commun ; il est brun en dessus et blanchâtre sous le ventre , avec des taches brunes. Cet oiseau préfère les forêts qui sont bordées de champs , probablement parce que sa nourriture se compose en grande partie d'Alouettes. Il est assez rebelle à la fauconnerie.

L'*Émérillon* , qui habite l'Europe et se plaît dans les montagnes boisées , est cendré en dessus et tacheté de noir ; c'est le plus petit de nos oiseaux de proie ; sa taille ne dépasse guère celle d'une Grive. Il niche dans les rochers. C'est l'espèce qui se prête le plus docilement à la fauconnerie ; aussi on la dressait souvent pour chasser des petits oiseaux , tels que des Alouettes et des Cailles.

La *Cresserelle* , qui est vulgairement appelée *Émouchet* , se trouve communément en France et tire son nom de son cri aigu. Cette espèce est rousse , tachée de noir , et niche souvent dans les vieilles tours , les monuments en ruines et les masures. Là elle se nourrit de petits Rongeurs , tels que des Rats , des Souris et des Mulots , ou bien elle attrape des reptiles ou de faibles oiseaux.

Le *Gerfault* , ou Faucon d'Islande , qui réside dans le nord de l'Europe , et dont la taille est plus considérable que celle du Faucon commun , était le plus estimé de tous les oiseaux employés dans la fauconnerie , à cause de son ardeur à la chasse et de sa docilité ; c'était surtout lui que l'on dressait pour attaquer les gros oiseaux des marais.

Les AIGLES offrent un bec sans dentelures , qui est droit vers sa base et seulement courbé à son extrémité ; leurs tarses sont courts et ils ne dépassent guère en longueur le doigt moyen.

Ces oiseaux , qui présentent un naturel farouche et sauvage , ne se plaisent que dans les montagnes et les lieux les plus déserts ; ils sont assez rares dans les îles et principalement parmi celles qui n'ont qu'une médiocre étendue , parce qu'elles ne leur fournissent point assez de gibier ; cependant on y rencontre des Aigles pêcheurs , qui , se nourrissant particulièrement de poisson , peuvent y pourvoir facilement à leurs besoins.

L'aspect majestueux de ces oiseaux, l'audace qui brille dans leur regard , leur force et leur courage qui surpassent ceux de tous les animaux de leur classe , les ont fait choisir parmi les anciens peuples comme le symbole de la valeur. Ce fut aussi à ces avantages physiques que les Aigles durent le caractère noble et généreux que les traditions leur prêtent depuis si longtemps , mais qu'ils sont loin de posséder. En effet, on a souvent répété que la noblesse des Aigles leur faisait dédaigner des proies trop faciles à vaincre ; il n'en est cependant rien, et si ces oiseaux ne se précipitent pas sur ceux qui sont trop petits , ce n'est nullement par générosité , mais bien parce qu'ils ne leur offrent pas une pâture assez volumineuse pour satisfaire leur voracité, et surtout parce que les petites espèces pouvant facilement se dérober parmi les buissons et échapper à leur poursuite, ils savent qu'il est inutile d'essayer de les atteindre.

Ces Ravisseurs, ainsi que beaucoup de Carnassiers, malgré leur avidité, paraissent cependant, dans les cas extrêmes, pouvoir se passer longtemps d'aliments. Buffon rapporte qu'un Aigle commun que l'on avait pris dans un piége vécut environ quarante jours sans prendre de nourriture, et aucun indice ne révéla chez lui un affaiblissement sensible, excepté pendant les huit derniers jours de son existence; alors on le tua.

Spallanzani semble avoir expliqué, par l'observation de l'organisme, la grande facilité avec laquelle les Aigles supportent de longs jeûnes. Il reconnut que chez un de ces oiseaux la capacité du jabot était à celle de l'estomac dans la proportion de trente-huit à trois; de manière que quand cet animal trouvait l'occasion, dans un seul repas, de gorger d'aliments sa première cavité digestive, cela lui suffisait pendant plusieurs jours pour fournir de la substance nutritive à l'activité des autres poches stomacales.

Lorsqu'un Aigle a terrassé sa proie, il ne la dévore pas sur le lieu même, mais souvent il la saisit avec ses serres, et quoiqu'elle soit parfois d'une assez forte pesanteur, à l'aide de son vol puissant, il la transporte dans son aire, et là s'en repaît à loisir et la déchire en lambeaux.

Les oiseaux de ce groupe ne se nourrissent que de chairs palpitantes, et ce n'est que lorsqu'ils sont excessivement affamés qu'ils se jettent sur les animaux morts. Ce sont ordinairement de gros oiseaux, des Lièvres et des Agneaux qu'ils attaquent; souvent aussi ils s'emparent de vive force de Chevreuils, de Daims et de jeunes Cerfs. Les habitants des montagnes accusent même l'Aigle impérial et l'Aigle royal d'avoir parfois enlevé des enfants. Le fait suivant, qui a été constaté par le témoignage des ornithologistes de la Suisse, et que nous avons eu l'occasion de vérifier, vient attester la véracité de leurs récits. Le 18 juin 1838, deux enfants, Marie Delex, âgée de cinq ans, et Marie Lombard, qui n'avait que trois ans, se jouaient ensemble parmi les rochers d'Alesse, canton du Valais; tout à coup un Aigle royal se précipita sur Marie Delex et l'enleva dans les airs. Aux cris de sa compagne des paysans accoururent, et l'on chercha partout l'enfant, mais en vain; on ne trouva qu'un de ses souliers aux bords d'un énorme précipice. Après beaucoup de temps consacré en recherches, on découvrit le nid de l'Aigle, dans lequel étaient deux petits au milieu d'une grande quantité d'ossements de Chèvres et de Moutons, mais aucun vestige de l'enfant ne s'y trouvait. Ce ne fut que le 15 août qu'un berger trouva le cadavre de Marie Delex, mutilé d'une manière affreuse et gisant sur un rocher, à une demi-lieue de l'endroit d'où elle avait été enlevée.

Ces oiseaux placent ordinairement leur nid parmi les rochers, et l'on en rencontre près des plus bruyantes cataractes. On dit que les environs des chutes du Niagara et du Missouri en sont encombrés ; ce nid, auquel on donne plus particulièrement le nom d'*aire*, est considérable et parfois large de quatre à cinq pieds ; il est construit avec des branches d'arbres entrecroisées, et sert souvent pendant toute la vie au couple qui l'a édifié ; mais son aspect change avec le temps, parce que les Aigles amassent tout autour les ossements des animaux qu'ils dévorent dans cette retraite, de manière que ses bords s'élèvent successivement, en même temps que ce nid devient un charnier infect.

Les femelles pondent deux ou trois œufs chaque fois ; l'incubation n'est que d'environ trente jours. L'éducation des petits est rapide ; leurs parents commencent par leur apporter des fragments de chairs encore palpitantes, puis ensuite des animaux vivants. L'activité qu'ils déploient alors pour nourrir leur progéniture et la quantité de chairs qu'ils ravissent sont tels, que l'on cite plusieurs exemples de pauvres habitants de quelques montagnes qui se sont alimentés, pendant des saisons entières, en ravissant aux Aiglons la nourriture que leur apportaient sans cesse leurs parents. Aussitôt que les petits sont assez forts, le père et la mère leur apprennent à chasser, et l'on dit que lorsqu'ils sont assez grands pour pourvoir seuls à leur nourriture, ceux-ci se hâtent de les expulser du canton dont ils épuiseraient les ressources. La vie de ces oiseaux est fort longue, et quelques savants pensent qu'elle se prolonge plus d'un siècle. Klein rapporte qu'à Vienne un Aigle royal, qui était privé, vécut cent quatre ans.

Malgré l'indocilité ordinaire aux Aigles, il paraît qu'on est quelquefois parvenu à les employer dans la fauconnerie, mais leurs caprices et leurs colères les rendaient dangereux pour ceux qui s'en servaient ; aussi les nations européennes n'en ont guère fait usage pour la chasse. Mais il semble certain, d'après Marc Paul, qu'en Tartarie on en dressait une espèce à laquelle on enseignait à terrasser les Lapins, les Renards et même les Loups. Pallas confirme ce fait, en rapportant que les habitants d'Orembourg dénichent les petits de l'Aigle royal pour les ve...dre aux Kirguis, qui les payent fort cher. Ceux-ci les dressent à la chasse du Renard, du Loup et du Chevreuil. Et comme ces Tartares prétendent juger, par certains signes, de la capacité que ces oiseaux ont à être instruits, le savant naturaliste dit que les Kirguis restent des heures entières assis devant un Aigle pour observer ses qualités et ses défauts, et qu'ils donnent souvent un très-beau cheval pour un de ces oiseaux.

L'*Aigle royal*, dont la femelle a environ trois pieds et demi de longueur, porte un plumage plus ou moins brun, et une queue noirâtre marquée de bandes irrégulières cendrées. Il se trouve dans les deux continents, où il s'étend sur des latitudes assez diverses, puisqu'il en existe dans l'Atlas et en Sibérie. Il est assez commun dans les Alpes, les Pyrénées et les montagnes du centre de la France.

L'*Aigle impérial*, qui est un peu plus trapu que le précédent, réside en Afrique et parmi les hautes montagnes du midi de l'Europe.

C'est sur lui, ainsi que Cuvier l'a dit, que l'on se plaît à reporter les récits exagérés que les anciens faisaient de la force, du courage et de la magnanimité de leur *Aigle doré*. Son plumage est brun sur le dos, avec quelques plumes d'un blanc pur.

Cet oiseau, par la noblesse de son attitude, par la fierté de son regard et par son vol audacieux, captiva l'admiration des anciens, qui le consacrèrent à Jupiter et le représentèrent avec ses foudres dans les serres. L'Aigle presque déifié était considéré par les augures comme le messager des dieux, et il passait dans l'antiquité pour porter dans les cieux les âmes des héros et des empereurs. Sur divers monuments il est même figuré accomplissant cette mission ; c'est ce que nous avons observé entre autres à Rome, sur la voûte de l'arc de Titus, où se trouve sculpté l'apothéose de cet empereur : celui-ci est ravi à la terre par un Aigle, sur lequel il se trouve assis, et dont il tient chaque aile avec une de ses mains. On connaît une belle agate qui reproduit celle de Germanicus d'une manière à peu près semblable ; il en est de même d'une médaille de la Bibliothèque du roi, qui représente l'apothéose d'Auguste. C'était à cause de cette fonction attribuée à l'oiseau qui nous occupe qu'on l'a figuré si fréquemment sur les tombeaux romains, et que l'on avait l'habitude, chez cette nation, d'en laisser échapper un du bûcher des empereurs au moment où l'on y mettait le feu.

L'Aigle avait aussi été choisi comme symbole par diverses nations anciennes, sur les médailles desquelles il est représenté, telles sont celles des Brutiens, d'Abidos, etc. Les Perses et les Romains, et par suite un grand nombre de peuples, le considérèrent comme l'emblème de la victoire, et le placèrent sur les enseignes de leurs armées.

Certains ornithologistes ont appelé *Aigles pêcheurs* quelques-uns des oiseaux de ce sous-genre qui, au lieu d'avoir les tarses emplumés comme les *Aigles proprement dits*, ont seulement des plumes sur la moitié supérieure de cette région. On peut admettre cette sous-division, puisqu'il y a des différences dans leur organisation, et que celles-ci concordent avec d'assez notables différences dans leurs mœurs. En effet, cette disposition, qui semble les rendre plus aptes à une vie un peu aquatique et à plonger leurs pattes dans l'eau, paraît influer beaucoup sur leurs habitudes, puisque tous les Aigles qui offrent cette organisation, quoiqu'étant de la même taille que les précédents et ayant des ailes taillées sur le même plan, ont cependant un habitat et une nourriture différents. Les Aigles pêcheurs fixent constamment leur résidence sur les rivages de la mer ou à l'embouchure des fleuves. Ils se nourrissent principalement de poissons qu'ils saisissent avec adresse en fondant sur eux quand ils viennent à la surface de l'eau, et parfois même en plongeant sous les flots pour les attraper ; fréquemment aussi ils dévorent des Phoques et des oiseaux de mer. Dans le cas où ces oiseaux se sont emparés d'une proie trop pesante pour qu'ils puissent l'enlever de l'eau, ils l'entraînent vers le rivage en volant à reculons. Mais on dit que lorsque ces Aigles ont enfoncé leurs serres dans le corps de quelques Cétacés ou de certains Phoques assez robustes pour les entraîner au fond de l'eau avant qu'ils aient pu s'en dégager, alors ils poussent des cris perçants.

Les Aigles de mer placent leur aire sur les arbres. Celle-ci est construite avec de petites bûchettes qu'ils entrelacent solidement ensemble dans un large embranchement. Ces oiseaux recouvrent ces petits morceaux de bois d'un lit de feuilles et de mousse, et ils mettent par-dessus une nouvelle couche de bûchettes sur laquelle sont déposés leurs œufs, sans qu'on puisse apprécier la cause de ce singulier arrangement. Les petits sont ordinairement au nombre de deux ; ils restent au nid jusqu'à un âge fort avancé, et souvent ils reçoivent encore de la nourriture quoique étant aussi gros que leurs parents.

L'*Orfraie* et le *Pygargue*, qui ne sont qu'une même espèce à des âges différents, appartiennent à ce démembrement du sous-genre Aigle. Cet oiseau, qui a aussi été nommé *Aigle de mer*, se trouve dans tout le nord du globe, surtout vers ses régions les plus froides, et en hiver il est assez commun sur les rivages de l'Angleterre et de la France. Son vol n'est pas tout à fait aussi élevé et aussi rapide que celui des Aigles proprement dits ; il chasse de nuit et de jour, et l'on assure qu'il voit mieux pendant les ténèbres que les autres oiseaux diurnes.

L'*Aigle destructeur* ou *grande Harpie* appartient également à cette sous-division ; il vit dans l'Amérique méridionale ; sa taille surpasse celle de l'Aigle commun, et il offre quelque chose dans son port qui rappelle celui des Ducs ; son plumage est cendré au cou et à la tête, et il porte sur celle-ci une espèce de huppe noire. C'est un des oiseaux dont les serres et le bec sont le plus terribles, et il est d'une si grande force que l'on dit qu'avec ce dernier il lui est parfois arrivé de fendre le crâne à des hommes. Cet Aigle se nourrit particulièrement de Paresseux, et souvent on le voit enlever des Faons (Pl. 9).

Les AUTOURS se font remarquer par la grande longueur de leurs tarses et la brièveté de leurs doigts. Ce sont des oiseaux qui volent avec vélocité, mais s'élèvent peu ; ils sont d'un naturel rusé, et, comme ils se prêtent facilement aux travaux de la fauconnerie, on les employait souvent autrefois à la chasse.

L'*Autour ordinaire* se rencontre en France parmi les montagnes. Il est de la taille du Gerfault, mais sans en avoir le courage ; son plumage est brun en dessus et blanc en dessous, avec des raies foncées en travers. Cette espèce servait autrefois dans la fauconnerie, mais seulement pour les gibiers faibles. Ce qui engageait à l'employer, c'est qu'on trouve chez elle plus de docilité que dans aucun autre oiseau du même genre : elle se nourrit de Pigeons, d'Écureuils, de Souris et d'autres petits animaux.

L'*Épervier commun*, qui est assez répandu en France, ressemble à l'Autour par sa coloration ; mais ses jambes sont plus hautes et sa taille est d'un tiers moindre. On l'employait autrefois dans la fauconnerie, et on le dressait principalement pour la chasse de plusieurs petites espèces, telles que des Cailles, des Grives et des Perdrix. Il se nourrit de faibles oiseaux, de Lézards et de Limaçons.

Cet oiseau était sacré pour les Égyptiens, et, à ce que dit Hérodote, lorsqu'un particulier en tuait un, même par mégarde, il était irrémissiblement mis à mort. Plutarque nous apprend que ce peuple représentait Osiris tantôt sous la figure d'un Épervier, tantôt sous celle d'un homme portant une tête de cet animal, et il ajoute que plusieurs considéraient ce dieu comme le soleil : cette version fut adoptée par Winckelmann et les antiquaires. Horapollo, entre autres significations qu'il donne à l'Épervier, dans son Traité des Hiéroglyphes, dit qu'il sert à peindre l'âme : son nom, dans l'ancienne Égypte, était *Baieth*, qui est dérivé de *bai*, ami, et de *eth*, cœur. Cet oiseau, suivant Homère, était consacré à Apollon dans la mythologie grecque, et Élien rapporte qu'on le vénérait aussi comme le messager des dieux, parce qu'il peut fixer le soleil.

Les **BUSARDS** ont des tarses longs, minces, et portent une sorte de collier formé par les bouts des plumes qui couvrent leurs oreilles. Nous en possédons trois espèces en France, parmi lesquelles on remarque le *Soubuse*, qui niche sur la terre et fixe souvent sa résidence dans les champs.

Les **BUSES** offrent un bec courbé dès sa naissance, et séparé des yeux par un espace nu ; leurs ailes sont de moyenne longueur. La *Buse commune*, qui est brune et plus ou moins ondée de blanc sous le ventre, se rencontre fréquemment dans nos forêts, et y reste constamment cantonnée. Cet oiseau a un aspect disgracieux, et son vol est lourd ; il se nourrit non en chassant sa proie de vive force, comme la plupart de ses congénères, mais en la guettant du haut des arbres et en fondant dessus à l'improviste, quand elle vient à passer. Il détruit beaucoup de gibier.

Les **CARACARAS** forment un sous-genre qui se distingue des précédents, parce que la face des espèces qu'il renferme est nue.

Les **CYMINDIS** constituent, dans le grand groupe des Faucons, une petite coupe sub-générique qui se reconnaît en ce que la mandibule supérieure des individus qui la composent est fortement arquée.

Les **MILANS**, qui forment le dernier sous-genre que nous mentionnerons, se font remarquer par leurs ailes qui sont excessivement longues, et par leur queue qui est fourchue ; à ces caractères, qui sont fondamentaux, on peut ajouter que chez ces oiseaux le bec et les serres sont proportionnellement moins forts que dans les autres Faucons, de manière qu'étant moins bien armés qu'eux pour le combat, ils sont d'un naturel timide et pusillanime, et ne s'attaquent qu'à de faibles proies, telles que de très-petits mammifères et même des insectes. L'extrême longueur des ailes de ces oiseaux leur donne un vol puissant et rapide, pendant lequel ils planent majestueusement dans l'air en décrivant d'immenses cercles. Malgré cela ils ne poursuivent pas leur proie en volant, mais fondent dessus quand elle est en repos.

Le *Milan commun* a pour résidence l'Asie et l'Europe ; il est fauve avec les pennes des ailes noires. C'est l'oiseau de nos pays qui se soutient en l'air le plus longtemps et avec le plus de calme et de majesté : il semble, comme le dit Buffon, que le vol soit son état naturel. Malgré la dénomination de Milan royal qu'on lui a donnée parfois, il n'en est pas moins un des oiseaux les plus lâches qui soient connus ; aussi cette épithète ne lui fut point imposée pour exprimer sa suprématie, mais pour rappeler que sa pusillanimité contribuait autrefois aux plaisirs des grands, qui le faisaient chasser pour leur amusement par l'Épervier, dont la taille est cependant beaucoup moins considérable que la sienne. Il est tellement poltron que les plus petits mammifères le font fuir, quoiqu'il soit d'une force beaucoup supérieure à la leur ; et malgré son goût prononcé pour les Poussins, quand il s'avise de les attaquer, la présence de leur mère suffit seule pour l'écarter : les Corbeaux le harcèlent même impunément, et souvent lui arrachent sa proie sans qu'il ose se défendre. Le naturel lâche et timide de cet oiseau carnassier le fait fréquemment manquer de nourriture ; aussi c'est un de ceux qui font communément usage de cadavres d'animaux.

VAUTOURS. *Vultur*. Tête et cou ordinairement nus ou revêtus de duvet ; mandibule supérieure droite dans la plus grande partie de son étendue, et recourbée seulement à son extrémité ; ongles peu crochus. — Les Vautours résident dans toutes les contrées de la terre ; cependant ils sont considérablement plus nombreux dans les régions équatoriales et tempérées que parmi les zones froides. Beaucoup d'espèces se cantonnent dans les plaines, d'autres s'établissent au sein même des villes, où leur existence semble liée à la civilisation ; enfin il en est dont le séjour habituel se trouve sur les plus hautes montagnes et vers la limite des neiges perpétuelles. La nécessité ne les contraignant pas à une vie solitaire comme les oiseaux de proie chasseurs, ils ne restent pas, comme eux, isolés et en petit nombre, dans chaque contrée, mais, au contraire, fort souvent ils se réunissent par bandes considérables.

La faiblesse des armes des Vautours relativement à leur taille, leur attitude, puis leur cou souvent dénudé, donnent à ces oiseaux un aspect disgracieux. Il en est beaucoup dont les ailes sont tellement longues qu'elles les gênent quand ils se sont abattus sur le sol, et qui sont obligés de les soulever à demi, pour les empêcher de traîner. Les pouces de ces oiseaux sont parfois assez petits et relevés pour ne pas toucher à terre, et leurs ongles, qui sont moins forts que ceux des Faucons, trahissent la faiblesse des ravisseurs de ce groupe.

Les Vautours se distinguent aussi des Faucons par leur attitude ; ils se posent toujours presque horizontalement, tandis que ces derniers affectent une situation relevée qui a plus de noblesse, et semble indiquer la fierté et l'audace. Le vol des oiseaux de ce genre est pesant et lourd, mais il en est parmi eux qui atteignent à des hauteurs prodigieuses; en s'élevant, ils ne peuvent imiter les Aigles et ravir leur proie dans les airs, pour aller la dévorer dans quelque lieu solitaire ; ils sont réduits à s'en repaître sur place, à cause de la faiblesse de leurs serres, qui ne leur permettent pas de la saisir assez fortement.

Les Vautours ne possèdent que de faibles armes, et presque tous sont excessivement lâches ; leur timidité est telle qu'ils n'osent même pas attaquer des oiseaux d'une taille de beaucoup inférieure à la leur. Cependant, parmi eux, il en est quelques espèces qui, ayant un bec plus robuste et des ongles plus forts que les autres, forment le passage aux Faucons et possèdent un peu de leur courage ; aussi ces Vautours, et tels sont les Gypaëtes, combattent parfois des animaux qui peuvent, par leur force, leur opposer quelque résistance.

La dissection de quelques Vautours a prouvé à Owen que les organes de l'odorat étaient fort développés chez ces oiseaux. Cependant Audubon, d'après ses expériences, a pensé qu'ils ne jouissent qu'à un faible degré de la faculté olfactive, et que c'est la vue qui leur révèle l'existence de leur proie. Mais M. Sells a rapporté des faits qui semblent devoir infirmer les idées de l'ornithologiste américain, et rétablir l'opinion générale, qui consiste à considérer ces Ravisseurs comme étant doués d'une olfaction très-fine. M. Sells cite particulièrement les deux cas suivants : un jour qu'il faisait, dans un moulin, l'autopsie d'une personne décédée depuis dix-huit heures, il trouva que déjà tout le toit était couvert de Vautours. Un des amis de ce monsieur étant mort, et n'ayant pu être enterré que trente-six heures après son décès, bien avant ce temps, les arbres voisins et la couverture de l'habitation du défunt étaient fréquentés par une quantité considérable de ces oiseaux. Dans ces deux circonstances, ceux-ci n'avaient pu être guidés par la vue, l'odorat seul avait dû les diriger. Ces observations semblent donc infirmer les expériences que nous avons citées en traitant des généralités des oiseaux; expériences qui, ayant été faites sur des animaux en captivité, et dont par conséquent la finesse des sens avait pu s'altérer, n'ont peut-être pas toute la valeur qu'on pourrait y attacher.

Ces oiseaux ne se nourrissent généralement que de chairs en putréfaction, et ce n'est que par exception que certaines espèces attaquent une proie vivante. Quand ils ont découvert quelque cadavre, ils s'en repaissent avec tant de gloutonnerie, que leur jabot forme une tumeur volumineuse au bas du cou; alors ils ont tellement augmenté leur pesanteur que, s'ils viennent à être surpris, ils ne peuvent plus s'envoler. Pendant leur digestion, les Vautours sont plongés dans une sorte de stupeur analogue à celle qu'éprouvent les Serpents, et leurs narines laissent écouler une humeur fétide.

Certains Vautours s'accommodent en quelque sorte de tout, et on les rencontre sur les grèves maritimes, vivant des immondices que la mer rejette de son sein, et s'y repaissant à la fois de poissons morts, de Mollusques, de Crustacés et même de fucus. C'est cette voracité, qui s'assouvit sur les moindres débris, qui a valu à quelques-uns de ces oiseaux la protection extraordinaire qu'on leur accorde dans plusieurs villes de l'Orient ou de l'Amérique méridionale. Là l'indolence et l'incurie des populations laissent entièrement aux Vautours le soin de purger la voie publique de toutes les matières animales ou putrescibles que l'on rejette des habitations. L'importance de ces animaux pour cette fonction était même si bien sentie en Amérique, qu'à l'époque du voyage de Dampier, dans plusieurs régions de cette partie du monde, les Espagnols défendaient de les tuer. Watterton dit que cela a encore lieu aujourd'hui à Angusture; dans cette ville, les lois protégent les Vautours; aussi ils y sont devenus aussi familiers que des oiseaux domestiques, et c'est à eux que l'on a confié l'enlèvement des débris des abattoirs qui l'infesteraient sans leur concours. A la Jamaïque on reconnaît si bien les services que rend le *Vultur aura*, qui s'y trouve fort abondamment, qu'il y a une amende de 125 francs contre quiconque tue un de ces animaux.

L'aire des Vautours est vaste, et, dans quelques espèces, environnée d'un talus de bûchettes liées par une sorte de mastic; le fond en est garni de paille et de foin, mais ses bords ne s'élèvent pas, comme cela a lieu pour celui des Aigles qui y amassent une si grande quantité d'ossements. Ces oiseaux n'ont ordinairement que deux à quatre œufs. Les parents nourrissent leurs petits en leur dégorgeant dans le bec ou près d'eux les débris des chairs dont leur jabot a été distendu. La mue n'a lieu qu'une seule fois par an dans les espèces de ce genre, et les deux sexes offrent la même livrée lorsqu'ils sont adultes.

La chair de beaucoup d'espèces de Vautours semble participer de l'odeur de leurs dégoûtants aliments; elle est infecte, et on ne la mange guère; aussi ces oiseaux rendent après leur mort peu de services. Cependant il paraît qu'à l'époque où Belon vivait, on arrachait les longues plumes de quelques Vautours, et que leur peau, dont le duvet était ainsi mis à nu, servait à orner les pelisses des habitants de l'Égypte ou pour faire des fourrures que l'on plaçait sur la poitrine.

On peut comprendre les Vautours dans trois sous-genres : les Gypaëtes, les Percnoptères et les Vautours proprement dits.

Les GYPAËTES n'ont que des plumes courtes et peu nombreuses sur la tête; ils offrent un bec robuste, et leurs narines sont environnées de poils roides. Ce sont les Vautours les plus courageux que l'on connaisse, et, contrairement aux habitudes de la majorité de leurs congénères, ils s'élancent sur les animaux vivants. C'est à leur aspect ainsi qu'à leurs mœurs, qui se rapprochent de ceux des grands Faucons, qu'ils doivent leur nom, qui est d'origine grecque, et veut dire *Vautour-Aigle*.

Le *Gypaëte barbu* est probablement la seule espèce que l'on connaisse, quoique l'on en ait décrit plusieurs. Sa dénomination spécifique provient d'une touffe de poils assez longs qu'il porte sous la mandibule inférieure. Les Allemands le nomment *Læmmer geyer* ou Vautour des Agneaux ; il se trouve parmi toutes les chaînes de montagnes de l'ancien continent ; assez rare dans les Pyrénées et les Alpes suisses, il se rencontre communément dans les montagnes du Tyrol et de la Hongrie. Cet animal est le plus grand des oiseaux de proie de l'ancien monde ; il atteint quelquefois quatre pieds de longueur et en présente jusqu'à neuf ou dix d'envergure ; un individu, qui fut tué pendant notre expédition en Égypte, surpassait encore ces dimensions, et, ayant été mesuré devant Monge et Berthollet, on reconnut qu'il avait plus de quatorze pieds d'une extrémité d'une aile au bout opposé de l'autre. Cet oiseau est noirâtre en dessus, et son cou et le dessous de son corps offrent une couleur fauve rougeâtre ; ses tarses sont emplumés.

Les Gypaëtes, ainsi que nous l'avons dit, sont les plus courageux des Vautours ; aussi, par l'audace qui les anime, comme par leurs formes, ils se rapprochent un peu des Aigles. Contrairement aux habitudes de leurs congénères, ils ne font que peu d'usage de charognes, et ils s'élancent sur les animaux vivants pour les terrasser ; les Agneaux, les Chèvres, les Chamois deviennent souvent leur proie ; mais trop lâches pour attaquer corps à corps ces animaux, ils les chassent quelquefois en les lançant vers des précipices, et quand ces timides Ruminants s'y sont brisés par leur chute, ils descendent les achever et les dévorent sur place, parce que leurs serres ne leur permettent pas de les enlever. Cependant les habitants des montagnes peuplées de Gypaëtes accusent ceux-ci d'avoir parfois ravi des enfants ; on assure aussi que dans quelques circonstances ils se sont rués sur des hommes endormis, et M. Hollard dit que ces oiseaux ne craignent pas d'attaquer les chasseurs dans les passages dangereux des hautes Alpes.

Ces animaux vivent ordinairement par paires, et ils construisent leur aire parmi les rochers les plus inaccessibles. Ce nid est d'une étendue fort considérable et formé de bûchettes ; on y trouve deux œufs.

Le Gypaëte des naturalistes modernes a été connu des Grecs et des Latins ; les premiers le nommaient *Phène* et les autres *Ossifraga*.

Les PERCNOPTÈRES manquent seulement de plumes sur la tête, et ils offrent un bec fort grêle. Ils sont d'une moindre force que les autres Vautours, aussi leur existence est encore plus abjecte. Se contentant des plus infectes charognes et de toutes sortes d'immondices, ces oiseaux se jettent même parfois sur les excréments des autres animaux.

Le *Percnoptère d'Égypte* est excessivement répandu à la surface du globe ; on le rencontre aussi bien dans les parties les plus froides de l'Europe que parmi les régions les plus brûlantes de l'Afrique et de l'Asie ; mais il est surtout abondant en Égypte et en Arabie. Cet oiseau, qui est de la grosseur d'une Poule et d'un blanc plus ou moins pur, vit en troupes nombreuses qui suivent les caravanes dans les déserts, pour se repaître de tous les débris qu'elles laissent sur leur passage. Il paraît aussi que ce Vautour attaque parfois les petits animaux vivants.

Les Percnoptères d'Égypte paraissent avoir reçu des anciens leur nom générique qui signifie *ailes noires.* Ils étaient célèbres chez les Égyptiens, parce qu'ils débarrassaient leurs cités des immondices dont les émanations sont si dangereuses pour les hommes dans les contrées chaudes; aussi ces peuples les révéraient par reconnaissance pour leurs services, et souvent, à ce que dit Cuvier, ils les ont représentés sur leurs monuments indestructibles, comme un symbole de la religion. Aujourd'hui encore, les Orientaux les protégent, et l'on voit même, à ce qu'ajoute cet auteur, de fervents Musulmans qui lèguent de quoi entretenir un certain nombre de ces oiseaux. Les Européens qui habitent l'Égypte appellent aujourd'hui ceux-ci *Poules de Pharaon.*

Nous avons aussi observé, sur plusieurs monuments égyptiens, un Vautour qui n'appartient pas aux Percnoptères, mais bien aux Vautours proprement dits; c'est lui que, suivant Champollion, les anciens Égyptiens considéraient comme l'emblème de la victoire et de la maternité; et dans toutes les représentations de combats retracés sur les monuments des bords du Nil, le roi combattant sur son char ou à pied, est toujours accompagné d'un de ces Vautours qui plane au-dessus de sa tête et tient dans ses serres l'emblème de la victoire.

Le *Percnoptère urubu*, qui est le plus commun des oiseaux de proie, se trouve dans toutes les régions brûlantes de l'Amérique méridionale. Ce Vautour vit en troupes nombreuses aux environs des villes, et les toits des maisons en sont parfois entièrement couverts; il rend aux pays qu'il habite les mêmes services que les Percnoptères de l'ancien continent, en consommant les immondices que l'on rejette des cabanes des nègres ou des cuisines, et qu'il se dispute avec les Chiens, les Chats et les animaux des basses-cours.

Les VAUTOURS PROPREMENT DITS ont la tête et le cou dépourvus de plumes et totalement nus ou seulement recouverts par un duvet très-court. Leur bec est fort. A la partie inférieure de leur cou on observe une collerette de plumes offrant une disposition spéciale, ou qui est formée par du duvet long.

Le *Vautour fauve*, dont le corps atteint la grosseur du Cygne et qui porte un plumage gris tirant sur le fauve, est celui dont la limite géographique est la moins circonscrite; on le trouve dans toutes les chaînes de montagnes de l'ancien continent.

Certains auteurs ont éloigné de ce sous-genre, et nommé *Sarcoramphes*, les Vautours suivants, qui se font remarquer par des caroncules diversiformes, qui surmontent la base de leur bec; mais ce caractère n'appartenant pas toujours aux deux sexes, ainsi qu'on peut le voir chez le Condor où le bec de la femelle est nu, nous pensons qu'il vaut mieux conserver ces oiseaux dans le sous-genre des Vautours proprement dits, pour ne pas tomber dans la faiblesse de quelques naturalistes, qui multiplient beaucoup trop les groupes et en font presque autant que d'espèces.

Le *Condor*, appelé aussi *grand Vautour des Andes*, habite l'Amérique méridionale, depuis la Patagonie jusque vers l'équateur; il ne se plaît que dans les endroits les plus solitaires des hautes montagnes de cette partie du globe, et souvent on le découvre sur les crêtes des rochers qui avoisinent la limite des neiges perpétuelles. En général il ne descend dans les plaines que pour y chercher sa pâture.

L'histoire de cet oiseau fut longtemps entourée de fables dans lesquelles on exagérait considérablement sa taille et sa force, qui sont cependant en réalité fort extraordinaires. Buffon lui-même en traça un tableau, qui est loin d'être exempt d'erreur. Mais, ainsi que le dit de Humboldt, il en est du Condor comme des Patagons et de tant d'autres objets d'histoire naturelle : plus on les a examinés et plus ils se sont rapetissés. Ce savant, ayant mesuré plusieurs individus de cette espèce, reconnut que leur longueur totale dépassait un peu trois pieds, et que leur envergure, que certains écrivains avaient évaluée à dix-huit pieds, n'atteignait que près de neuf pieds au plus. Cet oiseau est presque totalement noir, avec une collerette d'un duvet blanc, placée à la partie inférieure du cou. La tête du mâle est surmontée de caroncules charnues vivement colorées.

Les erreurs que l'on a propagées, relativement à la taille du Condor que l'on avait singulièrement exagérée, ont pu tenir aux lieux où se plaît ordinairement cet oiseau : se retirant souvent sur les crêtes des montagnes qui avoisinent la limite des neiges inférieures, un effet de mirage donne à l'animal une taille fantastique; de Humboldt dit que lui-même il y fut d'abord trompé, et que ce ne fut qu'en mesurant des Condors après leur mort, qu'il se désabusa de ses fausses impressions.

Nul oiseau n'a un vol aussi audacieux et aussi puissant que le Condor; en peu d'instants il s'élève à une si prodigieuse hauteur qu'il disparaît à la vue de l'homme. De Humboldt en a observé qui planaient à 3,639 toises au-dessus du niveau de la mer. M. d'Orbigny a vu des Condors partir des sommets des Andes et atteindre une telle hauteur qu'ils cessaient d'être visibles pour lui, sans qu'on pût s'expliquer comment ils pouvaient vivre dans les régions d'une atmosphère aussi raréfiée que celle où ils devaient se trouver. On a prétendu que le vol du Condor était assez puissant pour lui permettre d'enlever des Moutons ou des Lamas jusque sur les sommets des Andes, où il les dévorait; mais la disposition de ses pattes, qui, à cause de la brièveté du pouce, ne forment pas de véritables serres, s'oppose à ce que l'on puisse ajouter foi à ces récits (Pl. 10).

Les Condors, ainsi que leurs congénères, se nourrissent principalement de charognes; mais on dit que quand plusieurs de ces oiseaux sont poussés par la faim, il leur arrive parfois d'attaquer des Bœufs et de les tuer, et même de se ruer sur des enfants. Mais rien n'est positif à cet égard, et il est plus probable qu'ils se bornent à détruire de petits mammifères, car leur caractère est aussi lâche que celui des autres Vautours.

Les créoles de Quito aiment passionnément la chasse des Condors, et s'y livrent de la manière suivante. Ils font tuer une Vache ou un Cheval dans quelque lieu propice; bientôt ces oiseaux, attirés par l'odeur du cadavre de l'animal, viennent se gorger amplement de nourriture. Lorsque les chasseurs supposent que le repas des Condors les a tellement surchargés qu'ils ne pourront plus s'envoler, ils s'approchent d'eux, les poursuivent et les saisissent à l'aide de lacets qu'ils leur jettent pendant qu'ils essaient de fuir. D'autres fois ces créoles empoisonnent l'intérieur du cadavre qu'ils abandonnent à ces oiseaux, et ils les saisissent lorsque la substance délétère manifeste son action.

Les Condors sont fort difficiles à tuer, et sans disconvenir qu'il y a de l'exagération dans ce que les voyageurs ont raconté à cet égard, on ne peut se refuser à croire au récit de de Humboldt, qui rapporte qu'il lui fut impossible d'étrangler un de ces oiseaux, et que l'on fut obligé d'en venir à le tuer à coups de fusil; il fallut même cinq balles pour l'abattre entièrement.

Le *Roi des Vautours*, que l'on appelle aussi *Irubi*, parce que les *Urubus*, qu'il épouvante, s'éloignent des cadavres dont ils se repaissent aussitôt qu'il en approche, se rencontre dans toutes les régions intertropicales de l'Amérique méridionale, et il en dépasse peu les limites. Cet oiseau atteint presque la taille du Dinde; c'est le plus orné des Vautours, et sa tête est environnée de caroncules vivement colorées. Les habitudes de ce Vautour diffèrent beaucoup de celles de ses congénères; il fréquente peu les environs des habitations et se tient particulièrement dans les plaines, où il se nourrit d'animaux morts, de reptiles et parfois des poissons que les lacs laissent à sec.

DRONTES. *Dipus.* Bec gros et long; mandibule supérieure courbée à la pointe. Ailes rudimentaires, impropres au vol. Doigts libres. —Ce genre ne contient qu'une seule espèce, d'un aspect extraordinaire, et qui a disparu de la superficie du globe dans ces temps modernes. De Blainville pense que l'on doit la rapprocher des Vautours, dont elle ne diffère que par ses ailes, qui sont extrêmement petites; nous nous sommes d'autant plus empressé d'adopter cette opinion, qu'un plâtre de la tête de cet oiseau, soigneusement moulé, nous étant parvenu au Muséum de Rouen par les soins du savant professeur, il nous a été possible de nous assurer que la structure du bec de cet animal devait empêcher de le ranger dans l'ordre des Autruches, comme l'a fait Blumenbach, ou avec les Gallinacées ou les Manchots, parmi lesquels certains naturalistes tendaient à le placer. La forme générale de cet organe, et la nudité de la tête et du cou, rappellent en effet les Vautours.

Le *Dronte* fut découvert à l'Ile-de-France par les compagnons de Vasco de Gama, lorsqu'ils y abordèrent, en 1497, en se rendant aux Indes. Alors il s'en trouvait une si grande quantité dans cette île, ainsi qu'à Mascareigne, que les Portugais pensèrent que cet oiseau pourrait devenir précieux pour ravitailler leurs navires ; mais le goût désagréable que possédait sa chair leur fit bientôt abandonner cet espoir, et l'inutilité de cet animal ayant été reconnue, elle hâta sans doute sa destruction, qui était facile, puisque, naturellement lourd, il ne pouvait prendre la fuite, et que le défaut d'ailes propres au vol l'empêchait de s'échapper.

Quoi qu'il en soit, le Dronte disparut des seuls lieux où on l'avait observé ; produit pendant les phénomènes d'une nouvelle création, puisque les îles sur lesquelles on le découvrit sont d'origine volcanique et plus récentes que le continent voisin, il s'est effacé prématurément de la surface du globe, et nos temps historiques ont assisté à son singulier anéantissement. En vain M. Bory Saint-Vincent, pendant son séjour dans la patrie du Dronte, s'adonna aux plus minutieuses recherches pour avoir quelques documents sur cet oiseau, et fit publier qu'il donnerait une forte récompense à quiconque pourrait lui donner le moindre indice sur lui ; un silence général prouva que le souvenir n'en existait même plus parmi les créoles, et cependant ce n'est que vers la fin du dix-septième siècle que la race de cet animal a dû s'éteindre.

Les seuls indices qui restent aux savants sur cet extraordinaire oiseau consistent en quelques dessins et de faibles débris qui viennent leur prouver que son existence n'est point une fabuleuse invention. Les Hollandais, s'étant emparés de l'Ile-de-France en 1598, envoyèrent dans leur patrie une peinture à l'huile représentant un Dronte, et ce tableau, qui fut acheté par Edward et donné à la Société royale de Londres, se trouve actuellement à Oxford, où l'on voit en outre une tête et un pied de cet être singulier. Ce fut d'après cette représentation que l'auteur que nous venons de citer en publia, dans ses Glanures, une figure qui a été reproduite par plusieurs naturalistes (Pl. IX). On eut aussi, pour établir l'existence de cet oiseau, le témoignage d'un célèbre ornithologiste qui en vit un dépouillé chez Tradescant ; et d'un autre côté Lécluse donna au monde savant une description de cet animal, qu'il appela *Gallus gallinaceus peregrinus*, et qu'avant lui on avait comparé à un Cygne, et nommé *Cygne encapuchonné*.

FAMILLE DES NOCTURNES.

Tête grosse et large ; bec court et crochu ; yeux très-grands, dirigés en avant. Doigts entièrement séparés, dont l'externe est versatile.

Dans presque tous les oiseaux de cette famille le bec est recourbé dès son origine ; sa base est entourée d'une cire recouverte de poils roides ou de plumes sétacées dirigées en avant. Les yeux sont souvent placés au centre de larges disques de plumes, qui donnent une physionomie spéciale à ces Ravisseurs. Quand ces disques sont complets, comme cela a lieu dans les derniers sous-genres, ils sont formés de deux cercles : l'un interne, composé de plumes effilées et à barbules très-écartées ; l'autre externe, dont les plumes sont rudes, aplaties et disposées en forme d'écailles.

L'appareil qui sert au vol n'a pas la perfection qu'il possède dans la famille précédente : la fourchette est peu résistante, et les plumes des ailes sont molles et flexibles. Celles-ci, chez les Ravisseurs nocturnes, ont, ainsi que l'a fait remarquer de Blainville, outre les barbules ordinaires, le bord supérieur des barbes pourvu de poils soyeux, qui leur donnent un aspect tout particulier. Cette disposition paraît être la cause du peu de bruit qu'ils font en volant, et qui favorise les rapines nocturnes de ces oiseaux en leur permettant d'approcher de leur proie sans en être entendus, et de la surprendre endormie.

Plusieurs des organes des sens ont acquis dans ces oiseaux une perfection utile à leur vie nocturne. Leurs yeux volumineux offrent un iris fort mobile, dans le but, selon Carus, de les garantir de l'impression de la lumière, quand par hasard elle vient à les frapper, et leur fond est tapissé par une toile nerveuse vaste et épaisse : cette structure, qui accuse une grande sensibilité dans l'appareil de la vision, est encore secondée par l'énorme étendue de la pupille ; c'est celle-ci qui, en laissant entrer trop de rayons dans l'œil, rend le jour insupportable aux Chouettes, les éblouit, et fait qu'elles ne voient bien qu'au crépuscule ou dans les lieux sombres. Le sens de l'ouïe favorise aussi chez ces oiseaux les chasses nocturnes, dans lesquelles ils trouvent leur pâture. En effet, contrairement à ce qu'on observe dans leur classe, beaucoup de Chouettes ont des espèces de conques auditives qui semblent destinées à recueillir les sons ; en outre, ce sens doit être encore renforcé chez elles par les vastes cavités de leur crâne, qui sont en communication avec l'oreille interne.

Presque tous ces oiseaux sont nocturnes ; il n'y a que peu d'espèces qui, telles que les Chouettes éperviers, chassent pendant le jour. Leurs yeux sont même tellement ennemis de la lumière, que presque tous ces animaux se retirent dans des lieux obscurs pour s'y livrer au sommeil, pendant que le soleil est sur l'horizon. Rarement alors ils se tiennent parmi les branches des arbres, où quand les petits oiseaux les découvrent ils viennent les assaillir en masse, assurés qu'ils sont alors de l'impunité de leur agression ; et pendant cette attaque les Chouettes se contentent de prendre les situations les plus singulières ou quelquefois de fuir, mais sans pouvoir se défendre.

Quand on tourmente les Chouettes, outre leur cri, elles font parfois entendre un bruit particulier qui est produit par le claquement des mandibules, qui sont mobiles ; alors aussi leurs plumes se hérissent d'une manière fort singulière, et souvent même l'animal, en étendant les ailes, se donne le plus étrange aspect. C'est à cause de ces gestes bizarres, appelés par les anciens *motus satyricus*, qu'Aristote donnait aux Hiboux les noms de Bateleurs et de Bouffons.

La nourriture de ces Ravisseurs se compose de petits oiseaux ainsi que de mammifères de l'ordre des Rongeurs, et parfois même d'insectes. Ils ne s'occupent de leur recherche que pendant les moments qui précèdent l'obscurité complète, car, quand la nuit est tout à fait tombée, ils cessent de se livrer à ce soin; quelques-uns seulement, tels que les Chouettes éperviers, qui se rapprochent plus que les autres des formes des Ravisseurs diurnes et font le passage à ceux-ci, chassent pendant le jour.

Les Ravisseurs diurnes dépècent souvent les animaux qu'ils ont saisis; mais les Carnassiers nocturnes s'attaquant ordinairement à des proies proportionnellement plus petites, les avalent ordinairement tout entières immédiatement après les avoir tuées : leur gosier, qui est très-vaste, se prête facilement à cette action. Après que les parties susceptibles d'être digérées ont franchi l'estomac, cet organe, qui dans ces animaux est assez épais, compose une masse, d'une forme ovoïde, de toutes les parties réfractaires à son action, telles que les os, les plumes et les poils, et l'oiseau les vomit sans effort.

Les Ravisseurs nocturnes s'occupent peu de la nidification. La plupart d'entre eux déposent simplement leurs œufs sur la poussière qui s'accumule dans les anfractuosités des rochers ou parmi les édifices en ruines; d'autres les placent dans les troncs des arbres cariés. Il en est aussi qui se servent des nids abandonnés par certains oiseaux. En outre l'on en connaît quelques espèces qui pondent dans des boyaux souterrains, qu'elles passent pour se creuser elles-mêmes : c'est au moins ce que M. Viellot observa à l'égard d'un Hibou de Saint-Domingue, qui se forme des terriers de deux pieds de profondeur, y dépose ses œufs sur un lit composé de mousse et d'herbe, et dont les petits viennent à l'entrée pour jouir de la chaleur du soleil, et se cachent aussitôt qu'on approche d'eux. Les femelles des Chouettes ne pondent qu'un petit nombre d'œufs, de deux à cinq au plus, et leurs petits naissent couverts d'un duvet épais.

On trouve des Chouettes figurées sur un grand nombre de monuments, et souvent les peuples anciens en ont représenté sur leurs médailles. La grosseur de la tête de ces oiseaux et leur gravité furent probablement ce qui engagea les Grecs à considérer l'un d'eux comme l'emblème de la sagesse et à le consacrer à Minerve : cette consécration était même tellement caractéristique que la présence de cet oiseau suffit aux antiquaires pour déchiffrer l'existence de la déesse. On trouve des Chouettes représentées sur les médailles de Myrina, ville de l'île de Lesbos, de Sigée et de plusieurs autres cités. Il en existe également sur beaucoup de monuments égyptiens.

Il est curieux d'apprendre que, par un singulier rapprochement, les peuples de la Floride et de la Géorgie ont des idées analogues aux anciens relativement au Hibou, et qu'ils le regardent aussi comme le symbole de la sagesse ; leurs prêtres se parent même encore de ses plumes, qui leur semblent un signe de science. Chez nous, au contraire, la vie nocturne des Chouettes, leur sombre plumage, leur cri lugubre, associés à l'idée des tombeaux ou des ruines qu'elles fréquentent, les ont fait considérer comme des oiseaux sinistres dont l'apparition près des habitations est un présage de mort. Ces superstitieuses idées malheureusement répandues parmi les campagnes font méconnaître les services de ces animaux, et souvent sont cause qu'on les persécute inhumainement. Cependant, quand on étudie leurs mœurs, on voit qu'ils sont utiles à l'agriculture en détruisant un nombre considérable de mammifères rongeurs qui forment un de ses plus redoutables fléaux. En effet, ils chassent aux Rats, aux Souris, aux Mulots et aux Campagnols, avec plus d'adresse que les Chats, et même en quelques pays, dans les habitations rurales, on les élève à la place de ceux-ci, auxquels on les préfère, pour purger les greniers et les cours de tous ces animaux destructeurs : de là même provient le nom de *Chats-volants* ou de *Chats-huants* qu'on a imposé à quelques espèces.

Cette famille que Linné comprenait dans un seul genre, a été divisée en groupes assez nombreux par Savigny et Cuvier, principalement d'après la considération de la présence ou de l'absence des aigrettes qui surmontent la tête, ainsi que d'après l'étendue des oreilles et du disque de plumes qui environne les yeux Mais, comme l'a fait observer Ch. Bonaparte et ensuite M. Isid. Geoffroy, les aigrettes ne sont pas susceptibles d'offrir de bons caractères pour subdiviser cette famille, parce qu'il arrive souvent que sur des espèces extrêmement voisines, les unes sont privées de ces appendices, tandis que les autres en possèdent ; et en outre il en est même, comme cela a lieu pour le Moyen-Duc, chez lesquelles le mâle porte seul de ces plumes saillantes sur la tête, tandis que la femelle en est privée. Les dimensions de la conque auriculaire employées par Cuvier ne me semblent pas plus heureuses pour diviser les Ravisseurs nocturnes, parce que ce caractère est difficile à apprécier sur les oiseaux qui nous occupent quand ils sont dans les collections et rend leur classification impossible. D'après ces considérations, nous adoptons la distribution proposée par M. Isid. Geoffroy, qui nous paraît plus philosophique, et dont les caractères reposent sur des parties qui ont plus de valeur, telles sont principalement la disposition du disque qui environne les yeux, et la forme du bec.

Ce savant, dans son mémoire publié sur ce sujet dans les Annales des sciences naturelles, répartit les Ravisseurs nocturnes en deux grands groupes. Dans le *premier* il range les espèces qui se rapprochent le plus des oiseaux de proie diurnes, par leurs caractères ou leurs habitudes, et qui n'offrent point de disque oculaire, ou qui n'en ont qu'un presque inapparent, tels sont les Chevêches, les Ducs et les Phodiles. Dans le *second* il coerce toutes les espèces qui portent un disque complet ou presque complet, telles que les Chats-huants, les Chouettes et les Effrayes.

1° Les **CHEVÈCHES** ont un bec courbé dès sa base et sont dépourvues d'aigrettes ; les plumes qui recouvrent leur tête présentent la même structure que celles qui se trouvent sur le corps, et elles sont dirigées en arrière.

La *Chouette harfang*, qui est de la taille du Grand-Duc et dont le plumage est d'un blanc de neige bigarré de taches noires, appartient à ce sous-genre. Elle habite les régions septentrionales de l'Amérique et de l'Europe. Audubon a reconnu que cette espèce, que l'on regardait comme un oiseau chasseur, se nourrissait au contraire des produits de sa pêche, et d'une façon fort remarquable. Pendant les nuits elle s'approche des fleuves et se couche sur leur rivage en baissant sa tête vers le sol ; alors, avec l'une de ses pattes située vers l'eau, elle saisit rapidement les poissons qui viennent à raser la rive, puis elle les emporte sans bruit à quelque distance pour les dévorer tout à son aise. Ce fait, qui a été observé dans l'Ohio, est d'autant plus intéressant que l'on avait pensé que jamais les oiseaux de proie nocturnes ne pouvaient pêcher, et qu'ils ne se nourrissaient pas de poissons. Aussitôt que le soleil se lève, on voit toutes les Chouettes harfangs s'envoler pour chercher un refuge dans les bois ; assertion qui est en contradiction avec l'opinion précédemment émise par les auteurs qui prétendaient généralement que ces oiseaux chassaient de jour. Les Kalmoucks protégent ces Chouettes et tirent des augures d'après la manière dont s'opère leur vol ; Pallas dit même qu'ils les révèrent à l'égal de leurs divinités du second ordre.

Les **DUCS** offrent un bec courbé dès sa base comme le sous-genre précédent, mais leur tête est couronnée d'aigrettes.

Le *Grand-Duc*, qui est l'oiseau le plus volumineux de cette famille, habite l'Europe, et fait son gîte habituel des vieilles tours et des rochers ; il supporte mieux la lumière que la plupart de ses congénères, aussi on sait qu'il commence à chasser de meilleure heure le soir et qu'il finit plus tard le matin. Ce Ravisseur se nourrit de Lapins, de jeunes Lièvres et de petits mammifères ou d'oiseaux ; à défaut de cette pâture, il se jette sur les reptiles et les insectes. Quand le Grand-Duc est affamé, il attaque les Buses et leur enlève leur proie, ou bien se précipite sur les jeunes Chevreuils. Cet oiseau fait son nid dans les cavernes et les monuments abandonnés. Celui-ci a environ trois pieds de diamètre ; il est formé de petites branches d'arbres entrelacées de racines souples ; son intérieur est garni de feuilles. On y trouve deux ou trois œufs subglobuleux.

Le Grand-Duc était anciennement employé dans la fauconnerie : on s'en servait pour chasser au Milan. Pour le rendre plus singulier, on lui attachait une queue de Renard, et lorsqu'il se reposait, les Milans, attirés par son aspect extraordinaire, s'approchaient pour le contempler, et c'était alors que les chasseurs pouvaient les tirer. On s'en servait aussi de la même manière pour attirer les Corneilles.

Les **PHODILES** se distinguent par un bec droit dans la plus grande partie de son étendue. Ce nouveau groupe, créé par M. Isid. Geoffroy, ne comprend qu'une seule espèce, qui habite l'île de Java.

2° Les **CHATS-HUANTS** ont un bec courbé dès sa base, et ils n'offrent point d'aigrettes. Ce groupe fait le passage aux précédents par ses disques oculaires qui, quoique distincts, sont encore peu étendus.

La *Hulotte*, qu'on appelle aussi Chouette des bois, est la seule espèce de cette division que nous possédions en Europe; elle est un peu plus grande que le Hibou commun. Ce Ravisseur se tient souvent dans les troncs des arbres, et pond quelquefois aussi dans les nids des autres oiseaux.

Les **CHOUETTES** offrent un bec recourbé dès sa base; elles ont des disques oculaires très-grands, et leurs oreilles sont fort développées. Dans ce groupe, où M. Isid. Geoffroy comprend les Chouettes et les Hiboux de Cuvier, la tête est nue ou surmontée d'aigrettes.

Le *Moyen-Duc* ou *Hibou commun* est fort abondant en France, où il réside toute l'année : les forêts, les rochers et les cavernes forment son séjour de prédilection. Il se nourrit principalement de Mulots, de Rats, de Taupes et d'insectes coléoptères. Il détruit une si grande quantité des premiers qu'on trouve parfois une douzaine de leurs têtes dans son estomac. Cet oiseau place son nid dans les arbrisseaux, ou il s'établit dans celui que les Buses ou les Corneilles ont abandonné.

La *Chouette mineur* décrite par Ch. Bonaparte diffère de ses congénères en ce qu'elle cherche sa nourriture de jour et qu'elle a l'habitude de se retirer dans un terrier. Sur le territoire du Mississipi, dit ce savant, cette Chouette réside exclusivement dans les villages d'une espèce de Marmotte, dont les excavations sont si commodes pour elle qu'on ne la voit pas en creuser, ainsi qu'on dit qu'elle le fait dans les pays où ce mammifère n'existe pas.

Ces villages sont nombreux et ont une telle extension qu'il en est qui hérissent de buttes des superficies de plusieurs milles d'étendue. Ils sont simplement formés par des monticules en cônes tronqués, d'environ deux pieds de largeur à leur base, et s'élevant à peu près à dix-huit pouces au-dessus du sol. L'entrée du gîte est placée au haut de la butte ou sur ses côtés, et tout le monticule est si bien battu qu'il ressemble à une route fréquentée. Le souterrain qui se trouve au-dessous s'enfonce d'abord verticalement de deux à trois pieds, et de là continue à descendre, mais obliquement, jusqu'à un appartement dans lequel l'industrieuse Marmotte a construit une cellule globuleuse dans laquelle elle hiverne, et qui est solidement faite avec des herbes sèches et fines.

Ces terriers ont plusieurs annes de long; ce qui prouve que les Chouettes ne les construisent pas, mais les obtiennent par conquêtes, c'est que ceux qu'elles habitent sont ordinairement en ruines, tandis que ceux où se trouvent des Marmottes sont toujours entiers et bien soignés ; mais il est évident, dit Ch. Bonaparte, que si la Marmotte et le Hibou n'habitent pas ensemble ordinairement, dans un danger commun le même souterrain sert de refuge à ces deux animaux, et qu'avec eux on y trouve parfois blottis des Lézards et des Serpents à sonnette.

Les EFFRAYES offrent un bec d'abord droit et qui ne se recourbe que vers sa pointe. Les disques oculaires sont très-grands et la tête ne porte pas d'aigrettes. Cette coupe est une des plus tranchées et mériterait peut-être d'être érigée en genre.

La *Chouette effraye* est commune en France et semble être répandue sur tout le globe. Le nom de Chouette à clochers, qu'on lui impose dans quelques pays, provient de ce qu'elle se niche souvent dans ceux-ci. C'est elle que le peuple regarde plus spécialement comme un oiseau sinistre, et de là vient son nom spécifique qui indique la frayeur qu'elle cause aux gens superstitieux. Quand cet oiseau sort de son refuge il commence par faire des espèces de culbutes jusqu'à ce qu'il ait équilibré son vol. Il se rapproche assez constamment des habitations, et malgré l'exécration à laquelle on le voue, il y rend de grands services par l'énorme destruction qu'il fait d'une foule de petits animaux nuisibles, tels que les Rats, les Souris. Cet oiseau avale ceux-ci avec une telle voracité qu'au laboratoire du Muséum de Rouen on a parfois trouvé des Musaraignes parfaitement entières dans son estomac.

ORDRE DES GRIMPEURS.

Sternum offrant ordinairement deux échancrures en arrière. Deux doigts devant et deux en arrière, ou trois devant réunis et un postérieur.

La faculté de grimper, que beaucoup de ces oiseaux possèdent et d'où vient leur nom, est facilitée par la structure de leurs pieds qui sont disposés, dans la plupart, pour bien saisir les écorces ou les branches. Leur nourriture consiste ordinairement en fruits et en insectes.

FAMILLE DES HÉTÉRODACTYLES.

Doigt externe versatile, se dirigeant en arrière comme le pouce, à la volonté de l'animal.

Cette famille forme le chaînon qui réunit les vrais Grimpeurs aux Oiseaux carnassiers ; aussi le sternum de plusieurs des genres qui la composent se rapproche du leur et ne présente plus les échancrures postérieures qu'offre ordinairement l'ordre des Grimpeurs. Pour disposer facilement les groupes de cette division, on peut y établir deux sections : l'une nommée les *Latirostres*, où se trouvent les oiseaux à bec large et peu élevé, tels que les Guacharos, les Engoulevents, les Martinets et les Couroucous ; l'autre, celle des *Altirostres*, où se rangent ceux dont le bec est élevé ou tranchant supérieurement, tels que les Anis et les Touracos.

GUACHAROS. *Steatornis.* Bec fort, garni à sa base de poils roides et longs. — Ces oiseaux habitent l'Amérique méridionale et les îles qui l'avoisinent ; on les rencontre souvent dans les cavernes profondes et obscures qui bordent la mer et dont l'entrée est baignée par ses flots. Ils furent découverts récemment par Humboldt, et MM. Lerminier et Hautessier donnèrent au monde savant de bons documents sur eux, dans plusieurs lettres.

Les Guacharos vivent principalement de graines de Palmiers et de Gommiers, et de quelques autres qu'ils avalent quoiqu'elles aient plus d'un pouce de diamètre. Le nid de ces oiseaux est extrêmement remarquable par sa forme et sa contexture. Il ressemble à une sorte de corniche ou de gâteau semi-ellipsoïde semblable à un bénitier à peine creusé ; son peu de profondeur fait supposer que, pour empêcher les petits de tomber, un bourrelet en duvet le recouvre. Il est évidemment érigé avec des matières à demi digérées déposées par le bec et pétries avec les pieds.

M. Hautessier décrit de la manière suivante la chasse que l'on fait à ces oiseaux : « On choisit ordinairement, dit-il, ces belles journées des mois d'avril et de mai, où la mer est calme comme une glace, afin d'approcher des cavernes sans crainte de briser les pirogues ; encore n'y parvient-on ordinairement qu'en se jetant à la nage. Les dangers de l'abord franchis, bien d'autres encore sont à surmonter avant d'en sortir ; mille tours de force sont nécessaires pour ramper dans les grottes les plus étroites, escalader les rocs les plus élevés, et s'introduire enfin dans les fissures ou les trous de la voûte dans lesquels nichent ces oiseaux. Mais aussi les chasseurs s'accrochent-ils en quelque endroit propice, des centaines de Guacharos de tout âge sont saisis à pleines mains et précipités au bas de la caverne qu'ils ont bientôt jonché. La crainte que la mer ne s'élève et ne ferme les passages est seule capable d'arrêter l'ardeur destructive des chasseurs. Ils remplissent leurs pirogues avec ces oiseaux et vont ensuite les vendre aux marchés du Port-d'Espagne, où ils sont très-recherchés par les gourmets, malgré l'énorme quantité d'une graisse répugnante dont ils sont imprégnés et la forte odeur de ravet ou blatte qu'ils exhalent. »

Comme les Guacharos produisent une grande quantité d'huile très-bonne à manger, les sauvages les chassent avec activité dans leurs retraites. C'est surtout pendant qu'ils sont jeunes qu'ils en fournissent davantage ; exposés alors au feu, il découle de leur corps une graisse demi-fluide, transparente et inodore, qui se conserve plus d'un an sans rancir. Cette huile est appelée dans quelques localités *aceite del*

Guacharo. Les graines que l'on trouve dans les voies digestives de ces oiseaux ne sont pas perdues ; ceux qui les chassent les recueillent avec soin, parce qu'elles passent pour efficaces contre les fièvres intermittentes.

ENGOULEVENTS. *Caprimulgus*. Bouche excessivement grande ; bec déprimé, courbé au bout. Ordinairement doigts réunis à l'origine et ongle du milieu denté. — Il y a peu d'oiseaux sur lesquels la crédulité ait débité autant d'absurdités que sur ceux du genre qui nous occupe, et peu d'animaux que l'on se soit plu à décorer de noms plus bizarres. On les a parfois appelés *Crapauds-Volants*, soit parce qu'on prétendait qu'ils étaient issus d'un de ces reptiles, soit parce que l'on pensait que leur plumage terne et disgracieux avait quelque ressemblance avec la coloration du Crapaud. On les connaît aussi sous le nom de *Tête-Chèvres*, parce que dans les campagnes, en les voyant souvent fréquenter les troupeaux on s'est imaginé qu'ils ne venaient parmi eux que pour sucer les mamelles des Chèvres. Mais Levaillant explique d'une manière plausible la cause de cette habitude, qui a surtout été observée dans notre espèce d'Europe ; il suppose avec raison que ces oiseaux ne visitent les parcs des bestiaux que pour y saisir les insectes qui y sont attirés en grand nombre, et que les bergers, ignorant le but de ces incursions faites à des heures où l'observation est difficile à cause de l'obscurité, se sont trompés sur leurs intentions et n'ont débité qu'une erreur qui s'est accréditée dans les campagnes. Le nom d'*Engoulevent* donné à ces oiseaux provient de l'espèce de bourdonnement, comparé au bruit d'un rouet, qu'ils font entendre tandis qu'ils volent, et que l'on croit dû à l'air qui s'engouffre dans leur bec.

On rencontre des Engoulevents dans toutes les parties du monde, mais c'est particulièrement dans l'Amérique méridionale qu'il s'en trouve davantage. Ce sont des oiseaux crépusculaires ou nocturnes, qui ne sortent de leur retraite qu'après que le soleil est couché et y rentrent avant son lever. Leurs yeux, qui sont volumineux proportionnellement à leur taille, décèlent ces mœurs.

Presque tous vivent isolés et sont défiants ; ils n'ont qu'un cri uniforme qui ressemble à un son plaintif répété trois ou quatre fois de suite. Leur nourriture se compose de Phalènes et d'insectes crépusculaires, qu'ils engouffrent dans leur énorme bec, qu'ils tiennent ouvert en volant, et dont la salive gluante les retient, ainsi que cela se produit chez les Hirondelles, que ces Hétérodactyles semblent remplacer durant les nuits. Les Engoulevents ne font point de nids, et ils déposent ordinairement leurs œufs sur la terre et parfois dans les creux qu'offrent les arbres ; la femelle n'en pond qu'un petit nombre.

Ces oiseaux, par la structure de leurs plumes, qui sont molles et veloutées, ainsi que par leur coloration terne et aussi par leurs mœurs, forment strictement le passage ou le lien d'union entre les Grimpeurs, qu'ils commencent, et les Ravisseurs nocturnes. On peut les diviser en trois sections : les Engoulevents proprement dits , les Ibijaux et les Podarges.

Les ENGOULEVENTS PROPREMENT DITS offrent des mandibules simples et des doigts réunis à leur origine. L'*Engoulevent d'Europe*, qui est la seule espèce qui se trouve en France, possède un plumage varié de taches noires, fauves et cendrées. C'est un oiseau voyageur qui nous arrive au printemps et déserte notre pays à l'automne pour se porter vers des climats où les insectes dont il se nourrit ne chôment point. Il reste toujours solitaire et se plaît dans les forêts voisines des bruyères et des prairies. Son nid n'est qu'un simple trou pratiqué au pied de quelque tronc d'arbre ou d'un rocher, ou même dans le milieu des sentiers des bois ; la femelle y dépose deux œufs oblongs, marbrés de taches bleuâtres et cendrées sur un fond blanc.

Les IBIJAUX ont la mandibule supérieure dilatée de chaque côté en forme de dent. Le *grand Engoulevent*, que Buffon a représenté sous le nom de *grand Crapaud volant de Cayenne*, appartient à cette section ; il a plus d'un pied et demi de longueur, et se retire pendant le jour dans les arbres creux.

Les PODARGES ont les doigts libres à leur base, et n'offrent point de dentelures sur leur ongle médian. On en connaît plusieurs espèces qui résident dans des localités fort variées ; l'une d'elles provient de l'Australie.

MARTINETS. *Cypselus*. Bec très-court. Ailes extrêmement longues. Tarses excessivement courts, emplumés ; doigts libres ; pouce dirigé en avant. — Ces oiseaux ont quelque rapport avec les Hirondelles ; aussi certains zoologistes les ont groupés ensemble ; mais tandis que celles-ci ont les pieds et le sternum des Passereaux, les Martinets offrent dans ces organes une structure toute différente, et leur sternum, qui est dépourvu d'échancrure, leur assigne une place au premier rang parmi les Grimpeurs et près des Ravisseurs. On peut remarquer que les espèces du groupe qui nous occupe ont aussi des plumes dont l'organisation s'éloigne de celles qu'offrent les Hirondelles ; dans celles-ci elles sont fines et moelleuses, tandis que chez les Martinets elles ont une rigidité qui les rapproche de ce que l'on observe dans les oiseaux aquatiques ; aussi, comme l'a fait sentir Levaillant, il en résulte une grande différence dans les mœurs de ces deux genres, et tandis que les fortes pluies et les vents obligent promptement les Hirondelles à chercher un refuge, au contraire les Martinets semblent se complaire à lutter contre les orages.

On ne connaît dans ce genre qu'un petit nombre d'espèces, et deux d'entre elles seulement se rencontrent en Europe ; elles se plaisent en petites réunions, et fixent leurs retraites sur les régions élevées des rochers, ou des clochers des églises. Les Martinets sont des oiseaux aériens par excellence ; aucun des animaux de leur classe n'a proportionnellement des ailes aussi longues, et tout leur organisme semble destiné à opérer un vol soutenu et rapide, que favorisent surtout leur humérus excessivement court, mais possédant de larges éminences, ainsi que leur vaste sternum. Ils ne se reposent que rarement, et mangent et boivent en volant. Au contraire, à cause de la brièveté de leurs tarses, ils ne peuvent presque pas marcher sur un terrain horizontal ; aussi Aristote, pour exprimer, non qu'ils sont privés de pieds, mais sans doute leur peu d'aptitude à se servir de ceux-ci sur la terre, avait appliqué le nom d'*Apodes* aux Martinets. Ils grimpent cependant très-bien et avec rapidité contre les surfaces les plus lisses ; mais quand, par accident, ces oiseaux viennent à choir sur le sol, il est vrai qu'ils ne prennent leur élan qu'avec beaucoup de difficulté à cause de la grande longueur de leurs ailes, qui le frappent au moment où ils cherchent à s'élancer dans l'air. Linnée pensait même que dans le cas où ces animaux s'abattraient sur une surface dure et polie il leur serait impossible de s'élever ; mais Spallanzani a prouvé le contraire par des expériences dans lesquelles il vit des Martinets prendre leur essor sur le parquet uni d'un appartement. Cependant ce savant croit que si ces oiseaux se trouvaient abattus dans une prairie couverte de hautes herbes, ils ne pourraient s'en échapper à l'aide du vol.

Les Martinets sont d'un naturel assez farouche, et ne sortent de leurs retraites que le matin et le soir ; ils se nourrissent d'insectes ailés ; c'est pendant que ceux-ci volent qu'ils les saisissent en traversant eux-mêmes l'air avec rapidité. A cet effet quelques-uns de leurs sens, et surtout la vue, semblent doués d'une grande perfection : Spallanzani dit s'être assuré que ces oiseaux aperçoivent très-nettement un animal de cinq lignes de diamètre quand ils en sont séparés par un espace de trois cent quatorze pieds, et qu'ils fondent dessus avec la rapidité d'une flèche. Ils font leurs nids dans les trous des murs et des rochers ; la ponte se compose de trois ou quatre œufs blancs.

White avait déjà observé que lorsqu'on tuait le *Cypselus apus* au moment où il nourrissait des petits, on lui trouvait sous la langue une masse d'insectes. Cette assertion vient d'être confirmée par M. Heming, qui a présenté à la Société zoologique de Londres un de ces oiseaux conservé dans l'esprit-de-vin, et offrant une dilatation considérable à la base de la mâchoire inférieure et à la partie supérieure du larynx. Cette espèce de poche analogue aux abajoues de quelques mammifères a une forme ronde, elle distend la peau d'une manière fort remarquable, et a une longueur d'un pouce environ sur six lignes de profondeur. L'ouverture de cette poche a montré qu'elle était simple et communiquait uniquement avec la cavité buccale.

Le *Martinet noir* ou *commun* est un oiseau voyageur qui se trouve dans toute l'Europe. Il arrive en France au printemps, un peu plus tard que les Hirondelles, et repart un peu plus tôt qu'elles, parce qu'il chasse particulièrement des insectes de haut vol, et que ce n'est que quand l'air possède un degré de chaleur assez considérable que ceux-ci s'y élèvent, et que par conséquent il peut y trouver sa subsistance. Cet oiseau établit particulièrement son nid sur les corniches des habitations ou leurs avant-toits, ainsi que dans les crevasses des murailles et des rochers; mais lorsqu'il retrouve celui qu'il a construit précédemment il ne se donne pas la peine d'en faire un nouveau : ce gîte est principalement formé avec des plumes, de la laine ou de l'herbe sèche, que les Martinets rencontrent voltigeant dans l'air, ou qu'ils saisissent en rasant le sol, ou que parfois même ils ont assez de ruse pour ravir aux nids des autres oiseaux et particulièrement dans ceux des Moineaux. Tous ces matériaux sont agglutinés avec de la salive, afin de donner de la solidité à leur assemblage incohérent. Quelquefois aussi l'espèce dont nous nous occupons ne se donne pas la peine d'édifier un nid et elle se contente de rajuster, pour son usage, celui de quelque moineau dont elle s'empare. La femelle ne fait qu'une seule ponte, composée de deux à cinq œufs qu'elle couve seule.

Le *grand Martinet* ou *Martinet à ventre blanc* se rencontre dans toute l'Europe méridionale, et en particulier dans les Alpes, où il niche au-dessus des précipices. Il se fait remarquer par une singulière habitude : on voit parfois plusieurs de ces Martinets s'accrocher aux parois des rochers à l'aide de leurs ongles et dans le voisinage des nids; puis d'autres viennent se cramponner sous les premiers qui se sont fixés, et il en résulte une masse animée et oscillante qui, après un certain temps d'agitation, se disperse en criant.

COUROUCOUS. *Trogon.* Bec court, courbé, environné de poils, offrant une arête sur la mandibule supérieure. Ongle médian normal. — Ces oiseaux, qui habitent les contrées chaudes des deux continents, peuvent être divisés en deux coupes dont les différences organiques servent à indiquer la patrie : la première comprend les espèces à bec denté et qui habitent toutes l'Amérique, tandis que la deuxième renferme les individus qui ont les bords du bec lisses, et qui ne se trouvent que dans l'ancien monde.

La nature, en répandant profusément sur les Couroucous des plumes dont les vives couleurs et les brillants reflets rivalisent d'éclat avec ceux des Colibris, semble avoir borné là ses dons, car la riche parure dont ils sont revêtus est le seul avantage qui distingue les espèces dont ce genre est formé. Le cou gros et court, ainsi que la brièveté des pattes de ces oiseaux, leur donnent un aspect disgracieux. D'un naturel sombre et taciturne, ils vivent isolément ou par couple, et recherchent les endroits les plus retirés des forêts; là, perchés sur les branches inférieures des arbres, ils restent silencieusement toute la journée et dans une telle immobilité, qu'au dire des voyageurs il en est que l'on prend pour des amas de feuilles sèches; c'est à peine si l'arrivée du chasseur arvient à les tirer de leur apathie, et la plupart se laissent approcher ans manifester la moindre crainte et sans même chercher à prendre la ite.

La saison des amours, qui se renouvelle plusieurs fois par an, vient enfin arracher les Couroucous à leur solitude, et rompant alors le silence qu'ils gardent ordinairement, ils font entendre à cette époque des cris mélancoliques composant, selon quelques auteurs, le nom générique qu'on leur a imposé, mais qui sont comparés par Sonnini aux gémissements d'un enfant abandonné. Réunissant alors leurs efforts, le mâle et la femelle creusent ou forment assez négligemment, dans le tronc vermoulu de quelque vieil arbre, un nid destiné à recevoir trois à quatre œufs. Mais ce mode de nidification ne serait pas général, d'après d'Azzara, qui dit qu'une espèce de ce genre, qu'il nomme le *Surucua* et qu'il a eu occasion d'observer au Paraguay, se sert à cet effet des excroissances que forme sur les troncs des arbres l'habitation d'une colonie de Termès, se fondant sur ce qu'il a vu ce Couroucou se tenant accroché, à la manière des Pics, contre ces nids qu'il creusait à l'aide de son bec. Il nous semble évident que ce savant s'est mépris sur les intentions du Surucua, qui probablement ne cherchait qu'à faire sortir les Termès afin de les dévorer, et qui assurément n'eût trouvé qu'un gîte fort incommode dans les galeries à compartiments érigées par ces insectes.

Les petits naissent entièrement nus, mais ils sont bientôt couverts de duvet, et aussitôt qu'ils peuvent pourvoir à leur nourriture, qui se compose d'insectes, ils se séparent de leurs parents, poussés sans doute par cet amour de la solitude qui les caractérise.

Les chasseurs se livrent avec ardeur à la poursuite de ces oiseaux, qui sont une proie doublement précieuse par la délicatesse de leur chair, ainsi que par la beauté de leur plumage, qui les fait rechercher et souvent acquérir à un prix élevé par les amateurs de collections.

Parmi les nombreuses espèces qui composent ce genre nous ne citerons que le *Couroucou pavonin*, admirable oiseau que l'on ne connut longtemps que par un individu non adulte conservé à Londres, et qui est devenu aujourd'hui l'ornement indispensable de toutes les galeries d'histoire naturelle; il se distingue par ses brillantes couleurs, ainsi que par les quatre pennes de sa queue, qui, chez les mâles, atteignent parfois une longueur de trente pouces. Cette espèce habite l'intérieur du Brésil et du Mexique. Les anciens Mexicains, séduits sans doute par sa beauté, l'avaient placée au rang de leurs divinités, et les dames américaines, de nos jours, associent les plumes de sa queue à leurs coiffures.

TOURACOS. *Musophaga.* Bec très-court et large, à bords dentelés, crochu à la pointe; mandibule supérieure bombée. Ailes très-courtes. — L'Afrique est la patrie des Touracos, et c'est particulièrement dans les forêts traversées par des rivières qu'on les découvre. Ils s'en éloignent rarement et se contentent de voltiger de branche en branche, la brièveté de leurs ailes ne leur permettant pas d'entreprendre de longues courses. Ces oiseaux ont un port gracieux et sont ornés de couleurs éclatantes, aussi les amateurs les recherchent-ils pour décorer leurs collections. Ils sont d'un naturel confiant et tombent dans tous les piéges que leur tendent les sauvages des pays qu'ils habitent. Les fruits succulents forment leur nourriture de prédilection; ils font surtout une grande consommation de ceux des bananiers, végétaux que les botanistes connaissent sous le nom de *Musa,* et c'est cette coutume qui a valu à ces Grimpeurs le surnom de *Musophages,* sous lequel on les désigne aussi. Ces animaux ne se donnent que fort peu de peine pour nidifier, et se contentent de déposer leurs œufs, ordinairement au nombre de quatre, dans les trous qu'ils rencontrent sur les arbres cariés et vermoulus; les deux sexes les couvent avec persévérance. La chair de ces oiseaux, qui doit avoir un goût agréable à en juger par la nourriture savoureuse dont ils font usage, est fort recherchée par les peuplades sauvages de l'Afrique.

On peut diviser les espèces de ce groupe en deux sections: les Touracos proprement dits et les Musophages.

Les **TOURACOS PROPREMENT DITS** portent une huppe, et leur mandibule supérieure ne remonte point sur le front. Le *Touraco louri,* qui est le plus commun, se rencontre aux environs du Cap; sa grosseur approche de celle d'un pigeon, et il offre un plumage vert.

Les **MUSOPHAGES** ont leur mandibule supérieure très-évasée et recouvrant le front comme une sorte de disque. Parmi eux se distingue, par le brillant éclat de son plumage, le *Musophage violet,* dont le tour des yeux est nu et rouge, et les grandes pennes des ailes d'un rouge cramoisi. Il habite la Guinée et le Sénégal.

ANIS. *Crotophaga.* Bec court, élevé, très-comprimé, surmonté d'une crète tranchante, arquée. — Ces Grimpeurs ne se trouvent que dans l'Amérique équatoriale, et là ils fixent leur séjour dans tous les lieux découverts et particulièrement parmi les savanes; on les y rencontre par troupes de dix à trente individus, tantôt blottis sur un tertre de terre, ou serrés sur les buissons et passant de l'un à l'autre sans jamais parcourir une grande étendue, car ils volent mal.

Les mœurs des Anis présentent un haut degré d'intérêt; ce sont peut-être les plus sociables de tous les oiseaux. On parvient à les apprivoiser avec la plus grande facilité, et ils montrent si peu de défiance envers l'homme, qu'ils s'en laissent approcher à de très-faibles distances; lorsque les chasseurs tirent sur leurs troupes, ce n'est même qu'avec peine qu'elles se décident à fuir. Leur cri est assez singulier et ressemble au bruit que produit l'eau en ébullition; c'est à cette particularité qu'ils doivent le nom de *Bouilleurs,* qu'on leur impose dans quelques contrées. Ces oiseaux vivent de petits reptiles, de chenilles, ainsi que de grosses fourmis; souvent on les voit s'abattre sur les bœufs et les autres bestiaux pour dévorer la vermine qui les assiége, et c'est à cette habitude qu'ils doivent le nom scientifique de *Crotophages* qui signifie mangeurs d'insectes.

A l'époque de la pariade, les femelles qui se trouvent dans chaque troupe se rassemblent et s'occupent concurremment de la nidification. C'est dans cet acte que les Anis dévoilent particulièrement leurs facultés instinctives et leur sociabilité. Ils ne font qu'un seul nid commun pour toute la réunion ; celui-ci, dont le diamètre atteint jusqu'à un pied et demi, et qu'ils agrandissent successivement quand il ne peut contenir la famille, est tantôt placé dans les arbres, tantôt dans les buissons ; M. Virey dit que sa situation n'est pas due au hasard, mais que ces oiseaux ont la prévision de le mettre à l'extrémité des rameaux des premiers, dans les contrées où il y a beaucoup de serpents, afin de garantir la couvée de l'atteinte de ces reptiles, tandis que dans celles où il n'y en a point, ils le placent sur les grosses branches. Ce nid est formé de petites bûchettes et d'herbes fines, sur lesquelles il existe un matelas de feuilles, et son intérieur est quelquefois séparé par des cloisons ; mais le plus souvent il n'en est pas ainsi, et la progéniture de tous les couples se trouve déposée pêle-mêle. La ponte, qui se renouvelle deux fois par an, se compose à chacune d'elles de trois ou quatre œufs verdâtres. Toutes les femelles couvent ceux-ci en même temps et presque sans distinction, car s'il arrive qu'ils se confondent entre eux, pendant les allées et venues des couveuses, elles rassemblent indifféremment sous leurs ailes vivifiantes tous ceux qu'elles peuvent y placer. L'instinct d'association de ces intéressants oiseaux est tel, que lorsque les femelles sont obligées de s'absenter pour aller chercher leur nourriture, elles en laissent une seule qui prodigue impartialement ses soins à toute la progéniture ; et comme elle ne pourrait couver en même temps une cinquantaine d'œufs qui se trouvent parfois dans le nid commun, ses compagnes, avant de s'envoler, ont l'attention de couvrir en partie ceux-ci avec une certaine quantité de feuilles sèches. Dès que les petits sont sortis de la coque, leurs parents, sans s'inquiéter de la mère dont ils sont issus, leur distribuent indistinctement la nourriture qu'ils rapportent.

L'*Ani des savanes*, qui est de la grosseur d'un merle, offre un plumage d'un noir irisé, et se rencontre communément dans les arbrisseaux voisins des courants d'eau qui traversent les savanes.

FAMILLE DES ZYGODACTYLES.

Pieds a deux doigts antérieurs, et deux en arrière.

Elle renferme des oiseaux qui se nourrissent ordinairement d'insectes ou de fruits. La structure de leurs pieds est disposée le plus favorablement possible pour adhérer aux arbres.

TOUCANS. *Ramphastos.* Bec énorme, celluleux ; mandibules à bords dentés ; langue grêle, garnie de barbes. — Les dénominations de *Toucans* et d'*Aracaris*, que l'on donne à ces oiseaux, sont celles sous lesquelles les sauvages brésiliens les désignaient dès l'époque de la découverte de leur pays, et ce furent celles qu'employèrent les premiers voyageurs qui, dès le quinzième siècle, nous initièrent à la connaissance des productions du nouveau monde, dont ces Grimpeurs habitent exclusivement les régions équatoriales.

Les Toucans sont des oiseaux de moyenne taille, et dont le plumage présente des couleurs fort tranchées ; souvent ils sont tout noirs sur le dos, tandis que leur cou et leur poitrine offrent les plus belles teintes du jaune, de l'orangé ou du rouge, mais sans reflets métalliques. Ils vivent par petites troupes formées de six à huit individus, qui se tiennent de préférence vers la cime des plus grands arbres. Ne possédant que des ailes médiocrement longues, ces animaux volent assez mal et d'une façon bruyante ; cependant ils vont plus vite qu'on ne le penserait sans une inspection attentive, et traversent constamment l'air en ligne droite et horizontalement ; dans leur vol ils sont forcés de suivre la direction des vents, afin que la surface de leur bec ne présente point de prise à ceux-ci et ne contrarie pas leur course. Quoique leurs pattes semblent disposées favorablement pour cette action, on ne les voit jamais grimper ; ils ne descendent que fort rarement sur le sol, et n'y progressent que très-difficilement et par une suite de petits sauts. Pour dormir, ils penchent leur cou en arrière et tiennent leur bec verticalement. Les Toucans possèdent un caractère réfléchi, soupçonneux et défiant : aussi les chasseurs ont-ils la plus grande difficulté à les approcher.

Au premier aspect, le volumineux bec de ces oiseaux frappe l'observateur ; étant presque aussi gros qu'eux, il lui semble qu'il doit leur être impossible de vivre avec ce monstrueux appendice, qui paraît devoir à chaque instant entraver leur équilibre ; mais quand on examine la structure de cet organe, on s'aperçoit que sa pesanteur doit être bien moins considérable qu'elle ne le paraît, car tout son intérieur est formé de cellules contenant de l'air ; cependant ces fortes mandibules offrent quelques obstacles à la déglutition des aliments, et les Toucans sont constamment obligés de lancer ceux-ci en haut pour les recevoir ensuite dans le fond de la bouche et les avaler. Leur langue est étroite, grêle, et garnie de chaque côté de soies longues et serrées, qui lui donnent l'apparence d'une plume, et que de Blainville considère comme étant analogues aux papilles qui garnissent la langue des mammifères. La nourriture de ces Grimpeurs se compose principalement de bananes et d'autres fruits, auxquels ils joignent des bourgeons et des insectes. Pour se procurer ces derniers on les voit, dans quelques circonstances, attaquer les nids des fourmis ; et comme ceux-ci sont construits avec une terre compacte, pour les battre en brèche les Toucans saisissent le moment où la pluie les a ramollis, afin de les renverser plus facilement. Quand ces oiseaux chôment de ces divers aliments, ils se jettent sur les œufs et les petits qu'ils trouvent dans les nids de quelques grosses espèces de leur classe. Ces oiseaux nidifient, comme les perroquets, dans les trous que présentent les vieux arbres, et chaque ponte n'amène que deux œufs. On doit admettre dans ce groupe deux divisons subgénériques : les Toucans proprement dits et les Aracaris, que certains ornithologistes ont même considérés comme deux genres particuliers.

Les **TOUCANS PROPREMENT DITS** ont un bec dont la mandibule supérieure a le dessus tranchant, et leur queue est presque droite. Ce sont particulièrement les espèces de cette section qui offrent sur la poitrine ces brillantes plaques de plumes, dont nous venons de parler, et qui ont parfois été employées à confectionner des broderies, ou pour orner les vêtements des dames ; c'était surtout avec celles qui décorent le *Toucan à gorge jaune*, originaire du Brésil, que l'on faisait des espèces de fourrures qui avaient un grand prix. Celles-ci furent à la mode dans les deux mondes et même en France ; les Péruviennes en ornent encore aujourd'hui leurs robes.

Les **ARACARIS** ont la mandibule supérieure voûtée et sans arête, et ils offrent une queue étagée. Leur taille est moins considérable que celle du groupe précédent, et leur plumage est ordinairement d'un fond vert avec du rouge ou du jaune à la gorge.

COUCOUS. *Cuculus.* Bec médiocre, légèrement arqué, comprimé ; mandibules non échancrées. Queue longue, étagée. — Les Coucous, vivant uniquement d'insectes, habitent les pays chauds qui leur offrent un aliment continuel ; ce n'est que pendant l'été que ces oiseaux fréquentent les climats tempérés.

Les organes digestifs du Coucou commun sont fort développés et jouissent d'une grande activité. Son estomac est situé plus en arrière que dans les autres oiseaux, et cette cavité digestive est très-ample ; aussi faut-il beaucoup de nourriture pour rassasier ce Grimpeur. A l'époque où les Chenilles sont nombreuses il en mange quelquefois considérablement, et les poils de celles-ci s'enfoncent en si grand nombre dans la muqueuse de l'estomac, qu'elle a pu être décrite par quelques auteurs comme une membrane velue ; mais Nitzsch a réfuté cette erreur en démontrant que cet état cesse lorsqu'il y a longtemps que cet aliment n'a été employé.

Ces oiseaux sont célèbres en ce que, par une étrange anomalie, plusieurs espèces ne font point de nid, et que leurs femelles se contentent de déposer chacun de leurs œufs dans celui d'un autre oiseau, où ils éclosent. L'on a eu même l'occasion de reconnaître que, par un instinct fort remarquable, elles chosissent l'habitation de ceux qui se nourrissent d'insectes, afin que leur progéniture en naissant reçoive des aliments qui lui conviennent ; aussi c'est souvent dans les nids des Troglodytes, des Fauvettes, des Grives, des Rossignols et de quelques autres insectivores qu'on rencontre l'œuf du Coucou. L'oiseau couve cet œuf avec les siens, puis quand il éclôt, le petit détruit immédiatement la progéniture de l'espèce dans le nid de laquelle il se trouve, en l'expulsant au dehors par un moyen particulier.

Ces mœurs singulières des Coucous, qui ont été observées particulièrement sur notre espèce commune, n'échappèrent point aux anciens. Aristote dit que la femelle de cet oiseau dépose ses œufs dans un nid après avoir dévoré ceux qu'elle y découvre. Pline parle beaucoup plus longuement de ce fait, qu'il mentionne aussi; il ajoute que c'est constamment dans le nid d'une espèce d'une moindre taille que lui que le Coucou dépose sa progéniture, et il attribue les soins que le petit de cet oiseau reçoit de la mère étrangère sous laquelle il éclôt, à un sentiment de vanité maternelle que cause à celle-ci la force et la vigueur du jeune nourrisson, qu'elle croit lui appartenir; elle porte, selon lui, cette préférence à un si haut point que non-seulement elle néglige ses propres petits, mais qu'elle permet même à l'objet de sa tendresse de les dévorer sous ses yeux, puis, dit-il, elle lui consacre tous ses soins jusqu'à ce que l'ingrat, se sentant assez fort pour se passer de ses secours, la dévore elle-même.

Ces erreurs des anciens furent parfois répétées par les modernes; Linnée prête la même ingratitude au Coucou qui, dit-il, dévore sa nourrice. De là ce proverbe allemand : *ingrat comme un Coucou.*

Les naturalistes modernes ayant reconnu que ce qu'il y a de vrai dans l'histoire des Coucous était assez vivement intéressant pour fixer l'attention sans que la fiction s'en mêlât, s'occupèrent d'abord d'expliquer comment les œufs des Coucous étaient introduits dans des nids dont la structure et la position de l'ouverture ne permettaient pas à la mère de s'y poser pour pondre. Cette question importante fut éclaircie par les observations que Levaillant fit en Afrique sur le Coucou doré. Ce voyageur commençait à abandonner l'espérance qu'il avait conçue de voir cet oiseau déposer son œuf dans le nid de quelque autre espèce, lorsque le hasard lui apprit enfin quel moyen il employait. Il trouva dans le bec d'une femelle un œuf entier, qu'à sa couleur et à sa dimension il reconnut être le sien; l'observation lui ayant montré une seconde fois la même particularité dans une autre femelle, et son nègre lui ayant assuré qu'en tuant des Coucous il avait souvent vu leur œuf tomber. Dans la suite ce naturaliste resta convaincu que c'est au moyen de leur bec que ces oiseaux parviennent à placer le produit de leur génération dans le nid qui doit lui servir de retraite. Un fait qui frappa aussi ce voyageur, c'est que dans cette région, quoique les nids des granivores fussent bien plus nombreux et généralement plus accessibles que ceux des insectivores, jamais il n'y découvrit d'œufs de Coucous. Le colonel Montagu fit la même remarque relativement à notre espèce d'Europe.

M. Florent Prevost, auquel on doit des observations consciencieuses sur le Coucou ordinaire, a eu l'occasion de vérifier pour cette espèce ce que Levaillant avait avancé à l'égard du Coucou doré. Il a reconnu qu'elle produit deux œufs dans l'espace de deux ou trois jours et qu'elle pond chacun de ceux-ci à terre en paraissant beaucoup souffrir. Aussitôt que l'œuf est déposé sur le sol elle le prend dans sa gorge qui, à cet effet, est très-dilatée, et elle va le placer dans le nid d'un oiseau étranger. M. F. Prevost a été assez heureux pour tuer une de ces femelles pendant ce trajet, et, ainsi que Levaillant, il a trouvé l'œuf dans sa bouche.

La femelle du Coucou, après avoir déposé son œuf dans le nid d'une autre espèce, surveille celui-ci ; et si elle s'aperçoit que l'oiseau néglige cet œuf, elle le saisit et l'emporte pour le placer dans le nid d'un autre. M. F. Prevost a remarqué que lorsqu'il tourmentait les oiseaux auxquels le Coucou avait confié l'incubation de son œuf, celui-ci le reprenait et l'allait mettre dans un gîte différent; enfin un jour ayant retiré l'œuf d'une femelle de Coucou du nid où il se trouvait et l'ayant posé sur le sol, celle-ci, qui le surveillait dans le voisinage, s'avança immédiatement, l'emporta et le replaça dans le nid.

Les deux œufs que pond la femelle du Coucou sont placés chacun dans un nid différent. C'est sans doute l'effet d'une prévoyance instinctive, car cet oiseau étant, comme nous l'avons dit, très-vorace, si la mère eût confié plusieurs petits au même Passereau celui-ci n'aurait pu suffire à les nourrir.

On a souvent essayé d'expliquer la cause qui porte la femelle de ce Grimpeur à agir d'une manière aussi étrange à l'égard de sa progéniture en ne la couvant point. Hérissant croyait que cela était dû à la position du gésier qui, dans cet oiseau, est plus en arrière et moins garanti par le sternum que dans les autres ; mais on a pensé, avec plus de raison, que ces mœurs singulières devaient se lier à quelques modifications de l'appareil génital; de Blainville soupçonne que c'est peut-être la petitesse de l'ovaire du Coucou, qui, en ne permettant la ponte qu'à des intervalles trop considérables pour que les œufs reçoivent en même temps les soins de la mère, oblige celle-ci à les placer dans un nid étranger. En effet, comme six semaines environ après la ponte une seconde ponte a lieu, la femelle serait obligée d'élever ses deux petits en même temps qu'elle couverait de nouveaux œufs, ce qui lui serait impossible, et comme elle ne s'attache à aucun mâle et se trouve dans le cas de toutes les femelles polygames, qui sont seules chargées du soin de la progéniture, elle ne pourrait même espérer aucun concours dans cette circonstance.

Malgré les récits circonstanciés des anciens, on doutait que le petit Coucou expulsât du nid où il se trouve les jeunes oiseaux qui y naissent avec lui; mais les observations de Jenner ont confirmé ce fait. Il reconnut dans ses expériences répétées, que c'était en se glissant sous eux et en les élevant jusqu'au bord du nid que le Coucou expulsait ses compagnons. Cet illustre médecin, en voyant ce petit oiseau palper ce qui l'environne avec le bout de ses ailes, pensa que les extrémités de ces organes étaient doués d'une sensibilité capable de remplacer la vue, qui alors lui manque. Puis il remarqua qu'au lieu d'avoir le dos aigu, comme la plupart des jeunes oiseaux, le Coucou l'a au contraire fort large, et possède une espèce de cavité vers le milieu, qui paraît avoir été disposée pour faciliter cette expulsion. Il observa en outre que, vers le douzième jour, cette dépression se trouve remplie, et qu'alors le dos prend la forme ordinaire.

Voici comment Jenner a décrit l'expulsion des petits oiseaux par le Coucou, dans les Transactions philosophiques. « Le jeune Coucou, peu d'heures après sa naissance, en s'aidant de son croupion et de ses ailes, tâche de se glisser sous le petit oiseau dont il partage le berceau, et de le placer sur son dos où il le retient en élevant les ailes; alors il se traîne à reculons jusque sur les bords du nid, s'y relève un instant, puis, faisant un effort, il jette sa charge hors du nid. Après cette opération, il s'arrête un instant, comme pour s'assurer avec ses ailes du succès de son entreprise. On est surpris de voir les efforts réitérés d'un Coucou de deux ou trois jours, lorsqu'on met à côté de lui un oiseau déjà trop lourd pour qu'il puisse le soulever; il est alors dans une agitation continuelle et ne cesse de travailler. Quand il approche du douzième jour de sa naissance il perd le désir de jeter hors du nid ses compagnons, et ne les inquiète plus. »

Le colonel Montagu, par ses expériences, a confirmé les assertions de Jenner. Il vit un jeune Coucou expulser pendant quatre jours, avec une persévérance infatigable, une jeune Hirondelle qu'il avait toujours soin de replacer à ses côtés; le cinquième jour cette disposition hostile cessa, et il fut permis à l'Hirondelle d'habiter le nid.

Le *Coucou commun*, qui se trouve dans nos forêts, ainsi que dans toutes celles de l'Europe, est d'un gris cendré sur le dos et offre un ventre gris. Cet oiseau, dont les mœurs ont été étudiées par M. F. Prevost, émigre l'hiver, et abandonne nos pays pour se porter en Afrique. Cet observateur a reconnu que les Coucous étaient polygames; mais qu'au lieu que ce soit le mâle qui, comme cela a lieu dans beaucoup d'autres oiseaux, possède plusieurs femelles, au contraire, c'étaient celles-ci qui se portaient vers plusieurs mâles. En effet, à l'arrivée des Coucous, ceux-ci se fixent dans des districts différents sur lesquels ils ne souffrent aucun individu de leur sexe, tandis que les femelles, au contraire, errent de tous côtés; elles s'adonnent à un mâle pendant un ou deux jours, puis, extrêmement lascives, on les voit se porter ensuite vers un autre.

Les INDICATEURS forment un des principaux sous-genres du groupe des Coucous; ils se font remarquer par un bec subconique, très-pointu, et leur queue fourchue. Ces oiseaux, qui habitent l'Afrique, ont acquis par leurs mœurs une certaine célébrité. Ils se nourrissent d'insectes et surtout de miel; et comme leur instinct leur fait découvrir avec facilité les ruches des Abeilles sauvages, souvent les Hottentots les suivent et se guident sur eux pour trouver celles-ci; puis par reconnaissance ils leur en abandonnent quelques fragments. C'est de là que provient le nom d'*Indicateurs*, que l'on a imposé à ces Grimpeurs.

L'*Indicateur mange miel*, qui vit dans les environs du Cap, est le plus connu. Cet oiseau, qui est de la grosseur d'un moineau, et ceux qui appartiennent à cette petite division, possèdent une peau excessivement dure qui, à ce que dit Cuvier, les garantit des piqûres des Abeilles, qu'ils tourmentent sans cesse ; mais celles-ci les attaquent parfois aux yeux et les tuent par ce moyen.

PICS. *Picus.* Bec polyèdre, droit, tranchant et comprimé vers la pointe ; langue vermiforme, excessivement longue, aiguillonnée à son extrémité. Pennes caudales à tige très-raide, usées à l'extrémité. — On rencontre des Pics sous toutes les latitudes du globe ; mais ce sont les contrées intertropicales qui en nourrissent un plus grand nombre, et principalement les forêts humides de l'Amérique. L'Australie est cependant privée de ces oiseaux.

Les espèces de ce genre ont des tarses courts, et leurs doigts sont munis d'ongles forts et crochus, ce qui offre une double disposition favorable à leur genre de vie, car constamment elles sont cramponnées aux écorces des arbres, et montent ou descendent avec la plus grande facilité sur le tronc de ceux-ci. La force avec laquelle ces oiseaux s'attachent à l'aide de leurs griffes leur permet même de courir avec aisance sous les grosses branches. Les pennes raides de leur queue, en formant un arc-boutant, favorisent aussi leur locomotion sur les troncs des arbres.

Les Pics sont d'un naturel sauvage, et leur vie se passe dans une activité continuelle. Leur langue est d'une longueur extraordinaire ; ce qui tient à ce que chez eux les cornes de l'os hyoïde se recourbent tout autour du crâne pour aller se terminer vers la base du bec : elle peut se projeter hors la bouche à une grande distance, et elle rentre dans cette cavité à l'aide de deux muscles roulés comme un ruban autour de la trachée ; cette langue est filiforme et est acérée et solide à son extrémité, qui se trouve armée de papilles cornées, fines et aiguës, dirigées en arrière. Ces oiseaux offrent deux glandes salivaires extrêmement volumineuses et qui sécrètent un fluide jaunâtre, analogue, pour sa consistance et sa coloration, au pus qui découle des plaies, mais étant excessivement gluant. Cette structure de l'appareil lingual et salivaire est en harmonie avec la manière dont ils saisissent leurs aliments ; en effet, les Pics, qui semblent être parmi leur classe ce que sont les Fourmiliers dans celle des mammifères, sont continuellement occupés sur les écorces des arbres à les frapper avec leur bec pour en faire sortir les insectes, ou bien ils enfoncent incessamment leur langue dans leurs trous pour y saisir des larves dont ils sont fort avides. Ces oiseaux, lorsque cette nourriture leur manque sur les végétaux, vont même à l'ouverture des fourmilières plonger leur longue langue, afin de la retirer chargée des habitants de celles-ci qui ne tardent pas à s'y coller.

Cependant tous les Pics ne mènent pas le genre de vie que nous venons de détailler ; tel est entre autres le *Pic laboureur*, nommé ainsi par Levaillant parce qu'il reste constamment sur la terre, qu'il fouille pour y découvrir des insectes, sans jamais fréquenter les écorces des grands végétaux, ainsi que le font la plupart des autres espèces.

Ces oiseaux nichent ordinairement dans les creux des arbres cariés, et c'est aussi dans ceux-ci qu'ils se retirent pendant la nuit. La femelle y pond ses œufs sans y faire de nid, et les deux sexes les couvent alternativement.

On trouve six espèces de ce genre en Europe; parmi elles est le *Pic vert*, qui se rencontre fréquemment en France, et passe pour un de nos plus beaux oiseaux indigènes; il vit de larves de Fourmis, et l'on dit que lorsqu'il y a disette de cette nourriture, il se rabat sur quelques fruits.

TORCOLS. *Yunx.* Bec court, droit, pointu, subconique, déprimé, sans arêtes; langue extensible, glabre. — Leur nom vient de la singulière habitude qu'ils ont, lorsqu'on les saisit, de tordre leur cou et de tourner leur tête en divers sens. Ces oiseaux vivent à peu près comme les Pics, mais ils grimpent moins sur les troncs des arbres, où ils ne font guère que se cramponner pour saisir les insectes qui s'y trouvent; aussi les pennes de leur queue ne sont pas raides et usées comme celles des Grimpeurs par excellence qui viennent d'être mentionnés. Souvent on les rencontre dans les environs des fourmilières, qui leur fournissent une ample nourriture qu'ils y saisissent, comme les Pics, à l'aide de leur langue agglutinante. Leur nidification ressemble aussi à celle de ces oiseaux.

Le *Torcol ordinaire* habite l'Europe; ses dimensions sont celles d'une Alouette; il est varié de brun et de blanc.

JACAMARS. *Galbula.* Bec très-long, aigu, droit, tétragonal. Ailes médiocres; tarses courts. — Ces oiseaux rappellent la forme des Martins-pêcheurs, mais ils en diffèrent par la structure de leurs pieds; leur plumage possède toujours un éclat métallique. Ils sont tous exotiques à l'Europe, et se plaisent sur les arbres des forêts humides; leur nourriture consiste en insectes divers. C'est ordinairement sur les branches inférieures des grands végétaux que se rencontrent leurs nids.

FAMILLE DES SYNDACTYLES.

Trois doigts en avant, dont l'externe, presque aussi long que le médian, est uni très-longuement avec lui. Un doigt en arrière.

MARTINS-PÊCHEURS. *Alcedo.* Bec long, droit, anguleux, tétragonal. Queue très-courte. Ailes et tarses courts. — Ces oiseaux résident presque constamment sur les rives touffues des fleuves ou des ruisseaux; ils marchent mal à cause de la brièveté de leurs tarses, et leur courte queue et leurs ailes peu amples ne leur permettent qu'un vol saccadé. Les Martins-pêcheurs sont doués d'une patience extraordinaire. Ils vivent principalement de petits poissons, et ce n'est que lorsque ceux-ci manquent qu'ils se contentent de larves d'insectes aquatiques : on les rencontre souvent immobiles sur les branches ou sur quelque rocher avancé, guettant ce qui se passe à la surface de l'eau, et se précipitant vers celle-ci, comme un trait, aussitôt que quelque proie en approche. Souvent aussi ces oiseaux pêchent en volant, et quand ils aperçoivent quelque poisson à la superficie de l'eau, plongent brusquement la tête dans celle-ci, puis en ressortent immédiatement avec leur capture à leur bec, et vont la dépecer sur le rivage voisin si elle est trop volumineuse pour être avalée à l'instant même.

Les Martins-pêcheurs sont ordinairement décorés des plus vives couleurs, mais leurs mœurs ne répondent pas à leur éclatant plumage ; ce sont des oiseaux taciturnes et solitaires dont le cri est âpre et désagréable. Ils ne se réunissent par couple que durant la saison des amours, et se divisent aussitôt que leur jeune famille est élevée. Ces Grimpeurs nichent dans les excavations que divers mammifères, et surtout les Rats d'eau, pratiquent sur les bords des rivières. Ils en consolident les parois avec de la terre gâchée ; puis déposent dans ces trous quatre à huit œufs ordinairement blancs, et que le mâle et la femelle couvent alternativement, de même qu'ils s'occupent ensemble de nourrir leurs petits en leur apportant activement les produits de leur pêche.

Ces oiseaux, sans qu'on sache trop pourquoi, se sont attirés l'attention des anciens, et leur histoire s'est trouvée environnée de fables singulières. Leur nidification fut longtemps un mystère ; Plutarque croyait que ces animaux, que l'on désigne aussi sous le nom d'*Alcyons*, faisaient leur nid en entrelaçant des os de poissons, et qu'ils le portaient sur les bords de la mer pour en éprouver la solidité ; mais il paraît qu'il avait pris un Oursin pour le nid de ces oiseaux, et qu'Aristote était tombé dans la même erreur. Ce fut Belon qui le premier réfuta cette croyance, et, en se rapprochant de la vérité, avança qu'ils faisaient leurs nids dans le sable. Il n'y a que quelques années seulement que l'on a bien observé ceux-ci ; Wilson, Rennie et d'autres savants ont reconnu qu'il n'entrait point d'os dans leur confection, et que l'on rencontrait seulement une quantité considérable d'arêtes de poissons dans les trous où ils sont placés, et qui ont parfois deux à quatre pieds de profondeur, mais que ces débris n'étaient que les restes des repas du couple, encore épars sur le plancher de la cavité évasée qui forme le fond du terrier, et où se trouvent les œufs. Ces oiseaux pondent plusieurs années de suite dans les mêmes trous ; Rennie dit que l'on en a vu revenir successivement neuf années dans l'un d'eux. Ils sont si ennemis du travail que lorsqu'il arrive qu'on leur pille leurs œufs, ils ne cessent pas pour cela d'en pondre de nouveaux dans le même endroit peu de temps après, et l'on y retrouve en même temps un nouvel amas d'arêtes de poisson.

Parmi les plus singulières superstitions auxquelles ces oiseaux ont donné lieu, on peut citer principalement qu'ils passaient pour indiquer le vent après leur mort. On fut même jusqu'à assurer qu'un d'eux, qui était suspendu empaillé dans le muséum du père Kirker, où il resta de 1640 à 1655, tournait constamment son bec vers le vent, et que ce savant voulut rendre compte de ce phénomène. Ces oiseaux avaient aussi la réputation de préserver les draps des vers; aussi, pendant nos siècles d'ignorance, les drapiers en suspendaient dans leur boutique.

Gmelin dit que les Tartares, après avoir arraché les plumes d'un Alcyon, les jettent dans l'eau et conservent celles qui flottent; elles ont, selon eux, la propriété de déterminer l'amour des femmes. Les Ostiacks prennent la peau, le bec et les ongles de cet oiseau et les renferment dans une bourse. Ils leur prêtent la puissance de les préserver de tout danger. Un de ces Tartares racontait, les larmes aux yeux, au naturaliste qui vient d'être nommé, que c'était la perte de la peau de l'un de ces animaux qui avait causé celle de sa femme et de ses biens. Forster rapporte que cette superstition est aussi répandue parmi les peuples d'Ulietea.

Le *Martin-pêcheur d'Europe*, la seule espèce qui se rencontre dans cette partie du monde, est de la grosseur d'un Moineau; elle est en dessus d'une teinte verdâtre ondée de noirâtre, avec une bande du plus beau bleu le long du dos.

Les **MARTINS-CHASSEURS**, dont le bec est dilaté sur les côtés et convexe en dessous, sont considérés par quelques ornithologistes comme un genre spécial; mais Cuvier les confond avec les précédents. Ils vivent à la Nouvelle-Hollande et n'habitent point les rivages. Leur nourriture diffère aussi de celle des Alcyons, car ils ne s'alimentent que d'insectes.

Les **CEYX** sont des Martins-pêcheurs dont le doigt interne est rudimentaire. Ils habitent les Indes.

MOMOTS. *Prionites.* Bec fort, à bords munis de fortes dents. Langue barbelée comme une plume. — Ces oiseaux résident en Amérique; ils sont de la taille des Geais, et offrent un beau plumage : deux des pennes de leur queue s'ébarbent partiellement chez les adultes, ce qui donne à cet organe un aspect particulier. Ils vivent solitairement, volent mal, se nourrissent d'insectes et même de petits oiseaux, et nichent dans les trous.

GUÊPIERS. *Merops.* Bec médiocre, arqué, aigu, offrant une arête élevée, tranchante. Tarses courts. — Leur nom vient de ce qu'on les voit faire un dégât énorme d'insectes de la classe des Hyménoptères; cependant il ne paraît pas, malgré leur dénomination, qu'ils mangent des Guêpes; jamais Levaillant n'en a trouvé dans leur estomac, et ils chassent principalement les Abeilles et les insectes qui forment du miel ou de la cire; ils les poursuivent souvent en troupes, et les prennent avec tant d'agilité qu'ils évitent leurs piqûres. Cependant la nature semble, par la peau épaisse dont elle les a enveloppés, avoir essayé de les protéger contre celles-ci. Les contrées chaudes leur fournissent seules un aliment toujours en abondance, et par cette raison elles sont aussi les seules où ces Grimpeurs vivent sédentairement. Pallas dit que sur les bords du Volga il en trouva beaucoup de morts dans des trous, parce qu'ils étaient arrivés trop tôt, et que le froid avait empêché l'apparition des insectes qui les nourrissent. On n'en rencontre que dans l'ancien continent.

Parmi les paradoxes qui fourmillent dans les ouvrages des anciens naturalistes on trouve dans celui d'Élien que les Guêpiers volent à rebours. Cette assertion, que Buffon s'est donné la peine de combattre, et qui serait une absurdité si l'on entendait qu'elle indique que ces oiseaux volent la queue en avant, repose cependant sur quelque chose de réel et qui a pu induire en erreur. Levaillant dit en effet que dans certains moments, lorsque les Guêpiers poursuivent en volant les insectes, il leur arrive de s'élancer plus ou moins obliquement en arrière pour leur couper le passage, et que, durant cette action il semble à l'observateur qu'ils volent un instant à rebours, mais que cependant ils n'avancent réellement que du côté de la tête. Ces oiseaux volent presque constamment; ils mangent, ils boivent et même se baignent en volant; ce n'est que rarement qu'on les trouve se reposant sur les extrémités des branches.

Les Guêpiers vivent en troupes, par couples ou solitairement; ils nichent ordinairement, comme le font les Martins-pêcheurs, dans les trous de la terre qu'ils découvrent sur les rivages ou dans ceux qu'ils y pratiquent eux-mêmes avec leur bec et leurs pattes, et c'est à reculons qu'on les voit y entrer.

On mange plusieurs espèces de ce genre, dont la chair a un goût fort agréable; mais, à cause de l'épaisseur de leur peau, on les écorche souvent avant de les apprêter.

Le *Guêpier commun*, dont le dos est fauve, le front et le ventre bleus, et la gorge jaune, habite l'Asie, l'Afrique et l'Europe. A l'île de Candie les enfants le prennent en passant dans le corps d'une Sauterelle une épingle recourbée en hameçon et tenue par un fil; l'oiseau, qui aime cet insecte, fond bientôt sur celui qui est préparé et qui saute de côté et d'autre quoique retenu par son lien, et lorsqu'il l'a avalé, il lui devient impossible d'échapper.

TODIERS. *Todus.* Bec long, grêle, aplati et obtus. Ailes courtes. — Ces oiseaux sont de petite taille, et c'est ce que l'on a voulu indiquer par le nom de *Todus*, petit, qui leur a été imposé. Ils habitent l'Amérique, et vivent d'insectes qu'ils attrapent sur l'eau ou dans le limon des marécages; quelquefois aussi c'est sous la mousse que ces Grimpeurs vont chercher leur proie. Ils nichent sur la terre.

CALAO. *Buceros.* Bec énorme, cellulaire, ordinairement surmonté d'une proéminence ou d'un simple renflement. — Les Calaos sont assez répandus sur le globe, et l'on en trouve en Afrique, aux Indes et à la Nouvelle-Hollande. L'énormité de leur bec et sa singulière conformation frappent au premier abord quand on considère ces Grimpeurs. Tous les genres de nourriture leur conviennent, et ils mangent des fruits, des insectes ou des charognes d'animaux ; on les voit chasser les reptiles et les petits oiseaux, que sans doute leurs fortes pattes leur font vaincre facilement. Selon Levaillant, c'est dans les trous des vieux arbres que les Calaos font leur nid. Du reste, cette habitude ne s'étendrait pas à toutes les espèces de ce genre, puisque Bruce rapporte que celle qu'il a eu l'occasion d'observer en Abyssinie construit sur les arbres un nid semblable à celui des Pies.

Ce groupe, dont le bec est parfois analogue à celui des Toucans, en est différencié par la structure des pieds ; il se compose de grandes espèces, parmi lesquelles on remarque le *Calao rhinocéros* au plumage noir, au ventre blanc, et dont le bec est surmonté d'une corne considérable, imitant celle du mammifère que son nom rappelle.

RUPICOLES. *Rupicola.* Bec comprimé, échancré ; fosses nasales grandes ; tête surmontée d'une double crête de plumes verticales, disposées en éventail. Tarses à écusson antérieur. — Ce genre, rangé dans les Passereaux par quelques zoologistes, nous semble plutôt appartenir aux Syndactyles par la disposition de ses doigts, et faire le passage de cette famille aux premiers Passereaux.

On ne peut omettre de citer le *Coq de roche*, qui habite l'Amérique, et dont le plumage offre une couleur du plus bel orangé ; il est recherché dans toutes les collections. Il vit de fruits. Cet oiseau fait son nid dans les cavernes profondes des rochers ; il le compose de bûchettes, et sa femelle pond deux œufs.

ORDRE DES PASSEREAUX OU SAUTEURS.

Sternum présentant ordinairement une échancrure de chaque côté de son bord inférieur. Trois doigts en devant et un derrière ; doigts antérieurs libres et dépourvus de membrane à leur base, où seulement les deux extérieurs sont ordinairement un peu soudés ; tarses annelés.

L'ordre des Passereaux réunit une immense légion d'oiseaux, dont les formes, le régime et les mœurs offrent de grandes dissidences, et qui n'ont pas de caractères communs fort nombreux ; cet ordre a même souvent indistinctement servi de réceptacle pour les espèces que l'on ne pouvait placer dans les autres groupes, aussi est-il peu naturel.

Tous les Passereaux sont doués de la faculté de voler, et ils marchent ordinairement en sautillant. Ces oiseaux se nourrissent d'aliments variés, de graines, de fruits, d'insectes ou de vers ; quelques espèces, dont le bec est assez fort, tuent même de faibles oiseaux, et quoique d'une vigueur peu considérable, elles se battent courageusement. En général, les êtres de cet ordre sont d'autant plus granivores que leurs mandibules sont développées davantage, et ils détruisent d'autant plus d'insectes qu'elles sont plus effilées. C'est parmi les Passereaux que se trouvent ces légions de chanteurs dont les concerts charment si souvent nos oreilles dans la profondeur des forêts.

FAMILLE DES SUBULIROSTRES.

Bec long, effilé, grêle, arqué ou droit, ordinairement sans échancrure ou très-faiblement échancré.

SITTELLES. *Sitta.* Bec droit, conique, pointu, comprimé à l'extrémité. Langue courte, non extensible. — Ces oiseaux se trouvent dans les deux continents, cependant l'Amérique en possède un plus grand nombre d'espèces ; ils se nourrissent principalement d'insectes, et les saisissent sur le tronc des arbres, où ils montent et descendent comme les Pics, mais sans se servir de leur queue, dont les pennes sont trop flexibles.

La *Sittelle commune*, vulgairement appelée Torche-pot, est la seule espèce de ce genre qui habite l'Europe ; quoique entomophage comme ses congénères, elle n'abandonne pas pendant l'hiver sa patrie, et se contente d'amasser pour cette saison, durant laquelle sa nourriture favorite lui manque, une provision de noisettes, de faînes, de graines de tournesol, etc. C'est au printemps que le mâle et la femelle s'occupent, de concert, de l'érection du nid qu'ils établissent dans un trou d'arbre ou dans le logement abandonné de quelque Pic. Lorsque l'ouverture de leur retraite est trop grande ils la rétrécissent avec de la terre glaise, ce qui leur a valu le nom vulgaire que nous avons cité, ainsi que celui de *Pic-maçon* qu'on leur donne aussi ; c'est sur un léger matelas de mousse, qui garnit le fond du nid, que la Sittelle pond cinq à sept œufs grisâtres, maculés de petites taches rouges. Cette espèce se fait remarquer par l'attachement qu'elle porte à sa couvée, à laquelle elle prodigue les soins les plus assidus.

FOURNIERS. *Furnarius.* Bec droit ou légèrement courbé, effilé, déprimé à la base, subulé à la pointe. Ailes courtes. Tarses longs. — Ces oiseaux, que l'on a successivement confondus avec les Guêpiers et les Grimpereaux, ont été considérés par Vieillot comme formant un genre spécial. Ils habitent l'Amérique, et sont assez familiers avec l'homme, près des demeures duquel on les rencontre souvent. C'est ordinairement par couples qu'ils vivent.

L'art avec lequel ces oiseaux façonnent leurs nids et l'abondance des matériaux qui entrent dans leur construction, ont de tout temps frappé les observateurs. Ces nids sont tantôt situés sur les grosses bifurcations des arbres, et tantôt suspendus aux fenêtres des habitations ou aux palissades. Ils ont une forme hémisphérique, et sont entièrement travaillés avec de la terre gâchée ; leur diamètre est d'environ six pouces, et l'intérieur, qui est occupé par un lit d'herbes ou de plumes, communique au-dehors par un trou ressemblant à l'ouverture d'un four, particularité à laquelle les oiseaux de ce groupe doivent leur nom. Quelques espèces érigent cependant de plus amples constructions, et y font entrer des bûchettes.

GRIMPEREAUX. *Certhia.* Bec arqué, trigone, comprimé, pointu ; langue entière. — Les Grimpereaux sont de petits oiseaux dont le nom vient de la faculté qu'ils ont de monter avec agilité aux écorces, de s'y suspendre ou d'y glisser pour attraper les insectes des vieux arbres cariés, sur lesquels ils font leur séjour de prédilection. Ils vivent dans les deux continents, et on peut les subdiviser en trois sous-genres, les Grimpereaux proprement dits, les Picucules et les Échelettes.

Les **GRIMPEREAUX PROPREMENT DITS** se reconnaissent à leur bec très-effilé, et surtout à leur queue fort étagée, composée de pennes dont les barbes sont usées, et dont la tige, extrêmement raide, leur sert comme d'arc-boutant lorsqu'ils grimpent aux écorces. Ils vivent parmi les zones froides et tempérées de l'ancien continent, et ils nichent dans les trous des arbres. Le *Grimpereau d'Europe*, qui est cendré et tacheté de stries blanchâtres, roussâtres et noirâtres, se trouve fréquemment en France.

Les **PICUCULES** ressemblent aux Grimpereaux par leur queue usée, mais ils en diffèrent par leur bec, qui est beaucoup plus fort et plus large transversalement. Ils habitent l'Amérique.

Les **ÉCHELETTES**, que l'on nomme aussi Grimpereaux de muraille, se distinguent des groupes précédents, en ce qu'avec un bec triangulaire, long et grêle, elles n'ont point la queue usée et ses pennes sont subégales, aussi elles ne se servent pas de cet organe pour grimper le long des rochers ou des murs, endroits qu'elles fréquentent ordinairement, et elles y adhèrent seulement à l'aide de leurs ongles longs et acérés. On n'en connaît qu'une seule espèce, qu'on rencontre souvent parmi les pics les plus élevés des Alpes et des Pyrénées.

COLIBRIS. *Trochilus.* Bec long, très-grêle, à pointe acérée. Langue extensible, profondément fendue. — Ce nom, qu'on avait cru emprunté à la langue des Caraïbes, est probablement dérivé du vieux français et n'est qu'une altération des mots *col brillant*, qui rappellent les reflets métalliques dont cette région est décorée chez les Colibris. Ces oiseaux résident parmi les régions chaudes du nouveau continent, et fréquentent particulièrement les environs des habitations et les jardins ; quelques espèces émigrent pendant l'été jusque dans l'Amérique septentrionale, mais elles reviennent constamment passer l'hiver dans les latitudes équatoriales.

Par le brillant éclat des plumes de leur cou et de leur tête, les Colibris semblent les pierres précieuses du règne animal ; en effet, rien n'égale les magnifiques reflets métalliques dont ces plumes scintillent, et qui varient selon le mode par lequel elles sont éclairées, phénomène qu'Audebert a tenté d'expliquer par le secours de la physique, ainsi que nous l'avons dit, en traitant des généralités. Les ailes des Colibris sont extrêmement longues et étroites ; et comme les pennes qui suivent la première sont très-courtes, il en résulte que les organes du vol offrent une configuration qui se rapproche de celle d'une faux. Les muscles qui meuvent ces ailes sont très-amples, comme on peut en juger par le sternum, qui est totalement plein, et l'humérus est court. Cette structure, qui se rapproche de celle des Martinets, donne aux organes du vol des Colibris une puissance extraordinaire, relativement à leur petitesse ; aussi leurs mouvements sont si rapides qu'ils échappent à l'œil, quand ils traversent l'air, et ils peuvent les soutenir si longtemps qu'on les voit rarement se reposer, et que ces petits oiseaux sont sans cesse occupés à voltiger autour des fleurs. Au contraire, la brièveté de leurs jambes les empêche de marcher.

Les Colibris sont assez familiers et se laissent approcher de très-près par l'homme ; leur courage est au-dessus de leur force, et souvent ils défendent leur couvée contre des ennemis dont la taille est de beaucoup supérieure à la leur. Ces faibles oiseaux ne vivent pas toujours en bonne intelligence, et on les voit parfois s'attaquer avec acharnement ; ils se battent même avec tant d'aveuglement que pendant leurs luttes, Viellot dit qu'il arrive à quelques espèces de se précipiter dans l'intérieur des habitations sans s'apercevoir des dangers qu'elles y courent.

Le bec long et effilé des Colibris leur permet facilement d'atteindre dans la profondeur des fleurs pour y recueillir leur nourriture, et leur langue, par sa disposition, seconde encore cette action. Cet organe, qui est long et grêle, s'insère aux branches de l'os hyoïde qui, après avoir contourné le crâne, viennent s'implanter sur le front ; aussi il en résulte qu'il jouit d'une grande extensibilité et peut être lancé au dehors très-facilement par ces oiseaux. Cette langue, qui n'a encore été disséquée que sur des individus où on l'avait ramollie artificiellement, a paru à quelques naturalistes être formée de deux demi-cylindres creux, accolés ensemble dans plus de la moitié de leur étendue, et se séparant ensuite en deux filets qui terminent l'organe en avant, et sont convexes en dehors et concaves à leur région interne. Suivant d'autres savants, la base de la langue de ces oiseaux serait même formée de deux tuyaux cartilagineux.

Les Colibris étant des oiseaux plus délicatement organisés que les autres, on pensa anciennement qu'ils devaient faire usage d'une nourriture plus exquise, et comme on les voyait souvent autour des fleurs, on émit l'opinion qu'ils ne se nourrissaient que du nectar sucré qui se trouve dans celles-ci. Mais des observateurs réfutèrent cette opinion et prétendirent qu'ayant ouvert plusieurs de ces oiseaux, ils ne trouvèrent que des insectes dans leur cavité digestive, et que c'était ces petits animaux qu'ils venaient saisir dans les corolles en y enfonçant leur langue. D'Azzara, qui a rencontré en hiver de ces oiseaux au Paraguay et dans des contrées où il ne se trouvait alors aucune fleur, en a aussi tiré la conséquence qu'ils devaient avoir une autre nourriture que le nectar, et il observa même que ces Subulirostres visitaient la toile de quelques espèces d'Araignées, ce qui lui fit croire qu'ils mangeaient de celles-ci. De Blainville a aussi émis que les Colibris vivaient d'insectes ; et d'autres naturalistes, pour concilier toutes les opinions, ont professé que ces oiseaux faisaient à la fois usage de ceux-ci et des sucs des végétaux.

Les nids de ces frêles oiseaux sont en rapport avec la délicatesse de leurs organes. Par leur forme, ils représentent une petite cupule, et c'est avec du coton ou la bourre soyeuse de quelque végétal qu'ils sont confectionnés en dedans, tandis que l'extérieur est ordinairement tapissé de lichen et de brins de bois de gommier. Les Colibris proprement dits les placent souvent sur les branches d'arbres, et les Oiseaux-Mouches les édifient sur les feuilles des orangers, ou les suspendent aux fêtus qui sortent de la couverture des cases. Tous ces oiseaux ne font que deux œufs blancs, que le mâle et la femelle couvent tour à tour ; et, au bout d'environ douze jours, il en sort des petits qui, dans les moindres espèces, ne sont guère plus gros que des Mouches. On ne connaît pas encore bien la manière dont les parents nourrissent d'aussi frêles créatures, et le P. Dutertre assure qu'au lieu de leur dégorger des aliments, comme cela s'observe dans les autres oiseaux, la mère, après avoir trempé sa langue dans le suc des fleurs, vient la leur apporter à sucer.

On se procure aisément des Colibris, à cause de la facilité avec laquelle ils se laissent approcher, mais on est obligé de les tirer avec du sable pour ne pas altérer leur plumage. Quelquefois même on se contente de décharger sur eux un fusil ne contenant que de la poudre, l'explosion suffit pour les étourdir et les faire tomber. On les saisit parfois avec un filet à papillons ou en leur lançant de l'eau à l'aide d'une seringue.

Les premiers historiens des conquêtes des Espagnols rapportent qu'à l'époque où ceux-ci arrivèrent au Mexique et au Pérou, les sauvages de ces pays composaient des tableaux extrêmement beaux avec les plumes des Colibris. Quelquefois aussi ces oiseaux servaient à l'ornement du visage des femmes ; les vierges des forêts du Brésil se paraient le front d'un bandeau composé de leurs plumes, ou se faisaient des pendants d'oreilles avec leur corps entier.

Ce n'est que fort rarement que l'on a pu conserver des Colibris en domesticité. Cependant on cite que cela a eu lieu dans quelques cas rares. D'Azzara dit qu'un gouverneur du Paraguay en conserva un plusieurs mois, quoiqu'il eût été pris adulte ; le célèbre ornithologiste Latham rapporte même que plusieurs fois il en est parvenu de vivants en Angleterre ; tels furent des Oiseaux-Mouches rubis, qu'un général conserva plus de quatre mois, en les nourrissant avec de l'eau sucrée qu'il plaçait dans le fond d'un certain nombre de fleurs artificielles, imitées avec art et représentant des campanules. Tous ces oiseaux, nourris dans nos demeures, y acquirent une grande familiarité, et l'on dit qu'ils venaient sur les lèvres de ceux qui les possédaient pour y prendre leur nourriture.

Ce genre doit se subdiviser en deux groupes subgénériques : les Colibris proprement dits et les Oiseaux-Mouches.

Les **COLIBRIS PROPREMENT DITS** ont un bec arqué ; ils sont plus particulièrement cantonnés dans les régions tropicales et ne s'en éloignent jamais. Le *Colibri topaze*, qui se trouve à la Guiane, est un des types de cette division ; il se fait remarquer par sa gorge verte à reflets d'un jaune imitant la pierre précieuse dont il porte le nom.

Les **OISEAUX-MOUCHES** offrent un bec droit. Ils sont moins sensibles au froid que les précédents, et l'on en rencontre dans tout l'espace qui s'étend des États-Unis jusqu'à la Patagonie. Lesson, dans sa Monographie, en a décrit plus de cinquante. C'est parmi eux que l'on doit placer l'*Oiseau-mouche géant*, qui est l'espèce qui atteint la plus grande taille. Il est à peu près de la grosseur d'un moineau et vit au Chili ; son plumage est roux et peu brillant. C'est aussi à cette subdivision qu'appartient le *plus petit des Oiseaux-Mouches*, qui habite Saint-Domingue, n'est pas plus gros qu'une Guêpe frélon, et dont la taille, comparée à celle des Mouches, a déterminé le nom générique de ces oiseaux.

SOUI-MANGAS. *Cinnyris.* Bec long et très-grêle, dont les bords sont finement dentés en scie ; langue extensible, fourchue. — Ces Passereaux résident principalement en Afrique et dans les îles qui environnent l'Inde ; ils représentent sur l'ancien continent les Colibris du nouveau monde, et, comme eux, ils offrent un plumage fort resplendissant. On dit qu'ils vivent sur les fleurs dont ils pompent le suc à l'aide de leur langue ; leur chant est agréable.

HUPPES. *Upupa.* Bec très-long, arqué, trigone, presque obtus ; mandibule supérieure plus longue ; langue entière ou fourchue. — Considérés en général, ces oiseaux habitent des climats très-divers, et quoique la similitude de leurs organes fondamentaux engage à les grouper, leur facies est cependant fort différent à cause de la disposition qu'offrent leurs plumes sur diverses parties du corps, aussi on les partage en plusieurs sous-genres, qui sont les Huppes proprement dites, les Promérops, les Épimaques et les Graves.

Les **HUPPES PROPREMENT DITES** ont sur la tête une double rangée de longues plumes, qui se redressent lorsqu'elles le veulent, et leur langue est entière. Ce sont des oiseaux voyageurs ou sédentaires, parmi lesquels plusieurs espèces s'avancent vers les climats du nord dans l'été, et retournent au sein des contrées équatoriales l'hiver, quand elles ne peuvent plus trouver dans les premiers les insectes, les mollusques et les vers dont elles se nourrissent. C'est principalement dans les plaines humides et marécageuses qu'on les trouve, et ils semblent les préférer aux forêts : là ces oiseaux s'occupent sans cesse à remuer la vase avec leur long bec pour y trouver leurs aliments ; parfois aussi cependant on les voit sur les branches chercher des insectes. Ces oiseaux bâtissent leur nid avec négligence ; ils se contentent de déposer leurs œufs dans le creux d'un arbre ou de quelque rocher, après y avoir formé un matelas de mousse ou d'herbe ; mais, par compensation, ils incubent leurs œufs avec beaucoup de persévérance, et pendant que la femelle s'occupe de ce soin, le mâle, placé non loin d'elle, la distrait par des chants langoureux et lui apporte sa nourriture.

La *Huppe commune* se rencontre en France en été, et paraît se rendre en Afrique durant la saison froide ; plusieurs auteurs disent qu'elle est sédentaire en Égypte et qu'elle y suit les mouvements du Nil, dans le limon duquel elle trouve des myriades d'insectes.

Parmi les anciens la Huppe passait pour l'emblème de la piété filiale ; mais, malgré tous les contes faits par la crédule antiquité à l'égard des soins que les jeunes oiseaux de cette espèce accordent à leurs parents, tels que de les réchauffer sous leurs ailes quand ils sont vieux, ou de les aider à se débarrasser de leurs plumes pendant la mue, il est au contraire fort rare de rencontrer ces animaux en famille. Plusieurs de leurs organes étaient autrefois considérés comme jouissant d'une puissance cabalistique, ou ils se trouvaient employés en médecine. Suivant Pignorius et Winckelmann, le bout supérieur de la canne que l'on voit dans la main d'une foule de statues ou de figures des bas-reliefs égyptiens représenterait une tête de Huppe ; mais, suivant Diodore de Sicile et Bianchini, l'extrémité de ce bâton, qui d'après Hérodote était un attribut des prêtres, et dont ils se servaient pendant les processions, figurait emblématiquement le soc d'une charrue.

Les PROMÉROPS offrent une queue excessivement longue ; leur langue est extensible et fourchue, et ils n'ont point de huppe sur la tête. Ces oiseaux habitent l'ancien continent, principalement l'Afrique et l'Australie, et souvent ils sont décorés de couleurs riches et irisées. Nous manquons encore de documents sur leurs mœurs. La structure de leur langue leur permet, dit-on, de s'abreuver du nectar des fleurs, comme quelques personnes prétendent que le font les Colibris.

Les ÉPIMAQUES se reconnaissent à leurs narines, qui sont en partie recouvertes par des plumes écailleuses ou veloutées, comme cela existe chez les Oiseaux de paradis ; aussi habitent-ils le même pays qu'eux. Leur plumage est ordinairement décoré des plus brillantes couleurs, et les plumes de leurs flancs se prolongent diversement et leur donnent un aspect remarquable. L'*Épimaque magnifique* est un des plus beaux oiseaux connus ; il est d'un noir velouté , avec une poitrine éclatante du plus beau bleu.

Les GRAVES ont des narines recouvertes de plumes dirigées en avant ; ce qui les a fait confondre par certains naturalistes avec les Corbeaux , auxquels ils ressemblent par quelques particularités de leurs mœurs.

FAMILLE DES CULTRIROSTRES.

Bec fort, droit, à mandibule supérieure carénée, comprimée en forme de couteau ; narines ordinairement cachées.

PARADIS. *Paradisæa.* Bec droit, comprimé, à narines recouvertes de plumes veloutées ; pennes des flancs singulièrement développées. — Les espèces de ce genre sont vulgairement connues sous le nom d'*Oiseaux de paradis :* c'est d'après les vertus imaginaires que les prêtres des contrées où ils vivent leur accordent, qu'on les appelle *Oiseaux de Dieu* chez les Indiens. On les trouve spécialement dans les forêts les plus sauvages de l'archipel des Moluques et de la Nouvelle-Guinée.

Ils ont donné lieu aux plus singulières fables ; les naturels barbares des pays d'où ils viennent , ayant l'habitude de leur arracher les pattes et les ailes pour s'en orner la tête, l'amour du merveilleux fit croire , en Europe , que ces oiseaux vivaient continuellement dans l'air , où les faisceaux de plumes effilées qui s'élancent de leurs flancs les soutenaient avec aisance. Cette idée était tellement accréditée parmi les hommes, même les plus savants, qu'il fallut de nombreux témoignages pour la renverser : Aldrovande , qui soutenait que les Paradis n'avaient pas de pattes , maltraita le chevalier Pigafetta , parce qu'il osait avancer que ces oiseaux possédaient ces organes. Les fabuleuses traditions étaient tellement enracinées que quoique ce célèbre compagnon de Magellan eût rapporté en Europe un individu qui offrait ses jambes , il fallut que Marcgraff, Clusius et Bontius certifiassent le fait par de nouvelles preuves pour détruire l'erreur du monde savant , et chez le peuple la tradition se conserva malgré l'évidence.

La crédulité voulant donner à ces oiseaux une nourriture en rapport avec leur prétendue essence aérienne, on inventa en outre qu'ils ne s'alimentaient que de la rosée, ou des suaves parfums qui s'exhalent des fleurs et des fruits ; aujourd'hui on sait positivement qu'ils vivent d'insectes et de graines. Ils aiment en général les épices, et ne s'éloignent pas des contrées qui les produisent le plus abondamment : Viellot dit qu'à l'époque de la maturité des muscades on les rencontre par troupes se livrant à la dévastation de ces fruits.

Les amours et l'incubation de ces oiseaux ne furent pas moins entourées de fables que leur structure. Acosta assurait que, privés de pouvoir se percher, ils s'accouplaient, pondaient et couvaient en volant. D'autres, pour donner à cette ridicule assertion toute l'apparence de la vérité, prétendaient que le mâle possédait sur le dos une cavité dans laquelle la femelle déposait ses œufs, et que celle-ci offrait à l'abdomen une dépression semblable pour les recevoir, de manière qu'en se mettant sur le mâle l'incubation s'opérait avec facilité, et ils ajoutaient que les deux sexes, pour mieux préserver leur progéniture d'accident, s'enlaçaient ensemble au moyen de leurs longs filets. Ces passereaux se montrant peu aux époques de l'incubation, les amis du merveilleux racontaient qu'ils allaient nicher au paradis terrestre, et de là vint sans doute le nom qu'ils portent. On s'accorde à penser aujourd'hui qu'ils déposent leurs œufs dans les arbres élevés, mais on connaît peu leurs mœurs et leur nidification.

Le plus anciennement célèbre est l'*Oiseau de paradis émeraude*, qui voyage de la Nouvelle-Guinée aux îles voisines; il porte de longs panaches de plumes d'un blanc jaunâtre, qui l'obligent à voler contre le vent pour ne pas être entraîné par sa force, et à ne jamais percher sur la cime des arbres. Viellot s'exprime ainsi à ce sujet : « L'étendue, la quantité, la longueur, la souplesse des plumes hypocondriales des Oiseaux de paradis leur permettent bien de s'élever fort haut, les aident à se soutenir dans l'air, à le fendre avec la légèreté et la vitesse de l'Hirondelle, ce qui les a fait désigner par le nom d'*Hirondelles de Ternate;* mais si le vent devient contraire, ce luxe de plumes nuit à la direction du vol, et alors ils n'évitent le danger qu'en s'élevant perpendiculairement dans une région d'air plus favorable, et ils continuent leur route. Quoiqu'ils prennent toujours leur vol contre la direction du vent, et qu'ils évitent les temps d'orage, ils sont quelquefois surpris d'une bourasque; c'est alors qu'ils courent les plus grands dangers; leurs plumes longues et flexibles se bouleversent, s'enchevêtrent; l'oiseau ne peut plus voler; ses cris répétés annoncent sa détresse; son embarras augmente; la frayeur redouble l'impuissance de ses efforts, il chancelle et tombe. Les Indiens, attirés par ses cris, le saisissent ou le tuent, ou il n'échappe à la mort qu'en gagnant promptement une élévation d'où il peut reprendre son vol. »

GLAUCOPES. *Glaucopis*. Bec robuste, bombé, portant à sa base deux caroncules charnues. — L'espèce unique pour laquelle ce genre a été formé habite la Nouvelle-Hollande; sa taille est celle d'une Pie, et son plumage est noir. Les insectes et les fruits forment sa nourriture ordinaire.

CORBEAUX. *Corvus*. Bec fort, à bords tranchants; narines recouvertes de plumes raides. — Les Corbeaux sont, après les Lyres, les plus grands des Passereaux; on en trouve partout le globe. Ils possèdent un naturel rusé, et beaucoup d'entre eux ont la prévoyance de faire des provisions pour la saison où les vivres deviennent plus difficiles à trouver, et on les voit parfois, par une singularité inexplicable, entasser avec celles-ci des objets qui leur sont tout à fait inutiles. Ces oiseaux ont aussi beaucoup d'aptitude à imiter les voix étrangères quand ils sont en captivité, et pour la plupart ils sont omnivores. Les principales coupes introduites parmi ces animaux sont les Corbeaux proprement dits, les Pies et les Geais.

Les **CORBEAUX PROPREMENT DITS** ou Corneilles ont une taille plus considérable que les autres espèces ; leur bec est plus fort, et leur mandibule supérieure est plus arquée que l'autre ; ils offrent une queue ronde ou carrée, et sont généralement noirs.

Le *Corbeau* est d'un noir pur, et comme son vol est puissant et qu'il supporte sans difficulté les températures les plus différentes, il peuple la surface entière du globe, depuis le cercle polaire jusqu'à l'extrémité de l'Afrique. Cet oiseau vit plus retiré que les Corneilles, et on ne le rencontre pas en troupes comme cela a lieu pour celles-ci ; ce sont les vastes forêts et les rochers qu'il habite de préférence, et ce n'est que pour chercher sa nourriture, et souvent même seulement pendant l'hiver, qu'on le voit apparaître dans les plaines.

Le Corbeau passe assez facilement à l'état de domesticité, et l'on en rencontre souvent de privés dans les habitations des gens de la campagne. On apprend facilement à parler à cet oiseau, et par sa docilité il s'est parfois attiré l'attention générale. Pline mentionne un Corbeau apprivoisé qui, sous le règne de Tibère, venait chaque matin sur la tribune du forum et y saluait par leur nom l'empereur et ses deux fils, Germanicus et Drusus. Le naturaliste ancien ajoute que cet animal ayant été tué, le peuple romain lui fit de magnifiques obsèques, et que son corps, porté par deux Éthiopiens et précédé de musique et de couronnes, fut suivi jusqu'au bûcher par une foule innombrable ; puis son meurtrier fut mis en pièces. L'antiquité était tellement imbue de l'intelligence des Corbeaux, que Pline, pour la faire ressortir, leur attribue des faits entièrement apocryphes. Il prétend qu'un de ces oiseaux voulant boire dans une urne profonde contenant de l'eau à laquelle il ne pouvait atteindre, y jetait des cailloux pour faire monter le liquide à sa portée. Cependant, quoiqu'on ne puisse admettre ce récit, il faut convenir que ces oiseaux ont des facultés fort développées.

On cite quelques exemples qui prouvent que cet oiseau est capable d'un attachement durable pour les personnes qui le soignent. Des Corbeaux privés, s'étant trouvés entraînés par leurs congénères à reprendre la vie sauvage, ont quelquefois, après un certain temps de liberté, reconnu leur maître dans la campagne, et sont venus se poser sur lui pour être reconduits au logis : un fait semblable est cité par Schwenckfeld dans son Histoire des oiseaux de Silésie. Ces Passereaux sont très-courageux, et lorsqu'ils se trouvent en servitude, ils ne craignent ni les Chats, ni les Chiens, et les enfants ont souvent à se repentir de les avoir attaqués. Il en est même auxquels on a appris à défendre leur maître ; tel fut le Corbeau dont Pline fait mention, qui appartenait à Valérius. Ce personnage, en se battant en combat singulier avec un Gaulois, ne dut la victoire qu'à cet oiseau, qui ne cessait de harceler son ennemi en lui déchirant les mains et le visage.

Le courage et l'intelligence de ces Passereaux ont porté l'homme à les employer dans la fauconnerie. Déjà l'antiquité s'en servait à cet effet, car Pline cite un nommé Cratérus qui savait parfaitement les dresser à cet exercice. Scaliger parle d'un de nos rois qui employait un de ces oiseaux pour chasser des Perdrix; et l'on sait qu'un Corbeau que possédait le duc Albert lui servait à poursuivre les Faisans et d'autres oiseaux.

Les Corbeaux sont éminemment carnassiers, et ils préfèrent les charognes à toute autre nourriture; il paraît qu'ils les sentent à une immense distance. Quand celles-ci leur manquent, ils se jettent sur les poissons morts, les mollusques, les insectes et même les fruits et les semences. On dit aussi qu'alors ils dévorent de petits mammifères, des Grenouilles ou des oiseaux, et Levaillant rapporte qu'en Afrique ils tuent de jeunes Gazelles. Quelques savants assurent que, poussés par la faim, les Corbeaux se jettent même sur les plus robustes animaux, tels que les Anes et les Bœufs, et que, placés sur leur dos, à coups de bec ils leur enlèvent des lambeaux de chair. La voracité de ces oiseaux, qui les a fait bannir dans quelques pays, les fait au contraire protéger dans d'autres. A l'île de Féroé, on met leur tête à prix, parce qu'ils attaquent les Brebis qui paissent dans les prairies. Dans quelques pays on les détruit parce que l'on s'imagine qu'ils font tort aux cultures en enlevant les semences que l'on confie à la terre; mais c'est à tort, car ce sont presque uniquement des insectes que ces oiseaux cherchent dans les champs nouvellement remués; et Levaillant, qui a ouvert plusieurs de ces oiseaux tués dans des terres remplies de grains, n'a jamais trouvé dans leur estomac que de la nourriture animale. Au contraire, les agriculteurs anglais, imbus de cette vérité, les protègent, et dans leurs campagnes il est défendu de les mettre à mort. Chez quelques peuples ces Passereaux vivent aussi en sécurité, non plus à cause du bien qu'ils font à la terre en dévorant les insectes nuisibles, mais parce que leurs habitudes omnivores leur font enlever les immondices de toute espèce que l'on jette sur la voie publique.

Les Corbeaux sont constants en amour; les couples restent parfois ensemble un grand nombre d'années; ils placent leurs nids dans les anfractuosités des rochers ou des monuments en ruine, et quelquefois aussi au haut des arbres. Ces nids sont formés à l'extérieur de racines et de branches d'arbres, et en dedans de mousse, d'herbe et de bourre. La femelle pond en mars cinq à six œufs d'un vert pâle et bleuâtre avec des taches. Le mâle partage les soins de l'incubation avec sa femelle. La vie de ces oiseaux est fort longue, et l'on dit qu'elle se prolonge plus d'un siècle.

La *Corneille*, qui est moins grande que l'espèce précédente, est répandue sur les deux continents; elle vit par grandes troupes et se nourrit aussi de charognes, auxquelles elle ajoute des vers et des insectes : ce sont ceux-ci qu'on la voit si souvent chercher parmi les campagnes dans les terres nouvellement labourées. Cependant l'on dit aussi qu'elle y butine parfois les semences, et, dans la Sibérie, Pallas rapporte que cet oiseau fouille même le sol pour en extraire des bulbes d'ornithogales dont il est très-friand. La Corneille fait son nid dans les arbres.

La *Corneille mantelée*, qui dans certaines saisons visite nos climats, est cendrée, avec les ailes et la queue noires. On en rencontre des troupes sur les rivages de la mer, où elles vivent de mollusques et de poissons. Dans l'intérieur des terres, elles se nourrissent de limaçons, d'insectes et de vers ; mais Lewin dit qu'en Écosse et en Irlande les Corneilles mantelées attaquent aussi les Brebis et les Agneaux dans les pâturages. Ces oiseaux soignent leurs petits avec beaucoup d'attachement ; Frisch rapporte même des exemples dans lesquels des femelles se sont laissées tomber avec les arbres qui recelaient leur couvée plutôt que d'abandonner celle-ci pendant qu'on les abattait. La Corneille mantelée, qui fuit l'homme en Europe, au contraire s'approche de lui avec confiance en Égypte, où Geoffroy Saint-Hilaire dit qu'il en vient parfois se reposer sur la charrue du laboureur, qui lui porte de l'intérêt et la défend, en reconnaissance de ce qu'elle détruit les insectes funestes aux grains.

Le *Choucas*, ou *Corneille des clochers*, est d'un quart plus petit que l'espèce précédente ; il vit en troupes, et se niche dans les vieilles tours. Son régime est le même que celui des Corneilles. Cuvier dit que les oiseaux de proie n'ont pas d'ennemi plus vigilant.

Les PIES sont d'une moindre force que les Corbeaux proprement dits, et elles ont aussi leur mandibule supérieure plus arquée que l'inférieure, mais leur queue est longue et étagée.

La *Pie d'Europe*, qui se tient de préférence vers les lieux habités, a le plumage noir avec le ventre blanc, ainsi qu'une partie des ailes. Elle est célèbre par son perpétuel babillage, et sa tendance à ramasser et à cacher tout ce qu'elle trouve. Cet oiseau est omnivore, et il fait en automne des provisions pour les temps de disette ; celles-ci consistent principalement en fruits secs. Le magasin, dit Sonnini, est parfois considérable ; et si, à l'approche de l'hiver, on voit les Pies se battre entre elles, l'on peut être assuré qu'en cherchant avec soin dans les environs on découvrira les approvisionnements, cause du combat. La construction du nid est l'objet des soins des deux sexes, et celui-ci est si vaste et si fort qu'à juste titre les ornithologistes lui donnent le nom de forteresse. Souvent situé à la cime des arbres ; il est formé à l'extérieur avec des bûchettes consolidées par un mortier de terre gâchée, et se trouve couronné par une sorte de toit fait de petites branches épineuses solidement entrelacées, et laissant d'un côté une ouverture pour que les époux puissent aller et venir. Le fond du nid est garni de racines fines et flexibles ; la femelle ne fait ordinairement qu'une couvée par an, qui est de sept à huit œufs que les deux sexes incubent tour à tour.

Les GEAIS ont les deux mandibules terminées par une courbe égale et subite ; les plumes de leur front sont lâches et susceptibles de se relever quand ils sont irrités.

Le *Geai commun*, qui est le type de cette section, habite toute l'Europe, et fréquente les bois et les taillis ; dans certaines contrées il est sédentaire, dans d'autres il ne séjourne que temporairement. Il n'est pas bien certain que chez nous il reste toute l'année, quoique l'on en découvre dans toutes les saisons. Viellot pense que tous ces oiseaux changent de climat à mesure que le froid devient plus intense, et que ceux qui résident chez nous l'hiver sont des individus qui habitaient l'été des régions plus septentrionales, tandis que les nôtres se sont dirigés vers le Midi. Les Geais possèdent une chair que certaines personnes recherchent, cela a lieu surtout en Grèce. Autrefois on fabriquait des parures avec les belles plumes bleues de leurs ailes.

ROLLIERS. *Coracias*. Bec fort, comprimé au bout, à pointe un peu crochue ; narines non recouvertes de plumes. Pieds courts et forts. — Ce sont des oiseaux indigènes de tout l'ancien continent, et qui, par leur aspect et leurs mœurs, se rapprochent beaucoup des Geais. Ils sont peints ordinairement de couleurs assez vives, et ils se nourrissent de vers, d'insectes et de petits reptiles.

FAMILLE DES PLATIROSTRES.

Bec triangulaire, déprimé, toujours très-fendu, courbé à son extrémité.

CORACINES. *Coracina*. Bec droit, gros, anguleux, fléchi à sa pointe, et à base garnie de poils courts. — Ce genre, qui a des rapports avec les Corbeaux, ainsi que son nom l'indique, ne contient que des oiseaux indigènes de l'Amérique.

Le *Céphaloptère orné*, qui est un des plus remarquables et des plus rares animaux de sa classe, appartient à ce groupe ; sa taille est celle d'une Corneille, et son plumage est noir, mais ce Passereau attire surtout l'attention par sa tête, qui est surmontée d'un panache de plumes touffues imitant un parasol, et par sa poitrine, de laquelle pendent des plumes qui lui forment une sorte de fanon.

COTINGAS. *Ampelis*. Bec court, déprimé et légèrement arqué. — Ces oiseaux ont tous pour patrie les régions chaudes de l'Amérique ; la plupart des mâles se font remarquer par l'éclat du pourpre et de l'azur qui décorent leur robe durant la saison de la pariade, mais celle-ci passée, les deux sexes ne présentent plus le reste de l'année qu'un plumage où dominent les teintes grises ou brunes. Les Cotingas possèdent un caractère qui ne répond pas au luxe de leur coloris ; ils sont d'un naturel défiant et sauvage, mènent une vie solitaire et se plaisent dans les lieux ombragés et humides. Les fruits sucrés et les insectes forment leur régime habituel. On n'a que très-peu de notions sur leur nidification, à cause de l'habitude qu'ils ont de placer leurs nids excessivement haut dans les arbres, pour les soustraire aux animaux carnassiers qui les fréquentent.

Le *Cotinga Pompadour*, qui est d'un pourpre clair, et offre des pennes alaires blanches, dont les barbes sont roides et inclinées en toit, est connu de tous les amateurs. Il en est de même du *Cotinga cordon bleu*, qui possède un plumage d'une teinte d'outremer, avec la poitrine violette, souvent traversée d'une bande ou ruban de couleur bleue.

ÉCHENILLEURS. *Ceblepyris*. Bec analogue à celui des Cotingas. Plumes du croupion à tiges prolongées, roides et piquantes. — Ces oiseaux, que l'on a séparés du genre précédent, résident en Afrique et aux Indes. Ils vivent de Chenilles qu'ils capturent sur les arbres les plus élevés. Du reste, on ne connaît jusqu'à présent aucune autre particularité de leurs mœurs.

JASEURS. *Bombycivora*. Tête surmontée d'une petite huppe ; pennes secondaires des ailes se terminant par un disque ovale, lisse et rouge. — Des deux espèces qui composent ce genre, qui a été anciennement confondu avec les Cotingas, l'une est américaine et l'autre d'Europe. Ce sont des oiseaux voyageurs que l'on a dit émigrer par bandes si nombreuses qu'elles obscurcissaient la lumière, mais ce fait n'a pas été vérifié ; et quelques observateurs prétendent qu'ils n'ont même jamais vu chez nous leurs troupes ambulantes se composer de plus de cinq à six individus ; cependant il se pourrait qu'il en fût autrement dans les pays occupés par de vastes forêts, qui favorisent les agglomérations d'animaux.

Les deux dénominations que portent ces oiseaux sont peu heureuses. Celle de Jaseur semblerait indiquer qu'ils font entendre un gazouillement continuel, et cependant leur prétendue jaserie se borne à un faible cri, qu'ils ne répètent pas plus souvent qu'une multitude d'autres oiseaux. Le nom scientifique de *Bombycivora* paraîtrait signaler que ces animaux se nourrissent de phalènes et d'autres papillons nocturnes, tandis qu'il est avéré que leur régime habituel consiste en baies, en fruits, et qu'ils ne mangent des insectes que lorsqu'une autre nourriture leur manque. On ne connaît point les détails de l'acte reproducteur ; certains auteurs disent qu'on mange ces oiseaux dans les pays où ils sont communs et qu'on les range parmi les gibiers dont on fait beaucoup de cas.

Le *Jaseur de Bohême* est l'espèce européenne. Son nom semble indiquer qu'elle est principalement commune en Bohême , mais il n'en est rien.

HIRONDELLES. *Hirundo.* Bec court, fendu jusqu'aux yeux , sans échancrure. Ailes très - longues ; queue fourchue. — Ces oiseaux se rencontrent dans tous les pays du monde ; mais ils affectionnent particulièrement les environs des lieux où se trouvent des marais ou des cours d'eau qui nourrissent en abondance les larves des insectes qui, à l'état parfait, composent leur pâture. Les Hirondelles vivent en troupes nombreuses ; et c'est presque toujours parmi nos monuments qu'elles établissent leurs demeures ingénieuses. Celles qui peuvent être considérées comme appartenant à l'Europe y arrivent vers l'équinoxe du printemps , et c'est ordinairement l'Hirondelle de cheminée qui y apparaît la première , parce qu'elle vole plus bas que les autres espèces, et que par cette raison, selon Frisch, elle trouve plus facilement de quoi se nourrir.

Beaucoup de savants, anciens et modernes , effrayés peut-être du haut degré d'intelligence qu'il faut accorder aux Hirondelles pour expliquer leurs extraordinaires migrations , préférèrent les nier ; les uns, et tels furent d'abord Aristote et Pline , supposèrent que ces oiseaux se réfugiaient l'hiver dans de profondes cavernes, et qu'ils s'y engourdissaient ; cette opinion semble étayée sur un fait irrécusable, c'est que , quand au milieu de cette saison il survient par hasard quelques jours de chaleur, on voit aussitôt apparaître un certain nombre d'Hirondelles. D'autres savants, parmi lesquels on compte plusieurs naturalistes célèbres , soutinrent que ces oiseaux se plongeaient dans les marais pendant l'hiver, s'y engourdissaient dans la vase , et ressuscitaient en quelque sorte après une asphyxie de six mois passés sous l'eau. Olaüs Magnus fut le premier qui émit cette singulière opinion , et il prétendit que les pêcheurs du Nord prenaient souvent dans leurs filets un grand nombre d'Hirondelles mêlées à des poissons, et qu'en exposant les premières dans les poêles on les faisait sortir de l'engourdissement complet dans lequel elles se trouvaient plongées , et qu'on les rappelait ainsi à la vie. Quoique cette assertion soit contraire à toutes les lois physiologiques, et qu'elle n'ait été étayée dans la suite que par quelques autres observations de personnes étrangères aux sciences, cependant les plus savants naturalistes y ajoutèrent foi : tel fut Klein, qui produisit à cet égard divers certificats imprimés dans son mémoire sur l'hivernation des Hirondelles , et tels furent ensuite Linnée et Buffon. Cuvier lui-même admit cette opinion pour les Hirondelles de rivage , et dans son Règne animal il dit littéralement qu'il paraît constant qu'elles s'engourdissent pendant l'hiver et même qu'elles passent cette saison au fond de l'eau des marais.

Cependant nulle preuve positive n'est encore venue confirmer une assertion aussi étrange ; si ce fait était exact, il est certain que l'on devrait souvent avoir l'occasion de le vérifier, car ces oiseaux sont si communs chez nous qu'on ne pourrait manquer soit d'en retrouver dans la vase des marais, soit d'en voir s'y plonger pour hiverner. Une académie d'Allemagne, pour éclairer la question, a même proposé autant d'argent, poids pour poids, qu'on lui rapporterait d'Hirondelles retirées de l'eau, et l'appât d'un tel gain n'a produit aucun résultat, ce qui prouve bien l'inexactitude de toutes les assertions à cet égard. L'habitude qu'ont certaines espèces d'Hirondelles, et, entre autres, celles des cheminées et des fenêtres, d'aller pendant l'automne se percher le soir sur les plantes aquatiques des étangs et d'y passer la nuit, a peut-être donné lieu aux opinions qui ont été émises relativement à la prétendue immersion de ces oiseaux, car, en s'abattant sur les marécages, leurs troupes semblent s'y plonger; et comme on a pu en retirer quelques Hirondelles qui y étaient tombées par accident ou pendant les chasses au filet qu'on leur fait sur les marais dans quelques pays, il n'en a pas fallu davantage pour accréditer cette singulière histoire.

Relativement à ce qui concerne l'opinion de certains naturalistes, qui pensent que les Hirondelles hivernent dans des lieux retirés, il ne serait pas aussi prudent de la rejeter sans appel; en effet, des observations, dues à des savants recommandables, ont attesté que cela avait parfois lieu. Pallas dit que dans une région qu'il parcourait au printemps, après l'arrivée de ces oiseaux, le froid s'étant manifesté, ils disparurent subitement; mais que des Tartares lui en rapportèrent qu'ils avaient trouvés engourdis sur la terre et qui paraissaient morts; cependant la chaleur de sa chambre les ranima bientôt et ils s'envolèrent. Une observation encore plus remarquable est citée par M. Larrey; ce chirurgien dit, dans son Histoire de la campagne d'Italie, qu'en passant vers la fin de l'hiver de 1797 dans la vallée de Maurienne, il découvrit dans une grotte profonde d'une montagne, nommée l'*Hirondellière* (parce qu'elle est couverte d'Hirondelles à l'entrée de l'hiver), une grande quantité de ces oiseaux suspendus comme un essaim d'Abeilles dans un des coins de la voûte. Enfin M. Dutrochet a rapporté à l'Institut, que pendant l'hiver de 1837, deux Hirondelles engourdies furent trouvées dans l'enfoncement d'une muraille d'un bâtiment; entre les mains de ceux qui les avaient prises, elles se réchauffèrent promptement, puis elles s'envolèrent.

Les expériences de Spallanzani ont fourni les principaux arguments à ceux qui nient l'hivernation des Hirondelles. Ce savant reconnut qu'en plongeant ces oiseaux dans une glacière ils ne s'endormaient pas, et qu'après un temps assez court ils expiraient. Cependant les divers faits que nous venons de citer, sans infirmer les migrations de ces passereaux, prouvent manifestement que, dans certains cas, ils peuvent hiverner dans nos climats, quand quelques circonstances s'opposent à leurs voyages lointains.

Les migrations des Hirondelles forment un des sujets les plus intéressants de leur histoire, et elles décèlent jusqu'à quel point s'élève l'admirable instinct qui semble les guider pendant leurs longs voyages avec autant de sûreté que les plus vastes combinaisons de l'intelligence humaine pourraient le faire. C'est vers les premiers jours d'avril que l'on voit arriver les Hirondelles dans nos latitudes, et que leurs troupes aériennes viennent retrouver dans nos campagnes et dans nos villes les nids qu'elles y ont construits les années précédentes. Cette particularité curieuse avait été révoquée en doute, mais elle a été positivement démontrée par de nombreuses observations. Frisch, naturaliste prussien, fut le premier qui s'en occupa, et après lui Spallanzani et quelques autres répétèrent ses expériences. Pour s'assurer de ce fait, le célèbre observateur de Pavie attacha des cordons de diverses couleurs aux pattes d'un certain nombre d'Hirondelles, et l'année qui suivit, il vit celles qu'il avait ainsi marquées reparaître dans le même lieu qu'elles fréquentaient précédemment et y reprendre possession du nid qu'elles y avaient construit. Spallanzani vit ainsi pendant dix-huit ans, six ou sept couples de ces oiseaux revenir à leurs anciens nids, et continuer d'y faire leurs couvées sans presque les réparer.

Chaque année, aux approches de l'hiver, à une époque fixe, celle où le froid fait disparaître les légions d'insectes qui forment la nourriture des Hirondelles, celles-ci se réunissent par troupes nombreuses sur un point déterminé; puis après une grande agitation accompagnée de cris, qui se manifeste dans leur réunion et ressemble au tumulte d'une assemblée délibérante, ces oiseaux partent pour aller habiter des régions distantes de quelques centaines de lieues de la contrée qu'ils abandonnent. Les Hirondelles qui habitent nos régions se rassemblent sur les bords de la Méditerranée, et après y avoir attendu quelques jours un temps favorable, elles s'envolent pour traverser cette mer. Pendant ce trajet quand les vents contraires viennent entraver leur voyage, on voit parfois leurs troupes s'abattre sur les agrès des navires pour s'y reposer. Cependant quelquefois aussi ces oiseaux franchissent cet espace solitairement, car en traversant la Méditerranée pendant l'année 1832, nous vîmes à plusieurs reprises vers le milieu de cette mer plusieurs Hirondelles, épuisées par la fatigue, s'abattre sur le pont de la frégate sur laquelle nous nous trouvions. C'est vers le mois d'octobre, ainsi que l'a observé Adanson, que ceux de ces oiseaux qui ont abandonné nos climats arrivent au Sénégal, où ils passent l'hiver.

Aucun oiseau ne vole avec plus de facilité que les Hirondelles; l'air est en quelque sorte leur sol, et on les voit presque continuellement le sillonner sans paraître en éprouver de lassitude; elles mangent, elles boivent, et parfois même donnent la pâture à leurs petits tout en volant. Au contraire, à cause de l'extrême brièveté de leurs tarses, ces oiseaux ne marchent qu'avec une grande difficulté; aussi ne descendent-ils jamais à terre pour y chercher leur nourriture; et l'on a même vu, à des époques où les légions d'insectes ailés manquaient dans l'air, que les Hirondelles périssaient d'inanition, quoique le sol fût couvert d'un grand nombre d'autres insectes ; cela a été observé entre autres en 1740.

La plupart des Hirondelles vivent en troupes nombreuses et en familles qui paraissent se porter une mutuelle affection et se secourir réciproquement quand le danger les menace. Quelques faits cités par Linnée et Dupont de Nemours mettent hors de doute cette dernière assertion. Le premier rapporte, comme une vérité reconnue, que, lorsque les Hirondelles de fenêtres reviennent habiter leurs anciens nids, si un Moineau s'est emparé de l'un d'eux, toute la troupe s'unit pour assiéger celui-ci, dont les fortes mandibules résistent et se présentent à l'ouverture du domicile qu'il s'est approprié ; ce naturaliste ajoute même que, quand l'usurpateur se retranche dans l'intérieur du nid, toutes les Hirondelles apportent tour à tour des becquées de mortier et finissent par en boucher l'ouverture et emprisonner le Moineau. Dupont de Nemours dit qu'une Hirondelle de la même espèce s'étant pris la patte dans le nœud coulant d'une ficelle, et ayant ensuite accroché le bout de celle-ci à une gouttière de l'Institut, il vit accourir à ses cris toutes les Hirondelles qui fréquentent les environs, et qu'après s'être réunies et avoir produit un grand tumulte, celles-ci passèrent successivement près de la ficelle en lui donnant un coup de bec, et qu'ainsi, en une demi-heure de travail, elles parvinrent à la couper et à rendre leur compagne à la liberté.

Les Hirondelles sont essentiellement insectivores ; elles rendent de très-grands services à l'agriculture par l'énorme destruction qu'elles font d'une foule d'insectes nuisibles ou incommodes, et à cet égard elles méritent, comme le dit Tessier, que l'homme des champs les protége ; ce sont elles qui purgent l'air des Tipules et des Cousins qui l'obstruent. Ces oiseaux les saisissent, non en tenant la bouche continuellement béante comme les Engoulevents, mais en l'ouvrant pour chaque insecte qui se présente, et en la fermant si rapidement après l'avoir saisi qu'il en résulte un bruit particulier.

Comme si la civilisation humaine était devenue nécessaire aux Hirondelles, c'est presque toujours parmi les monuments élevés par l'homme qu'elles nidifient ; souvent c'est dans les nombreuses anfractuosités qu'offrent les églises gothiques, d'autres fois c'est aux angles des fenêtres de nos habitations ou au haut des cheminées dans lesquelles on ne fait pas de feu. Leurs nids sont ordinairement formés à l'extérieur d'une sorte de maçonnerie dure, et à l'intérieur d'une substance plus molle.

Les anciens, et notamment Pline, avaient dit que pour confectionner leur nid, les Hirondelles trempaient leur poitrine dans l'eau, mais il est facile de réfuter cette assertion ; en effet, l'eau tomberait quand ces animaux voleraient vers le nid et leurs plumes ne pourraient d'ailleurs se mouiller. D'autres ont professé que c'était de la boue que ces oiseaux choisissaient ; mais cette opinion est facilement réfutée aussi, car jamais on ne rencontre de boue avec laquelle on puisse obtenir rien de pareil aux nids des Hirondelles. C'est avec de la salive qu'elles gâchent la substance terreuse qui forme ceux-ci, et l'on a fait remarquer que chez ces Passereaux les glandes salivaires sont extrêmement développées pour cette destination ; Montbeillard, considérant l'aspect vermiforme de l'extérieur du nid de ces animaux, croit qu'ils choisissent seulement les déjections des vers de terre, mais cette forme dépend simplement, selon Rennie, de la cavité buccale qui apporte et dépose les matériaux de la construction.

Ces oiseaux font deux à trois pontes durant la saison qu'ils viennent passer en Europe ; chacune de celles-ci se compose de quatre à six œufs, dont l'incubation dure environ quinze jours. Pendant qu'elle a lieu, la femelle ne quitte pas son nid et le mâle lui apporte une partie de sa chasse pour la nourrir. Ces animaux donnent les plus grands soins à l'éducation de leurs petits ; quelques espèces leur apportent une si grande quantité d'aliments et distendent si bien leur estomac, que cette cavité digestive prend la forme d'une cucurbite, et que chacun d'eux pèse autant que ses parents. Quand les jeunes Hirondelles ont assez de force, le père et la mère s'occupent de leur éducation et leur enseignent à voler. On les voit parfois, pour les exciter à abandonner le nid et à se servir de leurs ailes, leur montrer de loin quelque insecte aimé par eux et l'éloigner à mesure qu'ils s'approchent pour s'en saisir. Les parents continuent encore à guider leur progéniture pendant quelque temps, et l'attachement qu'ils ont pour elle est tel que Boerhaave rapporte qu'une femelle qui trouva les environs de son nid embrasés, pendant un incendie, se jeta à travers les flammes pour porter du secours à ses petits. Mais aussitôt que leurs descendants peuvent seuls trouver leur nourriture, on voit ces oiseaux se préparer à faire une nouvelle couvée.

C'est peut-être aux services qu'ils rendent à nos campagnes, ou à leurs mœurs douces et sociables, que ces oiseaux ont dû la protection que leur accordèrent quelques peuples anciens, et celle dont ils sont encore l'objet chez certaines nations modernes. Il paraît que les nations antiques respectaient les Hirondelles, et que, pour assurer leur inviolabilité, on prétendait que, lorsqu'on les maltraitait, elles piquaient les Vaches aux mamelles et leur faisaient perdre leur lait. Quelques peuples du Nord considèrent leur destruction comme une action très-blâmable, et, dans la superstitieuse Espagne, on a placé la vie de ces oiseaux sous la sauve-garde des sentiments religieux ; les habitants de certaines provinces croiraient commettre une impiété s'ils les maltraitaient, parce que, dans quelques vieilles légendes ibériennes, il est dit que des Hirondelles compatirent aux souffrances du Christ en enlevant de sa tête la couronne d'épines.

L'*Hirondelle de fenêtre* est d'un blanc pur sur toute la région inférieure du corps, tandis que le dessus est d'un noir lustré à reflets bleus. Cette espèce, qui arrive dans nos climats vers le milieu du mois d'avril, est un peu moins familière que l'Hirondelle des cheminées ; elle nidifie sous les avant-toits des maisons ou aux fenêtres, et parfois aussi dans les anfractuosités des rochers ; ses nids par leur forme diffèrent un peu de ceux de l'espèce que nous venons de citer ; ils offrent l'apparence d'un segment de sphère d'une étendue plus considérable et leur entrée est plus étroite. Ceux-ci sont bâtis avec de la terre ou de la boue des chemins, que leurs constructeurs ramassent à l'aide du bec et des pattes ; dans leur intérieur, on trouve de la paille ainsi que des plumes appartenant à d'autres oiseaux et que les Hirondelles saisissent dans l'air, tout en volant, pendant que ces corps y sont suspendus. Ces oiseaux font ordinairement trois pontes par an, et, selon Spallanzani, chacune d'elles se compose d'environ cinq ou six œufs ; l'incubation de ceux-ci est d'à peu près quinze jours.

C'est lorsque les petits sont élevés, et quelque temps avant leurs migrations, que l'on voit des bandes de cette espèce aller se nicher la nuit dans les roseaux des marais, avec les Hirondelles domestiques, tandis que d'autres restent dans les nids qui seraient peut-être insuffisants pour contenir toute la progéniture grandie. C'est vers le milieu du mois de septembre que ces oiseaux fuient nos climats.

L'*Hirondelle de cheminée* ou *domestique* a toutes les parties supérieures d'un noir à reflets violets, et sa gorge, son front et ses sourcils sont d'un brun marron ; c'est elle qui arrive la première en Europe. Cette espèce niche le plus communément dans les cheminées, et même dans les écuries et les granges ; son nid est semi-cylindrique ; il est composé de terre gâchée avec de la paille et du crin, et à l'intérieur on trouve des herbes sèches et des plumes. La femelle y fait chaque saison deux pontes d'environ quatre œufs.

Les Hirondelles des cheminées abandonnent leurs nids vers la fin de l'été et vont en petites troupes loin des habitations, probablement pour chercher une nourriture plus abondante ; c'est alors qu'on les voit fréquenter les marécages et se percher sur les végétaux aquatiques qui y croissent. Ces oiseaux émigrent vers la fin de septembre, époque à laquelle les insectes diminuent sensiblement dans nos climats. Quand ils se disposent à partir, on les voit se rassembler sur les arbres par troupes de trois à quatre cents ; puis bientôt après celles-ci prennent leur vol et se dirigent vers des contrées plus chaudes. Adanson dit qu'elles arrivent au Sénégal à une époque fixe, vers le 6 octobre.

L'*Hirondelle de rivage*, qui est la plus petite de celles qui fréquentent l'Europe, a le dessus du corps d'un gris de souris, et la gorge et le ventre blancs ; c'est elle qui arrive la dernière dans nos climats et qui repart la première ; elle s'écarte peu des cours d'eau et du trou où se trouve son nid. Cette espèce a le vol extrêmement rapide, et Spallanzani ayant lâché à Milan deux Hirondelles de rivage qui provenaient de Pavie, et auxquelles on avait attaché un ruban au pied, en treize minutes elles furent de retour près de leurs petits.

Le gîte de ces oiseaux se compose d'un terrier situé sur la berge des rivières et qu'ils creusent avec leurs pattes et leur bec ; sa profondeur est d'environ onze à dix-huit pouces. Le nid qui s'y trouve représente un segment de sphère et est confectionné avec de fines racines tissues ensemble , et dans son centre on observe un coussin en plumes. Les femelles font , durant leur séjour , deux ou trois couvées , et chacune de celles-ci se compose de cinq ou six œufs blancs.

La *Salangane* , qui habite les îles de Sumatra , de Java , ainsi que celles qui les avoisinent , est devenue extrêmement célèbre parce que dans quelques parties de l'Asie , et surtout en Chine , ses nids sont employés à la nourriture de l'homme. Comme on ne pouvait concevoir que ce singulier comestible possédât quelques vertus nutritives , on commença par nier les premiers récits des voyageurs ; mais les preuves ayant abondé , il fallut enfin admettre ce fait positif , et on lui chercha alors une foule d'interprétations différentes.

Les nids des Salanganes se rencontrent ordinairement sur les rochers ou dans les cavernes qui bordent la mer , et il est de ces dernières dont les parois en sont presque totalement couvertes. Leur forme est analogue à celle d'un bénitier , ainsi que le dit M. Poivre dans sa lettre adressée à Buffon à l'égard de ces oiseaux. Ils sont formés de lames d'une substance d'un blanc jaunâtre , analogue à la colle de poisson ou à de la corne , et , d'après Montbeillard , leur saveur d'abord salée devient insipide au bout de quelques instants. On dit que ces oiseaux passent deux mois pour édifier ces nids , et que leur ponte est de deux œufs qui nécessitent quinze jours d'incubation pour éclore.

On s'est longtemps appliqué à rechercher avec quels éléments les Salanganes construisent leurs nids singuliers , et ce n'est que depuis peu d'années que nous possédons à cet égard des documents positifs. Quelques personnes pensèrent qu'ils étaient formés avec les sucs gastriques condensés de ces oiseaux ; d'autres de débris d'Holothuries. Les Indiens croyaient qu'ils étaient édifiés avec le frai de poisson qui couvre la mer dans certaines saisons. Mais Lamouroux émit il y a peu de temps que ces nids n'étaient autre chose que des Fucus , et cette opinion a été mise hors de doute par Meyen , qui a reconnu que c'est une plante marine nommée *Sphærococcus cartilagineus* , qui sert à les former et est commune dans les lieux habités par ces Hirondelles. Les Japonais et les Chinois , qui connaissent ce fait depuis quelque temps , préparent actuellement à peu de frais , avec cette plante , d'excellents mets qui remplacent les nids , et Meyen pense que l'on pourrait en France employer , en l'absence de ce végétal , le *Sphærococcus crispus* , qui est commun sur notre littoral. Il paraît que , pour édifier leurs nids , les Salanganes avalent le végétal que nous avons cité , le laissent ramollir un certain temps dans leur estomac , où il se mêle aux sucs gastriques , et ensuite le vomissent pour en former la paroi de leur construction.

Le prix élevé des nids de Salanganes engagea les Chinois et les Japonais à les recueillir. Comme leur recherche est assez périlleuse , ces derniers , à ce que disent les voyageurs , ne s'y adonnent qu'après qu'ils ont imploré la protection des dieux , et ils ne commencent jamais leurs excursions sans avoir sacrifié un Buffle et avoir invoqué une

déesse tutélaire devant laquelle on brûle de l'encens. Avant de pénétrer dans les cavernes habitées par les Salanganes, les Javanais ont
même la précaution d'en parfumer l'entrée avec du Benjoin ; puis, pour
les explorer, ils emploient des échelles de bambous ou des cordes et se
servent de flambeaux confectionnés avec une résine qui résiste jusqu'à
un certain point aux exhalaisons souterraines.

Les nids de Salanganes sont recherchés à la Chine, et c'était naguère,
après le Ginseng, l'article le plus cher du commerce intérieur ; ils y
passent encore pour un aliment exquis ; il y a peu de temps qu'on en
consommait chaque année près de quatre millions dans cet empire.
Ceux-ci y étaient d'un prix si élevé que le propriétaire d'une caverne
située près d'un volcan de Java retirait annuellement de celle-ci plus de
cinquante mille florins de Hollande de rente.

GOBE-MOUCHES. *Muscicapa.* Bec angulaire, à base garnie de
poils, et à pointe très-courbée et échancrée.—Ces oiseaux sont répandus
dans les deux continents ; c'est à leur vaste tribu que semble confiée la
destruction de tant d'insectes dont la multiplication fût devenue un
vrai fléau pour l'homme ; ils sont voyageurs et passent avec les saisons
qui leur apportent la nourriture ; les Gobe-Mouches vivent isolés ; le
nom qu'on leur donne vient de ce qu'ils saisissent leur proie en volant ;
les grandes espèces dévorent même de petits oiseaux. On les divise en
plusieurs sous-genres qui sont les Tyrans, les Moucherolles et les
Gobe-Mouches proprement dits.

Les **TYRANS** ont un bec long, très-fort et dont la pointe est subitement crochue. Ils habitent l'Amérique, et la confiance que leur inspire
leurs robustes mandibules les rend courageux. Malgré leur petite taille,
Cuvier dit qu'ils défendent leur couvée même contre les Aigles, et qu'ils
parviennent à éloigner de leur nid tous les oiseaux. Les plus grandes
espèces dévorent de petits oiseaux et se jettent aussi sur les charognes
quand d'autre nourriture leur manque.

Les **MOUCHEROLLES** offrent un bec long, deux fois plus large que
haut ; presque toutes résident dans l'Afrique et dans l'Inde. Leurs mandibules, moins robustes que dans les espèces du sous-genre précédent,
ne leur permettent de vivre que d'insectes. Il en est parmi elles qui
sont ornées de longues plumes à la queue, et d'autres ont la tête couronnée d'une belle aigrette transversale, tel est le *Roi des Gobe-
Mouches*, ainsi nommé à cause de cette dernière particularité, et qui
est une fort remarquable espèce.

Les **GOBE-MOUCHES PROPREMENT DITS** ont le bec plus étroit et
les moustaches plus courtes que les Moucherolles. Deux espèces de ce
petit groupe se trouvent en France ; la plus répandue est le *Gobe-Mouche
gris*, que l'on a l'habitude, dans quelques pays, de renfermer dans les
salons pour y détruire les mouches.

FAMILLE DES CRÉNIROSTRES.

Bec robuste, plus ou moins crochu au bout et échancré; mandibule supérieure offrant ordinairement une dent de chaque côté, vers l'extrémité.

PIES-GRIÈCHES. *Lanius.* Bec fort, très-comprimé, denté à la pointe, terminé en crochet. — On rencontre des Pies-Grièches dans presque toutes les contrées du globe, excepté dans l'Amérique méridionale; elles ne quittent que fort rarement les grands bois qui sont leur séjour de prédilection. Ce groupe est composé d'individus courageux qui ne considèrent ni la taille, ni la force de la proie qu'ils attaquent, et meurent quelquefois embrassés avec un ennemi expirant, qu'ils n'ont pu vaincre sans succomber. Certaines espèces se précitent sur les oiseaux gros ou petits, et même sur les Lapereaux, leur fendent le crâne pour en dévorer la cervelle, qui est la partie qu'elles préfèrent, puis ensuite elles les écorchent et les dépècent, et en emportent des lambeaux pour s'en repaître dans leur nid; d'autres, quand elles ont trouvé une trop abondante nourriture, en attachent le superflu à des arbres, et l'on voit enfilés aux épines de ceux-ci de petits reptiles ou des insectes qu'elles y retrouvent bientôt. C'est sur la bifurcation des arbres de moyenne hauteur que les Pies-Grièches placent leur nid; celui-ci est composé d'herbes artistement entremêlées, et renferme un matelas de substance laineuse, sur lequel on trouve ordinairement cinq à sept œufs d'un blanc verdâtre, diversement tachetés. Ces oiseaux, malgré leurs mœurs farouches, soignent cependant leur progéniture avec la plus vive sollicitude.

Nous possédons en France plusieurs espèces de ce genre, parmi lesquelles on distingue principalement la *Pie-Grièche commune*, qui est de la taille d'une Grive, et offre un plumage cendré en dessus, blanc en dessous; puis l'*Écorcheur*, qui est un peu plus petit, présente un dos fauve, un ventre blanchâtre, et qui se fait remarquer par les habitudes carnassières que nous avons signalées, et enfile aux épines des buissons des petits oiseaux, des jeunes Grenouilles ou des insectes, soit pour les dévorer à son aise, soit pour les retrouver au besoin.

CASSICANS. *Barita.* Bec conique, droit, à dos arrondi, s'avançant sur le front qu'il échancre circulairement. — Ce sont des oiseaux qui habitent l'Australie; on dit qu'ils sont criards et se nourrissent des petites espèces de leur classe.

BÉCARDES. *Psaris.* Bec conique, fort gros et rond à sa base, mais n'échancrant pas le front. — Ces Crénirostres, qui ont été séparés des Pies-Grièches avec lesquelles on les confondait, habitent le nouveau continent.

FAMILLE DES ACUTIROSTRES.

Bec plus ou moins long , et extrêmement aigu ; échancrures nulles ou fort petites. Ailes très-longues.

ÉTOURNEAUX. *Sturnus*. Bec droit, subtétragone, entier, déprimé vers la pointe, faiblement obtus ; mandibule supérieure formant une carène frontale. — Ces oiseaux turbulents et bavards vivent sédentaires ; on les voit tournoyer constamment dans les mêmes localités. Ils sont omnivores, et habitent les deux continents ainsi que l'Australie ; deux espèces seulement se trouvent en Europe. C'est avec une extrême négligence que les Étourneaux construisent leurs nids, à l'aide de quelques brins de paille entourant un mince coussin de duvet sur lequel sont déposés de quatre à six œufs. Les toitures des bâtiments abandonnés, les colombiers et les creux des arbres sont les lieux que ces oiseaux choisissent ordinairement pour soigner leur jeune famille.

L'*Étourneau vulgaire*, qui se rencontre souvent apprivoisé dans nos appartements, est connu sous le nom de *Sansonnet*. Cette espèce est susceptible d'une certaine éducation, et lorsqu'on la prend jeune, on parvient, à l'aide de soins assidus, à lui apprendre à siffler et à répéter quelques mots qu'elle prononce assez bien.

CASSIQUES. *Cassicus*. Bec exactement conique, gros à sa base, qui se prolonge sur le front, extrêmement aiguisé à la pointe ; commissure des mandibules anguleuse. —Ils habitent tous l'Amérique et vivent en troupes. Ce sont les grains et les insectes qui forment la base de leur nourriture, et fréquemment ces oiseaux font de grands dégâts dans les plantations. Souvent un certain nombre de couples construisent leurs nids près les uns des autres dans les mêmes arbres, et ils mettent un grand art dans leur édification. Ce genre a été subdivisé en plusieurs groupes parmi lesquels nous citerons les Cassiques proprement dits et les Troupiales.

Les **CASSIQUES PROPREMENT DITS** ont leur mandibule qui remonte sur le front et y entame les plumes par une large échancrure demi-circulaire.

Les **TROUPIALES** ont un bec qui n'entame les plumes du front que par une échancrure aiguë. Ce sont les plus petites espèces du genre. Quelques-uns de ces oiseaux font des nids remarquables, qui ressemblent à de grands et longs sacs suspendus aux branches, et qui sont tissés avec des herbes, puis offrent une ouverture sur le côté et vers le haut.

Le *Commandeur*, qui habite l'Amérique septentrionale, et dont le plumage est d'un beau noir, avec les petites couvertures des ailes d'un rouge vif, a été autrefois un objet de mode. En 1770 , un médecin ayant envoyé en France une quarantaine de mille de ses épaulettes, on les vendit pour faire des garnitures de robes.

FAMILLE DES LONGIROSTRES.

Bec long et ordinairement fort, échancré à l'extrémité ou entier ; narines plus ou moins operculées.

LYRES. *Mænura.* Bec légèrement comprimé et échancré ; ongles obtus, longs comme les doigts ; mâle à queue longue, avec deux plumes en S. — Ce groupe, dont la place est indécise, et qui a été rangé parmi les Gallinacés par quelques naturalistes, est formé par une seule espèce de la Nouvelle-Hollande, la *Lyre*, chez laquelle le mâle porte à la queue deux grandes pennes externes recourbées, puis deux moyennes assez étroites, et douze plumes à barbes effilées ; quand on voit toutes ces pennes étendues, elles figurent assez bien l'instrument de musique de l'antiquité dont l'animal porte le nom. Ses mœurs sont encore peu connues. M. Lesson dit que cet oiseau réside principalement dans les forêts d'*Eucalyptus* et de *Casuarina* qui couvrent les montagnes Bleues, puis qu'il y reste pendant tout le jour perché dans les arbres et ne se soustrait au repos que le soir et le matin pour aller butiner ses aliments.

MAINATES. *Eulabes.* Bec analogue à celui des Merles. De larges lambeaux de peau nue de chaque côte de l'occiput. — Ces Passereaux vivent aux Indes, à Java et à Sumatra ; on les trouve ordinairement réunis en grandes troupes qui visitent les forêts et les jardins. Comme ils sont bien plus dociles que les Perroquets et apprennent mieux à parler qu'eux, dans plusieurs pays et entre autres à la Chine et dans l'Inde, on les préfère à ces oiseaux. Il leur suffit d'un temps fort court pour imiter le langage de l'homme, et aucun animal de leur classe ne rend avec plus d'exactitude les bruits les plus singuliers. Mauduyt en cite un qui, dans sa traversée des Indes à Paris, avait appris à imiter le bruit des poulies du navire et qui le répétait encore un an après son débarquement. Les Mainates se nourrissent de vers et d'insectes, et ils y joignent aussi quelques semences ; en captivité on leur donne de la viande hachée. Les deux sexes travaillent en commun pour édifier leur nid qui est presque toujours placé fort près du sol, entre les ramifications de quelque souche d'arbre. La femelle pond ordinairement trois œufs d'un gris tacheté de vert.

Le *Mainate des Indes* est de la taille d'un Merle ; son plumage est noir avec des reflets irisés, et il porte une tache blanche sur ses ailes.

PIQUE-BŒUFS. *Buphaga.* Bec très-gros, non échancré, à pointe mousse, renflée et à mandibule inférieure beaucoup plus forte que l'autre. Ongles robustes, terminés en crampons. — La seule espèce que

l'on connaisse est le *Pique-bœuf d'Afrique*, dont la dénomination
vient de l'habitude qu'il a de se cramponner sur le dos des bœufs, ou
des autres gros mammifères, pour en extirper, en les pinçant avec son
bec, les larves qui naissent des œufs que les insectes parasites enfoncent habituellement dans l'épaisseur de leur peau. Cet oiseau est très-
farouche, et on le rencontre par bandes parmi lesquelles on ne compte
jamais que plusieurs centaines d'individus; on ne sait encore rien à
l'égard de sa nidification.

PHILÉDONS. *Philedon.* Bec légèrement arqué, échancré; narines
couvertes par une écaille cartilagineuse. Langue terminée par un pinceau de poils. — Ces oiseaux habitent principalement l'Australie et
l'Océanie; ils sont pour la plupart remarquables par quelque singularité
organique, aussi ont-ils été partagés diversement; quelques-uns ont la
base du bec ornée de pendeloques charnues; d'autres ont le cou décoré
de plumes d'un aspect particulier. Leur voix est rarement agréable;
cependant il en est aussi quelques-uns dont le chant est extrêmement
suave. Les Philédons se nourrissent particulièrement d'insectes, et plusieurs font en outre usage de miel. Ils déploient, à la recherche de
cette dernière nourriture autant de perspicacité que les Guêpiers; et
quand ils en ont trouvé un magasin, on les voit parfois le disputer
courageusement à d'autres oiseaux bien plus forts qu'eux, et particulièrement à des troupes entières de Perroquets. Du reste on n'a pas de
détails bien exacts sur leurs mœurs et la disposition de leurs nids, ces
Passereaux résidant parmi des contrées peu parcourues par les navigateurs.

LORIOTS. *Oriolus.* Bec fort, comprimé horizontalement, échancré, relevé d'une arête; tarses plus courts que les doigts. — Les couleurs jaune et noire paraissent dominer dans le plumage des mâles de
ce genre; les femelles varient du jaune verdâtre au noir. Ces oiseaux
ne se trouvent que dans l'ancien continent et l'Australie; leur nourriture se compose d'insectes, de vers ou de différentes baies: ils paraissent
cependant plutôt frugivores qu'insectivores. C'est à l'extrémité des
branches les plus élevées des arbres que les Loriots placent leur nid
qui est artistement fait de brins de paille ou de chanvre entrelacés, et
dont l'intérieur est tapissé de plumes, de mousse et de toiles d'araignées.

Le *Loriot d'Europe*, nommé par les Allemands *Merle d'or*, est
l'un des plus beaux oiseaux de France, contrée dans laquelle il arrive
vers le milieu du printemps et qu'il abandonne en automne.

MERLES. *Turdus.* Bec médiocre, comprimé latéralement, arqué,
échancré, mais dont la pointe ne fait pas le crochet. Tarses plus longs
que les doigts. — Ces oiseaux ont les angles de la bouche garnis de poils
espacés dont quelques auteurs ont comparé la disposition à celle des

dents d'un râteau. La langue est cartilagineuse et fendue à son extrémité. Les espèces de ce genre sont disséminées sur tous les points du globe et fort nombreuses. On a proposé de les grouper en diverses sections, mais jusqu'à ce moment on n'a pas été heureux pour établir ces divisions; assez généralement cependant on s'accorde à rapprocher sous la dénomination de Merles proprement dits ceux de ces oiseaux dont le plumage offre une coloration uniforme et distribuée par grandes masses, et l'on a réuni sous le nom de Grives tous ceux dont la poitrine offre des taches mouchetées. Il paraît, autant que l'on peut généraliser les mœurs d'un aussi grand nombre d'espèces, que les Merles vivent presque toujours sédentaires et en familles, et qu'ils ne quittent pas les cantons où ils sont établis, tandis que les Grives sont en général des oiseaux voyageurs qui forment en émigrant des réunions nombreuses. Les espèces de ce genre se nourrissent de fruits, surtout de baies et d'insectes.

Le *Merle commun* vit constamment dans nos climats. Le mâle est totalement noir et offre un bec jaune; la femelle est brune en dessus et variée de gris et de brun roussâtre sur la gorge. Cet oiseau a la réputation d'être rusé, et les chasseurs ont de la difficulté à le surprendre; néanmoins on le voit souvent s'approcher des habitations, et il en est qui, pendant la belle saison, viennent s'installer dans les jardins situés dans l'intérieur des villes. Le chant du Merle ressemble à un sifflement éclatant, et il le fait surtout entendre au commencement et au déclin du jour. Cette espèce se nourrit à la fois de fruits pulpeux et d'insectes; aussi comme dans toutes les saisons elle peut trouver l'un ou l'autre de ces aliments, on ne la voit pas émigrer en hiver, mais seulement alors elle se cantonne dans quelque site spécial qui peut lui fournir un abri et de la nourriture, et principalement parmi les arbres toujours verts et surtout les genévriers dont les baies lui sont agréables.

C'est en mars qu'ont lieu les amours des Merles; alors aussi l'un et l'autre sexe s'occupent de la confection du nid; celui-ci, qui est souvent achevé en moins de huit jours, est toujours édifié sur les buissons et les arbres peu élevés, et est composé en dehors de mousse mêlée à de la terre détrempée, et en dedans de frêles racines et d'herbes sèches. La femelle y pond deux ou trois fois par an, et à chacune de ses pontes elle fait quatre à six œufs. M. Viellot dit avoir vu le mâle se joindre à l'autre sexe pour les couver. Ces oiseaux commencent par nourrir leurs petits avec des insectes, des chenilles et des vers, mais aussitôt que ceux-ci vaquent seuls à leurs besoins ils y joignent divers fruits. Le Merle commun est recherché pour les tables dans les contrées méridionales de l'Europe, où sa chair contracte un bon goût sous l'empire de la nourriture qui là se compose en partie de fruits d'oliviers et de myrtes, tandis que chez nous l'usage des baies de genièvre lui donne un goût fort amer et désagréable.

Le *Merle polyglotte* est appelé ainsi à cause de son chant, qui est extrêmement varié et à l'aide duquel il imite celui des autres oiseaux et même les cris de beaucoup d'autres animaux. Les indigènes de quelques-unes des contrées qu'il habite, pour peindre cette particularité qui l'a rendu célèbre, l'appellent même l'Oiseau aux quatre cents langues. Le nom de *Moqueur* qu'on lui donne aussi est inexact, car les chants des individus qu'il imite, formulés par ses organes, sont plutôt embellis que dénaturés. Ce Merle habite l'Amérique septentrionale : il est cendré en dessus et plus pâle en dessous avec une bande blanche à l'aile. D'une hardiesse qui dépasse ses forces, cette espèce oblige les petits oiseaux de proie à déserter des lieux qu'elle a adoptés pour y édifier son nid. La femelle pond quatre ou cinq œufs.

La *Grive proprement dite* est de la grosseur d'un Merle ; elle a la poitrine mouchetée de taches noires sagittiformes, et le dessous des ailes jaune. On la voit arriver dans nos climats à l'époque des vendanges et elle disparaît bientôt après ; ensuite elle revient au commencement du printemps, puis de nouveau émigre vers d'autres climats. Cependant quelques individus restent parmi nous et nichent dans les buissons ou sur les pommiers. Ces oiseaux font chaque année deux ou trois pontes composées chacune de quatre à six œufs d'une couleur d'un bleu foncé tacheté de noir. C'est l'espèce de ce genre qui chante le mieux et dont on mange le plus.

A Rome, on estimait extrêmement la chair des Grives, et Martial en fait un pompeux éloge. Pour s'en procurer, on nourrissait ces oiseaux dans d'immenses volières qui en contenaient plusieurs milliers ; et afin de rendre leur chair plus succulente et de les engraisser plus rapidement, on les alimentait avec une pâtée composée de figues, de farine et de millet ; par un raffinement de soins, de peur que les prisonniers, à l'aspect du monde extérieur, ne fussent tourmentés du désir de recouvrer la liberté, on avait l'attention de rendre obscur l'intérieur de la volière et de disposer les fenêtres de manière à leur dérober la vue de la campagne et des oiseaux sauvages. Aujourd'hui, parmi nous, la chair de la Grive passe aussi pour être délicate.

Le *Mauvis* a beaucoup de ressemblance avec l'espèce précédente, mais il est plus petit et le dessous de ses ailes et ses flancs sont roux. Les Mauvis arrivent aussi en France vers l'époque des vendanges et mangent beaucoup de raisins ; puis ensuite ils disparaissent et gagnent des contrées plus chaudes. C'est au printemps qu'ils retraversent nos pays pour se rendre dans le nord de l'Europe, où ils nichent parmi les buissons. Ces oiseaux sont délicats et on les chasse au lacet.

Outre les deux espèces qui viennent d'être citées et qui appartiennent à la section des Grives, on trouve encore en France deux autres oiseaux de cette division, ce sont la Drenne et la Litorne. Le premier ou la *Drenne*, dont la taille s'élève au-dessus de celle de la Grive proprement dite, ressemble à celle-ci, mais elle en diffère seulement en ce que le dessous de ses ailes est blanc. Cette espèce aime beaucoup les fruits du gui, et c'est de là qu'on lui a donné le nom de *Turdus visci-*

vorus. Comme les semences contenues dans les baies de ce végétal parasite ne s'altèrent pas en passant par ses voies digestives, ses excréments, en tombant sur les branches des arbres, et entre autres de nos pommiers, les déposent à leur surface, et l'on voit bientôt y germer cette plante dont on ne peut expliquer la propagation que par l'intermédiaire des oiseaux, car sans eux ses semences lourdes et dépourvues d'aigrettes ne pourraient se transporter au loin et se fixer sur les sommets des arbres. La dernière espèce, ou la *Litorne,* est principalement caractérisée par la coloration cendrée de sa tête et de son cou.

MARTINS. *Gracula.* Bec très-comprimé, très-peu arqué, légèrement échancré. — Dans ces Passereaux, qui par leurs caractères et leurs mœurs se rapprochent des Merles, les plumes de la tête sont étroites et il y a un espace nu autour de l'œil. Ils habitent l'Afrique, l'Inde et diverses îles qui les environnent. Ce sont des oiseaux qui vivent en troupes plus ou moins nombreuses et dont le vol est assez bruyant. Ils sont extrêmement familiers avec l'homme et ne témoignent aucune appréhension lorsque celui-ci les approche ; souvent même ils se mêlent avec les troupeaux qui se trouvent dans les champs, montent sur le dos des bêtes qui les composent, et leur rendent un véritable service en les débarrassant de la vermine qui les ronge. Temminck, par la dénomination latine de *Pastor,* qu'il a imposée à ces oiseaux, a eu en vue de rappeler la vie de ceux-ci au milieu des bestiaux des campagnes et les soins qu'ils ont pour ces animaux. Les Martins sont intelligents et dociles aux leçons qu'on leur donne, aussi les habitants de divers pays se plaisent-ils à en posséder en captivité ; ceux qui sont libres s'amusent parfois à contrefaire le chant des oiseaux domestiques, et l'on dit même qu'il en est qui imitent le bêlement des agneaux.

La principale nourriture des Martins se compose d'insectes, et surtout de Sauterelles et de Criquets. Ils détruisent une innombrable quantité de ces Orthoptères ; aussi, dans certaines îles où la multiplication de ceux-ci devient parfois un fléau dévastateur, on élève avec avantage ces oiseaux pour anéantir les insectes funestes. Quand cette nourriture leur manque, on les voit s'attaquer aux petits mammifères tels que les Souris et les Mulots, puis se repaître de leur chair ; ils font aussi usage de fruits, mais c'est pour eux une dernière ressource, et ils n'en mangent que fort peu.

On n'a pas encore de notions bien précises sur la manière dont ces oiseaux construisent, en général, leur nid ; on sait seulement que l'espèce qui fréquente nos pays place le sien dans les arbres pourris ou dans les fentes des édifices en ruines.

Le *Martin commun,* qui réside dans toutes les régions de l'Inde, ainsi qu'aux îles Philippines, est de la grosseur d'un Merle ; sa couleur est d'un brun marron sur le dos tandis que le ventre est blanc. Cet oiseau est devenu célèbre à cause des services qu'il a rendus à l'Ile-de-France en détruisant les sauterelles qui la dévastaient. Bory-Saint-

Vincent dit qu'avant qu'il l'habitât, ces Orthoptères ainsi que les Chenilles, les Réduves et les Blattes dévoraient toutes les productions des campagnes. Pour borner les déprédations de ces insectes, il ajoute qu'on imagina de faire venir des Martins des îles Philippines, et qu'on les lâcha dans l'Ile-de-France. Là, en peu de temps, ils se multiplièrent au point d'inquiéter les habitants qui les détruisirent, mais ceux-ci, par la suite, furent obligés de les rappeler à leur secours, et maintenant ils ont anéanti presque tous les insectes de cette île.

Le *Martin roselin*, appelé aussi le *Merle rose*, a un plumage rose sur le dos et le ventre, et le mâle se fait remarquer par une huppe noire à reflets violets. Il est commun dans toutes les contrées chaudes de l'Asie et de l'Afrique, et de là il se répand dans les régions septentrionales du globe. Il passe en Italie, en France, et l'on en rencontre des légions dans la Russie méridionale ; Pallas dit l'avoir observé en Sibérie, et qu'il en arrive aussi dans la Laponie. Cet oiseau vit en troupes et se nourrit d'insectes à l'état parfait ou en larves, qu'il récolte dans les fumiers, et parfois même sur le dos des bestiaux ; à cet aliment il joint aussi des fruits pulpeux. Comme le Merle rose détruit une quantité considérable de Sauterelles, on le regarde en Orient comme un présent émané du ciel pour la destruction de ce fléau, et à cause de cela on le nomme *Séleucide*. A Alep et au Mogol cet oiseau est même vénéré, et on l'invoque au milieu de pratiques superstitieuses. Les Turcs, sans doute par reconnaissance pour ses services, défendent de le tuer.

FOURMILIERS. *Myothera*. Bec généralement assez fort. Ailes courtes, queue très-courte ; tarses fort longs ; doigt externe réuni au moyen. —Ces Passereaux que Buffon a séparés avec raison des Merles, avec lesquels on les confondait, se rencontrent dans les deux continents ; on peut les diviser en deux groupes subgénériques : les Fourmiliers proprement dits et les Brèves.

Les **FOURMILIERS PROPREMENT DITS** ont leur mandibule inférieure entaillée à sa pointe et recourbée en haut, et leur tarse est plus grand que dans le sous-genre suivant dont ils diffèrent aussi par leur coloration qui est moins brillante, ainsi que par leur distribution géographique. Ils habitent les forêts de l'Amérique méridionale qui sont peuplées d'immenses fourmilières, et ce n'est que rarement qu'on les voit se rapprocher des demeures de l'homme. On les rencontre ordinairement en troupes, et c'est aux rapports adultérins qui s'établissent entre diverses espèces qui fréquentent les mêmes localités, que l'on pense qu'ils doivent la grande diversité de plumage que l'on trouve parfois chez eux. Leur langue est courte et souvent terminée par des filaments cartilagineux charnus. Ces oiseaux ont des ailes courtes et volent mal, aussi ils ne font généralement que de se lancer de buisson en buisson ; mais, en compensation, ils développent beaucoup d'agilité sur le sol, et montrent en général une grande pétulance. Leur voix est singulière, très-sonore, et c'est à ses bruyants sons que plusieurs espèces de ce genre ont dû les noms de Carillonneurs et de Beffroi. Ces Passereaux semblent un bienfait de la sagesse providentielle accordé aux contrées qu'ils habitent, car en se nourrissant ils détruisent une prodigieuse quantité de fourmis qui peuplent les forêts du nouveau monde et en entravent l'exploration. Le nid de ces oiseaux est fait avec négligence, et il n'est formé qu'avec des herbes enlacées dans les ramifications des broussailles. On y trouve trois ou quatre œufs.

Le *Roi des Fourmiliers*, qui doit son nom à ce que sa taille surpasse celle de ses congénères, n'est cependant pas plus gros qu'une Caille. Son plumage est gris et ses jambes sont si longues qu'on le prendrait pour un Échassier. On mange la chair de cet oiseau tandis que celle de presque tous ses congénères est dédaignée à cause du goût désagréable que lui communiquent les insectes dont ils se nourrissent.

Les BRÈVES ont leur mandibule inférieure entière et droite, et leurs ailes et leur queue sont moins exiguës que celles des Fourmiliers proprement dits. Ces oiseaux habitent l'ancien continent et présentent souvent une brillante coloration. Ils mènent une vie solitaire et sont d'un caractère assez sauvage, aussi ne connaît-on rien de leurs mœurs, et l'on ne sait pas même comment ils se nourrissent ni comment sont construits leurs nids.

CINCLES. *Cinclus*. Bec très-comprimé, droit, à mandibules subégales. Tarses plus longs que le doigt médian. — Ces oiseaux ont aussi été nommés *Merles d'eau* à cause de leurs habitudes aquatiques, et parce qu'on les confondit d'abord avec les Merles; ils résident en Europe et se plaisent particulièrement sur les bords des ruisseaux limpides, car ce sont les insectes que recèlent ceux-ci qui forment la base de leur nourriture. Pour les poursuivre et les attraper, les Cincles côtoient sans cesse les bords des sources et des fossés, en fouillant le fond; et quand dans leur trajet celui-ci s'enfonce, on voit ces oiseaux se plonger sous l'eau et y marcher avec la même facilité et avec la même allure que sur le sol, comme s'ils ne s'apercevaient pas du changement de milieu. Seulement on a observé que, lorsqu'ils s'immergeaient, ils étendaient un peu leurs ailes et ensuite les tenaient écartées pendant tout le temps qu'ils restaient sous l'eau; or, quelques auteurs pensent que par cette attitude ces oiseaux ont pour but d'introduire une certaine quantité d'air sous ces organes du vol, dont les plumes enduites d'une substance grasse sont imperméables et forment une sorte de réservoir dans lequel les Cincles puisent le fluide qui est nécessaire à leur respiration pendant qu'ils sont submergés. L'eau est pour ces animaux un élément si familier que c'est dans son sein qu'ils cherchent un refuge dans le danger, et Pallas dit que lorsque les chasseurs les blessent près d'un ruisseau, ils se plongent immédiatement dedans et qu'ils ne reviennent à sa surface que quand ils sont morts. Ces oiseaux mènent une vie solitaire et construisent un nid fort ingénieusement travaillé avec de la mousse et des herbes, et qui est recouvert d'un dôme voûté. La ponte est de quatre à six œufs blancs, et immédiatement après qu'ils sont en état de chercher leur nourriture, les petits se séparent, probablement pour ne plus se retrouver.

Le *Cincle plongeur*, auquel s'applique particulièrement tout ce que nous venons de dire, vit en France ; il est de la grosseur d'un Merle et son plumage est brun en dessus et blanc sur la gorge et la poitrine. Cet oiseau place son nid sur la terre et souvent près des roues des usines.

FAMILLE DES PARVIROSTRES.

Bec court et fin ; doigts antérieurs réunis à la base ou séparés. Ailes médiocres, à première rémige ordinairement courte ou nulle.

BECS-FINS. *Motacilla.* Bec subulé, grêle, droit. Doigt externe réuni partiellement à l'intermédiaire. — Ces Passereaux forment un genre nombreux dont beaucoup d'espèces viennent visiter nos climats durant la plus belle saison de l'année, et l'on compte parmi eux les plus agréables chanteurs de nos bois. Ils vivent principalement d'insectes, cependant quelques-uns attaquent aussi les fruits. Ce groupe renfermant un nombre considérable d'oiseaux, on l'a subdivisé en plusieurs sous-genres parmi lesquels nous mentionnerons les suivants :

Les **FARLOUSES** se font remarquer entre les autres sous-genres par leur pouce, qui est extrêmement long et ressemble à celui des Alouettes, avec lesquelles on les avait confondues à cause de ce caractère, mais dont elles se distinguent par leur bec échancré.

La *Farlouse proprement dite* ou Alouette de pré, qui se rencontre dans les lieux humides et se nourrit ordinairement de petits insectes, mais qui en automne mange du raisin, devient alors extrêmement grasse et est servie sur les tables dans plusieurs contrées de la France ; c'est elle que l'on appelle *Bec-figue*.

Les **HOCHEQUEUES** ou Lavandières ont, avec un bec plus grêle que celui des Fauvettes, une queue longue qu'ils meuvent continuellement de haut en bas et des tarses très-longs. C'est généralement sur le bord des rivières qu'on les rencontre, ou dans les prairies ; on nomme *Bergeronnettes* des oiseaux de ce sous-genre qui, avec ces caractères distinctifs, présentent en outre au pouce un ongle fort long et un peu arqué.

Les **TROGLODYTES** diffèrent du sous-genre précédent parce qu'ils ont un bec encore plus grêle et légèrement arqué. Le nom de ces oiseaux, selon Pline, provient de la coutume qu'ils ont de donner la forme d'un dôme à leurs nids en mousses que l'on a comparés aux habitations des Troglodytes, nation éthiopienne, qui passait pour vivre dans des cavernes. Les espèces de ce groupe sont fort petites, et elles nidifient dans les trous des murs ou des arbres; nous en possédons une en Europe.

Les **ROITELETS** ou Figuiers ont un bec fin tellement comprimé que lorsqu'on le regarde en haut, ses côtés paraissent concaves. Ce sont les plus petits oiseaux que l'on connaisse en Europe. Ils vivent de Mouches et d'autres insectes qu'ils poursuivent avec beaucoup d'agilité.

Les **FAUVETTES** offrent un bec droit, grêle partout, dont la mandibule supérieure est recourbée à sa pointe. Le nombre des espèces appartenant à ce sous-genre est considérable; les unes fréquentent les terrains secs, d'autres les bords des marais et des fleuves; ce sont les plus mélodieux chanteurs du groupe.

Le *Rossignol* est la plus célèbre espèce, non à cause de sa beauté, car il offre un plumage brun roussâtre en dessus et gris blanchâtre en dessous, mais par sa voix qui possède un grand charme, et qu'il fait souvent entendre dans nos bosquets qu'il fréquente et où il arrive au printemps. Le mâle prolonge surtout ses chants pendant la durée de l'incubation, comme si, par ceux-ci, il essayait de distraire sa femelle; mais on remarque qu'il cesse aussitôt que les petits sont éclos pour se livrer aux soins qu'ils exigent, et que bientôt il ne lui reste même plus qu'un cri qui n'a rien d'agréable. La femelle produit dans les pays chauds jusqu'à trois pontes chaque année, mais on dit que dans nos latitudes elle n'en fait qu'une seule.

La *Fauvette proprement dite* vient nous visiter à la même époque que l'espèce que nous venons de décrire, et sa voix retentit agréablement dans les lieux qu'elle fréquente; elle porte un plumage brun cendré en dessus, blanc en dessous. Ses mœurs sont à peu près les mêmes que celles du Rossignol.

La *Fauvette des roseaux*, qui habite nos régions, a un plumage gris olivâtre en dessus et jaune très-pâle en dessous; cette espèce est célèbre par la manière dont elle construit ses nids; elle les tisse avec des herbes fines et les suspend au milieu de trois tiges de roseaux; mais c'est à tort que l'on a cru qu'ils étaient flottants à la surface de l'eau, et que cette disposition leur permettait de monter et de descendre en suivant le niveau de celle-ci. Il n'en peut être rien.

Les **RUBIETTES** possèdent un bec un peu déprimé à sa base. Ce sont des oiseaux solitaires qui vivent d'insectes et de baies, et déposent ordinairement leurs œufs dans des trous. Une espèce que l'on pense appartenir à cette section, la *Sylvia Sutoria*, qui est de la grosseur d'un Colibri, érige un nid remarquable dont la description serait regardée comme une fiction si l'on n'en avait plusieurs spécimens, dont un se trouve au Muséum britannique. Il est formé de deux feuilles cousues sur les bords par une couture lâche, assez régulièrement exécutée avec un fil de coton que l'on dit que cet oiseau tord à l'aide de son bec et de ses pattes. Darwin pense que c'est une feuille morte qu'il réunit à une vivante, et que son bec sert d'aiguille pour percer les trous. Au fond de l'espèce de coffre formé par ce nid, se trouvent des plumes ou du coton pour recevoir la couvée. La disposition de cette singulière construction a fait appeler cette espèce *Oiseau-Tailleur* dans les pays où elle séjourne.

Les TRAQUETS offrent un bec légèrement déprimé et plus large que haut à sa base. Nous en possédons plusieurs en France, ce sont des oiseaux très-vifs qui habitent les lieux découverts et se nourrissent d'insectes qu'ils attrapent en courant. Ceux qui résident dans notre pays nichent à terre ou sous terre. Le nom de Traquets leur vient de ce que l'une des espèces fait entendre un petit cri analogue au tic tac d'un moulin. Quelques-uns de ces Passereaux sont nommés Motteux à cause de l'habitude qu'ils ont de se poser sur les buttes élevées qui se trouvent dans les champs.

ALOUETTES. *Alauda.* Bec conique, allongé, sans échancrures. Doigts entièrement divisés ; ongle du pouce droit et plus long que le doigt.—Les Alouettes habitent toutes les parties du globe, et se tiennent presque toujours sur la terre, à cause de la conformation de leurs ongles. Elles se nourrissent de graines et d'insectes. On rencontre leurs nids sur le sol, dans les champs cultivés ou dans les herbes des prairies. Ils contiennent de quatre à six œufs d'un très-petit volume.

L'*Alouette commune* qui s'observe sur une vaste étendue de l'ancien continent, abonde chez nous et dépose souvent son nid parmi nos moissons ; cet oiseau, remarquable par son vol perpendiculaire qu'il accompagne de chants joyeux, se cantonne de préférence l'été dans les lieux élevés, et l'hiver habite en grandes troupes les plaines basses. Les Alouettes s'approchent même des habitations lorsque la rigueur de la saison leur fait éprouver de la disette. Elles produisent généralement deux pontes par an, et réparent ainsi les pertes que les orages font éprouver à leurs couvées où celles que leur causent les chasses de toute espèce qu'on fait aux adultes pour les apporter dans les marchés ; leur chair est extrêmement recherchée sur toutes les tables.

Le *Cochevis*, qui se trouve aussi dans nos pays, est remarquable par les plumes de sa tête qui sont érectiles et forment une petite huppe. Il se rapproche souvent des villages ou vit parmi les taillis.

L'*Alouette mineur, Alauda fossor*, dont parle d'Azzara, est extrêmement remarquable par l'habitude qu'elle a de creuser dans les ravins des trous de deux pieds et demi pour y déposer ses œufs, après avoir confectionné dans ces excavations un matelas de paille.

MÉSANGES. *Parus.* Bec conique, pointu, entier, droit, court et fin, à base garnie de poils. Doigts entièrement séparés ; ongle du pouce long, très-courbé. — On rencontre de ces oiseaux dans toutes les régions de l'ancien continent et dans l'Amérique septentrionale ; il en existe aussi à la Nouvelle-Hollande. Les uns fréquentent principalement les bois et les broussailles, ce sont ceux que Temminck nomme *Sylvains*, et les autres, qu'il appelle *Riverains*, se plaisent parmi les marécages et s'agitent continuellement sur les joncs, les roseaux et les plantes aquatiques. Ils vivent souvent par petites troupes, surtout hors la saison des amours, car alors ils s'isolent par couples, pour s'occuper de la construction des nids ou donner des soins à leur progéniture.

Ce genre ne contient que des espèces d'une taille fort peu considérable, et la grosseur des plus fortes n'égale pas même celle du Moineau; mais elles ont un courage et une puissance musculaire qu'on serait loin d'attendre d'aussi frêles créatures. En effet, on les voit parfois attaquer sans hésitation des oiseaux d'une force bien supérieure à la leur, et même des Chouettes, pour lesquelles elles semblent avoir une grande antipathie. Les Mésanges sont d'un naturel pétulant, querelleur, et se battent parfois entre elles à outrance. Les insectes à l'état parfait ou les Chenilles forment leur principal aliment; et pour les découvrir, on les trouve sans cesse sur les troncs ou les plus fines branches des arbres où elles se tiennent facilement à l'aide de leurs ongles acérés; à cet effet aussi, on les voit soulever à la superficie de ceux-ci et à l'aide de leur bec, des lambeaux d'écorce dont l'étendue étonne en songeant à leur petitesse et à la faiblesse des instruments qu'elles emploient; il en est qui paraissent extrêmement friandes d'Abeilles, et un seul couple suffit, si l'on n'y met ordre, pour détruire une ruche. Les Mésanges mangent aussi de la chair et ne dédaignent pas même les charognes; elles sont douées d'un appétit si carnassier qu'on les voit s'attaquer aux oiseaux malades ou pris dans les piéges, ainsi qu'aux petits qu'elles trouvent dans les nids et auxquels elles dévorent le cerveau, organe qui paraît principalement de leur goût. Renfermées avec nos oiseaux domestiques, les Mésanges les combattent et les tuent: une seule suffit pour mettre à mort une volière de Serins. Mais cependant malgré leur penchant carnivore, lorsque les Passereaux dont nous esquissons les mœurs ne peuvent se procurer d'animaux, ils s'alimentent aussi de fruits et de graines; ceux qui sont les plus durs ne se trouvent pas à l'abri de leurs attaques, et après avoir fixé à l'aide de leurs pattes des noisettes et d'autres fruits ligneux, ils les entament avec leur bec et parviennent bientôt à en extraire l'amande.

Ces oiseaux édifient leurs nids dans des endroits fort différents; les uns, et tels sont les Sylvains, les placent dans les arbres creux et dans les excavations des murailles et des roches; les autres, ou les Riverains, les font parmi les roseaux ou les plantes des sites aquatiques qu'ils habitent et les forment ordinairement avec plus d'art. Les matériaux qu'ils emploient à leur construction sont fort divers: ce sont tantôt de la mousse ou des herbes menues, et tantôt de la laine ou des plumes. La forme de ces nids varie, et il en est qui offrent une disposition admirable; Sonnerat, dans son Voyage aux Indes et à la Chine, a décrit et figuré celui de la Mésange du Cap, qui présente une disposition tout à fait remarquable; il est fait avec du coton, et ce voyageur dit qu'il ressemble beaucoup a la figure d'une bouteille ayant un goulot étroit; il ajoute qu'à l'extérieur il se trouve une poche particulière qui est située sur les côtés du goulot et sert de logement au mâle lorsque la femelle couve ; et que quand celle-ci quitte sa couvée et qu'il désire la suivre, le mâle bat violemment avec ses ailes les parois de l'ouverture du nid, et par cette action les réunit et en ferme exactement l'entrée, afin de protéger les œufs ou les petits contre la voracité des animaux ennemis.

Les Mésanges doivent être rangées parmi les oiseaux les plus féconds; leur ponte se compose toujours d'un grand nombre d'œufs, et l'on dit que l'on en trouve dans leur nid jusqu'à dix-huit ou vingt; l'incubation est de douze à quinze jours; elles affectionnent beaucoup leur progéniture et déploient un grand courage pour la défendre lorsque des animaux l'attaquent, et surtout une immense activité pour la nourrir, car il faut qu'un seul couple trouve assez d'insectes pour suffire au nombre si élevé de petits dévorants auxquels il donne le jour.

Nous possédons en France six Mésanges qui sont les suivantes : la Mésange Charbonnière, la Mésange Petite-Charbonnière, la Mésange des marais, la Mésange à tête bleue, la Mésange huppée et la Mésange à longue queue.

La *Mésange Charbonnière*, dont le nom vient, dit-on, de l'habitude qu'elle a de suivre les charbonniers dans les forêts, est une des plus communes de notre pays; elle se rencontre surtout dans les taillis. Son plumage est olivâtre en dessus et jaune en dessous; sa tête est noire. Durant l'époque de la pariade elle fait entendre un chant assez agréable, mais à part cette circonstance, ses cris ressemblent au bruit d'une lime, ce qui l'a fait nommer *Serrurière*. Cette espèce place ordinairement son nid dans les creux des vieux arbres; la femelle y pond de huit à quatorze œufs blancs, semés de taches d'un roux clair. Ceux-ci, dont Graves a donné la figure dans son ouvrage sur les œufs des oiseaux de l'Angleterre, éclosent après douze jours. A quatre mois les petits peuvent se reproduire et la durée de la vie est d'environ cinq ans.

La *Mésange Petite-Charbonnière* préfère les forêts de conifères aux autres sites; son plumage est cendré en dessus et blanc en dessous. Elle détruit beaucoup de Punaises et d'autres insectes, et mange aussi des semences de Pins et de Mélèzes.

La *Mésange des marais*, qui réside surtout dans les endroits marécageux, est cendrée supérieurement, blanche en dessous et porte une calotte noire.

La *Mésange bleue*, qui est la plus belle sous le rapport de la coloration, est aussi fort commune; elle se plaît dans les taillis et se distingue des autres par la teinte olivâtre de son plumage en dessus, sa coloration jaune en dessous, et sa tête dont le sommet est d'un beau bleu. C'est une des plus méchantes et des plus voraces de son genre; elle vit d'insectes et de fruits; quoiqu'elle rende quelques services aux horticulteurs par la destruction des premiers, elle nuit à leurs jardins en pinçant les boutons des arbres ou en enlevant les fruits ou les graines , soit pour les manger immédiatement , soit pour les déposer dans des magasins qu'elle se crée probablement pour les moments où la nourriture est rare et difficile à trouver ; quand les insectes ou les grains manquent , elle dévore les chairs des petits animaux et n'en laisse que le squelette bien préparé. C'est ordinairement dans ses magasins, qui sont souvent situés dans le tronc d'un arbre, qu'elle se retire l'hiver, et c'est là aussi qu'elle fait son nid , où l'on dit avoir trouvé parfois jusqu'à vingt-deux œufs.

La *Mésange huppée*, qui se plaît dans les terres en friches et les lieux solitaires, est brunâtre en dessus , blanchâtre en dessous, avec une petite huppe blanche et noire sur la tête.

La *Mésange à longue queue* habite les bois taillis pendant l'été et se rapproche des vergers et des jardins l'hiver. Elle se fait remarquer par ses plumes qui sont décomposées et la font toujours paraître hérissées , ainsi que par la longueur de sa queue. Son nid ressemble à une bouteille à goulot allongé , ce qui fait qu'en Angleterre on nomme cet oiseau *Thomas-Bouteille* [1] ; il est foulonné avec un amalgame de mousses , de lichens et de cocons qui enveloppent les œufs des Araignées.

FAMILLE DES CONIROSTRES.

Bec conique , épais , robuste , presque toujours sans échancrure. Ailes médiocres ou courtes.

TANGARAS. *Tanagra.* Bec conique , triangulaire à sa base, échancré , à arête arquée. Ailes courtes. — Les contrées équinoxiales de l'Amérique paraissent être exclusivement la patrie des Tangaras. Ceux-ci ressemblent à nos Moineaux pour leur port, mais ils sont ordinairement décorés d'une robe éclatante, et font l'un des plus riches ornements de nos collections. Ils volent mal et offrent un grand penchant pour la sociabilité, aussi fixent-ils souvent leur résidence parmi les jardins ou à la lisière des bois ; on ne les voit s'enfoncer dans ceux-ci que lorsque les insectes ou les baies et les fruits sucrés dont ils s'alimentent viennent à leur manquer dans les premiers lieux. Si le plumage de ces oiseaux offre une brillante coloration , par opposition leur chant est peu agréable , mais leurs nids sont ingénieusement construits ; la forme de ceux-ci est hémisphérique, et ils sont composés en dessus de petites bûchettes et de brins d'herbe , et matelassés en dedans avec une couche de laine ou de duvet ; les deux époux s'occupent de leur érection avec une même ardeur, et la femelle y pond deux et rarement trois œufs d'un blanc assez souvent verdâtre et parsemés de taches brunes ou rougeâtres. Ce genre contient un assez grand nombre d'espèces.

BRUANTS. *Emberiza.* Bec conique , dont les bords sont ren-

[1] Bottle-Tom.

trants ; mandibule supérieure plus étroite ; palais offrant un tubercule osseux.—Les espèces de ce genre, qui sont fort nombreuses, se trouvent répandues sur presque toute la surface du globe ; les unes sont sédentaires, mais d'autres sont voyageuses, et durant l'hiver abandonnent les régions septentrionales et se portent dans le Midi. Parmi ces oiseaux, il en est dont l'ongle du pouce est normal, ce sont les Bruants proprement dits, qui vivent dans les bois et les jardins ; d'autres ont l'ongle du pouce droit et fort long, comme les Alouettes, et résident dans les plaines et les rochers ; ce sont eux que l'on nomme Bruants éperonniers.

Les Bruants sont des oiseaux de petite taille qui souvent, pendant la belle saison, se retirent dans les bois pour y nicher, et alors ils se nourrissent des insectes qu'ils y trouvent abondamment ; mais l'hiver ils se rapprochent des habitations, et alors ils entrent par bandes dans les cours des fermes ou dans les jardins pour chercher sur les fumiers les semences échappées à la digestion des grands animaux, ou piller celles qui sont restées sur les végétaux ou éparses sur le sol des granges et des hangards. C'est au printemps qu'ont lieu leurs amours ; alors ces oiseaux construisent des nids qui diffèrent, suivant les espèces, pour le lieu où ils les placent, ainsi que pour leur forme ; les uns les posent dans une touffe d'herbes élevées, d'autres parmi les buissons ; ceux qui résident dans les localités aquatiques réunissent ensemble plusieurs tiges de roseaux et nidifient au milieu d'elles. La femelle pond quatre ou cinq œufs, et elle les couve avec tant d'attention et d'amour que parfois elle se laisse prendre sur son nid. Il y a dans ces oiseaux un tel attachement de famille que souvent les petits, quoique pouvant subvenir à leur nourriture, n'en restent pas moins près de leurs parents jusqu'au moment où une autre couvée va avoir lieu. Certains Bruants sont d'un goût fort délicat, et il en est même quelques espèces que les gourmets recherchent beaucoup.

Le *Bruant commun* se rencontre dans toute l'Europe ; il est fort abondant en France, et se trouve dans le printemps et l'été vers les lisières des bois et dans les taillis, mais durant l'hiver il vient en grandes troupes dans les cours des fermes et dans les jardins des villes. Cette espèce dépose son nid sur le sol au milieu d'une touffe d'herbes, il est assez négligemment construit avec de la mousse, des feuilles, du chaume sec, et est garni en dedans de laine et de crins. La femelle y pond plusieurs fois chaque année quatre ou cinq œufs blancs marqués de taches et de lignes brunes.

L'*Ortolan* réside dans le midi de l'Europe, et ne fréquente la France que pendant les saisons chaudes. Cet oiseau, dont le dos est brun olivâtre, la gorge jaunâtre et les deux pennes externes de la queue blanches, nous arrive au printemps à la même époque que les Alouettes, et accomplit ses migrations par petites troupes ; c'est en août et septembre qu'il abandonne notre pays. Cette espèce se cantonne dans les champs de vigne ou de blé ; elle dépose son nid sur le sol et parfois dans les ceps de vigne.

Les Ortolans sont célèbres à cause de la délicatesse de leur chair, et dans la France méridionale on en fait une grande consommation sur les tables. Mais avant de les servir on a le soin de les faire engraisser pour rendre leur chair plus savoureuse. Les oiseleurs font usage à cet effet de divers procédés ; parfois ils enferment ces oiseaux dans des endroits où le jour ne pénètre pas, et au centre desquels se trouve seulement une lampe ; là on répand sur le parquet une abondance d'avoine et de millet dont les Ortolans peuvent se gorger continuellement ; d'autres fois on séquestre ces passereaux dans des cages totalement recouvertes de draperies, et dont l'auge seule se trouve éclairée pour indiquer le lieu où siége la nourriture. Par l'un et l'autre de ces deux moyens, les oiseaux engraissent rapidement, et leur obésité devient telle qu'elle les tuerait si, avant qu'elle ne soit trop considérable, on ne mettait fin à leur existence.

Le *Bruant de neige*, qui appartient à la division des Éperonniers, se trouve vers le cercle arctique et descend jusqu'en France pendant l'hiver, saison durant laquelle il devient presque tout blanc.

MOINEAUX. *Fringilla*. Bec conique, droit, gros à la base, à commissure droite. — Ces oiseaux se trouvent principalement dans les régions chaudes et tempérées du globe, et souvent ils vivent en troupes nombreuses. Après les Colombins et les Gallinacés ce sont de tous les animaux de leur classe ceux qui se façonnent le mieux à la domesticité. Leur nourriture se compose de graines et d'insectes ; quelques espèces font tort aux céréales, mais d'autres, par les insectes qu'elles dévorent, compensent les ravages de leurs congénères. On a subdivisé ce genre d'après les petites différences que présente la forme du bec, mais on passe sans transition d'un de ses sous-genres à l'autre. Nous mentionnerons la plupart de ceux-ci dans l'ordre suivant : les Tisserins, les Chardonnerets, les Veuves, les Pinçons, les Moineaux proprement dits, les Bouvreuils et les Gros-Becs.

Les TISSERINS ont un bec robuste, long, et leur mandibule supérieure est légèrement bombée et s'avance sur le front. Ils doivent leur nom à l'art admirable avec lequel ils entrelacent ou ils feutrent en quelque sorte les brins d'herbe dont ils composent leurs nids qui, chez chaque espèce, présentent une disposition différente. Il en est qui leur donnent une forme spirale ; d'autres les font en boule avec un canal vertical en dessous et communiquant avec la cavité où résident les petits ; il en est aussi qui leur donnent la figure d'un alambic dont le tuyau sert d'entrée. Souvent les nids des Tisserins sont composés, parce que quelques espèces greffent successivement leurs nouvelles constructions à la partie inférieure des anciennes, de manière que chaque demeure forme une masse considérable qui pend aux branches ; et comme ces oiseaux vivent en société, souvent on trouve des arbres qui sont surchargés d'un grand nombre de ces nids. Les Tisserins habitent les deux continents.

Le *Républicain* est celui des Tisserins dont le nid est le plus extraordinaire : il est commun à un grand nombre de couples, et est formé
par un énorme toit subcirculaire disposé autour du tronc d'un arbre,
et tissu avec des herbes si serrées, qu'il est imperméable. Les couples
bâtissent ensuite leurs nids sous ce toit, et ceux-ci y sont tassés les uns
contre les autres. Levaillant, qui a observé de ces constructions en
Afrique, dit que leurs diverses entrées sont très-rapprochées, et qu'il
en est qui sont communes à trois nids différents. Une des plus considérables demeures de Républicains que ce voyageur observa contenait
trois cent vingt cellules, ce qui supposait une société de six cent quarante individus ; et le tout formait une telle masse que Levaillant, pour
faire transporter un de ces nids communs, fut obligé d'employer une
voiture et plusieurs hommes.

Le *Mangeur de riz*, qui est d'un noir à reflets métalliques, vit en
troupes innombrables dans les campagnes de l'Amérique équatoriale,
parmi lesquelles il fait de grands dégâts.

Les **CHARDONNERETS** ont un bec exactement conique, et qui ne
présente aucun renflement.

Le *Chardonneret ordinaire*, qui est l'un de nos plus jolis oiseaux
de France, est le type de ce groupe. Il doit son nom à la graine de
chardon, qui paraît être l'un de ses aliments de prédilection. On lui
apprend facilement à chanter, aussi l'élève-t-on souvent en domesticité.

Le *Serin des Canaries*, qui est connu de tout le monde, appartient
aussi à cette sous-division. Sa belle couleur jaune et sa facilité à se
multiplier en esclavage l'ont répandu dans une foule de lieux. C'est
aussi à cette division qu'il faut rapporter beaucoup de jolis petits
oiseaux chanteurs, connus sous les noms de *Bengalis* et de *Sénéga-
lis*, et qui nous viennent des régions tropicales.

Les **VEUVES** offrent un bec analogue à celui des Chardonnerets, et
se font remarquer par quelques plumes de leur queue, qui sont excessivement allongées dans les mâles. Ce sont des oiseaux d'Afrique et des
Indes ; parmi eux la *Veuve à épaulettes*, ainsi nommée à cause des
belles taches rouges de ses ailes, est recherchée par les amateurs.

Les **PINSONS** possèdent un bec un peu moins arqué que les Moineaux, mais il est un peu plus fort que celui des Chardonnerets. Ils
sont plus gais, plus vifs, et leur chant est plus agréable que celui des
premiers.

Les **MOINEAUX PROPREMENT DITS** ont le bec assez court, et seulement un peu bombé vers sa pointe.

Le *Moineau domestique*, qui est le type de ce sous-genre, se
trouve dans toutes les latitudes de notre continent, depuis les régions
hyperboréennes jusque dans les climats les plus brûlants ; il semble se
complaire dans les lieux habités par l'homme, et on dit même qu'il ne
se trouve pas dans les endroits où il n'existe point de champs cultivés.
Les Moineaux vivent en bandes ou par couples ; l'hiver ils s'abritent

pendant les nuits dans les fissures des murailles ou sous les avances des toits; mais l'été ils se réunissent le soir en troupes nombreuses dans les arbres et y font un bruyant tapage.

Les Moineaux ont un vol court et difficile; aussi vivent-ils sédentairement dans nos pays. Ils ont sans doute contracté, par leur vie dans les environs de nos demeures, la ruse et en même temps l'audace qui se remarquent chez eux, et cette dernière est telle qu'ils viennent sous les yeux de l'homme, et jusque dans ses granges et ses greniers, butiner leur nécessaire.

Ces oiseaux sont extrèmement lascifs, et à l'époque des amours les mâles se livrent de fréquents combats; un tel aveuglement les anime pendant ceux-ci qu'ils entrent parfois dans les habitations et oublient le danger qui les menace. Les Moineaux font leurs nids dans les trous des murailles, derrière les auvents des fenêtres ou dans les arbres; quelques-uns s'emparent parfois des nids des Hirondelles. Quoi qu'il en soit, ils forment une couche d'herbe molle pour y déposer leurs œufs, qui sont au nombre de quatre à huit, et d'une couleur cendrée blanchâtre, avec des taches brunes.

Ces oiseaux étant omnivores, et employant une certaine quantité de grains pour leur alimentation, quelques économistes, en grossissant leurs dégâts, ont prêché l'extermination de leur race, et dans certains pays leur tête est mise à prix; mais dans d'autres, comme on pense qu'ils sont plus nécessaires que nuisibles, par la grande quantité d'insectes qu'ils dévorent, on les protége. Dans son Histoire naturelle du Froment, le père Poncelet dénonça les Moineaux comme les plus grands dévastateurs de l'agriculture. Rougier de la Bergerie prétendit qu'ils consomment chaque année en France plus d'un million d'hectolitres de céréales, et il ne cessa de demander une loi pour leur destruction. Bosc, dans son Cours d'agriculture, accable ces oiseaux d'invectives, qu'il copie textuellement dans Sonnini, et contribue à propager sur eux les erreurs accumulées par les agriculteurs de cabinet.

L'antiquité avait gardé le silence sur les dégâts produits par les Moineaux; le profond observateur Olivier de Serre ne s'en occupe nullement; ce qui doit faire présumer qu'ils sont loin d'être aussi considérables qu'on l'a prétendu depuis le dix-septième siècle, où on les signala pour la première fois. Mais s'il est vrai que ces oiseaux consomment quelques grains dans nos champs, car on regarde comme certain qu'ils mangent annuellement un demi-boisseau de blé pour leur nourriture, ils y apportent une bien grande compensation par l'immense nombre d'insectes qu'ils y dévorent. En effet, dans un mémoire inséré dans la Revue encyclopédique, H. Bradley a calculé qu'un Moineau détruit dans une semaine 5,360 chenilles d'insectes. D'après cela on peut donc considérer comme douteuse encore la question de savoir si ces oiseaux sont plus nuisibles qu'utiles. On connaît ce fait arrivé dans le Palatinat, où une prime ayant été accordée pour la destruction des Moineaux, les agriculteurs se plaignirent bientôt de cette mesure , parce qu'en même temps que ces oiseaux avaient disparu les ravages des insectes avaient pris un accroissement désespérant, et l'on se hâta ensuite d'offrir une prime pour l'importation de ces Passereaux accusés à tort d'être nuisibles par ceux auxquels ils rendaient au contraire d'immenses services.

Les **GROS-BECS** ont un bec exactement conique et excessivement gros. Nous en possédons plusieurs espèces en Europe, parmi lesquelles le *Gros-Bec commun*, qui vit dans nos bois et s'alimente de fruits, est surtout remarquable par le grand développement de ses mandibules.

Les **BOUVREUILS** présentent un bec court, subarrondi et très-bombé en tous sens. Ils habitent de préférence les climats froids ou tempérés et se trouvent dans le nord des deux continents. La force de leur bec leur donne la plus grande facilité pour briser les semences et les noyaux des fruits , qui forment leur nourriture habituelle.

LOXIES. *Loxia.* Bec fort, très-comprimé ; mandibules crochues à extrémités croisées. — Nommées aussi *Becs-Croisés*, à cause de la disposition de leurs mandibules , les Loxies vivent dans les zones froides où se trouvent des arbres de la famille des conifères, car ce sont eux qui fournissent leur principale nourriture, et ces oiseaux savent extraire adroitement, à l'aide de leur bec, les semences cachées au milieu des écailles de leurs fruits ligneux. Ce sont les sapins touffus que ces Passereaux choisissent pour déposer leur nid, qui est artistement construit de petites bûchettes enveloppant un lit de duvet, sur lequel la femelle pond de quatre à cinq œufs d'un gris verdâtre , maculés irrégulièrement de rouge et de brun.

La *Loxie des pins*, dont le mâle est d'un rouge de brique après la première mue, et d'un cendré verdâtre à l'état adulte, se découvre partout où le sol porte ces végétaux , et souvent en France.

ORDRE DES COLOMBINS.

Sternum offrant une carène plus haute et plus complète que chez les Marcheurs , et portant une grande échancrure de chaque côté. Ailes ordinairement bien développées. Pieds à trois doigts en devant et un derrière.

Les affinités de ces oiseaux ont été diversement conçues par les auteurs, qui tantôt les ont placés parmi les Passereaux et tantôt parmi les Gallinacés. Ils doivent réellement former un ordre distinct, puisqu'ils s'éloignent de ces deux groupes par d'importants caractères ; mais leur place est nécessairement entre eux, parce qu'ils sont liés à l'un et à l'autre par quelques rapports.

La taille des Colombins varie de celle du Dindon à celle de la Caille.

Leur bec est médiocre, droit et comprimé latéralement à sa base ; sa mandibule supérieure est voûtée vers son extrémité, et couverte à sa naissance par une cire parfois très-renflée, verruqueuse et colorée en rouge, en jaune ou en rose. Les plumes de ces oiseaux ont des barbules fines et divisées ; un seul d'entre eux a la tête ornée d'une rangée longitudinale de plumes immobiles, dont les barbes sont décomposées ; un autre offre une huppe plicatile. Les couleurs du plumage de beaucoup d'espèces sont fort brillantes, et à reflets métalliques et changeants ; mais cette parure éclatante n'existe chez la plupart que sur la partie supérieure du corps, la tête, le cou et la poitrine.

Le sternum des Colombins présente des échancrures profondes qui rappellent celles que l'on observe dans les Marcheurs, mais elles sont moins étendues, et dans quelques-uns elles ne s'offrent plus que sous l'apparence d'un simple trou. D'un autre côté, le bréchet, qui est plus élevé que dans l'ordre suivant, annonce avec la disposition précédente que les Colombins doivent mieux voler, et c'est ce qui a lieu en effet ; aussi leurs ailes sont généralement plus longues que celles de la plupart des Marcheurs et leur permettent un vol soutenu. L'élévation des tarses de ces oiseaux varie en raison de leurs habitudes, et elle traduit leur plus ou moins d'aptitude à vivre sur le sol ou à rester plus ou moins constamment perchés. Leurs pieds sont assez robustes et ordinairement colorés en rouge ; ils se terminent par des doigts munis d'ongles passablement forts et obtus.

Les narines des Colombins sont percées dans la cire et recouvertes d'un opercule cartilagineux. Dans beaucoup d'entre eux, les yeux sont environnés d'une peau nue et vivement colorée. Ces oiseaux vivent de fruits et de graines ; ce n'est que rarement qu'ils mangent des insectes et quelques mollusques. Ils sont monogames, et les deux sexes s'aident mutuellement pour confectionner le nid. La femelle ne pond qu'un petit nombre d'œufs, mais elle fait plusieurs pontes chaque saison.

COLOMBARS. *Vinago.* Bec gros, très-renflé à son extrémité. Tarses très-courts ; doigts bordés. — Ces oiseaux sont tous exotiques, et résident dans les régions intertropicales de l'ancien continent où on les trouve parmi les forêts. Ils sont d'un naturel farouche et se nourrissent de fruits. C'est ordinairement à la cime des plus grands arbres qu'ils placent leur nid. On y trouve deux œufs auxquels ces Colombins, qui ressemblent beaucoup aux Pigeons, prodiguent les mêmes soins que ceux-ci, et que les deux sexes couvent tour à tour.

COLOMBES. *Columba.* Bec mince, grêle. Ailes longues ; tarses courts. — Ces oiseaux, auxquels on donne aussi le nom générique de *Pigeons*, habitent tous les régions chaudes ou tempérées des deux continents ; ils fréquentent particulièrement les lisières des forêts et le voisinage des eaux. On les rencontre ordinairement par couples qui paraissent se porter une grande affection, et ce n'est que pendant leurs migrations qu'ils se rassemblent en troupes nombreuses.

Les organes digestifs des Pigeons se composent d'un jabot extrêmement dilaté, et que souvent ils gonflent d'air ; d'un ventricule succenturié auquel succède un gésier musculeux. Ces oiseaux vivent uniquement de fruits pulpeux et de graines ; rarement on les voit faire usage d'insectes et de mollusques terrestres.

Les Pigeons sont éminemment monogames, et les époux de chaque couple se portent mutuellement beaucoup d'affection. Ils sont très-lascifs et font connaître leurs désirs par les accents de leur voix dont les modulations particulières lui ont valu le nom imitatif de roucoulement. Ces oiseaux placent leur nid dans les sommités des arbres ou parmi les buissons et même sur la terre ; il en est aussi qui le cachent dans les cavités des rochers. Celui-ci est vaste et assez imparfait ; il est composé de petites branches et de feuilles ; le mâle et la femelle s'occupent ensemble de son édification. Cette dernière ne pond ordinairement que deux œufs que l'un et l'autre sexe couvent successivement. Les petits naissent presque nus et aveugles, et réclament des soins attentifs de leurs parents. Ceux-ci leur témoignent un vif attachement, et ils les nourrissent en leur dégorgeant une partie de la nourriture qu'ils ont prise et qui se trouve en réserve dans leur jabot. On a remarqué que chaque ponte des Pigeons produisait presque constamment un mâle et une femelle, et que ce couple se témoignait une grande affection et souvent ne se quittait plus.

La chair des Pigeons est délicate et généralement estimée. Sa saveur devient encore plus agréable, et elle s'aromatise même, lorsque ces animaux font usage de certains fruits. Cela s'observe principalement dans la Colombe muscadivore, chez laquelle elle est très - parfumée quand cet oiseau se nourrit de la pulpe des fruits des muscadiers, tandis qu'elle est d'une amertume insupportable à l'époque où il s'alimente avec les baies des autres arbres.

Historique et archéologie. Les animaux de ce groupe ont été mentionnés dans les plus anciens écrits. La Genèse nous apprend que les Colombes figurèrent dans les premiers événements du monde, et Plutarque dit que Deucalion se servit aussi de ces oiseaux pour savoir si les eaux s'étaient retirées. Le peuple juif offrait quelquefois au Seigneur des sacrifices expiatoires dans lesquels de jeunes Pigeons ou des Tourterelles servaient d'holocauste, ainsi que cela est prescrit dans le Lévitique, chapitre 6 ; et les femmes hébraïques, d'après la loi de Moïse, donnaient au temple une paire de Colombes lors de leur purification. Les Assyriens adoraient les Colombes, et leurs étendards représentaient leur image ; ils n'en mangeaient point, parce qu'ils croyaient que leur reine Sémiramis avait été changée en cet oiseau. Le nom de cette reine signifie même, d'après Hésychius, une colombe de montagne. Choiseul croit que c'est la figure d'une Colombe qui orne le revers des médailles de Siphnos.

Espèces. Nous avons en France quatre espèces de ce genre, qui s'y trouvent à l'état sauvage ; ce sont le Ramier, le Colombin ou petit Ramier, le Biset ou Pigeon de roche et la Tourterelle ; puis, en outre, on doit également citer quelques types exotiques à cause de leurs mœurs intéressantes ou de leur emploi.

La *Colombe ramier* ou *Pigeon ramier* offre un cou cendré avec des reflets de vert, de pourpre, et son manteau est cendré bleuàtre. C'est la plus forte des espèces qui habitent l'Europe ; elle pérégrine dans tout l'ancien continent. C'est en mars que nous la voyons arriver en France, et dans le mois d'avril elle se dirige vers des latitudes plus septentrionales. Cet oiseau fait un nid assez peu artistement construit et qu'il place dans les arbres élevés ; il le compose avec des branches sèches entrelacées et y fait une première ponte de deux ou trois œufs pendant le mois d'avril ; ceux-ci éclosent après environ quinze jours. Puis ensuite il se produit une nouvelle ponte au mois d'août, et les petits sont de taille à prendre leur essor quand ils sont âgés de six semaines.

C'est au mois de novembre que ces oiseaux nous quittent pour émigrer vers des latitudes plus chaudes. Ils hivernent souvent dans la France méridionale, en Italie et en Espagne. Et quand, pour se rendre dans ce dernier pays, leurs troupes nombreuses traversent les Pyrénées, les chasseurs leur font une guerre fort active, mais qui n'est pas sans difficulté, car on ne les approche qu'avec beaucoup de peine.

Le Pigeon ramier se nourrit de faînes, de glands et de divers fruits sauvages, et l'on dit que quand ces aliments lui manquent il fait alors usage de bourgeons d'arbres. Cette espèce ne se reproduit point lorsqu'on l'élève en captivité, quoiqu'elle ait été prise extrêmement jeune. Aussi ne peut-on admettre l'opinion professée par Buffon, qu'on doit la considérer comme un des types primitifs de nos races domestiques.

La *Colombe petit ramier* porte un plumage gris d'ardoise ; sa poitrine est d'une couleur vineuse et les côtés de son cou d'un vert changeant. Cet oiseau est d'une taille un peu moins considérable que l'espèce précédente, et il offre des mœurs à peu près semblables.

La *Colombe biset*, qui est considérée comme la souche de nos diverses races de Pigeons domestiques, réside dans tout l'ancien continent, et vit en troupes plus ou moins nombreuses ; elle niche dans les trous des arbres, ainsi que parmi les rochers, ce qui lui a fait donner le nom de *Pigeon de roche* et de *Rocherais*. Cette espèce a le cou d'un beau vert à reflets métalliques.

La *Colombe tourterelle* ou *Tourterelle d'Europe* se rencontre dans toutes les parties tempérées de l'ancien continent, qui se trouvent entre la France et la Chine. Elle vit par petites troupes composées de couples fort unis, qui chez nous font leur nid dans les hauts arbres ou les bois taillis ; celui-ci est fort plat et composé de petites bûchettes. On n'y voit ordinairement que deux œufs blancs, que le mâle et la femelle couvent tour à tour. Les deux sexes se témoignent beaucoup de tendresse et font souvent retentir les bois de leurs roucoulements plaintifs.

La *Colombe blonde* ou *Tourterelle à collier* est originaire de l'Afrique et de l'Inde. Ses mœurs sont absolument semblables à celles de la Tourterelle d'Europe. En Égypte on l'élève en liberté, comme nous le faisons pour nos Pigeons de colombier, et chez nous la beauté et la douceur de cet oiseau le font rechercher par les amateurs et nourrir dans nos habitations.

La *Colombe voyageuse*, dont la tête et le croupion sont d'un gris cendré bleuâtre et le bas du cou muni de plumes violacées à reflets dorés, est célèbre à cause des migrations qu'elle opère dans l'Amérique du nord, qui est sa patrie. Ses voyages ont lieu entre les 20° et 60° degrés de latitude septentrionale, c'est-à-dire entre la Louisiane et le Canada. Cette espèce, qui a aussi été nommée *Pigeon de passage*, pour opérer ses migrations, se réunit en troupes considérables, et celles-ci sont parfois composées d'un si grand nombre d'individus et si serrées, que les voyageurs disent que lorsqu'elles approchent l'air en est obscurci. La Colombe voyageuse fait son nid sur les grands arbres des forêts.

La chair de cet oiseau est recherchée à cause de son goût agréable, et l'on fait un grand carnage de celui-ci, parce qu'il n'est guère farouche et se laisse facilement approcher. Temminck dit qu'à la Louisiane, à l'époque des migrations, on s'en empare par un procédé fort étrange. Lorsque les chasseurs ont reconnu qu'une troupe de Colombes voyageuses a envahi un arbre pour s'y reposer, ils amassent aussitôt des herbes odoriférantes et en entourent le tronc ; puis ensuite ils mettent le feu à celles-ci ; alors les Colombes, suffoquées par la fumée qui s'élève du brasier, tombent de l'arbre et deviennent pour les sauvages une proie facile.

La *Colombe muscadivore*, qui est assez voisine du Ramier par sa taille, habite les Moluques et Java, et émigre à certaines saisons. Dans ces premières îles, elle se nourrit de la partie charnue du muscadier et avale aussi des muscades entières. Mais on dit que celles-ci n'éprouvent aucune altération en passant dans son tube intestinal, et qu'elle les rend possédant encore leur faculté germinative, de manière que cette Colombe, pendant ses migrations, porte les semences des muscadiers dans les îles voisines, et y propage ainsi ces arbres utiles.

Économie domestique. Les nombreuses variétés de *Pigeons domestiques*, qui contribuent à la prospérité de nos exploitations rurales, sont presque toutes issues de la Colombe biset. On peut les diviser en deux sections : les Pigeons de volière, qui ont subi une domestication entière, et les Pigeons de colombier, qui sont encore à demi sauvages.

L'importance reconnue de ces oiseaux leur a mérité l'attention des savants de toutes les époques. Aristote nous a laissé sur eux des documents pleins d'exactitude, que Pline a copiés en les raccourcissant. Aldrovande, à la renaissance, a fait longuement l'histoire de ces ani-

maux en la surchargeant d'une vaste érudition ; l'ornithologiste Willughby, puis Brisson, s'en occupèrent également, et Buffon, dans la
suite, nous laissa d'excellentes notions pratiques sur ces oiseaux. Latham, par ses écrits, n'avança pas beaucoup la science ; mais dans ces
dernières années on a dû à Temminck une magnifique histoire naturelle des Pigeons, dans laquelle les Colombes sauvages et les Pigeons
domestiques ont été étudiés avec une grande supériorité de talent.

Le Pigeon de colombier conserve encore un peu de ses habitudes
sauvages ; il a moins profondément été modifié que le Pigeon de volière, par l'influence de la domestication. Ce dernier produit souvent,
ainsi que l'ont remarqué Aristote et Buffon, jusqu'à dix et même douze
fois chaque année, tandis que le Pigeon de colombier n'a ordinairement que trois couvées ; celui-ci, conservant encore son instinct de
liberté au sein de nos habitations, abandonne quelquefois les fermes
pour reprendre la vie sauvage, mais il est vrai aussi que parfois des
Bisets viennent spontanément se cloîtrer dans nos colombiers.

Les Pigeons domestiques aiment les lieux paisibles ; aussi Buffon
fait remarquer que ce ne sont pas les colombiers qui se trouvent rapprochés des habitations qui produisent le plus, et il conseille de les
éloigner d'environ cinq cents pas de la ferme, et de les placer sur un
lieu élevé, d'où les oiseaux qui les habitent puissent apercevoir le
soleil levant ; ils semblent affectionner ce spectacle, car, dit ce naturaliste, j'ai souvent vu les Pigeons de plusieurs colombiers situés dans
le bas d'un vallon, en sortir avant le lever du soleil pour gagner un
colombier situé au-dessus de la colline, et s'y rendre en si grand
nombre que le toit était rempli de ces Pigeons étrangers auxquels les
domiciliés étaient obligés de faire place. Buffon ajoute à cette remarque
une autre observation, c'est que le peuplement de ces colombiers
isolés et situés sur un lieu élevé est plus facile et le produit bien plus
nombreux que dans les autres colombiers. Seulement ils demandent
un peu plus de surveillance à l'égard des oiseaux de proie qui en
visitent plus fréquemment les environs. La vesce fait la base de la
nourriture des Pigeons domestiques. La laitue très-tendre et l'oseille
sont aussi recherchées par eux. Il en est de même du sel de cuisine.

Les colombiers fournissent aux habitants des campagnes non-seulement un aliment agréable et un bénéfice facile par la vente des Pigeons,
mais ils donnent aussi un fumier qui est recherché pour certaines
espèces de cultures. En Perse, où l'on ne mange pas ces oiseaux, on
en élève cependant un nombre prodigieux dans l'unique but de se procurer leur fiente pour soigner certains fruits. Aux environs de la seule
ville d'Ispahan, à ce que dit Chardin, on compte plus de trois mille
colombiers qui sont d'une architecture fort élégante ; et d'après ce voyageur, qui en a figuré un dans son Atlas, ils représentent de grandes
tours élargies à leur base et couronnées de petites tourelles coniques
par lesquelles les Pigeons descendent. L'intérieur se compose de milliers de petits trous servant de nids et disposés comme les cellules d'une

ruche ; l'extérieur en est peint et orné. Le fumier que l'on retire de ceux-ci sert presque exclusivement pour les couches des melons, fruits recherchés sous ce climat brûlant, et qui sont ceux que l'on obtient le plus facilement dans les mauvaises années ; aussi pendant la famine de Samaria une mesure de fiente de Pigeon se vendait, dit-on, cinq pièces d'argent. Ces oiseaux ont tant d'attrait pour les habitants de la Perse, que Tavernier rapporte qu'il y a dans ce pays des chrétiens de basse extraction qui se font mahométans pour avoir la permission d'en élever, parce que les premiers n'y jouissent pas de cette liberté.

Les Pigeons domestiques présentent une foule considérable de variétés, que l'on peut grouper en un certain nombre de types essentiels, parmi lesquels nous citerons les principaux, qui sont : le Biset de colombier, le Mondain, le Grosse-Gorge, le Culbutant, le Tournant, le Paon, le Nonnain et le Romain.

Les *Bisets de colombier* ont presque tout leur plumage d'un cendré tirant sur le bleu, et le cou d'un vert doré à reflets métalliques. Leur nom paraît venir de leur couleur, qui est plus *bise* que celle des Pigeons qui ont subi une plus grande domesticité. Ils ont encore conservé une partie de leurs habitudes premières, sont plus courageux que ceux-ci et supportent mieux les privations. Ces oiseaux aiment la société de leurs pareils, parce qu'ils y trouvent leur sécurité. Ils produisent souvent trois pontes par an, composées chacune de deux œufs qui sont émis à deux jours de distance.

Le *Pigeon mondain* ne paraît être qu'un Biset dont les proportions et le plumage se sont modifiés d'une manière heureuse, de façon à en rendre l'aspect plus agréable. Le *Pigeon messager* n'est qu'un sous-type du Mondain. Cette variété est célèbre, parce que, transportée à des distances considérables de son gîte, elle y revient en un temps fort court et sans la moindre hésitation. Cette faculté ayant depuis longtemps été reconnue, elle fut plusieurs fois employée dans des occasions importantes. Pline dit que, pendant le siége de Modène, Brutus et Hirtius se servirent de Pigeons pour correspondre ensemble. Il paraît que ce fut aux messages apportés par ces oiseaux que la ville de Leyde dut son salut pendant le siége qu'elle subissait en 1375. Ils accomplissent leur mission avec tant de courage que durant le siége récent de la citadelle d'Anvers des Pigeons messagers y arrivaient sans être effrayés par le feu roulant de notre armée.

Le *Pigeon grosse-gorge* a pour caractère principal de pouvoir renfler son jabot en y introduisant de l'air qui le dilate au point de lui donner un volume presque égal à celui du corps.

Le *Pigeon culbutant*, qui se rapproche du Mondain, se fait remarquer, parce que pendant qu'il vole il fait de temps à autre de trois à cinq cabrioles en arrière.

Le *Pigeon tournant* a le plumage ordinairement gris, et il possède un vol bruyant et pendant lequel il décrit des cercles à la manière des oiseaux de proie.

Le *Pigeon paon* ou *Trembleur* attire l'attention par sa queue, qui est relevée et composée d'au moins vingt-huit pennes, ainsi que par le tremblement singulier dont il est agité, surtout à l'époque des amours.

Le *Pigeon nonnain* se reconnaît facilement à un capuchon formé de plumes relevées qui se trouve derrière la tête. Il n'a pas le vol rapide; ce qui tient peut-être à son capuchon qui forme un obstacle à sa progression.

Enfin nous citerons, pour terminer cet article, le *Pigeon romain*, facile à distinguer des autres parce qu'il a les yeux entourés d'une peau nue, rouge et verruqueuse. C'est un des plus forts Pigeons domestiques; il est lourd et ne vole qu'avec peine.

COLOMBI-GALLINES. *Columbi - Gallina.* Bec long et grêle. Ailes courtes; tarses élevés. — Ces Colombins, par leurs ailes courtes et arrondies et la disposition de leurs tarses, sont ceux de cet ordre dont certaines espèces se rapprochent le plus des Marcheurs, et qui forment le point de transition entre eux et les Colombes. Leurs mœurs les rapprochent aussi des oiseaux de l'ordre que nous venons de citer, car, comme eux, ils se tiennent presque constamment à terre, et nichent sur celle-ci ou sur de très-basses branches. Ils font aussi un plus grand nombre d'œufs que les Colombes, et quelques espèces ont des petits qui peuvent chercher leur nourriture en sortant de l'œuf, ainsi que le font les jeunes Gallinacés, et qui, comme eux, naissent couverts de duvet.

Le *Goura*, qui fait partie de ce genre, est un magnifique oiseau qui habite les Moluques, et est de la grosseur d'un Dinde. Son plumage est d'une teinte bleu clair, et sa tête est surmontée d'une aigrette longitudinale formée de plumes élégamment disposées et dont les barbes sont effilées. Les Hollandais de Java l'élèvent parfois dans leurs basses-cours, où il se nourrit de maïs, mais malheureusement on n'a pas encore pu l'acclimater en Europe.

ORDRE DES MARCHEURS OU GALLINACÉS.

Sternum à deux échancrures considérables et à crête tronquée; fourchette articulée par un ligament. Ailes courtes; pieds ordinairement tétradactyles, à pouce plus élevé; doigts antérieurs réunis à l'origine par une membrane dentelée (excepté dans un genre).

Ce groupe renferme la plupart des oiseaux que les auteurs ont nommés *Gallinacés*, à cause de leur analogie avec le Coq domestique. Les Marcheurs se distinguent à leur port lourd; les échancrures profondes de leur sternum, occupant presque toute son étendue, affaiblissent considérablement les muscles qui opèrent le vol ; aussi , ces animaux restent-ils presque constamment attachés à la terre. Chez eux , les mâles abandonnent ordinairement à la femelle la construction du nid et l'éducation de la jeune famille , et les petits , à peine échappés de l'œuf, jouissent de la faculté de marcher. La ponte se fait le plus communément sur le sol.

FAMILLE DES LONGICAUDES.

Bec robuste , à mandibule supérieure plus longue, recourbée , aiguë ; queue longue.

DINDONS. *Meleagris*. Front portant une caroncule pendante ; membrane mamelonnée flottante sous la gorge.

Le *Dindon sauvage* mérite d'être cité le premier dans ce genre, à cause des avantages que présente sa variété , qui est aujourd'hui élevée dans nos basses-cours. Cet oiseau offre un plumage brun foncé et glacé d'azur, et les mâles portent au-devant de la poitrine une forte mèche de crins roides. Sa patrie est principalement l'Amérique septentrionale. Là il recherche les lieux sauvages et s'éloigne successivement des pays que la culture envahit. On le rencontre dans les forêts, qu'il parcourt par petites bandes. Pendant les nuits celles-ci se placent sur les branches des arbres, et ce n'est qu'au lever du soleil qu'on les voit en descendre. Alors les mâles se pavanent devant leurs femelles en étalant leur queue ; puis ils se livrent , pour leur possession, des combats acharnés. Mais quand leurs désirs sont satisfaits , leur humeur devient pacifique , et alors vainqueurs et vaincus se réunissent et vont en troupe pourvoir à leur subsistance.

Vers le commencement de l'hiver ces oiseaux opèrent à pied des migrations pour se rapprocher des contrées où ils espèrent trouver une nourriture plus abondante. Ils se réunissent en troupes pour exécuter leurs voyages ; mais celles-ci ne sont composées que d'un seul sexe, parce que les femelles s'isolent afin d'éviter les attaques des mâles contre leurs petits, qu'ils tuent parfois quand ils les rencontrent. Les mâles forment des bandes composées de dix à cent individus, et les femelles sont réunies plusieurs ensemble ou isolées et environnées de leur jeune famille. Tous ces oiseaux, quoique séparés, n'en suivent pas moins la même direction. Lorsque ces bandes voyageuses se trouvent arrêtées par quelque fleuve qui traverse la direction dans laquelle s'opère leur migration , alors on les voit se porter de tous côtés et bientôt se rassembler sur les lieux les plus élevés de la côte. Là les Dindes restent un jour ou deux comme s'ils étaient en délibération. Puis après ce laps de temps, quand tout autour d'eux leur inspire la plus grande sécurité , ces oiseaux montent sur les plus hauts arbres qui bordent la nappe d'eau, et, à un signal donné par le chef de la troupe, tous s'envolent pour atteindre la rive opposée. Les plus vigoureux et les plus âgés y parviennent ordinairement ; mais, pendant ce trajet, les jeunes tombent parfois au milieu du fleuve quand il a une certaine largeur, et ils sont forcés de le traverser en partie à la nage.

Les Dindons sauvages sont d'un naturel extrêmement stupide. Fernandez raconte, dans son Histoire des Oiseaux, que lorsqu'une de leurs troupes est perchée dans un arbre on peut en tuer successivement les individus à coups d'armes à feu sans que les autres s'envolent. Les voyageurs modernes ont confirmé ce fait, en disant qu'il se renouvelle souvent quand on a la précaution de percer d'abord ceux qui se trouvent dans les branches inférieures, afin qu'en tombant ils ne troublent point les autres. Mais il paraît que, s'ils ne savent point se soustraire à cette attaque lorsqu'elle a lieu à la nuit close, il est difficile de tromper leur vigilance pendant le jour, et qu'ils parviennent facilement à se dérober au chasseur ou aux Carnassiers en se cachant dans les herbes ou dans les broussailles aux premiers cris d'alarme qui se font entendre parmi leurs troupes.

Ces Dindons se nourrissent des fruits des forêts et particulièrement des glands du chêne vert, qui sont dépourvus d'amertume. C'est dans le mois de février qu'ont lieu les amours : alors les femelles s'isolent des troupes, et les mâles, en se dispersant avec elles, se livrent des combats acharnés pour leur possession ; puis ils forment, avec ces femelles, des couples isolés qui vivent ensemble jusqu'au moment de la ponte. Alors celles-ci les fuient, parce qu'ils briseraient leurs œufs s'ils les trouvaient ; puis elles construisent leur nid sur le sol avec de la terre et des feuilles sèches, et elles y pondent environ une douzaine d'œufs. On dit aussi que parfois plusieurs femelles nidifient ensemble et élèvent leurs petits en commun, de manière que l'une des mères protége constamment ceux-ci contre les animaux carnassiers pendant que les autres pourvoient à leur nourriture.

Historique. Le Dindon étant originaire du nouveau monde, et n'ayant pas un vol assez puissant pour se transporter sur notre continent, il fut nécessairement inconnu aux anciens. Cependant les naturalistes de la renaissance, tels qu'Aldrovande, Gesner et Belon, s'évertuèrent à trouver dans leurs écrits la description de cet oiseau, depuis peu alors introduit dans nos contrées. Le premier de ces savants crut le reconnaître dans la description de la Peintade ; Gesner pensa que c'était un de ces Coqs de l'Inde dont parle Élien, et Belon ne fut pas plus heureux : en interprétant Columelle il tomba dans la même erreur qu'Aldrovande, et crut que cet auteur parlait du Dindon dans le chapitre où il n'est question que de la Peintade.

Cet oiseau remarquable n'eût pas manqué d'attirer l'attention des anciens s'ils l'eussent connu ; à leur silence, qui prouve manifestement qu'il n'en a pas été ainsi, on peut encore ajouter le témoignage négatif des voyageurs modernes qui ont parcouru l'Asie et l'Afrique, et qui dans leurs récits n'en font nulle mention ou n'en parlent que comme ayant été introduit par les navigateurs dans quelques régions de ces parties du monde où il n'est point indigène. Bosman dit en effet que les Dindons que l'on voit au Sénégal et au Congo y ont été apportés par les Européens, qui là en sont seuls possesseurs. Chardin et Tavernier, qui ont voyagé dans une si grande partie de l'Asie, disent qu'il n'y existe point de Dindons, et selon le dernier ce furent les Arméniens qui les importèrent en Perse, où leurs essais ont été infructueux.

Les Dindons ne furent introduits en Europe qu'après la découverte de l'Amérique. Les premiers que l'on y vit avaient été apportés du Mexique en Espagne par des missionnaires de ce pays; ils passèrent ensuite en Angleterre, où l'on en importa quelques-uns en 1524, sous le règne de Henri VIII. D'après Blumenbach, ce ne fut que six ans plus tard que cet oiseau parvint en Allemagne, et il paraît qu'il fut encore assez longtemps à pénétrer en France, car on dit que les premiers n'y parurent qu'en 1570, dans les festins qui eurent lieu au mariage de Charles IX. Cependant Buffon rapporte qu'une tradition populaire en fait remonter la première introduction au règne de François Ier.

La chair du Dindon sauvage est très-estimée dans l'Amérique du nord. Dans l'hiver les naturels les chassent avec persévérance et les font ensuite geler pour les apporter sur les marchés des villes, où ils sont toujours certains d'en obtenir un bon prix. On en voit qui pèsent jusqu'à vingt, trente et même quarante livres, au moins à ce que dit Bertram dans son Voyage dans l'Amérique septentrionale; et Josselin, dans ses Raretés de la Nouvelle-Angleterre, assure même qu'il s'en trouve dont le poids est de soixante livres; mais ces récits sont énormément exagérés.

La seconde espèce, dont le plumage a presque l'éclat de celui du Paon, est appelée *Dindon ocellé*. Sa queue offre des miroirs de couleur de saphir, entourés de cercles de rubis et d'or. Elle habite les environs de la baie de Honduras.

Le *Dindon domestique*, par les avantages qu'il présente, a été recherché de toutes les nations, et il est aujourd'hui universellement répandu. Son plumage est beaucoup moins brillant que celui du Dindon sauvage, dont il est issu; il est le plus souvent noir, mais il en existe aussi de roux et de blancs. Le port de cet oiseau est ordinairement humble; mais lorsqu'un objet étrange le frappe, ou qu'on l'approche, surtout dans la saison des amours, il se rengorge avec fierté, les caroncules de son cou se gonflent et se colorent, et l'appendice charnu qui surmonte sa tête s'allonge et descend de deux à trois pouces au-dessous du bec; en même temps les plumes du dos se relèvent et celles de la queue s'étalent en éventail, tandis que les ailes sont abaissées vers le sol. Dans cette étrange attitude, il s'agite et accélère ses mouvements, tantôt en menaçant ceux qui approchent, tantôt en se rangeant près de sa famille.

Il arrive assez souvent que dans nos basses-cours les femelles cherchent un endroit solitaire et éloigné pour y faire leur nid et y déposer leurs œufs, et qu'elles se dérobent aux regards des fermiers avec beaucoup d'adresse. Ces Dindes vagabondes font souvent perdre des nichées entières d'œufs, parce que les Carnassiers les dévorent, ou quelquefois, comme cette espèce couve avec la plus extrême persévérance, les femelles meurent de faim sur leurs œufs plutôt que de les abandonner pour aller chercher de la nourriture. L'incubation dure trente à trente-deux jours, et pendant qu'elle a lieu il faut tenir des aliments près de la couveuse. Les femelles font en général chaque année deux pontes, composées chacune d'une quinzaine d'œufs blancs, parsemés de taches jaunes et rougeâtres; la première a lieu en avril, et la seconde en août. Suivant la température atmosphérique, il y a un œuf de produit chaque jour, ou seulement un tous les deux jours.

Les jeunes Dindonneaux sont très-sensibles au froid; aussi faut-il, pour les élever, les en garantir avec soin. Leur première nourriture doit se composer de mie de pain et d'œufs cuits, auxquels on mêle du persil et des orties. C'est vers deux mois que leurs caroncules commencent à pousser; l'époque de l'apparition de celles-ci est pour les Dindonneaux un temps de crise, et lorsqu'ils l'ont passée ils grossissent très-rapidement et peuvent résister aux intempéries atmosphériques. Quand leur constitution est devenue assez robuste, la précaution la plus importante pour leur éducation est de leur choisir une habitation saine et bien aérée. Alors des hangars non clos doivent être préférés à des poulaillers resserrés.

C'est aujourd'hui dans le Périgord, l'Angoumois et la Guyenne que l'on élève le plus de Dindons en France. C'est ordinairement avant la troisième année qu'on les tue, parce que dans un âge plus avancé leur chair est moins savoureuse.

PAONS. *Pavo.* Tête aigrettée; bec nu à sa base. Queue excessivement longue, à couverture dépassant de beaucoup les rectrices. Tarses éperonnés.

Le *Paon domestique* est originaire de l'Inde, et cette assertion semble étayée par les récits de tous les voyageurs qui s'accordent à dire qu'il n'est nulle part aussi répandu et aussi commun que dans ce pays. Ce fut dans l'Inde qu'Alexandre, qui avait parcouru la Grèce et l'Asie, en vit pour la première fois. Ce fut de là qu'il se répandit dans l'Asie occidentale, et il s'y multiplia si bien que Diodore de Sicile rapporte qu'au temps où il vivait, déjà il s'en trouvait beaucoup dans la Babylonie; la Médie en nourrit même par la suite un si grand nombre, que cet oiseau fut surnommé *Avis medica*. De l'Asie, les Paons paraissent avoir d'abord passé dans l'île de Samos, voisine du continent : cela est prouvé par quelques passages des écrivains anciens. Puis ils furent introduits en Grèce à l'époque d'Alexandre, et de là ils se propagèrent de proche en proche dans l'Europe méridionale, puis en France, en Allemagne et jusqu'en Suède, où il paraît qu'à force de soins on en élève actuellement quelques-uns.

Cet animal est le plus magnifique de sa classe, « et, comme l'a dit

Buffon, si l'empire appartenait à la beauté et non à la force, le Paon serait sans contredit le roi des oiseaux, car il n'en est point sur qui la nature ait versé ses trésors avec autant de profusion ; » sa robe brille d'un tel éclat que notre art ne peut ni l'imiter, ni la décrire ; cependant il paraît que les Paons sauvages ont encore un coloris bien supérieur à celui que nous admirons sur ceux qui animent nos domaines.

Ces oiseaux sont impérieux et règnent en despotes parmi les autres Gallinacés des basses-cours, et il n'en est point qui osent prendre leur repas avant eux. On remarque qu'ils ont une grande tendance à résider dans les lieux élevés ; ce qui tient peut-être au poids de leur queue, qui, sur un sol horizontal, est plus difficile à porter ; aussi passent-ils ordinairement leurs nuits sur les toits des maisons ou dans les branches élevées des arbres. Les Paons vivent de grains qu'ils avalent sans les fracturer.

On débitait anciennement une singulière fable à l'égard de la fécondation des Paonnes. On prétendait qu'elle s'opérait par le seul effet des regards, et que le principe de la vie s'épanchait dans leurs germes lorsque leurs yeux satisfaits contemplaient les mâles faisant la roue devant elles. Belon s'éleva contre cette croyance enracinée, et Buffon en fit autant. Aristote, Columelle et Pline disent que c'est vers trois ans que ces oiseaux sont en pleine fécondité, et c'est aussi à cet âge qu'ils ont pris leur entier développement. L'âge où ils peuvent engendrer est cependant beaucoup plus précoce.

L'époque de la pariade arrive chez ces oiseaux vers le printemps. Les femelles ne font qu'une seule ponte par an, et dont les œufs sont émis à trois ou quatre jours d'intervalle. Leur fécondité varie selon les climats, et il paraît qu'elle est plus considérable dans les régions chaudes ; dans nos pays les Paonnes ont communément huit à douze œufs. A l'état sauvage, elles se contentent de les déposer dans un trou du sol soigneusement caché, et en domesticité elles conservent la même tendance. Ceux-ci ont besoin pour éclore d'une incubation d'environ trente jours. Les femelles ne sont pas de bonnes couveuses ; Élien semble déjà l'avoir remarqué, en avançant que parfois elles abandonnent leurs œufs durant plusieurs jours ; aussi cela engage les propriétaires à les confier à des Poules, oiseaux dont on est plus certain.

Les jeunes Paonneaux naissent couverts d'un duvet jaune. Dans le commencement de leur existence ils sont faibles et laissent pendre leurs ailes ; comme ils sont alors trop débiles pour pouvoir voler jusque sur les branches où juche leur mère, celle-ci les prend chaque soir sur son dos, et, l'un après l'autre, les transporte dans le lieu élevé où elle se propose de passer la nuit. Mais chaque matin, pour les habituer à exercer leurs ailes, elle s'élance vers le sol et les invite à la suivre. C'est vers l'âge d'un mois que les petits commencent à se revêtir de leur aigrette : le moment où celle-ci commence à pousser est une période critique, et alors ils éprouvent une espèce de maladie. Ce n'est que vers l'âge de six mois qu'on peut les nourrir et les laisser vivre comme les adultes. Ce n'est qu'à la troisième année que la queue acquiert toute sa longueur; chaque année, vers le mois d'août, les plumes qui la composent tombent en partie ou en totalité et elles repoussent au printemps. Pendant cette mue, qui est un moment de crise pour ces oiseaux, ils se cachent, non par honte d'avoir perdu leur ornement, comme on l'a dit, mais seulement pour trouver le repos et la tranquillité dont ils ont besoin. Willughby prétendait que ces Gallinacés vivaient une centaine d'années, mais leur existence n'est réellement que d'environ vingt-cinq ans.

Historique. L'histoire de cet animal remonte à la plus haute antiquité. On en parle dans le livre fondamental de nos croyances. C'était sa beauté sans doute qui le faisait rechercher comme un objet précieux par les Israélites, car il est compté, dans le Livre des Rois, chap. X, parmi les présents magnifiques, tels que l'or, l'argent, l'ivoire et les Singes, que la flotte de Tharsis rapportait périodiquement à Salomon de la part des souverains qui lui étaient alliés. Les Paons furent introduits en Grèce par Alexandre, et ils charmèrent tellement ce conquérant lorsqu'il les rencontra pour la première fois dans l'Inde, qu'il protégea leur existence et défendit à ses soldats de les tuer, sous des peines très-sévères. Selon quelques écrivains, ces Gallinacés ne se propagèrent que lentement; Élien dit qu'ils furent si rares que, pendant trente ans, on les montrait à Athènes comme une curiosité à chacune des néoménies; et le peuple de la Thessalie et de Lacédémone accourait en foule à ces fêtes pour y voir ces magnifiques oiseaux. Selon d'autres, au contraire, ils se multiplièrent avec une rapidité prodigieuse; et le poëte Antiphanes, contemporain d'Alexandre, dit qu'avant la fin du règne de ce prince ils devinrent aussi communs que les Cailles. Mais cette dernière version est exagérée, et ce qui le confirme, c'est que ces oiseaux furent toujours fort chers chez les Grecs. Élien dit que le mâle et la femelle s'y vendaient mille dragmes, ce qui équivaut à 880 liv., et Athénée s'élève contre les dépenses excessives qu'entraîne la possession de ces animaux, et dit qu'il y a de la fureur à nourrir des Paons dont le prix n'est pas moindre que celui des statues!

Frappés de l'éblouissant éclat de cet oiseau, les Grecs n'avaient pu faire mieux que de le dédier à la reine des dieux. On le trouve souvent représenté près d'elle dans les monuments antiques. Il était en outre devenu le symbole de Samos, et on le voit reproduit comme tel sur plusieurs médailles de cette île, recueillies par Choiseul et par d'autres savants. Ce furent même ces médailles qui firent croire pendant un temps que cet animal provenait de ce pays.

Le Paon, qui par son éclat avait captivé l'admiration des Grecs, ne leur rendait aucun service; les Romains, plus sensuels, l'utilisèrent en le faisant contribuer à l'ornement de leurs tables. L'orateur Hortensius fut le premier qui en présenta à ses convives, pendant un repas qu'il offrit lors de sa réception au collège des pontifes. Bientôt après son exemple fut suivi, et les empereurs, tels que Vitellius, Héliogabale, poussèrent le luxe jusqu'à se faire servir d'immenses plats uniquement remplis de cervelles ou de têtes de Paons ; aussi ces oiseaux devinrent très-chers à Rome. Ce fut un nommé Aufidius Lurcon qui s'avisa le premier d'engraisser ces Gallinacés, et il le fit avec tant d'avantage que ce soin lui rapportait annuellement 60,000 sesterses, ou environ 13,000 francs de notre monnaie. Il fallait qu'on mangeât de ces animaux en fort grand nombre du temps de Galien, puisqu'il prend la peine d'indiquer la manière dont on les apprêtait, et qu'il nous apprend qu'avant de les faire cuire on battait leur chair sous des pierres afin de la rendre plus facile à digérer.

Souvent nous avons trouvé dans les tombeaux romains ou à leur extérieur des peintures ou des bas-reliefs représentant cet oiseau. Il y était sans doute figuré en commémoration de ses attributions ; car c'était lui qui, dans le paganisme, passait pour être chargé de transporter les âmes des femmes dans le séjour éternel, et M. Raoul-Rochette dit qu'on en voit même de représentés s'occupant de cette fonction, sur plusieurs médailles antiques.

L'usage de servir les Paons sur les tables traversa les siècles et se continua pendant le moyen âge. A l'époque où la chevalerie florissait, on les servait avec magnificence dans les banquets ; après les avoir fait cuire, on les recouvrait de leur peau, on étalait leur éclatante queue, puis on leur dorait les pieds et on les apportait au milieu des convives avec une éponge imbibée d'alcool qui brûlait dans leur bec. C'était sur un de ces oiseaux ainsi préparé que les chevaliers faisaient ces indissolubles serments qu'ils nommaient le *vœu du Paon*. En France, à l'époque d'Olivier de Serre, « le Paon était regardé comme le roi de la volaille terrestre, en ce qu'on ne pouvait voir rien de plus agréable que le manteau de cet oiseau, ni manger une chair plus exquise que la sienne. »

A mesure que ces oiseaux se propagèrent, leur prix diminua considérablement, et leur acquisition qui était si ruineuse pour les Grecs, comme nous venons de le dire, n'entraînait qu'une fort minime dépense pour nos aïeux ; leur prix était même devenu si vil en France au commencement du seizième siècle que dans la nouvelle coutume du Bourbonnais les Paons n'étaient estimés que deux sols six deniers.

La chasse des Paons sauvages est assez difficile, parce que durant le jour ils se dérobent facilement dans les broussailles ; aussi, aux Indes, c'est la nuit que l'on s'occupe de les surprendre. Tavernier dit que dans celles-ci, aux environs de Cambaie, elle s'opère de la manière suivante. Lorsque l'on connaît un arbre sur lequel il existe quelques-uns de ces oiseaux de perchés, on s'en approche avec une espèce de bannière, sur laquelle on a représenté des Paons en couleur, et qui est éclairée par une vive lumière ; près de l'image de ceux-ci se trouvent des nœuds coulants. Aussitôt que l'on met cette bannière à la portée des Paons endormis, l'éclat des flammes les réveille et les éblouit, et alors ces animaux allongent et retirent successivement leur cou en le portant vers l'apparition ; mais quand celui-ci se trouve dans l'un des nœuds coulants qui environnent le tableau, les chasseurs le serrent et attirent l'oiseau vers eux pour l'emporter.

Les plumes du Paon ont été diversement utilisées. On les employait autrefois pour faire des éventails, et l'on en formait jadis des couronnes en guise de laurier pour les troubadours. On les tissait même avec des fils précieux, et Buffon dit que « Gesner a vu une étoffe dont la chaîne était de soie et de fil d'or, et la trame de ces mêmes plumes ; tel était sans doute le manteau tissu de plumes de Paon qu'envoya le pape Paul III au roi Pepin. »

Les œufs de ces animaux étaient recherchés par les anciens. On dit que Néron les payait un prix exorbitant ; mais on ne sait pourquoi les modernes les considèrent comme une mauvaise nourriture.

On connaît à Sumatra et au Japon une seconde espèce de ce genre nommée *Paon spicifer*, et qui est presque aussi belle que la précédente.

LOPHOPHORES. *Lophophorus.* Tête surmontée d'une aigrette. Queue plane, carrée. Mâles munis d'ergots. — Le *Lophophore resplendissant*, qui fut longtemps la seule espèce connue, réside dans les hautes montagnes du nord de l'Inde, d'où on l'apporte quelquefois à Calcutta comme un objet de curiosité. Cet animal, qui est un peu plus gros qu'une poule, porte un plumage extrêmement riche et animé de reflets d'or, d'émeraude et de saphir. C'est à l'éclat de celui-ci qu'il doit même le nom d'*Oiseau d'or*, que lui donnent parfois les habitants des régions où il se trouve. Ce Lophophore est d'un naturel farouche, et vit dans les lieux solitaires. Une autre espèce, nouvellement décrite par Temminck, se rencontre dans le même pays.

PÉNÉLOPES. *Penelope.* Bec médiocre, tour des yeux et dessous de la gorge nus. Queue longue et arrondie, à pennes très-fortes. — Ces oiseaux appartiennent à l'Amérique méridionale, et y vivent en troupes. Leurs mœurs sont à peu près les mêmes que celles des autres Gallinacés, et ils sont faciles à apprivoiser. On les voit parfois renfler la peau dénudée qui se trouve au-dessous de leur bec.

HOCCOS. *Crax.* Bec fort, à base entourée d'une peau où sont percées les narines ; tête huppée. — Ces Gallinacés, qui sont analogues aux Dindons, habitent une étendue assez limitée des contrées équatoriales de l'Amérique. D'un naturel doux et confiant, ils ont été soumis au joug de l'homme qui, à cet effet, les a arrachés des lieux les plus solitaires des forêts, où ils vivent à l'état sauvage par troupes nombreuses qui se nourrissent de graines, de fruits secs ou de baies. C'est dans l'anfractuosité des rochers, la bifurcation des arbres, ou même sur le sol, que les Hoccos placent leur nid, qui se compose d'un amas de feuilles sèches, maintenues ensemble par des bûchettes entrelacées ; la ponte, qui ne se fait qu'une seule fois par an, produit de deux à six œufs.

La domesticité de ces oiseaux a procuré à l'homme un mets savoureux et justement recherché ; mais malheureusement jusqu'à ce jour toutes les tentatives qui ont été faites pour acclimater en France les espèces de ce genre ont été infructueuses. L'impératrice Joséphine avait, dans ce but, peuplé plusieurs de ses propriétés de Hoccos domestiques, qu'elle avait fait venir des colonies, mais ceux-ci dégénérèrent et périrent en peu de temps. L'espèce la plus répandue est nommée *Mitouporanga* ; elle est noire, à ventre blanc et à cire jaune.

COQS. *Gallus*. Tête surmontée d'une crête, ou d'un panache de plumes ; bec à base garnie de membranes charnues. Pennes de la queue redressées sur deux plans verticaux. — La crête dentelée qui couronne la tête de ces oiseaux, et les appendices charnus qui se trouvent à la base du bec, s'observent dans les deux sexes ; mais leur volume est plus considérable, et leur coloration est toujours plus vive chez les mâles que chez les femelles. Les tarses des premiers offrent chacun un ergot plus ou moins saillant, tandis que les dernières sont ordinairement privées de cet organe et ne présentent qu'un tubercule à l'endroit où il siége sur l'autre sexe. Quelques variétés de ce groupe se font remarquer par des tarses emplumés ; d'autres ont des barbillons et tout le périoste de leur squelette noir.

Le *Coq domestique* est le type de ce genre, qui ne renferme que des espèces exotiques. L'état naturel de cet oiseau et de sa précieuse femelle, qui est appelée *Poule*, s'est tellement altéré qu'on n'avait aucune idée sur leur race primitive ; mais on pense actuellement qu'ils descendent soit du *Coq de Sonnerat*, découvert dans l'Inde et décrit par le voyageur de ce nom, soit du *Coq de Bankiva*, que Leschenault a rapporté de Java, et qui paraît encore avoir de plus grands rapports avec les variétés que l'on élève dans nos basses-cours.

On ne connaît presque rien à l'égard des mœurs de ces oiseaux à l'état sauvage, et l'on ne peut qu'esquisser celles qu'ils offrent dans nos fermes. Le Coq est remarquable par son penchant à l'amour ; et c'est surtout le matin, à son réveil, qu'il éprouve le besoin de satisfaire ses désirs ; aussi le voit-on sortir le premier du poulailler, choisir aussitôt parmi les Poules celle qu'il préfère et lui prodiguer ses caresses. Ce penchant à l'amour est tel chez cet oiseau, que quand il a été longtemps privé de femelle, Aristote dit qu'il se jette sur des espèces fort éloignées, et Plutarque cite une loi qui condamne au feu tout Coq qui a été convaincu de cette étrange aberration.

C'est vers l'âge de six mois que le Coq commence à exprimer ses désirs aux Poules ; mais il s'use de bonne heure, et, quoiqu'il vive de quinze à vingt ans, sa faculté génératrice n'est dans toute sa vigueur que pendant environ trois ans.

L'attitude du Coq est fière et assurée, mais sans avoir rien de farouche. Il porte sa tête relevée ; son regard est vif et animé, sa démarche grave et posée. Confiant dans ses forces, il règne en despote sur les Poules, mais en revanche il leur accorde une foule d'attentions et les protége. Buffon, en faisant l'histoire de ce sultan des basses-cours, a tracé un tableau animé de ses mœurs, que beaucoup de ses successeurs ont copié en l'altérant, mais que nous aimons mieux transcrire littéralement pour ne point l'affaiblir. « Le Coq, dit l'éloquent écrivain, a beaucoup de soin et même d'inquiétude pour ses Poules ; il ne les perd guère de vue ; il les conduit, les défend, les menace, va chercher celles qui s'écartent, les ramène et ne se livre au plaisir de manger que lorsqu'il les voit toutes manger autour de lui. A juger par les différentes inflexions de sa voix et par les différentes expressions de sa mine, on ne peut guère douter qu'il ne leur parle différents langages : quand il les perd, il donne des signes de regrets. Quoique aussi jaloux qu'amoureux, il n'en maltraite aucune ; sa jalousie ne l'irrite que contre ses concurrents. S'il se présente un autre Coq, sans lui donner le temps de rien entreprendre, il accourt l'œil en feu, les plumes hérissées, se jette sur son rival et lui livre un combat opiniâtre jusqu'à ce que l'un ou l'autre succombe, ou que le nouveau venu lui cède le champ de bataille. Le désir de jouir, toujours trop violent, le porte non-seulement à écarter tout rival, mais même tout obstacle innocent ; il bat et tue quelquefois les poussins pour jouir plus à son aise de la mère ; mais ce seul désir est-il la cause de sa fureur jalouse ? Au milieu d'un sérail nombreux, et avec toutes les ressources qu'il sait se faire, comment pourrait-il craindre le besoin ou la disette ? Et ce qui paraît prouver que sa jalousie ne laisse pas d'être une passion réfléchie quoiqu'elle ne porte pas contre l'objet de ses amours, c'est que plusieurs Coqs dans une basse-cour ne cessent de se battre, au lieu qu'ils ne battent jamais les Chapons, à moins que ceux-ci ne prennent l'habitude de suivre quelque Poule. »

Ces luttes acharnées, auxquelles les Coqs s'adonnent quand ils se rencontrent, sont devenues un spectacle agréable pour beaucoup de nations. Les Athéniens et les Romains aimaient ces combats. Pline dit que les Rhodiens, les Tangriens et les habitants de Pergame possédaient principalement ce goût. Aujourd'hui encore ces combats forment un des plaisirs favoris des habitants de Java, des îles Philippines et de l'empire chinois. A Sumatra, surtout, le peuple les recherche avec passion, et l'on voit des particuliers faire des paris de cent piastres en faveur de l'un ou de l'autre champion. Marsden dit même que dans ce pays on trouve des hommes qui n'hésitent pas à mettre leur épouse ou leur fille en enjeu et à les aventurer ainsi sur l'issue des luttes de ces oiseaux. Mais ce qui est plus extraordinaire, c'est que certaines nations hautement civilisées se plaisent encore à un si singulier spectacle. Aux États-Unis et en Angleterre, les combats de Coqs sont un des plaisirs favoris du peuple ; et pour rendre la victoire des champions plus décisive, on arme leurs ergots de lances tranchantes et acérées, et souvent là aussi des paris considérables ont lieu en faveur de l'un ou de l'autre des assaillants.

Les Poules sont plus petites que leur mâle et leur plumage est moins brillant et moins varié ; elles sont plus timides et leur voix est moins sonore. Elles ne font jamais de nid dans nos basses-cours, mais il est probable qu'à l'état sauvage ces oiseaux en construisent un, et que la ponte, dont l'abondance tient à l'excès de nourriture que nous leur offrons, est beaucoup plus restreinte chez les Poules libres. Un M. Lottinger, médecin à Sarrebourg, a même assuré à Buffon que dans cet état les Poules bâtissent des nids aussi bien faits que ceux des Perdrix.

Les Poules pondent presque pendant toute l'année, à l'exception du temps de la mue et du mois qui suit cette époque critique, c'est-à-dire depuis le mois de novembre jusque vers le milieu de janvier. Durant tout le reste du temps les bonnes Poules, qui ne couvent pas, pondent presque tous les jours, quand on les nourrit bien et qu'elles sont soustraites aux intempéries atmosphériques. Cependant, parmi nos basses-cours, beaucoup de ces oiseaux ne produisent d'œufs que tous les deux ou même les trois jours. Mais, d'un autre côté, si l'on en doit croire ce qui se trouve dans l'Histoire naturelle de la Pologne par Rzaczynski, cité par Buffon, il y a des Poules qui pondent jusqu'à deux œufs par jour ; un voyageur le dit pour quelques races de ces oiseaux qui vivent à Malacca, et Aristote rapporte encore un fait beaucoup plus difficile à croire au sujet des Poules d'Illyrie, qui, d'après ses écrits, pondraient jusqu'à trois fois par jour. La fécondité des Poules ne dure qu'environ quatre ans, et quand on ouvre ces oiseaux lorsqu'ils sont âgés et ne produisent plus, on trouve leurs ovaires dans un tel état d'atrophie, que l'on a même de la peine à les découvrir.

Dans nos basses-cours le Coq ne partage nullement avec sa femelle les soins de l'incubation et ne s'occupe pas de l'éducation des poussins ; dans l'état sauvage il ne paraît pas devoir en être ainsi. Temminck a combattu l'opinion de ceux qui pensent que cet oiseau n'est pas destiné à soulager la Poule d'aucune des peines que lui donne sa progéniture. La perte de cette habitude, chez le Coq, ne paraît être qu'un des résultats de la domesticité. Un fait qui se passe journellement dans les fermes vient à l'appui de cette assertion, c'est que les Coqs châtrés, appelés Chapons, à l'aide d'une éducation facile, deviennent d'excellents conducteurs pour les jeunes poussins, et on leur en donne fort souvent à élever par économie, afin de ne point interrompre la ponte des Poules. Ils ont même cela de bon qu'ils peuvent soigner un plus grand nombre de Poulets que la femelle, et qu'ils accueillent sous leur aile tous ceux qu'on veut leur donner sans distinction d'âge.

Historique. Le sort de ces oiseaux a varié selon les pays. Les Sybarites voluptueux bannissaient les Coqs de leur cité, parce qu'ils troublaient leur sommeil en chantant à l'aube du jour. A Athènes il existait des fêtes qui se célébraient par des combats de ces oiseaux ; selon

Élien, elles avaient été instituées depuis que Thémistocle avait ranimé la valeur de ses soldats, qui était ébranlée par l'aspect des Perses, en leur montrant des Coqs qui luttaient avec acharnement, et en leur rappelant qu'eux, qui allaient combattre pour leurs foyers et leur liberté, ils devaient encore déployer un bien plus grand courage.

Dans la mythologie ancienne, le Coq passait pour le symbole de la vigilance et de la victoire. Il était consacré à Mercure et à Minerve ; et souvent, après la guérison d'une maladie désespérée, on immolait cet oiseau à Esculape en témoignage de reconnaissance. A Rome c'était principalement de lui que l'on tirait des augures ; et, ainsi que le dit Pline, ce faible animal ordonnait ou défendait les batailles, et commandait aux maîtres du monde.

Souvent le Coq a été figuré sur les monuments anciens ; on en reconnaît un grand nombre sur les pierres gravées et sur les médailles. Sur celles de la république de Métaponte qui probablement l'avait pris pour symbole, on voit une tête du dieu Mars, au-dessous de laquelle se trouve une tête de Coq, et sur le revers un épi. Cet oiseau est aussi figuré sur un grand nombre de ces pierres gravées (symboles de l'alliance des cultes les plus hétérogènes), que les antiquaires connaissent sous le nom d'*Abraxas*. Ces pierres représentent un corps humain dont les jambes sont remplacées par des Serpents ; il est surmonté d'une tête de Coq. Selon Montfaucon, il est indubitable que celui-ci est le symbole du Soleil, et dans une de ses mains se trouve un fouet destiné à presser ses chevaux.

Économie rurale. Parmi les nombreuses variétés qu'offre ce genre, nous mentionnerons seulement la Poule commune, la Poule anglaise et la Poule russe, comme étant les plus répandues en France.

La Poule commune, dont les couleurs variées bigarrent si diversement les volailles de nos basses-cours, sera toujours regardée comme le plus utile des oiseaux de son espèce, à cause de la qualité de ses produits, du petit nombre de ses maladies et du peu de dépense qu'occasionne sa nourriture.

La Poule anglaise se fait remarquer par ses petites dimensions, ainsi que par ses pattes emplumées. Elle s'engraisse facilement, est féconde, mais malheureusement ses œufs sont petits. Accouplée avec le Faisan, elle donne naissance à un métis plus facile à élever que ce dernier, et dont la chair est presque aussi délicate.

La Poule russe, nommée aussi Poule américaine, se distingue au contraire par sa grosseur et l'énorme développement de ses pattes. On la recherche volontiers à cause de sa fécondité et parce qu'elle présente une plus grande quantité de chair ; toutefois ces avantages sont compensés par la délicatesse des Poussins de cette variété, qui naissent couverts de fort peu de duvet, et sont presque aussi difficiles à élever que les jeunes Dindons.

Les Poules communes étant celles qui présentent le double avantage de donner une chair plus succulente et de pondre plus d'œufs, il faut les préférer aux autres. On doit choisir celles qui sont d'une taille moyenne, dont les crêtes sont bien colorées et qui offrent un œil vif et des pattes bleuâtres. Il est essentiel de ne pas admettre dans les basses-cours les Poules qui sont vieilles, et que l'on reconnaît à la rudesse de leur crête et de leurs pattes, ainsi que celles qui sont trop grasses, parce qu'elles ne pondent pas.

Les Poules sont d'un grand bénéfice pour les exploitations rurales, parce qu'elles ne dépensent qu'une fort petite quantité de nourriture et qu'elles savent presque entièrement s'alimenter avec une foule de détritus dont, sans elles, on ne tirerait aucun parti. Ces oiseaux, qui sont omnivores, se contentent souvent des graines qui se trouvent dans le fumier et ils grattent la terre pour y découvrir des insectes ou des vers. Leur goût pour ceux-ci a même fait imaginer d'avoir dans les fermes des endroits, nommés *verminières*, pour en faire naître en y entretenant des matières animales en décomposition. Ce n'est que pendant l'hiver que l'on est obligé de donner une assez grande quantité de nourriture supplémentaire aux Poules. Ces oiseaux boivent en prenant de l'eau dans leur bec et en levant la tête pour l'avaler.

Les Poules domestiques ne pondent point pendant qu'elles couvent; aussi, afin que la production de leurs œufs ne soit pas interrompue pendant la durée de l'incubation, dans quelques pays, on a tâché de suppléer à cet acte par des moyens artificiels. Depuis un temps immémorial, les Égyptiens faisaient éclore les œufs sans le secours de la mère, en les déposant dans des fours en briques, nommés *mamals*, que l'on entretenait à une certaine température. Aujourd'hui encore, dans le village de Bermey, à quelques lieues du Caire, cette industrie est une des principales sources de la richesse de la localité.

Dans le siècle dernier, Réaumur fit un grand nombre d'essais pour arriver au même but avec économie, et entre autres, il tenta de chauffer à l'aide du calorique que dégage la fermentation des fumiers, des fours ou des tonneaux remplis d'œufs; mais ces moyens n'étant nullement applicables, ils furent bientôt abandonnés. Il y a peu d'années, M. Bonnemain a proposé à cet effet une étuve dans laquelle la chaleur se produit par des canaux qui contiennent de l'eau chaude en circulation. On a aussi essayé, pour faire éclore des Poulets, d'employer la chaleur qui est perdue par les fours et les fourneaux des machines des usines. M. Darcet a même proposé de profiter du calorique des eaux thermales, et il paraît que cette idée a déjà reçu une heureuse application à Vichy et ailleurs.

Quel que soit le procédé que l'on adopte pour faire éclore des Poulets, ce qui est facile, il faut toujours entretenir autour des œufs une chaleur de 32° du thermomètre de Réaumur, qui est la température naturelle des Poules.

L'emploi des étuves ou des couvoirs nécessite, quand les Poussins sont éclos, que l'on obvie à l'absence des nourrices afin de les réchauffer et de leur fournir un abri. Réaumur a imaginé pour cet usage une espèce de *mère artificielle;* c'est une boîte dont le dessous est carré et dont le dessus présente un plan incliné comme le couvercle d'un pupitre; cette disposition, qui permet au Poussin d'entrer librement, le force bientôt à s'accouver, de manière à ce qu'il se trouve pressé de toutes parts par la laine d'une peau de Mouton qui garnit les parois de la mère artificielle, dont la chaleur est constamment entretenue par une chaufferette placée au-dessous.

L'incubation de l'œuf dure vingt-et un jours. C'est alors que les Poussins brisent la coque de celui-ci en l'usant avec une protubérance solide qui s'est développée sur le bout de leur bec quelques jours avant l'éclosion et qui disparaît bientôt après.

Une Poule peut élever vingt-cinq à trente Poussins; comme ce nombre dépasse celui des œufs qu'on lui a fait couver, pour n'avoir que le moins de Poules possible qui soient nourrices, parce que pendant ce temps elles ne pondent pas, dans les exploitations rurales bien conduites, on donne à une seule mère le soin d'élever la couvée de plusieurs autres qui n'ayant plus de petits à soigner se remettent à pondre; et on a l'attention, parmi les Poules, de choisir pour la nourrice celle dont la taille est plus haute et dont les ailes ont plus d'ampleur. Dans les pays où l'on entend encore mieux l'économie, on se sert même des Chapons pour élever les Poussins; de cette manière on ne se prive pas du bénéfice que la ponte produit journellement, et c'est ainsi que l'on utilise durant leur vie des êtres qui ne semblent destinés à rapporter quelque profit qu'après leur mort. Le Chapon offre le grand avantage de pouvoir à lui seul soigner deux fois autant de Poussins qu'une Poule, et l'éducation qu'il faut lui faire pour le transformer en nourrice est même assez rapide. Après avoir saisi celui que l'on veut dresser à cet effet, on lui plume le dessous du ventre et on frotte la place dénudée avec des orties; immédiatement après on enferme cet oiseau avec deux ou trois Poussins qui s'approchent de lui comme de leur mère pour se réchauffer, et qui en se plaçant en contact avec son ventre qui est enflammé, lui procurent une sensation de froid qui apaise sa douleur. Le Chapon éprouvant du bien être à recevoir ceux-ci, ne demande pas mieux que d'en admettre ensuite un plus grand nombre qu'on lui donne; et quand il a pris cette habitude, on le laisse revenir dans la basse-cour où il apparaît alors avec une contenance moins humble, comme s'il-était pénétré du degré d'importance qu'il a désormais acquis.

Pour faciliter l'engraissement des oiseaux de basse-cour qui nous occupent, et pour rendre leur chair plus savoureuse, très-souvent on leur fait subir la castration. Cette opération se pratique en faisant au ventre une incision par laquelle on enlève les glandes testiculaires des Coqs ou les ovaires des Poules, en ayant soin de ne pas offenser les intestins. Aussitôt après qu'on est parvenu à extraire ces organes, on coud la plaie, et on l'enduit avec de l'huile. Ce sont ceux de ces oiseaux qui proviennent de grandes races que l'on choisit de préférence pour leur faire cette extirpation, et à l'égard des Poules, souvent aussi on prend celles qui semblent moins propres à pondre et à couver.

TRAGOPANS. *Tragopan.* Tête du mâle portant deux cornes grêles ; à la partie supérieure du cou un fanon susceptible d'extension. — Ces oiseaux se rencontrent dans les montagnes de l'Asie. Leur taille et leur port se rapprochent de ceux de la Poule, mais ils sont décorés d'un plumage extrêmement brillant. Le *Tragopan napaul*, que Buffon rapprochait des Faisans, et qu'il désigne sous le nom de Faisan cornu, possède un plumage d'un beau rouge semé de points blancs dont l'éclat est rehaussé par le cercle noir qui les environne.

ARGUS. *Argus.* Ailes à pennes secondaires extrêmement longues ; deux des plumes caudales dépassant beaucoup les autres en longueur. Tarses sans éperons. — Linnée et Cuvier ont rangé les Argus parmi les Faisans, mais ils en diffèrent réellement trop pour rester dans ce groupe ; aussi nous adoptons les vues de Temminck qui en fait un genre spécial.

L'Argus gigantesque, aussi nommé Faisan de Junon, est encore la seule espèce que l'on connaisse ; cet oiseau habite le midi de l'Inde et l'île de Sumatra. Marsden, dans sa description de celle-ci, dit qu'on le trouve dans les bois, puis, que les individus sauvages dont on peut s'emparer ne supportent pas la captivité, et qu'ils succombent avant un mois. Les ailes du mâle sont remarquables par les taches en formes d'yeux qui lui ont fait donner le nom d'Argus ; quand il piaffe près de sa femelle il étale ses belles plumes en même temps qu'il relève sa queue ; alors cet oiseau ressemble à un immense et riche éventail ; mais lorsqu'il marche paisiblement, ses taches ocellées se dérobent aux regards et sa queue est horizontale. La femelle n'offre pas ce luxuriant plumage, et les pennes de ses ailes et de sa queue sont loin d'être aussi longues que celles du mâle.

FAISANS. *Phasianus.* Tête dépourvue de crête charnue ; bec dénudé ; joues nues, verruqueuses. Queue tectiforme, longue, étagée. — Ces oiseaux sont tous originaires de l'Asie, mais il en est qui se sont propagés dans des contrées fort éloignées du berceau de leur espèce. Les mâles sont polygames et ne s'occupent point de l'éducation de leurs petits.

Le *Faisan vulgaire*, *phasianus colchicus*, rappelle par son nom les bords du Phase sur lesquels il était anciennement confiné. On s'accorde à dire que ce sont les Argonautes qui, en remontant ce fleuve pour arriver à Colchos, furent frappés de la beauté de cet oiseau, et le rapportèrent en Grèce au retour de leur expédition. Aujourd'hui on en trouve encore dans les mêmes régions, surtout dans le Caucase et les plaines qui environnent la mer Caspienne ; et c'est parmi elles que cette espèce se présente avec plus de force et de beauté ; mais il paraît qu'elle s'est extrêmement répandue , car on dit qu'il s'en rencontre dans les climats les plus opposés , et que les plaines glacées de la Sibérie , ainsi que les sables de l'Afrique , en sont également peuplés ; en effet , Pallas rapporte qu'il y en a beaucoup près du fleuve Amour dans le premier pays, et d'un autre côté, on en découvre jusque sur les côtes du Congo. Mais comme ses ailes sont courtes et qu'il vole peu, cet animal ne s'est pas propagé sur le nouveau continent. Quoique cette espèce soit rangée au nombre des oiseaux nommés Pulvérulateurs à cause de l'habitude qu'elle a de gratter le sable ou la terre sèche et de se rouler dessus et de s'en couvrir , cependant elle habite de préférence les bois situés dans les plaines , et c'est dans les lieux humides et aux environs des ruisseaux et des mares, qu'elle se trouve le plus communément. Les Faisans se perchent pendant les nuits dans les arbres élevés.

Le mâle de cette espèce offre un plumage d'un fauve doré, émaillé de vert, et son cou est de cette dernière couleur. La femelle est brunâtre, mais lorsque chez elle les organes génitaux ne sont plus le siége de l'excès de vitalité qu'y détermine leur fonction, les autres organes éprouvent une répercussion des forces , et l'on voit parfois alors le plumage des femelles devenir semblable à celui des mâles ; plusieurs faits de cette nature ont été observés par M. I. Geoffroy.

Les Faisans sont d'un naturel très-sauvage, à ce que dit Buffon ; cependant on prétend qu'on les accoutume parfois à venir prendre leur nourriture à certain signal qui , tel qu'un coup de sifflet, leur annonce qu'elle va leur être distribuée. Ils vivent de semences, d'herbes et d'insectes ; le froment et les larves de Fourmis paraissent principalement leur plaire , et on en donne à ceux qu'on garde en domesticité. Cette dernière nourriture est même presque indispensable pour élever les jeunes.

La femelle place son nid au pied des grands arbres et dans les endroits fourrés ; elle le construit avec de petites bûchettes et de l'herbe sèche. Sa ponte produit en tout douze à quinze œufs, qui sont d'un gris verdâtre avec de petites taches brunes. Ils demandent environ vingt-quatre jours d'incubation pour éclore. La durée de la vie des Faisans est d'à peu près sept ans.

Ces oiseaux , successivement connus des Grecs et des Romains, furent d'abord assez rares chez les nations les plus avancées en civilisation , puisque parmi les souverains d'Égypte , un des Ptolémée disait n'en avoir jamais goûté ; tandis que dans la suite ils devinrent si communs, à Rome , qu'Héliogabale , par un luxe inconcevable , les prodiguait pour la nourriture de ses Lions et de ses Léopards. Aujourd'hui leur chair est extrêmement recherchée ; et pour se livrer au plaisir de leur chasse ou alimenter leurs tables , quelques princes ont des faisanderies.

Le *Faisan doré* , qui est un des plus beaux oiseaux que l'on connaisse , se fait remarquer par sa tête couverte d'une huppe peinte en or ; il provient de la Chine, et c'est lui, selon Cuvier, que les anciens ont décrit en parlant de leur fabuleux Phénix.

Le *Faisan argenté*, qui est aussi originaire de la Chine, a le plumage blanc en dessus avec des stries noires sur les plumes. Ainsi que le précédent il concourt à l'ornement de nos ménageries.

TÉTRAS. *Tétrao*. Bec court, robuste ; œil surmonté d'une bande de peau nue. Tarses emplumés. — La bande de peau nue qui se trouve au-dessus de l'œil de ces oiseaux, est ordinairement rouge et figure une espèce de sourcil dénudé ; les ailes sont courtes. Les Tétras habitent les deux continents, mais seulement leurs parties septentrionales, et ils résident particulièrement dans les forêts des montagnes boisées, mais quelques-uns cependant fréquentent les plaines et même les marécages. Ces oiseaux se nourrissent principalement de baies, de feuilles et de bourgeons, et ils mangent aussi des graines, mais ce n'est que dans les moments de disette qu'ils ont recours à ces dernières. Ils vivent, pour la plupart, en polygamie et l'époque de leurs amours concorde avec la fonte des neiges, et varie selon les lieux où ils sont cantonnés. Ces Gallinacés nichent à terre et ne font annuellement qu'une ponte ; celle-ci est assez nombreuse, et la femelle seule se charge de l'incubation. Aussitôt que les petits sortent de l'œuf ils sont ordinairement aptes à chercher eux-mêmes leur nourriture sous la conduite de leur mère. La mue des Tétras paraît n'avoir lieu chez beaucoup d'espèces qu'une seule fois par an, mais il en est qui muent deux fois et changent périodiquement de couleur.

On peut subdiviser ces oiseaux en deux sous-genres : les Coqs de bruyère et les Lagopèdes.

Les **COQS DE BRUYÈRE** se distinguent de l'autre coupe subgénérique, en ce que leurs doigts sont nus. Le *grand Coq de bruyère* vit dans les montagnes boisées de la Sibérie, ainsi que parmi celles de l'Allemagne ; et l'on dit aussi qu'il se rencontre dans les Vosges et l'Auvergne ; sa taille est supérieure à celle du Dindon, son plumage est ardoisé et rayé en travers de lignes noirâtres ou brunes. Cet oiseau se nourrit de bourgeons, et sa chair est exquise.

Le *petit Tétras* est plus commun que le précédent dans l'Europe centrale ; il se rencontre spécialement dans le voisinage des Bruyères ; sa taille atteint presque celle de la Poule, et son plumage est noir. C'est aux lieux qu'il fréquente de préférence, à sa coloration et à la configuration de sa queue qu'il doit les noms de Faisan noir et de Coq de Bruyère à queue fourchue, sous lesquels on le désigne parfois. Cet oiseau se nourrit de bourgeons de hêtre, de bouleau, de pin et de sapin, il mange aussi quelques graines. A l'époque des amours les mâles de cette espèce se battent entre eux, et les vainqueurs restent sur le lieu du combat, se promènent sur les branches en battant des ailes et en appelant les femelles. Celles-ci nidifient dans les bruyères ou les buissons, et y pondent de huit à douze œufs d'un jaune terne, parsemés de taches rousses. Les petits ne sortent du nid qu'environ douze jours après leur naissance. Dans quelques contrées de la Courlande et de la Lithuanie où ces oiseaux sont communs, on les chasse pendant la saison de la pariade par un singulier procédé. Celui ci consiste à faire un mannequin que l'on place au bout d'un bâton dans les lieux où sont leurs rendez-vous d'amour ; et les chasseurs embusqués aux environs en font alors une ample destruction. On les prend aussi au lacet et au filet.

Les LAGOPÈDES, que l'on appelle aussi *Perdrix des neiges*, ont les doigts emplumés, et ils offrent ordinairement un plumage qui varie selon les saisons, et qui en hiver devient tout à fait blanc ; tel est en particulier le *Lagopède ordinaire*, espèce qui est aussi connue sous le nom de *Perdrix des Pyrénées*, et qui en été est d'un brun cendré et rayé de noir ; cet oiseau vit dans les hautes montagnes du globe et est fort commun dans les Alpes. En hiver il a la singulière habitude de se creuser des trous sous la neige pour s'y abriter. On le rencontre en troupes, et il se nourrit des baies et des feuilles des végétaux alpestres, et surtout des boutons de Rhododendrons et de Myrtilles. Les femelles font leur nid dans les lieux découverts, tapissés d'une abondance de mousse et pondent environ douze œufs. La chair de cet oiseau est recherchée, quoiqu'elle soit un peu amère.

GANGAS. *Pterocles*. Bec court, robuste ; queue pointue. Tarses emplumés ; doigts nus.—Ces oiseaux, par leur queue, dont les dimensions s'amoindrissent beaucoup, doivent se trouver sur les confins de la famille des Longicaudes, et, d'un autre côté, ils forment réellement le passage des Tétras aux Perdrix. En effet, les Gangas sont analogues aux premiers par leurs tarses emplumés, tandis que par leur bec et leurs formes ils se rapprochent infiniment des autres.

Ces Gallinacés habitent les régions chaudes de l'ancien continent ; ils nichent à terre, comme la plupart des Marcheurs, et on dit qu'ils ne pondent qu'un petit nombre d'œufs et que la mère nourrit ses petits en leur dégorgeant une portion des aliments qu'elle a fait macérer dans son jabot.

FAMILLE DES BRÉVICAUDES.

Bec court, robuste ; queue très-courte. Tarses nus ; éperons courts ou nuls.

PERDRIX. *Perdix*. Tête emplumée ; bec comprimé ; sourcil nu. Mâle portant des éperons courts, ou de simples tubercules.—Ce genre renferme de nombreuses espèces qui semblent être répandues sur presque tout le globe.

Quoique habitant les climats les plus divers, ces oiseaux offrent peu de différences dans leurs mœurs. Timides et défiants, et n'ayant aucun moyen de défense à opposer à leurs nombreux ennemis, ils vivent réunis, comme pour se protéger mutuellement. Amies des plaines et particulièrement des guérets, les Perdrix ne se retirent dans les localités montagneuses et boisées que lorsque quelque danger les a forcées d'y chercher un refuge, ou bien quand la neige couvrant les campagnes ne leur permet pas d'y découvrir les jeunes pousses d'herbes qui pendant les saisons rigoureuses forment leur seule nourriture. En été elles dédaignent tout aliment végétal et vivent de préférence d'insectes de petite dimension, et surtout de leurs larves et de leurs œufs.

C'est vers le commencement de mars que ces oiseaux se séparent et s'isolent par couples pour passer le temps de la pariade ; mais comme il y a généralement plus de mâles que de femelles, cette séparation donne presque toujours lieu à de violents combats. Ce n'est que vers la fin de mars que le couple songe à construire dans le lieu qu'il a choisi pour résidence, et qui est ordinairement quelque champ ensemencé, un nid qui ne se compose que de brins d'herbes sèches grossièrement réunis dans une cavité formée par le pas d'un cheval ou toute autre cause fortuite. Ce berceau en quelque sorte improvisé reçoit de quinze à vingt œufs d'un gris blanchâtre qui éclosent après trois semaines d'incubation. Les Perdreaux, qui sont l'objet de toute la sollicitude de leurs parents, apprennent d'eux à gratter le sol pour y chercher les larves de Fourmis dont ils sont très-friands ; c'est aussi sous les ailes réunies de leur père et de leur mère, qui, à cet effet, s'accouvent côte à côte, que les petits trouvent un abri ; et ce n'est pas sans intérêt que l'on a souvent eu l'occasion d'observer le dévouement avec lequel le mâle protége sa jeune famille. Lorsque celle-ci est découverte, ce dernier, en fuyant, essaye d'attirer sur ses traces le chasseur et les Chiens, tandis que la femelle et ses Perdreaux en se dirigeant en courant du côté opposé, se dérobent au danger. On pense que la durée de la vie des Perdrix est de dix ans, terme moyen.

Les mœurs que nous venons d'esquisser sont celles de la *Perdrix grise*, qui vit dans toutes les parties de l'Europe tempérée, et est l'espèce la plus commune en France.

La *Perdrix rouge*, que l'on reconnaît facilement à son bec et à ses pattes d'un beau rouge, est assez répandue dans la France méridionale, tandis qu'elle est rare dans le nord de cette contrée. La chair de la Perdrix rouge est plus recherchée que celle de l'espèce précédente.

CAILLES. *Coturnix.* Bec plus menu que les Perdrix ; sourcil rouge nul, éperon nul. — On rencontre de ces oiseaux dans les trois parties de l'ancien monde et jusque dans la Nouvelle-Hollande, mais l'on n'en a point encore découvert en Amérique. Ils restent presque continuellement dans les champs couverts de moissons ou dans les prairies, et jamais ils ne se perchent. Leur vol est lourd et difficile, cependant ils opèrent des migrations. Quand on les poursuit c'est à l'aide de leur course, qui est rapide, qu'ils essayent d'échapper, et ce n'est qu'à la dernière extrémité qu'ils s'envolent. Leurs mœurs sont différentes de celles des Perdrix, aussi, comme ils ont des caractères particuliers, doit-on les séparer de leur genre.

Les Cailles sont peu sociables et vivent solitairement; ce n'est qu'au temps des amours que le mâle recherche une femelle, et il la quitte aussitôt qu'elle s'apprête à pondre; cette dernière prend seule le soin de la couvée, qui se met à courir immédiatement après sa sortie de l'œuf. Aussitôt que les petits peuvent se passer de leur mère ils se dispersent de tous côtés.

La *Caille vulgaire* nous arrive au printemps, et c'est au mois de septembre qu'elle abandonne nos climats pour se répandre en Orient; ce n'est qu'au moment de leur départ que les Cailles se réunissent en troupes, et elles attendent un vent favorable pour traverser la mer; durant ce passage il arrive fort souvent qu'exténuées de fatigue elles tombent sans mouvement sur les vaisseaux ou périssent dans les flots. Comme on en a parfois rencontré luttant avec peine à la surface de ceux-ci, et soulevant l'une de leurs ailes pour reprendre leur vol; cela a fait croire à quelques observateurs inexacts qu'elles flottaient sur un morceau de bois que, selon eux, elles avaient par précaution l'habitude d'emporter avec elles pendant leurs migrations. On a aussi inventé que chaque Caille portait trois petites pierres à son bec, selon Pline, pour augmenter son poids et mieux résister à l'effort des vents, ou, selon Oppien, pour reconnaître en les laissant tomber une à une si la mer est dépassée. Il n'est nullement besoin de réfuter tous ces récits qui ne sont plus que du domaine de l'historique de la science.

Souvent il arrive à ces oiseaux de se reposer régulièrement sur quelques îles ou dans certaines contrées qui se trouvent sur leur passage. Plusieurs écueils des mers du Levant en sont parfois totalement couverts en automne. En Grèce, pendant cette saison, ils arrivent constamment accablés de fatigue et incapables d'échapper à ceux qui les poursuivent, et là le peuple superstitieux s'imagine que Dieu les prive de la faculté de voler pour qu'il lui soit facile de s'en emparer. Les habitants de la Morée font même des préparatifs pour les recevoir, et ils en recueillent un nombre considérable qu'ils salent et dont ils font ensuite commerce avec divers pays; l'île de Caprée n'est pas moins célèbre par l'abondance des Cailles qui viennent s'y reposer pendant leurs migrations. On y en prend tant que la dixme seule compose le revenu annuel de l'évêque de cette île, quoique à Naples, où se fait le débouché de ces oiseaux, ils se vendent très-bon marché.

Les Cailles étant d'un naturel fort querelleur, souvent les hommes s'amusent des combats qu'elles se livrent entre elles; déjà cette coutume s'observait dans l'antiquité. Buffon nous rappelle que Solon voulait même que les femmes et les enfants vinssent assister à ces luttes pour y puiser des leçons de courage, et il ajoute : « il fallait même que cette sorte de gymnastique, qui nous semble puérile, fût en honneur parmi les Romains et qu'elle tînt à leur politique, puisque nous voyons qu'Auguste punit de mort un prêtre d'Égypte pour avoir acheté et fait servir sur sa table un de ces oiseaux qui avait acquis de la célébrité par ses victoires. Encore aujourd'hui on voit de ces espèces de tournois dans quelques villes d'Italie. On prend deux Cailles auxquelles on donne à manger largement, on les met ensuite vis à vis l'une de l'autre aux bouts opposés d'une longue table, et l'on jette entre elles quelques grains de millet; d'abord elles se lancent des regards menaçants, puis, partant comme un éclair, elles se joignent et s'attaquent à coups de bec, et ne cessent de se battre jusqu'à ce que l'une cède à l'autre le champ de bataille. » Aujourd'hui, comme autrefois, la chair de ces oiseaux est fort estimée, et on les chasse par une foule de moyens.

TURNYX. *Ortygis.* Bec médiocre, droit. Pieds tridactyles, à doigts totalement séparés et sans membrane inter-digitale. — Les espèces de ce genre appartiennent à l'ancien continent et se rencontrent dans les contrées désertes; ce sont les Gallinacés dont la taille est la moins considérable : ils ont le port des Cailles.

Le *Turnyx combattant* fait les délices des habitants de Java qui par amusement font combattre ces oiseaux entre eux, ainsi que cela a lieu à l'égard des Coqs.

PEINTADES. *Numida.* Tête nue, surmontée d'une crête calleuse; caroncules charnues aux joues; éperon nul. Queue pendante.

La *Peintade commune*, ainsi que le petit nombre d'espèces qui composent ce genre, réside en Afrique et particulièrement près des marécages; elle vit en grandes troupes et on la trouve si communément dans quelques pays, que les enfants en abattent parfois à coups de pierre et les apportent ensuite dans les marchés. Son plumage est ardoisé et couvert partout de taches blanches. C'est un oiseau sauvage, vif, inquiet et turbulent, que son naturel criard et sa voix aiguë et perçante firent appeler *Gallus clamosus* par Browne; il tourmente les Poules, et se fait même craindre des Dindons quoique bien moins fort qu'eux; Élien dit que dans certaines îles les Peintades se font respecter des oiseaux de proie, et nous avons vu souvent de celles-ci se jeter sur de jeunes enfants et les mettre en fuite. Leurs attaques, qui ont été comparées à celles des cavaliers numides, sont brusques et rapides ; et si l'ennemi est supérieur en force et s'avance, les Peintades fuient, mais aussitôt qu'il se détourne elles l'assaillent avec vitesse par derrière et continuent longtemps cette manœuvre. C'est ce naturel querelleur qui les fait souvent expulser des basses-cours.

Ces oiseaux pondent et couvent d'une manière analogue à nos Poules. Leurs œufs sont d'un blanc jaunâtre et pointillés de petites taches rousses; ils sont bons à manger. Les mères n'élèvent pas leur progéniture avec les mêmes attentions qu'on observe chez la femelle du Coq; cela avait déjà été remarqué par les anciens, car Clytus de Milet, en parlant des Peintades, dit qu'elles montrent si peu d'attachement pour leurs petits que les prêtres commis à leur garde dans les temples, sont obligés de prendre soin de la couvée.

Les Peintades s'étaient déjà attiré l'attention de l'antiquité. L'imagination poétique des Grecs supposait que les sœurs de Méléagre avaient été changées en ces oiseaux, et pour eux, les taches de leur plumage étaient l'empreinte des larmes de ces femmes éplorées; cette fable s'était tellement répandue parmi la nation qu'on y désignait ces animaux sous le nom de *Méléagrides*. Ces animaux ont été connus d'Aristote, et dans son œuvre il parle de la coloration de leurs œufs. On doit même croire que pendant un temps ils furent très-répandus en Grèce, puisque Pausanias raconte que dans ce pays les personnes indigentes se contentaient d'offrir des Peintades avec des Oies pendant les mystères solennels d'Isis. A Rome ces Gallinacés, que l'on appelait Poules africaines ou de Numidie, paraissent avoir été moins communs, c'est au moins ce que doit faire croire une citation de Varron qui rapporte qu'ils s'y vendaient fort cher à cause de leur rareté.

Par la suite, les Peintades paraissent avoir successivement disparu du continent de l'Europe, car aucun écrivain du moyen âge ne fait mention de ces oiseaux remarquables. On ne recommença après à en parler qu'au temps où les Européens fréquentèrent la côte occidentale de l'Afrique en se frayant un passage aux Indes, et les Peintades furent réintroduites sur notre continent par les Portugais; Belon dit lui-même qu'avant que l'on dût leur connaissance à ces navigateurs, elles étaient ignorées en Europe. Mais ces animaux se propagèrent ensuite rapidement, et peu après la découverte de l'Amérique, on en transporta dans cette partie du monde où ils se multiplièrent énormément.

Les Peintades, par l'agréable aspect de leur plumage et le goût succulent de leur chair, se sont aussi attiré l'attention des modernes, et elles ont été connues d'eux sous une foule de noms; tels furent ceux de Poules de Barbarie ou de Guinée, de Poules perlées qu'on leur imposa, soit pour désigner le pays d'où on les tirait, soit en comparant leurs taches blanches à de petites perles. Buffon dit que des Mahométans s'imaginèrent de les appeler Poules de Jérusalem pour exciter les chrétiens à les acheter à un très-haut prix, mais que ceux-ci s'étant aperçus de la fraude, les revendirent à de crédules musulmans, sous le nom de Poules de la Mecque. Aujourd'hui, en France, on trouve assez souvent des Peintades sur les marchés, et leur chair, qui se rapproche de celle du Faisan, est recherchée sur certaines tables.

TINAMOUS. *Tinamus.* Bec long, droit, grêle, très-déprimé, mousse. Ailes courtes; queue presque nulle. — Ces animaux, extrêmement communs dans l'Amérique, y remplacent nos Perdrix et sont regardés comme un excellent gibier; ils vivent d'insectes et de graines, au milieu des broussailles où ils courent avec une vitesse qui compense la pesanteur de leur vol.

ORDRE DES COUREURS.

Sternum en bouclier, sans arête saillante ; ailes très-petites, impropres au vol ; jambes robustes ; tarses longs.

Ces oiseaux, qu'un grand nombre d'auteurs réunissent aux Échassiers, parce que leurs tarses sont très-longs, en diffèrent cependant par la structure de leur sternum ainsi que par beaucoup d'autres particularités de leur anatomie et de leurs mœurs ; aussi ils doivent former un ordre à part.

La structure de leur appareil locomoteur en fait des oiseaux essentiellement terrestres, forcés même par leur organisation à rester constamment attachés au sol, et chez lesquels tout semble disposé à cet effet ; les muscles moteurs des ailes sont très-faibles, et, au contraire, les jambes sont extrêmement charnues et douées d'une force considérable ; de manière que si ces oiseaux sont absolument privés du vol, par compensation ils sont à la course d'une rapidité qu'aucun animal ne surpasse.

AUTRUCHES. *Struthio.* Bec déprimé, à pointe onguiculée, arrondie. Pieds didactyles ; doigt externe sans ongle.

L'*Autruche proprement dite* est la seule espèce qui forme ce genre ; elle habite toutes les régions de l'Afrique et est fort commune en Arabie ; autrefois on la rencontrait aussi dans quelques autres parties de l'Asie, mais elle semble aujourd'hui les avoir abandonnées. Cet oiseau vit dans les déserts, et Buffon dit qu'il y forme des troupes nombreuses qui de loin ressemblent à des escadrons de cavalerie et jettent l'alarme dans plus d'une caravane.

Organisation et mœurs. Cette espèce est la plus grande qu'offrent les oiseaux ; elle atteint sept et même huit pieds de hauteur, et pèse jusqu'à cent livres. La forme de ses jambes et l'étendue de son cou l'ont souvent fait comparer au Chameau par les nations anciennes, qui lui imposèrent même des noms qui rappelaient ces rapports : tel est celui de *Struthio-Camelus* que lui donnaient les Latins. Dans son Histoire des animaux, Eldémiri dit même que dans l'Arabie le peuple s'imagine que l'Autruche naît de l'union d'un Chameau et d'un oiseau. Les ailes de ce Coureur offrent de grandes plumes molles et flexibles, dont les barbes ne s'accrochent point ensemble, comme cela a lieu chez la plupart des autres oiseaux, de manière à former une lame propre à frapper l'air. C'est cette structure qui leur donne leur gracieuse flexibilité. Le mâle est ordinairement noir mêlé de blanc, avec de grandes plumes blanches aux ailes et à la queue ; tandis que la femelle est d'un gris uniforme.

C'est dans le système musculaire qui sert à la course que, chez ces oiseaux, on observe une très-grande prédominance, tandis que celui des ailes est au contraire fort peu développé relativement au volume du corps. En effet, les jambes des Autruches sont d'une grosseur considérable et qui égale presque la cuisse d'un homme ; la surface de ces organes est dénudée de plumes, et ils se terminent par des pieds qui n'ont que deux doigts offrant quelques rapports avec ceux des Chameaux.

Quand les Autruches courent elles relèvent leurs ailes, qui semblent alors agir comme une espèce de balancier ; leur course est excessivement rapide, et Pline dit avec raison qu'elles surpassent les chevaux en vitesse. A leur vélocité elles réunissent une telle force qu'elles peuvent sans difficulté être montées par un homme et accomplir des voyages avec ce fardeau. Pendant son séjour au Sénégal, Adanson vit plusieurs fois de ces oiseaux qui, étant chargés de deux nègres sur leur dos, allaient cependant avec une telle rapidité que, selon ce célèbre voyageur, ils auraient laissé bien loin derrière eux les plus fiers chevaux anglais.

En étudiant les organes des sens de ces Coureurs, on reconnaît que quelques-uns sont organisés favorablement pour recevoir l'impression des sensations, tandis que d'autres, au contraire, doivent y être bien moins aptes. La paupière supérieure de ces oiseaux est garnie de longs cils ; leurs yeux sont vifs et grands ; aussi semblent-ils doués d'une vue perçante. Leur langue est courte et arrondie, et quelques auteurs la disent dépourvue de papilles nerveuses ; aussi ont-ils le goût fort imparfait. L'orifice des oreilles est large et garni de poils, et l'on ne voit pas pourquoi Léon l'Africain prétend que les Autruches sont privées de l'ouïe ; c'est une erreur, et elles possèdent ce sens au même degré de perfection que les autres animaux de leur classe. Le cerveau et le cervelet forment une masse d'environ deux pouces et demi de longueur sur vingt lignes de largeur ; Vallisneri dit que sur un sujet qu'il disséqua ils ne pesaient ensemble qu'une once, ce qui ne serait pas la douze centième partie du poids de l'oiseau. Cette exiguïté proportionnelle des organes que l'on regarde comme le siége des facultés intellectuelles explique la stupidité de l'Autruche ; stupidité qui est telle qu'elle semble avoir frappé toutes les nations, même les plus anciennes, car déjà Job, en parlant de cet animal, dit que Dieu l'a privé de sagesse et ne lui a point départi d'intelligence.

Douées d'un caractère tranquille et sociable, les Autruches se façonnent facilement à la domesticité. Celles que l'on prend vivantes s'apprivoisent assez rapidement et se laissent ensuite conduire comme des troupeaux ; on lit dans l'Histoire générale des Voyages qu'une personne en ayant acheté deux à Serinpate, sur la côte d'Afrique, elle les trouva tout apprivoisées à son arrivée au fort Saint-Louis. On habitue aussi très-aisément ces oiseaux à se laisser monter comme des Chevaux ou à traîner des fardeaux ; les preuves historiques affluent pour prouver ces assertions. Le tyran Firmius, qui régnait en Égypte, se faisait parfois porter par de grandes Autruches ; en Afrique on accomplit quelquefois des voyages sur ces oiseaux, et Vallisneri rapporte qu'un aventurier en montait un dans les places de Venise et le faisait évoluer devant le peuple. D'un autre côté, à la pompe de Ptolémée, Athénée nous apprend d'après Masurius qu'on admirait huit chars qui étaient traînés par des Autruches.

Quoique l'Autruche soit douée d'une force énorme, elle n'en est pas moins d'un naturel doux et pacifique. On ne la voit jamais attaquer les autres animaux ; et quand ceux-ci la provoquent, c'est ordinairement par une fuite rapide qu'elle se soustrait à leur agression. Lorsqu'elle est réduite à se défendre, elle le fait à l'aide de son bec ainsi que de ses pieds, et ces derniers lancent de si violentes ruades à son ennemi, que Thévenot en a vu qui, par celles-ci, renversaient facilement des Chiens d'une forte taille.

Des opinions fort diverses ont été émises relativement à la voix des Autruches. Les écrivains sacrés la comparèrent à un gémissement, tandis que Sparmann assure que dans l'Afrique méridionale on s'accorde à dire qu'elle est analogue aux rugissements des Lions. Du reste, ces animaux se font rarement entendre, et ceux que l'on a observés en captivité, lorsqu'on les tourmentait, ne produisaient qu'une sorte de sifflement semblable à celui des Oies.

Ces oiseaux ont un appareil digestif fort développé ; ils possèdent un jabot et un ventricule succenturié, dont les dimensions sont considérables, et leur gésier est très-puissant ; le tube intestinal, par son ampleur, répond à l'étendue de ces cavités, et il est muni de longs cœcums. L'Autruche se nourrit principalement de végétaux ; on la voit souvent paître des herbes, mais elle mange aussi des fruits et des semences divers. Celle qui était à la ménagerie du Jardin du Roi, il y a quelques années, préférait l'orge à toute autre nourriture, et elle en mangeait chaque jour quatre livres avec une livre de pain et environ dix têtes de laitue. Mais cet oiseau est si vorace, que souvent, trompé par l'imperfection de ses sens, on le voit engloutir indistinctement tous les corps qui s'offrent à sa portée. Vallisneri rapporte que l'un d'eux mourut pour avoir mangé une quantité considérable de chaux ; il en est qui avalent, avec gloutonnerie, les substances les plus dures, des fragments de verre, des pierres ou des métaux. On a trouvé, dans l'estomac d'une Autruche morte à Paris, près d'une livre pesant de morceaux de fer ou de cuivre et des pièces de monnaie à demi usées.

Ce sont les seuls oiseaux qui émettent leurs urines sans qu'elles soient mêlées aux excréments, parce que leur vaste cloaque fait l'office d'une espèce de vessie. Comme ils se rencontrent spécialement parmi les solitudes arides et dans lesquelles l'eau est rare, les Arabes se sont imaginés que ces Coureurs ne buvaient jamais, et Eldémiri va même jusqu'à prétendre qu'ils évitent avec soin les endroits aquatiques. Mais si l'on trouve les Autruches dans les lieux les plus âpres des déserts, leur course est si rapide qu'en peu de temps, quand la soif se manifeste, elles peuvent facilement atteindre quelque oasis arrosée d'une nappe d'eau où il leur est possible de se désaltérer. On sait que celles qui ont été observées à la ménagerie de Paris buvaient de quatre à six pintes d'eau chaque jour.

L'appareil génital des Autruches mâles présente une organisation plus élevée que celle que l'on rencontre chez les autres oiseaux. Il se compose d'une verge linguiforme, imperforée, et seulement creusée d'un sillon à sa partie supérieure pour conduire le fluide séminal; celle-ci offre même cinq ou six pouces de longueur et parfois fait saillie en dehors. Müller, dans son mémoire sur les organes sexuels de ces animaux, a émis l'opinion que ces organes, que l'on a souvent comparés aux mêmes parties des mammifères, se rapprochent cependant beaucoup plus de l'appareil générateur des reptiles. Il y a chez les Autruches un véritable accouplement, pendant lequel on observe une intromission de la verge.

Buffon dit que la ponte de ces oiseaux a toujours lieu vers le solstice d'été, de manière que dans l'Afrique septentrionale elle se fait en juillet, tandis que dans la région méridionale de cette partie du globe c'est au mois de décembre qu'elle s'effectue.

La plupart des voyageurs, soit d'après les récits qui leur ont été faits, soit d'après leurs observations propres, assurent que les Autruches n'ont jamais qu'une seule femelle; c'est au moins ce que disent Thévenot et Sparmann. Cependant on trouve parmi les narrations de certains voyageurs quelques faits qui paraissent au contraire indiquer que ces oiseaux sont polygames, et qu'un mâle vit en société avec plusieurs femelles, qui pondent toutes dans le même nid; c'est au moins ce que paraît avoir observé Levaillant, et cela expliquerait le grand nombre d'œufs que l'on voit parfois dans une seule excavation. Ce naturaliste étant un jour en voyage trouva un nid d'Autruche dans lequel il y avait trente-huit œufs, et dans un endroit plus loin il en existait treize. Désireux de savoir si la femelle, que son approche avait fait fuir, avait pondu seule cette grande quantité d'œufs et si elle les soignait sans le secours d'aucune autre, ce qui ne lui paraissait pas probable, Levaillant s'arrêta près du lieu où il avait fait cette découverte, et s'enfonça dans un buisson à la portée du nid qu'il voulait observer. Bientôt après il vit quatre femelles se rendre sur les œufs, et « elles se relevaient, dit ce voyageur, l'une après l'autre; une seule resta un quart d'heure à couver, tandis qu'une nouvelle venue s'était mise à côté d'elle, ce qui me fit penser que, quelquefois et pendant les nuits froides et pluvieuses, elles s'entendent pour couver à deux et même davantage. Le soleil touchait à son déclin, un mâle arriva pour prendre sa place, car les mâles couvent aussi bien que les femelles, etc. »

Ces oiseaux sont extrêmement lascifs, et ils répètent fréquemment l'accouplement. Leur nid est simplement composé d'un grand creux qu'ils pratiquent dans le sable; cependant il paraît que pour la construction de celui-ci ils prennent parfois quelques précautions qui indiquent, chez eux, une intelligence plus élevée que celle qu'on leur accorde généralement, et qui décèle même un certain degré de prévoyance. C'est ainsi que Buckhard prétend qu'en Arabie les Autruches établissent autour du dépôt de leur ponte des rigoles destinées à favoriser l'écoulement de l'eau des pluies et à empêcher qu'elle n'inonde leurs nids. D'après Levaillant, on rencontre ordinairement dans ceux-ci dix à douze œufs d'un blanc sale et pouvant contenir jusqu'à une pinte d'eau ; le poids de chacun d'eux s'élève à plus de deux livres, et l'on en a même vu qui pesaient jusqu'à deux livres quatorze onces.

Dans les espaces qui environnent la zone torride, les Autruches ne couvent leurs œufs que pendant les nuits ; durant le jour, la chaleur solaire est suffisante pour opérer l'incubation. Mais au delà de ces régions ces oiseaux sont obligés de rester sur ceux-ci presque continuellement.

Les voyageurs ont eu l'occasion de s'assurer positivement que les deux sexes partageaient les soins de l'incubation ; Levaillant, comme nous venons de le dire, observa un mâle qui couvait les œufs de concert avec les femelles, et Sparmann vit aussi des Autruches de ce sexe se lever de dessus les œufs quand il approchait d'elles, et il remarqua que ceux-ci étaient environnés d'autant de plumes de mâle que de plumes de femelle, ce qui indiquait que les deux sexes fréquentaient également le nid.

Dans son ouvrage, Eldémiri assure que l'Autruche ne couve qu'une partie de ses œufs, et qu'elle laisse les autres auprès du nid où ils se conservent frais, afin que ses petits les mangent quand ils viennent à éclore. Le navigateur Bougainville avait observé ce fait ; mais sa singularité, lui faisant craindre de se tromper, l'avait empêché de le publier ; Levaillant, qui dans la suite eut l'occasion de le vérifier, fut moins timoré et le mentionna dans ses œuvres ; enfin, plus récemment, Buckhard, en s'étayant de ses propres observations, consigna aussi cette étrange anomalie dans son voyage en Arabie, de manière qu'après tant de témoignages on est bien forcé de l'admettre comme un fait positif.

On ne sait pas au juste combien de temps dure l'incubation des œufs ; on l'évalue à environ six semaines. Les jeunes Autruches marchent aussitôt qu'elles sont sorties de leur coquille, et sous la zone torride, la chaleur du climat permet à la mère de les abandonner immédiatement après leur naissance ; mais dans les latitudes moins chaudes, telles que celles de l'Afrique méridionale, Kolbe dit que la mère les garde un certain temps près d'elle, les aide à pourvoir à leur subsistance, et les défend contre leurs ennemis.

Historique. L'Autruche, par sa stature et sa manière de vivre, s'est attiré l'attention de l'homme dès la naissance des sociétés. Elle a fourni aux écrivains sacrés plusieurs comparaisons tirées de ses mœurs et de ses habitudes : les Hébreux la considéraient comme le symbole de la dureté, parce qu'elle abandonne ses œufs sur le sable, et, ainsi que le dit Job, sans s'inquiéter des périls auxquels ils sont exposés ; Jérémie, pour la même raison, dans ses lamentations, la cite aussi comme l'emblème de l'insensibilité du cœur. Il en est question dans Hérodote, le plus ancien des écrivains profanes, et dans la suite beaucoup de philosophes en parlèrent, et entre autres Aristote, qui s'efforça de faire ressortir les analogies qui existent entre quelques organes des Autruches et ceux des mammifères.

Plus tard, Pline ne dit que quelques mots de ces Coureurs, et encore est-ce pour altérer leur histoire, en y inscrivant une fable qui a souvent été répétée depuis lui, et consiste à faire croire qu'ils jettent, en fuyant, des pierres aux chasseurs qui les poursuivent. Cependant il aurait pu bien connaître ces oiseaux, car à l'époque romaine ils étaient devenus si communs dans les fêtes du peuple roi, que l'empereur Probus en fit courir mille dans une occasion solennelle, où l'on avait planté le cirque d'une forêt factice, parmi laquelle on voyait en outre une foule d'autres animaux de divers climats.

Bélon a répété ce qu'avait rapporté Pline, et Cuvier lui-même dit textuellement que lorsqu'on poursuit l'Autruche elle sait lancer des pierres en arrière avec beaucoup de vigueur. Buffon a réfuté l'assertion du naturaliste de l'antiquité, et nous adoptons sa manière de voir. En effet, il se peut qu'en fuyant sur un terrain pierreux, la force avec laquelle l'Autruche se pose sur le sol projette au hasard et en arrière quelques cailloux; mais qu'elle les saisisse en fuyant pour les lancer avec intention à ceux qui la poursuivent, c'est, à ce qu'il nous semble, inadmissible.

Chasse. L'appât du gain qu'offre la chasse des Autruches, ainsi que le plaisir qu'on y trouve, ont fait que de tout temps on s'en est occupé et qu'on y a employé bien des procédés divers. Strabon dit que dans quelques régions de l'Abyssinie les habitants les chassaient en se couvrant le corps de la peau de l'un de ces oiseaux; ils passaient un de leurs bras dans son cou, pour simuler ses mouvements naturels, et de l'autre ils répandaient sur le sol des graines recherchées par ces animaux, de manière que ceux-ci, en suivant le chasseur déguisé, se prenaient dans des piéges qu'on avait préparés sur leur passage. Il paraît aussi, d'après ce que dit Oppien, que dans certains pays, on prenait ces oiseaux à l'aide de filets, vers lesquels on les dirigeait en les faisant poursuivre par des Chevaux et des Chiens.

Actuellement les Arabes chassent les Autruches avec leurs excellents Chevaux. La course de celles-ci est beaucoup plus rapide, il est vrai, que le galop de ces animaux; mais l'art avec lequel le cavalier les dirige parvient à les faire triompher de cet obstacle. On a remarqué que ces oiseaux en fuyant ne parcourent jamais une ligne droite, mais qu'ils exécutent constamment une vaste courbe. Connaissant cela, leurs agresseurs observent quelle est la tendance de leur direction, et ils se contentent d'en suivre la diagonale, de manière qu'en faisant beaucoup moins de chemin, ils arrivent au même but que la proie qu'ils poursuivent, et alors ils l'attaquent. Dans cette chasse, les Arabes se font parfois aider de Chiens qui la rendent plus facile; mais ce n'est souvent que lorsqu'ils ont fatigué et affamé des Autruches pendant un eu deux jours, qu'ils fondent enfin sur elles au grand galop, et qu'ils les tuent à coups de bâton pour éviter que leur sang, en jaillissant, ne salisse leurs précieuses plumes.

D'après Buckhard, on les chasse aussi aujourd'hui, en Arabie, par un procédé simple, et elles y deviennent victimes de l'attention avec laquelle elles incubent leurs œufs. Ce voyageur dit que, dans ce pays, le mâle et la femelle couvent chacun à leur tour, tandis que l'un des deux fait sentinelle ; et c'est cette faction qui les décèle de loin au chasseur arabe. Aussitôt que ces oiseaux l'aperçoivent ils fuient ; mais celui-ci place à quelque distance son fusil dans le sable, et en dirige le canon sur leur nid, en adaptant à son arme une mèche disposée de telle sorte que le coup ne parte que pendant la nuit ; ensuite il abandonne ce lieu. Le couple d'Autruches, voyant les abords de son nid solitaires, et n'ayant plus de défiance, s'en rapproche, et bientôt se place sur la couvée pour se livrer au repos. C'est alors que la mèche occasionne la détonation du fusil, qui tue toujours un de ces oiseaux, et souvent même tous les deux à la fois.

Produits et usages. Dans certains pays, pour obtenir avec plus de facilité les divers produits qu'offrent ces oiseaux, on les nourrit en troupeaux qui fournissent des plumes et des aliments à leurs posses-seurs ; cela a lieu parmi les habitants de la Libye et de Dara. Ce sont les plumes des mâles qui sont les plus recherchées et les plus chères ; on estime principalement celles qui ont été enlevées sur l'animal vivant : on les reconnaît à ce que leur tube laisse écouler un suc sanguinolent quand on le presse, tandis que celui des plumes prises sur les indi-vidus morts est sec. Le commerce de ces plumes se fait principalement par les caravanes de la Nubie, qui les apportent au Caire. Autrefois, dans le seul port d'Alexandrie, on en chargeait annuellement, pour Marseille, pour 50,000 francs ; mais les besoins du luxe ont sans doute augmenté considérablement ce commerce qui, de nos jours, se fait aussi sur les côtes de la Barbarie et sur celles de l'Afrique occidentale.

Les belles plumes molles et frisées qui se trouvent à la queue et aux ailes des Autruches ont été recherchées dans tous les temps pour la pa-rure. Les soldats romains, à ce que dit Pline, en ornaient ancienne-ment leur casque. L'étude de l'art antique vient confirmer cette asser-tion ; car, au rapport d'Aldrovande, il existait de son temps, à Rome, deux statues anciennes, l'une de Minerve et l'autre de Pyrrhus, dont le casque était orné de plumes d'Autruches. Aujourd'hui, quelques na-tions africaines s'en servent pour décorer leurs enseignes de guerre ; et les janissaires turcs qui s'étaient signalés par leur vaillance acqué-raient le droit d'en porter sur leur turban. Parmi les nations les plus civilisées de l'Europe, il se fait une prodigieuse consommation de ces plumes, soit pour l'ornement des pompes religieuses, soit pour la toilette des dames, ou la confection d'éventails et de divers autres objets.

La peau de ces oiseaux offre un cuir dur et épais ; aussi il paraît que quelques nations l'employaient anciennement pour s'en cuirasser le corps quand elles allaient à la guerre; tel était le cas de plusieurs peuplades de la Libye. A l'époque du voyage de Bélon, il s'en faisait même un commerce fort étendu, puisque ce naturaliste raconte avoir vu, dans les boutiques d'Alexandrie, une grande quantité de dépouilles d'Autruches encore munies de leurs plumes. Aujourd'hui, certaines tribus arabes, à ce que dit M. Dumont, se servent encore de ces cuirasses de peau d'Autruche.

Les plus anciennes nations ont fait usage de la chair de l'Autruche, et beaucoup de peuples s'en nourrissent encore. Les Hébreux l'employaient quelquefois, puisque, dans un des chapitres de la Bible, Moïse la leur interdit comme une nourriture immonde. A l'époque de l'antiquité, quelques peuples des pays où cet oiseau était commun en mangeaient presque continuellement, ce qui les avait fait nommer Struthophages. Celui-ci figurait aussi fort souvent sur la table des rois de Perse. Quoique la chair de l'Autruche soit dure, on en faisait cependant usage à Rome. Apicius décrit dans son œuvre la manière de l'assaisonner, et Galien indique l'aile comme étant le morceau le plus tendre. Du temps des empereurs, les Romains se procuraient cet animal avec tant de profusion, que l'on vit Héliogabale pousser le luxe à un tel point que, dans un repas, il fit présenter un plat de six cents cervelles d'Autruches, qui pouvait revenir à plusieurs centaines de mille francs. Dans le nord de l'Afrique, anciennement, on mangeait aussi des Autruches; mais Léon l'Africain, qui en fit usage sur les lieux, dit qu'alors on n'employait guère que les jeunes, et même après les avoir engraissées. Buffon rapporte qu'aujourd'hui encore cette coutume s'est conservée dans la Libye et la Numidie.

Beaucoup de nations sauvages recherchent les œufs d'Autruche pour les manger; au cap de Bonne-Espérance, les colons en font des pâtés et des omelettes; un seul peut suffire au repas de deux personnes. Avec leurs coquilles on exécute quelquefois de belles coupes qui imitent l'ivoire; parfois aussi dans l'Orient, on orne les mosquées en suspendant ces beaux œufs à leur voûte intérieure.

L'Autruche étant un animal rare et d'une stature singulière, la crédulité populaire n'a pas manqué de vouloir trouver quelques propriétés particulières à tout ce qui lui appartenait : son gésier, son foie, son sang, et même la coquille de ses œufs, furent tour à tour vantés pour la cure de quelques affections, et il a fallu arriver jusqu'à l'époque de Vallisneri, pour que celui-ci prouvât par ses expériences l'impuissance de ces prétendus médicaments.

NANDOUS. *Rhea.* Bec déprimé, onguiculé à son extrémité. Pieds tridactyles. — Ces oiseaux représentent les Autruches dans le nouveau continent, qu'ils habitent. Ils leur ressemblent entièrement par le port et les mœurs; on n'en trouve que dans l'Amérique méridionale. On dit aussi que les Nandous couvent à plusieurs dans le même nid. On les mange, et leurs plumes servent à faire des balais.

CASOARS. *Casuarius.* Tête surmontée d'une éminence osseuse ; bec comprimé, caréné. Ailes à cinq baguettes sans barbes ; pieds tri-dactyles, ongulés. — On ne trouve dans cette coupe qu'une espèce, le *Casoar de l'Inde*, que les Hollandais apportèrent en Europe pour la première fois en 1597, et dont la tête, presque nue, est surmontée d'un casque brun et jaune, formé par un renflement des os crâniens : le corps de cet oiseau est couvert de plumes d'un brun verdâtre analo-gues à des crins tombants ; sa nourriture se compose de fruits, et, comme l'Autruche, il abandonne ses œufs à la chaleur naturelle du sol.

ORDRE DES ÉCHASSIERS.

Sternum caréné, variable. Jambes nues en bas ; tarses ordinairement fort longs.

Le nom d'Échassiers vient de l'aspect de ces animaux, dont le corps est ordinairement soutenu par de faibles et longues jambes.

La plupart des oiseaux de cet ordre fréquentent les rivages, et vivent près de ceux-ci en troupes ou solitairement ; plusieurs d'entre eux ont la facilité de se tenir fort longtemps sur une seule jambe à l'aide d'un mécanisme particulier dont nous avons parlé aux généralités. De lon-gues pattes, un cou grêle et allongé, et des doigts presque toujours partiellement réunis par des membranes, permettent à ces oiseaux de s'avancer dans les marais pour y chercher leur nourriture. Les Échas-siers sont presque tous bons voiliers, et volent en laissant leurs jambes en arrière comme une espèce de gouvernail. Ils émigrent aux change-ments de saisons, se réunissent par bandes du même âge pour voya-ger ; celles qui se composent des vieux individus partent plus tôt. En général, ce sont des oiseaux rusés et sauvages que l'on approche diffi-cilement.

Les espèces dont le bec est fort vivent de reptiles et de poissons qu'elles saisissent dans l'eau, les autres de vers et d'insectes qui se trouvent dans la vase ; rarement elles sont herbivores. Ces oiseaux placent leurs nids dans les arbres, sur les édifices, ou parmi les plan-tes aquatiques ; souvent ils le construisent avec des bûchettes ingénieu-sement rassemblées.

FAMILLE DES GALLINOGRALLES.

Bec court, médiocre ; queue courte. Pieds à trois ou quatre doigts ; ailes ordinairement courtes et arrondies.

OUTARDES. *Otis.* Bec droit, comprimé. Ailes courtes et rondes ; doigts courts, bordés de membranes ; pouces nuls. — Ces oiseaux, qui par leurs formes et la structure de leur bec se rapprochent des Gal-linacés ou des Coureurs, et avec lesquels certains zoologistes les ont classés, doivent cependant être rangés parmi les Échassiers, à cause de leur structure anatomique et de la nudité du bas de leurs jambes. Placés à la tête de la famille des Gallinogralles, qui par son nom rappelle leur structure ambiguë, ces animaux forment un lien harmonieux entre les ordres précédents et celui qu'ils commencent.

Les Outardes habitent l'ancien continent, et on les trouve dans les prairies ; elles sont d'un naturel farouche, et lorsqu'on les poursuit elles courent avec une grande rapidité et en s'aidant de leurs ailes ; mais ce n'est qu'avec peine qu'elles prennent leur vol, qui s'opère ordinairement au ras de terre. Ces oiseaux s'alimentent d'herbes, d'insectes ou de semences, suivant la saison. Chaque mâle a plusieurs femelles près de lui pendant l'époque des amours, puis celles-ci se séparent au moment de la ponte ; elles font leur nid dans un trou du sol.

La *grande Outarde* apparaît parfois dans les campagnes de notre pays ; elle est plus commune en Italie : c'est à sa démarche grave et lente qu'elle devait la dénomination d'*avis tarda* que lui donnaient les Romains ; elle offre une teinte jaunâtre variée de bandes fauves et brunes. C'est un excellent gibier.

ŒDICNÈMES. *OEdicnemus.* Bec plus long que la tête, à pointe comprimée, traversé par les narines. Pieds tridactyles ; doigts bordés, demi-palmés. — Ces Échassiers ont des rapports avec les petites espèces d'Outardes, ainsi que l'a énoncé Cuvier ; c'est ce qui nous a engagé à les ranger près de ce genre ; ils ne se rencontrent que dans l'ancien continent, et opèrent, dans l'été, des migrations périodiques pendant lesquelles ils volent vers le nord, conduits en troupes par un chef qui les dirige. D'un naturel sauvage et craintif, ces oiseaux restent cachés le jour dans les déserts, lieux où ils se plaisent de préférence, et ne cherchent leur nourriture que pendant la nuit ; celle-ci se compose d'Insectes, de Limaces et de petits Reptiles.

A l'époque des amours, les Œdicnèmes s'isolent. Le mâle s'unit à une femelle qu'il n'abandonne qu'après le temps nécessaire à la reproduction. Le résultat de la ponte est de deux œufs ordinairement jaunâtres ou verdâtres tachetés de brun. C'est dans une cavité du sable ombragée de bruyères que ceux-ci sont généralement déposés.

L'*OEdicnème criard,* dont la couleur roux cendré se confond avec les solitudes qu'il habite, vient visiter l'Europe.

PLUVIERS. *Charadrius.* Bec grêle, plus court que la tête ; narines en occupant les deux tiers. Pieds tridactyles. — Répandus sur presque toutes les parties de la terre, ces volatiles font leur retraite dans les marais fangeux ou sur les côtes maritimes. Ils sont voyageurs, traversent l'air avec ordre, et vivent en société. On a remarqué que quand les troupes de ces Échassiers prennent du repos, des sentinelles vigilantes restent éveillées pour les avertir des dangers qui peuvent les menacer. Ils se nourrissent de mollusques et de vers.

La femelle pond de trois à cinq œufs très-volumineux relativement à la grosseur de l'oiseau, et d'une teinte olivâtre, pointillés et rayés de brun; elle les place dans un petit creux sur le sable nu ou le gravier, et parfois aussi sur les grèves couvertes d'herbes aquatiques. Ces Échassiers sont recherchés comme un excellent gibier.

Le *Pluvier doré*, qui est noirâtre, pointillé de jaune en dessus et blanc en dessous, est le plus commun en Europe.

AGAMIS. *Psophia.* Cou duveteux; bec courbé, voûté. Doigts longs, grêles; un pouce court. — L'*Agami*, aussi nommé Oiseau-trompette, à cause de son cri particulier qui semble sortir de l'anus, est la seule espèce de ce genre. Il est noir, élevé sur de longues jambes, et vit dans les forêts de l'Amérique méridionale, où sa nourriture se compose de petits insectes, de graines et de brins d'herbe. Peu soigneux dans la construction du lieu qui doit recevoir sa progéniture, il se contente d'un trou creusé au pied d'un arbre, et y dépose douze à quinze œufs d'un vert clair et presque sphériques.

Se soumettant facilement à la domesticité, cet oiseau déploie une intelligence que l'on n'observe dans aucun autre de sa classe; il s'attache aux pas de l'homme comme un chien, et l'on peut lui confier la garde des troupeaux à la pâture : il les défend avec un courage qui surpasse ses forces; puis, de retour au logis, il fait encore la police de la basse-cour, et force le bétail à rentrer le soir.

KAMICHIS. *Palamedea.* Bec court. Ailes très-amples, munies d'ergots; pieds longs, tétradactyles; ongle du pouce plus long. — Ces oiseaux, qui offrent dans leurs mœurs plusieurs points de ressemblance avec les Gallinacés, habitent l'Amérique méridionale. L'ergot dont leurs ailes sont pourvues paraît être chez eux une arme inutile, car leur naturel doux et craintif ne leur permet pas d'en faire usage. Ils sont très-intelligents, et l'éducation peut en faire de bons gardiens pour les volatiles que l'on élève dans les plantations. Ce sont les buissons touffus que les Kamichis choisissent pour établir, à peu d'élévation, un nid spacieux dans lequel la femelle dépose deux œufs, et c'est sous la direction de leurs parents que les petits apprennent à pourvoir à leur subsistance.

Le *Kamichi cornu* est d'un noir ardoisé; sa tête est surmontée d'une tige cornée, mobile; il vit, comme ses congénères, dans les marécages, où il se nourrit de plantes aquatiques.

FAMILLE DES CICONIENS.

Bec ordinairement long et robuste; cou long. Tarses élevés; quatre doigts, dont trois sont antérieurs et un peu palmés, principalement l'intervalle du médian et de l'externe; sternum en bouclier, large, court, très-bombé, à une seule paire d'échancrures peu profondes, au bord postérieur.

GRUES. *Grus.* Bec droit, de taille médiocre, obtus, peu fendu, profondément cannelé au-devant des narines. Pouce effleurant seulement le sol; ongles courts, obtus, non dentelés.

On trouve de ces oiseaux dans toutes les régions du globe; mais ils semblent préférer celles qui sont tempérées, et pour se procurer cette chaleur douce et constante qu'ils recherchent, on les voit accomplir de longues émigrations, de manière que dans l'été c'est dans le Nord qu'ils fixent leur résidence, tandis que pendant l'hiver c'est vers les contrées équatoriales.

Les Grues offrent des habitudes plus terrestres que les Hérons et les Cigognes, et leur gésier étant musculeux elles suivent un régime plus herbivore que les autres Ciconiens; tout peut leur servir d'aliment : tantôt elles mangent de l'herbe ou des graines, et tantôt de petits reptiles, des poissons ou des mollusques. Ces oiseaux bâtissent leurs nids sur les tertres qui se trouvent parmi les marécages, ou dans les buissons, et là ponte des femelles consiste ordinairement en deux œufs verdâtres tachés de brun.

La *Grue commune* ou *cendrée* fréquente successivement les contrées du Nord et les régions méridionales : aussi les anciens, la rencontrant également aux deux extrémités du monde qui leur était connu, la nommaient indifféremment *oiseau de Scythie* ou *oiseau de Libye;* cet animal se trouvait communément autrefois en Thessalie, et s'abattait en grandes troupes sur cette contrée qui, à cause de cela, avait été appelée par Platon le *pâturage des Grues.*

Les Grues cendrées, dont le nom rappelle la couleur, ont un vol puissant, mais il semble qu'elles aient de la peine à prendre leur essor, car on les voit d'abord courir quelques pas avant de s'envoler, et elles ne s'élèvent ensuite que peu à peu. Ces oiseaux sont des voyageurs par excellence; lorsqu'ils se disposent à quitter quelque région, plusieurs jours à l'avance on les entend s'appeler par un cri particulier; et quand tous ceux d'un rayon de plusieurs lieues se sont réunis en troupes, ils partent sous la conduite d'un chef, en formant dans l'air deux files qui viennent se réunir par l'une de leurs extrémités et représentent un triangle isocèle au sommet duquel se trouve le chef qui les dirige et les commande. Celui-ci, qui est un des plus vigoureux d'entre eux, ne reste à la tête des émigrants que pendant un certain temps, et il abandonne sa place à un autre lorsqu'il est las et passe à l'arrière de la bande. Par une prévoyance que dicte sans doute leur faiblesse, c'est ordinairement la nuit que les Grues opèrent leurs translations, pour éviter les espèces rapaces dont elles deviennent quelquefois la pâture, et on les entend pendant leur course jeter de moments en moments des cris qui semblent être des signes de rappel adressés par les individus qui guident la phalange à ceux qui les suivent et répétés par eux.

Cette disposition qu'affectent en volant les troupes de Grues est très-favorable pour fendre la colonne d'air, mais elle leur deviendrait funeste dans un moment d'attaque; aussi l'on dit que lorsqu'elles aperçoivent quelque oiseau de proie elles se resserrent et forment une masse circulaire qui, étant plus compacte, peut mieux se défendre. Quand le vent devient fort et que la troupe peut craindre que ses tourbillons ne la dispersent, la même précaution est prise par les individus qui la composent, et ils se resserrent davantage afin de leur donner moins de prise.

Les Grues cendrées dorment la nuit en plaçant leur tête sous leur aile ; et, depuis Aristote, on a répété que pendant qu'elles se livrent au sommeil, si elles sont réunies plusieurs ensemble, l'une d'elles veille la tête haute, afin de prévenir la troupe des dangers qui pourraient la menacer. Ces oiseaux font leurs nids dans les marécages et les placent sur les buttes garnies de gazon qui s'y trouvent. Ils les construisent avec des joncs et d'autres herbes, et la femelle y pond deux œufs d'un cendré verdàtre, qu'elle couve en se tenant debout. Le mâle partage avec elle les soins de l'incubation, et pendant que l'un d'eux s'en occupe et reste sur la progéniture, l'autre se tient debout aux environs du nid pour veiller à la sûreté commune.

Historique. Les Grues furent observées par les plus anciens peuples, et leur histoire, en se traduisant d'âge en âge, fut environnée de nombreuses erreurs. Elles étaient surtout devenues célèbres à cause de leurs migrations, et les agriculteurs de la Grèce réglaient sur leur départ et les cris qui les précèdent, le temps de labourer la terre. Le plus ancien des historiens profanes, Hérodote, parle déjà de ces voyages et dit qu'elles passent des plaines de la Scythie aux marais de la haute Égypte ; Aristote, après lui, en fait mention et décrit l'ordre de leur marche ainsi que les chefs qui commandent leurs troupes errantes.

Parmi les fables dont les Grues ont été le sujet, on doit mentionner les combats que certains écrivains anciens, à la tête desquels on doit citer Homère, puis Pline, prétendaient qu'elles livraient aux Pygmées. Les commentateurs ont perdu un temps prodigieux pour étayer cette absurdité et trouver où résidait cette nation dégénérée, ou expliquer autrement le conte des anciens, contre lequel cependant Strabon s'était déjà élevé. Paw, parmi les modernes, a même exercé son érudition dans ses recherches sur les Égyptiens, pour prouver que les combats des Grues et des Pygmées n'étaient qu'une allusion au décroissement du Nil ; et de nos contemporains ont prétendu que par cette version l'antiquité n'avait voulu désigner que les luttes de ces oiseaux et de quelques espèces de Singes.

Parmi les actions fabuleuses attribuées aux Grues il faut encore mentionner que certains auteurs racontent que pendant leur vol elles se lestent avec une pierre qu'elles portent entre leurs pattes ; fait qui, quoique réfuté avec raison par Aristote, est cependant reproduit dans Pline.

La *Grue couronnée,* ou *oiseau royal,* est une belle espèce qui vit en Afrique et se fait remarquer par une aigrette de soies jaunes qui couronne sa tête ; elle a trois pieds de hauteur ; sa coloration est cendrée et son ventre noir, mais ses ailes sont en partie blanches. Cet oiseau offre des mœurs douces et sociables ; il s'approche de l'homme avec plaisir, et on assure qu'au cap Vert sa familiarité est telle qu'il y vit avec les habitants dans une sorte de demi-domesticité, et vient partager le repas des volailles dans leurs basses-cours.

Le cri de la Grue couronnée est extrêmement retentissant et a été comparé au son d'une trompette. Cet animal fréquente les terres cultivées et y paît les herbes ou en enlève les semences; on le trouve aussi parmi les marécages, où il s'occupe à prendre de petits poissons ainsi que des vers et des mollusques. Les habitants de quelques régions de l'Afrique l'ont en grande vénération et l'appellent le Héraut des fétis.

La *Demoiselle de Numidie* est une Grue d'une taille élancée et gracieuse; elle est cendrée avec un cou noir et offre deux belles aigrettes blanchâtres formées par les plumes effilées qui couvrent l'oreille. Cet oiseau doit son nom à son port élégant et surtout à l'espèce de mimique qu'il affecte lorsqu'il marche ou qu'il s'incline; dans le premier cas il bondit avec précaution et comme s'il allait commencer une danse; quand il s'incline il semble qu'il imite les révérences que font les dames. Dans la plus haute antiquité ces allures singulières avaient frappé les premiers observateurs.

HÉRONS. *Ardea.* Bec long, conique, pointu, offrant un long sillon de chaque côté; mandibules tranchantes. Doigts longs, grêles; ongles longs, aigus; le moyen à bord interne dentelé. — La facilité avec laquelle ces oiseaux supportent le froid, et l'étendue de leur vol, les ont propagés par toute la terre, et ils vivent sur les bords des lacs, des rivières ou des marais. Ordinairement, et il est probable dans le seul but de trouver plus facilement leur nourriture, les espèces de ce genre restent isolées; mais, selon Temminck, elles se réunissent par grandes troupes pour émigrer. Presque tous les Hérons sont demi-nocturnes, et quand ils volent, ils replient fortement la tête en arrière, et celle-ci repose contre le dos, tandis que les pieds sont étendus horizontalement pour servir de gouvernail.

Ces oiseaux sont d'un caractère patient et sombre, et il est souvent difficile de les approcher. Leur bec est extrêmement fendu et va jusque vers les yeux; il se trouve armé, chez un certain nombre, de dentures dirigées en arrière et destinées à retenir les animaux glissants dont ils se nourrissent. Les Hérons ont un estomac vaste, mais peu musculeux, et ils n'offrent que de fort petits cœcums. Les poissons et leur frai, les reptiles, les insectes, les mollusques d'eau douce, ainsi que les vers, composent principalement leur régime alimentaire. Parfois, pour en trouver, ils parcourent les marécages et en fouillent la vase avec leurs pieds afin d'en faire sortir les Grenouilles; d'autres fois ils se posent sur le bord de l'eau, y attendent patiemment les poissons, et dardent leur bec comme un trait sur ceux qui viennent à passer près d'eux.

Ces Ciconiens qui, à l'exception du temps des migrations, vivent isolés, se réunissent aussi à l'époque de leurs amours, et se forment en sociétés qui nichent dans les mêmes endroits, et dont les individus se rendent de mutuels services. Ils placent fort souvent leurs nids vers les sommités des arbres qui avoisinent l'eau, ou simplement sur les broussailles. On a même observé que, dans certains districts où ces oiseaux sont extrêmement nombreux, quand il n'y a pas assez de végétaux élevés pour recevoir leurs constructions, ils les déposent sur le sol ; c'est ce que vit le colonel Montagu en Écosse. Là il existait une île fréquentée par des Hérons ; et comme elle ne présentait qu'un seul arbre trop petit pour suffire à tous, beaucoup de ceux-ci avaient nidifié sur l'herbe. Jamais les espèces de ce groupe ne mettent à l'édification de leur nid le soin que certains animaux de leur classe y apportent : celui-ci est négligemment fait de petites bûchettes entrelacées avec des joncs et supportant un mince matelas de mousse et de duvet ; la ponte est de quatre à six œufs dont la couleur est verte, bleue ou blanche.

On a partagé ce genre en plusieurs coupes subgénériques parmi lesquelles nous citerons les Hérons proprement dits, les Aigrettes, les Butors, les Crabiers et les Bihoreaux.

Les **HÉRONS PROPREMENT DITS** se font remarquer par leur cou, qui est très-grêle et garni vers le bas de plumes pendantes.

Le *Héron commun* a le plumage cendré, avec une huppe noire à l'occiput, et le devant du cou blanc maculé de plumes noires. Cette espèce est une de celles que l'on a observées dans les climats les plus opposés : on en a vu en Angleterre, en Norvége et même en Sibérie, et, d'un autre côté, elle a été trouvée en Perse, au Japon et en Guinée ; il paraît même qu'elle a été reconnue en Amérique et aux Antilles. Dans quelques localités cet oiseau est stationnaire ; dans d'autres il émigre, mais il n'est jamais bien commun. Le jour il fréquente les marais et les bords des lacs ou des rivières, et la nuit il se retire dans les forêts qui les avoisinent.

Les ailes de cet oiseau sont grandes, et son vol est puissant ; en quelques instants il s'élève à une prodigieuse hauteur et on le perd de vue. Lorsqu'il est assailli par l'Aigle et le Faucon, il profite de cette faculté et n'élude leurs attaques qu'en s'efforçant de gagner le dessus. Ce Héron déploie une patience extraordinaire pour attendre sa proie ; à cet effet, on le voit rester immobile pendant des heures entières en guettant les poissons ou les reptiles ; et chaque fois qu'il en vient à sa portée, son bec les atteint avec la rapidité d'une flèche.

Le Héron place son nid au sommet des grands arbres, comme le font les Corbeaux, et quelquefois dans le voisinage de ceux-ci ; c'était probablement cette particularité qui avait porté les anciens, et entre autres Aristote, Pline et Élien, à émettre qu'il existait une grande amitié entre ces oiseaux ; mais s'ils vivent parfois dans l'union, on sait positivement aussi que dans certaines circonstances il naît des rivalités entre ces deux espèces, et qu'elles se livrent des combats à outrance quand elles se trouvent dans une localité, et que leurs troupes diverses veulent nidifier sur les mêmes arbres. Le fait suivant, rapporté dans le curieux recueil de Rennie sur l'architecture des oiseaux, prouve cette assertion. « Il existait dans le Westmoreland deux avenues d'arbres, dont une était occupée par les nombreux nids de quelques familles de Hérons, et l'autre par les constructions d'une grande quantité de Corbeaux. Ces deux tribus vivaient depuis longtemps en bonne intelligence ; mais les arbres occupés par les Hérons ayant été abattus en 1775, ces oiseaux allèrent s'installer dans ceux des Corbeaux ; ces derniers firent une vigoureuse résistance, et il en résulta un combat pendant lequel ils perdirent beaucoup des leurs, et à son issue, les Hérons, maîtres du champ de bataille, purent nidifier tranquillement. L'année suivante, les Corbeaux tentèrent de reconquérir leur gîte, mais ils éprouvèrent une nouvelle défaite, et depuis lors la paix régna entre les deux partis. »

La femelle de l'espèce que nous décrivons pond quatre à cinq œufs allongés, à peu près également pointus aux deux bouts et d'un vert clair. Pendant qu'elle les couve, le mâle, à ce que l'on dit, lui apporte une partie de sa pêche.

La chasse des Hérons était autrefois un des plaisirs des princes, et on l'opérait à l'aide des Faucons. Ils étaient extrèmement recherchés pour la table des grands à l'époque de la renaissance, et leur chair passait pour un mets royal parmi la noblesse française. Ces oiseaux peuvent subir la domesticité. Lorsqu'on les prend adultes, ils n'acceptent aucune nourriture, et périssent bientôt d'inanition ; mais lorsqu'on en fait la capture quand ils sont encore jeunes, il est possible de les élever. Belon dit que, pour s'en procurer, François Ier forma à Fontainebleau deux héronneries artificielles qui réussirent parfaitement. En Angleterre, antérieurement à l'époque à laquelle vivait le prince français, il y avait déjà des lois qui punissaient de fortes amendes, et même d'emprisonnement, ceux qui dérobaient les jeunes Hérons à leur nid, et ces oiseaux, apportés sur les marchés, s'y vendaient un prix trois fois plus considérable que celui d'une oie. Aujourd'hui on n'y en trouve plus, et leur viande est regardée comme désagréable.

Les plumes des Hérons étaient autrefois très-recherchées en Europe pour décorer les casques des guerriers de la plus haute naissance, et aujourd'hui elles font encore l'ornement du splendide costume des chevaliers de l'ordre de la Jarretière. Dans l'Orient elles avaient aussi une grande valeur ; Chardin raconte que les habitants de la Perse attrapent ces oiseaux et les dépouillent de leurs longues plumes, puis qu'ils les rendent à la liberté, et que celles-ci font partie de la couronne royale du souverain. Les sauvages américains, qui sont très-amateurs des ornements faits en plumes, recherchent aussi beaucoup celles de quelques espèces de Hérons pour en parer leur chevelure, et Wilson dit qu'ils en apportent dans les marchés de la Nouvelle-Orléans pour en avoir le débit.

Les AIGRETTES sont des Hérons dont l'extrémité postérieure du dos est garnie, à certaines époques, de plumes longues et effilées.

La *grande Aigrette*, qui est le type de cette section, se rencontre à la fois dans les quatre parties du monde. Elle est d'un blanc pur, et les longues plumes à barbes effilées qu'elle porte sur le dos sont susceptibles de se relever quand elle est excitée. Sa nourriture se compose de Grenouilles, de Lézards, de petits poissons ainsi que de mollusques et d'insectes. On découvre son nid dans les arbres, et la femelle pond quatre à six œufs d'un bleu pâle.

La *petite Aigrette*, qui est de la même couleur, mais d'une moindre taille, visite le midi de la France et réside principalement en Asie.

Les **butors** ont les plumes du cou lâches et écartées, ce qui fait paraître celui-ci d'une grosseur extraordinaire.

Le *Butor vulgaire* porte une dénomination qui provient de sa voix effrayante, qui paraît être un cri de rappel pour la femelle et qui se rapproche du mugissement du Taureau : c'était elle qui avait valu à cet oiseau l'épithète de *Bos Taurus*, sous laquelle on le désignait autrefois, et dont, par altération, on aura fait le mot *Butor*. Le nom spécifique de *Stellaris*, que les anciens donnaient à ce Héron, semble devoir son origine à l'essor que chaque soir il prend vers les astres quand il sort des marécages pour aller se livrer au repos, car on ne peut croire que les maculatures qui décorent sa robe aient pu être comparées à des étoiles et lui aient mérité cette belle épithète.

Ce Butor est de la grosseur d'une Poule, et offre un plumage varié de jaune ferrugineux et de noir. On le rencontre en France et dans une grande partie de l'Europe; il est assez commun parmi les endroits marécageux; c'est dans ceux-ci qu'il se tient solitairement durant le jour, en ayant soin d'élever de temps à autre sa tête au-dessus des végétaux aquatiques pour juger de ce qui se passe autour de lui, et apprécier si aucun danger ne le menace. Cet oiseau est courageux, et lorsqu'il est blessé, il se défend encore avec opiniâtreté contre les chasseurs; aussi ceux-ci ne doivent-ils s'en saisir qu'avec précaution, car son bec est si tranchant que leurs bottes n'abriteraient même qu'imparfaitement leurs jambes.

Cette espèce fait son nid, au printemps, dans les touffes de plantes aquatiques. La femelle y pond quatre à cinq œufs d'un cendré verdâtre, dont l'incubation est de vingt-cinq jours environ. Les parents ont un grand attachement pour leurs petits, et ils les défendent courageusement contre les oiseaux de proie qui essayent de s'en emparer.

Les **crabiers** sont des Hérons qui se distinguent simplement des autres en ce qu'ils sont de plus petite taille, et qu'ils ont les pieds courts. Il en existe en France.

Les **bihoreaux** ont, avec le port des Butors, mais avec un bec plus gros, quelques plumes grêles derrière la tête. Le *Bihoreau d'Europe*, dont le dos est noir et le reste blanc, se trouve en France.

CIGOGNES. *Ciconia.* Bec long, droit, conique, aigu, tranchant. Pouce posant sur le sol; ongles courts, plats et non dentelés. — Il existe des Cigognes dans les quatre parties du monde, et elles s'y cantonnent près des rivages de la mer et des fleuves, ou dans les lieux aquatiques, car ce sont eux qui leur fournissent leurs aliments de prédilection. Ces oiseaux possèdent un vol puissant, durant lequel leur cou est dirigé en avant, et leurs pattes sont étendues horizontalement en arrière pour maintenir l'équilibre et servir de gouvernail. Ils exécutent de longs voyages périodiques dans lesquels, pendant l'hiver, on les voit se rapprocher constamment des contrées méridionales afin d'y jouir d'une température sans cesse égale, et surtout d'y trouver les animaux dont ils se nourrissent, et qui, dans le Nord, sont alors engourdis par le froid ou protégés par les glaces. Certaines espèces, qui arrivent au printemps en Europe pour y séjourner pendant toute la saison chaude, quittent ce continent par grandes troupes aux approches du froid, et vont passer l'hiver en Asie et en Afrique, où on les rencontre alors par bandes innombrables sur les rivages de la mer ou sur les bords des fleuves.

Les Cigognes sont des oiseaux doux et d'un naturel extrêmement sociable, aussi est-il facile de les élever en domesticité. Leur larynx inférieur est dépourvu de muscles propres, et elles sont totalement privées de voix; mais quand la colère ou l'impatience agite ces Échassiers, ils font entendre un singulier claquement qui est produit par le contact de leurs mandibules, qu'ils frappent l'une contre l'autre avec vivacité. La nourriture de ces oiseaux se compose de petits mammifères, de poissons, d'insectes, et principalement de reptiles; et c'est à la grande consommation qu'ils font de ceux-ci, ainsi que de quelques autres animaux nuisibles, que sont dus la protection, et même l'espèce de respect religieux dont on les environne en quelques contrées.

Les espèces les plus sociables font souvent leurs nids sur les monuments qui se trouvent dans les villes ou les villages; celles qui ont des mœurs plus sauvages les construisent sur les bifurcations les plus élevées des arbres. Dans certaines cités, on rencontre à chaque pas de leurs aires spacieuses où, de temps immémorial, des couples fidèles viennent faire leur ponte, sans que le fracas qui y règne leur cause aucune épouvante. Juvénal dit qu'un couple de ces oiseaux avait fixé sa résidence sur le temple de la Concorde, à Rome, malgré le tumulte du Capitole, et cette particularité fut même représentée sur des médailles d'Adrien. D'après les récits des voyageurs, chaque colonne qui reste encore debout parmi les immenses débris de Persépolis, offre, sur sa corniche, le nid d'une famille de Cigognes. Ceux qui ont parcouru l'Espagne disent que dans diverses villes, et particulièrement à Séville, les sommités de toutes les tours, ainsi que celles des habitations, sont occupées par une quantité considérable de gîtes où résident ces oiseaux.

C'est ordinairement avec des bûchettes entrelacées de tiges de graminées que les Cigognes bâtissent leurs nids. Ceux-ci contiennent de deux à quatre œufs jaunes ou verdâtres, et quelquefois tachés de brun.

La *Cigogne blanche* est un oiseau voyageur qui séjourne l'été en

Europe, puis qui passe l'hiver en Afrique, et surtout en Égypte. On la rencontre principalement, dans la première de ces parties du monde, en Hollande, en Allemagne, en Pologne et en France, et elle s'élève jusqu'en Suède. On remarque souvent que ce sont les mêmes individus qui, chaque saison, viennent fréquenter les contrées où ils s'étaient précédemment installés. Cette coutume, ainsi que l'étendue des grands voyages que ces animaux accomplissent, se trouvent constatées par le fait suivant, qui a été observé en 1833, et que nous extrayons textuellement d'un dictionnaire d'histoire naturelle : « L'année der-
» nière, un gentilhomme polonais, ayant pris dans sa propriété une
» Cigogne, eut la fantaisie de lui mettre un collier portant cette inscrip-
» tion : *Hæc Ciconia ex Polonia* (cette Cigogne vient de Pologne),
» et remit ensuite l'oiseau en liberté. Cette année, la même Cigogne
» est revenue dans le même lieu, et a été reprise par le Polonais. Mais
» quelle ne fut pas la surprise de celui-ci, lorsqu'il découvrit au-des-
» sous du collier de fer un collier en or sur lequel se trouvaient ces
» mots : *India cum donis remittit Ciconiam Polonis* (l'Inde renvoie
» la Cigogne avec des dons aux Polonais). Après avoir invité ses amis
» à lire cette missive, il laissa s'envoler le messager ailé. » Ces oiseaux ne paraissent pas émigrer pour se soustraire au froid, qui semble peu les affecter, mais seulement pour trouver des pays qui possèdent des Reptiles et des Amphibiens à la surface de leur sol, car ce sont ceux-ci qui font leur principale nourriture.

C'est souvent sur les hauts monuments ou les habitations que ces Ci-gognes placent leurs nids ; elles font chaque année une ponte en Europe, pendant leur séjour dans cette partie du monde, et une autre en Afrique tandis qu'elles y hivernent ; chacune de celles-ci produit de deux à quatre œufs, que le mâle et la femelle incubent tour à tour, et qui éclosent au bout d'un mois. Ils les soignent avec une persévérance et avec une constance que rien ne peut ébranler. On rapporte, comme un fait avéré, que, dans l'incendie de Delft, une femelle aima mieux périr dans les flammes que d'abandonner sa jeune progéniture encore inhabile à voler. Il y a même dans ces oiseaux un tel attachement pour les petits, que jamais ceux-ci ne cessent d'être protégés par leurs pa-rents durant leur séjour dans le nid ; et tandis que l'un de ces derniers est obligé de s'éloigner pour pourvoir à sa subsistance ou rappor-ter des aliments à la famille naissante, l'autre veille sans cesse près d'elle et sans la perdre de vue pour la défendre contre les oiseaux de proie.

Historique. La tendresse extrême et l'irrésistible attachement que ces animaux portent à leur progéniture n'avaient point échappé à l'antiquité, et l'admiration que celle-ci avait pour eux était encore augmentée par l'opinion généralement accréditée que ces oiseaux nourrissaient leurs parents quand ils étaient vieux. Ce dernier trait, qu'Aristote est assez judicieux pour ne présenter que comme un fait fort douteux, mais qui est énoncé trop légèrement comme positif dans des ouvrages graves émanés de notre époque, a encore ajouté beaucoup à la célébrité de la Cigogne. C'était en consécration de ces prétendus soins que les Grecs donnèrent le nom de cet oiseau à la loi qui obligeait les enfants à nourrir les auteurs de leurs jours quand ils étaient âgés et dans l'indigence ; c'étaient aussi ces penchants affectueux qui l'avaient fait considérer comme le symbole de la piété. Les Hébreux, selon Montfaucon, nommaient la Cigogne *hasida*, mot qui veut dire pieuse ; Pétrone l'appelait *pietaticultrix*, expression qui peint un être qui cultive la piété ; et l'on sait en outre que cet oiseau est figuré sur quelques médailles pour représenter cet emblème.

Aucun animal n'a vu ses services aussi bien appréciés par l'homme, et aucun n'a reçu une vénération aussi universelle que cette Cigogne. Le bien-être qu'elle procure au sol en extirpant de sa surface une foule de Reptiles nuisibles, lui avait attiré une telle considération de la part des peuples de l'antiquité, que parmi eux sa destruction était regardée comme un crime. En Égypte, cet oiseau était devenu, comme l'Ibis, l'objet d'un culte spécial. Pline et Plutarque rapportent qu'en Thessalie son utilité était tellement appréciée, et que l'on avait une telle vénération pour lui, que ceux qui se rendaient coupables de son meurtre encouraient la peine de mort.

Les Orientaux conservent encore aujourd'hui, pour cet oiseau, une partie du respect antique ; en Suisse, ainsi qu'en Hollande, on l'entoure d'égards, et il y a un siècle que Salerne écrivait que si l'on en tuait un dans cette dernière contrée, on courait risque d'être lapidé par la populace. Dans certains pays on regarde comme un présage de bonheur le séjour des Cigognes sur les habitations. Parmi quelques cités de l'Espagne, et surtout à Séville, le bien-être qu'on leur doit leur vaut la protection de tous les habitants, et on les voit avec plaisir s'installer sur les toits, parce que l'on sait qu'elles débarrassent les maisons qu'elles fréquentent d'une foule d'animaux nuisibles. C'est ainsi que ces oiseaux, rendus confiants par cet accueil, sont devenus, dans certaines régions du globe, les familiers des demeures de l'homme ; en Hollande, où leur utilité est fortement appréciée, on construit même des bâtisses sur les cheminées et vers le sommet des édifices, afin d'inviter leurs familles à s'y établir ; aussi là, dans les villes comme au sein des campagnes, on rencontre communément de ces nids offerts par notre industrie à ces intéressants Échassiers, et dans lesquels, de temps immémorial, leurs couples viennent passer l'été chaque année, et qu'ils n'abandonnent que pendant la saison froide.

La *Cigogne noire* se rencontre aussi en France : son plumage est noirâtre, à reflets pourpres, et son ventre est blanc. Au lieu d'avoir la familiarité de l'espèce précédente, cet oiseau est sauvage et solitaire ; il se rencontre parmi les marécages, et nidifie dans les arbres des forêts, surtout sur les pins et les sapins élevés.

ARGALAS. *Argala.* Bec excessivement fort, pyramidal, lisse ;

cou sub-nu, offrant à sa partie inférieure un appendice sacciforme. — Nous avons pensé que dans l'ornithologie, où l'on avait souvent créé des genres sur les plus faibles modifications de l'organisme, et souvent même avec une minutie qui en rend la distinction difficile, on ne pouvait laisser ces animaux parmi le groupe des Cigognes, dans lequel on les comprend ordinairement sous le nom de *Cigognes à sac.* En effet, ces oiseaux diffèrent des Cigognes par la structure de leur bec, par leur cou nu, et surtout par cette singulière poche, analogue à un saucisson, et qui leur pend à la région inférieure du cou. Certains naturalistes, trouvant que les Argalas ont moins d'affinité avec les Cigognes qu'avec les Jabirus, les ont confondus dans ce dernier genre. Cette oscillation a dû nous les faire placer entre ces deux groupes, dont ils se rapprochent par quelques caractères, mais dont ils diffèrent aussi par plusieurs dispositions organiques fondamentales.

Les Argalas, ou Cigognes à sac, résident dans l'Inde et au Sénégal, et on les y trouve souvent par troupes vers l'embouchure des fleuves. Cuvier dit que leur large bec leur sert à prendre des oiseaux au vol, mais on s'accorde à penser qu'ils vivent principalement de reptiles. Comme on a reconnu que ces Échassiers dévoraient beaucoup de ces animaux nuisibles, on les révère dans certains pays en reconnaissance de ce service. Dans les principales villes de l'Inde, la protection qu'on leur accorde les fait affluer dans les rues, dont ils enlèvent toutes les immondices; et, à Chandernagor ainsi qu'à Calcutta, une amende de dix guinées est infligée à ceux qui tuent un de ces oiseaux. Aussi, dans ces cités, ceux-ci sont devenus tellement confiants par les bons traitements qu'ils reçoivent, qu'on les voit s'approcher des habitants avec la plus grande familiarité; souvent ils viennent même près des casernes des soldats à l'heure des repas, et s'y tiennent alignés avec régularité pour en attendre la fin et en dévorer les restes, qu'on leur jette habituellement, et qu'ils se disputent avec acharnement. Ces oiseaux sont extrêmement gloutons : il leur arrive parfois d'avaler des os d'un volume considérable; Smeathman en vit un qui, au moment du dîner, se plaçait derrière la chaise de son maître, et lui dérobait assez souvent quelques mets s'il n'était pas surveillé; il le faisait avec une telle voracité et si rapidement, qu'un jour il s'empara d'une volaille et l'avala tout d'une pièce.

Les Argalas possèdent, sur les côtés du croupion, des plumes blanches extrêmement élégantes dont la tige est très-fine et les barbes excessivement longues et légères : ce sont elles que l'on nomme *marabouts,* et qui sont aujourd'hui un si grand objet de mode. Pour obtenir ces plumes précieuses et les expédier en Europe, où leur commerce est assez important, dans l'Afrique et dans l'Inde on élève de ces oiseaux en domesticité, et de temps à autre on les leur arrache.

L'*Argala marabout,* qui vit au Sénégal, et dont le manteau est d'un noir bronzé uni, est l'espèce qui fournit les plus belles plumes

pour la toilette des dames. L'*Argala de l'Inde* a les couvertures de
l'aile bordées de blanc, et ses marabouts sont moins estimés.

JABIRUS. *Mycteria*. Bec très-fort, courbé en haut; tarses réti-
culés. — Ces Échassiers ont la plus grande analogie physique avec les
Cigognes; ils leur ressemblent aussi par les mœurs, et quelques auteurs les comprennent même dans le genre que forment ces dernières;
on en trouve dans les deux continents.

Le *Jabiru d'Amérique* est blanc, avec le cou noir et nu lorsqu'il
est adulte, car dans la jeunesse cette région du corps est à moitié
garnie de plumes qui tombent successivement à mesure que l'animal
avance en âge. Il habite constamment les terres inondées de l'Amérique
méridionale, qui, offrant abondamment à cet oiseau vorace les poissons et les reptiles dont il se nourrit, sont devenues pour lui un lieu de
prédilection dont il ne s'écarte que rarement.

C'est sur les grands arbres que les Jabirus placent leur nid, qu'ils
construisent avec de longs rameaux soigneusement entrelacés, et dans
lequel la femelle ne pond qu'un ou deux œufs. Les petits, qui sont courageusement défendus par leurs parents lorsque quelque danger les
menace, sont nourris de poissons jusqu'à ce qu'ils puissent pourvoir
eux-mêmes à leur subsistance. Le même nid sert, à ce que l'on pense,
pour plusieurs couvées. La chair des jeunes individus de ce genre est
tendre et d'un goût assez agréable, mais celle des vieux devient dure
et huileuse.

BECS-OUVERTS. *Anastomus*. Bec à mandibules ne se joignant
point au milieu. — Naturels aux contrées de l'Inde et de l'Afrique, ces
oiseaux ont aussi les plus grands rapports avec les Cigognes; leurs
mandibules seules les en différencient par l'écartement qu'elles présentent et qui semble dû à l'usure produite par la détrition, comme
l'attestent les fibres cornées qui s'y observent. Les Becs-Ouverts, dont les
mœurs sont du reste peu connues, vivent dans les marais ou sur le
bord des eaux; ils se nourrissent de reptiles et de petits poissons. On
n'en connaît que deux espèces; nous ne citerons que le *Bec-Ouvert à
lames*, qui habite le Sénégal et la Cafrerie, et dont la robe est noire,
irisée; il est surtout remarquable par ses plumes qui se terminent par
une lamelle cornée.

OMBRETTES. *Scopus*. Bec très-comprimé, un peu crochu au
bout, et dont l'arête se renfle vers sa base. Narines se prolongeant en
sillon jusqu'à son extrémité.

Ce genre ne renferme qu'une seule espèce qui est commune en
Afrique; sa taille est celle d'une petite Poule et son plumage de couleur
de terre d'ombre. Le mâle offre une petite huppe,

SAVACOUS. *Cancroma*. Bec très-déprimé, comme formé de

deux cuillers ; mandibule supérieure terminée en crochet. — Les
vastes savanes de l'Amérique équatoriale sont le séjour du *Savacou
cochlearia*, qui est la seule espèce connue ; sa tête porte une huppe
flottante qui se hérisse pendant la colère ; son dos est gris et son ventre
roux. Cet oiseau, patient et silencieux, se tient souvent sur les vieux
troncs d'arbres des rivages, d'où il s'élance sur les poissons ou les
mollusques qui viennent près de lui ; quelquefois aussi il mange des
Crabes. C'est dans des buissons peu élevés que les Savacous placent
leur nid, qui est hémisphérique et composé à l'extérieur de branches
touffues entrelacées avec des bûchettes ; sa cavité est revêtue d'une
épaisse couche de duvet sur laquelle la femelle dépose deux ou trois
œufs d'un gris verdâtre.

FAMILLE DES TAKYDROMES.

Bec généralement grêle et long. Doigts ordinairement courts
et souvent réunis par des palmures plus ou moins étendues ;
pouce rudimentaire ou nul ; sternum bombé, à crête fort saillante, à bords très-convexes.

Ce groupe se compose d'un assez grand nombre de genres, que nous
divisons en deux sous-familles, les *Takydromes hétérorhynques*, qui
comprennent ceux dont le bec est anormal, et les *Takydromes mi-
crorhynques*, qui offrent presque tous un bec fin et plus ou moins
long. Par la distribution des genres que nous suivons, nous avons en
vue de nous rapprocher de la dégradation de l'organisme considéré en
général.

PHÉNICOPTÈRES. *Phenicopterus.* Bec gros, subitement
courbé, denté ; mandibule inférieure semi-cylindrique, la supérieure
plate. Pieds palmés. — Les Grecs, en imposant à ces Échassiers le nom de
Phénicoptères, qui signifie ailes de feu, ont voulu rappeler la brillante
teinte rouge de leurs ailes qui, lorsqu'ils volent, leur donnent l'apparence de la flamme. Par les dénominations de *Flambant*, de *Flam-
boyant* ou de *Flammant*, par lesquelles nous les désignons en français, nous traduisons, mais d'une manière moins gracieuse, l'idée et
le mot des anciens. On a parfois donné à ces oiseaux le nom de *Bé-
charu*, dans l'intention de rappeler la singulière forme de leur bec,
en le comparant au manche de la charrue ; mais ce nom, employé par
les académiciens, est totalement abandonné.
   Les Phénicoptères habitent toutes les régions chaudes et tempérées
du globe ; ils se trouvent sur les bords de la mer ou vers l'embouchure des fleuves, et, à ce que dit Dampier, il en existe une si grande
quantité dans certaines îles de l'Amérique, que les navigateurs leur ont
donné le nom d'îles des Flammants ; ils vivent constamment en troupes

plus ou moins nombreuses. Soit que leurs bandes prennent quelque repos sur les plages, soit qu'elles s'occupent à la pêche, on observe que les individus dont elles se composent s'alignent toujours de manière à former des files régulièrement droites. La méfiance domine dans les mœurs de ces oiseaux; et quand ils stagnent dans quelque endroit, ou qu'ils cherchent leur nourriture, l'un d'eux est toujours placé en sentinelle, pour avertir les autres des dangers qui pourraient survenir et les menacer. Cette vedette a le cou tendu et l'œil attentif; et aussitôt que dans le lointain quelque chose l'alarme, elle communique ses craintes à la troupe par un cri aussi singulier que bruyant, qui ressemble au son d'une trompette. Immédiatement après que cet avertissement salutaire s'est fait entendre, tous les Phénicoptères s'envolent à la hâte.

Ces oiseaux se nourrissent de mollusques, de frai de poissons, de vers et d'insectes; Duméril dit que c'est en labourant la vase avec leur bec, qu'ils renversent de manière à tenir la mandibule supérieure en dessous, qu'ils la retournent comme avec un soc de charrue, et y trouvent leur subsistance.

Les Flammants nidifient dans les endroits qui avoisinent l'eau, et souvent sur les plages des îles basses. Leurs longues jambes rendant l'incubation difficile dans un nid de construction ordinaire, ils en font un d'une forme toute particulière. Celui-ci présente un cône tronqué, d'environ vingt pouces de hauteur, et est fait uniquement avec de la vase qui se dessèche et se solidifie par l'action de l'air et du soleil. Les œufs, qui sont blancs et ordinairement au nombre de deux ou trois, se trouvent déposés dans un creux qui est placé au sommet de ce singulier nid; suivant quelques observateurs ils y sont à nu sur la terre, mais Molina rapporte avoir observé que le fond de la cavité était tapissé par un duvet très-fin. Les voyageurs disent que les jeunes Phénicoptères courent peu de temps après leur naissance, mais ils ne volent que lorsqu'ils sont revêtus de toutes leurs plumes. Ce n'est que dans un âge avancé, vers deux ans, que celles-ci prennent l'éclat qui fait rechercher ces oiseaux dans les collections; lorsqu'ils sont plus jeunes, leur plumage est tout cendré, avec du noir sur les ailes et la queue.

Le *Phénicoptère flammant* ou *flambant* acquiert de trois à quatre pieds de hauteur; lorsqu'il est adulte son plumage est d'un rouge pourpré sur le dos et rose aux ailes; les pennes de celles-ci sont noires, et le bec est jaune et noir au bout. Cet oiseau est répandu sur tout l'ancien continent au-dessous du 40ᵉ degré. Pendant l'été il arrive par troupes nombreuses sur nos côtes méridionales, et parfois on le voit parvenir jusqu'au cours du Rhin. Cet Échassier se rencontre communément dans quelques îles de la Méditerranée et particulièrement en Sardaigne, où il passe l'hiver; là il émigre au mois de mars pour se porter vers des latitudes plus septentrionales, et c'est au mois d'août qu'il revient dans cette île après un long voyage. « Alors, dit un écrivain qui a observé le retour des Phénicoptères en Sardaigne, du haut du bastion qui sert de promenade aux habitants de Cagliari, on voit arriver des volées de ces magnifiques oiseaux. Disposées en bandes triangulaires, elles se montrent d'abord comme des lignes de feu dans le ciel; elles s'avancent dans l'ordre le plus régulier. A la vue de l'étang elles ralentissent leur marche, et paraissent un instant immobiles dans les airs; puis traçant par un mouvement lent et circulaire une spirale conique renversée, elles atteignent le terme de leur migration. La descente de ces oiseaux est majestueuse, et bientôt après, ce spectacle fait place à un autre non moins imposant; brillant de tout l'éclat de leur parure flamboyante, les Phénicoptères, rassemblés à terre, sur un même rang, représentent en quelque sorte une petite armée en ligne de bataille, qui ne laisse rien à désirer quant à l'uniformité et à la symétrie. »

Les Phénicoptères étaient célèbres parmi les anciens; ceux-ci estimaient beaucoup leur chair, et Philostrate la regardait comme un des délices des festins. Mais c'était surtout leur langue qu'ils recherchaient et considéraient comme un mets aussi délicat qu'exquis; Apicius et Pline disent qu'Héliogabale en mangeait avec un plaisir extrême. Pendant leurs orgies, les Romains employaient aussi les longues plumes de ces oiseaux pour se chatouiller la gorge et se faire vomir afin de pouvoir de nouveau se livrer aux plaisirs de la table.

Les modernes qui ont eu l'occasion de manger du Flammant ont trouvé sa chair assez désagréable; elle est huileuse et conserve une odeur de marécage très-prononcée. En Égypte, d'après ce que dit Geoffroy Saint-Hilaire, on extrait une certaine quantité d'huile de la langue de cet Échassier, qui est fort grasse, et ce liquide, que l'on obtient par la simple expression, est employé pour assaisonner des mets divers. Dans ce pays, à ce que rapporte ce savant, cet oiseau est si commun, et on en tue un tel nombre, que l'on voit des barques, qui en sont totalement chargées, descendre le Nil avec ce gibier que l'on porte dans les marchés où on le vend sans langue.

La peau du Flammant est garnie d'un duvet analogue à celui qui s'observe chez les Cygnes, et l'on s'en sert aux mêmes usages. Enfin, pour mentionner tout le parti que l'on peut retirer de cet animal, on doit encore dire que diverses peuplades sauvages emploient ses brillantes plumes pour se faire quelques ornements, tels que des coiffures, des ceintures et des colliers; en Sardaigne on confectionne même avec l'os de la jambe de cet oiseau des espèces de flûtes dont les habitants de cette île tirent des sons doux et agréables.

SPATULES. *Platalea.* Bec très-long, terminé par un disque aplati, spatuliforme. — Les espèces de ce genre, qui est répandu sur toutes les plages du globe, vivent en petites troupes près des rivages maritimes qui leur offrent l'ombrage d'arbres élevés.

Une température constamment égale semble nécessaire à ces Échassiers; et pour se la procurer, ils accomplissent des migrations en se joignant aux bandes de Cigognes qui vont retrouver, pendant notre hiver, la douce atmosphère de l'équateur; mais ils reviennent chaque été dans les climats septentrionaux. On peut facilement les soumettre à la domesticité. Les Spatules quittent chaque jour leurs retraites pour venir sur les grèves où battent les flots y saisir les poissons que ceux-ci y apportent continuellement. Quand cette proie manque, on les voit vivre de reptiles, d'insectes ou de coquillages.

La *Spatule blanche*, dont le cou est jaune, est un des beaux oiseaux de l'Europe; elle fréquente tous les parages de cette partie du monde.

TANTALES. *Tantalus.* Face nue; bec très-long, recourbé en bas, à dos arrondi, dilaté à sa naissance. — Ces Échassiers habitent les deux continents, et c'est en général vers les contrées chaudes qu'on les trouve, et parmi les sites aquatiques. Ils sont fort peu farouches et paraissent stupides; on les voit rester immobiles à l'approche du chasseur, et le bruit de son arme ne semble même pas les effrayer. Les Tantales vivent de petits poissons et particulièrement de Serpents; aussi, à cause de la destruction qu'ils font de ceux-ci, les considère-t-on comme rendant de grands services aux pays qu'ils habitent. Ce sont les hauts arbres qu'ils choisissent pour y placer leur nid; les femelles pondent deux ou trois œufs et les petits sont assez longtemps avant de pouvoir prendre leur volée.

Le *Tantale ibis* ou Tantale d'Afrique, qui a la face rouge, et dont presque tout le plumage est d'un blanc roussâtre, passait, parmi les savants du dernier siècle, comme étant l'oiseau que les Égyptiens révéraient sous le nom d'Ibis; mais comme nous l'avons dit, en traitant de celui-ci, Cuvier a démontré que c'était une erreur.

IBIS. *Ibis.* Tête et cou entièrement ou partiellement nus; bec arqué, grêle, obtus, à base presque carrée, profondément sillonné jusqu'au bout. Pouces posant sur le sol. — On trouve de ces oiseaux dans toutes les parties du globe; ils fréquentent constamment les bords des fleuves, des lacs ou des marais, et ils vivent par petites troupes composées de six à dix individus. Les Ibis, à certaines époques, accomplissent de grands voyages; en volant, ils ont le cou et les pattes étendus horizontalement, et de temps à autre ils jettent quelques cris rauques.

Ces Échassiers offrent des mœurs douces et paisibles. Beaucoup d'auteurs anciens ayant prétendu que l'espèce la plus célèbre se nourrissait de Serpents et de reptiles venimeux, on crut longtemps à cette erreur; mais il est certain que ces oiseaux, dont les mandibules sont trop faibles pour attaquer de semblables proies, ne s'alimentent que d'insectes et de vers, ou de mollusques et de petits poissons qu'ils trouvent dans les marécages qu'ils fréquentent. Les Ibis vivent en monogamie, et chaque couple ne se sépare qu'à la mort. C'est sur les arbres et rarement sur le sol qu'ils placent leurs nids ; ceux-ci, que les deux sexes édifient ensemble, se composent de petites bûchettes et de brins d'herbe. La ponte est de deux ou trois œufs, dont l'éclosion se fait vers le trentième jour de l'incubation.

L'*Ibis sacré*, qui a une extraordinaire célébrité à cause du culte dont il fut anciennement l'objet, était autrefois fort abondant en Égypte, puisqu'au dire d'Hérodote on l'y rencontrait à chaque pas, et que Strabon rapporte qu'il remplissait les rues d'Alexandrie au point de gêner la circulation des passants. Mais cet oiseau, qu'Élien disait si attaché à cette terre sacrée, qu'il se laissait mourir de faim lorsqu'on l'en expatriait, ne s'y rencontre aujourd'hui que rarement, et il habite particulièrement le Sennaar et le Sénégal. Cet Ibis est à peu près de la grosseur d'une Poule ; sa tête et son cou offrent une peau noire et nue ; mais son plumage est blanc, à l'exception de l'extrémité des ailes qui est noire, et de la partie postérieure du corps qui se trouve recouverte de plumes à barbes très-longues et effilées qui sont d'une couleur noire à reflets bleuâtres. C'est la forte échancrure qui est formée par les plumes blanches sur les noires qui garnissent le croupion, que les Égyptiens, suivant Plutarque, considéraient comme un emblème de l'image de la lune dans son croissant.

Tous les écrivains qui parlent de l'Égypte et presque tous les monuments de cette nation rappellent ce célèbre oiseau. Hérodote en donna une fort bonne description, à laquelle il ajouta malheureusement que cet Ibis arrêtait à la frontière de l'Égypte les Serpents ailés qui tentaient d'envahir le pays, et qu'il en faisait un carnage extraordinaire ; cet historien dit même avoir visité un lieu qui était rempli des débris des victimes de l'oiseau sacré. Après lui beaucoup d'auteurs ont reproduit cette fable d'une manière plus ou moins exacte et probablement sur sa seule autorité : tel fut Élien, qui y ajouta que l'Ibis jetait une si grande épouvante parmi les Serpents, que ses plumes suffisaient seules pour les faire fuir. Cet écrivain trouvait aussi que cet oiseau représentait un cœur quand sa tête était enfoncée sous ses ailes ; ce qui probablement le fit considérer par Horapollon comme l'emblème du cœur humain. Cicéron, Plutarque, Pomponius Méla, Solin, etc., parlèrent également de cet animal.

Il n'est presque aucun monument de l'Égypte sur lequel on ne retrouve des figures d'Ibis. Ceux ci y sont représentés sous un type particulier, mais fort reconnaissable. Il existe aussi de ces oiseaux sur la fameuse mosaïque de Palestrine ; ils y sont juchés sur des espèces de cabanes qui n'étaient peut-être, selon Montfaucon, que des refuges que leur offrait la piété des peuples des rivages du Nil. Dans la collection des *Studii*, à Naples, nous avons vu des Ibis en marbre blanc, ayant un cou de bronze qui imitait la dénudation et la couleur de cette région de ces oiseaux ; ces sculptures avaient été trouvées à Pompeï. Sur une peinture parfaitement conservée, découverte dans cette cité, j'ai reconnu deux Ibis rendus avec la plus grande fidélité; ils étaient placés sur le devant du tableau, qui représentait une cérémonie du culte isiaque; et à leur cou déplumé et noir, à leur croupion de la même couleur, il était impossible de méconnaître leur identité avec l'espèce qui nous occupe. Sur quelques productions de l'art, de l'époque d'Adrien, qui si souvent rappellent l'Égypte par leurs emblèmes, on voit aussi des Ibis; telles sont diverses médailles d'argent et de bronze.

Cependant malgré l'excellente description laissée par Hérodote, et les notions que nous léguèrent les écrivains qui le suivirent, tels que Élien, Plutarque, Horapollon; malgré les représentations fidèles de la statuaire et de la peinture antiques, on n'eut longtemps que de très-fausses idées sur cet animal sacré. C'est à Bruce qu'appartient la gloire de l'avoir fait connaître le premier parmi les modernes, et il dit expressément que l'Ibis, qu'il nommait *Abou annès* ou père Jean, est le même oiseau que celui que l'on rencontre dans les cruches à momies. Mais les naturalistes rejetèrent les assertions de ce voyageur, plus célèbre par son courage que par la précision de ses observations, et, entraînés qu'ils étaient par l'ascendant de l'opinion des antiquaires, ils s'obstinèrent à ne reconnaître l'Ibis sacré que dans les espèces ophiophages.

Les savants de l'Académie des sciences, désirant connaître cet oiseau célèbre, s'étaient adressés à Louis XIV afin qu'il leur en procurât un. Ce prince, pour se rendre aux vœux de cette illustre compagnie, fit écrire à son ambassadeur près la Sublime Porte pour inviter le grand-seigneur à ordonner l'envoi de l'un de ces animaux. Bientôt après, le désir de l'Académie fut réalisé. Cependant il ne jaillit nulle lumière de cette société savante. Buffon et Blumenbach, quoiqu'ils eussent ouvert des momies de cet animal, n'en tombèrent pas moins dans l'erreur commune, et considérèrent le Tantale d'Afrique comme étant l'Ibis des anciens; Hasselquist confondit cet oiseau avec un petit Héron blanc et noir, d'autres avec le Percnoptère d'Égypte. Cuvier lui-même fut d'abord trompé, et partagea l'opinion erronée des premiers naturalistes que nous venons de citer. Mais Fourcroy lui ayant remis deux momies de l'oiseau sacré, qui avaient été rapportées d'Égypte par un colonel de notre armée, le savant naturaliste fit faire un squelette avec l'une d'elles, et il reconnut bientôt que celui-ci ne pouvait être assimilé au Tantale; son investigation fut même heureusement favorisée par quelques plumes noires du croupion, qu'il trouva encore intactes dans une des momies qui étaient à sa disposition, plumes qui sont uniques à cette espèce et tout à fait caractéristiques. En jetant ensuite un coup d'œil sur les oiseaux du cabinet du roi, Cuvier y trouva une espèce qui n'avait pas encore été nommée ni décrite par aucun ornithologiste, excepté peut-être, comme il le dit lui-même, par Latham; et après l'avoir considérée avec soin, il lui découvrit tous les caractères qui appartiennent à l'Ibis des Égyptiens; aussi cette espèce, restée jusqu'alors obscurément perdue dans les collections, acquit immédiatement une grande célébrité, et son identité avec l'oiseau révéré sur les bords du Nil lui fit donner le nom d'Ibis sacré, *Ibis religiosa*.

L'Ibis sacré était l'objet d'une grande vénération parmi les Égyptiens ; ils prétendaient que les dieux prendraient sa forme s'ils voulaient se dérober aux regards sous une enveloppe mortelle, et que même Mercure s'en était déjà revêtu pour venir enseigner les sciences aux humains. Sur les monuments des bords du Nil le dieu Thôt, qui est le Mercure des Égyptiens, est même représenté avec une tête d'Ibis, et tenant dans sa main un bâton à crans. Le culte que ceux-ci portaient à cet oiseau était tel que celui qui en tuait un, même accidentellement, se trouvait considéré comme sacrilége, et Hérodote dit qu'il était lapidé par le peuple. Les prêtres nourrissaient des Ibis dans leurs temples, et après la mort de ces Échassiers, on les embaumait ou on les confiait à la sépulture avec un certain cérémonial. Il y avait même des catacombes spéciales pour eux : telles sont celles nommées Puits des oiseaux, qui se trouvent dans le voisinage de l'ancienne Memphis. Les Ibis y étaient placés dans des pots de terre cuite, rangés avec ordre l'un sur l'autre et scellés dans le plâtre par leur couvercle.

Les antiquaires se sont souvent exercés à trouver l'origine du culte singulier que les Égyptiens portaient à l'Ibis ; la plupart d'entre eux ont supposé que cette vénération exprimait la reconnaissance nationale pour le bienfait que cet oiseau procure à l'Égypte en dévorant une multitude de Serpents qui infestent ses campagnes. Cette idée a pris sa source dans l'assertion d'Hérodote qui dit textuellement : « Les Arabes assurent que c'est en reconnaissance des services qu'il rend au pays, en détruisant les *Serpents ailés*, que les Égyptiens ont une grande vénération pour l'Ibis, et qu'ils conviennent eux-mêmes que c'est là la raison pour laquelle ils l'honorent. »

On ne peut plus admettre aujourd'hui cette opinion. Il est vrai que Cuvier dit avoir trouvé quelques écailles de Serpents non digérées dans le corps de la momie d'un de ces oiseaux ; mais, ainsi que l'a démontré M. Savigny, ce fait isolé n'est nullement concluant. Ces écailles, qui n'avaient pas subi l'action des organes digestifs, avaient probablement été introduites pendant l'opération de l'embaumement ; comme l'on commençait celle-ci en extrayant le tube intestinal, on ne peut pas admettre qu'aucun des aliments de l'oiseau puisse se rencontrer dans l'abdomen des momies ; d'un autre côté, on sait que l'on trouve parfois sous les mêmes bandelettes plusieurs animaux réunis : certaines espèces de Serpents étant rangées parmi les animaux sacrés, il n'est pas extraordinaire qu'on en ait introduit des fragments dans le corps de quelques Ibis. D'ailleurs il est aujourd'hui reconnu par les Égyptiens eux-mêmes que ces oiseaux ne mangent point de reptiles, mais seulement des insectes, des vers et de petits poissons ; et Cuvier a postérieurement adopté cette opinion. D'après cela, il semble plus raisonnable, relativement à l'origine du culte de l'Ibis, d'admettre les vues de M. Savigny qui pense que cet oiseau était révéré, non parce qu'il détruisait les Serpents , mais à cause du présage favorable de son apparition , qui annonçait, chaque année , aux nations égyptiennes , l'époque de la crue du Nil fécondateur. En effet, la présence constante de cet animal à l'époque où le fleuve vient purifier et enrichir le sol, avait dû frapper les prêtres et le peuple de l'antique nation, et leur faire croire qu'il existait des rapports surnaturels entre la crue des eaux et le séjour des Ibis , dont les mœurs douces et le remarquable plumage ont dû attirer l'attention.

Cependant ne pourrait-on pas croire aussi que le culte des Égyptiens envers l'Ibis , consacrait la reconnaissance que leur inspirait cet oiseau en détruisant de nombreuses légions d'insectes funestes ; cette opinion est celle de M. Bourlet qui a fait un mémoire érudit sur ce sujet. En effet , dans les contrées habitées par cet Échassier , d'immenses bandes de Sauterelles émigrantes dévastent les champs aussi rapidement que le feu , et c'étaient peut-être ces mêmes bandes de Sauterelles, qu'il avait la réputation d'arrêter à la frontière du pays , dont on a traduit le nom par Serpents ailés ; car il est impossible de reconnaître ce qu'Hérodote a désigné sous cette dénomination : aucun reptile , excepté le Dragon , qui ne se trouve pas en Afrique , ne peut être reconnu dans ce qu'il en dit. Les arètes que le célèbre historien rapporte avoir rencontrées sur le sol , et qu'il pensait être les débris des repas des Ibis , n'étaient peut - être que le corselet de ces insectes que ces oiseaux dédaignent quand ils en trouvent une ample quantité. Ce qu'il y a de certain, c'est que les commentateurs se sont vainement exercés à trouver ce que pouvaient être ces Serpents ailés , et que , malgré un immense étalage d'érudition, ils n'ont nullement éclairci la question ; mais si on peut découvrir un jour ce que c'était que ces animaux cités par Hérodote , on aura exactement la cause du culte des Égyptiens , puisque cet historien , ainsi qu'on le voit plus haut , dit manifestement que leur vénération était l'expression de la reconnaissance du peuple pour les services que rendait l'Ibis en anéantissant la race funeste des Serpents ailés.

Les Égyptiens modernes n'ont nullement hérité des idées de leurs ancêtres à l'égard de cet oiseau, car ils le chassent ; et après lui avoir coupé le cou, ils le portent aux marchés, et l'on en rencontre parfois dans ceux de Damiette.

L'*Ibis vert* est probablement celui qu'Hérodote a décrit sous le nom d'*Ibis noir* , et qu'il dit particulièrement combattre les Serpents. Ce bel oiseau se rencontre en Afrique plus communément aujourd'hui que l'espèce précédente ; il vient aussi dans le midi de l'Europe. Son corps est d'un roux brun pourpré, avec le dessus d'un vert foncé. Cet oiseau était comme le précédent en grande vénération parmi les Égyptiens.

L'*Ibis rouge*, qui réside dans toutes les parties chaudes de l'Amérique, offre un plumage d'un rouge superbe partout, à l'exception de l'extrémité des pennes des ailes, qui est noire. Cette espèce est sédentaire ; elle vit en troupes près de l'embouchure des fleuves, et elle subit parfaitement la domesticité. Ce n'est que dans l'état adulte qu'elle offre sa brillante couleur de carmin, car les petits sont d'abord couverts d'un duvet noirâtre, puis ils ont ensuite un plumage cendré, et ce n'est qu'à l'âge de deux ans que les plumes rouges commencent à paraître.

COURLIS. *Numenius.* Tête et cou emplumés; bec grêle, à base arrondie. Doigts subpalmés, assez courts. — Ces oiseaux ressemblent beaucoup aux Ibis, mais leur bec est plus grêle et arrondi dans toute son étendue; nous en voyons plusieurs espèces dans notre pays; ils se tiennent sur les bords de la mer ou dans les marécages, se nourrissent de vers et de mollusques, et nichent souvent dans les bruyères et les dunes.

Le *Courlis d'Europe* a le plumage brun avec le bord des plumes blanchâtre et la queue rayée de blanc et de brun; il est assez commun dans quelques régions de la France.

BARGES. *Limosa.* Bec droit ou légèrement arqué, plus long que celui des Bécasses, à bout mousse et déprimé. Jambes très-longues; doigts médian et externe légèrement palmés. — Ces oiseaux ont une taille plus élancée et des jambes beaucoup plus longues que les Bécasses. On les rencontre dans les prairies des bords de la mer, et le plumage varié dont ils se revêtent à diverses époques de leur vie, en a fait trop multiplier les espèces.

BÉCASSES. *Scolopax.* Tête comprimée; yeux situés en arrière; bec excessivement long, droit, grêle, mou, à pointe renflée. Tarses assez courts. — Ces oiseaux habitent les bois ou les marécages; les uns sont sédentaires et d'autres voyageurs, et plusieurs espèces se trouvent dans nos climats. La situation de leurs yeux leur donne, ainsi que le dit Cuvier, une physionomie singulièrement stupide qu'ils ne démentent point par leurs mœurs; ils vivent d'insectes, de mollusques et de vers. On les subdivise en deux sous-genres: les Bécasses proprement dites et les Bécassines.

Les BÉCASSES PROPREMENT DITES ont des jambes totalement emplumées, ce qui indique des habitudes plus terrestres qu'aquatiques.

La *Bécasse ordinaire* est la seule espèce que nous possédions; elle réside dans les bois durant l'été, et en hiver elle descend dans les plaines et les taillis; cet oiseau se cache dans le feuillage pendant le jour, et c'est le soir qu'il sort de sa retraite pour aller chercher sa nourriture en fouillant des endroits où il existe du terreau; car c'est dans ceux-ci qu'il fixe sa résidence. Les femelles placent simplement leur nid sur le sol; elles y font quatre ou cinq œufs oblongs, d'un gris roussâtre et marqués de quelques ondes foncées; aussitôt que leurs petits sont éclos ils courent. Cette espèce fait l'ornement de nos tables.

Les BÉCASSINES ont la partie inférieure des jambes nue; aussi offrent-elles des habitudes plus aquatiques, et les trouve-t-on particulièrement dans les marais. Nous en possédons plusieurs en France, qui, comme l'espèce précédente, sont recherchées par les gourmets.

BÉCASSEAUX. *Tringa.* Bec pas plus long que la tête, arqué ou droit, déprimé et dilaté au bout. Jambes longues ou médiocres; pieds tétradactyles; pouce articulé sur le tarse. — Répandus sur les deux continents, ces oiseaux, naturellement voyageurs, suivent ordinairement les bords de la mer ou des fleuves, pendant leurs migrations, et ils s'arrêtent dans les marécages qui leur fournissent les larves d'insectes aquatiques qui forment leur régime habituel. C'est dans les herbes élevées des lieux marécageux qui avoisinent les rivières, que les Bécasseaux construisent négligemment et à la hâte un nid renfermant de trois à cinq œufs, que le mâle et la femelle couvent tour à tour. On doit admettre dans ce groupe deux sous-genres, les Bécasseaux proprement dits et les Combattants.

Les BÉCASSEAUX PROPREMENT DITS se distinguent des autres, parce qu'ils ont des doigts entièrement divisés et sans membrane inter-digitale. Le *Bécasseau violet*, dont la robe d'hiver est glacée de reflets pourprés, se trouve sur toutes les côtes européennes.

Les COMBATTANTS ont le doigt du milieu et l'externe réunis par une membrane jusqu'à la première articulation. Ces oiseaux intéressent à cause de leurs mœurs qui, ordinairement douces et pacifiques, deviennent belliqueuses à l'époque des amours. Alors la tête du mâle s'orne de caroncules, son cou se garnit d'une grande abondance de plumes, et ils se livrent deux à deux, ou un plus grand nombre à la fois, des combats acharnés dont on ne connaît pas bien les motifs. On avait supposé que c'était pour la possession des femelles qu'ils avaient lieu; mais on les a observés entre des mâles en état de domesticité et près desquels il n'existait aucune de celles-ci; et d'un autre côté, les femelles prennent part elles-mêmes à ces combats. Nous en possédons une espèce en Europe qui est commune dans tout le nord de cette partie du monde, et vient en hiver jusque sur nos côtes.

VANNEAUX. *Vanellus.* Bec court, grêle, droit, à extrémité renflée et à fosses nasales occupant ses deux tiers. Pouces rudimentaires. — Les Vanneaux sont extrêmement répandus sur tout l'ancien continent, et se trouvent représentés sur le nouveau par des espèces qui portent des éperons aux ailes. Ce sont des oiseaux voyageurs qui fréquentent les marais, et vivent de vers, d'insectes et de mollusques. Souvent on observe qu'ils frappent la terre molle avec leurs pieds pour en faire sortir les premiers. Ils placent leurs nids dans les herbes aquatiques sur les mottes de terre élevées.

Le *Vanneau huppé*, qui arrive dans nos pays au printemps, est de la grosseur d'un Pigeon; il est d'un noir bronzé avec une longue huppe. Ses œufs passent pour être délicieux.

RHYNCHÉES. *Rhynchœa.* Bec droit, aigu ; mandibules subégales, à sillon nasal régnant presque tout le long de la supérieure.
— Ces Échassiers se rencontrent dans l'Afrique et dans l'Inde. Ils ont
le port des bécassines et sont souvent bigarrés de vives couleurs disposées par taches ocellées sur leurs ailes et leur queue.

ÉCHASSES. *Himantopus.* Bec cylindrique, grêle, long, effilé.
Jambes excessivement longues et grêles ; pieds tridactyles ; ongles plats.
— Les deux continents possèdent des représentants de ce genre peu
nombreux en espèces, et ces oiseaux sont toujours rares, même dans
les contrées qu'ils habitent.

L'extrême hauteur et la faiblesse des jambes de ces Échassiers, qui
peuvent à peine les soutenir, est ce qui étonne, au premier abord, le
naturaliste qui les considère ; c'est une anomalie dont la raison n'est
peut-être pas encore suffisamment connue. Pour manger, ils choisissent
les endroits vaseux des marécages où peuvent s'enfoncer leurs longs
tarses, ce qui rapproche le bec de la bourbe dans laquelle se trouvent
les insectes, les vers ou les mollusques que ces volatiles semblent particulièrement aimer. Les marécages sauvages et souvent inaccessibles
dans lesquels les Échasses se plaisent, les ont, jusqu'à ce jour, dérobées
à l'observation des naturalistes ; aussi l'on a peu de documents sur leur
incubation, et l'on sait seulement que c'est entre quelques mottes de
terre que la femelle dépose, sur des débris de végétaux négligemment
réunis, cinq ou six œufs jaunâtres tachetés de roux.

L'*Échasse à manteau noir*, dont les parties inférieures sont blanches
et les longues jambes rouges, se trouve à la fois en Europe et au
Sénégal.

AVOCETTES. *Recurvirostra.* Bec recourbé en haut, déprimé,
très-long, grêle. Pieds subpalmés.—Ce genre, qui ne renferme que peu
d'espèces, se trouve représenté sur les deux continents. C'est à l'aide de
leur singulier bec que ces oiseaux fouillent la vase afin d'y découvrir les
vers et les larves, qui composent spécialement leur nourriture ; ils
mangent aussi le frai de quelques poissons. Assez indifférente sur le
choix d'un nid, la femelle se contente de garnir de quelques brins
d'herbe le premier creux qu'elle trouve sur le sable ou la vase durcie,
et dans lequel elle dépose deux ou trois œufs verdâtres tachetés. Le nid
des Avocettes est souvent pillé par les riverains, qui regardent leurs
œufs comme un aliment agréable.

L'*Avocette à nuque noire*, dont le plumage est blanc et les pieds
plombés, habite l'Europe.

HUITRIERS. *Hæmatopus.* Bec cunéiforme, droit, comprimé,
fort. Pieds tridactyles ; doigts bordés. — C'est à leur habitude de manger des Huîtres et d'autres mollusques bivalves qu'est due la dénomina-

tion de ces oiseaux; ils enfoncent leur bec robuste, disposé favorablement en coin, entre les battants de ces coquilles, les ouvrent violemment et en dévorent l'animal. Ils habitent les deux mondes, et leur séjour de prédilection est le bord de la mer, dont ils suivent les flots pendant les mouvements des marées, afin de s'emparer de ce qu'ils laissent à découvert; ces Takydromes déchirent même le ventre des poissons abandonnés sur la plage pour y trouver leur aliment. A l'époque de la pariade, les Huîtriers font choix de quelque endroit isolé sur la plage ou de quelque roc, et là, sans la moindre préparation, la femelle pond deux ou trois œufs d'un vert olivâtre parsemé de nombreuses taches brunes, qu'elle couve durant la nuit, mais qu'elle abandonne à la chaleur des rayons du soleil pendant que celui-ci est sur l'horizon. L'incubation est, dit-on, d'une vingtaine de jours.

L'*Huîtrier commun* est noir, avec du blanc à la gorge, au ventre, aux ailes et à la queue, et c'est cette coloration qui le fait nommer *Pie de mer* par les habitants des rivages du nord des deux continents, sur lesquels il est également répandu.

FAMILLE DES MACRODACTYLES.

Doigts des pieds robustes, excessivement longs, entièrement séparés; sternum très-étroit.

JACANAS. *Parra.* Bec comprimé; front parfois recouvert d'une membrane. Ailes armées d'éperons; ongles longs, aigus; celui du pouce extrêmement long et acéré. — Ces oiseaux portent chez nous le nom qu'on leur donne au Brésil; on les appelle aussi *Chirurgiens*, à cause de la longueur et de la forme acérée de l'ongle de leur pouce. L'Amérique, l'Asie et l'Afrique en nourrissent; ce sont les marais qu'ils habitent; ils courent avec facilité, à l'aide de leurs longs doigts, sur les plantes aquatiques qui étalent leurs feuilles à la surface de l'eau. Les Jacanas sont criards et d'un naturel querelleur; ils se nourrissent exclusivement d'insectes, nichent sur le sol, parmi les hautes herbes, et, selon M. d'Orbigny, ne couvent leurs œufs que durant la nuit.

RALES. *Rallus.* Bec droit ou médiocrement incurvé, cylindrique à la pointe, sans écusson, sillonné. Ailes sans éperons. — Les Râles se plaisent au milieu des joncs, se nourrissent de plantes des marais aussi bien que d'insectes et de crustacés; ils plongent et nagent, quoique la disposition de leurs pattes ne soit pas propice à ces exercices. D'un naturel sauvage, leur vie est solitaire; ne volant que quand le besoin les y force, ils courent avec facilité.

Le *Râle aquatique* est commun dans nos prairies coupées d'eau : coloré en roux brunâtre en dessus, ses flancs sont noirs, rayés de blanc.

Le *Râle des genêts* est aussi nommé *Roi des Cailles*, parce qu'il accompagne ces oiseaux, se montre et disparaît avec eux, ce qui avait fait croire qu'il les gouvernait dans leurs voyages.

POULES SULTANES. *Porphyrio.* Bec pyramidal, gros et court, terminé par une plaque frontale. Doigts presque sans bordure sensible. — Les oiseaux de ce genre habitent les régions chaudes de l'ancien continent, et vivent dans les lieux aquatiques; ils sont ordinairement décorés de couleurs brillantes, et leur robe est surtout ornée de nuances de violet, de bleu de cobalt et d'aigue-marine. Ces Macrodactyles ont une démarche grave et lente quand rien ne les gêne; mais lorsqu'ils sont poursuivis ils courent avec vitesse, soit sur le sol, soit à la surface de l'eau, sur les feuilles des plantes aquatiques, et c'est à l'extrême longueur de leurs doigts qu'ils doivent de ne point enfoncer dans ce dernier cas; ils nagent aussi avec beaucoup de facilité. Ces oiseaux fréquentent plus la terre que les Poules d'eau, avec lesquelles leur structure a tant d'analogie, et cela est dû à leur genre de nourriture, se composant particulièrement de céréales, et surtout de riz, qu'ils préfèrent aux végétaux aquatiques; ils font aussi usage de poisson. Lorsqu'ils mangent, ils se tiennent sur un pied, et avec l'autre, qui fonctionne comme une main, ces animaux portent leurs aliments à leur bec.

La *Poule sultane ordinaire* est indigène de l'Afrique et de l'Europe méridionale; elle se plaît surtout dans les rivières, et est assez commune en Sicile, en Calabre et dans tout l'archipel du Levant. Cet oiseau est de la grosseur d'une Poule; son plumage est d'un beau bleu de turquoise, et son bec et ses pattes offrent une couleur rouge. La douceur de son naturel et sa beauté avaient charmé les anciens, et ils l'élevaient en domesticité dans leurs palais et dans leurs temples comme un hôte digne de les orner. Aristote en fait mention; Athénée, qui le décrit bien, et Pline, parlent déjà de la manière remarquable dont il mange en portant les aliments à son bec avec sa patte. Le nom de *Porphyrion* qu'on lui donnait dans l'antiquité, et qui signifie couleur de pourpre, lui avait sans doute été imposé à cause de la coloration de son bec et de ses jambes.

Aujourd'hui on élève encore en domesticité les Poules sultanes dans quelques villes de l'Orient; dans celles de la Sicile on en rencontre souvent errant en liberté parmi les rues ou dans les marchés. La beauté de ces oiseaux devrait les faire rechercher pour l'ornement de nos habitations dans le midi de la France, où certainement ils prospéreraient.

POULES D'EAU. *Gallinula.* Bec court, surmonté d'un écusson frontal. Doigts bordés d'une membrane étroite. — Ce sont des oiseaux répandus sur une grande partie du globe, et vivant dans les marais et les rivières à l'aide des vers, des insectes, des mollusques et des petits poissons qu'ils y trouvent, et faisant parfois aussi usage de graines. Leurs nids, que l'on rencontre cachés dans les roseaux parmi les endroits les plus retirés, et qui sont construits avec des plantes lacustres, contiennent sept à huit œufs, que les deux sexes incubent ensemble.

La *Poule d'eau commune*, qui habite l'Europe et surtout l'Allemagne, l'Italie et la France, a le dos d'un brun olivâtre et les flancs d'un blanc pur.

FOULQUES. *Fulica.* Bec comprimé, surmonté d'une plaque frontale considérable. Doigts fort élargis par une membrane festonnée. — Ces oiseaux habitent tous les points du globe, et résident continuellement parmi les lacs et les marais qui se trouvent dans l'intérieur des terres, et pendant la nuit ils opèrent des voyages de l'un à l'autre. Les lobes membraneux qui se trouvent entre leurs doigts et les élargissent considérablement en font d'aussi bons nageurs que les Palmipèdes. On les trouve constamment à la surface de l'eau dans les endroits peu profonds et abrités par des joncs et des roseaux ; ils plongent aussi avec la plus grande aisance. Les insectes aquatiques, les vers et les sangsues forment la base de leur nourriture, mais ils recueillent aussi les sommités et les graines des plantes palustres. Les Foulques placent leurs nids parmi les joncs, les carex et les roseaux.

La *Foulque noire*, aussi appelée Morelle, séjourne dans presque toutes les régions de l'Europe, et elle est commune sur quelques marais de la France ; en Sardaigne on dit qu'il s'en rencontre un si grand nombre près de certains étangs, que l'on ne peut semer de blé dans leurs environs parce qu'il se trouverait bientôt détruit. Pendant un assez long séjour sur les bords du lac de Lucerne, nous avons eu l'occasion d'observer à loisir les mœurs d'une famille de cette espèce. Elle se composait d'un mâle, de sa femelle et d'un petit, et se tenait constamment dans les endroits où l'eau n'offrait guère plus de six à huit pieds de profondeur. Ces oiseaux nageaient et plongeaient avec la plus grande aisance ; lorsqu'ils s'enfonçaient, tout leur corps paraissait environné d'une couche d'air qui le rendait resplendissant, et jamais ils ne restaient sous le fluide que le temps d'arriver au fond, d'y saisir ce qu'ils y avaient aperçu et de revenir promptement à la surface. Le mâle était le plongeur principal, car la femelle semblait seulement occupée de son petit, qui nageait près d'elle et jamais ne plongeait. Aussitôt qu'il reparaissait à la surface, la femelle et le petit venaient près de lui demander leur part du butin ; il en abandonnait une partie à la femelle, qui à son tour en remettait au petit quelques parcelles, car le mâle ne lui en donnait lui-même que fort rarement. La nourriture qu'ils se partageaient ainsi se composait de vers et de larves, et surtout de débris de plantes. Quoique ces Foulques vécussent environnées d'une innombrable quantité de poissons, nous ne les avons jamais vues en prendre un seul pendant leurs excursions rapides sous l'eau.

ORDRE DES NAGEURS.

Tarses courts, comprimés; doigts entièrement réunis, rarement lobés. Sternum fort allongé, à une échancrure de chaque côté, ou un trou fermé par une membrane.

Tous ces oiseaux sont aquatiques, et parmi eux les uns vivent presque constamment à la surface de la mer, et les autres résident sur les rives des fleuves, des lacs ou des marais. Presque tous sont organisés avec une grande perfection soit pour nager, soit pour plonger ; leur tronc est, à cet effet, ordinairement ramassé, et le cou de beaucoup d'espèces se trouve fort long, et peut atteindre le fond des marécages lorsqu'elles nagent à leur surface. Leurs pattes, qui sont courtes et implantées en arrière, et dont les doigts, réunis entre eux par une membrane, ont valu à ces animaux le nom de *Palmipèdes*, offrent aussi une disposition extrêmement favorable à leur genre de vie. Les mœurs aquatiques de ces oiseaux sont aussi favorisées par la disposition de leur plumage, qui est souvent extrêmement serré et garni d'un duvet épais, puis dont toutes les plumes sont lustrées par une substance huileuse, abondante, qui les rend imperméables à l'eau.

Cependant quelques Palmipèdes nagent fort peu, et, doués d'ailes extrêmement longues, on les voit sans cesse planer à la surface de la mer avec la légèreté des Hirondelles. Mais, au contraire, ceux que l'on s'accorde à regarder comme terminant la série ornithologique n'ont plus que des ailes de plus en plus rudimentaires, et qui, dans les derniers genres, ne peuvent plus servir à les enlever du sol auquel ils restent constamment attachés. Ces ailes, dans les Manchots, finissent même par n'être plus que des nageoires, et ressemblent aux membres antérieurs des Tortues marines qui, dans la série du règne animal, forment le passage des oiseaux aux reptiles moins élevés.

FAMILLE DES MACROPTÈRES.

Bec ordinairement édenté, tranchant, faiblement courbé à la pointe ; narines non tubulées, percées de part en part. Ailes très-longues.

BECS-EN-CISEAUX. *Rhynchops.* Bec à mandibules aplaties en lames, la supérieure beaucoup plus courte. — Le nom de ces Nageurs vient de la forme de leur bec ; on les connaît aussi sous la dénomination de *Coupeurs d'eau*, parce qu'ils ont l'habitude, en volant, de tenir leurs mandibules ouvertes et de plonger l'inférieure dans la mer où elle trace une espèce de sillage : c'est par ce moyen que ces oiseaux prennent les petits poissons dont ils se nourrissent. Vivant sur les rivages escarpés du nouveau continent, c'est là qu'ils viennent chercher le repos; car on ne les voit pas, ainsi que les autres Palmipèdes, se délasser en nageant à la superficie de l'eau. Leurs nids sont formés avec des plantes marines négligemment arrangées.

Le *Bec-en-Ciseaux noir* est le mieux connu; il habite les Antilles; il est brun noirâtre en dessus et blanc par dessous.

PAILLES-EN-QUEUE. *Phaeton.* Bec droit, pointu, denticulé. Quatre doigts totipalmés; queue à deux pennes très-longues. — Appelés ainsi à cause des deux pennes pendantes de leur queue, qui, de loin, ressemblent à des pailles, ces Palmipèdes vivent en troupes dans les parages de la zone torride où paraît être spécialement leur patrie; et de là, sans doute, leur est venu le nom d'*Oiseaux des tropiques*, que les navigateurs leur donnent ordinairement.

Le vol des Pailles-en-queue est rapide et soutenu; ils se transportent à de grandes distances de terre; ces Nageurs s'élèvent aussi dans les hautes régions atmosphériques, et de là ils se laissent tomber près de la surface de la mer, pour s'élancer sur les poissons. Quand la nuit les surprend au milieu de leur course et qu'ils ne peuvent regagner le rocher, leur abri ordinaire, on dit qu'ils s'endorment en sécurité sur les flots.

Le *Paille-en-queue à brins rouges*, dont le plumage est généralement blanc, est commun.

HIRONDELLES DE MER. *Sterna.* Bec subdroit, comprimé, effilé, aigu. Queue fourchue. Ailes très-longues, pointues; tarses courts; pieds peu palmés. — On rencontre de ces oiseaux sur tous les points du globe. Ce sont leurs grandes ailes et leur vol soutenu qui les ont fait comparer aux Hirondelles et leur ont valu le nom vulgaire sous lequel on les désigne. Ils vivent de poissons et d'insectes et les saisissent ordinairement en volant. Les Hirondelles de mer déposent leurs œufs parmi les rochers ou sur le sol dans de petites cavités qui n'ont guère l'apparence de nids. La ponte se compose le plus souvent de deux à trois œufs.

STERCORAIRES. *Lestris.* Bec crochu, à narines situées vers la pointe; queue pointue ayant les deux pennes mitoyennes plus longues. Pouce presque nul. — Ces oiseaux, aussi appelés Labbes, habitent les zones froides des deux extrémités du globe. Ils offrent des ongles pointus, acérés, indice de leurs mœurs courageuses, et font une guerre perpétuelle aux Mouettes, avec lesquelles on les rencontre ordinairement, afin de leur ravir les poissons qu'elles ont pêchés, et aussi, selon quelques voyageurs, pour se repaître de leur fiente; mais ce fait, qui a déterminé le nom de ces Palmipèdes, n'est point avéré. Les Stercoraires placent leurs nids dans les anfractuosités des roches, et ceux-ci se composent d'herbes et de mousse entrelacées. La femelle pond ordinairement trois ou quatre œufs pointus.

MOUETTES. *Larus.* Bec fort comprimé ; mandibule supérieure courbée à la pointe, l'inférieure anguleuse, renflée ; narines percées à jour. Pouce libre, élevé, court. — Les Mouettes se rencontrent sur presque tous les rivages du globe, mais elles préfèrent les latitudes froides ; un manteau épais leur permet d'en braver la rigueur, et elles ne quittent les pôles que quand les glaces envahissent tout et leur dérobent les derniers vestiges de nourriture ; dans ces lieux, elles se plaisent particulièrement sur l'affreuse nudité des rochers, et elles font retentir ceux-ci de cris importuns. Ces oiseaux séjournent constamment près des rivages ; ce sont eux dont on voit les nombreuses légions apparaître sur les flots orageux, ou dessiner leurs blanches ailes sur les sombres nuages des tempêtes.

Les Mouettes ont des mœurs qui contrastent singulièrement avec leur aspect ; sous l'apparence de la douceur, avec un vol gracieux et une robe d'une blancheur éblouissante, qui séduisent les regards, elles cachent une dégoûtante férocité. Ne se repaissant que des charognes pestilentielles que la mer rejette sur les rochers, on voit ces Palmipèdes se combattre à outrance pour s'en arracher les lambeaux, puis ils gorgent de ceux-ci avec une telle voracité, qu'ils en avalent en même temps les ossements ; mais bientôt après, ils vomissent ces substances rebelles à la puissance digestive. Il est probable que cette habitude de se bourrer d'aliments est dictée par une prévoyance nécessaire à ces Nageurs, qui font de si longues excursions maritimes ; après un copieux repas, ils restent quelquefois huit jours sans manger. Les Mouettes déposent leurs œufs dans les anfractuosités des rochers.

Des naturalistes ont établi des divisions dans ce genre ; ils nomment *Goëlands* les grosses espèces, et conservent le nom de *Mouettes* ou *Mauves* aux plus petites ; mais on ne peut pas admettre une distribution si arbitraire.

La Mouette appelée par les marins *Bourgmestre*, que l'on rangeait parmi les Goëlands, a le dos et le manteau d'un gris bleuâtre clair, et le reste du plumage blanc.

La *Mouette rieuse*, dont le nom vient de son espèce de cri, a sa robe d'hiver d'un cendré bleuâtre très-clair, la tête et le cou d'un blanc parfait ; elle habite les rivages européens.

FAMILLE DES SIPHORHINIENS.

Bec à narines proéminentes, tubuleuses, crochu à l'extrémité.

ALBATROS. *Diomedea.* Bec très-fort, subitement courbé à la pointe, qui semble une pièce articulée ; mandibule inférieure tronquée. Pouces sans vestiges. — Les Albatros habitent spécialement les mers et les côtes australes, où, malgré leur énorme grosseur, on les voit effleurer légèrement la superficie des flots agités qui roulent les poissons dont ils composent leur nourriture, et saisir ceux - ci avec agilité. On les rencontre principalement dans celles qui avoisinent le cap de Bonne-Espérance. Quelques voyageurs prétendent aussi qu'à certaines saisons de l'année ils se transportent, en côtoyant la Chine et le Japon, jusque dans les parages glacés du Kamtschatka et du détroit de Béring, où leur arrivée est précédée de nuées de poissons volants ; mais cette assertion n'est pas prouvée. Parfois entraînés dans une trop longue course, ils viennent se reposer sur la mâture des vaisseaux qui traversent les tropiques, parages qu'ils fréquentent communément.

Le vol de ces oiseaux est extrêmement puissant, et il est favorisé par des ailes qui ont jusqu'à onze pieds d'envergure. Ces membres ont une autre organisation que celle que l'on rencontre dans les Martinets et d'autres grands voiliers ; car au lieu d'avoir les os du bras et de l'avant-bras très-courts, ainsi que cela s'observe chez ces derniers, et que ce soit la main qui forme la partie la plus ample de l'aile, dans les Albatros, au contraire, ce sont l'humérus et les os de l'avant - bras qui donnent au membre son étendue, et le squelette du carpe et des doigts est peu long. Les oiseaux de ce genre se font remarquer par le calme avec lequel ils exécutent leur vol ; aussi, malgré sa grande vélocité et leur pesanteur, soit qu'il ait lieu à la surface d'une mer violemment agitée, soit sur le sol parmi les rochers, leurs ailes ne font presque pas de mouvements, et ils effleurent souvent les flots avec la plus extraordinaire légèreté. Ils s'avancent extrêmement loin en mer, et l'on en rencontre jusqu'à plus de deux cents lieues de tout rivage, mais il ne s'en trouve point à toutes les distances comme on l'a faussement prétendu. Ces oiseaux peuvent soutenir le vol un temps considérable ; MM. Quoy et Gaimard en ont parfois observé des troupes qui planaient des journées entières autour de leurs vaisseaux sans paraître aucunement se lasser de cet exercice, qui exige une si grande dépense de forces. Lorsque les Albatros sont fatigués ils s'abattent sur la mer, se reposent à sa surface ou s'y endorment, car rarement on les voit fréquenter la terre. Mais il paraît qu'il leur est difficile de reprendre leur vol, et que ce n'est qu'après avoir en quelque sorte couru à la superficie de l'eau une cinquantaine de toises qu'ils parviennent à s'envoler.

Ces oiseaux ont une voix retentissante et désagréable que l'on a comparée à celle de l'Ane. Malgré leur force considérable et leur bec puissant, ils sont lâches, et se laissent poursuivre et battre par des espèces infiniment moins vigoureuses qu'eux, telles que les Mouettes, et souvent ils leur abandonnent leur proie au lieu de la leur disputer ; on dit même que lorsque celles-ci les poursuivent, en leur attaquant le ventre, les Albatros, pour se débarrasser de ces incommodes agresseurs, n'ont d'autre ressource que de se plonger dans l'eau.

Les Albatros vivent de poissons et de leur frai, ainsi que de mollusques ; souvent ils se repaissent des charognes qui flottent à la surface de la mer, et parfois on trouve un nombre considérable de ces oiseaux sur le corps des Baleines mortes. Ce sont les ennemis les plus actifs des poissons volants, et souvent ils les prennent lorsqu'ils s'élèvent au-dessus de l'eau. Leur voracité est telle qu'ils se jettent parfois sur les naufragés ; un fait récent publié dans les journaux scientifiques le confirme. Le subrécargue d'un navire français étant tombé à la mer, tandis que ce malheureux se soutenait à fleur d'eau en attendant qu'on lançât une chaloupe pour le secourir, une troupe d'Albatros s'abattit sur lui, et en l'assaillant à l'aide de leurs robustes becs ces animaux lui eurent bientôt crevé les yeux et déchiré tout le visage et les bras, à la vue de l'équipage consterné.

C'est vers la fin de septembre que ces oiseaux s'apparient. Ils font leur nid sur les grèves désertes et le placent à terre ; il est simplement construit avec de l'argile, et offre jusqu'à trois pieds de hauteur. La femelle pond un assez grand nombre d'œufs, qui sont bons à manger, mais dont le jaune ne durcit point par la cuisson.

Les marins trouvent parfois, parmi les rochers, des Albatros qui se sont gorgés d'une telle quantité d'aliments que, lorsqu'on approche d'eux, ils ne peuvent s'envoler avant d'avoir dégorgé une partie de ce que contient leur jabot ; aussi est-il alors assez facile de les assommer. Souvent en mer on chasse, ou plutôt on pêche ces oiseaux en plaçant à la surface de l'eau un poisson ou un morceau de viande qui renferme un hameçon attenant à une ligne ; bientôt les Albatros saisissent cet appât, et les marins les tirent à bord de leur navire.

Ces oiseaux ont une chair dure et coriace, aussi on n'en fait que peu d'usage ; sans cela les navigateurs trouveraient en eux un aliment fort abondant : cependant les matelots les mangent parfois, après les avoir diversement apprêtés. Les Kamtschadales, à ce que l'on dit, s'en alimentent aussi dans les moments de disette, et ils font des tuyaux de pipe, des peignes et des étuis avec les os de leurs ailes ; mais ce qui est plus certain, c'est que les marins emploient souvent la peau de leurs pieds pour faire des sacs à tabac.

On ne connaît que peu d'espèces dans ce genre ; l'une d'elles, l'*Albatros commun*, se rencontre en abondance vers les rivages méridionaux de l'Afrique, où les navigateurs la nomment ordinairement *Mouton du cap*, à cause de son volume et de la coloration de son plumage, qui est généralement blanc et seulement tacheté d'un peu de noir. Les Anglais l'appellent *Vaisseau de guerre*, parce que sa force et sa rapidité surpassent celles des autres oiseaux de mer, comme les navires de guerre surpassent en puissance et en vélocité les autres bâtiments.

PÉTRELS. *Procellaria.* Bec tranchant, à mandibule inférieure tronquée. Ongle acéré remplaçant le pouce. — Ce sont les Palmipèdes qui s'éloignent le plus des terres. Comme ils se trouvent souvent obligés de chercher un abri sur les vaisseaux quand le gros temps approche, les marins leur donnent le surnom d'*Oiseaux des tempêtes*. Le nom de Pétrel (petit Pierre) leur a été appliqué, parce qu'ils se soutiennent sur les vagues en les frappant de leurs pieds et en s'aidant de leurs ailes, et qu'ils rappellent ainsi la course miraculeuse de l'apôtre Pierre sur les flots orageux du lac de Génésareth.

L'existence des espèces de ce genre se passe presque uniquement sur les flots; c'est à peine si elles viennent momentanément se reposer sur quelque creux de rocher pour y pondre l'œuf unique qui constitue toute leur progéniture.

Les Pétrels vivent d'animaux marins, souvent de cadavres de Cétacés; ils nourrissent leur petit en dégorgeant dans son bec des portions de leur repas à demi digérées et transformées en matière huileuse, et quand ils jugent que celui-ci est capable de trouver seul sa nourriture, il est chassé de force de son nid par ses parents.

Parmi ce genre, dont les êtres se complaisent spécialement dans le Nord, nous trouvons quelques espèces sur nos côtes. La plus commune est le *Pétrel des tempêtes*, qui est noir en dessus et à croupion blanc; son apparition sur les navires indique, mieux que tous les instruments, qu'on est menacé d'un ouragan. Le *Pétrel damier*, qui vit dans les mers australes, est connu de tous les marins.

FAMILLE DES CRYPTORHINIENS.

Bec à narines linéaires à peine visibles; peau de la gorge extensible. Pieds tétradactyles, ordinairement à pouce situé en dedans et réuni avec les autres doigts par la membrane.

FRÉGATES. *Tachypetes.* Mandibules courbées; devant du cou dépourvu de plumes. Ailes très-longues, étroites; queue fourchue; doigts demi-palmés; pouce libre. — Les marins leur ont imposé ce nom pour comparer les formes élancées et la vélocité dont elles sont douées, à celles des vaisseaux de guerre les plus rapides, les frégates. Ces animaux, par leurs mœurs et leur vol, semblent représenter, parmi les oiseaux aquatiques, ce que sont les Milans dans l'ordre des Ravisseurs.

Les Frégates habitent les mers inter-tropicales des deux mondes, et quelques auteurs disent qu'on les rencontre planant à leur surface à plus de quatre cents lieues de terre. Les ailes immenses de ces oiseaux peuvent les soutenir dans l'air pendant des journées entières sans qu'ils prennent de repos; mais elles leur défendent de s'abattre sur les eaux pour nager à leur surface, parce qu'il leur serait ensuite impossible de les déployer : aussi les Frégates se contentent d'effleurer la mer, soit pour saisir les poissons volants qui s'élèvent au-dessus de l'eau, soit pour enlever, avec leur bec ou leurs pattes, les autres poissons ou les mollusques que les flots roulent avec eux. Cette grande étendue des ailes empêche aussi les Frégates de se reposer dans les plaines, car là il leur serait difficile de s'envoler si on les surprenait; pour cette raison, les lieux où elles fixent leur résidence sont ordinairement les pointes aiguës des rochers ou les arbres. Leurs doigts, imparfaitement palmés, les rendent inhabiles à plonger; mais ces oiseaux ont longtemps passé pour être plus ingénieux qu'adroits. L'on prétendait qu'ils employaient souvent la violence pour arracher à d'autres espèces la capture qu'elles venaient de faire. Catesby raconte en effet que les Frégates font des Fous des espèces de pourvoyeurs naturels, qu'elles contraignent à être l'instrument de leur pêche. Il dit qu'elles laissent ces oiseaux poursuivre les poissons, et que, lorsqu'ils en ont saisi un, elles les attaquent à coups de bec et d'aile pour le leur faire lâcher, et qu'aussitôt qu'il s'est échappé de leurs mandibules, les Frégates le saisissent, en volant, avant qu'il retombe dans la mer. Mais ce fait, cité par une foule d'auteurs, et par Cuvier lui-même, est tout à fait dénué de fondement selon quelques naturalistes de notre époque.

Les individus de ce groupe ont une telle confiance en leurs forces, qu'ils bravent l'homme lui-même, et qu'on en a vu s'approcher des marins pour leur ravir le poisson qu'ils tenaient dans leur main, et voler si près d'eux qu'on pouvait les assommer à coups de canne. Lorsqu'elles se sont gorgées des poissons ou des autres animaux marins qui composent leur nourriture, les Frégates prennent leur essor vers le rivage, et se perchent sur quelque arbre pour y digérer leurs aliments.

Ces oiseaux placent leurs nids sur les arbres voisins de la mer; les femelles pondent deux œufs d'une couleur de chair, avec de petits points rouges.

Il paraît qu'autrefois la graisse de Frégate passait pour être efficace contre les rhumatismes et la goutte; c'est au moins ce que dit le P. Dutertre; les flibustiers faisaient même un assez grand commerce de ce médicament, que l'on appelait *huile de Frégate,* et que l'on extrayait de ces oiseaux par l'ébullition. Aujourd'hui, les sauvages de quelques îles de la mer du Sud se font des bonnets avec les plumes qui se trouvent sur les côtés du cou de ces animaux.

La *grande Frégate*, qui se rencontre communément dans les parages de l'Amérique et de l'océan Atlantique, a un plumage tout noir chez le mâle, et la peau nue de son cou est d'un rouge fort vif; l'envergure de ses ailes atteint quelquefois dix à douze pieds. C'est peut-être l'unique espèce de ce genre; cependant M. Lesson pense qu'il en existe une autre qui est de moitié plus petite, et habite les mers qui environnent les Carolines.

CORMORANS. *Carbo.* Bec comprimé, crochu au bout; mandibule inférieure tronquée; sac guttural très-petit. Doigt médian denté. — La dénomination latine de ces oiseaux, dont s'était déjà servi Albert, leur a été donnée avec l'intention de rappeler la couleur noirâtre de leur plumage, que l'on a comparée à celle du charbon. Le nom de Cormorans, qui signifie Corbeaux marins, provient de la singulière comparaison que l'on a établie entre eux et les Corbeaux.

Les espèces de ce groupe sont nombreuses, et disséminées sur tous les points du globe ; elles fréquentent constamment les bords de la mer et l'embouchure des rivières. Leur naturel est doux et confiant, et leurs troupes, qui goûtent parfois du repos parmi les rochers, s'y laissent facilement approcher, et même saisir avec une sorte de stupidité. Ces oiseaux se nourrissent de poissons, et surtout d'Anguilles, qu'ils pêchent avec une merveilleuse adresse en les poursuivant sous l'eau. Selon certains naturalistes, ils les saisissent avec une de leurs pattes, tandis qu'ils regagnent la surface à l'aide de l'autre ; mais selon d'autres, et cela nous paraît plus probable, c'est avec leur bec qu'ils les retiennent. Lorsqu'ils sont arrivés au-dessus de l'eau, on s'accorde à dire qu'ils jettent leur proie en l'air pour la faire retomber dans leur gorge la tête la première, afin de pouvoir l'avaler sans que ses nageoires y mettent obstacle. La structure des narines des Cormorans favorise leurs excursions sous l'eau, car d'Azzara prétend qu'elles sont couvertes d'une valvule qu'ils ouvrent et ferment à volonté. Ces oiseaux se perchent parfois dans les arbres, et ils placent indifféremment leurs nids dans ceux-ci ou parmi les plantes aquatiques.

L'habileté que les Cormorans déploient à la pêche, et la facilité avec laquelle on les apprivoise, font que, dans certaines régions de l'Asie orientale, et surtout en Chine, on les élève en domesticité, et on les fait pêcher en les lâchant dans les endroits poissonneux, et en les habituant à rapporter leur proie à leur maître. En Angleterre, on les employait autrefois aussi à cet exercice. On les dressait exprès ; un anneau qu'ils portaient au cou était le sûr garant de leur retenue. Placés sur le devant d'une barque dirigée par leur maître, de là ils s'élançaient sur les poissons et rapportaient fidèlement ceux qu'ils parvenaient à attraper.

Le *grand Cormoran* se rencontre assez fréquemment dans nos campagnes ; son manteau est noirâtre, bronzé, et c'est particulièrement lui qui a été réduit en domesticité ; en Angleterre on l'appelle *Corbeau pêcheur*. Il vit principalement sur les bords de la mer, mais quand il fixe sa résidence près des étangs il les dévaste rapidement. En Hollande, où il se trouve beaucoup de ces oiseaux parmi les Polders, les boulangers font entrer leurs œufs dans les biscuits de mer ; mais il paraît que ce faible avantage est loin de compenser les pertes qu'ils occasionnent en détruisant le poisson.

ANHINGAS. *Plotus.* Bec droit, grêle, pointu, à bords munis de dents dirigées en arrière. — Les oiseaux de ce groupe, qui jusqu'à présent n'a été composé que de très-peu d'espèces, habitent les contrées les plus chaudes des deux continents. Les Anhingas, qui sont remarquables par l'excessive longueur de leur cou grêle terminé par une tête effilée, sont d'un naturel défiant et sauvage, et se tiennent presque constamment sur les arbres élevés qui bordent les mares ou les rivières, et d'où, avec la promptitude d'une flèche, ils s'élancent sur les poissons qu'ils aperçoivent ; nageant avec facilité, ils les poursuivent aussi parfois en se tenant au-dessous de la surface de l'eau et en ne laissant sortir que leur tête pour respirer. Le nid de ces oiseaux, qui est composé de bûchettes et de roseaux, est placé à la cime des arbres et se trouve garni d'un épais coussin de duvet.

FOUS. *Sula.* Bec long, fort, conique, à mandibules dentées sur leurs bords; gorge nue. Ongle du doigt médian dentelé. — Cette dénomination a été imposée à ces oiseaux pour rappeler leur stupidité; et celle-ci est telle que Dampier rapporte qu'il ne savait comment s'y prendre pour les chasser de certains passages qu'ils obstruaient et dans lesquels ils se laissaient plutôt assommer que d'abandonner le terrain.

Les Fous résident sur les rivages des deux continents; ils possèdent un vol rapide, néanmoins ils s'écartent peu des terres et l'on ne les rencontre guère au delà d'une vingtaine de lieues en mer; chaque soir ils reviennent chercher un abri sur la plage, aussi doivent-ils être pour le navigateur qui les rencontre l'indice certain que la terre n'est pas éloignée.

Les Fous sont belliqueux et vivent de poissons, et, selon M. Gervais, on les trouve souvent en compagnie des Frégates, qui se gardent bien de les attaquer pendant qu'ils s'occupent à dévorer leur proie. Ils placent leurs nids sur les rochers. Les femelles ne pondent qu'un ou deux œufs, et les petits en sortent couverts d'une couche si épaisse de duvet qu'ils ressemblent aux houppes à poudrer qui se fabriquent avec la peau des Cygnes.

Le *Fou blanc*, aussi appelé *Fou de Bassan*, parce qu'il est très-commun sur une petite île de ce nom qui se trouve dans le golfe d'Édimbourg, vient parfois sur nos rivages. Il est blanc, avec les premières pennes des ailes et les pieds noirs; son bec est vert.

PÉLICANS. *Pelecanus.* Bec excessivement long, droit, déprimé et terminé par un crochet. Un sac membraneux sous la mandibule inférieure. — Les Pélicans sont des oiseaux aquatiques qui vivent indifféremment sur les rivages de la mer et des fleuves, et sur les bords des lacs et des marais; ils affectionnent spécialement les régions intertropicales, mais cependant on en trouve vers le nord bien au delà de celles-ci. Il en existe en grand nombre dans certaines contrées de l'Europe, et les naturalistes qui ont pensé que ceux qu'on observe dans cette partie du monde s'y étaient égarés, oubliaient que Pallas rapporte que ces Palmipèdes sont communs parmi les lacs qui se trouvent entre l'Oural et le Volga, et que quand ils ont épuisé le poisson des premiers ils se rendent dans ces fleuves qu'ils remontent dans une certaine étendue. On a parfois aussi tué quelques-uns de ces oiseaux sur les rivages de notre patrie.

Les Pélicans vivent en petites troupes; en Afrique on en observe fort souvent sur les bancs de l'embouchure des rivières; là ils se tiennent dans l'eau à une petite distance des bords, et les yeux fixés sur le liquide , ils restent plongés dans un si grand silence et dans une si parfaite immobilité qu'on les croirait inanimés si on ne les voyait, de temps à autre , darder leur bec dans la rivière pour y saisir quelque proie, et non sans succès, ainsi que le prouve l'ampleur qu'acquiert leur poche. Les Pélicans sont de fort gros oiseaux, dont le système osseux, proportionnellement à leur volume , est extrêmement léger, et il offre des pièces si minces qu'elles en sont presque transparentes. Outre la grande quantité d'air que reçoivent leurs os, on trouve une épaisse couche de ce fluide entre la peau et les tissus qui se rencontrent au-dessous, et ce gaz, en se raréfiant par la chaleur du corps, augmente le volume de celui-ci et diminue sa pesanteur spécifique. C'est à cette structure que ces lourds oiseaux doivent d'avoir un vol aussi puissant que facile, et à l'aide duquel tantôt ils s'élèvent avec vigueur jusque dans le sein des nuages, et tantôt, au contraire, ils planent légèrement en effleurant la surface de la mer. Par une anomalie assez rare parmi les oiseaux Palmipèdes, il arrive parfois aux Pélicans de se percher dans les arbres, et ils s'y tiennent fort bien malgré la disposition de leurs pieds garnis de membranes, et qui semblent peu propres à favoriser la préhension des branches. Les Pélicans se soumettent facilement à la domesticité et en un temps très-court on les apprivoise. L'homme peut même en obtenir quelques services et leur enseigner à pêcher pour son compte; le P. Labat dit que, dans certaines îles de l'Amérique, les sauvages les emploient à cet effet. Mais ces oiseaux se montrent peu intéressants en domesticité, et ce sont d'incorrigibles et adroits voleurs qui se jettent sur tous les aliments de leur goût qu'ils peuvent attraper. Mrs Lee raconte que l'un de ces Palmipèdes qui était devenu très-familier à Sierra-Léone en Afrique, et qui stationnait ordinairement sur la place du marché, fourrait si adroitement son bec dans les paniers des acheteurs et en ravissait le poisson avec tant de prestesse, que ceux-ci ne s'apercevaient souvent de ses larcins que quand ils arrivaient au logis.

Ces oiseaux se font surtout remarquer par l'étendue considérable de la poche membraneuse qu'ils portent sous la mandibule inférieure ; elle est formée par deux membranes adossées et minces, la peau et la muqueuse de la bouche, entre lesquelles se trouvent des vaisseaux ; les dimensions de ce sac sont telles qu'il peut contenir autant de poissons que plusieurs hommes en consommeraient à leur repas ; et afin que pendant leurs pêches, lorsque ces animaux introduisent de l'eau dans le bec en même temps qu'ils y engouffrent leur aliment, celle-ci ne pénètre pas dans les voies de la respiration ou dans le tube digestif, on remarque qu'il existe deux muscles en anneaux qui, en se resserrant, protégent le larynx et l'œsophage contre l'invasion du liquide.

Les Pélicans trouvent aussi bien leur nourriture dans l'eau douce comme à la mer ; les poissons en font la base, mais ils y joignent parfois en outre quelques reptiles et même de petits mammifères. Ils se livrent à la pêche des premiers d'une manière aussi singulière que bruyante.

C'est le matin avant le lever du soleil et vers midi qu'ils s'en occupent particulièrement ; lorsqu'ils ont aperçu quelque poisson à la surface de l'eau ils s'élancent vers lui, et avec une grande vivacité battent le liquide à l'aide de leurs ailes, de manière à y occasionner un grand tumulte qui trouble instantanément leur proie ou l'étourdit, et leur donne la facilité de la saisir et de l'introduire dans leur poche. Lorsque les Pélicans sont en troupes, parfois ils agissent de concert pour pêcher ; Pallas dit qu'alors ils se rangent tous en ligne, puis qu'ils battent des ailes de manière à effrayer le poisson et à le chasser devant eux ; et quand par ce stratagème ils ont poussé leur proie vers un endroit favorable, et qu'ils se sont concentrés sur un même point, à l'aide du désordre, en plongeant, ils saisissent facilement leur pâture troublée et étourdie. Parfois aussi ils attendent leur nourriture et la capturent au passage. Quel que soit le moyen qu'ils aient employé, aussitôt que leur poche est pleine, ces oiseaux prennent leur vol et vont sur quelque rocher ou quelque endroit solitaire savourer la proie entassée dans celle-ci et la dévorer paisiblement ; ensuite ils s'assoupissent tandis que leur digestion s'opère.

Les Pélicans placent leurs nids dans les anfractuosités des rochers qui bordent les rivages. Les deux sexes s'occupent de leur construction et ils sont vastes et profonds. C'est sur un matelas de mousse et de duvet qu'ils y confectionnent, que la femelle dépose de deux à quatre œufs blancs, arrondis également par les deux bouts, et qui sont le produit de sa couvée. Leur incubation dure de quarante à quarante-cinq jours, et pendant tout le temps qu'elle a lieu le mâle vient nourrir la femelle avec ce que lui procure sa pêche. Les petits en naissant sont couverts d'un duvet gris, qui tombe bientôt après pour être remplacé par des plumes de la même couleur. Dans les diverses mues qui se succèdent, la teinte du plumage devient toujours de plus en plus claire ; mais ce n'est que lorsqu'ils ont acquis une grande taille et après la troisième mue que ces oiseaux acquièrent la blancheur que l'on admire dans certaines espèces. La mère nourrit ses petits avec les aliments qu'elle rapporte dans sa poche, et qui, dans cette cavité, ont déjà subi un commencement de macération ; elle les dégorge en pressant cette partie sur sa poitrine, et comme en exécutant cet acte elle tache parfois cette région avec le sang des animaux qu'elle offre à sa progéniture, il n'en a pas fallu davantage pour que l'imagination fît croire à quelques observateurs superficiels, que la femelle du Pélican se déchirait les flancs pour nourrir ses petits. Cette singulière idée s'est même profondément enracinée parmi le peuple.

Le *Pélican commun* ou *Pélican blanc* a reçu aussi le nom d'*Onocrotale*, parce que sa voix a été comparée au braiment de l'Ane, et les Égyptiens le nommaient parfois *Chameau de rivière* à cause de la grande quantité d'eau que sa poche gutturale peut contenir. Cette espèce, dont les mœurs ont surtout été observées, et font particulièrement le sujet des généralités précédentes, se trouve dans presque toutes les mers ; on en a rencontré dans celles qui baignent la France et l'Angleterre ; sa taille est supérieure à celle du Cygne et son plumage est blanc et nuancé d'une teinte rose. Les lois défendaient aux Hébreux la chair de cet animal, qui , parmi eux, était réputée immonde. Mais il paraît qu'il n'est guère utile d'en interdire l'usage par la violence, et qu'elle est si désagréable par elle-même qu'elle répugne à ceux qui essayent d'en manger, par son odeur de marécage et son goût détestable. Cependant les navigateurs en ont parfois fait usage, comme on le voit en lisant Dampier. On peut en extraire de l'huile , et déjà Oviédo rapporte que de son temps , sur les îles de la côte de Panama, où ces oiseaux étaient excessivement communs, on en chargeait des canots entiers pour cet usage.

La membrane qui se trouve au-dessous de la mandibule inférieure de ces oiseaux a été utilisée de diverses manières. Sur les bords du Nil, en la conservant adhérente à celle-ci, les pêcheurs s'en servent en guise d'écope pour vider l'eau de leurs petites embarcations. Les Siamois en filent des lambeaux pour faire des cordes pour les instruments de musique ; enfin les marins de diverses nations en font des sacs pour serrer le tabac, ou des chaussons et des bonnets imperméables.

FAMILLE DES COLYMBIENS.

Bec variable, déprimé ou comprimé; mandibules souvent lamellées ou dentées sur leurs bords. Ailes courtes; membres postérieurs situés très en arrière et offrant ordinairement quatre doigts.

C'est parmi ces Palmipèdes que se trouvent ceux qui , de tout l'ordre, sont le mieux organisés pour nager ou pour plonger. La situation très en arrière de leurs pattes favorise ces actions, mais elle leur rend la marche fort difficile, et même ceux qui offrent ce caractère au plus haut degré ne l'exécutent qu'avec beaucoup de peine et sont obligés de se tenir presque verticalement pour porter le centre de gravité sur la base de sustentation des membres postérieurs.

Cette famille a été divisée en trois sections d'après la considération de l'étendue des ailes. Ce sont les *Colymbiens ailés*, qui comprennent les Canards, les Harles; les *Colymbiens subailés*, où se trouvent les Grèbes, les Plongeons, les Guillemots, les Macareux et les Pingouins; les *Colymbiens inailés*, qui sont représentés seulement par les Manchots.

I. **CANARDS.** *Anas.* Bec droit, large , déprimé , arrondi et onguiculé à son extrémité ; bords des mandibules dentelés en lames. — Les petites lames transversales qui se trouvent placées sur les bords des mandibules, semblent destinées à former un vide pour laisser écouler l'eau qui entre dans le bec au moment où ces oiseaux saisissent leurs aliments, afin que celle-ci ne soit point avalée avec eux. Les Canards formant un des plus vastes groupes de l'ornithologie , les naturalistes y ont introduit diverses sections. Cuvier le partage en trois grands sous-genres, qui sont : les Cygnes, les Oies et les Canards proprement dits , et dont les deux derniers sont encore subdivisés en plusieurs sections.

Les **CYGNES** possèdent un bec qui est également large dans toute son étendue , et qui est plus haut que large à sa base ; ils offrent un espace nu entre cet organe et l'œil ; dans ce sous-genre les narines sont placées vers le milieu de la mandibule , et le cou est fort long. Les Cygnes sont les plus grands oiseaux du groupe auquel ils appartiennent , et parmi lequel leur trachée, qui n'a point de renflement , leurs intestins et surtout leurs cœcums, qui sont très-longs, peuvent encore servir à les isoler. Leur régime est en rapport avec la structure de leur tube digestif. Ils vivent principalement de graines et de racines de plantes aquatiques ; mais ils y joignent aussi des Grenouilles , des Sangsues et des Vers. Ces oiseaux vivent très-longtemps et paraissent prolonger leur existence au delà d'un siècle.

Le *Cygne à bec rouge* qui , à l'état sauvage , suivant Temminck , habite principalement les mers des régions orientales de l'Europe , est celui qui existe depuis bien des siècles à l'état domestique dans les domaines d'une foule d'états. Cet oiseau , dont le plumage est d'une éblouissante blancheur , n'acquiert son éclat qu'à l'âge de trois ans. Sa force est considérable et lui donne une grande confiance en lui-même ; il ne craint que l'Aigle , et encore il l'éloigne souvent avec avantage par les coups qu'il lui porte avec ses ailes , qui possèdent une telle puissance qu'on les dit capables de casser la jambe d'un homme.

A l'époque des amours , les mâles se battent entre eux pour la possession des femelles, et leurs luttes, qui durent des journées entières , se terminent quelquefois par la mort de l'un des rivaux. C'est ordinairement sur les bords les plus solitaires des marais, et parmi les roseaux desséchés et abattus que les Cygnes à bec rouge placent leurs nids. La ponte, qui a lieu au mois de février, se compose de sept à huit œufs d'un gris clair verdâtre. L'incubation dure environ six semaines ; c'est la femelle qui s'en occupe seule , et lorsqu'elle abandonne sa couvée elle la recouvre avec une couche de plumes et d'herbes aquatiques. Mais si le mâle ne partage pas les soins qu'exige la couvée, au moins il reste près du nid pour défendre sa compagne ; souvent alors il est dangereux de s'en approcher, et Lewin assure qu'on en a vu terrasser et fouler aux pieds des individus de quinze à seize ans. Les deux sexes prennent un égal soin de leurs petits , et souvent quand ceux-ci nagent, la femelle va en tête et le mâle la suit.

Le *Cygne à bec noir* réside dans les régions septentrionales des deux continents , et descend dans nos latitudes pendant les hivers rigoureux ; on en voit quelquefois en France des bandes considérables. Cette espèce, qui a les plus grands rapports avec la précédente , se distingue à la couleur de ses mandibules et surtout par sa trachée qui, chez les deux sexes, pénètre dans la quille du sternum. C'est elle que l'on nomme *Cygne chanteur;* mais cette voix mélodieuse que lui accordaient quelques écrivains anciens est une véritable fiction. Pline et Élien s'étaient déjà élevés contre cette croyance, et Virgile dit avec raison que cet oiseau possède un cri désagréable. En effet, celui-ci est bruyant et ressemble au son d'une trompette, ce qui, sans doute, est dû à la disposition remarquable de la trachée. Les Cygnes à bec noir sont difficiles à atteindre avec le fusil à cause de la rapidité de leur vol. On sait qu'en Islande et au Kamtschatka on les chasse d'une manière remarquable à l'époque de la mue. Comme alors la chute de leurs pennes les empêche de voler, les habitants les poursuivent, et les assomment à coups de bâton ou bien ils les attrapent avec des Chiens dressés à cet effet. Sur les bords de l'Oby on les tue par un autre moyen. A l'époque du dégel les Cosaques se font des niches avec de la neige ou des bourrées, afin de se soustraire à la vue de ces oiseaux, puis ils placent dans les environs, des Oies ou des Canards empaillés; aussitôt que les Cygnes ont aperçu ceux-ci ils fondent dessus et les attaquent avec violence, alors les chasseurs les tirent à leur aise.

Les **OIES** ont un bec plus étroit à son extrémité qu'à sa naissance et dont la base est moins large que haute; leur cou est de moyenne taille; elles possèdent des jambes plus longues que les Canards, et qui se trouvant situées plus en avant, perfectionnent leur statique et leur rendent la marche plus facile qu'à ces derniers. Ce sous-genre a été subdivisé en trois petites sections, les Oies proprement dites, les Bernaches et les Céréopsis.

Les **OIES PROPREMENT DITES** offrent un bec aussi long que la tête, et dont les lamelles sont visibles extérieurement.

L'Oie ordinaire habite les plages maritimes et les marais des contrées orientales, et on ne la voit guère se répandre dans le nord au delà du 53° de latitude. On n'en rencontre que peu en France, mais en Allemagne il en passe assez souvent. Buffon dit avec raison que c'est plutôt un oiseau de prairie qu'un oiseau d'eau, car il ne s'approche de celle-ci que la nuit, tandis que le Canard agit d'une manière contraire. En effet, durant le jour les Oies restent constamment en plaine où elles s'occupent à paître, et ce n'est seulement que le soir qu'elles se réfugient dans les marais pour leur sûreté et afin de s'y livrer plus paisiblement au repos. Les mœurs opposées qui s'observent chez les Canards se joignent aux caractères différents qu'ils possèdent pour autoriser à former une petite coupe des premières qui s'éloignent encore des Canards en ce qu'elles nagent peu et ne plongent point.

L'Oie ordinaire offre un bec orange, et son manteau est d'un brun ondé de gris; c'est d'elle qu'est provenue la variété domestique que l'on élève en si grande quantité dans nos basses-cours, où l'influence de nos soins a considérablement modifié sa coloration. Cet oiseau a dé à son humble aspect la triste opinion que l'on a généralement de son intelligence ; mais quand on l'étudie avec attention , on s'aperçoit que c'est un des animaux de sa classe dont les facultés s'élèvent à un plus haut degré. L'arrangement que présentent les troupes d'oies, quand elles traversent l'air durant leur migration, décèle déjà certaines combinaisons mentales ; on voit en effet qu'alors ces Palmipèdes sont placés sur deux lignes obliques qui viennent se réunir de manière à former un angle, disposition qui est la plus favorable pour fendre l'atmosphère. On observe en outre que celui qui est à la tête, et qui, par sa position, a le plus d'efforts à vaincre, va se reposer au dernier rang lorsqu'il est fatigué et que les autres prennent successivement sa place. Leur vol est très-élevé , et il s'opère sans bruit. Probablement que les anciens ne dotaient pas ces animaux de cette stupidité innée que nous leur distribuons si frivolement, car Plutarque raconte, d'après les oiseleurs, que l'on prétendait que les bandes d'Oies qui traversaient le mont Taurus avaient la précaution de prendre un caillou dans leur bec afin d'éviter de crier et de réveiller les Aigles dont les aires couvrent les rochers. La manière dont ce conte a été inscrit par le célèbre écrivain indique assez qu'il constituait de son temps une croyance populaire. Ce qu'il y a de certain, c'est qu'on peut citer des traits d'attachement et d'intelligence émanés de ces oiseaux. On a vu des Oies qui suivaient leur maître comme un Chien fidèle ; le philosophe Lacydius en avait une qui ne le quittait jamais , et l'accompagnait au bain et à la promenade. Il est positif aussi que l'on ne peut refuser à ces oiseaux un certain degré de prudence et de prévoyance ; ils en manifestent durant les stations qui ont lieu quand ils opèrent leurs voyages ; en effet, leur vigilance est telle que jamais on ne les surprend en défaut , et lorsqu'ils reposent un d'eux est toujours placé en sentinelle, et l'œil au guet et le cou tendu , est prêt à signaler le moindre danger à ses compagnons.

Dans nos campagnes, ces oiseaux nous donnent journellement des preuves de leur intelligence. Dans les pays où on les mène paître aux champs , fréquemment toutes les Oies d'un village se rassemblent le matin sur une seule place au son de la cornemuse de leur gardien , et ensuite elles le suivent dans la campagne sans qu'aucune s'écarte de la troupe. Le soir, quand celui-ci est de retour , il les laisse toutes sur la même place, elles prennent des chemins divers , et rentrent à leurs fermes avec empressement et sans se tromper. Le sommeil de ces animaux étant extrêmement léger , ils peuvent devenir dans les campagnes des sentinelles aussi vigilantes que les Chiens.

Les Oies nichent à terre et érigent leurs nids sur des éminences formées de joncs coupés et d'herbes sèches ; elles pondent huit à douze œufs d'un vert sale dont l'incubation dure vingt-huit à trente jours. Leurs petits en sortant du nid pourvoient eux-mêmes à leurs besoins ; chez ces animaux la mue se produit annuellement deux fois ; c'est en juin et en novembre qu'elle a lieu ; mais le plumage ne change par cette opération que chez les mâles qui, au mois de novembre, se parent de leur habit de noces et le conservent jusqu'à l'époque de la pariade.

Historique. Il a été question de ces oiseaux presque à toutes les époques historiques. On sait que les Egyptiens les considéraient comme un mets favori, et que les Grecs et principalement les Lacédémoniens les recherchaient aussi pour leurs repas. Sous la république romaine ils étaient révérés dans la ville éternelle comme le symbole de la vigilance depuis qu'ils avaient sauvé le capitole de l'attaque des Gaulois, et en reconnaissance de ce fait on nourrissait constamment dans le temple de Janus un certain nombre d'Oies dont le soin était même confié à des censeurs. Ces animaux étaient considérés comme sacrés et les aruspices consultaient leurs entrailles. Sous les empereurs, les Oies devinrent un mets extrêmement estimé; et pour satisfaire la sensualité romaine, on les engraissait avec des figues, et en outre, à ce que rapporte Horace, pour les rendre encore plus succulentes, on les plongeait dans un bain de lait ou de vin avant de les servir. Les foies gras des Oies étaient aussi très-recherchés à Rome, et avant de les manger, pour les rendre plus exquis, on les faisait tremper dans du lait; l'histoire a même inscrit que la découverte de ce mets célèbre était due à Scipion Métellus, personnage consulaire, et à Scius, chevalier romain.

Pendant les époques où ces mets étaient en vogue en Italie, les Celtes, les Gaulois et les Francs élevaient beaucoup d'Oies dans leurs campagnes et en faisaient un grand commerce avec ce pays. Pline dit avoir vu plusieurs fois de grandes troupes de ces oiseaux qui, de la Gaule du nord, se rendaient à pied à Rome; et leurs conducteurs, à ce qu'il rapporte, contrairement à ce qui a lieu pendant les migrations des Oies sauvages, plaçaient les plus lasses devant la bande, afin que les autres les poussassent en avançant. On faisait aussi usage à Rome du duvet de ces oiseaux, on retirait de la Germanie celui qui était le plus estimé; il se vendait 5 deniers, environ 4 fr. 50 c., la livre, et l'on en confectionnait des oreillers.

Dans la vieille France, longtemps les Oies furent extrêmement en honneur dans les festins, et la grande quantité que les rôtisseurs en apprêtaient les faisait désigner sous le nom d'*oyers.* Mais l'apparition du Dindon a diminué la réputation de ces oiseaux; cependant on en consomme encore beaucoup dans le midi de la France : là, dans quelques départements, on sale parfois leur viande, comme du porc, afin de la conserver. Avant ses troubles politiques, l'Espagne envoyait même à nos départements méridionaux des troupes d'Oies qui traversaient les Pyrénées et venaient alimenter nos marchés. Des calculs statistiques ont démontré que la ville de Toulouse seule consommait annuellement 120,000 de ces oiseaux, et à Bayonne et à Bordeaux on en embarquait un grand nombre pour la Hollande, qui les élève afin d'en extraire les plumes, dont elle fait un commerce considérable avec diverses nations.

Chasses. La finesse des sens des Oies sauvages et leur circonspection les rendant fort difficiles à approcher et à surprendre, leur chasse est hérissée de grandes difficultés, et se fait par une foule de procédés, selon les pays. Les Cosaques, à ce que dit Pallas, pour chasser ces oiseaux, au moment où leurs migrations annuelles les conduisent chez eux, emploient le moyen suivant. Ils choisissent un lac offrant à l'un de ses côtés un petit bois. Comme dès le matin ces oiseaux vont pâturer dans les champs, et que chaque soir ils reviennent au lac pour y passer la nuit, après s'être assuré de la route qu'ils tiennnent dans les bois, on perce vers cet endroit un chemin dont ces animaux profitent bientôt pour aller au lac ou en revenir. On laisse de chaque côté de ce chemin deux bouleaux, et l'on y tend un filet dont les mailles ont près d'un pied de large. Ce filet, d'une vingtaine d'aunes de long sur dix de large, est tenu à l'aide de ficelles placées aux angles supérieurs, et qui vont rejoindre des perches situées près des bouleaux ; on le tend de manière qu'il laisse entre lui et la terre deux ou trois aunes de distance. Un Cosaque se place derrière et se couche dans l'herbe en tenant à la main les cordes qui tendent le filet en haut. Lorsque les Oies prennent leur vol avant le lever du soleil, comme il fait sombre, elles ne voient pas le filet et se précipitent le cou dans ses mailles. Le Cosaque lâche aussitôt les cordes, et le filet tombe, entraîné par le poids des Oies qui s'y trouvent enveloppées de manière à ne pouvoir se dégager.

Dans nos pays, lorsque la neige couvre la terre, les habitants des campagnes essayent parfois de surprendre ces animaux en passant une chemise ou un vêtement blanc qui se confond avec la teinte que l'hiver a répandu sur le sol. Parfois les chasseurs s'enveloppent d'une bourrée de feuillage, et ils forment ainsi un buisson ambulant qui les dérobe aux regards des Oies et leur permet de les approcher assez pour les tirer. Il en est encore qui se déguisent en vache, et marchent avec les quatre membres pour imiter cet animal. Enfin, quelquefois aussi, on parvient à surprendre ces oiseaux en plaçant une barque vide dans un endroit qu'ils fréquentent ; bientôt ils s'habituent à l'aspect de celle-ci et s'en approchent. Lorsque l'on juge, après plusieurs jours, que leur méfiance est bannie, un chasseur se met à l'affût dans la barque, et tire les Oies à l'instant où elles se trouvent à sa portée.

Économie rurale. L'Oie domestique est un des oiseaux les plus productifs des basses-cours quand on l'exploite avec discernement On la nourrit facilement, parce que presque tous les aliments lui conviennent, et, lorsqu'on en possède beaucoup, on les mène à la pâture dans les champs.

Pendant leur vie, les Oies domestiques fournissent des plumes à écrire et du duvet. Les premières, qui ne sont que les pennes des ailes, leur sont arrachées par les fermiers deux fois par an, à l'époque des mues. Pour le duvet, on l'extrait vers le moment où il commence à tomber. La fiente même de ces oiseaux est utile à l'agriculture : on l'emploie avec avantage comme engrais.

Quand on se propose de servir les Oies sur les tables, on les engraisse en leur donnant un supplément de nourriture. Dans certains pays on les soumet à un régime forcé, qui les met dans un état réellement morbide, pendant lequel leur foie acquiert un volume extraordinaire, et parvient même jusqu'à peser deux livres et deux livres et demie. Cet organe constitue alors un mets fort recherché pour les tables somptueuses. Comme on a remarqué que l'immobilité la plus complète favorisait le développement de l'obésité, qui a pour résultat l'engraissement du foie, souvent à cet effet on soumet les Oies à la plus pénible contrainte, au plus barbare martyre. En Pologne on les introduit dans des pots en terre, dont le fond est percé pour donner issue aux excréments, et on les y bourre de nourriture; après quinze jours d'immobilité absolue l'engraissement est terminé et on casse le pot pour enlever l'oiseau qu'il contient. Autrefois, en France, on clouait les Oies par leurs pattes dans les cages où on les plaçait, ou on leur crevait les yeux. Mais ces procédés cruels sont presque généralement abandonnés; actuellement on se contente le plus souvent de les renfermer dans des cages étroites, où elles ne peuvent se retourner, et dans le bas desquelles est un treillage, afin de laisser passer les déjections; en avant se trouve une auge remplie d'eau. On les nourrit fréquemment avec du maïs, et vers le vingtième jour on joint de l'huile de pavot à cette graine. Au bout d'un mois environ l'engraissement est terminé, et il devient alors nécessaire de tuer les Oies; car, à cette époque, il se manifeste une oppression qui ne manquerait pas de les asphyxier, si on ne mettait volontairement un terme à leur existence.

Les **BERNACHES** se distinguent des Oies proprement dites en ce qu'elles ont un bec plus court que la tête, plus menu, et dont les lamelles sont invisibles.

La *Bernache ordinaire* habite le nord de l'Europe, et nous arrive en hiver; son plumage est gris cendré, son bec est noir, et son front, sa gorge et son ventre sont blancs. Cette espèce a été extrêmement célèbre, parce qu'une fable absurde, débitée sur son compte par de graves auteurs et acceptée par la crédulité, avait répandu parmi le vulgaire qu'elle naissait des fruits d'un arbre qui se trouvait sur les rivages de l'Écosse ou des Orcades. L'érudit Munster, pour ne laisser aucun doute à cet égard dans l'esprit de ses lecteurs, a même figuré dans sa Cosmographie le végétal qui passait de son temps pour produire ces oiseaux, et on y voit de ceux-ci s'échappant des fruits oviformes de l'arbre merveilleux, ou nageant dans ses environs.

La *Bernache armée*, qui doit son nom aux éperons que présentent ses ailes, et que l'on appelle aussi *Oie d'Égypte*, est une des espèces dont les couleurs sont les plus vives. D'après Geoffroy Saint-Hilaire, cet oiseau est le Chenalopex, ou *Oie renard*, que les anciens Égyptiens révéraient à cause de son attachement pour ses petits.

Les **CÉRÉOPSIS** forment dans le sous-genre des Oies une petite section créée pour un oiseau de l'Australie assez semblable aux Bernaches, mais dont le bec est encore proportionnellement plus petit.

Les **CANARDS PROPREMENT DITS** s'éloignent des deux divisions précédentes par leur bec qui est moins haut que large à sa base, et ordinairement aussi large ou plus large à son extrémité que vers sa naissance. Leur cou est court, et ils se font remarquer par leurs jambes qui sont plus courtes et situées plus en arrière que celles des Oies; structure qui leur rend la marche difficile et embarrassée, mais qui, par compensation, est favorable à l'acte de la natation; aussi, ils mènent une existence plus aquatique que leurs congénères et plongent plus souvent. Les Canards proprement dits se font aussi remarquer en ce qu'ils ont le cou moins long qu'il ne l'est dans les oiseaux des deux sections précédentes, et que leur trachée se renfle à sa bifurcation en capsules cartilagineuses dont la gauche est ordinairement la plus volumineuse. Ils vivent plus exclusivement de poissons, de mollusques et d'insectes que les autres Canards. Les espèces de cette section étant en fort grand nombre, on y a introduit diverses coupes pour les classer, ce sont : les Macreuses, les Garrots, les Eiders, les Millouins, les Souchets, les Tadornes, les vrais Canards et les Sarcelles.

Les **MACREUSES** se distinguent des autres Canards en ce qu'elles ont le bec large et renflé.

La *Macreuse commune* vit en grandes troupes sur nos côtes maritimes; et pendant l'hiver, quand les vents du nord soufflent avec violence, il est certains parages où la mer en est totalement couverte. Cet oiseau est noir et son bec est garni à sa base d'une forte protubérance; il ne vole jamais qu'au-dessus de la mer, et seulement par traites d'une petite étendue; sa marche ne s'exécute qu'avec une peine extrême, et lorsqu'on la presse il en résulte de fréquentes chutes; cette imperfection dans la progression sur le sol, qui est due à la disposition des articulations des os des cuisses qui sont fort rapprochées, est compensée par une grande facilité dans l'action de nager ou de plonger. L'eau semble tout à fait l'élément des Macreuses; elles séjournent avec la plus grande aisance sur les vagues agitées, et on les voit en disparaître ou y revenir successivement quand elles sont occupées à aller sous l'eau pour y trouver leurs aliments; ceux-ci consistent principalement en mollusques bivalves et surtout en Moules.

Durant les moments où les Macreuses abondent sur les plages maritimes où la mer couvre et découvre les coquillages dont elles se nourrissent, on chasse ou plutôt on pêche ces oiseaux par un singulier moyen. Celui-ci consiste à tendre horizontalement, à deux pieds au-dessus de la plage qui est à sec, un filet à très-larges mailles. Quand la marée monte il se trouve recouvert par l'eau, et bientôt après, les Macreuses, en allant de la surface de la mer jusqu'au fond où se rencontrent les mollusques qu'elles recherchent, s'embarrassent dans ses mailles et se noient. Lorsque le reflux a mis le filet à découvert, on s'occupe de recueillir ces oiseaux. On ne peut se douter de l'origine d'une absurdité que beaucoup d'auteurs anciens ont répétée à l'égard des Macreuses, savoir : qu'elles étaient produites par les Anatifes, et la crédulité est telle que cette opinion est devenue extrêmement populaire.

Les GARROTS se distinguent des autres Canards en ce qu'ils ont le bec court et plus étroit en avant. Les uns portent une queue longue pointue et les autres l'ont ronde ou carrée.

Le *Canard garrot*, qui réside pendant l'été dans les régions boréales des deux continents, et fréquente nos rivières durant l'hiver, est le type de ce petit groupe ; c'est un excellent plongeur, mais il ne marche qu'avec difficulté, aussi il ne vient à terre que pour se reposer. Sa progression sur le sol s'opère par bonds parce qu'il frappe celui-ci très-vivement avec ses pieds et de manière même à produire un bruit que l'on a comparé à un claquement de mains. Il arrive de là qu'il fait souvent des chutes sur la poitrine quoiqu'il s'aide de ses ailes pour garder l'équilibre.

Les EIDERS offrent un bec assez allongé, plus étroit en avant, et qui est surtout remarquable par un angle de plume qui s'avance sur son milieu.

L'*Eider* est une espèce célèbre qui, à l'aide de la fourrure épaisse d'édredon qui l'enveloppe, brave le froid des contrées les plus boréales du globe où se trouve spécialement sa résidence ; on le rencontre au Spitzberg, au Groënland, au Kamtschatka et en Laponie, aux Orcades et aux Hébrides ; durant les hivers rudes il descend jusque vers le 45° de latitude septentrionale, aussi il n'est pas rare d'en voir passer de petites bandes vers les rivages de la Normandie. Le mâle adulte est blanc en dessus, sa nuque est verte, son ventre et sa queue sont noirs ; la femelle est grise et maillée de brun.

Les Eiders que l'on a observés en captivité étaient d'un naturel doux et confiant. Il est facile de les soumettre à la domesticité ; les marins qui explorent le Spitzberg en rapportent parfois à Hammerfest, et on les y élève pour exploiter leur duvet. Un de ces oiseaux qui fut pris vivant en Normandie et apporté à M. de La Fresnaye, était devenu extrêmement familier au bout de peu de jours, et venait prendre dans la main le manger qu'on lui offrait ; comme après une captivité assez courte il s'était habitué à la nourriture végétale et avait fini par ne plus manger que de l'orge, ce savant pense qu'avec des soins, on pourrait peut être élever cette espèce en France. A l'état sauvage, ces Canards sont occupés tout le jour à chercher leur nourriture à la surface de la mer, et fort loin de ses rivages ; là ils saisissent les poissons et les mollusques qu'ils rencontrent, et dévorent aussi avec avidité les viscères des premiers que les pêcheurs rejettent de leurs barques ; en outre, on dit qu'ils mangent quelques plantes marines.

A l'époque des amours les Eiders mâles font entendre des cris rauques ; et souvent alors ils se livrent entre eux des combats pour la possession des femelles ; puis à l'issue de ceux-ci les vaincus, qui n'ont pas trouvé à s'accoupler, s'envolent vers d'autres régions. Ces Canards placent leur nid sur les rochers baignés par la mer et dont la superficie est garnie d'herbes ; le mâle et la femelle travaillent d'abord ensemble à sa construction , et ils le forment avec une grande quantité de fucus ; mais ensuite cette dernière s'en occupe seule et dispose à sa surface un matelas très-moelleux, composé de duvet qu'elle s'arrache sur la région de la poitrine. Brunnich , dans son Histoire naturelle de l'Eider , dit qu'en outre la femelle arrange ce coussin de manière qu'il forme un rouleau marginal tout autour de son lit , et qu'elle rabat sur ses œufs lorsqu'elle les abandonne pour aller se procurer de la nourriture. Ceux-ci sont au nombre de cinq à six et d'une couleur vert olivâtre. C'est la femelle qui les couve seule ; mais durant tout le temps de l'incubation le mâle reste dans les environs du nid , et avec persévérance fait sentinelle afin de donner l'éveil à sa compagne à l'égard des dangers qu'elle peut avoir à redouter.

Il paraît que lorsqu'on enlève une première fois les œufs de ces oiseaux, ainsi que le duvet qui les recouvre , la femelle fait une seconde ponte moins nombreuse que la première , et s'arrache une nouvelle quantité de duvet pour l'abriter. Et l'on dit même que si l'on ravit de nouveau le coussin d'édredon et les œufs qu'il enveloppe, une troisième ponte, qui ne se compose que de deux ou trois de ceux-ci , vient encore réparer cette soustraction ; mais il paraît qu'alors la femelle ne pouvant plus fournir de duvet, parce qu'elle en est totalement dépouillée , c'est le mâle qui, à son tour, s'arrache celui qu'il possède , ce que l'on reconnaît à sa plus grande blancheur. Une chose encore plus digne d'être remarquée , et que Van-Troïl rapporte dans ses Lettres sur l'Islande, c'est qu'il n'est pas rare de rencontrer dans ce pays deux femelles dans un même nid , et y couvant avec le plus parfait accord une dizaine d'œufs, action que l'on n'observe que chez un fort petit nombre d'oiseaux.

Presque aussitôt que les petits sont éclos, la femelle , à ce que rapporte Brunnich, les prend sur son dos , et, en volant avec précaution, les transporte à la mer d'où ils ne reviennent plus. Comme alors le mâle l'abandonne , la mère seule prend soin de l'éducation de sa progéniture , et on la trouve presque toujours occupée à remuer la vase des endroits où l'eau est peu profonde pour en faire sortir les petits animaux , et les obliger à remonter vers la surface où ils deviennent la pâture de sa jeune famille.

C'est l'Eider qui fournit au commerce le duvet précieux que l'on nomme *édredon ;* on recueille ordinairement celui-ci dans ses nids , et comme le prix en est fort élevé , les habitants de certains pays favorisent autant que possible la nidification de cet oiseau , afin de s'en procurer. Il existe en Norwége et en Islande des endroits où les Eiders abondent par centaines pour y déposer leur couvée , et qui par cela seul acquièrent une certaine valeur et se transmettent par héritage. Comme on a remarqué que ces Canards nidifient de préférence sur les petits îlots , tandis que rarement ils s'établissent sur le continent et les vastes îles, les Islandais, à ce que rapporte Brunnich, pour conformer leurs localités aux goûts de ces oiseaux, et afin de tâcher de les fixer, forment des îles artificielles, à l'aide de grands travaux, en séparant de l'île-mère des promontoires qui n'y étaient adhérents que par une petite langue de terre. Quelques propriétaires poussent même leurs soins prévoyants jusqu'à creuser sur les pentes des rivages de petits trous disposés par rangées, et conformés de manière à présenter toutes les commodités possibles aux couples qui se plaisent à en prendre possession.

Dans certaines contrées où le produit des Eiders était autrefois considéré comme une richesse nationale, les lois protégeaient ces oiseaux et il était défendu de les tuer. Pontoppidan l'affirme dans son Histoire naturelle de la Norwége. Mais il paraît qu'aujourd'hui ces dispositions salutaires n'existent plus, au moins à l'égard des mâles, car un voyageur, qui a résidé longtemps en Laponie, m'a assuré qu'il était encore défendu de détruire les femelles.

La récolte de l'édredon est un objet de commerce assez important, et l'on n'apprend pas sans étonnement que l'on frète exprès des navires qui ont la mission de s'en occuper. Les négociants du Finmarck en envoient à cet effet plusieurs chaque année au Spitzberg, et aussitôt que les marins y sont arrivés, ils se livrent exclusivement à la recherche des nids d'Eider.

Van-Troïl évalue la quantité du duvet de chaque nid à une demi-livre qui, par le nettoyage, se réduit à la moitié de ce poids; mais Pennant, qui examina des nids d'Eider dans le Northumberland, estime seulement à trois quarts d'une once la pesanteur de l'édredon de ceux-ci, quand il est nettoyé. Cette différence d'évaluation, relativement à la quantité du duvet que fournissent ces animaux, a été attribuée à la différence du climat, ou à ce que les nids observés par Pennant étaient les seconds que bâtissaient les femelles.

L'édredon des nids est infiniment supérieur en qualité, et on le préfère à celui que l'on trouve sur l'animal mort; il est plus fin, plus expansif, moins gras et s'altère moins, ce que l'on attribue au choix qu'en fait la femelle, et à ce qu'à l'époque de la nidification il a acquis sa pleine maturité. Ce duvet devient un objet considérable de commerce. Lorsqu'il est nettoyé on le vend 15 francs la livre. En 1750, la Compagnie Islandaise seule en expédia pour environ 21,250 francs. On ne l'emploie point dans la contrée où il se trouve, mais sur le continent européen il sert à confectionner des couvertures de lits. Naguère quand la mode le faisait entrer dans les manches des vêtements des dames, il s'en consomma subitement une si grande quantité, que son prix doubla immédiatement. La peau de ces oiseaux est aussi employée comme fourrure.

Les MILLOUINS se reconnaissent à leur bec large et plat. On trouve en France plusieurs espèces qui appartiennent à cette section du grand sous-genre des Canards proprement dits.

Le *Millouin commun*, que l'on rencontre sur nos étangs, est le type de cette petite coupe ; il est cendré et finement strié de noir ; la tête et le haut de son cou sont roux ; la poitrine brune et le bec plombé. Pendant leur vol les troupes de Millouins ne forment pas de triangles comme les Canards sauvages, mais elles se tiennent en masse serrée, ainsi que les Garrots. Ces oiseaux marchent avec peine.

Les SOUCHETS sont extrêmement remarquables parmi les différentes subdivisions du genre Canard, en ce qu'ils présentent une mandibule supérieure recourbée exactement en demi-cylindre et élargie au bout ; ses lamelles sont si longues et si minces qu'elles ressemblent à des cils, disposition qui doit avoir des rapports avec le genre de nourriture de ces oiseaux qui, ainsi que le dit Cuvier, vivent de Vermisseaux qu'ils trouvent dans la vase des fossés ou des ruisseaux.

Le *Souchet commun*, qui nous arrive au printemps, est une belle espèce dont la tête et le cou sont verts, le dos brun, la poitrine blanche, et le ventre roux. Sa chair est exquise.

Les TADORNES ont le bec fort aplati vers le bout, et relevé en bosse saillante à sa base.

Le *Tadorne commun*, qui se rencontre fréquemment sur les rivages de la mer du Nord et de la Baltique, et qui vient pendant le printemps résider momentanément sur les côtes de la France, doit être cité d'abord ; cette espèce, qui est une de celles qui se distinguent par la beauté de leur plumage, est en partie blanche, sa tête est verte, sa poitrine offre une ceinture cannelle, et ses ailes sont variées de blanc, de roux et de vert ; elle ne se rassemble point en troupes, mais vit par couples isolés et fort unis qui passent toute leur vie ensemble.

Aussitôt que ces intéressants oiseaux arrivent sur nos côtes septentrionales, ils s'y répandent parmi les dunes, et chaque couple y erre pour découvrir quelque terrier de lapin afin de s'en emparer et d'y déposer ses œufs ; car c'est sous la terre que ces Canards ont l'habitude de les placer, et inhabiles à y pratiquer une excavation, ils recherchent celle de quelque autre animal. Ils sont même assez difficiles sur le choix de ce terrier ; car avant qu'ils se fixent dans l'un d'eux, on voit les époux en visiter un grand nombre, et quelquefois une centaine. Les Tadornes ne s'établissent que dans ceux qui ont au plus trois mètres de profondeur, et la femelle y dépose ses œufs sur le sable nu ; ceux-ci sont au nombre de dix à quatorze, et ce n'est que lorsqu'ils sont tous produits qu'elle s'arrache une certaine quantité de duvet dont elle les recouvre. L'incubation est d'environ trente jours, et durant tout le temps qu'elle se continue, le mâle fait sentinelle à l'entrée du terrier, et il n'abandonne ce poste que deux ou trois fois par jour pour aller à la mer chercher sa nourriture. Le matin et le soir la femelle s'éloigne de sa couvée pour le même motif, et alors le mâle s'introduit à son tour dans la demeure souterraine et s'occupe de l'incubation pendant son absence. Dès le lendemain du jour où ils sont éclos, le couple mène ses petits à la mer, et l'on dit que dans sa sollicitude pour sa progéniture, il a l'instinct d'attendre que l'eau soit haute, afin de diminuer l'étendue de la distance qui sépare le nid du rivage. C'est à cette singulière habitude de nicher au fond des terriers que cette espèce a dû le nom de *Vulpanser* (Oie-Renard), que lui donnèrent les anciens. Elle possède un duvet aussi beau et aussi fin que celui de l'Eider.

Le *Canard musqué*, qui est à tort appelé par le vulgaire *Canard de Barbarie* ou *d'Inde*, est originaire de l'Amérique, et surtout du Brésil et de la Guyane, où il se tient parmi les savannes. Cette espèce est la plus volumineuse que l'on connaisse; le plumage du mâle est d'un noir lustré, avec des reflets verdâtres et rougeâtres; son bec porte une caroncule à sa base, et ses yeux sont entourés d'une peau nue, verruqueuse et d'un rouge vif. La femelle, qui est d'une moindre taille, est dépourvue de caroncules et de peau verruqueuse.

Les Canards musqués sont extrêmement méfiants, aussi on ne peut les tuer au fusil que par surprise, à cause de la difficulté qu'on éprouve à les approcher; mais on dit qu'à l'époque de la mue ils se trouvent tellement dépourvus de plumes que les sauvages du pays qu'ils habitent les prennent vivants. Leur chair est brune et exquise, aussi on la recherche beaucoup; elle exhale une odeur de musc, à laquelle l'espèce doit son nom, et qui provient du fluide gras qui est sécrété par les follicules du croupion; mais on assure qu'en faisant l'ablation de cette partie on prive cet animal de ce parfum. Le Canard musqué s'accouple très-bien avec l'espèce domestique, et il peut servir à la croiser heureusement parce que leur réunion procure des races plus fortes et plus exquises. C'est un oiseau qu'il serait avantageux de propager dans les campagnes; son naturel sauvage y met seul quelques obstacles : ami de la liberté, il est sujet à s'égarer, si l'on n'a pas la précaution de le tenir dans un endroit clos.

Les VRAIS CANARDS font, dans ce sous-genre, un petit groupe qui se reconnaît en ce que les espèces qui le composent ont le bec proportionné et non gibbeux, et leur face est emplumée.

Le *Canard sauvage*, qui est le type de cette division, passe l'été dans les régions boréales du globe, mais lorsque l'hiver glace dans celles-ci la superficie des fleuves ou des lacs, parmi lesquels se trouve sa nourriture, alors il descend vers le Midi, et c'est au mois d'octobre qu'on le voit apparaître en France. Cet oiseau nous arrive par petites bandes qui voyagent principalement le soir et même la nuit, et qui décèlent leur passage par le sifflement de leur vol; c'est au printemps qu'elles nous abandonnent, mais alors, comme le temps de la pariade est arrivé, les individus qui composaient les troupes s'isolent par couples et celles-ci deviennent moins nombreuses.

Les Canards sauvages, immédiatement après leur arrivée chez nous, se dispersent parmi les marais et sur les bords des rivières, et on les voit successivement passer des uns aux autres. Leur vol est puissant, aussi se sont-ils répandus dans les deux mondes; on les reconnaît quand ils traversent l'air à leur élévation et aux triangles réguliers que leurs troupes y forment. Ce sont des oiseaux très-défiants, que l'on ne peut surprendre que difficilement, et qui, par prudence, ne se reposent qu'après avoir exécuté plusieurs tours en volant au-dessus du lieu où ils se proposent de stagner. La ruse s'unit chez eux à la circonspection, et quand la femelle se rend à son nid elle a toujours la précaution de s'abattre a cent pas de celui-ci, et de n'y arriver qu'après avoir accompli diverses circonvolutions et en observant attentivement si aucun ennemi ne se trouve dans les environs. Lorsqu'ils nagent, ces Canards ont toujours le soin de se tenir éloignés du rivage, et quand ils se reposent à la surface de l'eau et la tête cachée sous leur aile, il y a constamment un des individus de la troupe qui veille pour donner l'alarme au moindre danger.

Ces oiseaux se nourrissent de petits poissons, de grenouilles, ainsi que de mollusques, de vers et d'insectes aquatiques; à défaut de ces aliments, ils broutent les plantes des marécages. Les femelles font ordinairement leurs nids sur les buttes élevées et garnies de joncs ou de roseaux, qui se trouvent dans les marais, après avoir recourbé et coupé ces végétaux pour leur faire prendre une disposition favorable et en former le lit qui doit recevoir les œufs et la couveuse. Cependant quelquefois ces Canards placent leurs nids parmi les bruyères et assez loin de l'eau : on en a trouvé qui étaient à un quart de lieue de celle-ci; Salerne dit même que l'on a vu de ces oiseaux qui, par anomalie, avaient déposé leur couvée dans les constructions des Pies et des Corneilles qui existaient vers les cimes d'arbres fort élevés.

La femelle pond de dix à quinze œufs, qui sont d'un blanc verdâtre; et pendant leur incubation, qui dure trente jours, chaque fois qu'elle les abandonne elle a le soin de les recouvrir du duvet qu'elle s'est arraché pour tapisser l'intérieur de son nid. Durant toutes les excursions de celle-ci, qui sont consacrées à la recherche de sa nourriture, son époux l'accompagne et se tient près d'elle pour la défendre contre les autres mâles qui voudraient l'approcher. Le jour même où ses petits sortent de l'œuf, la mère les conduit tous à l'eau, et l'on dit que lorsqu'elle a nidifié loin de celle-ci, ou que son nid a été placé dans un arbre élevé, le père et la mère les saisissent avec le bec et les y transportent l'un après l'autre. Là les jeunes Canards se nourrissent d'abord des insectes qu'ils trouvent à la surface du liquide où ils barbottent, et chaque soir leur mère les rassemble sous ses ailes, et passe la nuit avec eux cachée dans les plantes aquatiques. Les jeunes Canards naissent couverts d'un duvet jaunâtre, auquel succèdent les plumes; mais celles-ci sont assez tardives à apparaître chez eux; aussi ce n'est qu'à l'âge de trois mois qu'elles sont assez poussées, et qu'ils se trouvent posséder une assez grande force pour commencer à voler.

La chair du Canard sauvage étant plus estimée que celle de la variété domestique, beaucoup de chasseurs font de cet oiseau l'objet de leur convoitise, et pour s'en emparer ils emploient une foule de moyens qui tous , à cause de la circonspection de cet animal , demandent une certaine adresse et beaucoup de persévérance. Comme il est presque impossible d'approcher les Canards sauvages, on se sert ordinairement, pour les tirer de fort loin , de fusils appelés Canardières , et les chasseurs se placent dans des huttes en joncs , élevées sur les bords des marais que ces oiseaux fréquentent. Dans quelques pays on les surprend à l'aide de barques fort plates, dans lesquelles l'individu qui rame et le chasseur se trouvent cachés par des bourrées bien garnies. On prend parfois aussi en grand nombre ces Palmipèdes , en dressant avec art des filets dans les lieux qu'ils fréquentent , et en les attirant dans leurs mailles à l'aide de Canards privés qu'on place dans les environs et qui les appellent par leurs cris.

Économie rurale. Le *Canard domestique* descend du Canard sauvage ; c'est un des animaux de nos basses-cours qu'il est le plus facile d'élever et qui coûte le moins. Il prospère parmi elles, pourvu qu'on y rencontre de l'eau et un abri , et il ne demande presque aucune nourriture , parce qu'il trouve en grande partie lui-même tout ce dont il a besoin parmi ce que dédaignent les autres volailles ou les plus sales débris des cuisines. Cet oiseau prospère surtout dans les fermes de la Normandie, et les Anglais y font souvent acheter ceux qu'ils élèvent dans leur pays.

On doit avoir pour les Cannetons les mêmes soins que pour les Poussins , mais ils peuvent facilement se passer de mère. L'on remarque que l'eau a pour eux un plus grand attrait encore que pour les adultes, mais certains agronomes pensent qu'il faut, au moins pendant un certain temps, les priver d'y aller, surtout lorsque la température est basse.

Les produits du Canard domestique sont ses œufs , ses plumes, sa fiente et sa chair. Les premiers passent pour être plus délicats que ceux des Poules , et en Picardie on les préfère à ceux-ci pour confectionner les pâtisseries. Quoique ayant une moindre valeur que celles de l'Oie , les plumes des Canards sont l'objet d'un certain commerce , et on les leur arrache deux fois l'an , au mois de mai et au mois de septembre , sur le cou et sur le ventre. La fiente de ces animaux est estimée comme engrais. Les Canards que l'on se propose de vendre pour les tables sont généralement engraissés vers l'âge de six à huit mois , alors leur chair est plus délicate ; dans la basse Normandie , où il s'en fait un grand commerce , c'est en les bourrant avec une pâtée de farine de sarrasin que l'on parvient à leur donner en peu de jours cet embonpoint qui les rend exquis.

Le *Canard huppé* fut appelé par Linnée *Anas sponsa*, à cause de l'aigrette de plumes blanches , vertes et violettes , dont sa tête est ornée , et qui lui parut avoir quelque ressemblance avec la coiffure de mariage des femmes suédoises. Cette espèce , qui réside dans l'Amérique septentrionale, est une des plus brillantes que l'on connaisse ; elle aime à se percher dans les arbres , et l'on peut peut-être expliquer

la facilité avec laquelle elle s'y tient par la disposition de ses ongles,
qui sont plus longs et plus pointus que ceux de ses congénères.

Wilson dit que les Canards huppés nidifient ordinairement dans les
trous des arbres creux; et à l'intérieur d'un nid qu'il observa à la
Nouvelle-Jersey, il existait une abondance de duvet sur les œufs, pour
les préserver du froid. La plupart des voyageurs assurent qu'aussitôt
que les Cannetons sont éclos le père et la mère les transportent un à
un à l'eau sur leur dos, et que, pendant le trajet, ces jeunes oiseaux
se tiennent dans cette situation en saisissant avec leur bec les plumes
de cette région. Mais une personne a rapporté au célèbre ornithologiste que nous venons de citer, qu'ayant eu l'occasion d'observer un
nid de ces Canards, qui se trouvait tout près de son habitation, elle
vit la femelle, en moins de dix minutes, descendre ses petits un à
un en les saisissant soit par derrière le cou, soit par l'aile, et les mettre
au pied de l'arbre d'où elle les reprit ensuite pour les porter à l'eau.

Le *Canard siffleur*, qui habite le Nord pendant l'été, passe en
France au commencement de l'hiver, et se porte jusqu'en Égypte; il
retourne vers les régions boréales aussitôt que le printemps commence.
Cette espèce est finement rayée de noirâtre; sa poitrine est de couleur
vineuse et sa tête rousse; la capsule de sa trachée est arrondie, médiocre et fort osseuse. En volant, cet oiseau fait souvent entendre des
sons clairs et sifflants, que certains auteurs avaient attribués au bat-
tement de ses ailes, mais que Buffon assure être produits par les organes vocaux.

Les **SARCELLES** forment la dernière subdivision du grand genre Canard; elles n'offrent aucun caractère saillant, et l'on donne simplement ce nom à toutes les espèces d'une petite taille.

La *Sarcelle ordinaire* se montre chez nous en automne et au printemps; elle fréquente les mares et les étangs. Son plumage est gris et
maillé de noir, avec un trait blanc autour de l'œil. Cet oiseau nidifie
ordinairement dans des contrées plus septentrionales que les nôtres,
cependant il en est aussi qui restent dans nos latitudes pour y faire
leur ponte.

HARLES. *Mergus.* Bec subcylindrique, grêle, très-crochu et onguiculé au bout; mandibules portant des dents aiguës dirigées en
arrière. — Ce sont des nageurs dont les mœurs sont analogues à celles
des Canards. Ils résident dans les régions froides; mais en hiver leur
habitude est de se rapprocher des climats tempérés. Les Harles nagent
avec vélocité, en tenant leur corps submergé et en laissant seulement
leur tête hors de l'eau. Ils possèdent un vol rapide et qu'ils peuvent
soutenir longtemps. Le poisson forme leur principale nourriture, et
ceux qui résident dans les étangs y font un tort considérable en diminuant leur population.

Plusieurs espèces nous viennent l'hiver. Le *Harle vulgaire*, dont le
plumage varie, est une de celles qui nous visitent le plus souvent.

2. GRÈBES. *Podiceps.* Bec droit, comprimé. Doigts divisés, élargis par des lobes membraneux. — Les nombreuses espèces de ce genre, qui, pour la plupart, ne reposent probablement que sur des différences d'âge, se trouvent disséminées dans les deux mondes. La brièveté de leurs ailes et leurs pattes insérées à l'extrémité postérieure du corps, rendent pour ces oiseaux le vol et la marche également pénibles, aussi ils mènent une vie presque entièrement aquatique, et quoiqu'ils n'aient que des doigts réunis par des demi-membranes, ce sont des nageurs qui, pour la vivacité de leurs mouvements, ne le cèdent en rien aux Palmipèdes les plus habiles. Soit qu'ils séjournent près des côtes, sur les vagues agitées de la mer, ou qu'ils préfèrent les ondes plus tranquilles des eaux douces, ils se nourrissent indifféremment de poissons, de mollusques, de fucus ou de plantes aquatiques. C'est parmi les touffes des joncs ou des roseaux, et dans un nid flottant construit avec ces végétaux entrelacés, et amarré à leurs tiges les plus robustes, que les Grèbes pondent trois ou quatre œufs d'un vert blanchâtre, lavé ou tacheté de jaune et de brun. Cuvier dit qu'il paraît que, dans certaines circonstances, ces oiseaux portent leurs petits sous leurs ailes.

La chair de ces oiseaux, étant d'un goût désagréable, n'est pas employée comme aliment; mais la mode capricieuse s'est parfois emparée de leurs plumes à reflets métalliques argentins, et les a momentanément substituées aux fourrures.

Le *Grèbe commun*, nommé aussi Grèbe huppé, dont les parties supérieures du corps sont noirâtres, variées de brun, porte une huppe noire, plate et pendante sur le cou. Il habite l'Europe.

PLONGEONS. *Colymbus.* Bec étroit, comprimé, très-pointu. Ailes très-courtes; pieds tétradactyles, totalement palmés. — C'est à la facilité avec laquelle ces oiseaux plongent sous les eaux, pour suivre les poissons qui les nourrissent, qu'ils doivent leur nom.

Les Plongeons sont des habitants des régions boréales, qui passent presque toute leur vie au sein des eaux; ils ne viennent dans nos climats que pendant les grands froids; quoique leurs ailes soient fort exiguës, quelques espèces volent assez bien; mais on les rencontre rarement marchant sur le sol, excepté à l'époque des pontes, car pour eux la progression est extrêmement difficile, et pendant qu'ils l'exécutent, nonobstant l'usage qu'ils font de leurs ailes pour s'aider, ils éprouvent de fréquentes chutes; par compensation ils plongent avec une étonnante facilité, et font quelquefois un trajet considérable sous l'eau avant de reparaître pour respirer.

L'énorme consommation qu'ils font de poissons les rend redoutables pour les propriétaires des étangs, aussi ceux-ci s'occupent-ils de les chasser de leur domaine aussitôt qu'ils s'y établissent. A défaut de cette nourriture les Plongeons mangent du frai de poisson, des mollusques et des insectes, et même, à ce que l'on dit, des végétaux. Ils placent leurs nids dans les îles inhabitées, ou sur les plages désertes des continents. Leur ponte consiste ordinairement en deux œufs brunâtres tachetés.

Le *Plongeon imbrim*, que Cuvier nomme *grand Plongeon*, est répandu sur les rivages des mers arctiques des deux continents, et est très-commun en Islande, en Norwége et dans le nord de l'Angleterre. Son plumage est d'un noir verdâtre sur la tête et le cou ; son manteau et ses flancs sont noirs et portent de petites taches blanches. Cette espèce vit principalement de Harengs ; elle niche sur les îlots disséminés dans les eaux douces, et, selon Lewin, son nid, qui est placé dans un lieu solitaire, flotte sur l'eau ainsi qui celui des Grèbes.

GUILLEMOTS. *Uria.* Bec terminé en pointe. Ailes extrêmement courtes. Pouce nul. — Les oiseaux de ce groupe se trouvent disséminés dans le nord de l'ancien et du nouveau monde. Leurs ailes n'étant qu'ébauchées, et ne pouvant nullement les soutenir en l'air, fonctionnent par compensation comme des nageoires, et font des Guillemots d'excellents nageurs. Aimant les régions froides, on ne les voit les abandonner que lorsque la saison trop rigoureuse vient rendre plus rares les petits poissons et les mollusques dont ils se nourrissent, et ce n'est qu'alors qu'ils s'embarquent par troupes nombreuses sur des fragments de glace, afin de descendre, en allant à la dérive, vers des lieux plus tempérés. C'est dans ces voyages périlleux que ces oiseaux se trouvent souvent engloutis par les flots, ou meurent d'inanition sur la plage où les ont jetés les vagues furieuses. Les Guillemots nichent en société, et les femelles pondent très-près les unes des autres, dans les trous des rochers qui bordent la mer, un seul œuf d'une grosseur disproportionnée.

MACAREUX. *Fratercula.* Bec plus court que la tête, excessivement comprimé, aussi haut que long, et marqué de sillons transversaux. — Ces oiseaux, que Cuvier réunit aux Pingouins, mais qui en sont extrêmement distincts par leur bec, se plaisent dans les mers boréales, et ne descendent vers nos climats que lorsqu'ils y sont forcés par le froid et les tempêtes. La brièveté de leurs ailes et le peu d'étendue de leur vol expliquent assez pourquoi ils ne se répandent pas sur de vastes espaces, comme le font tant d'oiseaux du Nord. Les Macareux se nourrissent de poissons, de mollusques et de crustacés, et l'on dit même qu'à leur défaut les plantes marines leur suffisent. Ils nichent vers les pôles, dans les crevasses des rochers, ou au fond des terriers de divers animaux ; la femelle ne pond qu'un œuf d'une grosseur disproportionnée à sa taille, et qui est tacheté ; elle le place sur un coussin de duvet, de lichens ou de végétaux marins.

Le *Macareux moine*, qui est le plus commun, vient parfois placer ses nids sur les côtes de l'Angleterre, et abonde en hiver sur nos rivages. Cette espèce est de la taille d'un Pigeon ; son dos est tout noir et son ventre blanc.

Dans l'Histoire générale des Voyages, on lit que le Corbeau lui livre quelquefois bataille ; mais que ce l'almipède le prenant par la gorge et lui enfonçant ses griffes dans la poitrine, il arrive souvent que l'agresseur est entraîné à la mer et y tombe avec l'oiseau aquatique, qui le noie et revient en triomphe sur le rivage. Mais si le Corbeau est victorieux, ce qui a lieu quand, le premier, il a pu saisir le Macareux à la gorge, il le tue et mange ses petits.

Le professeur Hooker, dans son Voyage en Écosse, dit que les Macareux moines font des trous analogues à des terriers de Lapins, au fond desquels ils pondent un seul œuf blanc sur la terre nue.

PINGOUINS. *Alca.* Bec droit, comprimé, à dos tranchant et offrant des plumes jusqu'aux narines. Ailes excessivement courtes. Pieds tridactiles. — Ce sont des oiseaux qui appartiennent exclusivement aux mers les plus boréales, et ne viennent à terre que pour couver ou pour s'abriter contre les tempêtes. Cuvier pense que leurs ailes sont trop courtes pour leur permettre de voler ; mais Temminck professe que s'il est vrai que des deux espèces qui composent ce genre, l'une, le Pingouin brachyptère, ne peut s'élever dans l'air ; l'autre, le Pingouin macroptère, vole au contraire avec rapidité en effleurant les flots.

Ces oiseaux nichent dans les trous des rochers inaccessibles ; ils ne produisent qu'un seul œuf, qui est fort gros proportionnellement à leur volume. Les femelles couvent celui-ci avec une telle persévérance, qu'elles ne fuient pas lorsque l'homme les surprend s'occupant de ce soin ; et il y a des parages où il se trouve tant de nids de ces animaux, que sur un seul rocher, l'équipage du capitaine Wood put ramasser environ cent mille œufs.

Le *Pingouin commun*, ou Pingouin macroptère, réside dans les mers arctiques des deux continents, et il vient en hiver jusque sur les côtes de l'Angleterre, de la Hollande et de la France ; sa taille est celle d'un Canard, et son plumage est noir sur le dos et blanc sur le ventre. Comme pendant les froids les plus rudes on ne voit point de Pingouins communs, dans ses Glanures d'histoire naturelle, Edwards suppose que durant ces temps ils s'engourdissent dans des cavernes de rochers dont l'entrée est submergée, mais dont le fond s'élève au-dessus du niveau de l'eau.

Le *Grand Pingouin*, ou Pingouin brachyptère, réside presque toujours parmi les glaces flottantes du pôle arctique, et il ne s'approche des terres que pour y déposer sa progéniture. L'œuf de la femelle est d'un blanc isabelle, et remarquable par les lignes pourpres-noires et analogues à de l'écriture chinoise, qui se trouvent à sa surface. Par ses ailes impropres au vol, et que quelques auteurs disent même lui servir à nager, cet oiseau fait le passage au groupe suivant.

3. MANCHOTS. *Aptenodytes*. Ailes natatoires, impropres au vol, et garnies de plumes rudimentaires squammiformes. Pieds tétradactyles, totipalmés. — Ces Colymbiens, par la disposition de leur mécanique animale et par leur vie tout à fait aquatique, offrent quelques rapprochements avec les poissons; en effet, tout chez eux semble conformé pour favoriser la natation; aussi quelques auteurs les désignent-ils sous le nom d'Oiseaux-Poissons. Leur sternum, par son développement, ne le cède presqu'en rien à celui des meilleurs voiliers; cette structure qui, chez des oiseaux qui ne volent point, paraît d'abord une anomalie, s'explique facilement par l'usage qu'ils font de leurs membres antérieurs pour nager. Les ailes des Manchots sont extrêmement petites et tout à fait incapables de les élever dans l'air; par leur forme elles ressemblent absolument aux nageoires de certains poissons, et elles sont revêtues à l'extérieur de vestiges de plumes qui ont l'apparence d'écailles serrées, et qui ne consistent qu'en une petite lame cornée environnée de barbes excessivement courtes. Les os de ces membres sont remarquables par leur aplatissement, qui rappelle celui qui s'observe dans les mêmes parties chez les Cétacés. Les extrémités antérieures sont totalement consacrées à la natation; ce sont de véritables ailes-nageoires avec lesquelles les Manchots accomplissent une sorte de vol sous l'eau, et communiquent à leur corps, souvent très-effilé et bien disposé pour la statique aquatique, un mouvement excessivement rapide.

Ces oiseaux possèdent une très-grosse rotule; leur tarse pose à terre pendant qu'ils sont sur le sol, de manière que l'on pourrait dire que dans leur classe ce sont de véritables Plantigrades. Pendant la station leur corps est vertical, et il est appuyé sur la longue surface des pieds palmés et sur la queue qui, comme chez les Kanguroos, complète le trépied nécessaire pour soutenir l'animal sans le fatiguer; cet usage et les frottements qu'il entraîne, se traduisent sur le dernier organe, dont les plumes sont roides et usées.

Les Manchots sont des oiseaux stupides, dont les bandes, presque sans défense et sans courage, ne pouvant fuir sur le sol à cause de leur démarche embarrassée, se laissent assommer à coups de bâton par les marins qui visitent les parages du Sud; c'est tout au plus s'ils se resserrent les uns contre les autres et cherchent à mordre les jambes de leurs agresseurs. Sous l'eau, où on les voit déployer beaucoup d'agilité, ils fuient avec facilité les gros poissons qui les attaquent parfois, ou par leurs chasses ils en attrapent de petits, dont ils se nourrissent. Ces oiseaux ne viennent presqu'à terre que pour y faire leur ponte, et n'y restent que le temps d'élever leur petite famille. Là ils nichent dans les anfractuosités des rochers ou dans des terriers qu'ils creusent; ils se jettent à la mer au moindre danger.

D'après la structure du bec de ces oiseaux, Cuvier les a subdivisés en trois sous-genres : les Manchots proprement dits, les Gorfous et les Sphénisques.

Les **MANCHOTS PROPREMENT DITS** ont un bec long, grêle et pointu, dont la mandibule supérieure offre un sillon qui s'étend dans toute sa longueur.

Le *Grand Manchot* se trouve vers les Terres Magellaniques. Son dos est cendré, son ventre est blanc et il porte un collier jaune. On le trouve par troupes de quarante à cinquante individus. Il nage avec la rapidité d'un poisson, et son cri ressemble à celui de l'Ane. Bougainville essaya vainement d'en rapporter un vivant en France; au bout d'un temps assez court, quoiqu'il prît des aliments, il maigrit et il expira. Cet oiseau s'était cependant apprivoisé promptement, et l'on remarquait qu'il connaissait et suivait la personne qui prenait soin de lui. La chair du Grand Manchot est noire et musquée.

Les GORFOUS offrent un bec pointu à dos arrondi, et dont le sillon, qui part des narines, se termine vers son tiers.

Le *Gorfou sauteur* doit son nom à ce qu'il ne marche qu'en sautant; il vit en famille sur les hauts rochers de la Nouvelle-Hollande et des îles Malouines; sa taille est celle d'un Canard; son manteau est d'un bleu noirâtre et son ventre blanc; il porte des deux côtés de la tête une aigrette blanche ou jaune. Suivant Latham, cette espèce ne pond qu'un seul œuf dans un creux de la terre.

Les SPHÉNISQUES présentent un bec très-comprimé, sillonné à sa base, et dont la mandibule inférieure est tronquée.

Le *Sphénisque du Cap*, appelé aussi *Manchot à lunettes*, peuple les rivages de l'Afrique méridionale, et se trouve en général sur toutes les îles placées vers le pôle austral. On le rencontre par milliers sur certaines grèves, où de loin son attitude, la couleur noire de son manteau et le blanc de son ventre donnent à ses troupes l'apparence d'autant de processions de pénitents blancs.

Ces oiseaux se plaisent surtout dans les îlots couverts de graminées. MM. Quoy et Gaimard, qui les ont étudiés, disent qu'ils restent six mois en mer, mais que durant l'été et l'automne ils séjournent la plupart du temps à terre, où ils passent presque toute la journée parmi les grandes herbes qui croissent sur le rivage et où ils pratiquent des sentiers couverts communiquant avec la plage, et dans lesquels les hommes peuvent marcher librement en écartant les hautes feuilles qui en forment le dôme. Les Sphénisques fixent leur résidence dans des terriers en forme de fours, qu'ils creusent avec leur bec; ceux-ci ont deux à trois pieds de profondeur, et l'entrée en est basse et large. Ces galeries souterraines sont si nombreuses dans certains parages qu'il arrive souvent qu'on y enfonce, et qu'on se trouve très-douloureusement mordu aux jambes par leurs propriétaires, surpris de cette visite inattendue.

La démarche de ces oiseaux est extrêmement pénible, et elle le devient encore plus lorsqu'ils fuient quelque danger et qu'ils veulent aller plus rapidement que de coutume; alors on les voit choir à chaque instant, culbuter les uns sur les autres et se relever pour tomber de nouveau ; dans ces moments de presse ils emploient leurs ailes pour se garantir des chutes ou se relever et aider leur marche , qui ressemble plutôt à une reptation ; mais, lorsqu'ils arrivent à la mer, ils s'y précipitent avec confiance, même de quinze pieds de hauteur, et aussitôt qu'ils y sont plongés on s'aperçoit qu'ils se trouvent là dans leur véritable élément ; autant leur allure était pénible et disgracieuse sur le sol , autant ils nagent ou ils plongent avec grâce et facilité, et leur vitesse est si grande qu'elle dépasse celle de certains poissons. MM. Quoy et Gaimard disent que lorsqu'ils nagent , leur tête seule est placée hors de l'eau , et qu'ils sautent avec la plus grande aisance à la superficie de celle-ci, soit pour atteindre les poissons dont ils se nourrissent , soit pour éviter ceux dont ils deviennent parfois la pâture. Un de mes aides, qui a souvent observé ces oiseaux dans une mer transparente, m'a assuré que lorsqu'ils plongent ce sont les ailes seules qui servent à la natation, tandis que les pieds se trouvent étendus en arrière et immobiles.

Ces oiseaux sont stupides , et quand on peut s'interposer entre eux et le rivage on est toujours certain de les atteindre , aussi les matelots en détruisent-ils beaucoup. Dans certains parages déserts, la confiance que leurs troupes témoignent à l'homme est si grande et si bornée, que ce n'est que lorsque l'on a abattu un grand nombre des individus qui les composent, que le reste se décide à prendre la fuite. Cependant on voit parfois les Sphénisques se défendre contre leurs agresseurs, et tâcher, en les mordant aux jambes, de leur rendre blessure pour blessure.

Tous les voyageurs s'accordent à dire que les cris de ces oiseaux ont la plus grande ressemblance avec le braiment de l'Ane , et M. Lesson rapporte que souvent dans les belles soirées d'été des Malouines, au moment où le crépuscule devenait plus obscur , tous les Sphénisques poussaient ensemble des cris étouffés et continuels, de manière qu'à une certaine distance on croyait entendre le mélange de voix et l'agitation sourde d'une masse de peuple assemblée pour une fête publique et dont l'atmosphère portait au loin les sons tumultueux et confus.

La femelle pond dans ses terriers deux ou trois œufs d'un jaune sale et de la grosseur de ceux des Dindons ; elle les incube avec un soin que ne peut même distraire l'apparition de l'homme , et quand on s'approche de son nid, elle se borne à opérer quelques mouvements de tête fort singuliers. Aussitôt que la progéniture des Sphénisques est assez robuste pour soutenir les fatigues de la mer, toute la famille abandonne la plage , et, sans qu'on puisse en pénétrer la cause, mue par un instinct dont le Créateur connaît seul le but , elle s'expatrie pendant six mois d'hiver et va gagner la haute mer pour vivre parmi les flots et les glaces. Ce n'est qu'après cette extraordinaire migration, et à l'époque des amours, que ces Manchots reviennent chercher un rivage propice pour y déposer leurs œufs, et y élever leurs petits.

C'est ordinairement en les assommant avec des bâtons qu'on chasse ces oiseaux, et lorsqu'ils sont parvenus à se réfugier dans leurs terriers, on les en arrache avec un fer pointu terminé en tire-bouchon. Ils ont la vie extrêmement dure, et, au rapport de tous les voyageurs, il arrive souvent que ceux que l'on croit avoir tués, et qui restent étendus sur la terre avec toutes les apparences de la mort, se relèvent au bout de quelques minutes et s'enfuient à la hâte vers la mer, où ils retrouvent immédiatement une nouvelle vigueur. Souvent aussi, dans les chasses aux Sphénisques, lorsqu'on fait des tas de leurs cadavres, que l'on se dispose à enlever quand on aura été attaquer quelques groupes plus éloignés, au moment où on revient près des défunts on est tout étonné de s'apercevoir qu'il en manque un bon nombre qui sont revenus à la vie et ont pris la fuite.

La chair de cette espèce est noire et très-compacte, cependant les marins la mangent avec plaisir; mais avant de la faire cuire, il faut écorcher cet animal à cause de l'épaisseur extraordinaire de sa peau et du tissu cellulaire rempli d'huile qui se trouve au-dessous. Ses œufs sont un bon aliment; aussi les équipages des navires, qui stagnent vers les plages où il s'en trouve, les recherchent soigneusement.

III. CLASSE DES PTÉRODACTYLES.

Corps court. Mâchoires longues et garnies de dents coniques. Membres antérieurs ayant le doigt externe inonguiculé et considérablement plus long que les autres.

PTÉRODACTYLES. *Pterodactylus.* Cette classe ne contient que ce genre, qui n'est connu qu'à l'état fossile. Les ossements des animaux qu'elle renferme ont été découverts dans les terrains secondaires, et pour la plupart dans ceux du groupe jurassique.

Les Ptérodactyles furent contemporains d'une foule de reptiles gigantesques ; ils marquent une des phases les plus prodigieuses de la formation de l'écorce terrestre, et leur création apparaît comme le prélude par lequel la puissance organisatrice s'essayait à passer à des formes plus élevées.

La destruction de ces animaux coïncida vraisemblablement avec celle des Ichtyosaures et des Plésiosaures, dont l'existence antédiluvienne ne nous est aussi révélée que par les masses de la terre où se rencontrent de nos jours leurs débris épars.

Les Ptérodactyles ont une structure tellement anormale qu'ils excitèrent de graves dissidences parmi les naturalistes qui voulurent s'occuper d'assigner leur place dans la série animale ; aussi, successivement, on les rangea dans diverses classes.

Ce fut Collini, directeur du cabinet de Manheim, qui le premier fit connaître l'un de ces animaux en le décrivant et en le figurant dans les mémoires de l'Académie palatine de l'année 1785. Cet auteur, qui était peu versé dans l'étude de l'anatomie comparée, pensa que les débris fossiles de cet être singulier devaient avoir appartenu à une espèce de poisson.

Le professeur Hermann de Strasbourg, qui, au contraire, s'était beaucoup occupé des rapports des animaux, émit que les fragments osseux du Ptérodactyle provenaient d'un être analogue aux mammifères ; et il était tellement pénétré de cette idée qu'il fit restituer cette étrange créature en la représentant avec une peau étendue sur le corps et recouverte de poils très-ras.

En 1800, Cuvier professa que les Ptérodactyles devaient être rangés parmi les Reptiles ; il voyait dans leur ostéologie tous les caractères classiques de ces animaux, et il ajoutait que l'on ne pouvait pas douter qu'ils n'en aient eu aussi tous les caractères dans leurs téguments et dans leurs parties molles, et qu'ils n'en aient eu les écailles, la circulation et les organes génitaux. Dans la suite, Oken et Buckland adoptèrent l'opinion du naturaliste français.

Cependant Blumenbach n'admit pas cette manière de voir, et il considéra ces animaux fossiles comme des oiseaux nageurs. Quelques années plus tard encore, Sœmmering embrassa l'idée qui consistait à regarder les Ptérodactyles comme des mammifères; il les plaça parmi les Chauves-Souris et combattit les arguments de Cuvier, pour prouver qu'ils ne pouvaient entrer dans le type des Sauriens où cet auteur les rangeait.

Enfin, postérieurement aux différents travaux des naturalistes que nous venons de citer, quelques savants firent une classe spéciale des Ptérodactyles qui leur parurent s'éloigner, par d'importants caractères, des divers animaux connus à l'état vivant. Tel fut Wagler qui, sous le nom d'*Ornithocéphales*, les plaça entre les mammifères et les oiseaux, et tel fut aussi de Blainville, qui considéra les Ptérodactyles comme ne pouvant être rapportés à ces derniers groupes et comme devant constituer une classe spéciale qui lie les oiseaux aux reptiles, et dont les différents êtres n'avaient peut-être pas un épiderme squammeux.

Telle est l'analyse abrégée des opinions qui, jusqu'à ce jour, ont été émises relativement aux Ptérodactyles. Lorsque l'on étudie le squelette de ceux-ci avec attention, on adopte immédiatement les vues des naturalistes qui ont institué une classe particulière pour eux. En effet, ces animaux, par la petitesse de leur crâne, s'éloignent trop des mammifères pour être compris dans le même groupe qu'eux, et la forme de leur tête n'a nul rapport avec celle des Chauves-Souris près desquelles on a essayé de les placer.

On ne pourrait pas rapprocher avec plus de bonheur les Ptérodactyles des oiseaux; en effet, ils diffèrent de ces derniers par les dents dont leurs maxillaires sont garnis, par leurs vertèbres cervicales qui sont moins nombreuses que dans aucun animal de cette classe; puis par leurs côtes qui, au lieu d'être larges et articulées, sont grêles et filiformes; ils s'éloignent encore des oiseaux par la structure de leurs ailes qui sont formées d'un seul doigt, et qui, au lieu de présenter seulement trois articulations après l'avant-bras comme chez eux, en offrent cinq; enfin ils se distinguent encore de ces animaux par leur métatarse qui est composé de plusieurs os.

Les singuliers êtres que nous décrivons sont aussi extrêmement distincts des reptiles par l'allongement de leur tête, par l'existence de leurs ailes, ainsi que par la dimension de leurs membres postérieurs, qui est telle qu'aucun reptile n'en offre proportionnellement d'aussi allongés. Sœmmering, en combattant l'opinion de Cuvier, avait en outre fait observer que l'exiguïté de leur queue était un grand argument contre l'assertion du célèbre anatomiste qui considérait les Ptérodactyles comme étant analogues aux Sauriens.

L'organisme des animaux traduisant assez fidèlement leurs mœurs, d'après la considération du squelette, on a essayé de scruter celles que présentaient les êtres antédiluviens dont nous esquissons l'histoire. On s'accorde à penser qu'ils devaient bien voler, et que leur membrane alaire, probablement analogue à celle des Chauves-Souris, ne se trouvait soutenue que sur un seul doigt, tandis que les autres restaient libres. Buckland a tracé ainsi la manière de vivre de ces singulières créatures qui animèrent le globe à des époques sans doute si différentes de la nôtre :

« L'inégalité des doigts des Ptérodactyles , dit-il , a dû leur rendre impossible de ranger leurs griffes sur une seule ligne ; et comme d'ailleurs il ne leur eût pas suffi d'un ongle seulement pour supporter pendant un long temps le poids du corps tout entier ; nous en pouvons conclure que les Ptérodactyles ne se suspendaient pas à la manière des Chauves-Souris. Le volume et la forme des pieds , de la jambe et de la cuisse prouvent que ces animaux pouvaient se tenir debout avec fermeté, les ailes pliées , et posséder ainsi une progression analogue à celle des oiseaux ; comme eux aussi , ils ont pu se percher sur les arbres en même temps qu'ils avaient la faculté de grimper le long des rochers et des falaises en s'aidant des pieds et des mains comme le font aujourd'hui les Chauves-Souris et les Lézards.

» Quant à leur régime , Cuvier pense qu'il se composait d'insectes, et la grandeur des yeux le porte à conclure que c'étaient des animaux nocturnes. La présence de grandes Libellules fossiles dans les mêmes carrières de Solenhofen , où l'on rencontre les Ptérodactyles , et les élytres de Coléoptères qui accompagnent les os de ces animaux dans le calcaire oolitique de Stonesfield près d'Oxford, prouvent qu'à la même époque existaient de grands insectes qui pouvaient leur servir de pâture. »

L'aspect des Ptérodactyles devait être extraordinairement étrange, et lorsque la persévérance a essayé de restituer leurs parties molles, et de les représenter sous la forme dont ils étaient revêtus pendant leur vie , les figures que l'on a obtenues ont paru le produit d'une imagination malade plutôt que celui des forces ordinaires de la nature. Cependant on voit dans les peintures fantastiques des Chinois quelques figures d'animaux qui se rapprochent de la leur. Carus pense que leur peau était couverte, non pas d'écailles , mais d'expansions cornées très-minces ou de poils assez serrés.

Les dimensions des os des grandes espèces de Ptérodactyles ont fait supposer que la taille de ces animaux pouvait se rapprocher de celle que les poëtes et les mythologues de l'antiquité donnaient à leurs fabuleux Dragons. Et, selon quelques savants, il ne serait peut-être pas déraisonnable d'admettre que ces fantastiques animaux, dont on voit tant de descriptions émanées des siècles héroïques et tant de représentations dans les hiéroglyphes ou les sculptures des nations primordiales , ont puisé la source de leur histoire dans les Ptérodactyles, dont les dernières races se montrèrent peut-être encore du temps des premiers hommes , et laissèrent de leur apparition un souvenir que les traditions répandirent parmi les peuples.

Dans la suite, les images des Dragons ayant été fréquemment répétées sur les monuments des arts naissants, ou consacrées par les légendes pieuses, elles familiarisèrent l'esprit avec l'existence de tels êtres, qui fut attestée par une foule de personnes inspirées, d'historiens et de savants, qui décrivirent ces reptiles insidieux dans leurs œuvres, et même les y représentèrent avec des formes bizarres enfantées par leur imagination. Telles sont les figures de ces animaux que l'on voit sur les peintures et les porcelaines chinoises, comme sur les bannières féodales européennes, et dont les naturalistes Aldrovande et Séba, si rapprochés de nos jours, bigarraient encore leurs immortels ouvrages.

Bory Saint-Vincent s'exprime ainsi à ce sujet : « La figure du Ptérodactyle semble représenter assez exactement celle que l'antiquité donnait à ses Dragons redoutables que nous regardons maintenant comme fabuleux, et qui peuvent néanmoins avoir existé vers l'époque de cette création antérieure à celle dont nous faisons partie, et dont il reste tant de débris extraordinaires. Il se pourrait que des Dragons de ce genre, des Ptérodactyles encore plus grands que ceux qu'on a récemment découverts, eussent persévéré jusqu'au temps où les hommes apparurent sur la terre, jusqu'à l'époque même où l'on commençait à représenter sur le bois ou sur la pierre les objets les plus frappants de la nature d'alors. Quand les modèles eurent disparu, quand le souvenir ne s'en conserva plus que parmi les hiéroglyphes de peuplades qui ne savaient pas encore écrire, quoique sachant déjà sculpter, ce souvenir devint mythologique. On ajouta à l'image du Dragon perdu des traits bizarres, capables de le rendre méconnaissable, si l'on en retrouvait jamais des restes ; on fut même jusqu'à en amalgamer l'idée avec celle des volcans destructeurs en remplissant leur gueule de flammes. Ici l'histoire des Dragons ou des Ptérodactyles exagérés cesse d'appartenir à l'histoire de la nature, pour tomber dans celle de la fable et des théogonies. »

Cuvier n'a indiqué que deux espèces de Ptérodactyles ; mais, depuis ses travaux, plusieurs autres ont été découvertes ; et aujourd'hui on en admet au moins huit, qui sont : le *Ptérodactyle longirostre*, sur lequel Collini fixa d'abord l'attention des savants. Il fut rencontré dans une sorte de schiste calcaire jurassique, et sa taille était à peu près celle d'une bécasse. Le *Ptérodactyle brévirostre*, trouvé à Solenhofen, et décrit par Sœmmering ; c'est la plus petite espèce, et sa taille est analogue à celle du moineau. Le *Ptérodactyle crassirostre*, décrit par Goldfuss ; le *Ptérodactyle macronyx*, que Buckland a fait connaître et dont les ongles étaient fort gros. Le *Ptérodactyle géant*, dont la taille était quatre fois plus considérable que celle du longirostre ; puis le *Ptérodactyle moyen*, le *Ptérodactyle de Munster*, et enfin le *Ptérodactyle de Buckland*.

IV. CLASSE DES REPTILES.

Animaux vertébrés, recouverts d'une peau fortement épidermée, sans poils ni plumes, et ordinairement squammeuse. Circulation incomplète et à sang froid. Métamorphoses nulles.

Les animaux connus anciennement sous le nom de Reptiles ont été divisés en deux classes par de Blainville : *les Reptiles proprement dits*, que nous allons décrire, et les *Amphibiens*, dont nous nous occuperons après. L'organisme des êtres de la première de ces divisions se rapproche du modèle des oiseaux ; la structure de ceux de la seconde paraît au contraire tenir des poissons.

Beaucoup de Reptiles sont enluminés de couleurs resplendissantes, et ils charment l'œil malgré le danger qui les environne ; d'autres nous repoussent par leurs formes hideuses ; mais en général on se méfie injustement des êtres de cette classe, car s'il en est de cruels et qui distillent un venin léthifère, il s'en trouve un bien plus grand nombre qui sont innocents et timides.

Géologie. — Les Reptiles sont apparus à la surface du globe après les poissons et avant les mammifères ; on n'en rencontre pas dans les terrains de transition, qui déjà renferment des débris des premiers ; mais il s'en trouve, à ce que disent Cuvier et Buckland dans les plus anciennes roches de la période secondaire.

Dans les terrains de la période tertiaire, il existe aussi un grand nombre de Reptiles, mais ceux-ci se rapprochent beaucoup des formes que l'on remarque dans les espèces qui animent la création actuelle.

A l'époque où ces divers terrains se sont formés, ces êtres étaient extrêmement abondants dans des latitudes qui n'en nourrissent presque plus aujourd'hui, et beaucoup d'entre eux se faisaient remarquer par des dimensions colossales [1].

Souvent même on trouve dans certaines localités des débris d'espèces fossiles, là où aujourd'hui il n'existe aucun Reptile du même genre ; par exemple en France, dans la Normandie et ailleurs, on rencontre fréquemment des squelettes de Gavials ou de Crocodiles, et ces animaux sont relégués aujourd'hui sous les tropiques ; dans les carrières à plâtre des environs de Paris, il existe aussi quelques-uns de ces Emydo-Sauriens, ainsi que des Trionyx, qui comme eux ne vivent actuellement que dans les fleuves des régions équatoriales.

[1] Mégalosaures, Mososaures.

Les Reptiles que l'on rencontre le plus communément à l'état fossile appartiennent à l'ordre des Chéloniens et à celui des Crocodiles. On ne découvre que fort rarement des Ophidiens.

Géographie. — Si nous envisageons la distribution géographique des reptiles, nous voyons leur nombre augmenter à mesure que l'on s'avance vers les parallèles équatoriaux. Là se trouvent les colosses de cette classe ; d'énormes Tortues pullulent dans des eaux échauffées par un soleil brûlant ; et c'est aussi là que les Crotales et les Serpents dangereux distillent les plus redoutables venins.

Locomotion. — La nature semble avoir épuisé ses ressources pour varier les formes des reptiles ; ils nous présentent à la fois toutes les dispositions organiques et toutes les conditions physiologiques que l'on peut supposer. Il en est qui nagent dans le sein de la mer ; d'autres, excessivement allongés, rampent sur le sol, ou se traînent péniblement dans le limon des marécages ; enfin certains autres, au contraire, marchent avec agilité, et leur existence, presque aérienne, se passe sur la cime des arbres.

La tête des Reptiles varie pour sa forme et la disposition de ses os. Chez quelques-uns ceux-ci peuvent s'écarter pour donner passage à la proie qui, étant extrêmement volumineuse, n'entre dans le tube digestif qu'en distendant énormément son orifice [1].

La colonne vertébrale offre d'importantes différences par rapport au nombre des pièces qui la composent, et relativement à leurs mouvements. Cette tige osseuse n'est formée que d'un nombre d'os assez limité dans les Tortues, tandis que chez les Serpents on compte souvent plus de deux cents vertèbres, et qu'il en est même qui en possèdent jusqu'à plus de trois cents [2]. Dans la plupart des animaux de cette classe, les vertèbres sont très-mobiles, mais cependant il est un ordre entier, celui des Chéloniens, dans lequel tous ces os sont soudés entre eux et avec les côtes, et ne peuvent accomplir aucun mouvement, à l'exception de ceux qui forment l'axe du cou et de la queue.

Les articulations vertébrales offrent aussi quelques différences curieuses. Dans la plupart des Sauriens elles sont disposées de manière à ne permettre que des mouvements latéraux assez bornés ; mais dans quelques groupes de la classe des reptiles qui ont l'habitude de saisir les branches, et de s'y suspendre à l'aide de leur queue [3], les vertèbres qui sont au niveau de celle-ci possèdent des mouvements en sens inverse, et leurs articulations sont particulièrement disposées afin qu'elles puissent permettre à cet organe de s'enrouler en dessous.

Dans les Serpents, pour les besoins de la progression, la colonne vertébrale possède une mobilité dont on ne rencontre aucun exemple parmi les autres vertébrés. Le corps de chaque vertèbre est creusé en

[1] Boa.   [2] Boa devin.   [3] Caméléons, Boas.

avant d'une cavité hémisphérique, et offre en arrière une tête de même forme, de manière que les articulations vertébrales représentent des espèces de genoux mobiles dans tous les sens. Pour faciliter les mouvements des vertèbres, chacune de celles-ci est même revêtue de cartilages, et son articulation possède une membrane synoviale, de manière que tous ces os glissent les uns sur les autres et en tous sens avec la plus grande facilité. C'est cette disposition qui donne aux Serpents les mouvements si variés qu'on leur connaît.

Les diverses régions du tronc présentent de notables différences relativement au nombre de vertèbres qu'elles possèdent. Le cou et la queue offrent principalement les extrêmes à cet égard; ainsi il n'y a aucune vertèbre cervicale dans les Serpents, tandis qu'on en rencontre un nombre considérable dans les Plésiosaures. L'os sacrum n'existe réellement que chez les Reptiles élevés, qui ont un bassin et des membres postérieurs : il n'y en a point dans les derniers genres des Sauriens ni dans les Ophidiens.

Les côtes de ces animaux n'offrent pas moins d'opposition sous le rapport de leur structure et de leur nombre. Les Serpents sont parmi eux ceux qui en possèdent le plus : on en rencontre chez eux jusqu'à cent cinquante paires, et aucun vertébré n'en offre autant. MM. Bibron et Duméril disent même que le Boa devin possède au delà de cinq cents côtes, deux cent cinquante de chaque côté. Dans les Chéloniens le nombre de ces appendices est assez restreint, mais ils se font remarquer par leur force et leur largeur insolites; leurs côtes représentent des os plats et longs, et elles sont immobiles et soudées par leurs bords à l'aide d'une suture ou espèce d'engrenage, qui est analogue au moyen d'union des os du crâne des vertébrés.

Le sternum des Chéloniens est dans le même cas que leurs côtes; il offre un grand développement et est destiné à protéger les viscères. Dans d'autres Reptiles, on ne rencontre plus cet os et les côtes sont libres; c'est ce qui s'observe chez les Serpents, où cette particularité vient même fournir un de leurs principaux caractères. Quelques Sauriens, en petit nombre, sont, il est vrai, dans le même cas[1]; mais chez eux les côtes s'unissent entre elles pour former une cage osseuse aux viscères contenus dans la poitrine.

L'épaule forme, chez ces animaux, une sorte de demi-ceinture autour de la région antérieure du tronc. On rencontre un seul os au bras, et deux à l'avant-bras qui sont généralement séparés. Les phalanges varient beaucoup relativement à leur nombre et à leur disposition. Parfois elles sont très-courtes, et les membres antérieurs se terminent par des espèces de moignons analogues aux pieds des Éléphants[2]; d'autres fois ces os sont aplatis, entourés totalement par la peau, et forment des nageoires[3]; enfin, dans la plupart des Reptiles, ils sont

[1] Caméléons. [2] Tortues de terre. [3] Chélonées.

longs et distincts, et constituent des doigts qui peuvent s'appliquer facilement sur les corps[1].

Il n'existe d'os du bassin que chez les Reptiles qui ont des membres postérieurs; aussi il n'y en a point de vestiges chez les Ophidiens, même parmi ceux qui offrent des rudiments d'os des membres postérieurs[2]. Les pattes de derrière sont généralement plus développées que les antérieures, et leurs extrémités subissent des modifications analogues à celles qu'éprouvent celles-ci.

Les muscles des Reptiles sont formés de fibres courtes, peu colorées, et Carus dit qu'ils sont gélatineux et analogues à ceux des poissons. Ils se font remarquer par leur irritabilité, qu'ils conservent un temps considérable après la mort. Des Tortues, des Crocodiles et des Serpents auxquels on avait tranché la tête ou enlevé le cœur ou les poumons, et qui semblaient dans la condition d'êtres complétement morts, ont cependant donné des signes de sensibilité et de motilité lorsqu'on a soumis leurs organes à l'action de certains agents irritants chimiques ou mécaniques.

MM. Duméril et Bibron disent avoir vu des Serpents ainsi que des Tortues privés de tête et dépouillés, puis conservés humides, manifester encore des contractions pendant des semaines entières lorsqu'on les irritait.

Le nombre et la disposition des organes locomoteurs varient considérablement dans les Reptiles; beaucoup d'entre eux ont quatre pattes disposées pour courir sur le sol ou pour grimper dans les arbres[3], ou bien elles sont aplaties en nageoires[4] et destinées à voguer dans la mer. Quelques-uns n'en ont que deux[5], tandis que d'autres sont totalement privés de ces appendices et condamnés à ramper sur la terre[6].

En général, les membres des Reptiles, quand ils existent, sont disposés peu favorablement pour la progression, soit à cause de leur brièveté, qui laisse ordinairement traîner le corps sur le sol, soit à cause de leur mode d'articulation avec le tronc qui, étant perpendiculaire à la direction de celui-ci, les empêche de pouvoir lui imprimer un mouvement étendu en avant. En outre, les coudes et les genoux ne pouvant ni s'étendre ni se redresser complétement, leurs mouvements bornés rendent nécessairement l'impulsion des membres moins puissante que dans les animaux des classes précédentes. Les Caméléons sont peut-être les seuls Reptiles qui aient des pattes assez longues pour suspendre le tronc au-dessus du sol, et chez lesquels le ventre ne laboure pas celui-ci pendant la progression.

Hibernation. —Le froid paralyse les fonctions des Reptiles; dans les climats tempérés, ils s'engourdissent vers l'automne, les uns après

---

[1] Lézards.
[2] Boas, Pythons.
[3] Lézards.
[4] Chélonées.
[5] Bipèdes.
[6] Serpents.

s'être enfoncés dans la terre ou les souterrains [1]; d'autres, sous des tas de pierres ou de décombres [2]. Alors la torpeur qui les saisit est si profonde, que les sons les plus aigus, et souvent même les blessures, ne les réveillent pas. Quelques espèces de crocodiliens, à ce que rapportent les voyageurs, peuvent même être hachées en morceaux sans donner de signes de sensibilité [3].

Mais ce qu'il y a d'étonnant c'est qu'un phénomène absolument semblable paraît être déterminé par une cause inverse chez quelques espèces qui vivent dans les climats brûlants situés au delà de l'équateur ; c'est au moins ce qu'a observé de Humboldt pour les Crocodiles et les Caïmans, qui là tombent dans un état de torpeur lorsque la température s'élève considérablement.

Système nerveux.—Chez ces animaux, l'encéphale est peu développé, lisse, et la moelle épinière le surpasse de beaucoup sous le rapport de la masse ; dans la Tortue terrestre, Carus a reconnu que le poids du cerveau ne formait que la deux mille deux cent quarantième partie de celui du corps ; et sur une Tortue de mer qui pesait vingt-neuf livres MM. Bibron et Duméril ont constaté que l'encéphale en entier ne pesait que deux gros, et par conséquent qu'il ne formait que la dix-huit cent cinquante-sixième partie du poids total de l'animal.

Les sensations des Reptiles sont très-obtuses ; le cerveau de ces animaux étant proportionnellement petit, il semble jouer un bien moins grand rôle dans leur économie que chez les classes précédentes. Certains squammifères continuent quelquefois fort longtemps leurs fonctions après l'extirpation de la masse cérébrale, et le célèbre Rédi rapporte qu'une Tortue survécut six mois à cette opération.

Malgré le peu de développement de l'organe de l'intelligence chez les Reptiles, il paraît que plusieurs d'entre eux sont susceptibles de recevoir une espèce d'éducation. Les anciens Marses de l'Arabie et les Psylles de l'Inde avaient acquis une grande célébrité par la servitude qu'ils imposaient aux Serpents ; ces animaux obéissaient à leur voix. Ce prestige s'est continué dans quelques cabanes du Malabar, où l'on voit encore élever familièrement des Ophidiens [4] que les femmes mettent parfois dans leur sein pour se procurer de la fraîcheur, si agréable sous le ciel brûlant de ce pays.

SENS. *Odorat.*—Les Reptiles n'ont pas été richement partagés sous le rapport des organes de l'olfaction. Leurs cavités nasales communiquent avec les voies aériennes par une ou deux ouvertures situées plus ou moins profondément dans la bouche ; ces cavités sont ordinairement petites, et ce n'est que dans quelques-uns des animaux les plus élevés de cette classe [5] que l'on y rencontre des rudiments de cornets destinés à perfectionner la sensation. Aussi, en général, doit-on admettre que l'odorat est peu développé parmi les Reptiles, et doit-on choisir une

---

[1] Orvets.   [3] Caïman à museau de brochet.   [5] Crocodiles.
[2] Vipères.   [4] Coluber domicella.

opinion mixte entre celle de Pline et d'Aldrovande qui pensaient que
ce sens n'existe pas dans beaucoup d'individus de cette classe, et celle
de Bonnaterre, qui avance que certains Ophidiens flairent avec la perfection du Chien et poursuivent les animaux à la piste [1].

Vision. — L'organe de la vision se dégrade sensiblement dans les
Reptiles ; c'est avec celui des oiseaux qu'il présente le plus d'analogies.
Le nombre des paupières varie ; la plupart des Tortues et des Crocodiles en possèdent trois. Les Sauriens n'en ont ordinairement que deux,
et il n'en existe qu'une seule très-remarquable chez les Caméléons.
Dans les Serpents, l'appareil palpébral offre une structure toute particulière : la peau passe au-devant de l'œil, mais sans lui adhérer, et
elle est là tout à fait transparente.

Quelques Serpents [2] offrent aussi à noter qu'ils ont au-dessous de
l'œil des cavités externes que l'on a considérées comme étant analogues
aux larmiers des ruminants, mais dont on ne connaît pas la fonction.

L'œil des Reptiles est ordinairement subglobuleux et d'un volume
peu considérable relativement à celui du corps de l'animal. Il est fixé,
dans les ordres supérieurs [3], par six muscles principaux et en outre
par quatre autres petits qui entourent le nerf optique. La sclérotique de
beaucoup de ces animaux [4] est soutenue en avant par une rangée de
plaques osseuses disposées circulairement. La pupille est ordinairement
ronde [5], mais dans quelques-uns elle représente une fente transversale [6]. L'iris offre des mouvements sensibles, et selon Albers, il se
contracte vivement chez les Chéloniens quand on l'expose aux rayons
solaires.

Goût. — La langue des Reptiles est ordinairement longue et divisée
en deux à son extrémité [7] ; chez un certain nombre elle est large et
adhérente au plancher de la bouche [8] ; mais souvent, au contraire, elle
est fort mobile, vermiforme et susceptible d'être lancée au dehors ou
rétractée avec rapidité. Cette dernière disposition se rencontre particulièrement dans les Ophidiens, où les mouvements singuliers de cet
organe sont dus au mécanisme suivant. Leur langue, qui offre une
longeur remarquable, puisque chez des Couleuvres d'environ trente
pouces de long elle en a jusqu'à quatre, est contenue dans un fourreau, au fond duquel naissent quatre muscles, dont deux se rendent
à l'os hyoïde, et sont chargés de la faire rentrer, et dont les deux
autres vont au maxillaire inférieur, et la portent au dehors de la
bouche.

La langue de ces animaux ne paraît pas destinée à recevoir, avec une
grande finesse, l'impression des saveurs ; son immobilité complète
chez plusieurs Reptiles qui avalent gloutonnement leur proie [9], et

---

[1] Boas devins.

[2] Trigonocéphales, Crotales.

[3] Tortues, Crocodiles.

[4] Sauriens, Crocodiles, Tortues.

[5] Chéloniens, Sauriens.

[6] Crocodiles.

[7] Lézards.

[8] Crocodiles.

[9] Crocodiles.

l'extrême allongement qu'elle présente chez d'autres, où elle semble plutôt être appropriée à la préhension, à cause du mucus gluant qui l'enduit [1], et surtout enfin le petit nombre de nerfs qu'elle reçoit, viennent révéler son imperfection pour la fonction gustative. Cependant chez les Tortues, qui semblent faire exception à la disposition qui s'observe dans leur classe, cet organe est charnu, mobile, et paraît être dans de bonnes conditions pour recevoir l'impression des saveurs.

Ouïe. — Dans ces animaux, l'organe de l'ouïe est encore assez simple. On n'observe pas d'appareil de recueillement pour les sons, à l'exception des Crocodiles, qui offrent deux lèvres charnues analogues à des paupières, et que Carus considère comme des traces d'oreille externe. La caisse du tympan communique toujours avec la gorge, et son orifice extérieur est parfois recouvert par une peau écailleuse [2], et quelquefois fermé par une véritable membrane tympanique [3]. On aperçoit encore dans cette classe un limaçon rudimentaire, et la plupart des animaux qu'elle renferme offrent un labyrinthe qui est rempli d'une pulpe contenant une concrétion calcaire analogue à celle des poissons. Chez les Sauriens, où la caisse est très-grande, on rencontre trois osselets qui opèrent la tension de la membrane du tympan. Malgré cette simplicité d'organisation, ce sens est un des plus développés dans la classe dont nous traçons l'histoire. On sait avec quelle rapidité le moindre bruit fait fuir les Lézards. Certains Ophidiens écoutent le chant des oiseaux pour s'élancer vers les lieux d'où il part : il en est qui sont attirés par les sons d'un instrument musical. L'illustre auteur du Génie du Christianisme vit un Canadien apaiser la colère d'un Serpent à sonnettes en jouant d'une espèce de flûte, et ensuite se faire suivre par cet animal, qui paraissait sensible au charme de l'harmonie.

Toucher. — Les différentes couches de la peau varient dans la classe des Reptiles, et donnent un aspect particulier aux animaux qui la composent. L'épiderme est corné, et le plus souvent formé d'écailles ou de tubercules remarquables. C'est lui qui, dans quelques Tortues de mer, fournit l'écaille que l'on emploie si souvent dans les arts.

Les lames cornées de l'épiderme sont ordinairement disposées comme les écailles des poissons, et se recouvrent ainsi que le font les tuiles d'un toit ; cependant quelquefois elles sont rangées en quinconce [4], ou placées près les unes des autres, de manière à former des anneaux ou des verticilles [5]. Parfois aussi les parties cornées de l'épiderme ressemblent à de petits tubercules granulés, distribués fort régulièrement à la superficie de l'animal, et au centre desquels se trouve une plaque bombée, ovalaire, enchâssée dans un cercle de petits grains [6]. Enfin, chez quelques Reptiles, la substance cornée de la peau forme des

---

[1] Serpents, Caméléons.   [3] Sauriens.   [5] Chalcides.
[2] Ophidiens.   [4] Orvets, Scinques.   [6] Tupinambis.

épines sur diverses régions du corps [1], ou une sorte de crête lamelleuse placée tout le long du dos [2]. Sous le ventre des Serpents, la membrane épidermique constitue de larges plaques transversales, auxquelles on a donné le nom de scutelles.

L'épiderme des Reptiles se renouvelle plusieurs fois chaque année, et le plus souvent il s'enlève tout d'une pièce et tombe comme celui des Chenilles à l'époque de leur mue, ce qui a souvent été observé chez les Serpents. Pour opérer cet acte, ceux-ci commencent par séparer les écailles qui bordent la bouche en les frottant contre une matière dure; puis ils terminent la fonction en passant leur corps entre deux branches d'arbre rapprochées, ou deux pierres qui, en serrant le fourreau épidermique, le forcent à s'enlever et à rester en arrière. On dit que l'animal va ensuite se cacher pour donner le temps à sa nouvelle peau de se durcir. MM. Bibron et Duméril ont aussi eu l'occasion de constater ce renouvellement de l'épiderme chez les Sauriens, et en outre sur une espèce de Tortue [3].

Voix. — Ce n'est que fort rarement que les Reptiles émettent quelques sons; cependant on dit que les Crocodiles, qui ont un larynx assez compliqué, poussent parfois des cris aigus. Quoique ce soit une opinion généralement répandue, on ne peut guère admettre que les Serpents sifflent; les naturalistes qui ont observé ces animaux ne leur ont jamais entendu produire qu'une espèce de soufflement analogue au bruit que l'on obtient en faisant passer rapidement de l'air dans un tuyau étroit.

Digestion. — L'appareil digestif des animaux de cette classe est très-simple, et dans ceux qui vivent de chair il se réduit parfois à un tube presque droit. L'œsophage de quelques Reptiles se fait remarquer par un grand nombre de saillies coniques, dont la pointe est cornée et dirigée en arrière, et qui semblent destinées à empêcher l'aliment de revenir dans la bouche [4]; chez d'autres, il est tellement ample qu'il égale le diamètre de l'estomac [5]; celui-ci offre presque toujours une grande simplicité de formes; il ne consiste souvent qu'en un renflement peu considérable, mais d'autres fois il est globuleux et assez ample [6]. L'intestin, dont la longueur varie beaucoup, et qui, chez quelques familles, n'atteint pas celle du corps [7], est d'autant plus court et moins flexueux que les espèces sont plus carnassières; il s'ouvre dans un cloaque aboutissant à un anus arrondi [8], longitudinal [9] ou transversal [10].

L'assimilation des Reptiles est extrêmement lente, ainsi que l'avait déjà remarqué Aristote, et beaucoup d'espèces ne ressentent la faim qu'à des intervalles de plusieurs semaines. Les Vipères que les pharmaciens conservent, résistent quelquefois plusieurs années sans nourriture.

[1] Cordyles.　　[5] Serpents.　　[9] Crocodiles.
[2] Iguanes.　　[6] Crocodiles.　　[10] Sauriens.
[3] Émyde.　　[7] Serpents.
[4] Chélonées.　　[8] Chéloniens.

Il est des Reptiles qui avalent leur proie avec une extrême voracité ; d'autres ne la font passer dans les cavités digestives qu'avec lenteur. Les Serpents sont dans ce dernier cas ; et quoiqu'ils ne ressentent la faim qu'à des intervalles éloignés, et que leur corps cylindrique n'offre qu'un faible diamètre, ils font souvent leur pâture de mammifères d'un volume considérable. C'est ordinairement après avoir brisé les os de leur énorme proie, en la serrant contre quelque roc ou quelque tronc d'arbre, que les Ophidiens l'engloutissent. Ensuite ces animaux tombent dans un état de torpeur pendant lequel s'opère la digestion.

Pline avait avancé que dans l'Inde il y avait des Serpents qui mangeaient des Cerfs entiers ; des voyageurs modernes ont vérifié ce fait, et l'on a trouvé de ces mammifères et des Porcs-Épics, armés de leurs cornes ou de leurs dards, dans le ventre de quelques gros Ophidiens. On a vu ceux-ci dévorer des femmes enceintes ; à Amboine, il en est même qui font leur repas d'un Buffle.

Respiration. — L'appareil respiratoire offre d'assez importantes modifications dans ces animaux ; chez ceux d'une organisation élevée[1], on rencontre deux poumons, mais quand on dissèque les Reptiles qui se trouvent à l'extrémité de la série, on reconnaît qu'il n'en existe plus qu'un seul ; c'est le poumon droit qui reste, et il semble s'être développé aux dépens du gauche dont on n'observe plus que des rudiments. Dans les êtres compris parmi cette classe, ces organes sont ordinairement minces et même parfois tellement membraneux qu'ils ressemblent à la vessie natatoire des poissons ; leur intérieur est formé de cellules extrêmement vastes qui sont occupées par l'air atmosphérique. Tous ces animaux étant privés de diaphragme, chez eux, à peu d'exceptions près[2], ce sont les muscles des côtes, aidés de ceux de l'abdomen, qui produisent les mouvements d'inspiration et d'expiration.

A tout âge la respiration ne s'opère que par le poumon, et le sang des Reptiles n'étant que partiellement régénéré, n'a qu'une action peu stimulante sur les appareils vitaux ; ce liquide, ne puisant pas dans la respiration le calorique qu'il y trouve dans les mammifères et les oiseaux, reste constamment froid, et entretient l'organisme à sa température.

Cette apathie de la fonction pulmonaire explique pourquoi les Reptiles peuvent résister longtemps sans respirer, soit qu'ils plongent sous l'eau, soit qu'on les prive d'air, comme l'a fait le physicien Boyle, dans le vide de la machine pneumatique.

Les poumons des reptiles ne recevant pas tout le sang veineux qui est chassé par le cœur, il en résulte que dans ces animaux la respiration est bien moins essentielle que dans les vertébrés des deux premières classes ; aussi l'acte respiratoire ne semble plus s'opérer dans les Reptiles à l'insu des individus, mais être sous l'influence de leur

---

[1] Chéloniens, Crocodiles, Lézards.   [2] Chéloniens.

volonté, et ne s'exercer qu'à de longs intervalles. C'est à cette modification physiologique que beaucoup d'animaux de cette classe doivent la faculté de plonger sous l'eau et d'y rester un temps considérable.

Circulation. — Le cœur des reptiles est formé ordinairement d'un seul ventricule et de deux oreillettes ; ses vaisseaux sont disposés de manière qu'ils n'envoient au poumon qu'une portion du sang qui revient du corps, et que le reste de ce fluide va de nouveau inonder les organes sans avoir subi l'action pulmonaire, et après s'être mêlé dans le ventricule au sang qui a été artérialisé par l'influence de la respiration.

Voici comment cela a lieu. L'oreillette droite reçoit les veines du corps et fait passer leur sang altéré dans le ventricule ; celui-ci émet deux troncs artériels, dont un se distribue à tout le corps, et l'autre se rend aux poumons ; les vaisseaux qui naissent de ceux-ci reviennent au cœur et versent le sang revivifié dans l'oreillette gauche, de manière que le ventricule qui le reçoit ensuite, contient un sang résultat du mélange de celui qui s'est altéré dans les tissus, et de celui qui vient de s'oxygéner au poumon, et c'est ce sang qui est poussé dans les artères.

Calorification. — La fonction qui est considérée par tous les physiologistes, comme produisant le calorique qui donne aux animaux la température dont ils jouissent à l'intérieur, la respiration, étant fort peu énergique chez les reptiles, et ne s'opérant même souvent qu'à de longs intervalles, il en résulte qu'ils ont le sang froid, et que leur corps se trouve à peu près à la température du milieu dans lequel ils sont plongés. L'apathie de la production du calorique par le fait de l'action vitale, entraîne probablement des modifications notables dans la distribution géographique de ces animaux à la surface du globe, et est probablement une des causes qui les relèguent presque tous dans les contrées équatoriales ou tempérées.

Certains savants avaient même pensé que les reptiles ne produisaient aucune chaleur ; mais J. Hunter a observé que les Tortues et les Serpents jouissent d'une température plus élevée que celle du milieu qu'ils habitent ; et en outre il résulte des expériences de J. Davy, faites sur presque tous les ordres de cette classe, que ces animaux ne sont pas entièrement privés de la faculté de produire du calorique.

Sécrétions. — Les Reptiles sont pourvus de glandes salivaires ; parmi celles-ci les parotides, qui fournissent les sucs léthifères, sont extrêmement développées chez les Serpents venimeux où elles sont même comprimées par un muscle particulier. Il paraît que les Chélonées sont privées de ce système glandulaire, anomalie qui se trouve expliquée par leur vie aquatique. Les animaux de cette classe présentent un foie volumineux, et leurs organes urinaires se composent de deux reins formés d'un tissu homogène ; les uretères qui en partent aboutissent au cloaque ; néanmoins beaucoup de Reptiles ont une espèce de vessie s'ouvrant par un large orifice dans cette cavité, au-dessous de laquelle elle est située. On découvre cette vessie chez les Tortues, les Iguanes et le Lézard commun ; mais elle manque chez les Crocodiles et la plupart des Ophidiens.

L'urine de certains reptiles est limpide ; mais il en est, et tels sont les Sauriens et les Ophidiens, chez lesquels cette sécrétion est une sorte de bouillie blanchâtre, se solidifiant rapidement par la dessiccation, et contenant une grande proportion de sels à base de chaux ou d'ammoniac. La blancheur et la ténuité des molécules qui composent cette urine la faisaient recueillir en Égypte, et dans ce pays, à ce que dit Pline, elle était l'objet d'un certain commerce, et les femmes s'en servaient pour se farder le visage.

Presque tous les reptiles portent une certaine odeur qui paraît produite par l'évaporation d'un fluide qui est sécrété dans diverses parties du corps. Chez beaucoup de ces animaux [1] la substance odorante est contenue dans deux vésicules, nommées bourses anales, situées dans l'épaisseur de la base de la queue, et s'ouvrant près de l'anus. C'est à cette sécrétion qu'est due l'odeur pénétrante et désagréable qui s'exhale des Vipères ou des Couleuvres lorsqu'on les tourmente, et il semble que chez ces Reptiles elle soit un moyen de défense destiné à éloigner les animaux qui les atteignent, par le sentiment de dégoût que ses émanations font naître.

On trouve en outre chez quelques reptiles des follicules nombreux répandus à la surface de la peau, et s'y ouvrant par des pores qui sont situés dans l'intervalle ou au centre des écailles. Ces pores, qui ont fourni de bons caractères aux zoologistes, sont parfois disposés en lignes fort régulières à la partie interne des cuisses [2], ou en devant de l'ouverture anale [3].

Génération. — Les glandes sécrétoires du fluide séminal du mâle sont au nombre de deux, et elles donnent naissance à deux canaux déférents qui viennent se terminer dans le cloaque, à la base de l'organe excitateur qui y est contenu ; celui-ci est simple dans les premiers groupes [4], et se trouve creusé d'un sillon qui conduit la liqueur fécondante dans l'appareil de la femelle ; mais il est double dans les derniers [5], et souvent formé de deux verges recouvertes d'épines, et qui par leur armure, ainsi que par leur direction divergente, paraissent destinées à retenir celle-ci pendant l'accouplement. L'oviducte de tous ces animaux est séparé de l'ovaire, et il aboutit dans le cloaque.

L'acte reproducteur ne paraît être chez les Reptiles que la satisfaction d'un besoin instinctif, car les sexes ne semblent nullement guidés l'un vers l'autre par un sentiment de tendresse ou d'attachement ; aussi, immédiatement après qu'ils ont satisfait leurs mutuels désirs et accompli le vœu de la nature, le mâle et la femelle se séparent et se

---

[1] Crocodiles, Sauriens, Ophidiens.
[2] Lézards.
[3] Amphisbène, Chirote.

[4] Chéloniens, Crocodiliens.
[5] Sauriens, Ophidiens.

fuient mutuellement pour ne jamais se retrouver. D'après cela on pense
bien qu'il n'y a plus dans ces animaux ces rapports sociaux que l'on
admire chez les oiseaux , et que leur vie s'écoule solitairement. Cependant les voyageurs rapportent que, contrairement à la généralité des
êtres de leur classe , certaines Tortues vivent par couples qui restent
constamment unis dans les mêmes lieux [1].

C'est vers le printemps qu'a lieu l'accouplement. Cet acte dure souvent plusieurs heures ; il se prolonge des journées entières chez certains Serpents que l'on voit alors se tenir étroitement enlacés. Chez les
Tortues, le voyageur Dampier dit qu'il se continue quatorze jours , et
M. H. Cloquet en porte même la durée jusqu'à vingt ou trente.

Les reptiles sont ovipares ; mais quelques-uns font exception à la loi
générale ; et au lieu d'émettre leurs œufs entiers au dehors , chez eux ,
ceux-ci éclosent à l'intérieur du corps , en parcourant l'oviducte , de
manière que ces animaux semblent s'éloigner de la règle commune et
être Vivipares. Cependant en faisant attention à ce fait , on s'aperçoit
que ce n'est qu'une apparence trompeuse , et que les reptiles qui présentent cette particularité sont , ainsi que les autres , réellement ovipares , mais seulement l'œuf éclot chez eux lorsqu'il est sur le point
de sortir des organes génitaux. Cette anomalie que l'on avait cru ne se
remarquer que chez les Vipères , s'observe aussi dans d'autres Serpents,
et il est même quelques Sauriens qui la présentent également [2].

La femelle choisit ordinairement pour déposer ses œufs un endroit
favorable dans lequel ils soient exposés à une chaleur suffisante , et
qui ne se trouve pas fréquenté par les animaux carnassiers , afin que
les petits , qui sont sans défense en naissant , ne deviennent pas leur
proie.

Les œufs de ces animaux sont enveloppés d'une coque calcaire qui ,
chez les uns, est dure et fragile, et formée presque uniquement de molécules minérales [3], et chez les autres est élastique et molle, parce que
la substance animale y prédomine [4]. Ces œufs après avoir été émis au
dehors , sont ordinairement abandonnés par la femelle , et elle ne les
couve jamais , parce que la température de son corps est si peu élevée
que le contact de celui-ci serait plutôt fait pour y entraver le développement du principe de la vie que pour le favoriser. Cependant quelques Reptiles , et tels sont les Chélonées et les Crocodiles , forment sur
le sol une espèce de four ou d'espace creux protégé par une voûte
solide , dans lequel ils déposent leurs œufs afin que l'ardeur du soleil,
en se concentrant sur eux , hâte le développement de leur germe.

Reproduction des organes. — Parmi les faits les plus extraordinaires que présente la physiologie des Reptiles , en première ligne on
trouve la facilité avec laquelle ceux-ci reproduisent plusieurs de leurs
organes lorsqu'on en a fait l'ablation. Les anciens avaient déjà été frappés

---

[1] Tortues à cuir, Trionyx.   [3] Tortues, Crocodiles.
[2] Orvets.   [4] Caméléons, Couleuvres.

de ce singulier phénomène, car Pline et Élien en parlent, et les modernes l'ont constaté dans de nombreuses expériences.

On sait que les Lézards, les Scinques ou les Orvets, qui perdent la
queue par accident ou auxquels on l'enlève à dessein, reproduisent
bientôt cet appendice ; et lorsqu'on dissèque les parties nouvellement
produites, on reconnaît que les vertèbres ont été remplacées par des
corps cartilagineux, d'une forme analogue à celles-ci, mais qui n'offrent jamais leur solidité. Les organes des sens jouissent eux-mêmes
de la faculté de se reproduire. Blumenbach rapporte, dans ses Essais
de physiologie comparée, qu'ayant détruit avec une pointe de fer les
yeux d'un Lézard vert, au bout de très-peu de temps ceux-ci se régé-
nérèrent dans toute leur intégrité. Mais ces reproductions organiques
se font encore avec une plus extraordinaire facilité dans la classe des
Amphibiens, où nous en reparlerons de nouveau.

Dans certains Reptiles qui vivent sous l'eau [1], on remarque que, pour
les besoins de l'économie, il existe entre le cloaque et la cavité du ventre, des conduits que l'on nomme *canaux péritonéaux*, et qui ont
pour fonction d'introduire l'eau jusque dans l'intérieur de la poche
que forme le péritoine. Ces canaux furent d'abord indiqués par Townson, dans les Tortues ; et MM. Bibron et Duméril avaient observé, chez
un de ces Reptiles, que l'eau entrait et sortait par le cloaque dans certains moments ; mais ce furent MM. I. Geoffroy Saint-Hilaire et Martin
Saint-Ange qui décrivirent avec soin les canaux dont nous parlons,
et les figurèrent dans les Annales des Sciences naturelles.

Classification. — La première classification rationnelle que l'on
donna des Reptiles fut due à M. Alexandre Brongniart ; il divisait ces
animaux en quatre ordres : les Chéloniens, les Sauriens, les Ophidiens et les Batraciens. Dans la suite, de Blainville, ayant formé une
classe de ces derniers, présenta une nouvelle distribution de ces animaux, fondée sur l'appréciation parfaite de leur dégradation sérique.
Il considéra les Reptiles vivants ou fossiles connus à la surface du
globe, comme devant être rangés en quatre ordres, qui sont : les
Chéloniens, les Plésiosauriens, les Émydosauriens et les Saurophiens.

REPTILES.			Ordres.
Mâchoires	non dentées....................		CHÉLONIENS.
	dentées. Corps	à membres en nageoires. .	PLÉSIOSAURIENS.
		couvert de plaques osseuses.	ÉMYDOSAURIENS.
		couvert de squammes. . .	SAUROPHIENS.

____

[1] Chélonées, Crocodiles.

ORDRE DES CHÉLONIENS.

Corps court , plus ou moins orbiculaire, et dont le tronc est plus ou moins immobiles par la soudure de vertèbres et des côtes ; derme ordinairement solidifié et recouvert de grandes écailles. Mâchoire dépourvue de dents , et portant ordinairement des mandibules cornées. Quatre membres très-diversiformes.

L'organisation des Tortues est si particulière, ainsi que le dit de Blainville , qu'elle se laisse difficilement rapporter à celle des autres vertébrés ; cependant , en l'étudiant convenablement , on voit que c'est évidemment avec les Oiseaux d'une part, et avec les Crocodiles de l'autre , qu'il y a plus de rapprochements à faire.

Les Chéloniens doivent être rangés parmi les êtres qui ont animé le globe pendant ses âges primitifs ; ils ont été aussi anciens à sa surface que les Crocodiles , et en général on les découvre dans les mêmes terrains qu'eux. Presque tous ceux que l'on trouve, dit Cuvier, sont d'eau douce ou de terre ferme , ce qui confirme la conjecture que les Crocodiles avaient fait naître, savoir : qu'il existait à la surface exondée du globe des îles ou des continents qui nourrissaient des Reptiles avant qu'il y eût des quadrupèdes vivipares. Aujourd'hui ces animaux sont répandus dans les contrées chaudes ou tempérées des deux hémisphères.

La forme du corps des Tortues dépend tout à fait de la disposition de leur squelette, qui est en grande partie extérieur et protége plus ou moins les divers organes , et les renferme même parfois tous comme dans une sorte de coffre que ces animaux peuvent fermer à leur guise. C'est à l'espèce de voûte protectrice, *testudo*, que la carapace présente aux diverses parties de ces Reptiles , que ceux-ci , selon Pline , doivent le nom de Tortues.

Les Chéloniens, ainsi que l'ont fait observer Carus et quelques autres anatomistes, ont un squelette qui , dans diverses régions, se rapproche de celui des oiseaux. La tête de ces Reptiles est petite ; leurs vertèbres cervicales sont très-mobiles, et elles s'articulent comme celles des Serpents par des surfaces munies de cartilages et possédant une capsule synoviale ; lorsque le cou rentre dans l'intérieur de la Carapace, ce mouvement se produit de deux manières : tantôt la colonne osseuse cervicale se fléchit de bas en haut, de façon à former une S, et tantôt le cou se contourne latéralement à droite ou à gauche. Les vertèbres dorsales et lombaires de ces animaux sont soudées et immobiles ; les côtes ne ressemblent nullement à celles des autres vertébrés , elles offrent une extrême largeur , et leurs bords qui se touchent s'articulent ensemble par une sorte d'engrenage, de manière qu'elles se trouvent tout à fait immobiles et qu'elles ne peuvent plus servir aux mouvements respiratoires ; ces côtes, par leur réunion, forment une voûte solide à laquelle on donne le nom de *carapace*. Les sutures qu'offre celle-ci, étant analogues à celles des os du crâne, il en est résulté que quelques géologues inattentifs ont parfois pris des débris de Tortues pour des crânes gigantesques.

Le sternum de ces animaux est extrêmement développé et protége tous les viscères par son extension. Cet os, qui forme au ventre une sorte de bouclier osseux nommé *plastron*, offre de notables différences selon les genres dans lesquels on l'observe ; aussi s'en est-on servi pour caractériser divers groupes. Souvent il est solide et immobile, mais aussi il est quelques Chéloniens chez lesquels cet os offre une charnière transversale et peut fermer l'un ou l'autre de ses battants ou même les faire mouvoir tous les deux et emprisonner les membres et la tête comme dans une sorte de boîte. Dans quelques espèces on trouve même deux charnières transversales et deux pièces mobiles séparées par un segment fixe. Enfin, relativement aux variétés que peut présenter la forme du plastron, on observe que, sous le rapport de celle-ci, cet organe diffère parfois dans les deux sexes, et que chez les mâles il est ordinairement concave.

Par une singulière exception à ce qui a lieu dans tous les vertébrés, chez les Chéloniens les os des épaules et du bassin sont contenus au dedans de la cavité que forme la réunion des côtes et du sternum, et les os du bras et de la cuisse sont plus ou moins renfermés dans la boîte viscérale.

Le système musculaire des Chéloniens a subi d'importantes modifications pour s'approprier à la remarquable disposition de leur squelette. Parmi leurs muscles, qui ont été étudiés avec soin par Bojanus, dans son Anatomie de la Tortue d'Europe, il en est quelques-uns, et tels sont ceux du bassin et de l'épaule, qui s'attachent à l'intérieur de la carapace ; et qui, par leur mode d'insertion, sont analogues à ceux de quelques animaux articulés, tels que les Crustacés et les Insectes.

L'appareil locomoteur des Chéloniens est aussi remarquable par la disparition des muscles de la région moyenne de la colonne vertébrale et des côtes. Mais l'appareil musculaire du cou et de la queue est fort développé ; le premier organe doit la faculté de rentrer dans la carapace selon la volonté de l'animal, à un fort muscle qui naît des vertèbres postérieures du tronc et s'attache au devant de celles du cou, et celui-ci est porté au dehors par un muscle antagoniste qui a son origine aux bords de la carapace et se termine aux vertèbres cervicales.

Le sens de l'odorat est peu développé, et les fosses nasales s'ouvrent ordinairement par deux trous ; mais quelques espèces aquatiques, et telles sont les Potamites et les Chélydes, ont le nez prolongé en trompe et se servent de celle-ci pour respirer à la surface de l'eau pendant qu'elles sont cachées au-dessous des feuilles flottantes des végétaux aquatiques parmi lesquels on les voit épier les oiseaux et les autres animaux dont elles se nourrissent; comme nous l'avons dit, les Chéloniens ont leur organes gustatifs dans de bonnes conditions, et chez eux l'appareil oculaire, par sa structure, se rapproche de celui des oiseaux, aussi la vision s'opère avec une certaine perfection.

Le corps des Chéloniens est presque totalement enveloppé d'un bouclier osseux recouvert partout de grandes écailles semblables à des ongles, qui, tantôt s'accroissent par plusieurs de leurs bords, et tantôt par un seul, selon la manière dont elles s'implantent. Il en est aussi, cependant, dont la peau est dépourvue de squammes et ne présente qu'un cuir plus ou moins rugueux[1]. Il existe de nombreuses peintures, répandues dans les ouvrages japonais, qui sembleraient révéler l'existence d'une Tortue velue, mais Carus pense que cette apparence est due à l'effilement des plaques cornées qui recouvrent l'animal.

D'après cette disposition de la surface du corps, on doit présumer qu'en général la sensation du toucher est encore plus obtuse chez les Chéloniens que chez les autres Reptiles. Cependant ceux qui sont dépourvus d'écailles[2] doivent être assez sensibles aux impressions tactiles. En considérant leur structure, on s'aperçoit que les pattes de ces animaux sont encore plus défavorablement organisées que celles de tous ceux de leur classe pour palper ou saisir les corps.

Tous les animaux de cet ordre, à l'exception des Chélydes, se distinguent des autres Reptiles par leur bouche, dont les mandibules sont environnées de lames cornées qui lui donnent l'aspect du bec des oiseaux.

L'œsophage de quelques Chéloniens, comme nous l'avons déjà fait observer en traitant des Reptiles en général, est garni de pointes cornées dirigées en arrière. L'estomac de la plupart de ces animaux est peu considérable, et ne se distingue du reste du tube intestinal que parce qu'il présente un renflement disposé en travers; l'intestin est fort long et le foie offre généralement beaucoup de volume.

Les Chéloniens dépensent peu de forces dans leurs mouvements, qui sont très-lents, et chez eux la transpiration étant presque nulle à cause de la disposition de leur surface cutanée, il en résulte que ce sont des Reptiles extrêmement sobres, et que l'on est parfois étonné de voir vivre un temps considérable sans manger; Aristote avait déjà été frappé de ce fait, et Rédi l'avait constaté. MM. Bibron et Duméril le mentionnent également, et disent avoir vu une Émyde qui pendant plus d'une année ne prit aucune nourriture. Les Reptiles de cet ordre n'ont point un mode d'alimentation uniforme; les uns se nourrissent de végétaux, d'autres de substances animales.

Les Chéloniens sont presque les seuls animaux de leur classe qui, par l'effet de la structure de leurs mandibules cornées, peuvent couper leurs aliments, et qui se nourrissent pour la plupart de végétaux. Les

---

[1] Trionyx, Sphargis.   [2] Trionyx, Sphargis.

Tortues de mer et les véritables Tortues de terre préfèrent surtout cet aliment qu'on leur voit placer entre les mâchoires à l'aide de la langue. D'autres Reptiles de cet ordre, tels que les Trionyx et les Émydes, sont carnassiers, et saisissent leur proie avec le bec et la déchirent parfois avec leurs ongles acérés. Ce ne sont que des animaux vivants dont ces Tortues s'emparent; et avant de se jeter dessus il faut toujours qu'elles se soient assurées de leur existence et qu'elles les aient vus se mouvoir. Quelques espèces s'approchent de leur proie avec précaution, et après avoir caché leur tête dans leur carapace; puis lorsqu'elles jugent pouvoir l'atteindre avec leurs mâchoires elles allongent subitement le cou et s'en saisissent à l'improviste.

Les côtes des Chéloniens étant soudées et ne pouvant se dilater pour déterminer l'entrée de l'air dans les poumons, certains physiologistes ont pensé que ces Reptiles avalaient ce gaz par une espèce de déglutition; d'autres ont prétendu que c'étaient les muscles qui ferment l'ouverture postérieure des boucliers qui faisaient l'office d'organes inspirateurs et expirateurs. Ayant disséqué attentivement plusieurs Tortues, nous avons été conduit à admettre une autre théorie, et nous professons depuis plusieurs années que ce sont les mouvements que les muscles impriment aux épaules, qui se trouvent situées à l'intérieur du corps, qui, en amplifiant ou en rétrécissant la cavité viscérale, déterminent l'entrée de l'air dans les sacs pulmonaires, ou son expulsion de ceux-ci. En effet, la paroi de la cavité qui contient les viscères étant presque partout solide, si quelques organes, par leur déplacement, augmentent la capacité de cette cavité, les poumons tendront à se dilater et à recevoir l'air extérieur, et le contraire aura lieu lorsque ces parties diminueront l'espace réservé à l'appareil respiratoire.

On s'aperçoit fort bien, en étudiant le jeu des épaules, que les mouvements de celles-ci peuvent faire varier considérablement la capacité de la boîte osseuse qui contient les viscères, et contribuer beaucoup mieux à l'inspiration ou à l'expiration que les muscles de l'ouverture postérieure. L'analogie physiologique porte aussi à attribuer plutôt aux muscles scapulaires qu'à ces derniers, le mécanisme respiratoire.

Les œufs de ces animaux présentent la forme ronde; les Tortues marines viennent quelquefois d'une distance de plusieurs centaines de lieues, gagner le rivage sur lequel elles les déposent, et c'est ordinairement dans un creux qu'elles pratiquent dans le sable, qu'on les voit abandonner ceux-ci à l'influence du soleil, après les avoir recouverts d'un peu de ce terrain.

Les Chéloniens jouissent d'une vie fort longue, et des exemples qui paraissent authentiques semblent constater que les Tortues terrestres peuvent la prolonger jusqu'à l'âge de deux cents ans. On cite même un de ces Reptiles qui a vécu deux cent vingt ans enchaîné dans le jardin des évêques de Saint-Pétersbourg; et si l'on doit croire certains auteurs, ces animaux pourraient parvenir à une vieillesse encore plus avancée.

Relativement à la disposition sériale de ces Reptiles, nous suivrons les idées de de Blainville qui s'exprime ainsi à ce sujet : « La distribution méthodique des Tortues nous paraît devoir porter sur la distinction et la séparation des doigts, qui sont d'autant plus mobiles ou d'autant plus séparés que les espèces se rapprochent davantage des Crocodiles, caractère qui est concomitant avec le séjour, mais non pas d'une manière absolue. Ainsi, il nous semble que les Tortues de mer, par la forme de leurs membres et surtout des antérieurs, dont les doigts sont indistincts et immobiles entre eux sous la peau, se rapprochent davantage des Manchots; et que les Trionyx, par la grande liberté des doigts, réunis cependant par une membrane, et dont trois seulement sont pourvus d'ongles, se rapprochent évidemment des Crocodiles. C'est d'après cela que nous partageons les Tortues de la manière suivante. »

FAMILLE DES TORTUES DE MER.

Corps très-déprimé. Membres disposés en nageoires aplaties et à doigts immobiles, entièrement cachés sous la peau.

Les Chéloniens de cette famille sont certainement ceux dont le corps acquiert les plus remarquables dimensions, et, sous ce rapport, aucun Reptile ne peut même leur être comparé. On a pêché des Chélonées qui pesaient 8 à 900 livres, et dont la carapace offrait plus de 15 pieds de circonférence et une longueur de près de 7 pieds; les Tortues Luth ont encore présenté des proportions plus colossales, et l'on en a rencontré dont le poids s'élevait de 15 à 1,600 livres. A n'en pas douter, c'est avec la carapace de ces énormes Tortues de mer que les peuples *chélonophages* des bords de la mer Rouge couvraient leurs habitations, ou qu'ils confectionnaient des pirogues pour parcourir les rivages. Cette assertion, qui a été puisée dans Artémidore et dans Diodore de Sicile, par Strabon et par Pline, n'est pas hyperbolique, car Dampier rapporte que le fils d'un capitaine de navire, dont il cite le nom, se servait constamment pour aller à terre d'une petite nacelle faite avec la carapace d'une grande Tortue, qui avait été prise dans la baie de Campêche. Actuellement dans les colonies on fait des baignoires pour les enfants, ou des auges pour donner à manger aux bestiaux, avec des carapaces de Tortues.

La force de ces animaux est en rapport avec leur stature; mais on doit penser que l'assertion de Linnée, qui assure qu'ils portent sur leur dos autant d'hommes qu'il peut en tenir, est exagérée. Il en est de même de celle de Rai, qui dit qu'il est des Tortues de l'océan Indien qui peuvent transporter quatorze hommes sur leur carapace.

Les plantes marines forment la nourriture principale des Tortues de mer; mais il paraît cependant que quelques-unes de celles dont la chair exhale une forte odeur de musc, comme le Caret et la Caouane, font usage de divers Mollusques et particulièrement de quelques espèces de Sèches.

Ce n'est guère que pour opérer leur ponte que les Chélonées sortent de l'eau. Cependant quelques voyageurs rapportent que certaines espèces gravissent les rivages soit pour y venir paître, soit pour y passer la nuit ; mais cette assertion n'est peut-être pas exacte, puisque l'on rencontre de ces Tortues à sept ou huit cents lieues de toute terre et endormies à la surface de la mer.

L'accouplement de ces animaux se fait en pleine mer, et il dure fort longtemps ; quelques voyageurs disent qu'il se prolonge quinze jours, et d'autres lui donnent une durée double. Après qu'il a eu lieu, les femelles se dirigent vers la terre et les mâles les accompagnent. Ce n'est que lorsque la nuit est tombée, que ces animaux gravissent le rivage, puis se traînent sur le sable au delà de la limite qu'atteignent les plus hautes eaux. Là les femelles creusent, avec leurs nageoires antérieures, une sorte de fosse qui a parfois deux pieds de diamètre, et elles déposent leurs œufs dans cette cavité ; ceux-ci sont globuleux et souvent au nombre de cent. Lorsque la ponte est terminée, le Reptile la recouvre de sable et retourne à la mer, en confiant à la chaleur solaire l'incubation de sa progéniture.

Les œufs mettent de quinze à vingt jours à éclore. Les jeunes Chélonées qui en sortent sont blanches et comme étiolées, et elles ne présentent point encore d'écailles. Aussitôt que l'enveloppe calcaire de l'œuf est brisée, l'instinct les porte à se diriger vers la mer ; pendant leur trajet vers celle-ci, souvent ces petits Reptiles sont dévorés par les oiseaux de proie qui, sur le rivage, semblent épier le moment de leur éclosion, ou bien ils deviennent la pâture des poissons voraces, au moment où ils se plongent dans l'eau. Les Chélonées produisent chaque année deux ou trois pontes semblables, aussi on doit les considérer comme présentant une extraordinaire fécondité.

Les Tortues marines offrant un bon aliment, souvent elles sont recherchées par les navigateurs, et ils emploient divers procédés pour s'en emparer. Comme on sait qu'à l'époque des pontes elles arrivent sur le rivage en fort grand nombre, lorsque la nuit est assez avancée pour que l'on puisse supposer qu'elles se sont rendues à terre, les marins y descendent subitement et leur coupent la retraite. A mesure qu'ils en rencontrent qui s'acheminent vers l'eau, ils les assomment ou ils les renversent sur le dos à l'aide d'un levier ; et comme ces Reptiles ne peuvent se retourner, le lendemain on les recueille sur la plage pour les transporter au navire. En pleine mer on pêche ces Tortues au moment où elles sont endormies à la surface de l'eau ; on s'en approche avec précaution et on leur lance un harpon qui tient à une corde avec laquelle on les tire vers l'embarcation, quand elles ont été blessées avec cet instrument, disposé à l'effet d'être retenu dans la plaie qu'il produit ; quelquefois aussi c'est avec des filets qu'on s'en empare ; et l'amiral Anson rapporte que des plongeurs de la mer du Sud sont assez courageux pour aller les saisir dans l'eau par leur carapace, pendant le sommeil, et les amener vers leurs embarcations.

Il paraît certain que dans divers pays, et en particulier dans les mers de la Chine et de l'Inde, on emploie l'Échénéide pour pêcher les Tortues marines. Ce fait est attesté par un grand nombre de voyageurs ; d'après ce qu'en dit Gesner, il semblerait avoir été connu de Christophe Colomb ; Dampier décrit cette pêche avec détail dans la narration de sa circumnavigation, et Commerson a eu l'occasion de vérifier l'exactitude des récits de ces navigateurs, qui semblent aussi attestés par les assertions de Salt, dans son Voyage en Abyssinie. Voici le procédé que les sauvages emploient pour exécuter cette singulière pêche ; ils placent dans leur pirogue un baquet d'eau contenant plusieurs Échénéides qui ont un anneau passé dans la queue. Lorsqu'ils sont arrivés dans un endroit où ils aperçoivent quelque Tortue endormie à la surface de l'eau, de peur de réveiller ce Reptile, ils cessent de s'approcher de lui et lâchent dans la mer un des poissons du baquet, après avoir attaché une longue corde à l'anneau passé dans sa queue. Aussitôt que l'Échénéide est libre, il se dirige de côté et d'autre, et bientôt, trouvant la Tortue, il s'attache à sa carapace à l'aide de sa ventouse céphalique ; à ce moment les sauvages se mettent à tirer doucement sur le poisson, et ils amènent celui-ci vers leur barque ainsi que le Reptile auquel il s'est collé solidement. Alors on saisit la Chélonée, et avec précaution on en détache l'animal qui en a fait la capture.

SPHARGIS. *Dermochelys.* Corps couvert d'une peau coriace analogue à un véritable cuir. — On ne connaît qu'une seule espèce de Sphargis, à laquelle on donne le nom de *Luth,* en raison de la ressemblance que l'on prétend qu'offre sa carapace, relevée de sept arêtes, avec l'instrument de musique ainsi appelé ; elle réside parmi les mers qui baignent nos rivages, et parvient à de grandes dimensions. On en rencontre parfois de sept à huit pieds de longueur. On dit que dans sa jeunesse sa peau offre des rudiments d'écailles qui rappellent l'organisation presque générale aux Chéloniens.

CHÉLONÉES. *Chelonia.* Carapace recouverte d'une enveloppe cornée, écailleuse. — Ces Reptiles, dont on rencontre quelques vestiges fossiles dans les environs de Maëstrich et parmi les ardoises de Glaris, abondent principalement aujourd'hui dans les mers équatoriales des deux continents ; mais on en voit parfois qui, poussés par les tempêtes, remontent vers le Nord ; il en fut pêché un du poids de sept à huit cents livres à Dieppe, en 1752, et Sibbald rapporte même dans son Prodrome d'histoire naturelle, qu'il tient d'un homme digne de foi, que l'on prend quelquefois des Tortues de mer près des Orcades.

La *Chélonée* ou *Tortue franche* est l'espèce dont les dimensions deviennent le plus considérables. Elle abonde sur les rivages des deux continents, et principalement dans les parages équatoriaux. Lacépède dit que près de certaines plages on en rencontre parfois des troupes extrêmement nombreuses, au milieu des algues flottantes qui forment leur nourriture. On trouve aussi des Chélonées à de grandes distances de tout rivage, et les navigateurs en découvrent parfois à cinq ou six cents lieues en mer; c'est de là qu'elles viennent à terre pour y déposer leur ponte.

L'île de l'Ascension est un des lieux de rendez-vous de cette espèce; on y en prend des quantités considérables. Sa chair est surtout recherchée; dans les colonies, elle se vend sur les boutiques. Plusieurs vaisseaux viennent prendre de ces Reptiles aux îles du cap Vert, pour les saler et les débiter en Amérique. A la Jamaïque, on en élève qui sont destinés à la consommation, et c'est de cette île que des navires, disposés à cet effet, les apportent en Angleterre pour les besoins de ce pays. La graisse peut donner de l'huile à brûler.

Les œufs de ces Reptiles sont aussi fort recherchés dans divers pays, et on en extrait de l'huile pour préparer les aliments. L'extrême fécondité des Chélonées permet d'en recueillir sur certaines plages des quantités considérables; Lacépède estime que chaque femelle en produit environ trois cents par an.

La *Chélonée caouane*, qui habite l'Océan et la Méditerranée, est analogue à l'espèce précédente par ses écailles qui ne sont pas imbriquées, mais elle en possède quinze sur son disque, au lieu que l'autre n'en a que treize; ce Reptile se nourrit principalement de mollusques et sa chair est désagréable; on emploie sa graisse en guise d'huile à brûler.

La *Chélonée imbriquée*, appelée aussi *Caret*, offre une chair qui passe pour malsaine; elle produit, dit-on, des vomissements et fait apparaître une éruption à la peau; mais, en revanche, ce Reptile nous fournit la plus belle écaille employée dans les arts. A l'île de Célèbes, on en fait un commerce considérable; on dit que ses habitants enlèvent cette substance précieuse du dos des Tortues, et qu'ils les rendent ensuite à la mer, dans l'espoir que ces animaux en fourniront de nouvelle.

On détache les écailles de la carapace en faisant chauffer légèrement celle-ci; alors elles se dressent et peuvent ensuite s'enlever avec facilité. Ces squammes détachées sont vendues pour être employées dans les arts à une foule d'ouvrages. Comme leur prix est élevé, afin d'en confectionner divers objets de grande dimension, on soude l'écaille au moyen de l'eau bouillante, ou en la pressant entre des fers légèrement chauffés; d'autres fois, par le moyen de la chaleur, on moule diverses choses avec cette substance. Lorsqu'on travaille celle-ci, on n'en perd pas même les moindres fragments qui sont produits par les instruments; en les pressant sous l'eau bouillante, on forme ce que l'on appelle l'*écaille fondue*, qui est, il est vrai, d'une qualité inférieure, mais qui a cependant encore un certain prix.

FAMILLE DES TORTUES DE TERRE.

Corps très-bombé. Membres courts, cylindriformes, comme tronqués ; doigts distincts , au moins par leurs ongles qui sont gros , courts et obtus.

TORTUES. *Testudo*. Carapace d'une seule pièce ; plastron non mobile ; cinq doigts dont un sans ongle.—On découvre de fort grosses Tortues vers les tropiques, où leur forme, extrêmement bombée, les fait vulgairement désigner sous la dénomination de *carrosses ;* elles offrent jusqu'à trois pieds de longueur et deux de haut. C'est avec ces grandes espèces que l'on voit jouer des enfants dans l'Inde ainsi qu'en Amérique ; et elles y acquièrent une force si considérable, qu'elles peuvent en porter plusieurs sur leur dos.

Ces Chéloniens sont terrestres ; leur nourriture se compose principalement d'herbes. Pendant l'hiver ils se creusent des souterrains pour s'y engourdir ; on les voit en sortir au retour de la belle saison.

Une espèce de ce genre , très-commune en Europe, est la *Tortue grecque*, qui se trouve dans tous les pays qui forment le bassin de la Méditerranée. On l'élève fréquemment dans les jardins de l'Italie, parce qu'elle détruit une grande quantité de Limaçons et d'insectes nuisibles. Ce Reptile est fort souvent employé à la nourriture de l'homme , dans les contrées où il vit ; sa longueur est de cinq à six pouces ; ses écailles sont granuleuses au centre , striées aux bords et marbrées de noir et de jaune.

C'est à ce genre qu'appartient la *Tortue éléphantine*, qui est si remarquable par ses prodigieuses dimensions. Deux individus de cette espèce, qui ont été trouvés à l'île Maurice, vivaient naguère au Jardin du Roi ; l'un de ceux-ci pesait 401 livres et l'autre 505. Si l'on se représente la lenteur de l'accroissement de ces animaux, on pourrait supposer, sans exagération, qu'ils devaient être âgés de plus de cent ans.

Une foule de monuments, produits par l'art antique, représentent des Tortues, et l'on sait que celles-ci étaient considérées comme ayant servi à confectionner les premières lyres, et qu'elles avaient été consacrées à Mercure, qui passait pour en être l'inventeur. Lacépède, en mentionnant ces faits, professe que l'on doit considérer la Chélonée luth comme étant celle qui se trouva employée à cet usage, et qu'à cause de cela elle fut regardée comme l'attribut du dieu. Mais nous pensons qu'il n'en est pas ainsi, et, selon nous, la dénomination de cette Tortue, que l'on appelle aussi *Lyre* , lui aurait été donnée à cause de sa forme qui se rapproche de celle de l'instrument musical ; et il faut admettre que , dans les mythes antiques comme dans les productions des artistes , il s'agit ordinairement d'une Tortue proprement dite.

L'étude des mythologues anciens et de l'archéologie vient l'établir évidemment. Appollodore étaye cette assertion, en nous apprenant de la manière suivante ce qui a donné l'idée de consacrer ce Reptile à Mercure. Il dit que ce dieu, en sortant de la caverne où il avait tué les bœufs d'Apollon, trouva une Tortue broutant l'herbe ; il la tua, la vida, et mit sur sa carapace des cordes faites avec des lanières de la peau des bœufs qu'il venait d'écorcher, et en fit la première lyre. Cet instrument s'appela longtemps *Testudo*, et de là vint que, dans l'antiquité, on représenta souvent Mercure avec une Tortue.

Parmi les peintures d'Herculanum, on voit représentée une Muse, dans les mains de laquelle s'observe une petite lyre formée avec une carapace de Tortue, et analogue à celle que l'on suppose avoir été inventée par le dieu ; à la villa Négroni il en existe aussi une sous cette forme aux pieds d'une statue de Mercure. Sur beaucoup de sculptures antiques représentant cette divinité, ce ne sont pas des Tortues de mer que l'on rencontre près d'elle, mais bien des Tortues proprement dites. Il en est de même sur quelques médailles, et entre autres sur celles d'Égyne, où se trouve représentée la Tortue grecque. C'est aussi celle-ci qui m'a paru exister sur quelques sextants.

CINYXIS. *Cinyxis.* Carapace mobile en arrière ; sternum d'une seule pièce. — Ce genre est le plus curieux de la famille à laquelle il appartient, par la faculté qu'ont les Reptiles qu'il renferme de pouvoir à volonté mouvoir la région postérieure de leur carapace et de l'appliquer sur le plastron, afin de protéger leurs organes ; mais chez ces Chéloniens, il n'y a point d'articulation sur l'enveloppe solide, et le mouvement est dû à l'élasticité des espaces inter-articulaires des vertèbres ou des côtes. Les Cinyxis vivent en Amérique, et l'on n'en connaît que trois espèces.

PYXIDES. *Pyxis.* Plastron mobile en devant. — On ne connaît qu'une seule espèce de Pyxide ; elle habite l'Inde, et ses mœurs n'ont point été étudiées.

FAMILLE DES TORTUES D'EAU DOUCE.

Corps médiocrement bombé. Pieds à doigts distincts, plus ou moins palmés ; ongles longs, aigus, en aussi grand nombre que les doigts.

ÉMYDES. *Emys.* Tête sub-ovoïde ; yeux latéraux ; cou rentrant sous la carapace dans le sens de la ligne médiane. Plastron immobile ou articulé. — On trouve de ces Reptiles à l'état fossile dans le calcaire jurassique de la Suisse, et parmi les plâtrières de Paris ; ils vivent aujourd'hui dans les marais des régions chaudes ; leur nourriture se compose de mollusques , de petits poissons et de végétaux.

Une espèce, l'*Émyde d'Europe* , abonde au fond de quelques-uns de nos fleuves méridionaux ; elle aime les eaux bourbeuses ; on la mange dans quelques provinces françaises , ainsi qu'en Allemagne ; son dos est noirâtre , semé de points jaunes, rayonnés ; sa longueur est d'environ dix pouces.

Plusieurs espèces de ce genre ont le plastron formé de deux battants mobiles qui peuvent se rapprocher , à la volonté de l'animal , quand il a rentré sa tête et ses membres dans sa carapace , et , à l'aide de ce moyen , il enferme exactement toutes ses parties extérieures. Ce sont ces Reptiles que l'on nomme *Tortues à boîte* , et dont on a fait un groupe subgénérique sous le nom de *Cistude*.

CHÉLYDES. *Chelys.* Tête déprimée , yeux en dessus ; mâchoires plates , non cornées ; nez en trompe ; tête et cou rétractiles sur les côtés. — La *Chélyde matamata* , qui vient dans la Guyane , est la seule espèce de ce genre ; on la nomme aussi Tortue à gueule , à cause de sa bouche qui n'a point de bec de corne et qui est fendue transversalement.

FAMILLE DES TORTUES MOLLES.

Corps très-déprimé , flexible vers sa circonférence. Doigts distincts, largement palmés , à ongles longs et aigus, en moindre nombre qu'eux.

TRIONYX. *Trionyx.* Plastron étroit , sans appendices ; pattes tout à fait libres. — Ces Chéloniens sont nommés ainsi à cause du nombre de leurs ongles qui est de trois ; leurs côtes ne sont réunies entre elles que dans une partie de leur étendue , et elles n'atteignent pas la circonférence de l'animal, qui est molle.

Quoique dans les temps historiques ces Tortues aient toujours été étrangères à l'Europe, on trouve cependant de leurs ossements fossiles dans ses terrains où ils sont mêlés à ceux des Paléothères ; une espèce abonde même dans les plâtrières des environs de Paris. Aujourd'hui, on découvre les individus de ce groupe dans les fleuves des régions chaudes du nouveau et de l'ancien continent ; là, ils se tiennent en embuscade pour saisir des Reptiles , et dévorer les Canards ou les oiseaux domestiques qui viennent se plonger dans l'eau.

La *Tortue molle du Nil* acquiert jusqu'à trois pieds de longueur ; sa couleur est verte, avec des mouchetures blanches. Elle rend d'immenses services à l'Égypte , en purgeant son fleuve d'une grande quantité de petits Crocodiles qu'elle mange au moment où ils sortent de l'œuf.

Ces Reptiles rentrent à volonté leur long cou dans l'intérieur de leur carapace ; Geoffroy Saint-Hilaire, qui a eu occasion de les étudier en Égypte, dit que les Trionyx, en relevant ou abaissant les bords de leur enveloppe molle, parviennent à nager avec une vitesse extrême ; cet auteur ajoute que, par un mode singulier qui leur est propre, quand elles nagent à fleur d'eau, il leur arrive parfois de rouler sur elles-mêmes, de manière à présenter alternativement le dos et le ventre.

ORDRE DES PLÉSIOSAURIENS.

Corps assez allongé, mou ; tête très-petite, à mâchoires courtes et dentées ; cou excessivement long ; quatre membres entièrement pinniformes à doigts non distincts, cachés sous la peau et sans ongles.

PLÉSIOSAURES. *Plesiosaurus.* Ce genre est le seul que contient cet ordre, que de Blainville, d'après l'étude du squelette des animaux qu'il renferme, considère comme faisant le passage des Tortues aux Crocodiles.

On ne rencontre ces animaux qu'à l'état fossile ; ils étaient contemporains de cette multitude et de cette variété surprenante de Reptiles qui habitaient les mers dont les eaux couvraient le globe durant les phases pendant lesquelles se sont déposées les couches des terrains jurassiques, et à l'époque où l'homme et les mammifères n'existaient pas encore, ou au moins à laquelle ces derniers étaient infiniment rares. Le lias de Lyme Regis est riche en Plésiosaures, et Cuvier en a rencontré des fragments dans les environs d'Honfleur.

Les Plésiosaures furent signalés au monde savant par Conybeare et de la Bèche, dans un mémoire inséré parmi les Transactions géologiques de Londres. On en connaît cinq ou six espèces, dont quelques-unes offraient une taille extraordinaire, et qui n'était pas moindre de neuf mètres de longueur ; mais celle qui a été particulièrement étudiée est le *Plesiosaurus dolichodeirus*, dont il existe un individu long de onze pieds dans le Muséum britannique. L'aspect extraordinaire de cet animal a fait dire à Cuvier que cet habitant de l'ancien monde est peut-être le plus hétéroclite et celui de tous qui paraît le plus mériter le nom de monstre.

Le caractère le plus extraordinaire qu'offrent les Plésiosaures est la longueur extrême de leur cou, organe qui, chez eux, égale presque en étendue tout le reste du corps. Il est formé de trente-trois vertèbres, c'est-à-dire de dix de plus qu'il n'y en a chez le Cygne, qui est celui de tous les oiseaux qui en possède davantage ; comme les vertèbres accusent que ce cou devait être très-effilé, il devait évidemment ressembler à un serpent et donner aux animaux fossiles qui nous occupent la plus étrange apparence.

Leur queue, qui au contraire était fort courte, ne servait pas à la locomotion, mais c'était plutôt une sorte de gouvernail à l'aide duquel ces animaux se dirigeaient.

Les côtes étaient formées de deux parties, l'une vertébrale et l'autre ventrale, et celles d'un côté s'unissaient avec celles de l'autre par un os intermédiaire. Cette structure, ainsi que l'a fait observer Cuvier, est analogue à la disposition que l'on remarque dans les mêmes os chez les Caméléons et quelques Iguanes. D'après ce rapport organique, on est naturellement porté à admettre que les poumons des Plésiosaures, ainsi que ceux des Reptiles qui viennent d'être cités, devaient avoir un volume considérable, et ce savant ajoute que peut-être il était possible, si la peau ne se trouvait pas couverte d'écailles, que sa coloration fût soumise à des changements en rapport avec l'intensité variable de la fonction respiratoire. Nous n'avons aucun moyen de vérifier cette conjecture ingénieuse, dit Buckland, qui fait du Plésiosaure une sorte de Caméléon marin, doué de la faculté de faire varier la couleur de ses téguments; mais nous devons admettre qu'une faculté semblable lui eût été du plus grand avantage en lui fournissant les moyens de se soustraire plus complétement à la vue de l'Ichthyosaure, son ennemi le plus formidable. Contre cet adversaire, tout combat à armes égales lui était impossible, à cause de la petitesse de sa tête et de la longueur de son cou; et la faiblesse de ses moyens de locomotion le mettait également dans l'impossibilité de fuir.

Les membres des Plésiosaures sont courts et les os qui forment leur charpente offrent une très-petite étendue, mais en compensation ils se trouvent en fort grand nombre. Les extrémités étaient aplaties et tout à fait disposées en nageoires, comme celles des Cétacés.

L'étude du système osseux du *Plesiosaurus dolichodeirus* a conduit Conybeare à prêter les mœurs suivantes à cet être antédiluvien. « C'était un animal aquatique, dit ce savant; l'état de ses pattes le prouve jusqu'à l'évidence. Il était marin; les restes auxquels on le trouve constamment associé ne sont à cet égard guère moins concluants. La ressemblance de ses extrémités avec celles des Tortues conduit à penser que, comme ces dernières, il venait de temps à autre sur le rivage; mais ses mouvements sur la terre ferme ne pouvaient qu'être dépourvus d'agilité, et la longueur de son cou était un obstacle à la rapidité de sa progression à travers les eaux, ce qui contraste d'une manière frappante avec l'Ichthyosaure, si admirablement organisé pour fendre les vagues. Et comme à ces diverses circonstances il vient se joindre, en vertu du mode de respiration de l'animal, un besoin de communications fréquentes avec l'atmosphère, ne sommes-nous pas autorisés à prononcer qu'il nageait à la surface même des eaux, ou s'en éloignait peu, recourbant en arrière son cou long et flexible, à la manière du Cygne, et le dardant de temps à autre pour saisir les poissons qui s'approchaient de lui ? Peut-être aussi se tenait-il près du rivage, dans des eaux peu profondes, caché au milieu des végétaux marins, et portant à l'aide de son long cou ses narines jusqu'à la surface des eaux ; c'eût été là pour lui une retraite assurée contre les attaques de ses plus dangereux ennemis. D'un autre côté, cette longueur et cette flexibilité du cou, par la promptitude et la soudaineté d'attaque qu'elles lui permettaient de déployer contre tout ce qui passait à sa portée, compensaient la faiblesse de ses mâchoires et l'impossibilité d'une progression rapide au sein des eaux. »

ORDRE DES ÉMYDOSAURIENS OU CROCODILIENS.

Corps allongé, pourvu d'une cuirasse formée de plaques osseuses ; mâchoires à un seul rang de dents ; mains pentadactyles ; pieds tétradactyles.

Géologie. Les Reptiles de cet ordre semblent avoir été les premiers êtres animés qui aient peuplé la surface du globe, après que les eaux l'eurent laissée à découvert, puisque l'on retrouve de leurs ossements fossiles jusque dans les plus anciens terrains secondaires. Depuis cette formation, chacune des grandes créations qui se sont successivement produites ont offert leur contingent de Crocodiliens, comme l'attestent leurs débris ; aussi on rencontre de ceux-ci parmi les roches jurassiques et les bancs de craie, ainsi que parmi les couches qui se trouvent au-dessus, telles que les grès du comté de Kent et les gypses des environs de Paris. Peut-être aussi en existe-t-il également dans les couches meubles où gisent tant d'ossements d'Éléphants, de Mastodontes et d'autres mammifères ; mais Cuvier dit qu'ils y sont extrêmement rares, car il n'en a point rencontré dans les immenses collections du val d'Arno, de l'Allemagne, ni dans aucun dépôt de la France. L'examen attentif de l'écorce du globe prouve qu'à l'époque où les Crocodiliens apparurent pour la première fois à la surface de celui-ci, les Reptiles étaient les animaux vertébrés les plus élevés en organisation qui y existaient ; et alors, à l'exception des poissons qui composaient leur pâture, on n'y rencontrait point d'autres êtres appartenant au type des vertébrés.

Les Crocodiliens qui, tels que les Gavials, se nourrissent exclusivement de poissons, offrant un museau excessivement mince, approprié à ce régime, on peut, par la force du raisonnement, être conduit à penser que ceux-ci étaient les seuls qui existaient durant les premières périodes du globe, où celui-ci ne présentait à leur voracité que ce seul aliment ; mais on doit supposer que les Crocodiliens, qui ont de robustes mâchoires propres à dévorer les quadrupèdes, ont apparu ensuite en même temps que ceux-ci étaient eux-mêmes créés.

La succession de ces Reptiles a eu lieu, en effet, de cette manière ; car on n'a jusqu'à présent découvert que des Crocodiliens à museau allongé ou du genre Gavial, soit dans les terrains antérieurs à la craie, soit dans la craie elle-même ; tandis qu'on rencontre des Caïmans et des Crocodiles proprement dits dans les couches des périodes tertiaires où gisent avec eux d'abondants débris de mammifères. « Durant ces grandes périodes, dit Buckland, signalées par l'existence des mammifères lacustres, et où un très-petit nombre des carnivores actuels avait reçu l'existence, il paraît que c'était aux Crocodiles que fut dévolue la fonction importante de limiter dans de justes bornes l'accroissement excessif des herbivores aquatiques, et leurs habitudes les y rendaient éminemment propres. »

Géographie. L'Asie, l'Afrique et l'Amérique nourrissent actuellement des Crocodiliens ; l'Europe et la Nouvelle-Hollande n'en possèdent point. On n'en observe que dans les régions chaudes ; ils vivent ordinairement dans les eaux douces des fleuves ou des lacs ; on en rencontre parfois près des rivages de la mer, et il en est même qui s'aventurent assez loin dans celle-ci. Quelques-uns résistent au milieu des eaux thermales presque bouillantes de la Floride.

Organisation et mœurs. Par leurs formes, les Crocodiliens ressemblent aux Sauriens, mais ils s'en distinguent aux caractères suivants, Leurs écailles forment sur le dos de fortes saillies, et elles se prolongent en crêtes sur la queue ; leur substance est si dure, que les balles glissent souvent dessus, et que les nègres emploient la peau de ces Reptiles pour faire des casques qui peuvent défier la hache.

Leurs narines sont ouvertes à l'extrémité du museau, et elles se terminent en avant par une sorte de bourse charnue dont l'orifice est mobile, disposé en croissant, et forme une sorte de valvule qui offre un mécanisme très-compliqué et se ferme à la volonté de ces animaux quand ils plongent. La langue des Crocodiliens est plate, non échancrée, et ne peut sortir de la bouche, car elle est attachée dans cette cavité par son contour ; leurs dents sont grosses, implantées dans des alvéoles des maxillaires, et elles sont représentées par des cônes creux à l'intérieur desquels se trouvent emboîtées d'autres petites dents qui doivent remplacer celles qui les contiennent. Les oreilles de ces Reptiles sont recouvertes par deux sortes d'opercules qui semblent destinés à les protéger pendant la submersion ; enfin le cloaque s'ouvre par une fente longitudinale, et l'organe excitateur est simple, ce qui n'a pas lieu dans les Sauriens.

L'appareil locomoteur des Crocodiliens varie peu dans ses formes ou ses proportions. Le nombre total de leurs vertèbres est de soixante à soixante-huit ; on compte douze côtes de chaque côté de la poitrine, et en outre il se trouve des côtes rudimentaires implantées sur les vertèbres cervicales. Leur sternum offre une disposition remarquable, il se prolonge sous l'abdomen pour se joindre au pubis. L'ostéologie des membres de ces Reptiles ressemble à celle des Sauriens, à l'exception qu'ils n'ont point de véritables clavicules.

Sur le sol la marche des Crocodiles est grave et lente ; ils ne peuvent se détourner facilement de la ligne droite, à cause des espèces de fausses côtes existant au cou, et qui se touchent dans les mouvements latéraux ; mais dans l'eau, ils nagent quand ils le veulent avec une rapidité prodigieuse, et c'est alors la queue qui est leur principal moteur ; aussi son système musculaire a-t-il acquis une prédominance remarquable.

Les Crocodiliens semblent devoir être doués de plus d'activité pendant la nuit que durant le jour ; en effet, souvent lorsque le soleil est sur l'horizon, on les surprend immobiles à la surface de l'eau, et leur pupille linéaire tend à les faire considérer comme des animaux nocturnes.

Les voyageurs ont généralement exagéré leur audace et leur férocité le moindre bruit les fait fuir, et le carnage qu'ils font des autres animaux n'est qu'en raison de leur appétit et ne se fait pas par un instinct de cruauté. Ainsi que nous le dirons, les peuples de l'antiquité savaient apprivoiser ces Reptiles, et dans quelques pays visités par le capitaine Cook, les habitants élevaient familièrement des Crocodiles dans leurs cabanes. On lit dans l'Histoire générale des Voyages, que les nègres des bords de la rivière de San-Domingo prennent soin de nourrir ceux de ces animaux qui fréquentent ses rives, et qu'ils deviennent si dociles, que les enfants en font leur jouet et montent sur leur dos.

C'est plus souvent par l'astuce que par la violence que ces Reptiles s'emparent de leur nourriture ; celle qu'ils préfèrent est le poisson, et c'est en se tenant en embuscade dans les cours d'eau qu'ils parviennent à s'en procurer ; ils surprennent aussi fréquemment des oiseaux nageurs pendant qu'ils flottent sur l'eau, et les saisissent par les pattes ; parfois aussi ils épient les bêtes qui viennent se désaltérer dans les rivières. Le père Plumier décrit ainsi la manière dont un Crocodile s'empare des Canards ou des autres oiseaux aquatiques : « Quand il veut en attraper quelqu'un, il se met un peu loin, en se tenant de telle façon que le dessus du dos paraît seul, et il demeure comme immobile. En effet, on ne le voit pas du tout remuer ; on aperçoit bien qu'il a changé de place, mais d'une manière presque imperceptible, tant son mouvement est lent : on le prendrait alors pour une pièce de bois flottante, comme cela m'est arrivé plusieurs fois. C'est ce qui fait que le gibier ne se méfiant de rien le laisse approcher de si près, qu'il est gobé avant qu'il ait élevé ses ailes pour fuir. »

Les observateurs s'accordent à dire que les jeunes Crocodiliens produisent des cris dans quelques circonstances. Bosc rapporte que dans les forêts marécageuses de la Caroline, les Caïmans font le soir un tintamare effroyable et qu'il a eu plusieurs fois occasion de l'entendre ; mais cependant de Humboldt, qui est un voyageur véridique, assure que les rugissements des Crocodiles adultes doivent être très-rares, car ayant vécu pendant plusieurs années sur les bords de l'Orénoque, et s'y trouvant presque toutes les nuits entouré par ces animaux, il n'a jamais entendu leur voix.

La bouche des Crocodiliens est extrêmement fendue, et ils ont un œsophage analogue à une sorte de jabot, dans lequel l'aliment séjourne quelque temps, et qui présente à son intérieur un certain nombre de plis longitudinaux. Leur estomac est globuleux, fort ample, et sa cavité, d'après les descripteurs, est constamment en partie occupée par des cailloux dont les surfaces sont polies par le frottement, et qui, comme ceux qu'offrent les Gallinacés, semblent devoir servir à la trituration des aliments. L'intestin est généralement court.

Les Crocodiles, par une notable particularité, saisissent leurs aliments en faisant accomplir un grand mouvement à leur mâchoire supérieure, ou plutôt à toute la tête ; ce fait, qui avait été connu d'Hérodote et mentionné par Aristote, s'était trouvé controversé dans ces temps modernes par des anatomistes d'un grand mérite, tels que Perrault et Duverney ; mais il a été reconnu être exact par Geoffroy Saint-Hilaire.

Les poumons des Crocodiliens ne se confondent pas avec les viscères de la cavité abdominale ainsi qu'on l'observe chez les autres Reptiles ; ils en sont séparés par une espèce de muscle diaphragme incomplet.

Le système circulatoire de ces animaux est remarquable en ce que le cœur paraît être d'une organisation plus élevée que cela n'a lieu dans leur classe. En effet, on y remarque quatre cavités, deux ventricules et deux oreillettes, et le sang ne se mêle pas dans son intérieur. Cependant ce fluide, à cause de la distribution des vaisseaux, ne va pas en entier aux poumons ; à chaque contraction du cœur une portion du sang veineux se rend du ventricule droit dans ces organes ; et une autre portion, à l'aide d'un vaisseau qui naît de ce ventricule droit et va s'anastomoser avec l'aorte descendante, s'épanche dans le sang artériel qui est distribué aux organes.

Cette anastomose vasculaire, qui verse le sang veineux dans le système artériel, ayant lieu au-dessous de l'origine des branches de l'aorte, qui se distribuent à la tête et à la région antérieure du tronc, il en résulte que celles-ci reçoivent constamment un sang artériel pur et revivifié, et que le mélange de sang noir et rouge n'est distribué qu'à la région postérieure du corps.

Les Crocodiliens offrent deux canaux qui naissent dans le cloaque, et qui vont aboutir dans la cavité du péritoine, de manière que celle-ci communique avec l'extérieur. Cette particularité remarquable fut d'abord signalée par le père Plumier, dans ses notes manuscrites sur l'anatomie de ces animaux ; mais elle fut décrite avec beaucoup plus de soin par MM. Isidore Geoffroy et Martin Saint-Ange.

Quelques zoologistes ont pensé que, lorsque ces Reptiles sont dans l'eau, en mettant en mouvement leur appareil sternal abdominal, à l'aide des canaux dont nous venons de parler, ils introduisaient ce liquide dans la cavité du péritoine, de manière que celui-ci pouvait, ainsi que le font des branchies, réagir sur l'oxygène contenu dans l'eau, et opérer une sorte de respiration. Selon eux, ce serait même à l'adjonction de cette respiration aquatique que les Crocodiliens devraient l'énergie extraordinaire qu'ils développent lorsqu'ils nagent dans les fleuves.

On trouve, sous la mâchoire des Crocodiliens, des sillons longitudinaux ou pores, le plus souvent au nombre de deux, et par lesquels suinte une humeur grasse d'une forte odeur musquée, qui est sécrétée par des glandes situées à la partie interne de la mâchoire. On rencontre, près du cloaque, d'autres pores semblables.

La femelle des Crocodiliens s'occupe seule de la confection de l'espèce de fosse dans laquelle elle dépose le produit de la génération. Celle-ci est ordinairement creusée dans le sable, et garnie de débris de végétaux; elle y pond une trentaine d'œufs qu'elle recouvre avec des feuilles sèches et du sable, de manière à ne pas former un monticule trop saillant qui les ferait découvrir des Ichneumons, des Loutres ou des autres animaux qui les recherchent.

Après cela la femelle les abandonne, et l'action du soleil opère seule leur incubation. On n'est pas encore fixé sur le temps qu'ils mettent à éclore; quelques voyageurs disent qu'ils ne sont pas vingt jours, d'autres prétendent que les petits n'en sortent qu'au bout de quarante.

Les œufs des Crocodiles sont environ de la grosseur de ceux de l'Oie; le jeune animal qui en sort n'a que six pouces de longueur, et Hérodote a eu raison de dire que de tous les animaux qui naissent d'un œuf fort petit, c'est celui qui atteint les plus grandes dimensions. En effet, lorsque ces Reptiles sont devenus adultes, ils offrent souvent dix à douze pieds de longueur; on en a vu de vingt-six, et Hasselquitz parle d'un Crocodile d'Égypte qui en avait trente, de manière qu'il présentait une taille environ soixante fois plus étendue que celle qu'il avait en naissant.

On ne connaît pas au juste la durée de la vie de ces Reptiles; mais on s'accorde à penser que leur accroissement est fort lent, et qu'ils peuvent prolonger leur existence une centaine d'années.

Cet ordre ne contient que trois groupes, les Caïmans, les Crocodiles et les Gavials, que certains zoologistes ne considèrent que comme des sous-genres. Mais s'il est vrai que les deux premiers ne diffèrent que par des caractères peu importants, le dernier offre dans sa tête une structure spéciale qui s'allie à des mœurs particulières, et en outre comme il réside en des contrées assez circonscrites, il est rationnel d'en faire un groupe spécial; c'est ce qui nous a porté à admettre deux genres dans cet ordre: les Crocodiles et les Gavials.

CROCODILES. *Crocodilus.* Tête large; maxillaires portant des dents inégales. — Ce groupe se partage en deux sous-genres : les Caïmans et les Crocodiles proprement dits.

Les **CAÏMANS** se reconnaissent à leurs dents inférieures dont plusieurs percent la mâchoire supérieure ; à leurs jambes arrondies, non dentelées, et terminées par des pieds demi-palmés.

On découvre des ossements de Caïmans dans divers terrains fossilifères de l'ancien continent, et entre autres dans les plâtrières de Montmartre, tandis qu'aujourd'hui tous les Reptiles de ce genre appartiennent à l'Amérique. Ils pullulent dans ses fleuves et ses lacs marécageux ; et quelques espèces sont même tellement abondantes dans certains parages, qu'on en voit les eaux totalement couvertes, et qu'elles y gênent la navigation.

D'après les voyageurs, les Caïmans se font des trous sur les bords des marécages qu'ils habitent ; là, ils passent l'hiver ; dans la Louisiane, on rapporte qu'ils hivernent dans la boue.

Quoi qu'on ait dit de ces animaux, il paraît résulter des observations des voyageurs qu'ils n'attaquent jamais l'homme ; c'est au moins ce qui paraît certain relativement à quelques espèces. Dampier avait déjà observé que les Caïmans sont moins féroces que les Crocodiles ; et il ajoute que jamais il n'arrive d'accidents aux hommes dans les endroits où il y en a de cantonnés, à moins que l'on ne les blesse en marchant sur eux. Ce navigateur ajoute qu'il a fréquemment bu dans des étangs remplis par ces animaux, et que, quoique se trouvant extrêmement près d'eux, jamais ils ne lui ont fait aucun mal. Bosc rapporte que pendant ses voyages il en attirait souvent vers lui, et que jamais ils ne cherchèrent à le mordre ; enfin Audubon confirme les récits de ces voyageurs, et affirme que durant l'été et l'automne les Caïmans sont si doux que l'on pourrait facilement s'asseoir sur eux et s'en faire porter.

Mais il paraît qu'après la ponte la femelle défend courageusement ses œufs lorsqu'on tente de les lui enlever ; elle protège également ses petits tandis les premiers mois qui suivent leur naissance, en même temps qu'elle fait leur éducation. Le premier acte est d'autant plus essentiel, qu'il paraît que les mâles les dévorent impitoyablement.

Les jeunes Caïmans n'aiment que les petits animaux vivants, même les insectes ; devenus adultes, ils se précipitent sur tous ceux qu'ils peuvent attraper ; les Cochons, les Bœufs ne sont même pas à l'abri de leur voracité ; on prétend qu'ils les saisissent ordinairement par le museau au moment où ils vont boire, afin de les entraîner au fond de l'eau pour les noyer.

Les *Caïmans à lunettes*, dont les bords orbitaires sont réunis par une saillie transversale qui rappelle l'instrument dont ils portent le nom, sont très-communs dans la partie méridionale du nouveau continent. Ces Émydosauriens fourmillent tellement dans quelques marécages, que quand ceux-ci se dessèchent, on n'aperçoit plus à leur surface que leur dos et leur queue qui remuent la bourbe d'une manière effrayante.

Les CROCODILES PROPREMENT DITS offrent des dents inférieures qui sont reçues dans de simples échancrures des maxillaires supérieures; puis des jambes dentelées et terminées par des pieds palmés.

On rencontre ces Reptiles dans l'Asie, l'Afrique et l'Amérique; mais relativement à cette dernière, ce n'est que dans les grandes îles qui l'avoisinent que l'on en a observé, telles que la Martinique, Saint-Domingue et Cuba, et l'on n'en a pas encore découvert sur le continent.

La terre ne paraît pas être le séjour de prédilection des Crocodiles; ils s'y meuvent avec difficulté, et, sur celle-ci, ils sont craintifs et timides, et se sauvent à l'aspect de l'homme; au contraire, aussitôt qu'ils sont plongés sous l'eau, ils deviennent hardis et audacieux, et alors ils attaquent parfois celui-ci. Geoffroy Saint-Hilaire dit même que dans la Thébaïde il n'est pas rare de rencontrer des Arabes qui manquent d'un bras ou d'une jambe qui leur a été emporté par ces Reptiles.

Historique. L'aspect extraordinaire des Crocodiles et leurs mœurs sanguinaires les rendirent de tout temps l'objet de l'attention des peuples, aussi on trouve des notions sur eux dans les œuvres des écrivains de presque toutes les époques; en traçant l'histoire de ces Reptiles, les noms et les travaux de ceux qui s'en sont particulièrement occupés vont se trouver cités.

Le père de l'histoire, Hérodote, nous a laissé dans ses œuvres beaucoup de détails sur les mœurs de ces animaux, ainsi que sur le culte que les Égyptiens leur portaient.

Le *Crocodile vulgaire* était l'objet de leur attention spéciale, et ils le nommaient *Chamsés.* C'était surtout à Thèbes qu'il était en grande vénération, et Hérodote dit que l'individu consacré était nourri dans les temples avec la chair des victimes. Après sa mort, ce Reptile était soigneusement embaumé, et on le déposait dans une sépulture particulière. Cet historien ajoute que, sous l'empire des soins que les habitants de Thèbes leur prodiguaient, les Crocodiles s'apprivoisaient de telle manière qu'ils perdaient leur férocité et se laissaient familièrement toucher; ils devenaient même tellement doux, qu'après avoir orné leurs pattes de bracelets et avoir passé dans leurs oreilles des pendants d'or enrichis de pierres précieuses, on les faisait contribuer à la pompe des cérémonies religieuses. Ce dernier fait, si minutieusement décrit par Hérodote, a été constaté par Geoffroy Saint-Hilaire qui, sur une momie de Crocodile, a reconnu que les opercules des oreilles avaient été évidemment percés.

On trouve dans Hérodote une assertion qui a longtemps été critiquée, quoiqu'elle repose sur une vérité. Cet écrivain dit que le Crocodile a parfois l'intérieur de la bouche attaqué par des sangsues, et qu'un petit oiseau, qu'il nomme *Trochilus*, entre dans cette cavité et s'empare de ces vers sans que le Reptile lui fasse aucun mal.

On n'est pas d'accord sur la nature de l'animal qui attaque la cavité bucale du Crocodile; mais le fait d'un oiseau qui entre dans celle-ci a été vérifié par le père Sicard, missionnaire du Levant; Hasselquist lui a même donné le nom de *Charadrius Ægyptius*, et Geoffroy Saint-Hilaire pense que ce sont des Cousins que cet oiseau, qu'il regarde aussi comme une espèce de Pluvier, va saisir dans la bouche de ce Reptile vorace.

Strabon, qui avait aussi voyagé en Égypte, parle de ce Reptile à peu près dans les mêmes termes qu'Hérodote. Il dit que les habitants d'*Arsinoé*, appelée autrefois *Crocodilopolis*, parce que le Crocodile y était en grande vénération, entretiennent dans le lac un de ces animaux qu'ils nomment *Suchus*, et qu'ils regardent comme sacré. On le nourrit de pain, de viande et de vin, que les étrangers lui offrent.

L'hôte de Strabon, qui le guidait, apporta des gâteaux, de l'hydromel et de la viande cuite à l'animal révéré, qui était alors sur les bords du lac, et le géographe vit les prêtres s'en approcher et le saisir; l'un d'eux lui tint la gueule ouverte, tandis qu'un autre lui jeta la viande, les gâteaux, et lui versa l'hydromel dans cette cavité; ensuite le Reptile sauta rapidement dans le lac et gagna la rive opposée. Un autre étranger étant survenu, on répéta la même manœuvre.

Mais le culte de ces Reptiles n'était pas répandu par toute l'Égypte. Au contraire, les habitants de Tyntyre et de quelques autres cités les avaient en aversion et les détruisaient avec persévérance. C'était même dans la religion qu'ils puisaient leur haine contre eux, parce que l'on croyait que Typhon, meurtrier d'Osiris et ennemi des dieux, s'était transformé en Crocodile; Hérodote dit même qu'à Éléphantine on mangeait la chair de cet animal, et qu'on la regardait comme un mets délicieux.

On a eu l'occasion de reconnaître que dans les pays où les Crocodiles étaient révérés, les attentions que les peuples leur portaient n'avaient point adouci leur naturel, et que les individus nourris dans l'abondance par les prêtres étaient seuls familiers et doux. Ils y étaient même plus cruels, parce qu'ils y avaient moins de timidité; cela est si vrai, qu'Élien rapporte que chez les Tyntyrites, qui les détruisaient, on pouvait, sans crainte, se baigner dans le Nil; tandis qu'à Arsinoé, Coptos et Ombos, où ces Reptiles étaient l'objet d'un culte assidu, il n'était pas même prudent de se promener sur le rivage, ou de puiser de l'eau dans le fleuve. Cet auteur ajoute même que dans ces lieux le fanatisme était si aveugle que les habitants se réjouissaient d'avoir eu un parent ou un fils dévoré par ces effroyables dieux.

Le culte du Crocodile, ou au moins la superstitieuse vénération dont on l'entourait, s'est prolongé fort longtemps, puisque Élien et Plutarque rapportent qu'un des Ptolémée consultait encore ce Reptile sacré comme un oracle. Malgré cela, on n'a point de notions précises sur l'origine et la cause de cet étrange culte. Quelques érudits prétendent qu'il prit sa source dans la reconnaissance des peuples, parce que les Crocodiles formaient contre les voleurs arabes et libyens une barrière redoutable, que ceux-ci n'osaient pas franchir, et que sans le frein que ces Reptiles opposaient à leurs rapines, ces brigands auraient souvent traversé ce fleuve et dévasté l'Égypte.

S. Bochard a une autre opinion. Il pense que le nom de *Suchus* est dérivé de l'hébreu et signifie nageur, et qu'il aurait été donné aux Crocodiles parce que l'un de ces animaux, d'après ce que dit Diodore de Sicile, sauva le roi Mènes qui était tombé dans l'eau. C'est de cette action, selon ce linguiste célèbre, que vint l'origine du culte de ces Reptiles à Arsinoé. Mais cette dénomination pourrait aussi avoir pour radical le mot *Souk*, qui est le nom d'un dieu correspondant à Saturne, et qui, à ce que rapporte M. Champollion, était même représenté avec une tête de Crocodile par les Égyptiens.

Après Hérodote, on trouve de bonnes notions sur les Crocodiles dans les ouvrages d'Aristote, et celui-ci y réforme quelques assertions erronées du père de l'histoire.

Les érudits de l'époque romaine, tels que Pline et Élien, firent aussi mention de ces animaux; mais au lieu d'enrichir leur histoire d'observations nouvelles, ils ne firent que copier ce qu'avaient dit les deux grands hommes qui les avaient précédés, et même y ajouter quelques superstitieuses erreurs. Cependant ils auraient pu mieux les connaître, puisqu'il en vint à Rome dans plusieurs occasions. Les premiers, au nombre de cinq, y furent montrés sous l'édilité de Scaurus. Dans la suite on y en vit d'apprivoisés et qui jouaient avec des habitants de Denderah qui les avaient amenés. Auguste poussa le luxe jusqu'à faire remplir d'eau le cirque de Flaminius et à y faire combattre et massacrer trente-six Crocodiles dans une seule fête. Antonin et Héliogabale montrèrent aussi de ces Reptiles au peuple romain.

Mais si les savants qui naquirent de celui-ci n'ont guère enrichi l'histoire de ces animaux, par compensation leurs artistes nous en ont laissé de bonnes figures. On en trouve sur les médailles d'Adrien et sur celles de la ville de Nîmes; on en voit de sculptés sur la plinthe de la célèbre statue du Nil; il y en a de représentés sur la mosaïque de Palestrine, et j'en ai vu d'exécutés d'une manière supérieure sur une belle mosaïque nouvellement découverte à Pompeï dans la maison du consul. Sur le temple d'Isis, qui se trouve aussi dans cette ville antique, on voit encore une peinture représentant des enfants qui combattent avec des Crocodiles; peut-être y avait-elle été exécutée pour symboliser la confiance qu'inspiraient ceux de ces Reptiles qui étaient l'objet du culte.

Les érudits de l'époque de la renaissance, tels qu'Aldrovande et Gesner, ne manquèrent pas de traiter de cet animal célèbre; mais ce ne fut que de notre époque qu'on vit son histoire faire un large pas, par les travaux des naturalistes modernes. Quelques erpétologistes s'égarèrent cependant relativement à ce Reptile, et l'on peut citer Schneider et Laurenti qui le confondirent avec les Caïmans; mais les travaux de Cuvier et de Geoffroy Saint-Hilaire jetèrent les plus vives lumières sur tout ce qui le concerne.

D'après l'interprétation de quelques passages de certains auteurs,

plusieurs savants ont pensé qu'il existait dans le Nil une autre espèce
que celle qui y est généralement connue, et que c'était à celle-ci, que
l'on supposait d'un naturel craintif et doux, que s'adressait le culte
des anciens Égyptiens. Geoffroy Saint-Hilaire, qui a embrassé cette
opinion, se fondait sur les rapports de quelques pêcheurs de la Thébaïde, qui lui avaient assuré qu'outre l'espèce commune, on rencontrait
encore dans le fleuve un autre Crocodile; il lui parut même que cette
espèce, qu'il nomme *Crocodilus suchus*, pouvait être établie d'après
les différences ostéologiques que présentait la tête d'une momie de Crocodile trouvée dans les ruines de Thèbes. Mais cette opinion n'a pas été
admise par Cuvier et la généralité des naturalistes.

GAVIALS. *Gavialis*. Museau excessivement allongé, grêle, cylindrique; dents presque égales. Pieds palmés.— Ce sont ces Crocodiliens
que l'on rencontre le plus communément à l'état fossile. Ils ne sont pas
rares dans les terrains secondaires. On en connaît plusieurs espèces
distinctes, qui étaient à tort considérées comme identiques avec le
Gavial du Gange par Faujas Saint-Fond, qui se plaisait à voir dans
les débris antédiluviens les mêmes êtres que ceux qui animent la création actuelle.

On trouve des Gavials dans les schistes calcaires de la Franconie.
Dans les formations jurassiques on rencontre un de ces Reptiles, qui
doit y avoir été fort abondant, car on en a déjà découvert plus de dix
individus; enfin deux autres Gavials ont été trouvés près de Honfleur,
par l'abbé Bachelet, naturaliste de Rouen.

Ces Reptiles vivent aujourd'hui relégués dans les fleuves de l'Asie
méridionale. Leur vie est encore plus aquatique que celle des espèces
du genre précédent, et Lyel dit que ceux du Gange quittent parfois les
eaux saumâtres du Delta et s'aventurent jusque dans la mer.

La disposition de la bouche ne permet pas à ces Émydosauriens de
dévorer de grosses proies; ils se nourrissent de poissons et ne peuvent
s'attaquer à l'homme; aussi ils passaient déjà pour être innocents chez
nos ancêtres, dont ils étaient connus.

Le *Gavial du Gange*, qui devient d'une grosseur considérable,
porte, près des narines, une proéminence cartilagineuse qui avait fait
dire aux premiers observateurs, qu'il se trouvait, dans le fleuve de
l'Inde dont il porte le nom, des Crocodiles qui avaient une corne.

ORDRE DES SAUROPHIENS.

Corps très-diversiforme, de plus en plus cylindrique et allongé, couvert de squammes. Mâchoires dentifères. Membres très-variables, au nombre de quatre, de deux ou nuls. Anus transversal ; organe générateur mâle séparé en deux parties.

Les Saurophiens sont presque tous terrestres. Lorsqu'on étudie la série des espèces de Reptiles qui entrent dans cet ordre, ainsi que le dit de Blainville, on est obligé de reconnaître qu'elles se nuancent, pour ainsi dire, de la première à la dernière, de telle sorte qu'il est presque impossible d'établir une séparation un peu tranchée entre les espèces qui ont des membres et celles qui en sont dépourvues, c'est-à-dire entre les Sauriens et les Ophidiens. Aussi ce savant a-t-il cru devoir prendre pour dénomination commune un nom composé de ces deux mots.

SOUS-ORDRE DES SAURIENS.

Corps partagé assez distinctement en tête, cou, torse et queue. Un sternum. Constamment des membres complets ou rudimentaires. Deux poumons.

Presque tous ces Reptiles offrent quatre membres ; ce n'est que dans un fort petit nombre que l'on voit ceux-ci réduits à deux ou manquer tout à fait ; mais alors, comme témoins qu'ils entraient dans le plan de formation de ce groupe d'êtres, on s'aperçoit que les premiers os qui soutiennent ces appendices locomoteurs se retrouvent sous la peau, et l'on est bien alors obligé de rapprocher ces Reptiles apodes des Sauriens qui offrent quatre pattes. Par ce moyen, on suit exactement la marche de la création, et l'on passe aux vrais Serpents, qui sont entièrement privés de membres.

Presque tous ces animaux portent des ongles acérés ; ils sont carnassiers, ou du moins insectivores, et ils présentent ordinairement une langue fourchue, extensible.

FAMILLE DES GECKOS.

Corps déprimé ; palais édenté ; langue large et non extensible ; quatre membres à doigts courts, presque égaux, ordinairement élargis ou ailés et garnis en dessous de plis transversaux.

Ces Sauriens forment une petite famille fort distincte des autres par ses caractères différentiels, et ils s'en éloignent encore par leur peau, qui est couverte d'écailles fort petites et tuberculiformes; par leurs doigts ordinairement munis d'ongles aigus et rétractiles, et enfin par leurs grands yeux à pupilles verticales et linéaires qui leur permettent de voir pendant les ténèbres. Cette structure des ongles, conjointement à celles des yeux, a fait même comparer les Geckos, parmi les Reptiles Sauriens, à ce que sont les Chats parmi les mammifères carnassiers; mais leurs penchants n'ont rien d'analogue.

On rencontre les Geckos dans les contrées chaudes des deux continents, ainsi que dans l'Australie. Ce sont des animaux nocturnes et innocents qui vivent souvent dans les habitations de l'homme, et pullulent aussi bien au milieu des décombres ou des plus modestes demeures, que dans les plus somptueux appartements; car, selon M. Bory, c'étaient des espèces de cette famille qui foisonnaient dans le palais du roi Salomon, et, malgré leur hideuse enveloppe, osaient se montrer à sa cour.

Les Geckos ont les doigts conformés d'une façon toute particulière, et qui semblerait pouvoir leur donner la facilité de palper les corps avec une grande perfection. Ces doigts, qui sont fort aplatis, sont souvent comme frangés sur leurs bords, et ils sont munis en dessous de lamelles molles, susceptibles de se relever et de s'appliquer les unes sur les autres. C'est à l'aide de ces petites plaques qu'ils adhèrent sur les corps les plus lisses, et avec tant de force que ces Reptiles peuvent même marcher et courir rapidement sous des surfaces horizontales, et contre leur propre poids, étant alors seulement soutenus par leurs doigts qui agissent comme des espèces de ventouses.

L'aspect disgracieux de la peau des Geckos, qui est chagrinée et couverte de tubercules comme celle du Crapaud, les fit accuser d'être venimeux; mais des observations judicieuses ont demontré que c'est à tort. Aussi ne faut-il citer que pour compléter l'historique de ces Reptiles, les appréhensions de Bontius qui pensait que leur morsure était tellement venimeuse, que si la partie attaquée ne se trouvait pas immédiatement brûlée ou enlevée on mourait en peu d'heures. Ce savant regardait aussi leur urine comme un poison des plus corrosifs.

Quelques voyageurs attribuaient aussi de funestes propriétés aux humeurs des Geckos, et Valentyn prétendait que c'était avec celles-ci que les Javanais empoisonnaient leurs flèches; Hasselquist assure que les doigts de ces Reptiles laissent transpirer un poison, et il rapporte même qu'il vit au Caire trois femmes qui faillirent succomber pour avoir mangé d'un fromage sur lequel un d'eux l'avait exhalé. Lacépède, imbu de ces idées, et qui représente ces Sauriens comme des êtres fort dangereux, avait pensé que ce prétendu venin était versé par les pores qui s'observent sur leurs cuisses.

GECKOS. *Platydactylus.* Doigts dilatés dans toute leur étendue et garnis en dessous d'écailles transversales. — Presque tous ces Reptiles sont décorés de couleurs vives, et quelques-uns manquent d'ongles.

Le *Gecko des murailles* se trouve en Égypte, en Grèce, en Italie, et est assez commun dans la Provence. Pendant le jour il se cache sous les tas de pierres, et n'en sort que la nuit pour chasser les insectes dont il se nourrit, et qui sont principalement des Scorpions, des Araignées et des Blattes.

Ce Reptile que Pline et les Latins nommaient *Stellio*, est appelé *Tarentola* par les Italiens modernes, et *Tarente* par les Provençaux. Il est redouté dans certains pays, tandis que parmi quelques autres, au contraire, on protège sa multiplication, parce que l'on reconnaît les services qu'il rend en détruisant une foule d'insectes nuisibles.

DEMI-GECKOS. *Hemidactylus.* Doigts dilatés seulement dans la moitié basilaire de leur longeur.—. Les espèces de ce groupe sont répandues à la surface des deux continents sur des points divers, et il en existe une dans l'Europe méridionale.

TIERS-GECKOS. *Ptyodactylus.* Doigts dilatés seulement à l'extrémité. — Les doigts de ces Reptiles ont le dessous strié en éventail, et l'ongle se place dans une fissure.

Le *Gecko des maisons*, qui appartient à ce groupe, est l'une des espèces de Reptiles les plus anciennement observées; il se trouve communément en Égypte, parmi les pierres. Quand il repose sur la peau, bientôt il y fait naître de petites inflammations qui sont dues non à un venin qu'exhaleraient ses pieds, comme on le suppose généralement, mais à la finesse de ses ongles qui pénètrent la surface cutanée.

Les Égyptiens attachaient une expression symbolique aux figures qui représentent ce Gecko, car on en voit parmi leurs hiéroglyphes d'assez bien dessinées, et il s'en trouve entre autres sur le tombeau d'Amasis. Aujourd'hui la répugnance qu'il inspire aux habitants du Caire le fait nommer, par eux, *Abou burs*, ou *père de la lèpre*, parce qu'ils pensent que ce Reptile communique cette maladie en empoisonnant les aliments qu'il touche. Mais il est curieux d'apprendre qu'au contraire dans l'Inde, à ce que rapporte Ainslie, on l'emploie à l'intérieur, uni à des aromates, pour combattre cette affection.

QUART-GECKOS. *Stenodactylus.* Doigts non élargis, mais seulement striés en travers et denticulés. — Le *Sténodactyle à gouttelettes*, qui se trouve en Égypte, peut être considéré comme le type de cette petite section.

SUB-GECKOS. *Gymnodactylus.* Doigts ni élargis, ni striés. — Ces Reptiles sont disséminés dans des contrées fort diverses, et l'on a donné le nom de *Phyllures* à ceux d'entre eux qui ont la queue aplatie horizontalement en forme de feuille.

FAMILLE DES CAMÉLÉONS.

Corps très-comprimé, caréné en dessus et en dessous, et couvert d'écailles graniformes. Palais édenté. Doigts soudés, formant deux paquets opposables. Queue prenante.

CAMÉLÉONS. *Chamæleo.* Ce genre, qui est le seul que contient cette famille, a été diversement placé par les erpétologistes; mais il doit naturellement suivre les Geckos par l'analogie que sa peau et ses ongles offrent avec les leurs.

Ces animaux habitent les deux continents, ainsi que diverses grandes îles, et ils vivent constamment sur les branches des arbres et des buissons.

L'étrange configuration des Caméléons, et surtout la faculté qu'ils ont de changer de couleur, les ont rendus célèbres dans tous les temps; cette dernière, depuis Plutarque jusqu'à notre époque, les a même fait généralement considérer comme l'emblème de la versatilité et de l'hypocrisie. Nous avons eu l'occasion d'observer en Afrique, sur l'espèce commune, ces changements de coloration du système cutané. C'est un phénomène extrêmement remarquable : tantôt ce petit Reptile, qui est d'un jaune verdâtre, devient d'un vert assez foncé, et tantôt il paraît presque noir. Sa teinte varie parfois sur toute l'étendue du corps en même temps, mais bien plus souvent elle ne change que sur une seule région de celui-ci, et j'ai fréquemment vu la tête ou une moitié du corps être noirâtre, tandis que le reste de la peau offrait sa coloration normale; quelquefois aussi la superficie de l'animal se marbrait dans toute son étendue. Ce changement de teinte n'est pas instantané comme sembleraient le faire croire les descriptions de quelques auteurs; mais il ne s'établit que fort lentement, et souvent sans qu'on puisse apprécier la cause qui le détermine, et, comme je l'ai fréquemment vu, sans que ce Reptile ait été excité, et sans que les circonstances environnantes dans lesquelles il se trouvait aient nullement changé.

On a expliqué ce phénomène en supposant qu'il était dû au système vasculaire de la peau, dont les capillaires recevaient plus ou moins de sang, selon que l'animal était placé sous des influences débilitantes ou excitantes. Mais, il y a peu de temps, M. Milne Edwards a reconnu que l'on pouvait trouver dans la structure de l'enveloppe cutanée des Caméléons la raison de leurs extraordinaires changements de coloration. En effet, ce naturaliste, en disséquant cette enveloppe, a vu qu'il existait sur toute la superficie du corps deux couches colorantes bien distinctes : l'une, qui est superficielle, d'un gris plus ou moins jaunâtre, donne à la peau sa couleur normale; l'autre, qui est située au-dessous, est d'un rouge violacé et plus ou moins noirâtre. Cette organisation lui fit penser que les différences de coloration que l'on observe sur les Caméléons sont dues à ce que tantôt c'est la couche colorante superficielle qui seule apparaît sous l'épiderme, et que tantôt c'est la couche profonde. En étudiant la structure anatomique de cette dernière avec des instruments d'optique, ce savant confirma ses vues et reconnut que la matière colorante noirâtre de la couche profonde se trouvait renfermée dans des utricules logées dans la substance du derme, et donnant naissance à des ramifications qui s'élevaient jusqu'à l'épiderme à travers la couche colorante superficielle. Cette disposition explique suffisamment comment la couche foncée peut se montrer au milieu de la couche claire et en dominer plus ou moins la couleur ou se dérober au-dessous d'elle.

Ces Reptiles sont plus élevés sur leurs jambes que les autres Sauriens, aussi ils ne rampent point, comme l'avaient déjà fait remarquer Aristote et Pline. Leur démarche est grave et lente, et elle offre une allure extraordinaire; chaque fois qu'ils déplacent l'un de leurs membres ils lui font accomplir un grand mouvement circulaire avant de le poser; leurs doigts, qui sont réunis en deux paquets comme ceux des Perroquets, semblent parfaitement appropriés à saisir les branches, et leur queue prenante vient encore assurer leur progression sur celles-ci, où ils vivent continuellement.

L'aspect des yeux des Caméléons ajoute à leur singulière physionomie. Ces organes sont saillants et en grande partie recouverts par la peau; ils ont cela de remarquable, qu'à la volonté de l'animal ils peuvent se diriger dans un sens opposé, de manière que tandis que l'un regarde ou en avant ou en haut, l'autre est tout à fait dirigé en arrière ou en bas, ce qui est un cas unique dans toute la série des animaux vertébrés.

La langue de ces animaux est vermiforme et se termine en une masse conique, formant en devant une sorte de disque concave ou de ventouse propre à saisir les insectes dont ils se nourrissent. Cet organe est tellement extensible que de neuf à dix lignes de longueur qu'il possède, lorsqu'il est contenu dans la bouche, les Caméléons peuvent, selon MM. Bibron et Duméril, le lancer à une distance qui égale presque l'étendue du corps. La plupart des naturalistes disent que ces Reptiles dardent leur langue au dehors avec tant de vitesse qu'ils attrapent souvent au vol les Mouches ou les autres petits animaux qu'ils attendent en embuscade; mais Carus, qui attribue l'extension de cet organe à la turgescence de ses vaisseaux, et à une espèce d'érection, prétend qu'il ne sort ou ne rentre dans sa cavité qu'avec assez de lenteur. Nous avons eu des Caméléons près de nous pendant plusieurs semaines; mais sans pouvoir aucunement vérifier ces assertions; cependant nous serions tenté d'admettre la dernière, n'ayant jamais vu ces animaux sortir leur langue de la bouche pendant leur captivité.

Les Caméléons ont des poumons extrêmement vastes, et quand ils les gonflent d'air, le corps subit un accroissement sensible, et paraît devenir comme transparent : c'était cette particularité qui avait fait penser aux anciens qu'ils se nourrissaient de ce fluide.

Ces Reptiles sont tout à fait inoffensifs, et Prosper Alpin dit qu'on peut leur mettre le doigt dans la bouche sans même qu'ils cherchent à le mordre. Mais, selon nous, cette expérience n'a pas autant de sécurité que le prétend le célèbre botaniste ; car nous avons vu un jeune enfant être mordu par un Caméléon qu'il n'excitait nullement, et qui lui fit au doigt deux blessures profondes. Dans l'Inde, à ce que rapporte Lacépède, on les voit avec plaisir fréquenter les maisons parce qu'ils les purgent des insectes nuisibles ; et même on les révère sur les bords du Sénégal et de la Gambie, où cependant, après leur mort, les nègres les mangent lorsqu'ils sont desséchés.

Le *Caméléon vulgaire*, qui abonde en Barbarie et en Égypte, et se trouve aussi en Espagne, est celui sur lequel presque toutes les observations ont été faites.

FAMILLE DES AGAMES.

Corps diversiforme, ordinairement couvert d'écailles carénées ou épineuses. Dents un peu comprimées, solidement enchâssées dans les mâchoires, et dont quelques-unes des antérieures sont plus longues et semblables à des espèces de canines ; palais édenté. Langue charnue, épaisse.

AGAMES. *Agama.* Point de crête dorsale ni de crête caudale ; queue à écailles non verticillées. — Ces Reptiles sont tous exotiques à notre pays ; et vivent sur le sol des contrées incultes ; leur aspect est assez disgracieux et leurs couleurs sont ordinairement ternes.

LOPHYRES. *Lophyrus.* Une crête dorsale formée par des écailles. — On ne connaît pas les mœurs de ces Reptiles, dont quelques espèces habitent l'Inde, et ont été figurées par Séba sous le nom de Salamandres.

FOUETTES-QUEUE. *Uromastyx.* Crête dorsale nulle ; queue à écailles verticillées et épineuses. — Le *Fouette-queue d'Égypte*, on ne sait pourquoi, avait été considéré par Belon comme le *Crocodile terrestre* des anciens.

Les *Stellions*, par la disposition de leur queue verticillée, doivent appartenir à ce genre, et parmi ceux-ci, on ne peut omettre de citer le *Stellion du Levant*, dont les excréments se vendaient dans les anciennes officines et étaient employés en médecine.

Aujourd'hui, dans quelques contrées, les Mahométans font une guerre acharnée à cet animal, parce qu'ils prétendent qu'il les imite dérisoirement en inclinant sa tête comme eux, quand ils se prosternent pendant les prières de la mosquée.

FAMILLE DES DRAGONS.

Peau plus ou moins dilatée, soit autour du cou, soit sur les flancs. Tête courte, quadrangulaire, à crête surcilière fort saillante. Queue longue, conique, aiguë.

CHLAMYDOSAURES. *Chlamydosaurus*. Expansion de la peau formant une sorte de collerette au cou. — Une seule espèce indigène de l'Australie compose ce genre ; elle est remarquable par l'ampleur des replis cutanés qui environnent son cou et dont on ne connaît pas bien l'usage, mais que l'on suppose servir de parachute lorsque cet animal saute d'un arbre à l'autre.

DRAGONS. *Draco*. Premières côtes transversales, droites, supportant des espèces d'ailes latérales ; un fanon. — Au nom de ce genre, on croirait qu'il contient ces animaux si célèbres dans les fastes héroïques ; mais les Dragons sont de très-petits Sauriens vivant innocemment sur les arbres, où ils chassent les insectes en sautant avec facilité de branche en branche, à l'aide de leurs membranes latérales, qui forment une espèce de parachute, et dont ils se servent aussi pour nager. C'est dans les contrées brûlantes de l'Afrique ou dans les îles de l'Inde que ces faibles êtres se plaisent spécialement.

Le *Dragon vert* est le plus commun ; c'était lui que l'on désignait sous le nom de *Dragon volant*, quoiqu'il n'ait pas plus cette faculté que ses congénères.

FAMILLE DES IGUANES.

Dents maxillaires très-comprimées, dentelées ou trilobées. Palais dentifère. Queue fort longue, plus ou moins comprimée. Langue charnue, épaisse, non extensible.

BASILICS. *Basilicus*. Crêtes dorsale et caudale soutenues par des saillies vertébrales ; queue comprimée. — Ils habitent la Guyane.

Les siècles d'ignorance ont été féconds en contes absurdes sur les Basilics, et la crédulité et le charlatanisme propageaient à l'envi les erreurs débitées sur ces Reptiles innocents. On racontait entre autres que leurs regards lançaient la mort, et que les hommes sur lesquels ils tombaient expiraient subitement. Mais on ajoutait que, par un bienfait de la Divinité, le venin émané de leurs yeux devenait également funeste à ces animaux s'il était réfléchi sur eux, ce qui faisait que les chasseurs pouvaient les prendre avec un miroir, et qu'aussitôt que ces Sauriens y rencontraient leur image, ils tombaient empoisonnés.

On voyait, dans les cabinets du moyen âge, des représentations grossières de prétendus Basilics que des charlatans formaient avec des poissons desséchés, et qu'ils vendaient aux amateurs, curieux de se procurer un animal regardé comme l'image du Dragon, et dont les mœurs s'entouraient de tant de merveilleux.

Le *Basilic à capuchon*, dont la tête est surmontée d'un appendice comparé à cette coiffure, fut le plus célèbre. Nos devanciers, considérant son exubérance comme une espèce de couronne, donnèrent à ce Reptile un nom générique qui signifie *royal*. Il habite le bord des eaux; sa queue doit probablement lui servir à nager; on s'étonne que le collecteur Séba ait pu croire qu'elle était destinée au vol. Cuvier dit qu'il se nourrit de graines.

ANOLIS. *Anolis.* Doigts dilatés et garnis de rangées d'écailles sous l'avant-dernière phalange; ongles très-arqués et très-aigus. — Ces Reptiles habitent l'Amérique, et à l'aide de la structure de leurs doigts ils peuvent adhérer aux corps les plus polis. Quelques-uns jouissent de la faculté de changer de coloration dans certains moments.

IGUANES. *Iguana.* Dents dentelées; dos muni d'une crête; goître comprimé; doigts non dilatés. — Un des Reptiles de ce genre est assez commun dans les pays brûlants du nouveau monde, c'est l'*Iguane ordinaire d'Amérique*, dont le dos est bleu, changeant du vert au violet; quand il est en colère, il enfle son goître; sa vie se passe ou sur les arbres ou dans l'eau, et il se nourrit, dit-on, de fruits et de feuilles. La chair de cet animal est très-recherchée et se vend un prix élevé dans les marchés; on dit même qu'on élève cette espèce, dans certains endroits, pour les besoins de la table; un conte ridicule attribuait cependant à son usage l'origine de quelques maladies.

MARBRÉS. *Polychrus.* Corps et queue fort grêles, couverts d'écailles lisses; crêtes nulles. — Ils habitent l'Amérique méridionale et doivent leur nom aux teintes variées de leur peau, que l'on a comparées à du marbre; ces Reptiles jouissent comme les Caméléons de la faculté de changer de couleur.

FAMILLE DES MONITORS.

Corps fusiforme; tête étroite; queue plus ou moins comprimée. Dos couvert d'écailles tuberculiformes. Dents maxillaires coniques, plus ou moins arquées. Palais édenté. Langue extensible, fourchue.

MONITORS. *Monitor.* La dénomination de Monitors, ou de Sauvegardes, donnée aux individus de ce groupe, qui forme seul cette famille, vient de ce que l'on prétendait qu'ils restaient habituel-

lement près des Crocodiles, et que, par leurs cris, ils avertissaient les
voyageurs de la présence de ces fléaux des rivages.

Ces Sauriens sont tous indigènes de l'ancien continent, et ils atteignent une grande taille. L'un d'eux, le *Monitor terrestre d'Égypte*,
que les Arabes appellent Lézard des sables, parce qu'il vit parmi ceux-
ci et loin des fleuves, a jusqu'à six pieds de longueur; sa carène caudale est rudimentaire, et son corps est brun clair, avec quelques taches
d'un jaune verdâtre. Ce Reptile a fixé bien anciennement l'attention
des écrivains, car Hérodote en fait déjà mention sous le nom de *Crocodile terrestre*. Aujourd'hui les bateleurs du Caire, après avoir arraché ses dents tranchantes, lui font exécuter divers exercices pour
amuser le peuple sur les places publiques.

Le *Monitor du Nil*, qui est nommé par les Arabes Lézard du fleuve,
parce que, contrairement à l'espèce précédente, il fréquente les rivages,
acquiert la même taille; mais il s'en distingue par sa crête caudale,
qui est très-apparente. Ce Reptile, qui est fort connu en Égypte, se
trouve figuré sur un grand nombre des anciens monuments de ce pays,
par reconnaissance, à ce que l'on prétend, de la destruction qu'il fait
des Crocodiles en mangeant leurs œufs. On l'élève quelquefois en domesticité.

FAMILLE DES LACERTIENS.

Corps de plus en plus allongé, cylindrique et anguiforme.
Queue ordinairement fort longue. Membres plus ou moins
complets ou rudimentaires. Palais dentifère ou édenté. Langue
plus ou moins extensible et bifide.

Les Reptiles de cette famille présentent, sur tous les points de leur
organisme, des indices de dégradation évidente, qui se prononcent
d'autant plus que l'on examine ceux qui se trouvent vers sa limite.
C'est sur l'appareil locomoteur que cette dégradation se manifeste d'une
manière plus apparente par l'éloignement des membres qui, en s'écartant de plus en plus, rendent la locomotion tout à fait troncale, en
même temps qu'on les voit devenir de plus en plus rudimentaires, et
même disparaître tout à fait en ne laissant plus de leur existence que
des indices sous-cutanés; en même temps aussi que le corps s'allonge, un des poumons diminue d'étendue.

D'après ce qui vient d'être dit, il est facile de voir que dans cette
famille, qui est très-nombreuse, les caractères doivent offrir beaucoup
d'oscillations; aussi est-il utile de la subdiviser en plusieurs tribus,
comme l'a fait de Blainville, qui y en admet quatre : les Tupinambis,
les Lézards, les Bipèdes et les Scinques.

I. TRIBU DES TUPINAMBIS. Corps lacertiforme à écailles molles, rarement carénées. Palais édenté ; langue sans gaîne à sa base , et terminée par deux filaments cornés.

DRAGONNES. *Dracœna.* Point de collier, ni de pores fémoraux. — Ils habitent la Guyane et acquièrent jusqu'à six pieds de longueur.

AMÉIVAS. *Ameiva.* Reptiles munis d'un véritable collier ; des pores fémoraux. — Ces animaux habitent l'Amérique , où ils représentent nos Lézards.

II. **TRIBU DES LÉZARDS.** Écailles molles , lisses ou carénées. Langue munie d'une gaîne à sa base et bifide à son extrémité.

LÉZARDS. *Lacerta.* Écailles non carénées ; un collier de squammes larges ; palais dentifère ; des pores aux cuisses. — Ces Reptiles vivent sur la terre et ne vont jamais dans l'eau ; ils sont vifs, agiles, élégants et reflètent souvent les plus belles teintes ; ils recherchent les contrées chaudes et s'engourdissent l'hiver. Ordinairement monogames , on les trouve généralement par paires. Ce sont des animaux répandus partout et que l'on peut apprivoiser facilement.

La plus belle et la plus grosse des espèces, le *Lézard vert ocellé* , se rencontre vers le bassin de la Méditerranée ; il se voit également dans le Nord ; ses anneaux noirs, imitant une broderie, le font facilement distinguer. Ce Reptile n'est nullement venimeux, ainsi que l'ont prouvé les expériences de l'erpétologiste Daudin ; c'était son innocente langue, qu'il darde vivement, qui avait inspiré de fausses craintes.

Les Kamtschadales, par une singulière superstition, le considèrent comme un espion des génies infernaux qui fréquente leur cabane pour révéler leurs fautes ; aussi, ils lui font une guerre perpétuelle, et on les voit tomber dans le désespoir quand ceux de ces Sauriens qu'ils ont aperçus, parviennent à échapper à leur vengeance.

Le *Lézard vert piqueté* vient dans nos bois ; il paraît, d'après ce que dit Cælius Aurelius, que les Africains s'en nourrissaient ; mais le plus commun est le *Lézard gris des murailles* , qui court sur les espaliers des jardins. Il est tellement abondant en Autriche, qu'il pourrait, selon Laurenti, y servir à la subsistance des pauvres, sa chair étant agréable. La disette a quelquefois forcé les classes malheureuses à s'en nourrir presque exclusivement. Les médicastres anciens conseillèrent cet aliment dans quelques maladies, entre autres le cancer.

En France les Lézards ne paraissent pas avoir été employés comme comestible, mais anciennement ils étaient fréquemment administrés par les médecins, et on leur prêtait de grandes vertus. C'était surtout comme excitants, aphrodisiaques et comme alexipharmaques qu'on en faisait usage. H. Cloquet, dans sa Faune des médecins, a énuméré la nombreuse liste des affections dans lesquelles, depuis l'antiquité jusqu'à notre époque, on a vanté leur puissance médicale.

III. **TRIBU DES BIPÈDES.** Corps anguiforme, couvert d'écailles molles. Une seule paire de pieds monodactyles. Ce groupe, que de Blainville place avant les Scinques à cause de la disposition des écailles et de leur grandeur, ne contient que peu d'espèces.

IV. **TRIBU DES SCINQUES.** Corps très-diversiforme, à écailles solides, osseuses, comprises dans le derme comme celles des poissons.

SCINQUES. *Scincus.* Corps fusiforme, quadrupède, sans sillon latéral. Écailles partout uniformes, lisses. Palais dentifère. — Les êtres rassemblés sous cette dénomination ont déjà un peu l'apparence serpentiforme par l'élongation de leur corps, leur tête sans renflement en arrière, ainsi que par la distance des membres qui soutiennent le tronc.

On doit remarquer le *Scinque des pharmacies*, qui réside en Égypte, et dont le tronc est jaunâtre, traversé de bandes noires; il était regardé, par les docteurs arabes, comme doué de vertus énergiques dans les affections cutanées, et surtout comme un puissant aphrodisiaque. Sa poudre entrait dans la thériaque de Venise. (Pl. 14.)

SEPS. *Seps.* Corps presque serpentiforme, membres rudimentaires, extrêmement distants. — Ces Reptiles qui par leur forme extérieure se rapprochent déjà des Ophidiens, offrent dans leurs organes profonds des modifications qui rappellent aussi leur dégradation, car leurs poumons commencent à montrer de l'inégalité. (Pl. 14.)

BIPÈDES. *Bipes.* Corps serpentiforme; membres antérieurs nuls; les postérieurs rudimentaires, entiers ou didactyles. — L'organisme se simplifie manifestement dans ce petit genre qui constitue un des points de transition entre les Lézards et les Serpents. Il n'y a plus, il est vrai, de membres antérieurs saillants dans les Bipèdes; mais quand on dissèque ces animaux, on découvre, sous la peau, les os de l'épaule qui marquent là l'intention créatrice. (Pl. 14.)

ORVETS. *Anguis.* Corps serpentiforme, sans sillon latéral, nullipède, à écailles lisses, uniformes partout.—Ce sont les plus innocents des Reptiles; la douceur de leur œil, le poli métallique dont ils sont ornés attirent la confiance et les font admirer. Ils sont extrêmement fragiles et se brisent quelquefois en se raidissant, ce qui les a fait nommer *Serpents de verre;* ils ont encore des vestiges d'épaules et de bassin, ce qui, ainsi que l'existence des paupières, les distingue des Serpents.

L'*Orvet commun* est très-répandu dans toute l'Europe; il a environ un pied; sa couleur est d'un gris plombé luisant; il vit d'insectes ou d'animaux fort petits, car ses mâchoires ne sont pas dilatables comme celles des vrais Serpents. Durant l'hiver les Orvets se retirent dans les trous de la terre et s'y engourdissent; souvent on y en trouve un grand nombre d'entortillés ensemble, et formant une masse compacte. Ils émettent leurs petits vivants.

SOUS-ORDRE DES OPHIDIENS OU SERPENTS.

Corps fort allongé, cylindrique ou subcylindrique, presque toujours totalement dépourvu de membres. Peau squammifère; sternum nul. Yeux sans paupières.

En observant l'organisme des Ophidiens, on reconnaît que tous leurs caractères anatomiques ne sont en général qu'une exagération de ce qui existe dans le sous-ordre précédent; ce qui permet d'assigner sans oscillations la place qui convient à ces animaux. Tout le système osseux s'est en quelque sorte contracté vers l'appareil nerveux, pour former la colonne vertébrale qui devient l'organe essentiel de la locomotion et de la préhension, et qui ne fournit que de faibles appendices rayonnants; aussi compte-t-on parfois un grand nombre de vertèbres dans ces Reptiles.

Un des caractères anatomiques de ces animaux consiste en ce que les appendices céphaliques ou les mâchoires sont presque toujours dilatables à leurs symphyses, qui ne se trouvent que faiblement réunies, et la mâchoire inférieure peut même s'étendre à un point extraordinaire, parce que non-seulement l'os carré est mobile, mais encore parce que l'os squammeux est totalement détaché du reste du crâne.

Dans tous ces animaux il n'existe pas de sternum, et les côtes, qui sont libres et dont l'articulation est fort mobile, exécutent pendant la reptation un mouvement que l'on peut comparer à celui des nombreuses pattes de certains myriapodes. Il en est même chez lesquels le redressement des côtes cervicales gonfle le cou d'une façon remarquable, sous l'empire de la volonté. Certains Ophidiens offrent un bassin rudimentaire flottant dans les chairs comme celui des poissons, et sur lequel s'insèrent des rudiments de membres représentés seulement par des articles, qui ne sont autre chose que des phalanges d'orteils dont la dernière est munie d'un ongle [1].

Le système musculaire des Ophidiens présente quelque analogie avec celui des poissons par sa disposition générale, et en ce que chez eux aussi il forme des couches, plutôt que des masses arrondies et ventrues; mais ce système est, chez les animaux que nous étudions, destiné à mouvoir les côtes, et il ressemble, par sa disposition, aux muscles qui environnent la colonne vertébrale de l'homme; il est formé à l'extérieur de faisceaux qui se portent des vertèbres aux côtes, tandis qu'au dedans on trouve des faisceaux ayant une distribution analogue et qui semblent être des vestiges de piliers du diaphragme.

La reptation des Serpents se produit à l'aide de plusieurs flexions en S, qu'ils impriment latéralement à leur colonne vertébrale, et en

[1] Boas, Tortrix.

allongeant ensuite celle-ci en avant quand sa région postérieure a trouvé un point d'appui suffisant ; cette locomotion est favorisée par l'action des muscles qui meuvent les côtes ; c'est le même mécanisme qui produit le saut lorsque l'animal opère son extension avec vitesse en se portant en haut ; indépendamment de ces mouvements, quelques Serpents jouissent de la facilité d'élever perpendiculairement le devant de leur corps, en lui formant une base par l'enroulement de la partie postérieure [1].

Certains Ophidiens se meuvent dans l'eau avec aisance, et l'on rencontre à cet effet, chez ces animaux, deux modes de natation : les uns se gonflent le corps d'air, et nagent en conservant leur tête au-dessus du liquide, alors les ondulations rapides de leur tronc suffisent pour les faire avancer [2] ; les autres vivent habituellement plongés sous l'eau, où leur queue large et comprimée fait l'office d'une rame mue avec vitesse d'un côté et de l'autre, et qui imprime au corps un mouvement en avant [3].

Pendant l'hiver les Serpents éprouvent, en général, un profond engourdissement, dont le retour de la chaleur les fait seul sortir. L'irritabilité de ces Reptiles est extrêmement remarquable ; quelquefois leur cœur continue à battre pendant un certain temps après qu'il a été arraché du corps, et l'on voit parfois aussi la tête d'un Serpent, que l'on a séparée du tronc, se mouvoir convulsivement durant un espace de temps considérable.

Les appareils des sens offrent chez les animaux de cette division quelques particularités intéressantes à connaître. Plusieurs Serpents venimeux [4] présentent en dehors de chaque narine une petite fossette remarquable qui n'a aucune communication avec les fosses nasales, et qui, selon quelques anatomistes, ressemble à l'appareil olfactif des poissons.

Dans les Ophidiens la peau passe au-devant de l'œil ; et, suivant M. J. Cloquet, celle-ci doit être considérée comme les deux paupières qui se sont soudées et ont acquis une parfaite translucidité. La membrane cutanée qui les forme est composée de trois couches ; l'extérieure est cornée, et elle s'enlève chaque fois que l'animal se dépouille de son épiderme ; la moyenne offre une texture sublibreuse, et l'interne est l'analogue de la conjonctive palpébrale. Les larmes sont sécrétées par une glande lacrymale située derrière l'œil ; elles passent entre celui-ci et la peau transparente, et s'introduisent dans le nez par un point lacrymal situé en avant. C'est cette glande lacrymale que plusieurs auteurs ont prise pour l'organe producteur du venin ; mais on reconnaît facilement cette erreur quand on dissèque des Ophidiens venimeux, car on observe qu'elle est bien moins volumineuse chez eux que dans ceux qui ne le sont point ; aussi est-elle très-développée chez les Couleuvres,

---

[1] Vipère fer-de-lance. [3] Pélamides, Hydrophis. [4] Crotale.
[2] Couleuvre à collier.

tandis qu'elle est fort petite dans les Crotales, et entièrement contenue dans l'orbite. M. Hollard dit aussi que les espèces venimeuses ont les yeux moins volumineux que les autres.

Tous les Ophidiens sont pourvus de dents; mais celles-ci, qui sont coniques, fines et dirigées en arrière, par leur forme et leur disposition indiquent qu'elles ne sont pas destinées à servir à la mastication, mais seulement à retenir et à fixer la proie, qui est avalée tout d'une pièce. Ces Reptiles ne possèdent point de lèvres charnues, ni de voile du palais, de manière qu'ils ne peuvent opérer la succion; aussi est-ce un préjugé absurde de croire que certains animaux de cet ordre, tels que les Boas et les Couleuvres, puissent téter les vaches.

Les Serpents ont une langue ordinairement longue, charnue et bifide, qu'ils font continuellement sortir de leur bouche; mais ses usages sont à peu près ignorés, et, comme nous l'avons dit, quelques naturalistes pensent qu'elle peut être considérée comme un organe tactile. MM. Bibron et Duméril ont vu des Couleuvres s'en servir pour laper l'eau qui se trouvait dans leur cage. Le tube digestif de ces animaux est court, comme il convenait pour leur régime carnassier.

Les Ophidiens se nourrissent uniquement de proies vivantes, d'insectes, de mollusques, d'oiseaux et de petits mammifères; cependant les plus fortes espèces de cette dernière classe n'échappent parfois pas à la voracité des grands Serpents. On remarque que ces Reptiles diffèrent assez entre eux par l'aspect, selon qu'ils se repaissent d'animaux d'un volume considérable, ou seulement de petites espèces. Les premiers ont de plus fortes dimensions; leurs mâchoires ne sont pas réunies sur la ligne médiane, de manière que l'ouverture buccale peut se dilater considérablement, et en outre leur corps offre des écailles de forme et de grandeur diverses. Au contraire, les Ophidiens qui sont dans le dernier cas, et ne font usage que de proie d'un faible volume, ont une bouche petite dont les mâchoires ont leur symphyse soudée, et ces Reptiles ne sont pas venimeux. L'œsophage de la plupart des Ophidiens est large, et par son amplitude il rappelle le jabot des oiseaux; leur tube intestinal est fort court et à peine d'un tiers plus long que l'abdomen. Le foie ne se compose que d'un seul lobe.

Les Ophidiens ne possèdent point de diaphragme; aussi tous leurs viscères sont-ils confondus dans une même cavité; ils n'ont réellement qu'un seul poumon, l'autre n'étant représenté que par un rudiment. Le poumon forme une sorte de sac très-dilatable et fort long, qui règne sous la colonne vertébrale dans toute la vaste étendue sur laquelle cette tige osseuse porte des côtes. Cet organe a ses parois très-vasculaires, et à l'intérieur on observe une foule de petites cellules qui lui donnent l'aspect d'un tissu spongieux.

Ce sont des glandes volumineuses, analogues aux parotides, mais dont le tissu est aréolé et comme spongieux, qui, au lieu de salive, sécrètent le venin redoutable de certains Serpents. Il y en a une de chaque côté; elle est située en arrière de l'œil, entre les muscles qui

font mouvoir les mâchoires, et elle donne naissance à un canal excréteur qui se rend dans une dent mobile implantée sur la supérieure, et qui forme à sa base une vésicule où le fluide sécrété s'a-
masse. Cette dent, appelée aussi *crochet*, est creusée dans toute sa
longueur par un canal que parcourt le venin quand il est expulsé, et
elle est mobile de manière que lorsque la mâchoire s'ouvre elle fait
saillie pour entrer en fonction et verser ce fluide léthifère, et au contraire elle reste appliquée sur l'arcade maxillaire quand la bouche est
fermée. L'éjaculation du venin est surtout favorisée par les muscles
temporaux qui environnent son organe sécréteur et le compriment en
se contractant pour fermer les mâchoires, et expriment ainsi le fluide
qu'il contient ; cette émission est en outre secondée par la pression que
les dents à crochet, en mordant, opèrent sur le réservoir à venin qui
est à leur base, et qui force ce fluide à refluer par le canal dentaire,
qui l'introduit dans la plaie.

Les Ophidiens ont généralement, à l'origine de la queue et derrière
le cloaque, deux sacs terminés en pointe et couverts par la peau. Ces
organes sécrètent un fluide gras, jaune ou verdâtre, et d'une odeur
pénétrante et fort désagréable, surtout au temps de l'accouplement ;
chacun d'eux s'ouvre sur un tubercule placé à la lèvre postérieure du
cloaque. L'odeur repoussante qu'émettent ces animaux avait été signalée par Élien, Aldrovande et Gesner. Kalm reconnut qu'elle acquiert
plus de force quand ils sont au soleil et qu'on les irrite, et chez quelques-uns elle est si intense, qu'elle fait fuir les Chevaux et les Bœufs
qui les approchent.

Une des particularités notables de la vie des Ophidiens, et dont
beaucoup de voyageurs ont parlé, est une espèce de fascination qu'ils
exercent sur quelques oiseaux ou sur certains quadrupèdes ; à l'aide de
celle-ci ils les attirent de loin, et on les voit quelquefois tomber des
branches et venir s'engouffrer dans leur gueule par le seul effet de la
peur.

Lorsque l'on étudie l'histoire des Serpents, on découvre que, malgré
l'horreur qu'ils inspirent et qui a sa source dans le danger de leur morsure, au berceau de la civilisation, des nations ignorantes se proster-
nèrent devant quelques Ophidiens redoutables, et élevèrent des autels
à ces génies du mal. Des peuples plus avancés multiplièrent l'image de
ces animaux dans leurs représentations symboliques, ainsi qu'on le
voit sur les monuments indestructibles de l'Égypte, où ces êtres furent
souvent considérés par l'homme comme l'emblème vivant du temps et
de l'éternité.

Les Serpents ne nous offrent presque aucune ressource ; cependant
autrefois certaines peuplades de l'Afrique se nourrissaient de ces animaux, et elles étaient, à cause de cela, appelés Ophiophages ; aujour-
d'hui il en est que l'on regarde comme ayant quelques propriétés
médicales.

FAMILLE DES BIMANES.

Corps serpentiforme ; deux membres en avant seulement.

BIMANES. *Chirotes*. Cette famille ne renferme que ce genre. —
Le *Bimane cannelé*, qui est répandu dans les environs de Mexico,
est la seule espèce connue. Son organe pulmonaire est analogue à celui des Serpents ; il n'a qu'un grand poumon, et l'on découvre seulement chez lui les vestiges d'un autre petit.

FAMILLE DES AMPHISBÈNES.

Corps cylindriforme, obtus aux deux extrémités, à écailles
semblables partout, si ce n'est sur la tête.

AMPHISBÈNES. *Amphisbæna*. Écailles quadrilatères, disposées
par rangées circulaires ; souvent un rang de pores vers l'anus. — Dans
ces Reptiles les deux extrémités du corps se ressemblent à peu près,
aussi ils peuvent se transporter en avançant l'une ou l'autre indifféremment ; c'est pour cette cause qu'on leur donne le nom de *doubles
Marcheurs*, dont celui d'*Amphisbènes* n'est que la traduction
grecque.

Ces Ophidiens sont innocents et vivent de proies très-petites ; les
deux branches du maxillaire inférieur étant soudées, elles s'opposent
à cette étonnante dilatation de la bouche, que l'on observe chez les
vrais Serpents. Ils se creusent des trous dans la terre, et on les découvre souvent au milieu des grandes fourmilières de l'Amérique méridionale, seule partie du monde où l'on en ait jusqu'à présent observé.

L'*Amphisbène blanche*, qui est une de celles qui sont le mieux connues, ressemble, au premier abord, à un énorme lombric.

TYPHLOPS. *Typhlops*. Corps vermiforme, à écailles imbriquées.
Yeux atrophiés.—Ces Ophidiens habitent les régions chaudes des deux
continents ; ils sont toujours de petite taille, et au premier aspect on
les prendrait pour des vers de terre.

FAMILLE DES ROULEAUX.

Corps cylindriforme, obtus aux deux extrémités, couvert
d'écailles en dessus et d'un seul rang de scutelles en dessous.

ROULEAUX. *Tortrix*. — Ce genre, qui a subi plusieurs démembrements, compose seul cette famille. Les Ophidiens qu'il renferme
sont tous indigènes de l'Amérique, et ils se rapprochent déjà plus des

vrais Serpents que ceux du groupe précédent par la conformation de leurs écailles et par leurs mâchoires, qui sont un peu plus dilatables.

FAMILLE DES BOAS.

Corps colubriforme, couvert d'écailles en dessus et n'offrant qu'un seul rang de scutelles sous le tronc et la queue.

ÉRYX. *Eryx.* Queue courte et obtuse; anus dépourvu de crochets. — Ces Ophidiens habitent l'ancien continent; leurs mœurs sont fort différentes de celles du genre suivant, qui, avec eux, forme cette famille; innocents et timides, ils ne se nourrissent que d'insectes et de petits animaux.

BOAS. *Boa.* Queue prenante; anus offrant des crochets. — Certains savants prétendent que le nom de *Boa* fut donné à ces animaux à cause d'une croyance anciennement répandue, qui était qu'ils suivaient les troupeaux de vaches, et se pendaient aux mamelles de celles-ci pour en sucer le lait.

Tous les Boas vivent en Amérique; les Serpents de l'ancien continent, auxquels on donnait ce nom, ne sont en général que des couleuvres. Ils fixent leur résidence dans les excavations des rochers, ou se blotissent dans les vastes cavités que présentent certains arbres, et quelquefois même, dit-on, ces Ophidiens se creusent des terriers parmi les racines de ceux-ci. Les voyageurs rapportent que l'on reconnaît facilement leur repaire, parce que le corps énorme de ces animaux, en se traînant sur le sol, renverse et tue les faibles végétaux qui se trouvent sur son chemin, et celui-ci, pour cette raison, devient fort apparent. Mais il paraît que ces Reptiles ne se rendent guère dans leur retraite que pour y déposer leur ponte ou s'y engourdir pendant l'hiver. Ils vivent isolés, mais il n'est pas rare, lorsqu'on opère des défrichements, d'en trouver plusieurs enlacés ensemble dans le même trou.

C'est dans cette section que se rencontrent les plus grands Serpents que l'on connaisse de nos jours; quelques-uns atteignent une longueur de quarante et même, dit-on, de cinquante pieds, et leur diamètre égale celui de la cuisse d'un homme.

Les Boas se nourrissent ordinairement de petits mammifères; ils ne s'attaquent jamais à l'homme, aussi celui-ci les redoute fort peu, et l'on ne se donne pas même la peine de chasser ceux qui fréquentent les environs des lieux habités. Quelquefois aussi ils dévorent de gros animaux, et se placent en embuscade près des marais où ceux-ci vont s'abreuver, afin de les saisir au passage. Là, roulant leur immense corps en spirale, ils attendent, immobiles, la victime que le hasard doit leur livrer; d'autres fois ils se placent, à cet effet, dans l'eau, ou bien on les aperçoit montés sur les arbres et suspendus à leurs branches élevées à l'aide de leur queue ; et c'est de là qu'ils s'élancent avec la rapidité d'un trait sur les gros mammifères , tels que des Cerfs et d'autres, qui viennent à passer ; ils étranglent rapidement leur capture en l'enveloppant de leurs nombreuses circonvolutions ; brisent ensuite ses os en l'étreignant fortement ; puis quand ils l'ont réduite en une masse informe et mollasse , ces Serpents l'inondent d'une salive gluante et fétide pour faciliter son passage, et enfin ils avalent cette proie avec une extrême lenteur, et mettent plusieurs heures, et même, dit-on , parfois plusieurs jours , suivant son volume, pour l'introduire dans leur ventre.

Pendant leur digestion, les Boas , appesantis par l'énorme volume de la proie qu'ils ont dévorée, et engourdis par la fatigue des organes, sont alors plongés dans un état de torpeur qui les rend très-faciles à vaincre, et ils n'opposent nulle résistance ; aussi, c'est durant ce moment que les chasseurs indiens vont les attaquer sans crainte. L'engourdissement que ces Reptiles éprouvent pendant cet acte, ou en hivernant, est même si profond que l'on raconte que des hommes , trompés par l'apparence de leur tronc, qu'ils prenaient pour un arbre abattu et caché par des herbes , ont pu s'asseoir sur eux sans les réveiller. Le père Jumilla rapporte que cela arriva à plusieurs Espagnols harassés de fatigue ; Stedmann dit aussi que quatre-vingts soldats, en traversant une épaisse forêt de la Guyane, montèrent l'un après l'autre sur une éminence qui leur parut être un gros tronc d'arbre tombé , mais qu'ensuite ils sentirent celle-ci se mouvoir sous leurs pieds et qu'ils reconnurent que c'était un Boa d'une grande taille.

Les crochets que l'on observe dans la région anale de ces Ophidiens, sont formés par un petit os que l'on regarde comme un vestige de fémur ; puis par un autre os court qui semble être le représentant du métatarse et supporte le crochet ou phalange onguéale. Ces appendices , qui ont d'une à trois lignes de longueur , servent à ce que l'on suppose d'organe contenteur pendant l'accouplement , et quelques naturalistes pensent qu'ils sont utiles à la progression, ou que ces animaux les emploient pour retenir la proie pendant qu'ils la dévorent.

Le rapprochement des Boas s'opère d'une façon analogue à celui des Couleuvres ; leurs œufs sont de la grosseur de ceux des Oies et possèdent une enveloppe coriace. Les petits qui en sortent offrent de dix à quatorze pouces de longueur et sont de la grosseur du doigt ; on ignore la durée de leur vie.

Dans quelques contrées on fait la guerre aux Boas pour se procurer leur chair, qui est estimée, et que l'on vend par tronçons dans les marchés de différentes villes. On croit que leur graisse est utile pour la guérison de quelques maladies ; leur cuir, qui est assez épais, sert parfois à confectionner des bottes, après qu'on l'a soumis au tannage , et l'on voit les voyageurs apporter de ces chaussures en Europe , comme un objet de curiosité.

Le *Boa constricteur* , appelé ainsi , à cause de la manière dont il étreint sa proie, est aussi connu sous le nom de *Boa devin*, parce que dans les temps où ce Reptile était imparfaitement connu, on lui attribuait ce qui concerne quelques Serpents qui sont révérés dans l'Inde à l'instar des fétiches. Cet Ophidien habite les contrées chaudes de l'Amérique et particulièrement la Guyane. Son dos est peint de vives couleurs, qui ajoutent chez lui la beauté à la force ; aussi cet animal était-il devenu l'objet d'un culte particulier chez les anciens Mexicains, qui lui donnaient un nom qui correspond à celui d'*empereur ;* et l'on dit même que lors de la découverte de leur pays, les autels de cette étrange divinité étaient parfois teints de sang humain.

Les Serpents que, sous le nom de *Devins*, les noirs de la côte de Mozambique ont déifiés, et que l'on avait confondus avec les Boas, sont de grandes espèces de Couleuvres.

FAMILLE DES COULEUVRES.

Corps extrémement allongé, renflé au milieu et atténué aux extrémités, surtout en arrière. Un seul rang de scutelles sous le tronc et deux sous la queue.

PYTHONS. *Python.* Tête munie de fossettes sur les lèvres ; des crochets vers l'anus. — Ces Reptiles sont indigènes de l'ancien continent, où ils représentent en quelque sorte les Boas de l'Amérique ; en effet ils ressemblent à ceux-ci par la grande taille qu'ils peuvent acquérir et par les crochets qu'ils portent près de l'anus mais leurs écailles sont distribuées comme celles des Couleuvres, aussi doivent-ils être le chaînon qui réunit les deux genres.

Ces Ophidiens parvenant, comme nous venons de le dire, à la dimension gigantesque des Boas, quand dans les relations des voyageurs, il est question d'immenses Serpents d'Afrique ou d'Asie, auxquels on donne ce dernier nom, ordinairement il est appliqué à des Pythons. Aussi si l'on ne veut pas repousser les témoignages historiques, tout en admettant cependant qu'ils ne sont pas exempts d'exagération, on reconnaît que c'est probablement à ce genre, et non aux Boas comme l'ont cru Bonnaterre, Lacépède et d'autres, qu'il faut rapporter les monstrueux Serpents qui sont cités dans les écrits des anciens. Tel est entre autres celui de trente coudées de longueur, qui fut pris pendant le règne d'un des Ptolémée, et dont Diodore de Sicile a tracé la capture avec les plus minutieux détails. Tel est surtout l'immense Serpent qui arrêta, pour ainsi dire, l'armée romaine entre Utique et Carthage, et que l'on fut obligé d'assiéger avec les machines de guerre. Cet animal qui attaquait les soldats, et dont parlent Valère Maxime et Pline, avait, à ce qu'ils disent, cent vingt pieds de longueur, ainsi qu'on put l'apprécier sur sa peau qui fut envoyée à Rome par Régulus, et y resta suspendue dans un temple jusqu'à la guerre de Numance.

Le *Python de Java*, qui est orné d'écailles d'une couleur brillante, est un des plus connus ; il parvient à une longueur de trente-deux pieds.

COULEUVRES. *Coluber*. Tête couverte de grandes plaques. Point d'ergots près l'anus. — Les espèces de ce genre sont fort nombreuses et disséminées à la surface du globe parmi toutes les contrées chaudes et tempérées. Les régions boréales en sont seules privées ; elles se plaisent dans les bois ou les prairies ; quelques espèces fréquentent les marécages, d'autres les lieux secs et arides.

Les Couleuvres sont d'un naturel doux et timide, et leur morsure n'offre aucun danger ; elles peuvent recevoir une certaine éducation, et en un temps fort court ces Serpents deviennent familiers. Cependant ils inspirent une sorte d'horreur à la plupart des Européens, et ce n'est guère que parmi quelques nations sauvages que leur caractère est apprécié ; chez elles on les révère, et quand ils entrent dans des cases on regarde leur visite comme un heureux présage. A Juida on adore même ces Reptiles, qui sont proclamés inviolables, et l'on dit que par un fanatisme odieux on leur sacrifie parfois de jeunes vierges.

Ces Ophidiens vivent d'insectes, de mollusques, de Crapauds, de Grenouilles, d'oiseaux et de petits mammifères ; pour s'en emparer, tantôt ils grimpent sur les arbres, tantôt ils s'enfoncent dans les terriers ou traversent des étangs. Un des préjugés les plus répandus dans nos campagnes est que les Couleuvres tètent parfois le lait des bestiaux : nous avons dit que cela leur était impossible.

Les Couleuvres, d'après de récentes observations de Hérold, sont polygames ; sur cinquante-sept individus qu'il a observés, il ne s'est trouvé que des femelles, et toutes étaient pleines. Leur gestation varie et leurs œufs sont nombreux. Ces animaux sont presque inutiles à l'homme, cependant on dit que dans quelques pays on les mange.

Les principales espèces de France sont : la *Couleuvre à collier*, qui est très-commune et dont la dénomination vient d'une tache qu'elle porte autour du cou ; son corps est d'un brun d'acier. On la nomme aussi Serpent d'eau, parce qu'elle se trouve souvent dans les mares, où elle nage avec autant de grâce que de facilité.

La *Couleuvre commune*, que l'on voit si fréquemment dans nos bois où elle monte aux arbres, est susceptible d'éducation, et Valmont de Bomare la nomme, à cause de cela, Serpent familier.

La *Couleuvre vipérine*, qui se reconnaît à ses écailles carénées et à ses taches en zigzag sur le dos.

Enfin la *Couleuvre d'Esculape*, qui se trouve aussi dans toute l'Europe méridionale, et est d'un brun verdâtre en dessus et d'un jaune paille en dessous. Selon Cuvier, le fameux *Serpent d'Épidaure*, qui fut amené à Rome pendant la peste qui ravagea cette cité sous le consulat de Q. Fabricius et de Q. Brutus, n'était probablement que cette Couleuvre, et c'est aussi elle que l'on voit souvent représentée sur les statues du dieu de la médecine.

FAMILLE DES HYDROPHIS.

Corps à écailles uniformes partout ou dissemblables. Tête petite; queue ordinairement comprimée.

Ce groupe, que l'on peut aussi nommer *famille des Serpents aquatiques*, puisqu'il renferme tous ceux qui vivent dans l'eau, offre des caractères assez divers, puisque l'écaillure varie ainsi que le système dentaire, qui tantôt offre des dents venimeuses et tantôt n'en présente point.

ACROCHORDES. *Acrochordus.* Système squammeux semblable partout. Point de dents venimeuses. — L'*Acrochorde de Java*, qui passe à tort pour être venimeux, est le type de ce genre. Ce Serpent acquiert huit pieds de longueur, et les habitants de l'île de la Sonde prétendent que sa chair est un manger délicieux.

HYDROPHIS. *Hydrophis.* Système squammeux un peu dissemblable. Des dents venimeuses. Queue comprimée. — Ces Serpents sont fort communs dans les mers des Indes, et ils infestent aussi les eaux douces de cette contrée. La compression de leur queue leur donne une grande facilité pour nager.

Les Hydrophis se tiennent enfoncés dans la vase pendant le jour; mais le soir ils viennent attaquer les animaux qui se baignent ou s'abreuvent, et Bory Saint-Vincent dit même que les dévots, qui affluent pour pratiquer leurs ablutions dans le Gange sacré, deviennent parfois leurs victimes. Ces Ophidiens ont été mentionnés par les anciens depuis l'expédition d'Alexandre, et Russel en a fait connaître plusieurs espèces dans son magnifique ouvrage sur les Serpents de Coromandel.

FAMILLE DES VIPÈRES.

Corps peu allongé, surtout dans la partie caudale. Système squammeux formé d'écailles en dessus; dessous de la queue uni ou bi-scutellé. Des dents venimeuses.

ECHIS. *Echis.* Point de fossettes devant les yeux. Queue uni-scutellée. — Ces Serpents, nommés aussi *Boas vipères* à cause de la distribution de leurs écailles, forment un des groupes classiques de cette famille.

VIPÈRES. *Vipera.* Point de fossettes au-devant des yeux. Queue bi-scutellée.

La *Vipère commune* se rencontre dans toutes les régions méridionales ou tempérées de l'Europe ; on en trouve jusqu'en Suède, où Linnée en a souvent observé ; toutes les contrées de la France nourrissent ce Reptile, qui se cantonne ordinairement dans les endroits montueux, boisés, secs et rocailleux.

Cette espèce se multiplie beaucoup dans quelques districts de la Sibérie et de la Russie, parce que la superstition s'imagine dans ceux-ci que lorsqu'on tue une Vipère on s'expose à la vengeance de toute sa race. Ce Serpent avait aussi dernièrement pullulé d'une manière effrayante dans la forêt de Fontainebleau ; mais il paraît, au contraire, qu'aujourd'hui, en France et dans les pays les plus éclairés de l'Europe, il devient bien plus rare qu'il ne l'était il y a quelques années. Bosc qui, il y a cinquante ans, tuait chaque matin plusieurs douzaines de Vipères sur les montagnes des environs de Dijon, n'en trouvait plus qu'assez rarement dans les mêmes lieux pendant les dernières années de sa vie.

Ce Serpent dépasse rarement deux pieds de longueur et est enveloppé d'écailles carénées ; il se reconnaît à sa couleur, qui est d'un gris cendré, et à la ligne noire en zigzag qui parcourt toute l'étendue de son dos, qui offre en outre, de chaque côté, une rangée de taches noires. Son ventre est d'un gris brillant et lisse.

Aussitôt que les premiers froids se manifestent, on cesse de voir des Vipères ; alors elles se retirent pour passer l'hiver dans des trous du sol, sous des tas de pierres, ou dans les excavations des arbres cariés. Là on les trouve parfois plusieurs ensemble étroitement enroulées, comme si par leur rapprochement elles avaient essayé de se garantir mutuellement du froid. Elles sortent de leur retraite au retour du printemps.

La Vipère a un régime fort varié, et selon les circonstances elle se nourrit d'insectes, de mollusques terrestres, de batraciens, d'oiseaux et de petits mammifères. Il paraît qu'elle peut rester un temps considérable sans manger, car on dit que dans beaucoup de pharmacies on en conserve parfois de vivantes pendant plusieurs années sans leur donner aucun aliment.

C'est au printemps qu'a lieu l'accouplement des Vipères, et vers trois mois après, les femelles produisent des petits vivants, qui ont trois à quatre pouces de longueur, et sont au nombre de douze à vingt-cinq. Ceux-ci se dispersent immédiatement après leur naissance, et leur mère n'en prend aucun soin ; aussi faut-il ranger au nombre des fables ce qui se voit inscrit dans quelques auteurs anciens, et que l'on rencontre dans certains ouvrages modernes, savoir : que les jeunes vipéreaux trouvent un asile sûr dans la gueule de leur mère lorsque quelque danger les menace. On n'a pas de données bien positives sur la durée de la vie de ces Serpents ; cependant Sonnini et Latreille disent qu'ils mettent six à sept ans pour parvenir à leur entier accroissement, ce qui doit faire supposer que leur existence est fort longue.

La Vipère est le plus dangereux des Reptiles de l'Europe ; sa morsure occasionne souvent des symptômes graves , et elle peut devenir mortelle pour l'homme. Avant Redi l'on n'avait que de fausses notions sur l'organe qui produit son venin , et quelques naturalistes s'imaginaient même que celui-ci n'était que le fiel du Reptile qui s'épanchait par sa bouche ; mais le célèbre Italien dissipa cette erreur par des observations exactes, et indiqua la source de ce fluide léthifère ; dans la suite, le chimiste Vanhelmont, Charas, auquel on dut une bonne anatomie de ce Reptile , puis Fontana et Mangili , qui firent sur son action de nombreux essais, adoptèrent ses idées.

L'abbé Fontana , qui a fait près de six mille expériences sur le venin de la Vipère , a reconnu que c'est un liquide jaunâtre , un peu visqueux, ni acide , ni alcalin , et dont , selon lui , chaque individu ne possède pas plus de deux grains en réserve , quantité qu'il n'épuise même jamais en une seule morsure. Ce savant expérimentateur découvrit que ce fluide était sans action sur beaucoup d'animaux à sang froid ; mais qu'il n'en fallait que $\frac{1}{155}$ de grain pour tuer instantanément de petits oiseaux , tels que des Moineaux, des Fauvettes et des Serins, et que $\frac{6}{155}$ de grain suffisaient pour déterminer la mort d'un Pigeon. Il reconnut en outre que tout le venin que put lui fournir une Vipère , c'est-à-dire près de deux grains , était insuffisant pour affecter un Corbeau d'une manière sensible. Fontana émit aussi que pour tuer un homme il fallait trois grains de ce fluide ; ce qui fait que la mort, ne pourrait résulter des piqûres d'une seule Vipère ; mais malheureusement cette assertion se trouve démentie par l'autorité des faits : Paulet , dans ses Observations sur la Vipère de Fontainebleau , dit qu'un enfant âgé de sept ans et demi , mordu à la jambe droite , expira au bout de dix-sept heures. Dans le département de la Nièvre , une femme de soixante-quatre ans , bien constituée , succomba trente-sept heures après une seule morsure qui avait eu lieu sur une des cuisses.

Du reste , les accidents que l'on éprouve dans ce cas dépendent de certaines circonstances : de la quantité de venin versée dans la plaie , du lieu où celle-ci est produite, de la température, etc., etc. J'ai eu l'occasion de traiter un jeune enfant de huit ans qui avait été mordu par une vipère, comme l'attestaient la disposition de la plaie et les symptômes qu'il offrit ; il n'avait point vu l'animal et croyait avoir été piqué par les épines d'un buisson dans lequel il se trouvait ; aussi, chez lui, l'affection fut-elle vierge de toute frayeur. Dix minutes après l'accident il éprouva des syncopes ; puis le lendemain la jambe qui avait été piquée se gonfla dans les environs de la blessure ; mais la diète et les émollients produisirent une guérison rapide.

D'après les expériences de Fontana, le venin est tout à fait innocent s'il est appliqué sur les muscles ; il aurait peu d'action quand il n'agit que sur le tissu cellulaire, et ce serait surtout lorsqu'il passe dans les veines qu'il déterminerait une mort prompte. M. Orfila range ce fluide parmi les poisons septiques, et il dit que les accidents qu'il occasionne paraissent dépendre de son absorption, de son transport dans le système circulatoire et de l'action qu'il exerce sur le sang, qu'il coagule en partie, et sur l'irritabilité nerveuse, qu'il détruit.

Lorsque l'on est piqué par un de ces Ophidiens, le traitement le plus rationnel consiste à s'opposer par tous les moyens possibles à l'absorption du venin. Pour cela, on pose une ventouse sur la plaie pour porter celui-ci au dehors, et en l'absence de cet instrument on peut sucer la blessure, car Mangili et H. Cloquet ont prouvé que l'injection du fluide venimeux à l'intérieur était sans danger. Ensuite on doit cautériser la plaie et administrer des sudorifiques.

Un élève de Bernard de Jussieu ayant été piqué par un de ces Reptiles pendant l'une des herborisations à Montmorency, cet immortel botaniste appliqua sur sa plaie de l'eau de Luce et lui en administra à l'intérieur; cette préparation, qui eut du succès dans cette circonstance, a été considérée généralement comme devant être employée. M. A. Richard a publié aussi dans le Journal de médecine des observations qui tendent à prouver l'efficacité de cette médication.

L'ancienne thérapeutique employait fréquemment les Vipères, et elles formaient autrefois une branche assez importante de commerce pour les droguistes. Ils les tiraient principalement du Languedoc et du Lyonnais, et les conservaient vivantes dans des pots, ou dans des boîtes et des tonneaux percés de trous et garnis de son.

Ces Reptiles, dont on assure que l'on se nourrit encore dans le midi de la France, et que l'on y nomme *Anguilles de Haie* à cause de leur usage alimentaire, passaient pour être stimulants, sudorifiques et aphrodisiaques; pour l'usage médical, on en faisait des bouillons, des gelées, une eau distillée, des sirops, etc., puis ils entraient dans une foule de médicaments composés, tels que la thériaque et l'orviétan.

Malgré les dangers qui l'environnent, on a prétendu que la morsure de la Vipère pouvait agir d'une manière fort efficace pour la guérison de la rage confirmée. Ce moyen, contre lequel des médecins se sont élevés, a été employé en Allemagne, et même, il y a peu d'années, en France, à l'hôpital de la Charité de Paris, mais malheureusement sans succès.

Le *Naïa* ou *Serpent à lunette* doit ce dernier nom à un de ces instruments, qui est exactement dessiné sur le renflement que présente sa région cervicale; celui-ci, que l'animal augmente à volonté, mais d'autant plus qu'il est plus irrité, est déterminé par le redressement des côtes situées au niveau du cou, et qui sont très-mobiles et peuvent soulever la peau.

Cet Ophidien habite l'Asie méridionale, et on le considère comme distillant un venin encore plus redoutable que celui de la Vipère. Il a certainement été connu des anciens, car j'en ai vu un qui était très-fidèlement peint sur une fresque de Pompéi, qui représentait l'arrivée d'Io en Égypte. Les Naïas ont eu le sort de tant d'autres Reptiles dangereux auxquels la peur érigea des autels; dans l'Inde, à ce que dit

M. Bory Saint-Vincent, ils possèdent encore à cette époque des prêtres et des temples ; et malgré les malheurs qu'ils suscitent, on les traite en amis. Le Malabare qui trouve un de ces Ophidiens dans sa cabane le prie religieusement d'en sortir ; s'il s'obstine à rester, on appelle un bramine pour lui réitérer les exhortations. Quelques Indiens vont même porter des aliments à ces Serpents à l'entrée des forêts, et par cette dégradante superstition, ils protégent les fléaux qui déciment leurs enfants.

Changeant brusquement de sentiments à l'égard des Naïas, on voit dans d'autres contrées l'homme en faire son jouet ; fréquemment sur les places des plus chétives bourgades des rivages du Gange, on trouve des bateleurs qui prétendent les rendre dociles ; à leur voix ou au son de la flûte ils les font s'entrelacer, accomplir une espèce de danse, et ils semblent défier leur morsure devant la multitude qui ignore que toute la magie de ces jongleurs consiste à mutiler cette espèce de ses dents à venin.

La *Vipère haje* peuple abondamment les déserts qui bordent le Nil, et, comme le Naïa, elle peut gonfler son cou ; c'est elle que les anciens désignaient sous le nom d'*Aspic*, et qui fut employée par la célèbre Cléopâtre pour se donner la mort. Sa taille est à peu près celle de notre Vipère commune ; mais sa morsure passe pour beaucoup plus dangereuse, quoiqu'elle laisse si peu de traces qu'on l'aperçoit à peine.

Par une particularité physiologique extrêmement remarquable, lorsqu'on presse la nuque de ce Reptile il se roidit subitement et demeure immobile et droit comme un bâton. Ce fut là le simple prestige que réalisèrent les magiciens de Pharaon lorsqu'ils transformèrent leurs verges en Serpents aux yeux de Moïse. La tradition de ce miracle s'est conservée sur les bords du Nil, et aujourd'hui encore, dans les places publiques du Caire, comme l'ont vu nos soldats, on rencontre des saltimbanques qui, pour amuser la multitude, changent des Hajes en prétendus bâtons.

L'habitude qu'ont ces Serpents de se dresser lorsqu'on en approche avait fait croire aux Égyptiens qu'ils surveillaient leurs champs et les gardaient. Il n'en fallut pas davantage pour qu'ils devinssent chez eux l'emblème d'une divinité protectrice des campagnes ; de là ils les figurèrent sur leurs temples, et particulièrement au-dessus de leurs portiques, où l'on voit ordinairement deux Hajes entourant un globe.

Ce Reptile était employé anciennement en Égypte pour faire périr les criminels par une mort rapide et douce, et Galien fut témoin de ce supplice à Alexandrie. Cependant Forskal a vu la piqûre de cet animal déterminer, sur un Pigeon, des convulsions et des vomissements.

L'Haje a aujourd'hui en Égypte le même emploi médical qu'a chez nous la Vipère commune ; et, d'après Hasselquist, c'était elle que l'on expédiait autrefois de ce pays à Venise pour la composition de la fameuse thériaque qui en provenait.

Le *Céraste* ou *Serpent cornu* est un des Reptiles les plus dangereux des déserts de l'Afrique, sous les sables desquels il s'enfonce durant le jour. Les charlatans le montrent comme le précédent; il a deux cornes sur la tête. Déjà célèbre dans les époques héroïques, on trouve le Céraste figuré sur les ruines des rivages du Nil. Les nations des bords de ce fleuve racontaient qu'une invasion de ces redoutables Serpents avait suffi pour dépeupler entièrement quelques contrées de l'Égypte.

TRIGONOCÉPHALES. *Trigonocephalus.* Une fossette au-devant des yeux. Queue bi-scutellée, sans grelots. — Ils ont été nommés ainsi à cause de la forme trigone de leur tête.

Le *Trigonocéphale jaune* appelé également *Vipère fer-de-lance*, est fort commun dans les Antilles; dans quelques-unes on le rencontre partout dans les champs, les marais et les montagnes. Il est très-fécond, car M. Moreau de Jonnès, auquel on en doit une monographie, dit avoir toujours trouvé cinquante à soixante petits dans le corps des femelles. La piqûre de ce Serpent est extrêmement dangereuse, et à la Martinique souvent les nègres qui travaillent dans les champs de cannes à sucre en sont victimes.

CROTALES. *Crotalus.* Queue bi-scutellée, portant des grelots. — Ces Serpents vivent exclusivement dans les parties chaudes de l'Amérique, et ils diminuent à mesure que l'on s'avance vers le Nord. On a observé qu'ils s'engourdissaient seulement un peu durant l'hiver dans les régions tempérées, car dans la zone torride ils s'agitent continuellement toute l'année.

Les trois vertèbres qui terminent le corps des Crotales sont oblitérées, et recouvertes seulement de substance adipeuse et albumineuse; il se forme successivement sur elles, comme sur une sorte de moule, des anneaux cornés, qui s'en détachent tour à tour en restant unis à ceux qui les ont précédés et à ceux qui doivent les suivre, de manière à former à l'extrémité de la queue une série d'anneaux emboîtés ou de grelots, dont l'agitation produit le bruit si bien connu qui a fait appeler ces animaux *Serpents à sonnettes*, et que l'on a comparé à celui que fait le parchemin quand on le froisse. Comme un de ces grelots se forme à chaque mue, leur nombre peut indiquer combien de fois celles-ci se sont renouvelées, et fournir ainsi des documents sur l'âge de ces Reptiles.

Les Serpents à sonnettes se tiennent la plupart du temps contournés en spirale dans les lieux dépourvus d'herbes et de bois; on en rencontre souvent dans les chemins fréquentés par les animaux sauvages, et ils s'élancent avec la rapidité d'un trait sur ceux qui viennent à passer. Les Crotales dévorent souvent des Rats, des Lièvres et des Reptiles; et quoiqu'ils ne grimpent jamais aux arbres, leur principale nourriture se compose cependant d'oiseaux et d'Écureuils ; ils les fascinent de loin, et ceux-ci, dans leur frayeur, ne cherchent pas à se défendre et perdent la faculté de fuir ; puis durant leurs mouvements désordonnés ils se rapprochent de leur ennemi qui les saisit et les dévore. Tous les animaux redoutent ces Serpents ; il n'y a que les Cochons qui les recherchent et les attaquent, et souvent en font leur pâture.

Les Crotales répandent autour d'eux une odeur très-fétide. Les Chevaux et les Chiens les sentent de fort loin et se gardent bien d'approcher des lieux où ils se trouvent, et ni les caresses, ni les châtiments ne peuvent les y contraindre. Bosc dit s'être souvent amusé à essayer de forcer son cheval ou son chien à se diriger vers l'un de ces Serpents, et qu'il les eut plutôt assommés que de les y décider. Lorsque leurs émanations sont condensées, elles deviennent insupportables pour l'homme ; un observateur américain, Chapman, fut frappé de stupeur et sur le point de tomber en syncope, en découvrant un amas de c. s Serpents cachés sous des pierres.

Ces Ophidiens rampent lentement et ne mordent que pour tuer leur proie ou lorsqu'ils sont provoqués ; ils ne se ruent jamais sur l'homme, et parfois il arrive à celui-ci de passer près d'eux et même de les froisser sans qu'ils songent à l'attaquer ; il est même reconnu qu'avant de se venger de leurs agresseurs ils font entendre leurs sonnettes. Aussi Bosc, dit-il, qu'avec des précautions on s'en empare aisément ; et, si l'on doit en croire ce voyageur, il redoutait si peu ces Serpents qu'il a pris en vie tous ceux qu'il a rencontrés et qui n'étaient point trop gros pour être conservés dans l'esprit-de-vin.

L'épouvantable activité du venin des Crotales les a rendus célèbres depuis la découverte de l'Amérique, et ils inspirèrent même tant d'effroi à quelques voyageurs que ceux-ci proclamèrent que ces Ophidiens forceraient d'abandonner les contrées où ils sont communs. Ce venin agit avec une effrayante rapidité sur l'homme ainsi que sur les animaux ; et dans les pays où ces Serpents vivent, il paraît qu'il leur suffit parfois de quelques minutes pour tuer les plus vigoureux mammifères. Les Transactions philosophiques contiennent le récit de quelques expériences faites par le capitaine Hall sur la morsure de ces Ophidiens : celui-ci ayant attaché un Serpent à sonnettes à un pieu, et ayant exposé des Chiens près de lui, le premier qui fut mordu, mourut en quinze secondes ; mais le second n'expira qu'après deux heures de souffrances, et le troisième ne ressentit les effets du venin que quand trois heures de temps se furent écoulées.

Après quatre jours d'intervalle, les expériences ayant été recommencées avec le même Serpent, on obtint à peu près des résultats semblables.

Le voyageur Kalm assure que les Crotales font périr des Chevaux et des Bœufs presque instantanément ; et Laurenti prétend que lorsqu'un homme a été mordu par ces redoutables Serpents, il expire au bout de cinq à dix minutes après une enflure subite de tout le corps, et un gonflement prodigieux de la langue, qui s'accompagnent de crachement de sang. Le poison de ces Reptiles, quoique dissous dans l'esprit-de-vin, ou desséché, ne perd pas pour cela son action. On cite qu'un homme ayant succombé après avoir été mordu par un Serpent à sonnettes, dont les crochets étaient restés dans ses bottes ; cette chaussure s'étant trouvée vendue successivement à deux autres personnes, celles-ci expirèrent en un temps assez court par la blessure que leur firent les dents venimeuses qui s'y trouvaient encore attachées.

Les Crotales étaient autrefois révérés dans certaines régions de l'Amérique. Ce fut probablement la terreur qui arracha d'abord à quelques hordes sauvages les respects religieux dont elles environnèrent ces Serpents, à la conservation desquels elles veillaient avec sollicitude ; car plus tard, reconnaissant l'inutilité de leurs sacrifices, et s'acharnant avec fureur contre les objets de leur culte, on les vit leur faire une guerre d'extermination. Les colons aident également de leur côté à cette destruction, aussi ces animaux diminuent-ils considérablement. Les nègres les chassent avec d'autant plus d'ardeur qu'ils mangent leur chair avec le même plaisir que celle des autres Ophidiens.

Palissot de Beauvois assure que le Serpent à sonnettes surpris au milieu de ses petits, les soustrait au danger en les recueillant dans sa bouche, et que, quand ses craintes sont bannies, ils les rejette. Mais malgré le savoir de ce naturaliste, on ne peut croire cette assertion.

Le *Boïquira* est l'espèce la plus commune et celle dont le venin est le plus terrible. Au Mexique on lui donne le nom de Reine des Serpents, sans doute en faisant allusion à sa puissance léthifère. Il est très-abondant à la Caroline.

V. CLASSE DES ICHTHYOSAURES.

Corps pisciforme. Peau très–probablement nue. Quatre membres aplatis en nageoires, offrant cinq doigts réunis, inonguiculés. Dents coniques, insérées dans un sillon.

Par ce nom, qui signifie *poisson-Lézard*, on a voulu peindre la ressemblance que certaines parties de l'organisme de ces animaux présentent avec les Poissons, et en même temps l'analogie de formes qu'on avait prétendu entrevoir entre les Ichthyosaures et les Sauriens. Mieux étudiés cependant, on s'aperçoit que les êtres qui nous occupent devaient plutôt, par leur aspect, rappeler les Marsouins; et, quand on considère leur structure anatomique, on est convaincu qu'ils méritent de faire une classe à part intermédiaire aux Reptiles et aux Amphibiens. En effet, si par la forme de leur épaule et celle de leurs membres les animaux de cette division se rapprochent, il est vrai, des Reptiles, on est forcé d'admettre que la disposition de leurs vertèbres ne se retrouve que parmi les Poissons et les Amphibiens; de manière que, relativement à ces derniers organes, ces animaux devraient être placés parmi ceux-ci; mais comme leur épaule rappelle les Reptiles, ils semblent ainsi devoir former un type classique intermédiaire entre l'une et l'autre de ces grandes subdivisions du règne animal.

Les restes de ces animaux abondent dans les formations oolithiques de la série secondaire; le lias de Lyme regis en est principalement riche, et l'on en rencontre aussi dans celui de la France et de l'Allemagne; mais les Ichthyosaures semblent s'être éteints à l'époque où les terrains secondaires ont cessé de se former.

On découvre des Ichthyosaures de tailles diverses; les plus grands ont dû avoir plus de trente pieds de longueur. Il est probable qu'ils étaient fort voraces, autant que l'on peut en juger par la manière dont leurs mâchoires sont armées, et par l'étendue et la force de celles-ci qui, dans une espèce, ont jusqu'à six pieds de longueur.

Les vertèbres des Ichthyosaures ressemblent surtout à celles des Poissons, et leur nombre s'élevait dans certaines espèces à plus de cent. Leur disposition, qui favorise si bien la locomotion chez ces derniers animaux, donnait aussi à ceux que nous décrivons une grande puissance, et leur permettait de se transporter avec vitesse d'un endroit à l'autre dans la profondeur des mers.

Les côtes, qui sont nombreuses, présentent une disposition qui semble indiquer que le poumon était très-vaste, et qu'elles permettaient d'admettre dans la poitrine une grande quantité d'air, afin que les Ichthyosaures pussent rester longtemps sous les eaux sans venir respirer à leur surface.

En examinant un certain nombre de squelettes d'Ichthyosaures, Owen ayant remarqué que les vertèbres caudales de ces fossiles offraient constamment une brusque courbure à un tiers environ de l'extrémité de la queue, il en a conclu qu'il devait y avoir eu là quelque organe pour produire ce déplacement après la mort ; et comme il n'y a pas de modification apparente dans ces vertèbres, cet anatomiste pense que ces animaux antédiluviens avaient le corps terminé par une nageoire large et tégumentaire, formée de matériaux résistants et décomposables, et que c'est au poids de celle-ci ou à une autre cause, mais provenant de cet appendice, que sont dues les dislocations que l'on remarque toujours dans ces dernières vertèbres ; et il présume que cette nageoire était verticale pour mieux s'approprier à la mécanique des Ichthyosaures.

La forme des extrémités des Ichthyosaures se rapproche beaucoup de celle des Cétacés, mais les os qui en constituent la charpente sont beaucoup plus nombreux et plus serrés. Les os du bras n'offrent que fort peu de longueur, et ceux de l'avant-bras ne se distinguent presque plus des phalanges tant ils sont exigus ; celles-ci, qui ont une forme polygonale, sont parfois au nombre de plus de cent, ce qui devait ajouter de la puissance et de l'élasticité aux rames natatoires dont elles forment la partie solide.

L'examen des débris fossiles des Ichthyosaures donne d'excellentes notions physiologiques sur leur vision. On pourrait supposer par la seule inspection des cavités orbitaires, que l'organe auquel cette fonction était confiée, offrait d'énormes dimensions, puisque l'on voit dans une des collections d'Angleterre, une tête d'un de ces animaux sur laquelle Buckland dit que ces anfractuosités ont quatorze pouces de diamètre. L'œil lui-même répondait à ces proportions, et dépassait en volume celui de tous les êtres contemporains. On a pu l'apprécier, parce que sur quelques crânes de ces animaux antédiluviens, comme la sclérotique était renforcée d'un cercle de pièces osseuses, celles-ci se sont si bien conservées qu'on juge parfaitement du volume de l'organe ; et l'on voit que, dans certaines espèces, il excédait celui de la tête d'un homme.

Le développement extraordinaire de l'organe visuel ne permet pas de douter que sa faculté optique n'ait joui d'une grande perfection. Buckland, scrutant audacieusement les fins d'une nature si étrange, considère l'appareil osseux de la sclérotique, « comme fournissant une preuve que les yeux énormes, auxquels il servait jadis d'enveloppe, étaient des instruments d'optique d'un pouvoir prodigieux et susceptibles de varier leur action, de telle sorte que les Ichthyosaures pouvaient découvrir leur proie aux plus grandes comme aux plus petites distances, au sein de l'obscurité des nuits et des abîmes de l'Océan.

Un autre genre d'utilité qu'offrait ce curieux appareil de lames osseuses, c'est qu'il soutenait la surface externe de ce vaste globe oculaire , et lui donnait la force nécessaire pour supporter la pression des eaux profondes. »

Quelques auteurs , en scrutant les débris des Ichthyosaures , ont pensé que la forme de leurs dents devait faire supposer qu'ils engloutissaient leur proie sans la mâcher, ainsi que le font les Crocodiles; et comme lorsque l'on a pu discerner sous leurs côtes les débris des poissons dont ils s'alimentaient, ceux-ci occupaient un grand espace , on en a conclu que, bien que celui-ci fût augmenté par l'aplatissement , il n'en résultait pas moins que les Ichthyosaures devaient avoir un estomac fort ample. Cette opinion a encore été corroborée par l'inspection des excréments des grandes espèces, car on découvre parmi eux des ossements de jeunes individus du même genre qu'elles, et qui , à en juger par leurs dimensions , devaient appartenir à des sujets de plusieurs pieds de longueur. C'est même d'après ces données que Buckland conclut que l'estomac des Ichthyosaures formait une poche d'un volume prodigieux remplissant presque en entier la cavité du corps, et dont la capacité était en proportion parfaite avec les mâchoires et les dents.

Quoique aucun vestige d'intestin d'Ichthyosaure ne se soit conservé, on peut cependant se faire une idée de la structure que cet organe offrait par la disposition des excréments fossiles de ces animaux , parce qu'ils se sont moulés sur lui avec tant d'exactitude qu'ils en révèlent les détails anatomiques. En effet, ces excréments , par leur disposition en spirale, doivent faire admettre que les intestins des Ichthyosaures étaient analogues à ceux des Requins et des Raies , et que, comme chez ces poissons , ils occupaient peu de place, tout en offrant une grande surface absorbante , de manière qu'il restait à l'intérieur un vaste espace pour contenir leur ample estomac et leur poumon.

L'investigation des naturalistes a été tellement puissante, relativement aux Ichthyosaures, qu'en s'appuyant sur l'observation, et guidés par le savoir, ils sont parvenus à pénétrer les détails des mœurs de ces animaux , quoiqu'une période d'un grand nombre de milliers d'années nous sépare probablement de l'époque à laquelle ils peuplaient l'Océan primitif. Leurs vastes mâchoires et leurs nombreuses dents indiquent que ces êtres extraordinaires étaient extrêmement carnassiers. Cette déduction est totalement confirmée par la découverte récente que l'on a faite de plusieurs Ichthyosaures, contenant encore à leur intérieur les débris de leurs repas , et aussi par celle de leurs excréments pétrifiés, auxquels on a donné le nom de *coprolithes*, et qui se trouvent dans les mêmes couches où ont été enveloppés les squelettes de ces animaux. Ces pétrifications , dont l'étude est si intéressante et révèle des faits si curieux, sont parfois tellement bien circonscrites et conservées qu'elles démontrent non-seulement la nature des aliments dont les êtres dont elles proviennent faisaient usage, mais aussi la forme générale et même les détails de structure de leur tube digestif.

Ces coprolithes se trouvent en abondance dans tous le lias de l'Angleterre, et dans certains districts il y sont dispersés en aussi grand nombre que des pommes de terre dans un champ. Ces productions offrent l'apparence de cailloux oblongs, ordinairement de deux à quatre pouces de longueur, sur un diamètre de un à deux ; on en découvre aussi d'une grosseur beaucoup plus considérable et en rapport avec la taille des Ichthyosaures gigantesques, mais ils sont en petit nombre.

Buckland, dans le mémoire qu'il a publié sur ce sujet dans les Transactions de la Société géologique de Londres, s'exprime ainsi à l'égard de ces productions. « La coupe de ces excréments fait voir qu'ils ont été moulés en une lame aplatie et contournée en spirale du centre à la circonférence, comme on l'observe dans une coquille turbinée. Leur extérieur offre la trace des rides et des impressions les plus légères qu'ils ont dû recevoir alors qu'ils étaient à l'état plastique dans les intestins des animaux vivants. (Pl. 13.)

Ces pièces pétrifiées contiennent en abondance et dispersées irrégulièrement des écailles, et souvent des dents et des os de poissons qui ont traversé, sans être détruits par la digestion, le tube intestinal tout entier, de la même manière que l'émail des dents et certains fragments d'os qui n'ont pu être digérés, se retrouvent dans les excréments des Hyènes, soit à l'état récent, soit à l'état fossile. Ces écailles dures et brillantes sont celles du *Dapedium politum*, et d'autres poissons qui abondent dans le lias et qui paraissent avoir fourni aux animaux de cette époque une portion importante de leur subsistance. Quant aux os, ce sont surtout des vertèbres de poissons et de jeunes Ichthyosaures ; et bien que ces derniers débris soient moins nombreux que ceux qui proviennent de poissons, ils le sont pourtant assez pour démontrer que ces monstres des anciennes mers, semblables en cela à beaucoup de leurs successeurs, habitants des océans modernes, dévoraient les individus jeunes et faibles de leur propre espèce. »

L'origine et la nature de ces coprolithes sont suffisamment prouvées par leur séjour dans les lieux tels que le lias de Lyme regis où se rencontrent un grand nombre de squelettes d'Ichthyosaures, et en ce qu'on en découvre fréquemment dans la région abdominale de ces antiques animaux ; plusieurs de ceux-ci sont représentés dans les planches de Buckland, avec le corps rempli soit de ces extraordinaires matières fécales, soit d'écailles de poissons fossiles.

Parmi les différentes espèces que l'on a signalées, nous mentionnerons seulement l'*Ichthyosaure commun*, dont la tête annonce un animal de neuf pieds de longueur ; c'est un des plus connus, et Conybeare et Cuvier ont restitué son squelette dans leurs planches : l'*Ichthyosaure tenuirostre*, qui avait environ trois pieds de longueur, et était une des petites espèces ; puis l'*Ichthyosaure platyodon*, dont les dents sont comprimées et offrent de chaque côté une arête tranchante. Cette espèce était une des plus grandes ; mademoiselle Marie Anning en a, dit-on, découvert des individus de vingt pieds de longueur, et il paraît qu'il en existe même de vingt et un.

Historique. Les premières notions relatives aux Ichthyosaures se trouvent dans les œuvres de Scheuchzer. Un jour qu'il se promenait près du gibet d'Altorf, un de ses amis, qui avait pénétré dans l'enceinte de celui-ci, lui jeta par dessus les murs un bloc de pierre qui contenait plusieurs vertèbres de l'un de ces animaux. Ce savant considéra ces os comme ayant appartenu à l'espèce humaine et les fit graver dans ses *Piscium querelæ*. Dans la suite plusieurs savants adoptèrent son opinion.

Mais sir Ev. Home fut le premier qui fit connaître avec sagacité ces êtres antédiluviens. Bientôt ses travaux, qui datent de 1814 et qui furent nombreux, se trouvèrent suivis de ceux de Buckland, et MM. Labèche et Conybeare ajoutèrent beaucoup à nos connaissances sur ce sujet.

VI. CLASSE DES AMPHIBIENS.

Vertébrés ovipares à peau nue ; cœur à une seule oreillette ; circulation incomplète ; des métamorphoses.

Ces animaux présentant une organisation et des mœurs tout[es diffé]rentes de celles des Reptiles, ils devaient former une classe à part, et c'est avec raison qu'en l'instituant, de Blainville lui donna le nom de classe des *Nudipellifères*, car ces vertébrés sont remarquables par leur peau, qui est dépourvue de tout appendice protecteur. Les êtres compris dans cette division forment le passage des Reptiles aux poissons, et ils ressemblent parfaitement, dans le jeune âge, à ces derniers, par leur respiration et leur circulation.

Géologie et géographie.—Les animaux de cette classe étaient représentés durant les époques primitives du globe ; mais la rareté de leurs débris dans le sein de la terre doit faire croire qu'alors il ne s'en trouvait qu'un petit nombre à sa surface. Cependant on peut penser aussi que les ossements des Amphibiens ont peut-être disparu, parce qu'ils ne jouissaient pas des propriétés qui leur étaient essentielles pour se conserver. On ne connaît bien que ceux qui ont été extraits des carrières d'Œningen.

Relativement à leur distribution géographique, les Amphibiens suivent la même loi que les Reptiles ; ils sont d'autant plus multipliés qu'on s'approche davantage des régions chaudes du globe.

Anatomie et physiologie. — Les Amphibiens ont des formes extrêmement variées, et qui semblent, jusqu'à un certain point, répéter parallélement celles des Reptiles par la dégradation successive des membres, et enfin par leur disparition totale. De là il résulte que ces animaux ont le corps très-diversiforme, et qu'en parcourant la série, on observe que celui-ci est d'abord court et déprimé, puis qu'il devient lacertiforme, et enfin qu'il offre tout à fait une disposition serpentiforme. Les appendices locomoteurs disparaissent peu à peu, ainsi que cela a lieu dans la classe que nous venons de citer, de manière que les premiers Amphibiens ont quatre membres qui diminuent de proportion en même temps que le tronc s'allonge [1] ; puis les derniers n'en offrent plus que deux [2], ou même en sont totalement privés [3].

sens. *Odorat.*— Les cavités nasales de ces animaux sont très-petites, et souvent formées par deux canaux extrêmement courts, aboutissant dans la bouche et offrant chacun à l'extérieur une ouverture entourée

---

[1] Protées.   [2] Sirènes.   [3] Cécilies.

d'un muscle qui la ferme ou l'ouvre comme une paupière, avec beaucoup de vivacité.

Malgré l'exiguïté de cet appareil, on doit cependant admettre que chez certains Amphibiens l'olfaction n'en a pas moins une grande finesse; cela semble prouvé par les observations de Scarpa, qui reconnut que des Grenouilles mâles étaient rapidement attirées dans l'eau par les émanations des femelles qui frayaient, ou même seulement par celles des corps enduits de frai.

Vision. — L'œil est ordinairement assez volumineux, et il se rapproche de celui des poissons par son organisation; mais il est plus globuleux; quelquefois cependant il est fort petit, et la peau le couvre complètement [1]; il est même des Amphibiens inférieurs qui sont tout à fait aveugles [2]. Il n'y a pas de glande lacrymale. L'iris est doré; la rétine offre une grande épaisseur, et le cristallin présente ordinairement une forme sphérique.

Goût. — Chez un certain nombre d'Amphibiens [3] la langue adhère par sa partie antérieure au plancher de la bouche, tandis que c'est son extrémité postérieure qui est libre, de sorte qu'elle exécute un mouvement de bascule quand elle est projetée au dehors.

Ouïe. — Dans les Amphibiens dont l'organisation est plus élevée, l'appareil auditif se rapproche de celui des Reptiles; mais la dégradation est rapide chez les derniers, où les osselets de l'ouïe s'agrandissent et sont employés à d'autres usages, en même temps que les autres parties de l'organe se rapprochent de la disposition que présentent les poissons [4]. Chez les Batraciens on trouve un labyrinthe garni d'un noyau crétacé qui, examiné au microscope, paraît formé d'un nombre prodigieux de cristaux. On rencontre ordinairement une caisse du tympan ou partie de renforcement, contenant des rudiments d'osselets de l'ouïe, et dont la membrane extérieure est sous-cutanée; cette caisse s'ouvre dans la gorge par une trompe d'Eustache, qui, par les dimensions énormes qu'elle présente, semble destinée à transmettre les sons à l'organe, puisque ses proportions diminuent à mesure que celui-ci se met plus facilement en rapport avec l'extérieur, et qu'il se produit une membrane du tympan ainsi qu'un conduit auditif mieux organisés. Dans les derniers Amphibiens, tels que les Protées, l'oreille est interne, à peu près disposée comme chez les poissons, et logée dans une cavité de l'occipital.

Respiration. — Tous les Amphibiens, lorsqu'ils sont arrivés à l'état adulte, offrent deux poumons. Mais comme ils ne possèdent point de côtes, ou que celles-ci sont très-rudimentaires et ne peuvent servir pour dilater ou pour resserrer la poitrine, ces animaux introduisent l'air dans leurs organes respiratoires par un mécanisme particulier qui a été bien étudié dans les Grenouilles. Pour cela, la bouche étant fermée, celles-ci écartent l'os hyoïde du palais, de manière qu'il en ré-

---

[1] Protées.   [2] Cécilies.   [3] Batraciens.   [4] Protées.

sulte un vide qui aspire l'air extérieur. Ce fluide entre alors par les narines, et quand il remplit la cavité buccale, les Grenouilles ferment celles-ci à l'aide des valvules qu'elles possèdent, et en outre leur ouverture postérieure est bouchée par une soupape qui s'applique dessus; ensuite l'hyoïde se relève, puis l'air s'introduit dans les poumons, et par une espèce de coup de piston, comme l'a exprimé Laurenti, c'est la gorge qui produit l'inspiration. La connaissance de la partie mécanique de la respiration de ces animaux explique la raison pour laquelle celle-ci peut encore s'exercer lorsque le ventre est ouvert, et comment l'asphyxie des Grenouilles a lieu lorsqu'on leur distend forcément la bouche.

La respiration des Amphibiens est d'autant plus active que la température de l'air est plus élevée; et les phénomènes chimiques de cette fonction subissent une telle influence de la part de l'atmosphère, que M. Delaroche a reconnu que des Grenouilles qui étaient exposées à une température de 27° centigrades, absorbaient quatre fois plus d'oxygène que lorsqu'on les plaçait dans un lieu dont la température n'était que de 6 à 7° seulement. Des expériences non moins curieuses ont aussi demontré que, chez la plupart de ces animaux [1], la peau remplit la fonction des poumons, et qu'elle absorbe l'oxygène qui se rencontre dans l'air atmosphérique ou qui se trouve mêlé à l'eau. Dans quelques-uns, d'après MM. Duméril et Bibron, l'organe cutané est même plus essentiel pour la respiration que l'appareil pulmonaire [2]. Ainsi que nous l'avons dit, ce dernier fait est attesté par des expériences dans lesquelles des Grenouilles, des Crapauds ou des Salamandres adultes ont vécu des mois entiers retenus sous l'eau par des filets, soit dans des vases, dont le liquide était aéré et fréquemment renouvelé, soit dans des courants d'eau

La peau, qui est éminemment vasculaire, absorbante, remplace les poumons pendant l'hibernation; c'est elle qui opère alors seule la respiration et qui permet aux Amphibiens de rester des semaines et des mois entiers sous l'eau. L'action pulmonaire ne lui devient accessoirement utile que lorsque la température s'élève au-dessus de 10° centigrades.

Circulation. — Les Amphibiens n'ont au cœur qu'une seule oreillette, et un ventricule unique, le gauche. La circulation n'envoie, comme chez les Reptiles, qu'une partie du sang dans les poumons. Pendant la durée des branchies, un tronc artériel dorsal remplace le ventricule qui manque, et ce vaisseau reçoit alors le sang qui revient de ces organes. Ce liquide offre des globules très-gros, qui ont depuis $\frac{1}{190}$ jusqu'à $\frac{1}{115}$ de pouce de diamètre.

J. Müller vient de reconnaître dans les Amphibiens des organes pulsatoires remarquables qui chassent la lymphe dans ses vaisseaux de la même manière que le cœur agit sur le sang. Chez les

[1] Batraciens.   [2] Rainettes, Crapauds.

Grenouilles, deux de ces cœurs sont situés près les jointures des hanches, immédiatement sous la peau, et leurs contractions sont visibles à l'œil. Deux autres cœurs lymphatiques appartiennent également aux membres antérieurs.

Absorption. — Les diverses régions de la surface cutanée de ces animaux absorbent l'eau d'une façon extrêmement remarquable. Ceux qui vivent ordinairement plongés dans ce liquide peuvent le pomper abondamment de toute part; d'autres, qui restent ordinairement loin de l'eau [1], mais qui n'en ont pas moins un besoin impérieux de ce fluide, s'imbibent simplement des gouttelettes de la rosée ou de la pluie qui recouvrent les végétaux, ou bien ils s'enfouissent dans le sol humide pour y puiser le liquide indispensable à leur existence.

L'organe cutané jouit si éminemment de la faculté d'absorber, que Daudin et Townson ont constaté que c'est par lui et non par la bouche que ces animaux absorbent ordinairement l'eau indispensable à l'entretien de la vie, et que c'est surtout par la région ventrale qu'ils la pompent en quantité considérable. Cela se prouve facilement en posant des Grenouilles sur du papier mouillé; au bout d'une heure et demie, leur poids est doublé, d'après ce que disent ces observateurs.

Exhalation. — L'évaporation qui se produit à la surface du corps des Amphibiens, et en particulier de celui des Grenouilles, paraît être destinée à maintenir l'organisme à sa température normale et à le protéger contre l'excès de la chaleur. En effet, lorsqu'on plonge une Grenouille dans une eau dont on élève la température à 40° centigrades, elle ne peut y vivre plus de deux minutes, même lorsqu'elle peut respirer en liberté; tandis que cet animal résiste plus de cinq heures consécutives quand on le plonge dans un milieu d'air humide que l'on a élevé à la même température. Cette expérience, mentionnée d'abord par Blagden, puis répétée avec soin par MM. Delaroche et Berger, vient démontrer que le refroidissement des Amphibiens tient à une cause essentiellement physique, et que c'est avec beaucoup de raison que, par rapport à cette fonction, on a comparé ces animaux à ces vases poreux dans lesquels on fait refroidir l'eau en Espagne et que l'on nomme Alcarazas.

L'abondance de la transpiration est même telle, chez quelques Amphibiens [2], qu'il ne leur faut qu'un séjour extrêmement court dans une atmosphère sèche pour perdre immédiatement une grande partie de leur poids, et même la moitié de celui-ci, et maigrir en quelque sorte à vue d'œil.

Sécrétions. — La peau est mince et offre dans son épaisseur de nombreux follicules qui sécrètent un liquide qui passe pour venimeux, ce que l'antiquité semble avoir connu, car Pline le signale déjà comme un poison violent.

Chez les Salamandres, dont la peau est parsemée d'une foule de ces

<hr>

[1] Crapauds, Salamandres.   [2] Grenouilles, Rainettes.

petits follicules transparents, j'ai reconnu en effet que ce fluide est délétère et très-volatil; car en faisant des expériences sur ces animaux, j'ai plusieurs fois été saisi sous son influence d'une vive irritation pulmonaire accompagnée d'éternuements violents, et des personnes éloignées de moi et placées à l'autre extrémité de l'appartement, ressentaient de semblables symptômes.

Quelques Amphibiens ont le corps recouvert de verrues poreuses [1], et offrent en outre, vers les parties latérales de la tête, deux amas de cryptes que l'on nomme glandes parotides, et qui laissent sortir par un grand nombre de pores une humeur jaunâtre, épaisse, qui porte une odeur de musc.

Relativement aux sécrétions qui se produisent à la superficie des Amphibiens, celles qui ont lieu chez les Crapauds doivent être rangées parmi les plus remarquables. Rœsel, qui s'en est occupé, compare les émanations qui en résultent à l'odeur de l'ail ou du sulfure d'arsenic, ainsi qu'à celle du foie de soufre, du raifort ou de la moutarde. Le principe qui produit ces émanations, si remarquables par leur activité, est tellement acide, selon MM. Bibron et Duméril, que des Grenouilles et des Salamandres que l'on avait plongées dans de l'eau où des Crapauds avaient vécu, ont bientôt expiré. Rœsel et MM. Bibron et Duméril pensent que ces émanations odorantes proviennent du cloaque, mais nous avons quelques raisons de croire qu'elles sont dues à la sécrétion qui a lieu à la surface cutanée.

La vessie, chez ces animaux, n'a que des connexions médiates avec les uretères, car elle s'abouche en devant avec le cloaque, tandis que ceux-ci s'y ouvrent en arrière; elle acquiert même chez plusieurs un volume considérable, car on a vu des Rainettes expulser une quantité d'urine équivalente au quart de leur poids; et lorsqu'on la distend chez la Salamandre, sa capacité égale les deux tiers de celle du corps entier. Quand on tourmente certains Amphibiens, les Crapauds en particulier, ils expulsent subitement leur urine, et ce fluide est poussé en jet à quelque distance du corps; la crédulité s'est souvent imaginée que cet acte n'était qu'un moyen de défense, et que ce liquide était venimeux, mais il n'en est rien; l'animal, par ce moyen, tâche simplement de se rendre plus léger, pour fuir plus facilement, et son urine n'est que faiblement irritante; pendant une dissection j'en ai reçu une fois dans l'œil, et il ne s'en est suivi aucun accident, si ce n'est quelques picotements.

Reproduction. — L'appareil générateur décline sensiblement dans cette classe; chez les mâles il est représenté par l'organe sécréteur du fluide séminal et son conduit, car on ne rencontre plus de verge. Dans les femelles on trouve souvent des ovaires assez volumineux et remplis de beaucoup d'œufs [2]. Ceux-ci sont ordinairement émis immédiatement au dehors; cependant quelques Amphibiens offrent une dilatation vers

Crapauds, Salamandres.   [2] Grenouilles.

l'extrémité de chacun des oviductes où les œufs séjournent et éclosent comme dans une double matrice, de manière que les petits sortent vivants [1], et qu'il y a là une génération ovovivipare.

Relativement à l'acte génital, ces animaux se trouvent à peu près dans la même condition que la plupart des poissons, et les œufs sont ordinairement fécondés par le mâle, soit au moment où ils sont expulsés, soit peu de temps après leur émission.

Quelques Amphibiens montent sur le corps de leur femelle, la saisissent étroitement au-dessous des aisselles avec leurs pattes de devant, puis versent leur liqueur prolifique sur les œufs à mesure qu'ils sortent, et ils favorisent en outre probablement l'expulsion de ceux-ci par la pression qu'ils opèrent sur l'abdomen de la femelle qu'ils étreignent dans leurs membres [2].

D'autres procèdent différemment au même acte ; les mâles ne saisissent point le corps de la femelle pendant la fécondation, et celle-ci s'opère par deux procédés différents [3] ; tantôt les deux sexes se rapprochent l'un de l'autre et placent leurs orifices génitaux à peu de distance, de manière que l'on doit croire que le fluide prolifique qui est émis par le mâle est absorbé par la femelle, et qu'il va à l'intérieur féconder ses œufs, puisque ceux-ci éclosent avant leur expulsion [4], tantôt le mâle semble par ses agacements se borner à exciter sa compagne pour la déterminer à pondre, et il va ensuite féconder successivement chacun des œufs qu'elle produit.

Les œufs des Amphibiens sont enveloppés d'une membrane mince, susceptible de se gonfler considérablement par l'absorption de l'eau ; et ordinairement ils sont agglomérés entre eux soit en masse, soit en chapelet.

Métamorphoses. — Tous les animaux de cette classe subissent en se développant des métamorphoses analogues à celles que l'on observe chez les insectes. Lorsqu'ils éclosent ils présentent tous des formes qui s'éloignent plus ou moins de celles qu'ils offriront à l'état adulte ; ils sont munis de branchies extérieures et respirent dans le premier âge de la vie, à la manière des poissons ; alors aussi ces animaux ont la bouche munie d'espèces de crochets ou de mandibules cornées dont ils se servent pour couper les végétaux qui forment leur nourriture primitive.

Ces branchies persistent à l'extérieur plus ou moins longtemps ; puis à mesure qu'elles s'affaissent les poumons se forment, les mandibules cornées tombent et des membres apparaissent ordinairement pour compléter le développement de ces animaux. Cependant quelques Amphibiens semblent rester fort longtemps ou même toute leur vie à l'état embryonnaire, soit à cause des branchies qui chez eux persistent plus ou moins longtemps [5], soit à cause des pattes qui restent con-

---

[1] Salamandres.   [3] Pseudo-Sauriens.   [5] Protées.
[2] Batraciens.   [4] Salamandres.

stamment à l'état rudimentaire [1] ou qui sont seulement au nombre de deux [2].

Reproduction des organes. — En décrivant les Reptiles, nous avons signalé la facilité avec laquelle ils reformaient plusieurs de leurs organes, lorsque par accident ou par nos expériences ils s'en trouvent privés; les Amphibiens sont encore plus remarquables sous ce rapport, et des expériences faites sur les Salamandres et les Tritons ont démontré que lorsqu'on amputait les membres ou la queue de ces animaux soit en totalité, soit particllement, bientôt ces parties se reproduisaient avec une telle perfection que l'organe renouvelé pouvait remplir entièrement la fonction de celui qu'il remplaçait.

Les principales observations qui ont été faites sur ce sujet sont dues à Plateretti, Spallanzani, Murray et surtout à Bonnet qui, doué d'une patience étonnante, a enrichi la science des faits les plus intéressants, relativement à ce phénomène, et a reconnu que le même membre amputé consécutivement quatre fois sur le même animal se reproduisait de nouveau après chaque opération. Ce savant genevois s'assura aussi que lorsqu'on extirpait complétement l'œil d'un Triton, cet organe se reformait parfaitement en une année de temps.

D'un autre côté, plusieurs de ces Amphibiens sont aussi fort remarquables par la ténacité de leur existence. Dans son Voyage à la mer Glaciale Hearne rapporte avoir souvent trouvé des Grenouilles complétement gelées, roides et gisant sous la mousse. Leur insensibilité était telle qu'on pouvait leur casser les pattes sans qu'elles donnassent aucun signe de vie, mais lorsqu'elles étaient exposées à une chaleur douce bientôt elles se ranimaient. M. Isid. Geoffroy dit aussi que des Crapauds totalement congelés et sous la peau desquels se trouvaient des glaçons ont pu être rappelés à la vie lorsqu'on les réchauffait graduellement.

Classification. — Cette classe étant peu nombreuse, sa distribution en ordres est facile et le tableau ci-dessous en donne immédiatement l'idée.

AMPHIBIENS.   *Ordres.*

Corps {	très-court; queue nulle; quatre membres. . .	BATRACIENS.
	lacertiforme; quatre membres ou deux. . . .	PSEUDO-SAURIENS.
	serpentiforme; membres nuls.	PSEUDO-PHIDIENS.

____

[1] Amphiumes,   [2] Sirènes.

ORDRE DES BATRACIENS.

Corps très-court, tronqué en arrière ; queue nulle. Membres au nombre de quatre.

Cet ordre est tellement distinct des autres par tous les points de son organisation qu'il n'y a jamais eu de doute relativement à sa caractéristique et à sa circonscription. L'absence de queue doit le faire placer à la tête de sa classe, parce que celle-ci qui se montre dans l'état de larve disparaissant chez l'adulte, on doit considérer les Amphibiens qui, tels que les Salamandres, conservent cet organe à tous les âges comme ayant un organisme moins élevé que les Batraciens et devant être par conséquent placés à leur suite.

Ces animaux offrent une peau lisse ou verruqueuse, et son système de coloration est généralement disposé par plaques ou zébrures.

Dans beaucoup d'entre eux, tels que les Grenouilles, les Crapauds et les Rainettes, l'ouverture de la bouche et sa cavité sont énormes. Leur langue offre une organisation extrêmement singulière, elle est attachée en avant et peut être jetée hors de la bouche en opérant une espèce de mouvement de bascule qui la porte sur les insectes qu'elle est appelée à saisir, puis ensuite avec vivacité elle est ramenée dans la cavité buccale avec la proie qui y adhère. Les dents sont fort petites, aiguës ou bien elles manquent.

L'une des plus grandes particularités de la vie de ces animaux, c'est leur métamorphose, car ils sortent de l'œuf sous une forme qui n'a nul rapport avec celle qu'ils présenteront dans l'âge adulte, et chez eux les organes profonds subissent même des transformations non moins remarquables.

Les métamorphoses s'accomplissent dans tous les Batraciens d'une manière analogue et leur étude constitue l'histoire de leur développement ; elles ont principalement été observées chez les Grenouilles et se font dans l'ordre suivant. Lorsque l'on examine l'œuf de celles-ci on voit que quelque temps avant son éclosion l'embryon qui s'y trouve contenu, présente déjà des branchies fort apparentes. Au moment où le petit Batracien sort de ses enveloppes on lui donne le nom de *Têtard*, alors tout son corps n'offre qu'une masse ovoïde terminée par une queue très-aplatie et ses branchies font saillie à l'extérieur. Mais bientôt celles-ci se trouvent recouvertes par une membrane et placées dans une sorte de sac situé sous la gorge, de manière qu'elles deviennent invisibles à l'extérieur (Pl. 16, fig. 5). Ce sont les membres postérieurs qui apparaissent les premiers ; ils sont placés à l'origine de la queue et leur développement s'opère avec lenteur (fig. 6). Les pattes de devant surgissent au contraire tout d'un coup ; elles s'accroissent dans la poche branchiale et ce n'est que lorsqu'elles ont acquis une certaine dimension qu'on les voit en sortir (fig. 7). Bientôt après qu'elles sont apparues, la queue devenant moins essentielle pour la locomotion, elle diminue successivement d'étendue (fig. 8), en même temps que les membres s'accroissent, et bientôt ceux-ci la remplacent totalement, et l'on n'en rencontre plus de vestiges (fig. 9).

Pendant ces métamorphoses successives qui ont si singulièrement modifié la configuration de ces animaux, leur intérieur n'a pas subi de moins notables changements et tout leur organisme concourt à déceler les grandes différences que l'on va observer désormais dans leurs mœurs puisque les Batraciens, d'aquatiques et d'herbivores qu'ils étaient dans le premier âge de la vie, vont devenir terrestres et carnassiers. En effet le tube intestinal suivant la loi presque générale se transforme chez eux en même temps que leur régime change. Ils naissent avec une bouche munie de pièces cornées et coupantes qui leur servent à diviser les végétaux dont ils se nourrissent, et alors leur tube intestinal est roulé en spirale dans l'intérieur de l'abdomen qui forme presque seul toute la masse du corps; ce tube, qui alors a plus de sept fois la longueur totale du jeune Batracien, subit un raccourcissement à mesure que celui-ci grandit, et quand il est adulte et que son régime est devenu totalement carnassier, ce canal n'a plus en étendue qu'une fois et demie la longueur de l'animal. En même temps que ces modifications se sont produites dans son système digestif, les organes respiratoires n'ont pas subi de moindres transformations : les branchies ont disparu, des poumons se sont développés, puis la respiration qui était aquatique et semblable à celle des poissons est devenue aérienne, et le système circulatoire a lui-même subi de grands changements pour s'accommoder aux nouveaux appareils qui ont pris naissance dans l'organisme des Batraciens.

Nous ne pouvons terminer ces notions sur les Batraciens sans parler des assertions des auteurs anciens ou modernes relativement aux pluies de Crapauds ou de Grenouilles. Aristote parle déjà de ce phénomène et fait une espèce particulière sous le nom d'*Envoyé de Jupiter*, des Grenouilles qui tombent du ciel ; Élien rapporte qu'en allant de Pouzzole à Naples, il observa une pluie de ces animaux. Il est positif et nous avons eu l'occasion de le vérifier en Normandie, que pendant une pluie d'orage on voit parfois surgir sur une vaste étendue de terrain une multitude prodigieuse de petits Crapauds ou de Grenouilles, là où quelques instants auparavant il n'en existait point en apparence.

Les naturalistes modernes, et entre autres H. Cloquet et Defrance, pensèrent que les pluies de Crapauds devaient être rangées parmi les erreurs populaires. Le premier professa que si pendant certains orages d'été, ces animaux surgissaient avec une telle abondance à la surface du sol qu'il était impossible de faire un pas sans en écraser quelques-uns, cela était dû à ce que l'eau en inondant la surface de la terre obligeait les jeunes Crapauds à sortir des fissures dans lesquelles ils se trouvaient, et qu'alors ils apparaissaient en nombre si considérable que le vulgaire pour expliquer le phénomène s'imaginait qu'ils étaient provenus du ciel.

Il y a peu d'années, en 1834, les pluies de Crapauds occupèrent de nouveau les savants, et on publia dans les journaux une foule de documents pour en établir l'existence et ensuite l'explication. Parmi les exemples qui sembleraient constater le plus positivement que ces animaux ne sortent pas du sol, sont ceux cités par MM. Gayet et Pelletier. Le premier et cent cinquante hommes qu'il commandait, en 1794, furent assaillis dans le département du Nord par un orage qui les couvrit d'eau et de Crapauds ; un mouchoir ayant été étendu à hauteur d'homme, on y eut bientôt recueilli plusieurs de ces Amphibiens, et après l'averse, des militaires en trouvèrent encore dans les replis de leurs chapeaux à trois cornes. M. Pelletier, professeur de physique, rapporte que dernièrement il tomba une pluie de Crapauds sur la ville de Ham, et cet observateur s'étant transporté sur les lieux, mille personnes lui confirmèrent le fait et lui assurèrent que les toits et les pavés étaient couverts par ces animaux et que l'on ne pouvait supposer qu'ils fussent sortis de terre.

Ces pluies de Batraciens ont causé un grand embarras à ceux qui en admettant l'existence de ce phénomène ont voulu en expliquer la cause. Cardan, médecin qui vivait au seizième siècle, avait supposé que c'étaient les grands vents qui enlevaient les Grenouilles sur les montagnes et les faisaient tomber dans les plaines, puis que ceux-ci pouvaient même enlever les œufs de ces animaux, et qu'ils éclosaient dans l'air ; mais Scaliger critique cette dernière assertion en rappelant que les Grenouilles restent un temps considérable à l'état de têtard avant d'acquérir leur forme parfaite.

Les idées de Cardan furent reproduites avec quelques modifications par les modernes qui admirent le phénomène, et l'on vit aussi réapparaître les objections de Scaliger. Un des erpétologistes les plus distingués de notre époque, M. Duméril, a dit lui-même qu'il se pourrait bien qu'il tombât réellement des petits Crapauds avec les pluies d'orages et qu'il faudrait alors supposer que ces animaux sont enlevés de terre avec l'eau par les ouragans et transportés au loin. La plupart des personnes qui admettent ces pluies de Batraciens s'accordent à les attribuer à l'action des trombes qui souvent enlèvent de grandes colonnes d'eau et qui peuvent emporter tout ce qui se trouve dans les marécages qu'elles traversent. A l'appui de cette explication M. Arago a rappelé les observations de Dalton qui constatent que l'eau de la mer est quelquefois portée par l'action des vents jusqu'à une distance de sept lieues du rivage et y retombe en pluie ainsi qu'on le reconnaît à l'extrême salure de celle-ci.

Quelques savants ont objecté que si l'on expliquait ainsi le phénomène on devrait aussi trouver des poissons parmi ces pluies d'orage, et des observateurs ont répondu à cette objection en citant des exemples de pluies d'Épinoches. La pesanteur des Batraciens ne pourrait être un argument, car des grélons qui restent longtemps suspendus dans l'air sont souvent beaucoup plus lourds que ces petits animaux.

Les Amphibiens de cet ordre s'engourdissent pendant l'hiver sous la vase des marais où ils se réfugient, et on les y trouve dans un état de mort apparente; le retour de la chaleur les ranime. Pour expliquer la disparition des Grenouilles, Pline disait qu'elles se dissolvaient en limon, et qu'elles renaissaient de celui-ci au retour du printemps : de semblables absurdités furent reçues pendant un grand nombre de siècles, et l'on voit encore Matthiole assurer que ces animaux sont engendrés par la pourriture de la terre détrempée par les pluies d'été.

FAMILLE DES DORSIPARES.

Corps très-déprimé et disposé de manière à donner asile au produit de la génération, qui se développe dans des cellules sur le dos des femelles. Paupières nulles; yeux fort petits. Dents nulles. Doigts antérieurs libres, quadrifides à leur extrémité; les postérieurs palmés.

PIPAS. *Pipa.* Ce genre est le seul que contienne cette famille dont les caractères sont si tranchés.

Le *Pipa de Surinam* qui est l'unique espèce qui soit connue présente un grand intérêt. Cet Amphibien habite les régions chaudes et humides de l'Amérique méridionale, et se trouve fréquemment dans les pays arrosés par la rivière dont il porte le nom; on le rencontre dans les lieux obscurs des maisons ou au bord de l'eau. Après la ponte, le mâle, cramponné sur sa femelle, lui étale les œufs sur le dos, et il féconde ceux-ci qui sont au nombre d'environ cent et de la grosseur d'un grain de vesce; ensuite cette dernière gagne les marais et s'y plonge, puis, bientôt après, la peau de la région dorsale éprouve une espèce d'inflammation déterminée par l'irritation qu'y produisent les œufs, et pendant laquelle elle se gonfle et forme une multitude de cellules dans lesquelles les petits éclosent et se développent, et d'où ils ne sortent que lorsqu'ils ont acquis l'état parfait; ce n'est qu'après s'être débarrassée de sa progéniture que la femelle abandonne sa résidence aquatique.

Les formes disgracieuses de ces Amphibiens, et leur couleur livide, n'empêchent pas, à ce que disent Séba et mademoiselle Sybille de Mérian, qu'ils ne soient regardés comme un mets délicat par les noirs et les colons.

FAMILLE DES AQUIPARES.

Corps assez peu déprimé. Doigts inégaux. Des paupières. Des dents maxillaires ou palatines.

CRAPAUDS. *Bufo*. Peau ordinairement tuberculeuse. Membres postérieurs courts ; dents maxillaires nulles ou extrêmement petites ; des parotides. — Ces Amphibiens résident beaucoup moins dans l'eau que les Grenouilles, et ils ne s'approchent même des mares que pour y déposer leurs œufs. On les rencontre ordinairement dans les endroits sombres et humides, tels que l'entrée des cavernes, les crevasses des rochers, les trous des arbres et des vieux murs. Ce sont en général des animaux nocturnes qui ne sortent de leur retraite que la nuit ou quand le temps devient sombre et pluvieux.

Les formes disgracieuses des Crapauds et la méfiance qu'ils inspirèrent à cause des propriétés vénéneuses qu'on leur attribuait sans discernement, les ont rendus l'objet de l'attention des naturalistes, aussi leur anatomie et leur physiologie ont-elles été le sujet d'importants travaux ; les belles planches des ouvrages de Rœsel et de Klœtzke sont venues éclairer la première, et les expériences de Hérissant, de M. Edwards et de Buckland la seconde.

La démarche de ces animaux est lourde et pesante. Quand on les surprend, pénétrés de leur impossibilité de fuir ils s'arrètent aussitôt, et si on les frappe, ils se gonflent et se durcissent en infiltrant de l'air au-dessous de leur peau, de manière à s'environner d'une sorte de coussin élastique qui amortit les coups. Ce phénomène se remarque particulièrement sur l'espèce vulgaire. Les Crapauds qui habitent les régions tempérées s'engourdissent pendant l'hiver et passent cette saison dans des trous du sol où on les rencontre plusieurs ensemble et où ils se trouvent parfois avec des Serpents.

Les Crapauds ne se nourrissent ordinairement que de proie vivante ; les insectes sous leurs différents états, les Vers, les Limaçons et d'autres mollusques composent principalement leur régime, aussi ces êtres disgraciés rendent-ils quelques services dans les jardins qu'ils habitent. Le botaniste Knight dit même qu'ils sont pour ceux-ci d'une utilité incontestable, et il en entretient constamment dans es serres où ils font la chasse aux insectes qui, dit-il, sans eux détruiraient une partie des plantes. Linnée rapporte que ces animaux se délectent d'actée et de stachys fétide, mais par sa phrase il faut entendre probablement qu'ils se plaisent parmi ces plantes ; cependant Bory Saint-Vincent semble confirmer qu'ils se nourrissent parfois de végétaux puisqu'il dit avoir vu des Crapauds communs manger des fraises.

Un fait des plus singuliers de l'histoire de ces Amphibiens, c'est le peu de nourriture et d'air qui leur suffit pour vivre ; on a parfois vu des Crapauds rester pendant des années entières dans des ouvrages en maçonnerie, dans des roches ou dans des creux d'arbres, et en sortir parfaitement en vie.

Comme ces faits ont souvent servi de base à beaucoup de raisonnements erronés sur la vitalité de ces animaux et sur l'ancienneté des végétaux ligneux ou des roches dans lesquelles on les trouvait, ou comme ils ont parfois été niés il était intéressant d'apprécier par l'expérience la réalité du phénomène, et c'est ce qu'ont fait Hérissant, M. Edwards et Buckland.

En 1777, Hérissant renferma trois Crapauds dans des boîtes qu'il fit sceller avec du plâtre et il les déposa à l'Académie des sciences. Au bout de dix-huit mois deux des Crapauds existaient encore, et un seul était mort. En 1817, M. Edwards emprisonna plusieurs de ces animaux dans du plâtre, et il s'assura que placés au milieu de ce corps solide et ne recevant l'air que par ses porosités, ils pouvaient vivre un grand nombre de jours. Enfin Buckland, encore plus récemment, entreprit quelques expériences sur le même sujet. Ce célèbre géologue fit préparer douze loges circulaires dans un bloc de calcaire oolithique d'une texture poreuse, perméable à l'eau et à l'air ; chaque niche avait environ un pied de profondeur et son orifice pouvait se boucher hermétiquement avec une plaque de verre. D'autres loges furent pratiquées dans un morceau de grès siliceux, compacte et imperméable. En 1825, un Crapaud fut placé dans chacune de ces loges après avoir été pesé exactement, et on luta soigneusement le couvercle en verre destiné à permettre de suivre l'expérience sans donner accès à l'air ou à quelques insectes. Ensuite ces blocs furent enterrés dans un jardin, à trois pieds au-dessous du sol.

Un an après, Buckland ayant fait déterrer les deux blocs de pierre, trouva que tous les Crapauds mis dans le grès compacte étaient morts et tellement altérés qu'ils devaient avoir péri depuis longtemps. Mais presque tous les Crapauds qui avaient été placés dans le calcaire poreux étaient en vie ; quelques-uns avaient diminué de poids ; l'un d'eux qui pesait 954 grains au moment où il fut introduit n'en pesait plus que 698 ; un autre de 936 s'était réduit à 652 ; mais plusieurs au contraire avaient augmenté de poids, et l'un de ceux-ci qui pesait 1,185 grains au moment où il fut enfermé en pesait, quand on l'observa, 1,265. On attribua l'augmentation de poids de ces derniers à l'introduction de quelques insectes qui avaient pu s'insinuer par une fracture du verre.

L'expérience ayant été continuée, tous les Crapauds placés dans le calcaire poreux moururent la seconde année, même ceux qui avaient gagné en poids, et dont on avait renouvelé le couvercle. Des essais ayant été faits avec le même soin dans le tronc d'un pommier, eurent pour résultat la mort des individus avant la fin de la première année :

« D'après ces expériences, dit Buckland, il paraît que les Crapauds ne peuvent pas vivre une année lorsqu'ils sont absolument privés d'air ; et d'après l'expérience du calcaire oolithique il semble probable qu'ils ne peuvent pas vivre plus de deux ans sans aucune nourriture. Nous pouvons conclure de là que lorsqu'on a parlé de Crapauds trouvés en vie dans des blocs de pierre ou de bois sans communication avec l'air extérieur, il y a eu un défaut d'exactitude dans l'observation. Le fait de mes deux Crapauds qui ont augmenté de poids à la fin de la première année, malgré les soins que l'on avait pris pour les enfermer complétement montre combien petite peut être une ouverture pour qu'elle permette l'introduction de petits insectes qui maintiennent l'animal en vie. »

Le premier soin du Crapaud lorsqu'il a accompli ses métamorphoses, c'est de chercher un abri dans les fissures des rochers ou les cavités des arbres voisins du lieu où il se trouve. Si après que cet animal est entré dans l'une de ces cavités il y rencontre une abondance d'insectes pour sa nourriture, et qu'il y reste un certain temps, il arrive souvent qu'il ne peut plus sortir par l'étroite ouverture par laquelle il s'est introduit. C'est là ce qui est arrivé toutes les fois que l'on a trouvé des Crapauds dans des pierres ou à l'intérieur de certains végétaux, et si l'on a assuré que ces corps n'offraient nulles communications avec l'extérieur, cela tenait probablement à l'inattention des ouvriers qui avaient rapporté ce fait; ou bien encore comme les expériences de Buckland, peuvent le faire supposer, s'il n'y avait réellement nulle ouverture, c'est que l'entrée de l'animal, soit par le fait de stalactites, soit par le progrès de la végétation, s'était trouvée obstruée depuis moins d'un an ou deux.

Les Crapauds ont la peau parsemée de follicules glanduleux qui sécrètent une liqueur âcre, que ces animaux émettent pour se défendre lorsqu'ils sont saisis par leurs ennemis. C'est à une réunion nombreuse de ces follicules que sont dues les deux éminences qui se trouvent à la partie postérieure de la tête. D'après les recherches de Pelletier et de Davy, le liquide sécrété par tous ces organes est jaunâtre, huileux et d'une saveur fort amère; Tiedemann dit qu'il agit sur les téguments peu épais comme une substance âcre et corrosive, et que porté sur la conjonctive, il en occasionne l'inflammation. Cuvier assure même qu'il peut tuer les animaux très-faibles; et c'est à l'action irritante de ce fluide que sont dus, selon M. Bory Saint-Vincent, les cris perçants que la douleur arrache aux Chiens lorsqu'ils mordent un Crapaud.

Aussitôt que les premières chaleurs du printemps se font sentir, les Crapauds sortent de leur retraite et les sexes différents se recherchent et s'accouplent. C'est le plus souvent dans les mares et les étangs que leur union a lieu. Quand le mâle rencontre la femelle loin d'un ruisseau il la saisit, se place sur son dos, et Lacépède dit que celle-ci chargée de ce fardeau franchit parfois une distance considérable avant de trouver un marais propice pour y déposer ses œufs.

L'accouplement de l'espèce vulgaire, qui a particulièrement été observé, dure sept ou huit jours, et quelquefois plus de vingt lorsque la saison ou le climat sont froids. Pendant tout ce temps le mâle tient sa femelle étroitement embrassée avec ses pattes de devant, dont les pouces présentent un renflement destiné à favoriser cette action ; puis avec ses membres postérieurs, à mesure que les œufs sortent du cloaque, il les conduit vers son orifice anal pour les féconder en versant à leur surface une certaine quantité de fluide prolifique. Cet animal accomplit cette fonction avec tant d'ardeur que nulle blessure ne peut l'en détourner, ainsi que l'abbé Spallanzani l'a vu dans ses expériences ; et même si l'on sépare le mâle de sa femelle et qu'on lui ampute plusieurs membres, il n'en revient pas moins sur celle-ci tout couvert de plaies sanglantes.

Les œufs sont renfermés dans une gelée transparente, visqueuse, et forment deux cordons ou chapelets accolés qui ont jusqu'à une quarantaine de pieds de longueur. Ils sont abandonnés dans l'eau où ils éclosent vers le vingtième jour. H. Cloquet dit que les Têtards n'acquièrent leurs branchies que deux ou trois jours après leur naissance, mais j'ai tout lieu de croire cette assertion inexacte, ayant fort bien distingué les branchies des embryons de Grenouilles, plusieurs jours avant leur sortie de l'œuf. Les Crapauds ne peuvent se reproduire que vers la quatrième année, ils vivent fort longtemps.

Malgré le dégoût qu'inspirent les Crapauds, on en mange cependant un grand nombre. Les nègres de l'Afrique consomment sans répugnance le Crapaud commun. En France ce sont souvent les membres de plusieurs espèces de ce genre que les paysans apportent sur les marchés sous le nom de cuisses de Grenouilles ; on en pêche considérablement à cet effet dans les marais d'Auteuil pour alimenter ceux de Paris, ville où H. Cloquet et M. Bory Saint-Vincent ont reconnu que l'on mangeait fréquemment le Crapaud commun et le Crapaud brun.

C'est sans doute à leurs disgracieuses formes que les Crapauds durent la puissance que leur prêtait la superstition des siècles précédents. Ces animaux entraient dans tous les filtres magiques des sibylles, et leur emploi était alors si commun dans les conjurations, que des tribunaux iniques livrèrent des personnes aux flammes, sur le seul indice qu'elles possédaient de ces Batraciens dans leur demeure.

On employait le Crapaud en médecine il y a quelques années, et il entrait dans différentes préparations pharmaceutiques ; les nègres du Sénégal, à ce que rapporte Adanson, s'appliquent avec avantage cet animal vivant sur le front pour se guérir de la migraine.

Ce groupe a été divisé par de Blainville en cinq sous-genres qui sont disposés d'après la considération des dents, l'absence ou la présence du tympan et le plus ou moins de palmature des doigts, ce sont : les Pipas-Crapauds, les Moyens Crapauds, les Crapauds proprement dits, les Petits Crapauds et les Crapauds accoucheurs.

Les **PIPAS-CRAPAUDS** n'ont point de dents maxillaires ; leurs doigts antérieurs sont sub-égaux et les postérieurs largement palmés. C'est à cette division que se rapportent les *Xenops* de Wagler.

Les **MOYENS CRAPAUDS** n'ont pas de tympan visible et leurs maxillaires sont privés de dents. On a encore subdivisé ceux-ci , et formé parmi eux des groupes sous les noms d'Éphippifer , de Microps , etc.

Les **CRAPAUDS PROPREMENT DITS** sont caractérisés par leur tympan qui est visible et par l'absence de dents maxillaires.

Le *Crapaud commun* est le type de ce groupe et celui dont les mœurs ont été le mieux observées , aussi c'est à lui que se rapporte presque tout ce que nous avons dit en commençant la description de ce genre.

Les **PETITS CRAPAUDS** n'ont pas de tympan apparent , mais ils offrent de petites dents maxillaires. C'est à cette division qu'appartiennent les Rhinelles.

Enfin les **CRAPAUDS ACCOUCHEURS** se distinguent de tous les autres en ce qu'ils ont leur tympan visible et des dents maxillaires.

Le *Crapaud accoucheur* habite les environs de Paris et est très-commun en Normandie. Il ne fréquente pas l'eau , et doit son nom à la singulière habitude qu'a le mâle d'aider la femelle à se débarrasser de ses œufs, qui sont assez gros et au nombre de soixante environ. Puis après leur émission il s'en empare , les attache chacun sur ses cuisses avec deux filaments qui partent des bouts , et il les traîne constamment avec lui jusqu'à l'époque de leur éclosion ; alors seulement il les dépose dans quelque mare où leur enveloppe se déchire immédiatement pour donner issue au Têtard. (Pl. 16.)

RAINETTES. *Hyla*. Pattes postérieures excessivement longues ; extrémité des doigts élargie en pelote. — On trouve communément ces Amphibiens au milieu de l'herbe touffue des prairies ou sur les arbres. Ils grimpent ou sautent dans ces derniers avec la plus grande facilité à l'aide de leurs pelotes digitales d'où s'exsude un fluide visqueux qui leur permet même d'adhérer au revers des feuilles , et qui est si agglutinant que nous avons souvent vu de ces animaux s'élever sur des glaces placées perpendiculairement , et y marcher comme sur un sol horizontal. Les Rainettes ne se rencontrent dans les marais que pendant l'hiver, où elles s'y retirent pour s'engourdir ; mais à l'issue de cette saison elles les quittent après s'y être accouplées et y avoir déposé leur ponte.

Si les Crapauds nous présentaient des couleurs abjectes , une démarche pesante et des formes grossières , en revanche les Rainettes sont sveltes et gracieuses , et leur peau est bigarrée de couleurs qui se marient ou se heurtent agréablement pour l'œil ; elles vivent d'insectes qu'elles attrapent avec beaucoup d'agilité.

La *Rainette commune* porte une livrée d'un beau vert velouté , dont la teinte se confond avec celle du feuillage qu'elle habite , et par cette harmonie la dérobe à l'œil de l'oiseau carnassier ou des Serpents qui sont avides de cette espèce ; c'est à cause de son séjour habituel sur les grands végétaux qu'on l'a nommée *Grenouille d'arbre*, dans quelques pays.

GRENOUILLES. *Rana.* Peau lisse; point de parotides. Membres postérieurs fort longs. Doigts inégaux, pointus. Dents maxillaires et palatines. — Ces Amphibiens se trouvent sur les bords des étangs et des mares, et aussitôt qu'ils pensent que leur sécurité peut y être troublée, d'un saut agile ils s'élancent dans l'eau. Leur voix à laquelle on donne le nom de coassement est forte et retentissante, ce qu'explique le développement du larynx et le volume de ses cordes vocales.

Les Grenouilles adultes se nourrissent d'insectes et de vers. Leur accouplement est analogue à celui des Crapauds; il dure plusieurs jours et quelquefois quinze à vingt, pendant lesquels l'existence des deux sexes est commune, et les femelles traînent avec elles leur mâle; elles sont extrêmement fécondes et produisent annuellement de six à douze cents œufs; Swammerdam, qui dans sa Bible de la nature, s'est aussi occupé de ces animaux, en a compté onze cents, et Guénaud de Montbeillard jusqu'à treize cents.

Les Grenouilles ne paraissent pas avoir été mises en usage par les anciens comme aliment, et sans doute qu'elles ont été peu employées dans l'âge intermédiaire, puisque B. de Palissy dit, dans son Traité des pierres, que de son temps bien peu de personnes en eussent voulu manger, mais les modernes et surtout les Italiens, les Allemands et les Français en font usage, tandis qu'en Angleterre on a horreur des ragoûts dont elles font la base.

L'emploi médical de ces animaux est au contraire fort ancien. Déjà ils étaient administrés dans la médecine grecque. Durant l'époque qui a précédé la nôtre on les a préconisés à l'extérieur et à l'intérieur contre diverses maladies, et quelques pharmacopées contiennent encore la recette d'une huile et d'un emplâtre de Grenouilles; le frai de ces Batraciens était aussi autrefois en usage.

La *Grenouille verte* est la plus répandue chez nous, et c'est elle que l'on y mange de préférence; à Vienne pour satisfaire à la consommation considérable que l'on fait des Amphibiens de cette espèce, on les engraisse dans des lieux particuliers nommés *Grenouillères*.

La *Grenouille rousse* se rencontre dans les bois, ainsi que dans les jardins potagers, où il serait avantageux de l'élever pour détruire les Limaçons; elle est d'un goût aussi agréable que la précédente; certains auteurs l'ont appelée la Muette parce qu'elle ne coasse point.

ORDRE DES PSEUDO-SAURIENS.

Corps lacertiforme, muni d'une queue conique ou comprimée. Membres au nombre de quatre ou de deux.

FAMILLE DES SALAMANDRES.

Corps plus ou moins alongé, constamment pourvu de deux paires de pattes assez rapprochées.

AXOLOTLS. *Siredon.* Corps court; queue très - comprimée; branchies persistant longtemps. — On n'en connaît qu'une seule espèce qui réside parmi les lacs qui environnent la ville de Mexico.

SALAMANDRES. *Salamandra.* Corps assez alongé, déprimé, sans trace de disposition branchiale; queue conique. Doigts non palmés. — Les Salamandres sont des Amphibiens lucifuges, n'allant guère dans les mares que pour y déposer leurs petits, qui naissent vivants.

Ces Amphibiens ont une allure stupide et un aspect désagréable. Quand on les irrite, ils exhalent par les porosités de leur corps un liquide fétide, susceptible de dégoûter les animaux qui les attaquent, et que les anciens, dans leur exagération, regardaient comme une humeur pestilentielle, qui pouvait dépeupler les nations par son contact avec les herbes alimentaires. C'est ce fluide que ces innocents êtres transsudent pour se garantir de la chaleur quand on les met sur un brasier ardent, et c'est de son émission dans cette circonstance que naquit cette opinion adoptée de toute l'antiquité, que les Salamandres vivaient dans le feu, et qu'elles fourmillaient dans les fleuves embrasés de l'empire infernal.

L'espèce commune chez nous est noire avec des taches jaunes; c'est la *Salamandre terrestre*, que l'on désigne dans le Midi sous le nom de Scorpion, parce que, comme lui, elle relève la queue quand elle est menacée, et que l'on croit faussement que cet appendice est venimeux.

TRITONS. *Triton.* Corps alongé; queue comprimée verticalement. Point de tracés de branchies. Extrémités postérieures palmées. — Des races de Tritons gigantesques s'agitaient à la surface de l'ancien globe, et s'éteignirent durant ses cataclysmes. Le squelette de l'un d'eux a surtout acquis une grande célébrité à cause des discussions animées auxquelles il a donné lieu.

Ce squelette, qui avait été trouvé incrusté dans les schistes des carrières d'Œningen, fut considéré comme un homme fossile par des naturalistes théologiens, qui attribuaient toutes les pétrifications à l'action du déluge biblique. Scheuchzer, qui soutint cette théorie dans sa Physique sacrée, adopta cette idée ; et quoiqu'il fût médecin et dût par conséquent connaître l'anatomie humaine, l'esprit de système lui fit considérer ces vestiges fossiles comme une relique de la race maudite qui fut ensevelie sous les eaux, et il les nomma *homo diluvii testis.* Gesner, dans son Traité des pétrifications, cita ce squelette fameux comme un anthropolithe ; mais ayant dans la suite acquis un fossile semblable, des doutes s'élevèrent dans son esprit, et il le considéra comme ayant appartenu à un Silure.

Plus tard, Camper, dans une de ses Lettres, émit que ce prétendu *homo diluvii* n'était qu'une Salamandre pétrifiée, et Cuvier vint par la suite démontrer cette vérité. En 1811, ce savant étant à Harlem, Van Marrum, directeur du Muséum d'histoire naturelle, lui ayant présenté le célèbre schiste, et lui ayant permis d'en faire découvrir les os, on les vit tous apparaître avec la même forme et dans la même situation qu'ils se trouvent chez les Amphibiens qui appartiennent au genre que nous décrivons, et bientôt on découvrit le système dentaire, les omoplates et les os des extrémités qui vinrent attester que le prétendu anthropolithe d'Œningen n'était autre chose qu'un Triton.

Aujourd'hui l'ancien et le nouveau continent offrent des Amphibiens de ce genre ; ceux-ci, ainsi que l'indique leur queue natatoire, passent la plupart de leur vie dans l'eau, et c'est à cause de cette particularité et de leur ressemblance avec le groupe précédent, qu'on les appelle *Salamandres aquatiques.*

A l'époque des amours, la petite crête qui se trouve sur le dos de ces animaux se développe considérablement et se prolonge sur la queue en bandelette festonnée, qui augmente, pour ce moment, les moyens de locomotion ; mais après cette période la crête s'absorbe.

Les Tritons reproduisent avec une étonnante rapidité les parties qu'on leur a enlevées, et ils ne sont pas moins remarquables par la faculté qu'ils ont de résister à l'influence du froid ; lorsqu'ils se trouvent compris dans des masses de glaces, on les voit se ranimer quand celles-ci se fondent.

Ces Amphibiens jouissent même d'une telle puissance vitale, que M. Duméril ayant enlevé, avec des ciseaux, les trois quarts de la partie antérieure de la tête d'un Triton marbré, cet animal, quoique privé de quatre sens, et ne possédant plus que celui du toucher, n'en continua pas moins à vivre pendant trois mois, et ne dut peut-être sa mort qu'au défaut de soins. Durant ce temps il s'opéra un travail de reproduction et de cicatrisation tel qu'il ne resta aucune ouverture extérieure pour les voies digestives et aériennes, de façon que l'absorption cutanée parut, chez ce Triton, suffire aux besoins de la nutrition et de la respiration pendant tout le temps qu'il vécut.

Le *Triton crêté*, qui se rencontre dans les mares de notre pays, est une des espèces les plus communes ; sa peau chagrinée, tachetée partout, et sa crête dorsale festonnée, le distinguent.

FAMILLE DES PROTÉES.

Corps cylindriforme, fort alongé, à queue comprimée ; deux paires de pattes extrêmement petites et distantes. Branchies plus ou moins persistantes.

PROTÉES. *Proteus.* Des branchies extérieures. Trois doigts en avant et deux en arrière. — Ces Amphibiens, par l'organisation de leur axe vertébral, rappellent les poissons, auxquels ils font le passage ; le corps de chacun des os qui le forment est en effet composé de deux cônes soudés au sommet et dont les bases s'articulent avec les vertèbres voisines : il en est de même des Sirènes et des Cécilies. Les yeux des Protées sont petits et cachés sous la peau ; cependant ils n'en sont pas moins fort sensibles à l'impression de la lumière, qui paraît même les incommoder beaucoup, comme on l'a observé.

L'espèce nommée *Anguillard* vit dans l'obscurité complète, au milieu des conduits souterrains qui font communiquer les lacs de la Carniole et de l'Autriche.

AMPHIUMES. *Amphiuma.* Corps excessivement alongé. Pattes très-rudimentaires. Point de branchies, mais seulement un trou de chaque côté du cou. Toutes les extrémités tridactyles ou didactyles. — Ces animaux habitent l'Amérique.

FAMILLE DES SIRÈNES.

Corps cylindriforme assez alongé ; queue comprimée. Une seule paire de pattes, située en avant. Extrémités tétradactyles.

SIRÈNES. *Siren.* Ce genre forme seul cette famille, qui n'en offre pas moins un degré d'organisation bien tranché. Ces Amphibiens, qui dans leur classe représentent les Bimanes du groupe des Reptiles, vivent dans les marécages de la Caroline. Ils parviennent jusqu'à trois pieds de longueur, et conservent plus ou moins leurs branchies.

ORDRE DES PSEUDO-PHIDIENS.

Corps serpentiforme, cylindrique, fort alongé. Membres nu s.

CÉCILIES. *Cœcilia.* La place de ce genre, qui est le seul que renferme l'ordre des Pseudo-Phidiens, ne pouvait être douteuse depuis que Muëller a découvert chez les animaux qui le composent des trous de chaque côté du cou, qui font supposer que dans le premier âge ces Amphibiens sont pourvus de branchies. Par leur peau nue et visqueuse, par leurs vertèbres à double cavité et analogues à celles des poissons, puis par la structure du cœur, ils s'éloignent des Ophidiens, avec lesquels on les a parfois confondus à cause de leur forme.

La dénomination de ces Amphibiens semble indiquer des êtres aveugles ; il s'en trouve, en effet, parmi eux, qui sont dans ce cas, et chez lesquels les yeux manquent tout à fait ; mais chez d'autres ils sont seulement fort petits et cachés sous la peau.

Les Cécilies vivent dans l'Amérique septentrionale ; elles se plaisent dans les lieux sombres et humides, et parmi les marécages. Là elles creusent des trous qui atteignent jusqu'à trois pieds de profondeur. Ces animaux semblent se nourrir de substances végétales, puis d'insectes divers, et l'on trouve dans leurs intestins, en les disséquant, de l'humus et du sable.

La *Cécilie visqueuse* a plus d'un pied de longueur ; elle vient dans l'Amérique ; sa couleur est brunâtre. La *Cécilie lombricoïde*, qui est plus longue, noirâtre, et du diamètre d'une plume, est complétement aveugle.

VII. CLASSE DES POISSONS.

Animaux vertébrés, dépourvus de poumons et respirant constamment par des branchies. Cœur à une seule oreillette et à un seul ventricule; sang rouge et froid.

Géologie. — On rencontre dans diverses couches du sol un nombre considérable de Poissons fossiles, et quelques dépôts de ceux-ci sont même devenus célèbres par la grande abondance qu'ils en contiennent : tels sont en Europe la formation houillère du Saarbruck, en Lorraine ; les schistes bitumineux de la Thuringe ; le schiste calcaire lithographique de Solenhofen ; l'ardoise bleue de Glaris ; le calcaire du Monte-Bolca ; la marne d'Œningen, en Suisse, et d'Aix en Provence.

Parmi les savants qui ont surtout éclairé l'ichtyologie fossile, on doit citer le comte Gazola, dont la magnifique collection fut achetée par Napoléon, et transportée à Paris ; puis Volta, de Blainville ; et enfin Agassiz, qui dans ces derniers temps a fait connaître un grand nombre d'espèces inédites.

En général les Poissons fossiles se rapprochent d'autant plus de ceux de notre époque, qu'ils se découvrent dans des terrains plus récents ; et ils s'en éloignent davantage à mesure qu'on arrive aux couches d'une antiquité plus reculée. On remarque que toutes les grandes variations dans le type des ichtyolithes, coïncident avec les importantes modifications qui ont eu lieu dans les formations fondamentales du globe ; aussi ne voit-on pas les mêmes genres se présenter dans plusieurs séries de couches. Et la disposition des Poissons fossiles, par ces variations soudaines, rappelle ce qui a eu lieu à l'égard des Reptiles et des Mammifères.

D'après cela on conçoit qu'il a pu appartenir à Agassiz de fixer l'âge de certaines formations, et leur place dans la série géologique, par la seule inspection de leurs ichtyolithes. Par ces considérations on peut entrevoir aussi que c'était à tort que quelques savants se sont efforcés de retrouver dans les ichtyolithes les mêmes espèces qui animent actuellement nos mers ; tel était Gazola, qui croyait reconnaître dans une partie de ceux du Monte-Bolca, certains poissons de la Méditerranée. Aujourd'hui Buckland et Agassiz prétendent que parmi ces empreintes du Monte-Bolca, si bien connues par les figures de l'*Ichtyolithologia veronese* de Volta, et par l'ouvrage de Knorr, il n'existe aucune espèce encore aujourd'hui à l'état vivant, et que la moitié de ces Poissons, qui tous sont marins, appartiennent à des genres éteints. Agassiz, contrairement à l'opinion de Cuvier, regarde même ceux du gypse de Montmartre comme faisant tous partie de genres détruits.

Agassiz a déjà porté le nombre des genres fossiles à plus de deux cents, parmi lesquels aucun de ceux qui sont connus à l'état vivant, ne se rencontre dans des couches plus anciennes que celles de la craie. Quelques-uns de ces Poissons se font remarquer par des formes ou une armure insolites. Parmi ceux qui étaient les plus extraordinaires, on peut citer les *Sauroïdes*, ou Poissons lacertiformes. Ceux-ci se rapprochaient des Polyptères, et leur extrême voracité était sans doute employée dans les eaux de la période de transition, ainsi que celle des Requins, pour limiter l'accroissement des familles inférieures.

Les Poissons fossiles ne paraissent pas en général avoir été victimes d'aucune violence mécanique, et tout semble annoncer qu'ils ont péri subitement par les propriétés nuisibles qu'avaient acquises les eaux dans lesquelles ils se trouvaient, soit à cause d'une variation brusque dans leur température, soit à cause de leur mélange avec de l'acide carbonique, du gaz hydrogène sulfuré, ou de quelques dépôts terreux. Pour les Poissons du Monte-Bolca, cela paraît de toute évidence, et il semble qu'ils ont péri dans ce célèbre dépôt par l'action du volcan dont il était le théâtre, et dont les roches basaltiques qui l'environnent indiquent l'ancienne existence. Ce volcan aura rendu les eaux délétères, et les Poissons qui les habitaient doivent avoir péri en masse, et s'être trouvés couverts immédiatement par le sédiment calcaire qui alors était en train de se déposer. Cependant il ne faut pas croire que l'action pétrifiante a été tellement subite, que l'un de ces Poissons[1] s'est trouvé enveloppé pendant qu'il en avalait un autre, ainsi qu'on pourrait l'admettre, d'après la figure de l'*Ichtyolithologia veronese*, et que Faujas Saint-Fond le professait. Agassiz a reconnu que cette opinion reposait sur des apparences trompeuses, et que la tête du plus petit Poisson que l'on suppose avoir été avalé, est d'un tel volume qu'elle n'aurait pu être admise dans l'estomac de l'autre, qui était d'une fort petite dimension, et qu'en outre l'animal ne pénètre réellement pas entre les mâchoires de celui qu'on a cru qui le mangeait ; il n'est que superposé dans cet endroit.

Quoi qu'il en soit, ces Poissons étaient tellement nombreux dans ces lieux, qu'on en a extrait des spécimens pour en fournir tous les cabinets d'Europe, et que souvent on y en rencontre plusieurs dans le même bloc calcaire. Leur conservation est si parfaite, que fréquemment on peut étudier sur eux les plus petits détails du squelette, et qu'il en est même dont le système cutané a encore conservé des traces de sa coloration.

Dans quelques dépôts de Poissons fossiles, ceux-ci sont extrêmement contournés, ce qui a fait croire que cette attitude était due aux convulsions de l'agonie, et qu'ils avaient été ensevelis pendant leur

---

[1] *Blochius longirostris.*

durée. Mais cette disposition que l'on observe particulièrement sur des ichtyolithes que l'on découvre dans des schistes cuivreux, n'est due qu'à la raideur cadavérique qui se manifeste après la mort, et elle indique simplement que la pétrification de ceux-ci s'est déclarée peu de temps après la destruction des animaux, destruction qui a dû avoir pour cause l'action du cuivre et des éléments auxquels il était combiné.

Agassiz, dont l'autorité est d'un si grand poids en semblable matière, assure que les fossiles vermiformes que l'on rencontre si abondamment dans l'ardoise lithographique de Solenhofen, et que le comte Munster a décrits sous le nom de *Lumbricaria*, ne sont autre chose que des intestins de Poissons pétrifiés, ou le contenu de ces organes ayant conservé les formes tortueuses du canal digestif. Ce savant, qui a nommé ces empreintes *Cololithes*, en a même trouvé de semblables dans la cavité intestinale de plusieurs Poissons fossiles.

Par ses observations sur les bords du lac de Neufchâtel, Agassiz explique fort bien la manière dont ces cololithes, qui sont le plus souvent isolés dans le calcaire, pouvaient cependant se former. Il a reconnu qu'après leur mort beaucoup de Poissons flottent à la surface de l'eau, le ventre en haut, jusqu'à ce que celui-ci se crève par l'action des gaz que la putréfaction développe. Alors on voit toute la masse intestinale sortir du ventre, et un certain temps après que cela a eu lieu, ces intestins se séparent entièrement du corps, qui tombe au fond, tandis qu'eux ils continuent à flotter. Alors il arrive qu'ils sont parfois jetés sur le sable, et qu'ils y restent encore plusieurs jours avant de se décomposer. On conçoit que si ce phénomène s'est produit dans des eaux parmi lesquelles se déposaient des terrains de nouvelle formation, ces intestins en arrivant au rivage auront bien pu se trouver compris dans les dépôts, et donner naissance à des cololithes.

Les géologues ont trouvé dans diverses formations des coprolithes de Poissons. Le terrain houiller situé près d'Édimbourg en contient en abondance ; miss Anning en a rencontré dans le lias de Lyme Regis, et M. Mantell dans la craie. Beaucoup de ces coprolithes sont contournés en spirale et proviennent, sans nul doute, selon Buckland, des Poissons voraces parmi les débris desquels on les découvre. Ces singulières productions, à ce que dit ce savant, sont susceptibles parfois de prendre un beau poli ; et il est curieux de savoir que les joailliers d'Édimbourg en ont fait des tables, des serre-papiers, et des bijoux qu'ils désignent sous le nom de *pierres d'escargot*, parce qu'ils supposent qu'elles proviennent d'un insecte.

Géographie. — Dans les Poissons, la patrie des espèces est moins limitée que chez les animaux terrestres, parce qu'ils jouissent de grands moyens de dispersion, et que le milieu qu'ils habitent offre une température beaucoup moins variable que celle de la surface des continents ; cette plus grande égalité de la chaleur des eaux explique même comment beaucoup d'êtres de cette classe peuvent passer à travers trois zones. A une grande facilité de locomotion, les Poissons joignent l'avantage de rencontrer des vivres partout sur leur route, et ils peuvent abandonner leur frai dans toutes les régions où ils se trouvent; aussi souvent ils s'éloignent de plusieurs centaines de lieues de l'endroit où ils ont pris naissance.

Les espèces qui voyagent en troupes sont généralement celles qui opèrent de plus grands déplacements; celles qui vivent sédentaires se répandent ordinairement moins, et parfois elles ne quittent pas la plage qui leur fournit une nourriture qu'elles semblent préférer. C'est ce qui a lieu pour quelques Poissons que l'on voit se plaire parmi les madrépores qui ornent les rivages des tropiques[1]; et si l'on rencontre parfois des espèces identiques dans les mers qui bordent les deux continents, il est probable qu'elles y ont été créées primitivement, ainsi que l'ont dû être les espèces semblables qui vivent séparées par des obstacles physiques insurmontables, car ces Poissons n'ont pas dû sacrifier toutes leurs habitudes pour traverser l'immensité des mers.

Les Poissons d'eau douce, pour se transporter à de grandes distances, n'ont pas les mêmes facilités que ceux qui habitent les mers, aussi leurs limites géographiques sont-elles beaucoup plus restreintes. Cependant, si d'un côté quelques-uns de ces animaux se trouvent bornés à certaines régions d'un seul continent[2], il en est qu'on retrouve à la fois dans les deux mondes, ainsi que Bosc l'a remarqué pour une espèce de nos contrées[3]; mais d'autres sont cantonnées parmi de très-petites localités, et ne s'observent que dans les ruisseaux de certaines îles[4].

Les Poissons ne se dérobent pas à la loi générale, et ainsi que le fait remarquer Lacépède, ceux dont la robe brille des plus éclatantes couleurs, habitent presque toujours les mers équatoriales.

Anatomie et physiologie. — Locomotion. — Le squelette des poissons offre dans leur série des modifications extrêmement importantes, et qui sont telles qu'elles ont pu permettre de distribuer ces animaux en trois grands groupes. Tantôt il est solide ou osseux; tantôt il est formé de cartilages, parmi lesquels se trouve infiltrée de la substance osseuse; tantôt, enfin, il est totalement cartilagineux. Dans aucune des pièces qui le composent on ne rencontre de canal médullaire, et ce squelette devient, des premiers aux derniers Poissons, de moins en moins solide; la différence de consistance et d'aspect qu'il présente, provient seulement, d'après M. Chevreul, de la quantité plus ou moins grande de phosphate ou de carbonate de chaux qui entre dans sa composition. Mais ces sels calcaires se trouvent toujours en faible quantité, ce qui explique comment les habitants de quelques districts de la Norwége peuvent se nourrir avec une espèce de farine faite avec des os de Poisson moulus.

[1] Chætodons.
[2] Gymnote.
[3] Brochet.
[4] Gobie Awous.

Ces animaux, que certains auteurs considèrent comme représentant l'état fœtal des Mammifères, relativement à la consistance de leurs os, semblent en effet, par rapport à celle-ci, être inférieurs aux classes qui précèdent. Ils offrent dans ce système une dégradation successive, et l'on observe chez certains Poissons osseux, quelques os qui restent constamment privés de parties calcaires et de solidité [1]; et d'un autre côté, les derniers genres qui appartiennent à la section des Poissons cartilagineux, ont un squelette qui a tellement perdu de sa consistance qu'on a hésité de lui donner ce nom, et chez eux les parties qui représentent celui-ci sont non-seulement d'une mollesse extrême, mais encore leur consistance varie suivant les saisons, et l'on remarque qu'elle est moindre en été que durant l'hiver, et qu'elle devient même telle, pendant la première saison, qu'il n'en reste que des traces à peine sensibles, et que ces Poissons semblent ainsi faire le passage aux animaux invertébrés [2].

Le squelette des Poissons, par sa forme générale ou par ses détails, est éminemment en rapport avec le séjour de ces animaux et leurs mœurs ordinairement voraces. Cet appareil locomoteur passif, qui dans presque tous est symétrique, offre pour caractère le plus saillant de présenter une grande prédominance dans son système vertébral, et d'avoir au contraire des membres fort exigus ou même tout à fait nuls.

Ce squelette est ordinairement remarquable par le grand nombre de vertèbres qui le forment, et il n'existe que fort peu de Poissons chez lesquels il en soit autrement [3]. Le développement considérable des apophyses épineuses de ces os, dans la plupart de ces animaux, la petitesse du crâne, l'ampleur des appendices maxillaires, le volume des pièces hyolaryngiennes, qui forment la charpente de l'appareil branchial, sont encore autant de caractères notables de ce squelette.

Le crâne des Poissons est petit, et révèle manifestement qu'il n'est que la terminaison de la colonne vertébrale. Selon Oken et Spix il serait formé seulement de trois vertèbres ; mais d'après Meckel, Bojanus et Hollard, il en entre quatre dans sa composition.

La plupart des Poissons offrent à la tête plusieurs os mobiles, qui forment un appareil contribuant à la fonction respiratoire. Ces os, d'après quelques naturalistes, seraient particuliers à la classe que nous décrivons, et formeraient un caractère ichtyologique ; c'est, entre autres, ce qu'a pensé Cuvier, qui leur consacre des noms nouveaux : ceux d'*opercule*, de *préopercule*, de *post-opercule* et de *sub-opercule*.

De Blainville n'adopta pas cette manière de voir, et il émit que les os formant l'appareil operculaire étaient des démembrements de la mâchoire inférieure, et qu'ils représentaient les pièces postérieures de cet organe, qui s'observent dans les vertébrés ovipares ; il considéra le

---

[1] Brochet.   [2] Ammocète.   [3] Mole.

préopercule comme n'étant que l'arcade zygomatique, et les trois autres os comme représentant les trois pièces qui manquent à la mâchoire des Poissons. Ce savant a été conduit à adopter cette opinion par l'observation directe et comparative des organes, par l'analogie des muscles qui s'y distribuent, et enfin par l'étude de leur fonction. Relativement à cette dernière, les opercules étant destinés à servir à la respiration, ils paraissent à de Blainville, avoir sous ce rapport, de l'analogie avec les usages de la mâchoire inférieure des Amphibiens, qui, comme on le sait, est avec l'os hyoïde le principal agent de l'introduction de l'air dans la cavité pulmonaire.

Geoffroy Saint-Hilaire a émis une autre opinion, et il compare directement les pièces solides de l'opercule aux quatre osselets du tympan de l'homme. « L'opercule, dit-il, correspond à l'étrier ; le post-opercule, au marteau ; au-dessous de l'opercule sont deux pièces qu'ensemble on avait appelées sub-opercule, et qu'on n'avait pas distinguées parce que l'extrème bord est un très-petit os qui se soude presque constamment à la pièce supérieure : celle-ci est l'os lenticulaire, et l'autre l'enclume.

» La pièce qui sert d'axe à l'ensemble des os de l'opercule ou au couvercle operculaire, n'a encore été comprise dans aucune détermination ; Cuvier lui a donné le nom de préopercule. Elle n'est autre que le tympanal, ou le cadre du tympan. »

Les vertèbres des Poissons, par leur forme, ne peuvent guère être divisées qu'en deux séries : les abdominales et les caudales. Leur corps offre un caractère qui ne se rencontre que dans cette classe ; il présente en avant et en arrière une cavité conique, qui se joint par sa base avec celle qui s'observe dans la vertèbre précédente, et sur celle qui suit. Un tissu fibro-cartilagineux très-élastique remplit ces cavités et passe d'un os vertébral à l'autre, ce qui permet les grands mouvements ordinairement latéraux que ces animaux exécutent.

Dans les Poissons cartilagineux, une structure un peu différente existe. Les vertèbres sont réunies par la circonférence de leur corps, et les cavités intérieures de celui-ci communiquent fréquemment toutes ensemble, de manière qu'elles forment un canal qui est rempli par une matière sub-gélatineuse, ce qui donne peut-être à l'axe vertébral des mouvements encore plus faciles que dans les autres Poissons.

Les vertèbres abdominales se distinguent des caudales en ce qu'elles n'ont point d'apophyses épineuses inférieures, tandis que ces dernières en offrent d'extrêmement développées, et dans la bifurcation desquelles se loge l'artère aorte. La dernière vertèbre se distingue par une forme spéciale ; elle a l'apparence d'une lame verticale, souvent triangulaire, et présente sur son bord postérieur des empreintes qui marquent le lieu où s'articulent les rayons de la nageoire caudale. Il n'y a de sternum que chez un petit nombre de Poissons [1].

[1] Harengs.

Les côtes circonscrivent la cavité abdominale et servent à protéger les viscères ; chez un grand nombre de Poissons, elles embrassent la majeure partie du ventre, et leur extrémité reste libre [1] ; dans d'autres, ces organes sont plus étendus encore et s'unissent sur la ligne médiane à une série de petits os [2] ; mais il est aussi de ces animaux qui n'ont que des côtes fort rudimentaires [3], et d'autres même chez lesquels ces organes n'existent pas. [4] Leur nombre, leurs dimensions et leurs formes sont extrêmement variables ; elles sont parfois doubles, d'autres fois bifurquées, et dans quelques espèces elles ont presque la finesse des cheveux.

Vers les extrémités des apophyses épineuses des vertèbres dorsales ou caudales on trouve, dans beaucoup de Poissons, soit sur le dos seulement, soit sur ou sous la queue, des appendices osseux appelés *rayons inter-épineux*, qui soutiennent les rayons formant les nageoires situées sur la ligne médiane, et que de Blainville nomme *lophioderme*. Les rayons qui renforcent ces derniers organes sont tantôt formés d'une seule pièce solide, et ils prennent le nom de *rayons épineux*, et tantôt de plusieurs petits segments articulés ensemble et souvent fort nombreux, et alors on les appelle *rayons mous* ou *articulés*.

Les membres des Poissons leur étant presque inutiles pour la natation, chez tous ils sont fort exigus ; ce n'est que par exception que quelques-uns en offrent de très-longs, et qui peuvent même pendant un certain temps les soutenir dans l'air [5], ou que d'autres en sont totalement privés [6].

Les membres se composent principalement de leurs parties terminales : de la ceinture osseuse qui en forme la base, et des pièces digitales qui sont à l'autre extrémité, les os analogues à ceux des bras et des jambes se trouvant extrêmement raccourcis. Cuvier a indiqué, mais d'une manière vague, les rapprochements que l'on peut établir entre ces os et ceux des animaux plus élevés. Cet anatomiste y entrevoit des parties analogues à l'omoplate, à la clavicule, au cubitus et au radius, aux osselets du carpe et aux phalanges.

Pour les membres postérieurs, on découvre deux pièces que l'on peut considérer comme analogues au bassin ; mais ces pièces ne sont jamais articulées avec la colonne vertébrale, comme cela a lieu chez les animaux qui précèdent, et elles sont simplement suspendues dans les chairs [7] ou unies avec la ceinture osseuse des membres antérieurs [8].

Le squelette des Poissons subcartilagineux et des Poissons cartilagineux a été moins étudié que celui des autres. Chez les premiers, on trouve la substance calcaire, tantôt déposée à la surface des cartilages et tantôt dans leur intérieur ; dans le dernier cas, cette matière solide y apparaît parfois comme de petits cristaux, ce qui tend à confirmer

---

[1] Perches.
[2] Harengs.
[3] Pleuronectoïdes.
[4] Raies, Squales.
[5] Exocets, Dactyloptères.
[6] Murènes, Lamproies.
[7] Poissons abdominaux.
[8] Poissons thorachiques.

l'opinion de de Blainville, qui pense qu'elle se dépose dans les cartilages sous la forme cristalline.

Les poissons cartilagineux n'ont plus ou presque plus de traces de
substance calcaire, et les derniers d'entre eux ont même un squelette
membraneux si mou que l'on serait tenté de les considérer comme des
vers à sang rouge, si leur système nerveux n'était situé au-dessus du
tube digestif, et si, en outre, quelques autres particularités organiques ne les distinguaient de ces animaux.

Les membres des Poissons sont appelés nageoires; on a nommé
pectorales, les nageoires dont l'ostéologie est analogue à celle du bras
des animaux des classes précédentes; on appelle *ventrales* ou *pelviennes*, celles qui sont placées sous l'abdomen ou la gorge, et se trouvent formées par des pièces ayant des rapports avec les extrémités postérieures des autres vertébrés. La position de ces dernières nageoires a
fait donner des noms divers aux Poissons, et on a appelé ceux-ci *jugu-
laires*, *thorachiques* ou *abdominaux*, selon qu'elles sont situées en
avant des pectorales, un peu en arrière de celles-ci, ou enfin plus
rapprochées de l'anus que d'elles.

On a aussi appelé nageoires les appendices que forme le lophioderme sur la ligne médiane. L'un de ceux-ci est nommé nageoire *caudale*, et termine l'animal; on a désigné sous le nom de *dorsales* ceux qui
se trouvent en dessus du Poisson, et parmi ces appendices on indique,
sous la dénomination d'*adipeuses*, les petites nageoires qui ne présentent point de rayons. Enfin l'on nomme *nageoire anale* celle qui
se trouve en arrière de l'anus.

Dans les Poissons les muscles sont généralement disposés des deux
côtés de la colonne vertébrale depuis la tête jusqu'à la queue, et ils
forment deux masses, l'une supérieure et l'autre inférieure séparées
par la ligne latérale du corps. Les faisceaux qui les composent naissent
des apophyses épineuses des vertèbres et viennent se rendre à cette
même ligne. En outre on remarque des muscles spéciaux pour faire
mouvoir les nageoires.

Telle est la disposition générale du système musculaire dans les
Poissons osseux, où il a été jusqu'à présent le mieux étudié. Mais chez
les derniers groupes de la classe il s'éloigne de ce type, et dans les
Cyclostomes cet appareil ne représente même plus qu'une espèce d'enveloppe ou de gaîne qui s'insère en avant sur le crâne et autour de
l'entonnoir buccal.

La fibre musculaire des Poissons est ordinairement blanchâtre et
presque incolore comme dans les êtres inférieurs, ce qui indique
qu'elle reçoit peu de sang; aussi quand on la blesse ne voit-on s'é-
couler qu'une petite quantité de ce fluide. Il est cependant quelques
animaux de cette classe chez lesquels on la trouve dans des dispositions contraires, et qui offrent des muscles d'un beau rouge [1]. Quel-

---

[1] Saumon.

ques autres l'ont d'un vert intense [1], et Carus dit l'avoir trouvée noirâtre dans une espèce [2].

Les mouvements horizontaux de la majorité des Poissons sont dus à l'action des muscles des parties postérieures, qui agissent sur la colonne vertébrale en lui imprimant des mouvements latéraux, car les articulations de cette tige osseuse et la disposition des apophyses épineuses s'opposent à ce qu'il s'opère des flexions en sens contraire. Lorsqu'un Poisson frappe le liquide latéralement avec sa queue, celui-ci, en réagissant, lui imprime un mouvement oblique; et comme, par le choc du côté opposé, l'animal reçoit une impulsion oblique en sens contraire, son corps prend la moyenne de ces deux directions et se porte en avant.

Les nageoires dorsales et anales servant à étendre la surface de l'animal et rendant le choc plus fort, il en résulte que les Poissons qui sont pourvus de grandes nageoires dans ces régions, et dont le corps est aplati latéralement, nagent mieux que ceux qui sont arrondis.

Le mécanisme de ces animaux est encore perfectionné par les différentes dispositions que prennent les nageoires pendant les mouvements. En effet, le Poisson, lorsqu'il frappe le fluide, étend subitement ses nageoires dorsales, anales et caudale, de manière à augmenter la surface qui doit agir; mais aussitôt que l'impulsion est reçue, ces appendices se contractent afin d'offrir le moins de résistance possible au milieu dans lequel s'opère la progression, et leur contraction, qui a lieu pendant que la queue passe sur l'axe du corps, se continue jusqu'à ce qu'elle soit parvenue au point extrême de la flexion où de nouveau ces nageoires s'étendent pour répéter le mouvement d'impulsion.

C'est en frappant le liquide plus énergiquement d'un côté que de l'autre avec sa queue que l'animal se dirige horizontalement du côté qui lui plaît, car les mouvements de haut en bas paraissent souvent dépendre des nageoires pectorales et abdominales ou même seulement de la vessie natatoire.

Système nerveux. — Le système nerveux des Poissons peut être considéré, de même que leur appareil osseux, comme l'un des états transitoires du fœtus des Mammifères; en effet, chez eux, ce système n'offre qu'un organe de centralisation peu considérable sous le rapport du volume, et ordinairement la moelle se prolonge dans tout le canal vertébral et l'emporte sur l'encéphale par son développement; chez quelques-uns même elle est de soixante à cent fois plus considérable en volume que le cerveau [3]. Dans quelques Poissons, cependant, la moelle n'a que peu d'étendue et se réduit à une simple proéminence [4].

Le cerveau des Poissons ressemble à une série de ganglions accouplés au côté supérieur de la moelle épinière, et, d'après Carus, il

---

[1] Aiguille.

[2] Pétromizon marin.

[3] Cyclostome.

[4] Poisson lune.

se rapproche de la configuration qu'il offre chez les très-jeunes embryons humains. Selon cet anatomiste, la masse de cet organe comparée à celle du corps est dans la proportion de 1 à 720 dans la Lotte; d'autres ont trouvé qu'elle était comme 1 : 1,505 dans le Brochet, ainsi que 1 : 1,837 chez le Glanis, et comme 1 : 37,440 dans le Thon.

Le peu de développement de l'encéphale des Poissons doit faire supposer que l'intelligence de ceux-ci est fort obtuse, et c'est ce qui a lieu en effet. Ces animaux n'ont entre eux aucune de ces affections, ni cette prévoyance qui sont si remarquables dans beaucoup de ceux des classes plus élévées; leur vie se borne à chercher avec avidité la proie qui les nourrit ou à fuir le danger qui les menace. Pline mentionne cependant que des Murènes connaissaient la voix de leur maître, et sortaient de l'eau quand il les appelait pour venir prendre leur nourriture. On dit aussi que certains Poissons sont assez ingénieux pour lancer de l'eau sur les insectes qui passent afin de les faire tomber dans la mer et de les saisir [1].

Appareils électriques. — Plusieurs Poissons [2] possèdent l'extraordinaire faculté de produire et d'accumuler du fluide électrique dans des appareils particuliers, et de donner des commotions plus ou moins intenses à ceux qui les touchent. La disposition des organes qui coercent ce fluide et la nature de celui-ci ont été successivement étudiées par Redi, Muschenbroeck, La Condamine, 'Sgravesande, Réaumur, Walsh, Galvani, Spallanzani, Ingenhouss, Davy, Geoffroy Saint-Hilaire, Cuvier, de Blainville, Todd, Humboldt, Gay-Lussac, Matteucci et Faradey.

Quoique l'on ait comparé les appareils électriques de ces animaux à la structure de la pile voltaïque, et pensé que le fluide se produisait dans leur tissu, il ne paraît pas en être ainsi. En effet, leur électricité semble être engendrée par le système nerveux, et seulement accumulée dans les réservoirs galvaniques; car aussitôt que l'on coupe les nerfs qui s'y rendent, la production du fluide cesse totalement, et quand on irrite le cerveau, les commotions deviennent plus intenses.

D'après cela, il faut considérer ce phénomène comme vital, et dû à l'action du système nerveux sur l'appareil; il semble même que si l'accumulation du fluide électrique ne se produit pas sous l'influence de la volonté, au moins que celle-ci en détermine les décharges; Humboldt va même jusqu'à penser que le Gymnote donne à ses commotions la direction qui lui convient.

Quoique le fluide émis paraisse semblable à l'électricité que dégagent nos appareils de physique, puisqu'il détermine, comme elle, des commotions et des étincelles, il a encore été, jusque dans ces derniers temps, impossible aux physiciens de le faire agir sur les électromètres et les condensateurs les plus sensibles, et l'on n'a pas pu davantage avec lui charger des bouteilles de Leyde. Ce sont ces particularités qui ont porté

---

[1] Chætodons.

[2] Silures, Gymnotes, Torpilles.

Davy à considérer l'électricité des Poissons comme différente de celle que fournissent nos instruments. Cependant, dans ces dernières années, le physicien Linari dit avoir vu ce fluide agir sur les galvanomètres, décomposer l'eau acidulée, et produire l'aimantation des aiguilles d'acier.

SENS. *Odorat.* — L'appareil olfactif est fort peu développé chez ces animaux et en rapport avec la nature du milieu qu'ils habitent, car dans celui-ci les molécules odorantes ne peuvent se répandre et se disperser comme elles le font dans l'air atmosphérique. Ordinairement cet appareil est simplement formé par deux cavités rudimentaires situées au-devant du museau, et représentant de petits sacs s'ouvrant à l'extérieur, tantôt par un seul orifice souvent muni d'une sorte de valvule qui, suivant Monro, sert, selon la volonté de l'animal, à le fermer ou à l'ouvrir, et tantôt enfin par deux ouvertures, de manière que l'organe ne représente plus qu'une sorte de canal. Dans certains Poissons la membrane nasale forme des plis qui sont disposés comme les rayons d'un cercle; dans d'autres, ces plis imitent des peignes dans les lames desquels viennent se distribuer des vaisseaux et des nerfs. Ces derniers varient considérablement par rapport à leur volume, et ils sont fort développés chez quelques espèces, tandis que dans d'autres ils se trouvent très-exigus.

Comme on voit ces animaux attirés par certaines odeurs et s'éloigner des autres, on est forcé d'admettre que celles-ci agissent sur la membrane nasale; cependant il ne me semblerait pas impossible que les branchies contribuassent aussi à la sensation.

Vision. — Les Poissons ont généralement de gros yeux; ceux-ci sont presque toujours aplatis en avant et subglobuleux en arrière. On ne découvre jamais de paupières, excepté dans les Raies, et chez le Mole où j'en ai observé une assez considérable; l'œil de ces animaux est recouvert par la peau qui s'amincit et devient transparente en passant sur la cornée, ce qui est facile à reconnaître chez quelques-uns [1], et parfois aussi l'organe cutané conserve son organisation et le bulbe oculaire situé au-dessous ne reçoit plus que des sensations imparfaites [2]. On ne rencontre point d'appareil lacrymal chez ces animaux, celui-ci leur étant inutile dans le milieu qu'ils habitent.

Le globe oculaire repose ordinairement sur un coussinet de graisse demi-fluide, et il est fixé par six muscles, quatre droits et deux obliques. Dans quelques Poissons, tels que les Raies et les Squales, on trouve en outre un pédicule cartilagineux qui rappelle l'organisation des Crustacés, et s'étend du globe de l'œil au fond de l'orbite. La sclérotique est fibreuse ou cartilagineuse, et présente parfois des plaques osseuses; à l'extérieur de la choroïde, on remarque un pygmentum argenté qui se continue au-devant de l'iris, et dont l'éclat, suivant Ehrenberg, est dû à des cristaux nacrés, aciculaires, composés de matière animale. Entre cette membrane et son enduit

---

[1] Anguille.   [2] Murène aveugle.

nacré on trouve souvent en arrière, autour du nerf optique, un bourrelet composé en grande partie de vaisseaux, et que de Blainville a nommé ganglion vasculaire choroïdien. L'iris des Poissons est immobile, ce qui s'explique par sa texture peu vasculaire; le cristallin est sphérique, très-volumineux et remplit souvent presque toute la cavité oculaire.

En général, dans les Poissons, l'appareil de la vision est fort développé proportionnellement au volume des individus; aussi il est certain que ces animaux aperçoivent dans l'eau, à une grande distance, tout ce qu'il leur importe de voir; cette perfection des yeux leur était d'autant plus nécessaire, qu'ils sont relégués dans un milieu moins éclairé que la superficie de la terre, et où il faut que ces organes rassemblent plus de rayons lumineux, ou sentent ceux-ci avec plus de perfection pour obtenir des inductions sur les corps.

Chez les Poissons, l'organe de la vision offre des différences qui paraissent en rapport avec la nature de leurs habitudes. C'est ainsi qu'on remarque que les espèces voyageuses ou qui se trouvent en pleine mer [1] ont des yeux plus volumineux que celles qui fréquentent les rivages, et par conséquent des eaux moins transparentes et où la vue ne peut embrasser un aussi vaste champ. Une dégradation encore plus manifeste s'observe même chez les Poissons qui vivent particulièrement dans la vase; telles sont les Anguilles, qui ont le globe oculaire extrêmement petit, et principalement les Myxines, chez lesquelles les yeux paraissent manquer entièrement, ou représentent une ébauche de ce qui s'observe dans les classes suivantes; car, selon de Blainville, on remarque seulement à l'extérieur un renflement coloré formé d'un amas de petits grains vers lesquels arrivent des filaments nerveux et vasculaires.

Goût.—Le sens du goût n'offre d'organes spéciaux que chez un certain nombre de Poissons, car dans ces animaux, qui sont presque tous carnassiers et obligés d'engloutir rapidement leur proie, la cavité buccale paraît plutôt destinée à l'ingestion des aliments et à la respiration, qu'à la faculté gustative; cependant la langue est souvent apparente, mais elle ne présente jamais de papilles, et elle ne reçoit que des nerfs très-grêles; puis dans la plupart des êtres qui nous occupent, on n'y aperçoit pas de muscles propres, et en outre, elle est fréquemment recouverte de dents [2], ce qui ne permet guère de la considérer comme un instrument de sensation; enfin, chez quelques Poissons, cette partie manque totalement.

L'imperfection ou l'absence de la langue doit faire admettre qu'elle peut être suppléée par d'autres organes; tels sont, selon Tréviranus, le renflement mou et vasculaire que l'on aperçoit des deux côtés de l'œsophage dans certains Poissons; et, selon d'autres, l'organe blanc

---

[1] Harengs, Maquereaux.   [2] Brochet.

spongieux, animé de nombreux nerfs, qui se trouve au-devant de la plaque dentaire dans la bouche des Carpes.

Ouïe. — Les Poissons étant condamnés à vivre dans un milieu où les sons s'anéantissent rapidement, l'organe auditif leur devenait presque superflu, aussi est-il fort peu développé chez eux. En effet, cet organe n'offre point d'appareil de recueillement extérieur, et il est ordinairement simplement formé par une poche membraneuse, remplie d'un liquide, et présentant deux régions ; l'une où se trouvent trois canaux demi-circulaires et qui porte le nom de vestibule ; l'autre contenant un noyau solide et même parfois osseux, et qui est appelée sac auditif proprement dit.

On a découvert que chez quelques-uns de ces animaux le vestibule se prolonge en un canal rempli d'eau, qui communique avec la vessie natatoire, et peut recevoir les ébranlements de l'air qu'elle contient, à l'aide des ramifications que cet organe envoie dans le crâne.

Toucher. — La peau des Poissons est formée d'un épiderme extrèmement mince, et dont la surface est enduite d'un mucus albumineux abondant, auquel il faut attribuer la coloration bleue dont se teignent les Poissons que l'on fait cuire dans l'eau ; il est destiné à préserver ces animaux de l'action du milieu qu'ils habitent, et à y faciliter leurs mouvements.

Le derme est quelquefois extrêmement mince, aussi n'est-ce souvent qu'avec difficulté qu'on parvient à l'isoler des tissus avec lesquels il adhère. Ce derme supporte, dans la plupart des Poissons, des écailles fort apparentes et qui sont imbriquées. Carus, par un singulier rapprochement, compare ces organes aux valves des acéphaliens, parce que, dit-il, ils se développent au même endroit que la coquille de ces mollusques, et parce qu'ils croissent comme elle.

Le plus ordinairement ces écailles sont simplement formées de substance cornée. Cependant il est quelques Poissons vivants, chez lesquels elles sont calcaires, ce qui, d'après Agassiz, s'offrait aussi dans un grand nombre d'espèces fossiles. Enfin, sur certains animaux de cette classe, les écailles sont excessivement petites [1], et il en est même chez lesquels on n'en rencontre pas de traces [2].

Le toucher est obtus chez la plupart des Poissons, comme l'indiquent suffisamment la structure de l'organe cutané et l'absence de membres épanouis en digitations propres à saisir les corps. Cependant ceux dont la peau est nue et molle peuvent recevoir les impressions tactiles par toute la surface du corps, et chez eux elles doivent avoir plus de finesse ; mais à mesure que de fortes écailles émoussent la sensibilité extérieure, la faculté du toucher paraît se concentrer vers la bouche et établir son siége dans les lèvres et surtout dans les barbillons longs et mobiles qui l'environnent, et qui, chez certains Poissons, à ce que dit Carus, sont mus par des muscles particuliers et reçoivent de volumineux nerfs [3].

---

[1] Anguilles.   [2] Anarrhique, Baudroie.   [3] Silure Glanis.

Ces barbillons sont même parfois parsemés de petites crêtes que le moindre mouvement de l'eau peut ébranler [1]. Enfin, on considère aussi comme pouvant servir au toucher les rayons isolés qui s'observent aux nageoires pectorales de quelques animaux de cette classe [2].

Digestion. — La bouche des Poissons est souvent remarquable par la manière dont elle est armée ; non-seulement les maxillaires et les palatins sont garnis de dents, mais on en trouve encore sur le vomer et les os pharyngiens, et même parfois jusque sur la langue. Dans quelques genres les arcs des branchies en présentent aussi, de manière que l'intérieur de la cavité buccale est hérissé de toute part.

Les dents des Poissons offrent ordinairement une forme conique, aiguë ; parfois elles sont très-fines, extrêmement nombreuses, serrées, et présentent, par leur réunion, l'aspect du velours ou celui des soies d'une brosse ; quelquefois aussi ces dents sont larges et placées les unes contre les autres, comme les petits pavés d'une mosaïque. Leur implantation a lieu par deux procédés : tantôt elles s'enfoncent dans les alvéoles des mâchoires, et tantôt elles adhèrent seulement aux gencives. Carus les compare à des papilles de celles-ci qui seraient endurcies, ce qui est exact au moins pour certains Poissons [3]. Le renouvellement de ces organes se fait de bien des manières variées, et il paraît s'opérer durant une grande partie de la vie, et successivement dent à dent ; quelques espèces en sont totalement dépourvues [4].

On professe généralement qu'il n'existe pas de glandes salivaires chez les Poissons ; cependant Meckel prétend en avoir découvert sur la Baudroie, et Rathke considère comme des espèces de glandes salivaires cette masse spongieuse qui se voit au palais de quelques espèces [5]. Du reste, la brièveté et l'ampleur de l'œsophage, l'absence de mastication, le court séjour de l'aliment dans la bouche, et le milieu que ces animaux habitent, rendaient ces organes superflus.

Le canal intestinal est généralement court, et souvent il ne dépasse guère la longueur de l'abdomen, région qui est loin d'atteindre celle de l'animal. Mais cette disposition semble compensée par la nature du régime et par l'extrême lenteur de la digestion. L'estomac, dont la configuration varie, est ordinairement fusiforme, et ne se trouve parfois représenté que par un simple renflement. L'intestin a plus ou moins d'étendue, suivant les espèces ; chez les unes, il est droit et très-court [6] ; dans d'autres, il a plusieurs fois la longueur du corps, et forme même dans le ventre de nombreuses circonvolutions [7]. Son extrémité se renfle parfois, et représente une sorte de gros intestin ; cet organe se termine au-devant de l'orifice de l'appareil génital, par une ouverture qui est toujours petite.

Immédiatement après l'estomac, l'intestin des Poissons offre un cer-

---

[1] Esturgeon.
[2] Trigles.
[3] Squales.
[4] Esturgeon.
[5] Carpe.
[6] Lamproie.
[7] Mole.

tain nombre de cœcums ou tubes en cul-de-sac, qui sécrètent, selon Cuvier, une abondance de mucosité, paraissant tenir lieu du fluide que produit le pancréas, organe que l'on ne rencontre point dans les espèces pourvues de ces tubes; et cette sécrétion fluide est d'autant plus utile, qu'il n'existe pas de salive chez ces animaux. Quelques Poissons possèdent un très-grand nombre de ces cœcums [1]; d'autres n'en ont que deux [2]; enfin beaucoup en sont totalement privés [3].

Une autre disposition remarquable du tube digestif de certains Poissons, et qui semble avec la précédente être appelée à compenser le peu d'étendue du tube digestif, c'est l'existence d'une lame qui est disposée en spirale à l'intérieur du gros intestin, de manière à lui donner la structure d'une sorte de vis d'Archimède [4], et ainsi à ralentir la marche de la pâte alimentaire, pour faciliter l'absorption de ses particules nutritives.

Le foie des Poissons est généralement très-volumineux, et l'on rencontre chez un certain nombre d'entre eux un pancréas qui constitue une sorte de système salivaire abdominal, destiné à remplacer celui qui manque à l'entrée du canal digestif.

Dans ces animaux les reins sont presque toujours volumineux, et confondus en une seule masse appliquée sur la colonne vertébrale. Les uretères s'abouchent dans un canal qui se trouve derrière l'anus, et dans lequel viennent se rendre aussi les extrémités des organes génitaux dans les deux sexes.

A l'exception de quelques espèces herbivores, les Poissons ne mâchent point leurs aliments; presque tous sont carnassiers, et s'entre-détruisent réciproquement; ces animaux mangent aussi des crustacés, des mollusques, qu'ils avalent sans discernement et sans être rebutés par leurs épines ou par la substance calcaire des coquilles. Il en est aussi qui broutent les extrémités de divers polypiers; tels sont beaucoup de Spares, que Darwin regarde même, à cause de cette coutume, comme ayant pu contribuer à produire, par leurs déjections, une partie de la craie qui s'observe à la superficie du globe.

Respiration. — Cette fonction a son siége dans les branchies, organes situés sur les parties latérales de la tête, et ordinairement attachés à des espèces de côtes que l'on nomme *arcs branchiaux*, et qui sont presque toujours au nombre de quatre ou de cinq de chaque côté, mais quelquefois aussi de trois seulement [5].

Dans le plus grand nombre des Poissons, les branchies occupent la face externe des arcs branchiaux; elles sont formées par des filaments qui doivent leur solidité à une petite lamelle cartilagineuse située à leur centre, et à la surface de laquelle on trouve un réseau formé d'une innombrable quantité de vaisseaux capillaires. Ces filaments sont ordinairement disposés sur deux rangs, et simulent assez exactement les

---

[1] Truite saumonnée, Gymnote.   [3] Brochets, Raies, Squales.   [5] Lophies.
[2] Pleuronectes.   [4] Squales.

dents d'un peigne[1]. Cependant, chez un petit nombre d'animaux de cette classe, les branchies s'éloignent de cette forme, et elles se divisent en petites houppes rondes disposées par paires le long des arcs branchiaux[2].

Dans la majorité des Poissons les branchies sont flottantes sur les arcs qui les supportent dans leur cavité, mais dans d'autres ces organes respiratoires sont adhérents et fixés près des ouvertures branchiales, qui sont plus ou moins nombreuses[3].

Par anomalie, chez quelques Poissons, les segments supérieurs d'un certain nombre d'arcs branchiaux se transforment en lames minces et plissées, qui donnent naissance à des cellules dans lesquelles l'eau s'amasse de manière à pouvoir humecter les branchies, quand l'animal est sorti du liquide qu'il habite, et à lui permettre de vivre un certain temps loin de celui-ci[4].

L'eau qui sert à la respiration est d'abord introduite dans la bouche, puis à l'aide d'un mouvement de déglutition elle pénètre dans la cavité branchiale par des fentes situées sur ses côtés, et qui sont parfois garnies de denticules ou de papilles qui la tamisent en quelque sorte, et s'opposent à l'introduction des aliments dans l'appareil d'oxygénation. Pour favoriser cette action, quelques Poissons présentent une espèce de voile membraneux, ou valvule, qui se trouve en dedans des mâchoires, et empêche le fluide avalé de pouvoir ressortir par l'ouverture buccale. L'eau ainsi introduite inonde les branchies, puis elle sort par les ouvertures latérales de la tête que recouvrent ordinairement les opercules. Pendant cette fonction les arcs branchiaux sont soulevés et abaissés, et éprouvent un mouvement analogue à celui des côtes des vertébrés supérieurs.

La respiration des Poissons s'opère à l'aide de l'air qui est contenu dans l'eau, et dont l'appareil branchial dépouille celle-ci; selon Cuvier et M. Valencienne, ces animaux ne décomposent nullement le liquide pour s'emparer de son oxygène, et celui du gaz qui s'y trouve leur suffit; ils n'en dépensent que très-peu, car on a calculé qu'une Tanche en consommait cinquante mille fois moins qu'un homme; cependant les expériences prouvent évidemment la respiration des Poissons, car si l'on prive d'air le milieu qu'ils habitent, ils y périssent promptement.

L'air est même si indispensable à ces animaux, qu'il en est beaucoup qui sont obligés de venir à la surface de l'eau en prendre en nature, et l'on a même reconnu, par des expériences, qu'on les asphyxiait quand on s'opposait à cette action par un diaphragme de gaze.

D'intéressantes observations ont constaté que chez quelques Poissons le tube digestif contribue aussi à la respiration, et que son concours est tellement utile à cette fonction, qu'ils meurent asphyxiés si on l'entrave[5].

[1] Harengs.
[2] Syngnathes.
[3] Squales, Raies, Lamproies.
[4] Anabas grimpant.
[5] Cobitis fossilis.

Bischoff s'est même assuré que le gaz introduit par la bouche et rendu par l'anus, perd beaucoup d'oxygène pendant son trajet dans le tube intestinal. Enfin, chez quelques Poissons cartilagineux [1], il se pourrait que le péritoine servît aussi à la respiration, car on observe des deux côtés de l'anus une fente destinée à introduire l'eau dans sa cavité pour en baigner les organes.

Lorsque les Poissons se trouvent loin de l'eau, ils périssent en général assez promptement par asphyxie, parce que leurs branchies, en se desséchant, empêchent le sang de passer dans les capillaires qui s'y trouvent et de s'oxygéner. Connaissant la nature de leur mort, on explique alors facilement pourquoi ceux qui ont les ouïes plus fendues, expirent plus promptement que les autres par la dessiccation plus rapide qu'éprouvent leurs branchies soumises à l'action de l'air.

Vessie natatoire. — Indépendamment de leurs branchies, la plupart des Poissons possèdent un organe analogue au poumon, qui est la *vessie natatoire*, que certains savants, guidés par des vues théoriques, ont considérée comme uniquement destinée à faciliter la natation, et que d'autres regardent comme un organe respiratoire; celle-ci est située dans l'abdomen, reçoit un grand nombre de vaisseaux, et se rapproche surtout de l'aspect des organes pulmonaires vésiculeux de beaucoup de reptiles; elle communique ordinairement avec le pharynx ou l'estomac par le moyen d'un canal membraneux, mais quelquefois aussi elle n'a point de conduit excréteur.

Le gaz qu'elle renferme et qui est sécrété par ses parois se trouve composé des mêmes éléments que l'air, mais dans des proportions variables. Par les mouvements des côtes cette vessie éprouve une certaine compression.

Borelli pensait que la vessie natatoire était appropriée à la locomotion, et que la distension ou la compression du fluide qu'elle contient permettait au Poisson de s'élever ou de s'enfoncer en lui donnant une pesanteur spécifique moindre ou plus considérable que celle de l'eau. Cuvier dit que la plupart des espèces qui sont privées de cet organe vivent au fond de l'eau, et que lorsqu'on le crève chez celles qui le possèdent, elles se renversent sur le dos; il ajoute même que la vessie natatoire est si bien destinée aux mouvements d'élévation et d'abaissement des Poissons, que l'on en voit auxquels il devient impossible de s'enfoncer dans l'eau quand ils sont restés trop longtemps à la surface de celle-ci, sous l'influence d'un soleil ardent qui a dilaté trop fortement le fluide aériforme renfermé dans cette poche.

Selon Fischer, Tréviranus et Tiedemann, au contraire, cet organe doit être considéré comme l'accessoire des branchies, et il leur semble particulièrement servir chez les Poissons qui opèrent des mouvements rapides et prolongés, tandis qu'il manque chez ceux qui ont des habitudes opposées et vivent dans le fond de l'eau ou sur la vase [2].

---

[1] Raies, Squales.   [2] Pleuronectes.

Tiedemann dit qu'on doit encore douter des rapports de la vessie natatoire avec la locomotion, et si sa distension ou son refoulement peut permettre au Poisson de s'élever ou de s'enfoncer dans l'eau, ainsi que le pensait Borelli ; il s'appuie sur ce que certaines espèces qui en sont dépourvues nagent cependant très-bien, puis sur ce que cet organe ne communique pas avec le tube digestif chez quelques animaux de cette classe, et que d'autres [1] l'ont entouré d'une capsule osseuse ; enfin il étaye son opinion sur ce que de Humboldt et d'autres se sont assurés que des Poissons dont on a crevé la vessie natatoire conservent la faculté de s'élever et de s'enfoncer dans le fluide.

Carus professe aussi la même opinion, car il considère la vessie aérienne comme remplissant en partie la fonction expiratoire du poumon des animaux supérieurs, et extrayant du sang l'oxygène et l'azote qui s'y trouvent en excès, et les rejetant au dehors quand elle est munie d'un canal aérien ; selon lui, la structure de cette vessie, ses connexions avec le tube digestif, et la nature des gaz qu'elle contient, sont autant d'indices qui doivent la faire considérer comme ayant des fonctions qui se rapprochent de celles des organes pulmonaires, dont elle semble une ébauche.

Les auteurs qui considèrent la vessie natatoire comme l'analogue des poumons des animaux élevés, s'appuient aussi sur ce que, dans certains Poissons, elle est formée comme ces organes de deux sacs adossés l'un à l'autre qui s'ouvrent dans le pharynx [2], et qu'il en est en outre beaucoup chez lesquels cette vessie fait encore percer plus ses rapports avec les sacs respiratoires, puisque son intérieur est celluleux [3].

Sans nier la participation que la vessie aérienne peut prendre à la fonction respiratoire, ne pourrait-on pas admettre en même temps ses rapports avec la locomotion indiqués par nos prédécesseurs ? La privation d'un orifice de communication avec l'air extérieur n'infirme pas cette opinion, la simple compression suffisant pour faire varier la pesanteur spécifique du poisson ; une observation d'Agassiz vient encore à l'appui de cette assertion. Cet ichtyologiste a remarqué qu'un changement rapide dans la pression de l'atmosphère agissait par l'intermédiaire de l'eau sur le fluide aériforme de la vessie natatoire, jusqu'au point de la distendre, et même de la faire crever. Et il dit que souvent on voit flottant à la surface des lacs de la Suisse, ou rejetés sur leurs bords, un nombre considérable de poissons qui ont péri de cette manière durant des tempêtes.

Circulation. — Le système circulatoire des Poissons se compose d'un cœur destiné à pousser dans les branchies le sang qui revient de toutes les parties du corps ; cet organe, qui représente les cavités du côté droit des vertébrés supérieurs, est ordinairement placé dans la région gutturale, et il occupe une poche séparée de l'abdomen par une sorte de diaphragme ; là il est protégé par les os pharyngiens en dessus,

---

[1] Cobitis fossilis.   [2] Polyptère du Nil.   [3] Diodons, Tétrodons.

latéralement par les branchies, et en dessous par la ceinture solide des épaules ; ce cœur se compose d'un ventricule dont la forme varie, et qui est ordinairement fort petit. Dans les Poissons cartilagineux, son volume est plus considérable, et cet organe, qui est épais et charnu, se fait parfois remarquer par sa forme insolite ; nous avons reconnu qu'il était pyramidal et anguleux sur une Lamie que nous avons disséquée.

En outre on trouve une oreillette qui, chez la plupart des Poissons, reçoit le sang d'un grand sinus veineux, dans lequel vient s'épancher tout le fluide circulatoire qui est rapporté des diverses parties du corps. D'après Tiedemann, la masse du cœur forme ordinairement de 1/768 à 1/551 de celle du corps ; petitesse de dimension qui coïncide avec le peu de développement des vaisseaux, et la petite quantité de sang que possèdent ces animaux.

Le ventricule du cœur donne naissance à l'artère pulmonaire, qui bientôt se divise pour distribuer le sang dans les branchies. Les cavités du cœur possèdent des valvules favorablement disposées pour la circulation, afin d'empêcher le sang de refluer vers les organes en suivant une marche rétrograde. Il y a même à cet effet, chez quelques Poissons, une disposition encore plus admirable que celle qui se rencontre sur les Mammifères ; dans ce but, nous avons remarqué qu'il existait, à la naissance de la vaste artère pulmonaire des Lamies, neuf valvules sigmoïdes, disposées trois par trois, et sur trois rangées superposées les unes aux autres, de manière que la colonne de sang ne peut jamais refluer, et se trouve arrêtée par cette triple barrière.

Le sang, après avoir traversé les branchies, remonte vers la tête par des vaisseaux qui longent le bord des arcs de ces organes ; ces canaux envoient quelques branches aux parties voisines de la tête, et ils se réunissent ensuite pour former un vaisseau dorsal ou artère aorte qui se dirige en arrière, est situé au-dessous de la colonne vertébrale, et qui donne des rameaux à toutes les parties du corps.

On remarque aussi dans ces animaux que le sang veineux qui revient des intestins, et de quelques autres organes contenus dans l'abdomen, ne se rend pas immédiatement au cœur, mais qu'avant il se répand dans le foie par une veine porte.

Enfin il est curieux de noter que certains Poissons, dont le corps est excessivement long, ont été dotés d'un cœur supplémentaire qui semble avoir pour fonction de remédier au ralentissement que doit éprouver la circulation dans des vaisseaux très-étendus. Cela a lieu en particulier dans les Anguilles ; chez elles, Marshall-Hall a découvert un cœur caudal situé tout à l'extrémité postérieure du corps, sous les dernières vertèbres de la queue, et dont les pulsations paraissent indépendantes de celles du moteur principal de la circulation. On doit à Hewson la connaissance du système lymphatique de ces animaux.

Calorification. — Beaucoup de naturalistes pensaient que les Poissons ne jouissaient pas de la faculté de produire du calorique ; mais J. Hunter, Broussonnet, et J. Davy, ayant reconnu que la température de ces animaux surpasse d'un ou de plusieurs degrés celle de l'eau dans laquelle ils sont plongés, on ne peut leur refuser cette propriété.

Sécrétions. —Les sécrétions cutanées, moins variées ici que chez les autres vertébrés, se bornent à produire la mucosité qui enduit le Poisson ; celle-ci est préparée dans des vaisseaux ou canaux particuliers, et émise par des ouvertures à la superficie du corps. Perrault, et plusieurs anatomistes depuis lui, ont reconnu qu'il y avait à la tête une glande qui donnait naissance à des conduits muqueux descendant le long de la ligne latérale des Poissons, et se ramifiant en petites branches qui se terminent à des ouvertures situées sous les écailles.

Reproduction. —L'appareil sexuel des Poissons consiste principalement dans les ovaires pour les femelles, et les organes sécréteurs du fluide prolifique chez les mâles; quelquefois ceux-ci ont en outre un appendice excitateur.

Dans presque tous les Poissons osseux l'appareil de ce dernier sexe est constitué uniquement par deux testicules, qui sont d'une grosseur considérable et ressemblent à deux grandes poches alongées, membraneuses, dont l'intérieur est composé de cellules formées de parois minces, qui sécrètent un fluide séminal dans lequel Leeuwenhœck mentionnait des myriades d'animalcules spermatiques, dont il évaluait le nombre à 150,000,000,000 chez les morues, fluide très-riche en phosphore, selon Fourcroy et Vauquelin; c'est cet appareil génital mâle et le liquide qu'il contient, que l'on désigne vulgairement sous le nom de *laite* ou *laitance.* Ces deux glandes émettent le produit de leur sécrétion par deux canaux très-courts qui se réunissent en un seul, allant s'ouvrir derrière l'anus.

Les ovaires des femelles sont très-simples dans les Poissons osseux; leur forme est ordinairement celle de sacs membraneux alongés : ils occupent une grande partie de l'abdomen, et sont composés d'œufs contenus dans des cellules. Ces œufs sont globuleux, et ils sont émis à l'extérieur par des conduits qui se comportent comme ceux du fluide séminal des mâles.

Dans quelques-uns de ces animaux les organes génitaux offrent de notables différences, et l'on ne trouve qu'un seul ovaire et qu'un seul testicule[1], ainsi que l'a signalé Rathke dans son beau travail sur l'appareil génital des Poissons. Chez d'autres l'oviducte et le canal déférent, au lieu d'être continus à l'ovaire ou à l'organe sécréteur du fluide séminal, en sont détachés et commencent par une espèce d'entonnoir qui reçoit les œufs ou la semence. Enfin, dans d'autres, l'ovaire est situé fort en avant, et il n'y a point d'oviducte : les œufs se développent successivement et tombent dans la cavité abdominale où ils restent libres

[1] Perche, Blennie vivipare.

pendant un certain temps, et d'où ils sont expulsés, selon Carus, par l'orifice extérieur d'un conduit particulier qui s'ouvre près de l'anus et communique dans le ventre [1].

Dans la plupart des Poissons cartilagineux [2], les conduits déférents et les oviductes sont beaucoup plus longs que dans la tribu des osseux. Les testicules sont situés sous le foie, et leurs canaux excréteurs décrivent un grand nombre de circonvolutions, puis descendent en serpentant le long de la colonne vertébrale, et vont s'ouvrir à la base de la verge, qui a la forme d'une bouteille. Les ovaires ont la même situation que les organes sécréteurs de la semence. Les oviductes ont leur extrémité antérieure libre, et leur partie postérieure offre une dilatation, ou espèce de matrice dans laquelle l'œuf séjourne souvent jusqu'à l'entier développement du petit. On rencontre en outre dans beaucoup de ces Poissons, soit mâles, soit femelles, deux canaux faisant communiquer le ventre avec l'extérieur, et aboutissant à la partie interne de l'ouverture génito-urinaire ; ces deux canaux, qui sont considérés par certains anatomistes comme servant à introduire l'eau dans le ventre pour opérer une sorte de respiration abdominale, peuvent aussi dans d'autres Poissons [3] servir à l'émission des œufs.

Il est quelques espèces de Poissons qui offrent une bien plus grande quantité d'individus mâles que de femelles ; aussi certains observateurs, pour expliquer leur reproduction, ont-ils supposé qu'ils possédaient les deux sexes [4]. Ce fait est inexact ; cependant il est positif que certains êtres de cette classe, par monstruosité, sont absolument hermaphrodites, et que l'on rencontre d'un côté un ovaire, et de l'autre une glande testiculaire ; cela a été particulièrement observé chez la Carpe et le Brochet. Il est à peu près certain, dit M. I. Geoffroy, dans son *Traité de Tératologie*, que chez les Poissons l'hermaphrodisme latéral, loin d'empêcher l'accomplissement des fonctions sexuelles, permet au même individu d'agir à la fois comme mâle et comme femelle, c'est-à-dire d'excréter de la laitance et des œufs. L'indépendance complète des deux moitiés de l'appareil générateur chez les Poissons, et la simplicité de leurs fonctions reproductrices, rendent cette supposition très-vraisemblable, et établissent même la possibilité que les œufs d'un individu soient fécondés par sa propre liqueur séminale, ce qui réaliserait précisément, sous le rapport physiologique, l'hermaphrodisme tel que quelques auteurs anciens prétendent l'avoir observé chez l'homme.

Les Poissons se trouvant détruits par une foule de causes, et surtout par leur mutuelle voracité, la nature a dû, pour maintenir l'équilibre de la création, leur accorder une fécondité extraordinaire. Le tableau suivant, que nous extrayons en partie de Burdach, pourra en donner une idée :

[1] Truite.

[2] Squales, Raies.

[3] Truites.

[4] Congre.

Raies.	} 50 petits.		Rouget. . .	81,000 œufs.
Squales.			Sole.	100,000
Barbeau. . .	8,000 œufs.		Maquereau .	129,000 à 546,000
Meunier. . .	26,000		Carpe. . . .	167,000 à 203,000
Saumon. . .	27,000		Tanche. . .	383,000
Hareng. . . .	36,000		Carrelet. . .	1,357,000
Éperlan. . .	38,000		Esturgeon. .	1,467,000 à 7,653,000
Brochet. . .	49,000		Morue. . . .	3,686,000 à 9,344,000
Perche. . . .	75,000			

La ponte et l'émission spermatique ont ordinairement lieu en une
seule fois. C'est vers le printemps que la femelle dépose ses œufs dans
un endroit propice à leur développement, puis elle les abandonne;
alors le mâle, attiré près de ceux-ci, lance son fluide séminal sur eux,
les féconde en passant, et sans avoir nul contact avec elle; puis, après
cet acte, il s'éloigne.

Mais il en est tout différemment dans certains Poissons qui sont vivipares: il y a un véritable accouplement, et l'œuf est fécondé et se développe à l'intérieur de la femelle [1]. On observe même que souvent
chez eux le mâle est pourvu d'appendices volumineux, situés aux environs des organes sexuels, et terminés par des crochets osseux destinés
à retenir de vive force la femelle [2].

La nature de l'habitat des Poissons empêche de bien connaître la durée
de leur existence; cependant, il paraît que certaines espèces peuvent
vivre un grand nombre d'années. Bloch rapporte avoir vu des Carpes
si vieilles, qu'elles en avaient la tête ombragée de mousse. Mais un fait
qui est plus exact, c'est un Brochet énorme, que l'on pêcha en 1497;
il avait dans les opercules un anneau d'airain gravé, qui attestait que
l'empereur Frédéric II le lui avait fait mettre deux cent soixante-sept
ans auparavant.

Classification. — L'organisation des Poissons est évidemment moins
élevée que celle des autres vertébrés, et ils leur sont également inférieurs par leurs instincts et par leur séjour; aussi doivent-ils terminer leur série.

Ces animaux peuvent être divisés en trois sous-classes d'après la
considération de la consistance de leur squelette; ce sont les Poissons
osseux, les Poissons subosseux, et les Poissons cartilagineux; et ces
groupes se subdivisent en ordres et en familles.

De Blainville, pour former celles-ci, a eu égard à des ensembles de
caractères indiquant des rapports naturels, et il a groupé à une espèce
vulgaire, prise pour type, toutes celles qui s'en rapprochaient par leur
organisation; et pour faciliter la mémoire, il a donné à ses familles
une désinence qui fait connaître la division à laquelle chacune appartient. C'est ainsi que toutes les familles des Poissons osseux ont une
terminaison en *oïde*, et toutes celles des subosseux une en *ptère*.

---

[1] Raies, Requins.   [2] Quelques Squales.

POISSONS.

Sous-classes.				Ordres.
			au ventre.	ABDOMINAUX.
OSSEUX. Membres au nombre de	quatre. Nageoires ventrales situées . .	vers les pectorales et en arrière. .		SUBTHORACHIQUES.
		sous les pectorales.		THORACHIQUES.
		sous la gorge. . .		JUGULAIRES.
	deux.			DIPODES.
	nuls.			APODES.
SUBOSSEUX.				
CARTILAGINEUX.				

Squelette

POISSONS OSSEUX.

Squelette osseux. Dents constamment implantées dans les alvéoles des mâchoires. Derme écailleux.

Les Poissons de cette sous-classe sont aussi appelés *gnathodontes;* et les zoologistes, en considérant le squelette comme un organe fondamental du type auquel ils appartiennent, les placent à la tête de leur classe.

ORDRE DES ABDOMINAUX.

Poissons squammodermes, à nageoires ventrales situées très en arrière, et complétement indépendantes de la ceinture osseuse de l'épaule.

FAMILLE DES SILUROÏDES.

Peau nue ou couverte de plaques osseuses; nageoires dorsale et pectorales ordinairement armées d'une forte épine articulée, mobile, libre. Très-souvent une adipeuse.

Les Poissons de cette famille sont principalement reconnaissables à leur peau, qui n'offre point de véritables écailles, ainsi qu'à l'épine qui se trouve au-devant de leurs nageoires et qui semble n'en être qu'un premier rayon détaché, qu'ils ont la faculté de relever à volonté et dont ils se servent comme d'une arme défensive. Les Siluroïdes présentent encore un bon caractère dans un appareil osseux qui, chez eux, est annexé à la vessie natatoire.

MALAPTÉRURES. *Malapterurus.* Peau lisse; dorsale non rayonnée, adipeuse; pectorales sans épines. — Ce genre a été institué pour une seule espèce, le *Silure électrique* de Linnée, qui habite le Nil. Ce Poisson possède un appareil galvanique susceptible de donner des commotions et qui a été décrit d'abord par Geoffroy Saint-Hilaire, puis avec plus de détails par Rudolphi. Il est situé sous la peau; s'étend depuis la tête jusqu'au delà des nageoires ventrales, et est formé d'une membrane particulière composée de petites cellules rhomboïdales qui renferment un liquide albumineux. Les nerfs essentiels de cet appareil proviennent des ramifications du brachial, car les nerfs spinaux ne donnent de filaments qu'à la substance floconneuse située sous les cellules électriques.

Les Arabes, malgré leur ignorance dans les sciences physiques, désignent cet animal par le même nom que le tonnerre (*raad*), en assimilant probablement son action à celle de la foudre, ce qui ne les empêche cependant pas de le manger.

SILURES. *Silurus.* Peau nue. Tête déprimée; bouche fendue à l'extrémité du museau et entourée de barbillons. Ordinairement une forte épine à chaque pectorale. — Ces Poissons résident dans les eaux douces et ils abondent au sein des rivières des pays chauds; on en trouve aussi dans celles de l'Europe.

L'épine qui se voit aux nageoires de la plupart des Silures est tellement articulée sur l'os de l'épaule, que ces animaux peuvent à volonté la rapprocher du tronc ou la fixer solidement dans une direction perpendiculaire à l'axe du corps. Alors elle constitue une arme dangereuse, dont les blessures passent pour être fort graves dans les pays chauds, sans doute parce qu'elles produisent le tétanos, maladie qui résulte de la déchirure douloureuse des tissus, par les fines dentelures qui se trouvent à la surface de cette épine.

Les érudits prétendent que ce fut probablement un Silure qui effraya le jeune Tobie, lorsqu'il allait se plonger dans le Tigre, et qu'un ange lui ordonna de tirer sur le sable, afin d'en extraire le fiel qui devait guérir les yeux de son père.

Les habitants de la superstitieuse Égypte nourrissaient avec soin, dans leurs lacs, des Poissons de ce genre, et ils les révéraient à l'égal des autres animaux sacrés; on en reconnaît plusieurs qui sont figurés sur leurs antiques monuments.

Le *Glanis* ou *Saluth* est le plus grand des Poissons des fleuves européens, ce qui l'a fait décorer du nom de *Baleine des rivières;* il en a été péché des individus de six pieds de longueur et du poids de quatre cents livres. Dans l'Encyclopédie méthodique, on en mentionne un que l'on prit en 1761, dans l'Oder, et qui pesait plus de sept cent cinquante livres.

Ce Silure vient spécialement dans les fleuves de l'Allemagne et de la Hongrie; là, on le découvre caché dans la vase, épiant patiemment les autres habitants des eaux, qu'il dévore au passage. Sa chair se mange; elle est grasse, et dans quelques pays son lard se substitue à celui du porc. Pallas dit que la peau de ce Poisson devient noire et transparente par la dessiccation, et qu'elle sert aux Tartares à faire des vitres.

Les **PIMÉLODES,** qui ne sont qu'une des subdivisions du grand genre linnéen que nous décrivons, se trouvent quelquefois liés aux phénomènes volcaniques, et l'on en a parfois rencontré un nombre considérable parmi le produit des éruptions de boue : De Humboldt et M. d'Omalius d'Halloy en citent plusieurs exemples. Cela arriva en 1698, lorsque le pic de Carguairazo s'affaissa; tout le pays environnant fut couvert d'une boue argileuse renfermant une abondance de

Pimélodes des Cyclopes, ainsi nommés à cause de leur extraordinaire origine. En 1691, le volcan d'Imbaburu, qui était presque éteint, vomit même une si prodigieuse quantité de ces petits Poissons, qu'on attribua aux miasmes que produisit leur décomposition les fièvres putrides qui régnèrent alors dans la contrée.

FAMILLE DES ANABLEPSOÏDES.

Corps alongé, cylindriforme; dorsale unique. Peau revêtue de grandes écailles. Yeux très-saillants, à deux pupilles. Dents en velours. Cinq rayons branchiostèges.

ANABLEPS. *Anableps.* Ce genre, qui ne contient qu'une seule espèce, nous semble devoir mériter de former une petite famille, à cause de ses caractères particuliers.

L'*Anableps* n'a encore été trouvé que dans les rivières de la Guyane, et il est souvent désigné, par les peuplades qui habitent leurs bords, sous le nom de *gros-œil*, à cause de la saillie de ses cornées. Chez ce Poisson, chaque œil semble résulter de la jonction de deux de ces organes, ce qui est un fait unique parmi les animaux vertébrés; car quoique la cornée et la double pupille paraissent déceler extérieurement un appareil tout à fait multiple, il n'y a à l'intérieur qu'un seul cristallin et qu'une seule rétine. L'Anableps est encore remarquable dans sa classe, parce qu'il est vivipare et qu'il s'accouple. Cet acte s'opère probablement à l'aide de la nageoire anale, dont le bord antérieur forme un conduit au fluide prolifique.

La chair de ce Poisson est agréable, et on la mange dans les endroits où on le pêche.

FAMILLE DES COBITOÏDES.

Corps alongé, cylindriforme; dorsale unique. Peau visqueuse, à écailles excessivement petites. Bouche édentée, à lèvres propres à sucer. Trois rayons branchiostèges.

COBITES. *Cobitis.* Ces Poissons, qui sont le type de cette famille, se rencontrent dans les eaux douces. La France en nourrit quatre espèces, auxquelles on donne aussi le nom de Loches.

La *Loche franche* a la taille de quatre à cinq pouces; elle présente un dos marbré de brun. Cet animal expire aussitôt qu'il reçoit l'impression de l'air; cependant un prince de Suède parvint à en faire transporter de l'Allemagne jusque dans ses états pour les élever, afin d'en orner sa table.

La *Loche des étangs* habite les grands fossés; elle s'enfonce et subsiste longtemps dans leur vase quand ils viennent à se dessécher. Ce

Poisson présente une bouche environnée de dix barbillons. C'est de l'habitude qu'il a de venir à la surface de l'eau, et de s'agiter quand le ciel doit devenir orageux, qu'est venue l'idée de captiver ces Cobitoïdes dans des vases, pour en former des baromètres indicateurs des changements atmosphériques. On dit que cette Loche avale de l'air, et qu'elle transforme ce fluide en acide carbonique; mais ce fait est contesté. Sa chair sent la bourbe.

La *Loche des rivières* se plaît entre les pierres et les cailloux; et le *Cobite à trois barbillons* vit dans les ruisseaux des environs de Rouen.

FAMILLE DES AMIOÏDES.

Corps alongé, couvert d'écailles fort grandes, excepté sur la tête, qui est osseuse; dorsale unique. Mâchoires portant des dents aiguës en avant, et derrière lesquelles il y a des dents en pavés.

AMIES. *Amia*. Ce genre, formant le type de cette petite famille, ne contient qu'une seule espèce qui habite les rivières de la Caroline, et se nourrit d'Écrevisses. On la mange quelquefois.

FAMILLE DES MORMYROÏDES.

Corps comprimé. Peau de la tête nue et épaisse, enveloppant les opercules et transformant l'ouverture branchiale en fente verticale. Bouche excessivement petite.

MORMYRES. *Mormyrus*. Ce genre, qui forme seul cette division, se compose de Poissons qui vivent dans le Nil, et sont comptés parmi les plus délicats que nourrit ce fleuve.

FAMILLE DES CYPRINOÏDES.

Corps de forme normale; dorsale unique, non adipeuse. Bouche peu fendue, édentée, ou faiblement armée, sauf sur les os pharyngiens. Arcs branchiostèges peu nombreux.

CYPRINS. *Cyprinus*. Mâchoires totalement édentées; palais et langue lisses. Trois rayons branchiostèges. — Ce genre est un des plus naturels et des plus nombreux; les espèces qu'il renferme vivent presque toutes dans l'eau douce, et offrent une chair agréable à manger. Ce sont les Poissons les moins carnassiers que l'on connaisse; et ces êtres inoffensifs se nourrissent en grande partie de graines et d'herbe, ou même ils se contentent du limon des fleuves. Leur palais est occupé par un organe charnu, mais extrêmement irritable, que l'on connaît sous le nom de *langue de Carpe*, et leur pharynx offre un énergique instrument de mastication dans de grosses dents dont il est armé, et pouvant presser les aliments entre elles et un disque calcaire enchâssé sous le basilaire.

Ce grand groupe a subi de nombreuses dislocations, et parmi les sous-genres que l'on y a formés, nous citerons les Cyprins proprement dits, les Barbeaux, les Goujons, les Tanches, les Brêmes et les Ables.

Les **CYPRINS PROPREMENT DITS**, appelés aussi Carpes, se distinguent par leur nageoire dorsale qui est longue, et a, ainsi que l'anale, une épine plus ou moins forte pour le second rayon.

La *Carpe vulgaire* doit être citée au premier, rang. Selon l'érudit Noël, elle est originaire de l'Asie, et les Romains la faisaient venir de cette partie du monde dans des barques qui contenaient des réservoirs disposés exprès pour la transporter; ce ne serait, d'après lui, que plus tard que ce Poisson aurait été introduit dans les eaux de l'Europe. Les chroniques disent même que ce ne fut qu'en 1514 qu'il se trouva importé en Angleterre, et que l'on ne le propagea dans le Danemarck que vers le milieu du seizième siècle.

Actuellement la Carpe vit dans les fleuves qui baignent l'Europe, et on la rencontre surtout dans les endroits où leurs eaux sont paisibles et remplies d'herbes. Durant l'hiver, elle s'enfonce dans la vase et y reste plusieurs mois sans prendre aucune nourriture; quand la glace a envahi la surface des étangs, on découvre parfois un grand nombre de Carpes qui se sont entassées dans un creux qu'elles ont pratiqué avec leur museau et leurs nageoires; et là, en société et immobiles, elles attendent que le retour de la chaleur leur rende leur énergie accoutumée.

Les Carpes paraissent être un peu plus intelligentes que les autres êtres de leur classe, car l'on dit qu'à l'aide de soins, l'on obtient d'elles quelques témoignages de confiance, et que ces Poissons viennent prendre la nourriture à la main des personnes dont ils sont accoutumés a recevoir ce bienfait, et que celles-ci peuvent les faire approcher en les appelant.

Ces Cyprins sont remarquables par la ténacité de leur vie; on en transporte de Strasbourg à Paris, et ils se conservent vivants, avec la seule précaution de mettre un peu de mousse fraîche dans leurs ouïes.

Les Carpes peuvent se reproduire aussitôt qu'elles ont acquis trois ans, et elles sont douées d'une si extrême fécondité, que les propriétaires d'étangs se trouvent parfois obligés de restreindre leur procréation afin de leur fournir une suffisante alimentation; on a trouvé jusqu'à sept cent mille œufs dans les ovaires de quelques-unes de celles-ci. Leur accroissement est assez rapide; en général, elles pèsent environ trois livres à six ans, et six à huit à l'âge de dix; mais elles acquièrent parfois un poids beaucoup plus considérable. Pallas dit que dans le Volga on en pêche de cinq pieds de longueur, et l'on cite qu'un de ces Poissons, qui fut pris près de Francfort-sur-l'Oder, avait neuf pieds de l'extrémité du museau au bout de la queue, et pesait soixante-dix livres. Leur longévité n'est pas moins remarquable que leur pesanteur; Buffon vit, dans les fossés de Pontchartrain, des Carpes qui avaient atteint l'âge de cent cinquante ans.

On donne le nom de *reine des Carpes* à une variété dont la peau est dépouillée d'écailles par places, et c'est à cause de cette particularité qu'elle est aussi appelée *Carpe à cuir*.

La *Dorade de la Chine* fut d'abord apportée en Europe par les Hollandais, qui la vendaient fort cher. Ce Cyprin, dont la couleur orangée séduit l'œil par ses reflets d'or, s'est maintenant tellement multiplié chez nous, qu'il y est devenu presque indigène. Il résiste au froid d'une manière surprenante, et peut parfois se trouver pris dans les glaces sans périr. Les Dorades que l'on voit si communément orner les pièces d'eau des parterres, ou vivre dans des vases sur les cheminées de nos salons, présentent une foule de variétés dans leur coloration. La domesticité leur impose même de si grandes modifications, que la nageoire dorsale disparaît chez quelques individus.

Les **BARBEAUX** ont la dorsale et l'anale courtes, et offrent quatre barbillons près de la bouche. Le *Barbeau commun*, qui est le type de ce sous-genre, habite les eaux claires et vives, et, selon Cuvier, atteint parfois au delà de dix pieds de longueur; il est servi sur nos tables.

Les **GOUJONS** présentent une dorsale et une anale courtes et sans épines, et ils portent des barbillons. L'espèce la plus commune, qui acquiert environ huit pouces de longueur, vit par troupes dans nos eaux douces, et s'y nourrit de vers, d'insectes et de débris de chairs putréfiées.

Les **TANCHES** ont les mêmes caractères que le sous-genre précédent, mais leurs écailles sont fort petites, et leurs barbillons très-exigus. La *Tanche vulgaire*, qui est d'un brun jaunâtre, avec des reflets dorés, peuple les eaux stagnantes et parfois même des mares d'assez peu d'étendue; on la mange dans quelques localités.

Les **BRÊMES** portent une anale longue et sont dépourvues de rayons épineux à leurs nageoires; elles n'offrent point de barbillons. Nous en possédons deux espèces dans nos rivières; la *Brême commune*, qui offre une chair assez agréable et est servie sur les tables; puis la *petite Brême* qui n'est guère employée qu'à nourrir les poissons des viviers.

Les **ABLES** n'ont qu'une anale courte, puis elles sont privées de barbillons, et leurs nageoires manquent d'épines. Ce sous-genre contient un grand nombre d'espèces, mais elles sont peu estimées, et on leur donne le nom de *Poissons blancs*. On doit lui rapporter le *Meunier*, le *Gardon*, la *Rosse* et plusieurs autres qui viennent dans nos fleuves.

L'*Ablette*, qui habite nos rivières, appartient également à cette division : on la rencontre dans les endroits où les courants sont plus rapides, et où l'eau marche tumultueusement. C'est au printemps qu'elle fraie, et sa pêche se pratique toute l'année, soit à la ligne, soit au filet.

La poussière nacrée qui revêt les écailles de cette espèce est employée dans les arts pour confectionner les fausses perles. On l'obtient en écaillant les Ablettes, dans l'eau pure, avec un couteau tranchant; ensuite on décante celle-ci qui est souillée de sang, puis on lave les écailles à grande eau sur un tamis; la poussière passe à travers ses mailles et se précipite au fond du vase qui reçoit le liquide. Là, elle constitue une masse boueuse d'un blanc très-brillant; on la conserve ensuite dans de l'ammoniaque, et on la vend sous le nom d'*essence d'Orient*, ainsi que celle qui provient de l'Argentine.

Lorsque le fabricant veut employer cet ingrédient, il le mêle avec de la colle de poisson, et en enduit l'intérieur des boules de verre qui doivent être transformées en perles fausses; ensuite il fait promptement sécher celles-ci au feu, et les remplit de cire pour leur donner de la solidité et du poids.

FAMILLE DES SALMONOÏDES.

Corps de forme normale, écailleux, à deux dorsales, dont une adipeuse.

LAVARETS. *Coregonus*. Écailles grandes. Bouche peu fendue; dents nulles ou peu nombreuses. — L'Europe possède plusieurs espèces de ce groupe, qui paraissent se ressembler beaucoup.

ÉPERLANS. *Osmerus*. Deux rangées de dents écartées sur chaque palatin; huit rayons branchiostéges seulement. — Ces Poissons, qui ressemblent aux Truites par leurs formes, n'offrent aucune tache sur leur corps. On les pêche dans la mer, à l'embouchure des grands fleuves, et leur chair est avec raison très-estimée.

SAUMONS. *Salmo*. Maxillaires, inter-maxillaires, palatins, vomer, langue et pharynx dentés. Dix rayons branchiaux; deux dorsales. — Les espèces rassemblées dans ce groupe se trouvent, pour la plupart, successivement dans les eaux douces et dans la mer; elles semblent aimer les ondes tumultueuses et souvent on en découvre au milieu des rochers où les fleuves forment des cascades. Ces Poissons nagent avec aisance et déploient fréquemment une force prodigieuse, en luttant continuellement contre les courants les plus rapides. La plupart ont leur robe marquetée de petites taches d'un aspect agréable. Ils sont tous carnassiers, ainsi que le fait supposer leur armure dentaire, qui est la plus compliquée que l'on connaisse.

Le *Saumon* est errant dans tous les parages du Nord; de là il se répand au printemps en immenses troupes, dans les rivières et les lacs pour y passer la belle saison. On l'a parfois trouvé excessivement loin des plages maritimes, et l'on assure avoir péché des Saumons du golfe Persique dans la mer Caspienne. Parvenus là par les communications souterraines de leurs eaux, ils furent reconnus à des bijoux d'or dont les avaient ornés de riches habitants des rivages du golfe.

Dans leurs voyages, ces Poissons marchent en files disposées sur deux rangs réunis en avant, et à la tête desquels se trouve la plus grosse femelle qui les conduit, tandis que les plus petits mâles sont à l'extrémité de la troupe. Les Saumons voyagent ordinairement en produisant un assez grand bruit, quand leurs bandes nagent vers la superficie de l'eau des fleuves qu'elles parcourent, ce qui arrive particulièrement lorsque la température est douce. Les rocs élevés et les petites cataractes n'arrêtent pas leur course ; en s'étalant de côté sur les pierres, et fléchissant fortement le corps en haut, ils forment un arc qu'ils débandent vigoureusement, et, à l'aide de cet effort, se projettent hors de l'eau à une hauteur de douze à quinze pieds, et franchissent l'obstacle qui s'oppose à leur passage. Ces Poissons s'avancent ainsi jusque vers les sources des fleuves, font parfois huit cents lieues en remontant ceux-ci, et déposent leur frai dans les moindres ruisseaux et les plus tranquilles ; puis vers l'automne, leurs troupes affaiblies et dont les individus sont devenus maigres, redescendent vers la mer pour y passer l'hiver.

Ordinairement ces animaux remontent les rivières avec lenteur et semblent se jouer tout en voyageant ; mais lorsque la crainte les agite ils fuient avec une si grande rapidité que l'œil a peine à les suivre. On dit qu'alors ils franchissent jusqu'à dix lieues à l'heure.

Il paraît que ces Poissons, ainsi que le font tant d'animaux voyageurs et en particulier certains oiseaux, reviennent tous les ans fréquenter les mêmes parages. H. Cloquet rapporte une expérience de Deslandes qui semble démontrer ce fait : ce naturaliste, ayant attaché un anneau en cuivre à la queue de douze Saumons, qui avaient été péchés dans une rivière de la Bretagne, leur rendit immédiatement la liberté ; l'année suivante cinq de ces Saumons furent repris dans le même endroit ; deux ans après on en repêcha trois autres, et la troisième année trois furent encore retrouvés en semblable lieu.

Il paraît que ce doit être dans le seul but de frayer qu'ils s'avancent dans les fleuves, car ils ne s'y portent pas aussi bien que dans la mer, et leur chair y est moins savoureuse. C'est dans celle-ci, suivant Knox, qu'ils trouvent en effet la nourriture qui leur convient le mieux, qui est le frai des Échinodermes.

On s'accorde à professer qu'aussitôt que les femelles arrivent dans un lieu propice dont le fond est formé de sable et de gravier, elles y creusent un trou alongé, profond d'un à deux pieds, pour y déposer leur frai, et qu'après lui avoir confié celui-ci elles le recouvrent de sable avec leur queue. Grant, qui a confirmé ce fait, dit même qu'en préparant ce berceau pour leur progéniture, ces Poissons déploient un tel zèle qu'ils en usent leurs nageoires et détachent, avec force, les pierres qui sont adhérentes au sol. H. Davy et Jacobi avaient pensé que ce qui porte les Saumons à choisir les eaux courantes pour y abandonner leurs œufs, c'est que ceux-ci y reçoivent un air plus renouvelé ; mais Knox croit que c'est plutôt pour les préserver du froid, parce que celui-ci pénètre difficilement le sable des fleuves.

On est étonné de la nombreuse progéniture de ce Poisson, chez lequel on a compté jusqu'à 27,850 œufs dans une femelle du poids de vingt livres. Ce n'est que quand celle-ci a abandonné sa postérité que le mâle arrive pour opérer la fécondation, et l'arroser de sa laitance.

L'accroissement des petits Saumons est rapide. On a calculé qu'à deux ans ils pèsent déjà six à huit livres, et à cinq ou six leur poids est de dix à douze. On en pêche parfois qui ont six pieds de longueur, et qui ne pèsent pas moins de quatre-vingts à cent livres.

La pêche du Saumon est dans certaines régions du nord de l'Europe une industrie des plus productives comme des plus importantes ; et quelques cités, en reconnaissance du bien-être qu'elles lui ont dû, ont même représenté cet animal sur leurs armes, tel est en particulier le bourg royal d'Anstruther en Écosse, qui, d'après Noël, conserve encore trois Saumons dans son écusson. Il existe des rivières où ces Poissons sont si abondants, qu'on en prend souvent plusieurs centaines à la fois. Pennant raconte qu'en Norwége un seul coup de filet en amène parfois plus de trois cents ; dans certaines rivières d'Angleterre ce nombre s'élève même à sept cents. Enfin il est curieux de noter qu'en 1730, d'après H. Cloquet, dans la Ribble, on captura d'un seul coup de filet 3,500 Saumons d'une assez forte dimension. On dit qu'à Berghen il n'est pas rare de voir des pêcheurs en rapporter chaque jour deux mille.

On pêche les Saumons d'une foule de manières. Les filets, la ligne, les nasses, la capture aux flambeaux sont employés, et dans certains endroits de la Norwége, où ils abondent, Fabricius dit qu'on prend ces Poissons en barrant l'embouchure des fleuves à peu de distance de la mer. En Écosse on se plaît parfois à les poursuivre à cheval sur les bords des rivières peu profondes et à les percer avec des javelines barbelées ; cet exercice nécessite beaucoup d'adresse et de dextérité.

La chair du Saumon est rouge et d'un goût fort délicat, aussi est-elle très-estimée en France, et d'un prix élevé ; mais dans les pays du Nord, où se pêche une si prodigieuse quantité de ce Poisson, son abondance la fait dédaigner, et elle y devient l'aliment des gens de la moindre condition.

La *Truite saumonnée*, qui est marquée de taches ocellées, et dont la nageoire caudale est en croissant, parvient parfois à une assez forte taille, et pèse alors huit à dix livres. Elle quitte la mer au printemps, et remonte les rivières et les ruisseaux jusque dans les plus hautes montagnes. Dans les Alpes, on en rencontre qui, de cataracte en cataracte, se sont élevées jusqu'à deux cents toises au-dessus du niveau de la mer. La chair de ce Poisson est savoureuse, et sa couleur est rougeâtre.

La *Truite commune*, qui ne parvient qu'à une moindre taille, et a sa nageoire caudale à peine échancrée, n'est pas aussi estimée que la précédente.

FAMILLE DES LUCIOÏDES.

Corps alongé ; bouche fendue ; une nageoire dorsale unique, rayonnée. Maxillaires édentés et suspendus dans les lèvres.

EXOCETS. *Exocetus*. Pectorales de la longueur du corps ; dorsale unique ; ventre bicaréné. — Les Exocets ont reçu le nom de *Poissons volants*, à cause de la facilité avec laquelle ils s'élèvent dans l'air à l'aide des larges nageoires dont la nature les a pourvus ; ils habitent les mers tropicales et tempérées, mais parfois les tempêtes en apportent jusque dans la Manche.

Ces faibles animaux, poursuivis par les grosses espèces qui en sont fort friandes, ne leur échappent qu'à l'aide de sauts précipités qu'ils exécutent hors de l'eau, et qui embrassent l'étendue d'une portée de fusil. On voit leurs bandes fuir par milliers le danger qui les menace, en s'élançant à plusieurs toises au-dessus de la surface des flots ; parfois elles s'embarrassent dans les voiles des navires, et d'autres fois, pendant leur vol pénible, elles deviennent la pâture d'oiseaux non moins redoutables que les ennemis auxquels elles essaient de se dérober. Ainsi toujours en fuite, exposés à la mort dans les deux éléments qu'ils parcourent, les Exocets sont devenus le symbole de la frayeur perpétuelle.

On pensait que ces Poissons ne pouvaient voler qu'en ligne droite ; mais des observations récentes ont démontré qu'ils ont la faculté de changer leur direction. Le bruit singulier qu'ils font entendre pendant le vol et qui était attribué à leurs ailes, est produit par une membrane tendue placée au fond de la gorge, et contre laquelle l'air vient frapper et retentir. Ils se nourrissent de Mollusques ou de petits Poissons ; leur chair est délicieuse, et les matelots ne se font aucun scrupule d'augmenter le nombre de leurs destructeurs.

On voit souvent des nuées de l'*Exocet commun* surgir à la surface de l'Océan. Tous les voyageurs le connaissent.

ORPHIES. *Belone*. Corps très-alongé ; museau effilé ; écailles peu apparentes. — Nous possédons dans nos mers l'*Orphie aiguille*, qui acquiert deux pieds de longueur, et dont les os, par une singularité jusqu'alors inexpliquée, offrent une belle couleur verte. Quoique d'un goût exquis, les classes pauvres se nourrissent seules de ce Poisson, parce que la teinte de son squelette se communique parfois aux chairs, et fait croire que celles-ci sont vénéneuses.

BROCHETS. *Esox.* Museau large, déprimé, obtus ; bouche grande ; dents aiguës, nombreuses ; dorsale unique. — Le nom de Brochet vient, selon les uns, de la ressemblance de ces Poissons avec une broche ; selon d'autres de *brochus*, dénomination que l'on donnait aux individus à bouche avancée.

Le *Brochet commun* est le type de ce genre ; sa voracité l'a fait nommer à juste titre le *Requin des étangs;* en effet, il est si affamé qu'il s'attaque à tout ce qu'il rencontre, et il détruit jusqu'à sa progéniture. C'est le fléau des Poissons des eaux douces ; il mange aussi des Rats et des Grenouilles : on a trouvé jusqu'à des Canards entiers dans l'estomac de gros individus de cette espèce. Quand la proie que ceux-ci ont saisie est plus volumineuse qu'eux, ils n'en avalent qu'une partie, et pendant qu'elle se digère, à l'imitation des Serpents, ils attendent que la putréfaction facilite l'introduction de ce qui est resté au dehors.

Les Brochets se ruent sur leur nourriture avec si peu de discernement, qu'on a vu un de ces Poissons saisir le museau d'une Mule qui allait s'abreuver dans un fleuve, et n'abandonner prise qu'après avoir été emporté assez loin dans les terres par cet animal.

Ces Poissons parviennent jusqu'à la longueur de huit à neuf pieds, et pèsent quelquefois une centaine de livres. Quoiqu'on ne puisse admettre les rêveries des anciens à l'égard du volume qu'ils peuvent acquérir, il paraît constant cependant, au moins d'après une citation de Lacépède, que dans le Palatinat, en 1497, il a été pêché un Brochet de dix-neuf pieds de long, et du poids de trois cent cinquante livres.

Les Brochets, à ce que dit Lacépède, ont l'organe de l'ouïe plus développé que les autres Poissons, et on leur trouve les rudiments d'un quatrième canal demi-circulaire. Aussi, ajoute-t-il, ne doit-on plus s'étonner de voir Pline signaler la finesse de leur ouïe, et d'apprendre, que, sous Charles IX, il existait, dans un bassin du Louvre, quelques-uns de ces Poissons qui venaient à la voix de ceux qui les appelaient pour leur donner de la nourriture.

La chair du Brochet commun est fort estimée. Nos crédules aïeux lui attribuaient à tort de grandes vertus médicinales. Ses œufs passent pour purgatifs ; et l'on dit que les oiseaux aquatiques qui les mangent ne tardent pas à ressentir leurs effets, qu'ils sont rendus sans altération, et que c'est par ce moyen que la progéniture de ce Poisson peut se répandre dans des marais sans communication.

On élève le Brochet, on l'engraisse, et on lui pratique quelquefois la castration pour rendre sa chair meilleure. Pallas dit qu'on en prend une si prodigieuse quantité dans le Volga, que les pêcheurs les réunissent en tas énormes sur les rivages de ce fleuve ; et que, quand ces animaux sont gelés, on les débite au prix modique d'un sou les onze livres.

FAMILLE DES CLUPÉIOÏDES.

Corps de forme normale, écailleux; dorsale unique, à rayons mous. Mâchoires formées sur les côtés par les maxillaires; intermaxillaires étroits.

ANCHOIS. *Engraulis.* Bouche très-fendue; museau pointu; douze rayons branchiaux et plus. — On rencontre des représentants de ce genre dans la plupart des mers.

L'*Anchois vulgaire* vient principalement de la Méditerranée, où il fourmille. Mais il se trouve aussi dans l'océan Atlantique, ainsi que dans la mer Baltique.

Ce Poisson avait anciennement, comme aujourd'hui, une grande réputation, et quelques naturalistes croient que c'était avec lui que les Latins préparaient leur fameux *garum*. Chez nous, cette espèce est un assaisonnement indispensable dans tous les repas.

On pêche ordinairement les Anchois pendant les nuits les plus obscures, et l'on se sert d'un procédé assez singulier. On les attire autour d'une barque dans laquelle on a allumé un grand feu; puis ensuite d'autres bateaux approchent et les pêcheurs tendent leurs filets, qui ont à peu près deux cents pieds de longueur, tout autour de la chaloupe qui est éclairée. Mais alors on éteint le feu, et on s'occupe de troubler l'eau pour faire fuir en désordre ces Poissons qui, dans leur précipitation, se jettent dans les mailles des filets qui les environnent de toute part. Après que la capture a été faite on leur ôte la tête et on les sale pour les livrer à la vente.

HARENGS. *Clupea.* Bouche médiocre; ventre caréné, dentelé. — Ces Poissons se rencontrent parmi beaucoup de mers; leurs ouïes sont très-fendues; aussi meurent-ils à l'instant où on les tire de l'eau; leur vessie natatoire est longue et pointue, et leurs cœcums sont nombreux.

Le *Hareng commun*, qui est l'espèce la plus célèbre de ce genre, selon l'opinion générale, habite les mers du Nord, et là il se rassemble par bandes immenses qui entreprennent périodiquement des migrations et se répandent dans diverses mers en suivant un itinéraire tellement fixe, que certains savants ont tracé leur marche sur les cartes. Selon eux, une des colonnes de ces Poissons s'avancerait vers les parages de l'Islande et longerait l'Amérique jusqu'au banc de Terre-Neuve; et une autre descendrait le long de l'Europe, s'avancerait dans la Baltique et entre l'Angleterre et la France jusque vers l'Espagne.

Mais Bloch et Noël ont nié ces merveilleuses migrations en se fondant sur ce qu'il s'écoule parfois plusieurs années sans que l'on observe de ces Poissons dans les parages où l'on a tracé la route de leurs bandes, et que dans d'autres il en existe toute l'année. On a même prétendu, peut-être avec raison, que les Harengs vivaient constamment dans les régions où on rencontre leurs troupes à certaines saisons, mais seulement qu'ils résidaient presque toujours à une grande profondeur et ne venaient à la surface de la mer qu'à l'époque où ils vont déposer leur frai, ou peut-être pour y chercher une nourriture qui y abonde alors.

Quoi qu'il en soit, on trouve des Harengs dans les mers qui s'étendent du pôle arctique jusqu'au 45° de latitude nord. C'est particulièrement en été et en automne que l'on rencontre leurs formidables légions : elles marchent par bancs d'une étendue considérable qui couvrent plusieurs lieues de mer et qui s'enfoncent à une grande profondeur dans celle-ci. Les individus qui les forment sont si tassés, que les filets des pêcheurs se déchirent quelquefois sous le poids qu'ils en rapportent, et que l'on voit même ces animaux s'étouffer entre eux par milliers en se pressant dans les bas-fonds sous-marins. C'est du Nord qu'ils semblent descendre périodiquement vers nos climats, et jamais on ne rencontre leurs troupes se dirigeant vers le pôle.

Le trajet de ces animaux est dévoilé aux pêcheurs par les oiseaux carnassiers qui les escortent pour dévorer ceux qui se trouvent à la surface des bancs, et, pendant la nuit, on suit leur trace à la phosphorescence de la mer. Dans leurs courses, ces Poissons paraissent s'avancer avec ordre, et l'on dit que les plus robustes sont à la tête. Au rapport des voyageurs, les Harengs font particulièrement leur nourriture de quelques crustacés marins, au moins cela semble avoir lieu sur les côtes de la Norwége. On n'a pas de notions bien précises sur le temps que le frai met à éclore.

L'extrême fécondité des Harengs empêche seule qu'ils ne se trouvent détruits par l'énorme consommation, qu'en font les nations dont ils fréquentent les rivages ; on a compté soixante-huit mille six cent six œufs dans une femelle. Bloch calcula que, dans un seul endroit de la Suède, on pêchait plus de sept cent millions de ces Poissons ; mais ce nombre n'est rien auprès des masses qu'en rapportent les flottes que les diverses nations européennes envoient à leur recherche et qui s'élèvent à plusieurs milliers de navires. Dans quelques pays, il s'en prend si prodigieusement, que l'on se contente d'en extraire de l'huile à brûler, et le détritus de cette opération sert à engraisser la terre.

Les nations européennes emploient chaque année, à la pêche de ce Poisson, un grand nombre de bâtiments et d'hommes. La Hollande, qui trouva dans cette industrie une si féconde source de prospérité il y a environ un siècle, n'y occupait pas moins de deux mille bâtiments, et l'on évaluait à plus de quatre cent mille le nombre d'individus qui les montaient ou que cette industrie faisait vivre. Dans les seuls ports de la France septentrionale, situés entre Dunkerque et le Hâvre, on compte de trois à quatre cents bâtiments qui chaque année sont expédiés à la pêche du Hareng, et ceux-ci sont montés par environ cinq mille marins. On évalue à quatre millions le produit de leur pêche.

Les filets dont on se sert pour pêcher le Hareng ont une prodigieuse dimension ; ils n'ont pas moins de cinq à six cents toises de longueur, et sont faits en fils de soie, parce que le fil retord dure trop peu de temps. Leurs mailles ont environ un pouce de largeur, et on les teint en noir à la fumée, afin qu'elles n'effraient point ce Poisson. L'un des bords du filet est soutenu à la surface de la mer par de petits tonneaux vides, et l'autre est forcé de s'enfoncer par un nombre considérable de pierres qui y sont attachées. Les Harengs se prennent en accrochant leurs opercules aux filets, parce que les mailles de ceux-ci ont justement la porportion nécessaire pour permettre à la tête de ces Clupéioïdes d'y entrer, mais elles ne peuvent admettre les nageoires pectorales, et de cette manière, quand ces Poissons ont commencé à s'engager, il ne leur est plus possible d'avancer ni de reculer. Quelquefois il ne faut que peu d'instants pour que toutes les mailles soient garnies de Harengs ; mais on regarde la pêche comme très-bonne lorsque, au bout de deux heures, le filet est assez chargé de Poissons pour qu'il soit utile de le retirer, car parfois l'intervalle de deux marées-suffit à peine pour cela.

Les Harengs venant loin de la Méditerranée, les Grecs et les Romains ne paraissent point les avoir connus, et leurs écrivains gardent le silence à leur égard. En France on se nourrissait déjà de ces Poissons au temps de saint Louis, car ce prince rendit des ordonnances concernant leur vente, mais ce ne fut que dans le quinzième siècle que l'on inventa l'art de les saler. Ce fut à un Hollandais, nommé Buckalz, que l'on dut cette découverte utile ; sa patrie lui éleva un monument pour perpétuer sa reconnaissance, et l'empereur Charles-Quint, voulant témoigner la vénération que lui inspirait la mémoire de ce bienfaiteur du peuple, honora son tombeau en le visitant. L'usage de saurir ces précieux Poissons prit naissance chez nous, à Dieppe.

Le Hareng, par son vil prix, forme un des plus précieux aliments des classes pauvres ; cependant on le sert aussi, lorsqu'il est mariné, sur les tables des gens aisés.

A ce genre appartient encore la *Sardine*, qui est renommée par sa délicatesse, et tire son nom de la quantité qui s'en trouve vers la Sardaigne. Cette espèce, qui se rencontre également dans la Baltique et l'océan Atlantique, pullule tellement sur les rivages de la Bretagne, qu'un seul coup de filet en amène quelquefois assez pour remplir une quarantaine de barils, et que l'on évalue à deux millions le bénéfice annuel qu'elle rapporte à cette province. On pêche les Sardines avec des filets analogues à ceux que l'on emploie pour le Hareng, mais dont les mailles sont plus petites ; et comme ces Poissons se putréfient très-promptement, on les sale dans des établissements destinés à cet effet, et que l'on rencontre près des rivages vers lesquels on va à leur recherche, ce qui a lieu sur ceux de la Bretagne en particulier.

L'*Alose*, qui remonte les grands fleuves par troupes nombreuses, appartient aussi à ce groupe; elle est estimée en France, tandis que les Russes la dédaignent, la croient délétère, et l'abandonnent aux Tartares. On dit qu'elle aime la musique, et que les pêcheurs des rivages méditerranéens se font accompagner d'instruments quand ils vont à sa recherche. Rondelet assure qu'il a vu de ces Poissons être attirés par les sons d'un luth, et qu'ils sautaient à la surface de l'eau.

La *Finte*, qui offre cinq ou six taches noires sur ses flancs, est encore employée comme aliment.

ORDRE DES SUBTHORACHIQUES.

Poissons squammodermes, ayant leurs ventrales en arrière des pectorales, et étant ordinairement en rapport plus ou moins intime avec les os de la ceinture osseuse antérieure.

ATHÉRINES. *Atherina.* Tête déprimée; écailles grandes. Bouche très-protractile, armée de petites dents. — Quelques-uns de ces Poissons habitent la Méditerranée, et sont recherchés pour les tables.

MUGES. *Mugil.* Formes normales; deux dorsales; bouche anguleuse, à lèvres charnues. — Ces Poissons voyagent par troupes immenses; ils sont vifs, agiles, et quoique leurs courtes nageoires ne puissent les soutenir dans l'air, on les voit souvent s'élancer hors de l'eau, mais ils y retombent aussitôt. Leur estomac se termine en une espèce de gésier charnu offrant de l'analogie avec celui des oiseaux.

Le *Mulet de mer* abonde sur les bords méditerranéens; il remonte par bandes innombrables dans les fleuves où sa couleur, mélangée de brun et de bleu sur le dos, forme à la surface de l'eau, comme on le voit particulièrement dans la Garonne et dans la Loire, des espaces teints en bleu obscur, qui indiquent aux pêcheurs le passage de ses légions tassées.

Cette espèce était prônée dans l'ancienne médecine, et elle était connue de Pline, qui la regardait comme extrèmement stupide; il rapporte que, quand un danger la menace, elle s'enfonce la tête dans la bourbe, et qu'alors, en perdant de vue son agresseur, elle se croit tout à fait hors de son atteinte.

POLYNÈMES. *Polynemus.* Formes normales. Tête tout écailleuse; nageoires pectorales offrant un certain nombre de rayons libres et terminés en filaments alongés. — C'est de cette dernière particularité que provient le nom de ces animaux, qui veut dire plusieurs filets; et c'est aussi elle qui les a fait nommer *Poissons paradis*, parce que l'on a comparé les filaments de leurs nageoires pectorales à ceux des oiseaux de paradis. Les polynèmes habitent les mers des régions chaudes.

MULLES. *Mullus*. Menton à deux barbillons ; deux dorsales ; écailles larges, faciles à détacher. — Ces Poissons habitent les eaux de l'ancien continent ; ils sont remarquables par le brillant coloris rouge ou jaune qui les décore, et ils ne méritent pas moins d'être mentionnés à cause de l'excellence de leur chair.

Le *Rouget*, qui a joui anciennement d'une grande célébrité, abonde sur les côtes de la Méditerranée ; on le rencontre aussi dans l'océan Atlantique, aux environs de l'Espagne et de la France, surtout pour cette dernière près de Bordeaux. On dit même qu'il s'avance jusque vers l'Angleterre et la Hollande. Anciennement c'étaient les Rougets des environs de Marseille que l'on estimait davantage. Ils constituaient alors un mets regardé comme bien délicieux, puisque l'on vit le meurtrier Milon se réjouir de son exil dans cette ville, parce qu'il y mangeait de ces excellentes Mulles.

Cette espèce a le dos d'une belle couleur de pourpre mariée d'or ; son ventre est argenté ; elle se nourrit de crustacés, de mollusques et d'animaux putréfiés.

Les Romains, à ce que rapporte Varron, se plaisaient à élever des Rougets dans les viviers ou les bassins qui décoraient leurs habitations, et la chair de ces Poissons passait parmi eux pour un des mets les plus délicieux qui puissent décorer les tables.

Ces Mulles étaient tellement estimées à Rome, et sous les empereurs le luxe s'en repaissait avec une telle avidité, qu'on les payait souvent de leur poids d'argent. Sénèque rapporte que Tibère ayant reçu en présent un de ces Poissons, d'une forte taille, pesant environ cinq livres, cet empereur le fit vendre sur la place publique, et qu'il fut payé 5,000 sesterces (974 fr.) par Octavius, qui l'avait disputé à Apicius. Pline dit même que pendant la domination de Caligula, un Rouget fut payé 8,000 sesterces (1,558 fr.), par un ancien consul nommé Célère. Ce prix exorbitant avait été cependant encore dépassé à l'époque de Tibère, car Suétone nous raconte qu'alors trois de ces Poissons, qui offraient une taille extraordinaire, furent vendus 50,000 sesterces (5,844 fr.).

Les Romains pendant leurs orgies prenaient un plaisir barbare à faire mourir lentement des Rougets, afin de suivre, d'un œil avide, les teintes variées que produit l'agonie chez ces animaux qui, à ce que dit Pline, passent successivement de la couleur pourpre à la violette, puis deviennent bleuâtres et blancs à mesure que leur vie s'éteint.

Dans les banquets somptueux, on voyait même la richesse inventer des moyens pour ne rien perdre du spectacle de la mort de ces Poissons : on les faisait nager au milieu de ruisseaux d'eau chaude traversant la table, et qui se trouvaient contenus par des parois de cristal ; et là, on les laissait expirer et cuire tout vivants sous les yeux charmés des convives.

Galien rapporte que c'était le foie des Rougets qui passait pour en être la partie la plus exquise, et qu'on le broyait avec du vin pour l'assaisonner; après cet organe c'était la tête, qu'il paraît que du temps de ce médecin on estimait davantage.

Ce fut sous le règne des empereurs que se manifesta le goût effréné dont ces Poissons furent l'objet; puis celui-ci passa peu à peu de mode, car Macrobe, qui vivait au Ve siècle, dit que de son temps ils n'avaient plus cette valeur exorbitante dont parlent les anciens.

Aujourd'hui l'usage du Rouget s'est continué dans le Midi de la France ainsi qu'en Turquie, et dans la Crimée où la délicatesse de sa chair le fait nommer *Poisson du sultan*. De nos jours, ce Poisson passe encore pour le plus exquis de tous les habitants de la mer; mais il a perdu la merveilleuse propriété que lui prêtait Pline de dégrader ses teintes en mourant; il vit et expire sans changer de coloration, puis il conserve encore son enduit empourpré au milieu des apprêts culinaires; et certainement dans ce cas, comme dans tant d'autres, l'illustre naturaliste romain a transgressé la vérité.

Le *Surmulet* a des raies jaunes. On le rencontre plus communément. Sa chair est aussi exquise que celle du précédent. Les anciens l'estimaient beaucoup, et comme les Poissons de cette espèce étaient d'un prix exorbitant, ils donnèrent lieu au proverbe: *Ne les mange pas qui les prend*. Les Grecs avaient consacré ces faibles animaux à Diane chasseresse, parce qu'ils pensaient que ceux-ci poursuivaient avec acharnement les habitants dangereux de la mer.

SPHYRÈNES. *Sphyræna*. Corps long; deux dorsales écartées; tête terminée en pointe par la mâchoire inférieure saillante; dents longues et pointues. — Plusieurs de ces Poissons habitent la Méditerranée; ils sont tous très-voraces, ce qui les a fait comparer aux Brochets.

ORDRE DES THORACHIQUES.

Poissons squammodermes, ayant leurs nageoires ventrales au-dessous des pectorales.

FAMILLE DES TÉNIOÏDES.

Corps extrêmement long et très-comprimé. Peau lisse, à écailles fort petites.

CÉPOLES. *Cepola*. Museau court; bouche fendue obliquement; barbillons nuls; dorsale et anale très-longues. — La dénomination de *Rubans de mer* a été donnée aux individus de cette petite coupe, à cause de la compression de leur corps. Les bords vaseux de la Méditerranée en offrent une espèce qui est rougeâtre ; elle détruit les Crabes. Les pêcheurs s'en servent en guise d'appât.

GYMNÈTRES. *Gymnetrus.* Bouche peti te etpeu fendue ; dorsale à rayons antérieurs prolongés en panache ; ventrales excessivement longues ; anale nulle. — Le *Gymnètre lacépédien* est un magnifique poisson de la Méditerranée, dont le corps, recouvert d'une poussière argentée avec des maculatures noires, parvient à une longueur de trois ou quatre pieds. M. Risso lui donna le nom de Lacépède, à cause de la robe éclatante qu'il porte.

TRICHIURES. *Trichiurus.* Dents longues ; anale remplacée par des épines ; ventrales et caudales nulles ; queue terminée par un filet grêle. — Leur peau argentée et l'aplatissement de leur corps ont fait décorer ces beaux animaux du nom de *Ceintures marines.* Un d'eux, le *Trichiure de l'Inde*, passe pour électrique.

LÉPIDOPES. *Lepidopus.* Mâchoire à dents pointues ; deux écailles aiguës, mobiles, remplaçant les ventrales. — La forme de ces animaux les a fait appeler *Jarretières marines* par quelques zoologistes. Nous en avons deux dans la Méditerranée : et l'on trouve dans l'Océan le *Lépidope argenté* qui atteint jusqu'à cinq pieds de longueur.

FAMILLE DES SCOMBÉROÏDES.

Corps plus ou moins alongé, fusiforme ou aplati. Peau munie d'écailles ordinairement fort petites. Dorsale ordinairement décomposée.

SCOMBRES. *Scomber.* Deux dorsales ; queue munie en dessus et en dessous de petites nageoires surnuméraires. — Ordinairement ce sont de très-petites écailles qui recouvrent les scombres. Ceux-ci se trouvent en troupes nombreuses, et sont disséminés dans presque toutes les mers. En beaucoup d'endroits du littoral de l'Europe, le retour constant de leurs cohortes voyageuses forme une sorte de prospérité se renouvelant chaque année pour les populations qui se livrent à la pêche.

Ces animaux sont voraces, actifs ; ils vivent de chasse, et s'élancent hors de l'eau avec facilité. Il paraît que leur chair peut contracter des propriétés vénéneuses quand ils font usage de certains aliments.

Ce groupe peut se partager en deux sous-genres : les Thons et les Maquereaux.

Les THONS se reconnaissent à une espèce de ceinture d'écailles qu'ils portent sur la région thorachique, puis à leurs nageoires dorsales, qui sont très-rapprochées, ainsi qu'à une saillie cartilagineuse qui se trouve sur les côtés de leur queue.

Le *Thon commun* est une des espèces les plus importantes de ce genre. Il fréquente toutes les mers des contrées chaudes ou tempérées des quatre parties du globe et est surtout abondant dans la Méditerranée; là sa pêche constitue même une des branches de la richesse commerciale de quelques provinces situées sur ses rivages, et principalement de la Provence.

Certains auteurs, qui pensent que les Poissons opèrent des migrations régulières, ont supposé que les Thons qui abondent dans le Méditerranée provenaient de l'Océan, et qu'ils entraient au printemps dans cette mer par le détroit de Gibraltar. Selon eux, immédiatement après avoir passé celui-ci, ils se divisent en deux troupes, dont une suit les rivages de l'Afrique, et remonte jusqu'au Bosphore, tandis que l'autre côtoie toutes les côtes de l'Europe, et parcourt successivement les eaux qui bordent l'Espagne, la France et l'Italie septentrionale, passe entre l'île d'Elbe et la Corse, et termine sa course dans les parages de la Sardaigne, où les Poissons qui la forment déposent leur frai.

Quelques auteurs n'admettent pas ces migrations régulières, et croient que les Thons, loin d'opérer de longs voyages, restent continuellement dans les mêmes parages, mais que pendant certaines saisons, ils habitent les eaux profondes, ce qui fait qu'on ne les trouve point; tandis que dans d'autres, ils se rapprochent des rivages par troupes nombreuses, et longent ceux-ci dans une étendue plus ou moins considérable. Cette opinion nous semble plus probable; car si les migrations s'opéraient comme il a été dit, on ne pourrait expliquer la présence des Thons que nous avons vu pêcher dans le fond de l'Adriatique, et dont les marchés de Venise sont abondamment pourvus. Il paraît cependant qu'au printemps, le long des rivages de la Provence, les bancs de Thons qui se montrent, se dirigent vers l'Orient, et l'on fait alors ce que l'on appelle la pêche d'arrivée. Au contraire, à la fin de l'été, les troupes suivent une marche opposée, et c'est à cette époque que l'on opère ce que l'on nomme la pêche de retour. Mais ces directions auraient-elles été bien observées, et seraient-elles régulières, que cela n'indiquerait pas une marche de toute l'espèce vers un point donné, car il est des endroits où l'on a bien reconnu que ces Poissons arrivent dans des directions différentes.

Les Thons sont de gros Poissons dont l'aspect se rapproche beaucoup de celui du Maquereau, mais leurs corps est fusiforme. Aristote et Pline rapportent que l'on en a parfois pêché qui pesaient quinze talents, poids qui, d'après Paucton, qui a fait de savantes recherches sur les mesures antiques, équivaudrait à six cent soixante-quinze livres. Cela semble ne pas être impossible, car les modernes en ont observé qui se rapprochaient de ces proportions. Pennant a décrit un Thon de sept pieds dix pouces de longueur, et qui pesait quatre cent soixante livres. Quelques auteurs, mais moins dignes de foi, assurent même que sur les rivages de la Sardaigne, on en voit parfois qui pèsent mille livres et plus. Le dos de ces Poissons est d'un bleu foncé, analogue à l'acier poli ; leur ventre est argenté.

Ces Scombéroïdes sont très-carnassiers, et se jettent avec avidité sur les troupes de Sardines, d'Exocets ou de Maquereaux, et même sur les jeunes individus de leur propre espèce. Souvent ils suivent les navires pour se repaître des débris que l'on jette à la mer. Mais il paraît que d'un autre côté, les Thons ont des ennemis redoutables dans les Requins et les Espadons.

Les Thons étant répandus parmi les mers qui baignent la Grèce et l'Italie, et ayant de tout temps été parmi celles-ci l'objet de pêches lucratives, les écrivains qui naquirent de ces deux nations ne manquèrent pas d'en parler. Aristote, dans plusieurs de ses chapitres, en fait mention, et y décrit leurs migrations ainsi que d'autres particularités de leurs mœurs ; il parle des tourments que leur occasionnent quelques parasites, tels que les Calyges et les Géroflées qu'il nomme Œstres, et qui s'attachent près de leurs nageoires. Il fait aussi mention des pêches de Thons qui s'opéraient près de Byzance. Pline redit à peu près les mêmes choses que le naturaliste grec ; puis, peu d'années plus tard, Athénée et Oppien s'occupèrent également de ces Poissons. Le premier rapporte diverses particularités de leur pêche, et dit que pour se rendre les dieux favorables avant de l'entreprendre, les marins offraient un Thon en sacrifice à Neptune, afin qu'il éloignât les Espadons qui font fuir ce Poisson. Puis, quand l'excursion avait été favorable, à leur retour les pêcheurs recommençaient le sacrifice pour remercier la Divinité. Cette particularité se trouve retracée sur les monuments, car Noël parle d'une médaille frappée à Tyane en Bithynie, sur laquelle on voit Neptune tenant d'une main un trident et de l'autre un Thon.

On pêche ces Poissons d'un grand nombre de manières, soit à la ligne, soit avec des filets. A l'aide de ces derniers, on exécute deux sortes de pêches, l'une qui est nommée à la thonaire et l'autre à la madrague.

On exécute la pêche à la *thonaire* de la manière suivante : lorsque l'on signale l'approche d'une légion de Thons, de nombreux bateaux sont mis à la mer, et quand ils sont arrivés à l'endroit où se trouvent ces Poissons, ils se rangent de façon à former une courbe et à les envelopper en jetant leurs filets ; quand cela a eu lieu, les embarcations se rapprochent de plus en plus du rivage en rétrécissant en même temps l'enceinte qu'elles forment ; et lorsqu'elles sont prêtes à toucher celui-ci, et qu'il n'y a plus que fort peu d'eau, les pêcheurs tendent un grand filet qui se termine en cul-de-sac, et à l'aide duquel les Poissons sont amenés sur la plage où on les tue. Par cette pêche que l'on pratique souvent sur les côtes de la Calabre et de la Sicile, on prend parfois, d'un seul coup, deux ou trois mille quintaux de Thons.

La pêche à la *madrague*, qui est la plus compliquée que l'on connaisse, est presque exclusivement en usage sur les côtes de Gênes et de Marseille. Pour l'opérer, on construit dans la mer des espèces de chambres dont les parois sont faites avec des filets tendus dans le fond à l'aide de cailloux, et dont le haut se soutient à la surface de l'eau à l'aide de flottes de liége. La madrague est disposée de manière à arrêter les troupes de Thons qui côtoient le rivage, et dans cette intention on établit entre celui-ci et les compartiments une grande ligne de filets que les Poissons suivent en se rendant de chambre en chambre jusqu'à la dernière de celles-ci, que l'on appelle *corpou* ou *chambre de mort.*

Lorsqu'une troupe de Thons s'est engagée dans les compartiments de la madrague, des pêcheurs, à l'aide de deux barques, traînent derrière eux un filet tendu qui contraint les Poissons à se rassembler dans la chambre de mort, et c'est lorsqu'ils sont arrivés à celle-ci, dont le fond est tendu d'un filet, que l'on amène ce dernier à la surface de la mer, et qu'à l'aide de plusieurs autres barques, les pêcheurs saisissent ou harponnent les Thons qui parfois au nombre de sept à huit cents, se débattent en tumulte pour échapper à leurs agresseurs. Le spectacle imposant de cette belle pêche est souvent recherché par les habitants du Nord, et le peuple y assiste comme à une fête que l'on anime encore par le son des instruments de musique.

La chair de ce Poisson n'est pas moins estimée aujourd'hui qu'elle l'était autrefois : on en débite dans tous les marchés du midi de l'Europe; celle qui ne s'y consomme pas à l'état frais, est salée ou mise dans de l'huile et expédiée aux provinces lointaines.

La *Bonite*, qui réside dans les parages des tropiques, doit aussi être citée à cause de la célébrité qu'elle a acquise par la chasse incessante qu'elle fait aux Poissons volants. Elle se distingue de l'espèce précédente par des raies brunes longitudinales qui se trouvent sur son ventre.

Les MAQUEREAUX ont toute la surface du corps lisse, recouverte d'écailles excessivement petites, et leurs nageoires dorsales sont séparées; leur queue n'est garnie latéralement que de petites crêtes cutanées.

Le *Maquereau commun* doit être cité à cause de son fréquent emploi alimentaire; il habitepresque toutes les mers. Selon certains observateurs, les Poissons de cette espèce passent l'hiver dans la mer Glaciale, la tête enfoncée dans la vase et les fucus, puis, ensuite, ils descendent vers le Midi en formant plusieurs bandes dont la marche et la direction sont constantes. D'après eux, la grande armée de Maquereaux qui s'irradie du pôle vers le Midi, passerait entre l'Angleterre et l'Irlande, et au-dessous de ces îles se diviserait en deux bandes, dont une entre dans la Méditerranée, et l'autre remonte vers le Nord par la Manche et va se répandre dans la Baltique.

Mais Bloch, Noël, Lacépède et d'autres savants pensent, au contraire, que les Maquereaux restent, tandis la durée de la saison froide, dans le fond des parages dont ces animaux viennent, pendant les époques chaudes de l'année, peupler la surface par myriades ; d'ailleurs dans la Méditerranée on en capture en tout temps, et l'on sait qu'il est positif que ce sont des variétés différentes qui se trouvent dans diverses mers, ce qui n'aurait pas lieu si les migrations s'opéraient comme on le prétend.

Ces Scombres sont courageux et extrêmement voraces ; ils attaquent souvent des poissons bien plus robustes qu'eux, et ne craignent même pas de se ruer sur les hommes. Pontoppidan raconte qu'un matelot, qui se baignait près de la Norwége, disparut tout à coup, et qu'on le retrouva, quelques minutes après, le corps déchiré et encore environné de Maquereaux qui le dévoraient.

Les Maquereaux vivent de petites espèces de leur classe, et il paraît que parfois aussi ils se repaissent de chairs en putréfaction ; on a raconté à Bloch, qu'en Norwége on a repéché à la mer des marins dans le corps desquels on trouva de ces Scombres.

Dans l'antiquité, on préparait avec les intestins de divers poissons, et surtout à l'aide de ceux du Maquereau, un condiment fort recherché, que l'on nommait *garum*, et qui se confectionnait en laissant ces parties subir un commencement de putréfaction et en y mêlant du vin ou de l'huile. Galien dit que celui qui provenait de cette espèce était si recherché et si cher que le conge, mesure de trois pintes, se vendait deux mille pièces d'argent. On l'employait dans les repas pour exciter l'appétit. Martial dit même que, malgré la puanteur de cette préparation, des personnes en portaient dans des flacons en guise de parfum.

Aujourd'hui, c'est seulement pour sa chair que l'on recherche le Maquereau, et c'est particulièrement durant les mois de juin et de juillet que, dans les mers qui bordent l'ouest de la France, l'on s'occupe de sa pêche, parce que c'est alors qu'il est meilleur. On se sert à cet effet, soit de lignes, soit de filets ayant la même disposition que ceux que l'on emploie pour le Hareng.

ESPADONS. *Xiphias.* Mâchoire supérieure terminée en longue pointe, en forme d'épée. — Quoique doués d'une immense force, d'une extrême agilité, et nageant avec une vitesse qu'aucun habitant des eaux ne surpasse, les Espadons mènent cependant une vie douce et tranquille. Ennemis du carnage, ils broutent seulement des fucus, et on les voit paisiblement escorter leurs femelles. Mais lorsqu'ils livrent des combats, ils sont terribles ; à l'aide de la longue lame qui dépasse leur mâchoire, ils parviennent quelquefois à terrasser des Baleines. On dit aussi qu'ils détruisent les Crocodiles en perforant leur cuirasse avec cette arme, et que, dans certains cas, s'élançant comme un trait contre les embarcations, ils en traversent la carcasse ou brisent contre elles leur formidable appendice.

L'Espadon commun, vulgairement nommé *Épée de mer*, est la seule espèce bien constatée. Il acquiert fréquemment quinze pieds. Il est noirâtre sur le dos, argenté sous le ventre ; sa chair est des plus agréables.

La faculté que les anciens ont eue de l'observer dans la Méditerranée, où il se trouve, l'a fait mentionner dans tous leurs livres.

CENTRONOTES. *Centronotus.* Dorsales à épines libres et petites; ventrales à rayons mous. — D'absurdes contes inventés par les hommes de mer et trop bénévolement répétés dans beaucoup d'écrits ont rendu fort célèbre une espèce de cette coupe. On disait qu'elle suivait constamment les navires, et que, sans cesse unie à la destinée des requins, elle servait à ceux-ci d'éclaireur et de guide, leur découvrait la proie qu'ils devaient dévorer, et qu'ensuite elle se nourrissait des débris du repas de ces fléaux des mers. On ajoutait aussi que cette espèce, qui est nommée Pilote, vivait dans une si grande intimité avec ces poissons, qu'elle avait assez de confiance pour entrer dans leur gueule, et la débarrasser des lambeaux charnus qui l'obstruent quelquefois après la curée.

De semblables contes sont trop absurdes pour qu'il soit nécessaire de les réfuter; mais ils offrent cependant quelque chose de vrai, c'est l'habitude que les Pilotes ont de se tenir dans le voisinage des Requins, et de voyager avec eux. Quelques naturalistes ont même remarqué qu'il y a ordinairement des rapports de dimension entre ces deux animaux, comme s'ils vieillissaient ensemble.

Le *Pilote* est bleu avec des lignes transversales plus foncées; sa taille est d'un pied. Son nom lui vient de la coutume qu'il a d'accompagner les vaisseaux pour se nourrir de ce que l'on jette à la mer. (Pl. 17.)

ZÉES. *Zeus.* Bouche très-protractile; dents larges non crénelées; écailles petites. — Nous devons mentionner ici la *Dorée*, appelée aussi *Zée forgeron*, à cause des teintes enfumées qui salissent l'éclat vert-doré de son dos. Cet animal est également connu sous la dénomination de Poisson de saint Pierre, parce que l'on a cru que c'était lui qui fut saisi par cet apôtre, d'après l'ordre de Jésus-Christ, pour tirer de sa bouche une pièce de monnaie destinée à payer le tribut, et l'on ajoutait que la tache noire qui se trouve de chaque côté du corps marquait d'une manière indélébile la place qu'avaient touchée les doigts du saint personnage.

L'agriculteur Columelle dit que le goût excellent de cette Zée lui faisait accorder, en Grèce, la prééminence sur les autres Poissons; c'est probablement cette particularité qu'on a voulu indiquer par son nom qui signifie Monarque des dieux. Elle se trouve à la fois dans l'Océan et la Méditerranée.

Une espèce de ce genre est nommée le *Rusé*, parce qu'elle lance de l'eau avec sa bouche sur les insectes qui voltigent à la surface des flots, afin de les y précipiter et d'en faire sa pâture.

CORYPHÈNES. *Coryphæna.* Corps très-long, très-comprimé; tête tranchante; dorsale à rayons flexibles. — Ce sont de beaux Poissons connus sous le nom de *Dorades* par les marins; ils nagent avec une grande rapidité et poursuivent souvent les Poissons-volants.

FAMILLE DES ACANTHUROÏDES.

Corps ovalaire, très-comprimé; dorsale indivise. Bouche petite, à dents tranchantes, sur un seul rang.

ACANTHURES. *Acanthurus.* Dents aplaties et crénelées; deux épines latérales à la queue. — C'est à l'épine tranchante, en forme de lancette, qui se trouve de chaque côté de la queue de ces animaux, qu'ils doivent le surnom de *chirurgiens* qui leur a été donné; quand on les prend, ils font souvent des blessures avec cette espèce d'arme. Leur régime est herbivore et consiste en fucus. Ces Poissons offrent un aliment agréable; mais leur peau chagrinée est si dure, qu'il faut les écorcher quand on veut les faire cuire.

L'*Acanthure chirurgien* vit aux Antilles. Sa couleur est rousse avec cinq lignes transversales brunes foncées.

SIDJANS. *Siganus.* Ventrale dont plusieurs rayons sont épineux. — A ce caractère, qui est unique parmi la classe des Poissons, on peut ajouter que les Sidjans ont une épine couchée en avant de la dorsale. Ils habitent les mers de l'Inde et la mer Rouge, et vivent principalement de substances végétales.

FAMILLES DES SPAROÏDES.

Dorsale unique. Palais édenté; opercules dépourvus d'épines ou de dentelures.

BOGUES. *Boops.* Bouche petite et nullement protractile; dents du rang extérieur tranchantes. — Plusieurs espèces de ce genre séjournent dans la Méditerranée.

SARGUES. *Sargus.* Molaires rondes et en pavé sur les côtés des mâchoires; incisives tranchantes. — Ces Poissons sont remarquables par leurs incisives qui se rapprochent de la conformation de celles de l'homme, et par leur système de coloration qui consiste en bandes verticales noires sur un fond argenté. Plusieurs habitent la Méditerranée.

DAURADES. *Chrysophris.* Molaires sur trois rangées au moins à la mâchoire supérieure; incisives coniques ou émoussées. — Nous possédons dans nos mers deux espèces de ce groupe; l'une d'elles, la *Daurade vulgaire*, était connue des anciens, qui la nommaient *Chry-*

suphris (sourcils d'or), à cause d'une bande de couleur dorée qui va
de l'un de ses yeux à l'autre.

MENDOLES. *Mœna.* Bouche fort protractile. Dents en velours ras,
sur une bande étroite du vomer. — On rencontre quelques-uns de ces
Poissons dans la Méditerranée.

FAMILLE DES LABROÏDES.

Dorsale unique, à rayons épineux. Bouche à lèvres charnues, protractiles ; dents fortes, maxillaires ou pharyngiennes.
Opercules inermes.

LABRES. *Labrus.* Lèvres doubles ; dents maxillaires mitoyennes
plus longues, coniques ; les pharyngiennes mousses en pavé. — Un
nombre immense d'espèces composent ce genre ; il se trouve représenté
dans les mers, les lacs et les rivières de toutes les zones. Les Labres
sont solitaires, ou se rassemblent en troupes nombreuses dans les anses
que baignent des flots tranquilles, et dont le fond est tapissé d'un
épais lit de plantes. Ils sont richement ornés ; les reflets de l'iris et
l'éclat chatoyant des métaux rendent leur robe resplendissante ; et
en même temps, chez eux, on découvre des formes gracieuses et élégantes.

Plusieurs de ces poissons, qu'on nomme vulgairement *Vieilles de
mer*, visitent nos rivages ; mais il est difficile de les distinguer à cause
de l'inconstance de leur coloration : telles sont la *Vieille tachetée* et la
Vieille rayée.

SCARES. *Scarus.* Lèvres simples ; dents maxillaires disposées
comme des écailles ; les pharyngiennes lamelleuses. — Ces Poissons vivent presque tous sous les zones intertropicales ; ils sont communs
dans la mer Rouge, et se plaisent dans les lieux où les vagues se roulent avec le plus de violence. La vivacité de leur coloris les a fait appeler communément *Perroquets de mer*.

Le *Scare de Crète*, dont la couleur varie du bleu au rouge, suivant
la saison, paraît être, selon Cuvier, le Scare qui fut si célèbre dans
l'antiquité, et que, sous le règne de Claude, et d'après ses ordres, le
commandant d'une flotte romaine alla recueillir dans les parages de la
Grèce, pour le propager dans les mers qui baignent l'Italie. Il se mange
encore aujourd'hui en Turquie.

FAMILLE DES PHARYNGIENS LABYRINTHIFORMES.

Os pharyngiens supérieurs divisés en petits feuillets plus ou
moins nombreux et formant des cellules.

Cette petite famille se compose généralement de poissons d'eau douce, originaires de la Chine et des Indes ; ils sont extrêmement re-marquables par la présence des cellules vastes que forment leurs os pharyngiens au-dessous des opercules. Ces cavités cellulaires peuvent se remplir d'une certaine quantité d'eau, et celle-ci, en s'écoulant peu à peu, vient imbiber les branchies, ce qui permet à ces poissons de rester fort longtemps à sec. Aussi les voit-on se rendre à terre, et ram-per sur celle-ci à une assez grande distance des ruisseaux ou des lacs, leur séjour habituel.

Cette singulière coutume, qui se trouve expliquée par l'étude de l'organisation, n'avait point échappé aux anciens ; car Théophraste, dans son Traité des Poissons qui vivent à sec, parle de quelques espèces analogues à des Muges, et dit qu'elles sortent des rivières pendant un certain temps pour vivre sur le sol, et qu'ensuite elles retournent dans leur élément. Les Indiens, frappés de rencontrer parfois ces poissons loin de l'eau, se sont imaginés qu'ils tombaient du ciel.

ANABAS. *Anabas*, corps subcylindrique ; membres pelviens, sans rayons prolongés. Opercules dentés. — Ce sont ceux dont les laby-rinthes sont portés au plus haut degré de complication.

L'Anabas monteur aux arbres est l'unique espèce qui soit con-nue. Ce poisson est devenu célèbre non-seulement à cause de la faculté qu'il possède d'aller au loin errer sur le rivage, mais aussi parce que l'on a prétendu qu'il grimpait aux arbres en s'aidant de ses opercules ; mais ce dernier fait, qui a été annoncé par M. Daldorf, s'est trouvé con-testé.

FAMILLE DES CHÉTODONTOÏDES.

Corps très-comprimé, plus ou moins élevé. Nageoires verti-cales couvertes d'écailles ; dorsale unique. Dents ordinairement longues, fines et sétacées.

Cette famille est ainsi nommée à cause de la structure des dents de la majorité des espèces qu'elle renferme : celles-ci en effet ressem-blent à des soies par leur finesse et leur longueur, et sont disposées en rangs serrés comme les poils d'une brosse. On appelle aussi ces pois-sons *squammipennes*, d'après leurs nageoires qui sont couvertes d'é-cailles. Ils habitent les mers tropicales.

CHÉTODONS. *Chœtodon*. Nageoires médianes presque totalement couvertes d'écailles ; bouche à dents nombreuses, sétacées et en brosse. — La nature a déployé tout son luxe pour l'embellissement de la robe des Chétodons ; les reflets scintillants des métaux éclatent sur eux de toute part. Là, les teintes les plus suaves se fondent entre elles, et ail-leurs se heurtent les couleurs les plus opposées ; quelquefois, sur un fond nacré, passent des ceintures d'un noir mat, disposition qui fit appeler *bandoulières* différents individus de cette coupe.

Ces poissons ne vivent pas dans nos mers ; on ne les observe qu'entre les tropiques. Affectionnant les rivages hérissés de rochers, ils viennent souvent à la surface des vagues où les étincelles lumineuses qu'ils projettent en réfléchissant l'éclat solaire les font apercevoir de loin, et permettent de les tuer avec des armes à feu. Parmi ces animaux, à ce que disent Cuvier et Valencienne, le *Chætodon rostratus* et le *Chætodon toxocotes* déploient une industrie admirable pour se procurer leur nourriture, et ils savent, en lançant de l'eau à une certaine hauteur, faire tomber dans la mer les insectes qui voltigent à sa surface et dont ils sont friands. Les Chinois se plaisent à posséder de ces animaux en captivité et se font un amusement de cette coutume.

Ces poissons constituent un genre très-nombreux. Ils étaient totalement inconnus aux anciens. Maintenant on les rencontre communément dans les collections, où leur beauté se conserve malgré la dessiccation.

L'un des plus grands et dont la chair est très-estimée est le *Chétodon zèbre*. Son corps est peint en jaune-doré avec quatre ou cinq bandes transversales brunes. L'Inde est sa patrie.

HOLOCANTHES. *Holocanthus.* Préopercule armé d'un long aiguillon. — Ces Chétodontoïdes habitent les mers des deux Indes ; leur coloration est fort belle, et leur goût délicat les fait rechercher pour les tables.

FAMILLE DES SCIÈNOÏDES.

Corps oblong. Dents vomériennes et palatines nulles ; écailles envahissant parfois les nageoires verticales. Opercules dentelés et épineux.

CHEVALIERS. *Eques.* Tête mousse ; dents en velours ; deux dorsales, dont la première est considérablement élevée. — Ces poissons sont étrangers à nos climats ; ils ont des écailles grandes et dentelées, et offrent ordinairement un coloris agréable.

Un des plus remarquables est le *Chevalier américain,* dont le corps est traversé par trois bandes noires bordées de blanc.

SCIÈNES. *Sciæna.* Tête entièrement couverte d'écailles ; nageoires dorsales normales ; préopercule dentelé ; opercule épineux. — Les Sciènes, qui ressembleraient à des Perches si elles ne manquaient de dents au palais, sont répandues dans diverses mers ; les nôtres en nourrissent quelques-unes.

Les OMBRINES forment un sous-genre de ce groupe. On les reconnaît parce qu'elles ont un barbillon et des pores sous la mâchoire inférieure.

Une des espèces les plus remarquables de ce petit groupe est l'*Ombrine barbue*, dont le corps est marqué de lignes jaunes et bleues, elle vit dans la Méditerranée et aux Indes. C'était elle que les anciens Romains désignaient sous le nom d'*ombre*; ils faisaient un grand cas de sa chair, surtout de sa tête.

FAMILLE DES PERCOÏDES.

Formes normales; dorsale épineuse en avant, unique ou double. Préopercule et opercules dentelés ou épineux, simultanément ou isolément. Dents maxillaires, palatines et vomériennes.

Les poissons de cette famille sont décorés ordinairement de couleurs fort vives et ils n'offrent point de barbillons au menton; leur chair, qui est légère et agréable, nous fournit un aliment recherché.

PERCHES. *Perca.* Museau non proéminent; deux dorsales; point de dents à crochet. — La plupart des espèces de ce genre habitent la mer.

La *Perche commune* se rencontre dans tous les fleuves de l'Europe et dans les principaux lacs de cette partie du monde; son corps offre une teinte verdâtre avec des bandes transversales noirâtres, et ses nageoires ventrales et anales sont rouges; elle nage avec facilité et vit solitairement. D'un naturel très-carnassier, ce poisson dévore avec avidité tous les petits animaux qu'il rencontre. On le voit même sauter hors de l'eau pour saisir les essaims de mouches qui s'agitent près de sa surface. Parfois c'est de reptiles ou de mollusques qu'il se nourrit.

Les femelles fraient au printemps, et, à ce qu'on dit, elles se débarrassent de leurs œufs en se frottant l'abdomen contre les corps durs et pointus, pour déchirer la pellicule des ovaires. Tous ces œufs, unis ensemble par une membrane, forment une sorte de chapelet et offrent la grosseur d'une graine de pavot, mais ils sont extrêmement nombreux. Quelques observateurs en ont compté jusqu'à 281,000 sur un seul individu, et d'autres prétendent qu'il y en a parfois près d'un million.

Anciennement, comme aujourd'hui, les Perches étaient servies sur les tables; elles sont très-communes en Laponie, et, dans ce pays, on extrait de leur peau une espèce de colle fort en usage. Aux époques où des pratiques superstitieuses ternissaient encore l'éclat naissant de la médecine, on conseillait dans une foule d'affections les *pierres de perches*, qui ne sont que leurs osselets de l'ouïe.

Une autre espèce, nommée *Loup de mer*, à cause de son avidité, était aussi estimée des anciens que le Rouget; elle est fort commune dans la Méditerranée.

SANDRES. *Lucio-Perca*. Deux dorsales ; des dents à crochet parmi des dents en velours. — Ces poissons ont été appelés vulgairement *Brochets-Perches*, parce que aux caractères des Perches ils joignent une dentition qui se rapproche de celle du Brochet.

Le *Sandre d'Europe*, qui réside particulièrement dans les rivières des régions orientales de cette partie du monde, possède une chair d'un excellent goût.

SERRANS. *Serranus*. Dorsale unique ; dents en crochet ; opercule osseux terminé par une ou plusieurs pointes. — Ils sont aussi connus sous le nom de *Perches de mer*. La Méditerranée en nourrit plusieurs espèces.

CERNIERS. *Polyprion*. Tête chargée d'aspérités ; dorsale unique ; dents en velours ; opercule portant une crête bifurquée. — Plusieurs de ces poissons vivent dans la Méditerranée.

FAMILLE DES SCORPÈNOÏDES.

Corps ordinairement renflé en avant ; tête diversement hérissée et cuirassée, et souvent difforme et très-volumineuse. Os sous-orbitaires s'étendant sur les joues.

L'aspect remarquable de la tête des Scorpènoïdes, dont les os sous-orbitaires se prolongent sur les joues et s'articulent avec le préopercule, a fait donner aux poissons de cette famille le nom de *Joues cuirassées* ; c'est celui sous lequel Cuvier les décrit.

SCORPÈNES. *Scorpæna*. Tête très-épineuse, comprimée ; dorsale unique ; pectorales très-larges. — Les saillies épineuses considérables que l'on observe sur les orbites, sur les joues et les yeux, donnent une apparence monstrueuse à ces poissons, dont quelques-uns cependant sont chamarrés de teintes vives et agréables.

La Méditerranée en possède plusieurs, entre autres la *petite Scorpène*, qui est rouge et munie de lambeaux cutanés nombreux ; elle se cache sous les plantes marines, et y reste à l'affût pour surprendre les petites espèces de sa classe, dont elle se nourrit. On lui attribuait autrefois de grandes vertus médicinales.

COTTES. *Cottus*. Tête déprimée, plus large que le corps, armée d'épines ou de tubercules ; deux dorsales. — Ces animaux, nommés aussi *Chabots*, se trouvent dans l'eau douce et dans la mer ; mais ceux des fleuves ont la tête presque lisse. Tous sont agiles, voraces, et se cachent sous les pierres ; quelques-uns passent même pour se creuser des terriers à l'orifice desquels ils épient les petits poissons ou les vers qui forment la base de leur alimentation. Ils ont une peau nue ou recouverte de très-fines écailles, et protégée par un enduit gluant, qui facilite leur évasion de la main qui les saisit. Quand ils sont irrités, ils enflent encore leur grosse tête en dilatant ses opercules.

Le *Chabot de rivière* parvient à quatre ou cinq pouces de longueur; il est noirâtre et commun dans les ruisseaux du nord de l'Europe, de l'Asie et de l'Amérique. Les protubérances formées par les ovaires des femelles avaient fait croire à des observateurs inexacts que celles-ci possédaient des mamelles.

Le *Chabot scorpion*, nommé aussi *Crapaud* ou *Diable de mer*, à cause de ses formes hideuses et des couleurs sombres de son enveloppe, vient près de nos côtes. Sa chair est médiocre; les Groënlandais extraient de l'huile de son foie. Il a trois épines au préopercule.

TRIGLES. *Trigla.* Dents en velours; pectorales médiocres, à rayons inférieurs isolés, distincts. — C'est à une sorte de petit bruit qu'ils font entendre lorsqu'on les prend, qu'ils doivent la dénomination de *grondins* qu'on leur donne dans quelques endroits. Nos mers en possèdent une dizaine d'espèces.

Le *Trigle coucou* ou *Rouget commun* fréquente les côtes de la Bretagne, et vient aussi dans la Méditerranée. Il vit de mollusques. On en vend beaucoup dans nos marchés, mais sa chair est peu estimée.

DACTYLOPTÈRES. *Dactylopterus.* Dents en pavé. Quatre nageoires pectorales, les surnuméraires aussi longues que le corps; deux dorsales. — Le mot dactyloptère, qui signifie doigts en ailes, caractérise ces poissons. En effet, ils ont des nageoires pectorales extrêmement vastes et à l'aide desquelles, après s'être élancés hors de l'eau, ils peuvent s'élever en se soutenant dans l'atmosphère, et parcourir une vingtaine de toises; mais ils sont forcés de retomber dans la mer aussitôt que l'air a desséché la fine membrane qui les soutient. C'est ordinairement pour se soustraire à la poursuite des poissons voraces que les dactyloptères s'élancent hors de leur élément, et rien n'offre un spectacle plus extraordinaire, pendant les nuits d'orage, que l'apparition des nuées lumineuses que forme leur éclat phosphorique, lorsqu'ils s'échappent des vagues par milliers, et passent comme des langues de feu au-dessus de la surface des flots alors plongée dans l'obscurité.

Le *Pirabèbe* est rougeâtre en dessus; ses nageoires pectorales sont brunes, parsemées de points bleus. Il se rencontre dans la Méditerranée, mais surtout dans l'espace intertropical, où il est généralement connu sous le nom de Poisson volant, de Chauve-souris, ou d'Hirondelle de mer. Anciennement, les marins déposaient dans les églises ceux qui tombaient en volant sur leurs navires. Ces animaux se nourrissent de mollusques et de petits coquillages que leur permettent de briser leurs dents en pavé. (Pl. 19.)

ÉPINOCHES. *Gasterosteus.* Formes normales; des épines dorsales

libres ; abdomen cuirassé ; ventrales réduites à une épine. — C'est à ce
genre qu'appartiennent les plus petits Poissons connus ; la taille de
quelques-uns ne dépasse guère vingt lignes ; leur nom français s'explique par les épines dont le dos et les nageoires ventrales sont armés ;
celui de *Gasterosteus*, qui leur a été imposé par Artédi, a pour objet
d'exprimer la cuirasse osseuse qui garnit le ventre. On en trouve dans
la mer et les eaux douces ; nous en avons plusieurs espèces en France
qui pullulent dans nos bassins et jusque dans les moindres ruisseaux.

Ces petits poissons possèdent une grande agilité, et ils nagent rapidement. Lorsque quelque obstacle s'oppose à la direction qu'ils veulent
suivre, ils s'élancent hors de l'eau afin de le franchir. Backer dit qu'ils
sautent ainsi à plus de trente-deux centimètres en se dirigeant obliquement. Ils sont extrêmement voraces, et cet observateur rapporte avoir
vu l'un d'eux dévorer en cinq heures de temps soixante-quatorze Vau-
doises sortant de l'œuf, ce qui fait que certains naturalistes ont considéré les faibles animaux que nous décrivons comme nuisibles aux
étangs. Pour moi, je n'ai trouvé que des daphnies et des cyclopes dans
l'estomac des Épinoches que j'ai disséquées, et cette nourriture me paraît être fort de leur goût tant elles en étaient gorgées.

Quoique d'une très-petite taille, les Épinoches produisent des œufs
qui sont gros et beaucoup plus volumineux que ceux de certains poissons dont les dimensions surpassent prodigieusement les leurs. Ces
œufs sont très-peu nombreux, et ces animaux, selon Bloch, ne vivent
que trois ans. Cependant, malgré ces conditions, qui sembleraient
devoir faire supposer une force de procréation peu active, ces frêles
créatures se multiplient si prodigieusement dans quelques endroits
resserrés, qu'elles y forment une masse compacte. Alors on les enlève
pour en fumer les terres, d'autres fois afin d'en extraire de l'huile, ce
qui a lieu aux environs de Dantzic, ou encore pour engraisser les bestiaux, ainsi qu'on le pratique en Angleterre et dans le Nord.

L'armure des Épinoches les garantit de la voracité des Brochets, et
l'on dit que ceux qui ont l'imprudence d'en avaler en meurent souvent ;
mais les Canards, dont les mandibules sont susceptibles de briser les
saillies aiguës de leur dos, en font communément des repas. (Pl. **19.**)

Nos eaux douces possèdent deux espèces confondues sous le nom de
Grande Épinoche, à cause du nombre de leurs épines dorsales, qui est
de trois dans chacune d'elles ; mais l'une a tout le flanc garni de plaques
écailleuses, et l'autre n'en a que vers la région pectorale.

L'*Épinochette* se distingue à ses neuf épines dorsales. C'est le plus
petit de tous les individus de cette coupe.

FAMILLE DES GOBIOÏDES.

Corps alongé subcylindrique, couvert d'écailles petites. Nageoires médianes à rayons mous. Quelques nageoires modifiées

pour cramponner l'animal plus ou moins fortement sur les corps solides.

ÉCHÉNÉIDES. *Echeneis.* Tête supportant un disque aplati, grand, composé de lames dentelées ou épineuses. — Le disque céphalique de ces Poissons a été considéré par Carus et de Blainville comme un dédoublement de la première nageoire dorsale dont les rayons en forme de lamelles minces et dentelées, se sont appliqués sur le crâne et se trouvent unis avec lui par le moyen d'apophyses épineuses. Ces lames sont mobiles, de manière qu'en faisant le vide ou en accrochant leurs épines, les Échénéides se fixent fortement aux Cétacés et aux gros Poissons, aux rochers, et parfois à la carène ou même aux ancres des vaisseaux. Leur coutume de se cramponner aux animaux marins n'a pour but que de pouvoir naviguer sans peine et de suivre ceux-ci sans dépenser de force, afin de profiter des débris de leurs repas.

Souvent on rencontre des troupes d'Échénéides dans les environs des Requins; ils semblent vivre familièrement avec eux et se cramponnent même fréquemment à leur peau; leur adhérence y est telle, que lorsque l'on tue un de ces gros Squales, ils restent encore attachés à sa surface tandis qu'on le retire de la mer. C'est de l'habitude que paraissent avoir les Échénéides d'éclairer en quelque sorte ces animaux ou de suivre les navires, que leur est venu aussi le nom de Pilotes que les hommes de mer leur donnent parfois. Commerson rapporte en avoir souvent vu cinq ou six sous le nez de certains Requins, et avoir remarqué que quand on jetait du lard à la mer, ces Échénéides allaient reconnaître le morceau, et revenaient près de ces poissons qui ne tardaient pas à se diriger eux-mêmes vers cette proie.

La coutume qu'ils ont de se fixer fort souvent aux gros Poissons avait fait croire qu'ils se nourrissaient par leur disque, et que celui-ci opérait une sorte de succion; mais il n'en peut être rien, car cet organe n'a aucune communication avec le tube digestif. Souvent les Échénéides vivent des débris que l'on jette à la mer dans les bâtiments, et c'est de l'usage qu'ils en font qu'est provenu le nom de *Poissons d'ordures* que leur donnent parfois les Hollandais. Les marins assurent qu'ils se nourrissent très-souvent des restes du repas des Requins.

L'*Échénéide rémora*, qui a joui d'une renommée extraordinaire dans les temps anciens, habite la Méditerranée; sa longueur est d'environ six pouces, et il offre une teinte brune uniforme sur tout le corps. (Pl. 18.)

Aristote a inscrit quelques-unes des fables qui ont été débitées sur cet animal, et dit que de son temps on s'en servait pour composer des filtres. Les Romains, que la gloire n'avait point garantis de l'empire des préjugés, croyaient, d'après ce que raconte Pline, que ce faible poisson guérissait les ardeurs amoureuses, ou qu'il avait le pouvoir de suspendre le cours de la justice; mais c'était surtout par sa puissance à entraver la marche des vaisseaux qu'il était devenu célèbre. On disait qu'un seul attaché à un navire domptait l'impulsion des vents, ou paralysait les efforts des rameurs en le fixant immobile sur les flots. Ce naturaliste ajoute que, de son temps, la crédulité racontait qu'à la bataille d'Actium ce fut un Échénéide qui causa le désastre d'Antoine, en arrêtant la galère de ce général, lorsqu'il parcourait les rangs de sa flotte pour animer ses soldats.

Commerson, dans les manuscrits duquel on trouve beaucoup de notions sur le Rémora, dit qu'il ne s'accroche à la surface des animaux marins, qu'à l'aide des épines nombreuses qui hérissent son disque, et qui agissent comme autant de crochets. L'adhérence de ce petit Poisson est telle, qu'il ajoute que toute la force d'un homme très-vigoureux ne peut suffire pour l'arracher d'un Squale, tant qu'on veut l'en séparer dans une direction opposée à celle des lames de sa plaque céphalique. Ce n'est que lorsqu'on suit la direction de celle-ci qu'on le fait glisser avec facilité sur la surface où il se trouve, et qu'on l'enlève.

L'*Échénéide naucrate*, dont le nom spécifique signifie en grec, pilote ou conducteur de vaisseaux, se rencontre principalement dans les mers tropicales. Il diffère du précédent par le nombre des plaques qui s'observent sur sa tête, et un peu par sa nageoire caudale qui est arrondie.

Ce Poisson a des habitudes analogues à celles du Rémora, mais il est d'une taille plus considérable ; on dit qu'il se nourrit parfois de Mollusques à coquille et de Crustacés. On le rencontre souvent nageant près des Requins ou adhérant à leur peau. Fréquemment aussi il s'attache sur la carapace des Tortues marines ; et c'est lui que, suivant Commerson et d'autres voyageurs, on emploie à la pêche de ces dernières dans le canal Mozambique, ainsi que nous l'avons dit en traitant de ces animaux.

GOBIES. *Gobius*. Ventrales réunies par leurs bords, formant un disque concave ; yeux rapprochés. — On trouve de ces Poissons dans toutes les mers. La structure de leurs nageoires ventrales est fort remarquable ; elles sont réunies, soit dans toute leur longueur, soit seulement dans une partie de leur étendue, de manière à former une espèce de disque creux analogue à un entonnoir, et que l'on prétend que les Gobies emploient en guise de ventouse, pour se fixer sur les rochers et se soustraire au mouvement des flots.

Les Gobies se tiennent ordinairement près des rivages, et souvent se cachent dans le sable pour surprendre les petits animaux dont ils se nourrissent : leur peau gluante, qui s'imprègne de limon, contribue aussi à les masquer à leur proie et à favoriser leurs rapines. Ces Poissons peuvent vivre un certain temps hors de l'eau ; ce qui est dû à ce que leurs opercules sont bridés de manière à ne laisser qu'une ouverture branchiale très-petite, qui préserve les branchies d'une rapide dessiccation.

Les Gobies sont quelquefois vivipares. Certains naturalistes rapportent qu'une espèce se creuse des canaux pour y passer l'hiver, et qu'elle prépare avec des fucus une sorte de nid où la femelle vient déposer ses œufs, que le mâle garde et défend ensuite avec courage.

Nous devons remarquer surtout le *Gobie noir* ou Boulereau , qui est très-commun vers nos côtes océaniques ; il est cunéiforme, d'un brun noirâtre en dessus , et long d'environ six pouces.

Ce Poisson a été mentionné par Aristote , qui lui donnait le nom de *Bouc* , parce qu'on avait comparé ses nageoires noires à la barbe qui pend au menton de ce Mammifère. A Rome , comme nous l'apprennent les écrits de Juvénal, on l'estimait beaucoup, et il n'était servi que sur la table des riches. Dans l'antiquité , il était aussi employé en médecine ; et Paul d'Égine, qui considérait sa chair comme laxative, l'administrait en pilules. Aujourd'hui il sert encore parmi nous d'aliment.

ORDRE DES JUGULAIRES.

Poissons squammodermes ayant leurs nageoires ventrales placées en avant des pectorales.

FAMILLE DES GADOÏDES.

Corps normal. Nageoires molles ; deux ou trois dorsales ; une ou deux anales ; ventrales petites et terminées en pointe.

MORUES. *Morhua.* Menton portant un barbillon ; trois dorsales ; deux anales. — La *Morue proprement dite* est répandue dans les mers boréales qui se trouvent entre le 40° et le 60° de latitude. On la rencontre parfois dans nos parages ; mais elle réside surtout en légions immenses vers l'île de Terre-Neuve , sur une saillie sous-marine , qui offre environ cent lieues de longueur sur soixante de large. L'accumulation des Poissons de cette espèce est quelquefois telle, qu'ils se touchent presque, et que quand on jette une ligne , on en ramène qui se sont accrochés par le corps à ses hameçons.

Ces Gadoïdes sont très-voraces et se nourrissent d'animaux de leur classe, puis de Mollusques ou de gros Crabes. Lacépède dit que leurs organes digestifs fonctionnent si rapidement, qu'en moins de six heures , l'assimilation de l'aliment est opérée. L'on raconte même que dans les endroits où l'on fait la pêche de l'Égrefin, si l'un de ceux-ci se trouve accroché à la ligne six heures avant qu'on la retire , on capture parfois, à sa place, une Morue qui a dévoré ce Poisson , et celui-ci est déjà digéré. La voracité du Gade dont nous esquissons l'histoire, est même telle, qu'il se jette en quelque sorte sur tout ce qui se présente à lui , et même sur des morceaux de drap et de bois, ou sur des fragments de plomb ou des Poissons imités avec ce métal ; puis après un certain temps, cet animal vomit ces corps rebelles à sa puissance digestive.

Ces Morues sont douées d'une extraordinaire fécondité, puisque, comme nous l'avons dit, elles émettent parfois plus de neuf millions d'œufs. C'est à celle-ci qu'il faut attribuer leur existence dans les mers, malgré l'immense destruction qu'en fait l'homme, et qui est telle, que l'on ne compte pas moins de six mille navires de toute nation, qui s'occupent annuellement de cette pêche, et l'on évalue à plus de trente-six millions le nombre de Morues qu'ils prennent. La France seule y occupe chaque année douze mille marins ; et l'Amérique et l'Angleterre, pays où cette pêche a pris encore plus d'extension, y expédient encore plus de monde.

La pêche de la Morue commença vers le quatorzième siècle ; elle se fait ordinairement à l'aide de lignes, et fort rarement au filet. On amorce les premières avec des Harengs ou des Mollusques, et souvent même avec des fragments de Morues ; dans les cas ordinaires, quatre hommes en peuvent prendre de cinq à six cents en vingt-quatre heures·

Comme on pêche ces Poissons souvent fort loin du lieu où on les consomme, on les prépare diversement pour les y transporter. Le plus fréquemment on les sale, soit à bord du navire qui fait la pêche, soit dans des établissements qui se trouvent sur les côtes où celle-ci a particulièrement lieu. On commence l'opération en leur coupant la tête, puis on les ouvre et l'on en extrait les viscères et la colonne vertébrale : ensuite on les étend entre deux couches de sel ; au bout de quelques jours, quand le sang s'est dégorgé, on les met dans de nouveau sel et on les place dans des barils pour les transporter dans les entrepôts où s'en fait le commerce.

Parfois, au lieu de saler les Morues, les pêcheurs se contentent de les faire sécher ; c'est cette préparation que l'on connaît sous le nom de *stokfish*.

On extrait de l'huile de leur foie ; dans quelques circonstances, les vertèbres et la tête se conservent pour les bestiaux ; on dit qu'ils augmentent la quantité du lait ; les Kamtschadales en nourrissent leurs gros chiens. Quelquefois, les navires qui vont à la pêche ramènent dans leur patrie quelques Morues vivantes en les plaçant dans de grandes caisses qui sont à jour, et qui restent dans la mer pendant la traversée.

Le *Gade égrefin* se rencontre, comme l'espèce précédente, dans les mers du Nord ; il s'en distingue à son dos brun, à son ventre argenté, et à une ligne latérale noire, ainsi qu'aux taches noirâtres qui se trouvent derrière les pectorales. Ce Poisson s'approche chaque année des rivages de l'Europe septentrionale pour y faire sa ponte, et si alors de grandes tempêtes surviennent, il s'enfonce sous la vase qui environne les fucus pour se garantir de la tourmente ; et lorsque la mer est apaisée, cet animal sort de sa retraite avec le corps tout couvert de limon.

L'Égrefin n'est pas moins vorace que la Morue et on le pêche pour nos besoins, mais sa chair est moins bonne que celle de cette dernière.

MERLANS. *Merlangus.* Point de barbillons; trois dorsales et deux anales. — Dans ce genre, qui offre la plus grande analogie avec le précédent, on trouve un des poissons les plus employés à la nourriture de l'homme.

C'est le *Merlan* qui habite l'Océan boréal, et que l'on y découvre en tout temps, soit au large, soit vers ses rivages. On le rencontre en abondance dans les mers qui baignent l'Europe, et il y est l'objet de pêches lucratives. Ce poisson se nourrit d'autres animaux de sa classe, ainsi que de Vers, de Mollusques et de Crustacés. Sa chair est légère et d'une digestion facile, aussi est-elle très-recherchée sur les tables. Dans quelques endroits de l'Angleterre on la sale et on la fait sécher.

LOTTES. *Lota.* Des barbillons; ventrales pointues; deux dorsales; une anale. — Cette petite coupe présente deux espèces comestibles.

La *Lingue*, ou *Morue longue*, dont la pêche est très-productive; elle habite les mêmes parages que la Morue, et se prend et s'apprête comme elle.

La *Lotte commune* ou de rivière, qui est jaune, marbrée de brun, et d'un à deux pieds de long. C'est la seule espèce de son genre qui fait son séjour dans les eaux douces; elle se tient souvent cachée pour épier les insectes ou les petits poissons que les courants lui apportent, ou que ses barbillons trompeurs attirent. Un enduit muqueux formant une couche épaisse sur sa peau, lui permet de s'échapper facilement de la main qui la saisit; elle est très-estimée par les gourmets.

FAMILLE DES PLEURONECTOÏDES.

Corps très-aplati, différent à droite et à gauche; yeux d'un même côté. Dorsale régnant tout le long du dos; anale excessivement longue.

Le nom de cette famille provient du mode de natation des poissons qui la composent. Le défaut de symétrie qui s'observe chez eux est un caractère unique parmi les vertébrés, et il les fait aussitôt reconnaître. Les deux yeux sont situés auprès l'un de l'autre sur un des côtés de ces animaux qui est coloré, tandis que l'autre est toujours blanchâtre et comme étiolé. Les deux côtés de la bouche sont inégaux, et même ordinairement les nageoires pectorales présentent quelque dissemblance. Tous ces poissons nagent sur l'un des flancs, et c'est celui qui est coloré qui est dirigé en haut.

Le défaut de symétrie qui s'observe chez les Pleuronectoïdes est d'autant plus remarquable qu'il n'est point congénial. N'existant pas au moment où ils sortent de l'œuf, il paraîtrait n'être dû qu'au singulier mode de locomotion de ces animaux, pendant lequel un seul côté se trouvant continuellement dirigé vers la lumière, un des yeux, pour se mettre en rapport avec celle-ci, subit un déplacement qui est dû à un effort musculaire constant et prolongé qui, par suite, produit une torsion du système osseux de la tête. En outre, il semble aussi que ce soit au procédé de translation et à l'influence de la lumière que les deux côtés doivent leur différence d'organisation et de couleur. Ce qui paraît appuyer toute cette théorie, c'est que dans les mêmes espèces il existe des individus qui ont les deux yeux placés sur un côté différent. Les pêcheurs qui ont observé cette particularité, nomment même *bistournés* ou *contournés* les Pleuronectoïdes dont les yeux ne sont pas sur le côté accoutumé.

Les Pleuronectoïdes n'ont point de vessie natatoire ; ils séjournent constamment dans le fond vaseux des mers, et glissent sur sa surface pour saisir les faibles animaux dont ils se nourrissent, aussi pour les pêcher, on se sert ordinairement de filets traînants. On en rencontre quelquefois qui remontent assez avant dans les fleuves.

Cette famille fournit d'abondantes ressources aux habitants des côtes maritimes ; l'excellence de la chair de ses espèces charme le goût, aussi elles sont un des principaux ornements de nos marchés.

PLIES. *Platessa.* Corps rhomboïdal ; mâchoires à dents tranchantes ; yeux ordinairement à droite ; dorsales finissant sur l'œil supérieur. — Nos plages nourrissent beaucoup d'individus de ce genre.

La *Plie franche,* dont les jeunes individus sont connus dans nos marchés sous le nom de *Carrelets,* abonde sur nos côtes et se reconnaît aux six ou sept tubercules qu'offre sa tête, entre les yeux, ainsi qu'aux taches aurores de sa peau brune ; son poids s'élève parfois de douze à quinze livres. Elle possède une chair fort tendre et très-estimée. Dans quelques villes du Nord, on en fait dessécher d'immenses quantités pour la consommation.

La *Limande,* à laquelle ses écailles dures et dentelées ont fait donner le nom de lime (*lima*) n'a entre les yeux qu'une ligne saillante ; elle passe dans quelques pays pour être meilleure que la précédente.

Le *Flet* appelé aussi *Flondre,* réside particulièrement dans l'océan Atlantique boréal, et se prend surtout vers les rivages de la mer ou à l'embouchure des fleuves ; il s'aventure même parfois assez avant dans ceux-ci, car on en a pêché dans la Seine au-dessus du Pont-de-l'Arche.

On le distingue de ses congénères, en ce que tout son corps est hérissé de piquants acérés et crochus, et qu'il offre un bouton âpre à la base de chacun des rayons de ses nageoires dorsale et anale. Ce Poisson, qui ne pèse pas ordinairement plus de six livres, est fort recherché pour notre cuisine.

TURBOTS. *Rhombus.* Bouche non contournée ; dents en velours ;

yeux ordinairement à gauche ; dorsale s'avançant au delà de l'œil supérieur. — Deux espèces exquises se pêchent sur nos côtes.

L'une d'elles le *Turbot*, proprement dit, a le corps rhomboïdal, hérissé de tubercules et parvient quelquefois à cinq ou six pieds de longueur ; Rondelet rapporte en avoir vu qui avaient cinq coudées d'un bout à l'autre et qui présentaient un pied d'épaisseur. On en pêche souvent sur nos côtes qui pèsent vingt-cinq à trente livres. Ce poisson habite la Méditerranée, l'Océan du nord et la Baltique. L'embouchure de la Seine et celle de la Somme fournissent presque tous ceux que l'on consomme à Paris.

Ce Turbot, qui est la plus délicieuse espèce de ce genre, orne les tables de l'homme depuis bien des siècles. Les Romains l'estimaient beaucoup et ils le mangeaient en l'apprêtant diversement comme on peut le voir dans l'œuvre d'Apicius ; sa saveur exquise lui avait valu parmi eux le surnom de *Faisan de mer*.

On n'a jamais cessé d'apprécier ce poisson et l'on voit en compulsant les chartes de quelques monastères, qu'au XVIᵉ siècle, dans ceux-ci, on regardait l'usage de sa chair comme un très-grand régal, et qu'elle n'était servie que dans les occasions solennelles. Le Turbot est encore aujourd'hui le plus estimé des poissons plats.

On n'emploie que rarement le filet pour prendre cet animal. C'est ordinairement avec des lignes que l'on s'en empare, et les Anglais qui s'occupent de sa pêche avec succès opèrent celle-ci à l'aide de lignes d'une prodigieuse dimension. H. Cloquet dit qu'elles ont presque trois milles de longueur et qu'on y observe souvent 2,500 hameçons.

La *Barbue* est commune dans l'Océan boréal et dans la Méditerranée ; elle fréquente habituellement nos côtes et pénètre même dans les fleuves ; à l'embouchure du Var, M. Risso dit que l'on en pêche parfois qui pèsent seize livres.

Ce poisson se rapproche de la forme ovalaire ; son corps, dépourvu de tubercules, offre des nageoires dorsales dont les premiers rayons sont à moitié libres ; il est marbré de taches jaunâtres ou rougeâtres sur le côté gauche.

Dans tous les temps la Barbue a été fort estimée ; chez les anciens elle partageait avec l'espèce précédente le nom de *Faisan de mer*.

SOLES. *Solea.* Corps alongé ; bouche contournée, dentée d'un seul côté ; dents en velours ; dorsale étendue de la bouche à la caudale. — On rencontre de ces Pleuronectoïdes dans les mers qui baignent les quatre parties du globe.

La *Sole commune*, qui fréquente beaucoup de plages maritimes diverses, et remonte fort avant dans les fleuves, se trouve abondamment près de nos rivages ; on la pêche de plusieurs manières et particulièrement à l'hameçon et au harpon.

La chair délicate et tendre de ce poisson est recherchée sur les tables

les plus somptueuses , et elle lui a valu dans quelques pays le surnom de *Perdrix de mer.*

ACHIRES. *Achirus.* Caractères généraux des Soles ; pectorales nulles.— Ces poissons, dont le nom tiré du grec signifie privé de mains, ont été séparés du genre précédent ; ils sont tous étrangers aux mers d'Europe. L'*Achire marbré* est une des plus remarquables espèces par son système de coloration.

FAMILLE DES TRACHINOÏDES.

Tête volumineuse, à yeux plus ou moins vers sa région supérieure. Opercules épineux ; deux dorsales.

VIVES. *Trachinus.* Tête comprimée ; opercule fort grand , armé d'un fort aiguillon. — Ce groupe peu nombreux est représenté sur nos côtes par quelques espèces , et celles-ci sont redoutées par les pêcheurs à cause des piqûres profondes qu'elles leur font avec les épines acérées qui s'observent sur leurs opercules. Ces poissons résident principalement vers les rivages et s'enfoncent dans le sable, soit pour s'y dérober aux yeux de leurs ennemis , soit pour y guetter leur proie. Ils vivent de petits poissons et de crustacés , et offrent une chair d'un goût agréable.

La *Vive commune* a un pied de long et sa couleur est d'un brun jaunâtre ; on l'apporte dans nos marchés.

R ANOSCOPES. *Uranoscopus.* Tête déprimée ; mâchoire inférieure dépassant l'autre ; yeux très-rapprochés placés au sommet de la tête. — Ils doivent leur nom à leurs yeux qui sont dirigés vers le ciel.

L'*Uranoscope scabre ,* que l'on trouve dans les mers qui baignent nos côtes méridionales, est gris-brun, avec des taches sériales blanches. Il tend des embûches aux autres poissons , et dévore ceux qu'il peut attraper. C'est un animal fort laid , dont le goût et l'odeur sont désagréables ; mais cela n'empêche cependant pas qu'il soit servi sur les tables dans quelques états de l'Italie. On a avancé que ce fut de son fiel que Tobie se servit pour guérir la cécité de son père. Cette opinion naquit sans doute des succès que l'on attribuait à la substance de cet organe, contre les maladies des yeux et même la cataracte, dans les écrits où se trouvent coercées les ressources de l'art médical antique , tels que ceux de Dioscoride et de Galien.

CALLIONYMES. *Callionymus.* Nageoires ventrales plus larges que les pectorales ; ouïes s'ouvrant par un trou de chaque côté de la nuque. — La Manche nourrit plusieurs de ces poissons qui sont d'un aspect agréable et dont la peau est lisse.

FAMILLE DES BLENNIOÏDES.

Corps long, comprimé, à peau visqueuse; écailles excessivement petites. Nageoires ventrales rudimentaires ou nulles.

BLENNIES. *Blennius*. Ventrales très-petites, à deux rayons seulement; dorsale unique, flexible. — La peau des Blennies est enduite d'une abondance extrême de mucosité; c'est ce qui leur a valu le nom français de *baveuses*, qui n'est qu'une traduction du latin.

Les rivages obstrués de rochers sont ceux où ces poissons se plaisent le plus à se rassembler; là, on les voit par petites troupes, sautiller ou nager dans l'écume et les flots, en chassant les crabes ou les coquillages dont ils se nourrissent. Les Blennies peuvent être abandonnées par la mer sur le rivage, et y subsister privées d'eau pendant quelque temps. On les rencontre parfois dans les fentes des pierres, et les anciens, dans leur crédulité, avaient pensé qu'elles les éclataient pour y pénétrer.

Plusieurs d'entre elles sont vivipares, et les deux sexes offrent vers l'anus une espèce de tubercule qui paraît être un organe d'accouplement.

La *Blennie Papillon,* qui se trouve sur nos côtes, acquiert six pouces de longueur, et sa dorsale bilobée présente une tache noire, ronde, cerclée de blanc.

La *Blennie baveuse* est fort commune sur nos grèves où on la découvre cachée sous les fucus, dans les trous que la marée laisse à découvert. Elle est marbrée de noir et de blanc sur un fond olivâtre, et n'a guère que quatre à cinq pouces.

ORDRE DES DIPODES.

Poissons ne possédant que deux membres, les nageoires pectorales.

FAMILLE DES ANGUILLOÏDES.

Corps ordinairement serpentiforme; peau formée d'écailles extrêmement exiguës. Ouvertures branchiales ordinairement très-petites.

L'aspect serpentiforme des poissons de cette famille, leurs teintes sombres et l'enduit muqueux qui les recouvre, inspirent une méfiance que l'excellence de leur chair ne bannit pas toujours. Les Anguilloïdes nagent en ondulant leur corps, et paraissent avancer avec une presque égale facilité par ses deux extrémités. La vase est leur séjour de prédilection; et ils en labourent continuellement la surface.

L'opercule est couvert et termine une sorte de canal étroit, aussi les branchies étant très-bien abritées contre l'action dessiccative de l'air, ces animaux peuvent-ils vivre très-longtemps loin de l'eau sans périr. Ils sont tous carnassiers et détruisent une quantité considérable de petites espèces.

ANARRHIQUES. *Anarrhichas.* Ventrales nulles. Très-grosses dents arrondies, émaillées, les antérieures coniques, longues. — Par l'absence de nageoires pelviennes, ce groupe doit être placé parmi les Dipodes ; ce sont de grosses espèces qui le composent, et leur forme alongée les oblige à nager en serpentant.

Ces Poissons sont tout aussi féroces que les Requins. On en a vu essayer de saisir des matelots dans les chaloupes en y grimpant à l'aide de leurs nageoires ; mais la moindre démonstration suffisait pour les mettre en fuite.

A l'approche des Anarrhiques, les faibles poissons sont épouvantés, et c'est à cause de l'effroi et de la destruction que ces voraces animaux opèrent au milieu d'eux, qu'on les a nommés Loups de mer ou Ravisseurs. Leur système dentaire offre une puissance extraordinaire ; de forts tubercules osseux tapissent l'intérieur de la bouche, et ils portent des dents émaillées, si denses, que l'on n'a pas craint d'assurer qu'ils pouvaient les enfoncer dans le fer.

L'*Anarrhique loup* est le mieux connu ; il parvient à douze ou quinze pieds de longueur ; sa couleur est brune avec des bandes nuageuses. Sa patrie est la mer du Nord. Il rend les plus grands services aux Islandais, qui mangent sa chair lorsqu'elle est fraîche ou après l'avoir salée, et qui font du savon avec son fiel.

AMMODYTES. *Ammodytes.* Tête pointue, plus étroite que le corps ; caudale fourchue, séparée de la dorsale et de l'anale. — l'*Ammodyte appât*, que les pêcheurs emploient fréquemment pour amorcer leurs lignes, et que l'on nomme souvent *Équille*, mérite d'être mentionné. Sa couleur est d'un bleu argenté ; il est long d'un pied environ. C'est un animal commun sur les côtes de France, et qui se cache ordinairement sous le sable ou la vase pour y prendre des vers ou se dérober à ses ennemis ; il reste à découvert à la basse marée en se tenant enroulé comme un Serpent ; on le mange.

GYMNOTES. *Gymnotus.* Corps nu ; ni dorsale, ni caudale ; anale excessivement longue ; ouverture branchiale en avant des pectorales.— Ces poissons doivent leur nom à ce que leur corps est dépourvu de nageoires dorsales, et par conséquent privé d'appendices en dessus. Ils sont remarquables à cause de l'extrême exiguïté de l'espace occupé par leur appareil digestif et par la situation de leur anus fort en avant ; tous vivent dans les eaux du nouveau continent.

Le *Gymnote électrique* habite les fleuves immenses dont l'embouchure se trouve sur la côte orientale de l'Amérique, et on le découvre aussi, en abondance, dans les moindres ruisseaux, et même les mares qui se rencontrent dans la même région. Il en existe principalement un grand nombre dans les environs de l'Orénoque ; et l'abondance de ces Poissons dangereux est telle dans quelques contrées, qu'on a été obligé d'abandonner certaines routes jadis très-fréquentées, parce qu'il fallait traverser des ruisseaux dans lesquels beaucoup de mulets se noyaient annuellement en recevant les commotions des Gymnotes, dont ils sont infestés.

Le Gymnote électrique ressemble par sa forme à une anguille ; il acquiert ordinairement de trois pieds à trois pieds et demi de longueur, mais on en rencontre qui en ont presque six. Sa couleur est généralement noirâtre avec des lignes longitudinales plus foncées. Sa tête est percée de petits trous ou pores fort apparents qui émettent une humeur visqueuse qui enduit l'animal. D'autres pores moins visibles et disséminés à la surface du corps sécrètent un fluide semblable ; et celui-ci est produit en telle abondance par ces appareils, que l'on est obligé de renouveler chaque jour l'eau quand on veut nourrir ce Poisson dans des baquets. (Pl. 18.)

Les organes galvaniques des Gymnotes furent d'abord étudiés par J. Hunter, Geoffroy, Humboldt, de Blainville, et tout récemment par Knox. Ces organes sont beaucoup plus considérables que ceux des Torpilles, et ils occupent toute la partie inférieure de la longue queue de ces Poissons. On en compte deux de chaque côté, qui sont séparés par un ligament fort étendu. Ils sont composés de membranes tendineuses superposées presque horizontalement les unes aux autres, et réunies par d'autres membranes perpendiculaires très-fines et serrées, formant de très-petites cellules qui, selon quelques observateurs, sont remplies d'une substance fluide gélatineuse ; mais qui, d'après de Blainville, ne contiennent rien, et dont les parois reçoivent des nerfs excessivement nombreux, provenant de la moelle, et s'y répandant en filets déliés (Pl. 18).

La faculté que possèdent les Gymnotes de donner des commotions à ceux qui les touchent avait été observée à Cayenne dès 1671 par Richer, naturaliste et astronome. Dans la suite, Muschenbroeck confondit ces Poissons avec les Torpilles, et ce ne fut même que beaucoup plus tard que les physiciens et les naturalistes firent des recherches positives sur les phénomènes électriques de ces Anguilloïdes. Parmi ceux qui s'en occupèrent successivement, on doit citer Lacondamine, Bajon, Sgravesande, Walsch, Ingenhouss, Humboldt et Faraday.

Lorsque les Gymnotes donnent des commotions, il se produit des étincelles semblables à celles qui se manifestent dans les expériences électriques. Walsch les aperçut le premier à l'aide de deux conducteurs placés sur un carreau de verre et très-rapprochés, de manière à laisser entre eux un fort petit espace ; par ce moyen, il put voir une lueur dans l'obscurité, lorsque ces Poissons déchargeaient leur fluide. Ce savant put aussi, à l'aide de ces animaux, donner une commotion à vingt-sept personnes formant une chaîne continue, dont les deux extrémités leur touchaient.

Le Gymnote est un des plus redoutables habitants des eaux ; ses commotions électriques sont susceptibles d'étourdir des chevaux et de renverser des hommes ; De Humboldt dit qu'elles sont plus intenses que celles que produit la bouteille de Leyde, la plus fortement chargée ; il en ressentit une si violente en plaçant ses deux pieds sur un de ces Poissons que l'on venait de retirer de l'eau, qu'il en éprouva tout le jour de vives douleurs dans toutes les articulations du corps. Aussi, ce savant célèbre pense qu'il n'y a aucune exagération dans les récits des Indiens lorsqu'ils assurent que les Gymnotes noient des hommes qui nagent, en déchargeant sur eux leur fluide électrique, car une de leurs commotions est capable de priver l'homme, pour plusieurs minutes, de l'usage de ses membres ; et il assure avoir vu tomber dans l'eau et frappés de stupeur des chevaux sous le ventre desquels ces Poissons vinrent opérer leur décharge électrique.

Ces Anguilloïdes sont d'autant plus à craindre que leurs secousses se propagent facilement au loin par l'intermédiaire de l'eau ; aussi, il paraît que les petits Poissons se trouvent parfois foudroyés par elles à une distance de quinze pieds. Les métaux transmettent également ce fluide.

Les phénomènes électriques produits par les Gymnotes sont sous l'influence de la volonté de ces animaux, et on ne les éprouve en les touchant qu'à certains moments, et le plus souvent quand ils sont irrités. Ces phénomènes ont une plus grande intensité chez ces Anguilloïdes que chez les Torpilles, car si dans ces dernières on a contesté que la secousse puisse se transmettre à distance ou par l'intermédiaire des corps métalliques, et même qu'il y eût des étincelles, pour les Gymnotes, ces faits ont été positivement établis. H. Davy, qui a fait des expériences sur ces deux genres de Poissons, n'a jamais pu, ni avec le Gymnote ni avec la Torpille, attirer les corps légers, ni charger des bouteilles de Leyde, ni enfin agir sur les électromètres ni sur les condensateurs, ce qui portait cet illustre chimiste à considérer le fluide électrique de ces animaux comme ayant des propriétés spéciales.

Mais Faraday, qui a eu l'occasion d'expérimenter à Londres sur un Gymnote, qui y avait été amené vivant, a reconnu que le fluide électrique, dégagé par celui-ci, est identique aux phénomènes produits par nos instruments. Il obtint aussi des étincelles de ce poisson, et il put constater que chez lui le courant se dirigeait de la partie antérieure à la postérieure ; par des expériences comparatives, faites avec l'animal et une batterie très-forte de bouteilles de Leyde, il fut amené à conclure que la force du premier était très-grande.

Il a été reconnu que l'Anguille de Surinam imprime des chocs plus forts quand on la touche des deux mains à la fois, et la commotion la plus violente a lieu, ainsi que le dit Tiedemann avec tous les autres physiologistes, lorsqu'on saisit d'une main la tête de l'animal et de l'autre sa queue.

Quand les Gymnotes ont dépensé leur électricité, il leur faut un certain temps pour réparer sa déperdition. En Amérique, on profite de cette circonstance pour s'emparer de ces redoutables poissons. On lance des chevaux sauvages dans les marais qui les recèlent ; ces mammifères sont bientôt abattus par les commotions qu'ils reçoivent de tous côtés, et disparaissent sous les eaux ; ensuite les pêcheurs saisissent sans danger les Gymnotes épuisés.

Quelques auteurs prétendent que la chair du Gymnote électrique est délicate, mais c'est une erreur ; elle a une odeur repoussante et une consistance mucilagineuse qui répugne ; aussi les colons de la Guyane n'en mangent jamais, et il n'y a que les nègres qui en fassent usage.

Certains savants ont attribué quelques propriétés médicales à ce poisson, et l'on dit qu'à Démérary on l'emploie pour combattre les paralysies.

ANGUILLES. *Anguilla.* Nageoire caudale pointue ; ouïes s'ouvrant sous les pectorales. — Ces poissons habitent la mer ainsi que les fleuves et même les moindres marais.

L'*Anguille commune* est extrêmement répandue à la surface du globe ; on la rencontre dans toutes ses parties. Elle vit dans la mer et dans l'eau douce. Durant le jour, ce poisson reste ordinairement enfoncé dans la vase où il se cache au fond de trous qu'il creuse près des rivages et dans lesquels on en rencontre parfois un grand nombre. Ces trous sont cependant en général d'un petit diamètre, et ils s'ouvrent en dehors par une double issue, de manière que les poissons qui y résident peuvent facilement en sortir au moindre danger.

Cette espèce parvient parfois à une taille fort considérable, et Lacépède dit qu'il n'est pas rare d'en trouver, en Angleterre et en Italie, du poids de huit à dix kilogrammes ; elle offre une coloration qui varie selon son âge et la nature des eaux qu'elle habite. Lorsque celles-ci sont vaseuses, l'animal est noir en dessus, et d'un jaune plus ou moins clair sous le ventre ; mais si l'eau est limpide et coule sur un sable pur, le dos est d'un beau vert et l'abdomen argenté.

C'est ordinairement au printemps que les jeunes Anguilles remontent les fleuves pour se disséminer dans les fossés et les étangs, et leur pérégrination est alors nommée la *montée*. A l'automne, lorsqu'elles sont devenues plus fortes, elles redescendent par bandes immenses vers la mer ; et celles-ci sont quelquefois telles, que Spallanzani dit qu'elles s'entassent en nombre si prodigieux dans les anses des rivières où les conduisent les barrages des pêcheurs, qu'on les y voit monter au-dessus de la surface de l'eau. C'est seulement pendant les nuits obscures qu'elles voyagent ; la clarté de la lune ou des feux allumés sur le rivage arrêtent leur course.

Les Anguilles vivent de petits poissons, de vers et de grenouilles ; Lacépède dit que parfois elles sortent de l'eau pendant la nuit et qu'elles vont dans l'herbe des prairies fouiller la terre pour saisir des Lombrics ; elles sont si voraces que l'on en a vu entraîner sous l'eau de petits Canards sortant de l'œuf et les y dévorer.

Étonnés de l'immense quantité d'Anguilles que l'on voit sans cesse pulluler dans toutes les eaux du globe, les savants, pour expliquer l'extraordinaire fécondité de ces animaux, ont cru que leur génération s'éloignait des lois générales. L'immortel Aristote, lui-même, s'égara en supposant que les petites Anguilles naissaient du limon des rivages qu'elles habitent. D'autres, prenant pour ces animaux à l'état jeune des vers qui attaquent les branchies des poissons, ont cru qu'ils naissaient de celles - ci. Mais nous n'avons pas besoin de dire qu'il est bien prouvé que la génération des Anguilles suit la loi générale; Müller et d'autres ont eu l'occasion de reconnaître les ovaires des femelles et la laite des mâles. Elles s'accouplent d'une manière analogue aux Serpents, ainsi que Rondelet et quelques savants ont pu l'observer, et les femelles sont ordinairement vivipares.

Comme ces poissons produisent plusieurs fois chaque saison, et que leur carrière atteint de longues années, quelquefois une centaine à ce que l'on dit, les marais en seraient bientôt infestés si les oiseaux et les mammifères aquatiques n'en limitaient pas le nombre par la destruction qu'ils en font.

L'homme lui-même pour ses besoins contribue d'une manière efficace à diminuer la prodigieuse fécondité des Anguilles dans les endroits où elles abondent. Dans les seuls marais de Comachio, près de Venise, Spallanzani dit qu'en 1782 on en pêcha 990,000. Dans le Jutland, on en prend quelquefois d'un seul coup de filet plus de neuf mille; et Noël rapporte que le long des rivages de la basse Seine les troupes que forment ces poissons sont si nombreuses, que les pêcheurs en remplissent facilement des seaux et des baquets. Il sont si communs dans les moindres fossés des environs de Rouen, que cela s'est présenté souvent à notre observation, et que là fréquemment on voit de jeunes enfants s'amuser à en recueillir à la main.

Les Anguilles étaient comprises parmi les poissons privés d'écailles dont les lois divines interdisaient l'usage à la nation hébraïque; les institutions de Numa défendaient également de les offrir pendant les sacrifices solennels, sur les tables des dieux. Cependant, l'excellence de la chair des Anguilles les a fait triompher de ce bannissement rigoureux, et actuellement ces Poissons se trouvent appréciés partout.

Le *Congre commun* est une énorme espèce de ce genre. On en harponne qui ont jusqu'à huit et dix pieds de longueur. Sa mâchoire supérieure dépasse l'autre; la dorsale, bordée de noir, commence près des pectorales. Il vit dans nos mers, est extrêmement vorace, et se jette même probablement sur les cadavres des noyés, puisque M. Bory Saint-Vincent, en disséquant un de ces animaux, trouva des doigts humains dans sa cavité stomacale.

Lorsque les marins prennent cet Anguilloïde, il se défend et tâche de mordre, et il est si tenace, que quand sa bouche a saisi quelque corps, et que sa queue est cramponnée solidement, il laisse plutôt déchirer, arracher même ses mâchoires que d'abandonner ce qu'il a mordu.

Le Congre a une chair blanche et savoureuse dont nos pères faisaient leurs délices; aujourd'hui elle est dédaignée; le pauvre seul en fait usage.

ORDRE DES APODES.

Poissons complétement privés de nageoires pectorales et de ventrales.

Les espèces contenues dans ce groupe auquel on peut donner la dénomination de famille des Murènoïdes, ont des mœurs à peu près semblables à celles des Anguilles. Nous en citerons deux genres.

MURÈNES. *Muræna.* Corps anguilloïde; ouvertures branchiales très-petites.—Ces poissons ont la bouche armée d'une ou plusieurs rangées de dents et sont très-carnassiers; ils s'accouplent et offrent une génération ovovivipare.

La *Murène commune*, que Linnée comprenait avec les Anguilles, abonde dans la Méditerranée; elle atteint jusqu'à trois pieds et plus, et son corps est marbré de brun et de jaune. Ce poisson avait acquis à Rome, sous l'empire, une grande célébrité, à cause de l'excellence de sa chair; et par une singularité étonnante, en même temps qu'il faisait les délices des citoyens, on l'employait à fustiger les jeunes patriciens fautifs.

Les Romains élevaient un nombre considérable de Murènes dans leurs magnifiques viviers, et quelques personnages de cette nation poussèrent jusqu'au délire l'attachement qu'ils leur portaient. Ils se plaisaient souvent à les orner de bijoux précieux et à les accoutumer à venir lorsqu'on les appelait, ainsi que le faisait L. Crassus. On s'étonne de voir l'histoire répéter la faiblesse de cet orateur célèbre, qui pleurait sur la mort de quelques-uns de ces poissons qu'il élevait dans ses domaines. Tous les livres ont inscrit la barbarie de Pollion, ce favori d'Auguste, qui faisait jeter ses esclaves coupables dans des bassins remplis de Murènes et de Lamproies, afin de goûter le plaisir atroce de les voir déchirer par ces animaux voraces.

Maintenant les Murènes ne sont plus recherchées et semblent avoir totalement perdu leur ancienne réputation.

UNIBRANCHAPERTURES. *Synbranchus.* Branchies sans opercule, n'ayant qu'un seul trou commun.—Ces animaux sont remarquables par l'ouverture extérieure des branchies, qui est unique et se trouve sous la gorge. Ils vivent ordinairement dans les mers échauffées des tropiques. Il y en a aussi dans les eaux douces et bourbeuses de Surinam.

POISSONS SUB-OSSEUX.

Squelette imparfaitement solidifié. Dents implantées dans les mâchoires. Derme non écailleux, à structure variable.

Les poissons de cette sous-classe sont aussi appelés *Hétérodermes* à cause de la disposition de leur peau qui, au lieu d'offrir des écailles comme les groupes précédents, est toute nue ou protégée par d esplaques osseuses ou des épines diversiformes.

FAMILLE DES CYCLOPTÈRES.

Nageoires pelviennes réunies par leurs bords, de manière à former une sorte de disque.

CYCLOPTÈRES. *Cyclopterus.* La dénomination imposée à ce genre, qui est unique, indique la disposition des membres abdominaux ; ces appendices forment un disque creux ou ventouse que les Cycloptères emploient comme un suçoir pour adhérer aux pierres du fond de la mer.

Le *Lompe*, qui est aussi nommé *lièvre de mer* ou *bouclier*, offre quelquefois |trois pieds de long ; sa peau colorée en vert, porte trois rangées de tubercules, caractère qui lui a fait donner cette dernière épithète.

Ce poisson a surtout exercé la sensibilité des amateurs du merveilleux, qui lui prêtaient une haute intelligence et des facultés affectives singulières pour sa compagne et sa progéniture ; mais le Lompe est un animal lourd et stupide qui n'offre rien de tout cela : il est seulement remarquable par la force avec laquelle il se fixe aux rochers, à l'aide de ses nageoires en ventouse, et qui est telle, qu'il est souvent difficile de l'en détacher ; on rapporte même qu'il est assez audacieux pour se cramponner au corps des Requins.

Ce poisson a une chair molle, fade et désagréable ; cependant, les pauvres Irlandais en font usage, et ils la salent ou la marinent pour leur consommation.

FAMILLE DES BRACHIOPTÈRES.

Deux paires de membres natatoires ; nageoires thorachiques pédiculées.

Deux os soutiennent l'espèce de bras qui porte les nageoires thorachiques, et des naturalistes les ont comparés au radius et au cubitus.

Les Brachioptères sont voraces, et leur configuration singulière et comme monstrueuse est la source des noms bizarres qu'on a imposés à plusieurs d'entre eux. Un simple trou sert d'ouverture branchiale; de là cette faculté qu'ils ont de subsister longtemps hors de leur élément. Quelques Brachioptères, assure-t-on, peuvent rester sur le rivage pendant deux ou trois jours, après s'être rempli leur vaste estomac d'air; ce qu'il y a de certain, c'est que l'on en rencontre quelquefois assez loin de l'eau, où ils se sont transportés en rampant à l'aide de leurs bras.

BAUDROIES. *Lophius.* Tête extrêmement large et déprimée, portant des rayons libres et mobiles; deux dorsales.—Ces poissons offrent une bouche qui a une ouverture et une dimension prodigieuses. Elle conduit immédiatement dans une vaste cavité gastrique qui occupe presque tout le corps et apparaît comme un grand sac qui forme le fond de l'entonnoir buccal et n'en est séparé que par le rétrécissement que peut opérer un anneau de fibres musculaires. Cette cavité, dans laquelle je n'ai point reconnu l'étranglement dont parle Home, envahit tellement l'économie, que lorsqu'on a disséqué des Baudroies, celles-ci ne semblent plus réellement que des estomacs ambulants dont la voracité est servie par des appareils locomoteurs.

La *Baudroie commune*, par sa forme singulière, sa gueule immense hérissée de nombreuses dents, et sa couleur rembrunie sur le dos, s'est attiré la dénomination réprobatrice de *Crapaud* ou *Diable de mer*, que les marins lui imposent; dans quelques pays, on la nomme aussi Raie pêcheresse, à cause de sa ressemblance avec les Raies et de la manière dont elle s'empare de sa proie. Elle se trouve dans toutes les mers européennes, et présente environ deux pieds de longueur. On dit en avoir vu d'une toise. (Pl. 19.)

Ce poisson est d'un goût agréable; mais sa physionomie hideuse détermine probablement la répugnance qu'on éprouve à le manger, et est la source de l'opinion que l'on a que sa chair est vénéneuse.

Lourdes dans leur course et étant dépourvues d'énergie, les Baudroies sont obligées d'employer la ruse pour se substanter. Elles se cachent dans le sable ou dans les pierres, et couvrent leur corps plat de fucus, puis laissent flotter, en les agitant, les filaments qui s'implantent sur leur tête et se terminent par de petites membranes; les poissons s'approchent, trompés par l'apparence de celles-ci, qu'ils prennent pour quelques vers nageant au milieu de l'eau, et c'est à ce moment que les engloutit la gueule impitoyable de ces Brachioptères dévorants.

Quelques zoologistes disent que chez les Baudroies l'ouverture branchiale est petite et que c'est ce qui leur permet de vivre longtemps hors de l'eau; mais c'est une erreur, cette ouverture est fort vaste, et le poing y entre avec la plus grande facilité. Aussi, d'autres savants assurent que ces poissons réussissent à pêcher en se servant de leurs ouïes en guise d'épervier et en les ouvrant et les fermant alternativement, et enfin en les serrant avec leurs nageoires pectorales lorsque la proie y est entrée. Cette opinion, qui a pris naissance dans les récits des pêcheurs, a été confirmée par M. Geoffroy Saint-Hilaire et par différents naturalistes, qui, ainsi que lui, ont trouvé des Poissons dans les vastes sacs branchiaux des Baudroies.

MALTHÉES. *Malthe.* Corps très-déprimé, large, hérissé de tubercules. — Les espèces qui forment ce genre ont encore été peu étudiées. La plus connue est la *Malthée vespertilio*, aussi nommée *Licorne*, à cause de son front qui se prolonge beaucoup; elle provient des mers qui baignent l'Amérique.

FAMILLE DES PELVAPTÈRES.

Formes anormales; peau offrant ordinairement une structure particulière. Nageoires pelviennes nulles. Dents ordinairement représentées à chaque mâchoire par une ou deux pièces solides.

COFFRES. *Ostracion.* Corps à cuirasse osseuse formée de compartiments réguliers, soudés; plus de six dents. — Les Coffres ne se trouvent point ordinairement dans nos climats; ils se plaisent sur les bords des mers qui baignent les côtes équatoriales.

Les nageoires, la queue et l'extrémité du museau sont seules mobiles dans ces poissons, chez lesquels tout le corps est protégé par un bouclier osseux, dont les différentes pièces réunies ont une figure régulière qui les fait paraître ciselées. Les petits crustacés et les coquilles, que leurs dents brisent avec facilité, voilà ce qui nourrit les Coffres; il en est qui font entendre une sorte de grognement quand on les prend. Dans quelques pays, on en mange plusieurs espèces, tandis que dans d'autres elles passent pour vénéneuses.

Le *Coffre lisse*, dont le corps est triangulaire, dépourvu d'épines, est communément servi aux personnes riches de la Jamaïque, et Lacépède a proposé de l'acclimater chez nous.

Le *Taureau marin*, dont le front et l'abdomen sont armés d'épines, est commun dans les collections; il se pêche dans la Méditerranée; aux Antilles il est réputé délétère.

MOLES. *Orthagoriscus.* Corps comprimé, haut, tronqué en arrière, sans épines; mâchoires entières. — Le corps de ces poissons est si brusquement tronqué en arrière, qu'ils ont l'air d'animaux dont on aurait séparé la queue, et qu'ils offrent une figure arrondie. Le surnom de *lune* ou de *soleil*, qu'on leur donne souvent, tient à cette configuration et aussi aux reflets argentés de leur peau, ou aux lueurs phosphoriques qui les environnent pendant la nuit, et dont l'éclat scintillant les a fait comparer à ces astres. Une différence physiologique s'ajoute aux caractères extérieurs pour séparer les Moles des Diodons et des Tétrodons, c'est que les premiers ne peuvent pas se gonfler.

Le *Poisson lune*, qui vient sur nos côtes présente, quand il est adulte, des dimensions énormes. Son élévation est quelquefois de douze pieds, de l'extrémité d'une nageoire à l'autre, et il en est qui pèsent trois à quatre cents livres. Cet animal nage en roulant sur lui-même comme un disque ; sa chair est mauvaise, mais on en extrait beaucoup d'huile.

DIODONS. *Diodon.* Mâchoires entières ; peau armée d'aiguillons mobiles. — Ces poissons portent un nom zoologique qui rappelle que leurs mâchoires indivisées ressemblent à deux dents. Ils vivent tous dans les mers équatoriales.

Par une faculté particulière, les Diodons peuvent se gonfler comme des ballons, en introduisant une grande quantité d'air dans leur estomac ou plutôt dans l'espèce de jabot extensible occupant l'abdomen. Ainsi remplis, ils flottent renversés, le dos tourné en bas, et alors leurs piquants hérissés et adhérant solidement à la peau distendue, permettent à ces pelvaptères de braver leurs agresseurs, dont ils déchirent la bouche. C'est cette propriété de se gonfler qui a fait appeler vulgairement ces poissons *Boursouflus.* Lorsqu'ils sont pris, ils font entendre un son produit par l'air qui s'échappe avec force de leur intérieur.

On assure que la chair de ces pelvaptères est vénéneuse ; le fiel passe surtout pour être léthifère, et l'on dit que des personnes ont trouvé la mort en mangeant des ragoûts dans lesquels d'imprudents cuisiniers en avaient fait entrer.

L'*Atinga*, dont le dos est brun et le ventre blanc, et qui est recouvert de piquants à base triangulaire, est le plus commun, et celui dont la peau bourrée se rencontrait autrefois suspendue au plafond des boutiques d'apothicaires ou des cabinets des curieux. Il se trouve au Brésil. Ses piqûres sont très-douloureuses, et comme il se défend quand il est pris, on est obligé de l'assommer avant d'y toucher. On le mange dans quelques contrées.

TÉTRODONS. *Tetrodon.* Mâchoires divisées en deux espèces de dents ; épines cutanées petites. — Comme ils peuvent se gonfler à la manière des Diodons, on leur a aussi donné le nom de *Boursouflus.* Ils font comme eux entendre un son particulier lorsqu'on les saisit. Plusieurs espèces sont réputées très-vénéneuses, et l'on dit même que des individus, las de la vie, parvinrent à se l'arracher en mangeant de ces poissons à leurs repas.

Le *Tétrodon rayé*, nommé *Fahaca* par les Arabes, est un des plus anciennement connus. Son dos et ses flancs sont barrés longitudinalement de brun et de blanc. En Égypte , quand le Nil rentre dans son lit après l'inondation , il abandonne beaucoup de ces poissons sur les terres. Les enfants les prennent pour s'en amuser, quoique les hommes de ce pays les aient en horreur, et les regardent comme un poison violent. (Pl. 17.)

Le *Tétrodon électrique*, qui vit dans les bancs de corail de l'océan Indien , fait éprouver des commotions galvaniques à ceux qui le touchent.

FAMILLE DES ACANTHOPTÈRES.

Corps de forme normale. Première nageoire dorsale, offrant en avant un ou plusieurs aiguillons articulés et mobiles.

BALISTES. *Balistes.* Maxillaires portant chacun huit dents sur une seule rangée. Trois épines à la dorsale. —Ces animaux vivent dans les mers équinoxiales.

L'épine forte et saillante que l'on observe sur le dos de ces poissons est articulée sur un os et peut à volonté se rabattre sur le corps et se loger dans un sillon , ou bien se redresser vivement et offrir alors une arme défensive qui rebute tous leurs agresseurs. On a comparé le jeu de cet appendice mobile à celui de la machine de guerre appelée baliste, et de là est dérivé le nom de ce genre intéressant. Ces Acanthoptères peuvent se gonfler le ventre comme certaines espèces qui appartiennent à la famille précédente. Leur chair inspire de la méfiance.

Le *Baliste caprisque*, qui est nuancé de violet, de bleu et d'or, réside dans la Mediterranée.

CENTRISQUES. *Centriscus.* Museau tubuleux, excessivement long ; première dorsale épineuse , très-postérieure. — L'alongement extraordinaire de la tête de ces Acanthoptères , par une grossière comparaison , les fait nommer parmi les matelots ou dans le peuple, *Bécasses , Souflets* ou *Trompettes de mer.*

Le *Centrisque bécasse* habite les mers qui baignent l'Italie , et se vend dans les marchés de Rome et de Naples. Il est d'un rouge rose, et brunàtre en dessus.

FAMILLE DES HÉTÉROPTÈRES.

Corps relevé par des saillies angulaires ou cuirassé. Nageoires très-variables, quelquefois nulles. Dents nulles. Branchies en houppes.

PÉGASES. *Pegasus.* Corps court, déprimé. Deux paires de nageoires latérales ; pectorales souvent très-grandes ; bouche placée sous la tête.

— Ces poissons, dont le nom provient des espèces d'ailes que représentent parfois les nageoires pectorales, habitent les mers des Indes.

HIPPOCAMPES. *Hippocampus.* Tronc comprimé, très-renflé au milieu ; écailles relevées en arêtes ; caudale nulle. — La dénomination de ces animaux doit son origine à ce qu'après la mort leur corps se courbe de manière à donner à leur région antérieure l'apparence de l'encolure d'un cheval en miniature ; et la ressemblance avec ce quadrupède est encore augmentée, pour les personnes faciles dans leurs comparaisons, par des filaments qui s'insèrent sur le cou ou par la nageoire dorsale, qu'elles trouvent imiter la crinière et la selle d'un coursier.

L'*Hippocampe cheval marin* se rencontre dans presque toutes les mers ; il gît sur le bord de celles qui baignent nos côtes ; sa nourriture se compose d'insectes. Comme cet animal est très-facile à conserver, on le rencontre souvent dans les collections des amateurs. Il a environ six pouces de longueur. Ce poisson, anciennement vanté par les médecins grecs et ceux de Rome comme un médicament bienfaisant, est au contraire regardé comme un poison par quelques peuples du Nord.

SYNGNATHES. *Syngnathus.* Corps très-alongé ; diamètre presque égal partout ; museau tubuleux ; trou respiratoire près la nuque.— Ces animaux, à cause de leur forme, sont surnommés *Aiguilles de mer* par les pêcheurs, qui les regardent quelque fois comme d'heureuses trouvailles. Ils se rencontrent sur nos rivages maritimes.

La génération de ces poissons présente une anomalie remarquable qui fut signalée par les plus anciens observateurs. Déjà Aristote avait dit que les Syngnathes-Aiguilles produisaient leurs petits par une large fente du ventre qui se cicatrisait après leur sortie.

Les naturalistes modernes reconnurent en effet que chez ces animaux les œufs subissaient une incubation et éclosaient dans un sac situé derrière l'anus, où l'on supposait qu'ils s'introduisaient au moment de leur expulsion du corps de la femelle, à la faveur du ramollissement de la peau. Mais Retzius a découvert, à l'aide de nombreuses observations, que c'est au mâle qu'appartient ce prétendu sac, et que celui-ci porte sous la queue une grande fente pratiquée à la peau, et dans laquelle la femelle pond ses œufs, sans doute pendant une sorte d'accouplement ; et c'est dans cette cavité que ceux-ci subissent ensuite toutes les phases de leur développement.

Ce phénomène ne se remarque point dans toutes les espèces, et il en est dont les mâles ne portent pas d'organe incubateur, et auxquels les œufs sont simplement attachés à la peau du ventre par des fils, comme ceux des Crapauds accoucheurs le sont derrière eux.

POISSONS CARTILAGINEUX.

Squelette ordinairement cartilagineux ; dents non implantées dans les maxillaires, mais seulement sur les gencives.

Les poissons de cette sous-classe que l'on appelle aussi *Dermodontes*, sont généralement placés à l'extrémité de la série par les zoologistes , à cause de la dégradation de leur squelette. Mais quelques auteurs les mettent cependant à la tête de leur classe, à cause de leur appareil génital, de leur système nerveux et de quelques-uns de leurs sens qui semblent plus parfaits dans la plupart d'entre eux que chez les poissons osseux.

FAMILLE DES STURIONIENS.

Corps alongé ; museau prolongé au-devant de la bouche. Ouverture branchiale unique de chaque côté, fermée par un opercule. Membres postérieurs placés au-devant de l'anus.

POLYODONS. *Spatularia.* Museau énormément prolongé par une saillie mince et large , ressemblant à une spatule. — Ces poissons, par leurs ouïes qui sont bien fendues et leurs opercules bien conformés, méritent d'être placés à la tête des cartilagineux : leur intestin est disposé en spirale , et ils possèdent une vessie natatoire.

Le *Polyodon feuille*, qui habite les eaux du Mississipi , est la seule espèce connue.

ESTURGEONS. *Acipenser.* Bouche petite , édentée ; corps garni de rangées d'écussons osseux. — Parmi les différentes espèces de ce genre remarquable , nous accorderons d'abord notre attention à l'*Esturgeon ordinaire*, qui, par ses dimensions gigantesques, ainsi que par l'agréable aliment qu'il procure à l'homme , est le mieux connu et qui , ayant attiré sur lui l'attention du peuple roi , a acquis dans l'antiquité une célébrité rarement égalée par celle de quelques autres animaux de sa classe.

Les poissons de cette espèce se rapprochent des Squales par leur aspect général. L'absence de dents est compensée chez eux par les cartilages assez durs qui garnissent la bouche, située en dessous de la tête, et qui se trouve protégée par un museau alongé. Sur l'espace contenu entre la bouche et l'extrémité du museau , sont insérés quatre barbillons déliés, excessivement mobiles et qui , ayant quelque ressemblance avec des vermisseaux, attirent souvent près de l'Esturgeon de petits poissons qui ne tardent pas à devenir victimes de leur méprise. Cinq rangées de boucliers osseux, ayant parfois un diamètre de cinq à six pouces, s'étendent le long de son corps et lui forment une armure redoutable. Sa couleur est d'un blanc sale, et il est parsemé de petites taches brunes sur le dos, et noires sur le ventre.

L'Esturgeon habite non-seulement l'Océan, mais encore la Méditerranée, la mer Rouge, la mer Noire et la mer Caspienne. Aimant les eaux douces, on le voit, aussitôt que la chaleur du printemps se fait sentir et que l'époque de la procréation est arrivée, remonter les grands fleuves, tels que le Volga, le Danube, le Thanaïs, le Pô, la Garonne, la Loire, le Rhin, l'Elbe et l'Oder; et nous apprenons par une charte d'une comtesse de Provence, accordée en 1063, qu'il y avait alors sur le Rhône des bateaux qui s'y livraient à la pêche de ces Poissons. Ils se hasardent aussi quelquefois dans les rivières secondaires, et l'on en a capturé dans la Moselle. La Seine, malgré son étendue, est bien rarement visitée par eux; cependant, en 1758 et en 1782, on en pêcha deux à Paris qui furent portés à Versailles et présentés au roi; et, en 1800, on a conservé pendant quelque temps, dans un des bassins de la Malmaison, un Esturgeon qui avait été pris à Neuilly.

Ces Poissons, qui peuvent être rangés parmi les géants de leur classe, atteignent parfois une longueur de plus de vingt-cinq pieds, et on en voit communément qui en ont dix-huit. Pendant le séjour de François Ier à Montargis, on lui en présenta un qui offrait cette taille et que l'on avait pris dans la Loire. On prétend qu'en Norwége on en trouve qui pèsent jusqu'à mille livres, et Pline nous apprend que le Pô en nourrit de ce poids. Malgré ses dimensions formidables et sa force, ce Sturionien est d'un naturel paisible et n'est vraiment redoutable que pour les petites espèces dépourvues de moyens de défense.

L'Esturgeon, par la petitesse de sa bouche, est contraint de ne pas faire usage d'une forte proie; aussi se nourrit-il de Harengs, de Maquereaux et de Gades. Il attaque également parfois les Saumons qui remontent les fleuves vers la même époque que lui, et en le voyant dominer leurs bandes voyageuses, quelques nations ont cru qu'il s'en établissait le chef, et l'ont surnommé *Conducteur des Saumons*. Fréquemment aussi il mange des Vers et autres petits animaux aquatiques dont il s'empare, en fouillant, à l'aide de son museau, la vase ou la terre ramollie.

Ces Poissons peuvent vivre pendant plusieurs jours hors de l'eau, à cause de la conformation de l'opercule qui ferme l'ouverture des branchies et qui, étant bordé d'une peau molle, peut la boucher plus hermétiquement.

C'est, ainsi que nous l'avons dit, dans les fleuves que les animaux qui nous occupent déposent leur frai; ceux-ci sont d'une fécondité vraiment remarquable, puisque dans un individu du poids de cent soixante livres, M. Rousseau a compté 1,467,856 œufs. Malgré cette puissante reproduction, on ne rencontre presque jamais dans les fleuves de jeunes Esturgeons, ce qui fait présumer qu'ils gagnent la mer, peu de temps après leur naissance, pour ne l'abandonner que lorsqu'ils sont adultes. Pendant le mois de mai, les Esturgeons communs, ainsi que l'espèce suivante, remontent l'Iaïk en si grand nombre, qu'ils endommagent la digue qui barre ce fleuve, et que les Cosaques, afin de préserver cette construction, les dispersent à coups de canon.

Les produits divers que fournissent les Esturgeons les ayant rendus un objet de convoitise pour l'homme, celui-ci s'est appliqué à leur pêche qui se fait de différentes manières, selon les localités où elle s'exécute. Du côté de Bordeaux, depuis le mois de février jusqu'au mois d'août, on s'empare de ces Poissons à l'aide de filets dans lesquels ils s'embarrassent en passant, ou bien avec une seine qui est traînée par deux petites chaloupes, montées chacune par trois ou quatre hommes; tandis que dans le Danube, au rapport d'Albert-le-Grand, c'était pendant leur sommeil que l'on tuait ces animaux, en les frappant à coups de harpon, pendant qu'ils étaient étendus sur le sable. Si nous devons en croire les récits, les pêcheurs du Pô ont un mode encore plus simple : trois ou quatre barques se mettent doucement à la poursuite de l'Esturgeon; puis, lorsqu'ils l'ont poussé vers un endroit peu profond du rivage, les pêcheurs se mettent tout à coup à faire un grand bruit, et l'animal effrayé se laisse échouer.

Dans les contrées où ces Poissons sont abondants, telles qu'en Russie, on s'occupe, en été et en automne, à transporter, dans des lacs qui sont adjacents, les individus que l'on capture dans les fleuves, et surtout dans le Volga. Pallas nous apprend qu'une loi extrêmement sévère condamne à la bastonnade, et même à la mort, ceux qui détruiraient ces Poissons pendant l'été ; aussi les pêcheurs s'empressent-ils de rejeter à l'eau ceux qui tombent dans leurs filets, et ce n'est qu'à l'entrée de l'hiver que l'on va retirer les Esturgeons des réservoirs naturels dans lesquels on les avait placés, afin d'en retirer plus de bénéfice en les expédiant gelés dans l'intérieur de la Russie.

La chair de ce Poisson est fort délicate et son goût a quelque rapport avec le veau; celle du mâle est meilleure que celle de la femelle : elle était fort estimée en Grèce et ornait les plus somptueux festins. Mais ce fut surtout Rome, avilie par le luxe, qui lui rendit un culte vraiment honteux, puisque l'on voyait des Esturgeons portés en triomphe sur des tables pompeusement décorées, et par des ministres couronnés de fleurs, marchant au son des instruments, dans les rues de cette capitale du monde. Aussi ne s'étonne-t-on pas de voir Ovide ne point les oublier dans ses louanges. Autrefois, on prisait tellement ces Poissons en Angleterre et en France, que dans le premier de ces pays, le roi s'appropriait tous ceux que l'on pêchait dans ses États, et que dans le second on a souvent vu une charte adjuger, à certains seigneurs, le même privilége. Cette grande célébrité de l'Esturgeon a, du reste, varié selon les lieux et les époques, et l'on est assez surpris, après les faits que nous venons de citer, de voir Beaujeu, dans le seizième siècle, parler de ce Poisson comme étant si commun, qu'en Provence on le vendait un sou la livre. Aujourd'hui, en France, il est encore regardé comme un de nos mets les plus délicats.

Les Hollandais coupent l'Esturgeon en morceaux, et, après les avoir salés et marinés, ils les mettent en baril et en font un commerce assez étendu avec quelques pays et notamment avec l'Angleterre. En Italie, on coupe par tranches l'épine dorsale, on la sale et on la fume, et c'est celle-ci qui, ainsi préparée, prend le nom de *Spinachia* et devient un mets extrêmement estimé; les autres parties du corps sont salées et marinées. Les Norwégiens font, avec ce Poisson qu'ils coupent en longues bandes, un aliment recherché auquel ils donnent le nom de *Rackel*.

Les Ostiaks, beaucoup moins difficiles, au rapport du célèbre Pallas, mangent l'Esturgeon cru, aussitôt après sa sortie de l'eau; ils le coupent par bandes qu'ils humectent avec le sang qui coule d'entailles qu'ils ont pratiquées à cet effet, près de la queue de l'animal, et mordent dans ces bandes en coupant, avec beaucoup d'adresse, la bouchée près de la lèvre inférieure. Ils mangent aussi, sans aucune préparation, les nerfs dorsaux et les cartilages qui sont leurs mets de prédilection; mais ils ont la plus plus grande précaution de ne pas y toucher avec le couteau, parce qu'une idée superstitieuse leur persuade que cela leur porterait malheur à la pêche.

Mais le produit principal est sans contredit celui que procurent les œufs de la femelle. C'est avec ceux-ci que les pêcheurs de la mer Noire confectionnent le *Caviar*, aliment dont on fait un si grand usage en Grèce et en Russie. Ces œufs, qui se rencontrent chez elle en si prodigieuse quantité, sont lavés et choisis avec plus ou moins de soin, puis pétris avec du sel et autres assaisonnements. C'est après cette préparation, et lorsqu'il a acquis une couleur et une consistance qui lui donnent une certaine ressemblance avec le savon vert de Hambourg, que le caviar est livré au commerce. Les Moscovites principalement en font une énorme consommation, à cause de leurs trois carêmes qu'ils observent avec la plus stricte rigidité.

Le *Hausen* ou *Grand Esturgeon* est moins répandu dans les différentes mers que l'espèce précédente, et on ne le trouve guère que dans la mer Noire et la mer Caspienne; il remonte fréquemment le Danube et le Volga en troupes plus nombreuses que l'Esturgeon commun et acquiert des dimensions encore plus prodigieuses. Pallas rapporte qu'en 1769 on pêcha un de ces Poissons qui avait vingt-cinq pieds dix pouces de longueur; il pesait 2,310 livres, et l'on en retira 660 livres d'œufs, qui furent évalués être au nombre de 30,412,860 puisque cinq de ceux-ci pesaient un grain. H. Cloquet nous apprend que l'on en pêche souvent de cette taille et pense que, puisque l'on en prend qui pèsent jusqu'à 2,800 livres, on est autorisé à présumer que le Grand Esturgeon peut acquérir une longueur de quarante pieds.

Comme le Hausen fraye dès les premiers jours du printemps, il remonte les fleuves pendant l'hiver, et lorsqu'ils sont couverts de glace;

c'est sur les pierres ou dans les lieux où le courant est le plus rapide que la femelle dépose ses nombreux œufs. Cette espèce est très-vorace et poursuit avec activité les Poissons dont elle se nourrit, et surtout une espèce de la famille des Cyprins. C'est au printemps que son appétit paraît le plus insatiable, et Pallas à qui nous devons tant de notes intéressantes sur le genre que nous décrivons, prétend que les Hausens ne se contentent pas alors de leur proie habituelle, mais qu'ils dévorent indistinctement des Veaux marins, des Canards, des Oies sauvages, et même des morceaux de bois ou des joncs flottants sur l'eau. Ce besoin d'aliments s'explique du reste par le long jeûne que ces animaux observent pendant l'hiver, saison durant laquelle ils se retirent à plusieurs dans les grandes cavités des rivages où, se tenant tassés les uns contre les autres, ils ne s'engourdissent pas, et prennent quelque nourriture qui le plus souvent ne consiste que dans le mucus visqueux qui enduit leur corps et qu'ils se sucent mutuellement.

Le Hausen offrant à l'homme des avantages encore plus étendus que l'espèce précédente, les peuples des contrées qu'il habite mettent tous leurs soins à le capturer. Au rapport de Pallas, vers l'époque où les Esturgeons remontent les fleuves, les habitants des bords du Volga et de l'Iaïk construisent dans ceux-ci, avec des pieux, une espèce de digue n'ayant qu'une ouverture au milieu, qui communique avec une sorte de chambre faite en filets ou en claies d'osier, et dont le fond mobile peut être remonté jusqu'à la surface de l'eau par les pêcheurs placés sur un échafaudage élevé à cet objet. Les Esturgeons trouvant un obstacle à leur passage ne manquent pas de franchir l'ouverture conduisant dans la chambre, et les pêcheurs, instruits de leur présence dans celle-ci par les mouvements qu'ils impriment à de petits corps flottants retenus par des cordes, laissent tomber derrière eux une porte qui les retient prisonniers, et s'en emparent facilement en les élevant jusqu'à leur portée à l'aide du fond mobile. Pendant la nuit, ces Poissons en se débattant tirent des cordes au moyen desquelles la porte tombe spontanément, ou en agitent d'autres qui communiquent avec les sonnettes destinées à donner l'éveil au pêcheur resté en sentinelle.

Pendant l'hiver, au mois de janvier, toujours d'après les récits du même voyageur, les Cosaques exécutent cette pêche à l'aide de crochets d'acier attachés à de longues perches. Elle se fait avec un grand cérémonial. C'est dans une assemblée publique que l'on fixe le jour où elle doit commencer ; et lorsque l'on est convenu de ce fait important, on adresse des billets de convocation à tous ceux qui ont droit d'y prendre part. Le jour fixé étant arrivé, on se réunit avant le lever du soleil sur la place publique, et l'on procède à la nomination d'un chef qui doit présider l'expédition, et qui, avant le départ, passe en revue les pêcheurs pour voir s'ils se sont munis de tous les instruments nécessaires. Celui-ci, aussitôt que le soleil paraît sur l'horizon, annonce par deux coups de canon le moment du départ, et alors tous les traîneaux partent au galop, chacun se hâtant d'arriver le premier, afin de choisir sa place. Lorsque tout le monde est réuni sur le fleuve, le chef donne le signal du travail par une décharge de mousqueterie ; on brise alors la glace à l'aide de pioches et de pelles dont on s'est pourvu à cet effet, et chaque pêcheur descend son crochet dans le trou qu'il a pratiqué, en ayant soin d'opposer la pointe de celui-ci au courant. Lorsque les Cosaques sentent quelque chose de lourd, ils retirent promptement leur perche, et au moyen de crochets plus petits, ils attirent sur la glace l'Esturgeon qui, là, devient une proie dont on se rend bientôt maître ; de cette manière, un pêcheur exercé peut prendre jusqu'à huit ou dix de ces Poissons par jour.

Outre sa chair et ses œufs qui se préparent et servent aux mêmes usages que ceux de l'Esturgeon commun, le Hausen fournit une graisse d'une saveur agréable, qui, lorsqu'elle est fraîche, remplace le beurre et l'huile. C'est aussi spécialement de cet Esturgeon que l'on extrait la Colle de Poisson ou Ichtyocolle dont on fait un commerce si étendu et dont l'emploi s'associe à tant de différentes branches d'industries. Celle-ci se confectionne avec la vessie natatoire de ce Poisson, que l'on plonge à cet effet dans l'eau où l'on a soin de la dépouiller de sa peau extérieure et de la laver afin de la séparer de tout le sang qui pourrait la souiller. Quand les vessies aériennes ont subi cette première préparation, on les coupe par bandes, qui, après avoir été ramollies par une manipulation assez prolongée, sont courbées en petits cylindres tortillés que l'on expose pour les faire sécher à une chaleur modérée, moins forte que celle du soleil. C'est par le gaz acide sulfureux qu'on les blanchit. On obtient aussi une colle de Poisson en coupant par petits morceaux la peau, l'estomac, les intestins, la vessie natatoire et les nageoires du Hausen, et en les faisant bouillir doucement après les avoir fait macérer dans une quantité suffisante d'eau. La gelée qui résulte de cette ébullition est ensuite étendue sur des pièces de bois où en séchant elle prend l'apparence de parchemin, puis on lui donne différentes formes, et on la livre au commerce. Aujourd'hui, presque toute celle qui alimente nos magasins provient des rivages de la Baltique. La colle de Poisson a une foule d'usages économiques ; on s'en sert surtout pour la clarification des vins, de la bière, des liqueurs, etc. Les Anglais pour leurs brasseries en font acheter à Saint-Pétersbourg des quantités considérables, et Pallas rapporte qu'en 1788 les bâtiments anglais ont chargé jusqu'à six mille huit cent cinquante pouds de cette substance. (Le poud équivaut à quarante livres.)

L'Ichtyocolle n'est pas non plus sans utilité dans les arts ; c'est ainsi qu'elle entre dans la confection des fausses perles, et que, dissoute dans l'alcool chargé de résine d'ammoniacum, elle sert aux Turcs pour le montage de leurs pierreries ; c'est aussi elle qui fait la base de la *colle à bouche*.

L'art culinaire a souvent aussi recours à cette substance qui, unie à du sucre, de la liqueur, ou aux sucs des fruits, figure souvent sur nos tables les plus somptueuses.

Pour terminer cet abrégé des avantages que l'homme retire du Grand Esturgeon, nous ajouterons qu'avec la peau des adultes on fait une espèce de cuir, et que celle des jeunes, nettoyée et desséchée, est employée dans une partie de la Russie et de la Tartarie en guise de vitres.

CHIMÈRES. *Chimœra.* Dorsales presque contiguës; la deuxième s'étendant sur la queue, qui est filiforme. — Il n'y en a qu'une espèce. Le nom de *Chimère arctique* lui a été imposé à cause de sa physionomie bizarre; son aspect est encore plus singulier quand elle est desséchée. Ce poisson est argenté, avec des maculatures brunes. On l'appelle vulgairement *roi des harengs*, et l'on ne sait pourquoi; toutefois, il fait une terrible consommation de ses sujets, et harcelle continuellement les derrières de leurs légions voyageuses. La Chimère a rarement plus de trois pieds; l'Océan septentrional est sa patrie. Les Norwégiens sont friands de ses œufs; mais ils dédaignent sa chair. Son foie leur fournit une huile en laquelle ils ont une grande confiance dans quelques maladies.

FAMILLE DES PELVIPODES.

Corps de forme variable, offrant quatre membres, et dont les nageoires pelviennes environnent l'anus. Branchies fixes et communiquant à l'extérieur par plusieurs ouvertures.

Ce groupe, qui est aussi appelé famille des Sélaciens, se fait remarquer par la disposition de ses branchies qui, au lieu d'être libres, comme celles des autres Poissons, et dans une cavité spéciale, sont adhérentes et laissent échapper l'eau qui leur arrive par autant de trous qu'il y a d'intervalles entre elles. En outre, un grand nombre de ces Poissons présentent à la tête deux ouvertures nommées *évents* qui conduisent aux branchies, et peuvent y amener l'eau dans les cas où la respiration se trouverait interrompue lorsque la bouche est obstruée par une proie trop volumineuse.

Les Pelvipodes ont leur bouche ouverte en dessous du museau et pratiquée sur une surface plane, ce qui les a fait appeler *plagiostomes;* elle est droite ou incurvée. On n'observe point chez eux de vessie aérienne; les mâles portent près des nageoires ventrales de robustes appendices que l'on pense servir pour étreindre la femelle. Ces Poissons s'accouplent et souvent ils sont ovovivipares.

RAIES. *Raia.* Corps très-aplati horizontalement, et semblable à un disque se continuant avec les pectorales qui sont fort amples et charnues; yeux et évents situés sur la face dorsale; bouche et ouvertures branchiales à la face ventrale. — Ce genre est disséminé dans toutes les mers, et les espèces qui le composent se pêchent principalement au large ; plusieurs de celles-ci atteignent une taille énorme, et il en est même qui deviennent gigantesques.

La plupart des Poissons de ce genre ont le corps taillé en losange, ce qui a fait que l'on a comparé la forme de celui-ci à un cerf-volant. La peau de ces animaux est lisse, muqueuse, et dépourvue d'écailles ; mais sur beaucoup d'entre eux elle est hérissée d'aiguillons épars, acérés, qui se développent à l'instar des dents à l'intérieur d'une petite capsule, et que certains zoologistes considèrent même comme des dents qui seraient déviées de leur situation normale.

Les nageoires pectorales des Raies occupent toutes les parties latérales du corps, et forment deux ailes musculaires qui ont une grande puissance ; elles s'étendent en avant jusqu'au museau, et en arrière jusqu'aux nageoires ventrales et à l'origine de la queue, qui est généralement très-grêle, et dont la forme cylindrique contraste avec le reste du corps. C'est cette dernière qui porte ordinairement les nageoires dorsales, qui sont presque toujours fort exiguës. Contrairement à la majorité des êtres de leur classe, ces Poissons accomplissent leurs mouvements presque uniquement à l'aide de leurs nageoires pectorales, et ils semblent voler ou planer dans l'eau plutôt qu'ils n'y nagent ; aussi, à cause de leur allure et de leur voracité, les a-t-on considérés comme représentant les Oiseaux de proie dans le sein des mers.

Les sens, chez les Raies, paraissent avoir acquis plus de développement que dans beaucoup d'autres Poissons. Les organes olfactifs offrent une disposition qui dénote que la sensation doit s'y percevoir avec perfection. Les appareils de la vue et de l'ouïe sont aussi fort développés, et les yeux se trouvent munis d'une membrane clignotante. Les mâles offrent, près des organes de la génération, deux branches saillantes que l'on avait prises à tort pour ceux-ci ; elles servent à saisir la femelle pendant l'accouplement, qui consiste en un simple contact des sexes ; car, comme l'avait déjà observé Aristote, chez ces Poissons il n'y a aucune intromission. Dans les ovaires, les œufs offrent des degrés divers de développement, de sorte qu'il est certain qu'ils sont émis successivement et un à un.

Ces œufs, qu'on nomme vulgairement *Coussinets* ou *Souris de mer*, ont une forme remarquable ; ils sont quadrilatères, très-aplatis, et la substance brune, cornée et fibreuse qui en constitue la coque, se termine à leurs angles par quatre longs filaments.

Tous les naturalistes s'accordent à dire que les Raies sont vivipares, et que leurs œufs, dont le nombre est fort peu considérable, éclosent successivement dans une dilatation utériforme de l'oviducte. Cependant M. Bory Saint-Vincent ayant trouvé fréquemment des œufs de ces Poissons encore remplis de leur jaune et paraissant nouvellement émis, cela ferait penser que toutes les espèces ne produisent peut-être pas des petits vivants. Ces œufs, qui étaient d'un vert de fucus, avaient été évidemment solidement attachés aux plantes marines par deux de leurs cordons, qui sont plus longs que les autres, et qui étaient entortillés et comme ficelés à celles-ci, de manière que, d'après M. Bory Saint-Vincent, ce serait même l'usage de ces sortes de liens.

Ce genre est un des plus naturels, mais comme il est fort nombreux en espèces de formes variées, on y a admis un certain nombre de sous-genres parmi lesquels nous citerons tous les principaux qui sont : les Céphaloptères, les Mourines, les Pastenagues, les Raies proprement dites, les Torpilles, les Rhinas et les Rhinobates.

Les CÉPHALOPTÈRES ont une tête tronquée au delà de laquelle chacune des nageoires se prolonge en pointe saillante, ce qui fait que ces poissons semblent avoir deux cornes ; en outre leurs dents sont menues et finement dentelées. On rencontre de ces pelvipodes dans la Méditerranée.

Les MOURINES composent un sous-genre facilement reconnaissable par les saillies que forme la tête au delà des nageoires pectorales, puis par les dents qui sont larges et plates. Le diamètre transversal de ces Poissons se trouvant très-augmenté à cause de l'ampleur des nageoires, cela leur donne quelque ressemblance avec des oiseaux de proie dont les ailes seraient étendues, aussi il n'en a pas fallu davantage pour leur valoir le nom d'*Aigles de mer*.

Les PASTENAGUES se distinguent de toutes les autres raies, en ce qu'elles ont la queue armée d'un aiguillon robuste, dentelé en scie des deux côtés ; elles se font aussi remarquer par leurs dents qui sont fines, serrées et disposées en quinconce.

Pline supposait qu'à l'aide de leur aiguillon, ces Raies voraces perçaient les Poissons qu'elles surprenaient en se tenant cachées dans la vase. Nos mers en nourrissent quelques-unes.

Les RAIES PROPREMENT DITES ont le corps rhomboïdal, la queue grêle et des dents en quinconce. Nos mers en contiennent beaucoup d'espèces. La disposition de leur dentition leur permet de broyer avec facilité les petits crustacés qu'elles paraissent rechercher.

Ces Poissons étaient servis chez les Grecs, mais ils étaient peu estimés ; aujourd'hui les raies font un des principaux ornements de nos tables, et elles sont l'objet de pêches lucratives. Il arrive parfois que dans celles-ci on en prend un si grand nombre, que la vente ne peut les enlever toutes ; alors les pêcheurs leur passent une corde par l'une des ouvertures branchiales et par la bouche, et ils les attachent ainsi dans la mer à quelque poteau, et ils viennent les y reprendre plus tard. Dans quelques petits ports de mer, on dessèche les petites Raies au soleil et on les vend à bon compte aux pauvres.

La chair des Raies étant un peu coriace, on a l'habitude de la laisser assez longtemps s'amortir avant de la livrer à la vente dans les marchés, et même, il est des ports de mer, où pour la rendre plus tôt mangeable, on fait traîner ces animaux dans les rues par des Chevaux.

La *Raie bouclée* a son dos tacheté de noir et de blanc et parsemé d'aiguillons recourbés ; c'est celle qui garnit le plus souvent nos marchés ; elle atteint jusqu'à douze pieds de longueur.

La *Raie blanche* a le dos dépourvu d'aiguillons, et n'en possède que sur la queue; c'est la plus estimée; elle acquiert encore un plus grand développement que la précédente. On en a pêché qui pesaient plus de trois cents livres. On la sale dans quelques contrées, et son foie donne une grande quantité d'huile.

Les **TORPILLES** se reconnaissent à leur corps subcirculaire et lisse, et à leur queue qui est grosse et charnue.

Un des plus étonnants phénomènes qui puissent se produire parmi les animaux, est sans aucun doute la faculté que possèdent les Torpilles, de dégager du fluide électrique et de frapper leur proie ou leurs ennemis à distance, avec la rapidité de la foudre : c'est de là qu'est provenu le nom de *Narkê* que leur donnaient les Grecs, et celui de *Torpedo* qui leur avait été imposé par les Latins, expressions qui signifient également la torpeur et l'engourdissement.

Résidant parmi les mers qui baignent les contrées qui furent le principal berceau des sciences et des lettres, ces Poissons par leur extraordinaire propriété s'attirèrent l'attention des observateurs de tous les siècles, et nous allons tracer l'histoire abrégée de la marche de nos connaissances relativement à leurs mœurs et à leurs phénomènes électriques.

Les premières notions sur les phénomènes galvaniques de ces Poissons remontent à l'époque de Platon; celui-ci fait dire à l'un des interlocuteurs de ses dialogues : « Tu m'as étourdi par tes objections comme la Torpille, poisson de mer aplati, étourdit ceux qui la touchent. » Aristote, au vaste génie de qui rien n'échappait, connut aussi cette extraordinaire faculté; et il dit que, lorsque les Torpilles veulent prendre quelques Poissons, elles se cachent dans le sable ou le limon et qu'elles engourdissent et saisissent après tous ceux qui passent au-dessus de l'endroit qui les recèle.

Les savants et les littérateurs de l'époque romaine ne manquèrent pas de célébrer la Torpille; mais au lieu d'ajouter à son histoire quelques observations nouvelles, ils se contentèrent de répéter ce qu'avaient dit les Grecs et d'en augmenter le merveilleux: tels furent principalement Plutarque, Pline, Oppien et Athénée.

Cependant, quoique l'antiquité eût été frappée par le phénomène produit par les Torpilles, les découvertes positives soit relativement à la structure de ces Poissons, soit sur la nature du fluide qu'ils produisent n'eurent lieu que dans les temps modernes. L'anatomie de ces animaux dut principalement ses progrès à Rédi, Borelli, Sténon, J. Hunter, Geoffroy, de Blainville et Tiedemann qui s'en occupèrent successivement. Les effets du fluide qu'émettent les Torpilles et la nature de cet agent furent aussi étudiés par Rédi, et surtout par Kæmpfer, Réaumur, puis par Walsh, J. Pringle, Ingenhouss, Cavendish, Spallanzani, Galvani, Aldini, Volta, enfin par Humboldt et Gay-Lussac, et tout dernièrement par Matteucci.

L'appareil producteur de l'électricité est formé de deux masses presque orbiculaires aplaties, situées derrière la tête et couvertes, en dessus et en dessous, par la peau. Il est composé d'environ mille petits prismes de quatre à six pans, et dont la réunion ressemble aux gâteaux des Abeilles. Ces prismes sont subdivisés par de petits diaphragmes membraneux, horizontaux, dont le nombre varie de cent cinquante à deux cents, selon l'âge, et dans l'intervalle desquels se trouve un fluide gélatineux ou albumineux; ces cloisons se tiennent par des fibres. Cet appareil reçoit des artères et des veines qui s'y répandent en formant des réseaux très-fins. Les nerfs qui s'y distribuent sont, selon de Blainville et Tiedemann, des rameaux branchiaux de la paire vague qui sont extrêmement volumineux, et des divisions de la cinquième paire; ces nerfs pénètrent dans les prismes et se divisent en filets qui se perdent dans les membranes qui en occupent l'intérieur. (Pl. 18.)

Dans les âges modernes, Rédi fut le premier qui chercha, à l'aide d'expériences, à augmenter le domaine de nos connaissances relativement au phénomène extraordinaire produit par les Torpilles. Il constata que le fluide dégagé par ces Poissons, pouvait se propager à l'aide de corps conducteurs, et, à l'appui de cette assertion, il raconte que les pêcheurs, en maniant leurs filets remplis de Torpilles, éprouvaient parfois des secousses. Réaumur, qui marcha dans la même voie que l'expérimentateur italien, eut aussi l'occasion de constater que la commotion produite par ces animaux se transmettait à l'aide de différents corps, car, en touchant l'un d'eux avec sa canne, il éprouva une faible secousse. En outre, ce savant reconnut que la force de celle-ci était parfois telle qu'elle suffisait pour tuer des Canards, ce qu'il opéra en renfermant un de ces oiseaux dans un vase qui contenait une Torpille.

Un demi-siècle après les essais du savant académicien français, Walsh se transporta exprès à la Rochelle pour se livrer à des expériences sur ces intéressants animaux; par celles-ci, qui furent faites devant l'académie de cette ville, il démontra le premier que le fluide qui émane des Torpilles est identique avec le fluide électrique, et pour le prouver, il donna même des commotions, à l'aide d'une de ces raies, à une chaîne formée de huit personnes.

En outre, Walsh prouva que le fluide électrique, émis par ces animaux, se transmettait à distance, à l'aide des corps conducteurs, et il ressentit même de fortes secousses en appliquant, d'une main, une branche en fer sur un des côtés d'une Torpille, tandis que son autre main était dans l'eau, à quelque distance.

Galvani confirma les découvertes de l'observateur anglais, en faisant entrer en convulsion des cuisses de Grenouilles, par leur contact avec le dos des Torpilles, et on lui attribue la gloire d'avoir aperçu le premier, à l'aide d'un microscope, l'étincelle électrique que produisent ces Poissons en donnant des commotions; mais il paraît qu'avant lui, d'autres avaient fait mention de cette particularité. Celle-ci a été constatée de nouveau, il y a quatre ans, par M. Linari, et ce physicien put obtenir, d'une seule Torpille, jusqu'à dix étincelles très-brillantes.

Cependant Spallanzani, Humboldt et Gay-Lussac, ne purent apercevoir cette étincelle, et ces deux derniers savants, malgré les assertions de Rédi et de Réaumur, disent que dans leurs expériences l'eau et les corps métalliques seuls n'ont point propagé le fluide électrique, et que l'action de celui-ci, n'était ressentie que lorsqu'il y avait contact immédiat de nos organes avec ces Poissons; ils constatèrent, en outre, que c'était principalement quand on touchait en même temps la face supérieure de leur appareil par une main, et sa région inférieure par l'autre, que la commotion était plus violente dans les deux bras.

Enfin, M. Matteucci, tout dernièrement, dans des expériences faites avec précision, a reconnu que quand les Torpilles ne se déchargent pas, elles ne donnent aucun indice d'électricité, soit au galvanomètre, soit au condensateur; et, qu'en outre, l'intensité de leur commotion diminue en réduisant le nombre de filets nerveux qui vont à l'organe électrique. Ce savant ajoute que, dans l'acte de la décharge le courant galvanique est constamment dirigé du dos au ventre, et que, lorsque ces Poissons ont cessé de produire du fluide, on obtient encore des décharges électriques d'une force plus considérable qu'à l'ordinaire, en mettant le cerveau à découvert.

Ces faits, et surtout ce dernier, suffisent, selon M. Matteucci, pour prouver que l'électricité des Torpilles ne se produit pas dans les organes qu'elles ont de chaque côté du corps, mais que le courant reçoit du cerveau la direction, et que dans l'appareil à prismes polygones, le fluide impondérable n'est que condensé comme dans une bouteille de Leyde. Les expériences de Todd viennent à l'appui de cette opinion, puisque celui-ci remarqua qu'en détruisant le cerveau des Poissons électriques, on anéantissait immédiatement chez eux la faculté de donner des commotions.

La lecture d'Athénée apprend que les anciens faisaient usage de la chair des Torpilles, et qu'ils la considéraient comme d'un bon goût; mais aujourd'hui, on ne porte plus le même jugement sur celle-ci, car l'on s'accorde à dire qu'elle sent la vase, et, dans certains pays, elle passe même pour malsaine; cependant on la vend habituellement dans quelques marchés de l'Italie.

La faculté engourdissante de la Torpille fut probablement la source de la puissance que les médecins grecs et arabes lui prêtaient contre quelques affections; tels furent Hippocrate qui la conseillait dans l'hydropisie; Dioscoride, Galien et Avicenne, qui la croyaient efficace contre les rhumatismes, et une foule d'autres qui propagèrent ces erreurs depuis longtemps reconnues, et que nous ne répétons que pour compléter l'historique de la science.

De nos jours encore, les voyageurs rapportent que les Abyssins traitent les fièvres en appliquant des Torpilles sur tous les membres du malade et en lui faisant éprouver des commotions. Ce procédé, très-douloureux, est, dit-on, réellement fébrifuge.

La *Torpille ordinaire* se trouve dans la Méditerranée, ainsi que dans la région de l'Océan qui baigne les rivages de l'Europe, et on la découvre aussi en beaucoup d'autres lieux. Elle se plaît principalement dans les fonds vaseux ou sablonneux, et l'on dit même qu'elle se cache parfois dans le sable abandonné sur le rivage par la mer. Cette Torpille parvient à un volume assez considérable ; on en a rencontré des individus qui avaient quatre pieds de longueur sur deux et demi de large, et qui pesaient à peu près soixante livres. Elle a le dos d'un rouge jaunâtre avec cinq grandes taches arrondies, d'un bleu d'azur et entourées d'un grand cercle brunâtre ; c'est sur elle que les observateurs ont fait principalement leurs expériences.

La *Torpille de Galvani*, se rencontre dans les profondeurs vaseuses de la Méditerranée ; elle acquiert un demi-mètre de largeur, son corps est roux en dessus sans aucune tache, et seulement bordé de noir (Pl. 18). Cette espèce que M. Risso a consacrée à perpétuer la mémoire de Galvani, dégage plus d'électricité que les autres.

Les RHINAS offrent un museau court, large et arrondi, et forment le chaînon qui lie les Torpilles au sous-genre suivant.

Les RHINOBATES ont le corps alongé, les nageoires pectorales peu larges et une queue grosse et charnue.

Ces Poissons, par leur forme générale, lient les Raies aux Squales, ce que les anciens semblent avoir entrevu, car ils les croyaient le produit de l'union adultérine de deux de ces animaux, d'une Raie proprement dite et du Squale Ange. Le nom que les Grecs leur donnaient rappelle même cette particularité. On en trouve dans la Méditerranée ainsi que parmi les mers qui baignent l'Amérique.

SCIES. *Pristis.* Forme alongée ; museau excessivement long, mince, armé d'épines osseuses fortes.

La *Scie commune* que l'on nomme aussi *Raie-Scie* à cause de ses rapports organiques avec les dernières espèces du genre précédent, se trouve abondamment dans toutes les mers ; sa taille ne dépasse pas vingt pieds. C'est à la forme de son museau aplati en lame et armé d'os solides qu'elle doit son nom. Cet animal combat courageusement les plus gros Cétacés, et souvent triomphe de leurs forces énormes. Sa chair est mauvaise ; la nécessité peut seule forcer à la manger. Ce Poisson est révéré par quelques nègres d'Afrique.

ANGES. *Squatina.* Corps large et déprimé. Tête arrondie ; bouche placée à l'extrémité du museau. Pectorales très-grandes. — On ne connaît que trois espèces de ce genre, dont le nom vient du développement de leurs nageoires, que l'on a comparées à des ailes. Deux d'entre elles se trouvent sur nos côtes, et la troisième habite les mers de l'Amérique septentrionale.

SQUALES. *Squalus.* Corps alongé sub-normal. Pectorales proportionnées ; yeux et ouïes placés sur les côtés de la tête.— Les géologues découvrent dans les diverses couches du sol une grande variété de dents de Poissons de ce genre ; il en est parmi elles qui, par leur forme, s'éloignent de la configuration de celles de presque toutes les espèces actuelles, et qui rappellent une Sangsue contractée, ce sont elles que l'on désigne sous le nom de *Palais de Poissons.* Agassiz, après de longues recherches, est parvenu à établir que ces dents anormales appartiennent à une section de Squales qu'il a nommés *Cestracions*, qui commence en même temps que les couches de transition, et se continue dans toutes les formations jusqu'aux premiers dépôts de la série tertiaire. Celle-ci n'offre plus qu'un représentant dans nos mers actuelles, le Squale du port Jackson.

Ce savant admet en outre, dans ce genre, deux autres divisions ; l'une, qu'il appelle les *Hybodons*, apparaît vers la formation houillère et disparaît à la craie ; l'autre, qu'il nomme les *Squaloïdes* ou Squales vrais, commence à la formation de la craie et traverse toute la période tertiaire pour se continuer dans la création actuelle.

Les Squales se trouvent aujourd'hui répandus dans toutes les mers. Leur peau est généralement rugueuse ; leurs os de l'épaule sont suspendus dans les chairs et ne s'articulent ni avec la tête, ni avec la colonne vertébrale. Ils sont extrèmement voraces, et leur tube digestif qui n'est pas plus long que le corps, se termine par un intestin fort gros à l'intérieur duquel se trouve une lame disposée en spirale, de manière que celui-ci ressemble exactement à une vis d'Archimède (Pl. 17).

Les mâles portent des appendices robustes près des nageoires ventrales, et ceux-ci qui se terminent parfois par un crochet osseux, sont considérés par quelques naturalistes comme destinés à saisir la femelle durant l'accouplement qui a lieu chez ces animaux. Les femelles ont des oviductes bien organisés, qui se dilatent parfois à leur extrémité et forment une espèce d'utérus où les œufs éclosent, de manière que les petits sortent vivants. Les œufs qui ne subissent point cette incubation intérieure et qui se trouvent émis au dehors, sont revêtus d'une enveloppe cornée dont les angles se prolongent en cordons alongés.

Ce groupe contient un fort grand nombre d'espèces que l'on a réparties dans des sous-genres assez multipliés parmi lesquels nous citerons les Aiguillats, les Humantins, les Pèlerins, les Requins, les Marteaux, les Milandres, les Roussettes et les Grisets, qui sont les plus typiques.

Les AIGUILLATS se reconnaissent à une forte épine qu'ils portent en avant de chacune de leurs dorsales, particularité à laquelle ils doivent leur nom. Ils sont pourvus d'évents et n'offrent point d'anale.

On vend fréquemment sur nos marchés une espèce de cette division, dont les gens pauvres se nourrissent.

Les HUMANTINS se distinguent des autres squales par leurs formes ramassées, par leur peau hérissée, ainsi que par une forte épine qui s'élève au milieu de chacune de leurs dorsales, dont la seconde est située au-dessus des ventrales. Il s'en trouve parfois sur nos côtes.

Les PÈLERINS s'isolent facilement des autres sous-genres par leurs fentes branchiales qui entourent presque tout le cou et par leurs évents.

Ils vivent dans les mers du Nord, et se trouvent cependant parfois jetés sur nos côtes par les tempêtes. Ce sont les géants des Squales; ils atteignent plus de trente pieds de longueur, mais malgré leur grande taille, ils ne paraissent pas être aussi voraces que la plupart de leurs congénères, car chez eux les dents sont petites, coniques et sans dentelures.

Les REQUINS ont un museau proéminent; ils sont dépourvus d'évents et offrent une nageoire anale; leur queue est fourchue. Ces Poissons se font en outre remarquer par leurs dents qui sont tranchantes, pointues, le plus souvent dentelées sur leurs bords, et qui se trouvent disposées dans la bouche sur plusieurs rangs.

On rencontre dans divers terrains anciens, un grand nombre de dents de Requin qui se sont parfaitement conservées, à cause de la densité de leur émail; parmi elles, il en est qui ont des dimensions considérablement plus fortes que celles de toutes les espèces qui existent aujourd'hui dans nos mers. En confrontant ces dents antédiluviennes avec celles que possèdent nos Squales actuels, et en calculant quelle devait être, par rapport à leur étendue proportionnelle, l'ouverture de la gueule et la longueur du corps des anciens Requins desquels elles proviennent, H. Cloquet dit qu'il en est qui ont dû appartenir à des individus de soixante-dix neuf pieds de long, et dont la gueule devait avoir au moins vingt pieds de circonférence. Tel a dû être celui dont une des dents, qui a été rencontrée près de Dax, se conserve au cabinet du roi. Le Muséum de Rouen possède aussi une dent d'un de ces Requins colossaux : elle a trois pouces et demi dans son diamètre transversal, un pouce d'épaisseur, et deux pouces et demi de hauteur dans la partie couverte d'émail. Aujourd'hui les animaux de ce groupe sont répandus dans toutes les mers.

Le *Requin proprement dit*, dont le nom provient de *requiem* et indique la terreur qu'il inspire, est très-répandu dans toutes les mers. Il parvient à d'assez grandes dimensions et acquiert jusqu'à ving-cinq ou trente pieds de longueur. Müller assure que l'on en a pris qui pesaient quinze cents livres.

Les Requins nagent avec une grande rapidité, et Home, en s'essayant à scruter leur vitesse, dit que celle-ci est telle chez eux, qu'ils pourraient faire le tour du globe en trente semaines, en supposant qu'ils ne prissent aucun repos. On voit même parfois de ces Squales accompagner des navires dans de longues tournées et les suivre pendant fort longtemps, quelle que soit leur vitesse; on assure qu'il en est qui vont ainsi de l'ancien continent jusqu'en Amérique, en faisant même mille circuits autour des bâtiments qu'ils suivent.

Les cavités nasales des Requins sont vastes; aussi Lacépède considère ces Poissons comme ayant le sens de l'olfaction fort développé; il pense que c'est même la finesse de leur odorat qui leur permet de sentir les nègres de plus loin que les blancs, et qui fait que les premiers deviennent plus souvent leurs victimes, lorsqu'ils se baignent à la mer.

Ces Poissons ont une bouche d'une effrayante dimension; son ouverture, qui est placée sous le museau, représente un arc de cercle, et quand elle est béante, son contour égale environ le tiers de la longueur de l'animal, de manière que chez un Requin de trente pieds, elle n'offre guère moins de dix pieds de circonférence. Dans le jeune âge, elle n'est armée que d'un seul rang de dents; mais chez les individus adultes, on en compte six sur tout son pourtour : ces dents sont mobiles et non implantées dans des alvéoles ; l'émail qui les revêt est d'un beau blanc et d'une grande dureté.

Les Requins, ainsi que leurs congénères, par leur extrême voracité et leur force, représentent, parmi les mers, la tribu des mammifères carnassiers, et, comme ceux-ci, ils paraissent appelés, par la sagesse providentielle, soit à limiter le nombre des espèces qui habitent le même milieu qu'eux, soit à le purger des cadavres d'animaux qui en altéreraient la pureté.

Ces Squales vivent ordinairement de Thons, de Morues et de plusieurs autres Poissons, ainsi que de Phoques, et, à défaut d'une grosse proie, ils se contentent de Sèches et d'autres mollusques. Ils se jettent sur tous les cadavres qu'ils rencontrent, et quand tout autre espèce de nourriture leur manque, les Requins se battent et se dévorent même entre eux. Leur voracité est telle, que le tumulte d'un combat naval ne les effraye nullement, et, ainsi qu'on l'a observé, il ne les empêche pas d'attendre, à la superficie des flots, les cadavres que le sort y précipite.

Ces Squales avalent leur proie avec une telle gloutonnerie, et leurs voies digestives sont si amples, qu'il n'est pas rare de trouver, à leur intérieur, des animaux d'un volume considérable, et même des hommes entiers. Les preuves abondent pour constater ce dernier fait. Rondelet en cite des exemples, et Brunnich rapporte que, pendant son séjour à Marseille, on tua, aux environs de cette ville, un Requin, dans l'estomac duquel on trouva deux Thons et un homme entier avec son vêtement. Bien plus, Müller cite qu'auprès de l'île de Sainte-Marguerite, on prit un de ces Squales d'un volume prodigieux, et dont le ventre contenait un cheval intact. Ces diverses observations s'expliquent facilement quand on songe à l'ampleur de la bouche de ces animaux et qu'ils peuvent encore dilater l'ouverture de celle-ci au besoin.

C'est presque toujours vers le commencement de la saison chaude qu'a lieu l'accouplement des Requins, et c'est souvent après des combats de mâle à mâle, que le vainqueur s'empare de la femelle et s'applique contre elle, à l'aide de ses appendices abdominaux. Les œufs éclosent dans le ventre de la mère et les petits sont émis vivants.

On pêche les Requins à l'hameçon, en fixant celui-ci au bout d'une chaîne, après l'avoir masqué avec un morceau de viande; quelquefois aussi on les harponne. Mais lorsqu'ils sont pris, on ne s'en approche jamais qu'avec précaution, de peur d'en être blessé.

Malgré l'extrême férocité des Squales, on assure qu'il y a des nègres assez audacieux pour aller les attaquer à la nage et leur percer le ventre. Cela semble se confirmer par la familiarité que l'on sait qu'ont avec eux les naturels des Sandwich, qui, à ce que rapporte Dixon, nagent sans effroi au milieu de leurs troupes.

La viande de ces Squales est dure et coriace; cependant il paraît qu'anciennement on en faisait usage, car, dans Athénée, on en fait l'éloge. On sait qu'aujourd'hui les nègres en mangent. Chez les Islandais, le lard de ces animaux remplace celui du Cochon. Dans quelques villes des rives méditerranéennes, la chair des jeunes Requins, que l'on retire de l'intérieur de la mère, est recherchée ainsi que le ventre des grands.

Les MARTEAUX offrent une tête tronquée, aplatie, dirigée transversalement. Cet organe a la disposition d'un T, et forme une anomalie unique dans la classe des Poissons; les yeux sont situés aux deux extrémités latérales.

Le *Marteau commun* tire sa dénomination de la ressemblance de sa tête avec l'instrument employé si souvent par les menuisiers. On le nomme aussi Poisson juif, à cause du rapport que l'on a voulu trouver entre la configuration de son extrémité antérieure et celle de certaines coiffures hébraïques. Cet animal est considéré comme très-vorace; on le redoute autant que le Requin dans différents pays; sa chair est mauvaise, mais quelques matelots la mangent et prétendent qu'elle réveille les désirs de l'amour. Le Marteau acquiert jusqu'à douze pieds de longueur; sa teinte est brune; il est répandu partout.

Les MILANDRES ont une forme qui se rapproche de celle des Requins, mais ils diffèrent de ceux-ci en ce qu'ils possèdent des évents. Ils offrent deux dorsales. On rencontre une espèce de cette division dans nos mers.

Les ROUSSETTES ont le museau court et leurs narines, qui sont contournées, offrent un sillon qui s'étend jusqu'à la bouche. Leurs dents ont une pointe au milieu et deux petites sur les côtés, et leur caudale est non fourchue et tronquée. Tous ces Squales présentent des évents; plusieurs viennent dans nos mers.

La *grande Roussette* se pêche près de nos rivages; elle offre une peau jaunâtre parsemée de nombreuses taches. On la mange rarement, et son foie passe pour être vénéneux. C'est sa peau desséchée que les tourneurs emploient pour polir le bois et l'ivoire et que l'on connaît sous le nom de peau de *chien de mer* ou de *chagrin*.

Les **GRISETS** se font remarquer parmi tous les Squales, parce qu'ils ont six ouvertures branchiales et une seule dorsale. Nos mers en nourrissent plusieurs espèces.

FAMILLE DES CYCLOSTOMES.

Corps anguilliforme ; nageoires pectorales et pelviennes entièrement nulles. Bouche en suçoir, ordinairement circulaire.

Ces Poissons ne possèdent que des nageoires impaires. Leur squelette est cartilagineux ou simplement fibreux ; dans les espèces dont l'organisation est plus élevée, telles que les Lamproies, la colonne vertébrale est extrémement imparfaite, et Carus la compare à celle d'un fœtus humain de deux mois ; au lieu de vertèbres distinctes, on n'aperçoit qu'une verge cartilagineuse qui contient de l'albumine à demi liquide, et il n'existe point de côtes. Dans les derniers groupes, et telles sont les Ammocètes, comme le disent Cuvier et Valencienne, il n'y a même plus de squelette cartilagineux ; toutes les parties de la charpente demeurent constamment à l'état membraneux, et sous ce rapport, ces poissons ressemblent plutôt à des vers qu'à des animaux vertébrés.

Dans cette famille, les organes des sens subissent une dégradation fort sensible ; les uns, et tels sont les yeux, finissent même par s'anéantir totalement dans les derniers genres ; et l'un des autres, l'appareil de l'olfaction, s'offre avec une disposition tout à fait insolite dans le type des animaux vertébrés. Cet appareil est impair, et consiste en une petite poche située sur la ligne médiane, et n'ayant qu'un seul orifice extérieur, que les auteurs ont désigné sous le nom d'*évent*, en supposant à tort que cette cavité avait toujours une communication avec la bouche. Dans les Lamproies, cette poche olfactive se termine indubitablement par un cul-de-sac, comme de Blainville s'en est assuré, mais il est vrai que chez les Myxines elle s'ouvre aussi dans la gorge par un orifice assez large.

La bouche des Cyclostomes offre presque constamment la forme d'une ventouse circulaire ; ses lèvres sont molles, charnues, renforcées par un anneau cartilagineux, et la langue, qui est armée de dentelures, se meut comme une sorte de piston. C'est cette disposition de l'appareil buccal qui permet à ces Poissons d'adhérer fortement aux corps marins, et même de déchirer les parties charnues des autres animaux.

Le canal intestinal est droit, court et offre une valvule spirale. Les branchies, au lieu de représenter des espèces de peignes, comme cela a lieu chez les autres Poissons, d'après les observations de Bloch et de Home, forment des sacs vésiculeux qui reçoivent l'eau à l'aide d'un canal provenant de la bouche, et le fluide est ordinairement émis à l'extérieur par plusieurs trous situés sur les côtés de la tête.

LAMPROIES. *Petromyzon*. Bouche circulaire ; dents nombreuses ;

sept ouvertures branchiales de chaque côté. — Ces poissons habitent la mer, ainsi que les rivières et les lacs. La tête des Lamproies offre à sa région supérieure l'orifice de la cavité que l'on avait considérée comme un évent, mais que M. Duméril pense être une espèce d'éprouvette par laquelle ces animaux distinguent la nature de l'eau où ils se trouvent.

Leur bouche est armée de fortes dents et de tubercules fort durs; la langue présente deux rangées longitudinales de petites dents, et elle peut se porter en avant et en arrière comme un piston, mécanisme qui contribue à opérer la succion par laquelle ces Cyclostomes ont l'habitude de se fixer aux pierres ou aux rochers sous-marins, et par le moyen de laquelle ils attaquent les gros Poissons, et parviennent à les percer et à les dévorer. Leur bouche en agissant comme une ventouse, a même une telle force, que Carus dit que l'on a parfois retiré de l'eau de grosses Lamproies qui tenaient avec elles des pierres de dix à douze livres. Dans ces poissons, l'eau parvient aux branchies par un canal membraneux particulier qui est placé sous l'œsophage et perforé de trous latéraux.

Jusqu'à ce jour, les Ichtyologistes n'ont trouvé que des Lamproies possédant le sexe femelle, ce qui avait fait penser à quelques savants, que ces poissons pourraient bien être hermaphrodites; mais durant ces dernières années, Desmoulins et M. Magendie ont cru reconnaître des mâles, et ils les ont décrits dans la plus grande espèce de ce genre.

La *grande Lamproie* est répandue dans presque toutes les mers, et à certaines époques, elle remonte les fleuves; elle se reconnaît à sa taille qui acquiert jusqu'à trois pieds de longueur et à la coloration de son corps qui est marbré de brun sur un fond jaune verdâtre. Sa nourriture consiste ordinairement en vers marins, en petits poissons, ainsi qu'en lambeaux de cadavres. C'est au printemps que cette espèce fraie, et c'est alors qu'en Europe, elle s'avance dans les fleuves pour confier ses œufs à leurs eaux (Pl. 20).

La grande Lamproie habitant aussi la Méditerranée, n'a probablement pas échappé aux observateurs romains, et l'on croit la reconnaître dans quelques passages de leurs écrits.

Ce qui est au moins certain, c'est que cet excellent poisson fait les délices des tables, en Europe, depuis fort longtemps. Au XIII° siècle, il était déjà fort recherché en Angleterre et en France, et il est probable qu'au XIV° on en consommait beaucoup dans ce dernier royaume, puisqu'il existait des marchands qui n'apportaient à Paris que des Lamproies, comme cela est constaté par une ordonnance du roi Jean, qui défend aux détaillants de se rendre au-devant d'eux pour les accaparer.

En Italie, au XVI° siècle, ces animaux étaient l'objet d'un bien extraordinaire engouement; Paul Jove, dans son poëme sur l'Ichtyologie, dit qu'il a vu les grands seigneurs de Rome, payer des Lamproies jusqu'à dix pièces d'or, et d'autres écrivains reprochent aux princes de ce pays et aux papes, leurs prodigalités à l'égard de ces poissons exquis. En 1600, on les vendait jusqu'a vingt pièces d'or dans les marchés de la ville que nous venons de citer, et dans celle-ci, on les apprêtait avec un luxe extraordinaire, en les faisant cuire avec du vin de Chypre, après leur avoir placé une muscade dans la bouche et des clous de girofle dans les ouvertures des branchies.

En France, et surtout en Angleterre, on mange toujours avec plaisir la chair de ces Cyclostomes, qui est grasse, molle et savoureuse, mais un peu difficile à digérer. Cependant beaucoup de médecins l'ont condamnée comme une nourriture vénéneuse, et l'on a même été jusqu'à l'accuser d'avoir causé la mort du roi d'Angleterre, Henri I, qui eut lieu après un repas dans lequel il s'était copieusement régalé avec ce Poisson.

La *Lamproie de rivière*, qui abonde dans la Seine et n'a guère que quinze à dix-huit pouces de longueur, est d'un gris bleuâtre; elle est recherchée pour les tables, et sert d'appât.

Le *Sucet*, qui a sept ou huit pouces de long, apparaît dans la Seine en même temps que les Aloses auxquelles il s'attache, et dont il soutire le sang.

GASTROBRANCHES. *Gastrobranchus*. Sept ouvertures branchiales de chaque côté. Bouche tronquée, dentée, arrondie, environnée de barbillons. — Ce genre, auquel M. Duméril a donné le nom d'*Heptatrême* (qui a sept trous), pour rappeler le nombre d'ouvertures branchiales que l'on observe de chaque côté, n'est formé que par une espèce des mers du Sud.

AMMOCÈTES. *Ammocœtes*. Sept ouvertures branchiales de chaque côté; bouche demi-circulaire, édentée, sans barbillons. — Ce genre réunit des animaux dont les mœurs sont analogues à celles des vers. On les trouve enfouis dans la vase des ruisseaux et des rivières. Ces poissons sont vulgairement appelés *Aveugles* ou *Sept-œils*, selon les pays, et selon que l'on y considère l'absence réelle des organes visuels, ou que l'on prend pour des yeux les ouvertures des branchies. Leur lèvre n'étant que demi-circulaire, et ne recouvrant que le dessous de la bouche, la forme de celle-ci ne leur permet pas de se fixer sur les corps comme le font les Lamproies.

L'*Ammocète rouge* a été récemment découverte à Rouen; sa longueur est de six pouces, sa coloration celle du sang. (Pl. 20.)

L'*Ammocète lamprillon*, qui a les mêmes dimensions, est verte sur le dos, blanche sous le ventre; elle est d'un goût agréable; mais son aspect vermiforme dégoûte les personnes délicates. Aussi les pêcheurs s'en servent-ils souvent comme appât.

MYXINES. *Myxine*. Yeux nuls; bouche circulaire, entourée de barbillons; deux trous branchiaux seulement, situés sous le ventre.—
La disposition de la bouche qui, au premier abord, paraît composée

de pièces latérales, fit placer inattentivement ce genre dans les Vers par Linnée; mais Bloch, après l'avoir étudié, lui assigna son rang parmi la classe des Poissons.

La *Myxine glutineuse*, qui est la plus anciennement connue, est bleue : ses flancs sont rouges et son ventre blanc; elle a moins d'un pied de longueur. Sa peau sécrète une si abondante mucosité qu'en un moment l'eau d'un baquet devient filante. Cet animal adhère aux gros Poissons à l'aide de sa bouche, et leur suce le sang pour s'en nourrir; on assure même qu'il s'introduit dans leurs intestins, et que ce fut ce qui contribua à égarer Linnée.

FIN DU TOME PREMIER.

RÈGNE ANIMAL.

Tableau synoptique de la classification de M. De Blainville.

SOUS-RÈGNES.		TYPES.					CLASSES.
			à mamelles ou vivipares, à			poils	I. **MAMMIFÈRES** ou Pilifères.
		intérieurement.				des ailes et des plumes	II. **OISEAUX** ou Pennifères.
		1° OSTÉOZOAIRES,				des ailes, et des écailles ?	III. **PTÉRODACTYLES,**
			sans mamelles ou ovipares, offrant des	poumons,	des écailles, point d'ailes	IV. **REPTILES** ou Squammifères.
					un corps pisciforme et des nageoires	V. **ICHTHYOSAURES.**
					une peau nue	VI. **AMPHIBIENS** ou Nudipellifères.
	articulés,				branchies et des nageoires	VII. **POISSONS** ou Pinnifères.
					six	VIII. **HEXAPODES** ou Insectes.
1° Pairs ou **ZYGOZOAIRES.**				articulés au nombre de	huit	IX. **OCTOPODES** ou Arachnides.
		extérieurement.			dix	X. **DÉCAPODES,**
		2° ENTOMOZOAIRES, Appendices ambulatoires			variable	XI. **HÉTÉROPODES,** } ou Crusta...
					quatorze	XII. **TÉTRADÉCAPODES,**
					égal ou double des anneaux	XIII. **MYRIAPODES.**
			subarticulés, mous			XIV. **MALACOPODES.**
			inarticulés			XV. **CHÉTOPODES.**
			nuls			XVI. **APODES.**
	inarticulés.	3° MALACOZOAIRES, ou Mollusques	à tête		très-distincte	XVII. **CÉPHALIENS.**
ANIMAUX					peu distincte	XVIII. **CÉPHALIDIENS.**
					nulle	XIX. **ACÉPHALIENS.**
2° Rayonnés ou **ACTINOZOAIRES.**			libres, à peau		munie de suçoirs	XX. **CIRRHODERMAIRES.**
					excessivement fine	XXI. **ARACHNODERMAIRES.**
			ordinairement agrégés, à tentacules		gros, creux, nombreux	XXII. **ZOANTHAIRES.**
3° Irréguliers ou **HÉTÉROZOAIRES.**					filiformes	XXIII. **POLYPIAIRES.**
					ordinairement pinnés	XXIV. **ZOOPHYTAIRES.**
						XXV. **AMORPHOZOAIRES.**